Betrieb
von Elektrizitätswerken

Von

Dr.-Ing. Heinrich Freiberger

vorm. Vorstandsmitglied der Hamburgischen Electricitätswerke
und Vorsitzender der Vereinigung Deutscher Elektrizitätswerke (VDEW)

Mit 56 Abbildungen

Springer-Verlag

Berlin/Göttingen/Heidelberg

1961

ISBN-13: 978-3-642-92808-6   e-ISBN-13: 978-3-642-92807-9
DOI: 10.1007/978-3-642-92807-9

Softcover reprint of the hardcover 1st edition 1961

Vorwort

Die Pflicht der Elektrizitätswerke, die Allgemeinheit zuverlässig und preiswert mit Strom zu versorgen, verlangt die Anwendung neuzeitlicher Verfahrensweisen in der technischen und wirtschaftlichen Betriebsführung.

Die stürmische Entwicklung der Anwendung der elektrischen Energie und ihre jede Erwartung übersteigende schnelle Verbreitung machen den Betrieb von Elektrizitätswerken zu einer verantwortungsvollen unternehmerischen Aufgabe, die sich keinesfalls in reiner Verwaltungsarbeit erschöpfen darf. Die Verantwortlichen und ihre Mitarbeiter sollten es nicht der einschlägigen Industrie allein überlassen, neue Wege zu suchen, zu erkennen und mutig zu beschreiten.

Die vorliegende Arbeit macht den Versuch, die grundsätzlichen Zusammenhänge im Sinne dieses Vorwärtsstrebens und die daraus zu ziehenden Folgerungen zu verdeutlichen, dem Suchenden die Orientierung und das Finden optimaler Lösungen zu erleichtern und vor allem Spezialisten Gelegenheit zu geben, ihren Blick zu weiten. Im übrigen soll den Leitern der Elektrizitätswerke eine Hilfe gegeben werden, die Aufgaben des Alltags in großen Zusammenhängen zu erkennen.

Bei der Behandlung der einzelnen Sachgebiete ist auf eine eingehende Darstellung der speziellen Grundlagen bewußt verzichtet worden, da ausreichend Fachliteratur zur Verfügung steht. Die einzelnen Gebiete sind jedoch jeweils soweit behandelt, als es für die nicht auf dem Fachgebiet Tätigen zum Verständnis der Zusammenhänge und der aufgezeigten Wege erforderlich schien.

Die Gliederung ermöglicht es, einzelne Abschnitte aufzufinden und nachzulesen, ohne daß für deren Verständnis die Lektüre im Zusammenhang erforderlich ist.

Die erläuternden grafischen Darstellungen, die auch der Textverkürzung dienten, wurden neu gezeichnet und zum großen Teil neu entworfen. Rückgriffe auf bereits erschienene Abbildungen und Tabellen sind aus den entsprechenden Literaturnachweisen ersichtlich.

Der Arbeit liegen die langjährigen Erfahrungen aus meiner leitenden Tätigkeit innerhalb Elektroindustrie und Energiewirtschaft zugrunde, insbesondere als Geschäftführer und anschließend als Vorsitzender der Vereinigung Deutscher Elektrizitätswerke — VDEW — sowie als Vorstandsmitglied eines großstädtischen Verbundunternehmens, der Hamburgischen Electricitätswerke AG — HEW.

Zahlreichen Mitarbeitern, Bekannten und Freunden, vor allem aus den Kreisen der VDEW, der HEW, der BEWAG und der in München ansässigen Versorgungsunternehmen bin ich für Anregung, Unterstützung und Hilfe zu großem Dank verpflichtet. Besonders herzlich danke ich meinem langjährigen Assistenten,

Herrn Ing. Dr. jur. W. KRONENBERG, für die neben seiner Berufstätigkeit geleistete wesentliche Mitarbeit. Mein Dank gilt auch den durch Literaturhinweise erwähnten Autoren und Verlagen, deren Veröffentlichungen benutzt werden konnten, besonders aber dem herausgebenden Verlag, der mit Verständnis und Geduld unvermeidliche Verzögerungen in Kauf nahm und bei der Ausstattung des Buches große Sorgfalt walten ließ.

München, im Juni 1961

Heinrich Freiberger

Inhaltsverzeichnis

G. Elektrizitäts- und Energiewirtschaft

A. Tradition und Dynamik der Elektrizitätswirtschaft

Der Mensch wird beherrscht von der Sehnsucht nach Vervollkommnung seiner Lebensumstände. In seinem dauernden Kampf mit den Widrigkeiten der Natur entstand der Wunsch nach Unabhängigkeit von der natürlich gegebenen Licht- und Wärmeversorgung. Das Streben nach mehr Licht, mehr Wärme und mehr Kraft hat ihm eine Energiequelle nach der anderen erschlossen.

Als im Jahre 1600 der britische Arzt und Naturforscher, der sehr ehrenwerte Mr. WILLIAM GILBERT, den Verlauf von Kraftfeldern in der Nähe eines Stahlmagneten mit einer Kompaßnadel umständlich abgetastet hatte, prägte er in seinem Bericht ganz nebenbei den Begriff „Elektrizität". Ihm war dabei wohl kaum bewußt, daß er damit einer Naturkraft den Namen gegeben hatte, die dreihundert Jahre später den Menschen Energie in ungeahnter Menge ins Haus bringen sollte.

Dabei bietet sich die Elektrizität nur als Mittler für die Nutzung der Energievorräte an. Sie überträgt die aus Wasserkraft oder aus Brennstoffwärme gewonnenen Kräfte, deren wirtschaftliche Erschließung und Umwandlung Voraussetzung für die schnelle Entwicklung und weite Verbreitung der Elektrizität ist. Ihre Fähigkeit, große Energiemengen aber auch kleinste Energieimpulse von einem Ort zum anderen mit Lichtgeschwindigkeit zu übertragen, ermöglicht das vielfache Zusammenwirken zahlreicher technisch-physikalischer Vorgänge und Verfahren. Sie gestattet es immer mehr, einzelne Arbeitsabläufe durch starke Energieflüsse aber auch feinste Wirkungsquanten zu koppeln. Sie durchdringt und verfeinert das Meßwesen und befruchtet weite Gebiete der Forschung.

Mutmaßlich wird die Stromversorgung nicht auf alle Zeit das einzigmögliche und endgültig beste Mittel bleiben, um die Wünsche der Menschheit nach Licht, Wärme und Kraft zu erfüllen. Sie bietet jedoch zunächst einen verlockend vorteilhaften Weg gegenüber allen anderen bekannten Möglichkeiten. Ohne auf dem Erreichten auszuruhen, wird die Menschheit fortwährend bemüht bleiben, neue, bessere Wege zu erkunden.

Immer tiefer stoßen Neugier und Wissensdrang in kaum erschlossene Welten wunderbarer Geheimnisse und lassen die Menschheit nunmehr die Grenze ahnen, deren Überschreitung die Entfesselung ungeheurer Energien ermöglicht. Hier könnte aus dem Spiele mit den Naturgewalten tödlicher Ernst werden. Damit ist der Menschheit insgesamt und im besonderen ihren Wissenschaftlern und Ingenieuren eine schwere Verantwortung entstanden. Mit der Sorge um die Bewältigung der möglichen Gefahren verbindet sich jedoch die Erkenntnis, daß sich eines der großartigsten Geschenke der Natur darbietet. Die Menschheit scheint endgültig von dem drohenden Verhängnis der Energienot befreit zu werden. Doch wird noch viel Arbeit zu leisten sein, bis die in den Atomkernen ruhenden Kräfte als unerschöpfliche Energiespender dem Menschen wirtschaftlich nutzbar gemacht werden können.

Ein wesentlicher Teil dieser Arbeit wird nicht zuletzt von den Elektrizitätswerken bewältigt werden müssen. Von Betrieb und Organisation dieser Werke sowie ihrer Wandlungsfähigkeit im Sinne ständiger, weiterentwickelnder Nutzung neuzeitlicher Methoden in Betriebsführung, Wirtschaft und Technik wird es mit abhängen, ob diese Aufgabe zeitgerecht befriedigend gelöst werden kann.

I. Begriffe und Festlegungen

a) Wesen der Elektrizität

Obwohl Forschungsdrang und Spieltrieb des Menschen seit Jahrhunderten das Wesen der Elektrizität zu ergründen suchen, hat sie ihre allerletzten Geheimnisse noch nicht preisgegeben.

Erkenntnisse. Erste Klarheit wurde gewonnen, als es COULOMB 1785 erstmalig gelang, Elektrizität zu messen. GAUSS schuf das erste brauchbare elektrische und magnetische Meßsystem. Großen Auftrieb brachten VOLTAS Versuche als Ausgang für Theorien über die Spannungsreihen und über die Elektrolyse. Die VOLTAsche Säule stellte erstmals wirksame Spannungen und brauchbare Ströme zur Verfügung.

Magnetismus und Elektrizität und vielfach auch ihre Wirkungen sind mit den menschlichen Sinnesorganen nur selten direkt wahrnehmbar. Gerade diese Erscheinung führte frühzeitig die abstrakten Denker, Mathematiker und theoretischen Physiker an die Probleme heran. Wenn die experimentelle Forschung auf Grenzen stieß, ergänzten Überlegung und mathematische Ableitung die Erkenntnisse und schufen erdachte Systeme, die für die weitere Forschung richtungweisend wurden.

Das vergangene Jahrhundert war erfüllt von ernstem Forschen nach dem Wesen der Elektrizität. Ganz besonders ragen die Namen FARADAY, MAXWELL und WERNER VON SIEMENS hervor. Eine neue Welt kleinster Teilchen wurde erkennbar, das Elektron als kleinstes Teilchen der Elektrizität wurde gefunden. Die von MAXWELL vorhergesagten elektrischen Wellen, die durch die Versuche von RÖNTGEN und HERTZ nachgewiesen wurden, zeigten, daß die elektrische Strahlung sowohl eine Korpuskular-, als auch eine Wellen-Natur haben kann.

Schließlich zeigte sich, daß ein genügend großes elektrisches Wellenstrahlenquant beim Auftreffen auf einen Atomkern ein Elektron und ein Positron gleichzeitig entstehen lassen kann. Umgekehrt ist beim Zusammentreffen dieser beiden Teilchen eine Umwandlung in Wellenquanten möglich[1, 2].

Eigenschaften des Elektrons

Elektrische Ladung:

$e = 4{,}797 \cdot 10^{-10}$ elektrostatische Einheiten
$e = 1{,}601 \cdot 10^{-19}$ Coulomb (MKS)
e/m (spez. Ladung, d. h. Ladung/Masseneinheit)
     $= 1{,}760 \cdot 10^{7}$ el. magn. Einheiten je g
Entsprechend hat die *Ruhemasse* des Elektrons
     $m_0 = 9{,}107 \cdot 10^{-28}$ g
Die Masse des Elektrons ist rd. 1840 mal kleiner als die des Wasserstoffatoms.

---

[1] Vgl. VON LAUE, Geschichte der Physik, Abschn. Elektrizität und Magnetismus, S. 43 ff.
[2] Vgl. SCHIMANK, 100 Jahre Teilchennatur der Elektrizität, Strahlentherapie, 1955, H. 1.

Energie des Elektrons:

   1 eV (Elektron, das die Potentialdifferenz 1 V durchlaufen hat)
        $= 1{,}591 \cdot 10^{-12}$ erg.

   Ein Elektron mit 1 eV hat die Geschwindigkeit $5{,}94 \cdot 10^7$ cm/sec.

Verwendbarkeit. Dem Wirtschaftsdenken des vergangenen Jahrhunderts entspricht die verstärkte Suche nach praktischen Anwendungsmöglichkeiten der Elektrizität. Der mit der Erfindung der Dampfmaschine in Gang gekommene Industrialisierungsprozeß hatte Hoffnung und Aussicht auf Erfüllung zahlreicher bis dahin zurückgehaltener Wünsche geweckt. Die neu zur Entfaltung kommende Energieform Elektrizität zeigte vor allem eine sonst unerreichte, wirtschaftliche Wandelbarkeit in viele andere Energiearten, wie Licht, Wärme, Kraft und chemische Energie.

Voraussetzung für die praktische Elektrizitätsanwendung war die glückliche Eigenschaft der neuen Energieart, von einigen Stoffen, den Metallen, gut fortgeleitet zu werden und andere, vor allem die Luft, nur äußerst schwer durchdringen zu können. Nur der Tatsache, daß es gute Leiter und Isolierstoffe gibt, die praktisch in unbegrenzter Menge vorhanden und herstellbar sind, verdankt die Elektrizität ihre rasche Entwicklung. Erst mit der Möglichkeit der Fortleitung von Elektrizität ergab sich die Möglichkeit, die vielfach unwirtschaftliche Stromerzeugung am Verbrauchsort zu ersetzen. Die Erzeugung in besonderen Werken erspart dem Einzelnen Unbequemlichkeiten, wie Lärm- und Rauchbelästigung, Raum- und Bedienungssorgen und bietet ihm wirtschaftliche Vorteile.

Die physikalischen Eigenschaften der Elektrizität bestimmen das Bild der wirtschaftlichen Entwicklung der Elektrizitätsversorgung. Ihre Bindung an Leitungen, ihre schnelle Wandelbarkeit, die verhältnismäßig geringen Verluste, ihre mangelnde Speicherfähigkeit, aber auch die in ihr wohnenden Gefahren gegenüber dem menschlichen Organismus sind die wesentlichen physikalisch gegebenen Tatbestände, die bei allen Betrachtungen der Elektrizitätswirtschaft nicht außer acht gelassen werden dürfen.

Elektrizität ist eine bestimmte, äußerst kurzlebige Form der Energie. Sie dient dem Menschen als Mittler zwischen den Energiequellen und seinem Energiebedarf. Elektrizität als solche wird praktisch nicht benötigt, gewünscht wird im wesentlichen Wärme, Licht und Antriebskraft.

b) Die Energiequellen

Sonnenenergie. Symbol des Lichtes, der Wärme, der Kraft, ja sogar des Lebens auf der Erde ist die Sonne.

Seit 4,5 bis 5 Milliarden Jahren strahlt sie als riesiger Kernfusionsreaktor Leistungsbeträge von rd. $4 \cdot 10^{23}$ kW aus, wovon rd. 185 Billionen kW in Richtung Erde gehen. Man glaubt zu wissen, daß der „Brennstoff-Vorrat", der Wasserstoff der Sonne, für rd. 200 Milliarden Jahre ausreichen wird[1].

Einer wirtschaftlichen Ausnutzung der zu uns gelangenden Sonnenenergie steht entgegen, daß selbst bei klarem Wetter und senkrechtem Einfall nur eine Leistung von rd. 1 kW/qm ankommt. Gewisse Aussichten für eine Nutzung bestehen im Gürtel zwischen den 40. Breitengraden, falls mit einer wirksamen durchschnittlichen Einstrahlungsdauer von mehr als 8 Stunden/Tag gerechnet

---

[1] Vgl. Krause, Himmelskunde für jedermann, Stuttgart 1954.

1*

werden kann[1]. Dabei muß die Strahlung im wesentlichen mittelbar über Wärme zur Stromerzeugung benützt werden. Nur in gewissem Umfange ist unmittelbare Erzeugung über Halbleiterelemente möglich[2]. Die entsprechenden Verfahren haben noch keine wirtschaftliche Bedeutung, werden aber sicherlich weiter entwickelt.

Für die wirtschaftliche Nutzung von großer Bedeutung sind Energierohstoffe, die durch indirekte Sonneneinwirkung entstanden, auf der Erde gespeichert und dem menschlichen Zugriff leichter zugänglich sind, also Torf, Holz, Braunkohle, Steinkohle, Erdöl, Erdgas.

Erdwärme. An manchen Stellen der Erde liegen Wärmeeinschlüsse nahe genug an der Oberfläche, daß sie dem menschlichen Zugriff zugänglich sind. Insbesondere in vulkanischen Gebieten finden sich gelegentlich Wärmequellen, deren natürliche Dampfabgabe für den Betrieb von Elektrizitätswerken zwar nicht ausreichen würde, wo aber durch zusätzliche Wasserzufuhr künstlicher Dampf gewonnen werden kann. Dieser Weg wird stellenweise in Italien mit Erfolg beschritten.

Wasserkraft. Eine wichtige Quelle für die Stromerzeugung bieten die Kräfte, die der kinetischen Energie des fließenden Wassers entnommen werden können. Im steten Wasserkreislauf der Natur bringt die Strahlungswärme der Sonne ungeheuere Mengen Wasser in Bewegung, die auf dem Wege über Verdunstung, thermischen Auftrieb, Windströmungen und Niederschläge von den Gebirgen zu den Meeren strömen.

Die Wasserkraftvorräte der Erde werden auf eine elektrische Leistungsfähigkeit von etwa 3750 Millionen kW geschätzt[3].

Rund 45% davon können wohl wirtschaftlich nutzbar gemacht werden. Dann steht allein aus Wasserkräften eine Leistung von rd. 1700 Millionen kW auf der Erde zur Verfügung. Davon entfallen beispielsweise auf die

Sowjetunion	rd. 150 Millionen kW
China	rd. 300 Millionen kW
Kanada und USA	rd. 150 Millionen kW

Von dem europäischen Wasserkraftpotential entfallen rd. 35% auf den Norden Europas, während rd. 50% der auszubauenden Wasserkräfte im Süden Europas liegen. Das Bundesgebiet hat ein Wasserkraftpotential von rd. 7 Millionen kW. Von den noch ausbaufähigen Wasserkraftanlagen im Bundesgebiet mit insgesamt rd. 4 Millionen kW Leistungsfähigkeit werden in der Regel diejenigen zuerst in Angriff genommen, bei denen nach Bau- und Betriebskosten die größte Wirtschaftlichkeit zu erwarten ist[4]. Von 1952 bis 1958 sind jährlich im Durchschnitt 80 MW Wasserkraftleistung neu in Betrieb gekommen.

---

[1] Vgl. KADE, Die Ausnutzung der Sonnenenergie, ETZ B 1956, H. 6, S. 241. Vgl. hierzu auch den Bericht von MUELLER über „Das Weltsymposium für angewandte Sonnenenergie in Arizona 1955" Prakt. Energiekunde 1956, H. 1, S. 20ff.

[2] Vgl. ERLANDSON, Direkte Umwandlung von Sonnenenergie, Prakt. Energiekunde 1956, H. 1, S. 39ff.

[3] Gewaltige Energiereserven warten noch auf ihre Nutzung. „Die Wirtschaft" vom 4. 7. 57.

[4] Vgl. BISCHOFF, MELCHINGER, SARDEMANN, SCHERZER: Stand und Entwicklung der Energiewirtschaft in der Bundesrepublik Deutschland. 5. Weltkraftkonferenz Wien 1956, Bericht Nr. 186 A/33, S. 4.

Vgl. WOLF, PIETZSCH, FROHNHOLZER: Systematik der Wasserkräfte der Bundesrepublik Deutschland, München 1951.

Brennstoffe. Seit Pflanzen auf unserer Erde gedeihen, wird die Energie der Sonne über biochemische Prozesse in hochwertigen Kohlenstoffen aufgespeichert.

Holz. Die im pflanzlichen Zellstoff, vor allem im Holz, verdichtete Energie war von alters her eine wesentliche Energiequelle des Menschen. Als Energiequelle für die Elektrizitätsversorgung hat Holz jedoch wegen seines geringen Heizwertes und der hohen Transportkosten keine Bedeutung.

Torf. Torf als das jüngste Produkt pflanzlicher Ablagerungen wird wegen seines geringen Heizwertes als Brennstoff nur dort genutzt, wo er in der Nähe des Gewinnungsortes verbrannt werden kann. Er dient dann vornehmlich der Hausbrandversorgung. Lediglich in Schweden, das über reichliche Torfvorkommen (25% Feuchtigkeit) verfügt und auf Brennstoffeinfuhr angewiesen ist, hat sich die Torfbrikettierung in größerem Maßstab bewährt. Für die Elektrizitätserzeugung wird Torf sonst nur noch in Irland in erwähnenswertem Ausmaß verwertet. In Deutschland haben Torfkraftwerke — abgesehen von kleinen Anlagen im Weser-Ems-Gebiet — keine größere Bedeutung erlangen können.

Braunkohle. Die Braunkohlenvorräte der Welt werden auf etwa 1200 Mrd. t geschätzt. Sie verteilen sich wie folgt[1]:

Erdteil	Mrd. t	%
Amerika	708	59
(USA)	(646)	(54)
Asien	296	25
(as. Rußland)	(288)	(24)
Europa	154	13
Australien	41,8	3
Afrika	0,2	—
Gesamt	1 200,0	100

Deutschland in den Grenzen von 1937 barg rd. 10% der Welt-Braunkohlenvorräte. Die außerordentliche Bedeutung der Braunkohle für die deutsche Energieversorgung erklärt sich daraus, daß Deutschland arm an leicht erreichbaren und daher billigen Steinkohlen ist, während die reichhaltigen Braunkohlenlagerstätten verhältnismäßig leicht erschließbar sind. So wird verständlich, daß die Förderung im früheren Reichsgebiet im Jahre 1954 mehr als die Hälfte der gesamten Welt-Braunkohlenförderung ausmachte[2].

Im Bundesgebiet lagern Reserven in Höhe von 62 Mrd. t, wovon rd. 8 bis 10 Mrd. t nach dem heutigen Stand der Technik als förderreif gelten[3]. Allein rd. 60 Mrd. t enthält das geschlossene Braunkohlengebiet in der niederrheinischen Bucht. Die Braunkohle wird dort praktisch ausschließlich im Tagebau bei durchschnittlichen Flözstärken von rd. 40 m gewonnen.

Das Verhältnis von Abraum (aus dem Deckgebirge) zu Kohle liegt durchschnittlich um 0,6:1, wird sich allerdings mit der Verschiebung der Aufschließung auf tiefere Ablagerungen hin etwa auf 2,5:1 verschlechtern. Beim derzeitigen Stand der Technik ist Braunkohle bis zu 250 m Tiefe im Tagebau förderbar.

---

[1] Nach KAISER, Die Braunkohle als Wirtschaftsfaktor und ihre Entwicklungsaussichten; Praktische Energiekunde 1952/53, H. 4, S. 320.

[2] Vgl. HELLBERG, Stand und Entwicklung des Braunkohlenbergbaus in Deutschland 5. Weltkraftkonferenz Wien 1956, Bericht Nr. 189 C/12.

[3] Vgl. BISCHOFF, MELCHINGER, SARDEMANN, SCHERZER a. a. O., S. 2.

Der Transport von Braunkohle ist durch ihren geringen Heizwert, der nur $^1/_3$ bis $^1/_4$ des Steinkohleheizwertes erreicht, stark vorbelastet. Zur Stromerzeugung kann sie praktisch nur am Gewinnungsort Verwendung finden. Darüber hinaus wird sie brikettiert auch für Heizzwecke verwendet.

Steinkohle. Die festgestellten und wahrscheinlichen Steinkohlenvorräte der Welt bis 1200 m Tiefe werden auf 3,6 Billionen t SKE[1] geschätzt. Anteilig besitzen davon:

USA	rd. 45%
UdSSR	rd. 26%
Großbritannien	rd. 4%
Deutschland	rd. 2%

Lage der Steinkohlenvorräte im Bundesgebiet[2]
(Mrd. t SKE)

	sichere bis 1200 m	wahrscheinliche in 1200—1500 m	gesamt
Ruhr	65,20	56,10	121,30
Aachen	1,70	0,20	1,90
Niedersachsen	0,30		0,30
Saar	2,30		2,30
gesamt	69,50	56,30	125,80

Bis zu einer Tiefe von 1200 m wird im Bundesgebiet mit Vorräten von insgesamt 78 Mrd. t SKE gerechnet, bis 1500 m mit insgesamt 126 Mrd. t SKE. Etwa ein Viertel der westdeutschen Steinkohlenvorräte ist wegen ihrer geringen Flözstärke oder ihrer Unreinheit nicht abbauwürdig. Im Gegensatz zu Nordamerika, wo die Steinkohle zum größten Teil im Tagebau oder in nur geringen Tiefen bei großer Flözmächtigkeit gewonnen wird, muß sie in der Bundesrepublik aus einer mittleren Tiefe von rd. 700 m bei Flözstärken von durchschnittlich nur einem Meter gefördert werden.

Kohle mit stärkeren Verunreinigungen oder aus anderen Gründen herabgesetzter Brennqualität wird vielfach Ballastkohle genannt. Ihre Verwertung wird oft als ein besonderes Problem hingestellt[3]. Im Ruhrbergbau fallen bei Auf-

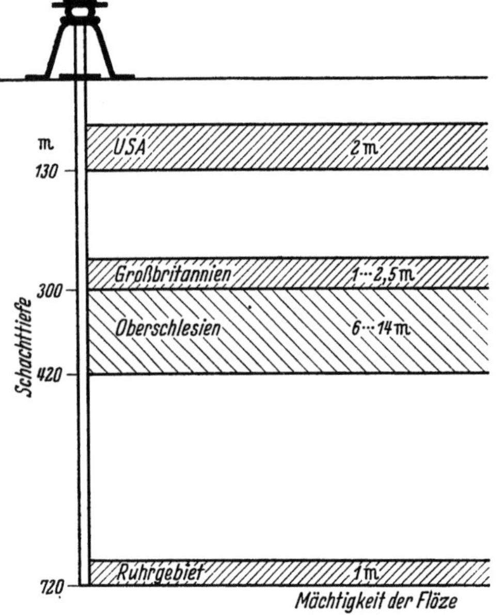

Abb. 1. Mittlere Fördertiefen und Flözstärken
(Nach KRIPPENDORFF, Leistungssteigerung im Kohlenbergbau, Rationalisierung 1951, H. 2)

---

[1] Steinkohleneinheiten umgerechnet auf unteren Heizwert (H_u) von 7000 kcal/kg.

[2] Vgl. Die Kohlenwirtschaft der Welt in Zahlen, Essen 1958, S. 15.

[3] Der geschätzte Anteil in Gewichtstonnen liegt für die der Hohen Behörde der Montanunion unterstehenden Zechen etwa zwischen 16 und 17%. Vgl. v. LUDWIG, Der Steinkohlenbergbau im Rahmen der Allgemeinen Ziele der Europäischen Gemeinschaft für Kohle und Stahl, Glückauf 1957, H. 17/18, S. 579.

bereitung normaler Kohle rd. 10% Ballastkohle an. Dazu kommt gegebenenfalls noch ein zusätzlicher Anteil aus Förderung unreiner Kohle, da zahlreiche Flöze dieser Art zur Gewinnung normaler Kohle mit aufgeschlossen werden müssen. Insgesamt dürften damit in der Bundesrepublik jährlich rd. 20 Mio t Ballastkohle anfallen. Eine stärkere Mechanisierung der Zechen wirkt erhöhend auf den Anteil an Ballastkohle.

Ob es wirtschaftlicher ist, Ballastkohle gleich am Förderort zur Stromerzeugung oder für andere Zwecke zu verwenden, oder ob sich ihr Transport lohnt, wird von der jeweiligen Wettbewerbslage bestimmt. Für das Wettbewerbsverhältnis Ballastkohlen- oder Stromtransport sind gegenüber anderen Faktoren auf der einen Seite die Kahn- oder Bahnfrachten, auf der anderen Seite der Kapitaldienst für die Netze entscheidend. Bei Verbrennung der Ballastkohle am Förderort ist es nur von geringer Bedeutung, ob das Kraftwerk zur Zeche gehört oder nicht. Da die Menge der in Deutschland anfallenden Ballastkohlen im Verhältnis zu dem örtlichen Bedarf der im Zechengebiet liegenden Kraftwerke verhältnismäßig gering ist, so erscheinen große Sorgen um die Art ihrer Verwertung kaum gerechtfertigt.

Erdöl. Die Weltvorräte an Erdöl — abgesehen von denen auf dem Meeresboden außerhalb des flachen Küstenbereiches — werden auf rd. 80 Mrd. t geschätzt, wovon bis jetzt rund ein Drittel nachgewiesen ist. Die verstärkte Suche nach Erdöl bringt bislang fortwährend Erkenntnisse über neue Lagerstätten.

Nachgewiesene Erdölreserven (Stand Ende 1956)[1,2]

Land	in 10^9 t	
Amerika		7,48
davon USA	4,48	
Venezuela	1,95	
Sowjetunion und Osteuropa[3]		3,31
davon Sowjetunion	3,20	
Rumänien	0,08	
Naher Osten		19,45
davon Kuwait	6,75	
Saudiarabien	5,40	
Iran	4,00	
Irak	2,90	
Übriges Asien und Afrika		0,90
Westeuropa		0,19
davon Bundesrepublik	0,065	
Österreich	0,058	
Gesamte Welt		31,33

Die sicheren und wahrscheinlichen Reserven an Erdöl in der Bundesrepublik betragen rd. 65 Mio t.

---

[1] Vgl. BAUER, BREITENSTEIN, GERSTBACH, GRABER, WINTER: Übersicht über die Entwicklung der nationalen Energiewirtschaften von 1950—1954. 5. Weltkonferenz Wien 1956, Generalbericht 1 A, S. 6. BISCHOFF, MELCHINGER, SARDEMANN, SCHERZER, a. a. O. S. 2.
[2] BP-Kurier 1957, H. Febr./März, S. 10. [3] Nachgewiesen und geschätzt.

Erdölreserven in Deutschland (Bundesgebiet) (Stand 1955)

Vorräte	Sichere 10^6 t	Wahrscheinl. 10^6 t	Insgesamt 10^6 t
Nördlich der Elbe	3,9	2,1	6,0
Zwischen Elbe und Weser	16,6	6,2	22,8
Zwischen Weser und Ems	7,0	3,7	10,7
Westlich der Ems	19,3	5,4	24,7
Oberrheintal	0,6	0,6	1,1
Alpenvorland	0,1	0,1	0,2
Westdeutschland insgesamt:	47,5	18,0	65,5

Quelle: Amt für Bodenforschung

Die flüssigen Brennstoffe können bei hohem Energiegehalt (z. B.: Benzin: rd. 10500 kcal/kg) mit geringem technischem Aufwand umgefüllt und zum Verbrauchsort transportiert werden. Diese Eigenschaft hat ihnen eine beherrschende Stellung als Energiequelle für den Antrieb von Verkehrsmitteln, z. B. bei Kraftwagen, Bahnen, Flugzeugen und Schiffen eingeräumt. Dazu kommt, daß die Raffiniertechnik erreicht hat, die Eigenschaften der Kohlenwasserstoffgemische dem jeweils erforderlichen Zweck anzupassen.

Als Rohenergie für die Stromerzeugung dringt Öl seit langem auf der ganzen Welt stetig weiter vor, obwohl die Verbrennung in Kraftwerkskesseln auf Grund des merklichen Schwefelgehaltes der meisten Heizöle gewisse Unannehmlichkeiten mit sich bringt.

In Deutschland wurde die Ölverbrennung in Kraftwerken zusätzlich noch durch die Autarkiebestrebungen vor dem Kriege und durch zu hohe Ölpreise in der ersten Nachkriegszeit gehemmt. In den letzten Jahren hat sich jedoch auch in der Bundesrepublik die Wettbewerbslage des Heizöls wesentlich verbessert.

Erdgas. Neben flüssigen enthalten zahlreiche Ölvorkommen sehr viele flüchtige Bestandteile, das Erdgas. Erhebliche Mengen davon treten an Orten zutage, die für den Bau von Rohrleitungsverbindungen zum Transport an geeignete Verbrauchsorte nicht geeignet sind. Nur ein Teil der nichtgenutzten Erdgasmengen wird zur Druckhaltung bei den Förderstätten wieder eingepumpt. Bedeutende Erdgasmengen müssen abgefackelt werden. Verfahren zum Transport solcher Erdgase auf dem Seewege als Flüssiggas mit etwa $-160\ °C$ wurden erst in jüngster Zeit entwickelt und harren noch umfangreicher praktischer Verwertung.

Die Vorräte an Erdgas wurden erst in neuerer Zeit eingehend erforscht. In den USA werden sie auf 6000 Mrd. m^3 und in der UdSSR auf 1000 Mrd. m^3 geschätzt. In Westeuropa hat Erdgas vor allem in Italien (Vorrat 130 Mrd. m^3) und Frankreich (Vorrat 75 Mrd. m^3) wirtschaftliche Bedeutung erlangen können. Die in der Bundesrepublik verfügbaren Erdgasmengen sind verhältnismäßig gering. Bei dem geschätzten Vorrat von 35 Mrd. m^3 rechnet man für 1961 mit einer Ausbeute von 1 Mrd. m^3.

Erschöpfung der Energiequellen. Die bedrückende Frage, wie lange die Rohenergievorräte an Brennstoffen zur Energiegewinnung ausreichen werden, läßt sich, obwohl oftmals Zahlenangaben hierüber gemacht werden, nicht eindeutig beantworten. Die Angaben darüber hängen davon ab, in welchem Maße künftig die einzelnen Energiequellen genutzt werden. Eine möglichst weitgehende Nutzung der kontinuierlich weiterfließenden Wasserkraft kann den Erschöpfungszeitpunkt der begrenzten anderen Energievorräte hinausschieben. Der Ausbau der Wasserkräfte ist um so dringender, als die festen und flüssigen Brennstoffe in steigendem Maße als Rohstoffe für zahlreiche chemische industrielle Produkte und als technische Hilfsstoffe unentbehrlich und damit für eine Verbrennung in Kraftwerken zu wertvoll werden.

Unter der Annahme wahrscheinlicher Zuwachsraten des Rohenergieverbrauchs zeigen verschiedene Untersuchungen über die zu erwartende Ausbeutung der angenommenen Weltvorräte an fossilen Brennstoffen[1], daß ohne Anwendung der Kernenergie mit einer Erschöpfung der Vorräte um das Jahr 2100 gerechnet werden kann.

Erschöpfung der Weltvorräte an fossilen Brennstoffen

	Putnam	Cockcroft	Parker	
Schätzung der Vorräte in Tonnen Kohlenäquivalent	$1{,}35 \cdot 10^{12}$ (1950)	$1{,}35 \cdot 10^{12}$ (1950)	$2{,}5 \cdot 10^{12}$ (1954)	$2{,}5 \cdot 10^{12}$ (1954)
Angenommene jährliche Zuwachsrate des Rohenergieverbrauchs	3,25%	3,35%	1,48%	2%
Anzahl der Jahre, bis der Verbrauch sich verdoppelt	22	21	47	35
Jährlicher Weltverbrauch an Rohenergie in Tonnen Kohlenäquivalent (gleiches Bezugsjahr)	—	$1{,}43 \cdot 10^{9}$ (1954)	$3{,}65 \cdot 10^{9}$ (1954)	—
Davon im Bezugsjahr und in folgenden Jahren aus fossilen Brennstoffvorräten zu decken***	$3{,}5 \cdot 10^{9}$	$1{,}23 \cdot 10^{9}$**	$3{,}15 \cdot 10^{9}$	$3{,}15 \cdot 10^{9}$
Geschätzte Erschöpfungsdauer der Vorräte in Jahren	82	117	173	143
Die Erschöpfung würde also erfolgen im Jahre	2032	2067	2127	2097

* In dieser Spalte sind jene Werte aufgeführt, die dem Studienausschuß des westdeutschen Kohlenbergbaus am wahrscheinlichsten vorkommen.

** COCKCROFT gibt an, daß im Jahre 2000 von einem Energiebedarf von 7 bis $8 \cdot 10^{9}$ t Kohlenäquivalent etwa $1 \cdot 10^{9}$ aus Wasserkraft stammen könnten; das sind etwa 12,5 bis 14,5%. Einfachheitshalber sind, wie von PARKER, 14% angenommen, so daß der Anteilfaktor $1 - 0{,}14 = 0{,}86$ wird.

*** Ohne Berücksichtigung einer Nutzung von Kernenergie.

Obwohl die Vorräte an fossilen Brennstoffen so erheblich sind, daß trotz der steigenden Ausbeutung in den nächsten Menschenaltern keine Erschöpfung zu erwarten ist, versetzte die Erkenntnis von der Erschöpfbarkeit der Energievorräte die Verantwortlichen in schwere Sorge. Als Fügung des Schicksals mag es betrachtet werden, daß ungefähr zur selben Zeit die Entdeckung der Nutzungsmöglichkeit der Kernenergie die Gefahren eines weltweiten Energiemangels zu bannen versprach.

---

[1] Vgl. PUTNAM, COCKCROFT, PARKER in der Zusammenstellung des Studienausschusses des westdeutschen Kohlenbergbaus „Die Anwendung der Kernenergie zur Kraft- und Stromerzeugung und ihr Einfluß auf den Kohlenbergbau". Essen 1956, Anlagen S. 49 (mit Quellenangaben). Dazu eine kritische Stellungnahme von GRUND, „Die Energievorräte Europas und der Welt unter Berücksichtigung der Problematik ihrer Berechnung und Schätzung". DIW-Mitteilungen, Berlin, Sept. 1957, S. 21 ff.

Für einzelne Volkswirtschaften waren Befürchtungen dieser Art wegen der ungleichmäßigen geographischen Verteilung der Energievorräte unserer Erde schon früher akut geworden. Dabei war vielfach weniger die Begrenztheit der eigenen Energievorräte maßgebend, als vielmehr die Schwierigkeit, diese zu erschließen, die Sorge um die Ausbeutung der vorhandenen Energiequellen — insbesondere das Problem der Kapitalbeschaffung für die technischen Anlagen.

In Deutschland (Bundesgebiet) ist bei Rohenergievorräten[1] an

Steinkohle von rd. 123,5 Mrd. t und einer jährlichen Ausbeutung[1] von rd. 132 Mio t
Braunkohle von rd. 62   Mrd. t und einer jährlichen Ausbeutung[1] von rd. 92 Mio t
Erdöl   von rd. 65   Mrd. t und einer jährlichen Ausbeutung[1] von rd.   3 Mio t
Erdgas   von rd. 35   Mrd. m³ und einer jährlichen Ausbeutung[1] von rd. 250 Mio m³

eine Erschöpfung der Reserven an fossilen Brennstoffen vorerst nicht zu befürchten. Mangel an heimischer Rohenergie kann und wird jedoch eintreten, wenn die Anpassung der jährlichen Ausbeute an den Bedarf nicht schnell genug erfolgt.

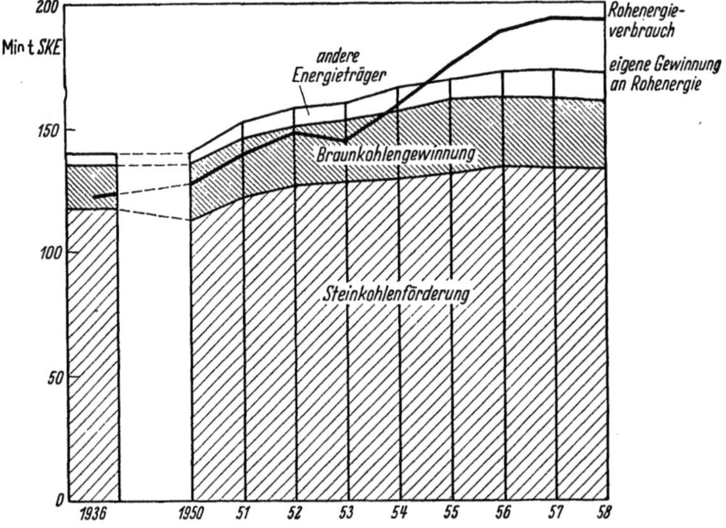

Abb. 2. Rohenergiegewinnung und Rohenergieverbrauch im Bundesgebiet
(Glückauf 1957, H. 11/12, S. 333. Stat. Jahrbuch 1959. Grund: Materialien zur Wettbewerbslage
der westdeutschen Steinkohle DIW-Mitteilungen Mai 1959, Tab. 8)

Begriffsbestimmungen. Die Information über die Energiequellen und ihre Nutzung leidet unter dem Mangel genauer Begriffsbestimmungen. Nur langsam setzen sich einheitliche Begriffe durch[2]. So hat man sich inzwischen daran gewöhnt, von „Rohenergie" im Zusammenhang mit den Energiequellen zu sprechen. Unter „Rohenergie-Potential" eines bestimmten Wirtschaftsgebietes wird die Jahres-

---

[1] 1955 als Bezugsjahr gewählt, weil zu dem Zeitpunkt die Rohenergiebilanz des Bundesgebietes (ohne Saar) noch nahezu ausgeglichen war.

[2] Angelehnt an die Ausführungen von Mueller, Die Kohle in der deutschen und europäischen Energiewirtschaft Prakt. Energiekunde 1955, H. 2, S. 162. Mueller und Schaefer, Energiewirtschaftliche Begriffe, Definitionen, Maßgrößen, Praktische Energiekunde 1956, H. 2, S. 138.

produktion an Energieträgern aus heimischen Energiequellen ohne Rücksicht auf deren Verbleib verstanden. Die *„Rohenergiedarbietung"* enthält die Rohenergiemengen, die der heimischen Energiewirtschaft dargeboten werden. Sie ergeben sich aus dem Rohenergie-Potential durch Vermehrung und Verminderung um die saldierte Ein- und Ausfuhr und durch Abzug derjenigen Energieträger, die als chemische Roh- oder technische Hilfsstoffe verwendet werden und nicht in die Energiewirtschaft gelangen. Die Umwandlung in andere Energieträger wird hierbei nicht berücksichtigt. Auf die Anrechnung der Zu- und Abgänge bei Lagerbeständen wird meist verzichtet. Zur Ermittlung des „Rohenergieverbrauchs" werden von der Rohenergiedarbietung die Brennstoff- und Energiemengen abgezogen, die zur Förderung und Veredlung benötigt werden. Hinzugefügt werden der anfallende Zechen- und Gaskoks, die Briketts sowie Gas und Strom aus industrieller oder öffentlicher Erzeugung. Da bei dieser Begriffsabgrenzung Koks, Briketts, Gas und Strom entgegen der allgemeinen Vorstellung als „Rohenergie" gekennzeichnet werden, wird sie sich in der Praxis nicht durchsetzen können. Aber auch der vielfach gebrauchte Ausdruck „End-Energie" ist nicht ganz zutreffend, da er nicht erkennen läßt, daß die betreffende Energie beim Letztverbraucher noch weiter umgewandelt wird.

Der *„Nutzenergieverbrauch"* gibt den umgewandelten Energieverbrauch beim Verbraucher unter Berücksichtigung des *Nutzwirkungsgrades* der Verbrauchsgeräte an. Die wissenschaftliche Auseinandersetzung über die Definition dieser Nutzwirkungsgrade ist noch nicht abgeschlossen. Umstritten ist vor allem die sich beim industriellen Rohenergieverbrauch ergebende Frage, ob die gesamte erzeugte Wärme als Nutzen gewertet werden kann oder nicht. Daher erklärt sich wohl, daß der mittlere Nutzwirkungsgrad für alle Energieträger- und Verbraucher vom Energiewirtschaftlichen Forschungsinstitut mit rd. 37%, von Kreisen, die dem Bergbau nahestehen, hingegen mit 49%[1] angegeben wird.

Die noch nicht abgeschlossene Klärung der Begriffe für Energie in ihren Stufen auf dem Wege zu der vom Verbraucher schließlich genutzten Energieform zwingt zu äußerst kritischem Vorgehen bei der Aufstellung und Auswertung von Energiebilanzen und anderen Darstellungen über den Energieverbrauch.

Angesichts der schwerwiegenden Folgen, die sich aus Mißverständnissen ergeben können, ist es daher zu begrüßen, daß die großen internationalen Energiewirtschaftsinstitutionen und -verbände inzwischen laufend in Abstimmung mit den nationalen Interessenten auf eine Normung der Begriffsbestimmungen drängen.

c) Elektrizitätswerke und allgemeine Wirtschaft

Menschliche und tierische Muskelkraft, Sonnenstrahlung, Wind, fließendes Wasser und Feuer aus Holz oder tierischen und pflanzlichen Fetten waren die ersten Energiequellen der Menschheit. Sie genügten jahrtausendelang auch noch für eine Gesellschaftsordnung mit handwerklicher Wirtschaftsgrundlage. Die Erfindung der Dampfmaschine durch JAMES WATT im Jahre 1769 schuf die Voraussetzung für den Übergang zur industriellen Wirtschaft, deren Ausdehnung bald zu einer ungeheuren Bedarfssteigerung für Kohle und später auch für Öl führte.

---

[1] GUMZ und REGUL: Die Kohle, Entstehung, Eigenschaften, Gewinnung und Verwendung. Essen 1954, S. 367.

Erst in der zweiten Hälfte des vorigen Jahrhunderts wurden die sogenannten „Sekundärenergien" oder „veredelte Energien" in weitem Maße in den Wirtschaftsprozeß eingeführt. Gas und — wenige Jahrzehnte später — Elektrizität konnten sich auf Grund ihrer Vorteile für den Verbraucher trotz anfänglich hoher Preise erstaunlich schnell durchsetzen und brachten im Zuge der weiteren technischen Entwicklung eine erhebliche Ausdehnung der Energiewirtschaft mit sich.

Wachsende Bedeutung der Elektrizitätswirtschaft. Die volkswirtschaftliche Bedeutung der Energiewirtschaft zeigt sich am Verkaufswert der verbrauchten Energie, er betrug in Deutschland (Bundesgebiet) im Jahre 1953 rd. 14,5 Milliarden DM bei einem Bruttosozialprodukt von 143,8 Milliarden DM[1] (10,1%)[2].

Entfielen davon damals auf die Elektrizitätswirtschaft noch 4,8 Mrd. DM, also 3,3%, so waren es 1956 bei einem Brutto-Sozialprodukt von 193,4[3] bereits rd. 7,3 Mrd. DM, also 3,8%. Der Anteil ist in Wirklichkeit noch etwas höher, wenn man berücksichtigt, daß dabei ortsbewegliche und leitungsunabhängige Elektrizitätsverbraucher nicht mit einbezogen sind, die ihre elektrische Energie selbst erzeugen. Dazu gehören z. B. Schiffe, Flugzeuge, Kraftfahrzeuge, nicht elektrisch angetriebene Eisenbahnen, ein großer Teil der Baumaschinen, bewegliche militärische Stromerzeugung u. dgl. Diese Selbstversorgung steht ebenso wie die vielfältige Versorgung aus den Batterien, die nicht aus ortsfesten und leitungsgebundenen Anlagen aufgeladen werden, außerhalb der eigentlichen „Elektrizitätswirtschaft".

Die Problematik des Begriffs der „Eigenanlagen". In der Elektrizitätswirtschaft wird unterschieden nach „öffentlicher Elektrizitätsversorgung" und „Eigenanlagen". Eine solche Unterscheidung ist jedoch nicht frei von Bedenken. Ihren Ursprung hat sie in den Anfängen der Elektrizitätsanwendung, als zahlreiche Unternehmen, z. B. Wassermühlen, Zechen, aus eigenen Rohenergiequellen mehr Strom erzeugten, als sie für ihren eigenen Betrieb benötigten. Sie gingen dazu über, die Nachbarschaft mit Strom zu versorgen. In Gegenden ohne eigene Rohenergiebasis wurde die Stromerzeugung in der Regel von Unternehmen aufgegriffen, die sich die Energierohstoffe von anderen beschaffen mußten.

Das wesentliche Unterscheidungsmerkmal war also im Anfang die eigene Rohenergiequelle. Als sich die Stromversorgung im Laufe der Zeit zu einem wichtigen Zweig der Wirtschaft entwickelte, rückte unter dem Gesichtspunkt der wirtschaftlichen Arbeitsteilung der Zweck des Unternehmens in den Vordergrund. So werden heute zu den Unternehmen der „öffentlichen Elektrizitätsversorgung", in der Mehrzahl ohne eigene Rohenergiebasis, jene gerechnet, die in der Stromversorgung anderer den Zweck ihrer Tätigkeit sehen. Jene Unternehmen, die vornehmlich für den eigenen Bedarf die Erzeugung von Elektrizität — meist auf eigener oder konzerneigener Energiebasis — betreiben, werden zu der Gruppe „Eigenanlagen" gezählt.

Von der gesamten Brutto-Stromerzeugung 1958 entfielen im Bundesgebiet 57,5 Mrd. kWh auf die Werke der „öffentlichen Stromversorgung" und 36,7 Mrd. kWh auf die „Eigenanlagen" (ohne Bundesbahnkraftwerke mit 1,1 Mrd. kWh). Dieses Verhältnis hat sich auf Grund der Ausweitung der öffentlichen Versorgung

---

[1] Wirtschaft und Statistik 1/1959, S. 5.

[2] MUELLER, Die Kohle in der deutschen und europäischen Energiewirtschaft, Praktische Energiekunde 1955, H. 2, S. 170.

[3] Wirtschaft und Statistik, a. a. O.

laufend zugunsten der öffentlichen Kraftwerke verschoben. Eine Abbremsung erfuhr diese grundsätzliche Tendenz lediglich in Zeiten starker Rüstungsproduktion und in neuester Zeit durch stärkere Subventionierung der Zechenkraftwerke.

Brutto-Stromerzeugung im Bundesgebiet[1]
(Mrd. kWh)

	Gesamt	Eigenanlagen	%
1925	20,3	10,4	51,2
1930	28,9	13,0	45,0
1935	36,7	16,4	44,7
1939	61,4	27,3	44,4
1950	44,0	17,2	39,1
1951	51,4	19,9	38,7
1952	56,2	21,9	39,0
1953	60,5	24,1	39,8
1954	67,9	26,4	37,9
1955	75,8	29,1	38,4
1956	84,3	32,2	38,2
1957	90,9	34,6	38,0
1958	94,2	36,7	39,0
1959	101,9	39,2	38,9
1960	115,5	45,1	39,0 (vorl. Zahlen)

Die absolute Erhöhung der Stromerzeugung industrieller Eigenanlagen erscheint nicht unbedenklich, soweit sie über den echten Eigenbedarf der industriellen Stromerzeuger hinausgeht und gleichzeitig eine Verzerrung der Wettbewerbslage ausnützt. Als in den letzten Jahren die Ruhrkohle knapper und ihr Preis aus Erwägungen, deren wirtschaftliche Schlüssigkeit durchaus strittig ist, mit staatlicher Subvention niedrig gehalten wurde, ergab sich für manche Unternehmen des Bergbaus ein Anreiz, ihren Kraftwerksbau über den eigenen Bedarf hinaus zu intensivieren und unter dem Motto „Eigenanlage" zunehmend Strom zu erzeugen. Dabei wurde vielfach nicht nur aus Ballastkohle, sondern in starkem Maße auch aus der subventionierten Kohle erzeugter Strom angeboten.

Anteil der Stromerzeugung der Zechen im Bundesgebiet, der nicht von ihnen selbst verbraucht wurde[2]

1950	1951	1952	1953	1954	1955	1956
29%	31%	32%	36%	41%	43%	45%

Die Unternehmen der „öffentlichen Elektrizitätsversorgung" waren gezwungen, sich entsprechend stärker der nicht-subventionierten Auslandsbrennstoffe zu bedienen. Dieser Weg zu Verbesserung der Wirtschaftlichkeit einiger Bergbaubetriebe erscheint nicht unproblematisch, wenn man bedenkt, daß deren Gewinne aus eigener Stromerzeugung wegen der industriellen Interessenbindung nicht mit Sicherheit der Allgemeinheit zufließen. Für die Werke der Elektrizitätserzeugung hingegen ist es typisch, wirtschaftliche Vorteile einem möglichst weiten Kreis der Allgemeinheit zukommen zu lassen.

Die Bedeutung der öffentlichen Elektrizitätsversorgung. Der Begriff „öffentliche Elektrizitätsversorgung" hat in der Vergangenheit nicht immer eine einheitliche Deutung erfahren. Die Dynamik der Technik hat die Elektrizitätsversorgung als

---

[1] Ohne Bundesbahn; Zahlen aus den Stat. Jahrbüchern.
[2] Nach Glückauf 1957, H. 39/40, S. 1234.

Wirtschaftszweig so rasch entwickelt, daß dessen begriffliche und rechtliche Einordnung nur langsam folgen konnte.

In den ersten Versuchen zur Klärung des Rechtes der Elektrizitätswirtschaft wurde der Begriff „öffentlich" darauf zurückgeführt, daß die Elektrizitätsunternehmen für die Leitungsführung auf die Benutzung öffentlicher Wege angewiesen seien. Sicherlich ist mit der Kennzeichnung „öffentlich" nicht die Eigentums- und Besitzfrage bei den Elektrizitätswerken gemeint, obgleich gerade bei Laien wegen der starken Beteiligung der öffentlichen Hand bei zahlreichen Elektrizitätsversorgungsunternehmen eine derartige Auffassung vorkommt[1]. Die herrschende Meinung sieht inzwischen die Elektrizitätsversorgung als öffentliche Aufgabe an, — nämlich andere zu versorgen. Diese Betrachtung entspricht der überlieferten Auffassung in den Elektrizitätsversorgungsunternehmen, die ihre Arbeit als Dienst an der Öffentlichkeit werten. Dabei ist Dienst im wirtschaftlichen Sinne als Dienstleistung aufzufassen, also als das Bemühen, die Kunden, die Öffentlichkeit befriedigend zu versorgen.

Die entscheidende volkswirtschaftliche Bedeutung der öffentlichen Versorgung liegt nicht nur in der ständigen Lieferung von elektrischer Energie zur Aufrechterhaltung der verwickelten Wirtschaftsabläufe, sondern in der zusätzlichen Bereithaltung eines hinreichenden Überschusses an Energie. Erst dieses Überangebot gestattet es der Wirtschaft, in dem dauernden Streben nach Senkung der Kosten von technisch möglichen Rationalisierungen ausreichend Gebrauch zu machen. Für die weitere Steigerung unseres Sozialproduktes, vor allem auch bei Mangel an Arbeitskräften, hat die öffentliche Elektrizitätswirtschaft insofern eine Schlüsselstellung, als sie den einzelnen Unternehmen ermöglicht, durch weitere Mechanisierung — in einem späteren Zustande auch Automatisierung — Lohnkosten durch Kapital- und Energiekosten abzulösen.

d) Elektrizität im Vergleich zu anderen Wirtschaftsgütern

Fragt man nach den ökonomischen Eigenheiten der Elektrizität, so erscheint im Vergleich zu anderen Wirtschaftsgütern zunächst charakteristisch, daß ihr jede Stapelfähigkeit fehlt. Geht man davon aus, daß man unter einer „Ware" im allgemeinen ein Gut in festem, flüssigem oder gasförmigem Zustand ansieht, so kommt man ebenfalls zu dem Schluß, daß die Lieferung von Elektrizität nicht als Lieferung einer Ware angesehen werden kann, sondern vielmehr einer Dienstleistung entspricht. Wer immer sie an einem beliebigen Ort im Versorgungsbereich eines Elektrizitätswerkes in Anspruch nehmen will, muß mit diesem in ein Vertragsverhältnis treten. Dieses Vertragsverhältnis beinhaltet keine Abnahmeverpflichtung, jedoch einen Anspruch auf jederzeitige sofortige Belieferung. Ähnliche Bestimmungen zwischen Lieferant und Kunden kennt die Wirtschaft im übrigen nur bei Gas, Wasser, Telefon und allenfalls bei sogenannten „Warenabrufverträgen".

Eine weitere wesentliche Besonderheit, die sonst im Waren- und Dienstleistungsverkehr nur selten und auch bei keiner der Rohenergien vorliegt, ist die genaue Meßbarkeit. Die Genauigkeit liegt bei den heute verwendeten Wechselstromzählern durchweg in Grenzen von $\pm 1\%$.

---

[1] Vgl. RUZEK, Ist die Bezeichnung „öffentliche Versorgung" im Energiewirtschaftsgesetz klar und zweckmäßig oder sollte sie geändert werden? Elektrizitätswirtschaft 1957, H. 1, S. 23.

Allen Waren- und Dienstleistungen des Wirtschaftsverkehrs hat die Elektrizität voraus, daß sie dem Kunden auf Grund ihrer Wandlungsfähigkeit eine fast unbegrenzte Wahl erlaubt, welchen Gebrauch er von ihr machen will. Dies allein führt meist schon zu einer Wertschätzung, die über den realen Nutzwert des Stromes weit hinausgeht.

Allerdings kann ein Kunde die Elektrizität als solche nicht unmittelbar nutzen. Er muß sich auf dem Markt noch ein Gerät beschaffen, das ihm den Strom in die von ihm gewünschte Nutzenergie umwandelt. In dieser Abhängigkeit von einem Gerät beim Kunden ähnelt die Elektrizität den anderen Energiearten, aber auch Verbrauchsgütern wie Filmen, Stoffbahnen u. dgl.

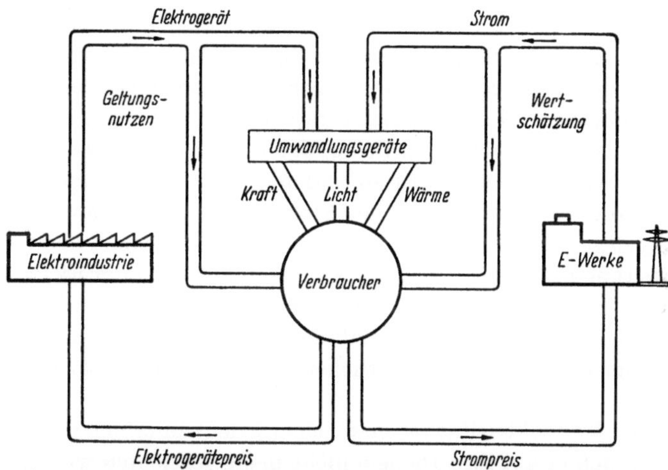

Abb. 3. Die Marktkoppelung zwischen Elektroindustrie, Elektrizitätswerk und Verbrauchern
(Nach FREWER, Die theoretischen Zusammenhänge zwischen dem Energiebedarf und seiner Deckung,
Praktische Energiekunde 1956, H. 2, S. 162/63)

Die Bedarfsdeckung des Käufers setzt also zwei Kaufakte auf verschiedenen Märkten voraus: 1. *einmaliger Kauf* eines Wandlergerätes zum *wiederholten* Gebrauch, 2. *laufender* Bezug von Elektrizität zum je *einmaligen* Verbrauch[1]. Bei der Beschaffung des Wandlergerätes ist neben dem Geltungsnutzen (modische Gestaltung usw.) für den Nutzwert mitentscheidend, mit welchem Nutzungsgrad das Gerät die Rohenergie „Elektrizität" in die gewünschte Energie (Licht, Kraft oder Wärme) umzuwandeln in der Lage ist.

Beispiele von wirtschaftlichen Nutzungsgraden elektrischer Geräte[2]

Wärme bis 100%	Heißwassergeräte	80—85%
	Kochgeräte	70%
	Raumheizgeräte	100%
	Technische Öfen	50—90%
Kraft bis 80%	Elektromotoren, klein	60—70%
	Elektromotoren, groß	80%
Licht bis 20%	Glühlampen	5%
	Leuchtstofflampen	20%

[1] Vgl. FREWER, a. a. O.

[2] Vgl. MORGENTHALER, Energiedarbietung und Energieverbrauch im Bundesgebiet. Technische und volkswirtschaftliche Berichte des Wirtschafts- und Verkehrsministeriums Nordrhein-Westfalen 40/1956, S. 44 ff.

Die Produkte sowohl des Elektroenergie- als auch des Elektrogerätemarktes haben als Besonderheit gemeinsam, daß ein beachtlicher Anteil der jeweiligen Erzeugniskosten aufgewendet werden muß, um die Gefährlichkeit der Elektrizität beim Gebrauch durch den Kunden zu bannen. Für die Marktsituation ist dies insofern bedeutsam, als die für den Schutz des Kunden aufgewendeten Mittel auf keinen Fall auf Kosten der Qualität vernachlässigt werden können. Die Notwendigkeit ähnlicher zusätzlicher Schutzaufwendungen, wenn auch in wesentlich geringerer Höhe, finden sich beispielsweise bei Werkzeugmaschinen, Automobilen oder bestimmten Arzneimitteln. Die Gefährlichkeit der Elektrizität beeinflußt insbesondere die Kosten des Transports zum Verbraucher. Hier ist die Lage ähnlich wie bei Sprengstoffen, Säuren und Laugen oder radioaktiven Substanzen.

Der Transport von Elektrizität läßt sich wirtschaftlich — ähnlich wie bei Gas und Wasser — nur mit Leitungen bewerkstelligen. Man spricht von der „Leitungsgebundenheit" dieser Energien, weil jede Stromentnahme ein der zu erwartenden Leistung entsprechendes Leitungsnetz voraussetzt. Da es nicht möglich ist, diese Leitungen jeweils für den einzelnen Bedarfsfall eines Kunden zu verlegen und nach Benutzung zur Wiederverwendung in anderen Fällen rasch wieder abzubauen, sind in den Stromtransportanlagen der Elektrizitätswerke erhebliche Kapitalien dauernd festgelegt. Ihre Höhe wird von der höchsten — auch noch so kurzen — Stromanforderung bestimmt. Diese starke Kapitalbindung der Elektrizitätswerke für die jeweils erste Inanspruchnahme durch einen Kunden zeigt, warum der Strompreis bei häufiger Inanspruchnahme der bereitgestellten Transportmittel für den betreffenden Kunden wesentlicher sinken kann als bei anderen Dienstleistungen.

Die Nutzung der Elektrizität ist inzwischen jedem einzelnen so selbstverständlich geworden, daß er auf ihre Dienste nicht mehr verzichten will. Er sieht es als sein gutes Recht an, damit versorgt zu werden. Das „Wirtschaften mit Elektrizität", die Elektrizitätswirtschaft, unterliegt also im Gegensatz zur Versorgung mit vielen anderen Wirtschaftsgütern und der Leistung anderer Dienste einem hervorgehobenen Interesse der Öffentlichkeit. Das geht so weit, daß der Elektrizitätsversorgung in unserer Wirtschaftsordnung eine Sonderstellung eingeräumt wird. Für die Elektrizitätswerke kann diese bei der Durchführung ihrer Aufgaben eine Erleichterung bedeuten, in vieler Hinsicht — man denke hier beispielsweise nur an die Bindung der Tarifpreise — stellt sie jedoch eine erhebliche Belastung dar.

II. Rechtsgrundlagen

Das Wirtschaften mit Elektrizität ist unmöglich, wenn die physikalischen Grundgesetze, die für diese Energieform zwingend gelten, außer acht gelassen werden.

Da das zur Zeit des dynamischen Aufstiegs dieses neuen Wirtschaftszweiges bestehende Wirtschaftsrecht den physikalischen Zusammenhängen nicht ausreichend entsprach, war seine Anpassung notwendig geworden. Es erschien in Deutschland erforderlich, ein eigenes Energiewirtschaftsrecht zu schaffen, was nicht bedeuten soll, daß nicht auch andere Lösungen gangbar und sinnvoll gewesen wären. Tatsächlich unterliegen auch heute noch weite Bereiche der Energiewirtschaft — man denke nur an die Eigenversorgung — lediglich den allgemeinen Rechtsnormen.

Die „öffentliche Aufgabe". Das außergewöhnliche Interesse der Öffentlichkeit an der Versorgung mit Elektrizität hat dazu geführt, für die „öffentliche Elektrizitätsversorgung" gesetzliche Sonderregelungen zu suchen. Dabei ergab sich die Schwierigkeit, Rechtsnormen für Tatbestände bilden zu müssen, deren physikalisch-technische Zusammenhänge nicht nur schwer erfaßbar, sondern ebenso wie die wirtschaftlichen Entwicklungen immer noch im Fluß sind. Zu enge Rechtsnormen pflegen in solchen Fällen nach kurzer Zeit wirklichkeitsfremd zu werden.

Ein typisches Beispiel dafür ist der Zwiespalt zwischen der Notwendigkeit, bei der modernen Elektrizitätsversorgung mit weiträumigen Netzen arbeiten zu müssen, die sich wirtschaftlich zwingend oft weit über Landesgrenzen erstrecken müssen, und den einengenden Rechtsnormen für die Erstellung solcher Netze insbesondere im Bereich des Wegerechts. Die Schwierigkeiten wurzeln darin, daß die Leitungsführung der Einräumung von Grundstücksrechten bedarf, die in dichtbesiedelten Gebieten von den Gemeinden als den kleinsten Gebietskörperschaften beansprucht werden. Zwar zeigt eine Reihe von Energierechtsbestimmungen die Neigung, die Grundstücksrechte der Gemeinden einzudämmen, doch sind diese Ansätze hinter den Notwendigkeiten weit zurückgeblieben. Andere Staaten haben den eingeschlagenen Weg weiterverfolgt und entweder die Leitungsverlegung für einen die jeweiligen Grundstücksrechte nicht berührenden Gebrauch erklärt oder die Verfügung über die einschlägigen Rechte übergeordneten Händen anvertraut[1].

Auch auf anderen Gebieten wurde es für zweckmäßig gehalten, der Energiewirtschaft eine Sonderstellung im überkommenen Rechtsgefüge einzuräumen. Treibende Kraft ist dabei das „besondere öffentliche Interesse" an einer zuverlässigen, ausreichenden und preiswerten Energieversorgung, die als eine „öffentliche Aufgabe"[2] der Elektrizitätswerke angesehen wird.

Aus dieser öffentlichen Aufgabe wird vielfach abgeleitet, es müsse sich dabei um eine Tätigkeit im Rahmen des öffentlichen Rechts handeln, die vorwiegend oder gar ausschließlich von der öffentlichen Hand wahrzunehmen sei. Das Für und Wider dieser Schlußfolgerung heißt keineswegs, sie als zwingend anerkennen. Es entspricht auch nicht der derzeitigen Gesetzeslage.

Die gesetzliche Betonung der öffentlichen Aufgabe und des öffentlichen Zwecks eines Wirtschaftszweiges stellt ein öffentliches Interesse an seiner ordnungsgemäßen Tätigkeit fest. Dieser Grundsatz erspart dem Staat bei Nichterfüllung der gehegten Erwartungen Auseinandersetzungen um seine echte Legitimation, durch Mißbrauchsaufsicht oder schwerwiegende Eingriffe in die Arbeit dieses Wirtschaftszweiges und seiner Glieder einzuwirken. Aus solcher Sicht erscheinen dann gewisse Rechte zur Ordnung des wirtschaftlichen Geschehens auf dem betreffenden Gebiet einleuchtend. Eine Zielsetzung im Sinne einer allgemeinen Änderung der bestehenden Rechts- und Eigentumsverhältnisse ist jedoch darin nicht zu erblicken.

Immerhin besteht die Gefahr solcher Wandlungen. Sie liegt durchaus im Bereich der gesetzgeberischen Möglichkeiten, wenn dadurch eine bessere Versorgung erwartet würde, und falls der betreffende Wirtschaftszweig unter den bisherigen

---

[1] Vgl. WIRTH, Das Wegerecht für Energieleitungen. Energiewirtschaftliche Tagesfragen 1957/58, H. 56, S. 6.

[2] Vgl. LIST, Aktuelle Fragen des Energierechts nach geltenden Gesetzen und einem Recht der Technik, Praktische Energiekunde 1952/53, H. 3, S. 215.

Voraussetzungen — und bei bestmöglicher Ordnung seitens des Staates — nicht in der Lage oder nicht willens wäre, die verlangten Bestleistungen zu erbringen[1].

Heute bereits ergeben sich aus der öffentlichen Aufgabe der Elektrizitätsversorgung weitergehende öffentlich-rechtliche Ausstrahlungen auf das ganze Geflecht privat-rechtlicher Beziehungen zwischen den Elektrizitätsversorgungsunternehmen und von diesen zu ihren Kunden und anderen Vertragspartnern. Es gibt kaum mehr einen Bereich der Rechtsbeziehungen eines Elektrizitätswerkes in dem sich nicht privat-rechtliche und öffentlich-rechtliche Betrachtungsweisen vermischen.

a) Die Grundstücksrechte als Voraussetzung des Elektrizitätsversorgungsbetriebes

Für den Transport des Stroms zu den Kunden brauchen die Elektrizitätswerke Grundstücksflächen für die Verlegung von Kabeln, die Errichtung von Masten, Umspann- und Schaltstationen. Sogar die Überspannung durch Freileitungen bedarf oft der Einräumung von Rechten, da der Gebrauch der darunter liegenden Grundstücke beeinträchtigt werden könnte. Das ist beispielsweise in Wald- oder Siedlungsgebieten der Fall. Zwar bestimmt das Nachbarschaftsrecht des BGB (§ 905, Abs. 2), daß Grundstücksrechte dann nicht berührt werden, wenn die Leitungsverlegung in einer solchen Höhe oder Tiefe erfolgt, daß der Eigentümer objektiv an ihrer Ausschließung kein Interesse haben kann; doch treten in der Praxis auch bei Verlegung außerhalb dieser Grenzen gelegentlich Beeinträchtigungen auf, die eine vorbeugende Sicherung von Nutzungsrechten ratsam erscheinen lassen.

Die Inhaber der Grundstücksrechte sind entweder natürliche oder juristische Personen des Privatrechts oder aber der Bund, die Länder, Kreise, Gemeinden und andere Einrichtungen oder Glieder der öffentlichen Rechtssphäre.

Wegenutzungsverträge. In besiedelten Gebieten, vor allem in Städten, lassen sich Leitungen und Kabel für ein Versorgungsnetz im wesentlichen nur in und auf den Straßen und Wegen unterbringen. Die Inhaber der wichtigsten Grundstücks- und Wegerechte, in der Regel die Gemeinden, neigen dazu, diese Rechte für die Stromverteilung selbst zu nutzen. Soweit sie sich die Last und Verantwortung der Führung eines eigenen Betriebs nicht aufbürden wollen, geben sie die Wegebenutzungsrechte an Unternehmen ab, die Stromversorgung als Hauptgeschäftszweck betreiben — zumal aus dieser Übertragung auch finanzielle Vorteile zu gewinnen sind. Die Tatsache, daß ein Elektrizitätswerk im Bereich einer Gemeinde nur dann die Stromversorgung aufnehmen und durchführen kann, wenn ihm von der betreffenden Gebietskörperschaft die entsprechenden Nutzungsrechte an den öffentlichen Wegen eingeräumt werden, hat dazu geführt, daß sich im Sprachgebrauch für derartige Nutzungsverträge die Bezeichnung „Konzessionsvertrag" eingebürgert hat. Man muß sich aber immer vor Augen halten, daß ein solcher Vertrag mit einer eigentlichen „Konzession" — das ist im Sinne des üblichen Sprachgebrauchs die dem Gebiet des Gewerberechts zugehörige hoheitliche Genehmigung zur Betriebsaufnahme — nichts zu tun hat. Eine Gemeinde kann also die Betriebsaufnahme als solche weder versagen noch genehmigen.

---

[1] In der Bundesrepublik hat dieser Gedanke ganz allgemein in Art. 15 des Grundgesetzes seinen Ausdruck gefunden: „Grund und Boden, Naturschätze und Produktionsmittel können zum Zwecke der Vergesellschaftung durch ein Gesetz . . . in Gemeineigentum oder in andere Formen der Gemeinwirtschaft überführt werden".

Ein „Konzessionsvertrag" trägt also in sich einen „Wegenutzungsvertrag", bei dem Sondernutzungsrechte, d. h. über den Gemeingebrauch der Straßen und Wege hinausgehende Rechte, eingeräumt werden[1].

Die Vertragsschließenden stehen sich als gleichberechtigte Partner gegenüber. Nach herrschender Lehre ist es hierbei bedeutungslos, ob einer von ihnen der Sphäre des öffentlichen Rechtes angehört. Er hat bei einem solchen Vertragsschluß juristisch keine andere Wertung zu erfahren als eine Person des Privatrechts.

Ausschließlichkeitsvereinbarungen. Die Verpflichtung der Elektrizitätswerke, die Öffentlichkeit so gut und preiswert wie möglich zu versorgen, verlangt eine möglichst große Dichte des Stromverbrauchs in den kapitalintensiven Verteilungsanlagen. Aus diesem Grunde bedingen sich die Elektrizitätswerke in ihren Konzessionsverträgen mit den Gebietskörperschaften, gegebenenfalls auch wieder gegen ein bestimmtes Entgelt, Ausschließlichkeitsrechte aus, die sich entweder auf die gesamte Elektrizitätsversorgung in dem abgegrenzten Gebiet oder nur auf die Versorgung der Tarifabnehmer beziehen.

Für die Versorgung der Tarifabnehmer ist die Zweckmäßigkeit solcher Ausschließlichkeitsvereinbarungen — die ja auch im öffentlichen Interesse liegen — kaum bestritten. Daß die Stromverbrauchsdichte sich bei den einzelnen Elektrizitätsversorgungsunternehmen in den letzten Jahrzehnten vervielfacht hat[2], ändert an der grundsätzlichen Abhängigkeit der Wirtschaftlichkeit der Stromversorgung von der Stromverbrauchsdichte nichts. Strittig ist heute indessen, ob Ausschließlichkeitsrechte auch für die Versorgung einzelner sehr stromintensiver Sonderabnehmer noch durch das öffentliche Interesse gedeckt werden; zumal, wenn die Netzinvestitionen für derartige Sonderabnehmer nur für den Einzelfall kalkuliert und mit den auszuhandelnden Preisen in Einklang gebracht werden müssen, also die Rentabilität des Netzes im ganzen nicht entscheidend beeinflussen können. Im Hinblick auf die Wirtschaftlichkeit der Stromerzeugung, die um so größer ist, je mehr Verbraucher mit verschiedenen Bedarfscharakteristiken versorgt werden, wird jedoch dem Elektrizitätswerk der Verzicht auf einen solchen Sonderabnehmer sehr bedenklich erscheinen. Diesem echten Interesse der öffentlichen Elektrizitätsversorgung steht das verständliche Interesse solcher Sonderabnehmer an einem Angebotswettbewerb, also an der Möglichkeit einer anderweitigen, unter Umständen vorteilhafteren Bedarfsdeckung gegenüber. Es sollte angestrebt werden, daß bei Neugestaltung des Energierechts und der Handhabung der Kartellrechtsbestimmungen auch für diesen Interessenkonflikt brauchbare Lösungen gefunden werden.

Private Grundstücksrechte. Wo Leitungen öffentliche Wege und Straßen sowie andere durch den Konzessionsvertrag zur Nutzung freigegebene Grundstücke verlassen, werden Grundstücksrechte von Privatpersonen betroffen. Soweit es sich dabei um Tarifabnehmer handelt — und dies dürfte für die weitaus meisten Grundeigentümer zutreffen — sind sie nach den Allgemeinen Versorgungsbedin-

---

[1] Es ist durchaus denkbar, Leitungsverlegungen in öffentlichen Straßen und Wegen als bereits zum Gemeingebrauch zugehörig anzusehen (vgl. ULLMANN,GRUCH, Bd. 56, S. 250ff.), doch hat sich diese Auffassung in der Bundesrepublik bislang noch nicht durchgesetzt.

[2] Öffentliche Elektrizitätsversorgung in der Bundesrepublik 1948: rd. 70000 kWh/qkm, 1958: rd. 240000 kWh/qkm, 1960: rd. 300000 kWh/qkm. (Jeweils ohne Berlin und Saarland.)

gungen (AVB, Abs. III, Ziff. 3), die bei Tarifverträgen automatisch Vertragsbestandteil sind, verpflichtet, die Zu- und Fortleitung elektrischer Arbeit über ihr Grundstück sowie die Anbringung von Leitungen, Leitungsträgern und Zubehör für die Zwecke der örtlichen Versorgung, für das Niederspannungsnetz ohne besonderes Entgelt, zuzulassen und die Durchführung nach Kräften zu erleichtern. Für Sonderabnehmer wird dieselbe Verpflichtung in der Praxis dadurch herbeigeführt, daß die AVB oder deren wesentliche Teile zum Inhalt des Stromlieferungsvertrages gemacht werden. Wegen des öffentlichen Interesses an der Versorgung kann also die individuelle Verfügungsgewalt der Grundstückseigentümer im Einzelfalle erheblich eingeschränkt werden; dies um so mehr, als „zum Zwecke der örtlichen Versorgung" auch Mittel- und Hochspannungsleitungen, sofern sie nicht ausschließlich Fernleitungen sind, geduldet werden müssen. Darüber hinaus haben die Abnehmer noch die Pflicht, eine Verteilungsstation, die nach Ansicht des Elektrizitätsversorgungsunternehmens für die Versorgung des Abnehmers notwendig ist, zu dulden und kostenfrei hierfür einen Raum zur Verfügung zu stellen (AVB Abs. IV, Ziff. 6). Hierbei darf das Elektrizitätswerk die Einrichtungen, z. B. den Transformator, auch für andere Zwecke nutzen, soweit dies ohne Benachteiligung des Abnehmers möglich ist.

Wenn sich für die Duldungspflicht aus den AVB keine Voraussetzungen ergeben (z. B. für Abspannwerke, Fernleitungsmasten usw.), muß das Elektrizitätswerk die Grundstücksnutzung in einem besonderen Vertrag vereinbaren, der — entgeltlich — den Charakter eines Mietvertrages (§ 535 BGB) oder — unentgeltlich — den eines Leihvertrages (§ 605 BGB) hat. Letztere Vertragstype ist allerdings insofern bedenklich, als ein solcher Vertrag bei Eigentumsübertragung am Grundstück erlischt. Für das Elektrizitätswerk ist es daher sicherer, sich ein dingliches Recht am Grundstück eintragen zu lassen. Dies hat vor allem auch den Vorteil, daß bei späteren Maßnahmen auf dem Grundstück, die eine Änderung der Versorgungsanlagen notwendig erscheinen lassen könnten, die Frage der Kostentragung[1] nicht erst strittig wird. Anderenfalls ergeben sich immer wieder — besonders in Zeiten reger Bautätigkeit — gerade über diesen Punkt leicht Meinungsverschiedenheiten, die mangels vertraglicher Abmachungen erst nach mühsamer Klärung der Sachverhalte unter Abwägung der Interessenlage entschieden werden können.

Aus der Praxis hat sich für einen Teil dieser Tatbestände ein besonderes Kreuzungsrecht entwickelt. Ausgehend davon, daß es sich auch bei öffentlich-rechtlichem Charakter eines oder beider „Kreuzenden" um Streitfälle bürgerlichen Rechts handelt, richtet sich die Kostentragung nach dem Grundsatz der Priorität und der Veranlassung[2, 3].

Außerhalb der dichtbesiedelten Gebiete wird die Beanspruchung öffentlicher Straßen und sonstiger Grundstücksflächen ebenfalls nach bürgerlichem Recht

---

[1] In Konzessionsverträgen meist zu Lasten der Elektrizitätsversorgungsunternehmen geregelt.

[2] Vgl. Richtlinien über Kreuzungen der Reichsautobahn mit Elektrizitätsversorgungsanlagen (§ 15), Telegraphenwege-Gesetze (§§ 5 und 6), Richtlinien über Kreuzungen von Starkstromleitungen eines EVU mit DB-Gelände oder DB-Starkstromleitungen (§§ 9 und 10).

[3] Vgl. FISCHERHOF, Rechtsfragen der Energiewirtschaft, S. 133 ff. mit zahlreichen Angaben über Literatur und Rechtsprechung.

behandelt. In der Praxis werden dort mit Privateigentümern und dem Fiskus gleichfalls Gestattungsverträge abgeschlossen.

Öffentlich-rechtliche Einflüsse auf die Nutzungsrechte. Unabhängig von den eigentlichen — einzelnen oder pauschalen — Grundstücksnutzungsverträgen sind die den Elektrizitätsversorgungsunternehmen obliegenden Pflichten zur Befolgung der zahlreichen hoheitlichen Planungs-, Bau- und Sicherheitsvorschriften, den Bestimmungen von Natur- und Denkmalsschutz und den entsprechenden Auflagen zu beachten. Hier liegen wesentliche, nicht zu unterschätzende, belastende öffentlich-rechtliche Einflüsse auf die privat-rechtlichen Grundstücksnutzungsrechte der Elektrizitätswerke vor.

Einen umgekehrten öffentlich-rechtlichen Einschlag erhält das Gebiet der Nutzungsrechte durch die Möglichkeit der Elektrizitätswerke, hoheitliche Hilfe in Anspruch zu nehmen, wenn die für die Versorgungsanlagen notwendigen Grundstücksrechte auf den oben gezeigten Wegen nicht zu erlangen sind. Insbesondere kommt dies bei wichtigen Hochspannungsleitungen in Frage. Auf Antrag des Energieversorgungsunternehmens kann in solchen Fällen die Energieaufsichtsbehörde[1] die Zulässigkeit der Enteignung feststellen, soweit für Zwecke der öffentlichen Energieversorgung die Entziehung oder Beschränkung von Grundeigentum erforderlich ist. Es können auf diesem Wege also sowohl Grundstücke völlig enteignet werden als auch beispielsweise Eintragungen von Dienstbarkeiten erzwungen werden. Diese Möglichkeiten sind nicht nur für Neuanlagen bedeutsam, sondern auch im Falle unbilliger Forderungen bei Änderungsverlangen.

Gebietsschutzverträge. Ähnlich wie sich die Elektrizitätswerke in den Konzessionsverträgen im Interesse der wirtschaftlichen Versorgung Ausschließlichkeitsrechte für das betreffende „Konzessionsgebiet" ausbedingen, pflegen sie auch untereinander Gebietsschutzverträge abzuschließen. Sie verpflichten sich darin, jede unmittelbare oder mittelbare Versorgungstätigkeit mit einer oder mehreren Energiearten im Gebiet des Partners zu unterlassen und eine derartige Tätigkeit durch Dritte nicht zu fördern, — sich also weder selbst noch über Dritte um Rechte zur Grundstücksnutzung für örtliche Verteileranlagen im Gebiete des Partners zu bemühen. Häufig sind darüber hinaus Ausschließlichkeitsvereinbarungen oder andere Abmachungen über den Erwerb derartiger Rechte für reine Fernleitungen — gelegentlich auch für Erzeugungsanlagen — in solchen Verträgen enthalten.

Energiepolitische Betrachtungen. Daß die weitreichenden Ausschließlichkeitsvereinbarungen, wie sie Gebietsschutzverträge und Konzessionsverträge enthalten, neben der im Interesse der Wirtschaftlichkeit der Elektrizitätsversorgung zu begrüßenden Geschlossenheit der Netzgebilde auch negative Auswirkungen — vor allem in wettbewerblicher Hinsicht — befürchten lassen, steht außer Zweifel. Zwischen diesen beiden Interessengegensätzen zur Erreichung eines volkswirtschaftlichen Optimums einen tragbaren Ausgleich zu finden, ist eine der schwierigsten Aufgaben für Beteiligte und Aufsichtsbehörde.

Ein Ausgleich ist vor allem deshalb schwierig, weil sowohl der Bund als auch die Länder, die Gemeinden und Gemeindeverbände sehr wohl wissen, daß bei der in der Bundesrepublik gegebenen Rechtslage die Rechte zur Grundstücksnutzung in einem bestimmten Gebiet den Schlüssel zu dessen elektrizitätswirtschaftlicher

---

[1] Nach § 11 des Energiewirtschaftsgesetzes.

Beherrschung bilden. Das ausgewogene Spannungsverhältnis zwischen förderalistischen und zentralistischen Kräften in unserem Staate hat zur Folge gehabt, daß bislang keine dieser Gebietskörperschaften eine unangefochtene Vormachtstellung in der öffentlichen Elektrizitätswirtschaft erlangen konnte. Es unterliegt jedoch keinem Zweifel, daß die politische Problematik der Grundstücksrechte die Entwicklung der wirtschaftlich wünschenswerten weiträumigen Neugliederung und -ordnung der Elektrizitätswirtschaft hemmt.

b) Energiewirtschaftsgesetz

Bis zum Jahre 1935 unterlag die Elektrizitäts- und Gaswirtschaft in Deutschland den allgemeinen Rechtsnormen. Auch die wichtigste rechtliche Voraussetzung für den Betrieb von Elektrizitätswerken, der Abschluß von Grundstücksnutzungsverträgen, vor allem von sogenannten Konzessionsverträgen mit den Gebietskörperschaften, richtete sich nach allgemeinem Vertragsrecht. Lediglich auf dem Gebiet der Maßeinheiten gab es gesetzliche Sonderregelungen.

Wegen der außerordentlichen Bedeutung der Versorgung der Bevölkerung mit Elektrizität und Gas wurde dieser Teilbereich der Energiewirtschaft 1935 einer gesetzlichen Sonderregelung, dem Energiewirtschaftsgesetz (EWG)[1],unterworfen. Im Gegensatz zu ähnlichen Ordnungsgesetzen in anderen Ländern hat das deutsche Energiewirtschaftsgesetz keine grundsätzliche Neuordnung im Sinne einer strukturellen Änderung der Versorgungsgebiete der einzelnen Versorgungsunternehmen angestrebt, sondern hat die historisch gewachsene Abgrenzung der Einflußgebiete als gegebenen Tatbestand hingenommen. Zwar gibt das Gesetz dem Staat auch die Möglichkeit, unter bestimmten Voraussetzungen gebietskorrigierend einzugreifen, doch ist — erstaunlicherweise, möchte man rückblickend fast sagen — selbst in den Jahren der stark zentralistisch planenden nationalsozialistischen Wirtschaftsführung von diesen Möglichkeiten kaum Gebrauch gemacht worden.

Die Tatsache, daß das Gesetz unter der nationalsozialistischen Führung erlassen wurde, galt in den Nachkriegsjahren zunächst belastend, um so mehr, als es in einzelnen Formulierungen die Zeit seiner Entstehung nicht verleugnet. Schon frühzeitig setzte sich jedoch die heute allgemein vertretene Ansicht durch, daß dieses Wirtschaftsgesetz, in seinem wesentlichen Inhalt durch nationalsozialistisches Gedankengut kaum beeinflußt, lediglich aus der Praxis für die Praxis entstanden ist. Es beruht auf Überlegungen und Vorarbeiten, die schon lange vor der NS-Machtergreifung im Gange waren.

Für die Anwendung des Gesetzes war vor allem zweifelhaft, ob die Präambel und die amtliche Begründung zur Auslegung noch hinzugezogen werden können.

Unzweideutig haben die Gesetze der Militärregierung[2] die Benutzung von Gesetzesvorsprüchen und -begründungen aus den Jahren der NS-Zeit verboten. Daraus kann jedoch nach herrschender Ansicht nicht geschlossen werden, daß die physikalischen und wirtschaftlichen Grundbedingungen, die zur Erreichung einer bestmöglichen Energieversorgung der Bevölkerung berücksichtigt werden müssen, nicht auch bei der Auslegung des EWG beachtet werden sollten, — auch wenn sie in der Präambel und in der amtlichen Begründung herausgestellt worden sind.

---

[1] RGBl I, S. 1451. [2] Art. III, Nr. I MRG 1.

Zur Bestimmung des Gesetzeszwecks bedarf es jedoch nicht unbedingt der Hinzuziehung dieser Auslegungshilfen. Aus den einzelnen Bestimmungen des Gesetzes selbst läßt sich nämlich eindeutig herauslesen, daß es eine ausreichende, sichere (im Sinne einer jederzeitigen Bereitschaft und Gefahrenvermeidung)[1] und möglichst billige (preiswürdige) Energieversorgung gewährleisten soll.

Die Mittel, mit denen dieser Zweck verfolgt werden soll, sind recht vielfältig. Wesentlich ist dabei die Unterstellung der gesamten öffentlichen Elektrizitäts- und Gasversorgung unter die Aufsicht des Staates (§ 1). Ihm wird hierzu ein Auskunftsrecht über wirtschaftliche und technische Verhältnisse bei den Versorgungsunternehmen eingeräumt, das er für bestimmte Vorgänge sogar zu einer Mitteilungspflicht der Versorgungsunternehmen ausdehnen kann (§ 2).

Investitionsaufsicht. Eines der Mittel, die dem Staat zur Verfolgung der angestrebten Ziele in die Hand gegeben sind, ist die sogenannte „Investitionskontrolle". Dieses Recht des Staates fußt auf der Bestimmung, daß Bau-, Erneuerungs-, Erweiterungs- oder Stillegungsvorhaben anzuzeigen sind (§ 4)[2]. Aus der Anzeigepflicht im Rahmen der Investitionskontrolle ist praktisch — über den Sinn des § 4 EWG hinausgehend — eine die Elektrizitätswerke belastende genehmigungsähnliche Einrichtung geworden[3]. Fraglich bleibt, ob eine Investitionskontrolle des Staates sinnvoll ist, wenn er eine Planungsbürokratie vermeiden will, welche die Investitionsvorhaben so sachkundig prüfen müßte, daß die Behörde für die zu fällenden Investitionsentscheidungen den Versorgungsunternehmen die wirtschaftliche Verantwortung abnehmen kann und will.

Die Aufnahme der Energieversorgung anderer macht das EWG für solche Betriebe genehmigungspflichtig, die bis dahin nicht als Energieversorgungsunternehmen tätig waren (§ 5, Abs. 1 EWG). So begrüßenswert diese Vorschrift zur Verhinderung einer Aufsplitterung der gesamten Versorgung ist, so erscheint sie jedoch insofern bedenklich, als sie einem leistungsfähigen Außenseiter das Eindringen in die ohnedies sehr abgeschirmte Versorgungswirtschaft nahezu unmöglich macht und auch industriellen Eigenanlagen die Abgabe von Überschußstrom unmittelbar an andere erschwert. Im Einzelfall kann dies unter Umständen in Umkehrung des Gesetzeszwecks energiewirtschaftlich wünschenswerte Lösungen hemmen.

Es ist begreiflich, daß besonders die dem Bergbau nahestehenden Industrieunternehmungen bestrebt sind, die durch diese Vorschriften entstandene Beschränkung aufzulockern. Auch die Energieversorgungsunternehmen stemmen sich nicht gegen eine Abwandlung dieser Vorschrift dahingehend, daß volks- und energiewirtschaftlich unerwünschte Nebenwirkungen vermieden werden. Die Elektrizitätswerke befürchten allerdings, daß die stromerzeugende Industrie sich für ihre Lieferungen lediglich die Betriebe mit hoher Benutzungsdauer, also sozusagen die Rosinen aus dem Kuchen heraussucht. Eine mögliche Verbesserung der

---

[1] EISER-RIEDERER, Komm. z. EWG, EnergieG I 30.

[2] Vorhaben zur Errichtung und Änderung von Verteileranlagen unter 20 kV und von Erzeugungsanlagen unter max. 500 kW sind durch die 3. Durchf. VO, z. EWG vom 8. 11. 1938 (RGBl I, S. 1612), und die Ausführungsbestimmungen zu § 2 der 3. Durchf. VO (RAnz 1938, Nr. 276) hiervon befreit.

[3] Vgl. SACHS, Rechtsgrundlagen der Energieversorgung, Praktische Energiekunde 1954, H. 3, S. 247. Vgl. FISCHERHOF, Rechtsfragen der Energiewirtschaft, S. 44/45.

Wirtschaftlichkeit durch Belieferung stromintensiver Betriebe sollte nicht nur einigen wenigen industriellen Stromerzeugern sondern der gesamten öffentlichen Stromversorgung zugute kommen.

Anschluß- und Versorgungspflicht. Dem Wesen der durch das EWG getroffenen Wirtschaftsordnung entspricht es, wenn den Energieversorgungsunternehmen eine bis an die Grenze des Zumutbaren ausgedehnte Anschluß- und Versorgungspflicht auferlegt wird (§ 6), bei öffentlicher Bekanntgabe der allgemeinen Bedingungen und Tarifpreise.

Im Wege freier Vereinbarung können allerdings zwischen einem Energieversorgungsunternehmen und einem Kunden auch „Sonderabkommen" hinsichtlich der Bedingungen und Preise getroffen werden. Dies betrifft vorwiegend Abnehmer, für die auf Grund hohen Strombedarfs eine Eigenanlage unter Umständen lohnend wäre. Das Wettbewerbsverhältnis zwischen dem Bezug vom Energieversorgungsunternehmen oder der Eigenstromversorgung ist also in solchen Fällen für den freiwilligen Abschluß eines Sonderabkommens bestimmend. Wo allerdings für ein Energieversorgungsunternehmen auf Grund der besonderen Verhältnisse bei einem Kunden die Stromlieferung zu allgemeinen Bedingungen und Tarifpreisen nicht zumutbar ist, kann das Energieversorgungsunternehmen von sich aus auf Abschluß eines Sonderabkommens bestehen (§ 6, Abs. 2 EWG). Auch diejenigen Versorgungssuchenden, die eine Eigenanlage betreiben, können keine Stromlieferung zu den allgemeinen Bedingungen und Tarifpreisen, sondern nur nach den für das Energieversorgungsunternehmen „wirtschaftlich zumutbaren" verlangen[1].

Die gesetzliche Sonderstellung der Eigenversorgungsbetriebe in dieser Hinsicht erklärt sich daraus, daß jedes Energieversorgungsunternehmen zur Erreichung einer möglichst wirtschaftlichen Versorgung seine Investitionsplanung auf die Verbrauchsstruktur und -entwicklung in seinem Gebiet abstellen muß und keine Kapitalien zu übermäßiger Reservehaltung langfristig binden kann. Weiterhin ist die gesunde Mischung des zeitlichen Verlaufs der Stromabnahme in Haushalt, Verkehr, Gewerbe und Industrie für die Wirtschaftlichkeit der Gesamtversorgung wesentlich. Die Eigenversorgung eines Industriebetriebes bedeutet also ein Ausscheren aus der allgemeinen Versorgung — meist zu deren Nachteil. Um dies zu vermeiden, ist daher eine Sonderstellung und Ausklammerung aus der allgemeinen Anschluß- und Versorgungspflicht im Grundsatz gerechtfertigt. Diese Zusammenhänge erklären auch, warum die Errichtung und Erweiterung von Eigenversorgungsanlagen dem im betreffenden Gebiet tätigen Energieversorgungsunternehmen mitzuteilen sind, wenn nicht der betreffende Abnehmer seines Anschluß- und Versorgungsrechts für 10 Jahre verlustig gehen will[2]. (§§ 5, Abs. 2 und 6 Abs. 2 EWG).

Preisaufsicht. Das EWG gab dem Staat das Recht zur wirtschaftlichen Gestaltung der allgemeinen Tarifpreise und der Einkaufspreise der Energieverteiler

---

[1] Die „Zumutbarkeit" von Zusatzversorgung ist für eine ganze Reihe von Fällen, davon auch für die Eigenversorgung durch Verwertung von Betriebsabfällen, durch Wasserkraft und durch Gegendruckanlagen, in der 5. DVO vom 21. 10. 40 (RGBl I, S. 1391) ausdrücklich festgelegt.

[2] Gemäß § 7 der 5. DVO vom 21. 10. 1940 gilt dies auch für Reserve- und Zusatzversorgung.

(§ 7 EWG). Schon ein Jahr nach Erlaß des Gesetzes ging es auf die Preisaufsichtsbehörden über und wurde praktisch auf alle Energielieferungsverträge erstreckt. Auch die weiteren Einzelvorschriften des Reichskommissars für Preiswesen sowie ein Preisgesetz vom 10. 4. 1948 und die danach erlassenen preisrechtlichen Vorschriften[1] änderten hieran im Grundsatz nichts. Die verfassungsrechtliche Geltung vor allem der Preisgesetze ist seit 1948 nicht unbestritten, doch werden sie heute allgemein als noch geltend angesehen.

Die in vielen Konzessionsverträgen ausbedungene Tarifhoheit zahlreicher Gemeinden hat wesentlich dazu beigetragen, daß im Laufe der Zeit die Preise und Tarife für Elektrizität in Deutschland immer vielfältiger und unübersichtlicher wurden. Die allgemeinen Tarifpreise erfuhren erstmalig 1938[2] in einer Tarifordnung insofern eine einheitliche Regelung, als ein Grundgebührentarif vorgeschrieben und die Berechnungsweise der Grundpreise klargestellt wurde. Seit dieser Zeit können die Tarife verschiedener Energieversorgungsunternehmen auf Grund ihres gleichen Aufbaus kritisch verglichen werden. Damit entstand ein echter Anreiz zur Vereinheitlichung von Tarifform und Tarifhöhe. Die erwähnte allmähliche Angleichung der Tarife hat allerdings durch die weiteren Geschehnisse der Nachkriegszeit eine Unterbrechung erlitten. In Anpassung an die jeweilige wirtschaftliche und wirtschaftspolitische Lage sind zahlreiche tarif- und preisrechtliche Einzelvorschriften ergangen[3], die eine weitere Vereinheitlichung verzögert und teilweise sogar verhindert haben, obwohl sich manche Werke, und auch die „Vereinigung Deutscher Elektrizitätswerke" — VDEW — laufend um eine vernünftige Regelung bemühten. 1958 waren noch bei 592 E-Werken insgesamt 95 verschiedene Grundpreise für eine Dreiraumwohnung und 17 verschiedene Arbeitspreise in Kraft. Sonderzu- oder -abschläge sind dabei nicht berücksichtigt[4].

Man sollte alle Bestrebungen unterstützen, die zu einer Reform der Tarifordnung im Sinne einer starken Vereinfachung führen und die auch die Preise für die Großzahl der allgemeinen Tarifabnehmer wesentlich vereinheitlicht.

Im Vordergrund des öffentlichen Interesses steht indessen nicht so sehr die starre Vereinheitlichung, sondern die Verhinderung unangemessen hoher Strompreise einzelner Unternehmen. Wahrscheinlich könnte der Staat seiner Aufsichtssorge am besten gerecht werden, wenn er jedem einzelnen Bezieher von elektrischem Strom, auch den Wiederverkäufern, ein Klagerecht gegen den Lieferer einräumt, das natürlich auch der öffentlichen Hand zustünde. Eine Überforderung der ordentlichen Gerichte ließe sich dabei durch termingebundene Vorschaltung eines Schiedsverfahrens im Rahmen einer Selbstverwaltungskörperschaft der Elektrizitätswirtschaft vermeiden.

Allgemeine Versorgungsbedingungen. Die Ergänzung zur Tarifordnung bilden die „Allgemeinen Versorgungsbedingungen" (AVB), mit denen die übrigen Gegenstände der allgemeinen Stromlieferungsverträge, die zum Abnehmer hin die wich-

---

[1] Betreffs der einzelnen Gesetze, VO und sonstigen Vorschriften muß auf die einschlägigen Kommentare verwiesen werden.

[2] Tarifordnung für elektrische Energie vom 25. 7. 1938, RGBl I, S. 915.

[3] Siehe hierzu die einschlägigen Kommentare.

[4] Allgemeine Tarifpreise, Stand 1. 10. 58, Zusammenstellung der VDEW, vgl. auch die Analyse von STRAHRINGER, Die Stromtarife der Dreiraumwohnung, VWEW-Verlag Frankfurt 1952.

tigste privatrechtliche Grundlage[1] für den Betrieb der Energieversorgungsunternehmen sind, einheitlich festgelegt werden.

Die AVB enthalten die Geschäftsbedingungen der Energieversorgungsunternehmen gegenüber ihren Kunden und wurden vom seinerzeitigen Generalinspekteur für Wasser und Energie in seiner Eigenschaft als Energieaufsichtsbehörde, zugleich vom Reichskommissar für Preisbildung auf Grund § 7 EWG und seiner Befugnisse für allgemeinverbindlich erklärt. Gegenüber Auffassungen, die Rechtsgültigkeit der Allgemeinverbindlichkeitserklärung nach 1945 anzuzweifeln, wird heute deren Fortgeltung nicht mehr bestritten. Wie immer bei solchen einheitlichen Geschäftsbedingungen eines großen Wirtschaftszweiges können sich für den einzelnen gelegentlich gewisse Härten ergeben, die jedoch, soweit sie nicht ausgleichbar sind, mit Rücksicht auf das öffentliche Interesse zumutbar erscheinen.

Betriebsuntersagung. Als schärfste Waffe der Staatsgewalt zur Erzwingung des mit dem EWG angestrebten Zweckes war neben zu verhängenden Strafen zur Befolgung der gesetzlichen Auflagen (§ 15 EWG) die Möglichkeit vorgesehen, einem Versorgungsunternehmen die Fortführung des Betriebes zu untersagen (§ 8 EWG). Praktische Bedeutung haben diese Bestimmungen aber nie erlangen können, da die Elektrizitätswirtschaft keinen Anlaß zu ihrer Handhabung gab. Im übrigen hat der Staat auch kaum eine Möglichkeit, die sehr schwierig zu beurteilenden Voraussetzungen für sein Eingreifen einwandfrei zu prüfen, wenn er nicht eine entsprechend umfangreiche Kontrollbehörde, die den hochqualifizierten Fachkräften der Betriebe gewachsen ist, unterhalten will.

Enteignung von Grundstücksrechten. Zur Unterstützung der Elektrizitätswirtschaft, die Nutzung von Grundstücksrechten für dringend erforderliche Anlagen in strittigen Fällen zu erlangen, gibt das EWG dem Staat die Möglichkeit, den Entzug oder die Beschränkung von Grundstücksrechten für zulässig zu erklären (§ 11 EWG). Hierbei handelt es sich in der Regel um Tatbestände, die der behördlichen Prüfung zugänglich sind, so daß der praktischen Handhabung dieser Vorschrift keine Schwierigkeiten entgegenstehen. Die Elektrizitätsversorgungsunternehmen verzichten allerdings wenn irgend möglich auf die Inanspruchnahme dieser Hilfe.

Sicherheit elektrischer Anlagen und Geräte. Erhebliche praktische Bedeutung kommt dem Recht des Staates zu, für die Sicherheit und Zuverlässigkeit der elektrischen Anlagen und Verbrauchsgeräte technische Vorschriften zu erlassen (§ 13, Abs. 2 EWG). Elektrische Anlagen und Verbrauchsgeräte sind nach den anerkannten Regeln der Elektrotechnik, als solche gelten die Bestimmungen des Verbandes Deutscher Elektrotechniker (VDE), einzurichten und zu unterhalten. Daraus folgt, wer von den VDE-Bestimmungen abweicht, erhält bei ziviler und strafrechtlicher Beschuldigung die Beweislast aufgebürdet, dennoch nach anerkannten Regeln der Elektrotechnik gehandelt zu haben. Die VDE-Bestimmungen erhalten so das ihnen zukommende öffentlich-rechtliche Gewicht ohne den Nachteil jeder gesetzlichen Kodifikation, die mangelnde Anpassung an die technische Entwicklung in Kauf nehmen zu müssen. Der Gesetzgeber hat hier eine fühlbare Lücke auf dem Weg über das EWG geschlossen.

---

[1] Öffentlich-rechtlichen Charakter haben Versorgungsverträge nur, wenn bei Versorgung durch gemeindliche Betriebe auf Grund der jeweiligen Satzung festgelegt; vgl. EISER-RIEDERER I EnergG § 6, 8 b.

Diese Art der Verbindung privaten Unternehmungsgeistes zur laufenden Verbesserung technischer Vorschriften mit der gesetzlichen Sicherstellung der Wahrung des öffentlichen Interesses hat sich bislang aufs beste bewährt und sollte beispielhaft für die Lösung ähnlicher Probleme auf anderen Gebieten sein.

EWG und föderalistische Ordnung. In dem vorstehenden Überblick über die wesentlichen Bestimmungen des EWG ist nicht ohne Grund immer dann, wenn von hoheitlichen Rechten im Rahmen dieses Gesetzes die Rede war, ganz bewußt der Inhaber der Rechte umfassend und neutral mit „der Staat" umschrieben worden. Lediglich bei der Preisgesetzgebung war von Preisaufsichtsbehörden als den hierfür auch heute noch Zuständigen die Rede. Wer die sonstigen verschiedenen Aufsichts-, Genehmigungs-, Untersagungs- und Anordnungsrechte gemäß EWG auszuüben hat, ist zur Zeit nicht eindeutig geklärt.

Der bei Erlaß des EWG herrschenden staatlichen Ordnung entsprach es, daß zur Wahrnehmung dieser Befugnisse der Reichswirtschaftsminister als Energieaufsichtsbehörde eingesetzt wurde. Später wurde damit ein Reichskommissar betraut, der zunächst dem Sonderbeauftragten für den Vierjahresplan, im weiteren Verlauf dem Rüstungsminister unterstand. Nach dem Zusammenbruch des NS-Staates entwickelte sich mit der föderalistischen Staatsform in der Bundesrepublik allgemein eine Aufgabenteilung zwischen Bund und Ländern. Ob allerdings bundesunmittelbare Zuständigkeit immer dann hinsichtlich ihrer hoheitlichen Befugnis angenommen werden kann, wenn ein als Bundesrecht übernommenes Reichsrecht eine Zentralzuständigkeit von Anfang an vorsah, ist in der Lehre noch heftig umstritten.

Der Versuch des Bundesministers für Wirtschaft im Jahre 1949[1], die Wahrnehmung der sich aus den §§ 4 und 5 des EWG ergebenden hoheitlichen Aufgaben für sich in Anspruch zu nehmen, stieß auf entschlossenen Widerstand der Länder. Im Februar 1950 wurde daraufhin zwischen Bund und Ländern das sogenannte „Münchner Abkommen" geschlossen. Unter der ausdrücklichen Feststellung, daß die verfassungsrechtliche Lage ungeklärt sei, teilte man die Wahrnehmung der Zuständigkeiten so auf, daß der Bund sich auf diejenigen hoheitlichen Funktionen aus dem EWG beschränkt, deren Bedeutung grundsätzlich ist oder über die Grenzen eines Landes hinausgeht.

Auf lange Sicht wird jedoch, bei aller Hochachtung vor föderalistischen Grundsätzen, die Erkenntnis sich Bahn brechen müssen, daß die Energiewirtschaft auf physikalischen und wirtschaftlichen Tatsachen beruht, die zu immer stärkerer Ausbreitung in weite Wirtschaftsräume drängen, und daß sie eine föderalistische Betrachtungsweise der Energiewirtschaft von vornherein ausschließen.

Der Verzicht auf eine Neuordnung der Eigentumsverhältnisse in der Elektrizitätswirtschaft erschien bei Erlaß des EWG tragbar, da der damalige stark zentralistische Staat im Laufe der Zeit die aus den Grundstücksrechten herrührenden oder sonst historisch bedingten örtlichen Hemmnisse zugunsten einer großräumigen Ordnung mit Sicherheit übersprungen hätte. So wenig man diese Verfahrensweise billigen kann, so liegt doch eine gewisse Bitterkeit in der Erkenntnis, daß die heutige politische und staatsrechtliche Lage eine solche notwendige Entwicklung außerordentlich erschwert. Das gilt insbesondere bei vergleichsweiser Betrachtung

---

[1] Durch Erlaß III B 1 vom 1. 12. 1949.

der Möglichkeiten in anderen europäischen Ländern, mit denen Deutschland in Wettbewerb steht. Noch haben die Elektrizitätswerke die Chance, von sich aus durch entsprechende Vereinbarungen eine großräumige Ordnung ihres Wirtschaftszweiges zu verwirklichen. Gelingt dies wegen der außerordentlichen Zersplitterung in den Besitzverhältnissen und infolge der starken Einflußnahme örtlich interessierter Kräfte nicht, so steht zu befürchten, daß die Entwicklung eines Tages zwangsläufig eine Regelung herbeiführen wird, die den Elektrizitätswerken im allgemeinen Interesse recht unangenehme staatliche Fesseln auferlegt, die mit den Grundsätzen einer freien Wirtschaftsgestaltung kaum vereinbar wären.

c) Energienotgesetzgebung

Das EWG wurde auf die gedeihliche Ordnung eines Wirtschaftszweiges unter der stillschweigenden Voraussetzung abgestellt, daß dieser bei gehöriger Anstrengung in der Lage sei, den gestellten Anforderungen zu genügen. Daß einmal nicht behebbare, auch nur örtlich begrenzte Versorgungsschwierigkeiten auftreten könnten, war im EWG nicht berücksichtigt. Lediglich zur Sicherung der Landesverteidigung räumte es dem Staat das Recht ein, mittels Vorschriften, unter Hinwegsetzung über die Vertragsfreiheit, derartigen Mangelerscheinungen vorzubeugen oder zu begegnen (§ 13 EWG).

Reichslastverteiler (1939). Praktisch bedeutsam wurde diese Vorschrift bereits, als die Rüstungswirtschaft Ende der dreißiger Jahre zu Versorgungsschwierigkeiten zu führen drohte, deren Behebung oder Milderung den Energieversorgungsunternehmen mit den ihnen zur Verfügung stehenden privat-wirtschaftlichen Mitteln nicht mehr möglich war. Es erging daraufhin eine Reihe von Vorschriften, deren für die Energiewirtschaft wichtigste eine Sicherstellungsverordnung vom 3. 9. 1939[1] insofern war, als sie die Einrichtung eines Reichslastverteilers, mit den Bezirkswirtschaftsstellen und Industrie- und Handelskammern als Außenstellen, vorsah. Dieser Reichslastverteiler wurde in der Folge mit der Befugnis ausgestattet, den mit Fortschreiten des Krieges sich anhäufenden Notständen durch Dringlichkeitsregelungen, Beschränkungen von Stromlieferung und -bezug sowie sonstigen Auflagen und Eingriffe zu begegnen.

Zentrallastverteilungsgesetz (1947). Nach dem Zusammenbruch fiel die Aufgabe, in einer Energienotlage die erforderlichen Maßnahmen durchzuführen, zunächst den Ländern zu. Wegen des über die Ländergrenzen hinausgehenden Verbundbetriebes war jedoch ohne eine zentrale Lastverteilung mit entsprechenden Befugnissen nicht auszukommen. Durch Beschluß der Bizonen-Wirtschaftsminister 1946 und durch ein Zentrallastverteilungsgesetz[2] 1947 wurde daher wieder eine Zentrallastverteilungsstelle eingerichtet. Der Direktor für Verwaltung und Wirtschaft erhielt das Recht, den übergeordneten Energieausgleich zu regeln, während die Länder weiterhin Einzelmaßnahmen auf Grund der Sicherstellungsvorschrift ergriffen[3].

Energienotgesetz (1949). Nach Ablauf des Zentrallastverteilungsgesetzes wurde 1949 das Energienotgesetz[4] erlassen, das die vorhergehende Lastverteiler-

---

[1] RGBl I, 1939, S. 1607.   [2] WGBl I, 1948, S. 1.

[3] Vgl. EISER-RIEDERER, Vorb. EnG II, S. 2 und 3; siehe auch FISCHERHOF, „Energieaufsicht 1946–1949", Elektrizitätswirtsch. 1950, H. 3, S. 75 ff.

[4] Vom 12. 6. 1949, WGBl 1949, S. 87.

Organisation durch eine Zentrallastverteilung und ihr untergeordnete Hauptlastverteiler[1] und gegebenenfalls noch Gebiets- oder Ortslastverteiler ersetzte. Der damalige Direktor für Verwaltung und Wirtschaft hatte gemäß diesem Gesetz gegenüber den Lastverteilern die Befugnis, die Abgabe, Weiterleitung und Abnahme von Energie anzuordnen und durch Anweisung an die obersten Landesbehörden den Gesamtenergieverbrauch zu regeln. Diese obersten Landesbehörden wurden ihrerseits zur Verbrauchsregelung gegenüber Verbrauchern und Energieversorgungsunternehmen sowie Eigenerzeugern ermächtigt.

Nach der Zusammenfassung der westlichen Besatzungszonen zur Bundesrepublik Deutschland ergab sich die Frage, wer nun die Befugnisse des Zentrallastverteilers wahrzunehmen hat. Die Rechtsauslegung hat sie im Laufe der Zeit mit wenigen Ausnahmen dem Bundeswirtschaftsminister zugesprochen. In der Praxis haben diese Ausnahmen keine Bedeutung erlangen können, da sich die Einsicht in energiewirtschaftliche Notwendigkeiten über formal rechtliche Hemmnisse hinwegsetzte. So ging beispielsweise das Auskunftsrecht auf die Länder über und dennoch wurde eine zusammenfassende Bundesstatistik durch Weitergabe der statistischen Zahlen an das Bundeswirtschaftsministerium sichergestellt. Mit steigender Wirtschaftsnotlage erwies sich also die Vernunft der Betroffenen stärker als die unvollkommenen Formalregelungen.

Rückblickend kann man feststellen, daß sich das Energienotgesetz gegenüber den Energiemangellagen in den Jahren nach 1945 dank des guten Zusammenarbeitens aller Beteiligten bewährt hat. Da es von vornherein nur als Zeit- und Notgesetz gedacht war, ließ man es wegen verfassungsrechtlicher Bedenken nach mehrmaligen Verlängerungen am 3. 9. 1956 auslaufen. Die Investitionen der einzelnen Elektrizitätswerke hatten zu diesem Zeitpunkt den Leistungsfehlbedarf noch nicht völlig aufholen können. Man meinte jedoch, auf Grund der günstigen Entwicklung auf das verfassungsmäßig fragwürdig gewordene Notgesetz verzichten zu können.

Statistikverordnung und Sicherstellungsgesetz als Notbehelf. Zwar bestimmte das Energienotgesetz (§ 14), daß die Rechtsgrundlagen der Lastverteilerorganisation, insbesondere die Sicherstellung-VO von 1939 lediglich „nicht mehr angewendet" werden sollen, doch erschien deren Weitergeltung nach Außerkrafttreten des Energienotgesetzes zweifelhaft. Für Maßnahmen gegenüber wieder auftretenden, auch kurzfristigen Versorgungsschwierigkeiten war damit keine eindeutige Rechtsgrundlage mehr gegeben.

Da die Auseinandersetzung um ein neues umfassendes EWG, in das die entsprechenden Bestimmungen mit eingebaut werden sollten, noch nicht abgeschlossen ist, wurde den praktischen Notwendigkeiten zunächst auf andere Weise Rechnung getragen. Im November 1956 wurde eine „VO über die Statistik in der Elek-

---

[1] *Hauptlastverteiler*   *Energiebezirk*

I. Nordwest	Schleswig-Holstein, Bremen, Teil Niedersachsen
II. Hamburg	Hamburg
III. Mitte	Teile Niedersachsen, Westfalen, Hessen
IV. West	Teile Nordrhein-Westfalen, Niedersachsen, Hessen
V. Westfalen	Teile Nordrhein-Westfalen, Niedersachsen
VI. Württemberg	Württemberg
VII. Bayern	Bayern

trizitäts- und Gaswirtschaft"[1] für einen Zeitraum von drei Jahren erlassen, welche Energieversorgungsunternehmen und die Eigenerzeuger zur Meldung der wichtigsten statistischen Versorgungszahlen an das Statistische Bundesamt verpflichtet[2].

Zentrale Lastverteilermaßnahmen zur Deckung des lebenswichtigen Bedarfs, zur Erfüllung völkerrechtlicher Verpflichtungen, für Verteidigungsaufgaben, im Falle einer Mangellage und bei Versagen marktgerechter Maßnahmen im Rahmen der Wettbewerbswirtschaft wurden durch ein „Gesetz über die Sicherstellung von Leistungen auf dem Gebiet der gewerblichen Wirtschaft[3] ermöglicht.

Damit sind außergewöhnliche Notstände zwar rechtssystematisch nicht befriedigend, für die Praxis jedoch tragbar überbrückt.

d) Konzessionsabgaben und Übernahmerechte als Belastung der Energieversorgungsunternehmen

Die in Literatur und Rechtssprechung häufig behandelte Frage, ob Konzessionsabgaben vorwiegend als Benutzungsentgelt für Wegerechte oder mehr als Entgelt für überlassene Ausschließlichkeitsrechte aufzufassen sind, läßt sich kaum eindeutig beantworten, da eines ohne das andere, wenigstens für die Letztabnehmerversorgung, ohne praktischen Wert ist.

Laufzeit von Konzessionsverträgen. Wegebenutzungs- und Ausschließlichkeitsrechte haben für ein Energieversorgungsunternehmen nur dann vollen Wert, wenn sie für einen so langen Zeitraum gewährt werden, daß eine Amortisation der umfangreichen Kapitalaufbringung möglich ist. Heute gebräuchliche Vertragszeiträume von 25 bis 50 Jahren machen schon manche Erstinvestition und erst recht spätere Kapitalanlagen zu einem Wagnis. Da sowohl der Gebietskörperschaft als auch dem Elektrizitätswerk an einer Begrenzung dieser Gefahr für den Ausbau einer sicheren Stromversorgungsanlage gelegen sein muß, ist es für beide Teile ratsam, über die weitere Gestaltung der Konzessionsverträge bereits 15 bis 20 Jahre vor deren Ablauf Klarheit zu schaffen.

Die Konzessionsabgabe als Stütze der Gemeindefinanzen. Beim Aushandeln der Höhe der Konzessionsabgabe befinden sich Gebietskörperschaften von einer gewissen Größe an in einer recht günstigen Wettbewerbslage. Sie haben die Wahl zwischen der Versorgung in eigener Regie oder durch eines der sich bewerbenden Energieversorgungsunternehmen.

Die Höhe der gezahlten Beträge ist jedoch nicht allein damit zu erklären. Tatsächlich zahlen Energieversorgungsunternehmen, die ganz oder überwiegend im Besitz der versorgten Gemeinde stehen, die höchsten Konzessionsabgaben[4]. Es ist zu vermuten, daß hier die allgemeine Stromversorgung als ergiebige Quelle zur Mitfinanzierung anderer öffentlicher Aufgaben, wie Wasserversorgung, Verkehr, Müllbeseitigung, herangezogen wird. Vom Standpunkt des Gemeindewesens mag es gute Gründe dafür geben. Einer sicheren und preisgünstigen Stromver-

---

[1] Vom 22. 1. 1956, Bundesanzeiger vom 21. 11. 1956.
[2] mit der Möglichkeit der Weiterleitung an das Bundeswirtschaftsministerium und die für die Energiewirtschaft zuständigen Obersten Landesbehörden.
[3] Vom 24. 12. 1956, BGBl I, S. 1070.
[4] Vgl. RIEDMÜLLER, Versorgungswirtschaft 1956, H. 9, S. 335.

sorgung (EWG) und einer möglichst einheitlichen Tarifgestaltung (Tarifordnung) steht diese Gepflogenheit im Wege.

Welche Gründe auch immer für den Konzessionsgeber richtungsweisend sein mögen, für den Elektrizitätswirtschaftler bedeutet eine überhöhte Abgabe eine Preisverzerrung zu Lasten des elektrischen Stroms. Bedenklich erscheint dies vor allem, weil die allzu hohe Konzessionsabgabe leicht einer verhüllten Gemeindesteuer gleicht, wobei aber dem einzelnen die sonst gegen Steuerforderungen zustehenden Rechtsmittel entzogen sind.

Steuerrechtlich ergibt sich darüber hinaus die Gefahr, daß derartige Konzessionsabgaben, die normalerweise abzugsfähige Betriebsabgaben darstellen, als verdeckte Gewinnausschüttungen angesehen werden. Aktienrechtlich erscheinen sie besonders dann bedenklich, wenn auf diese Weise private Minderheitsaktionäre in ihrer berechtigten Dividendenerwartung beeinträchtigt werden.

Gesetzlich angestrebte Senkung der Konzessionsabgabe. Wegen der Bedeutung der Konzessionsabgabe für die Wirtschaftlichkeit der Versorgung hat sich der Staat regelnd eingeschaltet. Nachdem schon 1936 die Vertragsfreiheit in bezug auf die Bemessung der Konzessionsabgabe durch Preisstopvorschriften eingeschränkt wurde, erging 1941 eine „Anordnung über die Zulässigkeit von Konzessionsabgaben der Unternehmen und Betriebe zur Versorgung mit Elektrizität, Gas und Wasser in Gemeinden und Gemeindeverbänden" (KAE)[1], dazu eine entsprechende Ausführungsanordnung (A/KAE)[2] sowie ergänzende Durchführungsbestimmungen (D/KAE)[3].

Ohne Rücksicht auf ihren Charakter erfahren alle Konzessionsabgaben in diesen Vorschriften sowohl nach der Höhe als auch in bezug auf die Berechnungsweise Beschränkungen. Abgrenzungs-(Demarkations-)Entschädigungen wurden nicht zu den Konzessionsabgaben im Sinne dieser Vorschriften gerechnet, aber auch gewissen Beschränkungen unterworfen. Nicht einbezogen wurden die Abgaben von Eigenanlageninhabern für die Benutzung von öffentlichem Grund und auch nicht die von Fernheizbetrieben.

Der Gesetzgeber beabsichtigte, die Konzessionsabgaben vom Beginn des auf die Beendigung des Krieges folgenden Jahres an schrittweise herabzusetzen und in angemessener Frist ganz zu beseitigen. Die neuen Konzessionsabgaben-Vorschriften waren also nicht allein preisrechtlicher Natur, sondern hatten zum Ziel, Wegebenutzungs- und Ausschließlichkeitsrechte als Handelsobjekte einzelner Gemeinden auszuschalten. Der Gesetzgeber hielt diese Rechte für eine wirtschaftliche Stromversorgung in einem modernen Staatswesen für so selbstverständlich und gemeinnützig im Interesse einer gesunden strukturellen Entwicklung, daß er schrittweise die überkommenen historischen Sonderrechte zu beseitigen trachtete.

Seit dem Zusammenbruch des zentralen autoritären Staates war die Rechtswirksamkeit der KAE, A/KAE, D/KAE lange Zeit streitig. Heute wird in Lehre und Rechtsprechung an der Fortgeltung nicht mehr gezweifelt. Durch eine Preisfreigabe-VO von 1949[4] wurden die Vorschriften „über die Zulässigkeit von Konzessionsabgaben" bestätigt. Insoweit kann eine Fortgeltung der obigen Vorschriften angenommen werden. Wo sie andere Abgaben betreffen, sind sie heute nicht mehr

---

[1] Vom 4. 3. 1941 (RAnz 1941, Nr. 57 und Nr. 120).
[2] Vom 27. 2. 1943 (RAnz 1943, Nr. 75).   [3] Vom 27. 2. 1943 (Mit BRfPr 1943, S. 228).
[4] Vom 25. 6. 1948 (WGBl 61 i. d. F. vom 26. 2. 1949 wie GBl 74).

anwendbar. Einer Erhöhung oder Neueinführung von Demarkationsentgelten stehen diese Vorschriften heute nicht mehr entgegen[1].

Im einzelnen verbietet die KAE, jede Neugewährung oder Erhöhung von Konzessionsabgaben[2], gleich in welche Form diese gekleidet sind, und untersagt die Zahlung von Konzessionsabgaben an Zweck- und Gemeindeverbände überhaupt. Lediglich für die Landkreise wird hiervon eine Ausnahme gemacht. Ein früheres, stark umstrittenes Verbot von Konzessionsabgabezahlungen an Gemeinden unter 3000 Einwohner ist inzwischen Ende 1956 wieder aufgehoben worden[3].

Die Höhe der Konzessionsabgaben ist begrenzt: Bei Lieferung an letztverbrauchende Sonderabnehmer auf $1^1/_2\%$ der Roheinnahmen und bei Lieferung an Tarifabnehmer

in Gemeinden über	500 000 Einwohner	auf 20%,
zwischen	100 000 u. 500 000 Einwohner	auf 18%,
zwischen	25 000 u. 100 000 Einwohner	auf 15%,
bis	25 000 Einwohner	auf 10%.

Die Zahlung von Konzessionsabgaben darf nur insoweit erfolgen, als die ordnungsgemäße Weiterführung des Versorgungsunternehmens nicht gefährdet wird. Eine solche Gefährdung wird beispielsweise angenommen, wenn das Eigenkapital nicht mehr um 4% verzinst werden kann, bzw. eine 4%ige Gewinnausschüttung auf das Stamm- oder Gesellschaftskapital nicht mehr möglich erscheint. Die Berechnung nach Hundertsätzen der Roheinnahmen ist, auch bei Unterschreitung der Höchstsätze, zwingend festgelegt.

Verständlicherweise leisteten die Gemeinden und ihre Organisationen gegen die ursprünglich beabsichtigte schrittweise Senkung der Konzessionsabgabe bis zu deren gänzlichem Fortfall heftigen Widerstand. Man nahm sogar den Formalstandpunkt ein, das Kriegsende sei noch nicht eingetreten und könne erst mit Abschluß des Friedensvertrages angenommen werden.

Die Problematik der Übernahmerechte. Bei den in zahlreichen Konzessionsverträgen von den Gebietskörperschaften ausbedungenen „Übernahmerechten" handelt es sich um einen Anspruch, nach Ablauf des Konzessionsvertrages die Versorgungsanlagen unter bestimmten „Endschaftsbedingungen" zu übernehmen. Früher konnten diese Bedingungen eine unentgeltliche oder verbilligte Übernahme vorsehen. Man sprach in solchen Fällen von „Heimfallrechten". Im Zuge der Bestrebungen, das historisch gewachsene, ohnedies recht buntscheckige Bild der Versorgungsgebiete nicht noch bunter werden zu lassen, wurde die Neuvereinbarung derartiger Heimfallrechte untersagt und die Umwandlung bestehender Rechte dieser Art in vollentgeltliche Übernahmerechte angeordnet[4].

---

[1] And. Ans.: Bundeswirtschaftsministerium mit einem Erlaß vom 19. 6. 1953 (III B 1/42724/53).

[2] Zahlungen für die Grundstücksnutzung bei Bundesverkehrswegen sind ausgenommen.

[3] Gesetz zur Änderung der Anordnung über die Zulässigkeit von Konzessionsabgaben der Unternehmen und Betriebe zur Versorgung mit Energie, Gas und Wasser an Gemeinden und Gemeindeverbände v. 24. 12. 1956 (BGBl 1956 I, S. 1076). Über die Frage „Neueinführung" oder „Wiedereinführung" vgl. Schreiben des Bundesministers für Wirtschaft vom 11. 6. 1957, abgedruckt in „Versorgungswirtschaft" 9/1957, S. 354.

[4] § 6 KAE in Verbindung mit § 13 A/KAE und Ziff. 7 des Erlasses des Reichskomm. f. d. Preisbildung vom 8. 5. 1944.
Unter Berücksichtigung der Zielsetzung erscheint es verständlich, daß die Bundesrepublik als Gebietskörperschaft von dieser Regelung ausgenommen ist.

Die Rechtsgültigkeit dieser Regelung wurde noch in den letzten Jahren mehrfach bestritten, wird jedoch heute kaum mehr bezweifelt. Auch das Argument, ein Heimfall an die Länder fördere statt einer weiteren Aufsplitterung die Zusammenfassung der Versorgung, wird heute nicht mehr ernst genommen, nachdem immer deutlicher wird, daß die Landesgrenzen sich mit den Versorgungsräumen nur selten decken und daß vor allem für die überlagerten Netze in Räumen geplant werden muß, die weit über den Bereich eines Landes hinausgehen.

Auch die vollentgeltlichen Übernahmerechte enthalten indessen noch manchen Zündstoff. Für die von einem solchen Recht bedrohten Energieversorgungsunternehmen besteht ein Anreiz, das Entgelt für die Versorgungsanlagen möglichst so hoch zu treiben, daß die Übernahme der betreffenden Gebietskörperschaft finanziell erschwert wird[1], während die Gebietskörperschaften an einem möglichst geringen Entgelt interessiert sind. Nicht unbedenkliche Folgen sind vor allem dann denkbar, wenn die Gebietskörperschaft an dem Energieversorgungsunternehmen maßgebend beteiligt ist und dadurch gegenüber Minderheitsbeteiligten in schwierige Interessenskonflikte kommt.

Die Übernahmerechte belasten somit vielfach das Vertrauensverhältnis zwischen Energieversorgungsunternehmen und Gebietskörperschaft, überdies belasten sie bereits Jahre vor ihrem drohendem Wirksamwerden die Bemühungen des Betriebes, für die notwendigen Investitionen auf dem freien Kapitalmarkt Mittel zu beschaffen.

Die hieraus und aus der Beeinträchtigung der langfristigen Planung erwachsenden Gefahren für die Stromversorgung haben inzwischen zahlreiche Gebietskörperschaften zu der Einsicht kommen lassen, auf ein Übernahmerecht ganz zu verzichten oder zumindest den Zeitpunkt seines Wirksamwerdens, ähnlich wie den Ablauf der Wege- und Ausschließlichkeitsrechte, so weit hinauszuschieben daß schädliche Auswirkungen vermieden werden.

e) Steuerliche Behandlung der Elektrizitätswerke

Die für die Energieversorgungsunternehmen wesentlichen Steuern sind Umsatzsteuer, Lastenausgleichsabgabe, Vermögenssteuer, Körperschaftssteuer und Gewerbesteuer[2].

Bei der *Umsatzsteuer*[3] handelt es sich um eine Verkehrssteuer (im Sinne des „Geschäftsverkehrs"), die dem Bund zufließt. Besteuert werden die steuerbaren Umsätze (§ 1 UStG), das sind „Lieferungen und sonstige Leistungen, die ein Unternehmen im Inland gegen Entgelt im Rahmen seines Unternehmens ausführt" sowie der „Eigenverbrauch für Zwecke außerhalb des Unternehmens". Ein steuerbarer Umsatz richtet sich also nach den Eigenschaften des Steuergegenstandes.

---

[1] Über die Problematik solches Vorgehens vgl. EISER-RIEDERER, EnergPreis III, S. 232.

[2] Die folgende Übersicht lehnt sich an ein Referat von Dr. FRIEDRICH, VDEW, im Rahmen des ersten VDEW-Grundkurses für Ingenieure an. Bezüglich der Einzelprobleme muß auf die entsprechenden Kommentare sowie auf die Literatur und Rechtsprechung verwiesen werden.

[3] UStG i. d. F. v. 1. 9. 1951 (BGBl I, S. 791) mit den jeweiligen folgenden USt-Änderungsgesetzen und den Durchführungsbestimmungen z. UStG i. d. F. v. 1. 9. 1951 mit den jeweiligen Änderungs-VO.

Da die Umsatzsteuer normalerweise auf jeder Stufe des Wirtschaftsablaufes anfällt, wirkt sie sich als mehrphasige Steuer kumulativ preiserhöhend aus und hat im Enderfolg den Charakter einer allgemeinen Verbrauchsabgabe[1].

Unternehmer (im Sinne des § 1 UStG) ist jeder, der eine gewerbliche oder berufliche Tätigkeit — auch ohne Gewinnerzielungsabsicht — selbständig ausübt (§ 2 Ziff. 1 UStG). Selbständigkeit wird nicht angenommen, wenn eine juristische Person dem Willen des Unternehmers ohne Eigenwillen untergeordnet ist.

Die Ausübung hoheitlicher Gewalt wird nicht als gewerbliche oder berufliche Tätigkeit angesehen. Nur aus dieser Auffassung heraus ist das sogenannte „Umsatzsteuer-Privileg der öffentlichen Hand" zu verstehen (§ 4, Ziff. 5 b aa UStG). Es befreit Versorgungsunternehmen von Bund, Ländern, Gemeinden, Gemeinde- und Zweckverbänden, also unselbständige Regiebetriebe und selbständige Eigengesellschaften, die ausschließlich der öffentlichen Hand gehören, von der Umsatzsteuer für Lieferungen von Gas, Elektrizität und Wärme[2]. So begrüßenswert diese Befreiung für die betreffenden Energieversorgungsunternehmen selbst auch sein mag, vom Gesichtspunkt der gesamten Energiewirtschaft aus erscheint sie bedenklich, weil sie den Vergleich der Leistungen der einzelnen Energieversorgungsunternehmen erschwert und die Wettbewerbssituation verzerrt.

Beim sogenannten „Zwischenlieferer-Privileg" (§ 4 Ziff. 5 b bb UStG) hat der Gesetzgeber aus sozial- und wirtschaftspolitischen Gründen die kumulativ preiserhöhende Wirkung der Besteuerung in jeder Stufe des Wirtschaftsablaufs für Strom, Gas und Wärme dadurch ausgeschaltet, daß alle Stufen der Lieferung über zusammenhängende Leitung mit Ausnahme der Erstlieferung von der Umsatzsteuer befreit sind. Damit wurde die historisch gewachsene Struktur der deutschen Versorgungswirtschaft als gegeben hingenommen, bei der oft mehrere Unternehmen — bei Aushilfs- und Verbundlieferung, dazu noch häufig wechselnd —, hintereinander an der Versorgung eines Kunden beteiligt sind.

Normalerweise bildet das gesamte „vereinnahmte Entgelt" bei den steuerbaren Umsätzen den Maßstab für die Besteuerung, wobei der Regelsatz, abgesehen von Ausnahmen insbesondere für den Großhandel, 4% beträgt. Die Steuerbeträge dürfen jedoch bei den Preisen nicht offen in Erscheinung treten (§ 10 UstG)[3]; das Gesetz geht vielmehr davon aus, daß der Steuerschuldner die zu zahlende Umsatzsteuer durch Einrechnung in den Preis verdeckt abwälzt.

Erträge aus Verpachtung und Vermietung von Grundstücken und Grundstücksrechten sind von der Umsatzsteuer befreit (§ 4 Ziff. 10 UstG). Da die Rechtsprechung dazu neigt, Konzessionsabgaben für die Umsatzsteuerbemessung zur Hälfte als Entgelt für die Einräumung von Grundstücksrechten und zur Hälfte als Entgelt für die Einräumung des Ausschließlichkeitsrechtes anzusehen, haben die Gebietskörperschaften die Einnahmen aus Konzessionsabgaben von nicht in öffentlicher Hand befindlichen Energieversorgungsunternehmen in der Regel zu 50% zu versteuern, wenngleich auch dieser Satz im Einzelfall umstritten ist[4].

---

[1] vgl. PLÜCKEBAUM-MALITZKY, Komm. z. UStG, S. 132.

[2] § 31 der UStDB erstreckt die Befreiung auch auf sogenannte Nebenleistungen.

[3] Bei der Offenlegung von Preisberechnungen ist allerdings die getrennte Ausweisung der Umsatzsteuer erlaubt; vgl. PLÜCKEBAUM-MARLITZKY 2733, S. 893.

[4] Vgl. Versorgungswirtschaft 1956, H. 9, S. 354 ff. und 361.

Lastenausgleichsabgaben. Durch das Lastenausgleichsgesetz (LAG)[1] wurde ein Ausgleich der durch die Kriegswirren entstandenen Vermögensverschiebungen über einen besonderen, vom öffentlichen Haushalt getrennten Fond angestrebt. Ausgangspunkt für Lastenausgleichsabgaben an diesen Fond, dem als Zuschuß der öffentlichen Hand bis auf weiteres auch die laufende „Vermögenssteuer" (Landessteuer) zufließt, sind der Besitz von Vermögen und entstandene Währungsgewinne. Aus dem Gesetzeskomplex über den *Lastenausgleich* sind für die Elektrizitätswerke vor allem die „Vermögensabgabe" und die „Hypothekengewinnabgabe" sowie die „Kreditgewinnabgabe" von Bedeutung.

Für die Vermögensabgabe bildet das Vermögen am Währungsstichtag (DM-Eröffnungsbilanz) die Bemessungsgrundlage. Die Höhe der Vermögensabgabe beträgt in der Regel 50%, ermäßigt sich jedoch bei Vorliegen von Ostvertreibungs- oder Kriegssachschaden. Die geschuldete Abgabe ist im Wege der Tilgung und Verzinsung in Vierteljahresbeträgen bis zum 31. 3. 1979 zu entrichten, wobei eine vorzeitige Ablösung der Schuld gestattet ist.

Auch die Energieversorgungsunternehmen in Form von „Betrieben gewerblicher Art der Körperschaften des öffentlichen Rechts" gehören zu den abgabepflichtigen Unternehmen (§ 16 LAG). Alle öffentlichen Energieversorgungsunternehmen sind jedoch mit dem Anteil ihres Vermögens von der Abgabe befreit, der 1950 ihrer Tarifabnehmerversorgung im Verhältnis zur Versorgung anderer Abnehmer entsprach (§ 18 Abs. 1 Ziff. 8 LAG).

Die Hypothekengewinnabgabe und Kreditgewinnabgabe stellen Ausgleichsbelastungen für den jeweils zu ermittelnden Gewinn des Schuldners durch den Währungsschnitt dar. Bei der Hypothekengewinnabgabe bezieht sich das Gesetz für die endgültige Bemessung auf das erhaltengebliebene Grundstück und bei der Kreditgewinnabgabe auf das Betriebsvermögen eines buchführenden Gewerbebetriebes. Bei beiden Abgaben ist ebenso wie bei der Vermögensabgabe langfristige Tilgung vorgesehen, vorzeitige Ablösung jedoch möglich.

Vermögenssteuer. Der Kreis derjenigen, die *Vermögenssteuer*[2] (Landessteuer) zu entrichten haben, entspricht im wesentlichen dem der Lastenausgleichspflichtigen; jedoch sind die Unternehmen im ausschließlichen Besitz der öffentlichen Hand von der Vermögenssteuer befreit (§ 3 Abs. 1 Ziff. 3 VStG). Begünstigt sind ebenfalls Wasserkraftwerke[3].

Besteuert wird das Gesamtvermögen nach Maßgabe der nach dem „Bewertungsgesetz"[4] festzulegenden Einheitswerte. Zugrundegelegt wird für den Grundbesitz der Stand vom 1. 1. 1935 unter Berücksichtigung der durch sogenannte „Wertfortschreibung" festgehaltenen Veränderungen. Die Grundstückseinheitswerte sind zum Währungsstichtag nicht durch Hauptfeststellung erneut bestätigt worden. Nach Maßgabe des BewG werden weitere Wertfortschreibungen vorgenommen. Für das Betriebsvermögen erfolgte allerdings eine neue Einheitswert-Hauptfeststellung nach der DM-Eröffnungsbilanz.

Das BewG schreibt eine Ermittlung des Einheitswertes durch Abzug der Be-

---

[1] v. 14. 8. 1952 (BGBl I, S. 446 und zahlreiche Abgabe-Durchführungsvorschriften).

[2] VStG i. d. F. v. 10. 6. 1954 (BGBl I. S. 137), VStGDV i. d. F. v. 10. 6. 1954 (BGBl I. S. 136).

[3] gemäß VO vom 26. 10. 1944 RGBl I. S. 278 mit Änd. Ges. v. 26. 7. 1957 (BGBl I, S. 807).

[4] BewG v. 16. 10. 1934 (RGBl I. S. 1035) mit Änderungen vom 16. 1. 1952.

3*

triebsschulden und Rücklagen vom Rohvermögen vor (§ 62 BewG) und gestattet die Bewertung der Wirtschaftsgüter nach dem sogenannten „Teilwert" (§§ 12 und 66 BewG), der einen Spielraum von den Wiederbeschaffungskosten bis zu den Schrottwerten zuläßt, jedoch nur so, wie ein an der Weiterführung interessierter Erwerber des ganzen Unternehmens ihn im Rahmen des Gesamtkaufpreises ansetzen würde.

Die Ermittlung des steuerpflichtigen Vermögens erfolgt jeweils für einen Hauptveranlagungszeitraum[1] und durch Neuveranlagung bei Veränderung der zugrunde gelegten Verhältnisse innerhalb bestimmter Grenzen. Der Steuersatz beträgt jährlich 1% des steuerpflichtigen Vermögens[2].

Körperschaftssteuer. Die Körperschaftssteuer[3] steht grundsätzlich den Ländern zu. Der Bund hat jedoch einen Teilanspruch. Sie ist das Gegenstück zur Einkommensteuer (Lohnsteuer) für natürliche Personen, besteuert also das Einkommen „nichtnatürlicher" Personen. Das sind nicht nur die juristischen Personen, sondern auch die nichtrechtsfähigen Personenvereinigungen und Vermögensmassen sowie die Betriebe gewerblicher Art der Körperschaften öffentlichen Rechts, also beispielsweise auch kommunale Eigenbetriebe.

Die Körperschaftssteuer bildete lange Zeit eines der stärksten Hemmnisse für eine Gesundung des Kapitalmarktes. Dadurch, daß das Einkommen erst einmal bei der Körperschaft und dann die von der Körperschaft ausgeschütteten Gewinne noch einmal bei dem Empfänger (durch Einkommen- oder Körperschaftssteuer) zu versteuern sind, wird im Erfolg der gleiche Ertrag doppelt besteuert. Lediglich für sogenannte Verschachtelungen (z. B. Mutter- und Tochtergesellschaft) ist diese Doppelbesteuerung gemildert (§§ 9 und 19 KStG). Gerade der Aktienmarkt, eine der wichtigsten Finanzierungsquellen für die großen Energieversorgungsunternehmen, wurde durch diese Doppelbesteuerung stark beeinträchtigt. Ein erster Schritt auf dem Wege zur Beseitigung dieses Mißstandes war schon die Herabsetzung des 51% betragenden Körperschaftssteuersatzes auf zunächst 30% und jetzt 15% für die berücksichtigungsfähigen Gewinnausschüttungen. Von der Bundesregierung ist erwogen, die Doppelbesteuerung später ganz fallen zu lassen.

Gewerbesteuer. Die Gewerbesteuer[4] richtet sich auf „stehende Gewerbebetriebe" (§ 2 Abs. 1 GewStG), zu denen auch die Energieversorgungsunternehmen — einschließlich der Versorgungsbetriebe der öffentlichen Hand — gehören. Sie rechtfertigt sich aus der Tatsache, daß jeder Gewerbebetrieb einer Gemeinde zwangsläufig gewisse Mehraufwendungen z. B. für Schulen, Straßen, Verwaltung und dgl. bringt, und steht daher den Gemeinden zu.

Die Grundlage der Steuerbemessung bildet ein sogenannter „einheitlicher Steuermeßbetrag", der von den Finanzämtern festgesetzt wird. Er wird ermittelt einmal aus dem „Steuermeßbetrag" nach dem Gewerbeertrag (§ 7 GewStG), ist also abhängig vom jeweiligen Geschäftserfolg. Zum anderen wird das Gewerbekapital (§ 12 GewStG)[5] zugrunde gelegt.

---

[1] 3 Jahre, kann durch Rechts-VO verlängert oder verkürzt werden (§ 12 VStG).

[2] § 8 VStG mit Ausnahmeregelung.

[3] KStG i. d. F. des Gesetzes zur Neuordnung von Steuern v. 21. 12. 1954 (BGBl I, S. 467).

[4] GewStG v. 1. 12. 1936 i. d. F. v. 30. 4. 1952 (BGBl I, S. 270) mit Durchführungs-VO und Richtlinien.

[5] Insoweit ist die Gewerbesteuer also eine Vermögenssteuer.

Auf den „einheitlichen Steuermeßbetrag" wird ein Hebesatz angewendet, der nicht bundeseinheitlich ist, sondern in der jährlich aufzustellenden Haushaltssatzung jeder Gemeinde festgelegt wird, die danach die Steuer erhebt.

Praktische Schwierigkeiten ergeben sich bei der Gewerbesteuer in erster Linie daraus, daß zahlreiche Betriebe, beispielsweise auch viele Energieversorgungsunternehmen, sich über mehrere Gemeinden erstrecken oder ihre einzelnen Betriebsstätten in mehreren Gemeinden haben. Um die anfallende Gewerbesteuer auf die Gemeinden angemessen zu verteilen, wird der Steuermeßbetrag nach bestimmten Maßstäben zerlegt, so daß jede Gemeinde dann ihren Hebesatz auf ihren Anteil anwenden kann. Der im Normalfall angewandte Zerlegungsmaßstab der Arbeitsentgelte würde gerade bei den Energieversorgungsunternehmen oft zu ungerechten Lösungen führen. Man pflegt in solchen Fällen mehrere Zerlegungsmaßstäbe zu kombinieren. Falls auch damit keine brauchbare Lösung gefunden wird, bleibt noch die Möglichkeit, daß sich die betreffenden Unternehmen mit den in Frage kommenden Gemeinden über einen Zerlegungsplan einigen (§ 33 Abs. 2 GewStG).

Für die Ermittlung des Gewerbeertrages kann nicht ohne weiteres der Gewinn zugrunde gelegt werden, der für die Körperschaftssteuer ermittelt wurde. Es bedarf genau genommen der selbständigen Gewinnermittlung für die Gewerbesteuer, obwohl auch hierbei Vorschriften des EStG über die Gewinnermittlung anzuwenden sind. Diese Regelung ist bezeichnend für unsere heutigen Steuergesetzgebung mit ihren zum Teil rechtlich völlig getrennten Steuerarten.

Steuerrechtliche Problematik der Abschreibungen. Der zu versteuernde Gewinn eines Unternehmens wird durch Vergleich des Anfangs- und Endvermögens eines Wirtschaftsjahres ermittelt. Eine solche Steuerbilanz ist zwar keine selbständige Bilanz neben der Handelsbilanz, kann aber wegen der steuerlichen Bewertungsvorschriften, vor allem bei den Abschreibungsbeträgen, von der Handelsbilanz abweichen. In der Praxis wird allerdings die eigentliche Handelsbilanz häufig nach der Steuerbilanz ausgerichtet.

Die Abzugsfähigkeit der gezahlten Konzessionsabgaben war nicht immer unbestritten, ist jetzt jedoch, solange diese sich in den von den Konzessionsabgaben-Vorschriften gesetzten Grenzen bewegen[1], durch entsprechende Körperschaftssteuer-Richtlinien anerkannt[2].

Im Mittelpunkt des steuerrechtlichen Interesses steht bei jedem Energieversorgungsunternehmen die Höhe der jeweils zulässigen Abschreibungen. Für die Bilanzierung ist sie von wesentlicher Bedeutung. In dem Maße, wie sich sowohl die Ertragslage eines Unternehmens als auch die Aussichten der Beschaffung von Fremdkapital sowie die Investitionsaufgaben verändern, verschieben sich die Anforderungen und Voraussetzungen bei der Abschreibung. Eine geschickte Geschäftspolitik wird daher je nach Lage des Unternehmens verschiedene Abschreibemethoden anwenden. Die Finanzverwaltungen haben sich dieser Erkenntnis nicht verschlossen.

Die zulässige reguläre Absetzung für Abnutzung (AfA) umfaßt heute sowohl die normale technische Abnutzung durch betriebliche Nutzung, als auch die außer-

---

[1] Die Bemühungen der Finanzverwaltung gehen vor allem dahin, „verdeckte Gewinnausschüttungen" nicht zu begünstigen.

[2] KStR 1955, Abschn. 23, Abs. 1.

ordentliche technische und wirtschaftliche Abnutzung (z. B. bei unerwartet schneller Alterung von Maschinen durch Überbelastung oder technische Neuentwicklung, bei nicht vorhersehbaren Verschiebungen auf dem Absatzsektor) sowie die Substanzverringerung (z. B. bei Bodenschätzen)[1].

Die meistgebräuchliche steuerlich zulässige Abschreibemethode war bislang die „lineare" mit gleichen Jahresbeträgen. Je nach den Verhältnissen des Einzelfalles ist nunmehr auch die „degressive" Abschreibung erlaubt[2]. Man unterscheidet eine degressive Abschreibung mit „ungleichmäßigem" Abfall, d. h. mit sinkenden Abschreibungssätzen vom Anschaffungswert, und mit „gleichmäßigem" Abfall. Hierbei gibt es die „arithmetisch-degressive" und die „geometrisch-degressive" oder „radikale" Abschreibung. Die „progressive" Abschreibung, ein Verfahren mit ansteigenden Jahresbeträgen, hat in der Wirtschaft keine große Bedeutung erlangt. Die „digitale" Abschreibungsmethode, wobei mit gleichmäßig fallenden Jahresbeträgen gearbeitet wird, liegt in ihren Auswirkungen zwischen der linearen und degressiven Methode. Da sie sowohl den Verhältnissen in den Betrieben, als auch den Wünschen der Verwaltungen nahe kommt, dürfte sie auch in Deutschland immer mehr Freunde finden.

Für die Abschreibungssätze der Energiewirtschaft gibt es in Fortentwicklung der sogenannten „Magdeburger Richtlinien"[3] eine amtliche AfA-Tabelle für den Wirtschaftszweig Energie- und Wasserversorgung[4], in der für die betriebsgewöhnliche Benutzungsdauer der Wirtschaftsgüter der Energiewirtschaft einheitliche Werte zusammengestellt sind[5]. Wenn auch die im Zusammenspiel von Energiewirtschaft und Finanzverwaltungen erarbeiteten Werte im einzelnen gelegentlich umstritten sind, stellen sie doch eine gewisse einheitliche Behandlung der Versorgungsunternehmen sicher und ersparen zahlreiche Auseinandersetzungen.

Neben den regulären Abschreibungen sind gelegentlich Sonderabschreibungen auf Grund von Sonderbestimmungen zugelassen worden. So bietet die Verordnung über die steuerliche Begünstigung von Wasserkraftwerken[6] von 1944 die Möglichkeit, Wasserkraftanlagen bei der Abschreibung bevorzugt zu behandeln. Nach dem Kriege brachte der §36 des Investitionshilfegesetzes (IHG) den Elektrizitätswerken die Möglichkeit, stark erhöhte Abschreibungssätze in Ansatz zu bringen.

Es unterliegt keinem Zweifel, daß bei jeder Anspannung des Kapitalmarktes immer wieder die Investitionsfinanzierung bei all jenen Unternehmen am ehesten Schwierigkeiten bereitet, die ihr Kapital nur sehr langsam umschlagen können. Selbst bei einem ergiebigen Kapitalmarkt sind sie wegen ihres hohen Bedarfs an langfristig gebundenem Kapital anderen Unternehmen gegenüber, die bei schnellerem Kapitalumschlag eine höhere Rendite bieten können, benachteiligt. Zum Ausgleich dieses Nachteils müssen kapitalintensiven Unternehmen höhere Ab-

---

[1] Vgl. BLÜMICH-KLEIN-STEINBRING, Komm. z. KStG, S. 527 ff.

[2] EStR 1955, Abschn. 43.

[3] Für steuerliche Belange der Energiewirtschaft war früher die Finanzverwaltung Magdeburg federführend.

[4] Seit 4. 3. 1958 veröffentlicht in der „Amtlichen Sammlung für AfA-Tabellen".

[5] Mit Spielraum von ± 20%. Zu beachten ist, daß es sich lediglich um Anhaltspunkte für die Beurteilung der Angemessenheit handelt, die als solche auch einen weiteren Spielraum zulassen. Gegen eine Verbindlichkeitserklärung fester Werte hat sich die Energiewirtschaft wegen der örtlich unterschiedlichen Verhältnisse erfolgreich gewehrt.

[6] RGBl I, S. 278 vom 26. 10. 1944 mit Änd.-Ges. v. 26. 7. 1957 (BGBl I, S. 807).

schreibungssätze gewährt werden. Insbesondere auch für die Elektrizitätswerke sind sie neben der Gewährung eines ausreichenden Ertrages wesentliche Voraussetzung für ein gesundes Verhältnis von Eigenfinanzierung zu Fremdfinanzierung. Erfreulicherweise scheint bei den staatlichen Stellen das Verständnis für diese Zusammenhänge gewachsen zu sein und wird voraussichtlich in den künftigen steuergesetzlichen Regelungen zunehmend seinen Niederschlag finden.

f) Rechtsformen

Aus der Erläuterung des Begriffes „Energieversorgungsunternehmen" im EWG ergibt sich, daß für den Betrieb eines Elektrizitätswerkes jede rechtliche Form zulässig ist[1]. Entsprechend zeigt auch eine Übersicht über die verschiedenen Rechtsformen der Werke der öffentlichen Elektrizitätsversorgung in Deutschland ein überaus buntes Bild.

Rechtsformen und Anteile an der nutzbaren
Abgabe in der öffentlichen Elektrizitätswirtschaft[2]

Rechtsform	Anzahl der EVU	Anteil an der nutzbaren Stromabgabe
Genossenschaften	27	0,1%
Einzelunternehmen	50	0,1%
OHG und KG	26	0,2%
GmbH	58	4 %
AG	89	83 %
Eigenbetriebe	400	13 %
	650	100%

Weitaus am häufigsten ist die Rechtsform der Eigenbetriebe vertreten. Hinsichtlich des Anteils an der Stromabgabe kommt indessen den Aktiengesellschaften die größte Bedeutung zu. Dem entspricht auch, daß die 15 größten Elektrizitätswerke[3] als Aktiengesellschaften betrieben werden.

In der Praxis stehen also die Rechtsformen Aktiengesellschaft und Eigenbetrieb im Vordergrund des Interesses, dicht gefolgt von der GmbH., während die anderen Formen mehr den kleinen Betrieben eigen sind.

Die Rechtsformen der einzelnen Elektrizitätswerke sind zum großen Teil auf deren Entstehungsgeschichte zurückzuführen. So erklärt sich beispielsweise auch die Vielzahl von Eigenbetrieben. Nur bei verhältnismäßig wenig Werken wurde im Laufe der weiteren Entwicklung eine Änderung der ursprünglich gewählten Rechtsform vorgenommen. Jede dieser Rechtsformen hat bestimmte gesetzlich festgelegte Eigenheiten, so beispielsweise in bezug auf das Maß der Publikationspflicht, der Beaufsichtigung durch Kontrollinstanzen, der Haftung, der Steuerpflicht u. dgl. Grundsätzlich sind die Kontrollbefugnisse der Öffentlichkeit um so weiter ausgebaut, je geringer die Haftung der Betriebe infolge gesetzlicher Haftungsbeschränkung ist.

---

[1] § 2 Abs. 2 Satz 1 EWG.

[2] Vgl. VDEW. Die öffentliche Elektrizitätsversorgung im Bundesgebiet und West-Berlin, 1958, S. 44.

[3] Jeweils über 1 Mrd. kWh nutzbare Abgabe im Jahre 1956.

Einzelunternehmen und Personalgesellschaften. Bei den wenigen kleinen Energieversorgungsunternehmen, die als Einzelunternehmen geführt werden, haftet der Inhaber unbeschränkt und unbeschränkbar mit seinem Vermögen, unterliegt dafür aber auch nur den wenig belastenden Vorschriften des Handelsrechts[1]. Auch bei den in Form einer Privatgesellschaft — wie „Gesellschaft bürgerlichen Rechts[2], OHG[3] und KG[4] — arbeitenden Energieversorgungsunternehmen haftet jeweils mindestens einer der Gesellschafter mit seinem Vermögen unbeschränkt und unbeschränkbar[5], so daß dort ebenfalls Sicherungen der Öffentlichkeit nur begrenzt festgelegt zu werden brauchen.

Die Rechtsform der Personalgesellschaft ist ihrem Wesen nach auf einen Zusammenschluß weniger Personen zugeschnitten. Wenn es sich um einen größeren Personenkreis handelt, wie z. B. bei elektrizitätswirtschaftlichen Zusammenschlüssen in ländlichen Gebieten, ist die Form der eingetragenen Erwerbs- und Wirtschaftsgenossenschaft mit Haftung jedes Genossen in unbeschränkter Höhe oder Haftung bis zu einem gewissen Betrag passender[6].

Kapitalgesellschaften. Sowohl bei Einzelkaufleuten als auch bei Personalgesellschaften und in gewissem Umfange auch bei Genossenschaften ist die Möglichkeit einer Kreditaufnahme in großem Maße von der Kreditwürdigkeit der jeweils Haftenden abhängig. Daraus erklärt sich, daß in einem so kapitalintensiven und dauernd kapitalbedürftigen Wirtschaftszweig wie der Elektrizitätsversorgung diese Unternehmensformen nur für sehr spezielle und meist örtlich eng begrenzte Versorgungsaufgaben benutzt werden. Für Aufgaben mit größerem Kapitalbedarf sind innerhalb des Privatrechts eigens die Rechtsformen der sogenannten handelsrechtlichen „Kapitalgesellschaften", der AG und der GmbH, entwickelt worden. Es handelt sich dabei um von ihren Gründern und Trägern losgelöste Körperschaften, sogenannte juristische Personen mit eigener Rechtspersönlichkeit, die mit ihrem verselbständigten Vermögen auch die Haftung übernehmen.

Daß bei den Kapitalgesellschaften lediglich das Gesellschaftsvermögen zur Haftung herangezogen werden kann, machte allerdings einen besonderen Schutz der Öffentlichkeit vor einer vermögensmäßigen Aushöhlung derartiger Gesellschaften notwendig. Daher unterliegt vor allem die Aktiengesellschaft besonders weitgehenden Pflichten zur Veröffentlichung bestimmter wichtiger Unternehmenstatsachen sowie zur Einhaltung festgelegter Regeln bei der Gewinnermittlung und Bilanzierung. Die handelsrechtlich geforderten Auskunfts- und Nachweispflichten werden noch wesentlich ausgedehnt durch die derzeitige Handhabung der Steuerermittlung. Obwohl die handelsrechtlichen Bestimmungen für die Aktiengesellschaft schärfer sind als für die GmbH, haben sich, da beide der Körperschaftssteuer unterliegen, GmbH und AG bei der Gewinnermittlung und Bilanzierung in der Praxis weitgehend angeglichen.

Die Rechtsform der Kapitalgesellschaften hat sich für die kapitalintensiven Unternehmen der Elektrizitätswirtschaft so gut bewährt, daß selbst für zahlreiche Versorgungsunternehmen, die in ausschließlichem Eigentum der öffentlichen Hand stehen, diese Rechtsform einer Körperschaft des Privatrechts gewählt worden ist.

---

[1] §§ 1ff. HGB.   [2] §§ 705ff. BGB.   [3] §§ 105ff. HGB.   [4] §§ 161ff. HGB.
[5] Sonderfälle: eine juristische Person als persönlich haftender Gesellschafter.
[6] GenGes v. 1. 5. 1889.

Rechtsformen des öffentlichen Rechts. In der Rechtsform einer Körperschaft des öffentlichen Rechts arbeitet in der Versorgungswirtschaft eigentlich nur der sogenannte „Zweckverband", ein in der Regel freiwilliger Zusammenschluß („Freiverband") von Gemeinden oder Gemeindeverbänden. Wenn im Haftungsfalle das eigene Vermögen des Zweckverbandes nicht ausreicht, erfolgt Deckung durch die Zweckverbandsmitglieder im Umlageverfahren. Deshalb ist auch jeder Zweckverband grundsätzlich der Staatsaufsicht unterstellt. Im übrigen findet für Zweckverbände das Gemeinderecht sinngemäß Anwendung.

Für die Durchführung der Versorgung ohne Zusammenschluß mit anderen Gemeinden ist im Bereich des öffentlichen Rechts die ursprüngliche Rechtsform die des „Regiebetriebes". Sie entstand aus der Beauftragung eines unselbständigen Amtes oder eine Verwaltungsabteilung einer Gemeinde mit der Durchführung von Versorgungsaufgaben. Regiebetriebe sind damit eng an die Weisungen der obersten Gemeindeorgane gebunden. Entsprechend ihrer fehlenden Unabhängigkeit haben Regiebetriebe auch kein getrenntes Sondervermögen, mit der Folge, daß die Gemeinde selbst unmittelbar haftet. Zwar bietet der enge organisatorische Zusammenhang mit den anderen Gemeindeorganen in mancher Hinsicht Vorteile, doch erwies sich in der Vergangenheit besonders das kameralistische Rechnungswesen und damit das Fehlen einer laufenden Vermögensübersicht als so nachteilig, daß nur noch eine geringe Zahl kleinerer Gemeinden — oft nur für die Energieversorgung gemeindeeigener Einrichtungen[1] — diese Rechtsform in ihrer ursprünglichen Art beibehielt. Ein Teil ging zu den Rechtsformen des Privatrechts über, ein anderer Teil versuchte, die Betriebe zwar als Glieder der Gemeindeverwaltung zu erhalten, aber so weit unabhängig zu machen, vor allem im Hinblick auf die kaufmännische und wirtschaftliche Betriebsführung, daß sie in der Lage sind, sich den Verfahren neuzeitlicher Wirtschaftsführung anzupassen.

Diese Entwicklung ist noch nicht abgeschlossen. Einen Niederschlag fand sie in der Eigenbetriebs-VO von 1938[2]. Das Bonner Grundgesetz ließ die Zuständigkeit für das Eigenbetriebsrecht auf die Länder übergehen. Die EVO von 1938 ist damit in wesentlichen Teilen nur noch sinngemäß anwendbar. Auch die neuen Gemeindeordnungen der einzelnen Länder haben auf dem Gebiet des Eigenbetriebsrechts keine Klärung gebracht, so daß sich eine bedenkliche Rechtszersplitterung anbahnt, — zumal die einzelnen Länder Eigenbetriebsverordnungen vorbereiten und in einigen Fällen schon in Kraft gesetzt haben, die der jeweils vorherrschenden wirtschaftspolitischen Meinung entsprechen und deshalb in wesentlichen Zügen voneinander abweichen. Das gilt sowohl für die Rechte und Pflichten der Werkleitung[3], als auch für die Sicherstellung der nötigen Aufsicht der Gemeinden und der von ihnen beschickten Aufsichtsgremien, für die Publikationspflichten und insbesondere für den Grad der vermögensmäßigen Trennung der Eigenbetriebe von den Gemeinden.

Die Verselbständigung des Betriebsvermögens bringt für die Haftung des Eigenbetriebs im Grunde keine Änderung, da wegen des Fehlens eigener Rechtspersön-

---

[1] Vgl. Zeiss „Die Rechtsformen der kommunalen Versorgungsbetriebe nach den geltenden Gemeindeverfassungsrechten", Elektrizitätswirtsch. 1/1957, S. 37 ff.

[2] EVO v. 21. 11. 1938.

[3] Eine länder-einheitliche Bezeichnung gibt es nicht; teilweise wird von Betriebsleitung gesprochen.

lichkeit letztlich die Gemeinden zu haften haben. Eine weitgehende Vermögens-
trennung hat jedoch den Vorteil, daß dann bei dem Eigenbetrieb, obwohl er immer
dem Gemeinde-Haushaltsrecht unterworfen bleibt, das Rechnungswesen und die
laufende Vermögensüberwachung nach kaufmännischen und handelsrechtlichen
Grundsätzen betrieben werden kann.

Die jüngste Entwicklung geht dahin, die Rechtsform der Eigenbetriebe so weiter
zu bilden, daß ihnen eine eigene Rechtspersönlichkeit etwa in Form einer ,,rechts-
fähigen Anstalt"[1] zuerkannt wird[2], ähnlich den Zweckverbänden, die Körperschaften des öffentlichen Rechts sind. Ob es allerdings gelingen wird, für die angestrebten ,,Eigenunternehmen" die Haftung völlig auf das Vermögen der Unternehmen
zu beschränken, wenn sie im alleinigen Eigentum einer oder mehrerer Gemeinden
stehen, erscheint aus rechtsgrundsätzlichen Erwägungen fraglich. Daher finden
sich neuerdings auch Bestrebungen, für öffentliche Unternehmen Sonderformen
der Kapitalgesellschaften des Privatrechts zu bilden.

Ob Rechtsformen des öffentlichen Rechts oder des Privatrechts bevorzugt
werden, sollte eigentlich nicht Gegenstand politischer Auseinandersetzungen sein,
sondern lediglich zweckmäßig entschieden werden. Auf jeden Fall muß der Werksleitung so ausreichende Entscheidungsfreiheit gewährleistet sein, daß sie den
schnell wechselnden Betriebsanforderungen genügen kann, daß sie vor allem aber
die oft schwierige Abgrenzung übergeordneter Versorgungsaufgaben mit örtlichen Sonderinteressen in freier Verantwortung vorzunehmen imstande ist.

g) Gesetzliche Ordnung der Elektrizitätswirtschaft in Ländern mit liberaler Wirtschaftsordnung

In Ländern mit liberalen Wirtschaftsgrundsätzen können sich in der Regel die
einzelnen Wirtschaftszweige im freien Spiel der Kräfte ordnen. Der Staat schaltet sich hierbei fördernd oder regelnd nur insoweit ein, als es die Öffentlichkeit für unumgänglich hält. Das geeignete Ausmaß für eine solche Einschaltung des Staates in die Elektrizitätswirtschaft, ist jedoch auch in Ländern mit
traditionell liberaler Wirtschaftsordnung je nach politischer Einstellung recht
umstritten.

Die derzeitige Wirtschaftsordnung der öffentlichen Elektrizitätsversorgung
in der Bundesrepublik beruht darauf, daß das Recht zur Benutzung der öffentlichen Wege für die Leitungsverlegung in geschlossenen Siedlungsgebieten stets
in Händen der Gemeinden lag. Erst spät und zögernd setzten Bestrebungen ein,
hieraus entstehende Hemmnisse für eine großräumige Ordnung der gesamten
Elektrizitätswirtschaft auf gesetzlichem Wege zu beseitigen. Inzwischen hatten
sich die Gemeinden und Gemeindeverbände bereits sehr weit in die Elektrizitätsversorgung eingeschaltet.

An sich ist eine solche Entwicklung nicht bedenklich, zumal die Auffassung be-

---

[1] Vgl. Gesetzesentwurf über ,,Öffentliche Unternehmungen" in Versorgungswirtschaft
1957, H. 1, S. 18.

[2] Im ,,Entwurf für ein Gesetz über die Wirtschaftsunternehmen der Gemeinden und Gemeindeverbände in Hessen" wird diese Rechtsform mit ,,Eigenunternehmen" bezeichnet. In
das am 1. 4. 1957 in Kraft getretene hessische Eigenbetriebsgesetz ist diese Rechtsform nicht
aufgenommen worden.

gründet scheint, die eigentliche örtliche Versorgung der Verbraucher gehöre mit zum Aufgabenkreis[1] der Gemeinden.

Bei stark föderalistischen Tendenzen entsteht jedoch die Gefahr, die Gemeinden könnten die erforderliche Anpassung an das übergeordnete Gemeinwohl vermissen lassen. Die mit dem EWG von 1935 eingeleiteten zentralen Ordnungsbestrebungen können leicht von den Eigentümern der öffentlichen Grundstücksnutzungsrechte in der Praxis überspielt werden, zumal wenn diese noch in parteipolitischer Opposition zur Bundesregierung stehen oder glauben, ihren örtlichen Wählern den Verzicht auf Gemeindevorteile nicht zumuten zu können.

Die Elektrizitätswirtschaft verlangt ihrer Natur nach eine weiträumige Ordnung. Die liberale und betont föderalistische Gesetzgebung, wie sie sich in der Bundesrepublik mit Resten zentraler Ordnungsbestrebungen mischt, zeigt hier erhebliche Schattenseiten, zumal Vertreter von Sonderinteressen die gegebene Lage in recht geschickter Weise zu erhalten verstehen.

In einigen ausländischen Staaten ist jedoch der Beweis erbracht worden, daß die Anpassung der Wirtschaftsordnung der Elektrizitätsversorgung an die gewachsenen Wirtschaftsräume ohne oder mit nur geringen gesetzlichen Eingriffen möglich ist. Für die künftige Entwicklung in der Bundesrepublik lassen sich aus den in anderen Staaten mit liberaler Wirtschaftsordnung gefundenen Lösungen manche Lehren ziehen[2].

Österreich. Die österreichische Elektrizitätswirtschaft hat nach dem zweiten Weltkrieg eine entscheidende Neuordnung durch das zweite Verstaatlichungsgesetz von 1947[3] erfahren. Durch dieses Gesetz wurden alle Betriebe der österreichischen Elektrizitätswirtschaft — mit Ausnahme unbedeutender Kleinbetriebe und von Eigenanlagen unter bestimmten Voraussetzungen — in Aktiengesellschaften[4] überführt, deren Anteile nahezu ausschließlich der öffentlichen Hand gehören. Die Unternehmen unterstehen dem allgemeinen Handels-, Wirtschafts- und Steuerrecht.

Die Gliederung erfolgte dabei so, daß acht Landesgesellschaften die Verteilung und die Kleinerzeugung, mehrere Sondergesellschaften die Großerzeugung — hauptsächlich in den großen Wasserkraftwerken — übernehmen, während als Dachgesellschaft eine Verbundgesellschaft den Verbundbetrieb zu führen hat. Ihr obliegt auch die Genehmigung aller Stromlieferungsverträge mit dem Ausland. Ihr Einfluß ist dadurch sichergestellt, daß sie die Bundesbeteiligung an den Sondergesellschaften (mindestens 50%) und den Landesgesellschaften als Treuhänder verwaltet. Ihr obliegt die Kontrolle und Planung der gesamten Strombedarfsdeckung sowie die Kontrolle der Tarife. Sie betreibt das ihr zu diesem Zweck zu Eigentum übertragene Verbundnetz oberhalb 100 kV und schließt entsprechende Transport- und Stromlieferungsverträge. Ferner hat sie das Recht, den Bau und Betrieb von Kraftwerken durch Sondergesellschaften zu veranlassen.

---

[1] Vgl. JACOBI, Die wirtschaftliche Betätigung der Gemeinden als kommunalpolitische Aufgabe, „Die wirtschaftliche Betätigung der Gemeinden", 1957 Bochum, S. 9, bes. S. 14.

[2] Vgl. hierzu die herangezogene umfassende Übersicht von SCHMITZ, Das Recht der Energiewirtschaft im Ausland, München 1953.

[3] II. Verstaatlichungsgesetz vom 26. 3. 1947 (österr. BGBl 1947 Nr. 51).

[4] Ausnahme: Versorgung der Landeshauptstädte Graz, Innsbruck, Klagenfurt, Linz und Salzburg durch Regiebetriebe.

Ein besonderes Lastverteilungsgesetz[1] hat ergänzend eine Lastverteilungsorganisation mit einem von der Verbundgesellschaft betriebenen Bundeslastverteiler und an dessen Weisung gebundene Landeslastverteiler eingerichtet. Ähnlich wie in der Bundesrepublik ist auch das Recht zur Leitungsverlegung in Österreich an die Einräumung von Grundstücksrechten gebunden. Nach dem neuen Bundes-Elektrizitätsgesetz können die Gemeinden jedoch keine Entschädigung für die Einräumung von Ausschließlichkeitsrechten, sondern nur noch Mietzahlungen für die Überlassung der Nutzungsrechte des öffentlichen Grundes beanspruchen.

Sieht man einmal von der Frage der Eigentumsregelung ab, so zeigt das österreichische Beispiel, wie zentrale Ordnungsbestrebungen mit dem Mittel der Bildung eines Großkonzerns durchgesetzt werden können. Handelsrechtlich gesehen, sind dabei die einzelnen Elektrizitätswerksunternehmen, deren wesentliche Rechtsgrundlage bis dahin die Nutzungsrechte an den öffentlichen Grundstücken waren, zu großen regionalen Gesellschaften zusammengefaßt worden. Diese wiederum sind mit den großen Kraftwerksgesellschaften in eine Dachgesellschaft eingegliedert worden, mit dem Erfolg, daß in jeder Stufe die übergeordneten Gesichtspunkte ohne Schwierigkeiten erkannt und durchgesetzt werden können. Dabei bietet die Lastverteiler-Organisation mit ihren starken Weisungsrechten eine zusätzliche Hilfe. Da auch der Überschußstrom aus Eigenversorgungsanlagen, sofern er 100000 kWh/Jahr übersteigt, mit wenigen Ausnahmen zur Weiteverteilung an die öffentliche Elektrizitätsversorgungsunternehmen geliefert werden muß, ist auch die industrielle Eigenerzeugung weitgehend in die neugeschaffene Ordnung einbezogen worden. Der Befürchtung, daß die in diesem umfassenden Elektrizitätsversorgungskonzern zusammengeballte Macht mißbraucht werden könnte, hält man entgegen, der Staat selbst sei als Eigentümer der parlamentarischen Kontrolle unterworfen. Abzuwarten bleibt vor allem, ob die bei Staatsgesellschaften grundsätzlich bestehenden Gefahren, wie übermäßige Bürokratisierung, zögernder Weitblick in der Vorausplanung, verkümmernde Neigung zum unternehmerischen Wagnis, sowie die Besetzung leitender Posten nach beamtenmäßigen und parteipolitischen Gesichtspunkten sich in der Zukunft lähmend auswirken werden.

Großbritannien. Die in Großbritannien gefundene Lösung der rechtlichen Ordnung der Elektrizitätswirtschaft unterscheidet sich im Grundsatz nur wenig von der in Österreich. Auch in Großbritannien bestehen heute nur wenige große Bezirksversorgungsunternehmen (Area Electricity Boards), deren Dachorganisation die British Electricity Authority (BEA) darstellt[2].

Im Unterschied zu Österreich handelt es sich hierbei jeweils um selbständige Körperschaften des öffentlichen Rechts, die allerdings auch der allgemeinen Besteuerung und Abgabenregelung unterliegen. Sie haben nach dem Prinzip der Kostendeckung zu wirtschaften. Die Selbständigkeit der AEBs ist dadurch charakterisiert, daß die BEA ihnen gegenüber, abgesehen von dem Bereich der Lastverteilung, kein allgemeines Weisungsrecht, sondern gesetzlich festumrissene Aufsichtsrechte hat.

---

[1] Lastverteilungsgesetz vom 6. 3. 1946 (österr. BGBl 1946 Nr. 83).

[2] Vgl. Organisation und Entwicklung der englischen Elektrizitätswirtschaft seit Kriegsende, Elektrizitätswirtschaft 1949, H. 6, S. 123ff.

Da die BEA Eigentümer aller öffentlichen Kraftwerke und des großen Verbundnetzes ist und die Wirtschaftspläne der AEBs zu überwachen hat, ist in der Praxis die Koordination sichergestellt. Die nach dem zweiten Weltkrieg durchgeführte Nationalisierung der Elektrizitätswirtschaft[1] stellt, wie die der gesamten englischen Energiewirtschaft das Ende einer langen Entwicklung dar, da schon sehr frühzeitig der Staat auf die Unternehmen des „Public Service" Einfluß nahm[2]. Die Konzessionserteilung wurde von einer parlamentarischen Genehmigung abhängig gemacht und schloß gleich die Übertragung des Wegerechts mit ein, ohne daß dann noch Konzessionsabgaben an die Gemeinden zu zahlen gewesen wären. Die immer weitere Einschränkung der Rechte der Gemeinden an ihrem öffentlichen Grund und Boden fand mit der Nationalisierung ihren Abschluß, da damit praktisch den BEAs eine umfassende gesetzliche Konzession unter Einschluß der entsprechenden Wegerechte übertragen wurde. Zum Ausgleich haben die Gemeinden das Recht, drei Fünftel der Mitglieder der bei den BEA gebildeten Beiräte vorzuschlagen.

Die Ordnung des Tarifwesens ist dadurch sichergestellt, daß einmal das Zentralamt die Preise für die Lieferungen an die BEA festlegt und zum anderen allgemeine Tarifbestimmungen erlassen kann, die vor allem einen gleichmäßigen Tarifaufbau zum Ziele haben. Die eigentlichen Verbraucherpreise werden von den BEA festgelegt, deren Freizügigkeit hierbei jedoch durch den Meistbegünstigungs-Grundsatz „gleiche Preise für gleiche Lieferungen" eingeengt ist.

Die eigentliche Staatsaufsicht wird durch den Minister für Brennstoff und Energie wahrgenommen, dessen Rechte allerdings gesetzlich eng umrissen sind.

Bei aller Anerkennung der Vorteile des britischen Systems einer gesetzlichen Ordnung der Energiewirtschaft darf nicht verkannt werden — und wird auch in Großbritannien selbst in aller Offenheit diskutiert —, daß derartige Verwaltungskörperschaften ohne den Anreiz der Gewinnerzielung stets dazu neigen werden, das Streben nach Wirtschaftlichkeit nicht immer als obersten Leitsatz zu beachten. Die in jüngster Zeit zu beobachtenden Reformbestrebungen zielen daher auch in erster Linie auf Abwendung dieser Gefahr.

Obwohl die Eigenversorgungsanlagen, ebenso übrigens Stromerzeugungsanlagen für Verkehrsunternehmen, von der Nationalisierung nicht erfaßt wurden, gibt es um den Überschußstrom aus Eigenanlagen keine großen Auseinandersetzungen, da bereits seit 1926 Überschußstrom an die öffentliche Elektrizitätsversorgung verkauft werden muß, die ihrerseits die weitere Verteilung übernimmt.

Frankreich. Ähnlich wie in England wurden auch in Frankreich nach dem zweiten Weltkrieg[3] Staatsunternehmen in Form von rechtlich und wirtschaftlich selbständigen Körperschaften des öffentlichen Rechts geschaffen, denen die Elektrizitätsversorgung übertragen wurde. Als Dachgesellschaft waltet die Electricité de France (EdF), Service National, der 26 Bezirksunternehmen, EdF Service de Distribution, untergeordnet sind. Von der Nationalisierung ausgenommen wurden weniger bedeutende Kraftwerke und die meisten Eigenanlagen, die jedoch ihren Überschußstrom an die öffentliche Versorgung verkaufen müssen. Für Eigen-

---

[1] Electricity Act 1947 von 13. 8. 1947.

[2] Electric Lightning Act von 1882, 1888, 1899, 1909; Electricity Supply Act von 1919, 1922, 1926, 1936; Hydro-Electric Development (Scotland) Act von 1943.

[3] Loi sur la nationalisation de l'éctricité et du gaz, 8. 4. 1946.

anlagen, die für die Aufrechterhaltung der öffentlichen Versorgung notwendig sind, für die Kraftwerke der Eisenbahn und des verstaatlichten Kohlenbergbaus wurden Sonderregelungen in Form von gemischten Verwaltungen unter Fachaufsicht der EdF geschaffen. Damit befinden sich rund zwei Drittel der Erzeugung und der ganze Verbundbetrieb in der Hand der EdF.

Mit der Verstaatlichung der zum größten Teil in Privathand befindlichen Verteilungsunternehmen gelangte auch die Verteilung überwiegend in die Hand der EdF. Bei den Verteilungsunternehmen hat man, anders als in England, die Regiebetriebe der öffentlichen Hand (besonders Gemeindebetriebe), die gemischten Unternehmen mit einer Majorität der öffentlichen Hand und die Verbrauchsgenossenschaften nicht verstaatlicht, aber ebenfalls unter die Fachaufsicht der EdF gestellt.

Die EdF Service National übt damit die Fachaufsicht über alle Verteilungsbetriebe aus. Die Bezirksunternehmen, EdF Service de Distribution, haben jeweils drei bis vier Verteilerzentren mit entsprechender Untergliederung. Auf der Ebene der Verteilerzentren ist im übrigen die Elektrizitätsverteilung mit der örtlichen Gasversorgung gekuppelt[1].

Die neugeschaffenen Staatsunternehmen unterliegen der normalen Steuerpflicht und betreiben ihr Rechnungswesen weitgehend nach privatrechtlichen Gepflogenheiten. Die Preise für Elektrizität werden allerdings staatlich gelenkt, wobei sich der Staat einer Kommission für die Marktforschung aller öffentlichen Wirtschaftsunternehmen, einem siebenköpfigen Gremium ausgesuchter Fachleute, und einer ähnlichen Kommission besonders für die Elektrizitätswirtschaft zur Überwachung und zur Beratung bedient.

Von den 18 Mitgliedern des Verwaltungsrates jeder EdF Service de Distribution, werden 8 von den Gemeinden gestellt. Hierin liegt ein gewisser Ausgleich für den stark eingeschränkten Einfluß der Gemeinden auf die Elektrizitätsversorgung. Selbst die Regiebetriebe sind der Wirtschaftskontrolle der EdF unterworfen, und auch das Wege- und Konzessionsrecht der Gemeinden bietet keinen Rückhalt mehr.

Eine Wegeerlaubnis (Permission de Voirie) kommt nur noch für Unternehmen unter 100 kW in Frage. Sie kann mit der Auferlegung der Versorgungspflicht, bestimmter Höchsttarife u. ä. verknüpft werden, kennt aber keine Ausschließlichkeitsrechte. Das Verleihungsrecht der wegeberechtigten Gemeinden ist insofern stark entwertet, als bei Ablehnung der Staat als nächste Instanz ein Eingriffsrecht hat. Neben den Wegeerlaubnissen gibt es „Konzessionen". Die zum Betrieb von Fernleitungen werden vom Ministerium erstellt, während die Verteilerkonzessionen je nach Umfang des konzessionierten Gebietes vom Staat oder von den Gemeinden verliehen werden, im letzteren Falle jedoch der Genehmigung des Staates (Präfekt) bedürfen. Die Rechtsstellung der Gemeinden als Inhaber der Grundstücksrechte ist vor allem deshalb schwach, weil die Konzessionen lediglich mit einem „beschränkten" Ausschließlichkeitsrecht (für öffentliche und private Beleuchtung) ausgestattet werden dürfen.

Das Wege- und Konzessionsrecht hat durch die Nationalisierung, obgleich formell noch in Kraft und auch weiterhin abgabenauslösend, erheblich an Bedeutung verloren. Die Grundstücks- und Konzessionierungsrechte können kein Handels-

---

[1] GdF ähnlich aufgebaut wie EdF, nur obliegt den Bezirksverwaltungen auch die örtliche Produktion.

objekt mehr sein, da als Konzessionsnehmer neben den alten Regiebetrieben nur noch die EdF in Frage kommt.

Es bietet sich damit in Frankreich das Bild einer verhältnismäßig straffen Organisation der Elektrizitätswirtschaft, der wesentliche Gegenkräfte von Verbraucherseite oder von den Gemeinden nicht entgegenstehen. Im Grundsatz entspricht eine solche Lösung der zentralistischen französischen Staatsauffassung. Ein Mißbrauch der in dem neuen Staatsunternehmen zusammengefaßten Macht ist allenfalls durch den Staat selbst, nicht jedoch durch die EdF-Funktionäre zu befürchten, da vielfältige Bestimmungen die Aufsicht des Staates über die EdF sicherstellen.

Bedenken gegen die französische rechtliche Ordnung der Elektrizitätswirtschaft können sich im Hinblick auf die mögliche Gefährdung des Wirtschaftlichkeitsstrebens ergeben. Derzeit sind allerdings der unternehmerische Schwung und die Leistungsfähigkeit der französischen Elektrizitätswirtschaft recht lebhaft und allgemein anerkannt.

Schweiz. Ähnlich wie in der Bundesrepublik haben die Gemeinden auf Grund ihrer Wegerechte innerhalb der Elektrizitätswirtschaft eine sehr starke Stellung, die auch durch die Kantonalgesetzgebung kaum eingeschränkt wird. Der Einfluß der Kantone beruht vor allem auf den ihnen neben den Gemeinden zum großen Teil zustehenden Wasserrechten. Die schweizerische Elektrizitätswirtschaft wird daher weitgehend von Gebietskörperschaften getragen, wenn sich diese auch zur Durchführung der Versorgungsaufgaben vielfach privater Rechtsformen bedienen.

Die Eingriffsmöglichkeiten des Bundes beschränkten sich auf wenige Rechtsvorschriften. Sie betreffen insbesondere das Recht zur Einrichtung öffentlicher Werke, zur Enteignung zu diesem Zweck, die Oberaufsicht über die elektrizitätswirtschaftliche Nutzung der Wasserkräfte, die Kontrolle der Ausfuhr von Strom und Wasserkraft und die Gesetzgebungskompetenz für die Fortleitung von Elektrizität.

Der Schweizer Bundesstaat hat diese gesetzlichen Möglichkeiten indessen nur so weit benutzt, als es zur weiteren Förderung der Energiewirtschaft dienlich erschien, und sich in der Praxis mit einer beschränkten Energieaufsicht und Notstandsregelung (z. B. Preiskontrolle, Ausfuhrbeschränkung) begnügt. Der staatliche Einfluß der Gemeinden und Kantone ist übergebietlichen Planungen nicht immer förderlich.

Schweden. Auch in Schweden liegt die örtliche Elektrizitätsverteilung im wesentlichen in der Hand der Gemeinden. Die großen Wasserkraftanlagen und Übertragungsnetze sind vorwiegend in Privat- und Staatsbesitz[1]. In das Verhältnis von gemeindlichen, privaten und staatlichen Unternehmen hat der schwedische Staat durch gesetzliche Regelung bislang nicht eingegriffen. Ein solcher Eingriff schien um so mehr entbehrlich, weil sich die großen staatlichen und privaten Elektrizitätsversorgungsgesellschaften erfolgreich zu einem weitgehend selbstverantwortlichen Verbundsystem zusammenschlossen.

Die staatliche Aufsicht beschränkt sich praktisch auf eine gewisse Preisüberwachung durch einen vom König berufenen Preisregelungsausschuß, der jedoch auf Verlangen des Handelsministeriums erst Preisfestsetzungen trifft, wenn in einem Selbstverwaltungsausschuß der Elektrizitätswirtschaft keine Einigung zu erzielen ist.

---

[1] Seine Rechte in diesen Unternehmen nutzt der Staat auch zur Durchsetzung wünschenswerter Verbundprojekte.

In der Praxis hat sich dieses Verfahren zur Vermeidung einzelner Preisauswüchse bewährt, hat allerdings die große Tarifaufsplitterung in Schweden bislang nicht beseitigen können.

Italien. Da den italienischen Gemeinden nicht das Recht zusteht, Konzessionen mit Ausschließlichkeitsrechten zu verleihen oder die Versorgung nur mit Regiebetrieben durchzuführen, liegt die Stromverteilung vorwiegend in den Händen privater Unternehmen. Bei der Stromerzeugung liegen die Verhältnisse ähnlich, da der italienische Staat es vorzog, privatwirtschaftlich geführte Gesellschaften bei Kraftwerksbauten zu unterstützen und auf die Gründung eigener Gesellschaften nach Möglichkeit zu verzichten.

Die staatlichen Eingriffe auf dem Gebiet der Elektrizitätswirtschaft beschränken sich auf eine Stromein- und -ausfuhrkontrolle, eine bislang noch nie verwirklichte Androhung der Zwangsverwaltung einzelner Elektrizitätswerke mit schlechter oder mißbräuchlicher Nutzung und auf eine Preiskontrolle, die den Versorgungsunternehmen für Großabnehmer verhältnismäßig weite Preisgrenzen, für Kleinverbraucher jedoch nur einen engen Spielraum beläßt.

Insgesamt wird die italienische Elektrizitätswirtschaft also weitgehend von privaten Unternehmen in eigener Verantwortung getragen. Sie steht unter nur loser Staatsaufsicht, genießt jedoch starke staatliche Förderung.

Die einer solchen Regelung oft nachgesagten unwirtschaftlichen Investitionen, die einer nicht eindeutigen Gebietsaufteilung anhaften, könnten durch einen echten Wettbewerb ausgeglichen werden. Die Unternehmen in Italien sind in ihren Entschlüssen dadurch gehemmt, daß immer wieder Pläne zur Verstaatlichung der Elektrizitätswirtschaft in den politischen Gremien erwogen werden und daß auch eine Verschärfung der Preis- und Tariffestlegungen in absehbarer Zeit nicht ausgeschlossen erscheint.

Belgien. Die Wirtschaftsordnung der Elektrizitätswirtschaft in Belgien ist ganz andere Wege gegangen als in Frankreich, obgleich die eigentlichen Wege- und Konzessionsrechtsregelungen in beiden Ländern sehr ähnlich liegen.

Wie in Frankreich wird die „Wegeerlaubnis" von der „Konzession" unterschieden, wobei die Wegeerlaubnis kein Ausschließlichkeitsrecht umfaßt und in der Regel auf Antrag verliehen werden muß. Von den Konzessionen können nur die für die Versorgung mit Haushaltsstrom oder mit Leistungen bis max. 1000 kW mit Ausschließlichkeitsrecht gekoppelt werden.

Den Gemeinden und Gemeindeverbänden wurde die Elektrizitätsversorgung in eigener Regie erst 1922 gestattet. Die Tatsache, daß die Versorgung der Abnehmer so weitgehend dem freien Spiel der Kräfte überlassen blieb und der Staat sich fast jeglicher Eingriffe enthielt, hat dazu geführt, daß die öffentlichen und privaten Energieversorgungsunternehmen und Eigenbetriebe sich im Zusammenschluß auf privatrechtlicher Grundlage selbst ein Ordnungsorgan geschaffen haben.

Ausgehend von einem Zusammenschluß privater Energieversorgungsunternehmen, ist auf diese Weise die CPTE[1], eine Verbund-AG, entstanden. Die an ihr beteiligten, rechtlich nach wie vor selbständigen, Unternehmen (Blocs) bauen und betreiben die Erzeugungs- und Verteilungsanlagen unter Berücksichtigung der Empfehlungen eines der CPTE seit 1947 angeschlossenen „Comité de Rééquip-

---

[1] Société pour la Coordination de la Production et du Transport de l'Energie Electrique.

ment" (Investitionsausschuß) und haben sich vertraglich zu der von der CPTE gesteuerten Lastverteilung verpflichtet. Der CPTE obliegt darüber hinaus die Regelung und Abrechnung des Austausches im Verbundbetrieb.

Die wirtschaftliche Selbstverwaltung hat sich inzwischen noch weiter durchsetzen können. So ist auf Grund von Vereinbarungen zwischen den privaten Energieversorgungsunternehmen, den Gewerkschaften und dem Industrieverband 1955 im Beisein des Wirtschaftsministers ein Abkommen getroffen worden, das die Bildung eines Betriebsausschusses (Comité de Gestion) zur Koordinierung der Strompreisbildung und der Investitionen vorsieht sowie einen Kontrollausschuß (Comité de Controle), der die Durchführung des Abkommens und die Tätigkeit des Betriebsausschusses überwacht. Entsprechende Koordinationsausschüsse bestehen auch bei den Regiebetrieben der Gemeinden, denen der Gemeindeverbände sowie für die Eigenanlagen. Belgien zeigt so das typische Bild einer Elektrizitätswirtschaft, die bei Wahrung der unternehmerischen Initiative im Wege freiwilliger Selbstbeschränkung (ausgelöst durch die Wettbewerbslage) sich Selbstverwaltungsorgane geschaffen hat, die durch ihren Einfluß die Durchsetzung übergeordneter Interessen sichern.

Der Staat kann sich zur Verhinderung mißbräuchlicher Machtausnutzung darauf beschränken, an der Arbeit dieser Selbstverwaltungsorgane teilzunehmen. Durch diese Mitarbeit und vor allem durch die offizielle Anerkennung dieser Selbstverwaltungsorgane hat er deren Arbeit zur öffentlichen Aufgabe erklärt und so den größten Teil seiner Aufsichtspflichten delegiert. Diesem Prinzip entspricht es auch, daß neben der obersten Elektrizitätsbehörde, dem Zentralamt für Elektrizität, dem die Überwachung der Elektrizitätsgesetze obliegt, ein ständiger Elektrizitätsausschuß (Comité permanent de l'électricité), gebildet aus Vertretern der Elektrizitätswirtschaft und der interessierten Ministerien, besteht, dem die Aufsicht über die leitungsrechtlichen Verhältnisse übertragen ist. Wirtschaft und Staat nehmen in diesem Gremium gemeinsam die Aufgabe wahr, die Entwicklung der Elektrizitätswirtschaftsordnung zu überwachen. Sie sind hierzu in der Lage, da sie mit dem Einfluß auf die leitungsrechtlichen Verhältnisse den Schlüssel zur Steuerung der Entwicklung in der Hand haben.

USA. In den Vereinigten Staaten kam es schon frühzeitig zum Zusammenschluß von Energieversorgungsunternehmen zu Verbundgruppen (Power-Pools). Diese Lösungen entsprangen in erster Linie dem wachen Sinn der Amerikaner für die in derartigen Verbindungen liegenden wirtschaftlichen Vorteile. Die sich bildenden Verbundgruppen waren entweder „closely knit" also entsprechend in ihrem technischen Betrieb einheitlich und straff bis zur letzten Maschine gelenkt, oder mehr oder weniger „losely knit", wobei die Gesellschaften ihre Freiheiten in weitem Maße behielten und sich der Verbundbetrieb meist auf Austausch von Überschußstrom im Fahrplanbetrieb und in Notfällen beschränkte. Die Arbeit der Gebietslastverteiler wurde durch die frühzeitige Erkenntnis erleichtert, daß sie nur dann hinsichtlich des Maschineneinsatzes, des Stromtransportes und der Abrechnung erfolgreich sein konnten, wenn die Unternehmen ihre Betriebsdaten soweit als möglich offenlegten.

Die Gefahr, daß die in diesen großen Verbundgruppen zusammengeballte Macht mißbräuchlich genutzt werden könnte, wurde durch eine sehr straffe mittelbare Staatsaufsicht abgewendet, die einer von den Versorgungsunternehmen, den

Banken und den Behörden völlig unabhängigen Kommission übertragen wurde. Selbst einer zu starken parteipolitischen Einflußnahme wurde vorgebeugt.

Diese Staatsaufsicht ergab sich aus der Notwendigkeit, bei den nordamerikanischen großen wasserwirtschaftlichen Bauvorhaben ordnend und wegen des erheblichen Kapitalbedarfs auch fördernd einzugreifen. Die staatlichen Eingriffsrechte wurden durch den aus einem ursprünglichen Wasserwirtschaftsgesetz (1920) hervorgegangenen Federal Power Act 1935 geregelt. Die starke Stellung der Federal Power Commission (FPC), die so zu einer Art allgemeinen Energie-Aufsichtsamtes wurde, ergibt sich aus den ihr übertragenen Aufgaben. Ihr obliegt die Förderung und Lizenzierung aller größeren Wasserkraftbauten. Sie beeinflußt den gesamten zwischenstaatlichen Stromaustausch in den USA und über die Grenzen der USA. Sie ist zur Wirtschaftlichkeitsüberwachung aller Energieversorgungsunternehmen über 5 Mio kWh/Jahr verpflichtet und hat hierzu das Recht zur Einholung von Auskünften und zur Buchprüfung. Sie kann bei all diesen Unternehmen statistische Erhebungen anstellen lassen, um auf dieser Grundlage Wirtschaftlichkeitsuntersuchungen, Marktanalysen und Prognosen anzustellen, die eine ausreichend genaue Investitionsplanung erlauben.

Dem Auftrag der FPC, weitere Zusammenschlüsse zu Verbundbetrieben zu fördern, entspricht es, daß ihr die Genehmigung von einschlägigen Aktien- und Anteilverkäufen sowie der Ausgabe entsprechender Wertpapiere obliegt. Sie hat darüber hinaus das Recht, die Tarife und Tarifänderungen der von ihr kontrollierten Unternehmen zu prüfen, und kann hierzu eingehende Kostenuntersuchungen bei den einzelnen Unternehmen anstellen. Für die Preisprüfungsverfahren, die im übrigen immer auch auf eine Tarifvereinheitlichung abzielen, bedient sie sich besonderer Kommissionen oder Ausschüsse in den einzelnen Bundesstaaten. Für Streitfälle auf dem Gebiet der Elektrizitätswirtschaft hat sie schiedsgerichtliche Befugnisse.

Unmittelbarer Eingriffe in Angelegenheiten, die innerhalb der Bundesstaaten selbst geregelt werden können, wie Genehmigung von Dampfkraftwerksbauten und internen Stromlieferungsverträgen, hat sie sich zu enthalten, doch obliegt ihr die Koordinierung der elektrizitätswirtschaftlichen Belange mit dem State Department und den bundesstaatlichen Behörden.

Die Erfolge der in den USA gefundenen Lösung der Elektrizitätswirtschaftsordnung beruhen nicht zuletzt darauf, daß für die amerikanischen größeren Unternehmen weitgehende Offenheit in betrieblichen, wirtschaftlichen und finanziellen Fragen schon aus aktienrechtlichen Gründen nicht ungewöhnlich ist. Das amerikanische Beispiel zeigt deutlich, daß sich auf die Ordnung der Elektrizitätswirtschaft besonders solche gesetzlichen Regelungen vorteilhaft auswirken, die eine derartige Offenlegung bewußt fördern. Die laufende Unterrichtung der Öffentlichkeit ergibt für den Staat eine erhebliche Entlastung von der schweren Verantwortung, die ihm die Staatsaufsicht auferlegt.

Sie enthebt ihn darüber hinaus der Notwendigkeit, für die Überwachung und Planung umfangreiche Behörden zu unterhalten. Für das Zusammenspiel der einzelnen E-Werke und deren Ordnungsbestrebungen bleiben wirtschaftliche Gesichtspunkte ausschlaggebend. Infolge der sehr freimütigen Behandlung von Kosten- und Erlös-, Aufwands- und Ertragsfragen, kommt in der Öffentlichkeit nicht das Gefühl auf, widerspruchslos anonymen Entscheidungen ausgeliefert zu sein.

Die unternehmerische Initiative wird nicht eingeschränkt, sondern lediglich der öffentlichen Diskussion unterworfen.

Die vorstehende Auswahl typischer Beispiele elektrizitätswirtschaftlicher Ordnung in Ländern mit liberaler Wirtschaftsordnung zeigt, daß sich recht unterschiedliche Lösungsmöglichkeiten anbieten. Das gilt sowohl für die Art der gesetzlichen Eingriffe und des Einflusses der öffentlichen Hand, als auch für deren Ausmaß. Bezeichnend ist, daß auch in den Ländern, bei denen allgemein die unternehmerische Freiheit wenig behindert wird, der Staat im Interesse der Öffentlichkeit nicht mehr auf gewisse ordnende Einwirkungsrechte auf die öffentliche Stromversorgung verzichten zu können glaubt. Die Regelungen insbesondere in Schweden, Belgien und den USA zeigen jedoch, daß die Berücksichtigung und Sicherung des öffentlichen Interesses ohne allzu große Einengung der unternehmerischen Kräfte durchzuführen ist, und weisen so die Wege auf, die im Bundesgebiet bei der weiteren Ordnung der Elektrizitätswirtschaft beschritten werden können und sollten.

III. Eigentumsverhältnisse

a) Eigentumsverhältnisse in Deutschland

Schon von der Rechtsform her sind die Eigentümer von Unternehmen, insbesondere von Kapitalgesellschaften, durch gesetzliche Bestimmungen in der Ausübung ihrer Eigentumsrechte eingeschränkt. Bei Elektrizitätsversorgungsunternehmen wirkt die Rücksichtnahme auf die besonderen physikalischen und wirtschaftlichen Gesetzmäßigkeiten des eigenen Betriebes weiterhin beschränkend; selbst dann noch haben jedoch die Eigentümer vielfältige Möglichkeiten, auf den Betrieb Einfluß zu nehmen. Zwar sind regelmäßig die der Geschäftsführung oder Betriebsleitung übertragenen Befugnisse so weitgehend, daß ein Eingriff der Eigentümer in den täglichen Betriebsablauf nicht statthaft ist, doch genügen die den Eigentümern verbliebenen Rechte, um sowohl die langfristige Unternehmenspolitik, als auch sonst den Stil der Geschäftsführung maßgeblich zu beeinflussen.

Die Gründe für einen Eigentumserwerb oder eine Beteiligung an elektrischen Versorgungsunternehmen können verschiedener Natur sein. Industriebetriebe, die für die Versorgungswirtschaft Betriebsanlagen bauen, suchen sich Absatzmärkte zu sichern; stromintensive Industrien bemühen sich um möglichst billigen Strom; Eigentümer von Rohenergie erstreben höhere Gewinne durch Veredelung der geförderten Rohenergie; Verkehrsbetriebe wollen auf ihre Stromversorgung selbst Einfluß nehmen; Finanzgruppen suchen sichere und gewinnbringende Kapitalanlagen; Gebietskörperschaften möchten aus ihren Wegerechten möglichst hohe Erträge erzielen oder mit Überschüssen aus der Stromversorgung andere Dienstleistungsbetriebe stützen oder lediglich ihren Einfluß bei der Versorgung der Bevölkerung geltend machen können; die öffentliche Hand sieht es als ihre Aufgabe an, wirtschaftlich unterentwickelte Gebiete durch Elektrifizierung zu fördern.

Ein wesentlicher Grund liegt auch in dem Streben der öffentlichen Hand nach wirtschaftlicher und politischer Macht, sei es zur Ausschaltung einer Minorität, sei es zur politischen Einflußnahme auf den Kundenkreis, der ja bei E-Werken praktisch die gesamte Öffentlichkeit umschließt. Nicht zuletzt ist das zwangsläufige Bestreben der Versorgungsbetriebe selbst, zu immer größeren Zusammen-

4*

schlüssen zu kommen, maßgebend gewesen für den Erwerb anderer Versorgungsunternehmen oder von Beteiligungen.

Historische Entwicklung der Eigentumsverhältnisse. In der Frühzeit der Elektrizitätsversorgung erschien jede Beteiligung an einem so unerprobten Wirtschaftszweig als Wagnis. Während der Aufbaujahre überließ man dieses Wagnis gern der jungen Elektroindustrie, die als Lieferer der Einrichtungen und Anlagen stark interessiert war. Zahlreiche Versorgungsbetriebe sind so auf Betreiben der Elektroindustrie entstanden, die als Eigentümer oder Gesellschafter den Aufbau in Angriff nahm. Nur zum geringen Teil sind derartige Beteiligungen heute noch erhalten[1], da sich die Elektroindustrie immer mehr aus den Versorgungsbetrieben zurückzog. Die Gründe mögen in dem Wunsch nach Konzentration der finanziellen Mittel gelegen haben, teilweise wirkten wohl auch unvermeidliche Interessenspaltungen und wachsender kommunaler Einfluß dämpfend auf die Beteiligungslust.

Zur allgemeinen Überraschung zeigte sich schon kurz nach Errichtung der ersten Elektrizitätswerke, daß das Risiko dieses Geschäftszweiges keineswegs sehr hoch war. Strom ließ sich unerwartet leicht verkaufen. Da Strom bis etwa zum ersten Weltkrieg als Luxusgut bezahlt wurde und so auch erhebliche Gewinne zu erzielen waren, sahen zahlreiche Finanzgruppen in dem aufblühenden Wirtschaftszweig gewinnbringende Anlagemöglichkeiten. Viele Gemeinden hatten indessen erkannt, welche kaum erwartete Bedeutung ihre Wegerechte gewonnen hatten und schalteten sich immer stärker in das Elektrizitätsversorgungsgeschäft ein. Sie errichteten Regiebetriebe oder gründeten Werke, deren Anteile sie ganz oder vorwiegend übernahmen. Zur gemeinsamen Versorgung größerer Gebiete bildeten sich vielfältige elektrizitätswirtschaftliche Zusammenschlüsse. Sie entwickelten sich zumeist in der Form eines „Überlandwerkes" und überschritten nur selten das Gebiet eines Kreises. Es zeigte sich, daß bei größeren Zusammenschlüssen die Gemeinden ihren Einfluß zu verlieren fürchteten, vielleicht auch nicht bereit waren, die Wirtschaftlichkeit der Versorgung ihrer Gebiete durch Zusammenschluß mit weniger dicht besiedelten, also weniger nutzbringenden Gegenden zu beeinträchtigen. Die deutsche Elektrizitätswirtschaft bot deshalb in den ersten Jahrzehnten des Jahrhunderts ein überaus buntscheckiges Bild kleiner und kleinster Versorgungsgebiete in den dichter besiedelten Gegenden, während Räume mit geringerer Einwohnerdichte als große weiße Flecken auf dieser Karte zurückblieben.

Die Länderregierungen erkannten bald, daß es notwendig würde, diesem Egoismus einzelner Grenzen zu setzen, daß aber andererseits eine Elektrifizierung unentwickelter Gebiete nicht ohne wirksame staatliche Hilfe vorankommen könne.

Beispiel früherer Gebietsaufteilung (rechtsrh. Bayern u. Württemberg)

A. Rechtsrheinisches Bayern

1. Kreis-Elektrizitätsversorgung Unterfranken AG, Würzburg
2. Überlandwerk Oberfranken AG, Bamberg
3. Bayerische Elektricitäts-Lieferungsgesellschaft AG, Bayreuth
4. Oberpfalzwerke AG für Elektrizitätsversorgung, Regensburg
5. Fränkisches Überlandwerk AG, Nürnberg

---

[1] Zum Beispiel S & H an Großkraftwerke Franken AG; AEG an Neckarwerke Elektrizitätsversorgungs-AG.

6. Ostbayerische Stromversorgung AG, München
7. Oberbayerische Überlandzentrale AG, München
8. Lech-Elektrizitätswerke AG, Augsburg
9. Amperwerke Elektricitäts-AG, München
10. Isarwerke GmbH, München
11. Städtische Elektrizitätswerke, München
12. Überlandwerk Fürstenfeldbruck, Fürstenfeldbruck
13. Elektrizitäts-Versorgung Frauenberg-Thalheim, Landshut
14. Elektrizitäts-Genossenschaft Alzgruppe, Altenmarkt

Abb. 4. Elektrizitätsversorgungsgebiete 1933 (Beispiel: rechtsrheinisches Bayern und Württemberg)
(FRANCK, JANCKE, KOEPCHEN, LENZMANN, MENGE: Gutachten über die in der Deutschen Elektrizitätswirtschaft
zur Förderung des Gemeinnutzes notwendigen Maßnahmen. 1. 10. 1933, Anlage 36
sog. Gutachten der „Elektropäpste")

15. Überlandzentrale, Laufen
16. Überlandwerk Rotthalmünster, Rotthalmünster
17. Überlandzentrale Wörth a. d. Isar, Altheim
18. Überlandzentrale Wörth a. d. Donau (E. W. Heider), Wörth a. d. Donau
19. Städtisches Elektrizitätswerk Selb, Selb
20. Städtisches Elektrizitätswerk Rehau, Rehau
21. Überlandwerk bayer. Vogtland, Naila
22. Überlandzentrale Probstzella, Probstzella
23. Überlandwerk Coburg, Coburg
24. Überlandwerk Regnitzgau GmbH, Erlangen
25. Unterfränkische Überlandzentrale Lülsfeld GmbH, Lülsfeld
26. Überlandwerk Rhön GmbH, Mellrichstadt
27. Überlandwerk Schäftersheim, Schäftersheim
28. Überlandwerk Kleinkötz, Kleinkötz
29. Überlandwerk Krumbach AG, Krumbach
30. Allgäuer Überlandwerk GmbH, Kempten
31. Elektrizitätswerk Reutte, Reutte i. Tirol
32. Allgäuer Kraftwerke GmbH, Sonthofen
33. Allgäuer Elektrizitäts GmbH, Lindenberg (Allgäu)

B. Württemberg und Hohenzollern

 1. Überlandwerk Jagstkreis AG, Ellwangen
 2. Oberschwäbische Elektrizitätswerke, Biberach a. Riß
 3. Neckarwerke AG, Eßlingen
 4. Städtisches Elektrizitätswerk, Stuttgart
 5. El. Kraftübertragung Herrenberg eGmbH, Herrenberg
 6. Elektrizitätswerk Nagold, Nagold
 7. Gemeindeverband Elektrizitätswerk Teinach, Teinach-Station
 8. Gemeindeverband Elektrizitätswerk Enzberg, Enzberg
 9. Kraftwerk Altwürttemberg AG, Ludwigsburg
10. Gemeindeverband Überlandwerk Hohenlohe-Oehringen, Oehringen
11. Alb Elektrizitätswerk GmbH, Geislingen a. d. Steige
12. Mittelschwäbische Überlandzentrale, Giengen a. d. Brenz
13. Gemeindeverband Überlandwerk Aistaig, Aistaig ·
14. Gemeindeverband Überlandwerk Tuttlingen, Tuttlingen

Vor allem Bayern, angefeuert von der einmaligen Persönlichkeit eines OSKAR VON MILLER, und Preußen nahmen sich dieser Aufgabe an. Unter weiser Beschränkung des eigenen Einflusses, bei sparsamstem Einsatz staatlicher Macht, unter geschickter wirtschaftlicher Nutzung der Organisation förderten sie Zusammenschlüsse der Unternehmen und gründeten übergeordnete Organisationen, um die nunmehr erkannten Möglichkeiten großräumiger Versorgung auszuschöpfen. Die Bayernwerk AG, die Preußen-Elektra (PREAG) mit ihren Töchtern Nordwestdeutsche Kraftwerke AG, Hannoversch-Braunschweigische Stromversorgungs-AG und Schleswag, die Ostpreußenwerk AG, die Aktiengesellschaft Sächsische Werke, die Badenwerke AG und ähnliche Unternehmen sind Kinder dieser Entwicklung, bei der durch staatlich geförderte Organschaftsverträge von Unternehmen privater Rechtsform mit vorwiegend öffentlicher Beteiligung die elektrische Verbundwirtschaft vorangetrieben wurde und weite Gebiete der Versorgung erschlossen wurden, um so den übergeordneten Interessen Geltung zu verschaffen.

Einen wesentlich anderen, nicht minder erfolgreichen Weg hat die Rheinisch-Westfälische Elektrizitätswerk-AG (RWE) eingeschlagen. Ohne besondere staatliche Unterstützung, wenn auch mit einer besonders günstigen Ausgangslage, hat sie aus eigener Kraft ihr großes Verbundgebiet aufgebaut. Die Stromerzeugung in unmittelbarer Nähe der Steinkohlenzechen und später auch der Braunkohlen-Lagerstätten gestattete sehr günstige Verkaufspreise. Da den übernommenen Gemeindeversorgungen und Überlandwerken entsprechende Beteiligungen eingeräumt wurden, liegt heute die Stimmenmehrheit der Besitzanteile auch dort bei der öffentlichen Hand, wenn auch vorwiegend bei den Kommunen und nicht bei einem Land oder dem Bund. Das ursprüngliche Ziel, auch die Zechenkraft in die Elektrizitätswirtschaft dieses geschlossenen Raums möglichst vollständig einzubeziehen, ist allerdings erst spät nach einem elektrizitätswirtschaftlichen Zusammenschluß wichtiger Zechenkraftwerke erreicht worden. Einer Anzahl der Zechenkraftanlagen (Verflechtung zwischen Kohle und Stahl sowie Kohle und Chemie) war zunächst daran gelegen, den Energieverbund innerhalb des eigenen Konzerns zu betreiben. Die Beteiligung am öffentlichen Netz war und ist daher zum großen Teil auf Verträge über Stromausstausch und Stromtransport beschränkt.

Dem verständlichen Wunsch der öffentlichen Hand, ihren Einfluß zu stärken und zu sichern, ohne Kapital aufwenden zu müssen, wurde in größeren Unternehmen der Elektrizitätswirtschaft vielfach durch die Einräumung von Vorzugsaktien[1] mit mehrfachem Stimmrecht Rechnung getragen. Neben dieser Verschiebung des Stimmgewichtes sind in der Kapitalbeteiligung selbst allmählich Veränderungen vor allem dadurch eingetreten, daß in Zeiten der Kapitalnot die öffentliche Hand stärker zum Zuge kam.

Eigentumsanteile der öffentlichen Hand. Die in großen Zügen angedeutete Entwicklung hat heute Eigentumsverhältnisse innerhalb der Elektrizitätswirtschaft der Bundesrepublik ergeben, bei der die Versorgung über

örtliche Verteilungswerke	zu etwa 9/10	durch Unternehmen der öffentlichen Hand (vorwiegend Kommunaleigentum)
Regionalwerke	zu etwa 1/3	durch Unternehmen der öffentlichen Hand
	zu etwa 1/2	durch gemischt-wirtschaftliche Unternehmen (Kommunalbeteiligung)
Verbundunternehmen	zu etwa 1/3	durch Unternehmen der öffentlichen Hand
	zu etwa 2/3	durch gemischt-wirtschaftliche Unternehmen (vorwiegend Eigentum der Länder und des Bundes)

durchgeführt wird.

Im Mittel erfolgt rd. die Hälfte der gesamten öffentlichen Elektrizitätsversorgung[2] durch Betriebe der öffentlichen Hand, während die andere Hälfte bis auf einen sehr kleinen Teil (nur 4% durch private Unternehmen) von gemischtwirtschaftlichen Unternehmen durchgeführt wird. Insgesamt ist die öffentliche Hand am Eigentum der öffentlichen Elektrizitätsversorgung der Bundesrepublik zu etwa 70% beteiligt. Von den neun größten Verbundunternehmen stehen sechs völlig, die anderen überwiegend, im Eigentum der öffentlichen Hand.

Eigentumsverhältnisse verhindern Zentralorgan. Eine weitere Koordinierung der Elektrizitätswirtschaft ist dadurch erschwert, daß die Eigentumsanteile zumeist in „öffentlichen Händen" und nicht in *einer* „öffentlichen Hand" liegen. Die Werke gehören eben nicht dem Bund, sondern einzelnen Ländern, Kreisen oder Gemeinden mit vielfach weit auseinandergehenden Interessenlagen. Es wäre wohl sonst kaum begreiflich, weshalb sich beispielsweise die deutsche Bundesbahn ein ziemlich unabhängiges Versorgungsnetz aufgebaut hat, obwohl andere Bahnsysteme mit der engen Kopplung zur öffentlichen Versorgung beste Erfahrungen machen.

Die Bemühungen um eine weitere Koordinierung sind zur Zeit praktisch zum Stillstand gekommen. Sie sollten gleichwohl kräftige Förderung finden, da ein funktionsfähiges Zentralorgan zur Abstimmung von Planungen und Investitionen, Betrieb der Lastverteilung, Durchführung des Stromaustausches mit dem Ausland, Tarifgestaltung und Preiswesen durchaus lohnend und deshalb erstrebenswert wäre. Eine Verwirklichung könnte praktisch ohne wesentliche Änderung der Eigentumsverhältnisse und ohne Drosselung der Einzelinitiative erfolgen.

---

[1] Normalaktien sind durchweg als Inhaberaktien ausgegeben worden; nur in Sonderfällen wurden zur Sicherung bestimmter Beteiligungsverhältnisse Namensaktien gegeben.

[2] Nutzbare Stromabgabe.

Eigentumsverhältnisse in der Deutschen Demokratischen Republik (DDR). Eine andere Gestaltung hat die Elektrizitätswirtschaft in der sowjetischen Besatzungszone erfahren. Dort sind beginnend mit der „VO über die Neuordnung der Energiewirtschaft in der sowjetischen Besatzungszone[1], praktisch alle Elektrizitätswerke in Volkseigentum übergeführt worden. Nach einigen organisatorischen Umformungen, wobei zunächst Versorgungsunternehmen gebildet wurden, die sich ungefähr auf die Gebiete der früheren fünf Länder in der SBZ erstreckten, bestehen nunmehr für die DDR 14 Versorgungsbezirke.

Die Zentralstelle für die gesamte Elektrizitätswirtschaft bildet die Hauptverwaltung Elektroenergie im Ministerium für Kohle und Energie. Sie hat umfassende Aufsichtspflichten und Weisungsrechte und steuert damit die gesamte Elektrizitätswirtschaft der Sowjetzone, insbesondere auch den Einsatz der Eigenerzeugungsbetriebe, die ihren Überschußstrom an die Verteilungsbezirke abzugeben haben. Für die Steuerung bedient sie sich der Hauptlastverteilung mit fünf Unterlastverteilern und weiteren Bezirkslastverteilern.

Die Elektrizitätswirtschaft ist durch die Überführung in Volkseigentum einer straffen zentralen Planung und Lenkung unterworfen. Zweifellos liegt in einer so straffen Zusammenfassung der Versorgung großer Wirtschaftsgebiete eine Anzahl bedeutender Vorteile, die sich auch auf Wirtschaftlichkeit und Sicherheit der Versorgung auswirken müßten. Andererseits bestehen auch Gefahren, die im Wesen jeder autoritären Wirtschaftsführung begründet sind. Einzelheiten über die wirtschaftliche Lage und die Ergebnisse dieser Betriebe sind im Bundesgebiet nicht bekannt.

b) Wachsender staatlicher Einfluß auf die E-Werke als übernationale Erscheinung

Die Betrachtung der Rechtsgrundlagen der Elektrizitätswirtschaft in anderen Staaten ergab deutlich, daß in vielen Ländern der Anstoß zur Neugestaltung dieser rechtlichen Grundlagen nicht so sehr von der Einsicht in die dem Wirtschaftszweig eigenen physikalischen und wirtschaftlichen Gesetzmäßigkeiten bestimmt war, sondern von der programmatischen Absicht, die Elektrizitätswerke in Staatseigentum überzuführen.

Es ist auf der ganzen Welt eine Neigung erkennbar, in allen Wirren und Ängsten des Individuums den Staatsgebilden die Aufgaben zur Sicherung und Verbesserung des Lebens zu übertragen. Der Ruf nach dem Staat als Beschützer, Organisator und auch als Wirtschaftsführer ist überall mächtig geworden. Alle Organisationen wirtschaftlicher und politischer Art, die sich zur Verteidigung der Rechte des Staatsbürgers verpflichtet, berufen und geeignet fühlen, sind bestrebt, den Staatsgebilden in zunehmendem Maße auch die Aufgaben übertragen zu lassen, die das Gebiet der öffentlichen Versorgung und der öffentlichen Dienste überhaupt betreffen.

Obwohl der fortschreitende staatliche Einfluß auf Wirtschaftszusammenfassungen dieser Art von der einfachen Überwachung bis zur eigenen Betriebsführung über die ganze Welt verbreitet ist und zahlreiche Beispiele offengelegt haben, daß der Staat als Institution nur in seltenen Fällen geeignet ist, die besten wirtschaftlichen und für die Allgemeinheit günstigen Verfahren der sicheren Ver-

---

[1] Zentralverordnungsblatt der SBZ I Nr. 54 vom 27. 6. 1949.

sorgung zu erarbeiten und zu betreiben, schwellen diese Tendenzen keineswegs ab. Ja sogar liberal geführte Wirtschaftsverbände und Unternehmen rufen in schwierigen Lagen, wie Konjunkturflauten oder örtlichen, auch zeitbegrenzten Bedrückungen den Staat um Hilfe an. Alle diese Bestrebungen, nicht zuletzt auch in den Programmen sozialistischer Parteien seit Jahrzehnten festgelegt, decken sich in bemerkenswerter Weise mit dem Dirigismus der überall ständig wachsenden Verwaltungs- und Regierungsapparate. Auch rein nationalistische Staaten neigen dazu, die öffentliche Versorgungswirtschaft in eigene Hände zu nehmen. Dabei scheint nicht immer der erwartete wirtschaftliche Vorteil die Haupttriebfeder zu sein, sondern vielmehr der Gedanke, ein von außen nicht leicht und schnell erkennbares Instrument außerordentlicher Wirtschaftsmacht in die Hand zu bekommen.

IV. Wirtschaftliche Vorbelastung der Elektrizitätswerke

a) Anschluß- und Versorgungspflicht

Die Erzeugung von Elektrizität ist jedermann gestattet und für jeden technisch durchführbar. Lediglich wirtschaftliche Gründe zwingen den Normalverbraucher, bei seinem E-Werk zu beziehen. Von dort kann nur dann preisgünstig geliefert werden, wenn in dem versorgten Gebiet eine möglichst große Zahl von Kunden in die Versorgung einbezogen werden. Diese Forderung ist zwingend und unbestritten. Das Elektrizitätswerk trägt dem Rechnung, indem es sich ein bestimmtes Versorgungsgebiet durch Ausschließlichkeits- und Demarkationsverträge sichert. Die Bewohner dieses Gebiets sind damit in der Wahl ihres Stromlieferers nicht mehr frei. Dafür wird jedoch dem Werk die Pflicht auferlegt, alle Bewohner des geschützten Gebietes in jedem gewünschten Umfang jederzeit zu beliefern, wenn nicht ganz außergewöhnliche Umstände dagegen sprechen, die das Elektrizitätswerk wiederum nachzuweisen hat.

Diese Anschluß- und Versorgungspflicht ist das selbstverständliche Äquivalent für den Gebietsschutz der Unternehmen. Dem Alleinrecht der Versorgung eines festgelegten Gebiets steht also die Verpflichtung zur Lieferung an alle zu gleichen oder vergleichbaren Bedingungen gegenüber. Dadurch ist die Bedeutung des elektrischen Stroms als unentbehrliches Wirtschaftsgut eindeutig gekennzeichnet. Bei dieser Festlegung gibt es keinen Unterschied zwischen dem lebensnotwendigen Bedarf und den darüber hinausgehenden Wünschen des Kunden. Die Elektrizitätswerke müssen sich also darauf einrichten, ihre Anschluß- und Versorgungspflicht über das Lebensnotwendige auszudehnen. Die Grenzen zwischen Gebrauchsgütern und Luxusbedarf sind fließend und steter Veränderung unterworfen. Darüber hinaus entspricht es der Wirtschaftskonzeption der westlichen Welt, dem Kunden freie Wahl und unbeschränkten Anspruch auf Lieferung zuzugestehen.

b) Tarifgebundenheit

Sozialpreise für Tarifstrom. Die Auffassung, der Strom sei unentbehrliches Sozialgut, führt vielfach zu der weitverbreiteten Ansicht, daß er auch zu Sozialpreisen verkauft werden müsse. Den Vertretern dieser Meinung ist es nebensächlich, wie die Erzeugungs- und Verteilungskosten des Stromes je nach Erzeugungsort und -art, Transportweg, Lieferzeit und Liefermenge liegen. Sie wünschen einen

Einheitspreis mit möglichst sinkender Tendenz, ohne sich darüber klar zu sein, daß dafür Leistungen erbracht werden, die auf keinem anderen Wege auch nur annähernd so preiswert zu erhalten sind. Man setzt sich unbekümmert darüber hinweg, daß ein großer Teil des angeforderten Strombedarfs überhaupt kein Sozialgut ist, da er nicht den Notwendigkeiten des Lebens, sondern zur Befriedigung darüber hinausgehender Wünsche, wie Unterhaltung oder Vergnügen, dient, ja in vielen Fällen vergeudet wird.

Die Forderung nach einem Sozialpreis für den Tarifabnehmerstrom ist inzwischen so sehr zu einem Politikum geworden, daß sich der Gesetzgeber — oft wider besseres Wissen — diesem Drängen bisher nicht verschlossen hat. Obwohl die Kosten für die Strombereitstellung durch die Elektrizitätswerke in den letzten Jahren laufend gestiegen sind, sind die Tarifpreise von der öffentlichen Hand so niedrig gehalten worden, daß eine Kostendeckung bei den Elektrizitätswerken durch den Erlös aus dem Verkauf an Tarifabnehmer verschiedentlich nicht mehr erreicht wird.

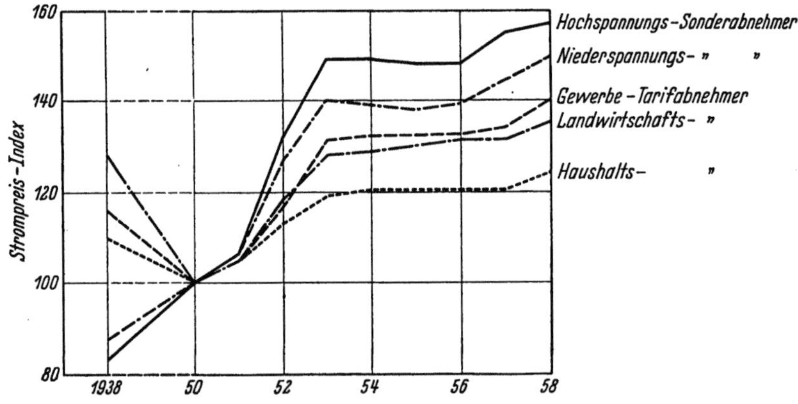

Abb. 5. Strompreise für Tarif- und Sonderabnehmer (Index 1950 = 100)
(Nach statistischen Unterlagen der VDEW und Statistischen Jahrbüchern)

Manche Elektrizitätswerke sind deshalb gezwungen, eine gerechte kostenechte Preisbildung zugunsten einer Kostenverlagerung auf andere Abnehmergruppen aufzugeben. In der Folge dieser und ähnlicher Notmaßnahmen ist eine unerwünschte Verzerrung der Tarife und der Preise für Sonderabnehmer eingetreten. Diese Entwicklung ist nicht unbedenklich, weil sie den Wettbewerb gegenüber industriellen Eigenanlagen ungünstig verschiebt.

Grundpreis- oder Einheitspreistarif? Das Streben nach möglichst kostenechten Preisen hat bei den allgemein verbindlichen Tarifen zu einer Aufteilung nach Grund- und Arbeitspreisen geführt. Die Eigenart der Stromlieferung läßt bei den Elektrizitätswerken erhebliche Kosten für die jederzeitige Bereitstellung der Leistung entstehen, ganz unabhängig davon, welche Strommenge und welche Leistung wirklich abgenommen wird. Eigentlich soll der Grundpreis genau die festen Kosten decken. So vernünftig dieses Bestreben auch ist, gemeinverständlich ist diese Aufgliederung nie geworden. Dem Verbraucher leuchtet es nicht ohne weiteres ein, daß er auch dann einen Grundpreis bezahlen soll, wenn er überhaupt keinen Strom bezogen hat. Die ständige Lieferbereitschaft der Elektrizitätswerke will er nicht bezahlen, er hält sie für selbstverständlich. Sicherlich ist es möglich, durch sorgfältige Aufklärung Verständnis zu wecken. Andererseits ist aber auch zu überlegen, ob bei tarifgebundenen Leistungen die Kostenechtheit selbst der Grund- und Arbeitspreise wirklich ein anzustrebendes Ziel ist[1]. Es wäre wert, Überlegungen anzustellen, ob nicht die Aufspaltung in Grund- und Arbeitspreis zugunsten eines einfacheren Preissystems besser fallen zu lassen wäre.

Bundeseinheitliche Preise? Die jeweilige Einstellung zum Grundsatz des kostenechten Preises ist auch entscheidend für das Maß der Vereinheitlichung der Tarifpreise an verschiedenen Orten. Es ist bekannt, daß in einigen Ländern gemäß dem Grundsatz „gleiche Leistungen — gleiche Preise" stark angenäherte oder völlig einheitliche Tarifpreise für sehr große Gebiete dadurch erreicht werden, daß zwischen den einzelnen Bezirksunternehmen ein Erlösausgleich erfolgt. Für solche Lösungen spricht, daß die Bevölkerung eines bestimmten Ortes nicht deswegen Vor- oder Nachteile bei der Preisstellung haben sollte, weil zufällig das zuständige Versorgungsunternehmen auf Grund der wirtschaftsgeographischen Gegebenheiten mit höheren oder niedrigeren Erzeugungs- und Verteilungskosten einseitig belastet ist. Post und Bahn arbeiten aus ähnlichen Erwägungen mit bundeseinheitlichen Preisen. Freie und örtlich differenzierte Preise enthalten andererseits eine nicht zu unterschätzende Möglichkeit, Leistungsfähigkeit und Wirtschaftlichkeit eines Versorgungsunternehmens an dem Maßstab der Verkaufspreise beurteilen zu können. Dies gilt auch mit gewissen Einschränkungen bei festgelegten Höchstpreisen. Der bei einheitlichen Preisen über weite Wirtschaftsgebiete drohenden Gefahr einer unerwünschten Verlagerung stromintensiver Betriebe an ungeeignete Stellen der Verteilungsnetze kann durch Beibehaltung von Sonderpreisen für Großabnehmer Einhalt geboten werden. Auch könnte an die Schaffung von Tarifzonen gedacht werden.

In der Bundesrepublik sind Pläne für die Verwirklichung solcher Gedankengänge in nächster Zukunft nicht gegeben. Der latente Druck der Öffentlichkeit in Richtung einheitlicher Preise für gleiche Leistungen nicht nur für die Tarif- sondern auch für nicht stromintensive Sonderabnehmer zwingt die Elektrizitätswerke, sich wenigstens ungefähr einem einheitlichen Preisspiegel zu nähern. Folgerichtig müssen sich hieraus bei den unter verschiedenen Vorbedingungen arbeitenden Unternehmen recht unterschiedliche Gewinne ergeben, selbst bei Ausschöpfung aller noch denkbarer Rationalisierungsmöglichkeiten.

c) Mißtrauen der Öffentlichkeit gegen Sonderstellung der E-Werke

Für das Empfinden der Öffentlichkeit liegt eine schwere Vorbelastung der Elektrizitätswerke in der Tatsache, daß sie einer gewissen Marktordnung bedürfen[2].

Bekanntlich ist die Kilowattstunde je nach der Tages- oder Nachtzeit ihrer Entnahme großen Schwankungen im Erzeugungspreis, beispielsweise DM 0,03 bis über DM 4,— unterworfen. Eine jeweils „kostenechte" Preisberechnung in Ab-

---

[1] Siehe S. 323 ff.

[2] Vgl. WESSELS, Marktfragen der öffentlichen Energiewirtschaft. Der Volkswirt 1957, H. 36, Beilage „Deutsche Wirtschaft im Querschnitt", S. 8.

hängigkeit von der genauen Lieferzeit wäre nicht nur unwirtschaftlich, sie ist praktisch gar nicht durchführbar. Ebensowenig ist in einem Versorgungsnetz eine „kostenechte" Berechnung der Verteilungskosten bis zu den Abnehmern möglich, schon allein, weil die Wege von der Erzeugungsstätte bis zum einzelnen Verbraucher in den heutigen Netzgebilden je nach den Lastverhältnissen in jedem Augenblick sich ändern können, ohne daß das Elektrizitätswerk dies im Einzelfall überhaupt genau überwachen kann. Das Versorgungsunternehmen kann hier nur nach dem Gesetz der großen Zahl arbeiten und zumindest für den großen Bereich der Tarifabnehmer Durchschnittswerte ermitteln und in Rechnung stellen. Eine genauere Berechnung ist lediglich bei jenen Stromlieferungsverträgen möglich, bei denen größere Strommengen an einem Ort abgegeben werden, so daß ein entsprechender Aufwand für genauere Messung möglich ist.

Bei diesen dem Laien nur schwer zugänglichen Tatbeständen werden an das Vertrauen der Kundschaft in die Preisgerechtigkeit des Lieferwerks hohe Anforderungen gestellt. Der Weg vom leisen Zweifel bis zum schweren Mißtrauen ist dann nicht weit.

Eine andere Quelle solchen Mißtrauens liegt in dem Angewiesensein des einzelnen Tarifabnehmers nur auf das eine für seine Versorgung zuständige Elektrizitätswerk, also in der sogenannten Monopolangst. Im Interesse der Abnehmerschaft und einer preiswerten Versorgung sind also die oft angefeindeten Demarkationsverträge, zumindest bei der Tarifabnehmerversorgung, unabdingbare Voraussetzung. Ein Elektrizitätswerk ist ohne die Sicherung einer Ausschließlichkeit nicht marktfähig[1].

Die außerordentlich hohe Kapitalintensität der Versorgungsanlagen zwingt die Elektrizitätswerke bei Vertragsabschlüssen über Stromlieferungen, die einen besonderen Anlagenaufwand erfordern, die Abnehmer so langfristig zu binden, daß eine Amortisation der Aufwendung gesichert ist. Bei den Kunden, welche die Ursache dieser Langfristigkeit nicht sehen oder sehen wollen, kann auch hier leicht der Verdacht entstehen, sie würden „geknebelt", obwohl das Elektrizitätswerk gerade aus seiner Verantwortung allen Kunden gegenüber gar nicht anders handeln kann.

Die unter dem Stichwort „Unternehmenskonzentration" zusammenzufassenden Erscheinungen des Trends zum Großbetrieb und der historisch gewachsenen Konzernbildung setzen ebenfalls die Elektrizitätswerke leicht dem Verdacht reinen Machtstrebens aus. Auch hierbei werden die physikalisch-technisch-wirtschaftlichen Gründe für diese Erscheinungen oft völlig übersehen, obwohl der Vorteil größerer Erzeugungsanlagen offensichtlich und die Notwendigkeit gewisser Mindestgrößen der verschiedenen Netze leicht erkennbar ist[2].

Die bekannte Eigenart des elektrischen Stroms, nicht speicherbar zu sein und vom Abnehmer beliebig entnommen und sogleich „verbraucht" zu werden, zwingt das Elektrizitätswerk, grundsätzlich auf Kredit zu liefern. Es kann nicht wie

---

[1] Der Gesetzgeber hat dem im „Gesetz gegen Wettbewerbsbeschränkungen" vom 27. 7. 1957 durch Sonderregelungen (§§ 103–105) Rechnung getragen. Vgl. KOHL, Der Wettbewerb in der Energiewirtschaft und seine Grenzen. Der Volkswirt, 1957, H. 36, Beilage „Deutsche Wirtschaft im Querschnitt", S. 11ff.

[2] Vgl. LUTHER, Antitrust-Fragen in der Stromversorgung. Der Volkswirt 1950, H. 7 und 8, Sonderdruck S. 8.

ein Lieferer von Waren seine kreditierten Forderungen durch Eigentumsvorbehalt an der gelieferten Ware sichern[1]. Es hat nur die Möglichkeit, allzu säumige Schuldner nach vergeblicher Mahnung abzuschalten, und hat wegen der Unmöglichkeit der Kreditsicherung das verständliche Bestreben, im Konkurs des Schuldners bevorrechtigt behandelt zu werden[2]. Dem Nichtkundigen erscheint jedoch eine solche Haltung der Elektrizitätswerke leicht als unberechtigte Ausnutzung einer Machtstellung.

Dazu kommt, daß sich der einzelne Tarifabnehmer dem großen Werk gegenüber schwach fühlt. Er ist als Käufer von Strom ebensowenig organisiert und durch irgendeine starke Wirtschaftsgruppe vertreten, wie als Käufer von Waren und als Mieter einer Wohnung.

Die Anlässe für das oft festzustellende Mißtrauen gegenüber den Elektrizitätswerken sind also recht verschiedener Art. Immer gehen sie darauf zurück, daß die physikalischen und wirtschaftlichen Vorbedingungen für den Elektrizitätswerksbetrieb den Außenstehenden nicht oder nur wenig geläufig sind.

Neben dem aus dem Monopol- und Kartellverdacht erwachsenden Mißtrauen hinsichtlich der Preise- und Vertragsbedingungen der Elektrizitätswerke steht oft noch die Frage, ob von diesen auch alles getan werde, um den künftigen Strombedarf zu sichern. Die Urangst des Menschen vor Dunkelheit, Kälte und Mühsal wird hier wach. Und weiterhin taucht immer wieder die Besorgnis auf, ob die Elektrizitätswirtschaft wirklich alles tut, um den Menschen vor den Gefahren des elektrischen Stroms zu sichern. Hier wird die Angst des Menschen vor der geheimnisvollen Kraft offenbar.

Das aus Angst und Unkenntnis entstandene Mißtrauen ist eine der Ursachen für die immer stärker erhobene Forderung nach staatlicher oder behördlicher Kontrolle, wobei wiederum kaum bekannt ist, daß für die Versorgungswirtschaft ohnedies eine besondere Überwachung, ja sogar ein eigenes Gesetz besteht.

Es gibt wohl nur eine Möglichkeit, das Übel an der Wurzel zu fassen und das Vertrauen der Öffentlichkeit zur Elektrizitätsversorgung[3] zu festigen: Man muß der Unkenntnis begegnen und die Urangst überwinden helfen. Unermüdliche weitgehende Aufklärung über die physikalischen und wirtschaftlichen Gegebenheiten dieses so unentbehrlichen Wirtschaftszweiges und seiner Maßnahmen ist unerläßlich. Vor allem muß das technische Verständnis der heranwachsenden Jugend frühzeitig diesen Erkenntnissen erschlossen werden. Ergänzend dazu sind alle Kunden gegen ungerechtfertigte Preise rechtlich zu sichern. Über die zweckmäßigsten Wege dazu mag man verschiedener Meinung sein. Es sollte über dem Streit um Methoden nicht das Ziel vergessen werden, die naturgegebenen Ordnungsbestrebungen innerhalb der Elektrizitätswirtschaft von dem Vorwurf ungerechtfertigter Monopol- und Kartellbestrebungen zu befreien.

---

[1] Vgl. GIESEKE, Die Probleme des Energierechts, 1. Vortragsveranstaltung des Institutes für Energierecht an der Universität Bonn, 27./30. 10. 1956, Elektrizitätswirtschaft 1957, H. 1, S. 6ff.

[2] Vgl. DIEKMANN, Die Rechtsnatur des Energieversorgungsvertrages, Frankfurt 1951, S. 75 und die eingehende Literaturübersicht.

[3] Vgl. ZSCHINTZSCH, Gedanken zur künftigen organisatorischen Entwicklung der deutschen Elektrizitätsversorgung, Vortrag Mitgliederversammlung VIK 3. 3. 1950, Essen, Sonderdruck S. 22/23. Vgl. ERHARD, Die Energieversorgung und die freie Marktwirtschaft, Beilage zur Elektrizitätswirtschaft 1953, H. 15/16, S. 4.

V. Verhältnis der öffentlichen Elektrizitätswerke zu anderen Wirtschaftszweigen

Für den Ausgang des Ringens der öffentlichen Elektrizitätswirtschaft um Verständnis für die Maßnahmen, die sie zur Erreichung einer preiswerten, sicheren und gesicherten Versorgung anwenden muß, ist wichtig, inwieweit ihr andere Wirtschaftszweige dabei zur Seite stehen oder aber Schwierigkeiten bereiten.

Entscheidende Einflüsse gehen von den meist straff organisierten wirtschaftlichen Interessentengruppen aus. Für die Elektrizitätswerke ist es daher nützlich, ihr Verhältnis zu Wirtschaftsgruppen, mit denen unmittelbare Beziehungen bestehen, immer von neuem zu prüfen und auf dessen Gestaltung einzuwirken.

a) Verhältnis zur stromerzeugenden Industrie

Die Industrie mit eigenen Stromerzeugungsanlagen ist in Deutschland so bedeutend, daß auf sie von der gesamten deutschen Stromerzeugung im Jahre 1958 rd. 39% entfielen und daß rd. 28% der industriellen Stromerzeugung an das öffentliche Netz abgegeben wurden. Das Verhältnis zu dieser Industrie ist das zu einem machtvollen Kunden, der gleichzeitig ein bedeutender Bewerber auf dem Energiemarkt ist. Die Geschichte dieser Beziehungen ist reich an Kämpfen, Friedensschlüssen und Versuchen zu teilweiser Synthese. Eine endgültig befriedigende Lösung ist wohl zur Stunde noch nicht gefunden.

1. Eigenerzeuger mit eigener Rohenergiebasis

Die Gründe dafür, daß die Unternehmen mit Stromerzeugung auf eigener Brennstoffbasis zum großen Teil außerhalb der öffentlichen Elektrizitätswirtschaft stehen, sind im wesentlichen historischer Natur. Der Verbund Kohle—Stahl war bereits sehr weitgehend vollzogen, als sich die Elektrizitätswirtschaft entwickelte, so daß es nur noch verhältnismäßig wenig öffentlichen Versorgungsunternehmen gelang, sich eigene Kohlenbasen von großer Bedeutung zu sichern. Lediglich die RWE machten hier eine gewisse Ausnahme. Auf Grund ihres Eigentums an den Rohenergiequellen haben die industriellen Eigenerzeuger mit eigener Kohlenbasis und die Bergbaubetriebe mit zugehörigen Erzeugungsanlagen gegenüber der öffentlichen Energieversorgung ein erhebliches Gewicht. Die in Vergangenheit und Gegenwart immer wieder auftretenden Auseinandersetzungen ergeben sich daraus, daß diese Gruppen bergbauliche und industrielle Interessen in den Vordergrund stellen müssen, wobei das Faustpfand Kohle sehr von Nutzen ist, während die öffentliche Elektrizitätsversorgung die Interessen der allgemeinen Verbraucher und der Großabnehmer ohne Kohlebasis mittels einer strengen Ordnung der Verteilung zu wahren sucht.

Besorgnis der Elektrizitätswerke. Die Werke der öffentlichen Elektrizitätsversorgung erkennen die volkswirtschaftliche Notwendigkeit an, daß anfallende Ballastkohle in Zechenkraftwerken für die Stromerzeugung genutzt wird. Sie sind auch bereit, Strom aus dieser Erzeugung für die öffentlichen Netze zu übernehmen. Gegen die zunehmende Verfeuerung auch anderer als Ballastkohle in Zechenkraftwerken, wesentlich über den Eigenbedarf der Bergbaubetriebe hinaus, werden jedoch seitens der Elektrizitätswerke grundsätzliche Bedenken laut. Ihnen liegen folgende Überlegungen zugrunde: Wegen der Bedeutung der Kohlenpreise für die Volkswirtschaft fließen den Zechen erhebliche, vornehmlich mittelbare

Subventionen zu (höhere Abschreibungsmöglichkeiten, Förderung des Bergarbeiterwohnungsbaus usw.). Sie sollten dazu dienen, die geologisch und historisch begründeten Nachteile der deutschen Kohlenförderung auszugleichen und eine schnellere und stärkere Rationalisierung zu betreiben.

Angesichts der Verflechtung vieler Bergbaubetriebe mit anderen Industriezweigen ist die Besorgnis verständlich, daß die Subventionen nicht in entsprechendem Maße in Form einer Verbilligung aller auf den Markt kommenden Inlandskohlen der Allgemeinheit zugute kommen. Die Elektrizitätswerke befürchten insbesondere, daß mit „übermäßigem" Ausbau der Zechenkraftwerke die in den staatlichen Subventionen für die Kohlenförderung liegenden Vorteile weniger der allgemeinen Stromversorgung als der mit dem Bergbau verflochtenen Industrie zugute kommen[1]. Hinzu kommt die Besorgnis der Elektrizitätswerke, dadurch könne zu ihren Ungunsten das Marktangebot an subventionierter heimischer Kohle weiter eingeengt werden.

Auf lange Sicht könnte eine solche Entwicklung äußersten Falles dazu führen, daß die öffentliche Stromversorgung als Ganzes auf die Transport- und Verteilungsaufgaben beschränkt wird[2].

Dem übermäßigen Ausbau von Zechenkraftwerken versuchen einige Elektrizitätswerke durch Berufung auf ihr praktisch weitgehend verwirklichtes Leitungsmonopol entgegenzuwirken. Soll ein zum Unternehmen oder Konzern eines Erzeugers mit eigener Kohlenbasis gehörender, nicht unmittelbar benachbarter Betrieb mit Zechenkraftwerks-Strom versorgt werden, so kann dies normalerweise[3] nur über Leitungen der öffentlichen Netze geschehen. Wenn das Bergbauunternehmen nicht bereit ist, den über den Eigenbedarf hinaus erzeugten Strom an das öffentliche Versorgungsunternehmen zu verkaufen, ist es meist darauf angewiesen, einen Durchleitungsvertrag zu schließen.

Ähnliche Besorgnisse, wie sie die Elektrizitätswerke gegen eine zu interessengebundene Verwertung der für die Allgemeinheit wichtigen Rohenergie Kohle hegen, bestehen auch gegenüber der privatwirtschaftlichen Nutzung von Wasserkräften, falls dadurch bedeutsame Wasserkraftprojekte zur Nutzung ganzer Flußsysteme für die allgemeine Versorgung gestört oder gehemmt werden.

Bewertung von Einspeisestrom. Auseinandersetzungen ergeben sich häufig in der Frage der Bewertung des von den Elektrizitätswerken für das öffentliche Netz übernommenen Stroms[4]. Entscheidend ist für die Bewertung, an welcher Stelle und in welcher Entfernung vom Verbrauchszentrum diese Einspeisung erfolgt, welche Lastkurve und Benutzungsdauer sie aufweist und wie weit die einspeisende Leistung sichergestellt ist. Die Bewertung des Sicherheitsfaktors macht in der Praxis am meisten Schwierigkeiten.

Normalerweise wird für Einspeisung ohne vertraglich gesicherte Vorhalteleistung nur ein Arbeitspreis, vielleicht nach Tag- und Nachtpreis gestaffelt und mit einem Rabatt bei sehr hohen Benutzungsstunden, bezahlt. Ein Leistungs-

---

[1] Siehe S. 185ff.

[2] Vgl. Zechenkraftwirtschaft und öffentliche Elektrizitätsversorgung, Gutachten des Frank-Ausschusses für Energiewirtschaftsfragen im Ruhrgebiet, 1950, S. 18.

[3] Nach belgischem Recht (Gesetz vom 10. 3. 1925) über netzunabhängige Leitungen möglich; vgl. die ausführlichen Erläuterungen im VIK-Bericht 52, S. 45.

[4] Vgl. FISCHERHOF in VIK-Mitteilungen 1956, H. 5/6, S. 96.

preis, evtl. nach Fahrplan gestaffelt, rechtfertigt sich nur bei vertraglich festgelegter Vorhalteleistung. Einen Anhalt für die obere Grenze des für eine Einspeisung zu zahlenden Preises geben die vergleichbaren Selbstkosten bei Erzeugung durch das aufnehmende Energieversorgungsunternehmen.

Unter den in das öffentliche Netz fließenden Strommengen sind vor allem diejenigen sehr schwierig zu bewerten, die aus sogenannten „Kleinwasserkraftanlagen" stammen. Bei ihnen ist es normalerweise nicht nur unmöglich, bestimmte Leistungen vorzuhalten, sehr oft ist die Einspeisung auch so gering, daß der Einbau von Meßgeräten kaum lohnend ist. Zudem wird diese Einspeisung häufig an Stellen des öffentlichen Netzes angeboten, wo sie nicht benötigt wird. Eine Bewertung wird oft nur dadurch möglich, daß man die Kleinwasserkräfte eines ganzen Gebietes zusammengefaßt betrachtet und so zu wägbaren Kosten kommt.

Einspeisestrom aus Kleinwasserkräften — und auch aus Ballastkohle — stellt das aufnehmende Elektrizitätswerk über betriebswirtschaftliche Überlegungen hinaus meist vor die grundsätzliche Frage, ob es bei seiner Entscheidung nicht auch die volkswirtschaftlichen Vorteile einer Erzeugung aus sonst nicht genutzten heimischen Rohenergiequellen bedenken und hierfür zu Lasten der Strompreise Opfer bringen soll. Wenn auch auf diesem Wege die Kosten dieser der gesamten Volkswirtschaft zugute kommenden Unterstützung räumlich nicht auf alle Stromverbraucher gleichmäßig zu verteilen sind, da immer nur einzelne Elektrizitätswerke diese Last zu tragen haben, so wird man solche volkswirtschaftlichen Gesichtspunkte im Einzelfall doch mit erwägen, soweit dem nicht durch unbillige Forderungen seitens der Eigentümer derartiger Rohenergiequellen Grenzen gesetzt werden.

2. Industrielle Eigenerzeuger ohne eigene Energiebasis

Das Verhältnis der öffentlichen Elektrizitätswirtschaft zu den industriellen Eigenerzeugern ohne eigene Energiebasis erfreut sich im allgemeinen einer bemerkenswerten Klarheit. Hier besteht ein echter Wettbewerb mit gleichem Zugang zum Markt hinsichtlich der Beschaffung der Rohenergie, so daß über die Endkosten des Produktes Strom lediglich die Wirtschaftlichkeit der Erzeugung und des Transportes entscheidet. Welcher der beiden Wettbewerbspartner dem anderen Strom verkauft, ergibt sich bei einer solchen Wettbewerbslage nahezu zwangsläufig. Auch die betreffenden Strommengen, die Preise und die „Fahrpläne" lassen sich bei genauer Rechnung unschwer festlegen. Die notwendige Reserveleistung und die Sicherheit der Stromversorgung, die sich selten genau berechnen lassen, bieten für die Strompreise nach Berücksichtigung der anderen Faktoren einen Ermessensspielraum, der im Einzelfall ausgehandelt wird.

Will ein Elektrizitätswerk einen Eigenerzeuger zur Einschränkung seiner eigenen Erzeugung und zu einem stärkeren Bezug bewegen, so ist es immer vorteilhaft, „die Karten offen auf den Tisch zu legen". Wenn nicht ganz besondere Verhältnisse vorliegen, wird das Elektrizitätswerk in der Regel den benötigten Strom wirtschaftlicher liefern können, weil es auf Grund der Zusammenfassung vieler Abnehmer größere und somit rationellere Erzeugungseinheiten betreiben kann. Die Situation der öffentlichen Elektrizitätswerke wird in dieser Hinsicht zunehmend günstiger, da der Rationalisierungstrend zu immer größeren wirtschaftlicheren Einheiten führt. Es kommt hinzu, daß das Elektrizitätswerk in der Regel die erforderliche Rohenergie auf Grund seiner Mengenrabatte wesentlich günstiger als der einzelne Industriebetrieb kauft. Dies trifft vor allem für den immer stärker ansteigenden Anteil der Importkohle mit ihrer Preisabhängigkeit vom Frachtenmarkt zu. Gerade die steigende Preisunsicherheit bei der Rohenergiebeschaffung läßt immer häufiger industrielle Betriebe auf Eigenerzeugung verzichten.

Andererseits ist nicht zu verkennen, daß seitens der Industrie auch Bestrebungen verfolgt werden, die aufgezeigten Nachteile der Eigenversorgung dadurch zu vermeiden, daß mehrere Sonderabnehmer gemeinsam eine Eigenerzeugung aufnehmen. Voraussetzung hierfür wäre eine Auflockerung des nach derzeitiger Rechtslage gegebenen Leitungsmonopols der Elektrizitätswerke gegenüber den Sonderabnehmern[1]. Daß die öffentlichen Elektrizitätswerke derartigen Wünschen abwehrend gegenüberstehen, ergibt sich aus ihrer Aufgabe, eine möglichst große Versorgungsdichte und eine optimale Mischung der einzelnen Belastungskurven möglichst vieler Kunden zum Vorteil der gesamten öffentlichen Versorgung anzustreben.

3. Industriebetriebe mit hohem Wärmebedarf

Unter den industriellen Eigenerzeugern nehmen die Betriebe mit hohem Wärmebedarf eine Sonderstellung ein. Sie befinden sich in einer auf den ersten Blick sehr günstigen Wettbewerbslage gegenüber den Werken der öffentlichen Elektrizitätswirtschaft, da sich solchen Industriebetrieben die Möglichkeit eröffnet, durch Strom—Wärmekupplung bei der Erzeugung die sonst in den Kondensatoren verlorengehende Wärme zu nutzen und damit den Gesamtwirkungsgrad der Gewinnung von Sekundärenergie auf etwa 70% gegenüber etwa 35% bei dem in der öffentlichen Elektrizitätswirtschaft vorherrschenden Kondensationsbetrieb zu heben.

Bei Stromlieferung nach oder von einem solchen industriellen Eigenerzeuger ergeben sich allerdings für die Preisbemessung zusätzliche Schwierigkeiten, da der in Strom—Wärmekupplung erzeugte Strom von der jeweiligen Höhe des Wärmebedarfs des Industrie-Unternehmens abhängt. Liefert das Unternehmen Strom ins öffentliche Netz, so kann es dies vielfach nur mit einem Fahrplan, der dem der öffentlichen Werke und ihrer Tagesbelastungskurve entgegenläuft. Nur in wenigen Fällen läßt sich Dampf- und Wärmeverbrauch eines Industriebetriebes mit dem Lastbedarf des Elektrizitätswerkes in Übereinstimmung bringen. Der Strombezug eines solchen Unternehmens beschränkt sich vielfach auf die Deckung von Verbrauchsspitzen und wird wegen der geringen Benutzungsdauer verhältnismäßig teuer. Darüber hinaus ist für einen solchen industriellen Eigenerzeuger auf Grund der Auslegung seiner Anlagen meist eine unverhältnismäßig große elektrische Reservehaltung seitens des Elektrizitätswerkes nicht zu entbehren. Eine solche Reservehaltung kann bei den hohen leistungsabhängigen Kosten des Elektrizitätsbetriebes ebenfalls nicht billig sein.

Ein Ausweg läßt sich in manchen Fällen dadurch finden, daß mehrere benachbarte Unternehmen mit hohem Dampfbedarf ihre Heizkraftanlagen gemeinsam errichten. Durch den sich so ergebenden Ausgleich der verschiedenen Dampf- und Wärmeentnahmen läßt sich die Stromerzeugung gleichmäßiger und sicherer

---

[1] Vgl. LANG, Intensive und extensive Energiewirtschaft im Lichte des kommenden Energiewirtschaftsgesetzes, Energie 1956, H. 11, S. 438/39.

gestalten. Ein typisches Beispiel eines solchen Gemeinschaftswerkes ist das von einem Energieversorgungsunternehmen in Abstimmung mit der Industrie errichtete und betriebene Heizkraftwerk in Hamburg-Harburg (installierte Kesselleistung; 577 t/h), das den Dampf- und Wärmebedarf von insgesamt sechs Industriebetrieben deckt.

Ob derartige Heizkraftanlagen von der Industrie selbst oder von dem Energieversorgungsunternehmen ihres Bereichs betrieben werden, richtet sich nach den jeweiligen Gegebenheiten. Wenn die Entscheidung zugunsten eines vom Energieversorgungsunternehmen betriebenen Heizkraftwerkes fällt, so meist, um die Vorteile der Reservehaltung beim Elektrizitätswerk zu nutzen und die betreffenden Industriebetriebe von betriebsfremden Funktionen und von den Schwierigkeiten preiswerter Brennstoffbeschaffung freizuhalten.

b) Stadtheizung

Neben der industriellen Heizkraftversorgung gewinnt die Raumheizung über Fernleitungen für Stadt- und Wohngebiete immer mehr Bedeutung. Heizkraftwerke für derartige Zwecke arbeiten, wenn sie als Gegendruckkraftwerke gebaut sind, entsprechend dem Raumheizbedarf nur im Winterhalbjahr, also als Saisonkraftwerke. Daraus erklärt sich, warum Stadtheizkraftwerke zunächst in nördlichen Breiten mit verhältnismäßig langen Heizperioden eingeführt wurden. In Europa waren vor allem in Dänemark Städteplaner, Architekten und Bauherren auf Grund einer fortschrittlichen Baugesinnung Schrittmacher dieser Entwicklung.

Da die Höhe des Raumwärmebedarfs der Haushalte im Laufe von 24 Stunden ungefähr im Rhythmus des Strombedarfs schwankt, fügt sich die elektrische Erzeugung solcher Stadt-Heizkraftwerke gut in die tägliche Bedarfskurve ein, die gerade bei Städten nachts meist sehr stark abfällt. Heizkraftwerke sind somit als Spitzenkraftwerke vor allem dann bei einer mittel- oder großstädtischen Elektrizitätsversorgung von Vorteil, wenn die anderweitige Deckung der elektrischen Spitzenleistung besondere Schwierigkeiten bereitet, — z. B. bei hohem Erzeugungsanteil aus im Winter nur begrenzt leistungsfähigen Wasserkraftanlagen oder bei einem Strombezug mit progressiv gestaffelten Leistungspreisen.

Will man das Heizkraftwerk nicht nur als ausgesprochenes Saison-Kraftwerk nutzen, so besteht heute die Möglichkeit, es mit sogenannten „Kondensationsschwänzen" auszurüsten, die im Prinzip den Gegendruckteil, die Heiznetzanlagen, bei Bedarf durch einen Kondensations-Niederdruckteil ersetzen. Damit läßt sich auch ohne Wärmeabgabe an die Fernheizung die volle oder ein Teil der elektrischen Leistung jederzeit bereitstellen. Hierdurch wurde für zahlreiche Gemeinden in gemäßigten Klimazonen mit kürzeren Heizperioden ebenfalls der Weg für die Fernwärmeversorgung eröffnet.

Eine weitere Möglichkeit, die gewünschte Höhe der Stromerzeugung von der jeweiligen Wärmeabgabe unabhängiger zu machen, ist durch die Verwendung von Wasser als Wärmeträger (beispielsweise Zulauf 110—130°, Rücklauf rd. 50°) statt Dampf gegeben. Der Wärmeinhalt des Umlaufwassers ist so hoch, daß kurzzeitige Überlastungen oder ein Herunterfahren der Turbinen mit entsprechender Veränderung der Heizleistung zur Anpassung an den elektrischen Fahrplan den Fernwärmeverbrauchern praktisch nicht bewußt werden. Bei geschickter Fahrweise (vorheriges Hochfahren der Temperatur) kann die Zufuhr weiterer Wärme je nach Größe des Netzes und Auslegung der Anlage bis zu $1^1/_2$ Stunden gedrosselt werden.

Daß bisher die Wohnraum-Heizkraftversorgung noch keine allzuweite Verbreitung in den Städten finden konnte, erklärt sich aus den verhältnismäßig hohen Baukosten für Fernwärmerohrnetze. Um ein Fernwärmenetz wirtschaftlich einrichten und betreiben zu können, muß daher die Verbrauchsdichte um so größer sein, je höher der Zinssatz für das aufzuwendende Kapital ist. Bei hohen Zinssätzen sind die örtlichen Anwendungsmöglichkeiten der Fernwärmeversorgung stark eingeschränkt.

Wegen der Notwendigkeit einer sehr engen Zusammenarbeit zwischen einem Heizkraftwerk und dem Elektrizitätswerk, das den Heizkraftstrom in sein Netz zur Weiterverteilung übernimmt, wird von Heizkraftwerken, auch wenn sie juristisch selbständig sind, die technische Steuerung und Überwachung meist dem betreffenden Elektrizitätswerk überlassen.

c) Verkehrsbetriebe

Für öffentliche Verkehrsmittel, vor allem für schnelle Massenbeförderung, hat sich der elektrische Antrieb ausgezeichnet bewährt. Er hat den Vorteil, daß die Antriebsenergie nicht vom Verkehrsmittel mitgeführt zu werden braucht, was das Totgewicht der Fahrzeuge vermindert. Das elektrisch angetriebene Fahrzeug kann geräuscharm und ohne irgendwelche schädlichen Abgase betrieben werden. Der Nachteil ist die Notwendigkeit eines kostspieligen und unschönen Oberleitungssystems, sofern nicht wie bei Untergrund- und manchen Schnellbahnen seitliche Stromzuführung erfolgen kann. Ein anderer im dichten Großstadtverkehr entstandener Nachteil, die Schienengebundenheit von Straßenbahnen, ist durch die Einführung von Oberleitungsbussen zu vermeiden. Von Oberleitungen unabhängige elektrische Fahrzeuge führen in der Regel ein hohes Totgewicht für Akkumulatoren mit und sind deshalb nur in Sonderfällen wirtschaftlich anwendbar. Über die in Entwicklung befindlichen Gyrobusse, bei denen die Energie in einem schnellaufenden Kreiselschwungrad gespeichert wird, liegen keine ausreichenden Erfahrungen vor. Die gesamte Entwicklung des Städteverkehrs zeigt, daß der auf elektrisch betriebene Fahrzeuge entfallende Anteil des Massenverkehrs gegenüber dem Vordringen kraftstoffgetriebener Autobusse zurückbleibt.

1. Öffentliche Stadtverkehrsbetriebe

Viele jahrzehntelang waren Straßenbahnen die Hauptträger des Massenverkehrs im Bereich der Städte. Ihre Linien fuhren weit in deren Einzugsgebiet. In Großstädten fanden sie durch Untergrundbahnen und Hochbahnen, sowie durch andere Schnellbahnen auf eigenem Gleiskörper ihre Ergänzung. Für die zunehmende Dichte des Straßenverkehrs bilden Straßenbahnen und ihre Einrichtungen in den Stadtkernen immer mehr eine Behinderung. Die Bewältigung dieses Problems stellt die Gemeinden vor schwierige Aufgaben.

Die Stromversorgung der Straßenbahn erfolgt in der Regel aus dem Netz des jeweiligen Elektrizitätsversorgungsunternehmen. Die Lieferung geschieht mit

Mittelspannung an Stationen, in denen der Strom aus dem öffentlichen Netz in den für den Fahrbetrieb benötigten Gleichstrom (meist 600 V) umgewandelt wird und von denen aus Gleichstromkabel zu den einzelnen Speisepunkten für die Fahrleitungen laufen.

Die Umwandlung in Gleichstrom erforderte früher eine ständige Überwachung und führte zur Einrichtung großer Umformer- oder Gleichrichterwerke mit langen Zuleitungen zu den Speisepunkten. Die heutigen fernzusteuernden und dauernde Wartung nicht benötigenden Gleichrichteranlagen können zur Verringerung der Gleichstrom-Zuleitungsverluste und Einsparung großer Kabellängen nahe an die Speisepunkte gebaut werden. Dennoch nutzt man diese Möglichkeiten zur Dezentralisation nicht bis ins letzte aus, um durch die Parallelschaltung von zwei oder mehr Gleichrichtern mit einer entsprechend höheren Zahl anhängender Speisepunkte einen besseren Ausgleich der Belastungsspitzen zu erzielen.

Die Stromversorgung der ebenfalls mit Gleichstrom betriebenen Hoch-, U- und S-Bahnen (Spannungen von 800 bis — bei der Hamburger S-Bahn — 1200 V) erfolgt im allgemeinen nach dem gleichen Prinzip, nur wird dabei je nach Leistungsbedarf des Verkehrsbetriebes der Strom unter Umständen auch aus einer höheren Spannungsstufe geliefert und über eigene Leitungen des Verkehrsbetriebes auf mittlerer Spannungsstufe an die im Stadtgebiet gelegenen Gleichstromwerke verteilt. Nach Möglichkeit benutzen die Bahnbetriebe dabei das neben den Gleiskörpern liegende Bahngelände als Trasse für die eigenen Leitungen. Liegt eine Stadt im Bereich des elektrifizierten Bundesbahnnetzes, so werden die dort betriebenen Schnell- und Vorortbahnen unter Umständen mit Wechselstrom gefahren und aus der allgemeinen Bundesbahn-Oberleitung gespeist.

In einer Großstadt, die ihren Massenverkehr vorwiegend mit Hoch-, S- und Straßenbahnen abwickelt[1], wobei kraftstoffgetriebene Autobusse nur auf Ergänzungs- und Zubringerlinien eingesetzt sind, liegt der spezifische Strombedarf der elektrisch angetriebenen Verkehrsmittel ab Einspeisung Fahrschiene in folgenden Größenordnungen:

Straßenbahn	70— 75 Wh/Brutto-Tonnen-Kilometer	
U-Hochbahn	60— 65	,,
S-Bahn	rd. 60	,,
O-Bus	rd. 130	,,

Für die gesamte Stromversorgung des Massenverkehrs werden dabei zur Zeit rund 100 kWh/Kopf der Bevölkerung jährlich benötigt.

Infolge der Verkehrsspitzen am Morgen und am Abend bringt der Stromverbrauch der Straßenverkehrsbetriebe dem liefernden Elektrizitätswerk erhebliche Belastungsspitzen, die sich zeitlich überdies noch mit der sonstigen Spitzenlast bei der Versorgung einer Stadt überschneiden. Neben den täglichen sind vor allem auch die jahreszeitlichen Schwankungen des Strombedarfs für den Straßenverkehr recht erheblich. Dies ist einerseits auf erhöhte Anfahrbelastungen wegen Verminderung der Reibung zwischen Schiene und Rad bei winterlichen Witterungsverhältnissen und andererseits auf den Strombedarf für die Wagenheizung zurückzuführen. Zwar reicht die beim Bremsen in den Bremswiderständen anfallende Wärme

---

[1] Ohne wesentliche geographische Höhenunterschiede.

für die Beheizung der heute gebräuchlichen Großraum-Antriebswagen meist noch aus, doch muß für die Nichtmotorwagen zusätzlich Heizstrom aus dem Fahrnetz entnommen werden. Beispiel:

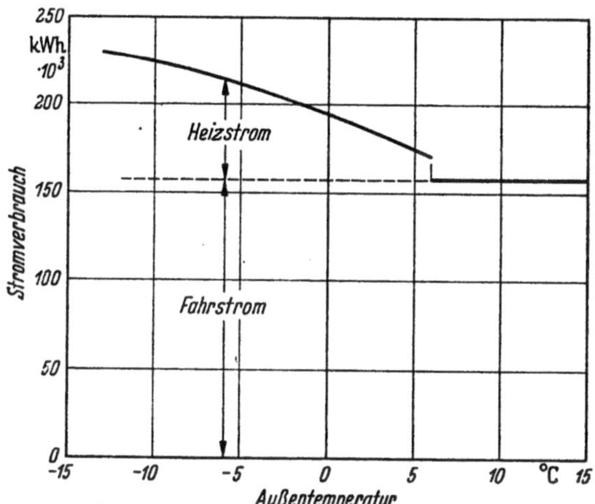

Abb. 6. Energiebedarf der Hamburger S-Bahn bei wechselnder Außentemperatur
(Nach Die Bundesbahn 1954, H. 9/10, S. 536)

Bei dem hohen Leistungsbedarf des Stadtverkehrs und seiner geringen Benutzungsdauer sind der Einräumung besonders niedriger Strompreise für die städtischen Bahnen Grenzen gesetzt. Die Verkehrsbetriebe dagegen streben aus sozialpolitischen Gründen niedrige Verkehrstarife an und drücken daher ständig auf die Strompreise.

2. Elektrischer Betrieb der Bundesbahn

Anlaß für den Beginn der elektrischen Zugförderung waren Bestrebungen, preiswerte Energiequellen, wie Wasserkraft und Braunkohle, für den Bahnbetrieb zu nutzen. Zur Vereinheitlichung der technischen Grundlagen wurde um die Jahreswende 1912/13 zwischen Baden, Bayern und Preußen ein Abkommen getroffen, das für die anstehenden Projekte die Benutzung von $16^2/_3$ Hz-Einphasen-Wechselstrom von 15 kV festlegte.

Die in Bayern, Mitteldeutschland und Schlesien durchgeführte Bahnelektrisierung hielt sich an diese Normen. Bis zum zweiten Weltkrieg blieb der Ausbau im wesentlichen auf Gebiete südlich der Mainlinie beschränkt.

Erst der außerordentliche Anstieg der Kohlenpreise nach dem zweiten Weltkrieg ließ die Kosten für Dampf- und Elektrobetrieb soweit auseinanderklaffen, daß trotz gestiegener Zinssätze eine Rationalisierung des Fahrbetriebs durch Umstellung auf elektrische Zugförderung auch in Gebieten ohne Wasserkraftstrom lohnend erschien. In der Folge wurden vor allem für die vielbefahrenen Nord-Süd-Strecken und das Bahnnetz im Ruhrgebiet neue Umstellungsprogramme in Angriff genommen und zum Teil bereits verwirklicht.

An der Norm von $16^2/_3$ Hz und 15 kV für die Fahrleitung hat die Bundesbahn nach längeren fachlichen Diskussionen zunächst festgehalten, obgleich in den meisten anderen Ländern bei der Elektrifizierung der Eisenbahnen aus guten

Gründen die Normfrequenz der öffentlichen Netze zugrunde gelegt wurde, soweit nicht die Bahnen mit Gleichstrom betrieben werden. Zahlreiche Untersuchungen, insbesondere der französischen Eisenbahnfachleute zeigen, daß eine enge Kupplung der Bahnversorgung mit dem öffentlichen Netz, der Verzicht auf eigene Kraftwerke und komplizierte Umformung wirtschaftliche und technische Vorteile verspricht.

Eine solche Lösung bietet sich auch im Bundesgebiet an, weil die Belastungsspitzen des Bundesbahnverkehrs außerhalb des eigentlichen Einzugsbereiches der Städte sich nicht mit den Spitzenzeiten des Strombedarfs der Elektrizitätswerke decken, so daß die dann für den Bahnstrom mitzubenutzenden öffentlichen Stromerzeugungs- und Fernleitungseinrichtungen wirtschaftlicher betrieben werden als dies bei getrennter Stromversorgung möglich ist. Für eine solche Lösung spricht vor allem, daß bei der immer dichteren Besiedelung unseres Landes der Raum für die Trassen neuer Hochspannungsleitungen immer knapper wird und nicht durch unnötige Leitungsführungen eingeengt werden sollte.

Gegen eine derartige Lösung läßt sich einwenden, daß dann die in Staatshand befindliche Bundesbahn ihre Selbständigkeit hinsichtlich der Deckung ihres Strombedarfes verlieren würde. Da jedoch die großen öffentlichen Versorgungsunternehmen, mit denen die Bundesbahn die Preise für den zu beziehenden Strom auszuhandeln hätte, ausschließlich oder vorwiegend ebenfalls unter dem Einfluß der öffentlichen Hand stehen, dürfte diese Selbständigkeitseinbuße der Bundesbahn zu verantworten sein.

Die Zurückhaltung der Bundesbahnfachleute gegen eine Umstellung auf 50 Hz und gegen einen Verzicht auf eigene Versorgungsanlagen und Fernleitungen beruht im wesentlichen auf folgende Überlegungen: Im Falle von Störungen bei der Stromerzeugung oder im Netz wird bei den dazu notwendigen Schaltungen eine mangelnde Berücksichtigung der Erfordernisse des Fahrbetriebes befürchtet. Aus Sicherheitsgründen möchte man daher bei den Schaltungen unabhängig bleiben. Hinsichtlich der Strompreise erschienen der Bundesbahn die bislang von den Elektrizitätswerken gemachten Angebote unzureichend. Tatsächlich ist es der deutschen Elektrizitätswirtschaft auch noch nicht gelungen, die Wünsche der einzelnen Versorgungsunternehmen so zu koordinieren, daß der Bundesbahn ein für das ganze Bundesgebiet geltendes Angebot mit einheitlichem Abrechnungsverfahren gemacht werden konnte. Vom Stand der Bundesbahn aus erscheint es daher verständlich, wenn sie es vorzieht, mit einzelnen Elektrizitätswerken gegebenenfalls Verträge über Strombezug und Kraftwerksbeteiligung zu schließen.

Angesichts der langfristigen gesamtwirtschaftlichen Nachteile einer solchen Zersplitterung wird jedoch an alle Beteiligten die Forderung zu stellen sein, die Frage der Bundesbahn-Stromversorgung, insbesondere der Umstellung auf 50 Hz erneut aufzugreifen. Hinderlich ist zur Zeit noch, daß nahezu alle seit dem ersten Weltkrieg elektrisierten Strecken der Bundesbahn sowie die österreichischen und schweizerischen Nachbarbahnen für den Betrieb mit $16^2/_3$ Hz eingerichtet sind. Es ist völlig ausgeschlossen, die in den Erzeugungs-, Fernleitungs-, Unterwerks- und Oberleitungsanlagen sowie in dem Lokomotivpark steckenden Kapitalien von heute auf morgen zu entwerten. Eine solche Umstellung könnte also nur schrittweise vor sich gehen, auch wenn die neu zu elektrisierenden Netze nur noch für 50 Hz ausgebaut würden. Der Übergang von $16^2/_3$ Hz- auf den 50-Hz-

Betrieb wird jedoch dadurch erleichtert, daß sich heute Gleichstromlokomotiven bauen lassen, die sowohl mit einer Fahrdrahtspannung von $16^2/_3$ Hz als auch von 50 Hz betrieben werden können.

d) Versorgung stromintensiver Betriebe

In der Großchemie und der Schwerindustrie gibt es Herstellungsverfahren, die im Dauerbetrieb große Strommengen benötigen. Dies ist vor allem bei der Gleichspannungs-Elektrolyse und bei Lichtbogenöfen der Fall.

Solche Betriebe erreichen eine sehr hohe Benutzungsdauer. Der Leistungsbedarf liegt zwischen 10^2 und 10^3 MW. Die benötigten Strommengen sind für die Kosten des Endprodukts maßgebend und schließen hohe Stromtransportkosten von vornherein aus. Diese Betriebe siedeln sich in der Regel nahe bei Stromerzeugungszentren an, die preiswert liefern können.

Fast alle derartigen Unternehmen liegen in der Nähe bedeutender Wasserkräfte oder in Braunkohlengebieten. Der Schwerpunkt der Aluminiumerzeugung beispielsweise ist stets in der Nähe großer Wasserkraftanlagen zu suchen. Der Drang zur billigsten Energiequelle kann in Ländern mit hohem allgemeinem Strombedarf zu einem Mangel an „billigem Strom" führen. Bestimmte Grundstoffindustrien werden meist aus übergeordneten volkswirtschaftlichen Gründen bevorzugt. Ein Staatswesen wünscht beispielsweise Unabhängigkeit von gewissen Einfuhren. Da diese Besserstellung, wenn auch im volkswirtschaftlichen Interesse, so doch zugunsten gewisser Industriegruppen erfolgt, ist die daraus für die Preisbildung der Stromwirtschaft, der billiger Strom entzogen wird, entstehende Lage nicht unbedenklich. Selbst bei Verständnis für eine solche Regelung erscheint gefährlich, daß eine solche Strukturverschiebung auf dem Energiesektor fortzuwirken pflegt, auch wenn die Voraussetzungen und Gründe für die Bevorzugung einer Grundstoffindustrie längst durch die Entwicklung überholt sind. Eine volkswirtschaftlich nicht zu rechtfertigende Stromvergeudung und weitgehende Verfälschung der Standortbedingungen für Industrie-Ansiedlungen kann die Folge sein.

Für die Planung der öffentlichen Energieversorgung in Mitteleuropa stellen derartige „stromfressende" Betriebe bei Großraum-Überlegungen einen erheblichen Unsicherheitsfaktor dar. Die Verwirklichung eines Teils der Projekte zum Ausbau bislang ungenutzter Wasserkräfte (z. B. Interalpen, Yougelexport, Norwegenpläne usw.) wird nicht zuletzt dadurch erschwert, daß die Regierungen den ausländischen finanzierenden Elektrizitätswerken nicht immer Gewähr für einen Verzicht auf die Ansiedlung eigener stromintensiver Betriebe bieten können, die eines Tages mit national-wirtschaftlichen Argumenten ihre Regierung zur Einschränkung der vertraglich zugesicherten Stromexporte drängen könnten.

Für Elektrizitätswerke sind stromintensive Industrien als Abnehmer besonders von Interesse, wenn der Produktionsablauf bei dem Industriebetrieb eine starke Einschränkung des Strombedarfs während der Spitzenzeiten des öffentlichen Netzes erlaubt. Ein solcher Betrieb wirkt dann durch seinen der allgemeinen Belastungskurve entgegengesetzten Belastungsrhythmus in gleicher Richtung wie ein Pumpspeicherwerk.

e) Beziehungen zur anlagenbauenden Industrie

Die anlagenbauende Industrie war ursprünglich vielfach bei öffentlichen Elektrizitätswerken beteiligt, hat sich dann aber wieder allmählich zurückgezogen. Ihr Ziel war es, für ihre Produktion Verbrauchsstätten und Anwendungsmöglichkeiten zu schaffen, die sich weiterhin selbsttätig ausdehnen[1].

Die früheren Bindungen, vor allem aber langjähriges vertrautes Miteinanderarbeiten, gemeinsame Überwindung zahlreicher Schwierigkeiten und Rückschläge haben diese sachlich verbundenen Wirtschaftszweige zu einem freundlichen sich ergänzenden Verhältnis gebracht.

Der Wettbewerb zwischen den anlagebauenden Firmen entwickelte sich in einem Klima fruchtbarer Auseinandersetzung. So schwer es ist, neu in den Kreis der Lieferfirmen von Elektrizitätsanlagen einzudringen, so leicht kann andererseits eine in Jahrzehnten eroberte Marktposition verlorengehen. Die Elektrizitätswerke mit ihren erfahrenen Ingenieuren sind außerordentlich kritische Kunden, aber auch eifrige Anreger und Mitarbeiter bei Neuentwicklungen.

Der ständige Kontakt bei der Untersuchung von Schäden und Störungen hat mitgeholfen, die Anlagen in gemeinsamer Arbeit weiter zu vervollkommnen. Manchmal wird hier auch zuviel des Guten getan. Die Ungeduld der Betriebsleute und ihre vielfach wenig auf wirtschaftliche Überlegungen abgestellte Wunschliste zwingt häufig die Industrie zu einer gewissen Zurückhaltung, die bei den Werken dann grollend zur Kenntnis genommen wird. Schnell werden jedoch solche Spannungen überwunden, wenn man sich zu einem gemeinsamen Ziel findet.

Bezeichnend für eine solche Zusammenarbeit ist die Verteilung von Risiken bei Einführung völlig neuartiger und noch unerprobter Anlagen, für die auf längere Zeit noch kein ausgedehnter Markt in Sicht ist. Oft waren die Elektrizitätswerke bereit, mit den anlagenbauenden Firmen das Wagnis zu teilen.

Leider führt die Neigung zu einer immer mehr spezialisierten Tätigkeit der beteiligten Fachleute dazu, dem Lieferwerk möglichst fest umrissene Aufgaben zuzuteilen und einen festen Preis dafür zu gewähren. Auch fühlen sich manche Verwaltungen von Elektrizitätswerken weder befugt noch geeignet, aber auch keineswegs wirtschaftlich verpflichtet, an der Entwicklung der Technik für Maschinen und Einrichtungen mitzuwirken. Nur mit Sorge kann dieser Vorgang betrachtet werden.

Die Elektrizitätswerke sollten sich der Verpflichtung bewußt sein, ein Höchstmaß wirtschaftlicher Vollkommenheit zu erreichen und immer wieder neue Wege zu erforschen, die technische Ausrüstung auf den allerneuesten Stand zu bringen. Auf diese Weise ist es gleichzeitig möglich, die Fachkräfte wendig und anpassungsfähig zu halten und sie in die Lage zu versetzen, gegenüber angebotenen Neuerungen sich eigene Urteile zu bilden. Die Prüfung neuer Anlagen und die Behebung von Anlaufschwierigkeiten fördern das technische Wissen und Können der Betriebsangehörigen. Werke, die den Weg einer aktiven Entwicklungstätigkeit beschreiten, erreichen in der Regel überdurchschnittliche wirtschaftliche Erfolge.

---

[1] vgl. S. 52ff.

f) Verhältnis zu Elektrogeräte-Herstellern, -Händlern und Installateuren

Unter dem umfassenden Begriff „Elektro-Industrie" verbergen sich vielfältige Produktionszweige. Von ihren Erzeugnissen her lassen sie sich grob in zwei große Gruppen zusammenfassen: Anlagenbau für die Stromerzeugung und Stromversorgung und Bau von Geräten zur Stromumwandlung in andere Energieformen, — einfacher gesagt, von stromverbrauchenden Geräten. Für die Erzeugnisse dieser Industriegruppe hat sich im allgemeinen Sprachgebrauch der Ausdruck „Elektrogeräte" durchgesetzt.

Da die Kosten der durch die Elektrizität den Kunden erwachsenden Annehmlichkeiten sowohl durch den Preis der Kilowattstunde als auch durch den Preis der betreffenden Elektrogeräte bestimmt werden, liegt den Elektrizitätswerken an gleichbleibenden, ja sogar möglichst sinkenden Preisen für Elektrogeräte.

In Zeiten gesunder wirtschaftlicher Entwicklung und allgemeinen Wohlstandes ist der Kunde geneigt, erheblich mehr, als dem eigentlichen Gebrauchswert entspricht, auf-

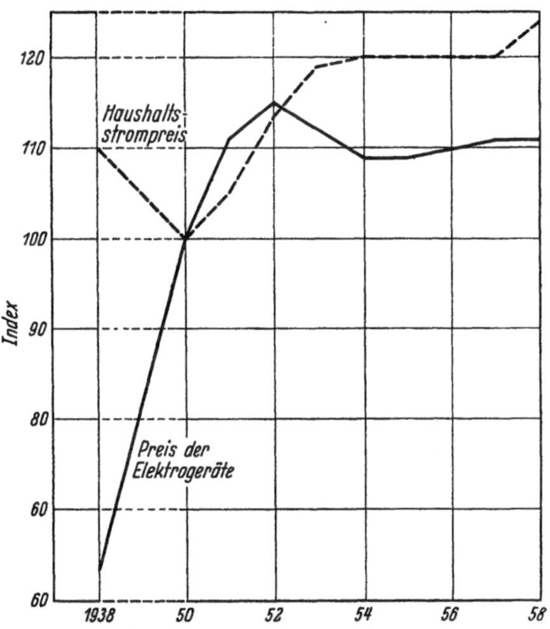

Abb. 7. Preisentwicklung der Elektrogeräte im Verhältnis zum Haushaltsstrompreis (Index 1950 = 100)

zuwenden[1], falls eine entsprechende Wertschätzung, sei es durch gefällige modische Gestaltung, durch technische Neuartigkeit oder andere Besonderheiten oder auch nur durch besonders geschickte Werbung, angeregt wird.

Der Gesamtabsatz an Elektrogeräten verläuft heute im allgemeinen in der Bundesrepublik so fließend, daß sich daraus die Ansicht ableiten lassen könnte, die Elektrizitätswerke könnten auf eine Einflußnahme verzichten. Die Elektrizitätsversorgung kann es jedoch nicht zulassen, daß ihr Verkaufsgut, elektrischer Strom, unter Umständen durch Verwendung von Geräten im Ansehen geschädigt wird, die nicht den notwendigen Sicherheitsanforderungen genügen. Wenn es schon undurchführbar ist, die in Gebrauch befindlichen Elektrogeräte und ihre Installation laufend auf ihre Gefahrlosigkeit zu überprüfen, so sind die Werke um so stärker daran interessiert, daß nur sichere Elektrogeräte in die Hände der Kunden gelangen und ordnungsgemäß an eine gefahrlose Hausanlage angeschlossen werden.

Die Sorge um die Sicherheit der Stromversorgung läßt die Elektrizitätswerke nur den Verkauf und die Installation solcher Geräte und solcher Elektromaterialien

---

[1] Vgl. Hensel, Die Zusammenarbeit zwischen Energieversorgung und Geräteindustrie, Praktische Energiekunde 1952/53, H. 4, S. 384 ff.

fördern, die den Vorschriften eines sachverständigen Gremiums nach dem neuesten Stand der Technik entsprechen. Für Deutschland hat der Verband Deutscher Elektrotechniker (VDE) solche Vorschriften erlassen. Die Hersteller und Lieferer von Geräten unterwerfen sich freiwillig einem Prüfverfahren und erwerben das Recht auf Kennzeichnung mit dem VDE-Zeichen oder bei Leitungsmaterial mit dem VDE-Faden. Es besteht zwar keine rechtliche Handhabe, den Vertrieb nicht VDE-mäßiger Geräte zu unterbinden, doch haben die Organisationen des Elektrohandels nachdrücklich ihren Mitgliedern empfohlen, den Vertrieb derartiger Erzeugnisse zu unterlassen. Außenseiter, die solche Empfehlungen nicht beachten, gehen das Wagnis ein, im Schadensfall sowohl zivilrechtlich[1] als auch strafrechtlich[2] belangt zu werden.

Manche Energieversorgungsunternehmen fördern grundsätzlich nur Geräte, die außer einer Prüfung auf Sicherheit einer Gebrauchswertprüfung unterzogen wurden. Diese Maßnahme ist verständlich, da der Kunde geneigt ist, alle Störungen und Fehler an seinem Elektrogerät, auch wenn sie ganz andere Ursachen haben, dessen elektrotechnischem Teil und somit der „Elektrizität" zur Last zu legen. Nicht alle Hersteller und Vertreiber von elektrotechnischen Geräten haben den Vorteil einer Gebrauchswertprüfung durch die Elektrizitätswerke erkannt, denen vielfach eine Herabwertung einzelner Gerätefabrikate vorgeworfen wird. Tatsächlich bringt eine solche Prüfung dem Hersteller kostenlos zusätzliche Erkenntnisse über den Wert seiner Produkte und gibt ihm in der Werbung eine günstige Ausgangsposition.

Alles Streben nach möglichst hoher Sicherheit der Geräte wäre unnütz, wenn nicht sichergestellt würde, daß auch die entsprechende Installation beim Kunden keine Gefahrenquellen aufweist. Die allgemein verbindlichen „Allgemeinen Versorgungsbedingungen" (AVB) erlauben nur den Elektrizitätswerken und „zugelassenen" Installateuren unter Beachtung der VDE-Vorschriften die Ausführung und Unterhaltung von Abnehmeranlagen (Abschn. V, Ziff. 1). Nach einer Vereinbarung zwischen den in Frage kommenden Innungsverbänden und der VDEW gilt als „zugelassen" jeder bei einem Energieversorgungsunternehmen für derartige Arbeiten „eingetragene Installateur". Bezirks-Installateur-Ausschüsse haben dafür zu sorgen, daß nur Personen mit bestimmter Mindestqualifikation (in der Regel Meisterprüfung im Elektro-Installations-Handwerk oder Abschluß über das Studium der Elektrotechnik an einer Fachschule) die Zulassung erhalten und bei Nichtbeachtung der besonderen Anforderungen wieder verlieren. In der Praxis bedeutet dies, daß die Elektrizitätswerke in Zusammenarbeit mit den Innungsvertretern weitgehend über die Zulassungen und deren Widerruf entscheiden.

Darüber hinaus geben die AVB dem Elektrizitätswerk die Möglichkeit, die Ausführung der Installationsarbeiten zu überwachen und diese vor Inbetriebnahme der Anlage zu überprüfen. Die Werke betrachten diese Tätigkeit als Teil ihres Dienstes am Kunden.

Weil die eingetragenen Installateure von ihrem Elektrizitätswerk in der Regel laufend über die technische Neuentwicklung und zweckmäßigste fachgerechte Arbeitsweise unterrichtet werden und weil die Installateure in Zweifelsfragen und

---

[1] § 823 II BGB; Die VDE-Bestimmungen gelten als anerkannte Regeln der Technik im Sinne der 2. DVO vom 31. 8. 1937 zum EWG (RGBl I, S. 918).

[2] Zum Beispiel § 222, 230 StGB.

bei Schwierigkeiten mit ihrem Energieversorgungsunternehmen Rücksprache zu nehmen pflegen, treten größere Beanstandungen in bezug auf die Sicherheit der abzunehmenden Anlagen kaum mehr auf. Bei der zunehmenden Neigung der Installateure, von der handwerklichen auf die händlerische Tätigkeit überzugehen, wird es vielleicht erhöhter Aufmerksamkeit der Elektrizitätswerke und wohl auch einer strengen Auslegung der Innungssatzungen seitens der Handwerkskammern bedürfen, damit die fachliche Ausführung von Installationsarbeiten auf dem heutigen Stand gehalten werden kann.

Neben der Sorge um die Gefahrlosigkeit bei der Stromanwendung nehmen die Elektrizitätswerke auch wegen ihres Strebens nach Erhöhung der Wirtschaftlichkeit gelegentlich Einfluß auf den Gerätevertrieb. So werden besonders solche Erzeugnisse gefördert, die den Verlauf der Belastungskurve der Elektrizitätswerke günstig beeinflussen können. Die Art und Weise des Vorgehens ist dabei recht verschieden. Manche sind über Tochterunternehmen als Groß- und Einzelhändler oder in beiden Handelsstufen tätig. Als Einzelhändler geschieht dies vor allem dort, wo der Markt so klein ist, daß für ein Fachhandelsgeschäft keine ausreichende wirtschaftliche Basis gegeben scheint. Andere begnügen sich mit einer Vermittlertätigkeit für den Einzelhandel im Rahmen ihres Kundendienstes. Vielfach hat dies auf der örtlichen Ebene zur Bildung sogenannter Elektrogemeinschaften geführt, die meist einen losen Zusammenschluß (Großhandel, Einzelhandel, Installateure, Energieversorgungsunternehmen) ohne eigene Rechtspersönlichkeit darstellen. Gegenseitige Abstimmung bei der Werbung und Beratung, Unterstützung bei der Lagerhaltung, Erfahrungsaustausch, Zusammenarbeit bei der Gerätefinanzierung bestimmen den Charakter dieser losen Vereinigungen, bei denen vielfach das Elektrizitätswerk federführend ist.

Seit den Anfängen der Elektrizitätsversorgung haben die Werke der Stromerzeugung und -verteilung mehr oder weniger Handel mit elektrotechnischen Gebrauchsgütern getrieben. Mit der zunehmenden Bedeutung des Fachhandels ist ihr Anteil zurückgegangen. Die chaotischen Zustände beim Wiederaufbau der Elektrizitätswirtschaft in den Nachkriegsjahren brachten wieder eine Verstärkung der händlerischen Funktionen mancher Elektrizitätswerke, da der Fachhandel ausreichende Lager nur selten unterhalten konnte. Wo der Großhandel willens und in der Lage war, seine Aufgabe wieder voll zu übernehmen, zogen und ziehen sich die Energieversorgungsunternehmen aus dem Großhandelsgeschäft wieder zurück. Im Sinne einer volkswirtschaftlich vernünftigen Arbeitsteilung ist dies zu begrüßen. Sie müssen daran allerdings die Erwartung knüpfen, daß der Großhandel eine echte Lagerhaltung mit großer Sortenauswahl betreibt. Auch ist dringend erwünscht, daß er in weitblickender unternehmerischer Weise auch solche Geräte betreut, die noch nicht sehr gewinnbringend sind, deren Durchsetzung auf dem Markt auf weite Sicht jedoch im Interesse der Kundschaft und der Elektrizitätswirtschaft liegt.

Der Marktanteil des Elektrofacheinzelhandels wird zunehmend durch Direktverkäufe, Beziehungshandel, Warenhäuser, Versandhäuser und die Methode der amerikanischen Discount-Houses[1] bedroht, also durch Verkaufssysteme, denen

---

[1] Verkauf von Markengeräten, − zunächst noch meist ohne Teilzahlung, ohne Garantie, ohne Service wie Beratung, Anschluß, Ersatzteilhaltung usw. − dafür mit erheblichen Rabatten.

gegenüber der Einzelhändler allein auf die Dauer nicht wettbewerbsfähig ist. Ermöglicht und beschleunigt wird dieser Vorgang durch die narrensichere Ausführung der Geräte. Ihr Anschluß wird immer einfacher und kann ohne Mitwirkung von Fachleuten erfolgen. Dem Fachhandel scheint auf lange Sicht kein anderer Weg zu bleiben, als ein mehr oder minder straffer Zusammenschluß zu Geschäftsketten. Möglicherweise kann die neutrale Vermittlerposition, die den Elektrizitätswerken mit ihren Ausstellungsräumen entstanden ist, hierbei von Nutzen sein.

VI. Bedeutung der Verbandstätigkeit

Soziologische Untersuchungen, in denen versucht wird, das Bild unserer heutigen Wirtschaftsordnung zu zeichnen, haben es insofern schwer, als gerade die Vielfalt verschiedener sich überschneidender und miteinander ringender Ordnungsprinzipien ihr hervorstechendes Merkmal ist. Eine nicht unwesentliche Rolle kommt in diesem Spiel der Kräfte den Vereinigungen und Verbänden zu, die als Zusammenschlüsse von Unternehmen bestimmte Ziele durch interne Arbeit und durch Wirken nach außen verfolgen[1]. Diese Erkenntnis zwingt heute praktisch jedes Unternehmen, sich der Verbandstätigkeit nicht zu verschließen, mag dies auch für den einzelnen Betrieb oft eine erhebliche Last bedeuten. Die Belastung trifft in erster Linie die größeren Unternehmen, die, wenn auch oft angefeindet, auf diese Weise sehr viel für die kleinen tun. Drückend ist nicht nur die finanzielle Bürde der oft sehr hohen Beiträge, sondern vielmehr noch die Beeinträchtigung durch die arbeitsmäßige Fremdbelastung der besten Fachkräfte auf Grund ihrer Tätigkeit in den Führungsgremien und Ausschüssen der Verbände.

Hält man sich vor Augen, daß beispielsweise ein Elektrizitätswerk mit einer Gesamtbelegschaft von rund 5000 Personen im Jahre 1955 allein in 25 verschiedenen Führungsgremien und in rund 150 Arbeitsgruppen und Ausschüssen derartiger Verbände vertreten war, so wird in Umrissen das Ausmaß dieser Belastung klar, zumal vornehmlich Belegschaftsmitglieder mittlerer, höherer und höchster Verantwortungsbereiche durch diese zusätzliche Arbeit betroffen werden.

Gerade die Elektrizitätswerke jedoch können sich wegen der ihnen zugefallenen besonderen Verantwortung gegenüber der Öffentlichkeit den Aufgaben der Verbandstätigkeit nicht entziehen. In erster Linie handelt es sich dabei um die sogenannten „technischen Verbände", die „Wirtschaftsverbände" und um die werblichen Verbände, wobei sich die Aufgabenstellungen gelegentlich überschneiden.

a) Mitarbeit in technischen Verbänden

Die Elektrizitätswerke haben ein begründetes wirtschaftliches Interesse, die technische Weiterentwicklung ihrer Anlagen und die Rationalisierung ihrer Betriebe ernst zu betreiben. Daneben sind sie als große, fachlich geleitete Betriebsstätten bestens geeignet zur Sammlung und Auswertung von Erfahrungen mit technischen Einrichtungen, Maschinen und Anlagen. Die Rückstrahlung dieser Erfahrungen auf Konstruktion, Projektierung und Fertigung und auf andere ähn-

---

[1] Über die Problematik der Einordnung der Wirtschaftsverbände in die wirtschaftliche und staatliche Ordnung vgl. TUCHTFELD, Wirtschaftspolitik und Verbände, Hamburgisches Jahrbuch für Wirtschafts- und Gesellschaftspolitik 1956, S. 72ff.

liche Betriebe ist nur möglich auf dem Wege eines organisierten Erfahrungsaustausches[1]. Dazu dient die Mitwirkung in technischen Verbänden.

Zwar ist die Elektrotechnik eine der wesentlichsten Grundlagen jedes Elektrizitätswerksbetriebs, doch darf nicht verkannt werden, daß zahlreiche technische Prozesse im Rahmen eines solchen Betriebes nicht elektrischer Natur sind, sondern anderen Bereichen der Technik angehören. Dies gilt vor allem für das große Gebiet der Erzeugung sowie der Bau- und Montagearbeit. Hierin liegt der Grund, warum jedes Elektrizitätswerk von einiger Bedeutung auch dem *Verein Deutscher Ingenieure* — VDI (sowohl dem Gesamtverband als auch den Bezirksvereinen) angehört. Es ist zur Genüge bekannt, in wie starkem Maße der VDI durch seine Arbeit, seinem ausgedehnten Vortragswesen, der Veranlassung und Förderung von Versuchen und Forschungsaufgaben, mit Veröffentlichungen und mit intensiver Ausschußtätigkeit zur technischen Entwicklung auf zahlreichen Gebieten beigetragen hat. Neben der Nutzung dieser Entwicklung gibt er den Elektrizitätswerken die Möglichkeit, ihre Ingenieure immer wieder mit dem neuesten Stand der Technik vertraut zu machen.

Besonders verdient macht sich der VDI durch die Bestrebungen, den Männern der Technik, die doch so weitgehend unser heutiges Leben in seinem vielfältigen Ablauf bestimmt, im öffentlichen Leben das nötige Gehör zu verschaffen. Gerade in dieser Hinsicht liegt noch manches im argen. So ist beispielsweise die Zahl der Vertreter der Technik in politischen Gremien verschwindend klein und viele der in der Technik tätigen Menschen finden nicht die ihnen zukommende gesellschaftliche Anerkennung. Daneben ist der VDI besonders bemüht, den Problemkreis um das Verhältnis des Menschen zur Technik einer Klärung näherzubringen und die damit zusammenhängenden grundsätzlichen und erkenntnistheoretischen Fragen aufzuwerfen, um die Stellung des Menschen in der technisierten Welt bewußt zu machen. Es ist auch ein ernstes Anliegen, die vielfach in der neueren Philosophie als Geißel und Last der Menschheit abwertig betrachtete Technik klarstellend als Summe der Werkzeuge verständlich zu machen, deren sich der überlegene Mensch willentlich und bewußt bedient, ohne zum Sklaven ihrer Mechanik zu werden.

Der *Verband Deutscher Elektrotechniker*, VDE ist in Organisation und Arbeitsweise dem VDI ähnlich. Für ein Elektrizitätswerk ist es selbstverständlich, den VDE durch Mitgliedschaft und tätige Mitarbeit in Führungsgremien und Ausschüssen zu unterstützen. Durch die Mitgliedschaft der Industrie und des Elektrohandwerks findet jedes Elektrizitätswerk dort eine nützliche Plattform für fruchtbare technische Zusammenarbeit sowohl mit seinen Lieferanten als auch mit seinen Installateuren und vor allem mit seinen industriellen und gewerblichen Kunden.

Das besondere Interesse gilt dabei neben der Förderung der technischen Entwicklung und der Weiterbildung der Techniker jeder Rangstufe der Fortbildung des VDE-Vorschriftenwerks. Die VDE-Vorschriften sind als Sicherheitsbestimmungen den Elektrizitätswerken, sowohl für ihre eigenen Anlagen als auch für die Anlagen der Abnehmer, besonders wichtig, da der Staat durch die Anerkennung der Rechtsbedeutsamkeit dieser Regeln[2] in ihrem jeweiligen Bestand der Elektro-

---

[1] z. B. durch persönliche Begegnungen, Fachtagungen, Fachzeitschriften.
[2] § 13 Abs. 2 EWG mit § 1 Abs. 2 der 2. DVO zum EWG.

wirtschaft praktisch das Selbstverwaltungsrecht für diese Bestimmungen zum Schutz vor den Gefahren der Elektrizität zugestanden hat. Sie werden in einer großen Zahl von Ausschüssen von den Fachleuten der Industrie, der Elektrizitätswerke und Vertretern behördlicher Institutionen erarbeitet. Die Innehaltung der VDE-Vorschriften gewährt nach menschlichem Ermessen die höchstmögliche Sicherheit gegen Gefahren durch Elektrizität.

Neben den eigentlichen Sicherheitsbestimmungen enthalten die VDE-Vorschriften eine Reihe von Normen. In der DDR gerieten diese bei Verbindlichkeitserklärung der VDE-Vorschriften mit den dortigen staatlichen Standards und Gütevorschriften in Widerspruch, so daß die Einheitlichkeit der gesamtdeutschen Anwendung der VDE-Vorschriften in Gefahr geriet. Inzwischen scheint sich jedoch durch eine neue zweckmäßigere Gesetzgebung eine Abwendung dieser Gefahr anzubahnen[1].

Allgemein ist die Bedeutung der Normung auf dem Gebiete der Elektrotechnik in früheren Jahren oft unterschätzt worden, vielfach wurde sie sogar als lästige Zwangsjacke empfunden. Tatsächlich ist jedoch bei den elektrotechnischen Erzeugnissen ohne vernünftige Normung gar nicht mehr auszukommen. Dies gilt vor allem für die Lagerhaltung in Ersatzteilen gebräuchlicher Elektrogeräte oder auch für größere Anlageteile, wie z. B. Transformatoren, Motoren, Schalter, Relais. In Deutschland hat die Normung auf diesem Gebiet noch ein weites Feld vor sich. Sie sollte erst dort ihre natürliche Grenze finden, wo sie technischen Neuentwicklungen den Weg versperren könnte.

Grundsätzlich geht die Tendenz dahin, die eigentlichen Normen mehr und mehr aus den VDE-Bestimmungen zu lösen und in das DIN-Normenwerk aufzunehmen. Als Organ des *Deutschen Normenausschusses* — DNA wird diese Aufgabe vom *Fachnormenausschuß Elektrotechnik* — FNE wahrgenommen, der durch Beiträge und tätige Mitarbeit der meisten großen Elektrizitätswerke unterstützt wird.

Auf internationalem Gebiet ist die für die Elektrotechnik wichtigste Organisation die *Commission Electrique International* — CEI (*Internationale Elektrotechnische Kommission* — IEC), in der Deutschland durch den VDE vertreten ist. Die CEI hat gegenüber ihren Mitgliedern kein Weisungsrecht, übt jedoch über ihre Empfehlungen einen starken international vereinheitlichenden Einfluß, insbesondere auf die verschiedenen Begriffsbestimmungen, Zeichen, Abkürzungen, Normen, Meßgrößen, Versuchsmethoden, Sicherheitsvorschriften u. dgl. aus. Die CEI ist ihrerseits wieder Mitglied der *Internationalen Normenvereinigung, Abteilung Elektrotechnik,* und hat dadurch beratende Funktionen beim Wirtschafts- und Sozialrat der UN[2].

Speziell für die Technik der Elektrizitätswirtschaft ist die wichtigste internationale Vereinigung, die *Conférence Internationale des Grands Réseaux Electriques à Haute Tension* — CIGRE (Internationale Hochspannungskonferenz).

b) Mitarbeit in Wirtschaftsverbänden

Die Vertretung gleichgelagerter und gemeinsamer wirtschaftlicher Interessen gegenüber anderen Gruppen im Kräftespiel der nationalen und internationalen,

---

[1] Vgl. Kulleck, Verbindlichkeit von VDE-Bestimmungen, Dtsch. Elektrotechnik 1957, H. 4, S. 155.

[2] Vgl. hier und im folgenden Wolf, Die deutsche Mitarbeit in internationalen Gremien der Elektrizitätswirtschaft und Elektrotechnik, Stand Jan. 1956.

teils freien, teils gebundenen Wirtschaftsordnungen ist das wesentliche Kriterium eines „Wirtschaftsverbandes" oder einer „Wirtschaftsvereinigung".

Der gemeinsame Wirtschaftsverband aller öffentlichen Elektrizitätswerke in Deutschland ist die *Vereinigung Deutscher Elektrizitätswerke* — VDEW. Sie gliedert sich in einzelne Landesverbände, die entweder keine selbständigen Vereinigungen oder so eng an die VDEW gebunden sind, daß sie in ihrem Wirken nach außen durch die VDEW vertreten werden. Die VDEW nimmt die Interessen der gesamten bundesdeutschen öffentlichen Elektrizitätswirtschaft wahr gegenüber staatlichen Stellen und anderen Gremien, Organisationen und gegenüber den meinungsbildenden Institutionen. Ihr obliegt es darüber hinaus, die Beziehungen der gesamten öffentlichen Elektrizitätswirtschaft zu entsprechenden ausländischen und internationalen Einrichtungen aufrechtzuerhalten und zu fördern.

Zur Pflege der inländischen Erfahrungssammlung hat die VDEW Ausschüsse und Arbeitskreise ins Leben gerufen, die jeweils auf bestimmten Gebieten der Elektrizitätswirtschaft die neuesten Erkenntnisse zu erarbeiten suchen. Sie halten engen Kontakt zu den wissenschaftlichen Institutionen, bei denen vorwiegend Probleme der Energiewirtschaft bearbeitet werden, so beispielweise zur Forschungsstelle für Energiewirtschaft an der TH Karlsruhe[1], zum Energiewirtschaftlichen Institut der Universität Köln und zum Institut für Energierecht an der Universität Bonn. Von besonderer Bedeutung für die Elektrizitätswerke ist die Möglichkeit der VDEW, im Rahmen ihrer Verbandstätigkeit bei Meinungsverschiedenheiten zwischen Mitgliedern klärend und ausgleichend wirken zu können.

Die zahlreichen kommunalen Elektrizitätswerke finden für ihre besonders gelagerten wirtschaftlichen oder vielmehr wirtschaftspolitischen Interessen neben ihrer Mitgliedschaft bei der VDEW Betreuung durch den *Verband Kommunaler Unternehmen* der Orts- und Kreisstufe — VKU.

Die industriellen Eigenerzeuger, die großen Partner der öffentlichen Elektrizitätswerke innerhalb der Elektrizitätswirtschaft, haben in der *Vereinigung Industrieller Kraftwirtschaft* — VIK den ihnen gemäßen Wirtschaftsverband.

Die internationale Vereinigung der nationalen Wirtschaftsverbände öffentlicher Energieversorgungsunternehmen — wie die VDEW — ist die *Union Internationale des Producteurs et Distributeurs d'Energie Electrique* — UNIPEDE, während die entsprechende internationale Vereinigung der Eigenerzeuger von der *Fédération Internationale des Producteurs Autoconsommateurs Industriels d'Electricité* — FIPACE gebildet wird. Als internationale Dachorganisation für die beiden großen Verbände UNIPEDE und FIPACE stellt sich die *Conférence Internationale de Liaison entre Producteurs d'Energie Electrique* — CILPE dar. In ihren Arbeitsgruppen behandeln Mitglieder beider Organisationen gemeinsam interessierende Fragen, soweit diese nicht so gelöst werden, daß in einem entsprechenden Arbeitskreis der UNIPEDE oder FIPACE Mitglieder des Schwesterverbandes mitarbeiten.

Neben diesen Wirtschaftsverbänden mit allgemeinen Aufgaben bestehen noch Verbände mit dem besonderen Ziel, die Wirtschaftlichkeit der Elektrizitätsversorgung durch Förderung des Verbundbetriebes weiter zu verbessern. In der *Deutschen Verbundgesellschaft* — DVG haben sich die Elektrizitätswerke zusammengeschlossen, die auf Grund ihrer Größe und Lage am stärksten daran interes-

---

[1] die ihrerseits das Zentrum für die Arbeiten einer „Gesellschaft für Praktische Energiekunde" ist.

siert sind, ihre gegenseitige Unterstützung zu vertiefen und den Verbundgedanken in Zusammenarbeit mit den übrigen Zweigen der Energiewirtschaft sowie der einschlägigen Industrie und mit ausländischen Verbundunternehmen zu pflegen. Im Rahmen dieser Aufgaben hält die DVG mit der *400 kV-Forschungsgemeinschaft* engen Kontakt.

Die DVG stellt eine wichtige Keimzelle für den echten innerdeutschen wirtschaftlichen Elektrizitätsverbund dar, für einen Zusammenschluß, der (als Eigentümer oder Treuhänder) das deutsche Verbundnetz, den Bau, den Betrieb und die Unterhaltung, die übergeordnete Lastverteilung und eine entsprechende gemeinschaftliche Abrechnung übernehmen könnte. Diese großen Möglichkeiten indessen sind bislang nur zum geringen Teil genutzt worden. Zwar stimmen die Partner ihre Kraftwerks- und Leitungspläne ab, worauf übrigens die Energieaufsicht des Bundes bei Genehmigung gemäß § 4 EWG Wert legt, doch werden Verbundleistungen über zweiseitige, Dreier- oder Ketten-Verträge abgerechnet und nicht über einen Pool. Auch gegenüber den meist in geschlossenen Einheiten auftretenden ausländischen Partnern ist kein gemeinsames Verhandeln der deutschen Elektrizitätswirtschaft sichergestellt. Das gleiche gilt für bedeutende Partner des Inlandes, wie die Deutsche Bundesbahn. Es hat nicht den Anschein, als ob die großen Energieversorgungsunternehmen zur Schaffung einer starken gemeinsamen Verbundwirtschaft auf Teile ihrer Souveränität zu verzichten bereit sind. Die DVG ist entgegen der ihr innewohnenden Möglichkeiten zunächst offenbar mit Willen ihrer bedeutendsten Mitglieder zu einem gut funktionierenden Hilfsorgan für die mehr technische Seite des Verbundbetriebes geworden. Direktion und Fachleute der Mitglieder treffen sich zum Austausch von Informationen und sammeln wichtige statistische Daten, stimmen Pläne ab und üben gegebenenfalls eine Art Vetorecht aus.

Auf europäischer Ebene entspricht der DVG die auf Empfehlung des Ministerrats der *Organisation for European Economic Cooperation* — OEEC gegründete *Union pour la Coordination de la Production et du Transport de l'Electricité* — UCPTE, der auch jeweils ein Regierungsvertreter der beteiligten Länder angehört. Ihr obliegen hauptsächlich jene Betriebsfragen, mit welchen sich die Lastverteiler der großen Verbundunternehmen befassen, der Austausch von Informationen über die jeweilige Versorgungslage und insbesondere Meß- und Regelprobleme im übergeordneten Verbundbetrieb. Der bislang bedeutendste Erfolg der UCPTE war die Liberalisierung des kurzfristigen Energieaustausches, so daß nunmehr die beteiligten Werke rein technisch-wirtschaftlich, ohne Erschwernisse durch die staatlichen Grenzen, disponieren können.

Unabhängig von der UCPTE bestehen zur Behandlung jeweils auftauchender aktueller Fragen des Verbundbetriebes noch *Regionalgruppen* der verbundtreibenden Energieversorgungsunternehmen (Deutschland—Österreich—Italien; Deutschland—Frankreich; Deutschland—Schweiz).

Mit der Stärkung der europäischen Zusammenarbeit auf dem Gebiet der Elektrizitätswirtschaft im Sinne des Vereinigten Europa-Gedankens befassen sich mehrere internationale Gremien. Hier ist vor allem das *Electricity Committee* der *Organisation for European Economic Cooperation* — OEEC[1] (Elektrizitätsausschuß des europäischen Wirtschaftsrats) zu nennen. Es macht sich vor allem

---

[1] seit 1960 *Organisation for Economic Cooperation and Develorment* — OECD.

um die Information über die Verschiedenheiten der wirtschaftlichen, steuerlichen und rechtlichen Versorgungsgrundlagen in den Mitgliedsländern verdient und untersucht in einem besonderen *Energieausschuß* die Prognosen für die künftige Rohenergieversorgung in Europa, leistet also eine sehr schwierige Arbeit, die für die langfristige Disposition der Elektrizitätswerksbetriebe von erheblicher Bedeutung ist.

Nicht auf die OEEC-Länder beschränkt, sondern als gemeinsames Arbeitsgremium für alle den UN angehörenden europäischen Staaten ist die *Economic Commission for Europe* — ECE — mit ihrem Elektrizitätsausschuß tätig. Er vervollständigt laufend das statistische Material über Kraftwerks- und Netzgrößen, Arbeit und Leistung, befaßt sich mit Prognosemethoden und ist insgesamt bemüht, möglichst vollständige Unterlagen für die langfristige elektrizitätswirtschaftliche Planung in Europa zu schaffen. Besonderes Augenmerk hat er auf den Ausbau der in Europa noch vorhandenen Wasserkraftreserven gerichtet. Das bedeutendste Projekt dieser Art, unter der Bezeichnung „Yougelexport" bekannt geworden, wird ebenfalls unter seiner Federführung verfolgt.

Das umfassendste internationale Gremium, das für eine möglichst weitgehende Klärung der Versorgungslage und der Rohenergie-Situation für die Energieversorgung auf der Erde mittels statistischer Jahrbücher und großer Konferenzen unter Beteiligung von Fachleuten der Industrie und Energieversorgung aus allen betroffenen Bereichen Sorge trägt, ist die *Weltkraftkonferenz*, der auch Deutschland mit einen *Deutschen Nationalen Komitee* — DNK angehört. Die überragende Bedeutung dieser Institution liegt in dem Gewicht, das die dort gewonnenen Erkenntnisse auf Grund der globalen Schau haben. Dabei geht die Auseinandersetzung nicht mehr um die Interessen eines Wirtschaftszweiges in einem Land oder einem Kontinent, sondern um das Anliegen der Energiewirtschaft als Gesamtheit, die stetig steigende Zahl der Bewohner unserer Erde in Zukunft ausreichend mit Energie zu versorgen und für die hierzu notwendigen Maßnahmen allerorts die erforderliche Einsicht zu fördern.

c) Mitarbeit in werblichen Verbänden

Die Werbung der Elektrizitätswerke richtet sich auf die Erhöhung des Verbrauchs mit vorhandenen Geräten, auf die Vermehrung von Elektrogeräten bei den Abnehmern, auf die Vergrößerung des Marktanteils der Elektrizität durch Wettbewerb gegenüber anderen Energieträgern, vornehmlich bei Neuanschlüssen, und — zur Erleichterung dieser Bemühungen — ganz allgemein auf die Werbung für die Elektrizitätsanwendung.

Die wichtigste Institution zur Unterstützung der Elektrizitätswerke bei ihren werblichen Bemühungen ist die *Hauptberatungsstelle für Elektrizitätsanwendung* — HEA. Diese Institution wird von den Herstellern, dem Groß- und Einzelhandel, den Installateuren und den Energieversorgungsunternehmen unterhalten. Sie ist der Hauptträger der allgemeinen Aufklärungsarbeit über die Eigenarten der elektrischen Energie und über deren rationellste Anwendung, indem sie alle an der Elektrizitätswirtschaft beteiligten und interessierten Kreise in dieser Hinsicht berät und auf die Verwendung technisch und wirtschaftlich möglichst vollkommener Elektrogeräte und -einrichtungen hinwirkt.

Der Schwerpunkt ihrer Arbeit liegt in der Erarbeitung und Verbreitung von

Anregungen für den Vertrieb und die Installation. Gerade der Installateur-beratung kommt besondere Bedeutung zu, da heute zum großen Teil die Installa-tionskosten neben den Kosten der wichtigsten Haushaltsgeräte darüber ent-scheiden, welche Art der Energieversorgung für ein Haus oder eine ganze Siedlung gewählt wird.

Bei ihrer Arbeit greift die HEA auch auf die Arbeitsergebnisse der einzelnen Gerätehersteller zurück, doch achtet sie hierbei darauf, nicht einzelne Firmen ihres guten Namens wegen besonders herauszustellen. Sie legt daher besonderen Wert auf neutrale Prüfungen der einzelnen Geräte, gegebenenfalls auch durch besondere wissenschaftliche Institute. Hierunter sind besonders zu nennen die *Vereinigten Institute für Wärmetechnik* mit dem *Elektrowärme-Institut in Langen-berg* (Außenstelle der TH Aachen), das seinerseits wieder mit dem *Elektrowärme-Institut der TH Hannover* zusammenarbeitet. Wegen ihrer Bedeutung für die Erschließung der Absatzgebiete Haushalt- und Industriewärme werden diese Institute teilweise auch von Elektrizitätswerken unmittelbar unterstützt. Eine ähnliche Zusammenarbeit erfolgt mit der „Gesellschaft für Praktische Energie-kunde" bei der TH Karlsruhe.

Auf dem speziellen Gebiet der Beleuchtungsanwendung findet die Tätigkeit der HEA Unterstützung und Ergänzung durch die *Studiengemeinschaft Licht*, eine von der Leuchtmittelindustrie getragene Organisation.

Das Verhältnis der an erster Stelle durch die HEA verfolgten Werbeberatung der Elektrizitätswerke gegenüber der Werbung anderer Energiearten — vornehm-lich Gas — hat sich unter Mitwirkung der beteiligten Verbände in einer „Arbeits-gemeinschaft Energie" — AGE — so eingespielt, daß entsprechend dem Grund-tenor der deutschen Wettbewerbsgesetzgebung und -rechtssprechung eine herab-setzende oder vergleichende Werbung von beiden Seiten unterlassen wird. Wo gelegentlich die Auseinandersetzung an Schärfe zu gewinnen droht, ist dies zumeist darauf zurückzuführen, daß entgegen dem bestehenden Gentlemen-Agreement dennoch vergleichende Argumente — auch unter dem Deckmantel wissenschaftlicher Untersuchungen — (Äquivalenzzahlen, Kostenvergleiche u. dgl.) wettbewerblich benutzt werden, ohne daß der Partner vorher hierzu gehört wird.

Wenn sich besondere Werbegelegenheiten ergeben, wie z. B. bei Messen, Aus-stellungen usw., ist die HEA ihrer Aufgabenstellung entsprechend bemüht, die Elektrizitätsversorgung zu vertreten — es sei denn, es handelt sich um Ver-anstaltungen von nur regionaler oder örtlicher Bedeutung. Diese werden zumeist von dem Elektrizitätswerk des betreffenden Bereichs in Abstimmung mit der HEA beschickt. Ebenso ist der Zusammenschluß zu örtlichen Werbegemeinschaf-ten (z. B. Weihnachtsbeleuchtung, Lichtwochen u. dgl.) oder deren Förderung in der Regel Angelegenheit des betreffenden örtlichen Elektrizitätswerks.

VII. Elektrizitätswirtschaft in Expansion

a) Abhängigkeit vom Verbraucher

Das Elektrizitätswerk ist den Strombedarfswünschen seiner Kunden verpflich-tet. Innerhalb der durch die Leistungsfähigkeit des Anschlusses und durch den Liefervertrag gesetzten Grenzen kann der Kunde Strom beziehen, wann und in welcher Höhe es ihm beliebt. Das Elektrizitätswerk hat jederzeit leistungsbereit zu sein. Dies fällt ihm insofern nicht leicht, als es keine Möglichkeit hat, sich eines Zwischenlagers zu bedienen. Strom ist nicht speicherbar, zumindest nicht in den für die praktische Versorgung erforderlichen Mengen. Allenfalls können vielleicht einige Werke Energie in anderer Form speichern (z. B. in Kesselanlagen mit großen Dampfräumen, Sonder-Dampfspeichern, Wasserspeichern), müssen aber auch dann den Strom erst im Augenblick der Anforderung durch den Kunden erzeugen. Diese Abhängigkeit des Produktionsprozesses vom jeweiligen Verbrauchswillen des einzelnen Kunden wäre nicht weiter bedenklich, wenn es möglich wäre, von dem Kunden rechtzeitig über seine bevorstehenden Bedarfswünsche unterrichtet zu werden. In einzelnen Fällen läßt sich das einrichten. Bei der Masse der Kunden ist ein solches Vorgehen jedoch nicht möglich.

Das Elektrizitätswerk hilft sich mit Wahrscheinlichkeitsrechnungen. Es versucht, so genau wie möglich vorauszuschätzen, wieviel Strom seine Anlagen für die Summe der Kunden zu den jeweiligen Zeitpunkten produzieren müssen. Beispielsweise wird auf Grund von Erfahrungen unterstellt, daß sonntags in den meisten Haushaltungen die Einschaltung der Herde zur Vorbereitung des Mittagsmahles zwischen 11^{15} und 11^{45}, und daß die Abschaltung zwischen 12^{15} und 12^{45} erfolgt. Derartige Prognosen legen ein bestimmtes Masseverhalten der Verbraucher zugrunde. Obwohl es viele äußere Faktoren gibt, die den Stromverbrauchswillen überraschend beeinflussen können, ist durch Zusammenfügung solcher Einzelprognosen der Strombedarf eines Elektrizitätswerkes insgesamt hinreichend genau vorherbestimmbar, und zwar um so genauer, je größer die Zahl der Abnehmer und der Umfang des Versorgungsgebietes ist.

Überraschungsfaktor ist vor allem die Witterung. Zwar bietet die Meteorologie heute gewisse Anhaltspunkte für die Voraussage wahrscheinlicher Werte für Helligkeit, Temperatur und Luftfeuchtigkeit zu bestimmten Zeitpunkten. Die Zuverlässigkeit von Wettervorhersagen für eng begrenzte Gebiete ist jedoch, wie bekannt, noch ungenügend. Überdies muß berücksichtigt werden, daß für den Menschen oft andere Werte bestimmend sind, als die Aufzeichnungen meteorologischer Meßgeräte. Für ihn ist die Witterung nicht nur heiß oder kalt und naß oder trocken, er ist gewohnt, die Befriedigung seiner Verbrauchswünsche zu fordern, die oft auf recht subjektiven Gefühlsbegriffen, wie „ungemütlich", „drückend", „frisch", „dämmerig" beruhen.

Eine besondere Überraschung erlebten manche Elektrizitätswerke, als zur Zeit der Korea-Krise ihre Kunden nicht wie in den ganzen Jahren vorher zu Ende des Herbstes ihre elektrischen Heizöfen wegstellten und die Winterheizung in Betrieb nahmen, sondern aus Sorge um ihre kargen Kohlenvorräte bis tief in den Winter hinein Abend für Abend ihre Strahlöfen an die Steckdosen anschlossen und dabei dem Elektrizitätswerk, ohne zu fragen, unerwartete Lieferungen zudiktierten. Es ist übrigens bemerkenswert, daß bei solch überraschenden Anforderungen die Kunden im allgemeinen Gedanken an ihre Stromrechnung hintanstellen.

Man muß sich derartiger Vorfälle ab und zu erinnern, um den Grad der Abhängigkeit der Elektrizitätswerke vom Verbraucher nicht zu vergessen. Im heutigen Normalbetrieb tritt sie nämlich immer seltener in Erscheinung, da nach dem Gesetz der großen Zahl die verschiedenen Äußerungen des Verbraucherwillens sich mit Anstieg der Stromdichte und mit Zunahme der im Verbundnetz zusammengeschalteten Verbraucher immer mehr überlappen. Der sogenannte „Gleichzeitigkeitsfaktor", das heißt der Prozentsatz der von der Gesamtleistung der Verbrauchsgeräte jeweils gleichzeitig benutzten Leistung, kennzeichnet das Maß dieser Überlagerung. Dieser Gleichzeitigkeitsfaktor ist um so niedriger, je verschiedener die Verbrauchsgewohnheiten der einzelnen Abnehmer sind. Je vielfältiger in dieser Beziehung die Mischung in einem Bezirk ist, um so günstiger liegen diese Werte.

Trotz der Überschneidung der Stromverbrauchswünsche der vielen Kunden eines Elektrizitätswerkes läßt sich natürlich nicht vermeiden, daß zu bestimmten Tageszeiten Anhäufungen auftreten, die — nach Zeit und Höhe örtlich verschiedenen — sogenannten „Spitzen" (z. B. Morgenspitze, Kochspitze, Verkehrsspitze, Abendspitze). Sie stellen das Elektrizitätswerk vor die Aufgabe, seine Kraftwerke und Verteilungsanlagen so zu bemessen, daß diesem zusammengedrängten Bedarf genügt werden kann.

Die jeweils höchste Spitze bestimmt den Umfang der Investitionen eines Elektrizitätswerkes. Da deren Wirtschaftlichkeit durch die verkauften Kilowattstunden gewährleistet werden müssen, ist jedes Werk an einer möglichst hohen Benutzungsdauer[1] der Leistung jeder Kraftwerks- und Verteilungsanlage interessiert, dies um so mehr, je höher die ständig fortlaufenden festen Kosten für die Bereitstellung sind.

Auf Grund der Abhängigkeit des Stromabsatzes von Verbraucherwünschen ist auch der sinnvolle Ausbau der Betriebe nur möglich, wenn sich Ausmaß und Richtung dieser Wünsche für die weitere Zukunft erkennen lassen.

b) Stromhunger der Verbraucher

Der Stromverbrauch in den USA und in den verschiedenen Ländern Europas hat über Jahrzehnte hinweg eine Anstiegsrate von jährlich rund 7,2% des Vorjahrs. Durchschnittlich verdoppelt er sich alle 10 Jahre.

Diese Anstiegsrate ist typisch für Industrieländer. In unentwickelten Gebieten liegt sie wesentlich niedriger, in Ländern, die noch auf dem Wege der Industrialisierung sind, ist sie wesentlich höher. Da die Bevölkerungszunahme in Industrieländern in der Regel 1—2% jährlich nicht übersteigt, beruht der Gesamtstromverbrauchsanstieg in der Hauptsache auf einer Zunahme des spezifischen Stromverbrauches der einzelnen Einwohner[2].

Wenn auch die Antriebskräfte und Zusammenhänge, die einer so eindeutigen Bedarfsentwicklung zugrunde liegen, nicht annähernd erforscht sind, so kann sich niemand der Erkenntnis dieser tatsächlichen Vorgänge verschließen. Selbst in schweren Krisenzeiten zeigt der Verlauf des Stromverbrauchs nur vorübergehende Einbrüche, die, sobald es die Verhältnisse zulassen, durch vermehrten Nachholbedarf geradezu stürmisch ausgeglichen werden.

Die Betrachtung der langfristigen Entwicklung muß Unbehagen, ja Sorge erwecken. Sie zeigt, daß der Verbraucher unersättlich scheint. Es entspricht den

---

[1] Verhältnis der abgegebenen kWh zu den in Anspruch genommenen kW während eines bestimmten Zeitraumes, meist während eines Jahres.

[2] Vgl. S. 337.

biologischen Wachstumsgesetzen, daß alle gesunden Lebensvorgänge und Vermehrungsprozesse zunächst potentiell steigende, dann über kurze Zeit hinweg verhältnismäßig konstante und dann wieder sich abschwächende Anstiegsraten aufweisen. Man hat bei der Untersuchung bestimmter Pflanzen und Tierarten ähnliches beobachten können. Wachstumskurven, die auf fortgesetzt steigenden

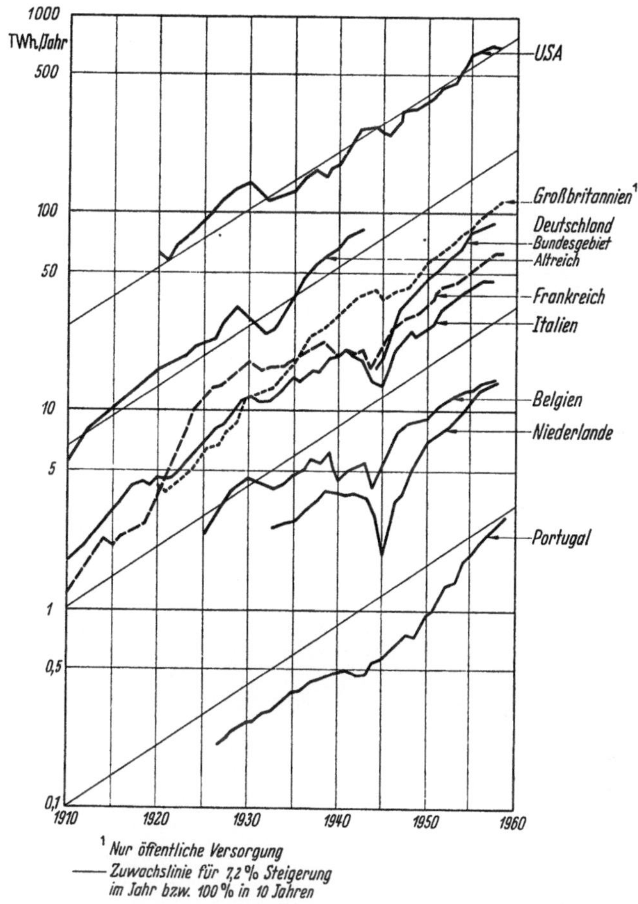

Abb. 8. Langfristiger Stromverbrauchsanstieg in verschiedenen Ländern
(Nach DVG 1958, Entwicklung des Verbundbetriebes in der deutschen Stromversorgung 1948—1958, S. 24 u. 67)

oder zumindest gleichbleibenden Anstiegsraten beruhen, pflegt man als ungesund und schädlich zu bezeichnen (z. B. Krebswucherung, ungebremste Kettenreaktion usw.)[1].

Wenn auch der bisherige Verlauf des Elektrizitätsverbrauchs die Vermutung aufkommen lassen könnte, es handle sich um eine schädliche Wachstumskurve, so wissen wir doch, daß dieser Eindruck täuscht. Genügend Faktoren sind bekannt, die eines Tages eine bremsende Wirkung ausüben werden. Es läßt sich jedoch noch nicht absehen, wann die Kurve des Elektrizitätsverbrauchs ihren Umkehr-

---

[1] Vgl. Schmidt, Energieproblem und Wirtschaftsexpansion, BWK 1957, H. 1, S. 24.

punkt erreichen wird. Die in früheren Jahren bei zeitweisem Abfallen der Anstiegsraten gehegten Hoffnungen oder Befürchtungen, nunmehr stehe der Übergang zur Abschwächung des Anstiegs bevor[1], erwiesen sich immer als trügerisch. Es handelte sich jeweils nur um konjunkturelle Einbrüche von nicht allzulanger Dauer, die durch verstärkte Anstiegsraten bald wieder aufgeholt wurden.

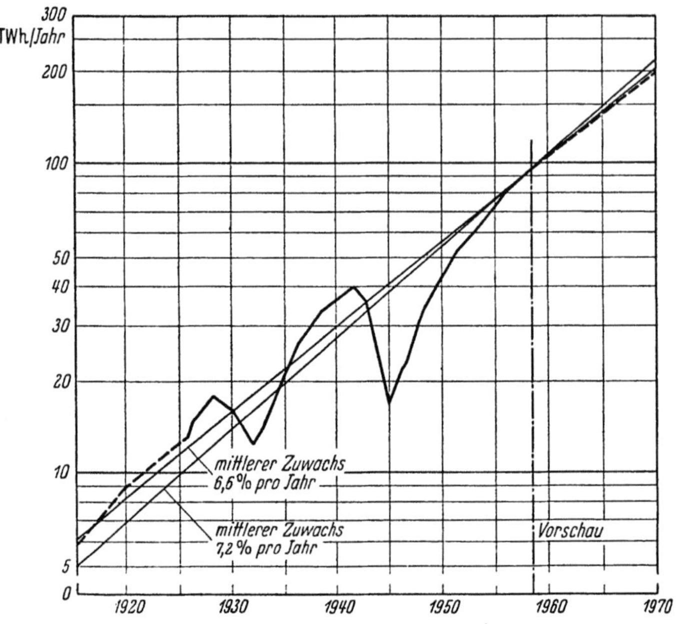

Abb. 9. Entwicklung der Stromversorgung im Bundesgebiet von 1915—1970
(Nach DVG 1958, Entwicklung des Verbundbetriebes in der deutschen Stromversorgung 1948—1958, S. 24 u. 67)

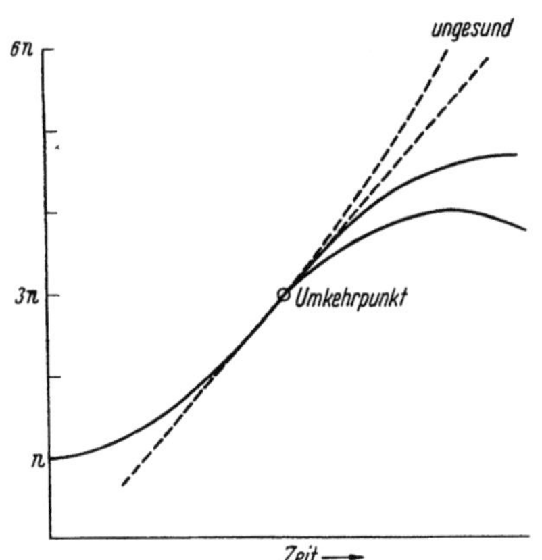

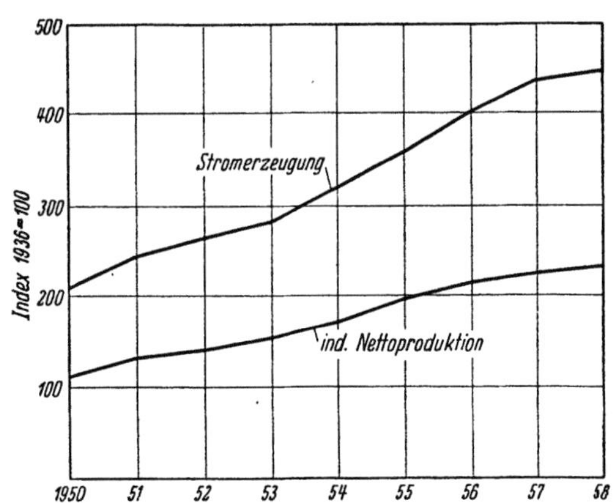

Abb. 10. Schematisierte Darstellung verschiedener Wachstumskurven

Abb. 11. Industrielle Nettoproduktion und Stromerzeugung im Bundesgebiet (Index arbeitstäglich: 1936 = 100)
(Nach Statistischem Jahrbuch)

[1] Vgl. Gutachten über die in der Deutschen Elektrizitätswirtschaft zur Förderung des Gemeinnutzes erforderlichen Maßnahmen, Sachverständigengutachten für die Reichsregierung vom 1. 10. 1933, S. 12/13.

In Deutschland liegt die Stromabgabe an den letztverbrauchenden Einwohner nur bei 40% des entsprechenden Betrages in den USA. Da selbst dort noch keine endgültige Abschwächung des Bedarfs vorauszusehen ist, haben wir wohl lange Jahre weiteren starken Stromverbrauchsanstiegs vor uns.

Die Anstiegsrate des Strombedarfs liegt wesentlich über der durchschnittlichen prozentualen Zunahme der industriellen Produktion, — ein deutliches Zeichen, daß hier Antriebstendenzen in einem Maße wirksam sein müssen, die im Vergleich zu denen bei anderen Wirtschaftszweigen ungewöhnlich stark sind.

Diese Vermutung bestätigt sich beim Vergleich der Anstiegsrate des elektrischen Stromverbrauchs von langfristig etwa 7,2% jährlich mit der des gesamten Rohenergieverbrauchs von etwa 2,5% jährlich. Es geht daraus eindeutig hervor, daß ein immer größerer Anteil der Rohenergie in der veredelten Form der Elektrizität verwendet wird. Im Bundesgebiet ist diese Verschiebung zur Zeit so stark, daß bei einer Anstiegsrate des Stromverbrauchs von über 10% der gesamte Rohenergieverbrauch etwa gleich bleibt[1]. Zum Teil ist dies auch eine Folge der hohen Investitionen der letzten Jahre für rationelle Anlagen.

Versuche, volkswirtschaftliche Kennzahlen zu finden, deren Entwicklung auf Grund enger Relation zum Stromverbrauch über dessen künftigen Verlauf Schlüsse ermöglicht, stehen vor der Schwierigkeit, daß der Elektrizitätsverbrauch einer Vielzahl verschiedenartig wirkender Einflüsse unterliegt. So weiß man, daß der Bevölkerungsverlauf die Höhe der Anstiegsrate beeinflußt. Die Vermutung spricht dafür, daß hier eine unmittelbare, lineare Beziehung besteht, deren Ausmaß jedoch noch nicht genau zu bestimmen ist. Ebenso ist zwischen dem Grad der Sättigung der Verbraucher mit elektrotechnischen Geräten und der Zunahme des Stromverbrauchs eine Abhängigkeit gegeben. Auch hier sind der exakten Bestimmung Grenzen gesetzt, zumal in Deutschland mehrjährige Zahlenreihen über die beim Verbraucher verwendeten Geräte noch nicht vorliegen. Die Marktforschung hat hier ein weites Feld vor sich.

Im einzelnen ist der Energieverbrauch von dem Verlauf der allgemeinen Konjunktur abhängig und ein Maß für Lebensstandard und Wohlstand. Er kann in Beziehung zur Entwicklung des Bruttosozialprodukts gesetzt werden[2]. Für die Ermittlung der künftigen Verbrauchs an einzelnen Energiearten ist ein solches Verfahren jedoch nur sehr bedingt geeignet, da es die Substitutionsfähigkeit der einzelnen Energieträger außer Betracht läßt[3].

Gerätesättigung, Konjunktur und ähnliche Einflußgrößen sind auch wiederum nur Sekundärerscheinungen tiefer liegender und kaum der Berechnung zugängiger ursächlicher Zusammenhänge für den rasanten Anstieg des Stromverbrauchs. Urtriebe des Menschen wirken sich aus, jahrhundertealte Träume, deren Erfüllung erst jetzt durch die Elektrizität in greifbare Nähe gerückt ist. Es sind die alten Sehnsüchte des Menschen nach Licht, Wärme, Behaglichkeit, die Triebe nach Raffung der Zeit, Beherrschung des Raums, zur Ausübung von Macht und Verstärkung seiner schwachen Kraft, die in einem noch vor kurzem unvorstellbaren Maße wach geworden sind. Oft wider alle wirtschaftliche Vernunft übersteigen sie

---

[1] Siehe S. 10.   [2] Einzelheiten hierzu S. 380ff.

[3] Vgl. WESSELS, Die voraussichtliche Entwicklung des Energiebedarfs in Westdeutschland, Bericht des Energiewirtschaftlichen Instituts, Köln, zur 9. Arbeitstagung des Instituts in Köln am 26./27. 4. 1957, S. 13.

die finanziellen Kräfte des einzelnen oder stürzen volkswirtschaftliche Nützlichkeitserwägungen und lösen eine Lust zum Mehrverbrauch, ja zur maßlosen Verschwendung aus. Die Erfahrung lehrt, daß der Mensch in seiner heutigen überwiegend materiellen Lebensphilosophie kaum bereit ist, einen einmal erreichten Stand in der Befriedigung seiner Wünsche wieder aufzugeben. In diesem Zusammenhang wird verständlich, daß selbst bei erheblichen Konjunkturabschwächungen die Welle der nachfolgenden Stromverbrauchsminderungen weniger stark ausschlägt.

Der Stromhunger der Verbraucher bestimmt heute praktisch den Betrieb der Elektrizitätswerke. Selbst Versuche, den Verbrauchswillen durch gesetzliche Maßnahmen (Einschränkungen während des Krieges, der Nachkriegszeit usw.) einzudämmen, haben immer nur verhältnismäßig kurzzeitige Abschwächungen gebracht und einen um so größeren Nachholbedarf heraufbeschworen. Gerade im Hinblick auf die psychologischen Gründe für die Haltung der Verbraucher darf mit Recht sogar bezweifelt werden, ob selbst eine radikale Erhöhung der Strompreise im Verhältnis zu anderen Lebensgütern den Hunger der Menschen nach Elektrizität wesentlich eindämmen könnte.

c) Entwicklungstendenzen

Quasiquadratische Abhängigkeit des Strombedarfs vom Brutto-Sozialprodukt. Wo immer in einer aufstrebenden Volkswirtschaft die Elektrifizierung über die ersten Anfänge hinausgekommen ist, entfaltet sie sich ungewöhnlich schnell. Jede Steigerung des Sozialproduktes setzt beim heutigen Stand der Technik einen vermehrten Einsatz von Elektrizität, vor allem in Gewerbe und Industrie voraus. Der mit dem Sozialprodukt steigende Lebensstandard eines Volkes löst seinerseits Verbraucherwünsche aus, die ohne künstliche Hemmung wiederum einen vermehrten Elektrizitätsbedarf vor allem im Haushalt und bei den Dienstleistungen nach sich ziehen. Das Grundgesetz der elektrizitätswirtschaftlichen Entwicklung ist also eine zweifache, eine quasiquadratische Abhängigkeit von der Vermehrung des Brutto-Sozialproduktes. Die gekennzeichneten Zusammenhänge sind zwar sehr vielschichtig und in ihrer Wirkung zeitlich und örtlich recht verschieden, die Folgen für die Elektrizitätswirtschaft lassen sich jedoch wenigstens der Neigung nach mit ausreichender Genauigkeit analysieren.

In der Bundesrepublik zeichnen sich sowohl für den künftigen Mehrverbrauch an elektrischer Energie als auch für die Benutzungscharakteristik, also die Belastungskurven, gerade in unseren Tagen Einflußänderungen ab, die dazu angetan sind, den auf der Elektrizitätswirtschaft von der Verbrauchsseite lastenden Expansionsdruck weiter zu verstärken.

Anstieg des Konsumwillens. Die soziologischen Veränderungen in den letzten Jahrzehnten haben nicht nur die äußeren Verhältnisse von Millionen von Menschen entscheidend umgestaltet; mit der Infragestellung vieler bis dahin unantastbar erachteten ethischen Werte und Grundsätze hat sich auch im Lebensstil weitester Kreise eine entscheidende Wandlung angebahnt, die gerade in den letzten Jahren wesentlich zum Durchbruch gekommen ist. War bis dahin das erstrebenswerte Leitbild durch eine Elite gegeben, deren hervorstechendstes Merkmal der Wille zum Verzicht, zur Einschränkung, zur Bescheidung war, — man erinnere sich nur der Leitbilder wie des „preußischen Beamten alter Schule", des „sparsamen

Hausvaters", des „unter Entbehrung tätigen Forschers", — so ist anstelle dessen das Leitbild des Erfolgsmenschen getreten. „Etwas vom Leben haben wollen" ist das bedenkliche Credo unserer Zeit geworden.

Die Jahre tiefster Armut nach dem Kriege haben mit dazu beitgetragen, uns mit einer Verbraucherwelle nach der anderen („Freßwelle", Bekleidungswelle", „Einrichtungswelle", „Reisewelle" usw.) zu überfluten.Wenn auch diese spontanen Reaktionen auf die Jahre größerer Entbehrungen langsam abklingen, so ist doch der Wille zu möglichst schnellem Konsum des Erarbeiteten geblieben. Der „Arbeiterbürger" als neuer Typus unserer Zeit will seinen neu gewonnenen Wohlstand nicht verstecken und „leistet sich etwas". Wie viele andere Konsumgüter nimmt er dabei auch die Hilfsdienste der Energie und besonders der Elektrizität als Selbstverständlichkeiten in Anspruch. Der Mangel an Hausgehilfinnen und deren steigende Löhne ließen im übrigen immer mehr Hausfrauen dazu übergehen, auf die Benutzung arbeits- und zeitsparender Elektro-Haushaltgeräte auszuweichen. Dabei wandeln sich Anschauungen und Begriffe. Selbst Staubsauger, Elektrobohnergeräte, Kühlschränke, Waschmaschinen, Elektrogrill- und Fernsehgeräte werden auch im kleineren Haushalt nicht mehr als unerschwingliches Luxusgut, sondern als Gebrauchsgut angesehen.

Der Anstieg des Stromverbrauchs für den Haushalt mit jährlich nicht unter 11% seit 1948 stellt manches Elektrizitätswerk vor die Aufgabe, erhebliche Verstärkungsmaßnahmen einzuleiten. Die auf dem Haushaltssektor in Gang kommende Entwicklung wird kaum sehr schnell zur Ruhe kommen. Wenn irgend das notwendige Anlagekapital aufgebracht werden kann, sollte deshalb bei der Auslegung von gemeindlichen Verteilungsnetzen so großzügig wie möglich vorgegangen werden. Bei neuen Hausanlagen tun die Elektrizitätswerke gut daran, sich in klarer Voraussicht dieser Entwicklung auch bei der Inneninstallation (Steigleitungen) durch Verpflichtung der Bauherren zur Verlegung sehr starker Querschnitte vorsorglich zu sichern.

Folge der zunehmenden Frauenarbeit. Eine andere Erscheinung, die erheblichen Einfluß auf die weitere Stromverbrauchsentwicklung ausübt, sind die Veränderungen auf dem Arbeitsmarkt. Setzt man die Beschäftigtenzahl für Ende 1951 mit 100 an, so betrug der Index im September 1958 bereits 133, die Zahl der Beschäftigten hatte also um ein Drittel zugenommen. Von besonderer Bedeutung ist dabei, daß der Beschäftigten-Index für Männer im gleichen Zeitraum um 27% dagegen der für Frauen um 45% angestiegen ist[1].

Dieser unverhältnismäßig hohe Anstieg der Frauenarbeit wird voraussichtlich einen noch stärkeren Trend zu Rationalisierung der Haushaltsarbeit nach sich ziehen, sich also ebenfalls auf eine Verstärkung des Haushaltsstromverbrauchs auswirken. Dabei ist zu erwarten, daß dieser Zuwachs vor allem in die Zeit nach Dienstschluß, also zum Teil in die Abendspitzen fallen wird, da viele Frauen mittags dann nicht mehr im Hause sind und vielfach die gewohnten warmen Mahlzeiten statt mittags erst abends bereiten werden.

Veränderungen im Bereich des Gewerbe- und Industriestromverbrauchs. Die stärksten Impulse empfängt die Verbrauchsexpansion der Elektrizität durch den fortschreitenden Industrialisierungsprozeß. Rund 62% des Stroms aus dem öffent-

---

[1] Statistisches Jahrbuch 1959.

lichen Netz gingen 1958 bereits an die Industrie. Der im Durchschnitt auf jeden Beschäftigten in der Industrie jährlich anfallende Stromverbrauch erhöhte sich von 5800 kWh im Jahre 1950 auf 8600 kWh im Jahre 1958. Diese Tendenz wird um so stärker in Erscheinung treten, je knapper die der Industrie zur Verfügung stehenden Arbeitskräfte werden. Der Mangel an Arbeitskräften für die Industrie wird sich mit dem Aufbau der Bundeswehr weiter verschärfen. Betrug der Stromverbrauch in der westdeutschen Industrie pro Arbeitsstunde im Jahre 1950 noch rund 3,1 kWh, so war dieser spezifische Verbrauch 1958 schon auf rund 5,1 kWh, also um zwei Drittel gestiegen[1]. Dies ist um so beachtlicher, als fortgesetzt Geräte und Maschinen mit günstigeren Umwandlungswirkungsgraden zur Verwendung kommen.

Alle Maßnahmen der Industrie, dem Personalmangel und den steigenden Personalkosten durch zunehmende Mechanisierung zu begegnen, steigern den Stromverbrauch. Zwar benötigen die erforderlichen Melde- und Steuerungsanlagen selbst nur sehr wenig Strom. Die vorhandenen Produktionsanlagen aber werden mit weniger Bedienenden auskommen. Bei gleichem Personalstand können also weitere Produktionsanlagen eingesetzt werden.

Die Elektrizitätswerke sollten sich darüber im klaren sein, daß jeder weitere Schritt zur Automatisierung die Industrie immer mehr von der Elektrizität abhängig macht. Die Anforderungen an die Sicherung der Elektrizitätsversorgung werden damit laufend ansteigen und zusätzliche Investitionen fordern.

Eine Begleiterscheinung der immer stärkeren Industrialisierung und ihrer weitgehenden Arbeitsteilung ist der zunehmende Übergang zu Einzelantrieben.

Für die meisten industriellen und gewerblichen Betriebe liegen noch beachtliche Rationalisierungsreserven in der Möglichkeit, diese Antriebe den tatsächlichen Bedürfnissen genauer anzupassen. Jede Überdimensionierung erfordert bei den Verbrauchern unnötige Aufwendungen an Investitionskapital und verursacht Blindleistungsverluste. Wenn bei den industriellen und gewerblichen Abnehmern insgesamt Verbrauchsanlagen für höhere Leistungen installiert sind als in den Versorgungsanlagen des liefernden Elektrizitätswerkes, kann es bei Spitzenanforderungen zu Schwierigkeiten kommen. Dies umsomehr, als erfahrungsgemäß gerade bei überdimensionalen Verbrauchsanlagen leicht unnötig hohe Leistungsspitzen auftreten.

Die Kapitalintensität in den weitgehend mechanisierten oder gar automatisierten Produktionsanlagen zwingt zu möglichst laufender Ausnutzung. Das bedeutet meistens die Einführung einer 2. oder 3. Schicht und damit eine wesentliche Vergrößerung der bezogenen Strommenge ohne Spitzenerhöhung. Die Benutzungsdauer wird dadurch günstig beeinflußt. Auch eine Entzerrung und Herabsetzung der Verkehrsspitzen kann bei Einführung des Schichtbetriebs erreicht werden.

Der Übergang zur 5-Tage-Woche wurde von vielen Elektrizitätswerken mit Sorge erwartet. Wenn am Sonnabend nunmehr die Industrieabnahme ausfällt, müßten im Jahr zusätzlich rund 50 Tage schlechter Ausnutzung der Versorgung bei gleichzeitiger Verschlechterung der Belastungskurve an den verbleibenden Werktagen durch erhöhte Leistungsanforderungen anfallen. Die tatsächliche Ent-

---

[1] Zahlen des Deutschen Institutes für Wirtschaftsforschung, Berlin, über den Energieverbrauch in der westdeutschen Industrie und Statistisches Jahrbuch 1959.

wicklung des Stromverbrauches hat diesen Befürchtungen erfreulicherweise nur zum Teil recht gegeben. Die Gründe hierfür werden z. Z. von vielen E-Werken erst noch sorgfältig analysiert.

Erschwerung der Grundstücksbeschaffung bei Verdichtung der Netze. Der außerordentliche Verbrauchsanstieg läßt die Verteilungsnetze immer dichter werden. Anschlüsse „auf grüner Wiese", also weit ab von jeder bestehenden Versorgungsleitung werden immer seltener. Das Schwergewicht beim Ausbau der Verteilungsanlagen verlagert sich zusehends von der räumlichen Ausdehnung der Netze mehr auf ihre Verdichtung und Verstärkung. Der für Leitungen, Kabel, Umspannstationen und Schaltanlagen erforderliche Raum wird immer schwerer zu beschaffen sein. Dagegen hilft nur eine weitsichtige Planung. Man sollte nicht zu sehr auf die Verwaltungsbürokratie vertrauen, daß diese bei der Beschaffung der Grundstücke und Benutzungsrechte erfolgreich mithilft. Besser, wenn auch kapitalbindender ist es, frühzeitig Grundstücke, wenigstens für die bedeutenderen Anlagen zu beschaffen.

Je nach den örtlichen Gegebenheiten wird verschieden vorzugehen sein. Die Arbeit, zusammen mit den Planungsstellen der zuständigen Behörden die künftigen Anforderungen planmäßig zu errechnen und festzulegen, mag zwar schwierig, zeitraubend und kostspielig sein, stellt aber eine unerläßliche, bestangelegte Vorausleistung dar.

Stagnation der Benutzungsdauer. Über Jahrzehnte hinweg hat die Benutzungsdauer bislang eine bedeutende Aufwärtsentwicklung gezeigt. Die Zunahme erfolgte in mehreren deutlich trennbaren Perioden.

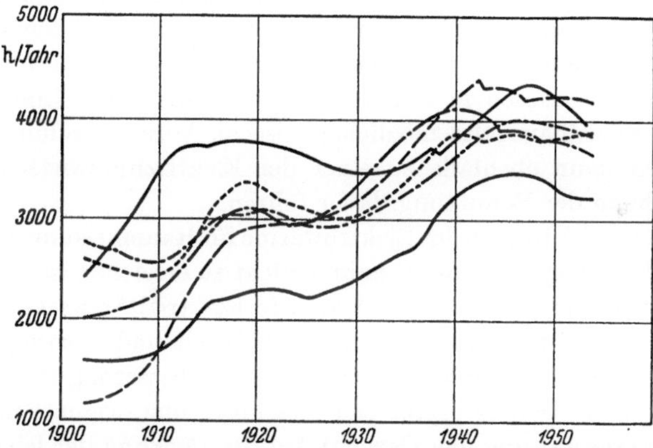

Abb. 12. Benutzungsdauerlinien verschiedener großstädtischer Energieversorgungsunternehmen
(Vgl. STEINER, Sprunghafte Benutzungsdauer, Elektrizitätswirtsch. 1957, H. 15, S. 521 ff.)

Der erste größere Sprung (etwa 1910 bis 1920) ergab sich aus den Anfängen der Elektrowärmeanwendung und aus der Verdrängung der Riementransmissionen durch den elektromotorischen Einzelantrieb. Nach einer ruhigeren Entwicklung in der Zeit von 1920 bis 1930, in der zwar zahlreiche neue Elektrogeräte eingeführt wurden, aber noch keine starke Verbreitung fanden, begann die Benutzungsdauer wieder erheblich anzusteigen. Die starke Werbung für die Elektroherde, Nachtspeicher und industrielle Elektrizitätswärme bei neuen günstigen Strompreisen[1] ergab erhöhte Benutzungsstunden. Die Errichtung weiterer Einzelantriebe

---

[1] Allgemeine Verbreitung der Grundpreistarife.

in Industrie und Gewerbe wirkte in ähnlicher Richtung. Nach den Unregelmäßigkeiten, die der zweite Weltkrieg brachte, hat sich diese Aufwärtsentwicklung auf Grund der Neueinrichtungen in Industrie, Gewerbe und Haushalt verstärkt fortgesetzt und scheint einen gewissen Abschluß gefunden zu haben.

Ob in absehbarer Zeit wieder ein Anschwellen der Benutzungsdauerwerte erfolgen wird, ist noch nicht vorauszusehen. Die erhöhenden Einflüsse der Automation und die dämmenden der 5-Tage-Woche dürften sich die Waage halten.

Auch in Ländern mit wesentlich höherem spezifischem Elektrizitätsverbrauch, wie in Schweden und in der Schweiz sind keine höheren Werte für die Benutzungsdauer erreicht worden. Anders liegt es in den USA, was durch die dort weit verbreiteten Klima-Anlagen begründet sein mag. Für die dort

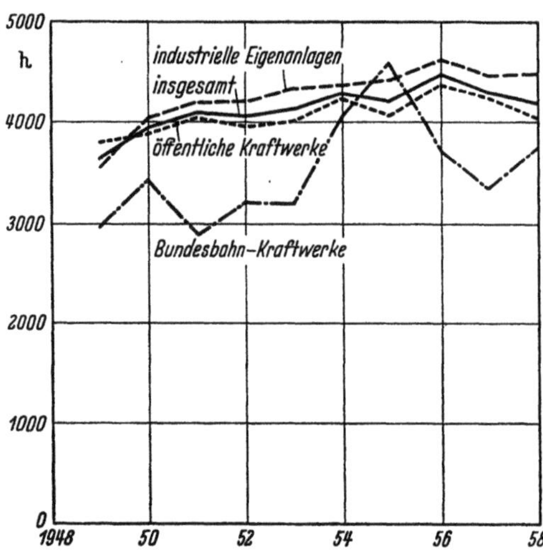

Abb. 13. Ausnutzungsdauer der Engpaßleistung im Bundesgebiet
(Jahresarbeit geteilt durch Engpaßleistung)
(Nach Zahlenangaben der VDEW)

lebende Bevölkerung liegen die Strompreise innerhalb ihres Lebensstandards so niedrig, daß man sich angewöhnt hat, viele elektrotechnische Anschlüsse Tag und Nacht eingeschaltet zu lassen, in vielen Fällen auch das Licht. Eine solche, vom Standpunkt des Einzelhaushalts möglicherweise als Verschwendung zu betrachtende Gewohnheit kann ebenfalls zu einer der Elektrizitätswirtschaft sehr erwünschten Erhöhung der Benutzungsdauer führen.

Selbst ein weiteres Vordringen der Elektrowärme für Raumheizung dürfte bei uns, da im Sommer eine entsprechende Abnahme nicht zu erreichen ist, kaum auf eine Erhöhung der Benutzungsdauer hinwirken. Die Elektrizitätswerke werden wohl damit rechnen müssen, daß auf absehbare Zeit Arbeit und Leistung mindestens in gleichem Maße steigen werden, daß also eine Verbesserung der Benutzungsdauer erschwert wird. Daraus ergibt sich die Folgerung, wesentlich stärker als bisher bei der Preisgestaltung das Gewicht auf die Deckung der leistungsabhängigen Kosten zu werfen. Bei einer Verhinderung rechtzeitiger Preiskorrekturen kann der Expansionsdruck der Verbraucher die Elektrizitätswerke bis an die Grenze der Liquidität und sogar in schwere Verschuldung drängen. Falls sie keine betrieblichen oder geschäftlichen Möglichkeiten mehr haben, dem auszuweichen, bleibt ihnen lediglich die Flucht in die Öffentlichkeit.

VIII. Wandel der Beziehungen zur Öffentlichkeit

a) Das Verhältnis zur Öffentlichkeit

Die Elektrizitätswirtschaft ist bei ihren Versuchen, in der Öffentlichkeit für ihre wohlgemeinten Wünsche und Forderungen Gehör zu finden, vielfach auf eine erstaunliche Verständnislosigkeit gestoßen. Neuerdings beginnt sich bei den Geschäftsführungen mancher Elektrizitätswerke die Erkenntnis durchzusetzen, daß die Elektrizitätswirtschaft selbst zum großen Teil daran nicht ohne Schuld ist, weil sie jahrzehntelang versäumt hat, um dieses Verständnis sinnvoll zu werben. Verständnis setzt voraus, daß die Gesprächspartner die Probleme kennen und verstehen lernen. Vom Nichtverstehen zum Mißverstehen und von dort zum Mißtrauen ist nur ein kurzer Weg, obgleich gerade die Elektrizitätswirtschaft ein solches Mißtrauen wirklich nicht verdient.

Daß gerade die Elektrizitätswerke einem solchen Mißtrauen eher ausgesetzt sind als andere Unternehmen, rührt aus der Sonderstellung dieser Werke und manchen Eigenarten des Werksbetriebes her, die bei Empfindlichen leicht den Verdacht eines Machtmißbrauches aufkommen lassen können[1]. Die Zusammensetzung und Gliederung der Kundschaft eines E-Werkes stimmt nahezu mit dem Personenkreis überein, der dafür die sogenannte Öffentlichkeit bildet. Die Abhängigkeit dieser Personen von einem einzigen Elektrizitätswerk ist für die Beziehungen zwischen ihm und der Öffentlichkeit eine schwere Vorbelastung. Der Zustand der Abhängigkeit schafft die Voraussetzung für Unbehagen und fördert die Neigung zum Mißtrauen.

Zusätzlich muß in Rechnung gestellt werden, daß die öffentliche Meinung überaus empfindlich ist, kaum jemals folgerichtig reagiert, schnell wandelbar ist, aber andererseits doch wieder ein recht feines Empfinden für schwache Stellen haben kann. Wenige, auch falsche Eindrücke werden oft mosaikartig zusammengesetzt zu einem Meinungsbild. Es kann sich überraschend schnell festigen, wobei zudem die Masse der Urteilslosen jeweils auf die „herrschende Meinung" einschwenkt. Zu beachten ist ferner, daß sowohl gute als aber auch schlechte Meinungsbilder unter Umständen außerordentlich lange nachwirken.

Da die Mosaiksteinchen, die ein solches Meinungsbild formen, nicht von objektiv registrierenden Instrumenten, sondern von Menschen mit ihren gefühlsabhängigen Launen, Stimmungen und auch Voreingenommenheiten zusammengetragen werden, wird das Verhältnis zur „Öffentlichkeit" weitgehend durch die Bildung von dauerhaften positiven oder negativen Vorurteilen bestimmt. Das Verhältnis der Elektrizitätswerke zum einzelnen Kunden, der unter Umständen nicht nur ein Glied dieser „Öffentlichkeit", sondern selbst gleichzeitig „Meinungsbildner" sein kann, ist also entscheidend für die Bemühungen.

Die Veränderungen unserer Gesellschaftsordnung und unseres politischen Lebens haben es mit sich gebracht, daß die öffentliche Meinung heute außerordentliches Gewicht hat. Die gesamte Elektrizitätswirtschaft und auch die einzelnen Elektrizitätswerke sind in einem bis dahin unbekannten Ausmaß in Abhängigkeit von betriebsfremden Organen und Personen geraten. Keine verantwortungsbewußte Geschäftsführung kann es sich auf die Dauer leisten, diese Tatsachen zu übersehen. Die Auffassung, bei der besonderen Marktsituation der E-Werke sei es völlig überflüssig, für die Pflege der Beziehungen zur Öffentlichkeit und der öffentlichen Meinung Zeit und Geld zu verwenden, sondern es genüge, durch sichere und wirtschaftliche Versorgung der Bevölkerung sein Bestes zu tun, ist längst überholt. Sie mußte der Erkenntnis weichen, daß es keineswegs genügt,

---

[1] Vgl. S. 59ff.

die selbstverständliche Pflicht einer bestmöglichen Versorgung im Dienste der Allgemeinheit zu erfüllen, sondern daß die Öffentlichkeit fortgesetzt über Art und Umfang dieser Pflichterfüllung und praktisch alle angenehmen und unangenehmen Vorkommnisse unterrichtet sein will. Weit über den eigentlichen Kundenkreis hinaus sollen enge Beziehungen hergestellt und sorgsam gepflegt werden, damit Vertrauen gewonnen wird. Die Macht der Öffentlichkeit reicht bis in die vielen öffentlichen und halböffentlichen Gremien hinein, die Ausbaupläne und betriebliche Vorhaben erheblich fördern aber auch hemmen können. Jeder Leiter eines E-Werkes wird genügend Fälle erlebt haben, in denen eine behördliche Stellungnahme oder Entscheidung, beeinflußt durch die öffentliche Meinung, Schwierigkeiten für die Wirtschaftlichkeit des Unternehmens mit sich brachte.

Diese Tatbestände zwingen jedes Elektrizitätswerk zu der Einsicht, nahezu alles, was getan und nicht getan wird, nicht nur nach kaufmännischen, technischen, juristischen oder wirtschaftlichen Gesichtspunkten zu behandeln, sondern immer zugleich auch die Wirkung auf die Öffentlichkeit zu bedenken. Die Pflege der Beziehungen zur Öffentlichkeit ist als ein Grundsatz der Werksleitung nicht mehr zu entbehren.

b) Vertrauenswerbung

Die soziologisch-psychologische Aufgabe der Beziehungspflege zur Öffentlichkeit läßt sich insgesamt genommen etwa als eine Art Vertrauenswerbung bezeichnen. Es geht darum, eine Vertrauensatmosphäre für das Unternehmen zu schaffen. Mit reiner Beratung und Werbung ist dies allein nicht zu erreichen. Sie sind ihrem Wesen nach auf bestimmte absatzpolitische Ziele gerichtet, während die Vertrauenswerbung das gesamte Verhältnis des Elektrizitätswerkes zur Öffentlichkeit umfaßt. Beide können sich allerdings vorzüglich ergänzen und bei vernünftiger Abstimmung in ihrem praktischen Wirken unterstützen.

Methodik der Vertrauenswerbung. Die unter der Bezeichnung „Public Relations" auch in der deutschen Wirtschaft bekannten Bestrebungen lassen mehr oder weniger starke Ansätze erkennen, die für die E-Werke zu der anzustrebenden Vertrauenswerbung führen können. Bei entsprechender Anpassung an die in Deutschland anders gelagerte Denkungsweise und Gefühlswelt läßt sich auch aus den amerikanischen Erfahrungen Nutzen ziehen. Insbesondere hat sich dort die Erkenntnis bestätigt, eine erfolgreiche Beziehungspflege setze voraus, daß jeder Mitarbeiter eines Unternehmens sich seines „Öffentlichkeits-Aspektes" bewußt ist. Er sollte in und außerhalb des Betriebes neben seiner Facharbeit stets ein Mitarbeiter der Vertrauenswerbung des Hauses sein.

Ansatzpunkte für eine Vertrauenswerbung sind in vielen Unternehmen der Elektrizitätswirtschaft vorhanden. So werden beispielsweise Werk- und Kundenzeitungen herausgegeben, Betriebsbesichtigungen veranstaltet und Pressestellen unterhalten. Vielfach obliegen diese Aufgaben heute noch verschiedenen Betriebs- und Vertriebsstellen, während andere derartige Arbeiten durch die Verwaltungsabteilung oder das Direktionssekretariat miterledigt werden. Meistens haben die einzelnen Sachbearbeiter recht wenig Kontakt miteinander. So bleiben es Einzelmaßnahmen. Diese können jedoch noch so gut gemeint und angelegt sein, ihre beabsichtigte Wirkung, die Verstärkung des Verständnisses und Wohlwollens der Öffentlichkeit, muß gering bleiben, solange nicht alle unter dem Oberbegriff Vertrauenswerbung methodisch betrieben werden.

Die Situation, in der sich ein Elektrizitätswerk gegenüber der Öffentlichkeit befindet, läßt sich am besten durch eine graphische Darstellung aufzeigen. Ausgehend vom „Träger der Beziehungen" erfolgen durch seine Haltung und Leistung Ausstrahlungen auf die Öffentlichkeit, die rückwirkend zu Einflüssen der Öffentlichkeit auf das Unternehmen mit realen Auswirkungen auf Erlös und Kosten führen.

Innerhalb dieses Wirkungskreislaufes hat eine systematische Vertrauenswerbung zwei Funktionen. Sie muß alle das Verhältnis zwischen Elektrizitätswerk und Öffentlichkeit betreffenden „Erscheinungen beobachten und Informationen darüber sammeln" und entsprechend den gewonnenen Erkenntnissen sowohl den Betrieb als auch die Öffentlichkeit insgesamt „aufklären" und auf sie zur Besserung der Verhältnisse „einwirken"[1].

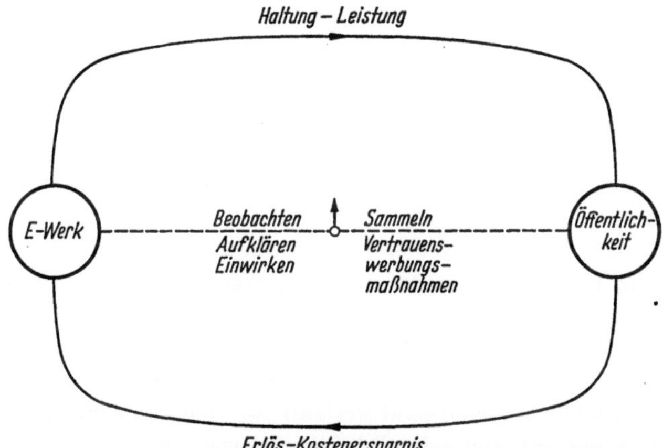

Abb. 14. Vertrauenswerbung im Wirkungskreislauf zwischen E-Werk und Öffentlichkeit

Mittel der Vertrauenswerbung. Der Bogen der Mittel zum „Sammeln und Beobachten" spannt sich von der sorgfältigen Durchsicht von Zeitungen und Zeitschriften über das Studium von Äußerungen in halböffentlichen und öffentlichen Gremien des politischen oder wirtschaftlichen Lebens bis zur Registrierung persönlicher direkter oder indirekter Beobachtungen oder derer von Mitarbeitern des Hauses in der Öffentlichkeit. Insbesondere können bei Verhandlungen gemachte Beobachtungen außerordentlich aufschlußreich sein.

Eine wahre Fundgrube für die Vertrauenswerbung sind die bei den Elektrizitätswerken einlaufenden Beschwerdebriefe, aber auch die entsprechenden Reaktionen der bearbeitenden Werksangehörigen.

Unter den Mitteln, die der Vertrauenswerbung für das „Aufklären und Einwirken" zur Verfügung stehen, kann man unterscheiden zwischen denen, die der Erziehung und Ausrüstung der eigenen Betriebsangehörigen für die Mitarbeit bei der Vertrauenswerbung dienen, und zwischen jenen, die direkt die Beziehungen zur Öffentlichkeit verbessern sollen.

---

[1] Vgl. hier und im folgenden: KORTE, FRIEDRICH H., Über den Umgang mit der Öffentlichkeit. Werbewissen und Werbepraxis, Bd. 3, Berlin 1955.

Für eine Mitarbeit der eigenen Leute ist Voraussetzung, daß sie selbst über die vielfältigen Probleme des Elektrizitätswerksbetriebes unterrichtet sind. Man kann dies über laufende Informationsblätter, Betriebsbesichtigungen, Ausstellungen, Vorträge und ähnliche Wege erreichen. Schwieriger ist es schon, sie mit den wichtigsten Methoden im Umgang mit den Kunden und der Öffentlichkeit vertraut zu machen. Hier kann nur unermüdliche Beratung und Schulung helfen, wobei in erster Linie die Betriebsangehörigen angesprochen werden müssen, die die meisten Kundenkontakte haben, also Stromableser, Einkassierer, Werber, Tarifberater usw., aber auch Trassierungstrupps, Störungstrupps dürfen hierbei nicht vergessen werden, da gerade sie den Kunden meist zunächst verärgert vorfinden.

Wesentlich für die Bereitschaft des eigenen Personals, bei der Vertrauenswerbung mitzuwirken, ist seine Einstellung zum eigenen Betrieb. Daher ist die Pflege des „Betriebsklimas", der „Human Relations", obwohl hierbei soziale Gesichtspunkte im Vordergrund stehen, in der Praxis nicht von der Arbeit der Vertrauenswerbung zu trennen.

Bei den Mitteln, die nach außen wirken, stehen die publizistischen Organe, wie Presse, Funk[1] und Film, in erster Linie. Wesentlich sind Art und Methode ihrer Verwendung. Mit behördenmäßigen Verlautbarungen und lieblosen Pressekonferenzen kann mehr Schaden angerichtet als Nutzen geerntet werden. Die Arbeit auf diesem Gebiet erfordert genaue Kenntnis der Arbeitsmethoden der Publizistik, um beispielsweise Meldungen und Bildmaterial so vorzubereiten, daß die Redaktionen möglichst entlastet werden. Ständige Auskunftsbereitschaft und enge persönliche Kontakte können dazu beitragen, daß beispielsweise bei der Meldung über eine Stromunterbrechung nicht mehr der Ausfall und die Störung, sondern deren überaus schnelle Beseitigung in der Schlagzeile steht und daß die betreffenden Berichterstatter mit den wichtigsten elektrizitätswirtschaftlichen Begriffen und Problemen bald vertraut werden. Falschmeldungen können so weitgehend vermieden oder schnell berichtigt werden.

Voraussetzung für eine gute Zusammenarbeit mit publizistischen Organen ist allerdings, daß jede Geheimniskrämerei selbst dann, wenn Fehler begangen wurden, unterbleibt. Die Presse fühlt sich mit Recht als Wächter der Öffentlichkeit und muß auf jedes Versteckspiel notgedrungen sehr negativ reagieren. Tatsächlich haben die Elektrizitätswerke auch gar keinen Grund, sich ihrer Arbeit zu schämen, auch wenn gelegentlich Pannen vorkommen. Sie folgen daher immer mehr dem begrüßenswerten Trend, ihre Betriebe „durchsichtig" zu machen.

Ein weiteres wichtiges Mittel der Vertrauenswerbung sind Führungen für Schulen und Vereinigungen aller Art durch Betriebsanlagen und Ausstellungen. Hierbei vermag man direkten Kontakt durch entsprechende Behandlung der Besucher als Gäste zu gewinnen und sie dadurch günstig zu stimmen.

Öffentliche Vorträge und Veranstaltungen sind vor allem dann fruchtbar, wenn sie die Kreise erfassen, deren Stimme in der öffentlichen Meinung Gewicht hat, insbesondere also Parlamentarier, Handels- und Handwerkskammern, Wirtschafts- und andere Verbände, Bürger- und Hausfrauenvereine u. dgl. Für den Erfolg entscheidend ist jedoch auch hier, daß sich der Vertreter des Elektrizitätswerkes offen den in der Diskussion angeschnittenen Fragen stellt. Nicht minder

---

[1] Einschließlich Fernsehen.

wichtig ist für einen guten Kontakt, daß das Elektrizitätswerk bereit ist, zu Veranstaltungen dieser Art geeignete Mitarbeiter zu entsenden, mag dies manchmal auch für den Betrieb belastend sein. „To make friends" ist hier eine Frage der praktischen Kundenpolitik.

Aus den gleichen Gründen wird es sich auch kein Betrieb nehmen lassen, einflußreiche Persönlichkeiten bei Besuchen so zu betreuen, daß sie neben einer fachlich günstigen Meinung über den betreffenden Betrieb auch noch freundliche Gefühle für die dort tätigen Menschen mit nach Hause nehmen.

Über die Wirksamkeit von publizistischen Erzeugnissen des eigenen Betriebes sind die Meinungen geteilt. Das gilt sowohl für „repräsentative" Anzeigen als auch für Broschüren, Prospekte, Jubiläumsschriften u. dgl. Wenn sie überhaupt bei Außenstehenden „ankommen" sollen, ist die Heranziehung von eigenen oder fremden Spezialisten (Text, Graphik, Layout) unabdingbar. Schwierigkeiten ergeben sich bei der Mitarbeit eigenen Personals vor allem daraus, daß dieses mit der Materie so vertraut ist, daß ihm der Sinn dafür abgeht, wieweit technische und wirtschaftliche Zusammenhänge im einzelnen dem Laien verständlich sind. Die bisherigen Erfahrungen haben gezeigt, daß publizistisches Material dann am wirksamsten ist, wenn es anläßlich von Besuchen, also im Anschluß an einen unmittelbaren Eindruck dem Besucher mitgegeben wird.

Einen nicht zu unterschätzenden Einfluß auf die Entwicklung guter Beziehungen zur Öffentlichkeit haben die Dinge, die man unter dem Schlagwort „Betriebskosmetik" zusammenfassen kann. So wie im persönlichen Verkehr der rein äußerliche Eindruck eines Menschen die innere Einstellung bewußt oder unbewußt beeinflußt, so kommt auch reinen Äußerlichkeiten im Verhältnis Elektrizitätswerk—Öffentlichkeit erhebliche Bedeutung zu. Das beginnt bei dem sauberen Kragen des Pförtners oder beim Verhalten der Fahrer von Dienstwagen des Elektrizitätswerkes im Straßenverkehr. Zahlreiche Kleinigkeiten des täglichen Betriebsablaufes gilt es zu beeinflussen, um hier dem Außenstehenden das Gefühl zu vermitteln: „unser Elektrizitätswerk ist in Ordnung!" Ausreichender Parkraum für die Fahrzeuge der Kunden, gutes Benehmen der Einkassierer, Sauberkeit in Fluren und Fahrstühlen, der Ton des Personals der Kundschaft gegenüber, der Briefstil sind nur einige der Möglichkeiten, ohne viel Aufwand das nach außen hin in Erscheinung tretende Gesamtbild des Elektrizitätswerkes erfreulich zu gestalten.

Bei der Vielzahl der Einzelaufgaben ist der Erfolg einer Vertrauenswerbung von vornherein zum Scheitern verurteilt, wenn es nicht gelingt, besonders die mittlere Führungsschicht des Werkes zu tätiger Mitarbeit zu gewinnen. In einem so der Technik zugewandten Betrieb wie einem Elektrizitätswerk sind die Menschen rationalen Gedankengängen zugänglicher als den mehr psychologischen Grundideen der Vertrauenswerbung. Hier liegen die wahren Schwierigkeiten für die Arbeit der Vertrauenswerbung.

Organisation. Die gesamte Vertrauenswerbung eines Unternehmens, soll sie systematisch geführt werden, erfordert die Zusammenfassung der hauptamtlichen Mitarbeiter und ihre Unterstellung unter eine Person. Da es sich um eine ausgesprochene Geschäftsführungsaufgabe handelt, sollte der erforderliche Apparat ohne Zwischenschaltung der Unternehmensleitung unterstellt werden. Der gesamte Aufwand ist gemessen an dem zu erreichenden Erfolg nicht erheblich. Bei einem Betrieb mit rd. 2000 Belegschaftsmitgliedern kann für die gesamte Vertrauenswerbung ein Stab von etwa drei Personen ausreichen. Allerdings muß auf eine qualitativ hochwertige Besetzung geachtet werden[1]. Jeder der Betreffenden muß für die fast überall erst in den Anfängen steckende Arbeit auf diesem Gebiet neben seinen publizistischen Fachkenntnissen eine unermüdliche Begeisterung und Begeisterungsfähigkeit für die zu bewältigende Aufgabe mitbringen.

Daß der Gedanke der Vertrauenswerbung zunächst von einigen größeren Elektrizitätswerken vorangetrieben und verwirklicht wurde, erklärt sich daraus, daß gerade diese Unternehmen schneller als andere in den Brennpunkt des öffentlichen Interesses geraten. Die Notwendigkeit einer sorgfältigen Pflege der Beziehungen zur Öffentlichkeit ist jedoch auch bei kleineren Elektrizitätswerken nicht von der Hand zu weisen, zumal gerade im engen Bereich der Kommunen und Kreise regelmäßig zahlreiche Fragen auftauchen, deren beiderseits befriedigende Lösung nicht ohne gegenseitiges Verständnis und Vertrauen möglich ist.

Die VDEW hat den sich überall abzeichnenden Bemühungen um die Vertrauenswerbung durch Einrichtung eines entsprechenden Ausschusses Rechnung getragen. Sie tut dies auch aus der klaren Erkenntnis heraus, daß damit nicht nur die einzelnen Elektrizitätswerke, sondern auch die gesamte öffentliche Elektrizitätsversorgung auf dem besten Wege sind, für ihre Sorgen auch bei Außenstehenden das Verständnis zu finden, das sie zur Durchführung der übertragenen Aufgaben brauchen.

B. Organisation

I. Historische Entwicklung

Die Entwicklung des organisatorischen Aufbaus der Elektrizitätswerke ist mit der technischen Entwicklung auf dem Gebiete der Stromerzeugung und -verteilung eng verknüpft. Immer waren es technische Entwicklungssprünge, die den Elektrizitätsversorgungsunternehmen auch neue Betriebsformen erschlossen. Die „Organisation" wurde vom technischen Geschehen im Betrieb geprägt.

In den letzten Jahrzehnten hat die wissenschaftliche Durchdringung organisatorischer Probleme vieles, was bis dahin intuitiv gelöst wurde, bewußt werden lassen. Sie zeigte Organisationsgrundsätze mit ihren Vor- und Nachteilen auf, klärte Zusammenhänge und wies Gesetzmäßigkeiten nach. Die Organisation konnte damit zu einem wichtigen Instrument tatkräftiger Geschäftsführung werden.

a) Blockstationen in Städten

Ihren Ausgang nahm die Entwicklung der Elektrizitätsversorgung Mitte der 80er Jahre des vorigen Jahrhunderts dort, wo eine möglichst große Stromabnahme auf engstem Raum gewährleistet war. Solche Bedingungen waren zunächst nur in den Innenbezirken der Städte gegeben. Hier fanden die ersten Hersteller von Anlagen für die Elektrizitätsversorgung auch genügend aufgeschlossene Partner, die bereit waren, einen Versuch mit dieser neuartigen Energie zu wagen. So errichtete man zunächst an einigen Orten Blockstationen. Von kleinen, mit

---

[1] Vgl. FREIBERGER, Der Stromwirtschaft ans Herz gelegt. Elektrizität 1957, H. 4, S. 5.

Kolbendampfmaschinen oder Gasmotoren angetriebenen Generatoren wurde
Strom erzeugt, um damit einzelne Grundstücke und Wohnblocks, zunächst für
Beleuchtungszwecke, über Leitungen von einigen Hundert und bald auch einigen
Tausend Metern Länge zu versorgen.

Die Fülle neuer Konstruktionen und Formen war sehr vielfältig. Vereinzelt
wagte man sich auch schon an Wechselstromstationen. Elektrische Beleuchtung
wurde Mode. Restaurants, Festsäle, Geschäftshäuser mußten dazu übergehen,
ihren Kunden diesen neuen Luxus zu bieten. Repräsentative öffentliche Gebäude
und die ersten Wohnhäuser folgten und bald ließen auch immer mehr wage-
mutige Stadtväter öffentliche Plätze und Straßen mit der neuen Beleuchtung
ausrüsten.

„Zentralen" mit konzentrierter Zentralorganisation. Immerhin gab es 1891
schon 30 Werke für zentrale Versorgung (mit insgesamt 8 MW Leistung!). Im
Jahre 1900 waren in Städten mit mehr als 30000 Einwohnern bereits 76 Elektrizitätswerke in Betrieb, von denen rd. 40 im Besitz der öffentlichen Hand lagen[1].
Es war die Zeit der sogenannten „Zentralen", kleiner, technisch voneinander völlig
unabhängiger Elektrizitätswerke, bei denen die Abgabe von Lichtstrom und von
Kraftstrom für kleine gewerbliche Unternehmen im Vordergrund stand. Der
technische Betrieb hatte eindeutig die Oberhand. Die kaufmännische Seite der
Geschäftsführung, insbesondere der Vertrieb, war auf Grund der geringen Zahl
der Kunden einfach und wurde in vielen Fällen genau so wie der Einkauf von
dem technischen Werkleiter mit erledigt. Erzeugung, Verteilung und Vertrieb
lagen organisatorisch in einer Hand.

Bei den damaligen Verkaufspreisen des Stroms (80 Pf pro kWh waren keine
Seltenheit) und bei entsprechenden Gewinnen waren Wirtschaftlichkeitsüber-
legungen uninteressant. Die großzügige Ausstattung der damaligen Betriebsräume
(Kunstschmiedearbeiten, Täfelungen in Edelholz, kunstvolle Fliesenarbeiten
usw.), wie sie uns aus Jubiläums- und alten Geschäftsberichten bekannt ist, zeigt,
daß man bei der Kostengestaltung noch nicht gezwungen war, an die unteren
Grenzen heranzugehen. Die betriebswirtschaftlichen Aufgaben erforderten somit
noch keinen eigenen Apparat und konnten ohne Schaden vom Werkleiter miterledigt werden.

Bei der Erweiterung und dem Neubau technischer Anlagen fiel den anlagebauenden Firmen und ihrem Personal das Hauptgewicht der Arbeit sowohl bei
der Bauplanung als auch bei der Bauausführung zu. Auch die wissenschaftliche
Arbeit bei der Weiterentwicklung der Anlagen lag nahezu ausschließlich bei diesen
Firmen, soweit sie nicht in dieser Beziehung von der Arbeit der Hoch- und Fachschulen Nutzen zogen. Innerhalb der Elektrizitätswerke beherrschte der Praktiker
mit Versuchen und Improvisationen das Feld. Die Elektrizitätswerke bezogen
ihr Betriebspersonal zum großen Teil aus dem Montagepersonal der anlagenbauenden Firmen. Mit eigenem Baupersonal belasteten sie sich nicht. So erklärt
es sich, daß die sich aus der technischen Planung der Neubauten ergebenden leitenden Aufgaben größtenteils vom Werkleiter selbst, allenfalls unter Unterstützung durch einen kleinen Stab gelöst wurden.

---

[1] Vgl. hier und im folgenden: Vereinigung der Elektrizitätswerke 1892—1917. Bericht zur
Hauptversammlung Berlin 1917.

7*

Da zahlreiche Funktionen, die heute eigene Organisationseinheiten erfordern, noch sehr wenig ausgeprägt waren und somit von der Werkleitung selbst wahrgenommen werden konnten, blieb das Organisationsbild der Elektrizitätswerke dieser Zeit sehr einfach. Es bestand in den meisten Fällen aus einer zwei- oder dreistufigen Hierarchie, die sich unter oft nur einem Werkleiter in die örtlichen Zweig-Betriebe (Einheit von Zentrale, Leitungsnetz und Kundenbetreuung) und Büro oder Verwaltung gliederte. Die Begrenzung der gesamten Betriebstätigkeit auf sehr engem Raum gestattete eine konzentrierte zentralistische Organisation.

b) Zusammenschluß der Blockstationen

Drehstrom erlaubt Zusammenfassung der Erzeugung. Mit der im Jahre 1891 erfolgreich aufgenommenen Stromübertragung von Lauffen/Neckar nach Frankfurt/Main war der Beweis erbracht, daß auch über größere Strecken hinweg Elektrizität wirtschaftlich transportiert werden kann. Für die Elektrizitätszentralen in den Städten wurde damit die inzwischen entbrannte Auseinandersetzung, ob Gleich- oder Wechselstrom für die Versorgung der einzelnen Verteilungspunkte und Unterstationen zweckmäßiger wäre, zugunsten des Drehstroms entschieden. Bei den meisten neuen Elektrizitätswerken wurde künftig auch für die Einzelverteilung von vornherein Wechselstrom gewählt. Wo bereits ausgedehnte Gleichstromnetze um die bisherigen Blockstationen oder Unterstationen in Betrieb waren, sah man sich nun in der Lage, durch ein übergelagertes Drehstrom-Hochspannungsnetz in die verschiedenen getrennten Blocknetze über Umformer zusätzlich einzuspeisen oder überhaupt die Erzeugung in einzelnen „Unterwerken" aufzugeben und in wenigen größeren Kraftwerken zu konzentrieren.

Die Entwicklung immer größerer Maschinen kam diesem Bestreben entgegen. Es kam endgültig zum Durchbruch, als in den Jahren zwischen der Jahrhundertwende und dem ersten Weltkrieg die schnellaufenden, einfacher zu handhabenden und wesentlich leistungsfähigeren Dampfturbinen in rascher Folge die umfangreichen und in ihrer Bedienung anspruchsvollen Kolbendampfmaschinen verdrängten.

Differenzierung der Aufgaben, Aufgliederung der Organisation. Die Organisation der Elektrizitätswerke mußte sich diesen Gegebenheiten anpassen. Sie führten in der Praxis zu einer stärkeren Trennung der in sich geschlossener werdenden Betriebsbereiche Erzeugung und Verteilung.

Die größeren Erzeugungseinheiten machten es immer schwieriger, sich den wachsenden Netzbelastungen mit ihren langen Nachttälern und scharfen Tagesspitzen anzupassen. Da man keinen anderen Weg zum Spitzenausgleich sah, wurden in immer größerer Zahl umfangreiche Batterien — trotz ihrer hohen Umwandlungsverluste — in den einzelnen Netzteilen eingebaut. Der Einsatz dieser Batterien wiederum verlangte eine immer systematischere Fahrplangestaltung, also auch den Ausbau der entsprechenden Verständigungsmittel zwischen den Betriebseinheiten. Es war der Beginn einer Entwicklung, die sich bis zu den heutigen Lastverteilern mit ihrer täglichen Koordinationsaufgabe und ihrem erheblichen technischen Aufwand fortsetzte.

Mit der Aussicht auf tragfähigere Drehstromnetze und immer leistungsfähigere Antriebsmaschinen für die Generatoren war den Elektrizitätswerken die Gewißheit gegeben, dem ständig größer werdenden Strombedarf genügen zu können.

Der Weg war offen, den Strom seines Luxuscharakters zu entkleiden, ihn zum Gebrauchsgut werden zu lassen.

Unumgängliche Voraussetzung hierfür war eine erhebliche Absenkung der Strompreise. Daß die elektrische Beleuchtung die Lichtquelle für die Allgemeinheit wurde, ist wohl in erster Linie dadurch ermöglicht worden, daß der Preis für eine Kilowattstunde im Zeitraum eines knappen Jahrzehnts von rund 80 auf rund 20 Pf gesenkt werden konnte. Für Kraftstrom wurde stellenweise sogar nur die Hälfte dieser Preise in Rechnung gestellt. Die Umstellung auf das große sich dabei abzeichnende Massengeschäft setzte jedoch nunmehr auch sehr exakte und langfristige Rentabilitätsrechnungen voraus. Betriebswirtschaft und Rechnungswesen hatten hier in ihren ersten Anfängen bereits harte Bewährungsproben zu bestehen.

Die in den Städten mit dem Zusammenschluß der früheren vereinzelten Zentralen verbundenen technischen Planungsaufgaben konnten nicht mehr wie vordem weitestgehend von den Firmen allein gelöst werden, sondern erforderten eine stärkere Einflußnahme der Betriebsleute der Elektrizitätswerke selbst. Neben den reinen Neubauten ergaben sich zwangsläufig viele Umbauarbeiten in den bisherigen Erzeugerzentralen. Kein Betriebsleiter läßt jedoch gern fremde Arbeiter an elektrische Betriebsanlagen heran, mögen diese auch noch so einwandfrei abgeschaltet und gesichert sein. Er fürchtet nicht so sehr die erhöhte Unfallgefahr — dagegen kann eine entsprechende Aufsicht schützen — er möchte vielmehr genau wissen, was an seiner bisherigen Anlage jeweils geändert wird. Die anfänglich als Reparaturtrupps vorgesehenen eigenen kleinen Baukolonnen wurden folglich immer häufiger auch bei Umbauten in Betriebsanlagen eingesetzt. Der erste Schritt zu den heutigen oft sehr großen werkseigenen Bauabteilungen war damit getan, zumal diese Umbaukolonnen laufend beschäftigt werden mußten und so zunehmend auch mit reinen Neubau-Aufgaben betraut wurden.

Die Entwicklung zu eigenen Bauabteilungen fand eine gewisse Unterstützung durch den verständlichen Wunsch vieler Firmen-Monteure, die Reisemontagetätigkeit mit einer ortsgebundenen Dauerbeschäftigung zu vertauschen. Hält man sich vor Augen, daß die Betriebsleute der Elektrizitätswerke zum großen Teil ebenfalls von den anlagenbauenden Firmen herkamen, so wird verständlich, daß sie sich diesen Wünschen nicht immer verschließen konnten und wollten. Entscheidenden Einfluß auf die Beibehaltung und Erweiterung eines eigenen Stammes von Baupersonal hatte der erste Weltkrieg, da nur so die Einberufung dieses Personals zum Wehrdienst eingeschränkt und damit eine Lähmung der notwendigen Reparatur- und Bautätigkeit der Elektrizitätswerke verhindert werden konnte.

Wo und wann in der Periode des Zusammenschlusses der Blocknetze jeweils Erzeugerzentralen aufgelöst und in Umformerstationen (Unterwerke) oder Schaltwerke (Unterstationen) umgewandelt werden konnten, wurde nicht allein von technischen Erwägungen bestimmt, sondern wesentlich von Bedarfswünschen. Die Entwicklung hing also zum großen Teil auch von der Aquisition ab. Dieser enge Zusammenhang zwischen Werbung und Bautätigkeit war erfolgreich und macht deshalb begreiflich, daß der technische Betrieb bis in die heutige Zeit hinein bestrebt ist auch diese Funktionen, den Absatz, den Vertrieb einschließlich der Werbung, nicht völlig aus der Hand zu geben, obwohl sie auch viele kaufmännische Aufgaben in sich tragen.

Die Investitionsaufgaben und der Zwang, mit absinkenden Preisen die Kosten möglichst gering zu halten, führten zu einer stärkeren wissenschaftlichen Durchdringung der technischen und wirtschaftlichen Probleme des Elektrizitätswerksbetriebs. Die Betriebsleiter der größeren Elektrizitätswerke konnten diese Aufgabe bald nicht mehr allein nebenher bewältigen. Sie wurde anderen Betriebseinheiten nebenamtlich zugewiesen (so entstanden Dienststellen wie Zählerwerk, Meßlaboratorium, Kraftwerksverwaltung, Prüffeld, Hauptbuchhaltung, Abrechnungsstellen, betriebswirtschaftliche Abteilungen usw.).

Die Periode des Zusammenschlusses der Blockstationen in den Städten und der dadurch ermöglichten außerordentlichen Ausweitung des Versorgungsgeschäfts brachte insgesamt nicht nur eine Vergrößerung der vorhandenen Betriebseinheiten, sondern führte allenthalben zu einer stärkeren Differenzierung der Aufgaben und zu einer weiteren Aufgliederung der Organisation. Die Zusammenfassung der einzelnen Blockbetriebe und ihrer Netze löste eine Zentralisationsbewegung der technischen Funktionen aus, die das wesentliche Merkmal der organisatorischen Entwicklung der nächsten Jahrzehnte wurde. Die Kraftwerke wuchsen innerhalb der Elektrizitätswerke zu eigenen lebensfähigen Organisationseinheiten heran. Ihre Einflußnahme auf das Netz, seine Gestaltung und seine Schaltung wurde in dem Maße geringer, wie die Verteilung sich organisatorisch verselbständigte. Innerhalb der Verteilung erfuhren die Baugruppen, ebenso wie Einkauf, Lager und Fuhrpark, eine straffere Zusammenfassung, blieben jedoch dem eigentlichen „Betrieb" in den meisten Fällen unterstellt.

Mit Ausdehnung und Umsatzanstieg vermehrten sich auch die verwaltungsmäßigen und kaufmännischen Aufgaben, so daß sich dieser Bereich weiter aufgliederte und gegenüber den technischen Betriebseinheiten stärkeres Gewicht erlangte. Immer mehr schälte sich eine Zweiteilung der Organisation in technische und in kaufmännisch-verwaltungstechnische Einheiten heraus. Oft sogar wurde hieraus eine Dreiteilung, wenn neben den verwaltungsmäßigen Arbeiten, wie Rechts-, Grundstücks-, Personalangelegenheiten noch die Sonderstäbe für reine Geschäftsführungsangelegenheiten (Revision, Organisation usw.) besonders zusammengefaßt wurden. Die ursprüngliche örtliche Aufgliederung nach Blockstationen wirkte jedoch zumeist noch lange insofern nach, als ein großer Teil der Bau-, Vertriebs-, Verwaltungs- und kaufmännischen Funktionen den örtlichen Betriebsabteilungen verblieb.

c) Elektrizitätswerke auf dem Lande

Die Entwicklung der Elektrizitätsversorgung auf dem Lande ist in vielen Zügen der Entwicklung in den Städten ähnlich verlaufen, — wenn auch entsprechend der geringeren Verbrauchsdichte mit einem gewissen zeitlichen Nachlauf. Ausgehend von örtlichen Bedarfsschwerpunkten entstanden kleine Zentralen mit isolierten, örtlich eng begrenzten Netzen. Sägewerke und Mühlen, auf Wasserkraftbasis oder mit anderen Antriebsenergien arbeitend, erblickten in der Stromversorgung ihrer Nachbarn ein lohnendes Geschäft. Aber auch manche kleine Gemeinde glaubte, ihren Bewohnern und Gewerbebetrieben die Vorteile der Elektrizität nicht vorenthalten zu können. Sie gründete entweder selbst Elektrizitätswerke oder überließ Privatfirmen oder Genossenschaften die Gründung eines Ortswerkes.

Als die Verbrauchsentwicklung in den Städten die Strompreise in wenigen
Jahren schnell sinken ließ, mußten alle diese kleinen Elektrizitätswerke erkennen,
daß sie bei solchen Preisen kaum rentabel arbeiten konnten. Wenn nicht gewerbliche Stromabnehmer vorhanden waren, die eine ausreichende Absatzbasis sicher-
ten, waren die Ortswerke bei Beschränkung auf den Ortsbereich auf die Dauer
nicht lebensfähig.

Die organisatorische Gestalt dieser Betriebe war denkbar einfach. Alle Funktionen wurden meist von einer einzigen Betriebseinheit wahrgenommen. Wenn
auch einzelne Arbeiten vorwiegend bestimmten Personen dieser Einheit oblagen,
so wurde doch zumeist auf eine arbeitsteilige Gliederung verzichtet.

Der Organisationstyp dieser Werke ist vor allem deshalb erwähnenswert, weil
derartige Zwergbetriebe auch heute noch dort bestehen, wo besondere örtliche
Gegebenheiten, wie z. B. Abgeschiedenheit von anderen Versorgungsmöglich-
keiten oder Nebenversorgung aus Eigenbetriebsanlagen, die regulierende Wirkung
des Strompreis-Wettbewerbs nicht zur Geltung kommen lassen.

d) Verbindung der Netze

Überlandzentralen. Einschneidende Änderungen ergaben sich für die Struktur
der ländlichen Stromversorgung wie bei den städtischen Elektrizitätswerken aus
der Möglichkeit, durch überlagerte Drehstromnetze Strom über größere Entfernungen hinweg wirtschaftlich zu transportieren. Damit war der Weg frei für umfangreiche Zusammenschlüsse. Die in den Landgebieten entstandenen Ortswerke
begannen um die Jahrhundertwende, mit ihren Netzen in noch unerschlossene
Gebiete vorzudringen. Entsprechende Vorstöße in nichtversorgte Gebiete gingen
gleichermaßen von den in den Städten entstandenen Elektrizitätswerken aus.
Zahlreiche Überlandzentralen entstanden.

Großen Einfluß auf deren Entwicklung nahmen die Verwaltungen der einzelnen
Staaten des ehemaligen Deutschen Reichs. Sie erkannten rechtzeitig, daß sich mit
der Elektrifizierung ländlicher Gebiete die Möglichkeit eröffnete, der starken Ab-
wanderung des Gewerbes und der Industrie in die Städte Einhalt zu gebieten.
Vor allem die Landräte und Regierungspräsidenten des ehemaligen preußischen
Staates fühlten sich berufen, in Fortsetzung kolonisatorischer Tradition die Bildung von Zweckverbänden, Genossenschaften, gemeinde- oder kreiseigenen Überlandzentralen oder Zusammenschlüsse derartiger Unternehmen zu fördern. Aber
auch in Bayern und in anderen Staaten unterstützte die öffentliche Hand allenthalben solche Neugründungen oder Zusammenschlüsse. Durch entsprechende
finanzielle Beteiligung der Staaten wurde bei vielen derartigen Neugründungen
tatkräftige Hilfe geleistet.

Erzeugungs-, Transport- und Letztverteilerunternehmen. Oft war der Betrieb
eigener Erzeugungsanlagen selbst für größere Unternehmen nicht lohnend, zumal wenn von anderen Werken, die bereits größere Kraftwerke in Betrieb hatten,
oder Kraftwerke mit preisgünstiger Rohenergiebasis besaßen (Steinkohle, Braunkohle, frachtgünstige Importkohle, Wasserkraft), günstigere Strompreise angeboten werden konnten. Dem Preisgefälle folgend, gingen zahlreiche der neu gebildeten Werke zum Fremdstrombezug über und verzichteten ganz oder teilweise
auf eigene Erzeugung — allerdings nicht ohne sich diesen Verzicht honorieren zu
lassen. Die Differenz zwischen den Verkaufspreisen des Stroms für die ländlichen

Letztverbraucher und den Einkaufspreisen für den Bezugsstrom war zumeist wesentlich größer, als die den Verteilerunternehmen entstehenden Betriebskosten. Da beim Letztverbraucher mangels Wettbewerb mit anderen Energien in den ländlichen Gebieten kein Konkurrenzdruck auf die Strompreise ausgeübt wurde, ergab sich für die betreffenden Unternehmen ein sicherer Gewinn. Dessen Verteidigung wurde eine der wesentlichen Ursachen für das Scheitern einer natürlichen Flurbereinigung auf dem Elektrizitätsversorgungsgebiet. Selbst dort, wo Überlandzentralen und andere kleinere Werke schließlich dennoch über Beteiligungen in den Einflußbereich größerer Unternehmen gerieten, wurde aus Furcht vor der Schmälerung derartiger Einnahmequellen in der Regel ängstlich darauf geachtet, ein möglichst großes Maß betrieblicher Eigenständigkeit zu behalten.

Im gleichen Maße, wie diese Unternehmen darauf verzichteten, selbst Strom zu erzeugen und somit zu „Einzelhändlern", also Verteilern, im Stromgeschäft wurden, legten andere das Schwergewicht ihres Betriebes auf die Erzeugung und den Transport; sie wurden „Fabrikanten" und „Großhändler". Vor allem der Elektrizitätswerks-Großhandelstyp des reinen „Transportunternehmens" hat sich in jenen Jahren entwickelt. Werke dieses Typs haben sich erstaunlicherweise bis heute noch erhalten, obgleich längst die großen Unternehmen mit eigener Erzeugungsbasis transportfähige Leitungen bis in die ländlichen Verbrauchsregionen vorgetrieben haben.

Regionalverteiler. Eine Regionalverteilung durch besondere „Stromtransport-Unternehmen" hat dort Sinn, wo die Entfernungen von Erzeugerwerken oder Einspeisestellen großer Verbundnetze zu den Letztverteilerunternehmen sehr groß sind. Mit immer größerer Stromdichte hat die Dreistufigkeit der Versorgung — Erzeugung, Transport, Ortsverteilung — ihre ursprüngliche Berechtigung zunehmend verloren. Unbestritten ist in dicht besiedelten Gebieten eine Versorgung in allen Stufen durch ein Unternehmen am wirtschaftlichsten. Für weniger dicht besiedelte Gebiete bietet sich eine zweistufige Versorgung da an, wo die Regionalverteilung meist durch das beteiligte Verbund- oder das zuständige Letztverteiler-Unternehmen mitbewältigt werden kann. Nur bei sehr weitläufigen regionalen Verteilernetzen, deren Betrieb zweistufig nur schwer durchgeführt werden kann, haben reine Transportunternehmen heute noch Sinn und Berechtigung.

Die Wirklichkeit kommt diesen theoretischen Vorstellungen einer möglichen optimalen Versorgung in ländlichen Gebieten leider nur sehr wenig nahe. Infolge des Beharrungsvermögens der im Laufe der historischen Entwicklung entstandenen Struktur der geographischen und funktionalen Aufgabenverteilung bei der deutschen Elektrizitätsversorgung gibt es heute im Bundesgebiet entlegene Dörfer, die von Verbundunternehmen direkt betreut werden, während andererseits regionale Transportunternehmen auch in unmittelbarer Nähe von Erzeugungsschwerpunkten noch vorhanden sind.

Einfluß der Eigentumsrechte auf die Organisation bei Zusammenschlüssen. Insgesamt gesehen, hat die immer stärkere Verbindung der Netze auf dem Lande einen Trend ausgelöst, von kleinen Organisationseinheiten, bei denen Erzeugung, Verteilung, Vertrieb und die vielfältigen Geschäftsführungsaufgaben sowie die Nebenaufgaben kaum differenziert waren, zu größeren Organisationsgebilden zu kommen, bei denen die alten örtlichen Einheiten im Grundsatz beibehalten und lediglich koordiniert werden.

Eine derartige Struktur hat sich im Verhältnis der ländlichen Ortswerke zu den Überlandwerken — die zumeist den Bereich von einem oder mehreren Kreisen betreuen — oder im Verhältnis zwischen diesen Überlandwerken und dem liefernden Regional- oder Verbundunternehmen meist dann ergeben, wenn es dem Lieferwerk nicht gelang, das strombeziehende Versorgungsunternehmen gegen Beteiligung oder auf andere Weise zu übernehmen. Zur Vereinfachung der Betriebsverhältnisse waren dann die kleineren Unternehmen oft bereit, in freier Vereinbarung unter Wahrung ihrer Selbständigkeit einige betriebliche Aufsichts- und Weisungsrechte, wie für Fernsprech- und Fernwirkanlagen oder für Betriebsschaltungen und Überwachung, an das übergeordnete Gebilde abzutreten. Um ein Bild des Staatsrechts zu gebrauchen: Die „Einzelstaaten" schließen sich zum „Staatenbund" zusammen, der nach außen gemeinsam auftritt, die Grundsätze für alle verbindlich festlegt und für gemeinsame Aufgaben eigene Organe bildet (z. B. Justitiar, Rechnungskontrolle), wobei aber die Geschlossenheit der Einzelgebilde möglichst wenig angetastet wird.

Wenn die Eigentumsrechte an den kleineren Werken bei Zusammenschlüssen ganz oder teilweise einem übergeordneten Werk zufielen (Organschaftsverhältnisse) oder kleinere Werke in einem größeren aufgingen, ergaben sich „bundesstaatliche" Lösungen. Die eigene Souveränität mit Weisungs- und Aufsichtsbefugnissen der kleineren Werke ging dann ganz oder größtenteils auf das größere Gebilde über. In wesentlich stärkerem Maße konnten hier Stabsorgane für geschäftsführende Aufgaben und Steuerungsorgane für die einzelnen Betriebsaufgaben entwickelt werden (Kraftwerksplanung, Netzplanung, Preisbildung, gemeinsamer Einkauf usw.). Immerhin wurden auch hier zumeist nur Teile der fachlichen Betreuung der kleineren örtlichen Organisationseinheiten von dem übergeordneten Unternehmen übernommen, während man die Dienstaufsicht einschließlich der Disziplinargewalt den örtlichen Einheiten überließ.

Trend zur Dezentralisation bei Stadtversorgungsunternehmen. Wo die räumlichen Verhältnisse es zuließen, z. B. in zahlreichen Großstädten mit ihren kurzen Entfernungen zwischen den Betriebsteilen, neigte man dazu, ganz auf die örtlichen Betriebseinheiten zu verzichten. Man ging den Schritt zum „Zentralstaat." Die von der Organisationslehre inzwischen herausgearbeiteten Prinzipien des „Funktionalismus" konnten hier voll zur Anwendung kommen. Die einzelnen Hauptfunktionen, wie Erzeugung, Verteilung, Vertrieb, kaufmännische Angelegenheiten, aber auch Nebenfunktionen, wie Fernsprechwesen, Schutztechnik, Lagerwesen u. dgl. konnten unbeschadet der örtlichen Bindungen organisatorisch zusammengefaßt werden. Die Weisungs- und Aufsichtsbefugnisse in dienstlicher und fachlicher Hinsicht der funktionalen, vertikalen Organisationseinheiten treffen sich erst in der Geschäftsführung.

Es hat sich indessen gezeigt, daß mit steigendem spezifischem Stromverbrauch der Betriebsumfang in den einzelnen örtlichen Bereichen so stark wächst, daß die Zentralsteuerung umständlich wird. In der Folge werden vielerorts wieder weitere Befugnisse an örtliche nachgeordnete Einheiten der Hauptfunktionsgruppen delegiert. Der Betriebsumfang, bei dem ein solches Vorgehen zweckmäßig wird, ist strukturell recht unterschiedlich. In größeren Städten wird der Trend zur Dezentralisation dadurch verstärkt, daß in Anwendung föderalistischer Grundgedanken auch manche kommunale Aufgaben einzelnen Bezirksgremien übertragen sind, für die ein örtlicher Verhandlungspartner des Elektrizitätswerkes von Nutzen ist. Für Stadtversorgungsgebiete empfiehlt sich ein Übergang zur Dezentralisation einzelner Betriebsfunktionen heute etwa bei Einwohnerzahlen der Einzelbezirke von über 250000 im Stadtkern und von über 50000 in Vorortgebieten.

Die sich bei größeren Stadtversorgungsgebieten abzeichnenden organisatorischen Lösungen sind ähnlich denen bei den größeren Elektrizitätswerken mit ländlichem Versorgungsgebiet, die auf dem umgekehrten Wege, von dezentralen zu zentraleren Organisationsgebilden, gezwungen sind, arbeitsfähige Kompromißlösungen zu suchen.

Verbundzusammenschluß ohne Änderung der internen Unternehmensorganisation. Die letzte durch die Möglichkeit des Stromtransports über große Entfernungen ausgelöste Entwicklungsphase der Elektrizitätswirtschaft, der Übergang zum Großverbundbetrieb, hat für die Organisation der einzelnen Unternehmen keine wesentlichen Änderungen gebracht. Echter Verbundbetrieb, also eine Netzkupplung mit dem Ziel, durch gemeinsame Lastverteilung technische und wirtschaftliche Vorteile zu erreichen, setzt immer einen Verzicht der Partner auf einen Teil ihrer Eigenständigkeit voraus. Es handelt sich dabei aber nur um einen recht kleinen Teil der Souveränität, da in der Regel lediglich dem gemeinsamen Lastverteiler Weisungsrechte gegenüber Betriebsorganen eingeräumt werden. Dies und auch der mit dem Verbundbetrieb einhergehende Verzicht auf Kostengeheimnisse erfordert keine organisatorische Umgestaltung oder Ausgliederung bei den betreffenden Verbundpartnern.

II. Übliche Organisationsform

Aus der aufgezeichneten historischen Entwicklung heraus haben sich bei den Elektrizitätswerken und ihren Zusammenschlüssen drei verschiedene Organisationsgrundformen herausgeschält:

a) mit weitgehend selbständigen örtlichen Organisationseinheiten,
b) mit teilselbständigen örtlichen Organisationseinheiten,
c) mit abhängigen örtlichen Organisationseinheiten.

Die Darstellung ist nach Funktionen, wie Hauptverwaltung und Stabstätigkeit, kaufmännische Arbeiten, Netz, Vertrieb, Erzeugung aufgegliedert. Für die Organisation der meisten Elektrizitätswerke sind diese Gliederungsformen typisch, wenn auch die Zahl der örtlichen Betriebseinheiten (horizontale Ebene) und die Zahl der organisatorischen (hierarchischen) Stufen (vertikale Ebene) und die weitere Differenzierung je nach Art und Größe des Elektrizitätswerkes abweichen.

Die Ressortchefs für die kaufmännischen Angelegenheiten (Rechnungswesen, Materialwesen) und für die Hauptbetriebsfunktionen (Netz, Vertrieb, Erzeugung) können entweder für die Geschäftsführung oder Werkleitung Stabsfunktionen wahrnehmen (selten!) oder in den vertikalen Aufbau mit vollständigen eigenen Weisungs- und Aufsichtsrechten einbezogen sein.

Wo die Geschäftsführung in Aufsichtsbereiche aufgegliedert ist, und das ist bei den meisten Elektrizitätswerken der Fall, liegen bei zweigliedriger Leitung in der

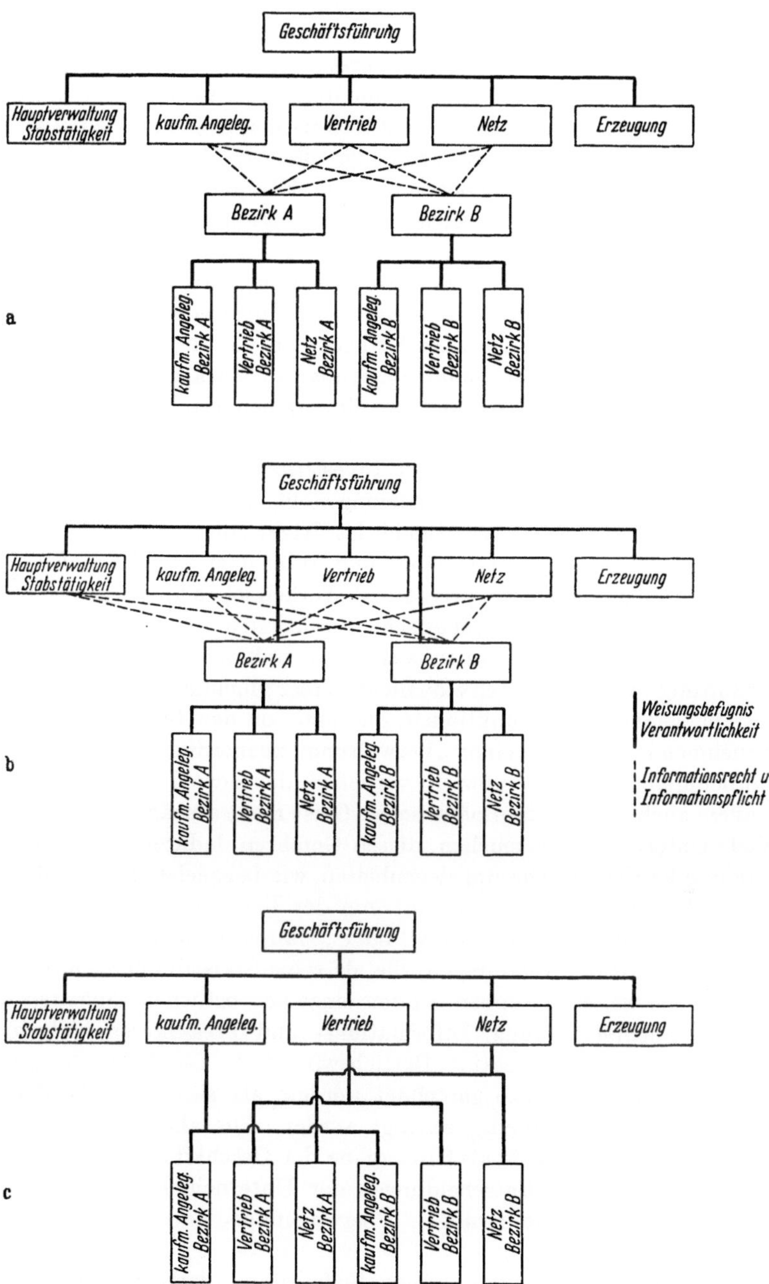

Abb. 15a—c. Organisationsgrundformen der Elektrizitätswerke und ihrer Zusammenschlüsse
a) mit weitgehend selbständigen örtlichen Organisationseinheiten
b) mit teilselbständigen örtlichen Organisationseinheiten
c) mit abhängigen örtlichen Organisationseinheiten

Regel Verwaltungsangelegenheiten in der einen und der technische Betrieb in der anderen Hand. Der Vertrieb wird hierbei meist als technische Angelegenheit betrachtet. Bei einem dreigliedrigen Vorstand findet sich häufig die Einteilung: Verwaltung, kaufmännische Angelegenheiten, technischer Bereich. Hier ist der Vertrieb oft nach kaufmännischen und technischen Angelegenheiten aufgegliedert und den entsprechenden Abteilungen zugeschlagen. Größere Geschäftsführungen sind selten. Gelegentlich findet man eine Fünfgliederung, bei der dann der technische Verantwortungsbereich nach Erzeugung, Netz und Vertrieb aufgeteilt ist.

Die Wesensart des elektrischen Stroms bedingt, daß seine Verteilung bis zum Verbraucher hin eine vornehmlich technische Angelegenheit ist. Die kaufmännischen Aufgaben des Vertriebes sind, abgesehen von der Pflege eines geeigneten Kundendienstes und eingehender Beratung, so stark eingeschränkt, daß sich, historisch gesehen, viele E-Werke unter einer reinen oder überwiegend technischen Leitung entwickelt haben. Dies hat zur Folge, daß für die außerordentlich wichtigen Funktionen der Finanz- und Investitionspolitik nicht immer der weitblickende große Kaufmann zur Verfügung steht, der für diese Funktionen auch in einem E-Werk von großer Wichtigkeit ist. Nicht zuletzt unter dem starken Einfluß kameralistischer Gedankengänge und unter dem Einwirken der öffentlichen Hand, aber auch in manchen privaten E-Werken ist es üblich geworden, wichtige kaufmännische und unternehmerische Funktionen einer Verwaltungsabteilung anzuvertrauen. Dem ohnedies umstrittenen, unklaren organisatorischen Begriff „Verwaltung" wurde dadurch eine nicht immer glückliche Ausweitung verschafft. Die Gepflogenheit, alle Funktionen, die man von den Betriebsabteilungen nicht wahrnehmen lassen kann, einer „Verwaltung" zuzuordnen, hat dieser in manchen Unternehmungen ein Übergewicht verliehen, das sowohl für den technischen, als vor allem auch für den kaufmännischen Geist recht abträglich wirkt.

Viele Unternehmen versuchen, diesen Gefahren dadurch zu begegnen, daß sie bestimmte kaufmännische Angelegenheiten, wie beispielsweise das Materialwesen und das Rechnungswesen, getrennt von der Verwaltung zusammenfassen. Zur Organisationseinheit „Verwaltung" oder „Hauptverwaltung" gehören dann im wesentlichen nur die Abteilungen, die als reine Stabsabteilungen der Geschäftsführung ohne weitere Gruppen bei den einzelnen örtlichen Einheiten tätig sind, also z. B. Rechtsbetreuung, Informations- und Pressewesen, Allgemeine Verwaltung, Revision, Organisation, Betriebswirtschaft. Die Personalangelegenheiten können nur insoweit dazu gerechnet werden, als sie nicht von den örtlichen Betriebseinheiten selbständig erledigt werden. Für alle diese Stabsabteilungen ist kennzeichnend, daß sie als Hilfsorgane der Geschäftsführung vorwiegend mit der Vorbereitung von Entscheidungen der Unternehmensleitung betraut sind und diese bei ihren Steuerungs-, Überwachungs- und Koordinationsaufgaben unterstützen.

Das Bauwesen wird trotz seiner Bedeutung allgemein als Nebenfunktion aufgefaßt, da man in der Errichtung der Anlagen und in deren Planung und Projektierung keine so bedeutende Funktion sieht, daß man dafür einen Vorstandsposten vorsehen würde. Diese Betrachtungsweise rührt offenbar von der starken Mitwirkung der Elektroindustrie und ihrer geschichtlichen Funktion her, sollte aber namentlich bei großen Elektrizitätswerken mit bedeutenden Verteilungsnetzen unbedingt umgestellt werden, da gerade von Planung und Projektierung fast alles für die zukünftige Betriebssicherheit und Wirtschaftlichkeit abhängt.

III. Grundsätze optimaler Organisation

Die Organisation eines Unternehmens soll seine Organe und deren Zusammenwirken so ordnen, daß die Unternehmensziele auf dem wirtschaftlichsten Wege erreicht werden. Zum Wesen eines Organismus gehört, daß er aus einzelnen Zellen aufgebaut ist. Die Gliederung dieser Bauelemente erfolgt nach bestimmten, für den einzelnen Organismus typischen Ordnungen. Für die Organisation als Gerüst eines Unternehmens ist die Festlegung und Benennung der organischen Einheiten unerläßlich, ebenso ihre Normung, Typung, Eingrenzung und Zusammenfassung zu größeren Einheiten.

Dynamische Anpassung an die Unternehmensentwicklung. Aufbau und Gliederung der Organe müssen so erfolgen, daß der Gesamtorganismus lebensfähig aber auch entwicklungsfähig ist. Das anzuwendende System muß sich nach dem Unternehmenszweck und dem zu dessen Erreichung erforderlichen folgerichtigen Ablauf der Tätigkeit der einzelnen Organe richten. Die Wahl des zweckmäßigen Organisationsschemas hängt darüber hinaus von der Größe des Unternehmens ab. Die Organisation eines E-Werkes, das nur die Aufgabe der Stromverteilung wahrnimmt, wird anders aussehen als die eines Werkes mit eigener Erzeugung. Ein Werk zur Versorgung einer kleinen Gemeinde bedarf einer anderen Organisation als ein großes Verbundunternehmen.

Die Elektrizitätswirtschaft ist kein statischer, in sich ruhender Wirtschaftszweig, sondern folgt bestimmten physikalischen und wirtschaftlichen Ausbreitungsgesetzen mit der Tendenz zu einer starken Vermehrung der Leistung. Jede Organisation muß diesen Tatbestand berücksichtigen. Auch das beste und bewährte Organisationsschema ist deshalb von Zeit zu Zeit zu überprüfen. Mit genügendem Anwachsen der Aufgaben kann sich selbst bei nur geringfügigen Personalverschiebungen die Notwendigkeit ergeben, eine neue, den vergrößerten Verhältnissen angepaßte Form zu finden. Wie der ganze Wirtschaftszweig, so muß auch seine Organisation dynamisch bleiben.

Wer organisiert? Organisation ist eine Führungsaufgabe. Damit ist nicht gesagt, daß die gesamte Organisation allein Aufgabe der Geschäftsführung sei. Dieser weitverbreitete Irrtum hat seinen Ursprung in

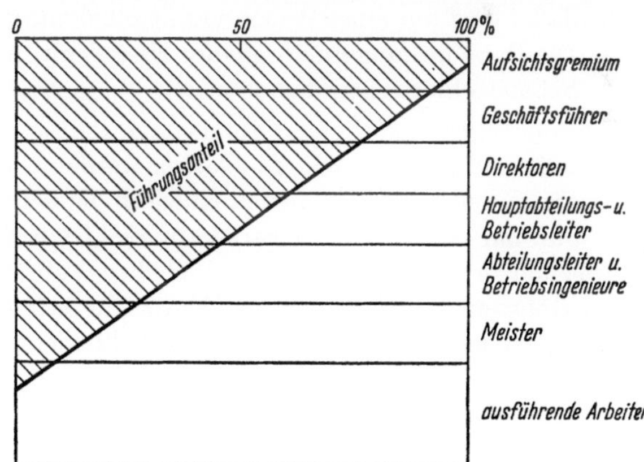

Abb. 16. Führungsanteil in einzelnen Organisationsstufen
(Nach SCHLENZKA, Unternehmer, Direktoren, Manager; Düsseldorf, Econ-Verlag 1954, S. 78)

der Verkennung der Tatsache, daß die leitenden Kräfte in jeder Stufe des Organisationsgefüges nach unten abnehmend zu einem Teil Führungsaufgaben mit wahrzunehmen haben. Jedem, auch dem geringsten leitenden Mitarbeiter muß die ihm damit zukommende Bedeutung, aber auch Verantwortung klargemacht werden.

Bei Mißständen und Schwierigkeiten hat auch der Leiter einer untergeordneten Organisationseinheit im Rahmen seiner Möglichkeiten für Abhilfe Sorge zu tragen. Daß er in vielen Fällen Organisationsänderungen selbst nicht anordnen kann, ergibt sich aus der Notwendigkeit einer Koordination des Gesamtunternehmens. In der Praxis muß also jede organisatorische Änderung, die sich nicht nur innerhalb einer einzelnen Organisationseinheit auswirkt, Sache der Unternehmensleitung bleiben. Sie kann sich hierfür jedoch einer Stabseinheit bedienen und auch Teilbefugnisse an diese delegieren.

Die Notwendigkeit einer besonderen Stabsfunktion „Organisation" ergibt sich um so zwingender, je mehr die Organisation eines modernen Betriebes zu einer Spezialwissenschaft wird, deren Beherrschung eine gründliche Fachausbildung und laufende Weiterbildung erfordert. Eine Unternehmensführung, die in Organisation geschulte Fachkräfte nicht besitzt, sollte lieber eine Spezialfirma zu Rate ziehen, als in Unterschätzung der fachlichen Voraussetzungen die Organisationsarbeiten nebenbei zu betreiben.

Kennzeichen guter Organisation. Ob ein Unternehmen gut oder schlecht organisiert ist, wird häufig von seiner Leitung nicht klar erkannt. Die bei schlechter Organisation auftretenden Schwierigkeiten machen sich in den unteren Stufen zuerst bemerkbar. Dort ist vielfach das Gefühl für die Qualität einer Organisation recht gut ausgeprägt. Für die Unternehmungsleitung gibt es jedoch eine Reihe untrüglicher Kennzeichen, an Hand derer sie selbst die Güte der Organisation zuverlässig überprüfen kann[1].

1. Die Aufgaben müssen klar abgegrenzt und zugeteilt sein.
2. Aufgabe, Verantwortung und Kompetenz der Leiter der einzelnen Organisationseinheiten müssen sich decken.
3. Jeder darf nur einer Person unmittelbar unterstellt sein und muß wissen, wem.
4. Die Rangordnung innerhalb der Hierarchie muß jedem Mitarbeiter des Unternehmens klar erkennbar sein.

Abweichungen von diesen Grundsätzen sollten nur in Fällen dringender Notwendigkeit und nur begrenzt zugelassen werden. Sie sind als solche deutlich zu bezeichnen und allen betroffenen Gliedern der Organisation bekanntzugeben.

Daß auf diesem Gebiet gerade in Elektrizitätswerken gesündigt wird, ist vorwiegend in den besonderen persönlichen Verhältnissen in der öffentlichen Elektrizitätsversorgung begründet. Durch die schnelle Expansion der Unternehmen sind vielfach Leiter von ursprünglich kleinen Organisationseinheiten zu einem großen Verantwortungsbereich gekommen, ohne daß sie ihm auf Grund von Begabung, Vorbildung oder Fähigkeit zur Weiterbildung gewachsen sind. Die außergewöhnlich lange durchschnittliche Betriebszugehörigkeit bei den öffentlichen Elektrizitätswerken fördert menschliche Bindungen innerhalb der Betriebe, die klare Abgrenzungen und Zuständigkeiten erschweren. Manche Geschäftsführung und Werkleitung ist dann geneigt, die Organisation allzusehr der Person anzu-

---

[1] Vgl. Bericht über die Vortragstagung „Organisation und Rationalisierung im Büro", Vortrag Zbinden, Technische Rundschau 1957, H. 36, S. 33.

passen. Es ist allerdings zuzugeben, daß Begabung und Persönlichkeit nicht immer dem Optimalschema einer Organisation entsprechen und die Zusammenfassung oder Abtrennung einzelner Gebiete ohne Schaden für das Unternehmen in gewissem Umfang diesen Möglichkeiten angepaßt werden kann. Indessen sollten darüber die genannten Grundsätze nicht in Vergessenheit geraten.

Aufgabenabgrenzung und -zuteilung. Die Forderung nach klarer Aufgabenabgrenzung und -zuteilung bedeutet nicht, daß in besonderen Fällen die gleiche Aufgabe nicht gelegentlich mehreren verschiedenen Organisationsbereichen zugeteilt werden kann. Vor allem ist bei Forschungs- und Planungsaufgaben häufig ein Wettbewerb nützlich. Auch hier ist zur Vermeidung von Nachteilen, wie doppelter Datenermittlung oder Beschaffung kostspieliger Untersuchungsgeräte, unabdingbare Voraussetzung, daß die mehrfache Aufgabenzuteilung bekannt wird. Sie sollte grundsätzlich auf Einzelfälle beschränkt bleiben, bei denen eine wettbewerbliche Bearbeitung zur Erlangung von Alternativvorschlägen erwünscht ist. Eine Zuteilung kontinuierlicher Betriebsaufgaben an zwei oder mehrere Organisationsbereiche, beispielsweise um zu sehen, welche Einheit für die dauernde Durchführung der Aufgaben besser geeignet ist, sollte nur für eine knapp begrenzte Zeit erfolgen.

Deckung von Verantwortung und Kompetenz. Eine Aufgabe kann nur gelöst werden, wenn die zuständige Organisationseinheit dafür voll verantwortlich ist und die Anordnungsbefugnis besitzt. Der Mensch kann nicht wie eine Maschine gestellte Aufgaben mechanisch lösen. Erst die mitfühlende Verantwortung gibt ihm Selbstbewußtsein, Bereitschaft, Ansporn und gelegentlich auch Druck, eine Arbeit so anzupacken, daß er sich nicht nur physisch, sondern auch psychisch voll einsetzt und optimale Ergebnisse erreicht.

Bei einer im Liniensystem, d. h. mit vollständiger Über- und Unterordnung in die Hierarchie eingebauten Organisationseinheit ist die Deckung von Aufgabe, Verantwortung, Zuständigkeit und Anordnungsbefugnis in der Regel unschwer zu erreichen. Im Gegensatz dazu sind Stabsabteilungen zwar mit weitreichenden Informationsbefugnissen ausgestattet, können jedoch nur mit beschränkten Weisungs- und Aufsichtsrechten versehen werden[1]. Damit die Verantwortung der Organisationseinheiten im Liniensystem nicht ungebührlich eingeschränkt wird, kann den Stabsabteilungen eine Exekutiv-Verantwortung auch nur in dem begrenzten Ausmaß dieser Befugnisse aufgebürdet werden. Einen Ausweg aus dem Mißverhältnis der Aufgabenstellung zur Verantwortung und Kompetenz dieser Abteilungen könnte die weitergehende Delegation von Verantwortung und Kompetenz an die Stabsabteilungen bieten. Diese Lösung ist jedoch aus grundsätzlichen Erwägungen nicht zu empfehlen, da sie die Gefahr der Bildung von Nebenregierungen enthält. In Stabsstellen sollen daher Mitarbeiter eingesetzt werden, die auch ohne eigene Weisungs- und Aufsichtsbefugnisse genügend inneren Antrieb zur Lösung der ihnen gestellten Aufgaben besitzen.

Delegation von Verantwortung, Zuständigkeit und Befugnis wird oft durch natürliches Beharrungsvermögen behindert und verzögert. Aus der Angst, Macht und Einfluß einzubüßen, werden Verantwortungen und Kompetenzen festgehalten,

---

[1] Gegen jede Übertragung solcher Befugnisse: PETZOLD, Die Gestaltung der Eigenverantwortlichkeit in der Unternehmung durch organisatorische Maßnahmen, Zeitschrift für Handelswissenschaftliche Forschung, 1957, H. 6, S. 315.

die längst an untergeordnete Organe abgegeben werden könnten. Meist entspringt diese Sorge bei den Betreffenden dem unbewußten oder bewußten Erkennen, daß sie die Grenzen ihrer eigenen Fähigkeiten erreicht haben. Wenn einzelne Führungskräfte zögern, Aufgaben zu delegieren und andere, auch jüngere Kräfte an den Lösungen verantwortlich arbeiten zu lassen, so ist dies ein nahezu untrügliches Kennzeichen hierfür.

Bei dem ständigen Anwachsen der Aufgaben in einem Elektrizitätswerk ist die Gefahr der Überlastung seiner Führungskräfte in den verschiedenen Rängen besonders groß. Auch aus diesem Grunde verlangt eine optimale Organisationsform die strenge Durchführung des Prinzips der Delegation von Arbeit und Aufgaben, von Verantwortung und Kompetenz an die nachfolgenden Einheiten.

Dazu gehören Mut und Vertrauen. Die Praxis zeigt aber eindeutig, daß dieses Vertrauen mit einer überraschenden Verantwortungsfreudigkeit belohnt wird und somit geeignet ist, selbst dort Leistungsreserven zu wecken[1], wo langjährige Routine zur Erstarrung geführt hat.

Eindeutige Unterstellung. Industrielle Betriebe, deren Anlagen an einem eng begrenzten Ort konzentriert sind, haben zumeist keine Schwierigkeiten, ihre Organisation so zu gestalten, daß jeder genau weiß, wem er unterstellt ist. Anders ist es, wenn räumliche Entfernung gewichtige Betriebseinheiten trennt.

Bei den üblichen Organisationsformen der Elektrizitätswerke[2] mit verschiedenen Bezirks- und Kraftwerkseinheiten sind die örtlichen Facheinheiten beispielsweise des Betriebs oder des Netzes entweder dezentral den Leitern der örtlichen Gesamteinheit oder der jeweiligen übergeordneten Fachabteilung unmittelbar zentral unterstellt. Es war schon angedeutet worden, daß bei dezentralem Aufbau zur Vermeidung einer Zersplitterung die Verstärkung der zentralen Einflüsse angestrebt wird, während umgekehrt bei zu straffer zentraler Organisation örtliche Zusammenfassungen unter Verstärkung der dortigen Betriebseinheiten zweckmäßig sind.

Das „bundesstaatliche Lösung" genannte Organisationssystem kann beiden Wünschen gerecht werden. Sein Nachteil ist, daß bei Meinungsverschiedenheiten die Geschäftsführung selbst eingeschaltet werden muß. Gelegentliche Teildelegation von Verantwortung und Kompetenz an die Stabsabteilungen schafft zwar zwischen diesen und der örtlichen Einheit direkte Verbindungen, doch bleibt unklar, wo in Einzelfällen die Verantwortungsgrenzen der miteingeschalteten Stabsabteilungen liegen. Wenn derartige Lösungen gelegentlich in der Praxis arbeitsfähig erscheinen, so liegt das nicht an guter Organisation, sondern an der besonderen Eignung der damit beauftragten Personen.

Der Grundsatz der eindeutigen Unterstellung verlangt also Klarheit. Wenn es nicht anders möglich ist, bleibt hier die Lösung, verschiedene Aufgaben in Personalunion wahrnehmen zu lassen. Der Betreffende hat allerdings für jeden der ihm unterstellten Organisationsbereiche einen eigenen Vorgesetzten.

Das stark vereinfachte Beispiel einer solchen Ordnung der örtlichen Zuständigkeit in einem Bezirk zeigt die Organisationseinheiten Netz, Vertrieb, kaufmännische Angelegenheiten im Liniensystem geordnet.

---

[1] Vgl. HASENACK, Grundsätze zur Gestaltung der Eigenverantwortlichkeit in der Unternehmung, Zeitschrift für Handelswissenschaftliche Forschung 1957, H. 6, S. 281.

[2] Vgl. S. 107 und die dortigen Organisationsskizzen.

Die Nachteile einer völligen Dezentralisation sind vermieden, ohne die Vorteile einer zentralen Lösung aufzugeben. Sowohl die örtliche Koordination als auch die Eindeutigkeit der jeweiligen Unterstellung ist sichergestellt, so daß die funktionalen, personellen und formalen Regelungen innerhalb des örtlichen Bereichs einheitlich erfolgen.

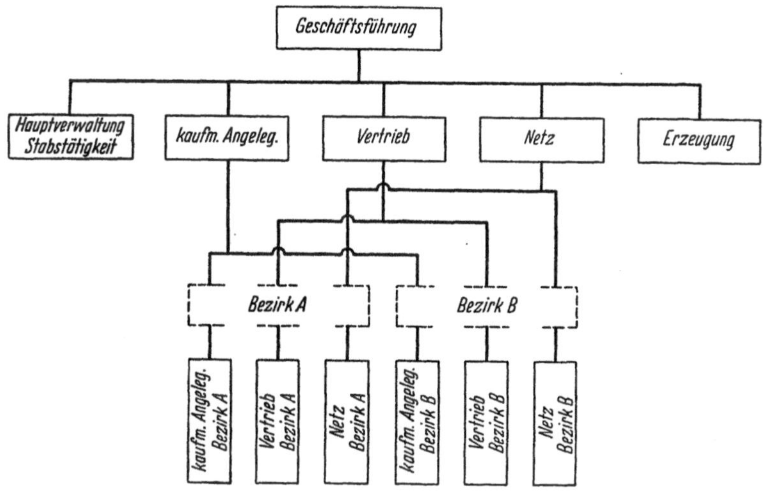

Abb. 17. Örtlicher Bereichsleiter als Vorgesetzter und Untergebener in mehreren Liniensystemen (Personalunion)

Klare Rangordnung. Nicht nur das grundsätzliche Schema des Organisationsaufbaus, sondern auch Notwendigkeit, Bedeutung und Rangstufe der einzelnen Organisationseinheiten bedürfen in Abständen einer Überprüfung. Bei der stürmischen Entwicklung der Werke können in wenigen Jahren einzelne Arbeitsgebiete bedeutungsvoller werden, müssen also ausgebaut und vielleicht in der Rangstufe angehoben werden, während andere verkümmern und zurückgestuft werden müssen.

Bei der Festlegung der Rangstufen besteht die Gefahr, mit Rücksicht auf die Person des Leiters Organisationseinheiten zu hoch einzustufen. Es ist jedoch letztlich billiger, die Verdienste des Leiters einer Organisationseinheit von begrenzter Bedeutung, den man an anderer Stelle nicht einsetzen kann, durch einen angemessenen Arbeitsplatz und Ausgestaltung seiner Einkünfte zu entschädigen, als seine Organisationseinheit falsch einzustufen, da sich dann mit Sicherheit in kurzer Zeit ein der überhöhten Rangstufe entsprechender, um vieles aufwendigerer „Unterbau" ausbilden wird.

Die Zahl der erforderlichen Rangstufen eines Elektrizitätswerkes hängt insbesondere vom Ausmaß seiner elektrizitätswirtschaftlichen Aufgaben, dem Umsatz, der Ausdehnung seines Versorgungsgebietes ab. Einen Anhaltspunkt für die nötige Zahl der Rangstufen gibt die Organisationsregel von der „Kontrollspanne". Sie ergibt, daß in den oberen Rängen kein Vorgesetzter mehr als fünf bis sieben unmittelbar Untergebene (im Liniensystem) betreuen kann, wenn nicht der Arbeitsablauf leiden soll. Erfahrungsgemäß ist dies das Maximum dessen, was eine hochqualifizierte Person an Teilaufgaben erfolgreich wahrnehmen und kontrollieren kann. In der Mittelschicht (Abteilungsleiter, Oberingenieure) dürfte die obere Grenze ebenfalls bei sieben Untergebenen (im Liniensystem) gegeben sein. In der Meisterebene sind je nach Betriebsart etwa zwölf bis zwanzig Untergebene als obere Grenze anzusehen.

Diese Maximalzahlen sind wegen der örtlichen Differenzierung der Funktionen bei den Elektrizitätswerken meist nicht zu erreichen. So haben sich dort vielfach Gliederungen bewährt, die bei 1000 Beschäftigten (einschließlich Stabsabteilungen) mit 3 bis 4, bei 3000 Beschäftigten mit 5 und ab 5000 bis 6000 Beschäftigten mit 6 Rängen (bei mehrköpfiger Leitung) arbeiten.

Unklarheiten über den Rang von Organisationseinheiten belasten den Arbeitsablauf. Schon um Illusionen auf der einen Seite und Verbitterungen auf der anderen zu vermeiden, ist eine Veröffentlichung der Rangverhältnisse unbedingt ratsam. Zweckmäßig sind genaue Untergliederungen in betriebsinternen Telefonbüchern und beharrliche Anwendung der Rangbezeichnungen der Organisationseinheiten im internen Schriftverkehr mittels aussagefähiger Kurzbezeichnungen.

Organisationsverbesserung durch neue funktionale Zusammenschlüsse. Mit Wachsen der Unternehmen müssen von Zeit zu Zeit Funktionen abgetrennt werden, die bis dahin von anderen Organisationseinheiten nebenher wahrgenommen wurde. Zweckmäßigerweise faßt man die aus mehreren Organisationseinheiten abgetrennten gleichen oder ähnlichen Funktionen zu einem eigenen Liniensytem zusammen.

Eine derartige funktionale Zusammenfassung früherer Nebenbereiche muß keine Verlegenheitslösung sein, um heimatlos gewordenen Aufgabenbereichen ein gemeinsames Obdach zu geben. Sie erlaubt vielmehr, diese Funktionen weit besser zu steuern und zu überwachen. Dabei läßt die straffere Bindung auch eine eindeutige, um vieles verbesserte Kostenerfassung zu.

In ähnlicher Weise haben zahlreiche Elektrizitätswerke alle für Neuanlagen tätigen Baugruppen aus den örtlichen Betriebseinheiten, wie Kraftwerken und Netzbezirken, gelöst und zu einem eigenen Liniensystem „Bau", meist gegliedert nach Netzbau, Schaltanlagenbau, Maschinenbau und Hochbau mit entsprechenden örtlichen Außenstellen zusammengefaßt. Zwar löst dies in der Regel anfänglich Widerstände bei den örtlichen Betriebsbereichen aus, denen damit die Möglichkeit eingeschränkt wird, mit Betriebs- und Baupersonal kurzfristig ausgleichend disponieren zu können, doch lassen sich diese Schwierigkeiten durch langfristigere und genauere Reparaturtermin-Planung der Netzabteilungen und Kraftwerksbetriebe und durch Einführung von Bereitschaftsdiensten der Bauabteilungen für Störungsreparaturen ausräumen. Hinter dem Widerstand der örtlichen Betriebsbereiche gegen Entlastung von der Verantwortung und Kompetenz für Neubautätigkeit verbirgt sich die ehrliche Sorge, des Einflusses auf die aus Betriebserfahrungen erwachsene Gestaltungsmöglichkeit beraubt zu werden. Oft fürchten sie auch, bei den notwendigen Investitionen zurückgesetzt zu werden, wenn ihnen die unmittelbare Verfügungsgewalt über die bereitgestellten Etatmittel entzogen wird. Die Unternehmensleitungen sollten derartigen Bestrebungen nicht nachgeben, deren wahre Ursache oft auch Beharrungswille und Machtstreben sein kann. Gerade die organisatorische Zusammenfassung der Neubaugruppen in einem eigenen Liniensystem schafft gesunde Gegenpole und eröffnet zahlreiche Möglichkeiten zur Kostenersparnis.

Ähnliche Überlegungen können zur funktionalen Zusammenfassung aller Lager zu einem zentralgesteuerten Materialwesen, aller Fahrbereitschaften zu einem einheitlichen Transportwesen führen. Die jüngste Entwicklung geht in vielen Elektrizitätswerken dahin, die bei zahlreichen einzelnen Organisationseinheiten, wie Netz, Kraftwerken, Vertrieb geführten Planungs- und Entwicklungsarbeiten zunächst in einer Planungs-Stabsabteilung, dann aber auch in einer nach Liniensystem geordneten Rangstufenfolge zusammenzufassen.

Der „Funktionalismus" und die damit ausgelöste Bewegung zur zentralen Zusammenfassung gleichartiger Funktionen und Kostenstellen war der Grundgedanke bei zahlreichen organisatorischen Reformbestrebungen der letzten Jahre. Er ist symptomatisch für die allgemeine Tendenz, dem Kostendenken den Vorzug vor technischen Überlegungen einzuräumen[1].

Die Elektrizitätswerke als Hochburgen der Technik hat diese Bewegung erst verhältnismäßig spät erfaßt. Eine typische Auswirkung ist bei den größeren Funktionsgruppen, wie Netz, Kraftwerke, Vertrieb und Bau die Schaffung oder Verstärkung jeweils einer Stelle, die sich neben der Abwicklung des Geschäftsverkehrs von und zu den benachbarten Haupt-Funktionsgruppen mit der internen Analyse der Betriebsabrechnungs-Daten befaßt. Je mehr sich die Vorgabe von Kosten oder zusammengefaßten Soll-Etats für einzelne Hauptabteilungen durchsetzt, wird deren Leiter Wert darauf legen, sein „Ist" mit dem „Soll" laufend vergleichen zu können.

Bei regelmäßiger Kostenkontrolle eröffnet sich die Aussicht, die Kosten der betriebseigenen Leistungen mit denen anderer Firmen genauer vergleichen zu können. Das Abstoßen unternehmensfremder Aufgaben baut unnütze Posten der Organisation ab und wirkt für den Betrieb wie eine Schlankheitskur. Der ganze Organismus und sein Zellgefüge wird dadurch belebt, daß die Eigenleistung wirksam überwacht und daraus die nützlichen Konsequenzen gezogen werden.

Stockungen und Krampfzustände vorbeugend zu vermeiden und gegebenenfalls auszuräumen, muß das Ziel jeder Organisationstätigkeit sein. Neuorganisationen erfordern, daß auch mittelbar betroffene Bereiche und Verflechtungen mit anderen Organisationseinheiten überprüft werden und sind somit grundsätzlich geeignet, Ermüdungserscheinungen innerhalb des Betriebes erfolgreich zu bekämpfen. So schädlich für ein Unternehmen häufiger Organisationswechsel ist, so heilsam ist in vorsichtiger Dosierung diese Medizin gerade für E-Werke, die in der Randsphäre des öffentlichen Dienstes vergessen könnten, daß sie zur optimalen Erfüllung ihrer Aufgaben in erster Linie Erwerbs- und Industriebetrieb bleiben müssen.

C. Betrieb

In vielen industriellen Unternehmen hat sich eine doppelsinnige Anwendung des sprachlichen Begriffs „Betrieb" eingebürgert. In einem Falle denkt man an das Betreiben des gesamten Unternehmens mit Verwaltung, Einkauf, Herstellung, Verkauf und allem, was sonst noch dazu gehört, das andere Mal insbesondere an

---

[1] Vgl. WULKAN, Administrative Erfordernisse des modernen Betriebes und dessen Führungsmittel, Technische Rundschau 1957, H. 10, S. 7.

8*

die Fertigung, an das manuelle oder mechanische Herstellen und Aufbereiten des Verkaufsgutes, im Fall des Elektrizitätswerkes also an Erzeugung, Bezug und Verteilung des elektrischen Stromes. Hierzu gehören auch die Funktionen und Einrichtungen zur Steuerung und Unterhaltung der entsprechenden technischen Anlagen, zu deren Versorgung mit den notwendigen Roh- und Hilfsstoffen und zur laufenden Verbesserung und Vervollkommnung der technischen Einrichtung. In diesem engeren Sinne des Begriffes „Betrieb" soll der folgende Abschnitt verstanden werden.

I. Stromerzeugung

Wärme, Wasser und Wind enthalten die Kräfte, aus denen die Elektrizität gewonnen wird. Die Nutzung des fallenden Wassers, wo immer sie sich in der Natur bietet, wird stets für die Stromerzeugung wichtig sein. Der Menge und der wirtschaftlichen Bedeutung nach ist sie jedoch von den mit Dampf betriebenen Wärmekraftanlagen weit überholt. Seit der genialen Erfindung des Drehstroms wird zur Erzeugung von Elektrizität die drehende Bewegung einer Kraftmaschine benötigt, sei es nun Dampfmaschine, Dampfturbine, Gasturbine, Explosionsmotor, Mühlrad, Wasserturbine oder Windrad. Soweit Sonnenenergie oder Kernkraft als Wärmespender genutzt werden kann, ist nach bisherigen Erkenntnissen ebenfalls der Umweg über einen geeigneten Wärmeträger zur drehenden Kraftmaschine notwendig.

Um den Überblick über die langfristigen Probleme der Energieerzeugung zu erleichtern, sollen die beim Kraftwerksbetrieb wesentlichen Betriebsstoffe, die Nutzung der Rohenergie bis zur Umwandlung in mechanische Energie und die eigentliche Stromerzeugung für sich betrachtet werden, wenn sich dabei auch gelegentlich Überschneidungen nicht vermeiden lassen.

a) Betriebsstoffe

1. Wasserkraft und Nutzung

Nur in wenigen Fällen können die von der Natur dargebotenen Wasserkräfte am Gewinnungsort selbst unmittelbar genutzt werden. Häufig ist aber eine Umwandlung in elektrische Energie volkswirtschaftlich vertretbar. Verlockend daran scheint, daß nach erfolgtem Ausbau sich diese Energiequelle gleichsam unerschöpflich darbietet, also entsprechende Energiemengen aus sich erschöpfenden Rohenergiequellen einspart.

Eine möglichst rasche und vollständige Nutzung der für die wirtschaftliche Ausbeutung verfügbaren Wasserkräfte wäre wünschenswert. Leider ist der Aufwand für den Ausbau erheblich höher als für vergleichbare Wärmekraftwerke. Daraus erklärt sich, daß auch in der Bundesrepublik immerhin noch fast 60% (rd. 4000/MW) der wirtschaftlich nutzbaren Wasserkräfte nicht für die Energieerzeugung erschlossen sind. Heute noch sind vom Potential der Wasserkräfte ungenutzt[1]:

---

[1] Vgl. BISCHOFF, MELCHINGER, SARDEMANN, Bericht 816/A/38 zur 5. Weltkraftkonferenz, Wien 1956, S. 4.

Im bundesdeutschen Einzugsgebiet:

	MW	%	GWh	%
der Donau	1700	55	8,0	50
des Rheins	1500	60	4,5	50
der Weser und Elbe	500	70	1,0	75
	3700		13,5	

Um den beschleunigten Ausbau von Wasserkraft trotz der hohen Investitionskosten anzuregen, werden derartige Anlagen in Deutschland seit langem bereits steuerlich gefördert. Zur Zeit gewährt eine Verordnung über die steuerliche Begünstigung von Wasserkraftanlagen[1] neben Vergünstigungen während der Bauzeit in der Regel eine Ermäßigung der gesetzlichen Beträge für Einkommen-, Körperschafts-, Vermögens- und Gewerbesteuer um die Hälfte auf die Dauer von 20 Jahren ab Inbetriebnahme, — sofern die Gewinnausschüttung der Unternehmen 8% des Grund- bzw. Stamm-Kapitals nicht übersteigt.

Gleichwohl geschieht die Erschließung der Wasserkräfte nur zögernd, weil eine ausreichende Wirtschaftlichkeit vielfach nicht gesichert erscheint. Da anfangs die wirtschaftlich verlockendsten Vorkommnisse erschlossen worden sind, wird für die verbliebenen Ausbaumöglichkeiten das Verhältnis von Aufwand zu Ertrag in der Regel ungünstiger. Hinzu kommt, daß auf Grund der geographischen Lage der Wasserkräfte in der Bundesrepublik die Aufgabe ihrer weiteren Erschließung vornehmlich nur einer kleinen Anzahl von Versorgungsunternehmen im Süden des Landes zufällt.

Wasserrecht. Verzögernd für den Ausbau wirkt auch die Notwendigkeit der Klärung wasserrechtlicher Fragen. Zweifellos wird die überaus verwickelte Wasserrechtsgesetzgebung der umfassenden Bedeutung der Wasserwirtschaft nicht mehr gerecht. Es gibt kein bundeseinheitliches Wasserrecht. Die geltenden alten, sich vielfach widersprechenden landesgesetzlichen Regelungen, zum Teil überlagert oder durchbrochen durch noch ältere örtliche Wasserrechte und durch reichs- und bundesgesetzliche Regelungen, sind verwickelt und zudem in der Handhabung erschwert durch Zuständigkeitsverschiebungen in der Folge politischer Umgestaltungen.

Bei der derzeitigen Rechtslage enthält vor allem die Anwendung der Vorschriften für die Abwicklung der erforderlichen formalen Verfahren eine solche Fülle von rechtlichen Unklarheiten, daß ein einziger unverständiger oder gar böswilliger Anlieger den Ausbau auch bedeutsamer Wasserkraftanlagen auf Jahre lahmlegen kann. Nicht selten sieht sich ein Elektrizitätsversorgungsunternehmen bei der Planung der Wasserkraftanlage drei verschiedenen Landeswasserkraftgesetzen gegenüber, von den formal für die Entscheidung zuständigen Stellen ganz zu schweigen! Es erscheint unter diesen Umständen tröstlich, daß wenigstens in dem Bundesland mit den ergiebigsten Wasserkräften, in Bayern, ein einigermaßen geschlossener Block einheitlichen Wasserrechts besteht.

Das Wasserrecht in der Bundesrepublik ist sowohl in der Eigentumsfrage, mit Ausnahme der früheren Reichswasserstraßen, als auch in den gesetzlichen Grundlagen für die Wassernutzung uneinheitlich. Grundsätzlich sind vor Neuerrichtung

---

[1] v. 26. 10. 1944 (RGBl I 1944, S. 287) mit Änd. Ges. v. 26. 10. 1957 (BGBl I 1957, S. 807).

oder Erweiterung von Wasserkraftanlagen bestimmte formgebundene Verfahren vorgeschrieben, in denen die Rechte des anlagebauenden und -betreibenden Unternehmens genau abgrenzt, Auflagen hinsichtlich des Hochwasserschutzes erteilt, Entschädigungen anderer Anlieger festgelegt und bei Wasserläufen im Eigentum der öffentlichen Hand gegebenenfalls auch die Höhe von Anerkennungsgebühren, Entgelten und Abgaben an den Fiskus bestimmt werden. Der aus gemeinrechtlichen und volkswirtschaftlichen Gedankengängen herrührende Grundsatz, „ein Entgelt für die Benutzung eines Wasserlaufs darf dem Unternehmer nicht auferlegt werden"[1], der vor allem im preußischen Wasserrecht eindeutig zum Ausdruck kam, ist im Laufe der Zeit vielerorts wesentlich entwertet worden. Auf dem Wege der hierbei manchmal recht willkürlich erscheinenden Rechtsauslegung oder durch neu geschaffene Rechtsordnungen wird häufig mit unterschiedlichen rechtlichen Begründungen ein Wasserzins gefordert. So sehr es verständlich sein mag, daß sich der Fiskus gegen möglicherweise zu erwartende zusätzliche Ausgaben sichert, die bei der Errichtung des Werkes kaum völlig zu überblicken sind (z. B. für Landschaftsschutz, Schiffahrtssicherung, Fischerei), so wirkt doch die Höhe der geforderten Entgelte dämpfend auf die Wirtschaftlichkeit der geplanten Wasserkraftanlagen.

Grenzkraftwerke. Alle diese Probleme häufen sich bei der Planung von Grenzkraftwerken. Neben den verschiedenen nationalstaatlichen Wasserrechtsregelungen, die sowohl beim Verlauf der Grenze längs als auch quer zum Wasserlauf Anspruch auf Anwendung erheben können, wirken sich hier vor allem bei Gemeinschaftswerken Fragen der sich widersprechenden Sozial- und Steuergesetze, der Währungsparität, ja auch des Gerichtsstandes mit aus. Der Nervenkrieg der rechtlichen Klärung ist durchweg nicht weniger zeitraubend als die rein technische Vorbereitung.

Eine Ursache internationaler Wasserrechtsstreitigkeiten war in der Vergangenheit die Ableitung von Wasserkräften vor Überschreitung der Grenzen. Gelegenheiten dazu gab es und gibt häufig genug überall dort, wo eine Grenzlinie nicht mit der natürlichen Wasserscheide zusammenfällt. Inzwischen hat jedoch zunehmend der Grundsatz Anerkennung gefunden, daß jedem Staat die Nutzung des Wassers aus den Einzugsgebieten seines Landes zukommt, — daß die unteren Anlieger also nicht um die Nutzung ihres Anteils gebracht werden dürfen, wenn dieser zeitweilig das Gebiet eines anderen Staates durchfließt. Da es bei dem heutigen Stand der Wasserwirtschaft möglich ist, die Anteile nach Menge, Energiegehalt und zeitlicher Abflußfolge annähernd zu bestimmen, finden sich die Betroffenen häufig zu gemeinsamen Nutzungsverträgen oder aber zu Abkommen über die wechselseitig abzuleitenden Wasserkräfte zusammen.

Künstliche Abregnung und Wasserrecht. Neue Probleme werden sich im internationalen Wasserrecht aus den künftigen Möglichkeiten ergeben, die Niederschläge in den Einzugsgebieten selbst zu beeinflussen. Hierbei ist in Mitteleuropa weniger an eine langfristige Beeinflussung der klimatologischen Voraussetzungen durch Schaffung neuer Wasserflächen oder durch Aufforstung versteppter Landstriche zu denken als an die vorzeitige Abregnung von Wolken durch deren Bestreuung mit niederschlagsanregenden Substanzen. Die Auseinandersetzung um

---

[1] § 54 Preuß. Wassergesetz vom 7. 4. 1913 (GS S. 53).

die Wasserkräfte, die sich zunächst auf die Wasserläufe erstreckte, dann auf die Einzugsgebiete verlagerte, droht sich damit den noch in der Atmosphäre befindlichen Wassermassen zuzuwenden, wenn es nicht rechtzeitig gelingt, hierüber zu international anerkannten Vereinbarungen zu kommen.

Schwankende Wasserdarbietung und Ausbauwürdigkeit. Für die Beurteilung der Ausbauwürdigkeit von Wasserkräften hinsichtlich der energiewirtschaftlichen Nutzung sind neben den geologischen Gegebenheiten an der vorgesehenen Baustelle wie Talbreite, Gründungsverhältnisse, möglicher Stauraum, Gefälle u. dgl., sowie neben der Wassermenge und der Wassergeschwindigkeit vor allem die Schwankungen in der Wasserdarbietung wesentlich. Sie werden von einer Reihe von Faktoren bestimmt. Neben den besonderen geologischen und biologischen Eigenschaften des Einzugsgebietes wie Flachland, Mittel- oder Hochgebirge, Größe und Form, Oberflächenbeschaffenheit[1], Bewuchs, Untergrund- und Grundwasserverhältnisse sind die klimatologischen Einflüsse wie Temperatur, Lage zu Gebirgskämmen, Art der Niederschläge, Luftfeuchtigkeit, Schnee- und Eislagerung von wesentlicher Bedeutung.

Speicherfähigkeit verschiedener Böden, mm^3/m^2 Oberfläche (Frühjahrsbestand an Bodenwasser von 0—160 cm Tiefe)

	Moor	Ton	Lehm/Sand	Sand
Wasserkapazität	990	650	350	190
nutzbare Wasserkapazität	525	315	202	127

Die Differenz zwischen den beiden Zahlenreihen kann in trockenen Sommern vom Bewuchs aufgebraucht werden[2].

Bei dem hohen Kapitalaufwand der Wasserkraftwerke ist für die Beurteilung des Ausbauwürdigkeit mit entscheidend, ob dieses Kapital durch möglichst hohe Benutzungsstunden der installierten Maschinen günstig amortisiert werden kann.

Den Tagesschwankungen des Strombedarfs steht normalerweise ein verhältnismäßig gleichmäßiges Wasserangebot aus den Einzugsgebieten gegenüber. Die jahreszeitlichen Schwankungen des Strombedarfs können fast nie durch ein zeitlich ähnlich verlaufendes Wasserangebot ausgeglichen oder befriedigt werden. Monatelang sind die Niederschläge als Schnee und Eis gebunden, unregelmäßig treten Hochwasser und Trockenzeiten auf.

Die Ausbauwürdigkeit hängt wesentlich davon ab, wie weit und unter welchem Kostenaufwand der Wasserzufluß zeitlich so zu steuern ist, daß er dem jeweiligen Strombedarf des Netzes entspricht.

Die Beeinflussung des Wasserzuflusses zwischen Einzugsgebiet und Kraftwerk geschieht bei Speicherwerken durch Steuerung der Staupegel in den Speichern, bei Laufwasserwerken des gleichen Flußsystems durch Vereinbarung eines Schwellbetriebes. Hierbei wird die Durchflußmenge jedes der hintereinanderliegenden Kraftwerke so gesteuert, daß die gesamte Kraftwerkskette eine möglichst große Strommenge zur Spitzenzeit erzeugt.

---

[1] vgl. GSAENGER, Speicherwirtschaft und Hochwasservorhersage, Dissertation Berlin-Charlottenburg, 7. 11. 1955.

[2] Vgl. UHLIG, Die Wasserreserven unserer Böden im Frühjahr, Wasserwirtschaft 1954, S. 208. Vgl. RUPPRECHT, Die Methodik der Wasserführungsprognose, gezeigt am Beispiel der Kraftwerk Höllenstein AG, Praktische Energiekunde 1957, H. 3, S. 292ff.

Soweit es gelingt „„lastgemäßen" Strom zu erzeugen, können für die Wirtschaftlichkeitsrechnung die Stromerzeugungskosten eines Wärmekraftwerkes mit entsprechender Belastungscharakteristik zugrunde gelegt werden. „Überschußenergie", also außerhalb der Spitzenzeiten über den Bedarf hinaus aus Wasserkraft erzeugter Strom, kann jedoch nur in Höhe der jeweiligen Zuwachskosten der dadurch zu entlastenden Wärmekraftwerke in Rechnung gestellt werden. Aus dem zu erwartenden Ertrag und voraussichtlichen Aufwand lassen sich „Güteziffern" bilden, die einen brauchbaren Vergleichsmaßstab für die Ausbauwürdigkeit von Wasserkraftwerken in Hinblick auf die energiewirtschaftliche Nutzung bieten[1].

Wasserkraftwerke und Verbundbetrieb. Die nutzbare Abgabe von „Überschußenergie" durch sinngemäße zeitliche Drosselung der Stromabgabe mit einspeisender Wärmekraftwerke oder durch Aufladung von Speicherwerken läßt sich um so leichter durchführen, je größer das angeschlossene Verbundnetz ist. Elektrizitätsunternehmen mit Wasserkraftwerken sind daher noch stärker als solche mit Wärmekraftwerken an einem Verbundbetrieb großer Netze interessiert.

Von der Ertragsseite her ist die Ausbauwürdigkeit von Laufwasserwerken in der Regel geringer als die von Speicherkraftwerken. Während Laufwasserwerke im Wettbewerb mit Hochleistungs-Grundlast-Wärmekraftwerken stehen, treten Speicherwerke an die Stelle der meist nur für die Spitze eingesetzten, vielfach älteren Wärmekraftwerke mit hohem spezifischen Kohleverbrauch.

Ohne Einspeisung in ein größeres Verbundnetz besteht bei Wasserkraftwerken die Gefahr, daß das dargebotene Wasser mangels ausreichender Netzlast überhaupt verlorengeht. Solche „Überlaufverluste", die sich meist in Hochwasserperioden während der Zeit geringen Strombedarfs ergeben, liegen bei den Wasserkraftwerken der öffentlichen Versorgung in Mitteleuropa nur noch in einer Größenordnung von rd. 1%. In der Bundesrepublik sind seit 1950 derartige Überlaufverluste praktisch kaum mehr aufgetreten[2]. Auch bei kleinen Wasserkraftwerken im Eigentum von Industrie- oder Gewerbebetrieben haben sich die Überlaufverluste durch Verbundanschluß an das öffentliche Netz inzwischen weitgehend ausschalten lassen[3].

Verbesserung des Wasserhaushalts im Unterlauf. Die Ausbauwürdigkeit einer Wasserkraftanlage steigt, wenn zusätzlich noch Vorteile im Wasserhaushalt des betreffenden Flußsystems erwartet werden können. So verhindert in der Regel die gleichmäßigere Strömung unterhalb des Kraftwerks weitgehend die insbesonders von der Schiffahrt gefürchteten Sohlenaufhöhungen und die Bildung von Bänken. Im allgemeinen setzt eine zweckmäßig gebaute Wasserkraftanlage die Erosion erheblich herab und verbessert so die Grundwasserverhältnisse im Unterlauf. Auch die Eisbildung wird wesentlich vermindert, da einerseits das Wasser im

---

[1] Hierzu im einzelnen: VOGT, Wasserkraftwerke in der Verbundwirtschaft, München 1952, S. 90; JANSEN u. HAAGER, Wirtschaftlich gerechtfertigte Ausbaukosten für Wasserkraftanlagen für die öffentliche Versorgung. Elektrizitätswirtschaft 1955, S. 697ff.; JANSEN u. HAAGER, Die Wirtschaftlichkeit von Wasserkraftwerken, Elektrizitätswirtschaft 1956, H. 22, S. 813ff.

[2] Vgl. Zwischenstaatlicher Energieaustausch in Europa, S. 27ff., München 1952 (E/ECE Ber. vom 18. 8. 1952).

[3] Vgl. HENNINGER u. CHRISTALLER, Fortschritte in Planung, Bau und Betrieb von Wasserkraftanlagen in der Bundesrepublik Deutschland, BWK 1956, H. 6, S. 295.

Stauraum vor Unterkühlung besser geschützt, und durch Klärung der Gehalt an Kristallisationskernen vermindert wird, während andererseits die geregelte Abgabe des Stauwassers die Flußwasserstände und die mittlere Flußgeschwindigkeit erhöht. Darüber hinaus erweisen sich Wasserkraftanlagen besonders wertvoll für den Hochwasserschutz, da Hochwasserwellen entweder ganz zurückgehalten oder wenigstens abgeflacht werden.

Die Ausbauwürdigkeit eines Wasserkraftwerkes wird im übrigen dann günstiger, wenn es die Ausbauwürdigkeit anderer Wasserkraftwerke in gleichen Flußgebieten verbessern hilft. Eine richtige zeitliche Steuerung des Wasserablaufs in Anpassung an die Wünsche der Unterlieger hat eine „Veredelung" der Wasserkraftdarbietung dieser Werke zur Folge. Die Vorteile aus der Erhöhung ihrer „lastgemäßen" Stromerzeugung sollten einem neuen Projekt allerdings nur dann anteilig zugute gerechnet werden, wenn die gesamte Kraftwerkskette vom gleichen Unternehmen betrieben wird oder ein sinngemäßer Erlösausgleich erfolgt[1]. Nicht zu Unrecht gehen daher die energiepolitischen Bestrebungen dahin, die energiewirtschaftliche Nutzung eines Flußsystems nach Möglichkeit einem einzigen Unternehmen oder zumindest einer Gruppe von hierbei eng zusammenarbeitenden Unternehmen zu überlassen.

Landschaftsschutz. Neben den vielfältigen rechtlichen und wirtschaftlichen Fragen, die vor dem Ausbau einer Wasserkraftanlage zu klären sind, erfordern auch die Wünsche des Landschaftsschutzes sorgsame Beachtung. Die Vorstellung der Umwelt, unendlich verschieden im einzelnen, wehrt sich im allgemeinen gegen jede Veränderung im Landschaftsbild. Vielfach sind Ablösungs- oder Entschädigungswünsche betroffener Anlieger die materielle Triebfeder, oft aber auch sind es die aus ideellem Streben nach Erhaltung des Bestehenden, als „natürlich" Betrachteten, kommenden Forderungen, die den planenden Unternehmen erhebliche Hemmnisse in den Weg legen.

Die öffentliche Meinung frühzeitig in breiter Streuung aufzuklären und immer von Neuem darauf hinzuweisen, daß alles geschehen wird, auch die neue Landschaftsgestaltung der Umgegend harmonisch anzupassen und so wenig wie möglich am Bestehenden zu verändern, dürfte ein Weg sein, der viele Schwierigkeiten glättet. Wo bauende Unternehmen wirklich von solchem natürlichem Gestaltungswillen durchdrungen waren und auf alle Beauftragten entsprechend einwirkten, ist bislang der Erfolg nicht ausgeblieben.

2. Brennstoffe

Auf Grund der natürlichen geologischen Gegebenheiten hat für die westeuropäische und ganz besonders die westdeutsche Elektrizitätserzeugung die Wärmekraft eine wesentlich stärkere Bedeutung als im Durchschnitt für die Energieversorgung der gesamten übrigen Welt. Von der Bruttoerzeugung der gesamten Elektrizitätswirtschaft des Bundesgebietes stammten 1958 rd. 86% aus Wärmekraftwerken. Die Werke der öffentlichen Elektrizitätsversorgung gewannen rd. 80%

---

[1] Vgl. FROHNHOLZER, Speicher zur Winterwasseraufbesserung und Winterenergieerzeugung unter besonderer Berücksichtigung dieser Möglichkeiten im Einzugsgebiet der Donau bis Jochenstein, Dissertation TH Karlsruhe, 7. 3. 1951.

der Bruttoerzeugung aus Wärmekraft. Trotz aller denkbaren Förderung der noch auszubauenden Wasserkraftwerke nimmt der relative Anteil der Wärmekraft weiterhin zu.

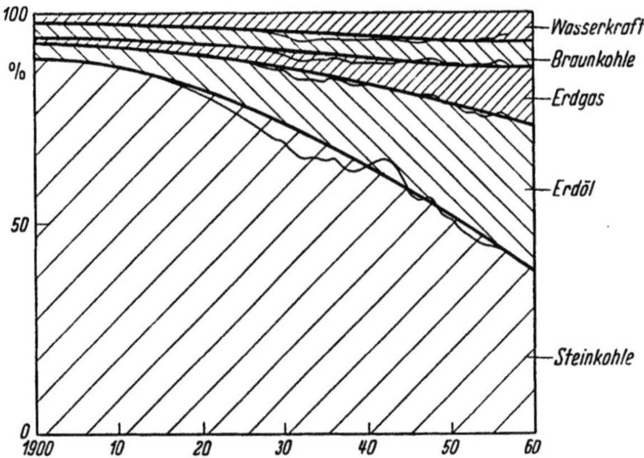

Abb. 18. Anteile der wichtigsten Energiequellen an der gesamten Rohenergieversorgung der Welt
(Zahlen aus: Wochenbericht des Deutschen Institutes für Wirtschaftsforschung 1958, H. 39, S. 154)

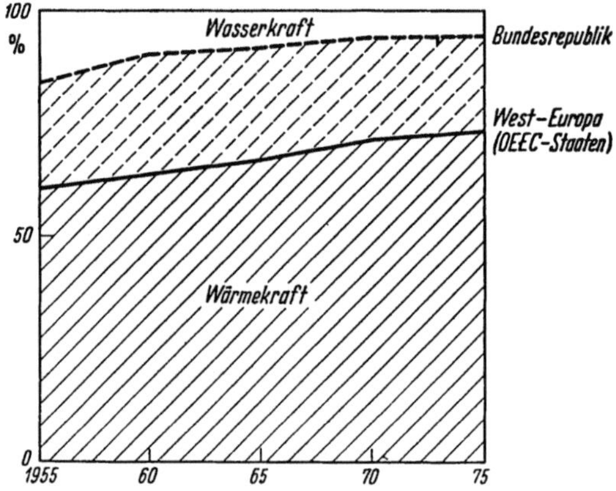

Abb. 19. Künftiger Anteil der Wärmekraft (einschließlich Kernenergie) an der gesamten Elektrizitätserzeugung
in Westeuropa und der Bundesrepublik
(Zahlen aus Schätzungen der OEEC nach: OBERLACK, Die Elektrizitätswirtschaft der Bundesrepublik im Rahmen
der zukünftigen Stromversorgung Westeuropas 1955—1957. Elektrizitätswirtschaft 1958, H. 14, S. 439)

Anders als bei Wasserkraftanlagen kann die Rohenergie für Wärmekraftanlagen zeitlich unabhängig in beträchtlichem Maße gespeichert werden. Die Preise der Brennstoffe ab Förderort und auch die bis zur Verfeuerung entstehenden Kosten sind je nach Wahl der Primärenergie und Standort des Werkes recht verschieden und unterliegen überdies im Laufe der Zeit merkbaren Veränderungen. In der Verschiedenheit und Veränderlichkeit der Brennstoffkosten ist die Möglichkeit enthalten, die spezifischen Erzeugungskosten durch Wahl der Brennstoffart und -sorte zu beeinflussen. Ferner können auch bei Einkauf und Verfeuerung Einsparungsmöglichkeiten genützt werden.

Bei der Planung eines neuen Wärmekraftwerkes ergibt sich für die Unternehmensleitung als erstes die grundsätzliche Frage nach der Brennstoffart. Erst im Zusammenhang damit kann wegen der Bedeutung der Transportmöglichkeiten der Standort festgelegt werden. Eine Ausnahme bilden lediglich Unternehmen mit eigener, preisgünstiger, auch für das neu geplante Werk ausreichender Rohenergiebasis.

Förderortgebundene Braunkohlenverbrennung. Die in der Bundesrepublik für Kraftwerke verfügbaren Primärenergien sind im wesentlichen Braunkohle, Steinkohle und Öl. Die spezifischen Kosten der Stromerzeugung in den Wärmekraftwerken werden einerseits durch die Menge der jeweils benötigten WE/kWh bestimmt und andererseits durch den Preis der Wärmeeinheit des jeweiligen Brennstoffes frei Kessel. Der wirtschaftliche Betrieb eines Kraftwerks erfordert Brennstoffe mit um so höheren Heizwerten, also WE/Gewichtseinheit, je größer die Transportentfernungen sind.

Daraus ergibt sich, daß rheinische Braunkohle mit ihren geringen Heizwerten (1800—2200 kcal/kg) für die Dampferzeugung praktisch nur in unmittelbarer Grubennähe wirtschaftlich verwertbar ist. Eine Brikettierung, die in der Regel den Heizwert auf rd. 4300—4700 kcal/kg erhöht, verursacht meist höhere Kosten als für weiter entfernte Kraftwerksstandorte an Fracht pro WE eingespart werden könnte.

Bei den verhältnismäßig niedrigen Heizwerten der Braunkohle war es natürlich, daß man sie schon frühzeitig auf rationellste Weise zu fördern bestrebt war. Zur weitgehenden Einsparung kostspieliger menschlicher Arbeitskraft wurden eigene Großfördergeräte für Tagebau und Transportanlagen entwickelt. So hat die Braunkohle bei Verwendung am Förderort ihre bedeutende Marktstellung gegenüber den anderen Rohenergien für die Stromerzeugung behauptet.

Im Jahre 1957 kostete Rohbraunkohle (über 10 mm) ab Grube rd. 9,50 DM/t. Das entspricht bei 2000 kcal/kg rd. 4,75 DM/Mio kcal. Bei spezifischen Frachtkosten von rd. 10,90 DM/t würde sie an einem um 100 Bahn-km entfernten Verbrauchsort bereits 20,40 DM/t oder rd. 10,20 DM/Mio kcal kosten und damit gegenwärtig nicht mehr wettbewerbsfähig sein. Für Elektrizitätsversorgungsunternehmen, die nicht unmittelbar im Braunkohlengebiet liegen, bleibt also bei der Errichtung neuer Wärmekraftwerke praktisch nur die Wahl zwischen Steinkohle und Öl.

Heimische und Import-Kohle im Wettbewerb. Solange die Preise der Inlandssteinkohlen durch staatliche Fördermaßnahmen niedrig gehalten wurden, und solange die Förderung der heimischen Zechen auszureichen schien, um auch den Bedarf der Elektrizitätswirtschaft zu decken, fiel die Entscheidung in der Regel zugunsten der Kohle. Hinzu kam, daß für Kohlentransporte seit Jahrzehnten auf Binnenschiffen und Bahn verbilligte Tarife gewährt wurden.

Importkohle war angesichts dieser Sachlage nur für unmittelbar an der Küste gelegene Werke wirtschaftlich. Hamburg beispielsweise führte schon in jenen Jahren einen beachtlichen Teil seiner Kraftwerkskohle aus England und auch aus den USA ein.

Inzwischen hat sich die Lage grundlegend gewandelt. Die heimische Kohlenförderung reicht langfristig nicht aus, um den gesamten Energiebedarf der Bundesrepublik zu decken, um so mehr, als im Rahmen der Montanunion auch europäische Verpflichtungen gegenüber ausländischen Interessenten an der westdeutschen Kohle bestehen. Nicht nur eindeutige Berechnung[1] sondern auch die Kohlenversorgungskrise 1956 hat augenfällig gezeigt, daß sich die Elektrizitätswerke nur noch für einen Teil ihres Brennstoffbedarfes auf die heimische Kohlenförderung verlassen können. Dies um so mehr, als in verstärktem Maße Zechen dazu übergegangen waren, selbst oder durch verbundene Unternehmen Kraftwerke zu errichten. Hierdurch verringerte sich der Anteil der öffentlichen Elektrizitätswerke an der für die Stromerzeugung zur Verfügung stehenden heimischen Kohle noch mehr. Für die öffentlichen Elektrizitätswerke war darüber hinaus belastend, daß die Kohlen-Verkaufsgesellschaften nicht geneigt waren, vertragliche Bindungen über ein Jahr hinaus einzugehen und ausreichende Gewährleistungen für Qualität und Sorten zu übernehmen. Unter dem Druck dieser Entwicklung sahen sich zahlreiche Elektrizitätswerke zum Abschluß langfristiger und vielfach trotz Einfuhrzollfreiheit recht aufwendiger Verträge für den Ankauf von Importkohle (meist aus den USA) gezwungen.

Diese Entscheidung wurde ihnen insofern erleichtert, als der stetige Anstieg der Preise für Inlandskohle nicht aufzuhalten war. So verschob sich die Grenze der Preisparität zwischen Inlands- und Importkohle von der Küste nach Süden. Sie verlief im Sommer 1957, noch vor Inkrafttreten der frachtgünstigeren Importkohlentarife der Bundesbahn, etwa auf der halben Entfernung zwischen Ruhrgebiet und Küste.

Die Importkohle, vielfach in den USA im Tagebau gewonnen, ist bei langfristigen Abschlüssen und Qualitätsgarantien für küstennahe Werke vor allem dann interessant, wenn es gelingt, günstige Seefrachten zu vereinbaren. Dies ist bei großen und regelmäßigen Bezügen meist zu erreichen. Besonders stark sanken die Seefrachten infolge eines Überangebotes an Schiffsraum nach der Suezkrise.

Frachtraten für Kohlen–Seetransporte–USA–ARA
(Antwerpen, Rotterdam, Amsterdam)[2]
in Shilling/t

	Tagesraten	10-Jahrescharter	3-Jahrescharter
Suez-Krise (1956)	über 110	rd. 50	rd. 75
Frühjahr 1958	rd. 25	rd. 37	rd. 40
Winter 1958/59	rd. 23	*	*
Winter 1959/60	rd. 30	*	*

* nur wenige Abschlüsse

Demgegenüber zeigten die Preise für Inlandskohle steigende Tendenz im Zusammenhang mit den Maßnahmen der Bundesregierung zur Einbeziehung der Kohle in die Marktwirtschaft[3]. Dieser Auftrieb erfuhr erst 1959 eine natürliche Begrenzung. Zeitweise kam es sogar zu ernsten Absatzschwierigkeiten einiger Zechen für einige Kohlesorten.

---

[1] Vgl. RUMLER, Prognosen über Energiebedarf der Deutschen Bundesrepublik und die dort angegebenen Untersuchungsberichte. Die Atomwirtschaft 1958, H. 4, S. 148ff.

[2] Vgl. NITZE, Amerikanische Kohleneinfuhr- und Frachtgestaltung. Glückauf, 1957 H. 11/12, S. 334.

[3] 1. 4. 1956 Freigabe der Ruhrkohlenpreise durch die Hohe Behörde mit Zustimmung der Bundesregierung.

Die Wettbewerbsfähigkeit des deutschen Steinkohlenbergbaus hängt von dem Ausmaß ab, in dem er seine echten Förderkosten ohne Subventionen im Preis festlegt. Je nachdem wird auch künftighin die Grenzzone wirtschaftlicher Kohlenimporte nördlich oder südlich wandern. Jedenfalls wird jedes Elektrizitätsversorgungsunternehmen bei neuen Wärmekraftwerken, wenn es sich für Kohlenfeuerung entscheidet, bei der Standortwahl die Bezugsmöglichkeit aus den heimischen Revieren und von der Küste her gleichermaßen berücksichtigen müssen.

Kohlenpreise frei Verbrauchsort im Sommer 1958 (für 5000 t)

| | in DM/t | | in DM/Mio kcal | |
	Ruhrkohle	Importkohle[3]	Ruhrkohle[1]	Importkohle[2][3]
Hamburg	83,10	65,80	11,10	rd. 9,–
Frankfurt	88,60	72,65	11,80	rd. 10,–
München	98,80	97,80	13,10	rd. 13,40

[1] angenommen 7500 kcal/kg.　　[2] angenommen 7300 kcal/kg.　　[3] ohne Zoll.

Überwachung der Kohlenqualität. Die Lieferpreise der Kohle werden in der Regel auf einen bestimmten Heizwert, bei heimischer Kohle meist 7500 kcal/kg bezogen. Da die Heizwerte je nach Sorte und Herkunft und auch selbst innerhalb einer Lieferung schwanken, kann eine Qualitätsgarantie wesentlich dazu beitragen, die spezifischen Brennstoffkosten zu senken.

Die laufende Überwachung der anderen spezifischen Werte des angelieferten Brennstoffes, wie Körnung, Aschegehalt, Wassergehalt, Schwefelgehalt, flüchtige Bestandteile u. dgl., dient in erster Linie einer rechtzeitigen Einstellung der Betriebsmittel (Brecherwerke, Mühlen, Luftzufuhr, Entaschung usw.) des Kraftwerkes auf diese Werte. Forderungen auf Preisnachlässe können damit nur in sehr seltenen Fällen begründet werden, da auch die auf bestimmte Kohlensorten gerichteten Kaufabschlüsse in der Regel weite Toleranzen zulassen.

Wesentliche Eigenschaften der für die größeren Elektrizitätswerke wichtigsten Kohlensorten

		$H_u{}^1$	Asche-gehalt %	Wasser-gehalt %	Schwefel-gehalt %	fl. Bestand-teile %
Ruhrkohle, ungewaschen	Eßfeinkohle	7300	11	2,5	< 1	16
dieselbe	Magerkohle	7300	11	2,5	< 1	11
dieselbe	Fettnuß	7300—7600	6—8	3—5	< 1	20—28
Importkohle, amerikanisch		7200—7400	10—12		rd. 1	32—36

Kohle und Öl im Wettbewerb. Als Primärenergie für die Elektrizitätsversorgung wird in den letzten Jahren auch Öl immer bedeutsamer. Wegen des zunehmenden Mangels an heimischen Brennstoffen entschloß sich die Bundesregierung 1956, den Einfuhrzoll für Importrohöl, der etwa das $1^1/_2$fache des Preises cif Hamburg betrug, aufzuheben. Damit verschob sich zusätzlich auch die Preisparitätsgrenze Ruhrkohle/Heizöl weit ins Binnenland hinein.

---

[1] H_u = unterer Heizwert = Wärmemenge in kcal, die 1 kg Brennstoff bei vollkommener Verbrennung abgibt, abzüglich des Wärmeinhaltes des aus dem Brennstoff verdampften Wassers.

Das Öl aus heimischer Förderung deckte 1955 rd. 30% des gesamten damaligen deutschen Ölbedarfes. Für die Versorgung der Wärmekraftwerke kann es außer Betracht bleiben, da die Heizölmengen hieraus gegenüber denen aus Importen unbedeutend werden. Der allgemeine Heizölverbrauch der Bundesrepublik wird nach Schätzungen der Mineralölwirtschaft von rd. 3,2 Mio t im Jahre 1956 auf rd. 13,5 Mio t[1] im Jahre 1960 ansteigen, während die gesamte deutsche Rohölförderung, von der höchstens 30 bis 50% als Heizöl zur Verfügung stehen, von 3,4 Mio t im Jahre 1956 bis 1960 nur um etwa 1,9 Mio t erhöht werden kann.

Heizöl aus deutscher Förderung wird außerdem im Wettbewerb bei den Groß-elektrizitätswerken einen schweren Stand haben, da die Selbstkosten für deutsches Rohöl erheblich über dem Preis für Importrohöl cif Hamburg liegen (1951 rd. doppelt so hoch).

Eine noch geringere Bedeutung für die Elektrizitätswerke haben die sogenannten „künstlichen" Heizöle, das heißt die Heizöle aus der Destillation des bei der Verkokung und Verschwelung von Steinkohlen und Braunkohlen anfallenden Teeres (1955 insgesamt nur rd. 0,68 Mio t). Der Heizwert derartiger Heizöle aus Braunkohle liegt rd. 4%, aus Steinkohle rd. 6% unter dem der natürlichen schweren Heizöle.

Wesentliche Eigenschaften der für die Elektrizitätswerke wichtigsten Heizöle

Sorte „Bunker C-Öl"	Heizwert H_u (kcal/kg)	Wasser %	Asche %	Schwefel %	Vanadium %
Mittelamerikanisch Mittelost	9600	0,1	0,05—0,1	3,5—4	0,05 Spuren

Heizöl hat etwa den 1,3fachen Heizwert gegenüber den für die Kraftwerke gängigen Kohlesorten. Somit fallen die Transportkosten entsprechend geringer ins Gewicht, sofern die Relation der Frachten Kohle/Heizöl nicht durch eine besondere Tarifpolitik verschoben wird.

Heizölpreise frei Verbrauchsort im Sommer 1958 ($H_u = 9600$)

	DM/t	DM/Mio kcal
Hamburg	89,—	9,30
Frankfurt	106,60	11,10
München	130,30	13,60

Einfluß der Brennstoffwahl auf Anlage- und Betriebskosten. Für die Entscheidung, ob heimische Kohle, Importkohle oder Öl verwendet werden sollen, bildet der Preis je Wärmeeinheit am Verbrauchsort nur einen Faktor im Wirtschaftlichkeitsvergleich, da daneben auch Anlage- und Betriebskosten, die sich aus dem Bau und Betrieb eines Kraftwerkes für den gewählten Brennstoff ergeben, zu berücksichtigen sind.

In neuzeitlichen Kohlekraftwerken verlangen die modernen Hochleistungskessel — nur auf diese sind folgende Betrachtungen zu beziehen — bei Staubfeuerung eine Einblasung mit einer Körnung von etwa 0,3 mm³ und darunter

---

[1] Einschließlich West-Berlin.

(bei Zyklonfeuerung auch gröber). Die letzte Stufe der Vermahlung auf diese Korngröße wird von den Kohlemühlen am Kessel übernommen. Sie verarbeiten in der Regel ein ihnen zugeführtes Mahlgut mit einer Körnung bis zu max. rd. 40—50 mm³. Die spezifischen Kosten für Mühlenbeschickung und Mahlen liegen bei Höchstleistungsgrundlastwerken etwa bei 1,50 DM/t, wovon rund die Hälfte auf Betriebskosten entfällt. Kohle mit gröberen Stücken muß in einem sogenannten Brecherwerk auf die für die Mühlen erforderliche Feinheit gebracht werden. Auch für Kraftwerke mit langfristig gesicherter Bezugsmöglichkeit für gesiebte Feinkohle empfiehlt es sich häufig, ein Brecherwerk vorzusehen. Das Kraftwerk entzieht sich damit der Bindung an bestimmte Kohlensorten und eröffnet so Möglichkeiten für eine wesentlich elastischere Einkaufspolitik. Die hierdurch zu erzielenden spezifischen Kostenersparnisse sind erfahrungsgemäß so groß, daß sie die Kosten der Brecheranlage weit aufwiegen, selbst wenn diese kaum genutzt wird.

Die Verfeuerung von Heizöl in modernen Hochleistungskesseln ist nach dem heutigen Stand der Technik noch mit gewissen Risiken und besonderen Belastungen verbunden, die sich im Kostenvergleich niederschlagen. Die Schwierigkeiten ergeben sich vor allem aus dem Gehalt der Heizöle an Fremdstoffen wie Vanadium und Schwefel.

Wenn im Kessel mehr als 600° auftreten, bildet sich eine Schmelze aus Vanadiumpentoxyd und den in der Asche vorhandenen alkalischen Salzen. Vanadium hat die Eigenschaft, Vergütungsstoffe aus dem hochwertigen Stahl zu lösen. Vor allem werden schützende Zunderschichten der Wandungen angegriffen, wenn sie aus dem bei Höchsttemperaturen erforderlichen Austenitmaterial bestehen. Aus diesem Grunde kann man derzeit bei reiner Ölverbrennung Dampftemperaturen von mehr als 560 °C bei der Frischdampf- oder Zwischenerhitzung praktisch nicht anwenden. Neuzeitliche Höchstleistungskessel mit Temperaturen über 600 °C, sind somit vom Heizölbetrieb vorerst noch ausgeschlossen.

Der Bildung von Schlackenansätzen, die durch das Vanadiumpentoxyd bei ausschließlicher Heizölfeuerung stark gefördert wird, versucht man durch Zusätze von Dolomit oder anderen Stoffen zum Heizöl entgegenzutreten. Eine getrennte Einblasung dieser Additive direkt in den Feuerraum hat sich nicht ausreichend bewährt. Andere Versuche gehen zur Zeit dahin, die Korrosionen und Schlackenbildung im Höchsttemperaturteil durch noch gleichmäßigere Strömungsverteilung der Gase und somit Herabsetzung der Konzentrationen schädlicher Stoffe an toten Stellen zu vermeiden. Auch der Einfluß zusätzlicher Kohlenstaubverfeuerung wird neuerdings immer eingehender untersucht, wobei sich neben der Herabsetzung des gesamten anfänglichen Anteils der schädlichen Stoffe im Feuerraum die Aussicht ergibt, diese in größerer Menge vorzeitig in der Schlacke zu binden. Alle diese Bemühungen verfolgen das Ziel, auch Kessel mit höheren Dampftemperaturen dem Heizöleinsatz zu erschließen.

Neben den technisch noch nicht völlig gelösten Problemen im Höchsttemperaturteil von Hochleistungskesseln bringt der Einsatz von Heizöl auch noch erhebliche Schwierigkeiten an den sogenannten „kalten" Kesselenden. Aus dem zu SO_2 verbrannten Schwefel entsteht Schwefelsäure, die am kalten Ende des Kessels bei Unterschreitung der Taupunkte sehr rasch zu Korrosionen führt. Bei Öl mit einem Schwefelgehalt von etwa 1,5% liegt der zulässige Taupunkt der Abgase bei rd. 80 °C, während bei 3% Schwefelgehalt des Öls schon rd. 155 °C nicht mehr unterschritten werden sollten. Da der weitaus größte Teil des verfügbaren Heizöls bis zu 4% Schwefel enthält, kann somit der Wärmeinhalt der Rauchgase nur soweit genutzt werden.

Wenn sich auch durch die Maßnahmen zur Verbesserung der Verhältnisse im Hochtemperaturteil, wie Dolomitzusatz u. dgl., gleichzeitig gewisse Erleichterungen am kalten Ende ergeben, so muß doch bei Verbrennung von Heizöl wegen der erforderlichen Heraufsetzung der Rauchgas-Endtemperaturen in jedem Falle mit einer Verschlechterung des Kesselwirkungsgrades gerechnet werden. In welchem Ausmaße die Verschlechterung des Kesselwirkungsgrades ins Gewicht fällt, hängt von der Auslegung des Kraftwerkes ab.

Wird in einem ursprünglich für reine Staubkohlenfeuerung gebauten Kraftwerk mit geringsten Mitteln auf Öl umgestellt, so wird man eine Verschlechterung des Kesselwirkungsgrades um rd. 4—5% in Kauf nehmen müssen.

Die Anlagekosten eines reinen Ölkraftwerkes liegen um rd. 10% niedriger als die eines reinen Staubkohlenkraftwerkes, da die durch den Brennstoff bedingten Anlageteile rd. $^1/_4$ weniger kosten. Der spezifische Wärmeverbrauch liegt trotz der höheren Rauchgas-Endtemperaturen um rd. 1,5% niedriger. Für Heizöl läßt sich je nach den vorliegenden Verhältnissen vielfach ein Preis über dem vergleichbaren Kohlenpreis rechtfertigen. Kraftwerke für reine Ölfeuerung kommen auf Grund der gegebenen Verhältnisse für die Elektrizitätsversorgungsunternehmen im Bundesgebiet jedoch vorläufig kaum in Frage, da jedes Elektrizitätswerk sich bei der langen Lebensdauer seiner Kraftwerke mit Rücksicht auf die Versorgungssicherheit und auf eine elastische Einkaufspolitik die Möglichkeit des Ausweichens auf Kohle vorbehalten wird.

Gegenüber einem nur mit Staubkohlen befeuerten Kraftwerk liegen die Anlagekosten eines kombinierten Kraftwerkes (für 100% Kohle oder 100% Öl; mit Lagerung für einen Monatsbedarf Öl und Kohle) um rd. 4% höher. Das ergibt sich aus den Aufwendungen, die neben den üblichen Hilfsanlagen für ein Kohlekraftwerk, wie Bekohlungsanlage einschließlich Mühlen und Einblasevorrichtungen, Entaschung u. dgl. aufgebracht werden müssen, also für Tanks, Ölvorwärmeanlagen, Brenner und unter Umständen besondere Luftvorwärmevorrichtungen zur Vermeidung der Schwierigkeiten an kalten Ende. Die Mehraufwendungen für die von der Brennstoffart abhängigen Anlageteile (rd. 40% der Kraftwerksanlage) liegen in der Größenordnung von rd. 10%. Hinsichtlich der Auslegung der Kessel muß zwischen dem Optimum der beiden Betriebsarten ein Kompromiß geschlossen werden. Der Kesselwirkungsgrad ist bei einer solchen Auslegung eines kombinierten Kessels bei Ölbetrieb nur so wenig schlechter, daß dies durch den dann geringeren Eigenverbrauch nahezu ausgeglichen wird. Es bleibt bei Ölbetrieb eines Kombi-Kraftwerkes gegenüber dem reinen Steinkohlekraftwerk nur ein Wärmemehrverbrauch von etwa 1%.

Wirtschaftliche Brennstoffbevorratung. Für das Ausmaß einer zweckmäßigen Brennstoffbevorratung bei einem Kraftwerk der öffentlichen Elektrizitätsversorgung können keine festen Richtwerte angegeben werden. Bei normalen Wirtschaftsverhältnissen dürfte ein Vorrat für 3 bis 6 Wochen je nach Jahreszeit als ausreichend anzusehen sein. Für die Ermittlung des jeweils zweckmäßigsten Umfangs der Bevorratung sind zu bedenken:

a) Spezifische Kosten der Lagerfläche (Preise pro m² im Bereich einer Großstadt durchweg höher als in ländlichen Gebieten).

b) Höhe der Kapitalzinssätze (zum Teil auch beeinflußt durch das Verhältnis Eigen- zu Fremdkapital).

c) Günstige Saisonpreise oder saisonale Einkaufsrabatte.

d) Zu erwartende saisonale Transportschwierigkeiten (Vereisung von Kanälen und Flüssen, Winterengpässe im Eisenbahnwagenpark, jahreszeitliche Häufung von Antlantikstürmen).

e) Mögliche Unterbrechungen der Lieferungen durch Streiks oder wirtschaftspolitische Störungen (Bergarbeiterstreik, Hafenarbeiterstreik, politische Konflikte usw.).

f) Erwartung eines nicht genau vorauszuplanenden, vorübergehend erhöhten Anstiegs der Stromabgabe (z. B. übermäßig kalte Winter, Verknappung von Hausbrandlieferungen).

g) Voraussehbare langfristige Änderungen der Brennstoffpreise (z. B. durch Zölle, durch Pipelines).

h) Störungsempfindlichkeit der Abnehmerschaft (Großstädte, Verkehrsbetriebe, u. ä.).

i) Ungenügende Strombezugsmöglichkeit von dritter Seite (dauernd oder vorübergehend) im Fall vorübergehenden Brennstoffmangels.

Für die Belegung und Räumung der Kohlenlager werden zweckmäßig Planierund Schürfkübelraupen benutzt. Bei annähernd gleichen Betriebskosten wie bei Verladebrücken sind die Anlagekosten geringer, da Steinkohle dann etwa dreimal so hoch, etwa 25 m hoch, ohne Brandgefahr gelagert werden kann. Bei der größeren Verdichtung ergibt sich eine vierfache Lagerkapazität.

Erdgas. Überall, wo Erdgas in größeren Mengen gefunden wird, lohnt es sich, es auch zur Erzeugung von Wärme für Elektrizitätswerke auszunützen. In Europa ist dies mit großem Erfolg beispielsweise in Italien (Tavazzano) geschehen. Vielfach aber liegen die Erdgasvorkommen so weit von den Zentren des Elektrizitätsverbrauchs entfernt, daß der Transport des Stromes oder des Erdgases wirtschaftlich sehr schwer zu lösen ist. Einige recht interessante Pläne, denen für die Zukunft Bedeutung zukommen mag, befassen sich mit der Verflüssigung der bei der Erdölförderung oder sonst freiwerdenden Erdgase, für die an Ort und Stelle kein Absatzmarkt vorhanden ist und mit dem Weitertransport mittels geeigneter Spezialtankschiffe zu entfernten Großverbrauchern, sei es zur Beimengung und Verbesserung von Stadtgas oder auch zur Verbrennung in Dampfkraftwerken. Sowohl in mittelöstlichen Fördergebieten, wo die Gase zum größten Teil abgefackelt werden, aber auch in den karibischen Erdölzentren fällt Gas in sehr großen Mengen an. Es besteht vorwiegend aus Methan und hat den relativ hohen Heizwert von rd. 10000 kcal/kg. Die Gase können bei ungefähr minus 162 °C verflüssigt und schifftransportfähig gemacht werden. Die Aufwendungen für die erforderlichen Anlagen für die Verflüssigung und Entflüssigung, die Isolation an Bord der Schiffe und die Vorratsbehälter bei den Kraftwerken, vor allem für die zahlreichen Sicherheitsmaßnahmen gegen Brand und Explosion sind gegenwärtig noch so hoch, daß die spezifischen Kosten bezogen auf die Wärmeeinheit hierfür zunächst noch um 25% höher liegen als für Lagerung, Transport und Raffination von Öl. Soweit europäische Werke als Abnehmer für Flüssiggas in

Frage kommen, kann es sich nur um die großer Städte im Küstengebiet handeln, es sei denn, daß man an einem Hafen eine große Entspannungsanlage einrichtet und das Erdgas dann komprimiert in Leitungen zum Verbrauchsort weiterbefördert.

Da das Erdgas in Mittelamerika zur Zeit je Wärmeeinheit noch nicht einmal die Hälfte von Öl kostet, ist es zweckmäßig, die Lösung der technischen, wirtschaftlichen und finanziellen Probleme des Flüssiggasimportes weiterhin mutig voranzutreiben und somit den neuen Brennstoff auch für die deutschen Elektrizitätswerke wettbewerbsfähig zu machen. Zwar können bei der Verbrennung von Erdgas in Kraftwerken wegen des Gehaltes an schädlichen Bestandteilen wie z. B. Schwefel und Vanadium ähnliche Schwierigkeiten wie bei der Ölverbrennung auftreten, doch steht diesem Nachteil als nicht zu unterschätzender Vorteil die völlige Aschefreiheit gegenüber, die sich besonders bei Werken innerhalb von Stadtgebieten günstig auswirken wird.

3. Wasserbedarf der Wärmekraftwerke

Wachsende Sorge entsteht der Betriebsführung eines Wärmekraftwerkes aus der Notwendigkeit ausreichender Wasserbeschaffung. Für den Kesselwasserkreislauf wird eine ständige Zufuhr möglichst reinen Speisewassers benötigt als Ersatz der Verdunstungs- und Abschlämmverluste. Je nach Bauart und Größe der Anlage kann es sich dabei um beträchtliche Mengen (1—5% der insgesamt erzeugten Dampfmenge) handeln. Bei Gegendruckanlagen muß auch das nicht mehr in den Kesselkreislauf zurückkehrende Kondensat ersetzt werden. Der Kreislauf ist oft nicht vollständig, weil dieses Kondensat unvermeidlich oder versehentlich verschmutzt wird. Je nach Anlage und Kraftwerkstyp können hier in Ausnahmefällen sogar bis zu 100% der gesamten Dampfmenge des Kreislaufs in Form von reiner Frischwasserzufuhr erforderlich werden.

Andererseits sind auch erhebliche Wassermengen zur Kühlung und Kondensation des Dampfes hinter den Turbinen erforderlich. Vorherrschend ist die Frischwasserkühlung, bei der Wasser aus laufenden Gewässern (Flüssen, Strömen) unmittelbar zur Kühlung in den Kondensatoren benutzt werden. Wenn es nicht möglich ist, das Kraftwerk unmittelbar an ein laufendes Gewässer zu stellen, muß man Rückkühlung anwenden, bei der Wasser im Kreislauf zur Kühlung benutzt wird, das seinerseits in Kühlanlagen, Kühltürmen oder Kondensationstürmen durch vorbeistreichende Luft rückgekühlt wird.

Wenn zum Zwecke der Kühlung auch nicht gerade reinstes Wasser benötigt wird, so ist es doch wichtig, das Kühlwasser so zu wählen, daß keine Korrosionen, Verstopfungen und Verschlammungen im Kühlwasserkreislauf eintreten.

Da die Wärmekraftwerke im Bundesgebiet für Speisung und Kühlung im Mittel zur Zeit einen Wasserdurchsatz von rd. 0,22 m³/kWh haben, dürften in den Elektrizitätswerken 1958 insgesamt etwa 14 Mrd. m³ Wasser benutzt worden sein. Die dem Wasserkreislauf der Natur entnommene Wassermenge ist jedoch wesentlich geringer, da die Wärmekraftwerke mit geschlossenem Kühlkreislauf nur die Verluste in Höhe von etwa 2% des gesamten Kühlwasserbedarfs ersetzen mußten. Wenn somit auch der Wasserbedarf der Wärmekraftwerke angesichts der im Bundesgebiet zur Verfügung stehenden Gesamtniederschlagsmenge von rd. 190 Mrd. m³/Jahr nicht erheblich scheint, so bildet gleichwohl der Wasserbedarf der einzelnen Kraftwerke und seine Deckung ein wesentliches Glied der Wirtschaftlichkeitsrechnung und ist auch für die Standortwahl von Einfluß. Dies um so mehr, als das Speisewasser besonders rein sein muß und das Kühlwasser seiner Zweckbestimmung entsprechend besonders kalt sein sollte.

Frischwasserkühlung oder Kühltürme. Während man bei Flußwasser mit Kühltemperaturen von 10—15 °C im Jahresmittel rechnen kann, und außerdem die Temperaturen in den Zeiten besonders hoher Belastung im Herbst und Winter niedriger sind als im Sommer, kommt man bei Rückkühlanlagen mit Kühltürmen selten unter 25 °C. Erst durch Einbau von Ventilatoren in die Turmkühler läßt sich die Temperatur auf rd. 13 °C herabdrücken, allerdings unter so hohen Aufwendungen, daß man bei Kraftwerken mit normaler Benutzungsdauer und durchschnittlichen Wärmebezugspreisen bislang in der Regel davon abgesehen hat[1]. Wärmekraftwerke, die kein frisches Kühlwasser zur Verfügung haben, müssen also mit erheblichen höheren Verlusten rechnen.

Je dichter besiedelt ein Land wird, desto weniger Kraftwerkstandorte an großen Flüssen mit reichlich Kühlwasser bleiben verfügbar. Da große, vor allem schiffbare Flüsse auch für den Antransport der Brennstoffe, gegebenenfalls auch für den Abtransport der Asche und Schlacken, günstige Möglichkeiten schaffen, ist ein derartig begünstigtes Wärmekraftwerk standortmäßig überlegen.

Verminderung des spezifischen Kühlwasserbedarfs. Der Kostenanteil für die Kühlwasserbeschaffung hat eine steigende Tendenz. Insofern verdienen die seit langem verfolgten Maßnahmen zur Senkung des Kühlwasserbedarfs Beachtung.

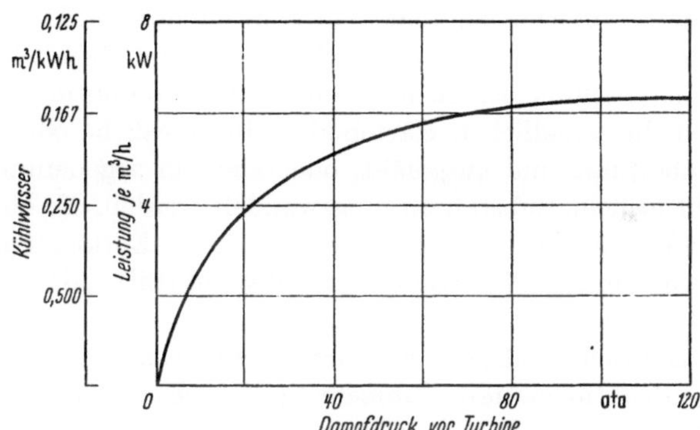

Abb. 20. Kühlwasserdurchsatz und erzeugbare Leistung in Dampfkraftwerken
(Vgl. KNOP, Stand und Entwicklung der Industriewasserversorgung in Deutschland unter besonderer Berücksichtigung der Verhältnisse im rechtsrheinischen Industriegebiet. Elektrizitätswirtschaft 1956, H. 18, S. 651ff.)

Neben der Wahl günstiger Kondensatorkonstruktionen bringt insbesondere die Erhöhung des Dampfdrucks beachtliche Einsparungen der spezifischen Kühlwassermenge. Unter sonst gleichen Bedingungen braucht beispielsweise ein Werk mit einem Dampfdruck von 60 statt 30 ata rd. $^1/_3$ weniger Kühlwasser je kWh. Über 80 ata ergeben sich allerdings hieraus keine wesentlichen Vorteile mehr.

---

[1] Vgl. MUSIL, Die Gesamtplanung von Dampfkraftwerken, 2. Aufl. Berlin/Göttingen/Heidelberg: Springer 1948, S. 103. Weitere Einzelheiten: ODENTHAL u. SPANGEMACHER, Der Kühlstrom im Dampfkraftprozeß, BWK 1959, H. 12, 1959, S. 556ff.

9*

Kostenbelastung durch Veränderung des Flußwassers. Bei Werken mit Frischwasserkühlung stört die allgemein zunehmende Verunreinigung der Flüsse durch Schwebestoffe oder gelöste Substanzen. Gelegentliche Ausfälle oder oft erst spät erkannte langsame Rückgänge der Wirtschaftlichkeit sind die Folgen. Solange es nicht gelingt, eine bessere Reinhaltung der Wasserläufe zu erzwingen, sind umfangreiche Reinigungsanlagen oder aber häufige Kondensatorreinigungen unerläßlich. Jedenfalls ist der Qualität des Kühlwassers stete Aufmerksamkeit zu widmen.

Die fortschreitende Regulierung der Wasserläufe unter Einbau von Staustufen ergibt eine begrüßenswerte Sicherstellung ausreichender Kühlwassermengen bei Niedrigwasser, doch führt jede Stauung leider auch zu höheren durchschnittlichen Kühltemperaturen. Das ist ein Vorteil gegen Vereisungsgefahr, vermindert aber zwangsläufig die Kühlleistung und damit die Wirtschaftlichkeit, besonders, wenn die Wärmekraftwerke an einem Flußlauf dichter zusammenliegen.

Wasseraufbereitung. Die ungeheuer großen Mengen von Wasser und Wasserdampf, die durch das Rohrgebäude eines modernen Hochdruckkessels rasen, würden die nahezu auf Rotglut erhitzten dünnwandigen Rohre in kürzester Zeit zerstören, wenn das Wasser nicht einen unvorstellbar hohen Reinheitsgrad aufwiese. Je besser es gelingt, jede Spur einer chemisch reaktionsfähigen Substanz, vor allem jede Spur einer Säure, radikal aus dem zugefügten Frischwasser zu entfernen und je besser es gelingt, den Kreislauf des Wassers im Kessel chemisch mit höchst empfindlichen Geräten laufend zu überwachen, desto eher ist ein sicherer und wirtschaftlich hochwertiger Betrieb des Kraftwerkes gewährleistet. Um diese Reinheitsgrade zu erreichen, hat man ursprünglich Verdampferanlagen benutzt, die auch heute noch für kleinere Maschinensätze gebräuchlich sind. Daneben hat sich bald eine Technik der chemischen Wasseraufbereitung herausgebildet, bei der entweder die schädlichen Härtebildner in unlösliche oder schwerlösliche Verbindungen überführt und ausgefällt, oder aber im sogenannten „Basenaustausch" in leicht lösliche Substanzen umgewandelt werden, die ohne Gefahr den Kessel durchlaufen können. Schwierig ist dabei die „Entkieselung", das heißt die Befreiung von dem löslichen Kieselsäureanhydrid (SiO_2), das sich bei höheren Dampftemperaturen absetzt.

Die „Basenaustauschverfahren" erforderten zunächst sehr großräumige Behälter und lange Reaktionszeiten. Nunmehr sind durch Anwendung von Kontaktstoffen schnellarbeitende „Vollentsalzungsverfahren" entwickelt worden. Sie erlauben, den Restsalzgehalt unter 0,5 mg und den SiO_2-Gehalt unter 0,05 mg je Liter zu senken[1]. Bei organisch stark verschmutztem Wasser sind Vollentsalzungsanlagen nicht zu empfehlen, wohl aber bei anorganisch sehr angereichertem Wasser. Da der Aufwand an Geräten verhältnismäßig gering ist und die verwendeten Austauschmassen leicht regeneriert werden können, sind die Kosten so niedrig, daß die früheren Verfahren offensichtlich verdrängt werden. Es ergibt sich somit die Möglichkeit, billigeres Wasser schlechterer Qualität für Hochleistungskessel aufzubereiten. Fallweise können auch Heizkraftwerke leichter auf eine Rückführung des verschmutzten Kondensates oder Heißwassers verzichten.

---

[1] GEISSLER, Wärme und Krafterzeugung in öffentlichen und industriellen Heizkraftwerken, Energie 1958, H. 2, S. 48.

4. Asche, Rauchgas und Staub

So wichtig die Beschaffung von Brennstoffen und Wasser ist, heute erfordern auch die Abfallstoffe, also die beim Verbrennungsprozeß anfallende Schlacke, die Asche, der Flugstaub und die Rauchgase hohe Beachtung.

Ein Kraftwerk von beispielsweise 300 MW mit einem spezifischen Wärmeverbrauch von 2800 kcal/kg erzeugt stündlich bei Betrieb mit Steinkohle rd. 100 t, mit Braunkohle rd. 1000 t Asche. Es hängt von der Kesselkonstruktion ab, welcher Anteil davon bereits in den Feuerungsräumen und in Rauchgasabzügen anfällt und welcher als Flugasche auftritt, also mit den Rauchgasen bis zum Schornstein wandert.

Anteile an Flugasche[1]

Rostfeuerung	15 bis 35%
Staubfeuerung mit flüssigem Abzug	35 bis 50%
Staubfeuerung mit trockenem Abzug	75 bis 85%

Je nach dem Standort des Werks können größere Mengen der Umgebung nicht zugemutet werden. Ob Flugasche wirklich ernstlich schädlich ist, konnte bislang noch nicht eindeutig nachgewiesen werden. Sie wird jedoch als überaus lästig angesehen. Vielfach müssen daher mit den Rauchgasen wandernde Flugaschemengen vor Austritt aus dem Schornstein durch besondere Filter abgefangen werden. Dabei lassen sich Entstaubungsgrade (von der Gesamt-Aschemenge) bis max. 98% erreichen.

Die austretenden restlichen Flugaschemengen schlagen sich vornehmlich in der Hauptwindrichtung je nach Korngröße nieder. In einer bestimmten, mit der Schornsteinhöhe zunehmenden Entfernung ergibt sich je Quadratmeter Erdoberfläche ein Maximum der niedergeschlagenen Flugasche[2]. Diese Erfahrungen sind beim Bau neuer Kraftwerke zu berücksichtigen. Bei laufenden Werken sollte die Kenntnis von der Zone maximalen Flugascheniederschlags nicht in Vergessenheit geraten. Sonst kommt es zu Ärgernissen, wenn in Unkenntnis der Sachlage gerade in einer „grauen Zone" nachträglich Ansiedlungen erfolgen.

Schwierigkeiten ergeben sich auch, wenn die Kontrolle des Flugascheauswurfs vernachlässigt wird. Besonders bei Verwendung von Kohle mit schwankenden Aschegehalten kann es dann sehr schnell zu Beschwerden kommen, deren Beilegung nicht selten mehr Aufwand erfordert als eine brauchbare Prüfeinrichtung.

Die Unterbringung der erheblichen Mengen anfallender Asche, denen der Weg in die Atmosphäre versperrt ist, bildet eine wachsende Sorge für die Betriebe. Zunächst wurden nahegelegene preiswert, verfügbare Ablagerungsplätze, wie alte Gruben, Bodensenken, Halden auf Ödland und Steinbrüche aufgefüllt. Später ging man unter Verwendung von möglichst rationellen Beförderungsmethoden, wie pneumatischer und hydraulischer Förderung, auch zu entfernter gelegenen geeigneten Auffüllplätzen über. Da aber die verfügbaren Räume immer knapper werden und die Kosten für die Aschebeseitigung beängstigend ansteigen, rückt die Ascheverwertung immer stärker in den Vordergrund des Interesses.

---

[1] Vgl. Musil, a. a. O. S. 93.

[2] Vgl. Schwarz, Der Staub- und Gasauswurf aus Dampferzeugern und seine Verbreitung in der Atmosphäre. (Mit Beispielen und Literaturhinweisen) BWK 1956, H. 3, S. 97ff.

Gewisse Mengen von Asche lassen sich ohne weitere Aufbereitung beim Straßenbau oder unter Zusatz anderer Stoffe als Bindemittel für die Bauindustrie verwenden. Verschiedene Aschen, insbesondere die der Steinkohle, haben eine günstige chemische Zusammensetzung zur Verarbeitung zu Steinen für die Bauindustrie[1].

Wenn es von Fall zu Fall gelingt, die besonderen Eigenschaften der Asche (geringes Raumgewicht, frei von brennbaren Bestandteilen) so zu nützen, kann die Wirtschaftlichkeit der Aschebeseitigung erheblich verbessert werden. An eine solche Verwertung sollten allerdings keine Gewinnerwartungen geknüpft werden. Sie ist nur dann sinnvoll, wenn für die damit verbundenen, vom Normalbetrieb eines Kraftwerks völlig abweichenden Betriebs- und Verkaufsaufgaben geeignetes Personal und entsprechende Einrichtungen eingesetzt werden können. Auf alle Fälle muß ein solcher Zweigbetrieb die für die Anpassung an den stark konjunkturbeeinflußten und saisonabhängigen Baustoffmarkt erforderliche Selbständigkeit und entsprechende Vollmachten erhalten. Sonst ist Abgabe oder Verpachtung des Steinbetriebes anzuraten.

Klagen gegen ein Elektrizitätswerk ergeben sich gelegentlich auch wegen der Rauchgase, wenn diese merkbare Anteile von Schwefeloxyden enthalten. Unter den Rauchgasbestandteilen ist zwar auch noch das Kohlenmonoxyd (CO) für Menschen, Tiere und Pflanzen besonders schädlich, doch ist es in den Rauchgasen selbst nur mit max. rd. 1% vertreten und wird bei Schornsteinhöhen um 100 m bereits soweit verdünnt (etwa 1:5000), daß bedenkliche Konzentrationen in Bodennähe nahezu ausgeschlossen sind. Wo dennoch erhöhte CO-Konzentrationen in den letzten Jahren in Bodennähe gemessen wurden, stellten sich als Verursacher meistens andere Verbrennungsvorgänge — insbesondere der Betrieb von Kraftfahrzeugen — heraus. Beim Schwefeldioxyd kann jedoch je nach Schwefelgehalt des Brennstoffes mit einer Austrittsmenge von 500—2000 mg/m³ Rauchgas gerechnet werden. Trotz der Verdünnung bis in Bodennähe kann damit fallweise die Empfindlichkeitsgrenze der Pflanzen gegenüber SO_2 (etwa 0,5—0,8 mg/m³) erreicht werden. Der Mensch kann zwar selbst 20 mg SO_2/m³-Luft längere Zeit ohne Schaden ertragen — doch nur, wenn nicht andere Einwirkungen (Nebel, Krankheit u. dgl.) seine Empfindlichkeitsgrenze weiter herabsetzen.

Ähnlich wie bei der Flugasche ergibt sich auch für das SO_2 in Bodennähe bei bestimmten Entfernungen vom Schornstein eine max. Konzentration. Bei Schornsteinhöhen von 80 bis 150 m verschiebt sich diese Zone etwa zwischen 800 und 3000 m. Die bisherigen Erfahrungen haben gezeigt, daß Schornsteinhöhen über 120 m hinaus die Bodenkonzentration an SO_2 nur noch geringfügig vermindern helfen[2]. Im Einzelfalle werden Bodengestaltung, landschaftliche Lage, Bewuchs, Temperatur, Luftfeuchtigkeit, Richtungen, Stärken der Luftbewegung und andere örtliche Einflüsse mit ihren jahreszeitlichen Veränderungen zu berücksichtigen sein.

Soweit in der Nähe von Siedlungsgebieten neue Hochleistungskraftwerke wahlweise mit Staubkohlen- und Ölfeuerungen entstehen, wird man wegen des hohen

---

[1] Vgl. ROTTER, Ein Weg zur Ascheverwertung, BWK 1956, H. 12, S. 584 ff.

[2] BACHMAIR, Problem der Luftverunreinigung durch Dampfkraftanlagen. Elektrizitätswirtschaft 1956, H. 18, S. 646.

Schwefelgehaltes der handelsüblichen Heizöle Schornsteinhöhen von 120 bis 150 m vorsehen müssen, solange sich nicht wesentliche Erfolge aus den Bemühungen ergeben, bei Ölverbrennung die Schwefelanteile durch besondere Maßnahmen im Kessel zu binden. Vielleicht ist es nicht ausgeschlossen, eines Tages durch Abgasverwertung im Schornstein die bisher als schädlich empfundenen Abfallstoffe noch nutzbringend zu verwenden.

Die jeweilige Luftverunreinigung wird nach der Stärke der Einwirkung bei den Betroffenen bemessen und beurteilt. Sie wird als „Immission" bezeichnet und kann für den Verursacher schwerwiegende gesetzliche Folgen wie Bauauflagen, Schadensersatzverpflichtungen u. dgl. nach sich ziehen (z. B. §§ 906, 1004 BGB; § 26 GewO). Die Immissionen können durch Messungen hinreichend genau bestimmt und bei Neuanlagen auch mit sehr großer Wahrscheinlichkeit vorausberechnet werden. Aber schon den „Emissionen", also den vom Schornstein ausgestoßenen Stoffen, kommt eine oft unterschätzte Bedeutung zu. Alle sichtbaren Emissionen, mögen sie auch wenig schädlich sein (Wasserdampf, Flugasche, Rauchverfärbung, Qualm usw.), werden allein ihrer Wahrnehmbarkeit wegen als unangenehm, häßlich und störend empfunden. Daraus entstandenen Vorurteilen wird Gesetzgebung und Exekutive Rechnung tragen müssen. Im eigenen Interesse jedes Elektrizitätswerkes liegt es also, durch sorgsame Einhaltung einer möglichst rauchlosen Betriebsweise bei steter sorgfältiger Überwachung sogar den Anschein einer schädlichen Luftverunreinigung zu vermeiden.

b) Nutzung von Rohenergie zum Antrieb von Generatoren

Als weitaus wirtschaftlichste und brauchbarste Form zur Verteilung und Verbreitung der Elektrizität an jeden gewünschten Verbrauchsort hat sich der Drehstrom erwiesen. Zu seiner Erzeugung sind Antriebsmaschinen und Anlagen erforderlich, mit denen die in den Rohenergien enthaltenen Kräfte zunächst in drehende mechanische Antriebskräfte umgewandelt werden.

1. Wasserkraftanlagen

Arten der Wasserkraftanlagen. Wasserkraftanlagen werden begrifflich in Laufwasserkraftwerke und Speicherkraftwerke gegliedert. Laufwasserkraftwerke werden im Zuge eines Flußsystems erstellt, wobei man das Werk entweder im eigentlichen Flußbett oder in einen von diesem abgezweigten Laufwasserkanal einbaut. Durch Bau mehrerer hintereinanderliegender Laufwasserkraftwerke in einem Flußsystem kommt man zu sogenannten „Kraftwerksketten".

Bei Speicherkraftwerken unterscheidet man je nach dem energiewirtschaftlichen Verwendungszweck solche mit Tages-, Wochen- oder Winterspeicherung. Von einer bewußten Auslegung als Überjahresspeicher, zum Ausgleich von Trockenjahren, wird nur in sehr begrenztem Ausmaß Gebrauch gemacht. Allerdings kommt es häufiger vor, daß Winterspeicher zur Ausnutzung eines überdurchschnittlichen Jahreswasserangebotes tatsächlich für eine gewisse Überjahresspeicherung benutzt werden.

Wesentliche Kennzeichen. Vom Gefälle der zur Verfügung stehenden Wasserkraft hängt der Druck ab, mit dem das Wasser den Turbinen zuströmt. Dieser Druck ist für ihre Auslegung, die Bemessung der Rohrleitungen und die erzielbare

Leistung ebenso bestimmend, wie die Durchflußwassermenge. Laufwasserwerke haben in der Regel verhältnismäßig große Wassermengen aber nur geringen Druck zur Verfügung, sind also grundsätzlich „Niederdruckwerke". Bei Speichern sind meist umgekehrte Voraussetzungen gegeben. In den Krafthäusern der Speicher sind daher vornehmlich „Mittel" oder sogar „Hochdruckanlagen" eingebaut. Es gibt jedoch auch Speicher im Bereich sehr geringen Gefälles, so daß die Unterscheidung nach Nieder-, Mittel- oder Hochdruckwasserkraftwerken nicht unbedingt mit der nach Lauf- und Speicherkraftwerken übereinstimmt.

Die eigentliche Kraftanlage eines Wasserkraftwerkes mit den Turbinen und Generatoren tritt meist gegenüber den Anlagen, die zum Stau, zur Veredelung, zur Regelung und Steuerung der natürlichen Wasserdarbietung dienen, weniger in Erscheinung. Bei manchen Großspeicheranlagen stellt sich darüber hinaus noch die Aufgabe, die verschiedenen Wasserdarbietungen über kilometerlange Stollen und Rohrleitungen so zu sammeln, daß eine Nutzung wirtschaftlich lohnend wird.

Der für die Energieerzeugung wesentliche Stauraum in Speichern ist der „Nutzstauraum" zwischen der unteren Absenkung und der oberen normalen Höhe des Wasserspiegels. Zwischen der Kote der untersten Absenkung und der ursprünglichen Sohle ergibt sich ein sogenannter „toter" Stauraum, auf den oft schon aus Gründen der Verlandung nicht verzichtet werden kann. Über das obere Stauziel hinaus wird in der Regel von den Wasseraufsichtsbehörden noch ein „Hochwasserschutzraum" verlangt. Er ist allerdings auch energiewirtschaftlich meist nicht wertlos, da er in Zeiten überdurchschnittlicher Wasserführung einen Teil des sonst überlaufenden Wassers für die Stromerzeugung rettet. Bei der immer nur vorübergehend möglichen energiewirtschaftlichen Nutzung der Hochwasserschutzräume darf jedoch nicht außer acht gelassen werden, daß es sich stets nur um ungesicherte Stromerzeugung handelt, selbst wenn im Einzelfall daraus gelegentlich Spitzenstrom anfällt.

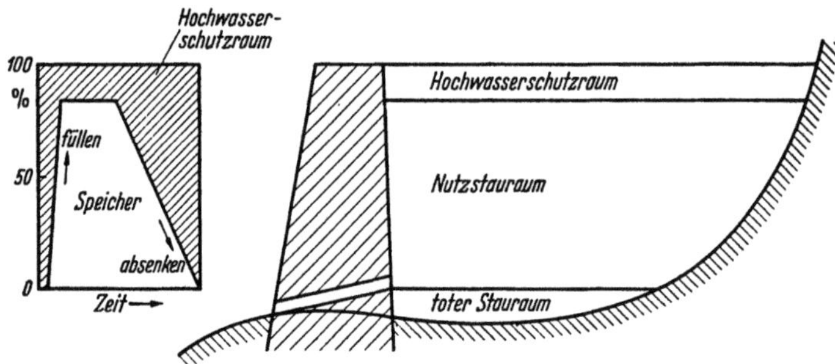

Abb. 21. Stauräume in Speichern

(Nach FROHNHOLZER, Speicher zur Winterwasseraufbereitung und Winterenergieerzeugung unter besonderer Berücksichtigung dieser Möglichkeiten im Einzugsgebiet der Donau bis Jochenstein. Diss. TH Karlsruhe 7. 3. 51, S. 32)

Die Bemessung des Stauraumes, vor allem des Nutzstauraumes, richtet sich nach der örtlichen Wasserführung eines mittleren Abflußjahres unter Berücksichtigung der Jahre niedrigster oder höchster Wasserführung und nach dem energiewirtschaftlichen Verwendungszweck. Das Bestreben ist auf höchstmögliche Spitzenenergie und geringstmögliche „nicht-lastgemäße" Energie gerichtet. Wie weit dieses Ziel erreicht wird, zeigt der „Spitzenleistungsfaktor", das ist der Quotient:

$$\frac{\text{Installierte Leistung (MW)} \times 8760 \text{ (h)}}{\text{Jahreserzeugung (Mio kWh)}}$$

Spitzenleistungsfaktoren von 10 bis 2,2 sind für Winterspeicher und andere spitzendeckende Wasserkraftwerke typisch, während Laufwasserwerke mit einem Spitzenleistungsfaktor von durchschnittlich etwa 1,5 Grundlastcharakter haben.

Ein für die Praxis der Energieversorgung sehr wesentliches Merkmal aller Wasserkraftanlagen ist ihre sofortige Einsatzbereitschaft. Selbst große Wasserturbinen können in der Regel bereits ein oder zwei Minuten nach Anforderung volle Leistung abgeben. Während des Betriebes sind sie über den großen Leistungsbereich hinweg sehr schnell regelbar. Wasserkraftanlagen sind daher im Verbundbetrieb vorzüglich für den Einsatz als Sofortreserve und für den Ausgleich von Bedarfsschwankungen geeignet.

Als weiterer Vorteil kommt hinzu, daß die hierzu erforderlichen Schaltvorgänge sowohl im Wasserweg als auch an den Turbinen wesentlich unkomplizierter als beim An- und Abfahren und Regeln von Wärmekraftanlagen sind und sich so einer vollständigen Automatisierung und Fernsteuerung leichter erschließen. Neuzeitliche Wasserkraftanlagen benötigen in der Regel nur wenig Wartungspersonal, bei größeren Anlagen allenfalls örtliches Überwachungspersonal, jedoch kein Bedienungspersonal!

Wasserkraft im Süden des Bundesgebietes. Der Schwerpunkt der deutschen Wasserkrafterzeugung liegt im Süden des Landes. Die Iller ist etwa zur Hälfte ihres Einzugsgebietes bereits genutzt. Die Wasserkräfte des Lechs und seiner Nebenflüsse sind wie die der Isar ebenfalls gut zur Hälfte ausgebaut. Am Inn werden rd. $^3/_4$ der möglichen elektrischen Arbeit gewonnen, während die Donau bis Jochenstein erst zu rd. $^1/_5$ erschlossen ist. Der Rhein wird im Oberlauf zunehmend durch französische Laufwasserwerke genutzt. Der Neckar ist im Zuge der Schifffahrtsverbesserung bis Stuttgart energiewirtschaftlich erschlossen. Der Ausbau der Mainstaustufen wird in den nächsten Jahren seinen Abschluß finden. An den Flüssen nördlich des Mains sind bislang lediglich der bevorstehende Ausbau von Kraftwerken an Mosel und Weser und eine Elbe-Staustufe Geesthacht oberhalb Hamburgs erwähnenswert.

Leistung und Erzeugung der öffentlichen Wasserkraftwerke in den Ländern des Bundesgebietes[1]

	Verfügbare Leistg. MW	Erzeugung GWh	Anteil an der öff. Stromerzeugung %
Schleswig-Holstein	3	8	0,6
Hamburg	105	39	1,2
Niedersachsen	43	175	3,9
Bremen	9	38	2,3
Nordrhein-Westfalen	237	581	2,2
Hessen	174	287	10,0
Rheinland-Pfalz	35	150	20,6
Baden-Württemberg	873	3322	43,1
Bayern	1303	6703	70,9
Bundesgebiet	2782	11303	19,6

[1] Quelle: Elektrizitätswirtschaft 1959. H. 14 S. 493, 495.

Die wichtigsten Speicherwerke liegen im Süden Deutschlands. In Bayern sind etwa 40 Speicher mit zusammen rd. 300 Mio m³ Speicherraum in Betrieb, während noch etwa 1000 Mio m³ insgesamt für wirtschaftlich ausbaufähig gehalten werden. In Württemberg ist eine Reihe von Speichern mit insgesamt rd. 150 Mio m³ im Einzugsgebiet des Neckars in Planung. Außerdem könnte das Projekt Argenwerk, ein Speicher mit Kraftwerkskette bis zum Bodensee, im Endausbau noch etwa 100 Mio m³ Nutzstauraum erbringen. Die bedeutendsten Speicher im Schwarzwald sind der Schwarzenbachspeicher (14 Mio m³) und das Schluchseewerk (108 Mio m³)[1].

Die zahlreichen Speicher in der Eifel, im Bergischen, im Sauer- und im Siegerland sind in erster Linie zum Zwecke der Wasserversorgung des Rhein-Ruhr-Gebietes errichtet worden und werden nur vereinzelt energiewirtschaftlich genutzt.

Entwicklungstendenzen von Bau und Betrieb. Von den möglichen Lauf- und Speicherkraftwerken werden jeweils die ausbauwürdigsten gebaut. Die künftig noch zu errichtenden werden daher aller Voraussicht nach teurer und weniger wirtschaftlich sein. Über die spezifischen Baukosten derartiger Werke lassen sich angesichts der Verschiedenheit der örtlichen Gegebenheiten kaum genaue allgemein verbindliche Angaben machen. Sofern keine besonders günstigen Voraussetzungen vorliegen, muß man jedoch im Durchschnitt mit Baukosten von rd. 2000 DM/kW rechnen.

Die Bauzeiten der im Bundesgebiet noch auszubauenden größeren Speicherwerke, für die Vorprojekte schon vorliegen, dürften einschließlich der endgültigen Planung im Mittel etwa 4—7 Jahre betragen. Ungefähr die gleiche Zeitspanne wird auch für den Bau eines Laufwasserwerkes am Rhein, der Donau oder Elbe zu veranschlagen sein. Für den Bau von Laufwasserwerken an kleineren Flüssen genügen in der Regel 2—4 Jahre.

Angesichts der geringen Aussichten, die spezifischen Baukosten von Laufwasser- und Speicherkraftwerken wesentlich senken zu können, wird die Wirtschaftlichkeit solcher künftiger Werke in erster Linie von der Ertragslage bestimmt.

Die Errichtung von Speicherkraftwerken wird auch künftig unter den gegebenen steuerlichen Voraussetzungen wirtschaftlich sein, da diese bei dem intensiven Verbundbetrieb zwischen Wasser- und Wärmekraft im Wettbewerb gegen Wärmespitzenstromerzeugung ausreichende Erträge erwirtschaften können[2]. Ihre Wettbewerbslage wird noch laufend dadurch günstiger, daß im Zuge der elektrizitätswirtschaftlichen Entwicklung die Verbrauchsschwerpunkte an die Speicher heranrücken, die relativ hohen Transportkosten also vermindert werden.

Die weitere Verdichtung der Verbundnetze wird zweifellos den Wettbewerb bei Spitzenstrom gleich aus welchen Quellen verschärfen. Insbesondere werden häufiger kurzzeitige Angebote über Spitzenreserve aus Speichern in das verhältnismäßig stabile und übersehbare Preisgefüge der Verbundlieferungen eine gewisse Unruhe hineinbringen. Zu bedauern ist das keinesfalls. In die Verbundverhandlungen zwischen einzelnen E-Werken werden dadurch wettbewerbliche Momente

---

[1] Vgl. FROHNHOLZER, a. a. O. S. 54/55.

[2] Vgl. den umfassenden Überblick von JANSEN u. HAAGER, Wirtschaftlich gerechtfertigte Ausbauten von Wasserkraftanlagen für die öffentliche Versorgung. Elektrizitätswirtsch. 1955, H. 20, S. 697ff., / 1955, H. 21, S. 738ff.; JANSEN u. HAAGER, Die Wirtschaftlichkeit von Wasserkraftbauten. Elektrizitätswirtsch. 1956, H. 22, S. 813ff.

hineingetragen, die von den Betriebsleitern echt unternehmerische Entscheidungen verlangen und insofern wesentlich dazu beitragen können, eine unliebsame Erstarrung des Strompreisgefüges zu verhindern.

Den Unternehmensleitungen der Wasserkraftwerke mit Speichern wird ein solches marktgemäßes Handeln dadurch erleichtert, daß die kurz- und langfristige Vorausbestimmung der Wasserführung auf Grund enger Zusammenarbeit mit den Meteorologen ständig verbessert wird. So unzuverlässig gerade langfristige Wetterprognosen für einen bestimmten Ort auch immer sein mögen, bei den verhältnismäßig großen Einzugsgebieten der Speicher lassen sich mit den modernen Methoden der Meteorologie schon für Wochen voraus mit sehr großer Wahrscheinlichkeit gültige Aussagen machen. Bei solchen meteorologischen Prognosen werden nicht nur die voraussichtlichen Niederschlagsmengen, sondern vor allem auch die voraussichtlichen Abschmelzungen der als Schnee und Eis bereits am Boden gebundenen Niederschlagsmengen ermittelt. Die Schmelzwasseranteile der Flüsse im Sommerhalbjahr (z. B. Rhein bei Kehl 20—25%, Inn bei Kufstein 40 bis 50%) betragen ungefähr das zehnfache gegenüber dem Winter. Die seit langem in Gang befindliche Rückbildung der alpinen Gletscher (seit 1860 etwa um 20%) wird sich zwar sehr langfristig auf diese krassen Sommer/Winter-Gegensätze abschwächend auswirken, hat jedoch auf die Gestaltung der Fahrpläne der Speicher praktisch keinen Einfluß[1].

Bei den noch zu erbauenden Laufwasserwerken wird, soweit sie auf natürliche Wasserdarbietung angewiesen sind, der Ertrag aus der Energieerzeugung gegenüber dem Wettbewerb von Wärmekraftwerken selten ausreichen, um die Investitionsaufwendungen zu rechtfertigen. Die Elektrizitätswirtschaft wird also auch künftig bestrebt sein müssen, die Ertragsseite der Laufwasserkraftwerke dadurch günstiger zu gestalten, daß die Wasserdarbietung geregelt wird. Dies kann vereinzelt durch Vorsehen eines gewissen Spielraums im Stau geschehen, um bei einem Wasserangebot, das für ein dauerndes Vollausfahren der Maschinen nicht ausreicht, die volle Nutzung wenigstens in die Hauptbedarfszeiten zu verlagern. Je größer der relative Stauraum, desto mehr nähert sich das Laufwasserwerk einem Speicher. Dem sind jedoch meist durch die tatsächlichen Verhältnisse im Flußlauf baulich und kostenmäßig enge Grenzen gesetzt. Wesentlich wirtschaftlicher ist daher in der Regel eine Einbeziehung des Laufwasserwerkes in eine Kraftwerkskette, da dann die oberhalb liegenden Stauräume bei entsprechender Ablaufsteuerung additiv wirken. Heute hat sich daher bei fast allen Flußsystemen in der Bundesrepublik eine Steuerung des Wasserablaufs durchgesetzt, die zumindest eine Annäherung der Laufwassererzeugung an die Schwankungen des Strombedarfs im Laufe eines Tages, ja sogar einer Woche erlaubt. Diese Anpassung gelingt um so besser, je mehr das Stauspiel im Oberlauf die Differenz des jeweiligen Wasserbedarfs der Maschinen zu speichern erlaubt.

Mit Rücksicht auf die Wasserführung im Unterlauf kann es allerdings notwendig werden, zur Vergleichmäßigung der dortigen Wasserführung einen entsprechenden Ausgleichspeicher vorzusehen. Die volkswirtschaftlich bedeutsamen Bestrebungen, die Binnenwasserstraßen durch Nachtschiffahrt besser zu nutzen, verlangen künftig auch nachts eine ausreichende Wasserführung.

---

[1] Vgl. FROHNHOLZER, a. a. O. S. 14.

Wie weit man bei solchen Planungen vorausschauen muß, erkennt man an den neuerdings auftauchenden Schwierigkeiten als Folge der Einführung der 5-Tage-Woche. Nun muß auch die Verlegung der Stromerzeugung von den Sonnabenden auf die anderen Wochentage durch Änderung der Speicherung abgefangen werden, was größere Stauräume für den Wochenausgleich erfordert.

Nahezu vollkommen wird eine Laufwasserkette, wenn ihr noch ein Jahresausgleich gelingt. Ein typisches Beispiel einer solchen mit Weitblick geplanten leistungsintensiven Anlage ist die Lechkette mit dem vorgeschalteten Roßhauptener Speicher (Forggensee). Seit seiner Inbetriebnahme hat sich die Stromgewinnung allein der nachgeschalteten Lechkraftwerke im Winterhalbjahr um rd. $^1/_5$ erhöht.

Trotz derartiger Bemühungen um eine Verbesserung der Ertragslage durch „lastgemäßere" Stromerzeugung wird es zum Ausbau weiterer Laufwasserwerke auch künftig erforderlich sein, für die Finanzierung Neben- oder Hauptinteressenten solcher Werke außerhalb der Elektrizitätsversorgung zu suchen. Angesichts der wichtigsten Nebenvorteile der Wasserkraftwerke, wie Verbesserung der Grundwasserverhältnisse, Hochwasserschutz, Schiffahrtserleichterung usw. dürfte für die Mitfinanzierung in erster Linie die öffentliche Hand in Frage kommen.

Pumpspeicherung. Aus dem Wunsch heraus, besonders in Spitzenzeiten Strom mit hoher Leistung zur Verfügung zu haben, hat sich das Verfahren der Wasserpumpspeicherung entwickelt. Das Wasser wird dabei zur Auffüllung eines Speichers außerhalb der Spitzenzeit hochgepumpt und im Bedarfsfall mit hoher Leistung zur Stromgewinnung eingesetzt. Diese verlustreiche Art des Vorgehens läßt sich in vielen Fällen wirtschaftlich verantworten, weil dabei der nach Tages- und Jahreszeit außerordentlich große Unterschied des Wertes der Elektrizität ausgenutzt wird. Der wirtschaftliche Effekt liegt darin, daß unter Inkaufnahme der Verluste die Edelenergie Elektrizität noch weiter veredelt wird. Aus billigem Schwachlaststrom wird hochwertiger Spitzenstrom hergestellt.

Nicht nur zur Spitzenbedarfsdeckung, sondern auch als Momentanreserve in Störungsfällen hat sich der Einsatz von Pumpspeicherstrom so bewährt, daß heute an zahlreichen Speichern mit natürlichem Zufluß die Wasserdarbietung durch Pumpspeicherung verbessert wird. Darüber hinaus hat man aber schon in den zwanziger Jahren begonnen, eigens zum Zwecke der Pumpspeicherung Speicherbecken ohne natürlichen Zufluß zu errichten, in die Wasser aus einem Unterspeicher am Fuße eines solchen Werkes hinaufgepumpt wird.

Die Verluste, die bei den älteren, in den zwanziger Jahren gebauten Pumpspeicherwerken noch rd. 50% betragen, konnten im Laufe der technischen Entwicklung mittlerweile unter 30% gesenkt werden.

Die Pumpspeicherung hat den Vorteil, daß den übrigen im Verbund betriebenen Werken, insbesondere den Wärmekraftwerken, die Erzeugung von Spitzenstrom erspart bleibt. Sie kommen damit zu höherer Benutzungsdauer, entsprechend besserem spezifischen Wärmeverbrauch und geringeren festen spezifischen Kosten. Verstärkt werden diese Effekte durch die Erhöhung der Grundlast bei Einsatz der Pumpen in Schwachlastzeiten. Bei Wirtschaftlichkeitsberechnungen über Pumpspeicherwerke ist es daher wenig sinnvoll, lediglich die spezifischen Erzeugungskosten von Spitzenstrom liefernden Wärmekraftmaschinen den entsprechenden

Kosten in einem Pumpspeicherwerk gegenüberzustellen. Es müssen vielmehr die spezifischen Stromerzeugungskosten der gesamten, tatsächlich im Verbund fahrenden Werke, mit oder ohne Pumpspeicherwerk verglichen werden.

Wesentliche Kostenfaktoren, die den Bau und Betrieb eines Pumpspeicherwerkes bis zur Unwirtschaftlichkeit verteuern können:

Hohe Benutzungsdauer des Netzes
Teurer Pumpstrom
Große Entfernung von Verbrauchszentren
(Leitungskosten und Verluste)
Niedrige Gefälle
Kleine Wassermenge
Umfangreiche Wasserregulierungen
Ablösung von Wasserrechten

In Netzen mit verhältnismäßig hohen Benutzungsstunden lohnt sich ein Pumpspeicherwerk nur, wenn es mit ausnehmend geringen Ausbaukosten erstellt werden kann oder besonders billigen Schwachlaststrom zur Verfügung hat. So betreibt und baut beispielsweise das RWE trotz einer Benutzungsdauer, die auf Grund seiner Verbraucherstruktur wesentlich über dem Durchschnitt der öffentlichen Elektrizitätswirtschaft des Bundesgebietes (rd. 4000 Stunden) liegt, weitere Pumpspeicherwerke, da es aus seinen Wasser- und Braunkohlenwerken besonders kostengünstigen Schwachlaststrom zur Verfügung stellen kann.

In großstädtischen Netzen beträgt das Verhältnis zwischen niedrigster und höchster Tageslast oft 1:4, manchmal sogar 1:5. Dort wird selbst bei Benutzungsdauern über 4000 h zumeist die Gesamtwirtschaftlichkeit durch den Bau eines Pumpspeicherwerkes verbessert werden. Dabei wird sich besonders die mögliche Erhöhung der Nachtlast günstig auswirken. Für derartige Netze, in denen reine Spitzenkraftwerke nur eine Benutzungsdauer von etwa 1250—1750 h erreichen, ist der Betrieb von Pumpspeicherwerken in der Regel der günstigste Weg der Spitzendeckung. Die in der Nähe von Hamburg und Nürnberg in den letzten Jahren erbauten Pumpspeicherwerke sind typische Beispiele.

Gegenüber einem Spitzenwärmekraftwerk bietet ein Pumpspeicherwerk den geradezu unschätzbaren Vorteil augenblicklicher Einsatzbereitschaft. (2 Min. aus Stillstand, 75 Sek. aus Pumpbetrieb) Da die Anforderungen an die Versorgungssicherheit mit der Verbreitung der Elektrizität ständig steigen und auch die Zahl der störungsempfindlichen Abnehmeranlagen wächst, wird eine weitblickende Planung selbst dort Pumpspeicherwerke vorsehen, wo wirtschaftliche Vorteile nicht mit absoluter Sicherheit vorauszuberechnen sind. Daß dennoch eine ganze Reihe von Werken keine Pumpspeicherwerke betreibt, liegt meist an der Schwierigkeit, geeignetes, günstig gelegenes Gelände zu finden, das den Bau eines solchen Werkes zu erträglichen Kosten gestattet.

Von wesentlichem Einfluß auf die Baukosten ist das zur Verfügung stehende Gefälle. Je geringer es ist, um so größer ist die je kW erforderliche Betriebswassermenge. Die entsprechenden Maschinen und Anlagen werden umfangreicher und teurer[1].

Die Errichtungskosten für Pumpspeicherwerke im außeralpinen Raum liegen je nach Größe und Gefällhöhe zwischen 450 und 700 DM je kW. Im eigentlichen

---

[1] Vgl. Böhler, Die Entwicklung der Pumpspeicherung im westdeutschen Verbundnetz. Elektrizitätswirtsch. 1957, H. 10, S. 342 ff.

Hochgebirge wirken sich die schwierigen Arbeits- und Baubedingungen in der Regel kostenerhöhend aus.

Pumpspeicherwerke erfordern nicht unbedingt große Wasserzuflüsse, da im laufenden Betrieb nur die Wasserverluste (Versickerung und Verdunstung) zu ersetzen sind. Wo Pumpspeicherwerke in Verbindung mit anderen großen Wasserkraftwerken mit natürlichem Wasserzufluß betrieben werden, geschieht dies im wesentlichen nur zur weiteren Ausnutzung der über die natürliche Wasserdarbietung hinausreichenden Stauräume und zur Verbesserung des Anteils der Spitzenstromerzeugung des betreffenden Wasserkraftwerkes.

Pumpspeicherwerke im Bundesgebiet[1]

Anlage	Fertigstellung	mittlere Fallhöhe (m)	Größe des oberen Speichers (Mill. m³)	Ausbauleistung	
				Turbinen (MW)	Pumpen (MW)
Schwarzenbach	1926	345	14,3	34	21
Leitzach	1927	124	4,5	24	13
Herdecke	1930	156	1,5	132	107
Waldeck	1931	295	0,8	115	96
Häusern	1931	190	108	110	84
Witznau	1943	231	4,7	175	128
Waldshut	1951	151	1,4	150	80
Rodund[2]	1952	328	1,0	170	40
Reisach	1955	179	1,5	67	55
Geesthacht	1958	81	3,3	105[4]	93
Lünersee[2]	1958	875	76	224	252
Happburg	1958	199	1,8	70	69
Amalienhöhe[3]	im Bau	304	3,1	336	306
Erzhausen	im Bau	285	1,4	200	144
Our[2]	im Bau	280	2,8	400	265

[2] Im Ausland gelegen, aber in der Hauptsache für den deutschen Bedarf arbeitend.
[3] In der DDR gelegen.   [4] Geplanter Ausbau: 210—240 MW.

An den Speichern, die nicht in erster Linie zur energiewirtschaftlichen Nutzung von Wasserkraft gebaut worden sind (Trink- und Brauchwassertalsperren, Hochwasserschutzspeicher u. dgl.) hat sich eine Pumpspeicherung in der Vergangenheit wegen der Abhängigkeit von der nicht nach energiewirtschaftlichen Gesichtspunkten durchführbaren Stauhaltung nicht durchsetzen können.

Der Bau von Pumpspeicherwerken erfolgte in Deutschland im wesentlichen in zwei Wellen. Die erste, um das Jahr 1925, sollte neue Wege zur Lösung des Spitzenproblems suchen, das durch die damals üblichen Batterien und schnell einsatzfähigen Wärmekraftwerke nicht mehr zu bewältigen war (z. B. Herdecke, Waldeck, Niedersedlitz bei Dresden). Ein Sonderfall ist das 1929 begonnene Schluchseewerk. Über die natürliche Speicherung des Wassers hinaus wird das aus den Schweizer Alpen dem Unterwasserbecken des gestauten Rheins zufließende Wasser auf die Höhen des Schwarzwaldes gepumpt. Die Anlagen dienen dem Verbundbetrieb der RWE und des Badenwerkes, wobei rheinische Braunkohlen-Grundlast-Werke mit den Wasserkraft-Werken des Südens zusammenarbeiten.

Die mit der ersten Gruppe von Pumpspeicherwerken gewonnenen Erfahrungen führten zu Auffassungen, die eine Neuerrichtung von ähnlichen Werken zunächst

---

[1] Nach HARTUNG, Neue Pumpspeicherkraftwerke in Deutschland. Umschau 1959, H. 23, S. 709.

uninteressant erscheinen ließen. So setzte sich beispielsweise die Meinung fest, unter 200 m Gefällhöhe seien keine wirtschaftlichen Pumpspeicherwerke zu bauen.

Die etwa um 1955 einsetzende zweite Welle im Bau von Pumpspeicherwerken wurde insbesondere dadurch ausgelöst, daß nunmehr Turbinenentwicklungen herangereift waren, die sogar bei einem wesentlich kleineren Gefälle (z. B. 80—100 m) erheblich höhere Wirkungsgrade bis etwa 70% erwarten ließen. Die kühnen Gedankengänge bei der Errichtung des Werkes Reisach/Rabenleite in der Oberpfalz haben eine Bresche in die bisher klassischen Auffassungen erfolgreich geschlagen und auch die Errichtung des Pumpspeicherwerkes Geesthacht in der norddeutschen Tiefebene, nahe dem nördlichen Rand des deutschen Versorgungsgebietes, führte anderwärts zu zahlreichen Planungen, die den Bau ähnlicher Werke in nächster Zeit erwarten lassen[1]. Neuerdings sind Bemühungen im Gange, die Baukosten durch Zusammenfassung von Turbinen und Pumpen in einem einzigen Aggregat so wesentlich zu senken, daß die dabei unvermeidliche Verschlechterung des Gesamtwirkungsgrades die erzielbaren Vorteile nicht aufhebt. Allerdings kann man derartige Maschineneinheiten, da sie bislang nur einstufig zu bauen sind, vorerst nur für Pumpspeicherwerke mit Gefällen über 200 m verwenden.

Die Neigung zum Bau von Pumpspeicherwerken dürfte sich künftig wesentlich verstärken, da die bislang erzielte höhere Benutzungsdauer nicht mehr in gleichen Maße verbessert werden kann. Sie findet in einer zunehmenden Festigung der Verbrauchsstruktur ihre Grenzen, zumal es der Wettbewerb auf dem Energiesektor offenbar immer weniger erlaubt, den Bedarf der Kunden den Erzeugungsmöglichkeiten günstig genug anzupassen.

Merkwürdigerweise liegt ein großes Hemmnis für die zeitgerechte Errichtung weiterer Pumpspeicherwerke auf psychologischem Gebiet. Die Aufgabe der Stromerzeugung ist in den meisten überwiegend mit Wärmekraft betriebenen Werken den Wärmeingenieuren und -wirtschaftlern anvertraut, die erfahrungsgemäß eine gewisse „Spezialisten-Scheu" vor der Aufnahme ihnen fremder Betriebsgebiete zeigen. Sie besitzen meistens weder Erfahrung noch Lust zum Bau von Wasserkraftanlagen. Hier ist es Aufgabe einer weitblickenden Unternehmensleitung, dem eigenen Personalstab das Vertrauen zu erweisen, auch bisher ungewohnte technische Aufgaben in Angriff zu nehmen. Besonders die Planung eines Pumpspeicherwerkes bringt dem Betriebsingenieur die Möglichkeit, seine technischen und wirtschaftlichen Fähigkeiten, die im Schematismus des täglichen Betriebes einzufrieren drohen, aufs Neue zu entfalten.

2. Windkraftanlagen

Die Stromerzeugung durch Windkraft konnte bislang weder für die öffentliche noch für die industrielle Versorgung Bedeutung erlangen. Auf Grund der geographischen und meteorologischen Gegebenheiten sind in Mitteleuropa nur wenige Gebiete für eine Windkraftnutzung geeignet. Im Bundesgebiet kommen lediglich die Mittelgebirgs- und Küstengebiete hierfür in Frage. Mit einer vergleichbaren Windkraftanlage könnten dort an günstigen Orten wie z. B. auf hohen Bergen des

---

[1] Zum Beispiel das Projekt der Technischen Werke Stuttgart am Nordrand der Schwäbischen Alb bei Glems.

Harzes oder des Sauerlandes oder auf Sylt etwa doppelt so große Strommengen erzeugt werden als im Hochgebirge oder im flachen Binnenland.

Der Verlauf der anfallenden Windmengen nach Häufigkeit, Stärke und Richtungskonstanz zeigt, daß sie am Tage meist größer als in der Nacht sind und an vielen Stellen bei Sonnenauf- und -untergang Höchstwerte aufweisen. Für die Stromerzeugung liegt also eine verhältnismäßig günstige Charakteristik vor.

Allerdings ist eine Angleichung an die Strombedarfskurve bei weitem nicht möglich.

Schwindende technische Schwierigkeiten. Technisch kann das Problem der Windkraftnutzung zur Stromerzeugung größtenteils als gelöst angesehen werden. Selbst die anfänglichen Schwierigkeiten, trotz der natürlichen weiten Schwankungen der Windkraft (nach Leistung und Richtung) verhältnismäßig gleichmäßige Spannungen und elektrische Leistungen zu erzielen, sowie bei Drehstromanlagen ein Zusammenarbeiten mit dem öffentlichen Netz zu erreichen, sind durch entsprechende Steuerungs- und Regelorgane und durch sinngemäße Gestaltung der mechanischen und elektrischen Anlage zu beherrschen. Kippvorrichtungen, Flügelblattverdrehung, Flügelspitzenverdrehung, „Orkanstoppvorrichtung", Übergang von mechanischer zu hydraulisch-elektrischer oder rein elektrischer Steuerung sind typische Merkmale dieser Entwicklung[1]. Der Weg zur besseren Ausnutzung der Windkraft führte insbesondere über aero-dynamisch günstigere Flügelblattgestaltung und die Erhöhung der Laufzahlen von 2—4 U/min auf 8—16 U/min, in Einzelfällen sogar auf 20 U/min. Als besonders erfolgversprechend hat es sich in den letzten Jahren herausgestellt, auf eine direkte mechanische Übertragung Windrad-Generator überhaupt zu verzichten und statt dessen mittels des Windrades dem besonders dafür ausgebildeten Standrohr Luft unter erhöhtem Druck zuzuführen und diese am Fuße des Windrades in einer Luftturbine zu verarbeiten.

Die erzielbaren elektrischen Leistungen hängen bei allen Windkraftanlagen wesentlich von der bestrichenen Kreisfläche ab. In den Jahren nach 1950 gebaute Anlagen für 7,2 kW hatten einen Raddurchmesser von rd. 10 m (80 m²). Der vor dem Kriege entstandene Plan eines 15 MW Windkraftwerkes (Honnef)[2] wies einen Raddurchmesser von 156 m (19000 m²) auf.

Versuchsanlagen sind bisher erst bis 100 kW Leistung gebaut und längere Zeit störungsfrei betrieben worden. Eine von Putnam in Vermont (USA) errichtete 1 MW-Versuchsanlage war nicht für den Dauerbetrieb geeignet. In Deutschland sind Anlagen bis zu einer Größe von zunächst 100 kW in Entwicklung und Erprobung. Die betreffenden Arbeiten erfolgen unter Betreuung der Studiengesellschaft Windkraft e.V., Dachorganisation der in der Bundesrepublik an der Windkraft Interessierten.

Hemmende hohe Kosten der Windkraftnutzung. Nach dem bisherigen Stand der Entwicklung sind die spezifischen Baukosten so hoch, daß sich daraus ein Strompreis ableitet, der weit über dem Durchschnitt liegt. Auch die Betriebskosten sind wegen der für ein Zusammenwirken mit dem öffentlichen Netz erforderlichen,

---

[1] HÖLTER, BWK 1954, S. 270ff.

[2] Vgl. JUCHEM, Der heutige Stand der Honnef-Windkraftwerke ETZ B 1955, H. 5, S. 187ff. (mit Überblick über die wesentlichen Entwicklungsanlagen und näheren Literaturhinweisen).

recht umfangreichen und verwickelten Regel- und Steuerungseinrichtungen beachtlich.

Der Einsatz von Windkraftanlagen ist daher vorläufig dort lohnend, wo eine Stromerzeugung anderer Art ebenfalls sehr kostspielig wäre, also in brennstoffarmen Ländern oder an Orten mit extrem hohen Binnentransportkosten für die Rohstoffe. Ein weiteres Anwendungsgebiet erschließt sich für Windkraftanlagen trotz der hohen Stromgestehungskosten dort, wo der Strom aus dem öffentlichen Netz mit ungewöhnlich hohen Verteilungskosten belastet ist, wie in abgelegenen Siedlungen, Farmen, Forschungsstationen, Halligen und Einödhöfen. In solchen Fällen ist in der Regel ein Zusammenarbeiten mit dem öffentlichen Netz nicht erforderlich, so daß einfachere Ausführungen genügen. Ihr Strom steht dort allerdings im Wettbewerb mit Flaschen-(Flüssig-)Gas oder motorisch erzeugter Elektrizität.

In der Bundesrepublik und auch im übrigen westeuropäischen Bereich ist eine Verwendung von Windkraftanlagen für die allgemeine Energieerzeugung aus den aufgezeigten Gründen nicht sinnvoll, wenn es nicht schrittweise gelingt, größere Einheiten preiswerter zu erstellen und trotz ihrer komplizierten Hilfseinrichtungen wartungsunabhängiger zu machen. Die bisher gewonnenen Erkenntnisse lassen es ratsam erscheinen, die Entwicklung von größeren Windkraftanlagen nicht sprunghaft voranzutreiben.

So anerkennend auch das oft recht phantasievolle Walten eifriger Verfechter des Gedankens einer Großerzeugung aus Windkraft hervorzuheben ist, so muß doch festgestellt werden, daß eine vorzeitige Inangriffnahme großer Projekte zwar zu einer wünschenswerten, wenn auch geringfügigen Schonung anderer Rohenergiequellen führen könnte, dafür jedoch in volkswirtschaftlich unerwünschter Weise hohes Investitionskapital unzweckmäßig binden würde.

3. Motorische Erzeugung

Unter motorischer Stromerzeugung soll Stromerzeugung mittels Verbrennungskraftmaschinen verstanden werden. Die sogenannten Dampfmotoren, d. h. schnellaufende ventilgesteuerte Kolbendampfmaschinen, die vor allem durch eine konsequente konstruktive Durchführung des Baukastenprinzips bekannt geworden sind, weisen zwar auch eine Reihe typischer Motorbauelemente auf, können jedoch nicht zu den Verbrennungskraftmaschinen gerechnet werden, da die „Verbrennung" nicht in der krafterzeugenden Maschine selbst, sondern in einer getrennten Kesselanlage erfolgt.

Die motorische Stromerzeugung war in den Anfängen der öffentlichen Elektrizitätsversorgung sehr verbreitet. Noch heute kann man in manchen ländlichen „Zentralen" die großen, robust gebauten Dieselaggregate jener Zeit sehen. Nur vereinzelt sind sie jedoch noch in Betrieb, und dann allenfalls als Gelegenheitsreserve.

Die motorische Erzeugung konnte in der öffentlichen Stromerzeugung ihren Platz gegenüber anderen Kraftwerkstypen nicht behaupten. Die Gründe dafür sind insbesondere darin zu sehen, daß es die physikalischen Voraussetzungen des Motorprinzips nicht erlauben, den Gesamtwirkungsgrad motorischer Erzeugungsanlagen über den von Dampfkraftanlagen wesentlich zu steigern, um so die Kostendifferenz zwischen Dieseltreibstoff und Kohle auszugleichen. Hinzu kommt, daß

der Größe der einzelnen Verbrennungskraftmaschinen wegen der Wärmeableitung
Grenzen gesetzt sind. Die oberen Grenzen für stationäre Stromerzeugungsanlagen
liegen seit etwa 30 Jahren bei einer Leistung von rd. 10 MW.

Vorrangstellung in der ortsbeweglichen Stromerzeugung. Große Erfolge waren
den Motorenherstellern bei ihren Bemühungen beschieden, das Leistungsgewicht
herabzudrücken. Von anfänglich rd. 50 kg/PS ist man heute auf Werte von unter
2 kg/PS gekommen. Damit wurde den Verbrennungskraftmaschinen der Weg für
die nicht ortsgebundene Stromerzeugung freigemacht. Die Verbesserungen wurden
im einzelnen erreicht durch: Aufladung bei Zweitaktern, Hochaufladung bei Vier-
taktern, Ladeluftkühlung, Verbesserung der Einspritzung und Vorverbrennung,
Drehzahlerhöhung sowie Heraufsetzen der Arbeitstemperaturen durch Verwendung entsprechender neuer Werkstoffe. Vereinfachung der Bedienung und Wartung, selbstregulierende Spannungshaltung sowie automatische Start- und Stopp-
vorrichtungen haben mit dazu beigetragen, der motorischen Stromerzeugung bei
ortsbeweglichen Anlagen eine Vorrangstellung vor jeder anderen nichtstationären
Stromerzeugung zu sichern. Fahrbare oder auf Kufen montierte ortsbewegliche
Anlagen sind heute serienmäßig mit Leistungen von wenigen bis zu mehreren
hundert kW lieferbar.

Beschränkte stationäre Verwendung. Bei stationärem Einsatz großer Einheiten
ergeben sich in Deutschland z. Z. Anlagekosten (Motorgenerator, Hilfseinrichtung,
Gebäude ohne Grundstück), die etwa 25—50% (bei größeren Anlagen) unter
denen normaler Dampfkraftanlagen liegen. Bei den Preisen für Dieselkraftstoff[1]) kommen jedoch die spezifischen Brennstoffkosten auf ein Vielfaches der
spezifischen Stromerzeugungskosten für ein Dampfkraftwerk. Damit ist z. Z.
die Anwendung der motorischen Stromerzeugung für die ortsfeste Versorgung im
öffentlichen Netz und in der Industrie eindeutig auf dem Bereich der Spitzenlast-
deckung oder der Reserve in dringenden Fällen (Notreserve) beschränkt. Als Versuch, aus dieser Situation einen Ausweg zu finden, sind die Bemühungen anzusehen, ortsfeste Dieselanlagen auch für schwerere und damit billigere Öle einzusetzen und so die Erfahrungen zu nutzen, die mit Schwerölmotoren für Schiffs-
antrieb schon seit längerer Zeit gewonnen worden sind. .

Die Verwendung schwerer Öle setzt allerdings voraus, daß man das zur Verfügung stehende Öl auf die für eine gute Zerstäubung im Motor erforderliche
Viskosität von 2,5° Engler bringt. Bei Ölen, die auf Grund ihrer normalen Viskosität hierzu nur auf rd. 60 °C erwärmt werden müssen, kann dies mittels des
Kühlwassers geschehen. Bei den preislich interessanteren schweren Ölen ist jedoch
für die Vorwärmung eine besondere Niederdruckdampfanlage erforderlich. Für
deren Heizung können die Dieselabgase benutzt werden. Die Kesselanlage, die
Vorwärmanlagen mit den verschiedenen Behältern und die entsprechende Isolierung der Zuleitungen erfordern jedoch so viele Mehraufwendungen, daß der
wesentliche Vorteil der motorischen Stromerzeugung, die geringen Anlagekosten,
dadurch teilweise zunichte gemacht wird. Erschwerend kommt hinzu, daß eine
solche Schwerölanlage zunächst doch erst mit Gasöl angefahren werden muß, bis
die nötigen Dampftemperaturen erreicht sind. Die bisherige Verwendung derartiger Anlagen für ortsfeste Stromerzeugung beschränkt sich daher auf Ver-

---

[1] Preis für Dieselkraftstoff im Herbst 1960 rd. DM 500/t.

sorgungsplätze, an denen Schweröl- und Kohlenpreis in einem wesentlich günstigeren Verhältnis als in Deutschland liegen[1]), beispielsweise im Mittleren Osten, in ostafrikanischen Hafenstädten.

In der öffentlichen Stromversorgung im Bundesgebiet engt sich das Anwendungsgebiet der motorischen Stromerzeugung dadurch weiter ein, daß die Spitzendeckung ständig höhere Leistungen erfordert, was mit anderen Kraftwerksanlagen kostengünstiger zu bewältigen ist.

Mit zunehmender Netzdichte wird auch bei den Kunden der öffentlichen Stromversorgung eine eigene Notstromanlage immer seltener angewendet. Erhebliche Einschränkungen erfährt die Anwendung von Dieselmotoren im übrigen durch den zunehmenden Widerstand gegen ihre Lärmentwicklung. In Gebieten größerer Siedlungsdichte wird in der Regel die Wirtschaftlichkeit durch die Aufwendungen für Lärmdämmung immer fraglicher.

Notstromanlagen als Ersatz für zusätzliche Versorgungsanschlüsse. Eine Reihe von Stromverbrauchern stellt an die Sicherheit der Stromversorgung gegen Ausfälle ungewöhnlich hohe Anforderungen, weil im Störungsfalle Gefährdung von Menschen oder übermäßig hohe Betriebsverluste befürchtet werden. Krankenhäuser, Versammlungsstätten, wie Theater und Lichtspielhäuser, einige wichtige Verkehrsbetriebe, vor allem der Flugsicherungsdienst, die Speisung von Feuermeldeanlagen, das Eisenbahnsignalwesen und andere Fernmeldeübertragungseinrichtungen, aber auch viele hochwertige Fabrikationsprozesse erfordern höchste Sicherheit. Meist kann der Wunsch nach erhöhter Sicherheit durch zusätzliche Versorgungsanschlüsse ausreichend erfüllt werden. Nur bei zu hohen Kosten derartiger Anschlüsse oder bei extremen Sicherheitsforderungen wird daher die Aufstellung eines Notstromaggregates erwogen.

Nutzung der motorischen Stromerzeugung bei E-Werks-Kunden. Außerhalb der Spitzenzeit wird ein Kunde ohne Not angesichts seiner leistungsabhängigen Strombezugspreise, eine solche motorische Erzeugungsanlage nicht einsetzen. Er kann jedoch, insbesondere wenn ihn eine Erhöhung seines Spitzenbedarfs vor die Notwendigkeit eines Ausbaus seiner Anschlußstation stellt, an der Benutzung seines Notstromaggregates zur Abdeckung seiner Leistungsspitze interessiert sein. Die allgemeine Gepflogenheit der E-Werke, ihn hieran durch Anschlußklauseln zu hindern, erscheint nicht immer sinnvoll. Ein E-Werk, das derartige Fälle sorgfältig prüft, wird nämlich oft erkennen, daß es sich gut bei einigen Kunden die motorische Stromerzeugung, die in den eigenen Kraftwerksanlagen nicht rentabel erscheint, wenigstens zeitweise nutzbar machen kann, um die Spitzenverhältnisse erträglicher zu gestalten.

4. Gasturbinenanlagen

Die Gasturbine ist der jüngste Sproß aus der Familie der Wärmekraftmaschinen. Kriegs- und Nachkriegszeit haben in Deutschland die Bedeutung der Gasturbine für die Elektrizitätsversorgung lange Zeit nicht allgemein bekannt werden lassen. Unter dieser Vorbelastung leidet der Einsatz von Gasturbinen in der öffentlichen Energiewirtschaft der Bundesrepublik auch heute noch vielerorts, obgleich man

---

[1] Vgl. HIRT, Stationäre Schweröl-Dieselmotoren für Generatorantrieb. Energie 1958, H. 4, S. 147.

10*

sich schon daran gewöhnt hat, daß die Luftfahrt das Prinzip des Gasturbinenprozesses seit Jahren bereits beim Turbo-Antrieb nutzt.

Offener und geschlossener Gasturbinenprozeß. Eine Gasturbinenanlage verwendet als Arbeitsmedium vorwiegend Luft oder ein Gemisch aus Luft und Verbrennungsgasen, die auf erhöhten Druck und eine erhöhte Temperatur gebracht
werden. Der zugeführte Energiegehalt wird in einer Turbine in mechanische
Energie zum Antrieb eines Generators umgewandelt. Die Aufgabe des Kessels ist
beim Gasturbinenprozeß aufgeteilt. Einen wesentlichen Teil der Druckerhöhung
übernimmt ein Verdichter, während die Temperaturerhöhung ohne oder nebst
weiterer Druckerhöhung entweder direkt durch Verbrennung des Antriebsstoffes
unmittelbar vor den Schaufeln der Turbine[1] oder mittelbar in einem Wärmeaustauscher erfolgt. Wählt man diesen Weg, so kann man die in der Turbine entspannte Heißluft dem geschlossenen Kreislauf der Verdichtung von neuem zuführen. Man spricht dann vom „geschlossenen" im Gegensatz zum „offenen"
Verfahren.

Trotz der im Wärmeaustauscher entstehenden Wirkungsgradminderung läßt
sich bei geschlossenem Kreislauf durch weitgehende Ausnutzung der Abwärme für
den Kreislauf selbst oder sonstige Heizzwecke ein besserer Wirkungsgrad erzielen.
Allerdings sind dafür höhere Aufwendungen erforderlich, zumal die Trennung
vom Turbinenkreislauf und Heizgasweg einen besonderen Verbrennungskessel
(Luftkessel) erforderlich macht.

Der geschlossene Kreislauf bietet den wesentlichen Vorteil, im Kessel auch
solche Brennstoffe verfeuern zu können, deren Rückstände bei den hohen Temperaturen in der Gasturbine (bis zu 850 °C je nach Bauart, — bevorzugt etwa 700
bis 750 °C) schädlich wirken könnten. So ist die Verwendung von Kohle wegen
der Aschenbestandteile und der damit verbundenen Verschmutzungsgefahr praktisch nur beim geschlossenen Gasturbinenprozeß möglich. Für schwerere Öle gilt
das gleiche. Neben dem Ascheproblem sind es insbesondere die schon vom Höchsttemperaturteil der Dampfkessel bekannten Korrosionsgefahren durch Vanadium-
Pentoxyd (bei Verbrennungstemperaturen über rd. 700 °C) die bei Arbeitstemperaturen über 650—700 °C den offenen Gasturbinenprozeß mit schweren Ölen
ausschließen.

Mit Brennstoffen ohne derartig schädliche Nebenwirkungen versucht man heute
bei offenen Gasturbinen auf Temperaturen bis zu 900 °C hinaufzugehen. Die
Grenzen sind durch die Temperaturfestigkeit der verfügbaren Werkstoffe gegeben,
wobei derartig hochgezüchtete Anlagen nicht ohne Innenkühlung der Schaufeln
betriebsfähig sind.

Gegenüber Lastschwankungen sind Gasturbinen außerordentlich unempfindlich. Die Anfahrzeiten können bei offenen Anlagen unter 15 Minuten gedrückt
werden. Gerade hierin dürfte einer der wesentlichen Gründe liegen, warum fast
90% aller Anlagen (Stand 1955) „offen" gebaut wurden, obwohl die Anlagen, da
sie vornehmlich (etwa zu $^2/_3$) ohne Wärmeaustauscher erstellt wurden, mit ihren
Wirkungsgraden kaum über 20% hinauskamen. Bei Gasturbinen mit Wärme-

---

[1] Auf Grund des hierin liegenden Rückgriffs auf das Dieselprinzip wird der Gasturbinenprozeß oft als Kreuzung des Dampfkraft- und Dieselverfahrens bezeichnet. Berechtigt ist dies
jedoch nur bei Verbrennung innerhalb der Turbineneinheit.

austauscher läßt sich ein Wirkungsgrad von etwa 30% ohne übertriebene Aufwendungen erreichen.

Bei diesen derzeitig erzielbaren Wirkungsgraden muß man für Gasturbinenanlagen mit Betriebskosten in Höhe des $1^1/_2$ fachen derer von Dampfkraftwerken rechnen. Andererseits liegen die spezifischen Anlagekosten nicht zuletzt auf Grund des geringen Raumbedarfs etwa $^1/_4$ unter denen von Dampfkraftwerken.

Einsatzmöglichkeiten für die Stromerzeugung. Einheiten von mehr als 30 MW Leistung[1] sind bislang noch nicht gebaut worden, doch ist in Schweden eine 40 MW-Einheit geplant. In Anbetracht dessen und wegen der im Verhältnis zu Dampfkraftwerken hohen Betriebs- und niedrigen Baukosten sind Gasturbinenanlagen in der öffentlichen Elektrizitätsversorgung als Spitzenwerke interessant, — zumal sie hinsichtlich der Standsortbedingungen keine großen Anforderungen stellen und noch nicht einmal Fremdstrom zum Anfahren benötigen. (Gegebenenfalls Hilfsgasturbinen zum Anfahren). Darüber hinaus haben sich insbesondere die einfachen Gasturbinenanlagen mit offenem Kreisprozeß als außerordentlich robust, wenig reparaturanfällig und einfach bedienbar erwiesen. Gasturbinen dürften sich auch in Deutschland noch einen wesentlich weiteren Anwendungsbereich erobern, wenn ihre vielfältigen Kombinationsmöglichkeiten genauer bekannt werden und wenn sich die Hersteller dazu entschließen, die noch bestehenden Hemmnisse durch entsprechende Garantieübernahmen zu überwinden.

Unter den vielfältigen Kombinations- und Schaltungsmöglichkeiten von Gasturbinenanlagen zeichnen sich einige als besonders erfolgversprechend ab. So hat beispielsweise eine Kombination von Freikolbengaserzeugern mit Gasturbinen überraschend gute Wirkungsgrade ergeben (34%, 6 MW-Anlage Cherbourg), — obgleich die Turbineneintrittstemperatur nur bei 480 °C liegt. Derartige Anlagen sind gegenüber normalen, vor allem offenen Gasturbinen allerdings z. Z. noch verhältnismäßig groß und teuer.

Eine andere bereits erprobte Möglichkeit besteht in der Kombination mit einem Dampfkraftwerk[2], indem die Abwärme der Gasturbinenanlage für die Speisewasseraufbereitung benutzt wird oder indem die entspannten Abgase aus der Gasturbine (Anteil an Verbrennungsgas rd. 2%) dem Verbrennungsraum des Dampfkessels zugeführt werden, wodurch der Gesamtwirkungsgrad des Kombinationskraftwerkes auf über 40% gesteigert werden kann. Im Hinblick auf die mögliche Abwärmeverwertung wird sich vor allem in der Heizkraftwirtschaft für die Gasturbinen noch ein weites Feld eröffnen.

Gasturbinenanlagen mit Luftspeicherung? Zur Lösung des immer dringender werdenden Problems der kostengünstigen Spitzendeckung bei großstädtischen Stromversorgungsunternehmen erscheint auch die Möglichkeit beachtenswert, beim Gasturbinenprozeß den Vorgang der Luftverdichtung zeitlich von den weiteren Arbeitsvorgängen wie Temperaturerhöhung und späterer Entspannung zu trennen, indem man mit preiswertem Nachtstrom erzeugte Druckluft speichert, sei es ebenerdig oder noch besser unter einer entsprechenden Wassersäule. (Drucklufttanks am Fuße von Berghängen, in Bergwerksstollen, Untertagesspeicher u. dgl.)[3].

---

[1] Anlage Beznau/Schweiz, 27 MW.

[2] Vgl. STUMPF, Beitrag zur Frage gekuppelter Gasturbinen-Dampfturbinen-Prozesse. Elektrizitätswirtsch. 1958, H. 21, S. 676 ff.

[3] Vgl. SIEBRECHT, Gasturbinen mit Luft- und Gasspeicher. Energie 1956, H. 4, S. 118 ff.

Überschlägige Rechnungen haben ergeben, daß mit einer späteren Wärmezufuhr von 1000—1100 kcal/kWh (je nach Art des gewählten Gasturbinenprozesses) spezifische Stromerzeugungskosten erzielt werden können, die beachtlich unter dem von Spitzenstrom in Dampfkraftwerken liegen, sofern für die Druckluftspeicher einigermaßen günstige Baubedingungen vorliegen. Diese werden nicht bei jeder Großstadt zu finden sein, aber sicherlich eher als ein für ein Pumpspeicherwerk geeignetes Gelände. Hier bietet sich für unternehmerische E-Werksleitungen offensichtlich eine Gelegenheit in Zusammenarbeit mit den in Frage kommenden Industriefirmen, erfolgreich neue Wege zu beschreiten. Sie brauchen sich dabei nicht völlig auf Neuland zu begeben, da die Gaswerke mit Untertagespeichern schon einige Erfahrungen gesammelt haben. Das ist insofern bedeutsam, als so die nicht zu unterschätzenden psychologischen Hemmnisse bei den mit der technischen Materie nicht vertrauten Stellen leichter zu überwinden sein mögen.

5. Dampfkraftanlagen

Die Hauptlast der Stromerzeugung tragen die Dampfkraftanlagen. Lange vor Beginn der allgemeinen Stromversorgung waren Dampfmaschinen und Kessel in Gebrauch und ihre Zuverlässigkeit erprobt. Ihre Verwendung in E-Werken stellte jedoch steigende Anforderungen hinsichtlich Leistung und Wirtschaftlichkeit.

Bisherige Entwicklung. Aus den bis zur Jahrhundertwende noch üblichen und ausreichenden Anlagen mit handgefeuerten Planrosten, Flammrohrkesseln und Kolbendampfmaschinen entwickelten sich unter dem Druck der Anforderungen neue Anlagetypen, die etwa bis Mitte der zwanziger Jahre bereits die wesentlichen Merkmale aufwiesen, die auch den heutigen Anlagen noch eigen sind. Von der Treppen- und Wanderrostfeuerung war man zur Staubfeuerung gekommen, die Trommeln in den Kesseln wurden verkleinert, dafür in steigendem Maße Siederohre verwendet. Speisewasser und Luft für den Kessel wurden vorgewärmt und dabei die vorher ungenutzte Abwärme verwertet. Turbinen traten an Stelle der Kolbenmaschinen und die Vorteile der Zwischenüberhitzung des Dampfes wurden genutzt.

Die Entwicklung verlief durchaus nicht immer harmonisch. So war es beispielsweise jahrzehntelang nicht möglich, die Leistungsfähigkeit der einzelnen Kesseleinheiten an die schneller wachsende der Turbinen anzupassen, so daß noch Anfang der zwanziger Jahre etwa 7 der größten Kessel notwendig waren, um den Dampfbedarf einer großen Turbine zu decken. Erst die Staubfeuerung erlaubte, die Kessel um ein Vielfaches zu vergrößern und so den Ausgleich zu erzielen.

Für das Ausmaß des Anstiegs der Anforderungen an ein Dampfkraftwerk gibt es einen anschaulichen Begriff, wenn man sich vor Augen hält, daß ein „Kraftwerk", das um 1900 ein Gebiet mit 4 MW allein „versorgte", im Jahr 1960 für das gleiche Gebiet einen Leistungsbedarf von rd. 360 MW, also etwa 90mal so viel aufzubringen hat.

Die bei einer solchen Erweiterung unvermeidlich drohenden Investitionen zwingen zu einer Verminderung der spezifischen Anlagekosten. Man war bestrebt, die „Größe" neuer Kraftwerke weniger stark als deren Leistungsfähigkeit wachsen zu lassen. Daß der Anstieg der Lohnkosten eine laufende schrittweise Verminderung des erforderlichen Bedienungspersonals erforderte, traf sich glücklich mit den Notwendigkeiten der Mechanisierung mit Rücksicht auf die Versorgungssicherheit. Aus allen diesen Bestrebungen läßt sich eine stark fallende Tendenz der Anforderungen an umbauten Raum, Wärmeverbrauch und Bedienungs- personal im Laufe von fünf Jahrzehnten erkennen.

Heute sind Anlagen mit einem Wärmeverbrauch von rd. 2000 kcal/kWh (thermischer Wirkungsgrad rd. 42%), mit einem Raumbedarf von 0,5 m³/kW und mit einem Personalbedarf von rd. 1 Mann/ 3 MW technisch zu verwirklichen.

Aus dem zeitlichen Verlauf dieser Kenngrößen läßt sich allerdings schließen, daß man Grenzwerten nahegekommen ist, die keine sehr großen Verbesserungen mehr erwarten lassen. Bei der Ausdehnung neuerer Anlagen sind

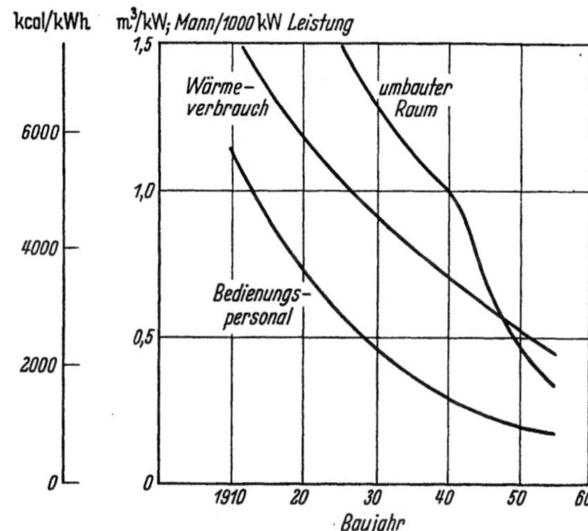

Abb. 22. Umbauter Raum. Wärmeverbrauch, Bedienungspersonal für Dampfkraftwerke (1910/1960) (Nach WEISBERG, Combustion, Bd. 24, 1953, H. 8)

aber auch relativ geringfügige Veränderungen geeignet, erhebliche Vorteile zu bringen und rechtfertigen deshalb einen entsprechenden Investitionsaufwand.

Druck- und Temperaturerhöhung. Auf der Suche nach immer größerer Wirtschaftlichkeit weisen die physikalischen Grundlagen des Dampfkraftprozesses den Weg zu weiterer Erhöhung von Druck und Temperatur[1].

Leistungsverbesserung bei gleichem Wärmeaufwand durch Druck- und Temperaturerhöhung in vergleichbaren Anlagen

ata	°C	Leistung (MW)
80	519	100
110	540	104,1
127	570	106,7
140	600	108,7

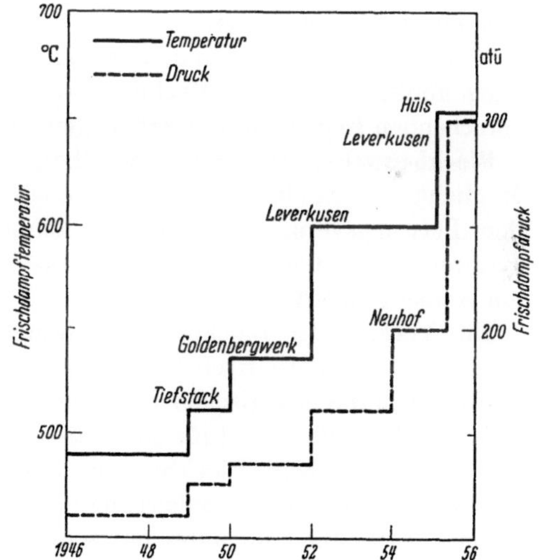

Abb. 23. Frischdampfzustände im modernen Kraftwerksbau 1946—1956 (Nach LEISTE, Stand und Entwicklungstendenzen im Dampfkraftwerksbau ETZ A 1957, H. 3, S. 65 ff.)

Die Grenzen für die Erhöhung des Druckes dürften etwa bei 400 ata liegen, da darüber hinaus der Mehraufwand für den Antrieb der Speisepumpen größer wird, als der wärmewirtschaftliche Gewinn.

---

[1] Vgl. GATTING, Dampfturbinen, Elektrizitätswirtschaft 1956, H. 8, S. 224.

Zwischenüberhitzung. Die Leistungsabgabe wird durch den Grad der Dampffeuchtigkeit am Turbinenaustritt begrenzt. Der Wunsch zur Überwindung dieser Grenze führte zur Zwischenüberhitzung. Der Dampf wird nach Teilabbau des Wärmegefälles in einer Turbinenstufe wieder in den Kessel zur Anhebung auf Frischdampftemperatur geleitet. Das Verfahren bringt Verbesserungen des Wärmeverbrauchs. Für Anlagen ohne Zwischenüberhitzung: 2500 kcal/kWh und mehr, mit Speisewasservorwärmung und einfacher Zwischenüberhitzung 2200 kcal/ kWh, bei zweifacher Zwischenüberhitzung 2050 kcal/kWh[1].

Übergang zu austenitischen Stählen. Die Höhe der Temperaturen ist wegen der schwindenden Festigkeit der Werkstoffe begrenzt. Mit ferritischen Stählen lassen sich kaum mehr als 540 °C erreichen. Etwa ab 565 °C ist die Verwendung austenitischer Stähle unumgänglich (10—20% Ni-Gehalt). Die wesentlich höheren Preise bedingen sparsamste Verwendung. Der Einsatz im Zusammenspiel mit anderen Werkstoffen bringt eine Reihe schwieriger konstruktiver Probleme. Beispielsweise liegt der Ausdehnungskoeffizient von Austenit bei 20 °C rd. 50% über dem von Ferrit, während sich die Wärmeleitfähigkeit umgekehrt verhält. Zwar gleichen sich die Eigenschaften bei höheren Temperaturen etwas an, doch bestehen auch bei rd. 600 °C noch merkliche Unterschiede. Immerhin hat es jedoch die Verwendung austenitischen Materials möglich gemacht, die frühere 540 °C-Grenze zu überschreiten. In Deutschland sind einige Anlagen mit Dampftemperaturen zwischen 600 und 615 °C erfolgreich in Betrieb. Auf lange Sicht besteht die Hoffnung auf weitere Verbesserung der Materialien und ihrer Bearbeitung und deshalb auf den Bau von Anlagen mit noch höheren Temperaturen. Aller Voraussicht nach wird sich diese Entwicklung in verhältnismäßig kleinen Stufen vollziehen.

Einen erheblichen Anteil an der hierfür erforderlichen Entwicklungsarbeit wird auch künftig die Schweißtechnik haben. Zahlreiche E-Werke bringen den entsprechenden Instituten und Arbeitsgemeinschaften starkes Interesse entgegen.

Blockbauweise. Die mit dem Übergang auf die Staubfeuerung gewonnene Möglichkeit, betriebssichere Kesseleinheiten mit einem der Turbine entsprechenden Leistungsvermögen bauen zu können, führte zur sogenannten „Block"-Bauweise, d. h. zum Bau von Kraftwerkseinheiten, bei denen jeweils einer Turbine ein Kessel zugeordnet ist.

Die Vorteile der Blockbauweise liegen vor allem in der Vereinfachung der wasser- und dampfseitigen Schaltung, wodurch sich gleichzeitig die Möglichkeit ergibt, auch die elektrischen Hilfseinrichtungen wesentlich einfacher zusammenzufassen. Das gilt sowohl für die Meß- als auch für die Steuerorgane.

Nachteilig ist beim Blockbetrieb, daß eine Kesselabschaltung gleichzeitig den Ausfall der vollen Turbinenleistung nach sich zieht. Die Möglichkeit, gelegentlich einen Kessel ohne oder unter nur sehr geringer Beeinträchtigung der Leistungsabgabe der Turbinen abschalten zu können, suchte man zwar auch in der Folgezeit immer wieder durch wasser- und dampfseitige Querverbindungen unter Durchbrechung des Blockprinzips zu erhalten, doch setzt sich wegen ihrer wesentlich einfacheren Schaltung bei neueren Anlagen immer stärker die reine Block-

---

[1] Vgl. hier und im folgenden: LEISTE, Stand und Entwicklungstendenzen im Dampfkraftwerksbau, ETZ A 1957, H. 3, S. 65ff.

bauweise durch[1]. Das damit verbundene größere Risiko im Falle einer Kesselstörung läßt sich mit zunehmender Verstärkung des Verbundbetriebes immer leichter tragen, zumal die Störanfälligkeit der Kessel durch Verbesserung der Schweißtechnik wesentlich vermindert wurde.

Die früher geübte Methode, Kessel, Turbinen, Pumpen und Vorwärmer, Mühlen, Wasseraufbereitung usw. jeweils räumlich voneinander getrennt zu überwachen und zu steuern, wurde zugunsten einer Zusammenfassung aller zu einer Blockeinheit gehörenden Meß- und Steuerorgane verlassen. Eine einwandfreie Steuerung moderner Hochleistungsanlagen mit rd. 250 Schiebern und Ventilen, rd. 50 Regel- und rd. 150 Entwässerungsventilen ist ohne organische Zusammenfassung der Steuerung praktisch nicht durchführbar.

Die Notwendigkeit, einwandfrei und schnell derartige Anlagen steuern zu können, wuchs um so mehr, als bei dem außerordentlich starken Bedarfsanstieg immer häufiger solche Hochdruck-Höchstleistungsanlagen für die Spitzendeckung mit herangezogen werden mußten. Für die öffentliche Stromversorgung wird heute schon praktisch keine Hochleistungsanlage mehr gebaut, die nicht in möglichst weitem Maße regelbar, gegenüber Lastabwurf unempfindlich ist und häufiges An- und Abfahren gut verträgt.

Regelgeschwindigkeit im Lastbereich. Die normalen Lastschwankungen im öffentlichen Netz erfordern eine schnelle Regelbarkeit der Erzeugungsanlagen. Bei modernen Großanlagen ist diese Bedingung nur schwer erfüllbar. Die Schwierigkeiten liegen hauptsächlich bei den Kesseln. Natur-Umlaufkessel haben verhältnismäßig kleine Dampfräume mit entsprechend geringer Speicherkapazität. Zwangsdurchlaufkessel, wie sie oberhalb des kritischen Druckbereichs ausschließlich in Frage kommen, haben praktisch überhaupt kein Speichervermögen. Das Regeln der Leistungsabgabe solcher Kessel erfordert daher eine unverzögerte Veränderung der jeweiligen tatsächlichen Dampferzeugung im Rohrsystem. Wesentlichen Einfluß auf die bei einem Kessel erreichbare Elastizität haben: das Wärmespeicherungsvermögen des gesamten Kessels, der zulässige Druckabfall (Gefahr der Selbstverdampfung), die kurzfristige Überlastbarkeit des Feuerraumes und die Möglichkeiten, an kritischen Stellen des Kreislaufes den Dampf gegebenfalls zusätzlich kühlen zu können. Die konstruktiven Lösungen, mit denen die Hersteller diesen Anforderungen gerecht zu werden versuchen, sind außerordentlich vielfältig. Als Ergebnis ist festzuhalten, daß im allgemeinen die Leistungsabgabe heutiger Blockanlagen im normalen Betriebszustand den Schwankungen im Lastbereich (Vollast bis niedrigste Dauerteillast) mit Regelgeschwindigkeiten von etwa 0,5 bis 1% pro Sek. je nach Typ nahezu ohne „tote Zeit" angepaßt werden kann[2].

Bei diesen Regelgeschwindigkeiten reicht die menschliche Reaktionsfähigkeit nicht mehr aus, die Veränderung der Brennstoff- und Luftzufuhr sowie die Bedienung der Speisewasserpumpen dauernd „von Hand" zu vollziehen. Alle modernen Kraftwerksblocks sind deshalb für den Betrieb im Lastbereich nahezu voll automatisiert.

---

[1] Über „Vor- und Nachteile der Blockschaltung" — vgl. STANGE, Elektrizitätswirtsch. 1956, H. 22, S. 793.

[2] Über die besonderen Möglichkeiten der sog. Vordruckregelung und der „Drosselregelung" bei Düsensteuerung, vgl. SACK, Regeluntersuchungen von Benson-Blockanlagen (II), Elektrizitätswirtsch. 1957, H. 22, S. 819 ff.

Schwierigkeiten bei Dauer-Teillast. Das Bestreben, den Lastbereich der Anlagen möglichst groß zu machen, hat dazu geführt, besonders dem Teillastverhalten der Anlagen in den letzten Jahren erhöhte Aufmerksamkeit zu schenken. Unregelmäßige Verbrennung, Stockungen beim flüssigen Ascheabzug, ungleichmäßige Rauchgasführung, unstabile Dampfverhältnisse mit der Gefahr von Wasserschlägen in der Turbine sind einige der typischen Gefahren, die an der Teillastgrenze drohen. Insbesondere durch konstruktive Änderungen bei der Feuerung und den Verbrennungsräumen ist es gelungen, die betriebssicher mögliche Teillast moderner Kessel über längere Zeit weiter herabzusetzen. Bei Blockanlagen mit trockenem Ascheabzug liegen die Teillastgrenzen in der Regel heute etwa bei 30 bis 40% der Nennlast. Bei Anlagen mit flüssigem Ascheabzug sind Teillastgrenzen von etwa 50% erreichbar, — es sei denn, man teilt die Feuerräume auf, wie beispielsweise bei Anlagen mit mehreren Zyklonen, das sind umlaufende Schmelzfeuerungskammern, von denen gegebenenfalls nur eine betrieben wird, die Teillasten von etwa 25% der Nennlast erlaubt.

Jedes langdauernde Fahren mit niedrigster Teillast erfordert wegen der oben angedeuteten Gefahren stark erhöhte Aufmerksamkeit, zumindest mehr als bei Vollast. Es empfiehlt sich daher, dem Betriebspersonal in den Kraftwerken, das eine Kleinlast-Fahrt gern als „ruhigen Betrieb" ansieht, über diese Zusammenhänge und Gefahren eindeutige Aufklärung zu geben.

Besonders kennzeichnend für die Gefährlichkeit jedes Kleinlast-Betriebes ist jeder längere „Leerlauf" einer Turbine, da der „nicht abgearbeitete" Dampf dabei den Läufer stärker als das Gehäuse aufheizt und leicht Spielverengungen verursacht, die bei ungenügender Überwachung zu schweren Schäden führen können.

An- und Abfahrbetrieb. Für den Kraftwerksbetrieb wesentlich belastender als das weitgehend automatisierte Fahren im Lastbereich ist das An- und Abfahren der Anlagen. Dem Abfahrvorgang ähnlich sind die Vorgänge bei einem plötzlichen Lastabwurf auf Grund von Betriebsvorfällen im Versorgungsnetz. Das An- und Abfahren ist gerade bei neueren Anlagen noch mit einer Reihe von Schwierigkeiten belastet, die alle mehr oder weniger auf das Verhalten der im Normalbetrieb schon sehr hoch belasteten Materialien in Kesseln und Turbinen bei wechselnder Temperatur zurückgehen.

Dem Kessel drohen bei zu schnellen Temperaturveränderungen vor allem: Wärmespannungen, die zu Verformungen der Rohrsysteme führen können, örtliche Übererhitzungen, weil im Dampfumlauf keine entsprechende Wärmeabfuhr erfolgt oder sogar Wasseransammlungen im Rohrsystem.

Als bestes Hilfsmittel zur Überwindung der Teillastschwierigkeiten beim Anfahren hat es sich bisher erwiesen, dem Kessel künstlich eine Dampfleistungsentnahme zu verschaffen, indem man den für die Turbine noch zu feuchten und zu wenig stabilen Dampf vom Kesselaustritt unter Umgehung der Turbine in den Kondensator oder in einen durch Rohwasser gekühlten Hilfskondensator leitet und entsprechend auch über die Überhitzerentwässerungen Dampf abläßt. Für Zwangsumlaufkessel sind derartige Umgehungseinrichtungen auf keinen Fall zu entbehren. Aus Wirtschaftlichkeitsgründen ist man bemüht, die umgeleitete Dampfwärme möglichst weitgehend dem Kreisprozeß zu erhalten. Allzu weit kann man dabei aber nicht gehen, da die Schaltung unnötig teuer und kompliziert wird (Anlagekosten), während die Anfahrzeiten, in denen die Verluste (Betriebskosten) auftreten, verhältnismäßig kurz sind.

Unter dem Anfahrverbrauch einer Anlage versteht man den Wärmemehrverbrauch zwischen Abstellen und Normalbetrieb — abzüglich Stillstandsverbrauch — gegenüber dem Wärmeverbrauch bei Erzeugung der in dieser Zeitspanne erbrachten Arbeit im Normalbetrieb. Der Anfahrverbrauch liegt um so höher, je kälter die anzufahrende Anlage ist.

Zur Kennzeichnung des Anfahrverbrauchs wird das Verhältnis von Wärmeverbrauch zwischen Abstellen und Normalbetrieb — abzüglich Stillstandsverbrauch — zum stündlichen Wärmeverbrauch bei Normalbetrieb benutzt[1].

$$\text{Anfahrverbrauchsfaktor} = \frac{Q_t - Q_s}{Q_n}$$

Q_t = Wärmeverbrauch zwischen Abstellen und Normalbetrieb
Q_s = Stillstandsverbrauch
Q_n = stündl. Wärmeverbrauch bei Normallast

Bei heutigen modernen Anlagen liegen folgende Erfahrungswerte vor:

Nach einem Stillstand von 7 h (Nacht)   0,4
                       31 h (Wochenende) 0,9

Die Werte streuen erheblich je nach Anlage. So ist beispielsweise in Deutschland nach 31 h Stillstand auch schon ein Faktor von nur 0,2 erreicht worden.

Vergleichsmessungen haben eindeutig ergeben, daß der Wirtschaftlichkeit wegen eine Verkürzung der Anfahrzeiten nicht allzu lohnend ist. Zweckmäßiger erscheint insofern eine Stillsetzung möglichst vieler Einheiten in Schwachlastzeiten, die sonst mit geringer Last arbeiten. Wenn man sich allerdings vor Augen hält, daß für das Hochfahren eines Kessels zur Zeit ein Erfahrungswert von rd. 55—60 °C/h zugrunde gelegt wird, so wird klar, daß die Kraftwerke der öffentlichen Versorgungsunternehmen mit ihrer nächtlichen Schwachlast von nur rd. 8 Stunden an jeder Verkürzung der Anfahrzeit bei Hochleistungskesseln stark interessiert sind, um überhaupt noch sinnvolle Stillstandszeiten zu gewinnen, zumal die errechenbaren Stillstandersparnisse ohnedies durch schnellere Alterung der Anlage im An- und Abfahrbetrieb gemindert werden.

Tatsächlich führt die Gegenüberstellung der durch Stillsetzung zu ersparenden und der durch frühzeitige Alterung der Anlagen wiederum zusätzlich anfallenden Kosten zahlreiche E-Werke zu dem Entschluß, ihre Hochleistungsanlagen während der lastarmen Zeit weiter zu betreiben und allenfalls über das Wochenende stillzulegen.

Erst neuere Messungen haben ergeben, daß sich voraussichtlich der bisherige Erfahrungswert für das Hochfahren der Kessel (55—60 °C/h) durch konsequente Ausmerzung der Gefahrenursachen mittels konstruktiver Maßnahmen und eingehender Überwachung der Gefahrenstellen (Überhitzer!) anscheinend auf den 3- bis 4fachen Wert steigern lassen wird. Daß sowohl die E-Werke als auch die Hersteller auf diesem Weg nur sehr vorsichtig voranschreiten, ist bei den großen auf dem Spiel stehenden Anlagewerten verständlich.

---

[1] Hier und im folgenden vgl.: RICARD, Anfahren von Dampfkesseln und Turbo-Generatoren, (UNIPEDE-Studienausschuß-Bericht) VIK-Bericht Mai 1956, Nr. 43.

Mit Vordringen der 5-Tage-Woche kann die Stillsetzung von Anlagen an Wochenenden wirtschaftlich reizvoller werden, da über die 31stündige Stillstandszeit hinaus eine von 55 Stunden (verlängertes Wochenende) in den Bereich der Möglichkeit rückt.

Ein anderer Grund für ein zunehmendes Interesse der E-Werke an einer Verkürzung der Anfahrzeiten ergibt sich aus den steigenden Lohnkosten. Lange Anfahrzeiten haben erfahrungsgemäß bei den einzelnen Wärmekraftanlagen eines E-Werkes Überschneidungen zur Folge. Es ist von eigenem Reiz, die Angespanntheit des Betriebspersonals während der Ingangsetzungsmanöver in einem großen Elektrizitätswerk zu beobachten. Alles atmet erleichtert auf, wenn endlich die letzte, zum Spitzeneinsatz notwendige Maschine störungsfrei in Betrieb gekommen ist. Da gerade das Anfahren den größten Bedienungsaufwand erfordert, würden noch kürzere Anfahrzeiten mit der Möglichkeit, moderne Anlagen hintereinander und nicht in Überschneidung hochzufahren, voraussichtlich eine weitere Personalentlastung mit sich bringen.

Die Turbinen im An- und Abfahrbetrieb. Ein Teil der Anfahrzeit entfällt auf das Hochbringen der Turbinen auf Betriebslast. Das äußerst geringe Spiel zwischen Laufrädern und Leitschaufeln erfordert, alle empfindlichen Teile möglichst gleichmäßig den Temperaturänderungen zu unterwerfen. Die Folgen ungleichmäßiger Erwärmungen sind um so schwerer, je weiter die bewegten Teile vom Festpunkt (Drucklager) entfernt liegen. Aus diesem Grunde lassen sich bei LjungströmTurbinen mit ihren in der Mitte der beiden Turbinenhälften liegenden Drucklagern die kürzesten Anfahrzeiten erzielen. Für Turbinen mit Drucklagern an einem Ende bedeutet der Gedanke von RÖDER, die Laufradscheiben durchbohrt auf die Welle eng aufzuschieben und damit die Turbine zu verkürzen, einen erheblichen Fortschritt. Ebenfalls auf RÖDER geht die Anregung zurück, die leitschaufeltragenden Innenkörper als wärmebewegliche Umdrehungskörper auszubilden. Die Fortentwicklung dieses Gedankens führte zu Doppelgehäusen, ja sogar zu Dreifachgehäusen, um mit den Innengehäusen die Leitschaufelkränze möglichst der Wärmebeweglichkeit der Läufer anzunähern.

In der vertikalen Ebene begünstigt jede Asymmetrie (Verdickung an Rohreinführungen, Flanschen u. dgl.) ein Unrundwerden der Turbinengehäuse. Neben der Vermeidung asymmetrischer Gehäuseverdickungen sind als konstruktive Gegenmaßnahmen Verstärkerrippen und Topfbauweise üblich geworden. Bei der Zweischalenbauweise bewirkt eine innen und außen zeitlich voneinander abweichende Wärmeeinwirkung (beim Hochfahren innen schneller heiß, beim Abfahren umgekehrt) durch ungleichmäßige Ausdehnung an den Flanschen Ovalverformungen, der man vornehmlich mit Flanschheizungen, Bolzenheizungen, Wärmeleitpasten und ähnlichen Mitteln zu begegnen sucht. Bei Turbinen, die auf Grund ihres Aufstellungsortes nach dem Abstellen von unten schneller abkühlen als oben (Temperaturdifferenz Maschinenraum/Keller!) kann ein sogenanntes „Katzbuckeln" auftreten. Wo sich durch entsprechende Wärmeisolation keine Abhilfe schaffen ließ, hat man hiergegen gelegentlich zusätzliche Bodenheizung eingesetzt.

Bei dem zur Verringerung der Verluste erstrebten kleinen Spiel der Laufräder ist eine sehr genaue Überwachung der Turbinen besonders beim Anfahren und Abstellen ratsam. Selbst winzige Abweichungen von den Toleranzen können zu schwersten Schädigungen führen. Die wichtigsten zu überwachenden Meßwerte beziehen sich auf Formveränderungen des Gehäuses und des umlaufenden Teils, auf das Temperaturgefälle zwischen Dampfeintritt- und -austritt, gegebenenfalls in den verschiedenen Stufen, auf die Temperaturen des Gehäuses und auf die Erschütterungen. Gerade die Überwachung der Laufruhe muß mithelfen, Verformungen bereits im Anfangsstadium zu erkennen. Auch langfristig geben Vergleiche der einzelnen Schwingungsmessungen bei gleichen Betriebsumständen gute Anhaltspunkte für eventuelle Veränderungen weit vor Erreichen der Gefahrgrenzen.

Im lastfreien Zustand müssen die Turbinenläufer zur Verhütung von Spielverengungen auf Grund ungleichmäßiger Erwärmung gleichmäßig „gedreht" werden. Neuere Untersuchungen haben ergeben, daß dabei die Anwendung wesentlich höherer Drehzahlen als bisher zweckmäßig erscheint (bis 200 U/min).

Entgegen früherer Anschauung ist es anscheinend nicht ratsam, nach Anstoß der Turbine und Erreichen der Betriebsdrehzahl die Belastung gleichförmig zu erhöhen. Um eine gleichmäßige Durchwärmung des Gehäuses zu erreichen, betreibt man besser die Turbine nach Erreichen der Nenndrehzahl zunächst mit nur 10 bis 15% ihrer Leistung, kann nach einiger Zeit jedoch wesentlich schneller auf Normallast steigern. Die kürzesten Anfahrzeiten bei den in Deutschland z. Z. üblichen Turbinengrößen ergeben sich damit z. Z. wie folgt[1]:

Durchschnittliche Anfahrzeiten moderner Turbinen (in Minuten)

	Hochfahren auf Betriebsdrehzahl	Belastung 10—15%	Belastung bis Normallast	gesamt
aus kaltem Zustand	10	15	8	33
nach 8 h Stillstand	10	10	8	28
nach 3 h Stillstand	10	5	8	23

Daß zum Anfahren der Turbinen keineswegs der volle Dampfdruck erforderlich ist, bedeutet für die Kraftwerke eine Erleichterung. In einer Reihe von Kraftwerken werden die Turbinen grundsätzlich bereits mit halbem oder geringerem Dampfdruck angefahren. Es ergeben sich dadurch weitere Verkürzungen der Gesamtanfahrzeit derjenigen Anlagen, bei denen der Kessel während der Stillstandzeiten unter Druck gehalten werden kann. Bei guter Isolation kann der nächtliche Druckabfall auf 10—11% beschränkt werden.

Gegen allzu häufiges An- und Abfahren von Turbinen läßt sich ebenso wie bei den Kesseln der Einwand erhöhter Kosten wegen vorzeitiger Alterung erheben, zumal das Durchlaufen kritischer Drehzahlbereiche, die praktisch bei jeder Turbine vorhanden sind, die Turbine jedesmal starken mechanischen Belastungen aussetzt. In den meisten Werken der öffentlichen Versorgung heißt bei einigen Anlagen die Alternative: längerer Leerlauf oder völliges Abstellen. Dann ist auf jeden Fall dem Abstellen der Vorzug zu geben.

Automatisierung des An- und Abfahrbetriebes. Da der An- und Abfahrbetrieb für das Bedienungspersonal bislang noch erhebliche Mehrarbeit gegenüber dem

---

[1] Vgl. SCHULTES, Schnellstart von Dampfturbinen BWK 1956, H. 12, S. 569. In Einzelheiten abweichend: NAGEL, Turbinenschnellstart bei täglichem Anfahren, Elektrizitätswirtsch. 1957, H. 22, S. 824ff.

Regelbetrieb im Lastbereich mit sich bringt, wird die Forderung nach weitgehender Automatisierung auch des An- und Abfahrbetriebes immer dringender.

Die E-Werke sollten diese Entwicklung dadurch stärker vorantreiben, daß sie von den Herstellern klare Bedienungsanweisungen für den An- und Abfahrbetrieb unter Abstimmung von Kessel und Turbinen verlangen, auch wenn die Lieferung der einzelnen Anlageteile durch verschiedene Firmen erfolgt. Insbesondere sind zur Vorbereitung einer weiteren Automatisierung der Kraftwerke einwandfreie Bedienungsanweisungen für den Fall plötzlicher Entlastung bei Spannungszusammenbruch infolge von Kurzschlüssen im Netz oder selbsttätiger Abschaltung von Netzteilen oder für den Fall unfreiwilliger plötzlicher Lastaufnahme (etwa als Sekundärfolge bei Auftrennung von Verbundleitungen) zu fordern und gegebenenfalls in Zusammenarbeit mit dem Lieferer zu entwickeln[1].

Die nächsten Schritte zum vollautomatischen Kraftwerk hin sind am ehesten wohl bei den Blockanlagen zu erwarten, da diese relativ einfache Schaltungen aufweisen, und Meß- und Steuerorgane örtlich zusammengefaßt sind. Die Zusammenfassung kann sowohl für den wärmetechnischen als auch für den elektrotechnischen Teil zentral oder in getrennten Warten erfolgen, wobei üblicherweise die Warten zweier Blöcke zusammengelegt werden. Netzwarten zur Betreuung der häufig bei Kraftwerken liegenden Schaltanlagen zur Weiterverteilung des Stromes sollten mit den Kraftwerkswarten räumlich nicht zusammengefaßt werden, da sonst eine unerwünschte Verwischung der Aufgabengrenzen eintritt. Damit ist nicht ausgeschlossen, daß auch Netzwarten eng an Wärmewarten angelehnt werden können. In diesem Falle läßt sich die Erkenntnis verwerten, daß eine weitergehende Automatisierung der An- und Abfahrvorgänge weniger, wenn auch qualifizierteres Bedienungspersonal benötigt und dieses für weitere Aufgaben frei macht.

Das Bedienungspersonal wird Zeit finden, stärker als bisher die Wirtschaftlichkeit der betriebenen Anlagen laufend zu überwachen. Bei den heutigen Anlagegrößen ist die Aufspürung selbst kleinster Verlustquellen so lohnend, daß ein bisher ungewohnter Meßaufwand am Platze ist. Für den Kraftwerksbetrieb wächst allerdings die Schwierigkeit, dafür geeignete Mitarbeiter zu finden, heranzubilden und einzusetzen. Mit dieser Aufgabe ist ein einzelnes Kraftwerk in der Regel überfordert, wenn auch dem Personal des Kraftwerkes selbst bei der dauernden Überwachung der Wirtschaftlichkeit wesentliche Aufgaben zufallen. Für die Durchführung wirklich eingehender Meßfahrten unter Abnahmebedingungen empfiehlt sich die Bildung einer besonderen, für die Betreuung mehrerer Kraftwerke zuständigen, gut ausgerüsteten Meßgruppe, die ihre Aufträge von einer übergeordneten Stelle bekommt. Voraussetzung eines erfolgreichen Arbeitens ist allerdings, daß diese Stelle die Zusammenarbeit zwischen Kraftwerksleitung und Meßtrupp zur Vermeidung von Unstimmigkeiten wirksam überwacht.

Bauzeiten. Bei der hohen Anstiegsgeschwindigkeit des Strombedarfs, die noch vor Fertigstellung einer Ausbaustufe bereits die nächste Stufe zu planen fordert, bedarf die Frage sehr frühzeitiger Klärung, wie das neue Projekt zu gestalten ist. Die Zeit zur Errichtung eines großen Wärmekraftwerkes beträgt immerhin mehr

---

[1] Über die Probleme der Regelung von Benson-Anlagen im Lastbereich, vgl. Kessler u. Schroeder, Die Kesselautomatik im Großkraftwerk, ETZ 1957, H. 3, S. 110ff., bes. S. 113ff.

als zwei Jahre ab Bestellung. Einschließlich der üblichen formalen Verfahren bei den zuständigen Behörden ergibt sich eine Gesamtzeit von Planungsbeginn bis zur Inbetriebsetzung von rd. 3—4 Jahren. Dies gilt im Grundsatz auch, wenn zunächst nur ein Teil des Werkes voll erstellt wird. Die Zeiten können sich verkürzen, wenn Anlagentypen und -größen gewählt werden, die in mehreren Prototypen im Inland schon laufen; sie verlängern sich, wenn die vor der Entscheidung stehende Leitung des Elektrizitätswerkes sich entschließt, die jeweils neuesten Erkenntnisse zu nutzen, und eine neue Entwicklungsstufe zu beschreiten wagt, um noch höhere Sicherheit und bessere Wirtschaftlichkeit zu erreichen.

Kleinanlagen nur ausnahmsweise wirtschaftlich. Der eindeutige Zusammenhang zwischen Anlagegröße und Wirtschaftlichkeit empfiehlt die Errichtung jeweils größerer Anlagen[1]. Für den Bau kleinerer Kraftwerkseinheiten bedarf es guter Ausnahmegründe. Denkbar ist beispielsweise ein kleines Kraftwerk nahe einem günstigen aber begrenzten Rohenergievorkommen. Auf keinen Fall sollten einseitig gesehenes Sicherheitsstreben oder übertriebener Ehrgeiz des „Herr im Hause"-Standpunkts bestimmend sein. Freilich kann mangelnde Verständigungsbereitschaft benachbarter Werke zu solcher Einstellung zwingen.

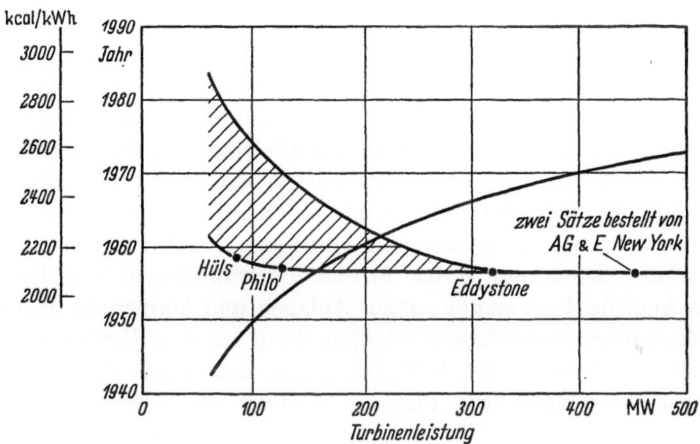

Abb. 24. Maschinengröße und spezifischer Wärmeverbrauch
(Schroeder, Die bisherige und zukünftige Entwicklung im Bau von Dampfkraftwerken. Techn. Rundschau 1957, H. 27, S 3)

In der vorstehenden Darstellung zeigt die ansteigende Kurve die zunehmende Leistung der für Großkraftwerke zur Verfügung stehenden Turbinen. Die stark abfallende Kurve weist den jeweilig zugehörigen spezifischen Wärmeverbrauch aus. Die flache Kurve macht deutlich, welche Wärmeverbrauchs-Ersparungen durch Einsatz von der Entwicklung vorauseilenden Prototypen möglich ist.

Erweiterungen bestehender Anlagen. Bei den erheblichen Investitionskosten, die der Bau eines neuen Kraftwerkes bringt, liegt für die Leitung eines E-Werkes, dessen Erzeugungsleistung erhöht werden muß, immer der Gedanke nahe, als zunächst billigeren Ausweg ein vorhandenes Werk zu erweitern. Bei Mittel-

---

[1] Vgl. hierzu die eindrucksvollen Ergebnisse der Untersuchungen von Seelyen u. Brown Die Wirtschaftlichkeit großer Turbo-Generatoren, Elektrizitätswirtsch. 1954, H. 21, S. 667.

druckanlagen ist die Vorschaltung einer Hochdruckanlage ein gern gewählter, zweifellos auch vorteilhafter Weg. Aber auch bei vorhandenen Hochdruckkraftwerken ergeben sich auf Grund geringeren Raumbedarfes moderner Anlagen gelegentlich Erweiterungsmöglichkeiten, die bei der Errichtung des Kraftwerkes noch nicht eingeplant waren. So günstig derartige Möglichkeiten wegen der geringeren Kosten der Erweiterungsanlagen auch immer erscheinen, grundsätzlich kann nicht eindringlich genug davor gewarnt werden! Steht nämlich erst einmal die Erweiterung, so kommt mit Sicherheit bald der betreffende Kraftwerksleiter mit dem Wunsch, die doch sehr knappe Kühlwasserversorgung „durch einen kleinen Umbau" zu erweitern, die Speisewasserversorgung zu modernisieren („Kosten nicht sehr bedeutend"), die Sozialräume dem gewachsenen Personalstand anzupassen usw. usw. Macht man sich dann die Mühe, einige Jahre später einmal die Gesamtinvestitionen einschließlich der späteren — wohldosierten — Folgeinvestitionen zusammenzurechnen, so kommt man meist zu dem Schluß, daß man für den Betrag getrost den ersten Teil einer notwendigen Neuanlage hätte in Angriff nehmen können.

Zu erklären sind derartige Fehlinvestitionen aus dem sehr verständlichen Wunsch jedes Kraftwerksleiters, ein größeres und insgesamt wärmewirtschaftlicheres Werk zu haben. Die Höhe der laufenden spezifischen Betriebskosten bedrückt ihn meist mehr als anfallende Investitionskosten. Zum anderen war tatsächlich in den Jahren nach dem Zusammenbruch aus technischen Gründen und wegen des Mangels an sofort verfügbarem langfristigem Kapital kaum ein anderer Weg für die Erhöhung der Erzeugungsleistung gegeben als die Modernisierung alter Werke. In normalen Zeiten sollte jedoch der alte Grundsatz beachtet werden, an betriebsfähigen und laufenden Anlagen möglichst wenig „herumzubasteln". Die bei größeren Änderungen an solchen Anlagen zu erzielenden Gewinne stehen nur selten in einem vernünftigen Verhältnis zu den Kosten des Ausfalls der umzubauenden Anlagen und können zu dem unerfreulichen Zustand führen, daß Kraftwerke jahrelang aus dem Umbau nicht herauskommen. Für die Leitung der E-Werke ergibt sich damit die Notwendigkeit, auf möglichst weite Sicht ihre Pläne — notfalls mit Alternativen — festzulegen.

Künftige Entwicklung. Für Dampfkraftwerke ist eine langfristige Planung nicht allzu schwierig, da sich die künftige technische Entwicklung moderner Großkraftwerke hinreichend genau übersehen läßt. Große Fortschritte sind insbesondere hinsichtlich der Leistungsfähigkeit der Kessel zu erwarten. Die größten in Deutschland im Bau und Betrieb befindlichen Kessel leisten 450 t Dampf/h bei Braunkohle (leistungsfähigste Mühle 43 t Braunkohle/h) und 300—400 t Dampf/h bei Steinkohle (leistungsfähigste Mühle 20 t Steinkohle/h). In den USA, wo hohe Leistungsanforderungen an die ausgedehnten Verbundnetze erheblich früher große Kesseleinheiten notwendig werden ließen, werden meist Kesseleinheiten von über 600 t Dampf/h eingesetzt. Sogar eine Einheit von 1315 t Dampf/h ist in Bau.

Schrittweise werden die Drücke von rd. 180 atü auf rd. 300 atü ansteigen und im überkritischen Bereich liegen. Die Temperaturen werden an die Grenze des ferritischen Bereiches, also auf 540 °C gelangen und bei Anlagen mit Austenit bis zu 800 °C erreichen. Die Leistungen der Blockeinheiten entsprechen der

Entwicklung bei den Turbinen und werden von 100—150 MW voraussichtlich auf 250—350 MW steigen.

Die Bauweise der größeren Turbineneinheiten hängt im wesentlichen von der Entwicklung der Werkstoffe für die Beschaufelung ab. Das Schaufelmaterial bestimmt praktisch die Größe der möglichen Endaustrittsfläche. Bei rd. 600 mm Endschaufellänge können heute Turbinen mit einer gegen 1925 verdoppelten Endaustrittsfläche gebaut werden[1]. Bei hohen Leistungen muß auf 2- oder sogar 3flutige Anlagen übergegangen werden, die alle noch auf einer Welle untergebracht werden können. Bei amerikanischen Einwellenanlagen hat sich ungefähr folgendes Bild ergeben:

bis 250 MW zweiflutig

bis 375 MW dreiflutig

Die größte zur Zeit in den USA in Bau befindliche mehrwellige Turbogruppe hat eine Leistung von 450 MW.

In den USA wurde zeitweilig die Tendenz verfolgt, zur Erzielung thermischer Wirkungsgrade über 42% sogenannte Zweistoffverfahren anzuwenden. Die im Schaubild des Carnot-Kreisprozesses nicht genutzten Wärmeinhalte des Wasserdampfs sollen dabei durch ein zusätzliches, höher siedendes Medium, z.B. Quecksilber bei höherer Temperatur und niedrigem Druck nutzbar gemacht werden, wobei angeblich Gesamtwirkungsgrade von rd. 57% erreichbar sein sollen. Derartige Anlagen werden allerdings außerordentlich kompliziert und werden sich schon aus diesem Grunde, abgesehen von den hohen Errichtungskosten, vorläufig in Deutschland nicht durchsetzen können. Viel aussichtsreicher erscheint in Deutschland auf lange Sicht die Möglichkeit der Kopplung des Gasturbinenprozesses mit Dampfkraftanlagen, zumal auch damit nach bisherigen Rechnungen Gesamtwirkungsgrade bis zu 50% erreichbar scheinen.

c) Elektrische Anlagen in Kraftwerken.

Von den elektrischen Anlagen eines Kraftwerkes dient ein Teil unmittelbar der Erzeugung elektrischen Stromes aus der mechanischen Antriebsenergie der Turbinen sowie der Umspannung der erzeugten Elektrizität auf die für die Fortleitung erforderliche Spannung. Neben diesen elektrischen Hauptanlagen hat jedes Kraftwerk eine Vielzahl elektrischer Hilfsanlagen und -einrichtungen, die zur Ingangsetzung, Durchführung, Überwachung und Steuerung des gesamten Betriebes erforderlich sind.

1. Generatoren

Solange es noch nicht gelingt, in wirtschaftlichen Größenordnungen Energie aus Rohenergie ohne den Umweg über mechanische Energie in Elektrizität umzuwandeln, wird man nicht auf Generatoren verzichten können, also auf Maschinen, bei denen in elektromagnetischen Kraftfeldern elektrische Leiter mittels Drehkraft so bewegt werden, daß in ihnen ein Stromfluß induziert wird.

Unter den großen Anlageteilen eines Kraftwerkes waren Generatoren seit jeher die Anlageteile, die am wenigsten Sorge bereiteten. Ist eine Anlage erst

---

[1] Sogar Schaufeln bis 750 mm Länge werden gebaut; vgl. FRIEDRICH, Dampfturbinen, BWK 1958, H. 4, S. 179ff.

11   Freiberger, Elektrizitätswerke

einmal in Betrieb gegangen und sind die üblichen Probefahrten, Prüf- und Abnahmefahrten einschließlich der Einstellung von Schutz und Regelung überstanden, so bedürfen die Generatoren — im Gegensatz zu Kesseln und Turbinen — nur eines Mindestmaßes an Wartung und Bedienung.

Für die E-Werke stellt sich heute die Frage, ob dies bei dem allgemeinen Trend zu immer größeren Einheiten, dem auch die Generatoren folgen müssen, so bleiben wird. Überprüft man daraufhin den derzeitigen Stand der technischen Entwicklung im Generatorbau und die zu erwartenden Folgen, so läßt sich mit Beruhigung schon vorweg feststellen, daß auch die künftigen Generatoren im Betrieb bei den E-Werken verhältnismäßig unproblematisch sein werden. Die wenigen sich abzeichnenden Schwierigkeiten werden auch weiterhin fast ausschließlich schon bei der Konstruktion und bei der Herstellung zu lösen sein und nicht den Betrieb belasten.

Im Verlauf der Entwicklung des Baues von Stromerzeugungsanlagen ist es bis auf wenige Ausnahmen (z. B. niedrigtourige Generatoren für Wasserkraftwerke) immer gelungen, Generatoren einer solchen Leistung zu bauen, daß dadurch die mögliche Leistungsfähigkeit der Turbinen oder sonstiger Antriebsaggregate nicht begrenzt wurde.

Beim Bau leistungsfähigerer Generatoren hat man hauptsächlich mit den Schwierigkeiten zu kämpfen, die sich aus den Massenkräften und der Wärmeentwicklung ergeben.

Massenkräfte. Die jeweiligen Festigkeitsgrenzen des erheblichen Fliehkräften ausgesetzten Materials für den Induktor begrenzen die Läuferdurchmesser — und damit die Größe der Läuferwicklung — für normale Drehstromgeneratoren mit 3000 U/min in Deutschland zur Zeit auf rd. 1150 mm. Eine Erweiterung auf 1300 mm, die man im Lauf der nächsten 10 Jahre zu erreichen hofft, wird infolge der möglichen Vergrößerung der „Wicklungs-Ballen" eine entsprechende Leistungserhöhung oder Wellenverkürzung ermöglichen.

Bei Generatoren für Wasserturbinen hat man wegen der niedrigeren Drehzahlen und somit geringeren Fliehkräfte keine derartige Schwierigkeiten. Bei Anlagen mit senkrechter Welle wird die Grenzleistung durch die Reibung der Traglager bestimmt, die neben dem Läufergewicht den Druck der Wassersäule aufzufangen haben. In jüngster Zeit ist es gelungen, die Traglager durch magnetische Gegenwirkung zu entlasten. Für eine Hubkraft von 3000 t benötigt man beispielsweise nur eine elektrische Leistung von rd. 90 kW und kann damit die Reibungsverluste im Traglager um mehrere hundert kW senken[1].

Erwärmung. Der Leistungsbegrenzung der Generatoren durch die nicht beliebig zu erhöhbaren Temperaturen der Wicklungsleiter sucht man auf mehreren Wegen zu begegnen: Herabsetzung der Stromstärke in den Wicklungen durch höhere Generatorspannung, Verwendung besserer Isolationsmaterialien und verstärkter Kühlung.

Bei den heutigen 3000 U/m-Drehstromgeneratoren von 100—150 MW werden in Deutschland durchweg Spannungen bis 10,5 kV benutzt. Da sich aber auch

---

[1] Vgl. TITTEL, Zum Thema Grenzleistungs-Turbogeneratoren auf der VDE-Fachtagung „Grenzleistungen". ETZ A 1955, H. 24, S. 869.

bei Generatoren solcher Größenordnung sehr hohe Nennströme und entsprechend hohe Kurzschlußströme ergeben,

z. B. Spannung 10 kV, Leistung 200 MVA: Nennstrom 11 kA
Kurzschlußstrom 260 kA

wird man bei derartigen und größeren Generatorleistungen schon bald auf noch höhere Spannungen übergehen müssen (in Deutschland voraussichtlich 15 kV; in USA bereits 24 kV).

Die zur Verminderung der Leiterbelastung im Gehäuse mögliche Aufteilung der Wicklung in parallele Zweige kann nicht beliebig weiter fortgesetzt werden. Schon die Aufgliederung in je zwei Parallelwicklungen bringt erhebliche zusätzliche konstruktive Schwierigkeiten, da mit Rücksicht auf den notwendigen getrennten Wicklungsschutz zwei Klemmen je Phase an den Enden vorgesehen werden müssen. Bei modernen Generator-Kühlsystemen sind aber gerade zusätzliche Durchführungen wegen der Gefahr des Undichtwerdens äußerst unerwünscht[1].

Möglichkeiten zur weiteren Erhöhung der Windungsbelastung scheinen sich durch besseres Isolationsmaterial zu eröffnen, wenn der entscheidende Schritt gelingt, eines Tages hitze- oder sogar feuerbeständige Werkstoffe so zu verarbeiten, daß den Festigkeitsbeanspruchungen durch die Fliehkräfte Rechnung getragen wird.

Kühlung. Die Luftkühlung, das ursprüngliche und einfachste Kühlsystem für Generatoren, wurde Anfang der vierziger Jahre bei den ersten Großgeneratoren zugunsten der Wasserstoffkühlung verlassen. Lediglich Generatoren unterhalb 20—50 MW werden heute in der Regel noch mit Luftkühlung gebaut.

Für die Kühlung wesentliche Eigenschaften von Wasserstoff im Verhältnis zu Luft[2]

Eigenschaften	Wasserstoff/Luft
Dichte	0,07
Wärmeleitfähigkeit	7,0
Wärmeübergangswert	1,35
spezifische Wärme	0,96

Wasserstoff ist der Luft als Kühlmittel weit überlegen, da er auf Grund seiner geringen Dichte weniger Reibungsverluste verursacht und eine wesentlich größere Wärmeleitfähigkeit neben einem höheren Wärmeübergangswert besitzt. Außerdem ist er im Gegensatz zum Sauerstoff der Luft nicht aggressiv. Die Vorteile sind so gewichtig, daß sie bei größeren Anlagen die besonderen Aufwendungen für explosionsfeste Gehäuse, gasdichte Wellenführung, Erhaltung und Überwachung der Wasserstoffreinheit usw. weit aufwiegen. Beispielsweise hat ein wasserstoffgekühlter Generator von rd. 125 MVA im Bereich von 60—100% seiner Nennlast einen um etwa 1% besseren Wirkungsgrad als ein vergleichbarer luftgekühlter Generator.

---

[1] FIEGUTH, Elektrische Schaltung und räumliche Anordnung beim Dampfkraftwerk. ETZ A 1957, H. 3, S. 81.

[2] Vgl. FURKERT, Der Einfluß des steigenden Bedarfs an elektrischer Energie, Energietechn. 1957, H. 1, S. 7.

11*

Bei der Ausnutzung der Möglichkeiten, die in der Erhöhung des Druckes eines Kühlmittels liegen, ist man inzwischen in den Bereich bis zu 2 atü vorgestoßen und es ist abzusehen, daß man nach Auswertung der bisherigen Erfahrungen auch über 2 atü noch hinausgehen wird[1].

Einen entscheidenden Schritt vorwärts auf dem Weg zu noch größeren Generatorleistungen und zur Vermeidung von Übertemperaturen bedeutete die unmittelbare Durchleitung des Gases durch die Wicklungskanäle, also die direkte Kühlung, da dann bei der Ableitung der Wärme nicht mehr wie bei der indirekten Kühlung die Wicklungs- und Nutenisolation mit hohen Temperaturen beansprucht wird.

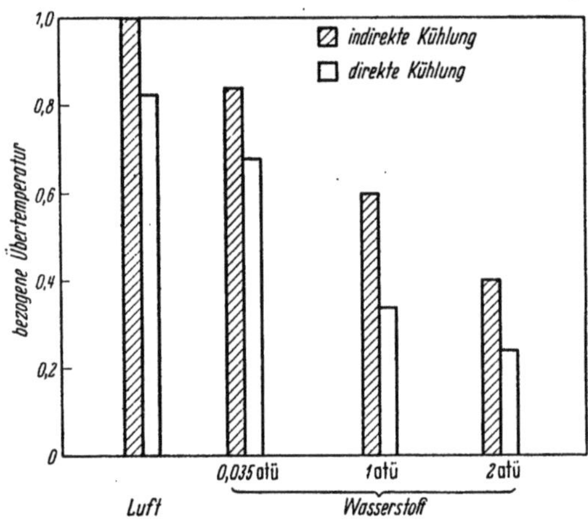

Abb. 25. Übertemperatur des Läufers bei direkter und indirekter Leiterkühlung für ein gegebenes Maschinenmodell bei gleicher Leistung
(HARMS, Wasserstoffgekühlte Generatoren großer Leistung, ETZ A 1957, H. 3, S. 83ff. bes. 86—87)

Damit ist nach derzeitigen Erkenntnissen der Weg für den Bau von Generatoren mit einer Leistung bis zu rd. 400 MVA frei.

Konzentrierten sich bislang die Bemühungen zur Vermeidung der Übertemperaturen auf die Generatorläufer, so wird bei Generatoren über rd. 240 MVA auch die Ständerkühlung bedeutsam[2]. Die durch Gase abführbaren Wärmemengen sind im Vergleich mit den durch Flüssigkeitskühlung abziehbaren gering,

Wärmeaufnahmefähigkeit verschiedener Kühlmittel[3]

Kühlmittel	praktisch im direkt gekühlten Ständer erreichbare Geschwindigkeit (m/s)	Leistungsaufnahme je Temperatureinheit (W/°C)
Luft	30	3,3
Wasserstoff 0 atü	40	4,3
Wasserstoff 2 atü	40	13
Öl	0,5—1	90—180
Wasser	0,5—1	210—420

Es ist daher durchaus möglich, daß sich für die Statorkühlung größerer Einheiten die Flüssigkeitskühlung durchsetzen wird, die im übrigen im Ausland bei Phasenumformern schon seit langer Zeit vereinzelt angewandt wird[4].

---

[1] Nach GAEDE, Innengekühlte Turbo-Generatoren (Bericht nach amerikanischen Veröffentlichungen), Elektrizitätswirtsch. 1954, H. 21, S. 670ff.

[2] Vgl. MÜLLER, Neuzeitliche Entwicklungen im Bau von Turbogeneratoren. Elektrizitätswirtsch. 1958, H. 21, S. 689ff.

[3] Vgl. HARMS, a. a. O. S. 88.

[4] Vgl. SEIDLER, Fachtagung „Grenzleistung" ETZ A 1955, H. 24, S. 872.

Temperaturüberwachung und -steuerung. Die konstruktiven Bemühungen um die Beherrschung der Massenkräfte und die Vermeidung von Übertemperaturen und schädlichen Auswirkungen von Temperaturschwankungen finden ihre sinngemäße Ergänzung in einem entsprechenden Betrieb der Generatoren. Eine entsprechende Anpassung und laufende Vorsorge hat großen Einfluß auf das Lebensalter und die Ausfallzeiten der Generatoren.

Bei längeren Stillstandszeiten läßt sich eine völlige Abkühlung des Generators nicht vermeiden, doch ist es durchaus möglich, während des Nachtstillstandes im An- und Abfahrbetrieb die Generatoren so warm zu halten, daß praktisch kaum Materialkontraktionen auftreten. Aus der Praxis heraus ist hierfür folgende Fahrweise entwickelt worden: Kurz vor dem Abstellen werden durch Kühlwasserdrosselung die Läufer- und Ständertemperaturen angehoben. Nachdem die Leistung schnell abgefahren und der Generator vom Netz geschaltet worden ist, läßt man ihn bei ganz abgestelltem Kühlwasser mit voller Drehzahl und Leerlauferregung noch so lange laufen, bis sowohl das stehende Kühlwasser als auch die Kühlkammern so weit erwärmt sind, daß die Ansprechgrenze der Kühlgastemperaturwächter erreicht ist. Erst dann wird der Satz abgestellt. Man erreicht damit einen weitgehenden Temperaturausgleich im gesamten Generator auf einem hohen Temperaturniveau. Bei einem 42,5 MVA-Generator genügen beispielsweise für den Nachlauf mit abgestelltem Wasser rd. 15 Minuten, um die Innentemperaturen so weit auszugleichen, daß bis zum Anfahren am anderen Morgen — mit entsprechend späterer Öffnung des Kühlwasserkreislaufes — nur ein Temperaturabfall der Induktorwicklung von 10—12 °C eintritt[1].

Überwachung mechanischer Veränderungen. Ebenso wesentlich wie die Überwachung und Steuerung der Temperaturen ist für die Lebensdauer eines Generators die sorgfältige, ständig zu wiederholende Beobachtung der mechanischen Spiele und des Laufverhaltens. Sie ist — wie bei den Turbinen — das sicherste Mittel, Schäden rechtzeitig zu erkennen und zu vermeiden. Eine nur geringfügige Verschiebung der Induktorballen kann, wenn sie rechtzeitig erkannt wird — und das ist mit heutigen Schwingungsmeßmethoden bei Vergleichsmessungen in bestimmten Abständen durchaus möglich — in der Regel durch Einsetzen von kleinen Gewichten an den Kappenenden so ausgeglichen werden, daß schädliche Laufunruhen vermieden werden. Schwierigkeiten ergeben sich zur Zeit daraus, daß die Urteile über die Gefährlichkeit der jeweiligen Schwingungsausschläge recht weit auseinandergehen — sowohl innerhalb der E-Werke als auch zwischen ihnen und den Herstellern[2]. Der inzwischen hierüber in Gang gekommene stärkere Erfahrungsaustausch zwischen den E-Werken ist daher auch von Herstellerseite aus nur zu begrüßen.

Elektrisches Betriebsverhalten im Störungsfalle. Die Forderungen an das elektrische Betriebsverhalten der Generatoren werden in erster Linie durch die Notwendigkeit bestimmt, die Spannung und den Blindstrom oder den $\cos \varphi$ bei wechselnden Belastungsverhältnissen, vor allem auch bei den sehr schnell wechselnden

---

[1] MÜLLER u. EGGERS, Temperaturüberwachung von Induktoren im Betrieb. Elektrizitätswirtsch. 1955, H. 12, S. 391 ff.

[2] Vgl. HAGE, Schwingungstechnische Untersuchungen an Turbo-Generatoren. Elektrizitätswirtsch. 1954, H. 1, S. 11 ff.

Belastungszuständen in Störungsfällen ohne Bedienungseingriff von außen so konstant zu halten, daß die Maschine nicht „außer Tritt fällt".

Der Generator muß sich auf der einen Seite bei plötzlichen Blindstrombelastungen (bei Kurzschluß!) stark übererregen lassen, damit das Hauptfeld trotz der Überströme so weit gestützt wird, daß die Stabilität nicht gefährdet wird, während er auf der anderen Seite auch bei möglichst weiter Untererregung nicht instabil werden darf (z. B. bei starker kapazitiver Belastung durch Abschaltung am Ende einer langen Leitung).

Eine Schlüsselgröße für das elektrische Betriebsverhalten der Generatoren ist das „Kurzschlußverhältnis", d. h. das Verhältnis des Stromes, den er bei angelegter Nennspannung ohne Erregung aufnimmt, zum Generatornennstrom. Aus dem Kurzschlußverhältnis ergibt sich die mögliche Übererregung für $\cos\varphi = 0$ (Phasenschieberleistung), die Belastbarkeit für Untererregung auf $\cos\varphi = 0$, und die Erregung für die verschiedenen induktiven oder kapazitiven Belastungszustände sowie die jeweilige Stabilitätsgrenze.

Je höher das Kurzschlußverhältnis, um so günstiger ist die Stabilität. Andererseits läßt sich mit geringerem Kurzschlußverhältnis ein Generator bei gleichem Preis für höhere Leistung bauen. Dem Bestreben, mit möglichst geringem Kurzschlußverhältnis betriebssichere Generatoren zu bauen, kommt die Tatsache entgegen, daß Generatoren sich gerade bei sehr plötzlichen Lastveränderungen wesentlich stabiler verhalten als bei extremen Belastungszuständen im gleichförmigen Betrieb. In Ständer und Läufer entstehen bei plötzlichen Laständerungen je nach Größe der Streuwirkung erhebliche Ströme, die das Feld zunächst aufrecht zu erhalten versuchen. Die dynamische Kippleistung liegt also wesentlich über der statischen.

Da moderne Schnellregler zudem die Erregung in Bruchteilen von Sekunden nachzuregeln vermögen und so diese „Selbsthilfe" des Generators ergänzen, tritt die Bedeutung der statischen Stabilität so weit zurück, daß man sich in Deutschland auf Kurzschlußverhältnisse von 0,5—0,6 (0,6 für Generatoren über 40 MVA) beschränkt (in USA in der Regel noch 0,8)[1].

Die Benutzung elektronischer Hilfsmittel erlaubt es heute, schnell arbeitende Regeleinrichtungen zu bauen, die praktisch ohne Totzeit die Generatoren mittels schnellster Über- und Untererregung im Störungsfalle bis fast an die dynamische Stabilitätsgrenze auszufahren gestatten. Allerdings sind derartig hochgezüchtete Geräte wegen ihres Preises vorerst nur für sehr große Generatoren wirtschaftlich.

Die Einstellung von Schnellreglern — nicht nur elektronisch arbeitender — ist grundsätzlich Maßarbeit, da hierbei sowohl die besonderen Verhältnisse der gesamten Stromerzeugungsanlage (Verhalten des Dampfkreislaufes bei Störungen, Gefahr der Überdrehzahl bei Wasserkraftgeneratoren, Regelcharakteristiken parallel arbeitender Maschinen usw.) als auch die jeweiligen besonderen Netzverhältnisse (kurze oder lange Ableitungen, Nachtlast, Netzschutzsysteme usw.) berücksichtigt werden müssen. Die Einstellarbeiten sind so schwierig und Fehler können so folgenschwer sein, daß stets Spezialisten herangezogen werden sollten. Dem eigenen Betriebspersonal eines Kraftwerks sollten Eingriffe in

---

[1] Vgl. hier und im vorstehenden, HAPPOLDT, Der Drehstrom-Generator im Blickfeld des Projektierungs- und Netzingenieurs, Elektrizitätswirtsch. 1954, H. 19, S. 603ff.

die Schnellregler ohne sofortige Heranziehung von Fachkräften strikt untersagt sein.

Abgrenzung zwischen Kraftwerk und Netz. Das elektrische Verhalten der Generatoren im Störungsfall macht klar, daß Auswirkungen vom Netz her bis in jedes Kraftwerk hineinreichen. Im Zusammenhang damit ergibt sich die Frage, wo in der schaltungsmäßigen Gliederung überhaupt die Grenze zwischen Kraftwerk und Netz gezogen werden soll.

Daß die Maschinentransformatoren zum Kraftwerk gehören, ist — zumindest seit dem Aufkommen der Blockbauweise — unbestritten. Ob aber eine direkte beim Kraftwerk liegende Sammelschiene, auf die mehrere Maschinentransformatoren geschaltet sind und von der mehrere Abzweige abgehen, in den Be-

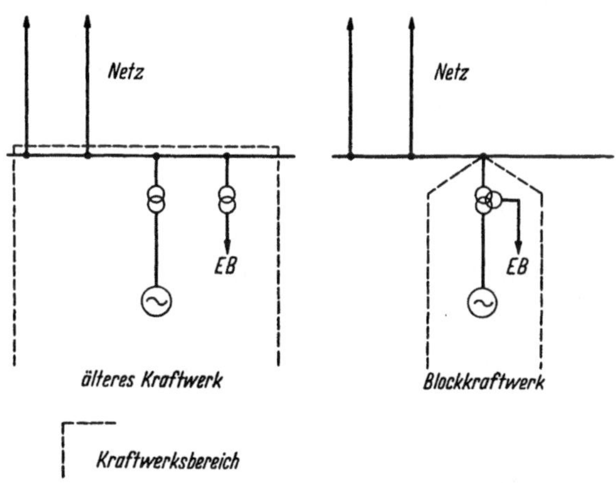

Abb. 26. Abgrenzung der Betreuungsbereiche zwischen Kraftwerk und Netz

treuungsbereich des Kraftwerks oder des Netzes gehört, ist auch heute noch oft umstritten und nicht ohne Rückwirkungen auf den organisatorischen Aufbau des Nachrichten- und Steuerungsapparates eines E-Werkes.

Für die Entscheidung sollte die Aufgliederung der Funktionen und nicht ein sogenannter „Hausherrnstandpunkt" maßgeblich sein. Die stellenweise noch vorhandenen Sammelschienen zwischen Generatoren und Maschinentransformatoren gehören daher auf jeden Fall zum Kraftwerk. Das Netz ist gegebenenfalls mit einzelnen Abzweigen auf einer solchen Schiene nur Gast mit seinen Leitungen und deren Schaltern. Das gleiche gilt für Sammelschienen hinter den Maschinentransformatoren (vom Kraftwerk her betrachtet), wenn der Eigenbedarf des Kraftwerkes von dort genommen wird. Nur so läßt sich bei den heutigen Schaltanlagenkonstruktionen eine übersichtliche Trennung zwischen Kraftwerks- und Netzbetrieb erreichen. Wenn Sammelschienen hinter modernen Blockkraftwerken liegen, sollten sie in jedem Falle dem Netz zugeordnet werden, so daß der Betreuungsbereich des Kraftwerkes mit seinem Transformatorenschalter endet. Eine solche klare Trennung der Funktionsbereiche entspricht am besten der notwendigen stärkeren Spezialisierung des Personals im Zuge der fortschreitenden Arbeitsteilung.

2. Eigenbedarf

Der allgemeine Trend zu größeren Kraftwerkseinheiten — mit höheren Drükken und Temperaturen bei den Dampfkraftwerken — hat Fördermengen und Förderleistungen bei den einzelnen Medien innerhalb des Kreislaufs der Kraftwerke (Rohenergie, Luft, Rauchgas, Asche, Wasser, Dampf u. a.) immer weiter ansteigen lassen. Mit der technischen Vervollkommnung der Anlagen ist der ge-

samte Energiebedarf für die Regelantriebe, die Schalter, die Meß- und Schutzeinrichtungen gewachsen. Nicht zuletzt sind auch hinsichtlich der Beleuchtung
in den Kraftwerken die Ansprüche höher geworden.

Der Strombedarf für diese — und noch weitere — Hilfseinrichtungen des Kraft-
werksbetriebes ist in den letzten Jahrzehnten bis auf 6—7%, in einigen Anlagen
sogar rd. 8% angestiegen. Bei einem Kraftwerk von rd. 300 MW beispielsweise
werden demnach allein rd. 20 MW als Eigenbedarf (EB) verbraucht.

Alle Bemühungen um eine möglichst wirtschaftliche Gestaltung der Eigenbedarfsanlagen finden ihre Grenze in dem absoluten Vorrang der Betriebssicherheit des Eigenbedarfs. Ausfälle im Eigenbedarf sind besonders gefährlich, da sie
leicht zu Schäden in den Hauptanlageteilen führen können und selbst ohne
solche Folgeschäden eine erhebliche Minderung der jeweiligen Stromerzeugung
eines Kraftwerkes nach sich ziehen.

Elektromotoren vorherrschend. Eines der erfolgreichsten Mittel zur Erzielung
besserer Wirkungsgrade — und gleichzeitig zur Verminderung der Baukosten —
bei den Eigenbedarfsanlagen war der Bau größerer Antriebsmaschinen für die
stärksten Energieverbraucher im Eigenbedarf. So finden wir heute schon Antriebsmaschinen für

Speisepumpen	mit	2 bis 4 MW
Frischluftgebläse	mit	1 MW (bei Zyklonfeuerung)
Kühlwasserpumpen	mit	0,7 MW
Mühlen	mit	0,4 MW
Kondensatpumpen	mit	0,25 MW

Mit der Vergrößerung der einzelnen Hilfsantriebe und dem entsprechenden
Schwinden der Möglichkeit des stufenweisen Einsatzes mehrerer Hilfsantriebe
rückte das Problem der Anpassung an Teillastzustände der Anlage in den Vordergrund. Mit drehzahlgeregelten Turbinen konnte diese Aufgabe zwar leicht gelöst
werden, doch erwiesen sie sich nur für sehr große Antriebe wirtschaftlich. Es
wurden daher Baureihen von E-Motoren entwickelt, deren Wirkungsgrad im
Bereich bis zur Halblast abwärts nur um rd. 2% und erst dann stärker absinkt. Die Frage, Elektro- oder Dampfantrieb für die größeren Hilfsmaschinen,
wurde damit für die Mehrzahl aller Hilfsantriebe in neueren Anlagen zugunsten
der Elektroantriebe entschieden, da sie gegenüber dem Turbinenantrieb wesentliche Vorteile bieten.

Elektromotoren erlauben eine engere Bauweise — für den „Schrumpfprozeß"
der Dampfkraftwerke sehr erwünscht — sie sind staub- und schmutzunempfind-
licher als Turbinen, störungssicherer, praktisch wartungsfrei, schneller reparierbar,
ersparen komplizierte Wärmeschaltungen, können leichter und billiger mit Meßeinrichtungen für Arbeit und Leistung ausgerüstet werden, usw.[1]

E- oder Dampfantrieb für Speisepumpen. Lediglich beim Antrieb der Speisepumpen stellt sich in der Praxis heute noch beim Bau neuer Anlagen die Frage
E- oder Dampfantrieb. Tatsächlich sind sogar 3 Möglichkeiten vorhanden:
Elektroantrieb direkt, Elektroantrieb über hydraulische Kupplung (mit entsprechenden Verlusten) und Turbinenantrieb. Die Speisewasserpumpen einer

---

[1] Vgl. ROGGENDORF, Der Eigenbedarf mittlerer und großer Kraftwerke. Berlin/Göttingen/
Heidelberg: Springer 1952, S. 6ff., bes. S. 17.

der größten deutschen Herstellerfirmen wurden beispielsweise im Jahre 1957 — in Anlagen mit über 120 atü Pumpdruck —

    zu 58% mit direktem E-Antrieb

    zu 35% mit hydraulisch gekuppeltem E-Antrieb und

    zu 17% mit Dampfantrieb

ausgerüstet[1].

Jede dieser Antriebsarten hat ihre besonderen Vor- und Nachteile. Bei Anlagen mit einem Speisepumpendruck um 120 atü ist eine Entscheidung für die eine oder andere Antriebsart noch nicht so schwerwiegend, da dabei für die Speisepumpen nur rd. 2% der Gesamtkraftwerksleistung benötigt werden. Bei Anlagen von 300 atü beispielsweise, die bei dem allgemeinen Trend zu höheren Drücken bald häufiger gebaut werden dürften, sind für die Speisepumpen bereits rd. 5% der Gesamtkraftwerksleistung erforderlich. Fehlentscheidungen hinsichtlich des Antriebs können hier die Gesamtwirtschaftlichkeit des Kraftwerkes fühlbar beeinträchtigen.

Für die Speisepumpen derartig hochgezüchteter Anlagen ist die Möglichkeit schneller und sicherer Drehzahlregelung besonders wichtig, da sich bei Laständerungen in Benson-Kesseln der Druckverlust, den die Speisepumpe ausgleichen muß, mit dem Quadrat der Dampfleistung ändert. Die Methode, einen von der Speisepumpe erzeugten, nur grob zu regelnden Überdruck durch verlustreiche Drosselregelung den Kesselerfordernissen anzupassen, kann dann leicht unwirtschaftlich werden. Bei solchen Anlagen kann also auf Druckanpassung durch Drehzahlregelung kaum verzichtet werden, so daß ein direkter E-Antrieb nahezu ausgeschlossen ist. Schleifringläufermotoren oder Nebenschlußmotoren sind in der Regel zu teuer. Im Vordergrund des Interesses stehen für derartige Neuanlagen also E-Antrieb mit hydraulischer Kupplung oder Turbinenantrieb.

Der Turbinenantrieb wird vor allem interessant, wenn eine Turbine mit einem Wirkungsgrad von über rd. 70% eingesetzt werden kann. Mit einer Hochdruckturbine ist bei den gegebenen Größenordnungen ein solcher Wirkungsgrad praktisch nicht zu erreichen: mit aus der Hauptturbine gespeisten Niederdruckturbinen (5—10 atü) sind jedoch Wirkungsgrade von rd. 80% erzielbar. Vergleichsrechnungen haben ergeben, daß bei einer 300 atü-Anlage der Gesamtwirkungsgrad bei Turbinenantrieb der Speisepumpen um rd. 1% besser wird als bei Elektroantrieb über hydraulische Kupplung[2]. Gegen den — schneller hochlaufenden — E-Antrieb spricht insbesondere auch, daß die Pumpen mittels besonderer Drehvorrichtungen (Komplizierung!) zum Vorwärmen (Betriebsbereitschaft!) „geturnt" werden müssen, wenn man nicht eine — wesentlich teurere — wärmeelastische Pumpenbauart verwendet oder grundsätzlich eine niedrigere Speisepumpen-Arbeitstemperatur mit entsprechend größerer späterer Vorwärmung vorsieht[3].

Der Einsatz von Turbinen für den Antrieb der Speisepumpen ist allerdings nur dann sinnvoll, wenn der Abdampf im Wärmekreislauf nutzbringend unter-

---

[1] Vgl. KRISAM, Speisepumpen. BWK 1958, H. 4, S. 175 ff.

[2] Vgl. PETERMANN, Speisepumpen, BWK 1957, H. 4, S. 181 ff.

[3] Vgl. WEYDANZ, Kraftwerkshilfsmaschinen und ihre Antriebe. Elektrizitätswirtsch. 1954, H. 21, S. 661.

gebracht werden kann. Die hierfür notwendigen Wärmeschaltungen können so kompliziert werden, daß die Vorteile des Dampfantriebes dadurch aufgezehrt werden, so daß der raumsparende Elektroantrieb doch wieder vorteilhafter ist.

Gerade die Speisepumpen können sowieso den Anlaß für eine Komplizierung des Wärmeschaltbildes geben. Die Gründe hierfür liegen in der Vorschrift, daß bei Ausfall der größten Pumpe einer Anlage die restlichen Speisepumpen in der Lage sein sollen, bei Benson-Kesseln die gesamte höchste Dauerleistung (bei Trommelkesseln die 1,25fache) zu übernehmen. Wenn man bei einer Benson-Blockanlage nicht zwei gleich große Speisepumpen für volle Leistung vorsehen will, bietet sich als Ausweg praktisch nur der Einbau von mehr als zwei, entsprechend kleineren Speisepumpen für einen Block oder die speisewasserseitige Zusammenschaltung von zwei oder mehr Blöcken an. Bei einer solchen Verteilung der Speisewasser-Förderleistung auf mehrere Pumpen können einige auch mit direktem E-Antrieb ausgerüstet werden, sofern die anderen die Schwankungen des Anfahr- und Teillastbetriebes ausregeln können[1].

Von den möglichen Varianten gehört denen der Vorzug, die im Bestpunkt des Betriebes der Hauptanlage optimale Wirkungsgrade der gesamten Speisepumpen bei vorstehend gekennzeichneten Reserven bieten und die darüber hinaus mit dem geringsten Verlustanstieg beim Regeln innerhalb des Lastbereiches arbeiten[2].

Antriebsmotoren für die Kesselventilation. Frischluft- (Unterwind-) und Saugzuggebläse, also die Hilfsanlagen für die Kesselventilation, für die bei Steinkohlekesseln rd. 250—300 kW/100 t Dampf je Stunde (Braunkohlekessel das doppelte) erforderlich sind, werden bei Höchstleistungsanlagen heute durchweg nur noch mit E-Antrieben ausgerüstet. Eine Drehzahlregelung mittels hydraulischer Kupplung oder durch Schleifringläufer wird in der Regel fast nur noch bei Radialgebläsen angewandt, während bei Axialgebläsen durchweg mit verstellbaren Vorleitschaufeln geregelt wird[3]. Laut Vorschrift für den Kesselbau werden Gebläseleistungen für einen Förderstrom verlangt, der 10% über dem der Dauerhöchstlast liegt. Zur Vermeidung unnötiger ständiger Wirtschaftlichkeitseinbußen empfiehlt es sich, darauf zu achten, daß nicht aus übertriebenen Sicherheitsvorstellungen noch darüber hinausgehende Zuschläge gemacht werden.

Mühlenantriebe. Außergewöhnlichen Anforderungen unterliegen im Kraftwerksbetrieb vor allem die Mühlenantriebe, da sie insbesondere anfangs hohe Losbrechmomente zu überwinden haben. Sie müssen also stark überbemessen werden, wobei aus betrieblichen Gründen die Anlaufzeit nach Möglichkeit künstlich verlängert wird. Bewährt haben sich direkt angekuppelte Doppelstab- und Hochstabläufer. Die starke Erwärmung der Mühlenmotoren unter den besonderen Anfahrbedingungen erfordert in der Regel Vorkehrungen gegen ein allzu häufiges Anlaufen innerhalb kurzer Zeit. Da wegen der Staubentwicklung und der meist recht hohen Raumtemperaturen am Aufstellungsort der Mühlen eine Durchzugbelüftung dieser Motoren nicht ratsam erscheint, werden für Mühlenantriebe geschlossene Motoren mit wassergekühlten Ständern und Läufern bevorzugt eingesetzt.

---

[1] Vgl. SCHÖRGER, Hilfsantriebe in Dampfkraftwerken ETZ A 1957, H. 3, S. 127ff.
[2] Vgl. WEYDANZ, a. a. O. S. 661ff.
[3] Vgl. MARCINOWSKI, Saugzug- und Unterwindgebläse, BWK 1958, H. 4, S. 173ff.

Im übrigen läßt sich generell bei neueren Kraftwerken mit ihren rd. 200 motorischen Hilfsantrieben pro Blockeinheit die Neigung beobachten, geschlossene Motoren zu verwenden. Bedeutet schon die heute allgemein übliche Wahl von Käfigläufern, die bei guten Wirkungsgraden dennoch preiswert sind, wegen der bekannten Robustheit der Motoren einen erheblichen Gewinn an Betriebssicherheit und Wartungsfreiheit für den gesamten elektrischen Eigenbedarf, so bietet der Übergang zur geschlossenen Bauart ein Maximum an Sicherheit und an Entlastung für den Betrieb.

Gleichstrom-Eigenbedarfsanlage. Ein wichtiger Bestandteil jeder Kraftwerks-Eigenbedarfsanlage ist das Gleichstromnetz, aus dem die Geräte für Meldung, Steuerung, Schutz und Notbeleuchtung gespeist werden. Der Sicherstellung des Strombedarfs für dieses „Nervensystem" auch im Falle einer umfassenden Kraftwerksstörung wurde daher von jeher größte Beachtung geschenkt. In der Regel wurden Batterien eingebaut, die etwa 3 Stunden lang die erforderliche Gleichstromleistung abgeben können.

Mit zunehmender Vervollkommnung der Anlagen und fortschreitender Automatisierung der Bedienung wurden inzwischen die Anforderungen an die Gleichstromanlagen immer größer, so daß heute beispielsweise für ein Dampfkraftwerk von 2×75 MW bereits eine Gleichstromleistung von rd. 50 kW für die oben gekennzeichneten Verbraucher — einschließlich des kurzzeitigen Strombedarfs der Schalter — erforderlich ist. Die Bedarfssteigerung ist schon daran erkennbar, daß man heute gegenüber früher 60 V= oder 110 V= durchweg eine Spannung von 220 V= verwendet. Es erscheint jedoch nicht in jedem Falle mehr sinnvoll, die Batterieleistungen entsprechend zu steigern, da immer häufiger die Möglichkeit gegeben ist, einem ausgefallenen Kraftwerk „von außen" schnell Spannung aus noch versorgten Netzen zuzuführen. Die jeweiligen Forderungen auf Sicherung der Gleichstromversorgung sollte man daher bei neuen Kraftwerken kritisch abwägen.

Volle Unterstützung verdienen nach wie vor die Bemühungen der Kraftwerksleiter, jegliche Eingriffe in die Gleichstromanlage auf ein Mindestmaß zu beschränken. Werden wirklich einmal Reparaturen oder Änderungen notwendig, so empfiehlt es sich, derartige Arbeiten grundsätzlich im Betriebstagebuch vermerken zu lassen und den Schichtführer für eine sorgsame Durchführung der Kontrollen nach Abschluß der Arbeiten verantwortlich zu machen. Auf keinen Fall sollte geduldet werden, daß andere betriebliche Gleichstromverbraucher, wie z. B. Magnet-Abscheider in Bekohlungsanlagen, Zusatzheizgeräte in Schaltanlagen und dgl. an die Gleichstromanlage für Meldung, Steuerung, Schutz- und Notbeleuchtung angeschlossen werden[1].

Anlagengliederung und -schaltung. Von den elektrischen Hilfsantrieben einer modernen Blockanlage werden heute im allgemeinen Antriebsanlagen über 120 bis 150 kW Leistung an Hochspannung angeschlossen. Damit liegen praktisch alle großen Energieverbraucher des Eigenbedarfs wie Gebläse, Mühlen, Kühlwasserpumpen und gegebenenfalls Speisepumpen an Hochspannung, über die im Durchschnitt bei modernen Blockanlagen rd. 90—95% der gesamten Eigenbedarfsleistung gedeckt werden. Als Eigenbedarfshochspannung kommt im

---

[1] Vgl. Schmid, Gleichstromanlagen für die Betätigung und Notbeleuchtung in Kraftwerken. Elektrizitätswirtsch. 1956, H. 3, S. 71 ff.; 1956, H. 4, S. 99 ff.

allgemeinen z. Z. eine Spannung von 5 oder 6 kV in Betracht, die ohne Zwischen-
schalter vom Generator vor dem Maschinentransformator über einen Eigen-
bedarfs-(EB) Zwischentransformator abgenommen wird.

Dem Blockprinzip entspricht je eine eigene Hochspannungsanlage pro Kraft-
werksblockeinheit — ohne Doppelsammelschiene. Allenfalls empfiehlt sich eine
Teilung der Sammelschiene derart, daß auf einem Abschnitt die für einen Teillastbetrieb erforderlichen Antriebe vereinigt werden. Eine solche Aufteilung hat
sich vor allem dort bewährt, wo zwei Kessel pro Block — einer für Teillastbetrieb
— vorhanden sind.

Im Gegensatz zu den Eigenbedarfsschaltanlagen für den „blockgebundenen"
Eigenbedarf erfordern die EB-Schaltanlagen für den „allgemeinen", d. h. den
gleichzeitig für mehrere Blöcke erforderlichen Eigenbedarf (z. B. Kühlwasserversorgung, Bekohlung) Doppelsammelschienen, um Störungen an Abzweigen bei
weiterlaufendem Gesamtbetrieb beheben zu können.

Jede „blockgebundene" Hochspannungs-Eigenbedarfsschiene wird aus Sicherheitsgründen grundsätzlich mit einer Reserveeinspeisung — vom allgemeinen Versorgungsnetz oder von den Nachbarblöcken — ausgerüstet, die gleichzeitig als
Anfahreinspeisung dient. Wird ein Block eines Kraftwerkes speziell als Anfahr-
anlage ausgewählt, so werden bei ihr durchweg zwei oder noch mehr „block-
fremde" EB-Einspeisungsmöglichkeiten vorgesehen.

Belastungsbeschränkung. Die Kurzschlußleistungen der Eigenbedarfsanlagen
sucht man im allgemeinen so zu begrenzen, daß man mit Schaltern von 200 MVA
(Reihe 10) Ausschaltleistung auskommt. Bei den heutigen 150 MVA-Blöcken mit
einer erforderlichen Eigenbedarfs-Transformatorleistung von etwa 16 MVA werden diese Ausschaltleistungen noch nicht überschritten.

Bei der Eigenbedarfsniederspannung (380 oder 500 V $\sim$) geht man zur Begrenzung der Kurzschlußleistung mit den Transformatorleistungen nicht über
rd. 1 MVA hinaus.

Insbesondere beim Hochspannungs-Eigenbedarf hat der Einbau von Transformatoren mit möglichst geringer Leistung zur Voraussetzung, daß die Stromaufnahme der nachgeschalteten Motoren beim Anfahren (z. B. nach kurzzeitigen
Störungen) begrenzt wird. Man verwendet daher in der Regel Motoren, deren
Kennlinien sicherstellen, daß sie bestimmte Werte der Stromaufnahme (z. B.
70, 100, 160% des Nennstromes) auch im ungünstigen Falle beim Anlauf nicht
überschreiten. Zusätzlich muß bei knapp ausgelegter Eigenbedarfs-Transformatorleistung dafür gesorgt werden, daß die Motoren bei gleichzeitigem Anfahren (z. B.
bei Wiederkehr der Spannung nach kurzzeitigen Störungen) ihre höchste Stromaufnahme in zeitlicher Staffelung erreichen oder notfalls erst in entsprechender
Zeitstaffelung anlaufen.

Langzeit- und Schnellumschaltung. Da eine Zusammenschaltung der Eigen-
bedarfs-Hochspannungsanlagen bereits von zwei Blöcken der gekennzeichneten
Größe eine wesentliche Überschreitung der Kurzschlußleistung mit sich bringen
würde, muß beim Wechsel zwischen Fremdeinspeisung und Eigeneinspeisung einer
blockgebundenen Hochspannungsanlage (häufiger Fall: Anfahren) mit Unterbrechung umgeschaltet werden. Die bislang vielfach angewandte „Langzeit-
umschaltung" führt den Motoren die neue Spannung erst nach rd. 1 Sekunde zu. Da
dann die Restspannung der Motoren nur noch etwa $^1/_5$ der Netzspannung beträgt,

bedeutet die Spannungswiederkehr für die Motoren nahezu das gleiche wie eine Neueinschaltung mit den entsprechenden Anlaufstromstärken und den oben angedeuteten Schwierigkeiten. Inzwischen sind jedoch Geräte entwickelt worden, die eine „Schnellumschaltung" erlauben, bei der den Motoren bereits nach etwa 0,13 Sekunden wieder Spannung zugeführt wird, so daß sich nur verhältnismäßig geringe Stromstöße ergeben und ein Herausfallen einzelner Antriebe oder des gesamten Eigenbedarfs eines Blocks durch zu große Stromaufnahme praktisch ausgeschlossen ist[1]. Bei der großen Bedeutung einer immer sicheren Eigenbedarfsversorgung wird sich die „Schnellzeitumschaltung" voraussichtlich bei allen größeren Neuanlagen durchsetzen, zumal die höheren Kosten für die Umschaltgeräte durch Verlängerung der Lebensdauer der Motoren auf Grund der schonenderen Betriebsweise weitgehend ausgeglichen werden.

Die Einführung der „Schnellumschaltung" bedeutet einen weiteren Schritt auf dem Wege zur vollständigeren Automatisierung auch der Anfahrvorgänge und vor allem des Kraftwerkbetriebes im Störungsfall.

Sicherheit der Eigenbedarfsversorgung. Die früher allgemeine — und auch heute noch oft anzutreffende — Vorstellung, ein ausgefallenes Kraftwerk müsse auch ohne Hilfe „von außen" seinen Betrieb wieder aufnehmen können, hatte schon lange an Überzeugungskraft verloren, nachdem es mit der laufenden Verdichtung der allgemeinen Mittel- und Hochspannungsnetze bei immer mehr Kraftwerken möglich wurde, „Fremdspannungen" an das Kraftwerk heranzuführen. Sogenannte „Hausturbinen" zur Erzeugung des dringendsten Eigenbedarfs zum Wiederanfahren verloren damit ihre Bedeutung. Die nunmehr mögliche „Schnellzeitumschaltung" macht es erst recht erforderlich, die Sicherung der Eigenbedarfsversorgung neu zu überdenken. Insbesondere für die Entscheidung der Frage Dampf- oder E-Antrieb für Speisewasserpumpen rückt die Lösung in den Vordergrund, zumindest eine Pumpe je Block elektrisch anzutreiben.

Allerdings kann auch eine Schnellzeitumschaltung nichts daran ändern, daß bei Umschaltungen das neu einspeisende Netz meist nicht oder nicht sofort mit der vollen Eigenbedarfsleistung belastet werden kann. Man kann also nicht umhin, die Eigenbedarfsantriebe so aufzugliedern, daß der Grad der Versorgungssicherheit im Störungsfalle ihrer Bedeutung für den Kraftwerksbetrieb entspricht. Das Ziel muß dabei sein, die allerhöchste Sicherheit für eine möglichst geringe Eigenbedarfsleistung vorzusehen, die lediglich eine Aufrechterhaltung der Betriebsbereitschaft ohne Lastabgabe sichert. Die hierfür erforderliche Leistung kann auch bei größeren Kraftwerken in der Regel noch dem allgemeinen Mittelspannungsnetz der Umgebung entnommen werden. Erst in der zweiten Sicherheitsstufe sollten die Eigenbedarfsantriebe zusammengefaßt werden, die unbedingt für eine Leistungsabgabe des Kraftwerkes vonnöten sind. Derartige Stufenpläne sind zwar außerordentlich schwierig aufzustellen, da eine Vielzahl von Störungsvarianten zu berücksichtigen ist, sie erlauben jedoch unter Rückführung der Sicherheitswünsche auf ein zeitgemäßes Ausmaß erfahrensgemäß eine beachtliche Verbilligung der Anlagekosten (z. B. infolge geringerer Kurzschlußleistungen von Sammelschienen und Schaltern, kleinerer Transformatoren) und verschaffen dem erstellenden E-Werk größere Klarheit über den Sicherheitsgrad eines Kraftwerkes.

---

[1] Vgl. REIPER, Eigenbedarfsschaltanlagen für Dampfkraftwerke. ETZ A 1957, H. 3, S. 122 ff.

d) Heizkraftbetrieb

Die Fernwärmeversorgung seitens öffentlicher Unternehmen hat in Deutschland nach dem Kriege einen bemerkenswerten Aufschwung genommen. Sie liegt — gemessen an der jährlichen Wärmeabgabe — in Europa an erster Stelle und wird insoweit nur von den USA und Rußland übertroffen.

Erhebliche Auftriebstendenzen ergaben sich bei der Heizkraftwirtschaft in Deutschland aus den Raumplanungs-Möglichkeiten beim Wiederaufbau zerstörter Städte und aus der Schwierigkeit der Brennstoffbeschaffung für Privatpersonen und Betriebe in den Jahren nach dem zweiten Weltkrieg bis etwa zum Jahre 1950. Die Brennstofflage machte in jenen Jahren die allgemeine volkswirtschaftliche Bedeutung einer Heizkraftwirtschaft auch der breiten Öffentlichkeit bewußt.

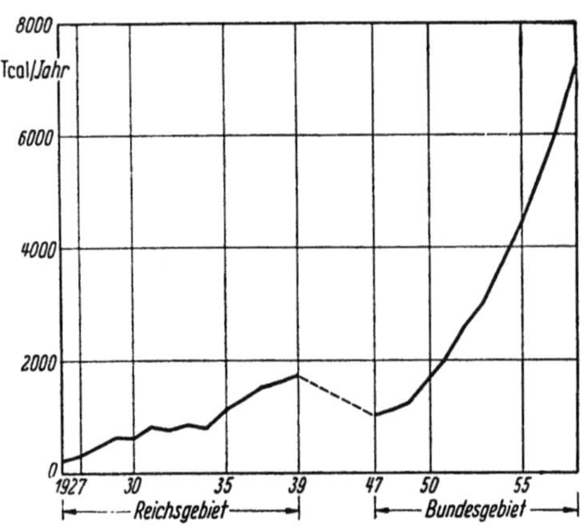

Abb. 27. Entwicklung der deutschen öffentlichen Heizkraftversorgung 1926—1956/57
(MÖLTER und STUMPF, Die Heizkraftwirtschaft in der Bundesrepublik Deutschland. Elektrizitätswirtschaft 1958, H. 11, S. 319)

Die zahlreichen Erweiterungen und Neueinrichtungen von Heizkraftanlagen brachten eine Reihe von neuen technischen Erkenntnissen und setzten eine lebhafte Diskussion über die verschiedenen Methoden der Fernwärmeversorgung in Gang, die auch heute noch nicht abgeschlossen ist und zu einem regen Erfahrungsaustausch der in Frage kommenden Werke — weit über die deutschen Grenzen hinaus — geführt hat.

Heizkraft- und Heizwerke. Unter der Vielzahl der möglichen technischen Varianten für einen Wärmeversorgungsbetrieb läßt sich eine Reihe von Grundtypen erkennen[1]:

a) Reine Heizwerke (ohne Stromerzeugung), 2—4 atü, unmittelbar den Dampf an Verbraucher liefernd, Kondensatrückführung über Umwälzpumpen. Für Kleinstbedarf (große Gebäude usw.).

b) Reine Heizwerke, 10 bis 20 atü, über Wärmeaustauscher Heizwasser von 80 bis max. 200 °C mittels Umwälzpumpen liefernd. Für kleinen Bedarf (Siedlungen, größere Häuserblocks).

c) Heizkraftwerke mit Gegendruck-Turbine, 64—84 atü, Gegendruckdampf von 2—4 atü unmittelbar an Verbraucher liefernd (im Sommer oft über Reduzierventil), Kondensatrückführung über Umwälzpumpen.

d) Heizkraftwerke mit Entnahme-Kondensationsturbinen 84—110 atü, Entnahmedampf mit 2—4 atü unmittelbar an Verbraucher liefernd (im Sommer statt Entnahmedampf oft gedrosselter Frischdampf).

---

[1] Vgl. GEISSLER, Wärme- und Kraftversorgung in öffentlichen und industriellen Heizkraftwerken; Teil 3. Energie 1958, H. 4, S. 137ff.

e) wie d), jedoch mit Entnahmedampf einen Wärmeaustauscher heizend, der Heizwasser an die Verbraucher liefert (80 bis max. 200 °C).

f) wie d) oder e), jedoch mit überhitztem Frischdampf und besonderen Hochdruckturbinen.

Für ein E-Werk, das vor der Aufgabe steht, eine neue Heizkraftanlage zu errichten, ist die Fülle der sich anbietenden Varianten zunächst verwirrend, doch läßt sich bei sorgsamer Prüfung der Gegebenheiten — vor allem des in Frage kommenden Wärmebedarfs und seiner Charakteristik — eine zuverlässige Auswahl treffen.

Ob man ein Heizkraftwerk wählt oder ein reines Heizwerk mit seinen wegen des Verzichtes auf die Stromgewinnungsanlagen geringen Baukosten, ist davon abhängig, wie weit man den Vorteil einer günstigen Stromerzeugung tatsächlich wahrnehmen kann. Abgesehen von Kleinstanlagen, wo der Aufwand für die elektrische Erzeugung mit ihren Hilfseinrichtungen sich nicht lohnt, sind Heizkraftwerke dort uninteressant, wo hohe Heiznetztemperaturen erforderlich sind und so nur eine geringe Stromausbeute zulassen oder wo die geringe Benutzungsdauer der Heizleistung die gesamte Stromausbeute aus dem Kuppelbetrieb zu gering werden läßt.

Rechnung und Erfahrung haben ergeben, daß die Wärmeversorgung durch ein Heizkraftwerk (mit Kuppelbetrieb) der durch ein reines Heizwerk etwa bei 1500 Benutzungsstunden und einer Vorlauftemperatur von rd. 125 °C kostengleich ist. Bei höheren Benutzungsstunden und niedrigeren Vorlauftemperaturen wird die Wärmeerzeugung im Kuppelbetrieb um $^1/_2$—$^2/_3$ billiger als in einem reinen Heizwerk, das in der Regel allerdings immer noch preiswerter arbeitet als Einzelheizanlagen[1]. Daraus läßt sich der Schluß ziehen, daß es zweckmäßig ist, nur kurzzeitig im Jahr auftretende Wärmespitzen nicht in einem eigens dafür besonders stark ausgelegten Heizkraftwerk, sondern besser in einem Heizwerk zu erzeugen.

Von den in der Heizperiode 1956/57 insgesamt im Rahmen öffentlicher Wärmeversorgung abgegebenen rd. 5000 Tcal wurden rd. 400 Tcal in Heizwerken erzeugt. Der durch kurze Benutzungsdauer und extreme Spitzenverhältnisse gekennzeichnete bisherige Arbeitsbereich von Heizwerken wird künftig ebenfalls für den Kuppelbetrieb erschlossen werden. Man hat hier ein sinnvolles Anwendungsgebiet für Gasturbinenanlagen gefunden, da sie auf Grund ihres günstigen Teillastverhaltens auch bei stark schwankender Wärmeabgabe und geringer Benutzungsdauer noch eine wirtschaftliche Stromerzeugung gestatten. Mehrere derartige Anlagen sind z. Z. für deutsche Versorgungsunternehmen im Bau oder bestellt. Im Gegensatz zu Heizkraft- und Heizwerken mit Dampfkreislauf ist für die Auslegung von Gasturbinen-Heizkraftanlagen im Hinblick auf die Kühlwirkung im Wärmeaustauscher die Rücklauftemperatur des Heiznetzes und nicht die Vorlauftemperatur bestimmend[2].

Wärmebedarf der Verbraucher. Eines der schwierigsten Probleme bei der Planung einer Heizkraftversorgung ist die Ermittlung des Wärmebedarfs. Ausgangs-

---

[1] Vgl. ELLRICH, Zweck, Ziel und Planungsgrundlagen der Wärmekraftkupplung. Elektrizitätswirtsch. 1957, H. 22, S. 803ff., bes. S. 805.

[2] Vgl. BAUMERT, BWK 1956, H. 7, S. 323.

punkt ist die Siedlungs- und Bebauungsdichte im gegenwärtigen Zustand, sowie
ihre voraussichtliche Entwicklung im Laufe der nächsten 10—20 Jahre. Die
Ermittlung des Wärmebedarfs erfordert eine sehr eingehende Analyse der gesamten Wärmeverbraucher des in Frage kommenden Gebietes nach Menge und
Benutzungsdauer ihres Wärmeverbrauches und nach der Aussicht, sie als Kunden
zu gewinnen.

Der voraussichtliche Wärmebedarf der einzelnen Verbraucher läßt sich nach
Arbeit und Leistung gemäß DIN 4701 bestimmen. Die Erfahrung hat allerdings
bislang gezeigt, daß die danach ermittelten Werte in der Regel um rd. 25% zu
hoch liegen. Die jeweilige Benutzungsdauer bei den verschiedenen Abnehmern ist
naturgemäß stark standort- und klimaabhängig. Für das Bundesgebiet läßt sich
die Faustregel anwenden, daß im allgemeinen Industriebetriebe mit rd. 4500 bis
5000 Benutzungsstunden (verhältnismäßig gleichmäßige Abnahme!) die höchste
Benutzungsdauer aufweisen. Darunter liegen Krankenhäuser mit über 2000 Benutzungsstunden, Wohngebäude, Bürogebäude und — an letzter Stelle —
Schulen. Sie haben durchweg weniger als 1500 Benutzungsstunden, zumal wenn
an ihnen nur halbtägig unterrichtet wird[1].

Die größten Schwierigkeiten bereitet die — mit aller Vorsicht vorzunehmende —
Ermittlung des künftigen Wärmebedarfs auf nicht bebauten Grundstücksflächen,
soweit noch keine konkreten Bauvorhaben bekannt sind. Hier hilft nur engste
Zusammenarbeit mit den Planungsbehörden, um zu einigermaßen vernünftigen
Schätzungen — auch im Hinblick auf die Zeitfolge — an Hand der Bebauungspläne zu gelangen. Insbesondere ist es wichtig, zu erfahren, wie weit die Bebauung
aufgelockert werden soll (extrem: Hochhäuser), da damit in der Regel höhere
Netzkosten wegen der längeren Anschlußwege, höheren Pumpleistungen und dgl.
verbunden sind.

Wie weit überhaupt die künftigen Bauten für einen Anschluß in Frage kommen,
hängt weitgehend von der Einstellung der zuständigen Behörden ab. Wenn auch
die Bauherren rechtlich in ihrer Entscheidung frei sind, hat doch die Stadtplanung tatsächlich einen erheblichen mittelbaren Einfluß, nicht zuletzt über ihre
Mitwirkung bei der Bewilligung öffentlicher Mittel für den Wohnungsbau.

Bei vorhandenen Gebäuden scheiden die mit Ofenheizung von vornherein für
einen Anschluß aus. Bei Planung von Warmwasser-Heiznetzen kommen darüber
hinaus auch Gebäude mit Niederdruck-Zentralheizung für eine Versorgung zunächst nicht in Frage, da eine Auswechslung der Radiatoren in der Regel zu teuer
wird. In der langfristigen Planung dürfen solche Wärmeverbraucher jedoch nicht
außer acht gelassen werden, da auch derartige Anlagen eines Tages erneuerungsbedürftig werden und dann für die Versorgung gewonnen werden können.

Eine der wichtigsten Voraussetzungen für eine erfolgreiche Heizkraftplanung
ist im übrigen eine enge Zusammenarbeit mit den meteorologischen Instituten.
Das Wetter stellt für Planung und Betrieb jedes Heizkraftwerkes den größten
Unsicherheitsfaktor dar. Durch Auswertung der — meist über mehrere zurückliegende Jahrzehnte vorhandenen — meteorologischen Unterlagen können jedoch
gröbste Fehlschätzungen vermieden werden. Trotz aller Unregelmäßigkeiten
läßt sich nämlich auf Grund langfristiger Beobachtungen eine Reihe ein-

---

[1] Vgl. hier und im folgenden, GEISSLER, a. a. O.

grenzender Aussagen machen. So weiß man z. B., daß in der Regel in Deutschland alle 11—12 Jahre (Sonnenfleckenrhythmus) die allerstrengsten Winter und daß in der Halbzeit von 5—6 Jahren strenge Winter auftreten, daß die kältesten aufeinanderfolgenden Tage meist in der zweiten Januarhälfte, seltener im Februar oder sogar März anfallen, daß die mittlere Tagestemperatur an rd. 100—180 Tagen unter $+10\ °C$ und an weniger als rd. 50 Tagen unter $0\ °C$ liegt.

Für die Heizkraftversorgung ist besonders bedeutsam, an wieviel Tagen hintereinander längstens jeweils bestimmte Temperaturgrenzen unterschritten werden, da gerade längere Temperatur-Einbrüche vermehrten Wärmebedarf auslösen. Für Hamburg beispielsweise ergaben sich in den letzten Jahren

höchstens 9 Tage hintereinander unter				0 °C
„	6 Tage	„	„	minus 2 °C
„	4 Tage	„	„	minus 4 °C
Einzeltage			„	minus 8 °C

Ist der Wärmebedarf eines bestimmten Gebietes auf Grund der vorstehend angedeuteten Analysen festgestellt (zweckmäßigerweise wird er in Wärmedichteplänen festgehalten[1]), so liegt der erforderliche Anschlußwert damit ungefähr fest. Welche entsprechende Erzeugungsleistung erstellt werden muß, hängt vornehmlich davon ab, wie weit der Wärmespitzenbedarf der einzelnen Verbraucher zeitlich zusammenfällt. Auf keinen Fall braucht die Erzeugungsleistung größer als die gesamte Anschlußleistung zu sein. Bei überwiegender Industrieversorgung mit der Möglichkeit einer günstigen Wärmeverbrauchssteuerung kann das Verhältnis der gesamten Anschlußleistung zur Engpaßleistung auf über zwei getrieben werden, bei Heizkraftanlagen mit vorherrschender Wohngebäudebeheizung muß man darunter bleiben und im Extremfall bis an den Verhältniswert 1 : 1 herangehen, d. h. eine der Anschlußleistung nahezu entsprechende Erzeugungsleistung erstellen.

Kennzahlen des Heizkraftbetriebes. Für den Betrieb eines Heizkraftwerkes ist von wesentlicher Bedeutung der Gleichzeitigkeitsfaktor von Strom- und Wärmebedarf. Berechnung und langfristige Erfahrung haben ergeben, daß während der Heizperiode die Spitzen beider Energielieferungen morgens recht genau zeitlich zusammenfallen, daß sich der Wärmebedarf bis etwa 14 Uhr mit dem Strombedarf ungefähr im gleichen Verhältnis ändert, im Laufe der zweiten Tageshälfte jedoch immer weiter absinkt, so daß die abendliche Stromspitze den Wärmebedarf wesentlich übersteigt.

Die Intensität des Kupplungsbetriebes eines Heizkraftwerkes wird durch die jeweilige „Stromkennzahl" gekennzeichnet, gewonnen aus dem Verhältnis von Strom zu Wärmeerzeugung. Die „theoretische" Stromkennzahl weist aus, wieviel Strom bei maximaler Wärmeerzeugung und elektrischer Vollast je Gcal gewonnen werden kann $\left(\dfrac{kWh}{Gcal}\right)$, während die „effektive" Stromkennzahl sich aus dem Verhältnis der tatsächlichen jährlichen Stromerzeugung zur Wärmeerzeugung ergibt $\left(\dfrac{kWh/a}{Gcal/a}\right)$. Beide Kennzahlen stehen in Abhängigkeit von der sogeannten „Energiekennzahl", die darüber Auskunft gibt, um wieviel die bei Kondensationsbetrieb

---

[1] Vgl. STEGEMANN, Gesamtplanung von Heizkraftanlagen, Elektrizitätswirtschaft 1954, H. 15/16, S. 410ff.

erreichbare Stromausbeute zurückgeht, wenn der Dampf nur noch bis zu dem für den Heizkraftbetrieb erforderlichen Gegendruck entspannt wird.

In der Errechnung dieser Kennzahlen sind in der Vergangenheit des öfteren erhebliche Abweichungen zwischen einzelnen Werken dadurch aufgetreten, daß bei Heizkraftentnahmeturbinen der Anteil des auf den Kondensationsteil entfallenden Stromes nicht auf gleiche Weise berücksichtigt wurde. Inzwischen hat jedoch die VDEW bei ihren Bemühungen um eine Verbesserung des Erfahrungsaustausches und Betriebsvergleiches ein einheitliches Rechenverfahren entwickelt[1].

Wasser und Dampf als Wärmeträger für Heiznetze. In der Frage Wasser oder Dampf als Wärmeträger für Heiznetze gingen die Meinungen noch in der jüngsten Vergangenheit weit auseinander. Eine Gegenüberstellung der wesentlichen Merkmale beider Verfahren ergibt folgendes Bild[2]:

Dampf	*Wasser*
Geringere Netzkosten (kleinere Rohrquerschnitte, kleine oder keine Rücklaufleitung)	Der Dampf kann in den Turbinen auf niedrigere Drücke und Temperaturen abgearbeitet werden (höhere Stromkennzahlen!)
Einfachere Netzerweiterungen (Übergang auf höhere Dampfgeschwindigkeiten)	Während der Spitzen kann durch Anhebung der Vorlauftemperatur ein größerer Dampfdurchsatz, also eine größere Stromausbeute erreicht werden.
Anschluß von Dampfverbrauchern (Industrie!)	Puffer- und Speicherwirkung des Warmwassernetzes.
Anschluß von Niederdruckzentralheizungen.	Leichtere zentrale Überwachung und Regelung.
Geringe Pumparbeit im Netz	

Hinsichtlich der Stromausbeute ist der Betrieb mit Warmwasser dem Dampfbetrieb eindeutig überlegen. Er erlaubt eine intensivere Kraft- und Wärmekupplung und vermeidet darüber hinaus große Transportverluste, die sich im Dampfnetz auf Grund des starken Druckgefälles (bei ausgedehnten Dampfnetzen bis zu 50%) und auf Grund der größeren Temperatur-Differenz des Wärmeträgers Dampf zu seiner Umgebung ergeben. Im Mittel liegen die Transportverluste eines Warmwassernetzes rund um die Hälfte unter denen eines Dampfnetzes. Obwohl Warmwassernetze den Anschluß bisheriger Niederdruckdampfverbraucher (alte Zentralheizungsanlagen, Industrie und dgl.) erheblich erschweren und obwohl ein Warmwasserrohrnetz gegenüber einem Dampfnetz um rd. 20% wegen der größeren Rohrquerschnitte (u. a. gleich große Rückleitung!) teurer wird, geht man wegen der erwähnten Vorteile bei Neubauten oder Erweiterungen gern auf Warmwasserbetrieb über.

Bei Warmwassernetzen verlegt man in der Regel bei gleichzeitiger Heißwasserversorgung Dreileiternetze, wovon ein Leiter der Rückleitung, einer der Heran-

---

[1] Mölter u. Stumpf, Die Heizkraftwirtschaft in der Bundesrepublik Deutschland, Elektrizitätswirtschaft 1958, H. 11, S. 319.

Vgl. Reimer, Heizkraftwirtschaft in Dänemark, Energie 1960, H. 11, S. 459 bes. S. 468/469.

[2] Vgl. Geissler, a. a. O., S. 143/144.

führung von Heißwasser konstanter Temperatur und einer der Versorgung mit Heizwasser dient, dessen Temperaturdifferenz zum Rücklauf je nach Wärmebedarf im Netz „gespreizt" wird. Über Vorlaufwasser mit Temperaturen bis etwa 130 °C kann die Wärme unmittelbar den Verbrauchsanlagen des Kunden zugeführt werden, während bei darüber hinausgehender Vorlauftemperaturen Wärmeaustauscher in den Hausstationen eingebaut werden müssen.

Netzkosten. Die Baukosten eines Heizdampfnetzes[1] liegen etwa bei 75000DM/ Gcal Anschlußwert[2], wobei im Stadtkern im allgemeinen die Kosten für Kanalbau- und Umlegungsarbeiten mehr ausmachen, als die Kosten für das Rohrnetz und die Isolierung. Die Unterhaltungskosten liegen bei etwa 0,50 DM/Gcal.

Unter zusätzlicher Berücksichtigung der Verluste, deren geringere Höhe bei Wassernetzen die höheren Baukosten ungefähr ausgleicht (Netzkosten bei Verwendung von Dampf von 4 atü und von Wasser mit einer Temperaturdifferenz von 30 °C etwa gleich) betragen die gesamten Verteilungskosten eines Heizkraftwerkes rd. $^1/_3$ der erzielbaren Erlöse, die heute etwa bei 25—30 DM/Gcal liegen[3].

Wenn man bedenkt, daß schon die Baukosten des Heizkraftwerkes selbst mindestens rd. 150—250 DM/kW über denen eines entsprechenden Kondensationskraftwerkes liegen[4], dann wird verständlich, daß die Gesamtwirtschaftlichkeit einer Heizkraftversorgung wesentlich von einer optimalen Planung und Ausnutzung des Netzes abhängt. Eine Verminderung der Netzbaukosten kann vor allem dadurch erreicht werden, daß möglichst weite Strecken oberirdisch oder in Kellern (Zeilenbauten!) verlegt werden, da die Verlegung in Kanälen trotz Verwendung von Fertigteilen immer noch recht kostspielig ist. Versuche, Rohre zur Kostenersparnis lediglich mit sehr starker Isolation oder Leichtbetonumhüllung in die Erde zu betten, sind vielerorts — vor allem im Ausland — bereits gemacht worden, doch werden bei der Schwierigkeit von Reparaturen am Rohrnetz besonders in den Straßen größerer Städte mögliche Korrosionen mit zunehmender Alterung der Rohrumhüllung sehr gefürchtet[5]. Zur Verlängerung der Lebensdauer der Isolation empfiehlt es sich, trotz der dadurch entstehenden Kosten das Leitungsnetz auch im Sommer unter Temperatur zu halten.

Verteuernd wirkt jeder größere Niveau-Unterschied im Heiznetz, da dann zur Vermeidung von Überdrücken in den niedrigsten und zur sicheren Versorgung der höchsten Anlagen besondere Vorkehrungen getroffen werden müssen, wie z. B. getrennte Leitungsstränge, zusätzliche oder besonders starke Pumpen bei Hochhäusern, Auswechselung oder Schutz von Radiatoren in niedrig liegenden Anlagen.

Der bisherige Betrieb der Wärmenetze der öffentlichen Heizkraftversorgung in Deutschland hat gezeigt, daß eine enge Vermaschung aus Sicherheitsgründen

---

[1] Für Raumheizungsanlagen kann man in Deutschland im Mittel mit etwas über 100 m Heiznetzlänge pro Anschluß rechnen. Vgl. MÖLTER u. STUMPF, a. a. O., S. 325.

[2] Siehe HÜBNER, Gestaltung des Wärmenetzes und der Hausstationen bei der Fernheizung. (Zahlenangaben basierend auf Preisen von 1954; Preisanstieg durch Rationalisierung heute etwa ausgeglichen) Elektrizitätswirtsch. 1954, H. 16, S. 416ff.

[3] Vgl. HÜBNER, a. a. O., S. 417.

[4] Vgl. MAGUERRE, Elektrizitätswirtschaft und Fernheizung, Praktische Energiekunde 1954, H. 1/2, S. 149ff.

[5] Vgl. STREMPEL, Erfahrungen über den Bau und Betrieb von Fernwärmeverteilungsanlagen, Elektrizitätswirtsch. 1957, H. 22, S. 807ff.

12*

nicht erforderlich ist. Es genügen einfache Ringnetze oder sogar Strahlennetze, die auch leichter zu überwachen und zu steuern sind.

Für manche Dampfnetze wird sich künftig verbilligend auswirken, daß auf den Kondensationsrücklauf ganz verzichtet werden kann, da moderne Vollentsalzungsanlagen den Wasserbedarf der Kessel unter Umständen wirtschaftlich decken können.

Betreuung der Hausstationen. In der Vereinfachung und Normung der Hausstationen sowie in ihrer Leistungsbegrenzung sehen die meisten E-Werke für die Zukunft noch erfolgversprechende Möglichkeiten zur Senkung der Netzkosten. Schwierigkeiten ergaben sich bei Hausstationen vor allem daraus, daß den Sicherheitsanforderungen voll genügt werden muß, während die Hausstationen gleichzeitig so eingerichtet sein müssen, daß die Bedienung durch Laien erfolgen kann. Die Betriebe können sich ihre Aufgabe sehr erleichtern, wenn sie einen Kundendienst einrichten, der bereit ist, dem Kunden auch wirksam zu helfen. Leider wird nämlich allzu oft eine Heizungsanlage eingerichtet und aus Zeitmangel so kurzfristig übergeben, daß der Kunde mit der für ihn günstigsten Bedienungsweise nicht eingehend vertraut gemacht wird. Dem E-Werk kommt hier eine bedeutsame Mittlerrolle zwischen den heizungsbauenden Firmen und den Verbrauchern zu. Es handelt dabei im eigenen Interesse. Wenn beispielsweise ein Beauftragter des E-Werkes den Kunden darüber aufklärt, daß eine vernünftige Anpassung der Heizleistung an die Außentemperatur (verstellte oder außer Betrieb gesetzte Regeleinrichtungen sind keine Seltenheit!) größere Ersparnisse bringt als ein Abstellen bei Nacht, so hat nicht nur der Kunde davon Vorteile[1].

Steuerungs- und Überwachungszentralen. Mit dem Wachsen der Heizkraftnetze stellt sich die Aufgabe, ihrer Überwachung (Differenzdrücke, Temperaturen) und Steuerung zur Vermeidung unnötiger Verluste erhöhte Beachtung zu schenken. Es läßt sich heute schon absehen, daß dies bei den größeren Werken im Laufe der Zeit eine weitere Entwicklung der bisherigen Wärmewarten für das Heiznetz zu vollständigen Wärmelastverteilern mit sich bringen wird[2].

Die Tendenz, Heizkraftwerke künftig immer mehr mit ,,Kondensationsschwänzen'' auszurüsten, also sowohl für Kondensations- als auch für Heizkraftbetrieb zu bauen, wird wegen der engen Wechselwirkung von Strom- und Wärmeerzeugung mit Sicherheit die Aufgabe der Wärmelastverteilung immer enger an die der Lastverteilung für die Stromerzeugung binden; bei Neueinrichtungen von Heizkraftanlagen empfiehlt es sich daher, die Heizkraftzentrale von vornherein in unmittelbarer Nähe der Lastverteilung und nicht in der Warte eines der Heizkraftwerke vorzusehen.

Kostenaufteilung bei Kupplungsbetrieb. Die genaue Kostenberechnung der Wärmeerzeugung ist eines der schwierigsten Probleme des Heizkraftbetriebes. Welche Kosten sollen der Stromerzeugung, welche der Wärmeerzeugung an-

---

[1] Vgl. WILLING, Wärmeverbrauch, Wärmedarbietung und Stromerzeugung bei Heizkraftwerken, Elektrizitätswirtsch. 1956, H. 14, S. 475ff., bes. S. 477.

[2] Vgl. HENSELMANN, Regelung, Überwachung und Messung in der Verteilung und Wärmeübergabe bei Fernwärmeversorgung mit Wasser als Wärmeträger. Elektrizitätswirtsch. 1957, H. 22, S. 814ff.

gelastet werden? Die Frage stellt sich sowohl für die arbeitsabhängigen als auch für die leistungsabhängigen Kosten.

Besonders bei den Festkosten ergibt sich die Unsicherheit, ob für die zugrunde zu legende Benutzungsdauer die Leistungen z. Z. der Stromspitze, der Wärmespitze oder vielleicht der höchsten Kesselbelastung einzusetzen sind. Die Diskussionen hierüber sind noch nicht abgeschlossen, doch scheint sich die maximale Kesselbelastung als Kriterium durchzusetzen.

Ähnliche Probleme ergeben sich bei der Aufteilung der Eigenbedarfskosten. Der Weg, zur Errechnung der Wärmekosten von den gesamten Selbstkosten des Heiz-kraftwerkes eine Stromgutschrift abzusetzen, die aus dem erzielten oder einem Lieferer zu zahlenden Strompreis ermittelt wird, begegnet grundsätzlichen Bedenken, da hierbei „Kosten" und „Preise" verquickt werden. Richtiger, wenn auch wesentlich umständlicher, ist es daher für die bei dem jeweiligen E-Werk vorliegenden Verbundverhältnisse eine eingehende Grenzkostenrechnung zur Ermittlung der Stromgutschrift durchzuführen. Die Wirtschaftlichkeitsberechnung geplanter Heizkrafterweiterungen oder -neubauten wird dann sehr oft erweisen, daß der Einsatz der für Investitionen verfügbaren Mittel im Heizkraftgeschäft durchweg nicht so rentabel ist wie bei reinen Kondensationsanlagen. In der Praxis zeigt sich aus diesem Grunde immer deutlicher die Tendenz, wenigstens die Investitionen für die Erzeugung der Heizkraft bei Einrichtung großer Kondensationskraftwerke durch Einplanung von — im Verhältnis dazu kleinen — Heizkraftanlagen „mit untergehen" zu lassen.

Ortsbewegliche Heizwerke. Als Folge einer solchen — investitionspolitisch zweckmäßigen — Planung ergeben sich für die Erstellung von Heizkraftleistung größere Intervalle. Auch der Ausbau der Netze erfolgt örtlich meist in größeren Zeitabständen, da in der Regel die hohen Aufwendungen erst dann lohnend sind, wenn in einem geschlossenen Gebiet ausreichende Abnahme gesichert ist. In der Zwischenzeit können jedoch wichtige mögliche Abnehmer an die Wettbewerber Koks oder Öl durch Einbau von Einzelanlagen verloren gehen.

Einen Ausweg aus diesem Dilemma bieten einfache, kleinere, fahrbare Heiz-werke, wie sie beispielsweise von den Hamburgischen Electricitätswerken benutzt werden (22 atü, 350 °C, 10—12 t/h, 0,775 t/h Ölverbrauch) mit denen Erzeugungs- und Zuleitungsengpässe über einige Jahre hinweg bis zur Erstellung neuer orts-fester Heizkraftleistung oder bis zur Heranführung einer Fernwärmeleitung über-brückt werden können.

Wärmemessung. Die Ausweitung des Heizkraftgeschäftes auf dem Gebiet der Wohnraumheizung leidet zur Zeit vor allem noch darunter, daß den Mietern in Etagenhäusern kein echter Kostenvergleich gegenüber Einzelheizungen, auch nicht gegenüber sogenannten „Zentralheizungen" möglich ist. Dazu fehlen noch vom Wohnungsinhaber selbst ablesbare, preiswerte Meßgeräte, die ihm die genaue Überwachung seines eigenen Verbrauches ähnlich wie beim elektrischen Zähler gestatten. Die Meßwerte der bislang angebotenen Geräte dieser Art sind nicht genau genug, um allein als Abrechnungsgrundlage zu dienen. Es ist indessen zu hoffen, daß mit Anstieg des Bedarfs für Wärmezähler der Anreiz zur Entwicklung besserer und billigerer Geräte steigen wird. Zwar dürfte auf lange Sicht auch bei der Heizkraftversorgung eine Pauschalierung nach der Leistung die für den Kunden und das E-Werk zweckmäßigste Abrechnungsmethode sein, doch erscheint zur Ausräumung immer noch vorhandener Vorurteile gegen die Fernwärmeversorgung die Schaffung der Möglichkeit einer Verbrauchskontrolle durch jeden Kunden als Übergangslösung unumgänglich.

II. Strombezug

Die Möglichkeit, zur Deckung des Strombedarfs eigene Stromerzeugungsanlagen zu errichten und zu betreiben, ist für ein E-Werk praktisch begrenzt. Ist der Strombezug kostengünstiger und mindestens ebenso sicher als eigene Erzeugung, so wird es diese günstigen Umstände auszunützen trachten.

Die Entscheidung ist vornehmlich von der Größe der in Frage stehenden Eigenerzeugungsanlage abhängig. Bei reinem Kondensationsbetrieb ist heute die Planung eines eigenen Kraftwerkes zur Deckung einer Verbrauchsspitze von weniger als rd. 300 MW im Inselbetrieb nicht mehr zu empfehlen, falls die Rohenergie für ein solches Kraftwerk nicht an Ort und Stelle zur Verfügung steht.

Auch oberhalb einer solchen Leistung ist jedoch die Entscheidung, ein Kraftwerk zu bauen oder lieber den Strom zu beziehen, noch von einer ganzen Reihe weiterer Einflüsse abhängig, die fast alle unter dem Stichwort „Standortproblem" zusammengefaßt werden können und schon wegen ihrer grundsätzlichen Bedeutung für die Energiepolitik seit langem die elektrizitätswirtschaftliche Praxis und Lehre beschäftigen.

a) Standortwahl

Die Einflußgrößen. Die oft gestellte Frage, wann auch bei Zugrundelegung einer wirtschaftlichen Mindestgröße von Kraftwerken eine dezentrale oder zentrale Stromerzeugung wirtschaftlicher sei, läßt sich in der Regel auf die Frage nach den Transportkosten des Brennstoffs oder des Stroms zurückführen[1].

Häufige oft sehr lebhaft geführte Streitgespräche über diese Frage haben erkennen lassen, daß selbst für jene E-Werke, deren Objektivität mangels Interessenbindung nicht in Zweifel gestellt werden kann, eine eindeutige Antwort schwierig ist. Sie hängt von Faktoren ab, die örtlich und zeitlich verschieden sind und deren Einfluß fallweise schwankt. Aus diesem Grund können hier nur die grundsätzlichen Tendenzen und zu ziehenden Folgerungen aufgezeigt werden.

Brennstoff- oder Stromtransport

Auswirkung der Einflußgröße	günstig für Stromtransport falls	günstig für Brennstofftransport falls
Brennstoffkosten je WE	niedriger	höher
Heizwert je Gewichtseinheit	niedriger	höher
Transportentfernung	kleiner[2]	größer[2]
Schiffs- und Bahnfracht	höher	niedriger
Baukosten der Leitung	niedriger	höher
Benutzungsdauer der Leitung	höher	niedriger
Kapitaldienst (für Leitungsinvestitionen)	niedriger	höher
Abschreibungssatz (für Leitungsinvestitionen)	höher	niedriger
Ausnutzbarkeit der Leitung für andere Zwecke	höher	niedriger
Erforderliche oder mögliche Spannung	höher	niedriger
Übertragungsleistung	höher	niedriger

---

[1] Vgl. die Zusammenstellung über die wichtigsten Veröffentlichungen hierzu: N. N. Die Transportkosten von Kohle und Strom und ihr Einfluß auf die Verwendung nicht marktfähiger Kohle; Energiewirtschaftliche Tagesfragen, Mai 1956, H. 46/47, S. 12ff.

[2] Aussage nicht eindeutig, da von den anderen Faktoren stark mit abhängig.

Beim Energietransport auf der Hochspannungsleitung steigen die leistungsabhängigen Kosten je kWh, wenn die Benutzungsdauer sinkt. Die spezifischen arbeitsabhängigen Kosten sind dagegen von der Benutzungsdauer nahezu unabhängig. Beim Brennstofftransport verändern sich die gesamten spezifischen Kosten praktisch kaum, wenn die Menge je Zeiteinheit verringert wird. Bei niedrigerer Benutzungsdauer verschiebt sich daher bei sonst gleichbleibenden Einflußfaktoren die Wirtschaftlichkeit zugunsten der Brennstofftransporte, bei höherer Benutzungsdauer zugunsten der Stromtransporte. Eine Veränderung der Leistung hat ähnliche Auswirkungen.

Mit zunehmender zu überbrückender Entfernung weisen die spezifischen Transportkostenanteile beim Brennstofftransport auf Grund der bundesdeutschen Verkehrstarifstruktur einen degressiven Verlauf auf. Lediglich beim Transport über Pipelines ändern sich die spezifischen Kosten etwa proportional. Eine Erhöhung der Entfernung beim Stromtransport läßt hingegen die spezifischen Transportkosten bei gleicher Spannung überproportional ansteigen[1,2].

„Lastgemäßer" Strom aus Qualitätskohle. Für die Stromversorgung aus Qualitätskohle mit einem Heizwert $H_u \geq 6800$ kcal/kg über größere Entfernungen bestand bisher in der Bundesrepublik eine leichte wirtschaftliche Überlegenheit des Kohletransports. Sie galt nicht nur für den Spitzenstrom, sondern auch für Strom entsprechend der allgemeinen Bedarfs-Charakteristik, also mit einer Benutzungsdauer um rd. 4500 h[3]. Der wirtschaftliche Vorteil des Kohletransports war allerdings nicht so bedeutend, daß er den eindeutigen Schluß zugelassen hätte, in solchen Fällen sei der Bau eines Wärmekraftwerkes in revier- oder küstenfernen Gebieten grundsätzlich empfehlenswert.

Bei dem geringen theoretischen Kostenunterschied lassen für das einzelne E-Werk im konkreten Fall geringfügige Sondervor- oder Nachteile eine andere Beurteilung angezeigt erscheinen. Die auf den ersten Blick zweitrangig erscheinenden Einflußgrößen, beispielsweise die Kühlungskosten, die Grundstückspreise, die Personalkosten können daher für die Entscheidung ausschlaggebend werden. Immerhin läßt sich die allgemeine Folgerung ableiten, daß in der Regel bei ausreichender Kraftwerksgröße eine Entscheidung für revier- und küstenferne Wärmekraft aus Qualitätskohle keine krassen Fehlinvestitionen zur Folge haben wird. Daraus ergibt sich im übrigen, daß im Bundesgebiet eine Zentralplanung aller Kraftwerksstandorte zur Vermeidung wirtschaftlicher Fehlinvestitionen nicht zwingend erforderlich ist.

Strom aus standortgebundenen „billigen" Rohenergiequellen. Braunkohle mit ihrem niedrigen Heizwert und hohem Wassergehalt ist wirtschaftlich kaum transportfähig. Hier ist der Stromtransport dem Kohletransport eindeutig vorzuziehen. Dennoch ist die Errichtung von Übertragungsleitungen zur Versorgung entfernter Gebiete, ausgehend von den Braunkohlezentren, vor allem dem Rheinischen Braunkohlegebiet, nicht unbegrenzt zweckvoll. Auf lange Sicht wird der mögliche Abbau und dessen ständige Erweiterung von dem Bedarf in nahegelege-

---

[1] Vgl. WESSELS, Gutachtliche Stellungnahme zur Frage einer Einbeziehung der Elektrizitätsversorgung in die Montan-Union. Sonderdruck VDEW, Frankfurt 26. 10. 55, S. 14.

[2] Vgl. LESCH, Derzeitige Probleme des Energietransportes und ihr Einfluß auf die Entwicklung der Energieversorgung. Praktische Energiekunde 1952, H. 1, S. 64—67.

[3] Vgl. WESSELS, a. a. O., S. 14.

nen Industriegebieten aufgesogen. Speiseleitungen in entfernte Gebiete werden entwertet, abgeschlossene Lieferverträge können die Wirtschaftlichkeit belasten. Nur der Verbundbetrieb auf weite Entfernungen unter Berücksichtigung des Wasser- und Kohlestromausgleichs rechtfertigt in Zukunft derartige Anlagen.

Ähnliche Überlegungen gelten für den Ausbau der Kraftwerke auf der Basis sogenannter „Ballast-Kohle", deren Anfall vom Ausmaß der jeweiligen Feinkohlenförderung abhängt. Der aus betriebswirtschaftlichen Erwägungen der einzelnen Bergbauunternehmen und aus wirtschaftlichen Gesichtspunkten wünschenswerte Ausbau derartiger Kraftwerke sollte ebenfalls nur so erfolgen, daß mehrjährige Überkapazitäten nicht eine jahrzehntelang nachwirkende Strukturveränderung des Übertragungsnetzes über das spätere Liefergebiet hinaus bewirken[1].

Auch der Ausbau der großen Wasserkräfte in den europäischen Ländern, bei denen das ausbaufähige Potential den künftigen Verbrauch bei kontinuierlicher Weiterentwicklung zur Zeit noch übersteigt, (z. B. Norwegen, Jugoslawien, Österreich) wirft ähnliche Probleme auf. Die Bedenken der für den Strombezug und die Finanzierung in Frage kommenden Länder und E-Werke gegenüber einer starken Kapitalbeteiligung an den Übertragungsleitungen sind nicht ganz unberechtigt. In der Regel werden von einer kostengünstigen standortgebundenen Energieerzeugung verhältnismäßig rasch große Stromverbraucher angelockt, so daß früher oder später die Energie am Ort verbraucht wird[2]. Übertragungsleitungen, die ausschließlich im Hinblick auf eine bestimmte standortgebundene Stromerzeugung errichtet werden, enthalten meist ein erhebliches Wagnis[3].

Strukturänderungen in der Spitzenstromversorgung. Kraftwerke für Erzeugung von Spitzenstrom sollen möglichst nahe dem Verbrauchsschwerpunkt liegen, weil der Transport von Spitzenstrom über große Entfernungen hinweg unwirtschaftlich ist. Diese Regel kann künftig gewisse Einschränkungen erfahren, da der Anstieg dieses Leistungsbedarfs erhöhte Übertragungsspannungen zuläßt, was den Stromtransport wieder verbilligt. Die spezifischen Investitionskosten für die Leitung sinken bei Erhöhung der Übertragungsspannung von 110 auf 220 kV auf rd. 45%, bei weiterer Erhöhung auf 380 kV sogar auf rd. 16%[4].

Für viele E-Werke weitet sich damit gleichzeitig der Bereich aus, in dem die Errichtung eines Pumpspeicherwerkes lohnend erscheint. Neuere Pumpspeicherprojekte (Geesthacht, Reisach-Rabenleite, Our usw.) lassen erkennen, daß für das Verhältnis von Ausbauleistung größerer Pumpspeicherwerke zur Entfernung Werte von 2—3 MW/km als tragbar angesehen werden.

Standortbedingungen bei dichten Verbundnetzen. Im Vergleich Strom-Brennstofftransport verschiebt sich die Grenze wirtschaftlicher Parität häufig zugunsten des Stromtransportes, wenn die benutzten Leitungen auch für besondere Zwecke des Verbundbetriebes genutzt werden und so ein Teil der Leitungskosten dem

---

[1] Vgl. WESSELS, a. a. O., S. 14.

[2] Vgl. FREIBERGER, Elektrizitätstransporte über weite Entfernungen. Revue de la Société Belge d'Etudes et d'Expansion, Nr. 164 vom Januar/Februar 1955, S. 11ff., bes. S. 15.

[3] Vgl. LESCH, a. a. O., S. 60/61.

[4] Vgl. GLÖYER, Moderner Leitungsbau. Deutsche Wirtschaft im Querschnitt. Beilage zu „Der Volkswirt" Nr. 36 vom 7. 9. 57, S. 28. — Vgl. ROSER, Macht die Atomkraft das Verbundnetz überflüssig? ETZ A 1957, H. 1, S. 1ff., bes. S. 3.

„Verbundbetrieb" angelastet werden kann. Auch diese Entwicklung wird durch den laufenden Bedarfsanstieg ständig weiter vorangetrieben. Je größer die Kapazität eines Verbundnetzes ist, desto kleiner kann die Reservehaltung bei gleicher Sicherheit werden. Schon dieser Umstand rechtfertigt einen bedeutenden Anteil der für die Verbundleitung anfallenden Kosten. Wird darüber hinaus die Leitung noch dazu benutzt, im Normalbetrieb die jeweils wirtschaftlichste Erzeugungsanlage bevorzugt einzusetzen, so können die Leitungskosten für den zusätzlichen Transport von Strom über weite Entfernungen geringer sein, als die Transportkosten von Qualitätskohle für ein Kraftwerk mit normaler Belastung oder sogar Spitzencharakteristik.

Daß der Einfluß der Verbundnetze zu einer übermäßigen Zentralisation der Stromerzeugung und zu einer Abwertung revier- oder küstenferner Kraftwerke führen wird, ist indessen nicht zu erwarten, da Bedarfsanstieg und hoher Spitzenfaktor überall auch künftig den Ausbau angemessener örtlicher Erzeugung rechtfertigen wird, sei es zur Vermeidung zu hoher Stromtransporte, sei es aus Gründen der Frequenz- und Spannungshaltung. Die zunehmende Verdichtung des Verbundnetzes wird jedoch immer mehr Unternehmen den Anreiz geben, je nach Lage frei zu entscheiden, ob der Bau eigener Kraftwerke oder der Strombezug zweckmäßiger sein wird.

Strukturverzerrende Einflüsse. Sollen Fehlinvestitionen vermieden werden, muß die Wirtschaftlichkeit zum Maßstab für die Strombeschaffung gewählt werden. Zu erwägen bleibt, ob manipulierte Einflußwerte bestehen und in welchem Ausmaß sie sich gegebenenfalls ändern können. Gedacht ist dabei an Eisenbahn- oder Binnenschiffsfrachten, Zölle, Subventionen für Bergbau u. dgl. Verfälschend wirkt auf die Entscheidungen auch die Verzerrung des Strompreisgefüges, da sie bei der unterschiedlichen Verbrauchsstruktur der einzelnen E-Werke kaum vergleichbare Ertragslagen nach sich zieht. Die sich daraus ergebenden unterschiedlichen Möglichkeiten zur Selbstfinanzierung verlagern die finanziellen Ausgangspositionen für den Bau eigener Kraftwerksanlagen. Die Entscheidung über Bezug oder eigenen Kraftwerksbau läuft Gefahr, von dem Verhältnis Lieferung an Sonderabnehmer zu Lieferung an Tarifabnehmer abhängig zu werden. Dadurch wird die Stromerzeugung E-Werken mit vorwiegender Abgabe an Tarifabnehmer in zunehmendem Maße erschwert.

Die Verzerrung verschiedener Einflußgrößen für die Standortwahl neuer Kraftwerke auf Grund politischer Rücksichtnahme auf bestimmte Wählerkreise ist jedoch nicht das einzige Hemmnis für die Entwicklung einer optimalen Struktur der Stromversorgung. Auch die widerstreitenden Interessen von Gemeinden, Ländern und Bund und vor allem die vielfach verschieden gerichteten Einstellungen der verschiedenen Parteien zur Marktwirtschaft insbesondere auf dem Gebiet der Energieversorgung bringen Unklarheiten und Unsicherheiten.

Seitens der öffentlichen Elektrizitätswerke ist angesichts dieser Verwirrung die Forderung an den Staat zu erheben, eindeutige Klarheit über seine energiepolitischen Absichten und Pläne zu schaffen, da nur so die Unternehmen eine langfristige Gestaltung einer für künftige Wirtschaftsverhältnisse optimalen Versorgungsstruktur einleiten können.

b) Vertragsgrundsätze

Wer sich dafür entschieden hat, keine eigenen Kraftwerksanlagen auszubauen, hat sich vor Abschluß eines Bezugsvertrages die Frage vorzulegen, wie weit das Elektrizitätswerk künftig die Verteileraufgabe in eigener Regie wahrnehmen soll.

Steht das Werk vorwiegend im Eigentum einer Gemeinde oder handelt es sich um einen Eigenbetrieb, so kann der Abschluß eines B-Vertrages die für die Gemeinde wirtschaftlichste Lösung darstellen. Dabei wird ein Konzessionsvertrag abgeschlossen und die Versorgungsaufgabe bis zur letzten Lampe an ein zur Lieferung geeignetes und bereites E-Werk übertragen. Bei sehr kleinen Unternehmen ist der wirtschaftlichere und oft auch lohnendere Weg für die Eigentümer häufig der Verzicht auf die bisherige Selbständigkeit und eine Fusion mit Nachbarunternehmen oder mit dem späteren Lieferer.

Soll die Selbständigkeit des E-Werkes erhalten bleiben, so wird entweder ein Strombezugsvertrag zur Deckung des gesamten Versorgungsbedarfes abgeschlossen oder ein sogenannter A-Vertrag. Bei diesem beschränkt sich das beziehende E-Werk auf die Belieferung der Niederspannungsabnehmer, also vornehmlich der Tarifabnehmer, und überträgt unter Umständen auch die technische Betreuung des Niederspannungsnetzes dem Lieferer.

Die beim Abschluß eines derartigen Vertrages anzustellenden Überlegungen sind so zahlreich und für den sich nicht ständig damit Befassenden so unübersichtlich, daß die Hinzuziehung eines nach jeder Seite hin unabhängigen Sachverständigen zu den betreffenden Vertragsverhandlungen empfehlenswert ist.

Vertragsdauer. Es ist üblich, derartige Verträge über einen Zeitraum von mehr als 15 Jahren abzuschließen. Selbst bei Verlängerungen bestehender Verträge liegt die Vereinbarung einer solchen Zeitspanne im Interesse aller Beteiligten[1], da nur so dem Lieferer eine langfristige Planung und eine entsprechende optimale Gestaltung der Preise möglich ist. Gleichzeitig wird vermieden, daß jeder Wechsel in der Führung einer Gemeinde die Streitfrage über die Stromversorgung zum nächstmöglichen Termin von neuem aufrollt. Dies geschieht besonders häufig aus grundsätzlichen partei- oder wirtschaftspolitischen Erwägungen, meist unter zugkräftigen, wenn auch oft wenig hintergründigen Schlagworten mit Blick auf erwünschte Wahlerfolge und führt zu einer fortgesetzten Störung der gesunden kontinuierlichen Entwicklung.

Bezugs- und Lieferpflichten. Strombezugsverträge sind, selbst wenn sie von Gemeinden geschlossen werden, Verträge des Privatrechts. Neben der Grundabmachung „Strombezug gegen entsprechendes Entgelt" enthalten sie in der Regel eine Reihe von Absprachen zur Vermeidung späterer Streitfälle.

Die Tatsache des Verzichts auf Eigenerzeugung durch den Strombezieher sollte bei der Vertragsgestaltung nicht dazu dienen, besondere Vorteile auszuhandeln, falls das Lieferer-E-Werk, wie es üblich ist, die Kostendegression entsprechend der erwarteten besseren Ausnutzung seiner Anlagen und vielleicht auch der Umsatzausweitung bereits seinem Angebot zugrunde gelegt hat.

---

[1] Anderer Ansicht — wohl vornehmlich aus verhandlungstaktischen Gründen — ist der Verband kommunaler Unternehmen der Orts- und Kreisstufe, VKU. Vgl.: Der Strombezugsvertrag — Grundsätze und Empfehlungen des VKU Köln, August 1953 u. d. Stellungnahme zur VKU-Schrift der Arbeitsgemeinschaft der regionalen Elektrizitätsversorgungsunternehmen, München 1953.

Im allgemeinen hat der Lieferer ein Interesse an einer Einstellung oder Einschränkung der Eigenerzeugung des Beziehers und an der Vermeidung einer Lieferung durch andere E-Werke oder der Industrie, da dies seine den Angebotspreisen zugrunde liegenden Erwartungen enttäuschen müßte. Jede derartige Strombeschaffung mit Ausnahme von Katastrophenbezug muß daher entweder völlig ausgeschlossen oder fest umrissen werden. Dabei sind künftige Änderungen auszuschließen oder nur mit entsprechenden Preisvorbehalten eingeschränkt zuzulassen. Für die Festlegung der Bezugs- und Lieferpflicht und die Ausschließung Dritter hat sich eine klare, am besten kartographische, örtliche Abgrenzung bewährt, die entsprechende Veränderungen im Wege eines kurzen Zusatzvertrages bei späteren Ein- oder Ausgemeindungen nicht ausschließt.

Sonderabnehmer-Versorgung. Wem beim Abschluß von Strombezugsverträgen die Versorgung der Sonderabnehmer übertragen werden soll, ist häufig strittig. Viele Unternehmen der Verbundstufe und auch regionale Lieferunternehmen sind daran genau so interessiert wie manche Verteiler-Werke. Beide haben für ihre Wünsche nach Versorgung der Sonderabnehmer gewichtige Argumente vorzubringen. Daß die Bemühungen um die Versorgung der Sonderabnehmer sich zuweilen allzu heftig auswirken, liegt jedoch nur an der zeitbedingten verzerrten Preissituation, die vielfach aus der Belieferung der Sonderabnehmer eine größere Rendite als aus der Belieferung der Tarifabnehmer erwarten läßt.

Das Recht und die Verpflichtung zur Belieferung der Sonderabnehmer ist in Bezugsverträgen durchweg mit dem Eigentum am Hochspannungsnetz im betreffenden Versorgungsgebiet verknüpft (A-Vertrag). Die Befürworter derartiger Verträge betonen, daß so die Möglichkeit gegeben sei, die Hochspannungsnetze unabhängig von Gemeindegrenzen und Übergabestellen für ein größeres Gebiet optimal zu planen, zu bauen und zu betreiben. Auch die Rationalisierung, also die Einführung kostensparender und sicherheitserhöhender Maßnahmen, die Vereinheitlichung und Modernisierung der Verteilung, die weitgehende Vermaschung der Netze, sowie der Einsatz zentraler Überwachungs- und Steuerungsanlagen seien erst in diesem Falle zu verwirklichen. Nur so könne auch sichergestellt werden, daß die Industrie vergleichbare Strompreise erhalte und daß nicht einzelne E-Werke durch unvernünftige Preispolitik Industriebetriebe zu einer energiewirtschaftlich falschen Eigenversorgung treiben, oder gar im Einzelfalle die Belieferung bestimmter Sonderabnehmer vom Lieferer unter besonderen Aufwendungen verlangen[1].

Seitens der Verteiler-E-Werke wird dem entgegengehalten, daß sie an einer Belieferung der Sonderabnehmer zum Ausgleich der geringeren Erlöse bei den Tarifabnehmern finanziell interessiert sind und daß der organische Aufbau des Verteilungsnetzes eine Einflußnahme auf die Planung und den Betrieb der Hochspannungsnetze voraussetzt.

Für das System der A-Verträge spricht, daß eine große Zahl heute noch auseinanderliegender Verteilungsnetze im Laufe der Zeit ineinanderwachsen wird und so Mittelspannungsnetze entstehen, die weit über die Grenzen der Gemeinden und Versorgungsgebiete hingelagert sind. Das System der Großbezugsverträge

---

[1] Vgl. WEHBERG, Grundsätzliches zur öffentlichen Elektrizitätswirtschaft; RWE-Jubiläumsschrift, Großraum-Verbundwirtschaft 1948, Westverlag Essen/Kettwig, S. 27ff., bes. S. 30/31.

paßt dagegen am besten für die Fälle, wo in einem geschlossenen Verbrauchszentrum der Bedarfsanstieg bereits so weit fortgeschritten ist, daß im eigenen Bereich des beziehenden E-Werkes Hochspannungsnetze und Anlagen von einer Größe und in einer Anzahl vorhanden sind, die eine eigene zentrale Überwachung und Steuerung erfordern und tragen können (z. B. größere Stadtnetze).

Da dieser Zustand bei dem zu erwartenden weiteren Strombedarfsanstieg bei immer zahlreicheren Stadtnetzen und auch in dicht besiedelten ländlichen Gebieten erreicht werden wird, dürfte dort, wo die Bezugs-E-Werke den Verzicht auf die eigene Sonderabnehmer-Versorgung als Mangel empfinden, auf lange Sicht der Typ des Großbezugsvertrages gegenüber dem des A-Vertrages an Boden gewinnen.

Übernahmerechte. Unter dem Gesichtspunkt des weiteren Strombedarfsanstieges ist auch die Vereinbarung von Übernahmerechten für Hochspannungsanlagen beim Abschluß von A-Verträgen verständlich, wenn sie auch gewisse Gefahren heraufbeschwört. Entweder wird in den Jahren vor Herannahen eines möglichen Übernahmezeitpunktes übermäßig investiert, um den Übernahmepreis künstlich hochzudrücken oder es wird gar nicht mehr investiert, um den Übernehmer mit Nachholinvestitionen abzuschrecken. Hinzu kommt, daß das Hochspannungsnetz einschließlich der großen Übertragungsleitungen dann nicht unbedingt mit dem Ziel optimale Netzkosten sondern im Hinblick auf die spätere Entflechtung erstellt und gestaltet werden muß. Falls eine Übernahme im Vertrage vorgesehen wird, ist eine genaue Festlegung, wer die damit zusammenhängenden Kosten zu tragen hat, unbedingt anzuraten.

Änderung der Anlagen. Klare Abmachungen sind erforderlich über die Kostentragung bei Umlegungen und Änderungen der Versorgungsanlagen, insbesondere im Zusammenhang mit Arbeiten an öffentlichen Straßen und Plätzen. Der allgemeinen Rechtsordnung entspricht eine Kostentragung nach dem Veranlassungsprinzip, falls nicht wie bei Verkehrsbauvorhaben, Gründe des öffentlichen Wohls vorgehen. Die in der Praxis vorkommenden Fälle sind indessen oft so vieldeutig, daß sich für die Vertragsschließenden von vornherein die Vereinbarung eines Schiedsorgans empfiehlt.

Preisbemessung. Die Bemessung der Entgelte an den Lieferer erfolgt in der Regel unter Festsetzung von Arbeits- und Leistungspreisen mit Zonen- oder Staffeltarifen. Vereinzelt kommen statt der Zonen- oder Staffeltarife auch Benutzungsdauerrabatte zur Anwendung.

Die Leistungsvorhaltung ist wahlweise

unveränderlich oder begrenzt (z. B. bei laufendem Ausbau eigener Erzeugungsanlagen des Beziehers),

vom Bedarfszuwachs abhängig,

vom gesamten Leistungsbedarf abhängig.

Welche Form gewählt wird, hängt davon ab, ob ausschließlich das Lieferer-E-Werk den Strombedarf decken soll oder ob noch andere Wege der Strombeschaffung beschritten werden.

Reserveleistung kann bei Eigenerzeugung als einseitige Bezugsreserve oder als Gegenseitigkeitsreserve vereinbart werden. Entsprechendes gilt für besondere Störungsreserve.

Der Leistungspreis (auch für Zusatz- oder Reservebezug) wird nach der tatsächlich bezogenen oder nach der vorgehaltenen Leistung (Wirkleistung) bemessen. Sind mehrere Übergabestellen vorhanden, so gibt nur eine zeitgleiche Messung ein genaues Bild der tatsächlich bezogenen Spitzenleistung. Leistungsspitzen, die außerhalb der Hauptbelastungszeit des Lieferers auftreten (z. B. Höchstlasten im Sommer bei Kurorten), werden im allgemeinen nicht oder nur zum Teil für die Bemessung des Leistungspreises herangezogen.

Bei den Arbeitspreisen findet sich vielfach neben Zonen- oder Staffel-„Tarifen" eine Preisfestlegung mit Tag- und Nacht-„Tarifen" (Hoch- und Niedertarife).

Die Berechnung des Blindstroms erfolgt in der Regel nach den am Tage bei Unterschreitung einen bestimmten $\cos\varphi$ (0,85 oder 0,9) zusätzlich anfallenden Blind-kWh, oder nach einem entsprechenden, im Verhältnis zur Wirklast festgelegten Blind-kVA-Wert. Auch noch andere Bemessungsweisen sind stellenweise üblich, alle verfolgen jedoch nur das Ziel, den Bezieher an den aus dem Blindstrombezug entstehenden Kosten so weit zu beteiligen, daß für ihn auf längere Sicht der Einbau von Kompensationseinrichtungen lohnender wird.

Störungsstrom. Unter Störungsstrom wird Strom verstanden, der über die für den Normalbetrieb vereinbarten Mengen und Leistungen hinaus bei Ausfall anderer Quellen des Beziehers geliefert wird. Man erspart sich langwierige Berechnungen, wenn Rücklieferung in gleicher Höhe zu gleicher Tageszeit vereinbart wird.

Bei Aushilfslieferungen, die zwischen den Lastverteilern größerer E-Werke vielfach auch ohne laufende Vertragsgrundlage und meist sehr kurzfristig vereinbart werden, ist es üblich, die Strompreise für nicht rückzuliefernden Strom nicht in DM und Pf., sondern unter Einschluß der Transportkosten bis zur Übergabestelle, gegebenenfalls auch noch anfallender Durchleitungskosten, in kg Kohle/kWh auszudrücken, wobei der jeweilige Kohlenpreis frei Kessel beim Lieferer zugrunde gelegt wird.

Sonderpreise für die Gemeinde. Erhebliche Meinungsverschiedenheiten ergeben sich zuweilen bei den langfristigen Strombezugsverträgen der gemeindeeigenen E-Werke oder der Eigenbetriebe über die Strompreise für Lieferungen an gemeindeeigene Betriebe und Einrichtungen. Dem verständlichen Interesse der Gemeinden an einer finanziellen Hilfe für Zuschußbetriebe (wie Verkehrsbetriebe, Wasserwerk und sehr häufig auch Gaswerk) und niedrigster Strompreise für den sonstigen gemeindlichen Strombedarf (öffentliche Gebäude, Straßenbeleuchtungen usw.) steht die begreifliche Auffassung der Lieferer gegenüber, bei auskalkulierten Preisen für den Gesamtbezug nicht solche Vergünstigungen entgegen dem Grundsatz der Preisgerechtigkeit zu Lasten der übrigen Bezieher einräumen zu wollen.

Die gesamte Angebotskalkulation wird dadurch unübersichtlich und das Liefer-E-Werk läuft zudem Gefahr, daß das Bezieher-E-Werk Kunden gegenüber für seine selbst bewirkten eigenen überhöhten Letztverbraucher-Strompreise das Lieferwerk verantwortlich macht, die wahren Gründe für die Höhe der Strompreise jedoch verschweigt.

Abgesehen davon sind jedoch die Gemeinden selbst vor ungewöhnlichen Sonderpreisen für den Anteil der Lieferung an gemeindeeigene Betriebe und Einrichtungen zu warnen. Allzuleicht werden dadurch nämlich sowohl die Leiter gemeindeeigener Betriebe als auch die Überwachungsorgane allmählich mehr oder weniger bewußt über die wirklichen wirtschaftlichen Verlustquoten mancher Gemeindebetriebe und -einrichtungen getäuscht.

Die bisherigen Erfahrungen der übrigen Wirtschaft zeigen deutlich, daß gerade eine möglichst „echte" Kostenträgerrechnung Voraussetzung für erfolgreiches Wirtschaften ist. Mit derartigen „Sonderpreisen" begeben sich daher Gemeinden oft selbst des Anreizes, echte Gewinne aus der Stromverteilung zu erwirtschaften.

Preisänderungsklauseln. Weniger problematisch sind in den letzten Jahren die Vereinbarungen über die „Preisänderungsklauseln" geworden. Im Grundsatz geht es darum, mit diesen Klauseln den Erlös für den gelieferten Strom den Kostenänderungen des Lieferers jeweils so anzupassen, daß die Änderungen einzelner Kostenarten weder zu einem zusätzlichen Gewinn noch zu einem Verlust führen. Zu berücksichtigen sind insbesondere Kohle-, Lohn-, Material- und sonstige Gemeinkostenänderungen. Es hat sich indessen gezeigt, daß alle diese Kostenarten sich immer in gewisser gegenseitiger Abhängigkeit ändern. Bei normalen wirtschaftlichen Verhältnissen bildeten die Kostenänderungen des allgemein gebrauchten Energierohstoffs Kohle einen praktisch gut brauchbaren Maßstab für fast alle abhängigen Kostenveränderungen. Die Klauseln wurden deshalb in der Praxis meist nur auf Änderungen der Kohlekosten oder nur auf die Faktoren Kohle und Lohn abgestellt. Unterschiedlich sind allerdings die Einflüsse der Kostenfaktoren auf die beweglichen und auf die festen Kosten. Aus diesem Grunde kommen durchweg für Arbeits- und Leistungspreis getrennte Preisänderungsklauseln in Anwendung. Sprunghafte, unnatürliche oder manipulierte Änderungen des Kohlepreises bringen allerdings Fehler in diese Voraussetzungen und machen Anpassungen der Klauseln an die wirtschaftlichen Entwicklungen von Zeit zu Zeit notwendig.

Für strombeziehende E-Werke, die selbst Sonderabnehmer beliefern, ist es ratsam, in deren Verträge entsprechende Preisklauseln aufzunehmen, da das E-Werk dann zwischen einem Bezugspreis und den Wiederverkaufspreisen für die Sonderabnehmer ein gesundes Verhältnis auf einfache Weise aufrecht erhalten kann, falls die eigene Ertragslage ein Auffangen von Preisveränderungen nicht erlaubt.

Den Tarifhoheitsträgern, also den öffentlichen Instanzen, die Tarife zu genehmigen haben, ist zu empfehlen, den E-Werken bei Änderungen der Bezugspreise eine entsprechende, möglichst vertraglich festgelegte Anpassung auch der Tarife ohne zeitliche Verschiebung zu ermöglichen.

Vertragsloser Zustand. Theoretisch befindet sich jedes Verteiler-E-Werk mit Strombezug statt Eigenerzeugung in der unangenehmen Situation, zwar gesetzlich zur Belieferung der Tarifabnehmer verpflichtet zu sein, dem Lieferer gegenüber jedoch keinen gesetzlichen, sondern nur einen vertraglichen Lieferanspruch zu besitzen. Tatsächlich entstehen dem Verteiler-E-Werk indessen daraus keine Nachteile, da praktisch selbst der aus verschiedenen Gründen, auch ohne Verschulden der Vertragspartner denkbare Eintritt eines „vertragslosen Zustandes" das Liefer-E-Werk nicht plötzlich von seiner Lieferpflicht befreit. Zwar sind die Rechtsgründe für ein Fortbestehen der tatsächlichen Lieferpflicht umstritten, doch ist bislang kein Fall bekannt, wo es auf Grund des vertragslosen Zustandes zu einer völligen Nichtversorgung der letztverbrauchenden Tarifabnehmer gekommen wäre. Die Entgelte für den Strombezug in der Zeit bis zum Abschluß eines neuen Bezugsvertrages oder bis eum Übergang auf eine andere Art der Strombeschaffung können in solchen Fällen, falls keine Einigung durch ein Schiedsorgan zustande kommt, auf dem Klagewege festgesetzt werden. So sehr derartige Fälle die Fachwelt auch beschäftigen, ihre Zahl und allgemeine Bedeutung ist in Wirklichkeit in der Vergangenheit erfreulicherweise verschwindend gering gewesen und wird mit steigender Sorgfalt bei der Abfassung der Bezugsverträge in Zukunft noch geringer werden.

III. Verteilung

a) Strukturelle Besonderheiten

Im Gegensatz zu den meisten anderen Wirtschaftszweigen verlangt bei der Elektrizitätswirtschaft der Transport des erzeugten Wirtschaftsgutes, der Elektrizität, vom Herstellungsort zum Kunden Investitionen, die durchweg höher liegen als die für die Produktionsanlagen. Von dem heutigen Anlagevermögen der öffentlichen Elektrizitätsversorgungsunternehmen entfällt daher mehr als die Hälfte auf die Verteilungsanlagen. Von der gesamten Summe der Investitionen, die jährlich von der öffentlichen Elektrizitätswirtschaft aufgebracht werden muß, fließen z. Z. rd. $^2/_3$ in die Verteilungsanlagen, in der Fachsprache unter Einbeziehung der Umspannanlagen als „Netz" bezeichnet.

Für Ausbau und Einrichtung rechnet man z. Z. mit folgenden Investitionssummen je kW Höchstlastanteil[1]:

Kraftwerk einschließlich Maschinentransformator	rd. 900 DM/kW,
Versorgung eines Hochspannungskunden aus dem 110 kV-Netz	rd. 1100—1500 DM/kW
Versorgung eines Mittelspannungskunden	rd. 2000 DM/kW
Versorgung eines Niederspannungskunden	rd. 3000 DM/kW

Sinkender spezifischer Kapitalaufwand. Die Elektrizitätswirtschaft hält den verhältnismäßig hohen spezifischen Kapitalbedarf der Netze für störend und arbeitet an Verbesserungen.

In einem größeren Überlandwerk wurde auf der Grundlage der Verhältnisse von 1950 eine Untersuchung[2] angestellt. Sie führte nach eingehender Abwägung der sich durch die Verdichtung des Stromverbrauches ergebenden Möglichkeiten zu einer Prognose, deren grundsätzliche Tendenzen und Erkenntnisse durch spätere Untersuchungen anderer E-Werke bestätigt wurden und auf lange Sicht richtungweisend sind[3]:

---

[1] Vgl. hierzu auch HAMEISTER, Ausgewählte Betriebsspannungen, Netzschaltungen und Betriebsmittel zur wirtschaftlicheren Lösung der Übertragungs- und Verteilungsaufgaben. Elektrizitätswirtsch. 1958, H. 19, S. 598 ff.

[2] Vgl. JANSEN, Die technisch-wirtschaftliche Weiterentwicklung der Elektrizitätsverteilungsanlagen unter dem Einfluß der Verbrauchssteigerung und des Kapitalmangels, Elektrizitätswirtsch. 1952, H. 11, S. 245 ff. und HAMEISTER, Das Kilowatt muß wandern. Deutsche Wirtschaft im Querschnitt, Beilage zu „Der Volkswirt" Nr. 36 vom 7. 9. 57, S. 25 ff.

[3] Vgl. CAUTIUS, Kapitalbedarf der Netze, Elektrizitätswirtsch. 1956, H. 5, S. 119 ff.

Im Bild wird deutlich, daß bei einer weiteren Vervierfachung des heutigen Stromverbrauchs mit einer solchen Senkung des spezifischen .Kapitalbedarfs der Netze gerechnet werden kann, daß die gesamten Netzinvestitionen nicht mehr höher als die für die Erzeugung sein .werden. Der spezifische Kapitalbedarf für die Versorgung von Niederspannungskunden wird sich noch etwa um $1/3$ vermindern lassen, während bei höheren Spannungsstufen nach oben hin die möglichen Einsparungen immer geringer werden.

Bei den Erzeugungsanlagen sind große Einsparungen an Anlagekosten kaum mehr zu erwarten.

Netzverluste[1]. Für den gesamten Transport der elektrischen Energie an die Kunden ist es kennzeichnend, daß verhältnismäßig geringe arbeitsabhängige Kosten auftreten. Bei der Erzeugung betragen die arbeitsabhängigen Kosten, vornehmlich der Brennstoffe, ungefähr die Hälfte der gesamten Erzeugungskosten. Die Verteilung ist jedoch im wesentlichen nur in Höhe der Verluste von rd. 10% des Bruttoverbrauches mit arbeitsabhängigen Kosten belastet.

Die Netzverluste waren allerdings nicht immer so niedrig. Ihre Verminderung ist zu einem Teil dem starken Anwachsen des Stromverbrauches der Industrie zu verdanken, für die kurze Übertragungswege auf höherer Spannungsebene vorwiegen. Überwiegend beruht sie jedoch auf echten Verbesserungen der Übertragungsanlagen.

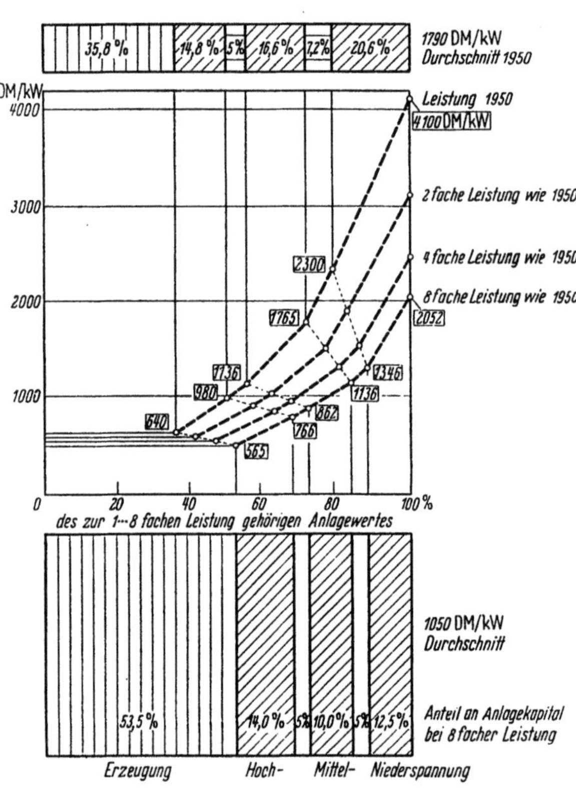

Abb. 28. Senkung des spezifischen Kapitalaufwandes je kW Leistungsfähigkeit der Erzeugungs- und Verteilungsanlagen bei einfacher bis 8facher Leistungsfähigkeit (Preisbasis 1950; auf eine Umwandlung auf derzeitiger Preisbasis wurde verzichtet, da die grundsätzlichen Tendenzen sich dadurch kaum ändern)

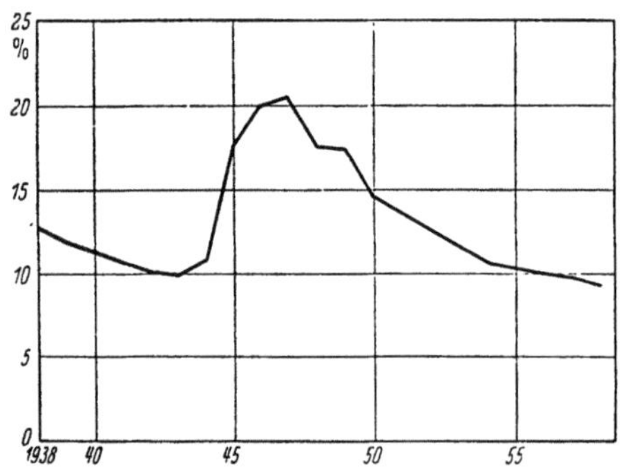

Abb. 29. Anteil der Übertragungsverluste am Bruttoverbrauch (öffentliche Versorgung)
(Vgl. VDEW, Die öffentliche Elektrizitätsversorgung im Bundesgebiet und Westberlin 1958, Frankfurt 1959, S. 28)

[1] Vgl. S. 274 und 277 ff.

Bei Kabeln und Freileitungen wirkten sich folgende Maßnahmen günstig aus: Verkürzung der Transportwege, stärkere Vermaschung, Neuverlegung auf allen Spannungsstufen, Übernahme von Niederspannungsverbrauchern auf Hochspannung, Verminderung der Blindstromtransporte, Übergang auf höhere Transportspannungen und günstigere Spannungsstaffelung[1]. Bei der Umspannung hat neben der sorgfältigeren Anpassung des Transformators an seine jeweilige Arbeitsbedingungen der vermehrte Einsatz verlustärmerer Typen zum Erfolg beigetragen.

Sicherheit. Eine Begrenzung finden alle Bemühungen um die Verminderung der spezifischen Anlagekosten für die Netze in der unabdingbaren Forderung nach hoher Sicherheit der Stromversorgung gegenüber Ausfällen.

Einen Überblick über das Ausmaß der bislang erreichten Stromversorgungssicherheit gestatten die Ergebnisse einer von den Verhältnissen in Berlin ausgehenden Untersuchung[1]. Die dabei in einem Netz ohne Kurzzeitunterbrechung ermittelten Zahlen über Ausmaß und Dauer der Unterbrechung dürften nach Ausscheiden des verhältnismäßig großen Einflusses der Kraftwerksstörungen auf Grund der isolierten Lage des Berliner Netzes auch für die Mehrzahl aller E-Werke im Bundesgebiet im allgemeinen zutreffend sein. Nach den Ermittlungen ereignen sich im Durchschnitt unbeabsichtige Spannungsunterbrechungen bezogen auf:

einen Niederspannungsabnehmer im Freileitungsnetz	etwa alle	2 Jahre
einen Niederspannungsabnehmer im Kabelstrahlennetz	„ „	4 „
einen Niederspannungsabnehmer im Kabelmaschennetz	„ „	9 „
einen Hochspannungsabnehmer im Mittelspannungsnetz	„ „	4 „
ein Umspannungswerk Hochspannung/Mittelspannung	„ „	16 „

Die Häufigkeit der durch Kurz- und Doppelerdschlüsse eingetretenen Störungen, falls eine Spannungsabsenkung von mehr als 17% der Netzspannung als störend angenommen wird, verhält sich zur Zahl der echten Spannungsunterbrechungen je nach Netzstruktur etwa wie 100:1 bis 300:1, wobei die günstigsten Werte in Maschennetzen erreicht werden[2].

35—40% derartiger Störungen ereignen sich in der Regel während der Nachtzeit, beeinträchtigen also die Abnehmer im allgemeinen nur selten. Die mittlere Dauer aller Spannungsunterbrechungen, die auf einen Kunden pro Jahr entfällt, beträgt in

Mittelspannungsringen	etwa 10 Minuten
Freileitungsnetzen	etwa 80 Minuten
Kabelstrahlennetzen	etwa 18 Minuten
Kabelmaschennetzen	unter 5 Minuten

Es liegt im Wesen des Strebens nach technischer Vollkommenheit, selbst ein solch großes Maß von Versorgungssicherheit noch verbessern zu wollen, doch sollten auch die Ziele in dieser Hinsicht mit Rücksicht auf das wirtschaftlich vertretbare Maß überprüft werden. Ein Höchstmaß an Sicherheit erfordert hohe Kapitalaufwendungen und erzwingt höchste Strompreise.

---

[1] Zur Senkung der Übertragungsverluste in mehrstufigen Hochspannungsnetzen: LIPKEN, Verlustoptimale 60°-Schrägregelung, Elektrizitätswirtsch. 1961, H. 9, S. 329 ff.

[2] Vgl. WEBER, Untersuchungen über Anzahl und Dauer der Stromlieferungsunterbrechungen in Westberlin, Elektrizitätswirtschaft 1957, H. 18, S. 647 ff.

Falls für ein Werk die dafür erforderliche Kapitalbeschaffung lösbar ist, neigen rein technisch eingestellte Betriebsführungen dazu, einen solchen Weg zu beschreiten, um so mehr, als die Zahl der Beschwerden über Stromunterbrechungen auf ein Mindestmaß zurückgeht. Die verantwortliche Leitung eines der Allgemeinheit verpflichteten E-Werkes, dem die bestmögliche Betreuung der Kunden eine echte Wirtschaftsaufgabe ist, wird in eigenem Ermessen jene mittlere Lösung anstreben, die der Abnehmerschaft ein ausreichendes Maß an Versorgungssicherheit bietet und gleichzeitig unter Vermeidung übertriebener Investitionen günstige Strompreise ermöglicht. Dieser Weg ist zweifellos schwieriger, da er eine sehr sorgfältige Analyse des Sicherheitsbedürfnisses der einzelnen Kundenkreise und deren eingehende Aufklärung und Beratung voraussetzt.

Der Grad der erforderlichen Versorgungssicherheit läßt sich bei einigem Verständnis für die tatsächlichen Bedürfnisse der Kunden mit ausreichender Genauigkeit schätzen. Man kommt dabei zu Skalen, deren unterste Stufe in der Regel von landwirtschaftlichen Betrieben eingenommen wird; darüber wird der große Kreis der Haushaltskunden einzuordnen sein, während nach oben hin besonders störungsempfindliche Gewerbe- und Industriebetriebe, Gas- und Wasserversorgung, Entwässerung, Verkehrsbetriebe und zuoberst wohl Verkehrssignale stehen dürften. So sehr einzelne Zweige sich selbst als wichtig und höchst störungsempfindlich betrachten, so bleiben, vom allgemeinen Standpunkt gesehen, viele aufklärende Aussprachen mit diesen empfindlichen Abnehmern notwendig und bringen zumeist günstige Ergebnisse. Während auf den ersten Blick beispielsweise die Wasserversorgung einer Großstadt überhaupt keine Störung zuläßt, wird das Bild sofort anders, wenn man beachtet, daß die Wasserversorgung die höchsten elektrischen Leistungen während der trockenen und heißen Sommerzeit beansprucht, in der gerade die E-Werke über große Reserven verfügen. Außerdem hat eine Fülle von Wasserversorgungsbetrieben Speicher, die mehr oder weniger lang imstande sind, die Versorgung auch ohne Pumpen aufrechtzuerhalten. So merkwürdig es klingt: Auch die Versorgung von Bahnen mit Fahrstrom läßt oft Unterbrechungen von mehreren Sekunden bis zu einer Minute zu, während die Bahnhof- und Signalbeleuchtung praktisch ungestört sein muß.

Als glücklicher Umstand hat sich erwiesen, daß Kunden mit hohen Sicherheitsbedürfnissen zumeist in örtlicher Zusammenballung auftreten, vor allem in den Städten. Der Grad der gebotenen Versorgungssicherheit läßt sich am besten durch statistische Erfassung der Ausfälle und Störungen beobachten und vergleichbar machen.

Die Netzplanung ist also immer wieder aufs neue vor die Aufgabe gestellt, den Sicherheitsgrad eines Netzabschnittes den Investitionsanforderungen gegenüberzustellen. Wo dies geschieht, ist man in den letzten Jahren häufig zu dem Schluß gekommen, daß die Forderungen nach Versorgungssicherheit in der Vergangenheit gegenüber den Forderungen nach Senkung der Investitionskosten gelegentlich überbewertet wurden. Hierzu sollten bei Planung des strukturellen Aufbaus und bei Auswahl der Netzeinrichtungen entsprechende Folgerungen gezogen werden.

Stromverbrauchsdichte und Netzstruktur. Die Netzstruktur und damit auch der spezifische Kapitalaufwand für Netze läßt sich seitens der E-Werke langfristig nur begrenzt beeinflussen, weil eine Reihe hierfür wichtiger Faktoren sich deren Einwirkung ganz oder zum großen Teil entziehen, insbesondere[1]:

> Bevölkerungsdichte,
> Stromverbrauchsdichte,
> Anteil der Lieferungen an Sonderabnehmer und Wiederverkäufer
> Ausbauzustand,
> Betriebsfähigkeit,
> Spannungsstaffelung.

Entscheidend für die Gestaltung der Netze ist vor allem die Stromverbrauchsdichte und ihre örtliche Verteilung. Eine geringe Stromverbrauchsdichte entweder auf Grund geringer Bevölkerungsdichte, geringen Einkommens, besonderer Lebensgewohnheiten oder auf Grund starker Konkurrenz von Wettbewerbsenergien erfordert naturgemäß größere Leitungslängen je abzugebender Leistungseinheit.

Sonderabnehmer insbesondere am Mittel- und Hochspannungsnetz hingegen bedürfen in der Regel nur eines geringen spezifischen Aufwands für das Netz. Für Wiederverkäufer allerdings sind im allgemeinen höhere spezifische Aufwendungen erforderlich, da die Übergabestellen meist von den Erzeugungs- und Verbrauchsschwerpunkten des liefernden Elektrizitätsversorgungsunternehmens weiter entfernt sind.

Nachteilige Vorinvestitionen. Ist ein Netz mit seinen Leitungen und Stationen zu reichlich bemessen, so läßt sich zwar neuer Kapitalaufwand für weitere Investitionen zunächst ersparen, es hat jedoch unnötig hohe Kapitallasten zu tragen. Noch bedenklicher ist, daß manche Bereinigung der Netzstruktur dann unmöglich ist, da die vorhandenen Reserven die Transportwege für den Stromzuwachs auf lange Zeit festlegen, auch wenn inzwischen Veränderungen der Verbrauchsdichte eine andere, bessere Leitungsführung erfordern würden. Das Netz ist erstarrt.

Städtische und ländliche Netze. Die Gefahr unangenehmer Folgen von Vorinvestitionen war kurz nach dem Kriege besonders groß, als der ungeregelte Wiederaufbau von Wohngebäuden und die sprunghafte Ausdehnung der Industrie zu erheblichen Verlagerungen der Verbrauchsdichte führten.

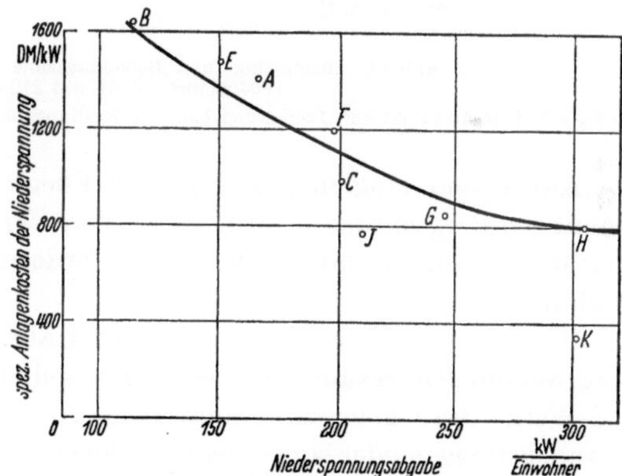

Abb. 30. Spezifischer Kapitalaufwand für Niederspannungsnetze in Abhängigkeit von der Stromverbrauchsdichte (1952) (Nach Cautius, Kapitalbedarf der Netze, Elektrizitätswirtsch. 1956, H. 5, S. 120)

Erst die Normalisierung der allgemeinen wirtschaftlichen Entwicklung und die inzwischen weitgehende Raumordnung durch Festlegung von Bebauungsplänen haben diese Gefahren abgeschwächt.

---

[1] Vgl. hier und im folgenden Cautius, a. a. O., S. 119ff.

13*

Bei dem großen Einfluß der Stromverbrauchsdichte auf die Netzplanung
ergeben sich erhebliche Unterschiede in der Netzstruktur besonders zwischen
ländlichen und städtischen Versorgungsgebieten. Wie das nebenstehende Bild, entwickelt auf Grund von Untersuchungen bei 6 regionalen (A—F) und 4 großstädtischen (G—K) Elektrizitätsversorgungsunternehmen (Zahlen von 1952),
zeigt, liegt vor allem der spezifische Kapitalaufwand für Niederspannungsnetze
bei höherer Stromverbrauchsdichte wesentlich niedriger.

Städtische Werke liegen günstiger, da sie in der Regel keine Wiederverkäufer
beliefern und mehr bedeutende und gut gelegene Sonderabnehmer haben.

Damit sind sie aber zu einem höheren Sicherheitsaufwand verpflichtet. Dies
führt zu häufiger Anwendung von Ringleitungen statt Stichleitungen und Schaltern statt Sicherungen sowie kostspieligen Schutzeinrichtungen.

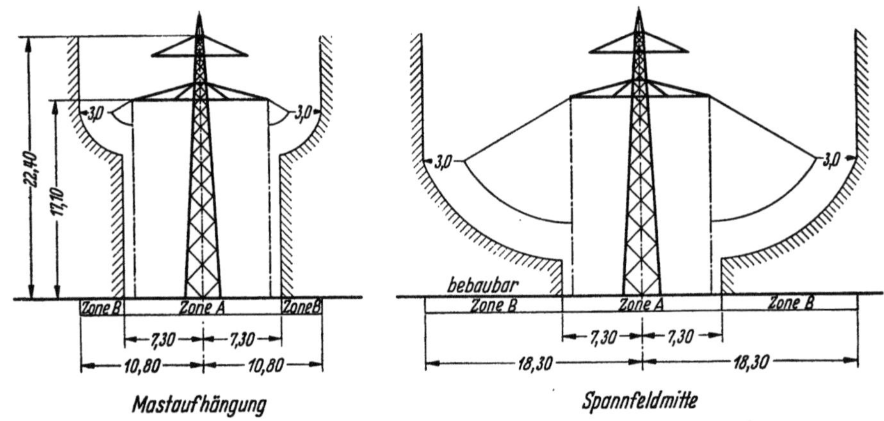

Abb. 31. Ausschwing- und Bebauungszone bei einer 110 kV-Doppelleitung
(150/25 mm² St-Al. mit 270 m-Spannfeldern)
(Nach PLÖSSL und JOKUSCH, Freileitungsbau und Siedlungsplanung, Elektrizitätswirtsch. 1956, H. 3, S. 731/732)

Kabel sind langlebig und keiner Pflege bedürftig. Außer in Gebieten mit
häufigen Bergschäden bringen sie größere Versorgungssicherheit, benötigen keinen
sichtbaren Raum und erfüllen alle Anforderungen an Städtebau und Landschaftsschutz.

Soweit die höhere Sicherheit eines Kabelnetzes mit nicht allzugroßen Mehraufwendungen erkauft werden kann, gehen aus diesen Gründen immer mehr
E-Werke dazu über, zumindest neue Niederspannungsnetze in Städten, Stadt-
randsiedlungen oder sonstigen geschlossenen Siedlungsgebieten als Kabelnetze zu
bauen oder bei völliger Überalterung überlasteter Freileitungsnetze diese durch
Kabelnetze zu ersetzen. Auch bei der Mittelspannung bis 60 kV lassen sich heute
schon in einigen Bereichen, in denen bislang noch ausschließlich Freileitungen erstellt wurden, z. B. in Stadtrandgebieten, Kabelverlegungen wirtschaftlich vertreten, da sich der Kapitalaufwand für beide Netzarten etwas angenähert hat.
Im Bereich der Hochspannungsleitungen über 100 kV ist indessen die Kabel-
verwendung selten wirtschaftlich vertretbar. Leider müssen daher manche verständlichen Wünsche nach Erhaltung des natürlichen Landschaftsbildes heute
noch den wirtschaftlichen Erwägungen weichen. Ein verantwortlicher Betriebs-

leiter wird aber bemüht bleiben, auch für die Leitungsverlegung bestmögliche
Lösungen zu suchen, also die Trassenführung in Schneisen, Mulden, längs Wasserläufen oder Bahnkörpern usw. in Anpassung an das Landschaftsbild vorschlagen
und durchführen[1].

Der Wegfall von Baugrund für die Trasse einer Freileitung ist nicht so groß, wie
gemeinhin angenommen wird, wenn die Ausschwingzonen der Leitung mit den
Bebauungshöhen sorgsam aufeinander abgestimmt werden.

Das vorstehende Beispiel zeigt, daß bei der betreffenden 110 kV-Leitung die
nicht bebaute Schneise nur 14,60 m breit zu sein braucht, während darüber
hinaus die Randstreifen mit Beschränkung der Bauhöhe von einem Höchstwert
in Spannfeldmitte bis zu einem Mindestwert am Maststandort schwanken.

Für die Umspann- und Verteilungsstationen wird jedes E-Werk über die durch
die engen Raumverhältnisse in den Städten gegebene Notwendigkeit hinaus bereit sein, kostspieligere Sonderbauformen zu wählen, wenn die diesbezüglichen
ästhetischen Wünsche sich erkennbar in vernünftigen Grenzen halten. Die Wünsche einzelner Anlieger können allerdings auch hier nicht überbewertet werden.

Alles in allem haben die vorgenannten Gründe dazu geführt, daß der gesamte
spezifische Kapitalaufwand für alle hintereinander geschalteten Versorgungsstufen
im Mittel zwischen regionalen und städtischen Netzen gar nicht so unterschiedlich
ist, wie man zunächst vermuten könnte.

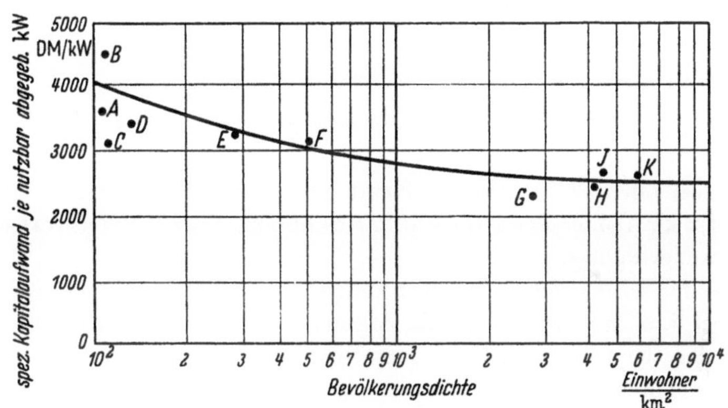

Abb. 32. Spezifischer Kapitalaufwand bis zum Niederspannungsabnehmer in Abhängigkeit
von der Bevölkerungsdichte
(Nach CAUTIUS, Kapitalbedarf der Netze, Elektrizitätswirtsch. 1956, H. 5, S. 120)

Der gesamte spezifische Kapitalaufwand liegt im allgemeinen bei den städtischen Netzen nur um rd. $^1/_6$—$^1/_5$ unter dem ländlicher Netze.

b) Netzgestaltung

Der umfassende Begriff „Netz" für alle an der Stromweiterleitung vom Kraftwerk bis zum Kunden beteiligten Betriebseinrichtungen drückt treffend aus, daß
diese sich wie ein Netz mit Knoten und Fäden über bestimmte Gebiete der

---

[1] Freileitungen abzulehnen, erscheint überall dort unberechtigt, wo sie das eindrucksvolle
Bild einer von Menschen technisierten Welt nur vertiefen können, z. B. an Kanälen, Schleu-
sen, Bahndämmen, Staudämmen, Autobahnen, zwischen Halden und Schloten.

Erdoberfläche verbreiten. Nicht jedoch wird der Begriff „Netz" der abstrahierenden Vorstellung des Netzgestalters gerecht, der die Verteilung jeweils als abgeflachtes pyramidenartiges Gitter mit verschiedenen Spannungsebenen, vertikal durch Transformatoren verbunden, sieht. Ihn interessieren neben den Netzgebilden auf den einzelnen Spannungsebenen insbesondere deren gegenseitige Beeinflussung und ihr Verhältnis zueinander. Selbst wenn er nur Netzteile einer einzelnen Spannungsebene untersucht oder plant, so doch nie, ohne die Beziehungen zu den nächsten oberen und unteren Spannungsebenen aus dem Auge zu verlieren.

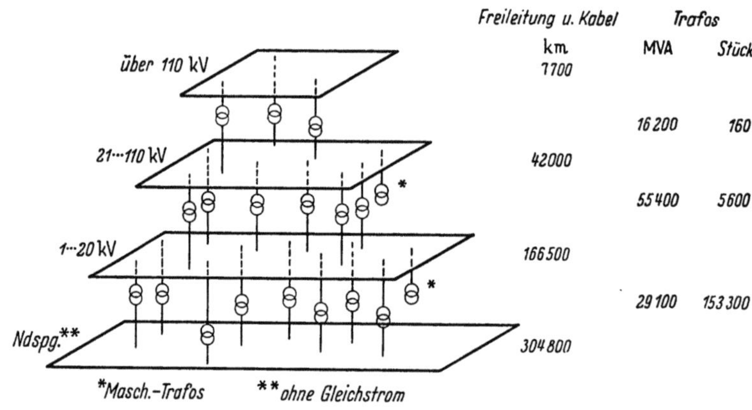

Abb. 33. Schema des öffentlichen Netzes (Zahlen von 1958)

Bezogen auf ein kW installierte Kraftwerksleistung stehen z. Z. im Durchschnitt rd. 1,2 kVA Maschinentransformator- und rd. 5,4 kVA Netztransformator-Leistung zur Verfügung.

Grundsätzlich wird jedes Niederspannungsnetz von einem Mittelspannungsnetz (in der Regel 5, 6, 10 oder 20 kV) überlagert, mittels dessen der Strom den Ortsnetz- und den Konsumententransformatoren zugeführt wird. Nur kleine Maschinenleistungen werden bei einigen E-Werken bereits in dieser Mittelspannungsebene eingespeist. Die Versorgung dieser Netze erfolgt durchweg entweder direkt von der Hochspannungsebene, 110 kV, oder unter Zwischenschaltung einer weiteren Mittelspannungsebene (25, 30, 60 kV)[1]. In diese Netze gibt auch die überwiegende Zahl der Kraftwerke ihren Strom unter Aufspannung der jeweiligen Generatorspannung ab. Für größere Stromtransporte ist den 110 kV-Netzen ein 220 kV-Netz überlagert, das an einigen Stellen bereits durch ein 380 kV-Netz abgelöst und ergänzt wird.

Schon dieser grobe Überblick über die verschiedenen Netze, die insgesamt „das Netz" bilden, läßt das Kernproblem der Neugestaltung erkennen, zur Erleichterung horizontaler Zusammenschlüsse und vor allem zur Rationalisierung der Herstellung und Bevorratung der Betriebseinrichtungen die Spannungsebenen zu vereinheitlichen. Diese Aufgabe stellt sich im Betrieb der einzelnen E-Werke, in

---

[1] Die Abgrenzung der Begriffe Mittel- und Hochspannung ist in Theorie und Praxis schwankend.

den größeren Bereichen der nationalen Netze und auch für die überstaatlichen Netze. Im Interesse einer freizügigen Ein- und Ausfuhr von Anlageteilen wird überstaatliche Normung und Typung angestrebt.

Soweit die Netzgestaltung eigentlich Netzarchitektur ist, muß sie vorwiegend mit theoretischen, z. T. abstrakten Überlegungen auf Grund technischer und wirtschaftlicher Rechenoperationen gelöst werden. Die Zusammenarbeit der netzgestaltenden Stellen mit den eigentlichen Betriebsabteilungen beschränkt sich dabei auf die Veranlassung von Messungen und Auswertung des erhaltenen Zahlenmaterials, sowie auf fallweise beratende Mitarbeit der Netzbetriebsleiter. Die zweite Stufe der Netzplanung bildet die eigentliche Projektierung mit Auswahl zweckmäßiger und wirtschaftlich günstiger Betriebsmittel. Hier ist eine stärkere Mitarbeit von Angehörigen der Netzbetriebsabteilungen, auch ihrer unteren Führungsschichten nicht zu entbehren. Ausdrücklich muß davor gewarnt werden, hierbei Betriebsgewohnheit und sogenannte Erfahrung voranzustellen und so die Ergebnisse theoretischer Überlegungen und exakter Rechnungen abzuwerten.

Zur Ermittlung optimaler Lösungen sind bei komplexen Netzen entsprechende Untersuchungen an Netzmodellen arbeitssparend und übersichtlicher als langwierige Rechnungen. In vielen Fällen genügt ein Gleichstrommodell. Manche oft wichtige Aufgaben lassen sich jedoch zuverlässig nur mit einem Wechselstrommodell lösen, wobei statische Modelle in der Regel ausreichen. Durch sinngemäße Nachbildung der Betriebsmittel im Modell lassen sich schnell eindeutige Aussagen über Wirk- und Blindlastfluß, Kurzschlußströme, Stabilität, Spannungshaltung und Verhalten bei Ausfällen von Maschinen, Transformatoren und Leitungen gewinnen.

Bei den hohen Beträgen langfristig gebundenen Investitionskapitals für Netze empfiehlt sich für die Netzplanung äußerste Sorgfalt. Ideale Gestaltung der Verteilungs- und Versorgungsnetze verbietet sich meist durch das Gebundensein der Leitungen an vorhandene oder ungünstig geplante Straßenzüge, die Rücksichtnahme auf große unbebaute Flächen, wie Grünanlagen und Wasserläufe und vor allem aus der gegebenen historischen Entwicklung, die zu einer Ausnützung vorhandener, nicht methodisch verlegter Leitungsnetze zwingt. Trotzdem ist es für eine systematische Netzplanung nie zu spät, da ja im allgemeinen in 7 bis 10 Jahren das vorhandene Netz verdoppelt werden muß. Mindestens in 20 Jahren muß die vierfache Netzleistung zur Verfügung stehen. Auf keinen Fall sollte die Netzplanung untergeordneten oder mangelhaft ausgebildeten Kräften überlassen werden. Gerade sie erfordert ein hohes Maß an abstraktem Denkvermögen und an mathematischen Kenntnissen.

Besonders schwierig sind die Festlegungen, wo und auf welcher Spannungsebene Einspeisungen erfolgen müssen, an welcher Stelle das Netz aufgetrennt oder zusammengeschlossen werden kann, an welchen Stellen der Übergang zu den mittleren und unteren Spannungsebenen vorzusehen ist und wie sich die Ausnutzbarkeit des geplanten Netzes bei dem zu erwartenden Anstieg des Stromverbrauchs zeitlich entwickelt. Viele der grundlegenden Rechnungsbedingungen sind Annahmen, deren Genauigkeit nur durch umfangreiche Ermittlungen und Querverbindungen mit anderen planenden Stellen und Behörden und beispielsweise durch Abschätzung der mutmaßlichen Entwicklungstendenzen der Bevölkerung, Einbeziehung der Besiedlungspläne verbessert und möglichst vollkommen gestaltet werden kann. Auf alle Fälle muß bei langfristiger Planung sichergestellt werden, daß alle Veränderungen, die von außen her die Rentabilität des Werkes bedrohen, schnellstens erfaßt und zu folgerichtiger Anpassung der Pläne benutzt werden.

Bei allen Untersuchungen wird zwischen einer Anzahl günstiger Lösungen mehr oder weniger willkürlich zu entscheiden sein. Es ist eine der wichtigsten Führungsaufgaben der Leitung eines Elektrizitätswerks, in diesem Falle die letzte Entscheidung zu fällen, nachdem eine sorgfältige Vergleichsbewertung der vorliegenden Vorschläge durchgeführt wurde. So peinlich es ist, wenn im entscheidenden Falle nicht genügend Leistung sicher zur Verfügung gestellt werden kann, so unangenehm sind andererseits die Folgen zu hoher Investitionen, die wirtschaftlich schlecht genutzt werden.

1. Hoch- und Mittelspannungsnetze

Die derzeitige Spannungsstaffelung der Netze hat historische Gründe. Solange noch die örtlichen Netze untereinander keine Verbindung hatten, wurden für Übertragungsaufgaben die für bestimmte Leistungen und Entfernungen bestgeeigneten Spannungen gewählt. Für die Wahl niedriger Mittelspannungen war dabei oft der Gesichtspunkt maßgebend, bis zu welcher Spannung zum jeweiligen Zeitpunkt des Netzausbaues Hochspannungsmotoren für die Sonderabnehmer gebaut wurden. Von der Herstellerseite konnten Normungsbestimmungen in den ersten Jahren der Netzausbauten nicht erwartet werden, da bei der geringen Zahl der benötigten Betriebsanlagen noch keine Großserienfertigung in Aussicht stand.

Zeitliche Entwicklung der Übertragungsspannung in Deutschland[1]

Anlage	Jahr	kV
Lauffen	1891	15
Lauchhammer	1912	110
Brauweiler-Vorarlberg	1929	220
Brauweiler-Rheingau	1953	300
Brauweiler-Hoheneck	1957	380

Genormte Höchstspannung. Die Anlagen und Geräte für die jeweils höchstmögliche Spannungsebene wurden zunächst immer den vorliegenden Betriebsanforderungen entsprechend entwickelt. Eine echte Normung und Typung erfolgte erst, als eine Vielzahl von E-Werken derartige Anlagen und Geräte benötigte. Alle Neuerer liefen also Gefahr, sich mit ungenormten und falsch getypten Geräten auszurüsten. Erst in letzter Zeit gelang es, auch für die gerade erst in Entwicklung befindlichen neuen Spannungsebenen rechtzeitig nationale und internationale Vereinbarungen zur Normung der wesentlichen Betriebsdaten der Anlageteile zu treffen. So sind beispielsweise für 380 kV bereits 1954 auf der IEC-Tagung in Philadelphia Absprachen erfolgt, die u. a. eine max. Spannung von 420 kV und eine entsprechende Isolationsfestigkeit für diese Spannungsebene festlegen. Auch haben langjährige Vorarbeiten für das im Aufbau befindliche deutsche 380 kV-Netz neben der Suche nach technisch-wirtschaftlichen optimalen

---

[1] Vgl. BOLL u. FLEISCHER, Die Übertragungsspannungen im Deutschen Verbundnetz, ETZ A 1955, H. 1, S. 104.

Lösungen immer gleichzeitig das Bestreben nach frühzeitiger Normung erkennen lassen.

Gegenwärtig ist vom künftigen deutschen 380 kV-Netz ein System über rd. 340 km für eine Übertragungsleistung von rd. 600 MW (bei einer gesamten max. Nord-Süd-Transportleistung von 1600 MW im Herbst 1957) in Betrieb, wobei die Auf- und Abspanner in Sparschaltung betrieben werden. In dieser Ebene hat sich auf dem europäischen Kontinent (einschließlich Rußland) die Normspannung 380 kV durchgesetzt. Auch Frankreich baut seine 2 × 220 kV-Leitungen heute so, daß sie später auf 1 × 380 kV umgestellt werden können. Selbst beim englischen Höchstspannungsnetz, das z. Z. für 270 kV ausgebaut wird, hat man sich die Möglichkeit zur Umstellung auf 380 kV vorbehalten, obwohl eine leistungsstarke Drehstromkupplung mit dem Kontinentalnetz auf Grund der Insellage nicht zu erwarten ist. Allenfalls ist mit einer Gleichstrom-Verbindung zum Spitzenausgleich zu rechnen.

Wirtschaftliche Spannungsstufung. Wie wenig methodisch der historische Netzaufbau sich entwickelte, in welch geringem Maße frühzeitig erkannte Normungsprinzipien, wie z. B. die Normzahlen Anwendung fanden, zeigen einige eingeführte und noch angewendete Spannungsstufen.

Deutschland
10/30 (1:3),   30/110 (1:3,7), 110/220 (1:2),   220/380 (1:1,73).
6/25 (1:4,2), 25/110 (1:4,4), 110/220 (1:2),   220/380 (1:1,73).

Frankreich
15/60 (1:4),   60/225 (1:3,75), 225/380 (1:1,7),

Schweiz
                      115/225 (1:1,96), 225/380 (1:1,7),

Italien
15/130 (1:8,7)   130/220 (1:1,69)

Bei den gebräuchlichen Spannungsstufungen sind die Sprünge recht verschieden. Für die Wahl einer höheren Spannungsstufe ist ein Wirtschaftlichkeitsvergleich zwischen dem Transport auf Leitungen der bisherigen und Leitungen der höheren Spannungsebene anzustellen. Daneben sind eine Reihe weiterer Einflüsse maßgebend, wie beispielsweise der Schwierigkeitsgrad für die Trassierung. Die dabei theoretisch ermittelte optimale Spannungsstufung beträgt im Mittel 1 : 3 bis 1 : 4.

Je nach dem Anteil an dezentralisierter Erzeugung steigen die Übertragungsleistungen in den höheren Spannungsebenen nicht überall im gleichen Maß wie der Stromverbrauch. Für die höheren Spannungsebenen sind daher in der Regel Stufungen von 1 : 2 und darunter wirtschaftlicher, wenn nicht unnötig Kapital gebunden werden soll. Wo allerdings erwartet werden kann, daß jeder Zuwachs an Stromverbrauch gemäß dem Standort neuer Kraftwerke über die höchste Spannungsebene laufen wird, empfehlen sich auch in den oberen Spannungsebenen größere Staffelungen. Für großstädtische Versorgungsunternehmen, die heute schon die Grenze der Übertragungsfähigkeit ihres 110 kV-Netzes absehen können, kann sich daraus die Folgerung ergeben, für künftige Großtransporte aus der weiteren Umgebung der Städte statt auf 220 kV gleich auf 380 kV überzugehen.

Im Bereich der Mittelspannung bis hinauf zu 100 kV weisen die Jahreskostenkurven ein verhältnismäßig flaches Optimum auf.

Damit stellt sich die Frage, ob die in Gebieten dichter Besiedlung in der Bundesrepublik vielfach eingeführten 25 und 30 kV-Netze überhaupt noch beibehalten werden sollen, ob künftig 3stufig (0,4 kV/5, 6 oder 10 kV/25 oder 30 kV/110 kV) oder 2stufig (0,4 kV/10 oder 20 kV/110 kV) versorgt werden soll. Unterhalb 100 kV zeichnet sich also eine eindeutige Tendenz zu größeren Spannungsstufen ab.

In Großstädten ist die Entfernung, über die ohne Übergang auf höhere Spannung oder Neueinrichtung eines Nachbarstützpunktes eine wirtschaftliche Versorgung möglich ist:

bei 10 kV auf rd. 4,5 km begrenzt
bei 6 kV auf rd. 2,5 km begrenzt.

Als Mittelspannung sollte in Städten künftig nach Möglichkeit 10 kV gewählt werden, nicht zuletzt wegen der Schwierigkeiten der Platzbeschaffung für Abspannwerke. Dabei sollte der augenblickliche Nachteil, daß 10 kV-Motoren noch nicht serienmäßig auf dem Markt sind, nicht stören. Die Zwischenspannungen von 25 oder 30 kV werden erheblich an Bedeutung verlieren, da ihre Beibehaltung dann die Gesamtübertragung unnötig verteuern würde. (Nach theoretischen Überlegungen um rd. 20%[1]).

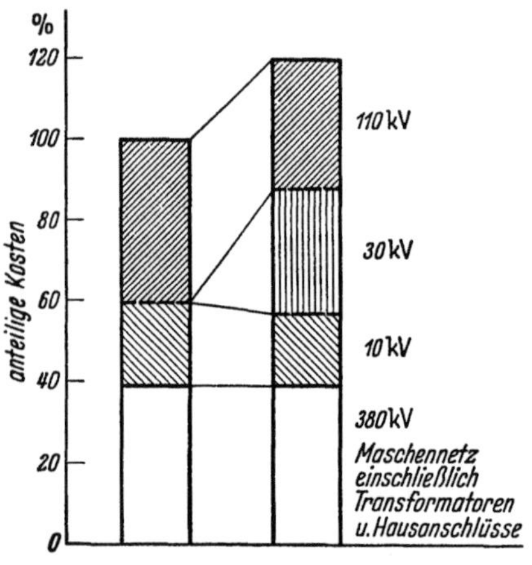

Abb. 34. Anteilige Kosten bei 2- oder 3stufiger Versorgung (Großstadt)
(Nach Siemens-Jubiläumsschrift (1953); Die Entwicklung der Starkstromtechnik, S. 176. Vgl. SCHULZE, Aktuelle Probleme der Energieübertragung und -verteilung. Dtsch. Elektrotechnik 1957. H. 9, S. 413 ff.)

Für die ländliche Versorgung mit ihren großen Abständen zwischen den Abspannwerken ist die Spannung von 10 kV im allgemeinen zu gering. Um aber auch dort die Vorteile der 2stufigen Versorgung wahrnehmen zu können, empfiehlt sich eine Mittelspannung von 20 kV. Für die künftige Spannungsabstufung ergibt sich damit als anzustrebendes Ziel

in den Städten 0,4/10/110 kV,
auf dem Lande 0,4/20/110 kV.

Dieses Ziel kann natürlich nicht von heute auf morgen erreicht werden. Schon die Umstellung eines 5- oder 6 kV-Netzes auf 10 kV erfordert erhebliche Investitionen zum Austausch der vorhandenen Einrichtungen in den Umspannwerken und z. T auch im Leitungsnetz. Die Umstellungskosten für Freileitungen sind im allgemeinen nicht erheblich.

Nur wenige 5- oder 6 kV-Kabelnetze sind jedoch in einem Zustand, der eine Umstellung auf 10 kV ohne Austausch großer Kabelstrecken gestattet. Untersuchungen über die Wirtschaftlichkeit einer Umstellung kommen bei den einzelnen E-Werken daher zu recht unterschiedlichen Ergebnissen. Das gilt erst recht für

---

[1] Vgl. SCHULZE, Aktuelle Probleme der Energieübertragung und -verteilung ETZ A 1958, H. 1, S. 21ff. BAX, Aktuelle Planungsprobleme großstädtischer Elektrizitätsversorgungsunternehmen. Elektrizitätswirtsch. 1958, H. 12, S. 359.

ausgedehnte 25- oder 30 kV-Netze, deren Ablösung durch 110 kV-Verbindungen nur so möglich ist, daß man die 110/10 kV Versorgungsbereiche allmählich in die bisherige Netzstruktur hineinwachsen läßt. Dabei werden Übertragungen von 40 MVA über rd. 10 km mit 110 kV schon als wirtschaftlich angesehen[1].

Solche Umstellungen erfordern einen völligen Umbau der „Netzarchitektur". Sie sind deshalb nur im Rahmen einer langfristigen Planung durchführbar. Ist aber die Notwendigkeit des Umbaus eindeutig erkannt, so lassen sich die zu erwartenden Vorteile nur erreichen, wenn für die „sterbenden" Spannungsebenen keinerlei Mittel für neue Betriebsanlagen mehr bewilligt werden.

Strahlen-, Ring- oder Gruppennetze. Für den Aufbau der Netze stehen verschiedene Grundformen zur Verfügung. Zweckmäßigerweise wird in Gebieten ähnlicher Verbrauchsdichte die gleiche Grundform oder eine Variante hiervon der gesamten Netzstruktur einer Spannungsebene zugrunde gelegt.

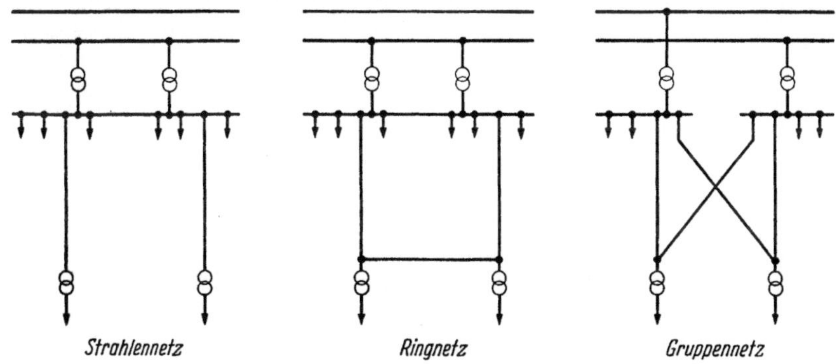

Abb. 35. Schematische Darstellung typischer Netzformen

Jeder dieser Netzformen ist eine Reihe von Vor- oder Nachteilen eigen, deren Ausmaß fallweise verschieden ist und die im Einzelfalle auch eine unterschiedliche Bewertung erfahren können.

In Netzen ohne Stützpunkt[2] sind aus Gründen der Kurzschlußbeanspruchung große Querschnitte über die ganze Leitungslänge erforderlich. Bei der Verteilung über Stützpunkte genügen vom Stützpunkt ab kleinere Querschnitte. Die Speiseleitungen für die Stützpunkte sollen von Einschleifungen der Netz- oder Abnehmerstationen freigehalten werden. Stützpunktnetze sind Netzerweiterungen gegenüber zwar elastisch, da sie eine enge Anpassung der Auslegung an die Abnahmeleistung erlauben, sie erfordern aber eine selektive Schutzstaffelung und einen größeren Aufwand für Betriebsüberwachung.

Stützpunktnetze mit gestaffelten Querschnitten empfehlen sich für Mittelspannung nur dort, wo die zu erwartende Verbrauchsdichte so gering ist, daß es eindeutig unwirtschaftlich erscheint, Ring- oder Gruppennetze zu betreiben. In den meisten Fällen sind Netze ohne Querschnittsstaffelung vorzuziehen. Bei noch ungenügender Belastung kann die Verteilerschiene eines neuen Abspannwerkes zunächst über Mittelspannung von einem Nachbarwerk versorgt

---

[1] Vgl. BAX a. a. O.
[2] Abzweigstationen zur Weiterverteilung auf gleicher Spannungsebene.

Bewertungsbeispiel: Ermittlung der günstigsten Form von Mittelspannungsnetzen[1]

Netzform	Versorgungs-sicherheit	Schalter-beanspruchung	Spannungshaltung		Leitungs-verluste	Schutz-einrichtungen	Material-aufwand	Anlage-kosten	Gesamt-bewertungs-faktor
			normal	im Störungsfall					
Ringnetz	$2\cdot2=4$	$1\cdot1=1$	$1\cdot1=1$	$2\cdot1=2$	$1\cdot1=1$	$1{,}33\cdot1=1{,}33$	$1{,}33\cdot2=2{,}66$	$1{,}33\cdot2=2{,}68$	15,65
Gruppennetz	$3\cdot2=6$	$1\cdot1=1$	$1{,}4\cdot1=1{,}4$	$2\cdot1=2$	$1{,}2\cdot1=1{,}2$	$1{,}2\cdot1=1{,}2$	$1\cdot2=2$	$1\cdot2=2$	16,6
Strahlennetz	$1\cdot2=2$	$1\cdot1=1$	$1{,}2\cdot1=1{,}2$	$1\cdot1=1$	$1{,}55\cdot1=1{,}55$	$1\cdot1=1$	$1{,}4\cdot2=2{,}8$	$1{,}8\cdot2=3{,}6$	14,15
Wertschätzungs-faktor	2	1	1	1	1	1	2	2	

[1] Nach H. Schulze, Aktuelle Probleme der Energieübertragung und -verteilung Deutsche Elektrotechnik 9/1957, S. 413 ff.

werden, bis sich der Einbau des oder der Trafos für das neue Abspannwerk lohnt. Man gewinnt so eine klarere Netzstruktur. Die Nachteile örtlicher Stützpunkte ohne eigene Trafoeinspeisung hat man nur vorübergehend zu tragen.

Die Entscheidung für die eine oder andere Netzgestaltung richtet sich wesentlich nach 'der jeweiligen Verbrauchsstruktur, insbesondere der Stromverbrauchsdichte. In Landgebieten stellen sich in der Regel Strahlennetze, in Stadtgebieten Ring- oder Gruppennetze als zweckmäßiger heraus. Grundsätzlich gehen die Bemühungen in den letzten Jahren immer stärker dahin, kostspielige Hochspannungsschalter einzusparen und das Netz im Hinblick auf die Personalkosten so zu gliedern, daß einfach Fern- und Selbststeuerung für die Bedienung der Anlagen angewendet werden kann.

Leistungsgrenzen. Die Größe der Transformatoren für die Abspannung von 110 kV auf 10 oder 20 kV richtet sich nach dem örtlichen Bedarf. Bei zahlreichen E-Werken scheint sich eine Bevorzugung der Nennleistungen 25 MVA und für Großabspannwerke 40 MVA anzubahnen. Für die Abspannung von 220 auf 110 kV sind z. Z. 100 MVA-Einheiten mit einem Regelbereich von $\pm11\%$ bis $\pm22\%$, vielfach als Wandertransformator, üblich. Der Bau von bahntransportfähigen 250 MVA-Einheiten wird technisch für möglich gehalten. Für die Abspannung von 380 kV hat man sich mit Rücksicht auf die natürliche Leistung der 380 kV-Bündelleitungen in Deutschland auf 400/231 kV-Trafos von rd. 330 MVA ($^1/_4$ natürliche Leistung) und 400/115 kV-Trafos von rd. 660 MVA ($^1/_2$ natürliche Leistung) geeinigt ($\pm18\%$ Regelbereich, bahntransportfähige Einphaseneinheiten).

Die Wahl der Spannungen im Bereich 110 kV und darüber richtet sich nach der erforderlichen Übertragungsleistung- und -entfernung. Die spezifischen Baukosten sinken mit höheren Spannungen. Bei der Schwierigkeit, von den Planungsbehörden Raum für neue Trassen freigestellt zu bekommen, verdient Beachtung, daß die Übertragungsleistung je m Trassenbreite mit höherer Spannung überproportional ansteigt.

Leistungsfähigkeit und Kosten von Doppelleitungen 110 kV und darüber[1]

kV	Beseilung je Phase mm	Natürliche Leistung MW	Kosten im Vergl. zu 110 kV Leitung $\left(\dfrac{DM}{MW \cdot km}\right)$ %	Übertragungs- leistung je Trassenbreite MW/m
110	123/21	70	100	2,5
220 a)	184/32	220	43	7
b)	210/50 (Bündelleitg.)	330	36	8,5
380	240/40 (Bündelleitg.)	1200	17	18

Vergegenwärtigt man sich, daß eine 110 kV-Leitung für 60 MW schon eine Trasse von 38 m Breite benötigt, während eine 380 kV-Leitung auf 66 m breiter Trasse 1200 MW transportieren kann, so wird verständlich, daß schon aus diesen Gründen ab 800 MW praktisch nur noch eine Übertragung mit 380 kV in Frage kommt[2].

Mit der Nennspannung 380 kV scheint für Hochspannungsübertragungen z. Z. die Höchstgrenze für Benutzung von Drehstrom erreicht. Schon bei dieser Spannung wird die Umgebungsluft elektrostatisch so beansprucht, daß Glimm- und Sprüherscheinungen mit entsprechenden unerwünschten „Korona"-Verlusten auftreten. Glatte Leiter-Oberflächen und deren Vergrößerung durch Wahl von Hohlseilen oder von Bündelleitern bessern die Erscheinungen. Selbst dann sind die Entladungen noch so stark, daß der Fernmeldeverkehr gestört wird, wenn die Übertragungskabel weniger als 300 m entfernt sind und mehr als 4 km weit parallel geführt werden[3].

Gleichstromübertragung. Für Übertragungen oberhalb der 380 kV-Ebene ist es erforderlich, auf Gleichstrom überzugehen. Da den geringen Leitungsverlusten der Gleichstromhochspannungsübertragung bislang jedoch noch sehr hohe Stationskosten (Gleich- und Wechselrichter!) gegenüber stehen, lohnt sich eine Gleichspannungsübertragung nur über Entfernung von etwa 400 km an (Ausnahme Kabelverbindungen). Bei den im engen Bereich der Bundesrepublik für die Höchstspannungsübertragung gegebenen Stationsabständen von 100—250 km ist für eine Gleichstromübertragung daher kein Raum[4], wohl aber könnten internationale Ausgleichsverbindungen zur Erschließung örtlich gebundener Rohenergie zu Gleichstromhochspannungsübertragungen führen. Dies gilt vor allem auch dann, wenn Meeresarme zu durchqueren sind, die die Verwendung von Kabeln erfordern.

Stabilität. Im Gegensatz zur Mittelspannung verlangt die Wahl der Querschnitte für Hochspannungsübertragungsleitungen eine genaue Untersuchung der jeweiligen Stabilitätsverhältnisse. Die Stabilität läßt Grenzübertragungsleistungen zu, die sich etwa proportional mit dem Quadrat der Netzspannung und umgekehrt proportional mit dem Blindwiderstand zwischen Leitungseingang und -ausgang ändern.

---

[1] Zahlen nach BOLL u. FLEISCHER, Die Übertragungsspannung im Deutschen Verbundnetz. ETZ A 1955, H. 1, S. 10 ff., bes. S. 12.

[2] Vgl. GLOYER, Moderner Leitungsbau, Deutsche Wirtschaft im Querschnitt, Beilage zu „Der Volkswirt" Nr. 36 vom 3. 9. 1957, S. 28 ff.

[3] BRÜDERLIN, Die Übertragungsfähigkeit von Höchstspannungsleitungen, Praktische Energiekunde, 1955, H. 2, S. 141 ff.

[4] FLEISCHER, Grenzleistungsfragen bei der zukünftigen Entwicklung der Elektrizitätsversorgung, ETZ A 1955, H. 20, S. 722 ff.

Bei Hochspannungsübertragungen über geringe Entfernungen liegt die dynamische Stabilitätsgrenze in der Regel weit über der dem günstigsten Querschnitt entsprechenden Leistung. So könnten beispielsweise bei normalen Übertragungsbedingungen mit 220 kV — bei mindestens 2 parallelen Stromkreisen — bis 250 km je System 290 bis 350 MW ohne Gefahr für die Stabilität übertragen werden, während die dem günstigsten Querschnitt entsprechende Leistung etwa bei 175 MW liegt. Mit steigender Entfernung erniedrigen sich die Stabilitätsgrenzen jedoch so schnell, daß mit 220 kV (mindestens 2 parallele Stromkreise) über 500 km beispielsweise nur noch 95—115 MW je System gefahrlos transportiert werden können. Ein Übergang auf 380 kV würde in diesem Falle die Stabilitätsgrenze auf 340—400 MW je System erhöhen.

Aus diesem begrenzenden Einfluß der Stabilität ergibt sich, daß ein Leistungsanstieg auf langen Leitungen eher als auf kürzeren Leitungen einen Übergang zu höheren Spannungen notwendig macht. Da sich die dynamische Stabilität mit zunehmender Zahl der parallelen Stromkreise erhöht, ist bei größeren Entfernungen eine höhere Zahl paralleler Strecken als bei kleineren Entfernungen wirtschaftlich gerechtfertigt[1].

Spannung und Blindlast. Der zweckmäßigste Weg, den sich aus den Stabilitätsgrenzen ergebenden Gefahren oder den wirtschaftlichen Belastungen durch Wahl ungünstiger Querschnitte und zu hoher Spannungen zu entgehen, ist die systematische Verbesserung der Blindlastverhältnisse. Typische Mittel hierfür sind:

Verwendung von Bündelleitern (2er Bündel senkt Blindwiderstand bei 380 kV-Leitungen um 22%, 4er Bündel um 35%),
Einsatz von Kondensatoren,
Verbesserung der Spannungshaltung durch günstigere Spannungsregelung der Maschinen,
Spannungsstützung mittels im Zuge der Leitung angreifender Blindleistungsmaschinen,
verkürzte Relais- und Schalterzeiten,
selbsttätige Wiedereinschaltung[2].

Die verstärkten Bemühungen um eine bessere Beherrschung der Spannungs- und Blindleistungsprobleme in den Netzen von 110 kV und darüber sind nicht ohne Rückwirkungen auf die Mittelspannungsnetze geblieben. Die Notwendigkeit, bei der Zusammenarbeit mit Fernübertragungsnetzen für den Bezug einen $\cos\varphi$ von 1 anzustreben, hat dazu geführt, strenge Fahrpläne für Spannungshaltung und Blindlast aufzustellen. Die Regelung erfolgt heute durchweg komplex mittels der Abspanntransformatoren Hoch- auf Mittelspannung und entsprechendem Einsatz der Kondensatoren sowie der Blindstromerzeugung der Maschinen. Das Hochspannungsnetz wird dabei möglichst konstant mit hoher Spannung betrieben und nicht mehr wie früher üblich, zugunsten der Mittelspannung und unter Inkaufnahme hoher Blindstrombezüge „abgeregelt".

Die Tendenz geht auf Grund der aufgezeigten Entwicklung dahin, die Mittelspannungsnetze mit ihren anhängenden Niederspannungsnetzen „blindleistungsautark" zu machen. Erheblichen Anteil am Blindleistungsbedarf dieser Netze haben die Transformatoren (Magnetisierungsleistung). Da in manchen Netzen von

---

[1] Vgl. CAHEN, Die wirtschaftlichen und technischen Aussichten der elektrischen Energieübertragung mit Höchstspannungen, ETZ A 1955, H. 1, S. 17ff.

[2] Vgl. RATHSMANN, Neuzeitliche Verfahren zur Senkung der Kosten von Grenzkraftübertragungen ETZ A 1955, H. 1, S. 13ff.

der 110 kV-Ebene aus noch 3mal, stellenweise sogar 4mal umgespannt wird und der Gleichzeitigkeitsfaktor der Spitzenbelastung der einzelnen Transformatoren oft nur klein ist, liegen die Gesamttrafoleistungen einzelner E-Werke auf dem 4- bis 5fachen der Netzspitzenleistung, bei Überlandwerken manchmal sogar noch höher. Bei einer durchschnittlichen Leer-Blindlast der Transformatoren von 4% und einem $\cos\varphi = 0,85$ bei den Abnehmern ergibt sich beispielsweise ein Trafo-Blindlastbedarf von rd. 20% der Spitzenlast. Da die Mittelspannungsleitungen mit einem Blindwiderstand von $0,4\,\Omega/\mathrm{km}$ angesetzt werden können, ist ein Gesamtblindleistungsbedarf ab 110 kV von rd. 35—40% der Spitzenlast nicht ungewöhnlich[1].

In manchen Stadtnetzen ergibt sich ein örtlicher Blindlastüberschuß im 110 kV-Netz aus der Kapazität der 110 kV-Kabelstrecken (Faustformel für 110 kV-Kabel: rd. 1 MVAr/km). Im allgemeinen müssen aber Kompensationseinrichtungen vorgesehen werden. Entsprechende Kondensatoren (Verluste rd. $0,3\%\,N_n$) werden möglichst dezentral eingebaut, um unnötige Blindlasttransporte zu unterbinden. In der Praxis werden dabei die Sonderabnehmer nach Möglichkeit durch entsprechende Tarifgestaltung zum Einbau von Kondensatoren in ihrer Anlage angeregt. Die Steuerung übernehmen dann die Konsumenten entsprechend ihrem Blindlastbedarf. Die Elektrizitätswerke sehen Kompensationseinrichtungen an den Netzknotenpunkten vor. Die Spannungs- und Blindleistungsfahrpläne lassen eine Fernsteuerung der Kompensationseinrichtungen von zentraler Stelle aus erwünscht erscheinen, weshalb ihr Einbau in Stadtnetzen zweckmäßigerweise in den Abspannwerken selbst erfolgt, wobei man den Nachteil in Kauf nimmt, daß auf diese Weise die abgehenden Mittelspannungsleitungen keine volle Blindstromentlastung erfahren. Nur bei längeren Mittelspannungsleitungen in den ländlichen Netzen ist ein Einbau in die Niederspannungsstation empfehlenswert. Die Steuerung erfolgt dann durch Schaltuhren.

Reihenkondensatoren, d. h. Kondensatoren, deren Kapazität mit der Leitungsinduktivität in Reihe liegt, wirken zwar nicht stark auf die Verbesserung des Leistungsfaktors, werden jedoch aus Gründen der Spannungshaltung gelegentlich für lange Leitungen auch in Mittelspannungsnetzen eingesetzt, vor allem für Verbraucher an Leitungsausläufern.

Gegenüber der Verwendung von Reihenkondensatoren zur günstigeren Gestaltung des Leistungsflusses auf parallelen Strecken erscheint in Mittelspannungsnetzen Vorsicht geboten. Sehr oft wird damit nur eine fehlerhafte Netzstruktur zu korrigieren versucht. Ein Netzumbau zur Gewinnung einer einwandfreien Netzstruktur ist auf lange Sicht meist vorteilhafter als die künstlich erzwungene Steuerung unerwünschter Lastflüsse.

Kurzschlußleistung und Leistungsfähigkeit der Schalter. Alle Anlagen und Geräte in einem Netz müssen so bemessen sein, daß auch die höchste an ihnen auftretende Kurzschlußleistung keine betriebsstörenden Schäden zur Folge hat.

Um die Aufwendungen für die Anlagen und Geräte nicht ins Uferlose wachsen zu lassen, ist die Begrenzung der möglichen Kurzschlußleistung eines der wichtigsten Probleme.

---

[1] Vgl. POSSNER u. ZIMMERMANN, Kompensation in Mittelspannungsnetzen, ETZ A 1955, H. 18, S. 635ff.

Schwierigkeiten bereitet bei zu hoher Kurzschlußleistung vor allem die Abschaltung der großen Ströme. In der Praxis wird daher die höchstzulässige Kurzschlußleistung von der Leistungsfähigkeit der Schalter bestimmt.

Während im Laufe der Entwicklung der Elektrizitätswirtschaft die max. Übertragungsspannungen etwa linear und der Stromverbrauch etwa quadratisch mit der Zeit angestiegen sind, haben sich die max. Kurzschlußleistungen etwa mit der 4. Potenz erhöht. Ursächlich hierfür waren vor allem die Erhöhungen der Kraftwerksleistungen und die Verbindung und Vermaschung der Netze[1].

Da die Ausweitung der Netze Mitte der Zwanziger Jahre schneller fortschritt, als die Leistungsfähigkeit der Schaltgeräte, begann man damals, durch zahlreiche Ölschalterexplosionen aufgerüttelt, die Kurzschlußströme durch Drosselspulen und Netzaufteilungen in beherrschbaren Grenzen zu halten. Inzwischen scheint sich die obere Begrenzung der Kurzschlußleistungen auf Einheitswerte einzuspielen:

bei	auf rd.	
6 kV	600 MVA	
10 kV	800 MVA	
30 kV	1000 MVA	
110 kV	2500 MVA	in Schwerpunkten 4000 MVA
220 kV	8000 MVA	
380 kV	12000 MVA	

Es zeichnen sich aber auch schon Bestrebungen ab, bei 220 kV bis auf 11000 MVA und bei 380 kV bis auf 20000 MVA zu gehen.

Durch den notwendigen Netzausbau infolge des Verbrauchsanstiegs wird die Aufgabe der Begrenzung der Kurzschlußleistung immer wieder aufs Neue gestellt. Die Strombegrenzung durch Drosselspulen ist kostspielig und bringt neben dem Nachteil eines höheren Raumbedarfs in den Anlagen eine zusätzliche Störungsquelle in das Netz. Man vermeidet sie deshalb nach Möglichkeit und schafft lieber kleinere, sinngemäß aufgetrennte Netze, die nur mehr oder weniger lose miteinander gekuppelt sind. Vielfach wird auch nur in der höheren Spannungsebene gekuppelt. Auf diese Weise lassen sich bei 10 kV Begrenzungen von 200 MVA, bei 30 kV von 400 MVA sicherstellen.

Die Begrenzung der Kurzschlußleistung ist auch von Interesse, weil die Preise der Schalter mit der Höhe der verlangten Abschaltleistung stärker als mit der Spannung ansteigen.

Da aus Gründen der Rationalisierung der Schalterherstellung Schaltgeräte nur in bestimmten Abstufungen der zulässigen Kurzschlußleistung serienmäßig hergestellt werden, bedeutet eine Überschreitung der jeweiligen Kurzschlußleistung immer eine erhebliche Investitionsmehrbelastung, zumal dann durchweg gleich mehrere Schalter ausgewechselt werden müssen.

Eine gewisse Erleichterung bietet sich z. Z. und in den nächsten Jahren im Mittelspannungsnetz allerdings dadurch, daß die bisherige DIN-Reihe mit der Abstufung 100, 200, 400, 600 MVA für die Kurzschlußleistung an die IEC-Reihe, 100, 250, 500, 750 MVA angepaßt wird. Die bisherigen Anlagen mit Schaltern für 200, 400 und 600 MVA können also in ihrer Kurzschlußfestigkeit auch

---

[1] Vgl. BIERMANNS, Grenzleistungen von Schaltern, Schaltanlagen und Leistungsnetzen, ETZ A 1955, H. 20, S. 728ff.

um den verhältnismäßig kleinen Schritt von 25% durch Umrüstung vergrößert werden[1].

Um die mit Rücksicht auf die Kurzschlußleistungen hohen Schalterkosten in Grenzen zu halten, empfiehlt es sich, durch Netzmodelluntersuchungen die an den verschiedenen Punkten des Netzes möglichen Kurzschlußströme rechtzeitig vorherzubestimmen. Für Unternehmen ohne eigenes Netzmodell steht hierfür die „Studiengesellschaft für Höchstspannungsanlagen" mit ihren Einrichtungen zur Verfügung. Ergänzend kann durch sorgfältige Analyse der Störungsberichte und der Störungsstatistik festgestellt werden, wo im Netz häufiger die Grenzen der Kurzschlußfestigkeit erreicht werden.

Das kostensparende Verfahren, im gleichen Netz je nach Lage Schalter verschiedener Leistungsfestigkeit einzubauen, ist angesichts der Möglichkeit verschiedener Einspeisungen oder komplexer Schaltungen gefährlich und sollte nur mit Vorsicht angewendet werden.

In den Netz- und Konsumentenstationen übersteigen die Kurzschlußleistungen normalerweise 200 MVA nicht. Hier verwendet man vielfach statt der Leistungsschalter sogenannte Lasttrenner, denen für die Kurzschlußabschaltung Hochleistungssicherungen vorgeschaltet werden. In Netzen mit geringeren Anforderungen an die Versorgungssicherheit wird vereinzelt auf eine hochspannseitige Abschaltung unmittelbar vor dem Niederspannungstrafo verzichtet. Daß dann bei einer Störung im Transformator einzelne Mittelspannungsversorgungsstränge abgeschaltet werden, nimmt man in Kauf, weil in gut geplanten Netzen Fehler an Transformatoren äußerst selten vorkommen.

In Mittelspannungsverteilungsanlagen werden bis 1000 MVA erreicht. Im Gegensatz zu USA und England werden in Deutschland Ölkesselschalter für Mittelspannung nur noch in gekapselten oder explosionsgeschützten Anlagen eingebaut. Sie sind von ölarmen oder von Leistungs-Schaltern mit unbrennbarer Flüssigkeit und von öllosen Schaltern mit Druckluft und Hartgas weitgehend abgelöst worden. Es ist auch nicht damit zu rechnen, daß sich diese Entwicklung in Deutschland wieder umkehrt, da die hier verwendeten Schalter sich gegenüber den auftretenden Kurzschlußleistungen als betriebssicher erwiesen haben und dennoch nicht wesentlich teurer sind[2]. Bei dem hohen Stand der Herstellungs- und Prüftechnik von Leistungsschaltern mit ihren extrem kurzen Abschaltzeiten von 0,08—0,1 Sek. ist die Frage des Schaltprinzips nicht mehr von der großen Bedeutung wie dies in dem Jahrzehnt des Ringens um eine Bestlösung der Fall war.

Auf der 110 kV-Ebene lassen sich in bezug auf die Begrenzung der Kurzschlußleistung z. Z. zwei Entwicklungsrichtungen erkennen. Wo 110 kV bereits für die reine Weiterverteilung, also für Stromtransport jeweils nur in einer Richtung benutzt wird, lassen sich die Kurzschlußleistungen wie in der Mittelspannung durch aufgliedernde Netzgestaltung verhältnismäßig einfach unterhalb der 2500 MVA-Grenze halten. Wo hingegen der 110 kV-Ebene die Aufgabe des überregionalen Verbundbetriebes zufällt, kommt man vielfach auf Grund der steigen-

---

[1] Vgl. MAASS, Anpassung der Schaltleistungsstufen von Hochspannungsschaltern an internationale Normen. Elektrizitätswirtsch. 1958, H. 5, S. 101 ff.

[2] Vgl. FLECK u. MAASS, Schalter und Schaltungsanlagen für Mittelspannungsverteilung ETZ A 1955, H. 18, S. 664.

den Kraftwerkseinspeisungen und der zunehmenden Verdichtung des 110 kV-Netzes dieser Grenze inzwischen schon bedenklich nahe. Die betreffenden E-Werke stehen damit vor der Frage, welchen Weg sie künftig bei der Gestaltung ihres 110 kV-Netzes einzuschlagen gedenken. Hier muß der Verbundbetrieb auf eine höhere Spannungsebene verlagert, das 110 kV-Netz im Prinzip also zum Verteilernetz umgebaut werden, wodurch bei entsprechender Auftrennung die Kurzschlußleistungen unter die 2500 MVA-Grenze sinken. Sonst müssen die Anlagen auf eine mögliche Kurzschlußleistung von 4000 MVA umgerüstet werden.

Bei der Netzgestaltung auf jeder Spannungsebene ist die Zulassung höherer Kurzschlußleistungen mit entsprechendem Ausbau der Schaltgeräte und -anlagen der einfachste, wenn auch teuerste Weg. Manchmal läßt er sich allerdings nicht umgehen. Erfahrungsgemäß sind jedoch Investitionen für eine mit der Belastung fortschreitende Aufgliederung des Netzes und für sonstige Maßnahmen zur Begrenzung der Kurzschlußströme wie z. B. Wahl hoher Kurzschlußspannungen für Transformatoren und Maschinen, besser angelegt als für die Umrüstung der vorhandenen Schaltanlagen auf höhere Kurzschlußleistungen.

Kabel, Muffen, Endverschlüsse. Beim Transport von Strom über die Verbindungsleitungen macht das Spannungspotential der Leiter, sowohl das betriebsnormale als auch das im Falle von Schaltungen und Störungen überhöhte, besondere Vorkehrungen erforderlich, und zwar zum Schutz vor Zerstörungen durch Überschläge, sowie zum Schutz der Menschen, die der Transportstrecke nahe kommen können. Bei Kabeln steht für die Beherrschung des Spannungspotentials nur der kurze Abstand zwischen der Kabelseele und der Umhüllung zur Verfügung. Freileitungen sind gegeneinander durch die Luftstrecke isoliert, an den Befestigungsstellen mit Isolatoren aus Porzellan oder Glas.

Für Kabel bis 60 kV wird die Isolation vorwiegend durch eine Umhüllung der Seelen mit Papierwicklungen bewirkt, die mit einer zäh-

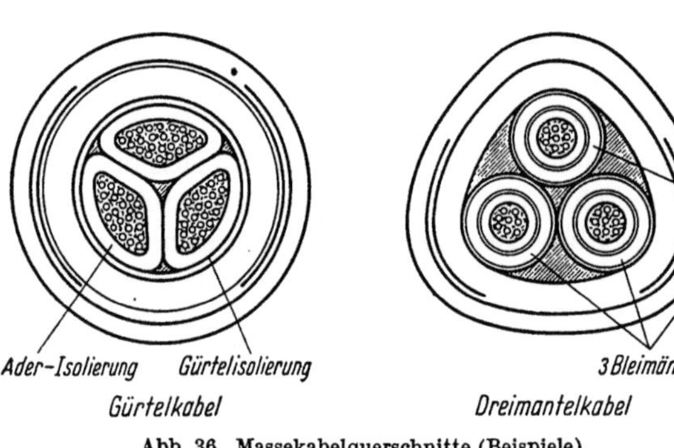

Abb. 36. Massekabelquerschnitte (Beispiele)

flüssigen Isolationsmasse getränkt sind. Derartige Massekabel werden, wie auch die meisten anderen Kabeltypen, als Einleiter- oder Dreileiterkabel hergestellt. In der Praxis werden jedoch zumeist Dreileiterkabel verwendet. Bei Mehrleiterkabeln haben die einzelnen Phasen zur Vermeidung unnötiger Zwischenräume oft sektorförmigen Querschnitt (Sektor- und Profilkabel).

Bei 10 kV werden als Mehrleiterkabel vorwiegend sogenannte Gürtelkabel verwendet, während von 10—20 kV wegen höherer Belastbarkeit und besserer dielektrischer Eigenschaften hauptsächlich Dreimantelkabel eingesetzt werden.

Die Biegefähigkeit derartiger Kabel wird durch die Papierlagewicklung sichergestellt. Die Durchschlagfestigkeit im Betrieb hängt vor allem davon ab, wie weit die Bildung von Hohlräumen im Dielektrikum (z. B. durch Erwärmung und Abkühlung) vermieden werden kann. Bei Befürchtung von Massewanderung auf Grund größerer Höhendifferenzen werden aus diesem Grunde bevorzugt Einleiter- oder Dreimantelkabel eingesetzt[1].

Die Mäntel der Kabel sollen die Kabelseele mit dem hygroskopischen Dielektrikum gegen Feuchtigkeit und Verformung schützen. Hauptsächlich finden nahtlose Bleimäntel Verwendung. Aber auch Aluminiummäntel setzen sich in den letzten Jahren stärker durch, nachdem gefügebeständige Materialien hierfür entwickelt wurden. Sie sind leichter, dreh- und zugfester sowie besser leitend als Bleimäntel. Stahlwellmäntel (unmagnetischer Stahl) mit Längs- oder Schraubenliniendraht sind in der öffentlichen Stromversorgung nur sehr vereinzelt verwendet worden.

Besondere Schwierigkeiten bereitet bei allen Metallkabelmänteln die Möglichkeit galvanischer Korrosion (z. B. durch vagabundierende Gleichströme bei Bahnnetzen). Stellenweise ist ein sog. „kathodischer Schutz" durch einen Schutzstrom längs des Mantels versucht worden, doch hat sich gezeigt, daß gerade bei den immer enger werdenden Kabelnetzen der Schutzstrom vielfach nicht die erwünschten Wege einhielt. Als zweckmäßigstes Schutzmittel hat sich bislang eine ausreichende Bitumenschicht auf dem Außenmantel erwiesen. Immerhin sollte jedoch tunlichst vermieden werden, in der Nähe von Metallmantelkabeln (das gleiche gilt auch für Erdungsanlagen, Mastfüße usw.) Blankkupfer in die Erde zu betten, damit nicht unnötig galvanische Ströme ausgelöst werden.

Bei der Aneinandermuffung von Massekabeln werden die Kabelmäntel über eine Innenmuffe verbunden, deren Zwischenraum zu den Außenmuffen, die auch den mechanischen Schutz der Kabelverbindung gegen innere und äußere Einflüsse übernehmen, mit sogenannter „schwarzer Masse" ausgegossen wird. Die Muffen verdienen insofern besonderes Interesse, als sie ein hohes Maß sorgfältigster Handarbeit verlangen. Da Fehler auf Grund falscher oder nachlässiger Muffenmontage u. U. erst lange nach der Inbetriebnahme auftreten, empfiehlt es sich, in die Originalnetzpläne bei der Eintragung neuer Kabelstrecken und Muffen Vermerke aufzunehmen, welche Arbeitskolonne die Muffe montiert hat. Nur so können im Laufe der Jahre durch regelmäßig zu wiederholende Schulung der Kabelmonteure Fehler ausgemerzt werden.

Eine periodische Schulung der Kabelmonteure, wofür sich vor allem die Winterzeit anbietet, ist im übrigen neben der Bereitstellung zweckmäßigster Hilfsmittel für die Kabelkolonnen (Bodenfräsen, Wasserhaltungspumpen, Montagewagen oder -anhänger usw.) nahezu die einzige Möglichkeit, die Arbeitszeiten für die Muffenmontage herabzudrücken. Bei dem Einfluß der Muffenmontagezeiten auf die Dauer der Stromunterbrechungen für die Kunden im Falle von Verlegungen, Neuanschlüssen oder Störungen erscheint der Aufwand für eine solche Schulung auf jeden Fall gerechtfertigt. Er wird meist durch die Einsparung an Arbeitszeit bereits weitgehend ausgeglichen.

Ähnliche Montageprobleme wie bei den Muffen ergeben sich bei den End-

---

[1] Vgl. hier und im folgenden: EISELT u. MÜLLER, Kabel und Garnituren für Verteilernetze. ETZ A 1955, H. 18, S. 658ff.

14*

verschlüssen. Sie müssen den inneren Überdruck bei Kurzschlüssen abfangen können und gegenüber den Massebewegungen im Kabel elastisch sein. Gewisse Erleichterungen haben sich für die Montage der Endverschlüsse bis 15 kV dadurch ergeben, daß hierfür Kleinendverschlüsse mit Kunststoffverschlüssen (statt Porzellan) zwischen Topf und Kabelschuh entwickelt worden sind.

In den unteren Bereichen der Mittelspannung sind in den letzten Jahren die neuentwickelten Kunststoffkabel trotz zunächst noch höherer Preise im Vordringen. Die Gummi- oder Kunststoffisolierung ihrer Kabelseele und der Kunststoffmantel sind bei der Vielfalt der Variationsmöglichkeiten dieser Materialien an die verschiedenen Betriebsbedingungen anpaßbar. Der wesentliche Vorteil der Kunststoffkabel liegt darin, daß sie einfach zu muffen sind (Gießharz) und keine Endverschlüsse benötigen. Nachdem das Problem der Muffung von Kunststoff- mit Metallmantelkabeln technisch gelöst ist, werden Kunststoffkabel wegen der Raumersparnis gern für die Einführungen in Stationen benutzt, auch wenn sie außerhalb der Stationen an andere Kabel angemufft werden müssen.

Im Spannungsbereich von etwa 40 kV aufwärts bevorzugt man einen Schutz des Kabeldielektrikums gegen Hohlraumbildung durch Verwendung von weniger festen Isolationsmedien als bei den Massekabeln.

In Ölkabeln (Einleiterkabel) wird Isolieröl unter einem Druck von rd. 0,5—2 atü verwendet, das durch Sperrmuffen an unerwünschter Wanderung gehindert wird. Volumenänderungen auf Grund von Temperaturschwankungen werden über Vorratsbehälter an den einzelnen Streckenabschnitten ausgeglichen.

Bei Druckgaskabeln (Einleiterkabel) wird in der Regel als Isolator Stickstoff unter einem Druck von rd. 15 atü verwendet. Sperrmuffen und Vorratsbehälter im Zuge der Strecke sind dabei nicht erforderlich. Druckänderungen auf Grund von Temperaturschwankungen werden an den Endverschlüssen von Öldruckausgleichsgefäßen aufgefangen.

Bei der Montage von Druckgaskabeln werden zunächst die Druckrohre verlegt und bis auf die Muffenstellen (500 m Abstand max.) zusammengeschweißt. Nach Dichtigkeitsprüfung der Rohre werden die Kabel durch die Muffenöffnungen eingezogen und fertigmontiert. Diese Montageweise bietet den Vorteil, die Rohre in einem Arbeitsgang in die Erde zu bringen und den Graben nach verhältnismäßig kurzer Zeit wieder zuwerfen zu können, während das Einziehen der Kabel zu einem beliebigen späteren Zeitpunkt erfolgen kann. In Großstadtgebieten ist insofern das Druckgaskabel dem Ölkabel überlegen. Sowohl bei Öl- als auch bei Druckgaskabeln dürfte künftig die Beifüllung radioaktiver Spurenelemente (Isotope) die Aufspürung von Undichtigkeiten wesentlich erleichtern.

Bei der Projektierung von Mittel- und Hochspannungskabelnetzen können bei der vergleichenden Wirtschaftlichkeitsberechnung für mehrere mögliche Varianten die Unterhaltungskosten vernachlässigt werden. Sie sind absolut außerordentlich niedrig und weisen trotz der technischen Verschiedenheiten der zur Verfügung stehenden Kabelarten relativ kaum Abweichungen auf. Auch die Spannungsabfälle der Kabel im Bereich der Mittel- und Hochspannung sind vernachlässigbar gering, da wegen der Stromwärmeverluste ausreichende Querschnitte gewählt werden müssen.

Aus den bekannten Verlustwerten der Kabel läßt sich leicht errechnen, auf welcher Spannungsebene eine bestimmte Leistung übertragen werden sollte[1]. So ergibt sich beispielsweise, daß eine Übertragung von rd. 60 MVA über drei 110-kV-Kabel von 185 mm² gegenüber einer Übertragung mit zwölf 30-kV-Kabeln von 400 mm² bei einer Benutzungsdauer von 4000 h eine Verlustersparnis von weit über 100000 kWh/a ergibt. Der kapitalisierte Wert der Verluste über einen längeren Zeitraum hinweg ergibt den Mehrbetrag, den man für die Kabel höherer Spannung maximal ausgeben könnte.

Die Spannungsbereiche, in denen bestimmte Leistungen über ein Kabel zweckmäßigerweise übertragen werden, ergeben sich aus solchen Rechnungen wie folgt:

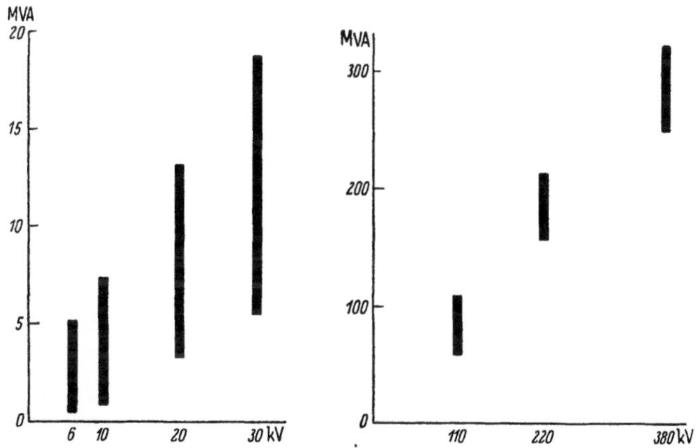

Abb. 37. Wirtschaftliche Übertragungsleistungen bei Kabeln verschiedener Spannungen. (Ein System)
(Nach DÖRFEL, Moderne Probleme der Starkstromkabeltechnik. Dtsch. Elektrotechnik 1957, H. 9, S. 433 ff.)

Die Rechnungen dürfen sich indessen nicht auf einen statischen Vergleich beschränken, sondern müssen über eine längeren Zeitraum die Kosten für Transporte steigender Leistung auf Grund der Verbrauchszunahme gegenüber stellen. An und für sich gilt das für alle derartigen Vergleichsrechnungen, doch kommt bei Kabeln die Besonderheit hinzu, daß sich bei späterer Parallelverlegung die Kosten progressiv erhöhen, wenn nicht andere Trassen gewählt werden können. Die gegenseitige Temperaturbeeinflussung der Kabel in einer Trasse macht nämlich besondere Aufwendungen erforderlich, z. B. Verlegung in Mindestabständen, Isoliersteine oder Kabelkanäle. Sonst werden die Kabel zu hohen Temperaturen ausgesetzt, so daß eine frühzeitige Alterung eintritt, andernfalls können sie nicht voll ausgelastet werden.

Die Kabeltemperatur als Belastungsgrenze. Bei Massekabeln sind im Dauerbetrieb bei einer Umgebungstemperatur von 20 °C nur Temperaturerhöhungen des Leiters bis auf 45 °C zulässig, bei Öl- und Druckkabeln liegt diese Grenze bei 70—80 °C. Aus diesem Grunde schon ist ihre Übertragungsfähigkeit bei gleichen Spannungen und Querschnitten rund um das 2fache höher als bei Massekabeln[2].

---

[1] Zur Methodik vgl. MUSIL, Wirtschaftlichkeitsrechnung bei der Erweiterung bestehender Verteilungsnetze. Sonderdruck der Tagungsberichte des Energiewirtschaftlichen Instituts, München: Oldenbourg 1955, S. 143 ff.

[2] Vgl. EISELT u. MÜLLER, a. a. O.

Über die zulässigen Kurzschlußgrenztemperaturen der Leiter gehen die Auffassungen in Europa z. Z. noch weit auseinander. Sie schwanken beispielsweise für Kabel bis 10 kV von 120 °C bis 200 °C, bis 30 kV von 100 °C bis 150 °C. Für Ölkabel allerdings ist man sich einig, daß schon mit Rücksicht auf den Flammpunkt der Öle (140—150 °C) Temperaturen von 100 °C nicht überschritten werden sollten[1,2].

Die thermische Wirkung des Kurzschlußstromes ist insofern besonders unangenehm, als sie wegen der Widerstandszunahme infolge der Leitererwärmung mehr als quadratisch anwächst.

Die gegenseitige Temperaturbeeinflussung der Kabel hängt vom Wärmewiderstand des Bodens ab. Feuchtes Erdreich ist am günstigsten, da es die Wärme am besten ableitet und so eine Wärmekonzentration in der Kabeltrasse verhindern hilft. Auf anfängliche Feuchtigkeit des Bodens ist jedoch in der Regel kein Verlaß, da die Wärmeentwicklung mehrerer Kabel ihn bald austrocknen kann.

In der Praxis ergibt sich aus der Temperaturgefährdung der Kabel die Folgerung, nicht mehr als etwa 10 Kabel in einer Trasse zu verlegen, falls nicht mit dauernder starker Bodenfeuchtigkeit gerechnet werden kann. Andernfalls ist der Bau eines Kabelkanals vorzuziehen, obgleich dabei — ähnlich bei Freiluftverlegung (auf Masten, an Brücken, in U-Bahnschächten) — ganz auf die Wärmeableitung über das Erdreich verzichtet wird. Des weiteren muß davor gewarnt werden, Kabel längere Zeit oder mit mehr als rd. 20% auch nur kurzzeitig zu überlasten. Im übrigen wird daraus klar, daß die betrieblichen Beobachtungen der jeweiligen Strombelastung von Kabeln nur dann sinnvoll sind, wenn sie durch entsprechende Temperaturmessungen oder zumindest -berechnungen ergänzt werden.

Kupfer- oder Aluminiumkabel. Ob Kupfer- oder Aluminiumkabel verlegt werden sollten, hängt letztlich von den jeweiligen Metallpreisnotierungen ab, da sich geringfügige Vor- oder Nachteile beider Kabelarten ungefähr die Waage halten. Bemerkenswert ist immerhin, daß die Aluminiumpreise in den letzten Jahren am Weltmarkt nicht so stark schwankten wie die Kupferpreise.

Der Streit Aluminium oder Kupfer hat auch wesentlich an Interesse verloren, seitdem es gelungen ist, das Problem der Muffung von Kupfer- mit Aluminium-Kabeln befriedigend zu lösen, so daß die Verwendung der einen oder anderen Kabelart nicht mehr zwingt, unbedingt bei der einmal gewählten Kabelart zu bleiben oder doppelte Lagerhaltung in Kauf zu nehmen.

Normquerschnitte für Kabel. Die Rationalisierung der Lagerhaltung für die Kabelnetze hat sich in den letzten Jahren auf die Wahl bestimmter Standardquerschnitte beschränken können. Dieses Problem konnte verhältnismäßig leicht gelöst werden, da die Wahl eines etwas zu großen Querschnittes in Kabelnetzen wegen der dann geringeren Stromwärmeverluste in den meisten Fällen kaum Wirtschaftlichkeitseinbußen nach sich zieht. Im Zuge dieser Überlegungen hat sich die Erkenntnis durchgesetzt, daß im Bereich der Mittelspannung für die meisten E-Werke zwei verschiedene Kabelquerschnitte ausreichen: ein stärkerer

---

[1] Vgl. Dörfel a. a. O.

[2] Vgl. Biermanns, Grenzleistungen von Schaltern, Schaltanlagen und Leitungsnetzen. ETZ A 1955, H. 20, S. 728ff.

für die Gebiete großer Verbrauchsdichte, ein schwächerer für die anderen. Allenfalls ist für die Einspeisung großer Stützpunkte noch ein dritter, größerer Querschnitt vonnöten. Als Normquerschnitte dienen dabei im Bereich der 5, 6 und 10-kV-Kabel

Cu		70	120 mm²
Al	95	120	185 mm²

Bei 30 kV-Kabeln werden die Querschnitte 120 mm² Cu und 185 mm² Al bevorzugt.

Freileitungsnetze. Bei der Auswahl der Betriebsmittel für Freileitungsnetze ist die auffallendste auch nach außen hin erkennbare Streitfrage die, welche Mastformen für die Netze als am günstigsten anzusprechen sind. Lediglich im Bereich der Hochspannung 110 kV und höher sind die Meinungsverschiedenheiten hierüber gering. Die sogenannten „Donaumastbilder", das sind Einschaftmasten mit Quertraversen beherrschen eindeutig das Feld. Sie werden hierzulande auch im Gegensatz zu den portal- und x-förmigen, zwei und vierfüßigen Konstruktionen des Auslandes als ästhetisch befriedigender angesehen.

Die Einschaftmasten für 110 kV und höhere Spannungen werden durchweg als Gittermasten gebaut, entweder mit Winkeleisen- oder mit Rohrprofilen, wobei die technischen und wirtschaftlichen Unterschiede zwischen den einzelnen Mastarten nicht so bedeutend erscheinen, daß sie grundsätzliche Diskussionen auslösen. Die Tendenzen gehen beim Bau derartiger Masten dahin, bei ausreichender Festigkeit möglichst leicht zu bauen und so zu konstruieren, daß die Montagekosten und vor allem die späteren Pflegekosten ein Minimum erreichen. Hier ist ein höherer Aufwand in der Anlage gerechtfertigt, wenn dafür die Betriebsausgaben niedriger liegen.

Im Bereich der Mittelspannung gingen die Meinungen über die Mastgestaltung, ob Holzmast, Gittermast, Stahlbetonmast oder Stahlrohrmast seit Jahren auseinander. Doch scheint sich auch hier eine Klärung anzubahnen.

Ein im Jahre 1955 angestellter Preisvergleich (Erstellungskosten) zwischen verschiedenen Mastarten zeigt eindeutig, daß die Anlagekosten von Netzen mit Holzmasten weitaus am niedrigsten, mit Gittermasten am höchsten sind, während Stahlrohr- und Stahlbetonmastausführungen etwa in der Mitte liegen.

Erstellungskosten verschiedener Mastarten
(Mittelspannung 15–20 kV, 140 m Spannweite, Preisstand 1955)[1]

		Holzmast 14×30	Stahlgittermast	Stahlrohrmast	Stahlbetonmast (Leiter in einer Ebene)
Gewicht (kg)		525	515	389	1325
Mastkosten (einschl. Traversen)	DM	235	500	395	285
Fracht- und Transportkosten	DM	13	20	13	53
Fundamentkosten	DM	—	245	80	—
Montagekosten	DM	45	150	70	200
Gesamtkosten	DM	293	915	558	538

---

[1] Vgl. WEIDLER, Mastformen für Mittelspannungsnetze, ETZ A 1955, H. 18, S. 650ff.

Tatsächlich sind in der Vergangenheit Mittelspannungsnetze vornehmlich in Holzmastausführung erstellt worden, zumal mit ihnen auch die heute für wirtschaftlich gehaltenen Spannweiten von etwa 160 m erreicht werden. Die Mastkopfbilder wurden verhältnismäßig einfach gehalten (keine Drehtraversen), da mit Abtrennen von Seilen auf Grund von Überschlägen bei Holzmasten kaum gerechnet werden braucht.

Ein Kostenvergleich unter Einbeziehung der Betriebskosten, wie z. B. für Nachpflege an Erdaustritt und Zopf bei Holzmasten, Rostschutz und Anstrich der Stahlrohr- und Gittermasten, ergibt jedoch ein für die Holzmaste nicht ganz so günstiges Bild:

Gesamtkostenvergleich verschiedener Mastarten
(130 m Spannweite, Leiter in einer Ebene)

	Holzmast 11 × 27	Stahlgitter-mast	Stahlrohr-mast	Stahlbetonmasten		
				mit schlaffer Armierung	vor-gespannt	vorgespannt mit Dreh-traverse und Hänge-isolierung
nach 30 Jahren (Index)	100	280	185	135	115	130
nach 60 Jahren (Index)	100	144	93	63	58	65

Die Abweichungen in den zugrunde liegenden technischen Daten gegenüber dem obengenannten Vergleich beeinträchtigen das Ergebnis nur unwesentlich. Auf Grund der geringeren Unterhaltungskosten sind die Betonmasten allen anderen Mastarten unter Berücksichtigung einer Lebensdauer von 60 Jahren wirtschaftlich eindeutig überlegen[1, 2].

Ob man die Lebensdauer von Freileitungen dabei richtig bewertet, erscheint allerdings fraglich, da sich die Netze infolge der Strukturveränderungen mit dem laufenden Verbrauchsanstieg stellenweise wesentlich schneller entwerten können. Eine durchschnittliche wirtschaftliche Lebensdauer zwischen 25 und 40 Jahren für die Maste in Freileitungsgebieten erscheint wirklichkeitsnäher. Für eine Lebensdauer von 30 Jahren ergibt die Untersuchung immerhin noch eine gewisse Überlegenheit der Holzmastnetze. Man kann daraus schließen, daß für die auf lange Sicht bleibenden Mastenstandorte Betonmaste, für die Mastenstandorte in Gebieten mit ungewöhnlich rasch wachsender Verbrauchsdichte jedoch Holzmaste wirtschaftlicher sind. Zahlreiche E-Werke in Landgebieten haben inzwischen daraus Folgerungen gezogen und rüsten nach und nach wesentliche Teile ihrer Netze außerhalb des Bereiches der Ortschaften auf Betonmasten oder auf die wirtschaftlich nahekommenden Stahlrohrmaste um. Stadtversorgende E-Werke hingegen behalten in ihren Randgebieten durchweg die Holzmastbauweise bei, da sie wegen des Wachsens der Städte besonders in den Randgebieten mit schneller Änderung der Netzstruktur rechnen müssen. Dies kann zu einer vorzeitigen Entwertung ihrer Freileitungsnetze durch vorzeitige Verkabelung führen.

Ursprüngliche Befürchtungen, die Hintereinanderschaltung von Leitungen auf Holz- und Betonmasten könne wegen der unterschiedlichen Isolation nach-

---

[1] Vgl. Schulze, Aktuelle Probleme der Energieüberwachung und -verteilung, Deutsche Elektrotechnik 1957 H. 9, S. 413ff.

[2] Vgl. Weidler a. a. O. S. 650ff.

teilige Wirkungen haben, sind durch die bisherigen Erfahrungen im großen und ganzen widerlegt worden[1,2].

Netzstationen. Die wirtschaftliche Überlegenheit der Holzmastbauweise zeigt sich selbst noch bei den Stationen. Die Erstellungskosten von Holzmaststationen (ohne Transformator von max. 315 kVA) liegen im allgemeinen nicht über DM 3000,—. Nachteilig ist bei ihnen allerdings neben der notwendigen Nachpflege der erhebliche Platzbedarf wegen der seitlichen Abstrebungen oder der Zugseile, mit denen insbesondere bei den häufigen Kopfstationen die einseitigen Leitungszugbeanspruchungen ausgeglichen werden müssen. Vorteilhaft hingegen ist die Möglichkeit, derartige Stationen verhältnismäßig leicht ohne großen Kostenaufwand versetzen zu können. Sie werden daher besonders gern für vorübergehende Versorgungsaufgaben in Freileitungsgebieten eingesetzt.

Für langfristige Versorgungsaufgaben werden Gitter- oder Betonmaststationen bevorzugt, deren Erstellungskosten (ohne Transformator von max. 315—400 kVA) im allgemeinen DM 6000,— nicht überschreiten. Es hat sich dabei durchgesetzt, gegebenenfalls erforderliche Hochspannungsschalter von unten bedienbar zu machen und andere Trennvorrichtungen nach Möglichkeit um 2 Maste vorzuverlegen, um Personalgefährdungen auszuschließen. Niederspannungsverteilerschränke werden durchweg so angebracht, daß sie vom Erdboden aus zugänglich sind.

Bei mehreren Hochspannungsschaltern an einer Netzstation ist der Bau einer festen Station am Erdboden vorteilhafter als eine Anbringung an Maststationen in Gitter- oder Betonmastbauweise, da sich nur ein geringfügiger Erstellungsmehrpreis ergibt[3]:

Mehrpreis gemauerter Station 12,0 × 2,0 × 7,0 m gegenüber Maststation
(Gittermaststation 2000 kg Spitzenzug)

Bei Kopfstationen rd. DM 2000,—
Bei Durchgangsstation mit 1 Schalter rd. DM 1000,—
Bei Durchgangstationen mit 2 Schaltern rd. DM 500,—

Für Mauerstationen sind inzwischen von den meisten E-Werken Normbauten entwickelt worden, die, ohne ihren technischen Zweck zu verleugnen, dem Schönheits-Empfinden selbst kritischer Beobachter nicht störend erscheinen.

Blechstationen. In vielen Netzen haben sich in den letzten Jahren statt der Mast- und Mauerstationen immer mehr Blechstationen durchgesetzt, die bis auf den Trafo vorgefertigt auf ein am Ausstellungsort schnell und unter geringen Kosten zu erstellendes Fundament gebracht werden können. Ihre Serienfertigung ermöglicht eine Verbilligung, wie sie bei gemauerten Stationen nie erreicht werden kann. Zur Zeit kosten Blechstationen etwa $^2/_3$—$^3/_4$ einer entsprechenden Mauerstation.

Die gebräuchlichsten Typen werden heute für max. 2×315 bis 2×500 kVA gefertigt, wobei entweder Bedienung von außen, meist durch hochklappbare Wandteile wettergeschützt, oder von innen vorgesehen wird. Beide Bauarten

---

[1] Vgl. WEIDLER a. a. O., S. 653.

[2] Vgl. KNOBLOCH, Entwicklung des Leitungsbaues in den Mittelspannungsnetzen. Elektrizitätswirtsch. 1955 H. 10, S. 328 ff.

[3] Vgl. SCHULDEI, Maststationen in der ländlichen Stromversorgung. (Mit Beiträgen von WEIDLER, BRAUN, SCHEVEN, MÄNNICH), Elektrizitätswirtsch. 1957, H. 18, S. 639 ff.

unterscheiden sich im Preise nicht erheblich, so daß die Entscheidung für die
eine oder andere Type von der Ansicht des E-Werkes abhängt, ob dem Schutz
des Personals vor Witterungsunbill oder dem Schutz vor möglichen Gefahren
bei Überschlägen innerhalb der Station der Vorrang gebührt. Ursprüngliche
Schwierigkeiten auf Grund von Schwitzwasserbildungen in den Blechstationen
sind heute durch ausreichende natürliche Belüftung und gegebenenfalls Zusatzheizung behoben.

Gegen Blechstationen wird gelegentlich vorgebracht, sie störten das Stadt-
und Landschaftsbild. Häufig entbehren diese Einwände nicht einer gewissen Berechtigung. Die wirtschaftlichen Notwendigkeiten einer sicheren Stromverteilung
lassen sich mit den Wünschen nach einem guten Städtebild meist jedoch verbinden, wenn unter geschickter Ausnützung der örtlichen Gegebenheiten die preiswerte Blechstation getarnt aufgestellt wird. Unter Benützung von Höfen, Vor-
gärten, versteckt in dem Buschwerk von Parkanlagen, läßt sich eine solche
Station meist leichter unterbringen und sieht dabei noch schöner aus, als ein dem
jeweiligen Zeitgeschmack unterworfener Steinbau.

Keller- und Unterpflasterstationen. Es wäre wünschenswert, daß die Städteplaner bei der heute so beliebten offenen Blockbauweise der Häuser von vornherein mit dem zuständigen E-Werk in Verbindung treten würden, um von Anfang
an die Kabeltrassen und Stationseinbauten vorzusehen. Sehr oft ist jedoch nicht
einmal der Platz für raumsparende Blech- oder Standardmauerstationen zu
finden. Es bleibt dann nur der Weg, teuere Kellerstationen einzurichten oder
sich den noch aufwendigeren Unterpflasterstationen zuzuwenden. Unterpflasterstationen haben allerdings den großen Vorteil, an die für die Niederspannungsverteilung günstigen Straßenecken sehr nahe herangebracht werden zu können.

Bislang sind in Deutschland Unterpflasterstationen noch nicht sehr häufig
eingerichtet worden, ihre Serienfertigung steht daher noch am Anfang. Versuche mit Unterpflasterstationen haben jedoch durchweg günstige Ergebnisse
gezeigt. Die Entwicklung wird daher mit großer Wahrscheinlichkeit dazu führen,
im Kern der größeren Städte zunehmend Unterpflasterstationen vorzusehen,
wobei man die Niederspannungsschaltanlage nach Möglichkeit in oberirdischen
Schränken unterbringen wird.

Für den Ausgang des Wettbewerbs Kellerstation-Unterpflasterstation wird
bedeutsam sein, welche Kosten E-Werke künftig für die Beschaffung privater
Kellerräume werden aufbringen müssen.

Immer seltener wird es gelingen, unter Hinweis auf die Duldungspflicht der
Kunden[1], derartige Kellerstationsräume ohne Entgelt zu erlangen. Die Mieten
für Kellerräume oder die für das E-Werk meist vorzuziehenden einmaligen Über-
lassungsentgelte werden im Laufe der Zeit immer höher werden. Kostenerhöhungen können sich aus wachsenden Prämien der Haftpflichtversicherer (Brandgefahr!) ergeben.

Beim Bau der Unterpflastergehäuse werden die E-Werke auf Erfahrungen der
Bundespost zurückgreifen können, die für ihre großen Unterpflaster-Telefon-
verteilerschächte Gehäuse aus Betonfertigteilen für verschiedene Oberflächen-
belastungen (Bürgersteig, Fahrbahn usw.) entwickelt hat.

---

[1] Gemäß AVB, Abschn. III/3.

Kapselanlagen. Der Zwang, die Mittelspannungs-Verteilungsanlagen immer raumsparender zu erstellen, und zuweilen in sehr ungünstigen Räumen einbauen zu müssen (Temperatur, Feuchtigkeit), hat zur zunehmenden Verwendung der ursprünglich für Chemie- und Industriebetriebe entwickelten sogenannten „gekapselten" Schaltanlagen geführt.

Die Raumersparnis bei der Kapselung von Schaltanlagen ergibt sich vor allem daraus, daß die Sicherheitsabstände möglichst knapp gehalten werden können. Bei Überschlägen werden Bedienungspersonal und benachbarte Anlageteile durch die Kapselung geschützt. Bei mehrzelligen Schaltanlagen werden Kostenerhöhungen dadurch in Grenzen gehalten, daß nur ein Schalter, gegebenenfalls für jede Sammelschienenreihe je ein Schalter, benötigt wird, der jeweils in die zu schaltende Zelle eingefahren wird.

Die Verwendung von Kapselanlagen bedeutet für jeden Netzbetrieb eines E-Werkes eine erhebliche Umstellung. Von den Jahrzehnte alten Vorstellungen, die einzelnen Anlageteile einer Schaltanlage müßten austauschbar, sichtbar (Beobachtung des Schaltvorganges, der Verschmutzung) und zugänglich (Revision, Reinigung) sein, muß man sich bis auf die von der Austauschbarkeit lösen.

Große Schwierigkeiten für eine weitere Verbreitung der Kapselanlagen ergaben sich anfänglich aus dem Typenwirrwarr. Inzwischen geht die Entwicklung dahin, die Feld- und Zellenbreiten und -tiefen zu normen, wobei eine Bauart mit schmalen, tiefen, sowie eine mit breiten und weniger tiefen Zellen angestrebt wird. Die Kurzschlußleistungen werden voraussichtlich entsprechend den Erfordernissen der Praxis bei 10 kV 250 MVA und bei 20 kV 500 MVA betragen. Die Relais und die Meßinstrumente mit ihren zugehörigen Klemmen, also der Niederspannungsteil jeder Zelle, wird von außen zugänglich sein. Zudem wird die Forderung der E-Werke nach Austauschbarkeit der Schaltwagen verschiedene Fabrikate zu berücksichtigen sein.

Der bisherigen Typenvielfalt der Kapselanlagen entsprechen vorläufig noch ihre verhältnismäßig hohe Preise. Für den Bau von Schaltanlagen ergibt sich damit folgendes Bild:

Kosten bei offenen und gekapselten Schaltanlagen

Kostenart	offen	gekapselt
Bau- und Fundamentskosten	hoch	niedrig
Schaltanlagekosten	niedrig	hoch
Montagekosten	hoch	niedrig

Je höher der allgemeine Baukostenindex ist, um so eher lohnt sich also die Verwendung einer gekapselten Anlage. Nach den bisherigen Erfahrungen werden im Bereich bis 20 kV und 400 MVA für Mittelspannungsanlagen, die über den Umfang einer normalen Netz- oder Konsumentenstation[1] hinausgehen, die Gesamtkosten gekapselter Anlagen bereits niedriger als die offener Anlagen[2].

Es steht zu erwarten, daß die Herstellerfirmen bemüht sein werden, durch

---

[1] 1 oder 2 Trafos mit Leistungstrennern, 2 Hochspannungskabelanschlüsse mit einfachen Trennern.

[2] Vgl. FLECK u. MAASS, Schalter und Schaltanlagen für Mittelspannungsverteilungen. ETZ A 1955, H. 18, S. 664 ff., bes. S. 671.

Typenbereinigung und Verbilligung den großen Markt der Netz- und Konsumentenstationen für gekapselte Anlagen stärker zu erschließen.

Standardbauweise der Gebäude- und Freiluftanlagen. Bei der offenen Bauweise von Mittelspannungsschaltanlagen haben sich in den letzten Jahren grundsätzliche Probleme kaum ergeben. Nach wie vor werden Anlagen der Reihen 10 und 20 kV durchweg in einstöckiger Bauweise ausgeführt. Bei Anlage der Reihe 30 kV ist eine Neigung zu beobachten, von der zweistöckigen ebenfalls zur einstöckigen Bauweise überzugehen. Besonderes Augenmerk wird bei allen Mittelspannungsanlagen darauf gelegt, bei Überschlägen ein Übergreifen auf andere Anlageteile zu verhindern. Dies kann durch entsprechende Zwischenwände, Lichtbogenschutzdecken und -schürzen und insbesondere durch Verminderung brandgefährdeter Materialien bei Kabeleinführungen, Wandlern usw. geschehen.

Bei Stationen, die über die Ausrüstung einer normalen Netz- oder Konsumentenstation hinausgehen, ergibt sich häufig die Frage, ob Sammelschienenauftrennung vorgesehen werden soll. Bei größeren Verteilerstationen kann sie erforderlich sein, um

verschiedenes Spannungsniveau zu halten,

verschiedene Sicherheitsgrade der Versorgung vorzusehen,

Eigen- und Fremdstromnetze zu trennen,

die Erdschlußsuche zu erleichtern.

Erfahrungsgemäß halten jedoch Forderungen nach Doppelsammelschienen in solchen Verteilungsanlagen im allgemeinen einer genauen Nachprüfung nicht stand. In den wenigen Fällen, die übrigbleiben, genügt zumeist eine Längstrennung der Sammelschiene[1].

Bemerkenswert ist die Tendenz zahlreicher E-Werke, auch für größere Abspannwerke Standardtypen zu entwickeln, um die jeweiligen Projektierungsarbeiten aus Gründen der Zeit- und Kostenersparnis auf ein Mindestmaß herabzudrücken. Insbesondere ergibt sich dabei die Möglichkeit, von den Angebotsfirmen für die gesamten schlüsselfertigen Anlagen vergleichbare Angebote einzuholen. Von nicht zu unterschätzendem Vorteil ist im übrigen, daß sich bei solchen Anlagen das Bedienungspersonal, das im Zuge der zunehmenden Fernbedienung und Automatisierung eine immer größere Anzahl solcher Werke zu betreuen hat, schneller und sicherer zurechtfindet. Die vorsorglich übereinstimmende Planung zunächst nebensächlich erscheinender Kleinigkeiten, wie beispielsweise der Anbringung der Lichtschalter, Erdungsgeräte und Leitungspläne, der Einbauorte der abzulesenden Relais, Fallklappen- und Meßinstrumente sowie der Plätze für die Telefone kann im Störungsfalle kostbare Minuten einsparen.

Die Neigung zu Standardanlagen hat bisher nur zu einheitlichen Lösungen innerhalb einzelner E-Werke geführt. Wünschenswert wäre jedoch nunmehr eine darüber hinausgehende allgemeine Vereinheitlichung, auch wenn dabei einzelne E-Werke auf spezielle Lösungen verzichten müssen. Der Mut hierzu ist leider bislang nur bei wenigen E-Werken zu beobachten.

Die Neigung, Standardprojekte auszuarbeiten, hat sich entsprechend auch für die Freiluftanlagen vielerorts eingebürgert. Bei Anlagen von 110 kV und

---

[1] Vgl. WARRELMANN, Möglichkeiten und Grenzen einer Typenbeschränkung blechgekapselter Mittelspannungsschaltanlagen. Elektrizitätswirtsch. 1958, H. 5, S. 120 ff.

darüber sind Doppelsammelschienen die Regel. Der Einbau einer dritten Schiene, die nur einen Leistungsschalter hat, und an die jeder Abzweig nur mit einem Trenner angehängt wird, hat sich als vorteilhaft erwiesen, um ohne Abschaltung der Abzweige an die einzelnen Schaltfelder (zur Reinigung, Schalterüberholung usw.) herankommen zu können.

Wirtschaftlicher Transformatoreneinsatz. Die für den laufenden Betrieb wichtigsten Anlageteile der meisten Stationen sind die Transformatoren. Es ist Aufgabe der Netzplanung, unter Berücksichtigung des Belastungsverlaufs vorausschauend dafür zu sorgen, daß rechtzeitig die geeigneten Transformatoren an den entsprechenden Stellen eingesetzt werden.

Sie hat im einzelnen den günstigen Ausgleich zwischen der Notwendigkeit, die Betriebsmittel möglichst wirtschaftlich auszunutzen und der höchstmöglichen Versorgungssicherheit sowie dem Schutz der Anlagen vor Überlastung oder vorzeitiger Alterung so rechtzeitig zu finden, daß überstürzte, meist kostspielige Maßnahmen nicht erforderlich werden.

Bei den Transformatoren besteht die Besonderheit, daß die Leerlaufverluste (Eisenverluste) praktisch lastunabhängig sind, spezifisch mit steigender Last also sinken, während die Kurzschlußverluste (Kupferverluste) mit dem Trafostrom etwa quadratisch ansteigen. Daraus ergibt sich, daß der wirtschaftlich günstige Dauerbetrieb in der Regel unterhalb der Nennlast liegt.

Berücksichtigt man, daß die meisten Transformatoren im Netz entsprechend der allgemeinen Charakteristik belastet werden, d. h. mit einer Benutzungsdauer von 4000 h bis herab zu etwa 2000 h, so erscheint eine optimale Fahrweise auch bei kurzfristigen Überschreitungen der Nennlast in der Spitzenzeit gewährleistet.

Da sich auch kurzzeitige Überhöhungen der Temperatur der Isolationswerkstoffe auf die Lebensdauer ungünstig auswirken, muß auf die Grenztemperaturen sorgfältig geachtet werden. Notfalls muß bei stärkerer Spitzenüberlastung für eine vorübergehende Beschleunigung des Kühlmittelumlaufs gesorgt werden. Gegebenenfalls ist die Temperatur des umgebenden Raumes zu kühlen.

So vorteilhaft die Fahrweise mit gelegentlich überhöhter Temperatur ist, sie erfordert eine Ölkontrolle im Abstand weniger Jahre, da das Trafoöl durch Beschleunigung der Oxydationsprozesse dabei schneller altert (Erhöhung der Säurezahl, Schlammbildung usw.). Gegenmittel, die eine Ölalterung hinauszögern können, wie luftdichter Abschluß durch Gaspolster, Zusatz von Inhibitoren sind noch nicht allgemein in Anwendung.

In der Praxis sind den Bestrebungen, die Transformatoren voll auszunutzen, dort Grenzen gesetzt, wo die Versorgungssicherheit verlangt, daß in dem seltenen Fall eines Transformatorenschadens keine Versorgungsunterbrechung auftritt.

Die Statistik zeigt, daß bei ausreichender Wartung Ausfälle von Netztransformatoren äußerst selten vorkommen. Die Wahrscheinlichkeit einer solchen Betriebsstörung in den wichtigsten Stunden der Jahresspitze ist außerordentlich gering. Stellt man aber so hohe Anforderungen an die Versorgungssicherheit, daß auch dieser Fall inbegriffen ist, so ist es immer noch wirtschaftlicher, durch Heranziehung der Nachbarstation im Störungsfalle zu helfen, als die Kosten einer übermäßigen Bestückung mit Transformatoren vorzuleisten.

Bei dem laufenden Verbrauchsanstieg lassen sich die optimalen Umspannergrößen für eine Station nur mit dynamischen Kostenvergleichen erfassen. Die anfallenden Kosten müssen bei verschiedenen Trafogrößen über einen längern Zeitraum (etwa 10 Jahre) einschließlich der späteren Auswechslungskosten unter entsprechender Umrechnung auf den Zeitwert verglichen werden.

Derartige Berechnungen ergeben, daß die Mehrkosten bei einem Betrieb, bei dem zunächst die Spitzenlast die Nennlast noch nicht erreicht, geringer sind als die möglichen Kosteneinsparungen durch Verlängerung der Zyklen für den Austausch gegen größere Transformatoren. Es empfiehlt sich also, die verschiedenen Nennleistungsstufen der Transformatoren in einem Netz eher zu groß als zu klein zu wählen[1].

Der optimale Zeitraum, in dem ein Ortsnetztrafo bis zum Austausch gegen einen Transformator größerer Nennleistung in einer Station bleiben kann, liegt in ländlichen Netzen im allgemeinen bei rd. 7 Jahren. In Städten ergeben sich durchweg kürzere Tauschzyklen, wenn nicht der Lastanstieg bei den einzelnen Stationen durch Auftrennung in kleinere zu versorgende Netze und Neubau von Stationen abgebremst wird[2].

Bedeutsame Verbesserungen im Transformatorenbau haben sich in den letzten Jahren durch die Verwendung kaltgewalzter Bleche ergeben. Das Kaltwalzen bewirkt günstige Materialstrukturen, die bei der Magnetisierung in Walzrichtung eine bessere Magnetisierbarkeit und geringere Ummagnetisierungsverluste zur Folge haben. Vergleichbare Transformatoren lassen sich heute somit verlustärmer, kleiner und leichter bauen.

Geräuschbelästigung. In zunehmendem Maße sind in letzter Zeit die von den Transformatoren ausgehenden Geräusche in der Nähe von Wohnsiedlungen, Bürogebäuden und Geschäftsräumen beanstandet worden. Das Ansteigen des allgemeinen Geräuschpegels in Siedlungsgebieten vor allem infolge des ansteigenden Verkehrs hat die Öffentlichkeit auf breiter Front empfindlicher gegen vermeidbare Geräusche werden lassen, vor allem wenn sich diese Geräusche in den sonst ruhigen Wohngegenden oder gar während der Nacht- und Sonntagsstunden bemerkbar machen. Seitens der Elektrizitätsversorgung wäre es falsch, sich diesen Klagen entgegenzustemmen. Es müssen also möglichst kostengünstige Mittel und Wege gefunden werden, die Geräuschbildung und -weiterleitung auf ein erträgliches Maß herabzumindern.

Da vor allem Frequenzen über 400 Hz als unangenehm empfunden werden, ist es zweckvoll, neben Richtung und Lautstärke auch die Frequenzen der Geräusche zu messen.

Für die Lüfter größerer Transformatoren sind geräuscharme Ausführungen entwickelt worden. Die Brummgeräusche der Transformatoren entstehen hauptsächlich durch Schwingungen der Bleche. Wenn es auch bislang noch nicht gelungen ist, praktisch geräuschfreie Transformatoren herzustellen, so dürfte es sich doch lohnen, der Konstruktion und dem Bau solcher Typen besondere Sorgfalt zu widmen. Bislang bemüht man sich, die entstehenden Geräusche örtlich zu beschränken. Zur Geräuschdämmung bei Innentransformatoren könnte man an eine völlige Isolierung von der Außenluft denken. Eine solche Lösung

---

[1] Vgl. HAGE, Die wirtschaftliche Reserveleistung von Ortsnetzumspannern. ETZ A 1958, H. 5, S. 153 ff.

[2] Vgl. KOHL, Die Bestimmung wirtschaftlicher Umspannergrößen unter Verwendung der dynamischen Kostenrechnung. Elektrizitätswirtsch. 1955, H. 19, S. 685.

verbietet sich jedoch aus Kostengründen. Ausreichende Abhilfe bringt indessen zumeist bereits eine schalltechnisch günstige Gestaltung der Fundamente, der Innenraumwände und der Luftschächte. Wo eben möglich, sollten darüber hinaus die Stationen mit Bäumen und großen Sträuchern umpflanzt werden. Die Erfahrungen haben gezeigt, daß dies gemessen am Effekt eine der wirtschaftlichsten Lösungen für die Geräuschdämmung ist.

Kostenentwicklung bei Verteilungsnetzen. Der gesamte Bereich der Gestaltung von Hoch- und Mittelspannungsanlagen weist so viele, in der Kostenauswirkung unterschiedliche Tendenzen auf, daß es nicht möglich ist, über die künftige Kostenentwicklung dieser Netze genaue allgemeinverbindliche Wertangaben zu machen. Viele der zu beobachtenden Entwicklungen werden sich auch künftig in ihrer Kostenauswirkung gegenseitig teilweise aufheben. So beispielsweise die Tendenzen, auf der einen Seite auf nicht unbedingt notwendig erscheinende Anlageteile und Geräte, wie z. B. Doppelsammelschiene oder Leistungsschalter, vielfach ganz zu verzichten, andererseits hingegen hochwertigeren Anlagen und Geräten den Vorzug zu geben, wie z. B. bei Netzschutzgeräten, bei Überwachungsinstrumenten, oder durch Einsatz von Funksprechfahrzeugen.

Immerhin läßt sich jedoch feststellen, daß mit großer Wahrscheinlichkeit der laufende Anstieg der Netzbelastung bei den Transformatoren und Stationen zu Kostendegressionen führen wird, da die Preise derartiger Anlagen mit der Leistung nicht im gleichen Maße ansteigen. Bei den Hoch- und Mittelspannungs-, Freileitungs- und Kabelnetzen ergeben sich kostensenkende Einflüsse daraus, daß die auf den Übertragungswert (MVA $\times$ km) bezogenen spezifischen Kosten bei höheren Spannungen niedriger liegen, und daß von dem gesamten Übertragungswert (MVA $\times$ km) in einem E-Werk der auf höheren Spannungsebenen zu übertragende Anteil wächst, da mit steigender Stromverbrauchsdichte die Versorgungsradien auf den unteren Spannungsebenen schrumpfen, die höheren Spannungen also immer näher an den Letztverbraucher heranrücken.

Diese Effekte konnten sich in den letzten Jahren bei vielen E-Werken bislang nur deshalb nicht auswirken, weil sie durch kostenverteuernde Nachholinvestitionen überdeckt wurden und weil sie auch bei den jeweils notwendigen Vorinvestitionen durch ungewöhnlich hohe Zinssätze zunichte gemacht wurden. Bei der Mehrzahl der E-Werke haben Neuinvestitionen auf Grund der steigenden Stromabgabe in der jüngsten Zeit kein Absinken, sondern sogar ein Ansteigen der spezifischen Netzkosten mit sich gebracht.

Mit Abschluß der Nachholinvestitionen und mit Normalisierung der Zinssätze kann jedoch nicht nur für die Transformatoren und Stationen, sondern besonders auch für die Mittel- und Hochspannungs-, Freileitungs- und Kabelnetze eine begrenzte Kostendegression erwartet werden[1]. Voraussetzung dafür ist allerdings, daß die empirische Bauweise mit ihrer erheblichen Anlagenreservebildung zum Auffangen möglicher Störungsfälle durch eine wirtschaftliche und wissenschaftliche Betriebsform und -planung ersetzt wird. Auf diesem Gebiete bleiben einer weitblickenden Geschäftsführung in zahlreichen Betrieben noch große Aufgaben.

---

[1] Cautius u. Petrus, Gestaltung städtischer Stromversorgungsnetze im Hinblick auf die künftige Entwicklung. ETZ A 1955, H. 18, S. 617 ff.

2. Niederspannungsverteilung

Die Probleme der Wirtschaftlichkeitsrechnung für die Gestaltung und Planung der Niederspannungsnetze liegen ähnlich wie bei der Mittel- und Hochspannung. Auch für Niederspannungsnetzkalkulationen werden zweckmäßigerweise die Kosten einschließlich der Verlustkosten über eine längeren Zeitraum hin auf den Arbeitsbeginn bezogen[1].

Bei der Anpassung der Niederspannungsnetze an den ständig steigenden Bedarf interessiert besonders immer wieder die Frage, ob für eine künftig zu bewältigende Transportleistung ein sofortiger Vollausbau oder ein stufenweiser Ausbau (geringerer Querschnitt sofort, später zusätzliche Leitungen) wirtschaftlicher ist. Ergibt sich, daß die zweite Ausbaustufe schon nach kurzer Zeit fällig wird, so ist der Direktausbau für die zu erwartende volle Leistung lohnender. Da dies in Kabelnetzen zumeist schon vor 10 Jahren erreicht wird, werden Niederspannungskabelnetze vorzugsweise gleich für die erwartete Endleistung ausgebaut. Bei Niederspannungsfreileitungsnetzen wurde wegen geringerer Anstiegsraten auf dem Lande eine Erweiterung auf die erwartete Endleistung früher meist erst nach einem Zeitraum zwischen 10 und 20 Jahren notwendig. Ein stufenweiser Ausbau konnte dort schon lohnender sein[2]. Angesichts der außerordentlichen Stromverbrauchsentwicklung ländlicher Gebiete in letzter Zeit werden sich jedoch die Verhältnisse voraussichtlich denen der Stadtnetze immer mehr anpassen.

Ein ähnliches Planungsproblem enthält die Frage, ob es in einem bestimmten Falle wirtschaftlich ist, eine neue Netzstation einzurichten, um Transporte aus der Niederspannungs- in die Mittelspannungsebene zu übernehmen. Vergleichskalkulationen zeigen, daß sich der Bau einer Netzstation um so eher lohnt, je höher die Stromgestehungskosten für das E-Werk sind, je größer die Benutzungsdauer ist und je größer die spezifischen Verluste sind.

Beispiel:[3]

Annahmen:

Umspannerleistung:	30% über Leistung der Niederspannungsstichleitung.
Verzinsung, Tilgung, Unterhaltung:	12%.
Kosten für Trafoleistung:	40 DM/kVA
Kosten für Station:	50 DM/kVA
Stromkosten (einschl. Leistungsanteil):	7—8 Pf./kWh

Länge der Niederspannungsleitung = Länge der Mittelspannungsleitung.

Spannungsabfall auf Vergleichs- Niederspannungs- leitung %	Benutzungsdauer (h), bei der ein Einsatz einer Maststation wirtschaftlicher als Transport über Niederspannungsleitung wird; bei Stromkosten von	
	7 Pf/kW	8 Pf/kW
5,0	4000 h	3750 h
7,5	3000 h	2700 h
10,0	2200 h	2100 h

[1] Vgl. Tuercke, Barwert der Stromverlustkosten bei jährlich ansteigender Belastung, Elektrizitätswirtsch. 1957, H. 16, S. 554.

[2] Vgl. Drobek, Wirtschaftliche Fragen bei der Neuplanung von Netzen für Siedlungen. Elektrizitätswirtsch. 1956, H. 5, S. 121 ff.

[3] Nach Weidler; zu Schuldei, Maststationen in der ländlichen Stromversorgung. (Mit Beiträgen von Weidler, Braun, Scheven, Männich). Elektrizitätswirtsch. 1957, H. 18 S. 639 ff.

Der mögliche Versorgungs-Radius der Niederspannungsverteilung wird allerdings bei Freileitungsnetzen, in denen Nullung angewandt wird, schon dadurch begrenzt, daß gemäß den VDE-Nullungsbedingungen (0140 § 11, bzw. 0100 § 3 Ziff. 6) im Kurzschlußfalle an jeder Stelle im Netz zwischen Phase und Nulleiter mindestens der $2^1/_2$fache Nennstrom der nächst vorgeschalteten Sicherung fließen muß. Damit ergibt sich bei beispielsweise 70 mm² Alu-Freileitung praktisch ein maximaler Versorgungsradius von rd. 1 km je Station. Für einzelne Leitungen kann er allenfalls um 300—400 m erweitert werden, falls Sicherungen am Abzweig vorgesehen werden und für die Stichleitung mindestens 50 mm² Alu verwendet wird.

Einheitliche Niederspannungs-, Freileitungs- und Kabelnetze. Die Bauweise der Freileitungsnetze ist in den letzten Jahren stark vereinheitlicht worden. Für Mastleitungen werden möglichst gleiche Spannweiten bis etwa 60 m gewählt. Die bei der Dachständerbauweise früher gelegentlich zu Tage getretenen Mängel einer erhöhten Brandgefährdung für die Dachstühle können nunmehr durch einheitliche Verwendung feuerfester und lichtbogenlöschender Materialien und weitgehend kurzschlußfester Dachständer behoben werden. Die älteren Netze werden schrittweise überprüft und dem nunmehrigen Stand der Technik angepaßt. Neue Netze werden ohne Berücksichtigung dieser Gesichtspunkte nicht mehr erstellt.

Bevorzugte Querschnitte im Niederspannungs-Freileitungsnetz

Hauptleitungen	50 mm² Cu	70 mm² Al
	35 mm² Cu	50 mm² Al
Nebenleitungen	35 mm² Cu	50 mm² Al
	16 mm² Cu	25 mm² Al

In den Ortsnetzen versucht man mit maximal zwei Querschnitten auszukommen, wobei die vorstehenden Normquerschnitte bevorzugt werden.

Sie werden so gewählt, daß der Spannungsabfall vom Umspanner bis zum Verbraucher 5% der Ausgangsspannung in der Regel nicht überschreitet. Ausnahmen hiervon sind zwar zulässig, doch ist es bei Neuanlagen nicht ratsam, diesen Spannungsabfall zu überschreiten. Mit der Verbreitung der Fernsehgeräte, die wegen ihrer Empfindlichkeit gegenüber Spannungsabweichungen weiten Kreisen eine genauere Spannungskontrolle ermöglichen, häufen sich sonst Beschwerden und Klagen. Die Einhaltung einer in den zulässigen Grenzen konstanten Spannung ist im übrigen Voraussetzung für erfolgreiche Normungsbestrebungen der Elektroindustrie. Sie soll sich darauf verlassen können, da sonst von Kunden Geräte oder z. B. Lampen für von der Norm abweichende Spannung gefordert werden, deren Herstellung zu einer Erhöhung der Fertigungskosten führt.

Alle Niederspannungsleitungen werden heute durchweg in 4-Leiterausführung gebaut, neue Hausanschlüsse mit Rücksicht auf die zunehmende Elektrifizierung in der Regel 3phasig ausgeführt.

Für die Mittelleiter der Niederspannungsfreileitungen werden Seile mit den gleichen Querschnitten wie für die Außenleiter verwandt. Über einer Absicherung von 160 A in den Stationen für einen Strang geht man im allgemeinen kaum hinaus. Eher führt man einen zweiten Strang in die Station ein.

In den Niederspannungskabelnetzen haben sich in Laufe der Zeit ebenfalls bestimmte Normquerschnitte durchgesetzt.

Bevorzugte Querschnitte in Niedcrspannungs-Kabelnetzen

70 mm² Cu	95 mm² Al
95 mm² Cu	**120** mm² Al
120 mm² Cu	150 mm² Al

In Kabelnetzen steht bei der Wahl der Querschnitte nicht so sehr der Spannungsabfall im Vordergrund der Betrachtung, als die zu erwartenden Stromwärmeverluste. Der wirtschaftlichste Querschnitt liegt in Niederspannungs-Kabelnetzen bei den dort üblichen Belastungen und Entfernungen höher als der wegen des Spannungsabfalls erforderliche. Insgesamt geht die Tendenz in allen Ortsnetzen dahin, nach Bewältigung des Nachholbedarfs der Nachkriegszeit die Stationsdichte nunmehr eher zu eng als zu weit zu wählen, weil man weiß, daß zu kleine Versorgungsradien die Wirtschaftlichkeit nicht so stark beeinträchtigen als zu große.

Der steigende Stromverbrauch macht es im übrigen erforderlich, bei der Wahl der Trassen für die Ortsnetzleitungen, vor allem der Kabel, die künftig noch zu erwartenden Einspeisestellen zu berücksichtigen. Dies verpflichtet dazu, sich schon auf 20—30 Jahre im voraus Gedanken über die Lage der später zu erstellenden Netzstationen zu machen.

Aluminiummantel- und Kunststoffkabel. Neue Möglichkeiten zur Kostensenkung in den Niederspannungsnetzen haben die in den letzten Jahren auf den Markt gebrachten Alu-Mantelkabel eröffnet. Die reinen Netzkosten liegen bei Verwendung derartiger Kabel rd. 10—15% niedriger als bei Verwendung der üblichen Bleimantelkabel. Bei Benutzung des Alu-Mantels als Nulleiter glauben einige E-Werke bis zu 30% einsparen zu können. Die früheren Bedenken gegen eine solche Art der Nullung können nach dem jetzigen Stande der Kabelverbindungstechnik als gegenstandslos angesehen werden.

Da ein Freileitungs-Mastennetz in Gebieten größerer Stromdichte nur noch um rd. 5—15% billiger wird als ein Alu-Mantel-Kabelnetz, sofern nicht der Kostenabstand durch sehr hohe Straßenbaukosten erhöht wird, erwächst den Freileitungsnetzen ein beachtlicher Wettbewerber. Selbst gegenüber Dachständerortsnetzen ist die Kostendifferenz nicht mehr so groß, daß nicht eine Verkabelung zumindest zu erwägen wäre.

Auch mit Kunststoffkabeln sind bereits versuchsweise Netzteile einiger E-Werke ausgerüstet worden, um Erfahrungen über die Bewährung im Netzbetrieb rechtzeitig zu sammeln. Die Kunststoffkabel-Kosten liegen jedoch noch rd. 15 bis 25% über den von Bleimantelkabeln. Die Kosteneinsparungen durch Wegfall der Endverschlüsse gleichen diese Vorbelastungen nur bei sehr kurzen Kabeln aus. Bis der Preis der Kunststoffkabel sich dem Preis der Bleikabel und der noch billigeren Alu-Mantelkabel angepaßt haben wird, lohnen sich Kunststoffkabel in Niederspannungsnetzen nur für die letzte Einführungsstrecke in die Netzstationen und für Hausanschlüsse.

Niederspannungsverteilungen im Hochspannungsteil der Stationen. Unter den E-Werken herrschen z. Z. verschiedene Auffassungen über die Frage, ob die Niederspannungsverteilungen in Netzstationen ohne Öffnen der Sicherheitsschlösser und ohne Betreten des Hochspannungsteiles bedienbar und zugänglich sein sollen. Die Befürworter haben Sicherheitsargumente für sich, da im Zuge der zunehmenden Arbeitsteilung immer häufiger im Niederspannungsnetz Personal eingesetzt wird, daß mit den Gefahren der Spannung über 1 kV nicht im gleichen Maße wie geschultes Hoch- und Mittelspannungspersonal vertraut ist. Andererseits verbilligt ein Verzicht auf die Trennung auch unter Befolgung der erforderlichen Sicherheitsvorschriften für Anlagebauten den Bau mancher Stationstypen beachtlich. Ein E-Werk sollte auf diese Vorteile grundsätzlich nicht verzichten, sondern bereit sein, das Niederspannungspersonal ausreichend so zu schulen und zu unterweisen, daß es sich auch in ungetrennten Anlagen ungefährdet bewegen kann. Dabei ergibt sich der weitere Vorteil, eine sich sonst im Netzbetrieb leicht einschleichende Abstufung im Wertungsverhältnis von Niederspannungs- und Hochspannungspersonal vermeiden oder mildern zu können.

Maschennetze verdrängen Strahlennetze. Die Netzarchitektur für derzeitige Niederspannungsnetze ist bis auf wenige Ausnahmen überaus einfach. Vorherrschend sind Strahlennetze. Nur in dichtbesiedelten Gebieten sind Ringnetze gebaut worden, die jedoch nahezu ausschließlich aufgetrennt als Strahlennetze betrieben werden. Eine derartige Betriebsweise hat den Vorteil großer Klarheit. Der von Störungen jeweils betroffene Bereich ist klein, Störungsorte sind schnell zu finden, die Belastung der einzelnen Stränge ist leicht zu überwachen und die Absicherung der einzelnen Abzweige bietet keine großen Schwierigkeiten. Nachteilig sind jedoch insbesondere die hohen Reservekosten infolge schlechter Ausnutzung der Kabelquerschnitte und Trafoleistungen, der mögliche Spannungsabfall bis zum Ende längerer Strecken und die langen Ausfallzeiten bis zur Störungsbeseitigung oder Umschaltung. Abhilfe bietet eine Vermaschung, womit die Verluste und die Spannungsabfälle erheblich vermindert werden.

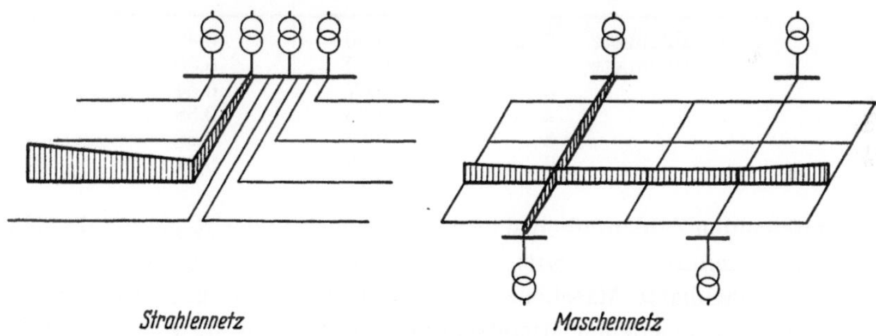

Abb. 38. Spannungsabfall im Strahlen- und Maschennetz
(Nach Siemens-Jubiläumsschrift (1953), Die Entwicklung der Starkstromtechnik, S. 177)

Sie macht jedoch eine selektive Fehlerabtrennung erforderlich. Diese ist zwar technisch möglich, jedoch, wenn man nicht ein Ausbrennen der Niederspannungsleitungen bewußt in Kauf nehmen will, so teuer, daß sich bislang der Übergang auf Maschennetze nur bei größerer Lastdichte lohnt (500—1000 kW/km²).

An die Sicherungen für die einzelnen Abzweige stellen sich im Maschennetz die besonderen und gegensätzlichen Anforderungen, gegen ein Ausbrennen der Kabel flink genug und für die Selektivität träge genug sein zu müssen. Das gilt sowohl

15*

für „echte" Maschennetze als auch für „unechte", wie man vielfach einfachgespeiste Niederspannungsnetze mit geschlossenen Ringen und Maschen nennt. Erst in den letzten Jahren sind eine Reihe von Sicherungen entwickelt worden, die zwischen diesen beiden extremen Forderungen einen optimalen Kompromiß bieten. Leider sind jedoch die Abweichungen in der Charakteristik unter den verschiedenen Fabrikaten oft so groß, daß es sich empfiehlt, in einem Maschennetz vorläufig nur Sicherungen gleichen Fabrikats einzusetzen.

Das wichtigste Element eines Maschennetzes sind die Rückleistungs-Maschennetzschalter auf der Niederspannungsseite der Transformatoren. Sie sollen vermeiden, daß bei Fehlern im Transformator oder im Mittelspannungsnetz Strom aus dem Niederspannungsnetz rückfließt.

Kostensenkungen können in Maschennetzen durch Verzicht auf den Trafoschalter in den Stationen erzielt werden. Da ein Maschennetz den Ausfall mehrerer Transformatoren verträgt, kann eine Fernauslösung des Mittelspannungsstranges vom Temperaturwächter der schalterlosen Trafos (z. B. in Unterflurstationen) aus als ausreichend angesehen werden.

Die Wahl der einheitlichen Kabelquerschnitte für ein echtes Maschennetz hängt wesentlich von den Stationskosten (Raumproblem) ab. Bei sehr hohen Stationskosten (Großstadtkern!) wird man beispielsweise einen größeren Querschnitt wählen, um möglichst wenige Netzstationen zu benötigen.

Die installierte Trafoleistung im Maschennetz muß so gewählt werden, daß sie bei Ausfall eines Mittelspannungsstranges ausreicht. Die Reserven bei den einzelnen Transformatoren und damit die Gesamtkosten im Maschennetz sinken daher mit zunehmender Zahl der Mittelspannungsstränge.

Verhältnis von Spitzenlast zu Umspannerleistung

Zahl der Mittelspannungsstränge		theoretisch	praktisch erreicht
Strahlennetz	2–6	0,50	0,40
Maschennetz	2	0,50	0,40
	3	0,67	0,54
	4	0,75	0,58
	5	0,80	0,60
	6	0,83	0,61

Die vorstehenden Zahlenreihen zeigen, daß es sich in der Regel für ein Maschennetz empfiehlt, mindestens 4 Mittelspannungsstränge einzubeziehen. Wieweit es ratsam ist, benachbarte Maschennetzstationen zur Erhöhung der Versorgungssicherheit aus verschiedenen Mittelspannungskabeln zu speisen (höhere Mittelspannungskosten!), kann nur anhand des Einzelfalles errechnet werden. Zur Vermeidung von Ausgleichsvorgängen ist es jedoch nicht zu empfehlen, die einzelnen Mittelspannungskabel für ein zusammenhängendes Maschennetz aus verschiedenen Gruppen der nächsthöheren Spannungsgruppe zu versorgen[1].

Von den Gesamtmaschennetzkosten entfällt bei steigender Lastdichte ein immer geringerer Teil auf das Mittelspannungsnetz, während der Anteil für die Stationen zunimmt. Die anteiligen Kosten des Niederspannungsnetzes hingegen bleiben

---

[1] Vgl. zum Vorstehenden die einzelnen Untersuchungen von Zwanziger. Grenzen einer Vermaschung von Niederspannungsnetzen. Elektrizitätswirtsch. 1958, H. 20, S. 640ff.

etwa konstant[1]. Bei geringerer Lastdichte werden die spez. Kosten des Maschennetzes maßgeblich von den Leitungskosten bestimmt[2].

Zur Zeit sind bei einer Reihe großstädtischer E-Werke Niederspannungsmaschennetze in Betrieb, auch schon außerhalb des eigentlichen Kerns der Städte, andere E-Werke beginnen gerade mit der Umstellung auf Maschennetze.

Inzwischen bahnt sich, wiederum vom Kern der Großstädte ausgehend, eine neue Entwicklung an. Die großen Büro-, Geschäfts- und Verwaltungsgebäude in den Innenstädten haben vielfach einen Stromverbrauch erreicht, auf Grund dessen sie aus der Niederspannungsversorgung ausgeschieden sind oder ausscheiden. Die Niederspannungsnetze der Innenstädte werden wegen schwindender Belastung für Wirtschaftlichkeitsbemühungen der E-Werke, z. B. für Niederspannungsvermaschung, uninteressant. Es läßt sich absehen, daß die Niederspannungsnetze in den Stadtkernen sich über lange Frist hin auf die Versorgung der öffentlichen Beleuchtung, der Signalanlagen und nur noch sehr weniger privater Netzverbraucher beschränken werden.

Angesichts dieser Entwicklung liegt es nahe, die auf das Niederspannungsnetz gerichteten Bemühungen nunmehr auf das Mittelspannungsnetz zu übertragen, soweit es in den Stadtkernen die Rolle des Letztverteilernetzes übernimmt. Der selektive Schutz der Maschen und die Relaisausrüstung für eine Rückstromunterbindung sind im Bereich der Mittelspannung preiswerter sicherzustellen als bei der Niederspannung. Bei der Dichte großstädtischer Mittelspannungsnetze dürfte auch die Maschenbildung keine allzu großen Schwierigkeiten bereiten, sofern sie nicht durch unterschiedliche Querschnitte bei älteren Netzen von vornherein in Frage gestellt ist. Besondere Aufmerksamkeit wird man allerdings der Parallelregelung der einspeisenden Hochspannungstransformatoren widmen müssen, um Ausgleichströme zu vermeiden. Häufig dürfte jedoch eine starke Vermaschung der Mittelspannungsnetze an der damit verbundenen Erhöhung der Kurzschlußleistungen scheitern. Die Mehrkosten für die Umrüstung von Mittelspannungsanlagen für höhere Kurzschlußleistungen sind so beachtlich, daß vielfach die oben gekennzeichneten Vorteile wieder aufgehoben werden.

Verkabelung. In den Randzonen der Städte und im Kern kleinerer Gemeinden tauchen durch die „Verstädterung" über den normalen Verbrauchsanstieg hinaus neue starke Verbraucher (Wohnblöcke, Geschäfte usw.) auf. Dort bestehende Niederspannungsfreileitungsnetze, für eine aufgelockerte ländliche Versorgung gebaut, können zwar meist den neuen Anforderungen durch einfache Verstärkung der vorhandenen Leitungen zunächst noch angepaßt werden, in der Regel erweist sich jedoch gerade in diesen Zonen eine grundlegende Angleichung an städtische Netzverhältnisse, also eine Verkabelung, als der sinnvollste Weg. Die E-Werke können allerdings erwarten, daß die Mehrkosten eines Kabelnetzes gegenüber einem Verteilungsnetz nicht allein zu ihren Lasten gehen. Den Verbrauchern kommt die höhere Versorgungssicherheit eines Kabelnetzes zugute, der Allgemeinheit die Verschönerung des Orts- und Stadtbildes. Mit Recht wird daher jede Betriebsführung eines E-Werkes vor einer solchen Entscheidung prüfen, wieweit die Gemeinden, Baugesellschaften, Anlieger oder sogar die

---

[1] Vgl. ZWANZIGER, a. a. O., S. 138.
[2] Vgl. RAMUSCH, Kosten von Niederspannungs-Ortsnetzanlagen. Elektrizitätswirtsch. 1958, H. 20, S. 647ff.

Natur- oder Landschaftsschutzverbände bereit sind, sich an den Kosten durch entsprechendes finanzielles Entgegenkommen beispielsweise bei den Straßenbaukosten, bei der Bemessung der Konzessionsabgabe oder durch zinsgünstige Darlehen zu beteiligen.

Dezentralisierung der Niederspannungs-Netzplanung. Bei der Niederspannungs-Netzplanung spart ein enger Kontakt mit den örtlichen Stellen wie örtlichen Bauämtern, Gemeinderäten oder Installateuren den E-Werken Zeit und Kosten. Für größere E-Werke empfiehlt sich daher eine Organisation der Netzplanung derart, daß die Organisationseinheit „Netzplanung" oder „Netzgestaltung" zwar zentral aufgebaut und gesteuert wird, daß jedoch ein Teil des Personals dieser Abteilung bei den örtlichen Betriebsstellen (Netzbezirksdirektion, Netzbezirksleitung usw.) eingesetzt wird, um Projektierungsarbeiten selbständig im Rahmen bereits erarbeiteter, zentral abgestimmter und genehmigter Pläne durchzuführen.

3. Anschluß besonders störungsempfindlicher Kunden

Die E-Werke stehen vor der Aufgabe, allgemein immer höhere Anforderungen an die Sicherheit der Versorgung befriedigen zu sollen. Der wirtschaftliche Betrieb erfordert, sie auf ein tragbares Maß zu begrenzen. Die tatsächlich erreichte höhere Versorgungssicherheit auf Grund der relativen Verringerung der Störungszahl, der wesentlichen Begrenzung von Störungsauswirkungen und der Beschleunigung der Störungsbehebung ist der Öffentlichkeit zunächst gar nicht bewußt geworden. Die nun noch vorkommenden Versorgungsunterbrechungen treten gerade ihrer Seltenheit wegen für die Kunden um so stärker in Erscheinung. Für ein E-Werk besonders unangenehm sind daraus herrührende Vorurteile hinsichtlich der Versorgungssicherheit, wenn sie bei Kunden entstehen, die wie z. B. Rundfunkanstalten zur öffentlichen Meinungsbildung beitragen oder wie Bundesbahn und Straßenbahn öffentliche Bedeutung haben.

Tatsächlich können jedoch nur in sehr seltenen Fällen und bei sehr wenigen Kunden Stromausfälle wirklich Gefährdungen von Menschen oder empfindliche Materialschäden mit sich bringen. Die Bemühungen bei der Versorgung besonders störungsempfindlicher Kunden gelten daher neben der Ermittlung der technisch sichersten Lösungen besonders der Ermittlung des wirklichen Risikos bei Versorgungsausfall.

Verkehrsbetriebe und -anlagen. Die dem Stromverbrauch nach wichtigste Gruppe von Kunden, die für ihren eigenen Betrieb eine hohe Sicherheit der Versorgung fordert, sind die Verkehrsbetriebe. Die dort möglichen unangenehmen Folgen aus Versorgungsstörungen begründen jedoch bei unbefangener Betrachtung diese Auffassung nicht unbedingt.

Spannungs- und Frequenzschwankungen haben auf den Bahnbetrieb praktisch keine gefährdenden Auswirkungen. Auch bei Stromausfall sind Primärschäden im allgemeinen nicht zu befürchten, sondern haben lediglich vereinzelt mehr unangenehme als gefährliche Folgen. Verkehrsstockungen und Zugverspätungen ergeben sich sowohl im Eisenbahn- als auch im Straßenbahnbetrieb erfahrungsgemäß auf Grund anderer Ursachen viel häufiger und langdauernder. Dennoch glaubt man, selbst die sehr seltenen und meist nur ganz kurzzeitigen Stromausfälle noch weiter ausschalten zu müssen und verlangt bei der Bahnversorgung immer größere Sicherheit.

Mehrfacheinspeisungen bei den Trafostationen, gegebenenfalls aus verschiedenen Gruppen, großzügigere Reservebemessung bei Umspannern und Umformern (nach Leistung und Anzahl), vielfältigere Schutz- und Überwachungseinrichtungen sind typische Wünsche dieser Art. Daß die Aufwendungen für eine solche Versorgung zwangsläufig wesentlich höher werden als für eine Normalversorgung, wird oft außer acht gelassen. Dies — und der Wunsch vieler Bahnbetriebe, die Speisung der Stromschienen und Leitungen zur Vereinheitlichung der technischen Betriebssteuerung in eigener Hand zu wissen — hat in den meisten Fällen dazu geführt, daß die E-Werke auf eine Bahnversorgung ganz verzichten oder sich auf eine Übergabe an wenigen Stellen ihres Hoch- und Mittelspannungsnetzes beschränken, von denen aus die Bahnbetriebe zumeist ein eigenes Netz zur Versorgung der einzelnen Einspeisestationen unterhalten. Daß durch diese Verschiebung der Verantwortungsgrenzen für die einzelnen Versorgungsstufen die Sicherheit erhöht wird, ist jedoch keinesfalls erwiesen.

Hauptsächlich bei den Straßenbahnbetrieben zeigte sich auf Grund wirtschaftlicher Überlegungen in den letzten Jahren zunehmend die Neigung, unter Verzicht auf eigene Stromübertragung in der Mittelspannungsebene den Bedarf der Transformatoren wieder unmittelbar aus dem Netz des Elektrizitätswerks zu decken.

Soweit es sich um Stationen zur Versorgung von Außenstrecken handelt, kann nur in seltenen Fällen ein Anschluß an verschiedene Netzgruppen durchgeführt werden. Die E-Werke sind über solche Außenstationen in der Regel nicht sehr glücklich. Ihre einfache Einschleifung in einen Mittelspannungsring bedeutet zumeist eine unwirtschaftliche Investition, da Netzverstärkungen für eine nur sehr geringe Benutzungsdauer (oft nur 1000 h) erforderlich werden. In solchen Fällen ist eine angemessene Beteiligung der Bahnbetriebe an den Investitionskosten oder die Anerkennung entsprechender Strompreise unvermeidlich.

Die Deutsche Bundesbahn stützt sich beim Betrieb ihres Fernnetzes für den Fahrstrom weitgehend auf eigene Hochspannungsleitungen und zum Teil auf eigene Erzeugungsanlagen[1]. Bei den Erweiterungen des Streckennetzes hat sie bislang im Grundsatz hieran festgehalten, obgleich die Entwicklungen in anderen Ländern in andere Richtung weisen. In Frankreich hält man den Betrieb eines eigenen Bahnhochspannungsnetzes neben dem öffentlichen Landesnetz unter gesamtwirtschaftlicher Betrachtung nicht für zweckmäßig. Darüber hinaus wird der ohnehin schon knappe Raum für Leitungstrassen unnötig beansprucht. Außerdem kann der hohe Sicherheitsgrad der öffentlichen Verbundnetze wohl von keinem zusätzlich errichteten Eigennetz erreicht werden.

Daß die Sicherheitsanforderungen der Bundesbahn an das öffentliche Netz ausreichend erfüllt werden könnten, ergibt sich aus dem Umstand, daß sogar der Signalstrom dorther bezogen wird. Selbst bei Beibehaltung der Frequenz von $16^2/_3$ Hz dürfte es möglich und nützlich sein, die Fahrstrecken aus dem öffentlichen Netz zu speisen.

Recht unterbrechungsempfindlich sind die elektrisch beleuchteten Verkehrszeichen und besonders die Verkehrssignale in den Städten. Als Niederspannungsverbraucher sind sie in der Regel an die örtlichen öffentlichen Netze angeschlossen,

---

[1] Siehe S. 69 ff.

vereinzelt aber auch an Sondernetze der öffentlichen Beleuchtung. Bei dem stark anwachsenden Verkehr führt selbst ein kurzzeitiger Ausfall meist zu empfindlichen Verkehrsstockungen. Seitens der Netzgestaltung kann zur Erhöhung der Versorgungssicherheit der Verkehrssignalanlagen wenig getan werden. Bei einer Reihe großstädtischer E-Werke hat es sich indessen bewährt, direkte Fernsprechverbindungen (batterielos oder Behördennetz) zwischen der E-Werks-Störungsstelle und der Leitstelle der Polizeifunkwagen einzurichten. Im Störungsfall kann dann eine möglichst schnelle Verständigung über die Lage und die Anzahl der gestörten Verkehrssignalanlagen herbeigeführt werden, so daß die Polizei auf dem schnellsten Wege Einsatzpersonal an die betroffenen Kreuzungen bringen kann, schon während das E-Werk die Störungsbehebung einleitet.

Eine besonders unterbrechungssichere Stromversorgung erfordert der Betrieb von Flughäfen. Dabei sind ihre Befeuerung für den Landeverkehr und ihre Funksende- und Empfangseinrichtungen besonders wichtig. Flughäfen liegen allerdings meist so weit außerhalb der Stadtgebiete, daß eine Versorgung aus mehreren Netzgruppen nur selten möglich ist. Das einzige, was in solchen Fällen zur Erhöhung der Versorgungssicherheit von den öffentlichen Netzen getan werden kann, ist eine Bereitstellung der erforderlichen Leistung über mehr als 2 Kabel auf verschiedenen Trassen. Derartige Anschlüsse werden jedoch oft so kostspielig, daß die E-Werke von sich aus den Einsatz automatischer, bei Stromausfall anlaufender Notdieselaggregate vorschlagen.

Andere Kunden, deren störungsfreie Versorgung im öffentlichen Interesse liegt. Ein besonderes Maß an Versorgungssicherheit beanspruchen in der Regel die Sendezentralen für Rundfunk, Fernsehen und öffentliche Nachrichtenmittel. Die Wichtigkeit einer schnellstmöglichen Information der Öffentlichkeit mag dabei zuweilen übertrieben erscheinen. Der Grad der wirklich erforderlichen Versorgungssicherheit dürfte unterschiedlich zu beurteilen sein. Bei Rundfunk und Fernsehen sind Unterbrechungen beispielsweise nicht so bedenklich wie bei Seefunkstellen. Störungen beruhen zudem weitaus häufiger auf Fehlern in den eigenen Anlagen als auf Stromausfall. Die Sendezentralen liegen meist außerhalb direkter Versorgungsnetze, so daß sie wie die Flugplätze zur Sicherung gegen Versorgungsunterbrechungen durchweg mit automatischen Not-Dieselaggregaten ausgerüstet sind.

Einen hohen Grad der Versorgungssicherheit benötigen die Krankenanstalten. Dies allerdings nur für einen sehr geringen Teil ihres Bedarfes, insbesondere die Versorgung der Operationsräume. Für die geringe Leistung reichen in der Regel Notbatterien aus.

Auch nur für einen kleinen Teil des Bedarfes bestehen, teilweise gesetzlich vorgeschrieben, hohe Sicherheitsanforderungen für Theater, Kinos, Festhallen, Vortragssäle und dergleichen. Die Versorgung der Notbeleuchtung — zur Vermeidung auch von Panikgefahren — wird hier ebenfalls in der Regel durch Batterien sichergestellt.

Gas- und Wasserwerke gehören zu den Betrieben, bei denen zwar die möglichen Folgeschäden bei Stromausfall gering oder beherrschbar sind, wo Versorgungsstörungen jedoch die Öffentlichkeit über Gebühr beunruhigen. Zur Sicherstellung der Versorgung reicht jedoch in der Regel ein Anschluß an zwei verschiedene Netzgruppen aus.

Gewerbe und Industrie. Kein Gewerbe- und Industriebetrieb kann und will häufige oder länger andauernde Unterbrechungen der Stromversorgung ertragen. In den meisten Fällen treten Produktionsminderungen und ein dementsprechender Gewinnausfall, manchmal auch unmittelbare Sachschäden ein. Trotzdem sind jene Betriebe selten, bei denen der zu erwartende Schaden so groß ist, daß eine kostspielige Sonderversorgung gewählt wird. Vielfach handelt es sich dabei um Betriebe mit komplizierten chemischen oder metallurgischen Herstellungsprozessen, wie Ölraffinerien, Glasschmelzen, Gummibetriebe, Fabriken für synthetische Spinnstoffe u. ä. Meist liegt die Gefahr in einer Unterbrechung eines laufenden Prozesses, in deren Folge physikalische oder chemische Veränderungen des Produktionsgutes eintreten, die den Prozeß auf längere Zeit unterbrechen und Schäden an den Betriebseinrichtungen herbeiführen.

Spannungs- und Frequenzempfindlichkeit. Gegen geringfügige Schwankungen der für die Lieferung vereinbarten Spannung oder Frequenz sind nur wenige Strombezieher besonders empfindlich. Soweit es sich dabei um elektromotorische Antriebe für konstanten Lauf handelt, kann man häufig weniger empfindliche Einrichtungen wählen. Bei besonders sensiblen Sendeanlagen, Prüf- oder Meßeinrichtungen, die eine hohe Konstanz der gelieferten elektrischen Daten verlangen, sollte durch geeignete Regeleinrichtungen eine zusätzliche Sicherheit geschaffen werden.

Das liefernde E-Werk wird schon im eigenen Interesse Frequenz- und Spannungsschwankungen zu vermeiden suchen und besonders empfindliche Kunden an die gegen Schwankungen dieser Art zuverlässigsten Netzgruppen anschließen. Da aber derartige Einflüsse im Falle von Störungen durch das E-Werk kaum wesentlich gemindert oder völlig verhindert werden können, empfiehlt sich für besonders empfindliche Strombezieher der Einbau von Warngeräten, die vor dem Erreichen kritischer Grenzen ansprechen.

Bei der Überprüfung der Versorgung spannungs- und frequenzempfindlicher Kunden stellt sich im übrigen des öfteren heraus, daß für Störeinflüsse nicht so sehr die Spannungen und Frequenzen der vereinbarten Nennspannung, sondern deren Oberwellen verantwortlich sind. Die Aufspürung der Verursacher von Oberwellen erfordert in der Regel viel Zeit und verursacht wegen der nötigen Messungen unter Umständen beachtliche Kosten. Dennoch lohnt sich ein solcher Aufwand auch für das E-Werk selbst, da es dabei meist unerwünschte Nebenwirkungen einzelner Anlageteile und Geräte, übersättigte Transformatoren, Resonanzerscheinungen u. ä. aufdeckt.

Maßnahmen in Störungsfällen. Bei Ausfall gestörter Betriebsteile treten meist plötzliche Überlastungen ein, denen das E-Werk unverzüglich durch entsprechende Maßnahmen begegnen muß. Im allgemeinen bleibt dafür mindestens ein Zeitraum von einigen Minuten. Die Betriebsleitung (Befehlsstelle, Lastverteilung, Schaltwarte) hat also Zeit, bereitstehende Reserven an Maschinen oder Fremdspeisung einzusetzen oder notfalls die abzuschaltenden Netzteile auszuwählen. Sie hat jedoch im Augenblick der Störung nicht die Muße, abzuwägen, welche Netzteile versorgungswürdiger sind als andere.

Es empfiehlt sich daher, in Abständen zu überprüfende Abschaltpläne für verschiedene Entlastungsstufen vorsorglich aufzustellen. Die Einstufung einzelner Kundengruppen sollte das E-Werk tunlichst jedoch nicht selbst vornehmen, sondern sich hierbei öffentlicher Einrichtungen, wie Handwerks-, Industrie- und Handelskammern, Amt für öffentliche Ordnung usw. bedienen.

Die Abschaltungen erfolgen am besten auf der Unterspannungsseite jener Transformatoren, die das Mittelspannungsnetz versorgen, oder mittels der Kuppelschalter, die einzelne Mittelspannungssammelschienen in den Abspannwerken miteinander verbinden. Sind die in das Mittelspannungsnetz laufenden Freileitungen oder Kabel so an die verschiedenen Sammelschienen-Gruppen angeschlossen, daß das Netz in Gruppen verschiedener Sicherheitsgrade der Versorgung aufgegliedert werden kann, so wird der verantwortliche Betriebsleiter je nach der Schwere des Störungsereignisses durch stufenweise Abschaltung schnell handeln können. Der Grundsatz dabei ist, durch Heraustrennen nicht sehr störungsempfindlicher Strombezieher das übrige Netz störungsfrei in Betrieb zu halten.

Die ideale Lösung für den auf diesen Fall ausgerichteten Aufbau eines Netzes wäre natürlich, wenn die störungsempfindlichen Abnehmer für sich an einem eigenen Netz lägen. Dieser Zustand, so erstrebenswert er ist und so sehr man ihn auch bei der Neuplanung berücksichtigen sollte, ist aus historischen und wirtschaftlichen Gründen nicht voll zu verwirklichen. Soweit es unvermeidlich ist, daß der eine oder andere wichtige Kunde an Netzgruppen angeschlossen ist, die bei schweren Störungen abgeschaltet werden müssen, empfiehlt sich die Einrichtung einer Verständigungsmöglichkeit zwischen E-Werk und Abnehmer durch Fernsprechverbindung, Rundsprechanlage oder Signalgabe.

Strombezieher und Störungsrisiko. Eine Garantie für eine völlig unterbrechungslose Versorgung kann kein E-Werk übernehmen. Selbst das äußerste Mittel zur Sicherung der Versorgung eines Abnehmers, ein zusätzlicher Direktanschluß von einem Kraftwerk, das im Falle von Netzstörungen isoliert weiterläuft, bietet keine absolute Sicherheit, ebensowenig wie eine Reservehaltung mit Eigenanlagen.

Diese Erkenntnis zwingt zu Folgerungen:

Störungen in der Stromdarbietung durch Veränderung der Spannung oder der Frequenz, aber auch eine Unterbrechung der Stromzufuhr und eine darauf folgende plötzliche Wiederdarbietung von Netzspannung an der Abnahmestelle dürfen auf keinen Fall Menschenleben gefährden. Wenn dies der Fall sein könnte, müssen dagegen entsprechende Vorkehrungen getroffen werden. Für Schäden an Werkstoffen, Einrichtungen, Gewinnausfälle und sonstige unangenehme Folgen muß das Ausfallrisiko abgewogen werden gegenüber den Aufwendungen, die jede weitere Verringerung dieses Risikos erfordert. Geht man von der Tatsache aus, daß die normale Versorgungssicherheit, die ein gut geleitetes E-Werk bietet, schon außerordentlich hoch ist, wird sich meist zeigen, daß eine zusätzliche Verringerung des noch bestehenden geringfügigen Wagnisses unverhältnismäßig hohe Aufwendungen notwendig macht.

Praktisch bieten sich drei Möglichkeiten, nämlich zusätzliche Speisungsreserve durch das E-Werk, Bau und Betrieb einer Notstromanlage durch den Kunden und Schadensdeckung durch entsprechenden Versicherungsschutz. Die zusätzliche Sicherstellung durch E-Werksreserve bringt dem Kunden in der Regel das relativ geringste Risiko, ist im Einzelfalle aber meist sehr kostspielig. Selten besteht beim Kunden die Ansicht, daß er sich in irgendeiner Form daran beteiligen sollte. Im übrigen steigt die allgemeine Versorgungssicherheit automatisch durch den ständigen Ausbau und die Verdichtung der Netze. Die Errichtung einer Notstromanlage schiebt die Verantwortung und das Risiko vom Werk auf den Abnehmer, erhöht aber nicht in allen Fällen die Sicherheit wirklich, da eine solche Anlage nur dann von Wert ist, wenn sie wirklich im entscheidenden Falle zuverlässig arbeitet und wenn sie groß genug ausgelegt wird, um die wesentlichen Teile des Betriebes aufrechterhalten zu können.

Ganz allgemein wird die Tendenz erkennbar, zusätzliche Sicherheitswünsche nur dann zu erfüllen, wenn der Fordernde bereit ist, die entstehenden Mehrbelastungen zu tragen. Im übrigen werden die Kunden zunehmend darauf verwiesen, die bei ihnen entstehenden Risiken auf Grund der auch künftig nie völlig zu vermeidenden vereinzelten Versorgungsunterbrechungen anderweitig zu vermindern und abzudecken.

c) Isolation, Erdung und Netzschutz

Isolation kostet Geld, selbst wenn als Isolator Luft benutzt wird. Die E-Werke sind daher bestrebt, die Aufwendungen für Isolation in angemessenen Grenzen zu halten. Aufgabe der Isolation ist es, alle Betriebsmittel so zu bemessen, daß sie die im Betrieb vorkommenden Spannungen selbst unter erschwerten Bedingungen, wie längeren Spannungserhöhungen oder Schaltüberspannungen sicher aushalten können[1].

Um die Ermittlung der jeweiligen notwendigen und angemessenen Isolationswerte für die vielfältigen Geräte und Anlagen, die erst ein Wirtschaften mit Elektrizität möglich machen, hat sich in Deutschland insbesondere der Verein Deutscher Elektrotechniker — VDE — verdient gemacht. Als freiwilliger Zusammenschluß aller an der Elektrotechnik Interessierten hat er in jahrzehntelanger Arbeit in seinen VDE-Bestimmungen die wichtigsten Richt- und Grundwerte für die Isolation, die Erdung und den Schutz der Menschen und Anlagen in für die Praxis brauchbarer Form zusammengetragen und diese Grundlagen immer wieder nach den neuesten Erkenntnissen ergänzt und vervollkommnet.

Die Bedeutung dieses Werkes liegt nicht nur in der Klärung technischer Fragen, sondern insbesondere auch in der für die Wirtschaftlichkeit wesentlichen normativen Wirkung. Typisch hierfür ist beispielsweise die Einführung des Begriffs der „genormten Reihenspannung", die jeweils als Ausgangspunkt für die Berechnung der verschiedenen Isolationswerte der Geräte und Anlagen gewählt wird, womit eine vereinheitlichende Staffelung der Isolation erreicht wird.

Äußere und innere Überspannungen. Isolationsdurchbrüche entstehen entweder durch Änderung des Isoliervermögens oder durch Überspannungen. Äußere Überspannungen ergeben sich vorwiegend aus atmosphärischen Störungen (Gewitter), während innere Überspannungen als Ausgleichserscheinungen bei Änderung des Schalt- und Isolationszustandes eines Netzes auftreten. So führen vor allem Lichtbögen bei Abschaltungen oder Erdschlüssen leicht zu Überspannungswellen.

Für kapazitive Abschaltungen stehen Schalter zur Verfügung, die Überspannungen über die doppelte Betriebsspannung hinaus vermeiden. Das Abschalten kleiner induktiver Ströme indessen wird nicht von allen Hochleistungsschaltern hinreichend gut beherrscht. Hier helfen bis zu einem gewissen Grade „Ventil-

---

[1] Vgl. hier und im folgenden: BAATZ, Die Entwicklung der Isolationsbemessung ETZ A 1957, H. 15, S. 553ff.

ableiter", die unter Ableitung der Überspannung die Beanspruchung unterhalb des Isolationspegels des Netzes halten.

Bei Änderungen der Netzstruktur entsteht die Gefahr, daß bei Schaltungen und Lichtbogenfehlern mittelfrequente Ausgleichvorgänge Resonanzen erregen und so erhebliche Überspannungen herbeiführen können. Nur wenige E-Werke verfügen über erfahrene Spezialisten, um derartig komplexe Vorgänge auch nur annähernd im voraus berechnen zu können. Hier ist zu raten, jeweils eingehende Untersuchungen und Messungen anstellen zu lassen, um spätere unangenehme Überraschungen einzuschränken. Für derartige Untersuchungen steht die ,,Studiengesellschaft für Höchstspannungsanlagen" zur Verfügung, die entsprechend erfahrene Ingenieure und geeignete Untersuchungseinrichtungen besitzt.

Freileitungen wurden früher in der Regel niedriger isoliert als die Anlagen. Inzwischen geht man lieber den umgekehrten Weg und schützt die niedriger isolierten Anlagen durch Schutzarmaturen kurz vor der Station oder durch Ableiter in der Station selbst.

Mit Rücksicht auf die möglichen Beanspruchungen wird heute durchweg die innere Isolierung der Betriebsmittel in den Anlagen höher bemessen als die äußere. Da gerade die innere Isolation der Umspanner einen erheblichen Kostenfaktor darstellt, gehen die Bestrebungen dahin, ähnlich wie in den USA, die Stoßpegel zum Trafo hin durch stärkere Anwendung von Ventilableitern weiter abzustufen[1].

Die Höhe der Stoßpegel nimmt im übrigen mit der Vergrößerung der zusammenhängenden Netzgebilde ab. So konnte beispielsweise beim schwedischen 380-kV-Netz der Stoßpegel von anfänglich 1775 kV mit weiterem Ausbau nach 3—4 Jahren auf 1500 kV herabgesetzt werden, was bei einem normalen Umspannwerk bereits eine Kostenersparnis von etwa 8% möglich machte[2].

Isoliervermögen. Eine der häufigsten Ursachen für Isolationsminderung sind Alterung der Isolation (Öl, Bandagen usw.) und Fremdschichtablagerung, vor allem in Verbindung mit Feuchtigkeit. In der Regel ist es nicht möglich, beim Bau neuer Anlagen die zu erwartenden Fremdschichteinflüsse durch Dauerversuche mit probeweise angebrachten Isolatoren ausreichend genau vorauszubestimmen. Es sind jedoch inzwischen Verfahren erprobt, auf andere Weise die wesentlichen Daten zu erlangen. Insbesondere interessiert der isolationsmindernde Einfluß der löslichen oder nichtlöslichen Staubteilchen und der Einfluß von Gasen und von durch Regen hinzukommenden Ionen. Unter Berücksichtigung der meteorologischen Daten wie Temperatur und Luftfeuchtigkeit, Windrichtung und -stärke, Niederschlagsmenge und -art sowie der jeweiligen Abgas- und Staubquellen läßt sich die voraussichtliche Stärke, das Wasserbindungsvermögen und die spezifische Leitfähigkeit künftiger Fremdschichten ermitteln[3].

Um die erforderliche Isolation trotz Fremdschichteinflüssen zu halten, sind Verlängerungen der Kriechwege, unter Umständen stärkeren Unterteilungen der Isolationsoberfläche erforderlich.

---

[1] Vgl. BAATZ, a. a. O.

[2] Vgl. RATHSMANN, Neuzeitliche Verfahren zur Senkung der Kosten von Großkraftübertragungen. ETZ A 1955, H. 1, S. 13 ff.

[3] Vgl. CRON und GERICKE, Das Meßschalenverfahren als Ortstest für die voraussichtliche Isolationsminderung in Freilufthochspannungsanlagen. ETZ A 1956, H. 22, S. 817 ff.

Isolationsbemessung nach dem Kriechwege[1]

Grad der Isolationsminderung	Isolationskriechweg je Einheit der Betriebsspannung cm/kV
Saubere Atmosphäre, keine Industrie	1,7–2
schwache Verschmutzung, Nebelbildung, Randzonen von Industriegebieten	bis 2,5
sehr starke Verschmutzung, Kraftwerke, Chemie- und Hüttenwerke	bis 3,8 gelegentlich auch darüber

Die Bemessungsregel gemäß vorstehender Tabelle ist verhältnismäßig grob, genügt jedoch den praktischen Erfordernissen. Der Isolatorbau kommt den Forderungen nach langen Kriechwegen vornehmlich durch Rippung der Oberfläche entgegen, wodurch Fremdschichtstrecken mehrfach unterteilt werden.

Ob man für die Isolatoren Porzellan oder Glas den Vorzug gibt, hängt vom Preis ab, ausgenommen jene Fälle, wo aus konstruktions- und fabrikationstechnischen Gründen das mit kleineren Toleranzen zu fertigende Porzellan bevorzugt wird. Im Bundesgebiet wurde früher vorzugsweise Porzellan verwendet, doch dringt auch hier, der Praxis anderer Länder folgend, Glas in den letzten Jahren stärker vor. In jüngster Zeit wurden für gewisse Gerätearten wie Wandler und Durchführungen auch andere Werkstoffe, vor allem Gießharze häufiger verwendet.

Für Kabelnetze und Innenraumanlagen, die weder Fremdschicht- noch äußeren Überspannungs-Gefahren ausgesetzt sind, genügen geringere Kriechstrecken. In Verschmutzungsgebieten sind daher Innenraumanlagen unter Umständen preisgünstiger als Freiluftanlagen.

Sternpunktbehandlung. Wie hoch die Isolation auf Grund innerer Überspannungen im Fehlerfalle jeweils beansprucht wird, hängt weitgehend von der Art der Sternpunktbehandlung ab.

In der Praxis werden vier Möglichkeiten unterschieden: Starre Erdung, Erdung über Drosselspulen, teilstarre Erdung, freier isolierter Sternpunkt. Die Starr-Erdung hat sich auf den höchsten Spannungsebenen, also bei 380 kV und 220 kV, im Ausland auch bis 150 kV herab, allenthalben durchgesetzt[2]. Über die Zweckmäßigkeit dieses Verfahrens im Bereich von 110 kV gehen die Meinungen z. Z. noch auseinander. Gegen die Starr-Erdung von Überlandnetzen sind dabei die Bedenken geringer als bei Stadtnetzen. Unterhalb der 110-kV-Ebene wird die Starr-Erdung in der Bundesrepublik z. Z. noch nicht ernstlich erwogen.

Starre Erdung. Starre Erdung hat den Vorteil, daß sich im Fehlerfalle eindeutige Spannungsverhältnisse einstellen, da jeder Erdschluß zu einem Kurzschluß wird und da die Spannungen in den gesunden Leitern nur verhältnismäßig wenig ansteigen. Man kann daher allgemein einen niedrigeren Isolationspegel vorsehen. Hinzu kommt, daß an den Transformatorsternpunkten keine Spannungen auftreten, so daß die Isolation der Umspanner zum Sternpunkt hin vermindert werden kann, während bei nicht starr geerdeten Netzen das Ein-

---

[1] Vgl. BAATZ, a. a. O., S. 555.
[2] Vgl. FUNK, Strom- und Spannungsbeanspruchungen von Hochspannungsnetzen je nach Art der Sternpunkterdung, ETZ A 1958, H. 2, S. 46ff.

schwingen der Netznullpunkte mit niedrigen Frequenzen zu zusätzlichen vorübergehenden Überspannungen führt. Nachteilig ist bei der starren Erdung, daß jeder Erdschluß, da er zum Kurzschluß führt, Abschaltungen zur Folge hat.

Die starre Erdung von Hochspannungsnetzen oberhalb der 110-kV-Ebene erlaubt den Einsatz wirtschaftlicher Spartransformatoren bei der Verbindung derartiger Netze. Allerdings muß hierbei in Kauf genommen werden, daß Überspannungen verhältnismäßig gut übertragen werden. Gegen unerwünschte Auswirkungen schützen jedoch moderne Überspannungsableiter ausreichend.

Induktive Erdung. Eine Erdung der Sternpunkte über Drosselspulen (PETERSEN-Spulen) heißt induktive Erdung. Sie bedingt im Fehlerfalle erhöhte Spannungen an den gesunden Leitern und den Sternpunkten und erfordert auch einen höheren Aufwand wegen der Erstellung der Drosselspulen an den Transformatorsternpunkten, doch sind die Spannungserhöhungen immer noch geringer als bei einem Netz mit völlig isolierten Sternpunkten. Bei der induktiven Erdung wird als Vorteil angesehen, daß der Strom an der Erdschlußstelle begrenzt wird, Lichtbögen gelöscht und weitere Zerstörungen auf diese Weise klein gehalten oder ganz verhindert werden, so daß nur rd. 10—25% aller Erdschlüsse zu Abschaltungen führen. Eine Leitung oder ein Kabel kann in den meisten Fällen trotz eines Erdschlusses weiterbetrieben werden, — zumeist wenigstens solange, bis Umschaltungen eine Heraustrennung des kranken Netzteiles ohne Versorgungsunterbrechung erlauben.

Die induktive Erdung ist in Deutschland auf den Spannungsebenen 110 kV bis zu den Mittelspannungen herab vorherrschend, wenn auch das Ausmaß der Kompensation des Erdschlußstromes auf den einzelnen Spannungsebenen und auch bei einzelnen E-Werken recht unterschiedlich ist. Technisch ist eine fein abgestimmte Kompensation durchführbar, da neuerdings Spulen verfügbar sind, die im Verhältnis 1:10 feinstufig einstellbar sind. Im allgemeinen wird in kleineren Netzen bis auf einen Rest von rd. 25% des Erdschlußstroms kompensiert, während man in größeren Netzen noch genauer abstimmt[1].

Bei umfangreichen Freileitungsnetzen sind der induktiven Sternpunkterdung insofern Grenzen gesetzt, als dann der wesentliche Vorteil, die Lichtbogenlöschung fraglich wird. Versuche im schwedischen 380-kV-Netz ergaben, daß bei einem Wirkreststrom von 130 A, der bei 2300 km Leitungslänge verblieb, noch nahezu alle Lichtbogen löschten. Nach einer Netzverlängerung auf rd. 4000 km löschten jedoch nur noch 40% aller Lichtbogen. Als noch tragbaren Grenzwert des Wirkrestroms hat man für 380 kV rd. 200 A ermittelt[2]. Für 220 kV liegt dieser Wert bei etwa 150 A, für 110 kV bei max. 110 A[3]. Bei Netzgebilden, die in den einzelnen Spannungsebenen höhere Grenzwerte ergeben, geht man auf starre Erdung über. Bei kleineren Netzen mit komplizierter Schaltung wird starre Erdung vorgezogen, um bei Fehlern eindeutige Auslösungen zu erzwingen.

Teilstarre Erdung. Die teilstarre Erdung ist eine starre Erdung nur einiger Transformatorensternpunkte. Sie führt im Fehlerfalle bei den nicht geerdeten

---

[1] Vgl. POSSNER u. ZIMMERMANN, Kompensation in Mittelspannungsnetzen. ETZ A 1955, H. 18, S. 536 ff.

[2] Vgl. FURKERT, Der Einfluß des steigenden Bedarfs an elektrischer Energie, Energietechnik 1957, H. 1, S. 4 ff.

[3] Vgl. CALLIES, Erdungen in Starkstromanlagen, Dtsch. Elektrotechnik 1957, H. 9, S. 425 ff.

Sternpunkten zu Spannungen gegen Erde, läßt also an diesen Transformatoren die bei starrer Erdung möglichen Einsparungen nicht zu. Das Ausmaß der Begrenzung der Kurzschlußströme hängt von dem Anteil der starr geerdeten Transformatoren an der gesamten Transformatorenleistung ab[1]. Die Spannungen der gesunden Leiter verhalten sich im Fehlerfalle ähnlich wie bei der induktiven Erdung. Wegen der verhältnismäßig schwierigen Vorausbestimmung der jeweiligen Verteilung der Fehlerströme, insbesondere bei Ausfall von Transformatoren, hat sich eine teilstarre Erdung in Deutschland nicht durchgesetzt.

Hohe Erdschlußströme schließen isolierte Sternpunkte aus. Mit freiem isolierten Sternpunkt werden heute nur noch eng begrenzte Netzteile im Spannungsbereich von 5—15 kV betrieben. Eine solche Betriebsweise hat den Nachteil, daß sich dabei im Fehlerfalle sehr oft Erdschlußströme weit über den heute für zulässig gehaltenen Grenzen einstellen. Die Resterdschlußströme enthalten hohe, nicht kompensierte Oberwellen und können insbesondere wegen der erhöhten Frequenz gefährlich werden. Zwar werden auch in manchen Großstädten des Bundesgebietes Fehlerströme von 80—150 A noch für tragbar gehalten, doch wird man mit Rücksicht auf die möglichen Gefahren, wie z. B. für Menschen an Fernmeldeeinrichtungen oder Explosionsgefahren an Tankstellen, hierbei immer vorsichtiger werden müssen. Rußland beispielsweise läßt heute schon für seine Stadtnetze nur noch Erdschlußströme von max. 30 A zu. Im Bundesgebiet werden in Städten des Ruhrgebietes wegen der möglichen Gefahren für Bergbaubetriebe stellenweise sogar nur noch rd. 10 A gestattet. Die Entwicklung geht eindeutig allenthalben dahin, den Betrieb mit freiem isolierten Sternpunkt immer weiter einzuschränken[2].

Schritt- und Berührungsspannung. Bei den starren Erdungssystemen und der induktiven Erdung werden die Vorteile damit erkauft, daß man die Erde als Leiter zu Hilfe nimmt. Zwar werden im Störungsfall auch die überwiegend dem Gewitterschutz dienenden Erdseile oberhalb der Freileitungssysteme mit herangezogen und müssen dann den auftretenden Strombelastungen gewachsen sein, doch werden auch dann Fehlerströme durch die Erde geleitet. Sicherer Gewitterschutz durch Erdseile ist im übrigen nur bei Freileitungen von 110 kV und darüber wirtschaftlich zu erreichen; bei 60 kV ist der Erfolg schon fraglich; bei 30 kV lohnen sich Erdseile nur auf der letzten Strecke vor den Stationen[3].

Aus der stärkeren Benutzung der Erde als Leiter erwachsen zwangsläufig Gefährdungen durch hohes Spannungsgefälle. Unter Schrittspannung wird der Potentialunterschied verstanden, den ein schreitender Mensch überbrückt. Unter Berührungsspannung versteht man die Spannung zwischen Erde und dem Berührungspunkt.

Zur Ausschaltung der Gefährdung von Menschen werden allgemein Berührungsspannungen bis 125 V für tragbar gehalten. Schon vor rd. 35 Jahren ist dieser Wert als maximale Berührungsspannung für Anlagen über 1 kV in den Schutzvorschriften festgelegt worden und gilt heute noch für Anlagen über 1 kV

---

[1] Vgl. FUNK, a. a. O.

[2] Vgl. WARRELMANN, Erdschlußfassung und Sternpunktbehandlung in Mittelspannungsnetzen. Elektrizitätswirtsch. 1958, H. 17, S. 534 ff.

[3] Vgl. STOLTE; Spannungsgrenzen für die Verwendung von Erdseilen bei Freileitungen. ETZ A 1958, H. 21, S. 797.

mit freiem oder gelöschtem Sternpunkt als maßgeblich. Die örtlichen Bodenverhältnisse können indessen im Einzelfalle so ungünstig sein, daß sich die Forderung nach einer Berührungsspannung von max. 125 V mit wirtschaftlich tragbarem Aufwand nicht mehr erfüllen läßt. Auch die möglichen hohen Erdschlußströme machen eine Erfüllung dieser Bedingung stellenweise nicht mehr möglich. Zumal bei Anwendung der starren Sternpunkterdung ergeben sich Fehlerströme, die selbst bei sehr aufwendigen Erderanlagen Berührungsspannungen bis über 125 V zur Folge haben können.

Die VDE-Bestimmungen tragen diesen physikalischen Gegebenheiten Rechnung. Sie lassen für derartige Fälle einen Kompromiß zu, indem sie zwar höhere Berührungsspannungen gestatten, dann aber fordern, daß die Schrittspannungen in ungefährlichen Grenzen gehalten werden. Da die Gefährdung der Menschen mit Dauer der Spannungseinwirkung zunimmt, sind um so höhere Berührungs- und Schrittspannungen zugelassen, je kürzer die Zeit ist, in der eine Abschaltung des Fehlerstroms sichergestellt ist. Dabei müssen außerhalb der Anlagen niedrigere Spannungswerte als innerhalb innegehalten werden. Diese Vorsorge ist zwar vornehmlich für den Schutz des Menschen erforderlich, hat jedoch auch erhebliche Bedeutung für den Schutz von Tieren z. B. auf Weiden.

Bei allen Bemühungen um Kosteneinsparungen durch Verminderung der Isolation, z. B. durch Anwendung starrer Sternpunkterdung, zeigt sich, daß zugleich auch immer höhere Aufwendungen für bessere Erdungsanlagen oder auch für schnellere Abschalteinrichtungen in Rechnung gestellt werden müssen.

Erdungsanlagen. Eine Erdungsanlage besteht jeweils aus den in der Erde befindlichen Erdern und den Erdleitungen oder Erdsammelleitungen außerhalb der Erde. Der überhöhte Strom wird den Erdern zugeführt und verteilt sich in der Erde, wobei dort ein „Spannungstrichter" entsteht, dessen Potentialgefälle mit der Entfernung vom Erder abnimmt. Für die Bemessung einer Erdungsanlage und damit für deren Kosten sind die Höhe der möglichen Fehlerströme gegen Erde und die örtlichen Bodenverhältnisse (Erdübergangswiderstand) entscheidend.

Die Vorausberechnung der Fehlerströme ist außerordentlich zeitraubend. Vor allem zu der wichtigen Bestimmung der hohen Fehlerströme bei starrer Erdung sind die Rechnungen so langwierig, daß sich die E-Werke hierfür in der Regel Untersuchungen an Netzmodellen zunutze machen.

Bei Anlagen, in denen hohe Erdschlußströme zu erwarten sind, hat es sich zur Verbilligung der Erdungsanlagen als zweckmäßig erwiesen, möglichst alle Metallteile, wie Stahlskelett, Bewehrungseisen, Trafogehäuse, Kabelmäntel, Kessel, Turbinen, Generatorgehäuse, zu verbinden. Angestrebt werden Erdermaschen unter 10 m Weite. Notfalls werden zusätzliche Erder zur Erreichung dieser Maschenweite unter der Anlage eingebaut. Es lassen sich damit im allgemeinen Potentialgefälle erzielen, die bei Erdspannungen bis 1 kV eine Einhaltung der VDE-Vorschriften gewährleisten[1]. Wichtig ist dabei, daß sowohl die Erdleiter und Sammelleiter als auch die Erder für die vollen möglichen Ströme ausgelegt werden.

---

[1] Vgl. FEIST, Der Einfluß der Sternpunktbehandlung auf die Bemessung der Erdungsanlagen in Hochspannungsnetzen. Elektrizitätswirtsch. 1958, H. 5, S. 105ff.

Zu beachten ist, daß die Benutzung von Metallteilen zu Erdungszwecken nicht ohne Einverständnis des Eigentümers oder Besitzers erfolgen darf. Aus der ungenehmigten Benutzung von Wasserleitungen beispielsweise haben sich schon erhebliche Rechtsstreitigkeiten ergeben.

Um einen ungefährlichen Übergang am Rande der Anlagen zu sichern, steuert man das Potential durch mehrere mit zunehmender Entfernung immer tiefer verlegte Eisenbänder um den Spannungstrichter herum. Metallzäune müssen dem jeweiligen Potential der Erdzone angeglichen werden.

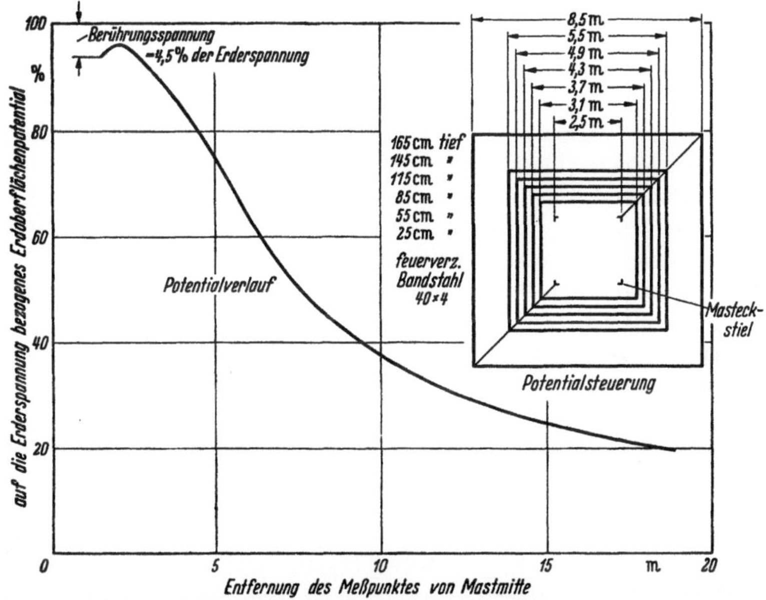

Abb. 39. Erderanordnung zur Potentialsteuerung in der Umgebung eines Freileitungsmastes
(Nach FEIST, Der Einfluß der Sternpunktbehandlung auf die Bemessung der Erdungsanlagen in Hochspannungsnetzen. Elektrizitätswirtsch. 1958, H. 5, S. 105 ff.)

Ein besonders Problem stellt die Gefahr der Potentialverschleppung nach außen dar. Fernmeldeanlagen werden daher durchweg mit Übertragern abgeriegelt; Schienen, Wasserleitungen u. dgl. können bei einsam liegenden Anlagen durch isolierende Zwischenstücke in ihrer Leitfähigkeit unterbrochen werden[1], doch ist mit Rücksicht auf die Gefahren in den Übergangszonen hierbei Vorsicht geboten. In der Regel ist besonders inmitten von Industrieanlagen oder in Stadtgebieten, wo Hochspannungsanlagen innerhalb konzentrierter Kabelnetze liegen, der umgekehrte Weg ratsamer, soviel metallische Außenleiter wie möglich an die Erdungsanlage anzuschließen, um durch möglichst große Verteilung der Fehlerströme das Potential niedrig zu halten.

Wo eine Potentialverschleppung über die Nullung eines von der Anlage aus gespeisten Niederspannungsnetzes droht, läßt sich die Einhaltung der 125-V-Grenze meist nur dadurch sicherstellen, daß man die außenliegenden Abnehmer über einen außerhalb der Anlagepotentials geerdeten (zweckmäßiger auch dort erstellten) Transformator versorgt.

---

[1] Vgl. HARTMANN, Erdung am Wasserrohrnetz. Elektrizitätswirtsch. 1958, H. 20, S. 631 ff.

16   Freiberger, Elektrizitätswerke

Für Erdungen in kaum begangenem Gelände genügen meist einfache Potentialsteuerungen, während in der Nähe von Wegen und Ortschaften höhere Anforderungen gestellt werden.

Das vorstehende Bild zeigt, wie aufwendig derartige Potentialsteuerungen werden können. Jede Betriebsleitung eines E-Werkes sollte daher darauf achten, daß zur Vermeidung unnötigen Aufwands die für die Mindestbemessung der Erdungsanlage erforderlichen Rechnungen, Messungen und Überlegungen in jedem Falle vorher angestellt werden[1].

Kurzunterbrechung. Bei starrer Sternpunkterdung kann jeder Erdschluß zu einer Betriebsunterbrechung führen. Da eine sehr schnelle Unterbrechung des Fehlerstroms den Lichtbogen sofort zum dauernden Erlöschen bringen kann, was Schäden an Isolatoren und Leitungen auf ein Mindestmaß begrenzt und die Freileitungen sofort wieder betriebsklar macht, wurde die Kurzunterbrechung mit anschließender Wiedereinschaltung entwickelt. Vor allem für Leitungen mit kritischen Stabilitätsbedingungen wird dadurch die Betriebssicherheit erhöht.

Die Kurzunterbrechung, vielfach auch Kurzschlußfortschaltung genannt, wurde zunächst in Freileitungsnetzen der Spannungsebene 110 kV und darüber angewandt und fand in diesen Spannungsbereichen schnell Verbreitung. Neuerdings scheint sich ihr auch das Gebiet der derzeitigen kompensierten Mittelspannungs-Freileitungsnetze zu erschließen, da sich damit die bisherigen Spannungsabsenkungen und -erhöhungen im Erdschlußfall auf unbedeutend kurze Zeiträume beschränken lassen. Für Mittelspannungs-Freileitungsnetze ist die Kurzunterbrechung vor allem deshalb interessant, weil dort häufig Vermaschungen und Parallelstränge zur Sicherung einer störungslosen Versorgung fehlen und die dreipolige Kurzunterbrechung die Zahl der Versorgungsunterbrechungen auf Grund mehrpoliger Fehler bei Strahlennetzen erheblich vermindert[2].

In der Regel liegen die Zeiten bis zur Abschaltung (Relais und Schalter) bei modernen Schaltern zwischen 70 und 200 ms. Bis zur Wiedereinschaltung muß die Entionisierung und die Festigung der Lichtbogenstrecken abgewartet werden. Diese sogenannten „Pausenzeiten" sind von der Höhe der Spannung abhängig[3].

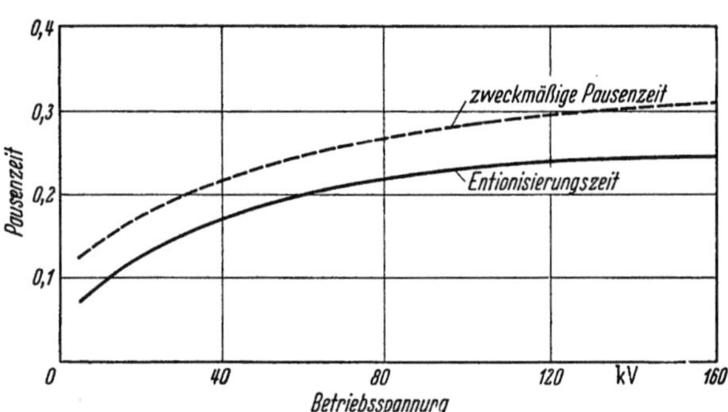

Abb. 40. Pausenzeiten in Abhängigkeit von der Spannung
(Nach Baatz, Kurzunterbrechung in Verteilungsnetzen, ETZ A 1955, H. 18, S. 640 ff.)

In starr geerdeten Netzen bewirkt die Kurzunterbrechung, daß rd. 80% aller Erdschlüsse (einpolige Kurzschlüsse) nicht mehr zu Betriebsunterbrechungen

---

[1] Vgl. Koch, Erdungsfragen, ETZ A 1957, H. 3, S. 135 ff.

[2] Vgl. Neugebauer, Die Schutz- und Fernwirktechnik im neuzeitlichen Verbundbetrieb, ETZ A 1956, H. 21, S. 774 ff.

[3] Vgl. Baatz, Kurzunterbrechung in Verteilungsnetzen, ETZ A 1955, H. 18, S. 640 ff.

führen[1]. Erschwerungen können sich allerdings ergeben, wenn ein Netz noch durch elektromagnetische und kinetische Energie, z. B. Asynchronmotoren rückwärts gespeist wird. Die Abklingzeiten lassen sich meist nur durch Versuche bestimmen.

Bei zweiseitiger Einspeisung von Leitungen muß jede Seite für Kurzunterbrechungsschaltung ausgerüstet werden, wobei die Relais zur Gewährleistung der Gleichzeitigkeit verbunden sein müssen. Derartige Schaltungen erfordern einen erheblichen Aufwand für die Relais und die Verbindungseinrichtungen. Er lohnt sich für Mittelspannungsleitungen nur selten.

Kurzunterbrechungsrelais werden nahezu ausnahmslos so gebaut oder eingestellt, daß sie bei Auftreten eines Fehlers nur einmal mit Kurzzeit abschalten. Anschließend folgt eine Sperrzeit von 10 s für das Relais. Ist nach der Wiedereinschaltung der Fehler noch vorhanden, so erfolgt die weitere Abschaltung mit dem vorgesehenen selektiv gestaffelten Netzschutz.

Erdschlußerfassung. In den über Sternpunktdrosseln geerdeten Netzen, im Bundesgebiet also vornehmlich bei Mittelspannung und häufig bei 110 kV, ergeben sich besondere Schwierigkeiten bei der Erfassung der Erdschlüsse. Man kann mit verhältnismäßig einfachen Mitteln, z. B. mit Spannungsmessern, anzeigend oder als Schnellschreiber, mit Erdspannungsasymmetern oder Fallklappenrelais, feststellen, ob überhaupt in einem Netz gerade ein Erdschluß vorhanden ist. Die Erfassung des genauen Erdschlußortes wird jedoch dadurch erschwert, daß als Anregegröße neben der Verlagerungsspannung nur ein verhältnismäßig kleiner Wirkreststrom zur Verfügung steht, der sich überdies in vermaschten Netzen noch aufteilt und dessen Messung durch Ausgleichsschwingungen leicht verfälscht wird.

Im 30-kV-Netz der BEWAG, das mehrfach gespeiste Abspanngruppen und Kurzschlußbegrenzungen durch Drosselspulen besaß, war probeweise 1929 bereits ein selektiver Erdschlußschutz eingebaut worden, der wegen der behelfsmäßigen Herstellung verhältnismäßig ungenauer Meßeinrichtungen nicht mit genügender Genauigkeit arbeiten konnte. Jahrelang hat man wegen dieser und ähnlicher Schwierigkeiten auf eine meßtechnische Erfassung des Erdschlußortes ganz verzichtet. Die Fehlerstelle wurde statt dessen durch versuchsweise Abschaltung ganzer Gruppen oder einzelner Leitungen eingekreist.

Inzwischen sind Meßgeräte entwickelt worden, die mit hinreichender Genauigkeit die Richtung auf den Fehlerort hin anzeigen. Die Arbeitsmethoden derartiger Geräte sind recht verschieden und müssen meist den besonderen Erdungsbedingungen des zu überwachenden Netzes angepaßt werden. Ein häufig angewandtes Mittel bei derartigen Messungen ist die kurzzeitige Vergrößerung des Reststromes durch Veränderung der Induktivitäten an den Sternpunkten der Transformatoren. Gemeinsam ist fast allen diesen Geräten, daß ihr Preis jedes E-Werk zu der Überlegung zwingt, ob sich ein Einsatz wirtschaftlich vertreten läßt. Das gilt vor allem für die Verwendung in Mittelspannungsnetzen. Eine gewisse Kostenerleichterung bietet sich neuerdings durch Einbau von nur einem Gerät in einer Schaltanlage, das mit einer Erdschlußsuchschaltung die einzelnen Abzweige hintereinander schnell abfragt. Die Meldungen aus allen diesen Erdschlußrichtungsrelais können über Fernmeldeeinrichtungen an eine Zentrale abgegeben werden,

---

[1] Vgl. NEUGEBAUER, a. a. O.

16*

so daß sich dort der Fehlerort in kürzester Zeit durch Vergleich der einzelnen Meldungen mit dem jeweiligen Schaltzustand ermitteln läßt.

Für die Betriebsleitung eines E-Werkes ergibt sich allerdings die Frage, ob wirklich die Erlangung der Kenntnis in kürzester Zeit so große Vorteile bietet, daß sie den Aufwand für eine zentrale Erdschlußüberwachung rechtfertigt; schließlich sind ja erhebliche Aufwendungen für die Kompensation der Netze nicht zuletzt aus dem Grunde gemacht worden, erdschlußbehaftete Leitungen für eine gewisse Zeit weiter betreiben zu können, und im übrigen werden die Netze heute unter erheblichen Kosten durchweg wieder so instandgehalten, daß nicht jeder Erdschluß gleich zu einem Doppelerdschluß oder mehrpoligen Kurzschluß führt. In Kabelnetzen zwar bedeutet jeder Erdschluß immer gleich eine starke Kurzschlußgefahr, doch ist bei der starken Vermaschung der Mittelspannungskabelnetze nur noch selten gleich die Gefahr von Versorgungsunterbrechungen gegeben. Abgesehen davon ist die Reparatur eines Kabels, das einen Kurzschluß erlitten hat, oft billiger als die eines Kabels mit einem Erdschluß, wenn dieser zur Bestimmung eines genauen Fehlerorts erst noch mühsam ausgebrannt werden muß.

Für 110-kV-Netze und auch für viele Mittelspannungsnetze bis 25 kV abwärts erscheint eine zentrale Erdschlußerfassung sinnvoll, für Netze mit niedrigeren Spannungen nur in Einzelfällen. In 30- und 25-kV-Netzen wird es jedoch zumeist genügen, die Erdschlußerfassung so aufzubauen, daß nur die Einspeisepunkte des übergeordneten Verbundnetzes und die wichtigsten Verteilungsschaltanlagen mit automatisch meldenden Erdschlußerfassungsgeräten ausgerüstet werden.

Bei der Entscheidung über Investitionen für Anlagen zur Erdschlußerfassung ist vor allem zu berücksichtigen, daß die keinesfalls zu umgehenden Investitionen für die Relais zur selbsttätigen Abschaltung von Kurzschlüssen dazu geführt haben, daß die Abschaltzeiten inzwischen von früher 0,5—2 s auf max. rd. 0,2 s verkürzt werden konnten. Die an den Netzeinrichtungen bei Kurzschlüssen noch auftretenden Schäden sind bei so kurzen Abschaltzeiten nur sehr gering. Es erscheint nicht zweckmäßig, für die vorbeugenden Maßnahmen zur Erdschlußerfassung hohe Finanzmittel einzusetzen, wenn die möglichen Netzschäden im Fehlerfalle nicht mehr allzu gewichtig sind.

Netzschutz. Alle Schutzeinrichtungen eines Netzes, einschließlich jener der Generatoren gehören zu den Geräten eines E-Werkes, die nahezu vollautomatisch wirken. In Bruchteilen von Sekunden müssen Feststellungen getroffen und in Handlungen umgemünzt werden, um schwerste Schäden an Anlagen und Einrichtungen zu verhindern und die Auswirkungen einer vielleicht unvermeidlichen Lieferungsunterbrechung auf das geringste Maß zu beschränken. Nach vorsichtiger Abwägung der dafür aufzuwendenden Mittel im Verhältnis zu den zu schützenden Werten zeigt sich klar, daß Investitionen für Netzschutz und Wartung in der Regel beste Kapitalanlage bedeuten. Gerade hier sollte bei Planung und Neubau so großzügig wie möglich verfahren werden. Für die Betreuung der Schutzeinrichtungen sollte die fähigsten Mitarbeiter herangezogen werden.

Die engen Zusammenhänge zwischen den Problemen der Isolation, der Sternpunktbehandlung und des Netzschutzes lassen es überdies dringend geboten erscheinen, innerhalb eines E-Werkes Zuständigkeit und Verantwortung für diese Gebiete in eine Hand zu geben. Wegen der erheblichen Bedeutung für die Höhe künftiger Investitionen wird sich die Geschäftsleitung in grundsätzliche Entscheidungen auf diesem Gebiet einschalten müssen.

Selektivität. Unter Selektivität wird die Fähigkeit verstanden, nur die fehlerbehafteten Netzteile herauszutrennen. Voraussetzung hierfür ist die schnellstmögliche Feststellung des Fehlerortes. Für selektive Netzschutzeinrichtungen ist kennzeichnend, daß die Auslöseeinrichtungen um so später ansprechen, je weiter sie vom Fehlerort entfernt sind. Entsprechend einer Zeitstaffelung bewirken die der kranken Stelle am nächsten liegenden Trenneinrichtungen jeweils die Abschaltung.

Schmelzsicherungen. Häufig verwendete Schutzeinrichtungen sind Schmelzsicherungen. Ihre Wirkung beruht auf der Voraussetzung, daß der sie durchfließende Fehlerstrom merklich höher als der übliche Betriebsstrom ist und so thermisch die Abschmelzung bewirkt. Die Feststellung des Fehlers und die Abschaltung erfolgen durch das gleiche Gerät. Die Selektivität kann durch Staffelung von Sicherungen mit verschiedenen Kennlinien nur grob erreicht werden. Sie reicht für die Anforderungen, die in Strahlennetzen für Niederspannung gestellt werden, ohne weiteres aus. Sicherungen in Maschennetzen unterliegen besonderen hohen Anforderungen und erfordern zur Festlegung der günstigsten Staffelung eine sehr genaue Vorberechnung der möglichen Stromstärken im Fehlerfall.

In Mittelspannungsnetzen sind Sicherungen nur begrenzt verwendbar. Sie werden dort als Schutzgerät auf der Oberspannungsseite der Stationstransformatoren eingesetzt. In Netzen über 30 kV genügen Sicherungen in der Regel den zu stellenden Anforderungen nicht mehr.

Überstrom- und Distanzschutz. Unter Relais versteht man kleine Hilfsgeräte, bei denen durch eine Veränderung in einem den Impuls heranbringenden Hilfsstromkreis ein oder mehrere andere, oft leistungsstärkere Stromkreise verändert werden. Diese betätigen entweder unmittelbar oder mittelbar über weitere Relais eine Auslösespule, oder lösen eine Warnung oder sonstige Reaktionen aus.

Für einfache Schutzaufgaben, zum Beispiel für Stichleitungen in Mittelspannungsnetzen genügen im allgemeinen Relais, bei denen die Auslösung nach einer einstellbaren oder veränderlichen Zeit erfolgt. Immerhin läßt sich damit durch Einstellung verschiedener Zeiten in Strahlennetzen eine brauchbare Selektivität erzielen. Für vermaschte Mittel- und Hochspannungsnetze hingegen sind Schutzeinrichtungen erforderlich, die die Entfernung bis zum Fehlerort hinreichend genau selbst messen und danach die Zeit bis zur Schalterauslösung ermitteln. Sie müssen zum großen Teil auch auf andere Kriterien als Überstrom ansprechen. International hat sich für diese Aufgabe als Standardlösung der sogenannte „Distanzschutz" eingeführt, der in der Regel aus einem Anregeteil, einem Entfernungsmeßteil und einem Richtungsmeßteil besteht.

Anregung. Die auf Überstrom ansprechenden Anregeglieder sind elektromagnetische Relais mit geringer Stromaufnahme und kleiner bewegter Masse, die den Stromwandler nur wenig belasten und flink arbeiten.

Mit zunehmender Vermaschung der Netze hat in den letzten Jahren die sogenannte „Unterimpedanzanregung" an Bedeutung gewonnen. Sie ist notwendig geworden, da bei manchen Schalt- und Betriebszuständen die Kurzschlußströme unter den Betriebsströmen liegen. Bei Kurzschlüssen auf langen Hoch- und Höchstspannungsleitungen weichen an der Meßstelle oft auch die Spannungswerte kaum von den Betriebswerten ab. Für derartige Fälle sind besondere Unterimpedanzglieder entwickelt worden, die abhängig vom Phasenwinkel höhere Empfindlichkeit aufweisen.

Früher wurde eine zweipolige Anregung für ausreichend gehalten, heute zeigt sich in Netzen höherer Spannung die Neigung, zur dreipoligen Anregung überzugehen, um die damit verbundene einfachere, schaltungssichere Betriebsweise und andere Vorteile nutzen zu können.

Fehlerortsbestimmung und Auslösezeit. Die Entfernung zum Fehlerort messen Kipprelais. Sie stellen fest, ob der Fehler vor oder hinter einem bestimmten angenommenen Punkt der Leitung (meist 80—85% der Entfernung bis zum nächsten Schalter) liegt und veranlassen bei Fehlern vor diesem Punkt die Schnellzeitabschaltung. Bei Fehlern hinter diesem Punkt werden weitere entfernungsabhängige Zeitstufen wirksam. Auf diese Weise lassen sich mit Distanzschutzrelais sehr enge Zeitstaffelungen erreichen. Die letzte Zeitstufe der Relais übernimmt als sogenannte Endzeitstufe den Reserveschutz für den Fall des Versagens der der normalen Schutzstaffelung auf dem Wege zum Fehlerort hin.

Schwierig wird die Staffeleinstellung der zweiten und weiterer entfernungsabhängiger Zeitstufen bei vermaschten Netzschaltungen dadurch, daß bei Fehlern auf den nachfolgenden Leitungsstrecken die Relais dieser Stufen unter Umständen nur einen Teil des Kurzschlußstromes messen können. Der vom Relais erfaßte Teil des Kurzschlußstromes täuscht eine größere Entfernung bis zum Fehlerort vor. Diese grundsätzlichen Fehler müssen an Hand der Widerstände der Parallelstrecken vorausberechnet und berücksichtigt werden[1].

Die Fehlerortsbestimmung durch das Entfernungsmeßglied kann auch durch den recht variablen Widerstand des Kurzschlußlichtbogens verfälscht werden. Bei manchen Distanzrelais sind aus diesem Grunde Maßnahmen getroffen, um derartige Fehler wenigstens teilweise auszugleichen. Zur Abhilfe verwendete Reaktanzmeßglieder führten bei Außertrittfallen von Generatoren zu Fehlauslösungen und sind deshalb wieder aufgegeben worden.

Die Richtungsmeßglieder bestehen im allgemeinen aus den gleichen Bauelementen wie die Entfernungsmeßglieder und sorgen dafür, daß nur die Relais an den Leitungseingängen in Richtung zum Fehler hin entsprechend der Staffelung zur Auslösung gelangen. Allenfalls werden die Endzeitauslösungen gelegentlich für beide Richtungen vorgesehen.

Der verhältnismäßig geringe Leistungsbedarf der meisten modernen Distanzrelais hat die Möglichkeit eröffnet, auch den Betätigungsstrom für die Auslösespulen dem Stromwandler zu entnehmen. Möglicherweise wird man in Zukunft auf Gleichstrom-Hilfsspannung für die Auslösung immer mehr verzichten können. Die Entwicklung ist nicht nur wegen der Kostenersparnis bedeutsam, sondern macht vor allem durch die Ausschaltung einer möglichen Fehlerquelle den Netzschutz einfacher und deshalb sicherer.

Die Schaltzeiten („Kommandozeiten") moderner Distanzschutz-Relais vom Kurzschlußeintritt bis zur elektrischen Impulsgabe für das Ausschaltrelais am Schalter liegen zwischen 40—100 ms (bei Sonderbauarten sogar nur 20 ms). Da

---

[1] Vgl. SCHUBERT, Zweckmäßige Einstellung der Reservestufen an Schnelldistanzrelais an vermaschten Mittelspannungsnetzen. Elektrizitätswirtsch. 1958, H. 5, S. 112ff.

moderne Schalter 50—100 ms zur Abschaltung benötigen, kommt man heute auf Gesamtzeiten für die Auslösung in der Schnellstufe zwischen 70 und 200 ms, wobei mit den kürzesten Zeiten technische Grenzwerte erreicht sind, deren weitere Unterschreitung nicht mehr sinnvoll erscheint[1].

Vergleichsschutz (früher: Differentialschutz). Der Vergleichsschutz findet Verwendung, wenn der Widerstand des zu schützenden Objekts so klein ist, daß eine eindeutige Messung der Entfernung bis zum Fehlerort wirtschaftlich nicht mehr möglich ist. Dies ist besonders bei Transformatoren, Generatoren, kurzen Kabeln und Sammelschienen der Fall.

Beim „mittelbaren Vergleichschutz" handelt es sich in der Regel um einen Vergleich der Richtungswerte aus normalen Distanz-Relais. Zeigen die Richtungselemente an beiden Enden der zu schützenden Strecken aufeinander zu, so erfolgt Auslösung in Schnellzeit, ohne daß die Entfernungsmessung abgewartet wird. Vielfach wird dabei besonderer Wert auf möglichst gleichzeitige Abschaltung gelegt (Kurzzeitunterbrechung!) Bei räumlicher Trennung der beiden vergleichbaren Relais ist eine Hilfsverbindung notwendig, was die Anwendung dieser bestrickend einfachen Schutzart wiederum erschwert.

Beim „unmittelbaren Vergleichsschutz" werden die Ströme vor und hinter der zu schützenden Strecke verglichen. Sie werden durch Wandler sehr genau nachgebildet. Die Sekundärströme werden so geschaltet, daß sich dabei die Betriebsströme gegenseitig aufheben. Jede auftretende Unsymmetrie läßt ein Relais ansprechen, das sofort die Auslösung veranlaßt. Auf diese Weise werden Kommandozeiten von 100 ms bis herab zu 10 ms erreicht. Das früher gelegentlich bei betriebsmäßig ungefährlichen Symmetriestörungen wie auch beim Einschalten der Transformatoren beobachtete, unerwünschte Ansprechen wird bei neueren Bauarten unterdrückt.

Auf außenliegende Fehler sprechen die Relais bei Überschreitung bestimmter Überströme an und schalten dann mit einer Zeit ab, die man der Schutzstaffelung des Netzes anpassen kann. Die für die Sekundärströme erforderlichen Hilfsleitungen, die möglichst keine Klemmstellen enthalten sollen, lassen die Verwendung derartiger Relais für den Kabelschutz nur bei verhältnismäßig kurzen Strecken zu.

Transformatorenschutz. Für Transformatoren mit Ausnahme der Netzstations- und Konsumenten-Transformatoren hat sich der unmittelbare Vergleichsschutz als Standardschutz durchgesetzt. Er wird im allgemeinen durch den nach seinem Erfinder benannten Buchholzschutz ergänzt. Diese geniale Schutzeinrichtung beruht auf der Erkenntnis, daß sich im Innern des mit Öl gefüllten Transformatorkessels bei allen denkbaren Unregelmäßigkeiten Gasblasen aus dem sich zersetzenden Öl bilden, die nach oben getragen werden und bei starken Störungen Wellen im Flüssigkeitsdruck auslösen.

In einem Gerät, das zwischen dem Kessel und Ausdehnungsgefäß so angeordnet ist, daß alle nach oben gleitenden Gasbläschen aufgefangen werden, ist ein Schwimmer angeordnet. Er betätigt bei leichter Gasentwicklung, wie sie bei Überhitzungen oder im Anfangsstadium innerer Fehler auftritt, ein Warnsignal.

---

[1] Vgl. hier und im vorstehenden: NEUGEBAUER, Die Schutz- und Fernwirktechnik im neuzeitlichen Verbundbetrieb. ETZ A 1956, H. 21, S. 774ff.

Eine Druckklappe zwischen Kessel und Ausdehnungsgefäß löst bei starken Druckwellen und bei sehr heftiger Gasentwicklung die ober- und unterspannungsseitigen Schalter unverzögert aus.

Bei kleinen Transformatoren, vor allem auch in Netz- und Konsumentenstationen ist meist der — für alle Transformatoren zu empfehlenden — Einbau von Thermorelais ausreichend, die gegebenenfalls ein Warnsignal auslösen.

Generatorschutz. Auch für den Schutz von Generatoren sind Vergleichsschutz und Distanzschutz die wesentlichsten Hilfsgeräte. Der Vergleichsschutz umfaßt hier in der Regel den Bereich vom Generatorsternpunkt über den Maschinenumspanner bis zum Leistungsschalter und schließt in der Regel auch den Eigenbedarfsumspanner, soweit er zur Blockeinheit gehört, ein. Der Distanzschutz für Generatoren wird an die Wandler im Sternpunkt angeschlossen und arbeitet mit einer Schnellstufe als Reserveschutz für den Vergleichsschutz. Seine zweite Stufe übernimmt den Überstromschutz und wird in die Staffel des Netzschutzes entsprechend eingeordnet.

Angesichts des erheblichen Wertes von Generatoren, der Schwierigkeit von Reparaturen und der Kosten des Ausfalls kommt dem Erdschlußschutz besondere Bedeutung zu. Die Ständerwicklungen von Generatoren, die über Maschinentransformatoren an das Netz angeschlossen sind, werden in der Regel im Sternpunkt über einen Wirkwiderstand mit Erde verbunden. Im Erdschlußfall kann so ein Fehler im Ständer durch ein Relais an dieser Verbindungsleitung erfaßt werden. Mittels künstlicher Anhebung des Sternpunktpotentials oder besonderer Ausbildung der Relais können sogar Erdschlüsse im Sternpunkt selbst aufgezeigt werden. Der Läufer wird gegen Erdschlüsse zumeist mit überlagerten Gleichstrombrückenschaltungen geschützt.

Ein besonderer Schutz gegen Windungsschlüsse ist bei größeren Generatoren heute in der Regel nicht mehr erforderlich, da fast ausschließlich Stabwicklungen verwendet werden. Auch auf den früher häufig eingebauten „Schieflastschutz" wird heute meist verzichtet, da gefährliche Schieflasten bei der jetzt üblichen Schutzausrüstung der Netze nur noch äußerst selten auftreten können[1]. Ebenso hat der Kohlensäure-Brandschutz für luftgekühlte Generatoren mit der Anwendung besserer Isolationsmaterialien an Bedeutung verloren.

Kommt es auf Grund des Ansprechens der Schutzeinrichtungen zu einer Abschaltung des Generators, so müssen, gekuppelt mit der elektrischen Trennung vom Netz, nicht nur die Schnellschlußventile im Dampfweg geschlossen werden, sondern es muß auch die Maschinenspannung schnell auf einen ungefährlichen Wert gebracht werden. Sorgsam abgestimmte, selbständig arbeitende Entregungseinrichtungen sind daher ein wesentlicher Bestandteil jedes Generatorschutzes.

d) Instandhaltung der Betriebsmittel

Die Kontrolle und Pflege der Betriebsmittel ist am wirtschaftlichsten, wenn sie möglichst regelmäßig und gleichmäßig durchgeführt wird. Nur so wird vermieden, daß die Betriebe plötzlich vor die Notwendigkeit gestellt werden, ganze Gruppen von Betriebsmitteln auszuwechseln oder im Großeinsatz zu überholen. Nicht nur aus Gründen der Finanzplanung sind derartige Überraschungen

---

[1] Vgl. NEUGEBAUER, a. a. O.

unerwünscht, sie verursachen zumeist auch eine erhebliche Schaltunruhe, erfordern in ungeeigneten Augenblicken Schaltzustände mit verminderter Versorgungssicherheit und stören die Personaldisposition.

Die „Instandhaltung" der Betriebsmittel umfaßt hauptsächlich die Aufgabe, für die Sauberkeit der Betriebsmittel zu sorgen, Kleinstschäden möglichst frühzeitig auszumerzen und vorbeugend Maßnahmen gegen Schäden durchzuführen. Dazu gehört gegebenenfalls auch ein an Ort und Stelle schnell durchführbarer Einbau von Ersatzteilen. Unter dem Begriff „Überholung" werden auch darüber hinausgehende Arbeiten, wie kleinere Umbauten an den Betriebsmitteln oder auch größere Reparaturen, verstanden.

Gefahr „stiller Investition". In den Kostenrechnungen ist der Begriff „Überholung" mit Vorsicht anzuwenden. Sonst wird die Abgrenzung der Betriebskosten gegenüber den Investitionen oder in steuerlicher Sicht gegenüber der aktivierungspflichtigen Verbesserungen verschwommen. Im Rahmen der steuerlich zulässigen Grenzen gibt es einen Ermessensspielraum, welche Arbeiten als Instandhaltungsarbeiten und welche als Investitionstätigkeit angesehen werden können. Es ist jedoch dringend davor zu warnen, die Entscheidung dem einzelnen Abteilungsleiter ohne Abstimmung mit der Leitung des E-Werks zu überlassen. Sonst kann es dazu kommen, daß ohne Kenntnis und Willen der Geschäftsführung über die laufenden Betriebskosten ganze Netzteile, Schaltanlagen oder Kraftwerksteile Stück für Stück von Grund auf erneuert oder zusätzlich erstellt werden.

Sehr oft steht hinter solchen „stillen Investitionen" nicht nur der verständliche Wunsch eines Netzbetriebs- oder Kraftwerksleiters, ein persönliches Versäumnis heimlich nachzuholen, sondern auch das Bestreben, durch eine Modernisierung der Anlagen später zu niedrigeren Betriebskosten zu kommen. Mit Rücksicht auf eine klare Unternehmens- und Finanzpolitik, sollte jedoch eine derartige „stille" Durchführung von Investitionen nicht geduldet werden. Gelegentlich kann es bei unklarer Abgrenzung zwischen Investitionen und Überholung auch zu entgegengesetzten Fehlern kommen, wenn nämlich einen Abteilungsleiter des Betriebes der Ehrgeiz, niedrige Betriebskosten auszuweisen, so weit treibt, dauernd möglichst viele Kosten auf Investitionskonten abzuwälzen.

Abschaltungen. Ein beträchtlicher Anteil der Instandhaltungskosten entfällt auf Personalkosten. Oftmals sind Arbeiten, vor allem an Leitungen, an Schaltgeräten und Umspannern nicht möglich, ohne die Versorgung einiger Verbraucher für befristete Zeit zu unterbrechen. Bei den wachsenden Ansprüchen der Kunden, vor allem der gewerblichen, an die stete Versorgungsbereitschaft des E-Werkes werden Abschaltungen häufig nur noch nachts oder an Wochenenden für tragbar gehalten. Überstundengelder, Nachtarbeitszuschläge, Sonntagsgelder u. dgl. werden somit auch künftig die Instandhaltung verteuern. Abgesehen von der finanziellen Belastung wird es für die Betriebsleitung jedoch auch immer schwieriger, Personal zu finden und zu halten, das bereit ist, Sonn- und Feiertagsarbeit lediglich zur Reinigung von Netzstationen und Konsumentenanlagen regelmäßig zu leisten.

Ein guter Weg zur Vermeidung dieser Unzuträglichkeiten ist die Herabsetzung, wenn nicht gar Ausschaltung der Verschmutzungsgefahr. Auf diesem Gebiet ist die konstruktive Gestaltung der Anlagen heute noch sehr verbesserungsbedürftig.

Ob ein E-Werk während des normalen Betriebs der Anlagen Abschaltungen durchführen kann, hängt im wesentlichen auch von seinem Verhältnis zu den Kunden ab. Gerade auf diesem Gebiet ist es besonders wertvoll, zu den Kunden ein Vertrauensverhältnis aufzubauen und stets zu pflegen.

Im allgemeinen sind die Strombezieher vernünftigen Argumenten zugänglich, insbesondere, wenn sie von ihrem Versorgungsbetrieb zufriedenstellend betreut werden. Begründete, frühzeitige, möglichst wiederholte Hinweise auf eine bevorstehende unumgängliche Abschaltung, die nicht im Verordnungston erfolgen, schaffen in Gebieten hauswirtschaftlicher Versorgung bei den Kunden die Bereitschaft, auch während der normalen Betriebszeit die Unterbrechung der Versorgung zum Zweck der Instandhaltungsarbeiten etwa einmal im Jahr auf wenige Stunden hinzunehmen. Selbst mit gewerblichen Betrieben läßt sich durch langfristige Abstimmung über eine geplante Abschaltung häufig eine Termineinigung auch auf einen Wochentag erzielen, an dem der betreffende Betrieb ohnehin infolge Betriebsfeiern, Jubiläen, Betriebsausflügen, internen Betriebsüberholungen u. a. stilliegt.

Kabel. Die im Rahmen der Instandhaltung regelmäßig anfallenden Arbeiten sind bei den einzelnen Betriebsmitteln nach Art und Umfang recht verschieden. Am wenigsten Sorge bereiten die Kabel. Massekabel bedürfen außer einer gelegentlichen Kontrolle der Endverschlüsse auf Masseaustritt praktisch keiner Betreuung. Bei Öl- und Gasdruckkabeln genügt eine regelmäßige Kontrolle der Anzeigeinstrumente an den Ausdehnungsgefäßen, sofern nicht eine Warnmeldung die gefährliche Abweichungen bestimmter Meßwerte automatisch anzeigt.

Freileitungen. Bei Freileitungen bedürfen die Masten, sofern es sich nicht um Betonmasten handelt, einer regelmäßigen Pflege. Eisenmasten, auch Eisenteile an Betonmasten, müssen je nach Art der Witterungsverhältnisse alle 4—10 Jahre neue Schutzanstriche erhalten. Auch feuerverzinkte Masten sind in der Regel etwa nach 15 Jahren in diesen Turnus mit einzubeziehen.

Holzmaste werden nur noch schutzgetränkt aufgestellt. Art und Zusammensetzung der Tränkmassen sind verschieden, meist wird kyanisiert, teeröl-imprägniert oder osmotisiert.

Die Lebensdauer der Holzmasten ist mit 15 bis max. 40 Jahren je nach Imprägnierungsart und Standort verschieden. Die nach neueren Verfahren imprägnierten Masten weisen die längsten Standzeiten auf. Ersatzmasten haben im allgemeinen eine geringere durchschnittlichere Lebensdauer als Neubaumasten. Die bisherigen Vermutungen, Pilzverseuchungen an den Ersatzmaststandorten seien hierfür ursächlich, haben sich nicht bestätigt. Eindeutige Erklärungen über Ursachen und Zusammenhänge sind noch nicht bekannt.

Der Nachpflege der Masten mit dem Ziele einer Lebensdauerverlängerung wurde in den letzten Jahren verstärkte Aufmerksamkeit gewidmet, um so mehr, als die Holzmastenpreise von der Ausgangsbasis 1930 bis zur Währungsreform auf 170%, im Laufe der weiteren Jahre bis auf 350% angestiegen sind.

Bei der Nachpflege wird das Impfverfahren nur noch vereinzelt angewendet, dafür gerne Salzpastenanstriche oder Schutzabdeckungen auf Ölbasis, wobei der Abdichtung gegen Auswaschungen besonderes Augenmerk geschenkt wird. Unter Berücksichtigung der Lebensdauerverlängerung der Masten kann eine regelmäßige Nachpflege eine Senkung der jährlichen Mastenkosten auf rd. 60—80% erbringen.

Mastenkontrollen werden im allgemeinen halbjährlich durchgeführt, während man für die Nachpflege Abstände von 6 Jahren als ausreichend ansieht, sofern nicht extreme Witterungsverhältnisse, wie in den Küstengebieten, Mooren oder im Hochgebirge vorliegen. Es ist zweckmäßig, für die Masten eine Kartei anzulegen, in der jeder neu hinzukommende Mast seinen „Steckbrief" erhält, der im Laufe der Jahre durch die wesentlichen Daten über Kontrollen, Nachpflege und besondere Beobachtungen ergänzt wird. Damit wird nicht nur die Überwachung der Wartungszeiträume und des voraussichtlichen Endes der Standzeit erleichtert, sondern es können auch wertvolle Aufschlüsse aus der statischen Auswertung gewonnen werden, z. B. über die Zweckmäßigkeit der Imprägnierungs- und Pflegeverfahren und der verwendeten Holzart, über die Häufigkeit schädlicher Einwirkungen, über Zeitpunkt und Ausmaß künftiger Mastenbestellungen und über den gesamten erforderlichen Personal- und Materialaufwand der Masteninstandhaltung[1].

Zu den vorbeugenden Arbeiten gehört bei vielen Freileitungen noch das Ausästen der Trasse, d. h. die Beseitigung von Zweigen, die der Leitung zu nahe kommen könnten. Der Zeitaufwand und damit die Kosten hierfür werden im Laufe der Jahre fallweise so groß, daß viele E-Werke bei der Planung neuer Leitungen von vornherein darauf Wert legen, lieber kleine Umwege bei der Trassenführung in Kauf zu nehmen oder sich notfalls unter Inkaufnahme einmaliger Kosten breitere baumfreie Trassen zu sichern.

Anlagenreinigung. Die Instandhaltung der Anlagen, vor allem der Innenraumanlagen, erfordert eine regelmäßige Reinigung. Sie dient der Befreiung der Isolatoren von Fremdschichten und soll verhindern, daß sich Schmutzteilchen, die sich an anderen Stellen der Anlage angesammelt haben, auf den Isolatoren absetzen.

Gelegentlich muß man allerdings feststellen, daß zwar die Anlagen vorzüglich gesäubert werden, daß jedoch seitens des Aufsichtspersonals den Quellen der Staubablagerung nicht konsequent nachgegangen wird. Eine sorgfältige Kontrolle der Tür- und Fensterdichtungen sowie des Lüftungsverlaufs kann in vielen Fällen die künftige Verschmutzung erheblich mindern. Die Reinigung der Anlage erfolgt je nach Notwendigkeit in 1- oder 2jährigem Turnus. Eine anzustrebende nahezu völlige Entlastung von den zeitraubenden Reinigungsarbeiten, die unter Umständen Freischaltungen von Leitungen und sehr oft auch Abschaltungen von Kunden zur Voraussetzung haben, läßt sich nur durch Einbau von Kapselanlagen erreichen.

Transformatoren. Bei der Mehrzahl der Transformatoren beschränkt sich die Instandhaltung normalerweise auf eine Kontrolle des Ölstandes und die Abnahme einer Ölprobe, die bei Überschreitung bestimmter Werte für die Verseifung und Säurebildung die Notwendigkeit eines Ölwechsels anzeigt. An kleineren Transformatoren mit einer Oberspannung bis zu 20 kV werden Ölproben in der Regel alle 4—5 Jahre abgenommen, an Umspannern mit höheren Oberspannungen etwa alle 2 Jahre. Bei großen Transformatoren werden bewegliche Teile, wie Lüfter und Reglergestänge, nachgeschmiert, die Stromaufnahmen der Lüfter nachgemessen und die Reglerkontakte geprüft.

Schaltgeräte. Wesentlich mehr Arbeit als die Umspanner machen die Schaltgeräte. Prüfung der mechanischen Gängigkeit, Nachstellen oder Auswechseln von Federn, Kontaktstücken, Schaltmessern u. dgl., Prüfung der Stromaufnahme

---

[1] BÜRKLIN, Ergebnisse einer Mastenstatistik, Elektrizitätswirtsch. 1957, H. 21, S. 778 ff. u. 1957, H. 23, S. 855 ff.

von Auslösespulen, Nachfüllen oder Auswechseln von Schaltflüssigkeit, Nacharbeiten von Luftventilen, sind Beispiele für die sich ergebenden Instandhaltungsarbeiten. Dabei fallen bei den modernen Schaltern für große Leistungen auch feinmechanische Arbeiten an, die eine entsprechende Schulung des Personals, ja vielleicht sogar die Zuziehung von Spezialisten der Herstellerfirmen erfordern. Das gleiche gilt für die Druckluftanlagen. Zweckmäßigerweise werden daher für die Geräte jeder Spannungsebene besondere Arbeitsgruppen eingesetzt.

Auch für die Instandhaltung der Schaltgeräte hat sich die Einführung eines festen Turnus bewährt. Die bisherigen Erfahrungen haben gezeigt, daß man für Schalter der Reihe 10 in der Regel mit Überholungsabständen von rd. 3 Jahren auskommt. Nur die sehr häufig oder sehr hoch beanspruchten Schalter, wie z. B. Maschinen-, Trafo- oder Kuppelschalter sollten alle 2 Jahre durchgesehen werden. Ölschalter der Reihe 10, die in Netzstationen bei den allgemeinen Reinigungsarbeiten zwischenzeitlich revidiert werden, bedürfen in der Regel erst alle 4 Jahre einer gründlichen Überprüfung. Schalter höherer Spannungsreihen sollten etwa alle 2 Jahre genau kontrolliert werden[1].

Meßinstrumente und Relais. Meßinstrumente, die in den Anlagen, sei es in Schaltstationen, Kraftwerken oder Umspannwerken, eingesetzt sind, bedürfen ebenfalls von Zeit zu Zeit der Nachprüfung. Bei einer ganzen Reihe von Instrumenten, z. B. in unbesetzten Außenstationen, kann man unter Inkaufnahme des Ausfallrisikos entweder auf eine Nachprüfung ganz verzichten oder sich zumindest nur mit einem groben Vergleich an Ort und Stelle begnügen. Es bleiben dann immer noch zahlreiche Instrumente, deren Instandhaltung eine turnusmäßige Pflege und Nachprüfung z. T. sogar in der Werkstatt erfordert. Die zählenden Geräte sind im allgemeinen für den Betrieb so wichtig, daß man sie grundsätzlich in bestimmten Zeitabständen gegen überprüfte Geräte auswechselt.

Auch Relais erleiden im Laufe der Zeit gewisse Genauigkeitseinbußen (meist durch Ölverharzung), die eine Überholung angezeigt erscheinen lassen. Zumindest kann man bei der Wichtigkeit der Schutzrelais nicht darauf verzichten, sie in regelmäßigen Abständen zu überprüfen.

Zur Nachprüfung der Relais am Einbauort sind tragbare Geräte entwickelt worden, die Störungen vortäuschen und die Reaktionen hierauf sofort eindeutig erkennen lassen. Sie gestatten eine Prüfung der Relais auch ohne Auslösung des Schalters. Wenn irgend möglich, sollte jedoch die Prüfung der gesamten Schutzschaltung so erfolgen, daß der betreffende Schalter auch ausgelöst wird.

Zur Erleichterung des Anschlusses der Prüfgeräte sind die Klemmleisten für den Anschluß der Relais je nach Verwendungszweck vereinheitlicht worden. Zahlreiche E-Werke haben die Relaissätze jeweils für einen Schalter, Generator oder Transformator auf Tafeln zusammengefaßt, die einen Aus- und Einbau auch ohne Abschaltung des zu schützenden Anlageteils und ohne Gefahr einer Fehlauslösung ermöglichen. Zeigen die Ergebnisse der Relaisprüfung unzulässige Abweichungen, so kann in der Werkstatt eine Reservetafel einjustiert werden, die dann in der Anlage mit wenigen Handgriffen gegen den fehlerhaft vermuteten Relaissatz ausgetauscht wird. Die Zeiten, in denen der Anlageteil ohne Schutz im Netz ist, werden dadurch auf ein Mindestmaß begrenzt (wenige Minuten!).

---

[1] Nach schweren Abschaltungen ist in jedem Falle eine zwischenzeitliche Kontrolle zu empfehlen.

Für die Relaiskontrollen werden in Anlagen der Reihe 10 im allgemeinen Zeiträume von etwa 12 Monaten, für die übrigen Mittelspannungsrelais von 6 Monaten und bei Höchstspannungsrelais von 3 Monaten für nötig gehalten.

Beispiel eines Instandhaltungsplanes[1]
(Überwachungsturnus in Jahren angegeben)

Betriebsmittel	Turnus der Instandhaltungsarbeiten für Reihe				Bemerkungen
	10	30	60	110	
Transformatoren					
Öluntersuchung	5	2	2	2	
Regelschalter 10 MVA Trafo	nach 10000 Schaltungen				
Regelschalter 20 MVA Trafo	nach 50000 Schaltungen				
Schaltgeräte					
Leistungsschalter	2[2] 3	2	2	2	[2] für mech. höher beanspruchte Schalter wie: Masch.-Schalter Kuppel- „ Trafo- „
Ölschalter	3 4[3]	2	2	2	[3] für Schalter in Netzstat., die b. allg. Reinigungsarb. zwischenzeitl. revidiert werden.
Lasttrenner Trenner[4]	2–3				[4] Überprüfung bei Anlagenreinigung
Druckluftanlage					
Kompressoren (unbewachte Anlagen)	1	1	1	1	
Steuergeräte	2	2	2	2	
Drucklufthauptbehälter	4	4	4	4	
Druckluftzwischenbehälter	8	8	8	8	
Relais	1	$^1/_2$	$^1/_2$	$^1/_4$	
Buchholzschutz	1	1	1	1	
Meßinstrumente					
Zähler u. Uhren.	2	2	2	2	
Schreibende und anzeigende Betr.-Instrumente[5]					[5] Austausch-Turnus wird einzeln festgelegt
Freileitungen					
Leitungen und Isolatoren	$^1/_2$	$^1/_2$	$^1/_2$	$^1/_2$	Frühjahr u. Herbst
Gittermaste	1	1	$^1/_2$	$^1/_2$	Frühjahr u. Herbst
Holzmaste	3	3			

Die vorstehende Zusammenstellung zeigt die Überwachungszeiträume bei einem namhaften E-Werk. Wenn auch aus langjähriger Erfahrung gewonnen, so

---

[1] Bei einem Großstadt-E-Werk.

werden sie doch immer wieder im Abstand einiger Jahre auf Zweckmäßigkeit und Wirtschaftlichkeit überprüft. Dies erfolgt anhand von Überwachungskarteien, die wie für die Maste auch für Umspanner, Schaltgeräte, Meßinstrumente und Relais geführt werden. Nur eine solche Systematik kann entstehende Schäden rechtzeitig erkennen lassen. Sie gibt der Betriebsführung eines Werkes einen Überblick über die vorliegenden und zu erwartenden Kosten der Instandhaltung und über den künftigen Investitionsbedarf. Auf dieses Hilfsmittel einer wirtschaftlichen Betriebsführung sollte kein E-Werk verzichten.

Organisatorische Zusammenfassung von Instandhaltungsgruppen. Instandhaltung und Überholung moderner Geräte und Anlageteile erfordern besonders ausgewähltes und geschultes Personal. Für die Planung der Arbeiten, den bestmöglichen Einsatz der spezialisierten Gruppen, für ihre einheitliche Leitung und weitere Ausbildung hat sich eine organisatorische Zusammenfassung der Arbeitstrupps in einer Instandhaltungsabteilung als zweckmäßig erwiesen. Vielfach sind die Betreuungsgruppen für Umspanner, Schaltgeräte, Antriebs- und Druckluftanlagen, auch gelegentlich für Gleichrichter und Umformer zusammengefaßt, während die Betreuung der Meßinstrumente, Relais- und Zählereinrichtungen hiervon getrennt organisatorisch vereint ist.

Örtliche Zusammenfassung in Zentralwerkstätten. Da alle Instandhaltungsabteilungen, zu denen auch noch jene für die Betreuung der Nachrichtenanlagen gehören, Hilfsbetriebe, wie Schlosserei, Tischlerei oder Schmiede in Anspruch nehmen, geht bei den meisten E-Werken die Tendenz dahin, alle diese Abteilungen nach Möglichkeit in einem gemeinsamen „Betriebshof" an einer Stelle zusammenzufassen, wo nach Möglichkeit dann auch das Zentrallager und der Fuhrpark untergebracht werden.

Die organisatorische und räumliche Zusammenfassung der Instandhaltungsabteilungen und Werkstätten erlaubt nicht nur eine erhebliche Einschränkung der kostenbelastenden „Schlosserecken" bei den einzelnen Betriebsabteilungen, sondern führt infolge der möglichen Spezialisierung zu Qualitätssteigerung und Zeitersparnis.

Bei einer solchen Lösung ist jedoch eine zu starke Zentralisation zu vermeiden. Immer ist die Schlagkraft, die Sachkenntnis, die Ausrüstung und der geschickte Einsatz der Instandhaltungsgruppen das wichtigste. Sie müssen als „reisende Kolonne" den weitaus überwiegenden Teil der Arbeiten an den Betriebsmitteln an Ort und Stelle erledigen können. Von der Zentralwerkstatt können dann die für den Austausch vorgesehenen Betriebsmittel vorbereitet werden.

Abstimmung der Terminplanung mit Netzbetriebsstellen. Um einen möglichst engen Kontakt zwischen den Instandhaltungstrupps und den örtlichen Netzbetriebsstellen zu sichern, empfiehlt es sich in größeren E-Werken, die Kolonnen einem oder mehreren Bezirken ohne organisatorische Unterstellung (!) fest zuzuteilen und ihnen jeweils bei einer Netzbetriebsstelle einen festen Platz anzuweisen, über den auch der Geschäftsverkehr, vor allem die Absprache über notwendige Freischaltungen, erfolgen kann.

So läßt sich auch am ehesten das Grundübel bei den Instandhaltungsarbeiten ausmerzen, daß von bevorstehenden Freischaltungen einzelne daran interessierte Arbeitsgruppen zu spät erfahren. Die örtliche Zusammenfassung der Außentrupps für die verschiedenen Arbeiten bei den Netzdienststellen ermöglicht ohne großen

Aufwand die Aufstellung von langfristigen Freischaltungsplänen für die einzelnen Anlagen in Abstimmung mit den Erfordernissen des Betriebes.

Eine solche Abstimmung ist vor allem deshalb nötig, weil sich die Instandhaltungsarbeiten, soweit sie Abschaltungen zur Voraussetzung haben, im allgemeinen auf einen Zeitraum von max. rd. 9 Monaten des Jahres zusammendrängen. Nur in seltenen Fällen weist das Netz eine so große Reserve auf, daß sich ein E-Werk während der Zeit der Höchstbelastungen, also etwa von Dezember bis Februar, noch Freischaltungen erlauben könnte, ohne die Versorgungssicherheit unnötig herabzumindern.

Die Terminplanung hat nicht zuletzt das Ziel, die Überschreitungen der normalen Dienstzeit für Instandhaltungsarbeiten auf das unbedingt notwendige Maß herabzudrücken. Es lassen sich so Wochenarbeitszeiten für die Instandhaltungsgruppen erzielen, die in Störungsfällen eine Heranziehung auch noch zu Reparaturen außerhalb der Dienstzeit ermöglichen.

Verantwortung für die Betriebsfähigkeit. Bei der Zusammenarbeit der Instandhaltungsgruppen mit den Netzbetriebsstellen ergibt sich die Frage, wer jeweils für die Betriebsfähigkeit der Anlage nach Arbeiten an den Betriebsmitteln verantwortlich ist. Man sollte den Grundsatz befolgen, daß die Netzbetriebsstelle jeweils genau bezeichnet, welche Betriebsmittel für Arbeiten freigegeben werden. Die Betriebsleitung eines freigegebenen Anlageteiles hat sich jeglicher Eingriffe zu enthalten. Der Leiter des zuständigen Instandhaltungstrupps hat nach Abschluß der Arbeiten die Verantwortung für die einwandfreie Betriebsfähigkeit des ihm überlassenen Anlageteils. Darüber hinaus hat er zu verantworten, daß an anderen Anlageteilen, auch wenn sie mit freigeschaltet werden, keine Veränderungen vorgenommen werden.

IV. Lastverteilung und Netzbefehlsstellen als Zentren der Betriebsüberwachung

Die Überwachung des sicheren Betriebsablaufs bei Erzeugung und Verteilung des elektrischen Stroms im normalen Betrieb und im Störungsfalle ist Aufgabe der Betriebsbefehlsstelle, die je nach dem Schwerpunkt ihrer Tätigkeit auch Lastverteilung, Kommandostelle oder Netzbefehlsstelle genannt wird. Daneben obliegt ihr auch noch die Überwachung des wirtschaftlichen Einsatzes der Betriebsmittel und die stete Beobachtung der von den Verbrauchern und Verbrauchergruppen abgenommenen Strommengen nach Zeit und Größe. Vielfach ist sie auch die Schlüsselstelle für die Gewinnung von Statistiken und die zusammenfassende Ausgangsstelle für notwendige Planungen. Ihre besondere Bewährung hat sie im Falle abnormer und plötzlich eintretender Lastverschiebungen und besonders bei ernsten Störungen und Netzzusammenbrüchen zu erweisen.

a) Meßtechnik

1. Messung und Registrierung als Grundlage der Betriebsüberwachung

Auf dem Weg von der Rohenergie bis zum Verbraucher wird an vielen Stellen geprüft und gemessen. Schon die Kohle wird, ehe sie überhaupt ins Kraftwerk kommt, auf Heizwert, Asche, Wasser, Körnung und dergleichen geprüft.

Ähnlich werden bei Wasserkraftwerken Wassermenge, Wasserdruck, Stauhöhe und ähnliche Werte ständig überwacht. In den Wärmekraftwerken steht die Messung von Temperaturen, Drücken, mechanischen Bewegungen und chemischen Werten im Vordergrund des Interesses. Vom Generator ab wird der elektrische Strom bis in jede Verzweigung des Netzes und bei seinen Hilfsaufgaben gemessen und registriert. Spannung und Stromstärke, Leistung, $\cos \varphi$ und Frequenz sind hier die wichtigsten Größen. Die letzte meßtechnische Maßnahme ist die Zählung bei der Übergabe an den Verbraucher.

Beschränkung auf betriebsnotwendige Messungen. Es ist einer der wesentlichen Vorteile der Elektrizität, daß man sie mühelos und genau messen kann. Da die Meßkosten gegenüber dem Wert der gemessenen Energiemenge verhältnismäßig gering erscheinen, vielleicht auch, weil gelegentlich der Spieltrieb des Menschen stärker ist als sein wirtschaftliches Vernunftdenken, wird hier allerdings oft des Guten zuviel getan.

Messung und Registrierung sind für das E-Werk nur sinnvoll, wenn die gewonnenen Werte zu wirklich notwendigem Handeln benutzt werden, sei es automatisch oder durch Menschen unmittelbar oder mittelbar.

Für die mittelbare Auswertung ist eines der wichtigsten Hilfsmittel die statistische Zusammenstellung. Wichtige Kurven und Tabellen sollten möglichst automatisch gewonnen werden. Die Beschäftigung von Schaltpersonal mit unnötigen Ablesungen nur zu dem Zwecke, daß die Betreffenden keine Romane lesen oder bei der Arbeit einschlafen, sollte verpönt werden.

Die Gefahr eines überhohen Meßaufwandes ergibt sich besonders bei dem immer häufigeren Bau unbesetzter Stationen, wenn dafür schon bei deren Planung die früher übliche reichliche Instrumentenbestückung besetzter Stationen allzu unkritisch übernommen wird.

Gefahr zu hoher Genauigkeitsanforderungen. Hohe Genauigkeitsgrade sind im allgemeinen nur für Instrumente erforderlich, auf Grund deren Messung automatisch Regelvorgänge gesteuert werden, oder die genau ablesbare Unterlagen für Verrechnungen oder für die Rekonstruktion eines Störungsablaufs liefern. Dieser Grundsatz erfährt noch eine Einschränkung durch die Regel, hohe Genauigkeitsgrade nur für solche Meßwerte zu verlangen, bei denen schon geringe Abweichungen vom tatsächlichen Wert erhebliche Wertverluste zur Folge haben können. Wenn beispielsweise in Schaltanlage-Abzweigungen der Mittelspannung Geräte der gleichen Genauigkeitsklasse wie an den Generatoren oder an einer großen Übergabestation eingebaut sind, dann ist unnötig Geld vertan.

Bei anzeigenden Instrumenten sind in der Regel geringere Genauigkeitsgrade als bei Registrierinstrumenten angebracht, da die Ablesefehler bei den gebräuchlichen Instrumenten meist ein Vielfaches der Geräte-Meßfehler bei niedriger Genauigkeitsklasse betragen.

Ablesungen mehrerer Instrumente können in den seltensten Fällen gleichzeitig erfolgen. Bei den betriebsüblichen Lastschwankungen führen diese Zeitdifferenzen zu Abweichungen, die ebenfalls hohe Genauigkeitsanforderungen wertlos erscheinen lassen. Aus diesem Grunde werden auch „digitale" Instrumente, d. h. Geräte, die zum Zwecke besserer Ablesegenauigkeit den Meßwert in Ziffern anzeigen, gegenüber den „analogen" Geräten mit Anzeige auf Skalen und Streifen in den Werken der E-Werke nur vereinzelt zweckmäßig sein.

Registrierende Geräte im Vordringen. Registriergeräte sind erheblich teurer als anzeigende Meßgeräte. Das erklärt sich schon aus dem höheren erforderlichen Drehmoment (rd. 3,0 gcm/90° gegenüber 0,5 gcm/90°), dem entsprechend höheren Leistungsbedarf und der Größe. Ihr Einbau ist also sehr sorgfältig zu erwägen.

Eine häufigere Verwendung registrierender Geräte ergibt sich zwangsläufig aus dem Trend zu unbesetzten Anlagen. Im übrigen werden aber auch in immer stärkerem Maße registrierende statt anzeigender Geräte dort eingesetzt werden müssen, wo vornehmlich die zeitliche Veränderung von Werten beobachtet werden muß, um auf Grund des Verlaufs kurzfristige Entscheidungen zu fällen, wie z. B. bei der Messung von Übergabeleistungen, Frequenzen, Grenzbelastungen und Leistungsrichtungen an Schlüsselpunkten der Netze. Die Erfahrung hat nämlich gezeigt, daß bei Verwendung registrierender statt anzeigender Geräte mehr als die doppelte Anzahl von einem Mann überwacht werden kann, da er die augenblicklichen Meßwerte der gerade nicht beobachteten Geräte bei seinem nächsten Rundblick aus den aufgezeichneten Linien noch ersehen kann. Er braucht nicht bei jedem Blick auf ein Instrument erst eine Zahl ins Bewußtsein aufnehmen und in der Erinnerung mit der vorhergehenden Ablesung oder einem Sollwert vergleichen, sondern kann diesen Vergleich bei einem Kreisblattschreiber unmittelbar durchführen und hat bei Streifenschreibern lediglich den wesentlich leichter und schneller zu erfassenden Endverlauf einer Linie zu deuten.

Bei sogenannten „Schnellschreibern", die zur genauen Erfassung des Verlaufs wichtiger Werte (hauptsächlich Spannungen) während einer Störung verwendet werden, schaltet sich im Auslösungsfalle der Vorschub automatisch auf eine erhöhte Geschwindigkeit von 20 oder 60 mm je Sekunde statt je Stunde; also auf das 3600- oder 10800fache des Normalvorschubs. Zur Aufzeichnung kann dabei Metallpapier verwendet werden, in das ein Elektrodenstift durch Wegbrennen des Metalls eine schwarze Spur zeichnet, die sich gegen Licht hell abhebt und pausfähig ist[1]. Die Blätter der Schnellschreiber vermitteln schon während einer Störung dem mit der Deutung Vertrauten, insbesondere dem Lastverteiler, für die in den nächsten Sekunden zutreffenden Maßnahmen entscheidende Erkenntnisse.

Zentrale Messung in Warten. Brennpunkte der laufenden Beobachtung von Meßwerten sind je nach Größe und Struktur des E-Werkes die Kraftwerkswarten, die Warten der großen Umspann- und Verteilungsstationen, die Netzbezirkswarten, die aus Gründen der Personal- und Kostenersparnis meist mit der Warte eines großen Umspannwerkes verbunden sind, und die übergeordnete Netzbefehlsstelle sowie die Lastverteilung. In diesen Zentralen ist jeweils eine so große Anzahl von Instrumenten zu überwachen, daß beim Wartenbau immer wieder die Bestrebungen dahin gingen, die Meß- und Registrierinstrumente für den oder die Ablesenden sinngemäß örtlich zusammenzufassen. Dies führte zu kleineren Bauformen, vor allem auch bei registrierenden Geräten, wo die übliche Schreibbandbreite beispielsweise von 120 auf 50 mm verringert wurde. Für die genauere Ablesung dieser Kleingeräte wurden Vorrichtungen zur „Spreizung" des Meßbereiches von rd. −10% bis +10% des jeweiligen Betriebswertes entwickelt (sogenannte „Voltlupen"). Erfolgreich waren insbesondere die Bemühungen, mehrere Meßwerte in einem Instrumentengehäuse erkennbar zu machen. Hierbei arbeiten entweder mehrere schreibende Geräte auf ein gemeinsames Schreibband oder mehrere Meß-

---

[1] Vgl. GRAVE, Registriergeräte, Elektrizitätswirtsch. 1956, H. 21, S. 766ff.

werte werden hintereinander auf die gleichen Meßwerke geschaltet, wie z. B. beim „Recorder" nach Prof. KEINATH[1].

Diese Entwicklungen eröffneten die Möglichkeit, die Instrumente größerer Anlageeinheiten, wie z. B. Kraftwerkblocks, ferngelenkte Abspannwerke oder Netzgruppen, unter Einbeziehung der Schaltermelde- und Betätigungseinrichtungen jeweils auf einem Pult oder einem Schalttafelteil unterzubringen.

Es darf allerdings nicht verkannt werden, daß auch dem Trend zu kleinen Überwachungs- und Bedienungselementen Grenzen gesetzt sind. Sie ergeben sich einmal aus dem technischen Aufbau der Geräte, zum anderen aber auch aus der Entfernung des Überwachenden von den Pulten und Schalttafeln der Warte. Zur Überbrückung dieser Entfernungen bedient man sich neuerdings vielfach der Möglichkeit, gut übersehbare Instrumente auf dem Schaltpult so einzurichten, daß der Überwachende sich eine Reihe von Meßwerten auf diese Geräte „heranschalten" kann. Entsprechend werden die Betätigungselemente auf dem Pult so gebaut, daß sie wahlweise für verschiedene Schalter benutzt werden können.

Gerade die Bildung von Meßzentralen bringt in jedem E-Werk die Gefahr mit sich, solche Warten zu überladen. Das verständliche Streben ihres Leiters, den ihm zur Überwachung anvertrauten Betrieb möglichst weit „in den Griff zu bekommen", kann zu Übertreibungen führen, die sehr kostspielig werden, zur immer weiteren „Perfektion" drängen und dabei vom Wesentlichen ablenken. Es muß daher im Einzelfall stets sehr sorgfältig geprüft werden, ob Meßwerte, die zu einer Warte durchgeschaltet werden, wirklich dort kritisch gewertet werden können, ob sie für Entscheidungen dieser Stelle maßgeblich sind und ob die Überwachung des betreffenden Wertes von dort aus die Gefahren und Ausfallzeiten wirksam vermindern kann. In der Regel wird sich dabei herausstellen, daß sich eine zentrale Einzelüberwachung derjenigen Anlageteile, die nicht von dem Überwachenden aus direkt durch Übermittlung von Schaltbefehlen an besetzte Stationen oder durch Fernbedienung gesteuert werden können, nicht lohnt. Es genügen dann Warnsignale von der betreffenden Anlage her, die eine Entsendung von Personal dorthin zur Folge haben, das Entscheidungen anhand der örtlichen Beobachtungen fällen kann.

Verringerung besetzter Warten. Die Anzahl, der Umfang und die Ausrüstung der erforderlichen ständig besetzten Betriebswarten ist von der Struktur des einzelnen E-Werkes abhängig. Große Kraftwerke werden in jedem Falle eine Warte benötigen. Bei kleinen Kraftwerken hingegen sind schon deutlich Tendenzen erkennbar, nach Möglichkeit auf ständig besetzte Warten ganz zu verzichten, — wobei die verhältnismäßig einfach zu überwachenden Wasserkraftwerke sich am ehesten einer vollständigen Fernkontrolle und -Steuerung erschließen. Für Umspann- und Verteilerwerke mit Oberspannungen bis max. 20 kV sind in der Regel ebenfalls keine eigenen Warten erforderlich. Auch 25 und 30 kV-Werke werden vielfach von anderen Zentralen aus überwacht. Erst 110 kV-Umspann- und Verteilerwerke, in Landgebieten oft auch 60 kV-Werke, haben in der Regel eigene Warten mit ständiger Besetzung, von denen aus die weiteren Verteileranlagen mit überwacht werden. In Stadtnetzen sind allerdings auch schon bei 110 kV-Werken Tendenzen erkennbar, die Überwachung anderen Leitstellen anzuvertrauen.

Kaum ein E-Werk mit Netzen über 25 kV kann auf eine zentrale Netzüber-

---

[1] KEINATH, Neue Wege zur Betriebsüberwachung, Dtsche. Elektrotechnik 1957, H. 7, S. 336 ff.

wachungsstelle verzichten. Für Werke mit eigenem Verbundbetrieb sind Lastverteilungen selbstverständlich geworden. Die Entwicklung der Betriebsüberwachung geht bei fast allen E-Werken dahin, auch bei steigendem Anteil unbesetzter Stationen möglichst wenig Meßwerte anzeigender oder registrierender Instrumente fernzumelden, diese wenigen Werte indessen in einem System von Beobachtungsbrennpunkten örtlich so zusammenzufassen, daß von dort aus die Anlagen mittelbar oder unmittelbar gesteuert werden können, ohne daß auf Grund zu großer Entfernungen die Eingriffe unnötig verzögert werden.

2. Bewertung und Auswertung von Meßergebnissen

Die Bewertung eines Meßergebnisses beginnt bereits mit der Frage, „ob der Wert überhaupt stimmen kann", d. h., mit einer kritischen überschlägigen Kontrolle, ob das Meßgerät wohl in Ordnung ist, ob gegebenenfalls der Meßwert mit Meßkonstanten des Gerätes richtig ausgerechnet wurde, und ob bei der Ablesung kein Irrtum hinsichtlich einer Zehnerpotenz oder durch Verwechslung ähnlicher Ziffern unterlaufen ist.

Das Problem der „falschen Zahlen". Die erste Überprüfung des Meßwertes verführt bei kleinen Abweichungen vom eigentlich Erwarteten leicht dazu, Meßwerte durch Korrekturen „stimmend zu machen". Sollen beispielsweise in einem Netzknotenpunkt die ankommenden und abgehenden Leitungen auf Strombelastung abgelesen werden, so können auf Grund von Laständerungen während der Ablesungszeit die Summen der notierten ankommenden und abgehenden Ströme ungleich sein. Es macht manchmal erstaunlich viel Mühe, dem Personal beizubringen, daß dies kein ·Anlaß ist, an der Richtigkeit der Messung zu zweifeln. Unangenehme Auswirkungen kann beispielsweise die Angst vor der „falschen Zahl" dann haben, wenn in einem Abspannwerk bei den ankommenden und abgehenden Leitungen die elektrische Arbeit regelmäßig aufgeschrieben wird und dabei durch ähnliche „Abstimmversuche" die Erkenntnisse über die Verluste verfälscht werden.

Tatsächlich falsche Zahlen können im allgemeinen wenig Unheil anrichten, da sie bei der Lückenlosigkeit der Meßkette für den elektrischen Strom in den meisten E-Werken offenbar werden. Bei der statistischen Auswertung des Zahlenmaterials werden Extremzahlen von vornherein ausgeschieden. Dazu gehören auch Streuwerte, die zwar „richtig" sind, ihre Entstehung aber vielleicht einem kurzfristigen Betriebszustand, z. B. einer Netzumschaltung bei Freischaltung von Anlagen, verdanken. Will man beispielsweise die durchschnittliche Höchstbelastung der Netztransformatoren an den Sommerwerktagen errechnen, so wird man finden, daß vielleicht einige Transformatoren durch Netzumschaltungen gerade weitgehend entlastet waren. Es hätte wenig Sinn, deren normale Sollbelastung mit in die Rechnung einzubeziehen, da auch künftig an Sommertagen ähnliche Schaltungen stattfinden werden. Ebenso verfälschend würde es beispielsweise sein, bei der Ermittlung des durchschnittlichen Tagesverbrauchs aller Verkehrsmittel in einer Stadt den Tag eines Festzuges oder eines dort ausgetragenen Fußball-Länderspieles mit zu berücksichtigen.

Gelegentlich „falsche" Meßwerte können auch insofern die Betriebsüberwachung in der Regel nicht erschweren, als bei statistischen Untersuchungen meist lange Reihen untersucht werden, in denen einzelne Fehlwerte untergehen.

17*

Die Erfassung der Meßwerte, ihre Aufschreibung und Zusammenstellung und
die Sammlung von Registrierstreifen muß, wenn die statistische Auswertung
Erfolg haben soll, narrensicher aufgebaut sein. Vertauschte Spalten und falsche
Zeitangaben erst bei der Auswertung der Ablesebogen wieder richtig zu deuten,
kostet unnötig Zeit und Geld. Bei der Gestaltung der Vordrucke und Formblätter
für die Aufschreibungen ist darauf Rücksicht zu nehmen, daß die Ausfüllung oft
in Händen von Betriebspersonal liegt, das diese Arbeit neben der praktischen
Tätigkeit nur am Rande miterledigt und dem daher verständlicherweise „der
Schraubenzieher besser in der Hand liegt als der Bleistift". Derartiges Personal
gegen solches auszuwechseln, das von vornherein auf die Arbeiten in einer Warte
vorbereitet wird, dürfte mit zu den künftigen Aufgaben einer sinnvollen Personalpolitik gehören.

Zentrale Bewertung und Auswertung. Die Aufschreibungen erfolgen in verschiedenen Stellen eines Betriebes, während die einzelnen Meßwerte zur Auswertung von mehreren Abteilungen eines E-Werkes jeweils in einer anderen
Zusammenstellung benötigt werden. Aus diesem Grunde werden oft von den auf-
schreibenden oder sammelnden Dienststellen, wie Kraftwerkswarten, Stations-
warten, Netzbezirksstellen, die Werte gleichzeitig in mehrere, jeweils auf die auswertenden Stellen zugeschnittene Zusammenstellungen übertragen. Typische
derartige Aufstellungen sind solche für die betriebswirtschaftliche Gesamt-
auswertung, für die Wirtschaftlichkeitskontrolle und die Monats- und Jahres-
berichte der Betriebseinheiten und für die Tagesberichte.

Erst in den letzten Jahren ist man in vielen E-Werken energisch daran gegangen, diese Papierflut zu bändigen und zu rationalisieren. Es begann damit,
daß man sich für die verschiedenen Zusammenstellungen der örtlich gesammelten
Meßwerte die Vorteile der — auf dem kaufmännischen Sektor längst eingebürger-
ten — Durchschreibeverfahren zunutze machte. Die weitere Vereinheitlichung und
Vereinfachung sollten die E-Werke möglichst bald in Gemeinschaftsarbeit, vielleicht im Rahmen der VDEW, betreiben.

In einigen E-Werken ist man inzwischen noch einen Schritt weitergegangen
und leitet alle Werte nur in einer Zusammenstellung von den örtlichen Stellen aus
an eine Zentralstelle, die das statistische Archiv des gesamten Betriebs führt,
die zusammenlaufenden Meßergebnisse nach Auswertungsgesichtspunkten ordnet
und an die interessierten Stellen weiterleitet.

Abgesehen von einem Zeitgewinn beim Durchlauf der Betriebswerte ergeben
sich aus der Bildung einer solchen Zentralstelle eine ganze Reihe weiterer Vorteile:
Die zentrale Abstimmung der Zahlen und die Aufklärung von Widersprüchen
erfolgt, bevor die auswertenden Abteilungen die Werte in die Hand bekommen.
In der Zusammenstellung der Meßwerte nach wechselnden Gesichtspunkten
(z. B. regionale Aufgliederung, Aufgliederung nach Spannungsstufen, Aufgliederung nach Kundengruppen) und auch für gelegentliche Auswertungsaufgaben wird
die Betriebsüberwachung sehr elastisch. Die Planung hat das gesamte Zahlen-
material des Betriebes an einer Stelle greifbar. Das Rechnungswesen braucht bei
Rückfragen nicht mit mehreren örtlichen Betriebseinheiten zu verkehren. Vor
allem läßt sich unterbinden, daß immer wieder im internen Verkehr oder in Bekanntgaben nach außen anscheinend widersprechende Zahlenangaben auftauchen,
die an sich zwar völlig „richtig" sind, deren Begriffsbestimmung jedoch nicht

genau genug oder nicht einheitlich abgegrenzt wurde. Wer sich einmal vor Augen hält, wie viele verschiedene Auffassungen es darüber gibt, welche Kundengruppen eigentlich zu den sogenannten „Gewerbeverbrauchern" zählen oder wieviel verschiedene „Benutzungsdauern" (z. B. für ein Kraftwerk, für alle Kraftwerke, für das Netz) es in einem E-Werk gibt, wundert sich über derartige Widersprüche bei Fehlen einer solchen Zentralstelle nicht.

Die zentrale Zusammenfassung aller Betriebsdaten an einer Stelle hat daneben noch den Vorteil, eine Auswertung in mechanischen oder elektronischen Rechenverfahren (Lochkarten) erheblich zu erleichtern und damit den Weg freizumachen für eine wesentlich schnellere und wirtschaftlichere Betriebsüberwachung.

Außerdem läßt sich anhand des zentral zusammengefaßten Materials rascher bestimmen, welche Meßwerte überhaupt für die Betriebsabrechnung bedeutsam sind und Zahl und Ort der künftig einzubauenden Instrumente können sinnvoll vorgeplant werden. Man wird dabei manches Überflüssige ausmerzen können, wenn man beispielsweise entdeckt, daß Betriebsabteilungen gewisse Werte nach wie vor zur Kenntnis nehmen, obgleich sie ihrer für die zu fällenden Entscheidungen längst nicht mehr bedürfen.

Auch bei zentraler Zusammenfassung der Meßwerte kann man den örtlichen Betriebseinheiten zugestehen, gewisse Kenngrößen, die für die Beurteilung des eigenen Betriebsgeschehens wichtig sind, durch Auswertung ihrer Zahlen selbst zu bestimmen. Beispielsweise ist es bei geringer Ausrüstung der Zentralstelle mit mechanischen oder elektronischen Hilfsgeräten nicht immer sinnvoll, den Wärmeverbrauch oder den Ausnutzungsgrad einzelner Kraftwerke, die Umspannverluste eines bestimmten Transformators oder die Stromkennzahl eines Heizkraftwerkes in der Zentralstelle zu errechnen. Sie kann jedoch für die Ermittlung derartiger betrieblicher Kenngrößen einheitliche Richtlinien geben und so den Betriebsvergleich erleichtern.

Mehr Höchstleistungsmessungen in Netzgruppen. Die Notwendigkeit einer sorgfältigen Auswertung des Zahlenmaterials wird dadurch erhöht, daß mit abnehmender Spanne zwischen Erlösen und Kosten die Grenzen der Selbstkosten zur Ermittlung günstigster Preise für die Stromabgabe an einzelne Verbrauchergruppen oder sogar einzelne Kunden immer genauer erfaßt werden müssen.

Die Aufgliederung der anfallenden Kosten nach arbeits- und leistungsabhängigem Anteil setzt voraus, daß für die einzelnen Spannungsebenen und Netzgebiete die Benutzungsdauern genauer untersucht werden. Neben den Aufschreibungen über die elektrische Arbeit werden daher auch die über die örtliche elektrische Höchstleistung in einzelnen Betriebsteilen künftig an Bedeutung gewinnen.

Netzverluste und „Zählerinhalt". Die Netzverluste ergeben sich theoretisch aus der Differenz zwischen der erzeugten oder bezogenen und der verkauften Strommenge. Praktisch weiß aber kein E-Werk, wieviel kWh es im Laufe eines fest umrissenen Zeitabschnitts wirklich verkauft! Die exakte Ermittlung der verkauften Strommenge würde nämlich voraussetzen, daß bei allen Kunden die Zähler jeweils am gleichen Tag zu gleicher Stunde abgelesen würden. Das ist niemals möglich gewesen und wird auch in Zukunft nicht zu erreichen sein. Am Bilanzstichtag enthalten fast alle Kundenzähler noch eine zwar verkaufte, aber noch nicht erfaßte und abgerechnete Strommenge.

Dieser „Zählerinhalt" ist zwar zu jedem Bilanzstichtag bei gleichmäßigem Ableserhythmus aller Wahrscheinlichkeit nach, von der allgemeinen Verbrauchssteigerung abgesehen, etwa gleich groß, jedoch nicht genau erfaßbar. Seine Schätzung wird zudem immer schwieriger, da die Ablesezeiträume aus Kostengründen bei der überwiegenden Zahl aller E-Werke nicht kürzer sondern länger werden. Man kann zwar mit verschiedenen statistischen Auswahlverfahren die Schätzwerte mathematisch untermauern, es bleibt jedoch die Tatsache, daß die gesamte während eines bestimmten Zeitraumes verkaufte Strommenge von keinem E-Werk genau erfaßt werden kann. Selbst die Steuerbehörden haben sich damit abfinden müssen. Die Gesamtverluste können also durch Saldierung der bereitgestellten und verkauften Elektrizität nicht ermittelt werden.

So interessant jedoch die Gesamtverluste auch sein mögen, für die Bemühungen um ihre Verringerung ist die Kenntnis der Verluste an den einzelnen Anlageteilen des Netzes wichtiger. Viele E-Werke sind daher dazu übergegangen, zur Ermittlung dieser Teilverluste die Messungen an Schlüsselpunkten des Netzes auszuwerten. Wo noch nicht vorhanden, werden an den Transformatoren Zähler eingebaut, deren Ablesung zu einheitlicher Stunde zum Stichtag die Aufstellung einer elektrischen Arbeitsbilanz für die einzelnen Spannungsebenen erlaubt. Nach unten hin lohnt sich allerdings der feste Einbau von Zählern bei vielen E-Werken nicht mehr bei Transformatoren der Reihe 10, da dann die Kosten des Einbaues und auch der Ablesung von dem möglichen Erkenntniswert nicht mit Sicherheit aufgewogen werden. Immerhin kann man so die jeweiligen Netzverluste auf den Etappen des Stromweges bis dahin sehr genau erfassen. Zur besseren Ermittlung der Netzverluste in den 10, 6 und 5 kV-Netzen und weiter bis zum Kunden hin muß man allerdings zur theoretischen Errechnung an Hand der Anlagedaten Zuflucht nehmen und kann die Ergebnisse der Wahrscheinlichkeitsrechnung lediglich durch repräsentative Messung einzelner Gruppen unterstützen.

Arbeitsteilung für Sonderauswertungen. Die gesamte Verwertung von Meßergebnissen ist zum größten Teil Routineangelegenheit, deren arbeitsteilige Erledigung organisatorisch festgelegt werden kann. Gelegentlich, vor allem im Zusammenhang mit der langfristigen Planung, tauchen Sonderfragen auf. Da die erfaßten Meßwerte allen interessierten Abteilungen eines E-Werkes zugänglich sind, kann es dann leicht geschehen, daß Abteilungen unabhängig voneinander ähnliche Sonderauswertungen (wie z. B. für Stromdichtepläne oder Kurven über Tag- und Nachtlastverhältnisse) vornehmen. Zur Vermeidung solcher Doppelarbeiten ist es ratsam, in regelmäßigen Abständen die für derartige Arbeiten in Frage kommenden Stellen eines E-Werkes zusammenkommen zu lassen und die Arbeitseinteilung auch für anstehende besondere Auswertungsaufgaben festzulegen. In der Regel entwickelt sich daraus ein fruchtbares Zusammenwirken von Arbeitskreisen über die Abteilungsgrenzen hinweg, das der Unternehmensführung Planungsunterlagen liefert, die von allen Abteilungen anerkannt sind und so eine gleichmäßige Unternehmenspolitik erleichtern.

b) Fernwirk- und Fernmeldetechnik

Die Fernmelde- und Fernwirkverbindungen sind das Nervensystem des Betriebsorganismus. Es bringt die Wahrnehmungen der einzelnen Organe den

Zentralen dieses Systems, den Befehls- und Überwachungsstellen zur Kenntnis, die daraufhin folgerichtige Handlungen ausführen können.

Eine wirksame Betriebsüberwachung setzt eine genaue Kenntnis des jeweiligen Schaltzustandes, des Leistungsflusses in den Schlüsselpunkten, der Frequenz und der Spannungen in den Netzgruppen und Spannungsebenen, eine rasche Information über Gefahren für den Betrieb und über Betriebsveränderungen im Störungsfalle sowie die Möglichkeit eines raschen Eingreifens der Leitstelle voraus.

Die Entwicklung geht in Richtung verkürzter Meldezeiten und dahin, die persönliche Verarbeitung der meßtechnischen Informationen zu einer Schalt- oder Regelungshandlung durch automatisch arbeitende Geräte zu ersetzen. Während für die Reaktionen im Fall plötzlicher Betriebsvorkommnisse diese Automatisierung durch Vervollkommnung des Netzschutzes schon weitgehend erreicht ist, steht diese Entwicklung für den Normalbetrieb noch vor großen Aufgaben. Wenn auch eine frequenzabhängige oder leistungs- und frequenzabhängige Regelung der Generatoren und eine spannungsabhängige Steuerung von Transformatoren heute schon allgemein üblich ist, dürfte insbesondere die Automatisierung des An- und Abfahrbetriebes in den nächsten Jahren noch schwierige Probleme aufwerfen.

Zur Übermittlung der Meldungen, Meßwerte und Befehle bedient man sich der Fernmeldetechnik: Man spricht von „Fernwirktechnik", sofern die elektrischen Werte und Impulse unter weiterer Umwandlung übertragen werden. Eine Direktübertragung ohne Umwandlung ist entfernungsmäßig durch die Widerstände der Übertragungsadern begrenzt, während mit Verfahren der Fernwirktechnik heute praktisch jede Entfernung überbrückt werden kann. Solche Übertragungen sind heute schon teilweise bei Entfernungen unter 50 km den Direktübertragungen wirtschaftlich überlegen.

Melde- und Befehlseinrichtung der Leitstellen. In ihrer Urform bezogen die Befehls- und Überwachungszentren die meisten Informationen, also Meßwerte und Meldungen mittels Fernsprecher, über die sie auch Befehle an die zu betreuenden Stationen gaben. Bei modernen Zentralen laufen indessen die meisten Meßwerte und Betriebsmeldungen bereits über die bei weiten Entfernungen erforderlichen Fernwirkeinrichtungen ein. Die Schaltbefehle dieser Stelle gehen jedoch auch heute noch vorwiegend über Fernsprecher an das Schaltpersonal in den Werken, Stationen oder Funkwagen, obwohl es technisch durchaus möglich ist, auch die Steuerung der Schalter über Fernwirkeinrichtungen von den Leitstellen aus unmittelbar vorzunehmen. Der Anweisende kann von seinem Platz aus unter weiterer Beobachtung der Meßwerte, der Schalterstellungsmeldungen und sonstiger Betriebsmeldungen den Schaltungsverlauf verfolgen.

So zweckmäßig bei ungewöhnlichen Schalthandlungen die bei der Fernsprechübermittlung zwangsläufige Einbeziehung eines weiteren denkenden Menschen, des Schaltenden, möglicherweise sein kann, da er auf Grund seiner örtlichen Kenntnis gegebenenfalls begründete Einwände gegen den Befehl erhebt, so sinnlos und gefahrerhöhend erscheint sie bei häufig wiederkehrenden Betriebsvorgängen (z. B. Ein- und Abschaltung von Paralleltransformatoren) oder Abschaltungen in Notfällen (z. B. Entlastungsschaltungen).

Alle Leitstellen werden nach Möglichkeit mit Netzbildern (Blindschaltbildern) ausgerüstet, an denen sie den jeweiligen Schaltzustand ablesen können. Die

Symbole zeigen Schaltzustandsänderungen in der Regel durch Blinklicht an und lösen ein akustisches Signal aus, das auch bei sonstigen zu beachtenden Betriebsmeldungen ertönt. Derartige Signale sollten so zurückhaltend wie möglich gegeben werden, um in Gefahrsituationen nicht die Verständigung zu stören und die psychologische Belastung des Personals in Störungsfällen nicht unnötig zu verstärken.

Ein ungefähres Bild über das Ausmaß und die Vielfalt derartiger Blindschaltbilder vermitteln die folgenden Zahlen:

Lastverteiler	Schalterstellungsmeldungen zur übergeordneten Befehls- und Überwachungszentrale[1]
RWE (Brauweiler)	1000
Bayern-Werk (Karlsfeld)	250
VEW (Dortmund)	120

Wegen der dauernden Veränderung der Netze werden derartige Schaltbilder aus kleinen auswechselbaren Bauelementen zusammengesetzt. Ein großes E-Werk hat wegen der häufigen Netzveränderung auf den Einbau der Schalterstellungsanzeigen in das Schaltbild ganz verzichtet. Als Netzbild wird dort eine große Tafel benutzt, auf der Sinnbilder für alle Leitungs- und Anlageteile mit abziehbaren Klebestreifen aufgebracht sind, wobei jedoch der Schaltzustand durch farbige Reißnägel nach altgewohnter Weise gesteckt wird. Die Schalterstellungsanzeiger befinden sich getrennt davon, leicht auswechselbar auf einen Pult zusammengefaßt. Auch ein solcher Aufbau erscheint tragbar, da dem diensthabenden Personal die Nummernbezeichnungen der Leitungs- und Anlageteile nach Gruppe und Lage im Netz erfahrungsgemäß so geläufig sind, daß die Trennung von Schaltbild und Schalterstellungsanzeiger nicht belastend empfunden wird.

Einsparungen bei Schaltbildern lassen sich im übrigen auch dadurch erzielen, daß man angesichts der außerordentlich seltenen Umschaltungen von einer Sammelschiene auf die andere auf eine selbsttätige Fernmeldung der Trennerschaltung völlig verzichtet und in der Leitstelle die Trennerstellung nach telefonischer Meldung markiert. Nur in Überwachungszentralen übergeordneter Verbundnetze sind die Mehrkosten für die Trennerschaltungsmeldungen im Verhältnis zum Wert der überwachten Anlagen unbeachtlich.

Die Überwachung der Leistungswerte wird in modernen Zentralen dadurch erleichtert, daß von den zu betreuenden Anlagen lediglich Summen der Leistung mehrerer Zu- oder Ableitungen angezeigt werden, die dann wiederum zu Gesamtleistungen zusammengefaßt werden, gegebenenfalls unter Subtraktion von Durchleitungsleistungen.

Fernmelde- und Fernwirkverfahren für größere Entfernungen. Für die Übertragung insbesondere von Meßwerten über Entfernungen unter 50 km können Drehmoment-Kompensatoren, sogenannte Meßwertumformer, benutzt werden, die dem jeweiligen Meßwert entsprechend Gleichströme liefern. Über galvanisch verbundene

---

[1] Vgl. DENNHARDT, Aufgabenbereich Fernwirktechnik in der Elektrizitätsversorgung. Elektrizitätswirtsch. 1957, H. 18, S. 654ff. Die angegebenen Zahlen erhöhen sich durch Netzerweiterungen laufend.

Adern der Leitstelle zugeführt, können sie dort beliebig auch zur Addition und Subtraktion von Meßwerten verwendet werden. Für Übertragungen von Meßwerten sowie von Steuer- und Meldeimpulsen über größere Entfernungen hinweg sind nach Höhe und Zeit veränderte Gleichströme nicht mehr brauchbar; man benutzt dann die Frequenz als Träger.

Beim „Impuls-Frequenzverfahren" wird die zeitliche Dichte von Frequenzimpulsen entsprechend der Meßwertgröße verändert. Man stellt aus Impulsen und Pausen einen Code zusammen, bei dem jeweils bestimmte Variationen einen Befehl oder eine Meldung kennzeichnen. So lassen sich beispielsweise schon mit 18 Impulsen über 200 Befehle oder Meldungen einwandfrei festlegen. Befehle werden grundsätzlich erst nach automatischem Kontrollvergleich von Geber und Empfänger durchgeführt, so daß eine falsche Befehlsausführung praktisch ausgeschlossen ist. Für die Übermittlung eines Schaltbefehls benötigen Fernwirkeinrichtungen mit einem Code von 18 Impulsen rd. 2,5 Sekunden; 10 Meldungen können in etwa 4—5 Sekunden übermittelt werden[1]. Die nach dem Impuls-Frequenzverfahren arbeitenden Anlagen bestehen weitgehend aus Bauelementen der Telefonwähltechnik.

Beim Frequenz-Variationsverfahren, dessen Merkmal die Veränderung der Frequenz zur Kennzeichnung von Meßwertgrößen, Befehlen und Meldungen ist, werden nahezu ausschließlich elektronische Elemente benutzt. Als kontaktloses Verfahren arbeitet es genauer und schneller als das Impuls-Frequenzverfahren. Man kann mehrere Werte zyklisch abfragen (etwa 8 Werte in 0,4 Sekunden) und so auf einem Kanal mehr Werte in der Zeiteinheit übertragen[2].

Die Aufwendungen für Fernwirkeinrichtungen können dadurch verringert werden, daß nicht für jede Anlage Einrichtungen „nach Maß" hergestellt werden. Für zahlreiche Anlagegruppen können gleiche Fernwirkanlagen benutzt werden, auch wenn einzelne Elemente der Baukastensysteme dann vielleicht einmal zu groß erscheinen. Bei der Planung von Fernwirkanlagen ist vor allem zu berücksichtigen, daß mit steigender Stromverbrauchsdichte das Fernwirknetz der örtlichen Überwachungszentren mit der Zahl der Stationen dichter werden wird. Eine übergeordnete Leitstelle wird sich dann unter Verzicht auf die einzelnen Schalterstellungsmeldungen darauf beschränken, aus den örtlichen Überwachungszentren sogenannte „Schaltersammelmeldungen" zu erhalten, d. h. eine Meldung, die aussagt, daß in dem betreffenden Netzgebiet irgendein Schalter gefallen ist. Aus dem Vergleich der einlaufenden Meldungen dieser Art untereinander und mit den Meßwerten sowie den Meldungen aus anderen Spannungsebenen läßt sich dennoch schnell Art und Ausmaß der Störung erkennen und abschätzen, ob dem übergeordneten Netz daraus Anforderungen oder sogar Gefahren erwachsen.

Einheitliche nachrichtentechnische Einrichtung der Leitstellen. Die nachrichtentechnische Einrichtung in den Überwachungs- und Befehlszentren hat sich in Anpassung an die praktischen Anforderungen im Laufe der Zeit weitgehend vereinheitlicht. Drucktastenanwahl statt Wählscheibe für die wichtigsten Anschlüsse, Tischmikrophon und Lautsprecher statt abnehmbarer Telefonhörer

---

[1] Vgl. DU MONT, UKW-Technik im Dienst der Energieversorgung. Elektrizitätswirtsch. 1958, H. 8, S. 206 ff.

[2] Vgl. HENNING. Die Fernwirktechnik im Verbundbetrieb, ETZ A 1957, H. 21, S. 757 ff.

und übersichtliche Schaltplatten für die Herstellung der Nachrichtenverbindungen sind typische Merkmale dieser Entwicklung.

Wichtig ist in der Praxis, daß in der Leitstelle der zweite Mann aus Sicherheitsgründen und um das Zusammenspiel im Störungsfalle zu fördern, alle Gespräche mithören soll. Schon aus diesem Grunde sind Mikrophone und Lautsprecher zweckmäßig. Bei größeren Leitstellen hält man zumindest im Störungsfalle alle ein- und ausgehenden Gespräche auf Magnetband fest[1], um den Überwachenden Kontrollaufzeichnungen zu ersparen und die spätere Rekonstruktion des Verlaufs einer Störung und ihrer Behebung zu erleichtern.

Zur Ausschaltung von Mißverständnissen hat es sich als zweckmäßig erwiesen, für telefonische Schaltbefehle und Betriebsmeldungen eines E-Werkes einheitliche Formulierungen und Satzfolgen festzulegen, wobei auf keinen Fall auf eine einwandfreie Wiederholung durch den Gesprächsempfänger verzichtet werden darf. Noch größere Sicherheit gegen Mißverständnisse bietet ein Fernschreibverkehr, der allerdings eine entsprechende Schulung der Bedienenden voraussetzt.

Das Verbindungsnetz. Die Übermittlung der telefonischen Gespräche von und nach den Befehls- und Überwachungszentralen kann wie die Übertragung von Meßwerten oder von elektrischen Schalt- und Meßimpulsen ebenfalls über Erd- oder Luftkabel mit Trägerfrequenz zur Mehrfachausnutzung von Adern oder durch Benutzung von Hochspannungsleitungen sowie durch UKW-, Rund- und Richtfunk erfolgen.

Da die Übertragungsfrequenzen der Hochspannungsleitungen schon in der Regel sehr stark durch den Betriebsfernsprechverkehr genutzt werden, geht die Entwicklung auf einen immer weiteren Einsatz von UKW-Übertragung hin. Die Zurückhaltung der Bundespost gegenüber dem Ansturm auf UKW-Lizenzen, z. B. für Polizei, Zoll, Luftfahrt, Gas- und Wasserwerke, wirkte in den letzten Jahren auf den Ausbau derartiger Anlagen bei den E-Werken des öfteren hemmend, doch haben systematische Untersuchungen über die gegenseitige Beeinflussung derartiger Anlagen gezeigt, daß die anfänglichen Bedenken bei den begrenzten Sendeleistungen der hierfür in Frage kommenden Lizenzteilnehmer nur zum Teil gerechtfertigt waren.

Die UKW-Technik hat die Betriebsüberwachung und -steuerung erheblich erleichtert. Die Möglichkeit, motorisiertes Schaltpersonal jederzeit über UKW in Funkwagen erreichen und einsetzen zu können, hat zur „Entvölkerung" der Stationen geführt. Besetzte Warten konnten aufgelöst werden und Schaltpersonal braucht nicht mehr untätig in Bereitschaft zu bleiben, sondern kann unter Beibehaltung der Nachrichtenverbindung zu Arbeiten im Netz eingesetzt werden.

Beim UKW-Funkverkehr mit Funkwagen werden getrennte Frequenz-Bänder für die Leitstelle und für die fahrbaren Sender bevorzugt, damit beide gleichzeitig sprechen können. Allgemein durchgesetzt hat sich darüber hinaus auch der Selektivruf für die einzelnen Wagen. Wo die gleiche UKW-Anlage auch für die Übertragung von Befehls- und Meldeimpulsen benutzt wird, haben diese in der Regel den Vorzug und unterbrechen automatisch den Gesprächsverkehr.

UKW-Richtfunkstrecken werden dort benutzt, wo ein E-Werk über eine größere Entfernung hinweg für die Fernwirk- und Fernsprechübertragung sonst eine Vielzahl paralleler Kanäle benötigen würde. Richtfunkstrecken werden aller-

---

[1] Nach Möglichkeit mit überlagerter Uhrzeitmarkierung.

dings nicht nur wegen ihrer Wirtschaftlichkeit gegenüber vieladrigen Kabeln über größere Entfernungen künftig immer häufiger eingerichtet werden, sie sind auch hinsichtlich der Übertragungssicherheit den Kabelverbindungen überlegen.

Bei der Bedeutung der Fernmelde- und Fernwirkeinrichtungen für den sicheren Betrieb bevorzugen die meisten E-Werke ein eigenes Kabel-, Leitungs- oder Funknetz, — schon um freizügiger Zweitwege einplanen und im Falle einer Verbindungsstörung entsprechende Umschaltungen vornehmen zu können.

Allgemeine Telefonanlage. Die für die Betriebsüberwachung und -steuerung erforderlichen Einrichtungen der Fernmelde- und Fernwirktechnik werden ergänzt durch die allgemeinen Fernsprech- und Fernschreibanlagen eines E-Werkes für den internen Verkehr und die Außenverbindungen.

Anzustreben ist für die Amtanschlüsse der Telefonzentrale eine einheitliche Fernsprechnummer, nach Möglichkeit einer Kurznummer, wie z. B. für Wetterdienst und Zeitansage der Post. Sie prägt sich der Vielzahl von Kunden besser ein, so daß bei örtlichen Versorgungsstörungen die betroffenen Kunden ihre Wünsche, Beschwerden und Meldungen schneller an die Kundendienststelle (Störungsstelle) durchgeben können, und nicht unnötig noch weiter verärgert werden. Das E-Werk hat den Vorteil, auf Grund schnellerer Information die Störungszeiten verkürzen zu können.

c) Wirtschaftliche Anlagenausnutzung und Gewährleistung der Versorgungssicherheit

1. Voraussetzungen einer zentralen Lastverteilung

Erhöhte Sicherheit ist nur durch zusätzliche Aufwendungen zu erkaufen, belastet also die Wirtschaftlichkeit, während umgekehrt eine Verbesserung der Wirtschaftlichkeit vielfach Konzessionen hinsichtlich des Grades der Sicherheit erfordert. Die E-Werke stehen daher bei ihren Bemühungen, bei sicherster Versorgung so wirtschaftlich wie möglich zu arbeiten, vor der Aufgabe, den günstigsten Mittelweg zu finden.

Einerseits fallen Entscheidungen in dieser Richtung bei der Anlagenplanung, so etwa bei der Reservebemessung für Kabel- und Leitungsnetz oder für Erzeugungsanlagen, andererseits müssen im laufenden Betrieb ständig neue Kompromisse gefunden werden. Die Kosten der Stromlieferung und damit die Wirtschaftlichkeit ändern sich ebenso häufig und schnell wie das jeweils erforderliche Maß an Versorgungssicherheit. Die Erzeugungs- und Verteilungskosten und die Anforderungen an die Versorgungssicherheit zwischen Tag und Nacht, beim Hoch- und Abfahren oder während der Mittagsspitze und der Nachmittagssenke, sind so verschieden, daß eine durchgehend besetzte Stelle erforderlich ist, um der Aufgabe gerecht zu werden.

Ein Lastverteiler als Leitorgan wird nur bei manchen, allerdings wichtigen Werken erforderlich, nämlich dort, wo das E-Werk die Erzeugungs- und Verteilungskosten sowie den Grad der Versorgungssicherheit laufend selbst beeinflussen kann, und wo die Zusammenfassung der Überwachung und Steuerung in einer derartigen Zentralfunktion sichtbare Vorteile bringt. Notwendig wird diese Regelung, wenn den Unterstellen der Überblick über den gesamten laufenden

Erzeugungs- und Verteilungsbetrieb fehlt. Zentrale, durchgehend besetzte technische Leitstellen sind also beispielsweise dann nicht erforderlich, wenn nur ein Netz betrieben wird, das keine verlustmindernde Variation des betrieblichen Schaltzustandes ermöglicht (z. B. ländliches Strahlennetz) und wo nur ein oder zwei Kraftwerke und Einspeisestellen das Netz versorgen (z. B. kleines Stadtwerk). Die anfallenden Aufgaben für die technische Steuerung des gesamten Betriebes können in solchen Fällen von einer der Warten mit erledigt werden. Wenn aber erst mehr als drei Kraftwerke und Einspeisestellen mit beachtlichem Anteil an der Versorgung des E-Werkes in einem eigenen Verbundbetrieb beteiligt sind, kann in der Regel auf eine solche Leitstelle nicht mehr verzichtet werden.

Die Bezeichnung dieser „Leitstellen" ist nicht einheitlich. Gemeinhin spricht man von „Lastverteilungen" oder „Lastverteilern", doch sind auch manche sogenannten „Netzbefehlsstellen" inzwischen längst zu „Lastverteilungen" im Sinne der gekennzeichneten Aufgabe geworden.

Die Ausrüstung der Lastverteilung muß ihren Aufgaben entsprechen. Grundlage ihrer Tätigkeit ist ein Netzplan mit dem Schaltzustand der zu betreuenden übergeordneten Netze einschließlich der Maschinen oder Maschinengruppen sowie eine Reihe von anzeigenden und registrierenden Meßinstrumenten für die Frequenzen, für die Spannungen und für die Wirk- und Blindleistungen der Maschinen oder Kraftwerke, der Einspeise- und Übergabestellen und der wichtigsten Umspanner und Hauptleitungen. Der jeweilige Schaltzustand wird entweder mittels selbsttätiger Schalterstellungsmeldungen oder telefonisch überwacht.

Voraussetzung eines wirksamen Arbeitens der Lastverteiler sind möglichst unmittelbare Nachrichtenverbindungen zu den nachgeordneten Betriebsstellen, Kraftwerken, Netzbezirksstellen, Schaltwarten, zu den Lastverteilungen anderer E-Werke und zu jenen eigenen Betriebsabteilungen, die bei der Störungsbehebung eingesetzt werden müssen (z. B. Relaistrupp, Schalterkolonne).

An Personal sind für eine Lastverteilung, die durchweg jeweils mit zwei Mann besetzt sein muß, in der Regel mindestens 4 Ingenieure und 4 Assistenten erforderlich. An deren fachliche Eignung müssen sehr hohe Anforderungen gestellt werden, da den Betreffenden außerordentlich weitreichende Vollmachten einzuräumen sind. Das Lastverteilerpersonal muß nicht nur Schaltanordnungen für das Netz und Anweisungen für die Fahrpläne der Kraftwerke und Maschinen geben, sondern gegebenenfalls in Störungsfällen auch sehr einschneidende Abschaltungen veranlassen und kurzfristige Bezugs- und Liefervereinbarungen mit anderen E-Werken im Rahmen gegebener Richtlinien treffen können, ohne vorher bei irgendeiner Stelle des eigenen Unternehmens rückzufragen. Man kann die Stellung des Personals etwa mit der diensthabender Offiziere auf der Brücke eines Schiffes vergleichen, die in der Regel auch keine Gelegenheit haben, bei schnell zu treffenden Entscheidungen erst den Kapitän zu informieren oder um Bestätigung zu ersuchen. Gerade die weitgehende Unabhängigkeit in der Entscheidung kennzeichnet den Lastverteiler als das wichtigste Organ für den laufenden Betrieb eines E-Werkes.

2. Lastprognose

Die Forderung, die Stromerzeugung möglichst sicher und gleichzeitig möglichst wirtschaftlich durchzuführen, bedingt in der Praxis eine Auswahl der für die Bedarfsdeckung jeweils einzusetzenden Maschinen, die Festlegung einer möglichst geringen Erzeugungsreserve und die Auswahl eines reservearmen Schaltzustandes, bei dem sich der jeweilige Bedarf bei geringsten Verlusten decken läßt.

Alle drei Entscheidungen setzen eine Kenntnis des Bedarfs voraus. Er wird dem Lastverteiler in jedem Augenblick durch die Meßwerte angezeigt, doch muß er an einer frühzeitigeren Kenntnis interessiert sein, da die Maschinen in den Kraftwerken nur in Grenzen regelbar sind und das Anfahren zusätzlicher Maschinen und Kessel eine gewisse Zeit erfordert. Auch müßte er sonst Entscheidungen über den Schaltzustand ständig ohne längere Vorbereitung fällen.

Der Verlauf der voraussichtlichen Belastung wird daher vom Lastverteiler geschätzt, grob bereits auf Monate und Wochen voraus, endgültig für die Weisungen an die Werke und das Netz jeweils auf einen Tag voraus, so daß während des laufenden Betriebes lediglich noch Feinkorrekturen auf Grund vorher nicht übersehbarer Abweichungen erforderlich sind.

Die Grundlage der Lastprognose bilden die Belastungskurven vergleichbarer Tag- und Nachtzyklen, die aus den statistischen Aufzeichnungen zu entnehmen sind. Die Kurven der Vortage lassen sich hierzu nicht verwenden, da sich die Belastungskurven aufeinanderfolgender Wochentage in der Regel voneinander unterscheiden. Daß Samstage und Sonntage besondere Charakteristiken aufweisen, ist nicht verwunderlich. Bei den Montagen und Freitagen erscheinen Besonderheiten wegen des Anfahrens vieler Betriebe am Wochenbeginn und langer Geschäftsöffnungszeiten am Ende der Woche verständlich. Aber auch die Mittwoch-Kurven weisen bei vielen E-Werken beachtliche Abweichungen von anderen Wochentagen auf. Lediglich die Dienstags- und Donnerstagskurven sind bei den meisten E-Werken recht ähnlich.

Für die Lastprognose werden aus diesem Grunde die Kurven der betreffenden Wochentage des Vorjahres und der Vorwoche bevorzugt zugrunde gelegt, wobei die des Vorjahres um die durchschnittliche Steigerungsrate für Arbeit und Leistung erhöht werden. Belastungskurven von Tagen mit extremen meteorologischen Werten scheiden wegen des starken Einflusses von Temperatur und Helligkeit auf die Belastung für den Vergleich aus.

Wettereinfluß auf den Stromverbrauch. Frühere Versuche, eine einfache, allgemein gültige Abhängigkeit des Strombedarfs von Temperatur und Helligkeit zu ermitteln, brachten keine befriedigenden Ergebnisse, da die einzelnen Verbrauchergruppen sehr unterschiedlich reagieren. In Wohngebieten mit Zentralheizung bringen Temperatureinbrüche keinen zusätzlichen elektrischen Bedarf, während bei überwiegender Ofenheizung namentlich in der Übergangszeit Elektroraumheizung zusätzlich in Anspruch genommen wird. Ein E-Werk, das Stadt- oder Straßenbahnen versorgt, wird bei Kälteeinbrüchen erhebliche Belastungszunahmen durch Wagenheizung, vereiste Schienen und dgl. hinnehmen müssen, während ein E-Werk, das eine Stadt mit Autobusverkehr versorgt, diesen Belastungszuwachs nicht verzeichnet. Aus Gebieten mit industriellen und gewerblichen Kunden erwächst dem E-Werk bei abnehmender Helligkeit am frühen Nachmittag eine wesentlich höhere Belastung als beispielsweise aus Wohngebieten. Die Beispiele ließen sich beliebig vermehren. Sie zeigen, daß der Einfluß von Helligkeit und Temperatur auf die Belastung eines E-Werkes völlig von dessen Verbrauchsstruktur abhängt. Abhängigkeitswerte, die sorgfältig ermittelt werden müssen, können daher nur für den Bereich eines einzelnen E-Werkes Gültigkeit haben.

In welchen Größenordnungen sich die Lastveränderungen auf Grund von Witterungseinflüssen bewegen können, zeigen zwei Beispiele: Bei dem ungewöhnlichen Kälteeinbruch im Februar 1956 stieg bei den öffentlichen Elektrizitätsversorgungsunternehmen im Bundesgebiet insgesamt der Verbrauch auf Grund elektrischer Raumheizung um 72 GWh, das sind rd. 11% des gesamten Haushaltsstromverbrauchs, an[1]. Bei den Hamburgischen Electricitätswerken ergab eine unerwartete Senkung der Außentemperatur im September 1957 eine Erhöhung der vorausgeschätzten Abendspitze um rd. 21%[2].

Die Lastverteiler müssen derartige Risiken möglichst eingrenzen und sind bestrebt, den Grad der örtlichen Abhängigkeit des Stromverbrauchs vor allem von der Temperatur immer wieder zu überprüfen.

Die aus dem Belastungsverlauf des Vorjahres und der Vorwoche unter Berücksichtigung der voraussichtlichen Temperatur- und Helligkeitsunterschiede gewonnenen Lastprognosen erfahren noch zusätzliche Korrekturen. So müssen zum Beispiel besondere Ereignisse, wie Ausverkaufstage, Festzüge, größere Sportveranstaltungen, Friedhofsbesuche, Streiks, in ihrer Auswirkung auf den Stromverbrauch abgeschätzt werden und führen unter Umständen zu erheblichen Änderungen.

Andere, geringfügigere Korrekturen beruhen zur Zeit noch auf dem „Fingerspitzengefühl" des entsprechenden Lastverteilers. Was dabei „erfühlt" wird, ist in erster Linie ein Mehr oder Weniger an elektrischem Heizstrombedarf. Noch so genaue Kurven über die Korrelation von Stromverbrauch und Temperatur geben nämlich keinen endgültigen Aufschluß über die Schwankungen im Verbraucherverhalten auf Grund des Witterungsempfindens. Die Temperatur kann beispielsweise $+4\,°C$ betragen und wird dennoch morgens oder abends, an trockenen oder an feuchten, an hellen oder an dunklen Tagen von den Menschen physisch und psychisch anders empfunden. Hinzu kommen gewisse Empfindungsverzögerungen, d. h. der Mensch reagiert auf Änderung seiner Sinneswahrnehmungen oft erst nach geraumer Zeit, schaltet Heizungen erst ein, wenn ihm „zu" kalt wird, oder Licht erst aus, wenn ihm „zu" hell wird. In jüngster Zeit wird unter Einbeziehung möglichst vieler meteorologischer Einflußgrößen (vor allem der Feuchtigkeit!) von einigen Wetterämtern der Versuch gemacht, den jeweiligen Einfluß des Wetters auf die Psyche der Menschen durch sogenannte „Behaglichkeitsgrade" auszudrücken, die genauere Schlüsse auf das voraussichtliche Verbraucherverhalten erlauben.

3. Wirtschaftlicher Einsatz der Erzeugungsanlagen

Frequenz- und Leistungsmeßwerte als Ausgangsgrößen für die Regelung. Die wichtigste Aufgabe des Lastverteilers ist zwar die richtige Verteilung der Last auf die einzelnen Werke und Netzanlagen, — darüber steht jedoch die Notwendigkeit, überhaupt den jeweiligen Bedarf zu decken. Betreut er ein in sich geschlossenes

---

[1] Nach Böttcher, Strombedarf für Raumheizzwecke in der Bundesrepublik, Elektrizitätswirtsch. 1956, H. 96, S. 696.

[2] Vgl. Masukowitz u. Samwer, Deutsche Erfahrungen mit elektrischer Speicher-Raumheizung. Elektrizitätswirtsch. 1958, H. 19, S. 605 ff.

Netz ohne Verbindung zu anderen E-Werken, so wird ihm die jeweilige Tendenz der Über- und Unterdeckung des sich ändernden Bedarfs sehr genau durch das Verhalten der Frequenz angezeigt. Die ständige Nachregelung der Erzeugung zum Ausgleich kleinerer Bedarfsschwankungen, die sich in Frequenzänderungen niederschlagen, ist nicht Sache des Lastverteilers, sondern wird in der Praxis einer Maschine oder Maschinengruppen überlassen, die hierfür bei größeren Werken mit selbsttätigen Regeleinrichtungen ausgestattet sind.

Fährt das E-Werk mit anderen Stromerzeugern im Verbund, die im Verhältnis zu seiner Leistung nur sehr klein sind, wie z. B. industrielle Eigenanlagen und kleine Wasserkraftanlagen, so bleibt die Frequenz das für den Lastverteiler bestimmende Kriterium. Eine Mehr- oder Minderleistung der kleinen Erzeugung kann die durch die großen Anlagen festgelegte Frequenz nicht merklich beeinflussen. Beim Verbundbetrieb mit Erzeugungsanlagen, die auf Grund ihrer wesentlich höher liegenden Leistung von sich aus die Frequenz bestimmen, bildet jedoch der Leistungsfluß auf der Verbindungsleitung zu dem stärkeren Netz die Grundlage für die Regelung der eigenen Maschinen. Sie müssen dann laufend entsprechend den Belastungsschwankungen im eigenen Netz so nachgeregelt werden, daß die vereinbarte Übergabe- oder Bezugsleistung eingehalten wird. Auch in solchen Fällen ist die ständige Leistungsregelung nicht Sache des Lastverteilers, sondern erfolgt in der Regel durch eine Maschine oder Maschinengruppe, der man den betreffenden Leistungsmeßwert zuleitet und die für diese Regelungsaufgabe häufig mit einer Automatik ausgerüstet wird.

Beim Verbund von Erzeugungsanlagen, die auf Grund ihres Lastverhältnisses sowohl den Leistungsfluß als auch die Frequenz des zusammengeschlossenen Netzes merklich ändern können, müssen für die ständige Regelung sowohl Leistungswerte als auch die Frequenz herangezogen werden. Im Prinzip werden dabei den Kraftwerken bestimmte, auf die Bedarfslage abgestimmte Sollwerte für die Leistung vorgegeben, die sie nachzuregeln haben, während sie sich an der Frequenzregelung des gesamten Netzes anteilig nach ihrer Leistung beteiligen. Eine derartige „Frequenz-Leistungsregelung" ist in den letzten Jahren in Mitteleuropa insbesondere durch den Zusammenschluß von Netzen über die Landesgrenzen hinweg erforderlich geworden. Trotz des komplizierten apparativen Aufwandes (Fernübertragung von Meßwerten, automatische Auswertung, Umwandlung in Sollwerte, Regelautomatik) hat sich die Leistungsfrequenzregelung inzwischen gut bewährt.

Erzeugungsreserve. Zur Bestimmung der erforderlichen Verfügungsreserve der Erzeugung muß der Lastverteiler fortgesetzt im Bilde sein, welche der am Netz arbeitenden Anlagen aus irgendwelchen Gründen vielleicht als weniger sicher anzusehen sind (Lebensalter, Störanfälligkeit, mangelnde Erprobung usw.). Ständig muß der Lastverteiler wissen, wie er einen Ausfall decken könnte. Eine kleine Leistungsreserve (rd. 2—3%) steht ihm bei Eigenversorgung auf Grund der Überlastbarkeit der Erzeugungsanlagen stets zur Verfügung. Darüber hinaus zählt als freie Sofortreserve jener Leistungsbetrag, der sich daraus ergibt, daß in der Regel nicht alle Erzeugungsanlagen am Netz mit Vollast fahren. Das Bestreben geht im Gegenteil dahin, möglichst viele Anlagen im Bestpunkt, also unterhalb der Vollast zu betreiben. Ebenfalls als Momentanreserve können heute seitens der Lastverteiler die nicht ausgenutzten Erzeugungskapazitäten der

Speicherkraftwerke, einschließlich der Pumpspeicherwerke, angesehen werden, da ihre Maschinen im allgemeinen innerhalb von rd. 2 Minuten nach Anforderung Leistung abgeben können.

Jedes E-Werk stellt vorstehend gekennzeichnete Momentanreserven im Notfall jedem anderen Lastverteiler auf Anforderung zur Verfügung. Andererseits kann ein Lastverteiler Fremdreserven dieser Art auch als Momentanreserve für sein eigenes Werk betrachten, falls eine leistungsfähige Leitungsverbindung vorhanden ist. Sind Schalthandlungen für die Heranbringung dieser Stromreserven erforderlich, so müssen sie als mittelfristig angesehen werden. Hierunter wird im allgemeinen ein Zeitraum von 2—10 Minuten verstanden. Wesentlich längere Zeit erfordert das Anfahren von stillstehenden Reserve-Wärmekraftanlagen. Selbst aus vorgewärmtem Zustand benötigen schon mittlere Anlagen in der Regel 18—30 Minuten bis zur Abgabe voller Leistung. Bei temperaturempfindlichen Höchstleistungsanlagen liegen die Zeiten noch wesentlich höher. Da Reserveleistung im allgemeinen nur für begrenzte Zeit in Anspruch genommen wird, kann auch auf unwirtschaftliche Anlagen zurückgegriffen werden.

Die Zuwachskosten als Kriterium für den Maschineneinsatz. Für den wirtschaftlichsten Einsatz der Werke und Maschinen im Normalbetrieb ist eine genaue Kenntnis der Betriebseigenschaften der einzelnen Maschinen erforderlich.

Der „spezifische Wärmeverbrauch" ist ein arithmetischer Mittelwert und gibt an, welchen mittleren Wärmeverbrauch eine Maschine bei einer bestimmten Belastung hat (WE/kWh). Er ändert sich mit der Belastung und hat seinen günstigsten Wert („Bestpunkt") meist etwas unterhalb der Höchstlast. Beim Einsatz zusätzlicher Maschinen wählt man grundsätzlich die mit dem niedrigsten spezifischen Wärmeverbrauch.

Für die Verteilung der Last auf die bereits am Netz befindlichen Maschinen ist jedoch der jeweilige „Zuwachsverbrauch" maßgeblich. Er kennzeichnet die Wärmemenge, die eine bereits in Betrieb befindliche Maschine mehr verbraucht, wenn sie bei einer bestimmten Lei-

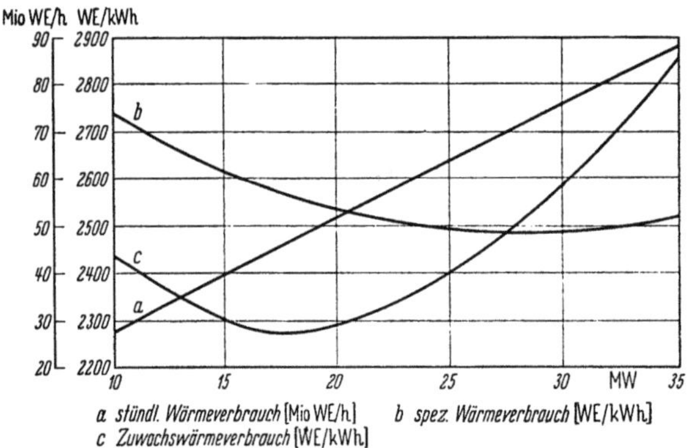

a stündl. Wärmeverbrauch [Mio WE/h]   b spez. Wärmeverbrauch [WE/kWh]
c Zuwachswärmeverbrauch [WE/kWh]

Abb. 41. Spezifischer Wärmeverbrauch und Wärmeverbrauchszuwachs einer 35-MW-Maschine
(Nach FLEISCHHAUER; Wirtschaftliche Betrachtungen zum Kraftwerkseinsatz, Elektrizitätswirtschaft 1952, H. 24, S. 649)

stung höher belastet wird (in WE/kWh). Der Zuwachsverbrauch hat mit wachsender Leistung zunächst fallende Tendenz, steigt jedoch meist bei $2/_3$ der „Bestpunktleistung" wieder an. Eine zusätzliche Last für in Betrieb befindliche Maschinen weist man jeweils den Maschinen mit dem gerade geringsten Zuwachsverbrauch zu. Die wirtschaftlich günstigste Lastverteilung ist also jeweils dann erreicht, wenn alle Maschinen in Betriebszuständen mit gleichem Zuwachsverbrauch fahren.

Die Feststellung des Wärmeverbrauchs und des Zuwachsverbrauches einer Maschine oder eines Blocks aus Kessel und Maschine erfolgt in der Praxis durch

Meßfahrten. Da sie in regelmäßigen Abständen und vor allem nach längeren Stillstandszeiten und Überholungen wiederholt werden, um neue Verlustquellen bereits im Entstehen zu erkennen, kann die Lastverteilung immer die neuesten
Zuwachskurven als Unterlagen benutzen.

Die Festlegung der günstigsten Lastverteilung auf Grund der Zuwachskurven
der einzelnen Erzeugungseinheiten ist eine mathematische Aufgabe, deren Lösung
nicht unerheblichen Zeitaufwand erfordert. In der Praxis gehen daher immer
mehr Lastverteiler dazu über, zur Lösung dieser ständig sich wiederholenden
Arbeit eigens hierfür gefertigte Rechenmaschinen[1] oder elektrische Analoggeräte
zu benutzen.

Auf die Rechnungen wirkt sich erschwerend aus, daß das Anfahren weiterer
Einheiten nur dann wirtschaftlich ist, wenn die Maschine so lange am Netz bleiben
kann, daß der Vorteil durch Hinzunahme der Maschine größer wird, als der Nachteil ihrer Anlaufverluste.

Eine weitere Schwierigkeit ergibt sich für die Lastverteilung daraus, daß sie in
der Praxis den Einsatz der einzelnen Maschinen nur bis zu einer begrenzten Anzahl selbst veranlassen kann, da die Zahl der zu gebenden Anweisungen beim
An- und Abfahren sonst gemessen an der zur Verfügung stehenden Zeit zu groß
wird. Bei sehr vielen Erzeugungseinheiten kann die Verteilung der Last nur auf
Gruppen von Maschinen, also auf die Kraftwerke erfolgen. Die weitere Aufteilung
auf einzelne Maschinen wird dann den Kraftwerken überlassen. Die Lastverteilung benötigt in diesem Falle Gesamtzuwachskurven für die Kraftwerke.
Problematisch ist dabei, daß die Gesamtzuwachskurve eines Kraftwerkes je nach
der eingesetzten Maschinen-Kombination verschieden verläuft. Der Lastverteiler
muß daher die Gesamtzuwachskurven von den gebräuchlichsten Maschinen-
Kombinationen besitzen und sich jeweils über Änderungen der laufenden Maschi-
nen-Kombinationen benachrichtigen lassen. Dabei hat es sich als zweckmäßig
erwiesen, ihm zur besseren Verständigung mit den Wärmekraftwerken ein vereinfachtes Wärmeschaltbild zur Verfügung zu stellen, das die verschiedenen Kombinationsmöglichkeiten eindeutig erkennen läßt.

Gegenüber den Zuwachskosten von Wärmekraftwerken sind die von Wasser-
kraftwerken mit natürlichem Zulauf außerordentlich gering. Wo die natürliche
Wasserdarbietung es gestattet (Laufwasserwerke!), wird man daher Wasserkraftwerke im Verbund mit Dampfkraftwerken stets voll ausfahren, soweit nicht
Leistung als Sofortreserve freigehalten werden muß. Die Zuwachskosten der
Maschinen in Wasserkraftwerken ergeben sich im wesentlichen aus den Verlust-
änderungen entsprechend den Wirkungsgradänderungen mit Wechsel der Last.
Übersteigt die Wasserkraftkapazität den Bedarf, so kann die Verteilung der Last
daher durch Optimierung des Gesamtwirkungsgrades erfolgen, d. h. alle Maschinen
werden so belastet, daß eine Mehrbelastung eine gleichmäßige Verluständerung
an allen Maschinen bewirkt.

Bei Speicherwerken wird die Höhe des Gesamtanteils an der Last eines Verbundnetzes in der Regel durch den Fahrplan für den Speicher bestimmt. Dabei
wird der Speicherinhalt so gesteuert, daß die durch die Wasserdarbietung begrenzte Gesamtarbeit nach Möglichkeit in Spitzenzeiten zur Einsparung der

---

[1] Rechenschieber oder Rechentrommeln.

teueren Spitzenleistung aus Wärmekraft genutzt wird. Das gleiche gilt für Pumpspeicherwerke, deren Zuwachskosten einmal von den Wirkungsgraden bei verschiedener Last, aber auch von den Kosten der Pumpspeicherung, insbesondere den Nachtstrom- und Schwachlaststrom-Grenzkosten abhängig sind.

Verringerung der Netzverluste. Die Lastverteilung muß neben der Optimierung der Zuwachskosten für die Erzeugungsanlagen gleichzeitig noch eine Optimierung der Netzverlustkosten anstreben. Liegt beispielsweise ein Kraftwerk weit außerhalb des Netzes, ein anderes mit nahezu gleichen Zuwachskurven jedoch im Zentrum, so würde bei gleicher Verteilung der Last auf beide Kraftwerke der Vorteil der geringeren Netzverluste im Zentrum nicht ausreichend genutzt.

Die Verwirklichung dieser Grundsätze ist außerordentlich schwierig, da die durchzuführenden Rechnungen bei komplizierten Netzgebilden sehr umfangreich und zeitraubend sind. Zwar kann man für derartige Rechnungen die Netzschaltungen abstrahierend stark vereinfachen und letztlich zur Festlegung eines gedachten gemeinsamen Lastschwerpunktes für die verschiedenen Belastungszustände kommen, doch muß man sich in der Praxis auf die Berechnung von ungefähren Netz-Zuschlagsfaktoren für die Zuwachskostenkurven der Kraftwerke beschränken, wenn man nicht auch hierfür Rechengeräte zu Hilfe nimmt. In den letzten Jahren sind eine Reihe von Geräten entwickelt worden, die die Optimierungsrechnung für die Netzverluste in die Optimierung der Kraftwerkszuwachskosten einbeziehen.

Über die betrieblichen Kostenvorteile hinaus hat ein wirtschaftlicher Einsatz der Erzeugungsanlagen den übergeordneten volkswirtschaftlichen Vorteil, daß für die Deckung des elektrischen Strombedarfs keine Energie unnütz verschwendet wird, da im Großraumverbund diejenigen Rohenergiequellen möglichst stark ausgenutzt werden, deren Ausbeutung die Volkswirtschaft am wenigsten belastet (z. B. Wasser, Braunkohle). Da dieser Effekt auf Grund der geographischen

Die größten Verbundzusammenschlüsse der westlichen Welt[1]

USA	Central Power Pool	20 Bundesstaaten der USA	55 GW
Europa	Westeuropäischer Verbundbetrieb	9 Länder, einschließlich Bundesrepublik	34 GW
Europa	Großbritannien Central Electricity Authority	England und Teile Schottlands	19 GW
USA	North-East Power Pool	3 Bundesstaaten der USA und ein Teil Kanadas	15 GW
USA	California Power Pool	Kalifornien und Teile von 3 USA-Bundesstaaten	11 GW
USA	Pennsylvania-New Jersey-Baltimore-Washington Pool	5 USA Bundesstaaten	10 GW
USA	North−West Power Pool	4 USA Bundesstaaten und Teile von 3 weiteren	10 GW
Europa	Schwedischer Verbundbetrieb	Schweden und Teile Dänemarks	5 GW

[1] Nach FLEISCHER, Die technischen und wirtschaftlichen Voraussetzungen für die Entwicklung vom Parallel − über den Verbundbetrieb zur Verbundwirtschaft. Elektrizitätswirtsch. 19/1958, S. 595 ff.

Streuung der Rohenergiequellen in der Regel erst bei sehr weiträumigen Zusammenschlüssen wirksam wird, finden wir heute schon Lastverteilungen, von denen aus die großen Kraftwerke und übergeordneten Lastflüsse im Bereich eines ganzen Landes und sogar für mehrere Länder gesteuert werden.

Wärmewirtschaftliche Kontrolle. Ob ein Lastverteiler gut oder schlecht gearbeitet hat, läßt sich nach Ablauf eines gewissen Zeitraumes, beispielsweise eines Jahres, ohne weiteres feststellen, entzieht sich also trotz der komplizierten Rechnungsgänge bei der laufenden Verteilung der Last nicht der Kontrolle der Betriebsleitung. Insbesondere ergibt die wärmewirtschaftliche Nachkalkulation, die zweckmäßigerweise von einer besonderen wärmewirtschaftlichen Überwachungsstelle durchgeführt wird, auf Grund der geordneten Jahresbelastungsdauerlinien und ihrer Analyse ausreichende Aufschlüsse über den wirtschaftlichen Erfolg der Lastverteilung.

Wenn der Lastverteiler bei Überschreitung einer bestimmten Maschinenzahl, die Grenze dürfte etwa zwischen 10 und 20 liegen, nicht mehr den Einsatz jeder einzelnen Maschine steuern kann, ergibt sich das Problem der Verantwortungsabgrenzung für die Wirtschaftlichkeit der Erzeugung. Es empfiehlt sich, dann auch die Bestimmung der Maschinen-Kombination den Werkleitungen zu überlassen, um eindeutige Verantwortungsgrenzen zu erhalten und den Kraftwerksleitern einen echten Anreiz zu geben, Verlustquellen im eigenen Betrieb unerbittlich aufzuspüren.

4. Anpassung des Fahrplanes
an den tatsächlich entstehenden Bedarf

Zu übermittelnde Fahrpläne. Die Weisungen des Lastverteilers an die Kraftwerke erfolgen in der Regel dergestalt, daß den Warten bereits am Vortage der jeweilige 24-Stunden-Fahrplan für die Erzeugung in Tabellenform so übermittelt wird, wie er sich auf Grund der Optimierungsrechnung von Hand oder mittels Gerät ergibt. Für die Wochenenden werden im allgemeinen 48-Stunden-Fahrpläne am Freitag durchgegeben. Stellenweise übermittelt man vorher auch noch gröbere Wochenfahrpläne. Nur für Wasserkraftanlagen, deren Einsatz maßgeblich durch den Wasserhaushalt bestimmt wird, werden die Fahrpläne in der Regel langfristiger festgelegt.

Das umstehende Beispiel zeigt einen knapp bemessenen Fahrplan. Die theoretische Reserve unterschreitet gelegentlich den Leistungswert der größten am Netz befindlichen Erzeugungseinheit. In Anbetracht der Überlastbarkeit der Erzeugungseinheiten läßt sich jedoch ein solcher sparsamer Einsatz vertreten; zumindest für vorübergehende Spitzen und für die Zeiten, in denen mit Sicherheit ein weiteres Absinken der Belastung erwartet werden kann. Während des morgendlichen Hochfahrens der Anlagen lassen sich auch bei der üblichen feineren zeitlichen Abstufung überhöhte Momentanreserven nicht vermeiden.

Die Fahrpläne für den Maschineneinsatz beziehen sich in der Regel auf die Wirklast. Besondere Blindlast-Fahrpläne brauchen im allgemeinen nicht täglich neu festgelegt zu werden, da die Abweichungen von den vorausgeschätzten, in den Blindlast- und Spannungsfahrplänen vorgeplanten Blindlastverhältnissen im allgemeinen den Wirklastabweichungen entsprechend verlaufen. Den Kraftwerken kann daher auferlegt werden, die Blindstromerzeugung entsprechend den

18*

Abweichungen des täglichen Wirklast-Fahrplanes von einer dem langfristigen Blindlast- und Spannungsfahrplan zugrunde liegenden Normalkurve zu steuern.

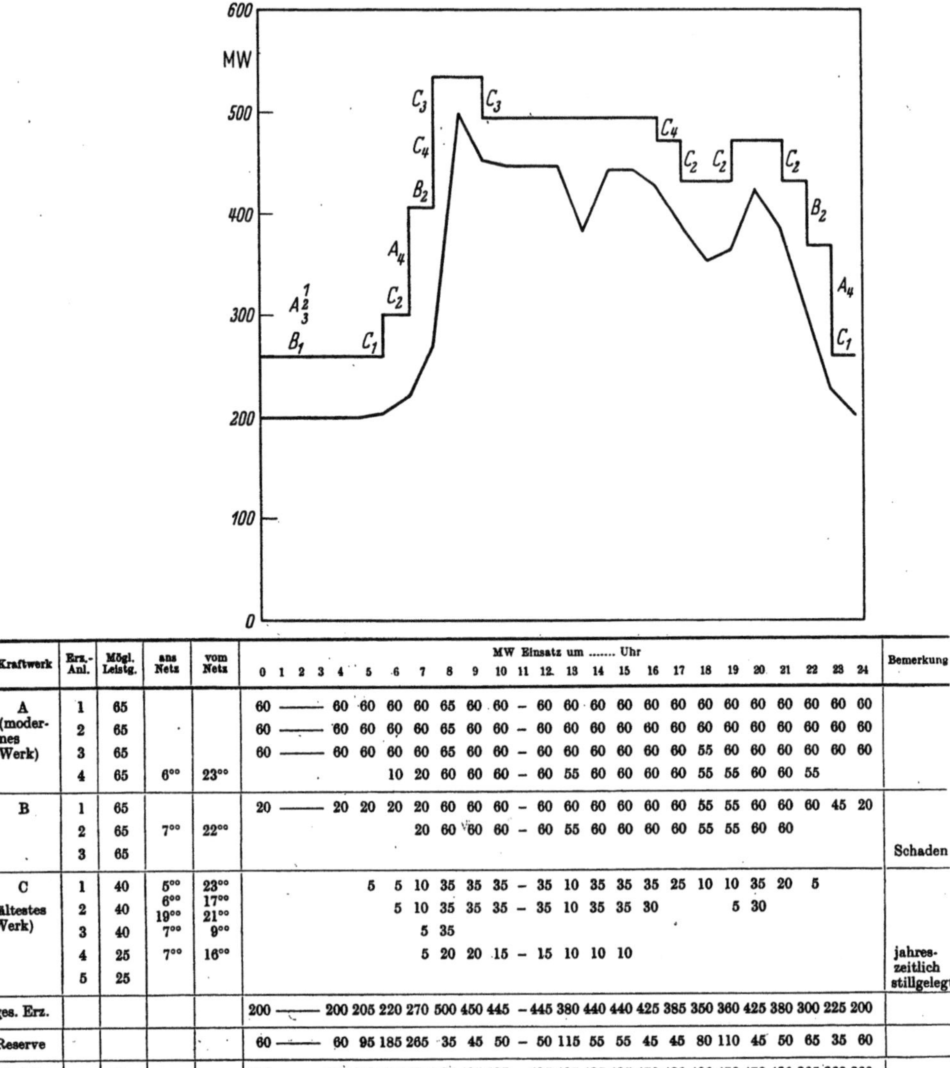

Zeitspalten 0–24: MW Einsatz um … Uhr

Kraftwerk	Erz.-Anl.	Mögl. Leistg.	ans Netz	vom Netz	0	1	2	3	4	5	6	7	8	9	10	11	12	13	14	15	16	17	18	19	20	21	22	23	24	Bemerkung
A (modernes Werk)	1	65			60				60	60	60	60	65	60	60	–	60	60	60	60	60	60	60	60	60	60	60	60	60	
	2	65			60				60	60	60	60	65	60	60	–	60	60	60	60	60	60	60	60	60	60	60	60	60	
	3	65			60				60	60	60	60	65	60	60	–	60	60	60	60	60	60	55	60	60	60	60	60	60	
	4	65	6°°	23°°							10	20	60	60	60	–	60	55	60	60	60	60	55	55	60	60	55			
B	1	65			20				20	20	20	20	60	60	60	–	60	60	60	60	60	60	55	55	60	60	60	45	20	
	2	65	7°°	22°°								20	60	60	60	–	60	55	60	60	60	60	55	55	60	60				
	3	65																												Schaden
C (ältestes Werk)	1	40	5°°	23°°						5	5	10	35	35	35	–	35	10	35	35	35	25	10	10	35	20	5			
	2	40	6°° 19°°	17°° 21°°							5	10	35	35	35	–	35	10	35	35	30			5	30					
	3	40	7°°	9°°								5	35																	
	4	25	7°°	16°°								5	20	20	15	–	15	10	10	10										jahres- zeitlich stillgelegt
	5	25																												
ges. Erz.					200				200	205	220	270	500	450	445	–	445	380	440	440	425	385	350	360	425	380	300	225	200	
Reserve					60				60	95	185	265	35	45	50	–	50	115	55	55	45	45	80	110	45	50	65	35	60	
Mögl. Erz.		625			260				260	300	405	535	535	495	495	–	495	495	495	495	470	430	430	470	470	430	365	260	260	

Abb. 42. Vereinfachtes Beispiel eines Fahrplans und einer Fahrplantabelle für Wärmekraftwerke

Zu beachten ist allerdings, daß zusätzlicher Heizstromverbrauch keinen entsprechend erhöhten Blindstrom erfordert.

Korrektur der Fahrpläne im laufenden Betrieb. Die den Kraftwerken zugegangenen Fahrpläne für den Maschineneinsatz sind auf Grund von Bedarfs-Vorausschätzungen erstellt. Sie bedürfen daher im laufenden Betrieb einer ständigen Korrektur durch den Lastverteiler. Einige Maschinen bewerkstelligen durch ständiges Nachregeln im Bereich von wenigen Prozenten ihrer Leistung gemäß den Frequenzschwankungen den Feinausgleich zwischen Erzeugung und Bedarf. Ihr Regel-Spielraum muß erhalten werden. Größere, unvorhergesehene Bedarfsabweichungen, wie z. B. durch plötzliche Mehr- oder Minderanforderungen der Kunden, durch überraschende Einengung des Strombezuges oder durch Witterungsänderungen, müssen daher rechtzeitig durch Hoch- oder Abfahren von Maschineneinheiten abgefangen werden.

Witterungsumschläge wirken sich namentlich in räumlich eng begrenzten Netzen (Großstadt) auf den Gesamtverbrauch besonders stark aus. Eine unerwartete Wolkenbildung am Morgen über einer Großstadt kann dazu führen, daß die Verkehrsspitze zwischen $^1/_2 8$ und 8 Uhr wider Erwarten noch durch Lichtbedarf überlagert wird. Ein Temperatursturz im Laufe eines Nachmittags kann einen vorzeitigen Beginn der Abendspitze und deren Überhöhung zur Folge haben. In diesen Fällen bleibt dem Lastverteiler in der Regel nur knappe Zeit, Reserve-Anlagen anfahren zu lassen.

Diese Beispiele zeigen im übrigen, warum heute Lastverteiler, die räumlich eng begrenzte Gebiete betreuen, in ständigem Kontakt mit den zuständigen meteorologischen Stellen stehen müssen, um möglichst frühzeitig von Witterungsänderungen Kenntnis zu erhalten. Eigene, anzeigende oder registrierende Geräte für Temperatur, Luftdruck, Luftfeuchtigkeit und Helligkeit können mit dazu beitragen, die laufende Wetterkontrolle der Lastverteiler zu erleichtern.

Uhrzeitsteuerung. Eine wichtige, der Öffentlichkeit kaum bekannte Aufgabe der Lastverteiler ist die Innehaltung der genauen Uhrzeit für die mit Strom aus dem Netz betriebenen Synchron-Uhren bei ihren Kunden. Da die Ganggeschwindigkeit dieser Uhren frequenzabhängig ist, würden längerdauernde Frequenzabweichungen in einem Netz ein Fehlgehen der Uhren zur Folge haben. Die Bestrebungen der Lastverteiler gehen dahin, nach Möglichkeit längere Frequenzabweichungen völlig zu vermeiden. Zur besseren Einhaltung der genauen Normfrequenz wird in modernen Netzen die Frequenzsteuerung durch netzunabhängige, z. T. von Sternwarten aus geregelte Uhren automatisch durchgeführt oder überwacht.

5. Schaltung der Anlagen

Die Planung der Netze in bezug auf ihre Struktur und die Bemessung der Betriebsanlagen gehört nicht zu den Obliegenheiten der Lastverteiler, wenn sie auch hierbei gern zu Rate gezogen werden. Lastverteiler haben die Netze, so wie sie erstellt sind, zu betreiben und müssen nur bemüht sein, über die vorhandenen Verteilungsleitungen und Umspanner — gegebenenfalls unter Überwachung vertraglicher Bezugs- und Lieferpflichten — den Strom so vom Erzeuger zum Verbraucher fließen zu lassen, daß bei günstigsten Erzeugungskosten geringste Netzverluste anfallen.

Erste Voraussetzung dafür ist eine genaue Kenntnis der betrieblichen Daten wie Querschnitt, Länge und Induktivität von Kabeln und Leitungen. Die Belastungsdaten der Betriebsanlagen kann der Lastverteiler seinen Instrumenten und den statistischen Aufzeichnungen entnehmen. Die aus diesen Grunddaten zu gewinnenden Erkenntnisse erfordern zahlreiche Berechnungen. Zwar wird sich auch ein moderner Lastverteiler die Vorteile von Netzmodelluntersuchungen zur Ermittlung der günstigsten Netzschaltungen bei den einzelnen Belastungszuständen zunutze machen, doch läßt sich auch dann immer noch ein guter Teil der Aufgaben nur durch Berechnungen lösen. Wenn bis in die letzte Zeit hinein bei manchen E-Werken die empirische Lenkung des Maschineneinsatzes und der Lastverteilung auf Grund sogenannter Betriebserfahrung oder mit Fingerspitzengefühl noch einigermaßen erträgliche Versorgungssicherheit erbracht haben mag, die Wirtschaftlichkeit ist sicher vernachlässigt worden. Heute gehört gerade an diese Lenkungsstellen der mathematisch geschulte, exakt rechnende Ingenieur, der systematisch arbeitet und die rechnerisch gewonnenen Erkenntnisse mit der Praxis blitzschneller Entscheidungen verknüpfen kann.

Verminderung der Schalthandlungen. Bei Netzschaltungen hat ein Lastverteiler für die mit den verschiedenen Tageszeiten und den Jahreszeiten wechselnden Lastflüsse im Netz verlustarme Schaltzustände zu finden. Dem steht entgegen, daß die Zahl der Schalthandlungen im Netz auf ein Mindestmaß begrenzt werden muß. Auch bei neuzeitlichen Schaltern stellt jede Schalthandlung eine zusätzliche Gefahrenquelle dar, nicht nur wegen der Möglichkeit von Fehlschaltungen auf Grund menschlichen oder technischen Versagens, sondern auch wegen des möglichen Auftretens von Überspannungen und der damit hervorgerufenen Gefährdung der Isolation an Schwachstellen.

Daraus ergibt sich als Grundsatz, daß man eher einen geringfügigen Zuwachs der Netzverluste im Laufe der veränderlichen Tages- und Nachtbelastung in Kauf nehmen sollte, als mehrmals innerhalb von 24 Stunden die Schaltung von Leitungen und Kabeln zu verändern. Allenfalls ist eine Veränderung der Zahl parallellaufender Umspanner entsprechend der Tag- und Nachtbelastung zu erwägen. Wenn allerdings bei Nachtlast die möglichen Kurzschlußströme auf parallelarbeitenden Leitungsstrecken so niedrig werden, daß die Überstromanregung der Distanzrelais nicht mehr einwandfrei arbeitet und so Fehlauslösungen drohen, dann sind Schaltungen zur Verringerung der Zahl der Parallelstrecken geboten. Eine Abhilfe kann allenfalls Ausrüstung solcher Strecken mit Unterimpedanz-Anregegliedern bringen.

Keine Bedenken bestehen gegen Umschaltungen zur Veränderung des Lastflusses jeweils für den Sommer- und Winterbetrieb, auch wenn sie sehr umfangreich sind, da im Verhältnis zum möglichen Gewinn das zeitlich begrenzte Schaltrisiko gering erscheint. Meist werden in solchen Fällen Spitzenkraftwerke älterer Bauart und mäßiger Wirtschaftlichkeit, die nur im Winter zum Einsatz kommen oder als Reserve am Netz liegen, stillgesetzt. An ihrer Stelle werden Lastanteile aus anderen Werken möglichst verlustarm an den Verbrauchs-Schwerpunkt gebracht; auch werden zur Einsparung von Transformatorenverlusten Gruppen zusammengeschaltet, die sonst getrennt versorgt werden.

Blindlastfluß und Spannungshaltung. Die für den Wirklastfluß maßgebende Netzschaltung legt auch gleichzeitig die Wege für die Blindlast fest. Die Steuerung der Höhe und Richtung des Blindlastflusses hat jedoch der Lastverteiler in der Hand. Er kann die am Netz befindlichen Maschinen so steuern, daß auch die Erzeugung des Blindstromes möglichst nahe an dessen Verbrauchs-Schwerpunkte gerückt wird, die sich meist nicht mit den Schwerpunkten des Wirkstromverbrauchs decken. Er hat aber auch oft noch Möglichkeiten, im Netz verteilte Kondensatoren zur Verbesserung des $\cos\varphi$ heranzuziehen und den Blindlastfluß durch Regelung von Transformatoren zu beeinflussen.

Eng verknüpft mit der Blindlaststeuerung ist die Spannungshaltung auf den einzelnen Spannungsebenen. Zweckmäßigerweise sollten die in einer Spannungsebene parallelarbeitenden Gruppen auf möglichst gleichem Spannungsniveau gehalten werden, um nicht „Blindlast im Kreise zu schieben", d. h. Blindlast über eine andere Spannungsebene hinweg in die alte Spannungsebene zu transportieren, was unnötige Verluste verursacht.

„Feste", „lose" und „weiche" Kupplung. Den Lastverteilern obliegt auch die Überwachung der jeweiligen Kurzschlußleistungen. Unter Umständen wird eine zeitweise Auftrennung zusammengeschalteter Netze ratsam. Während im Bereich der Mittelspannung bis max. 20 kV vermaschte Schaltungen schon wegen der Kosten der dafür erforderlichen Relais wenig benutzt werden, sind im Bereich bis 60 kV Netzzusammenschlüsse bereits häufiger anzutreffen. Auf der 110 kV-Ebene sind sie allgemein üblich, soweit es sich nicht um örtliche 110 kV-Verteilungsnetze handelt.

Von „fester Kupplung" spricht man, wenn Netzteile mit leistungsstarken Verbindungen über Schalter so gekuppelt sind, daß deren Relais erst im Rahmen der allgemeinen Schutzstaffel oder noch später ansprechen. Eine „lose Kupplung" bedeutet demgegenüber eine Verbindung über Schalter, die bereits bei kleinen Unregelmäßigkeiten im Netz sofort oder in sehr kurzer Zeit eine selbsttätige Auftrennung bewirken. Eine solche Kupplung kann beispielsweise zweckmäßig sein bei der für eine Reserveübertragung nicht mehr ausreichenden Verbindung von Netzteilen, in denen sich jeweils Erzeugung und Verbrauch ungefähr ausgleichen. Ebenso können lose Kupplungen zweckmäßig sein, um einerseits den Leistungsüberschuß einer Eigenbedarfsmaschine in einem Kraftwerk für das gesamte Netz nutzbar zu machen und die Maschinen im Bestpunkt fahren zu können, um andererseits jedoch bei Störungen im Hauptnetz den Eigenbedarf vom gestörten Netz sofort zu trennen.

Unter „weichen Kupplungen" versteht man solche, bei denen zwischen den Netzteilen sehr große Widerstände liegen. Sie erlauben einen Verbundbetrieb zwischen den Netzteilen ohne übergroße Erhöhung der Kurzschlußleistung und bewirken eine starke Dämpfung von Störungserscheinungen. Da zwischen den Maschinen solcher Netze die Drehfelder oft Verschiebungen bis fast an die Stabilitätsgrenzen aufweisen, empfiehlt es sich bei der Herstellung einer leistungsstarken kurzen Verbindung zwischen vorher weich gekuppelten Netzen, nicht ohne vorherige Synchronisierung, d. h. ohne Drehfeldabgleich zu schalten. Vor der Notwendigkeit derartiger Schaltungen werden die Lastverteiler in Zukunft häufiger stehen, da mit zunehmender Kurzschlußleistung der Netze das Prinzip der weichen Kupplung immer mehr Anwendung finden dürfte, ohne daß man darauf verzichten kann, zur Verbesserung der Wirtschaftlichkeit gelegentlich benachbarte Netzbezirke von dem einen auf den anderen weich gekuppelten Netzteil zu übernehmen.

6. Eingreifen bei Störungen

Störungen sind betriebliche Unregelmäßigkeiten. Der Lastverteiler hat dafür Sorge zu tragen, daß sie sich möglichst auf die Kunden nicht auswirken und für die betriebsfähigen Anlagen ein Mindestmaß an Beeinträchtigung zur Folge haben. Er versucht dies, sofern ihm nicht automatische Relais diese Aufgabe abnehmen, durch schaltungsmäßige Eingrenzung des Störungsherdes, durch

Rückgriff auf Erzeugungsreserven und durch Umschaltung auf ungestörte Transportwege.

Durchgreifende Informations- und Weisungsrechte. Voraussetzung für ein erfolgreiches Eingreifen bei Störungen ist eine möglichst schnelle und lückenlose Information und ein durchgreifendes Weisungsrecht. Das Recht zu lückenloser Information über den Betrieb steht dem Lastverteiler schon im Normalbetrieb zu. Im Störungsfalle werden an den Lastverteiler auch die dem Kraftwerks- und Netzbetrieb zustehenden ausschließlichen Weisungsrechte delegiert.

Die Verantwortung für ein Eingreifen bei allen Störungen in einem E-Werk würde allerdings einen Lastverteiler überfordern. In der Praxis delegiert daher er wiederum seine Informations- und Weisungsbefugnisse an untergeordnete Leitstellen, die damit für Störungen geringerer Bedeutung zuständig werden, z. B. an die Kraftwerke für Störungen im Hilfsbetrieb, an Netzbefehlsstellen für Störungen im Bereich der Mittelspannung, an Kundendienst-Störungsstellen für Störungen im Bereich der Niederspannung. Auch bei solcher Delegation muß sich der Lastverteiler jedoch ein Eingreifen vorbehalten, sofern die von ihm unmittelbar betreuten oberen Spannungsebenen, insbesondere ein Verbundnetz, oder die Erzeugung gefährdet erscheinen.

Wichtig ist, daß sich die Betriebsleitung sehr genau über die Eignung der Personen Klarheit schafft, denen durch Delegation derartige Verantwortung übertragen wird.

Vorkehrungsmaßnahmen. Nur ein Teil der Störungen tritt unangekündigt auf. Meist tritt vorher bereits eine erkennbare Gefahrenerhöhung auf, z. B. durch ungewöhnliche Schaltzustände, Störungen an der Brennstoffversorgung der Kessel oder heranziehende Gewitter.

Typische Vorkehrungsmaßnahmen der Lastverteiler zur Abwehr größerer Störungsauswirkungen in solchen Fällen sind vornehmlich:

Herbeiführung einer größeren Wirklast- und Bedarfsüberdeckung, damit drohende Maschinenausfälle keine Abschaltungen erforderlich machen. Notfalls kann dabei die Frequenz vorsorglich bis etwa 51 Hz angehoben werden.

Herbeiführung einer Blindlastüberdeckung, damit beispielsweise die drohende Auslösung einer langen Parallelleitung nicht zu unerträglichen Unterspannungen führt. Die Spannung wird in gefährdeten Netzteilen vorsorglich so angehoben, daß sie beim Letztverbraucher rd. 5% höher als normal wird.

Abtrennung des gefährdeten Netzteiles von einem zu sichernden Hauptnetz. Das gefährdete Netz muß dann im Inselbetrieb mit eigener anteiliger Erzeugungs-Reserve betrieben werden. Will man vermeiden, daß die Netze während dieser Vorbeugungsschaltung asynchron werden, kann mit einem Übergang zu sehr loser Kupplung der gleiche Erfolg erzielt werden. Droht die Gefahr dem ganzen Netz, so kann nach den gleichen Grundsätzen das Netz in kleine Einzelgruppen zerlegt werden.

Abtrennung eines unbedingt sicher zu versorgenden Netzteiles von einem gefährdeten Hauptnetz. Das Schwergewicht liegt hier auf der Ausschaltung des Risikos nur für einen oder einige wenige Abnehmer. Typisch hierfür ist die Abtrennung sehr störungsempfindlicher, eigenerzeugender Industriebetriebe bei Unregelmäßigkeiten oder Gefahr im Hauptnetz.

Erhöhung der Momentan-Reserve: Maschinen von Wasserspeichern oder Wärmekraftwerken werden mit Kleinlast vorsorglich zusätzlich ans Netz genommen. Zu Nachbarversorgungsunternehmen, die Momentanreserven bereithalten, werden Verbindungen durchgeschaltet. Hierbei sucht man am liebsten Schutz bei möglichst großen Partnern, denen eine Reservelieferung nur eine unwesentliche betriebliche Mehrbelastung bringt.

Erhöhung der mittel- und langfristigen Reserve: Hochfahren warmer und Anfahren kalter Kessel im eigenen Unternehmen. Feststellen der Bereitschaft anderer E-Werke, Aushilfsstrom zu liefern.

Allgemeine Gefahrwarnung an alle Werke, besetzte Stationen und Funkwagen in dem Bereich, der von der befürchteten Störung betroffen werden könnte, gegebenenfalls durch zentrale Signalgabe. Eine solche Vorwarnung löst eine Reihe von in der Regel verbindlich festgelegten Maßnahmen aus: Die besten verfügbaren Fachkräfte des Überwachungspersonals werden in die Warten und sonstigen Leitstellen gerufen. Das Kesselpersonal sorgt, wenn möglich, für zusätzliche Dampfreserven. Umschaltungen im Netz werden abgebrochen. Die Funkwagen begeben sich in das Zentrum ihrer Einsatzräume. Die Nachrichtenmittel werden frei gemacht. Das Bedienungspersonal bleibt in der Nähe. Es entsteht der Zustand einer Gefahrenbereitschaft. Dies hat neben der Vorbereitung aller technischen Maßnahmen, die eine Störungsbeherrschung und -beseitigung erleichtern können, den bewußt herbeigeführten Vorteil, auch das Personal in einen Spannungszustand zu versetzen, der schnellste Reaktion jedes einzelnen erhoffen läßt.

Die Lastverteilung überlegt laufend die Höhe der jeweils denkbaren Unterdeckung. Im Regelfalle bestimmt sich dieser Fehlbetrag nach der größten am Netz befindlichen Maschineneinheit, es sei denn, Anzeichen deuten auf einen drohenden Ausfall der Erzeugung eines ganzen Kraftwerkes oder einer größeren Bezugsleistung hin. Stellt sich heraus, daß die Momentanreserve nicht ausreicht, um den zu befürchtenden Leistungsmangel abzudecken, so informiert sie sich vorher schon an Hand des in jeder Lastverteilung vorsorglich aufgestellten Abschaltplanes, in welcher Reihenfolge notfalls Abschaltungen vorgenommen werden müssen.

Überraschender Ausfall von Erzeugungs- und Bezugsleistung. Durchweg hat zwar eine Lastverteilung so viel Momentanreserve am Netz, daß sie den Ausfall einer Maschine decken kann, doch entstehen bei überraschenden Störungen bis zur Lastaufnahme durch die anderen Maschinen oder bis zum vollen Einsatz von Speicherturbinen auch heute noch gelegentlich Deckungslücken, die sich etwa über einen Zeitraum von max. 2 Minuten erstrecken können. Selbst bei Netzen mit einer Erzeugungsleistung von mehr als 500 MW· kann es in diesen kurzen Zeiten schon zu empfindlichen Spannungs- und Frequenzabsenkungen kommen.

Tritt überraschender Ausfall an Erzeugungs- und Bezugsleistung in Verbindung mit einem länger dauernden Kurzschluß auf (z. B. bei Relaisversagern), so lösen gelegentlich trotz Verzögerungseinrichtung die Unterspannungsrelais der am Netz arbeitenden Motoren aus. Je nach Anteil der motorischen Leistung an einem Netz kann es dann zu einem kurzzeitigen Rückgang des Leistungsbedarfs kommen. Der Lastverteiler darf sich dadurch jedoch nicht täuschen lassen, denn in den nächstfolgenden Minuten kehrt gerade der als Entlastung begrüßte Leistungsbetrag in vervielfachter Höhe als Belastung zurück, da bei vielen Kunden die Motoren sofort wieder mit hohen Stromspitzen eingeschaltet werden. Daraus erklärt sich die eigenartige Erscheinung, daß vielfach nach einigen Minuten oft neue, stärkere und gefährlichere Frequenzeinbrüche erfolgen. Selbst bei rechtzeitigem Wirksamwerden der Momentanreserve erholt sich dadurch die Frequenz nur langsam.

Bei längerer Unterdeckung des Bedarfs kommt es zu einem fortschreitenden Absinken der Frequenz. Es droht die Gefahr eines Netzzusammenbruchs. Sind Wärmekraftwerke am Netz, deren Eigenbedarf mit der Frequenz des Hauptnetzes betrieben wird, was bei modernen Blockkraftwerken durchweg der Fall ist, wird die Frequenzabsenkung noch dadurch beschleunigt, daß wegen der Minderleistung der Eigenbedarfsantriebe mittelbar eine zusätzliche Leistungsminderung bewirkt wird. Die unteren Frequenzen, bei denen diese Erscheinung spürbar wird, liegen im allgemeinen bei rd. 48 Hz. Droht ein weiteres Absinken, so sind Abschaltungen zur Entlastung unvermeidlich.

Steht nach Abschaltungen wieder ausreichend Erzeugungsleistung zur Verfügung, so erfolgt die Wiederzuschaltung der abgeschalteten Netzteile in umgekehrter Reihenfolge des Abschaltplanes. Für die Erhaltung des Belastungsausgleichs ist es dabei wichtig, die abgeschaltete Belastung in kleinen Schritten wieder ans Netz zu nehmen, um nicht die gerade wiedergewonnene Stabilität der Versorgungsverhältnisse erneut zu gefährden. In der Regel wird nur so viel Leistung zugeschaltet, daß die Frequenz nicht unter 49 Hz absinkt. Vor weiterer Zuschaltung wartet man dann tunlichst, bis die Frequenz sich über 50 Hz hinaus erholt hat. Gerade in diesem gefährlichen Bereich des Wiederaufbaus eines gestörten Netzes bewährt sich Nervenkraft, erfahrene Ruhe und technisches Geschick des Lastverteilers und seiner Helfer.

Spannungsunterschreitungen sind in der Regel nicht so gefährlich. Man kann mit guten Gründen den Standpunkt vertreten, daß es immer noch sinnvoller ist, allen Konsumenten für eine begrenzte Zeit Strom niedrigerer Spannung zu liefern, als große Verbrauchsgebiete ganz abzuschalten. Die unterste Grenze dürfte hier bei einer Senkung um rd. 20% liegen, wenn auch für besondere Verbrauchergruppen bereits Absenkungen um rd. 10% oder weniger die Verwendbarkeit des Stromangebots ausschließen[1].

Sind längerdauernde geringe Bedarfsunterdeckungen zu überbrücken, so kann der Lastverteiler durch gesteuerte Frequenz- und Spannungsabsenkung den Bedarf dem Leistungsangebot anpassen. Das Ausmaß der durch solche Senkungen zu gewinnenden Entlastung hängt von der Gesamtleistung der auf das Netz arbeitenden Maschinen und der Verbrauchscharakteristik aller Kundengeräte ab.

Netzstörungen. Netzstörungen können eine örtliche Unterdeckung oder völlige Stromunterbrechung zur Folge haben, wenn Transportwege für die sonst reichlich vorhandene Leistung eingeengt oder ganz unterbrochen sind. Dann gilt es, Reservewege ausfindig zu machen und zu den betroffenen Netzteilen durchzuschalten, wobei auch bereits vorbelastete Leitungswege und Umspanner bis zur Grenze ihrer Übertragungsfähigkeit in Anspruch genommen werden. Vielfach, vor allem in stark vermaschten Netzen, ist bei derartigen Durchschaltungen Vorsicht geboten. Bei nicht ausreichender Vorschätzung der daraus erwachsenden

---

[1] Vgl. S. 233.

Lastflüsse können an einzelnen Stellen Überlastungen auftreten, die zu unerwarteten Auslösungen führen, namentlich dann, wenn wie bei den meisten Schutzgeräten im Netz heute noch als Anregekriterium der Strom und nicht die Temperatur benutzt wird. Derartige sekundäre, örtlich und zeitlich nicht vorauszusehende Folgen einer Störung sind meist unangenehmer als die anfängliche Störung.

Besonders kritisch sind Schaltungen, bei denen Netzteile verbunden werden müssen, deren Kupplung auf Grund einer vorhergehenden Störung sehr weich geworden ist[1] oder die völlig asynchron sind. Hat die Schaltstelle, an der dann enger gekuppelt werden soll, keine eigenen Synchronisiereinrichtungen, so werden umfangreiche Schaltungen notwendig, um von den beiden zu synchronisierenden Netzteilen Leitungen bis zu Synchronisierstellen durchzuschalten. Zur Abkürzung der Störungszeit für den notleidenden Netzteil zieht man es daher vor, unter Inkaufnahme eines sehr kurzfristigen Versorgungsausfalls mit Unterbrechung zu kuppeln.

d) Störungserkennung und Störungsanalyse

Schnelle Ermittlung von Fehlerort und Fehlerart. Tritt eine Störung ein und schaltet sich der gestörte Anlageteil ordnungsgemäß selbst vom übrigen Netz frei, so ist der Lastverteiler an näheren Kenntnissen über die Störung zunächst nicht interessiert. Bleibt jedoch ein als unsicher erkannter Anlageteil am Netz, so liegt dem Lastverteiler vor allem an der schnellsten Erkundung von Fehlerort und Fehlerart. Bei Erdschlüssen, den häufigsten Fällen dieser Art, stehen den Lastverteilungen für diese Ermittlungen vielfach Meßeinrichtungen mit zentraler Meldung zur Verfügung, bei anderen Fehlern ist der Lastverteiler auf die Ermittlungstätigkeit des Personals in den Werken, Stationen oder Funkwagen angewiesen. In Einzelfällen helfen auch Anrufe Außenstehender, wie zum Beispiel bei von Baggern verursachten Schäden, wo aus dem Fehlerort zu erkennen ist, welche weiteren Kabel neben den bereits ausgefallenen örtlich gefährdet sind.

Die Mitarbeit des Personals der Werke, Stationen und Störungswagen ist vor allem bei Fehlauslösungen und bei Auslösungen von Strecken mit mehreren Abzweigungen hinter einem Schalter bedeutsam. Damit die gesunden Anlageteile möglichst schnell wieder zugeschaltet werden können, werden die verdächtigen Betriebsteile voneinander getrennt und einzeln untersucht. Bei Kabeln und Freileitungen geschieht dies auch heute noch vorwiegend durch Isolationsmessung mit dem Kurbelinduktor.

Von einem Lastverteiler muß gefordert werden, daß er besonders bei Fehlauslösungen rasch die richtigen Folgerungen zieht. Aus der Anzeige von Instrumenten, aus Laufzeiten von Relais, dem Betriebszustand vor der Störung, Aufzeichnungen von Störschreibern, einlaufenden Störungsmeldungen, Meldungen von Schaltungen und vielfach scheinbar unbedeutenden Anzeichen muß er schnell zuverlässige Schlüsse ziehen und Personal zu weiteren Ermittlungen zweckmäßig einsetzen.

Rechtzeitige Ermittlung gefährdeter Anlageteile. So wichtig es für den laufenden Betrieb ist, die Auswirkungen von Störungen schnellstmöglich zu begrenzen,

---

[1] Vgl. S. 279.

so muß doch das eigentliche Ziel sein, Störungen nach Möglichkeit überhaupt zu vermeiden. Krankheiten können nur dann erfolgreich bekämpft werden, wenn man die Ursachen aufspürt. Wissenschaftliche Sorgfalt muß sich mit detektivischem Spürsinn verbinden, um bei oft recht unproblematisch erscheinenden Störungen durch unverdrossene Rückverfolgung der Kausalkette die wahre Störungsursache bloßlegen zu können. Unerläßlich dafür ist eine mit höchster Sorgfalt durchgeführte Untersuchung. Fallweise sind Rekonstruktionen des in Sekundenschnelle verlaufenden Störungsvorgangs nur nach grundlegenden Berechnungen, Modellversuchen und auch Experimenten am Netz selbst möglich.

Der Betrieb kann dadurch sicherer gestaltet werden, daß gefährdete und damit gefährliche Anlageteile ermittelt und ausgeschieden werden, daß der künftige Einbau derartiger Anlageteile vermieden wird und daß Fehler des Personals bei Bedienung, Pflege und Reparatur erkannt und Maßnahmen zu ihrer künftigen Verhinderung getroffen werden.

Das nächstliegende Mittel, gefährdete Anlageteile zu finden, ist eine Untersuchung, ob der aufgetretene Fehler zu der Befürchtung Anlaß gibt, er könne sich auch bei anderen, gleichartigen Anlageteilen zeigen. Ein solcher Verdacht liegt bei konstruktiven Mängeln nahe oder wenn der Fehler auf eine Bedienungs-, Pflege- oder Reparaturmethode zurückzuführen ist, die innerhalb des E-Werkes üblich ist.

Ein anderes Mittel stellt die Analyse jedes Störungsablaufs daraufhin dar, ob nicht bis dahin unverdächtige Anlageteile im Zusammenhang mit der Störung ein ungewöhnliches Verhalten gezeigt haben. Man macht sich daher zunutze, daß in der Regel jede Störung auch für die nicht unmittelbar betroffenen Betriebsteile und deren Personal eine außergewöhnliche Belastungsprüfung darstellt. Sowohl die Kessel, Maschinen, Turbinen und Generatoren als auch die Transformatoren, Schalter, Freileitungen, Kabel und Hilfseinrichtungen werden bei vielen Störungen bis an ihre Grenzleistungen beansprucht, wobei sich Fehler abzeichnen können, die im Normalbetrieb noch lange Zeit unerkannt bleiben würden.

Zentrale Störungsstelle. Voraussetzung für den Erfolg einer Störungsuntersuchung ist eine möglichst vollständige Erfassung und Weitermeldung von gemessenen Gefahrenwerten an die Betriebsstellen, die sich mit der Störungsanalyse zu befassen haben. Eine der wichtigsten Informationsquellen ist stets der Lastverteiler, da der Schalt- und Belastungszustand und seine Veränderung im Verlauf einer Störung wertvolle Aufschlüsse gibt.

Eindeutige Weisungen müssen festlegen, welche Werte im Störungsfalle aufgenommen werden, wo sie gesammelt werden und wer die Klärung und die Analyse durchzuführen hat. Weder die Störungsbearbeitung jeweils durch die Betriebsabteilungen, zu denen der primär gestörte Anlageteil gehört, noch eine völlig zentrale Störungsbearbeitung befriedigen in der Praxis. Meist wird die Analyse von Störungen im Niederspannungsnetz, die in ihrer Auswirkung begrenzt bleiben, der Netzabteilung, bzw. den Netzbezirksleitungen überlassen. Betriebsvorfälle in Mittelspannungsnetzen werden dann von der Netzoberleitung, Störungen in Kraftwerken von der Kraftwerksleitung behandelt. Alle anderen Störungen sollten von einer zentralen Störungsstelle bearbeitet werden, bei der auch die Ergebnisse der anderen Störungsstellen einlaufen und kritisch überprüft werden sollten.

Bei allem verständlichen Interesse der Betriebe und des Lastverteilers an kurzen Reparaturzeiten muß immer wieder in Erinnerung gebracht werden, daß die Klärung der eigentlichen Störungsursache auf lange Sicht wichtiger ist, als eine schnelle Reparatur. Vor Veränderungen an einer geschädigten Anlage muß daher auf jeden Fall der Befund von dem Reparaturpersonal genau aufgenommen werden, falls die Störungsstelle niemanden entsandt hatte. Wo der Befund nicht eindeutig erscheint, dürfen auf keinen Fall Spuren verwischt werden. .

Die in einer zentralen Störungsstelle anfallenden Aufgaben erfordern eine großzügige Ausstattung dieser Stelle mit hochwertigen Meßgeräten, vor allem aber mit Personal, das sowohl theoretisch als auch praktisch überdurchschnittlich begabt ist. Die Leitung der Störungsstelle sollte grundsätzlich dem Chefingenieur des E-Werkes übertragen werden.

Die zentrale Störungsstelle muß mit unbeschränkter Informationsbefugnis für alle Betriebsbereiche ausgestattet werden. Eine Resistenz darf auf keinen Fall geduldet werden, da sonst der ganze Erfolg in Frage gestellt ist. Selbst bei Dezentralisation der Störungsanalysen bleibt so sichergestellt, daß eine zentrale Störungsstelle in den Besitz aller für sie wichtigen Unterlagen kommt.

Störungs- und Schadensstatistik. Eines der wichtigsten Mittel zur rechtzeitigen Erkennung von Störungsgefahren ist eine sorgfältig geführte Störungs- und Schadensstatistik und deren periodische Analyse. Diese Statistik ist von der zentralen Störungsstelle einzurichten und zu führen. Sie sollte regelmäßig auch durch die gesammelten Störungsanalysen der Betriebsabteilungen ergänzt werden, wenn diese ihre Störungen zunächst selbst auswerten.

Für die Gliederung einer derartigen Störungs- und Schadensstatistik sind von der VDEW Richtlinien entwickelt worden (Aufgliederung nach Spannungsebenen, Störungsursachen, Anlageteilen usw.), die jedes E-Werk beachten sollte, da es sich damit die Möglichkeit eines Vergleiches mit anderen E-Werken und mit den von den VDEW zusammengestellten Gesamtergebnissen schafft.

Schon die Analyse eigener Störungsstatistiken führt zu wertvollen Erkenntnissen. So stellt sich oft schon bei der Betrachtung der Ergebnisse weniger Jahre heraus, daß beispielsweise Leitungen mit bestimmten Mastbildern oder in bestimmten Gebieten besonders anfällig sind, daß eine Schaltertype immer wieder zu ähnlichen Fehlern neigt, daß bestimmte Lagerschmierungen störungsanfälliger sind als andere, daß Kabelmuffen, die von einer bestimmten Kolonne oder nach einer bestimmten Methode montiert wurden, nicht betriebssicher sind und dgl. mehr.

Eine Zusammenfassung der Erfahrungen einzelner Werke und eine möglichst nach gleichen Methoden durchgeführte Störungsanalyse und eine dementsprechende Statistik über ein möglichst weites Gebiet lassen noch viel wertvollere Folgerungen zu. Die vielfach von einzelnen Werken geübte Zurückhaltung in der Bekanntgabe eigener Betriebsvorkommnisse und Fehler hemmt die Erkenntnis, verhindert den weitgespannten Erfahrungsaustausch und erhöht für alle, auch für den Zögernden selbst letzten Endes die Kosten zur Beseitigung vermeidbarer Fehlerfolgen. Eigentlich sollten viel mehr, als dies bislang geschieht, die Betriebserfahrungen der E-Werke eines Landes, ja sogar ganzer Erdteile, systematisch erfaßt und ausgetauscht werden. Der Umstand, daß die gebietliche Aufteilung einen harten örtlichen Wettbewerb verhindert und daß alle E-Werke der Welt an einer ständigen Verbesserung der technischen Versorgungssicherheit gemeinsam interessiert sind, sollte gerade auf diesem Gebiet in der Zukunft eine recht enge Zusammenarbeit bringen.

e) Reparaturen und Überholungen

1. Außerplanmäßige Reparaturen

Bei Anlagefehlern und -schäden, die im Augenblick die Betriebsfähigkeit unter normalen Betriebsbedingungen nicht einschränken, kann man die Reparaturen hinausschieben, muß sich jedoch dann über das Risiko klar werden, daß der betreffende Betriebsteil bei der nächsten Störung auf Grund höherer Belastung oder sonstwie im ungeeigneten Zeitpunkt ausfällt. In der Regel werden daher Reparaturen jeweils unmittelbar im Anschluß an die Störung auszuführen sein.

Zum Ausgleich der fehlenden Einsatzmöglichkeit in Reparatur befindlicher Anlagen sind entsprechende Reserven nötig. Sie können um so kleiner sein, je geringer die Zeitspanne bis zum Beginn der Arbeiten ist und je kleiner die Reparaturzeiten selbst sind. Im übrigen hängt die Höhe der Reserven von der Störanfälligkeit und der anzunehmenden Störungshäufigkeit ab. Die Ausfallzeiten und die Störungsanzahl sind für den „Verfügbarkeitsgrad" der Anlagen maßgebend.

Eigen- und Fremdreparatur. Die Steuerung der Reparaturzeiten hat die Leitung eines E-Werkes weitgehend in der Hand. Sie kann eigenes Reparaturpersonal Tag und Nacht hierfür bereithalten, in durchgehenden Schichten arbeiten lassen, ausreichende Ersatzteile zur Verkürzung der Transportzeiten unmittelbar in jedem Kraftwerk und in jeder Station lagern, sie kann aber auch umgekehrt verfahren und grundsätzlich Reparaturen von Fremdfirmen und nur während der normalen Dienstzeit durchführen lassen, ja sogar ohne selbst Ersatzteile zu lagern. Am wirtschaftlichsten ist auch hier folgender Mittelweg: Fehler und Schäden, die lediglich durch einfachen Einbau von Ersatzteilen oder Auswechslung eines Anlageteils beseitigt werden können, soweit es sich nicht gerade um einen ganzen Kessel oder eine große Maschine handelt, werden durch das Betriebspersonal, notfalls unter Heranziehung der einschlägigen Neubauabteilungen und der Instandhaltungsgruppen behoben. Wenn irgend angängig, werden Nacht- und Sonntagsschichten und möglicherweise auch Überstunden vermieden. Größere Anlageteile, wie Leistungsschalter, Transformatoren werden zentral gelagert, wenn die Herbeischaffung nicht wesentlich mehr Zeit in Anspruch nimmt, als bis zum Ausbau des geschädigten Teiles benötigt wird. Alle anderen Reparaturen sind unter Heranziehung fremden Personals, meist der sachverständigen Lieferfirma des betreffenden Anlageteils oder allein von dieser selbst durchzuführen.

Großen Einfluß auf die Reparaturzeit hat oft der Anteil der Arbeiten, die nicht von eigenem Personal durchgeführt werden können oder im eigenen Betrieb nicht wirtschaftlich sind. Ist es schon fraglich, ob ein E-Werk beispielsweise eine eigene Ankerwickelei unterhalten sollte, so sind Arbeiten wie das Neubeschaufeln von Turbinenkränzen, das Wickeln von Hochleistungstransformatoren, Hochspannungsisolationsprüfungen und dgl. mit Wachsen der Grenzleistungen und Komplizierung der Konstruktionen in der Regel in eigener Regie nicht wirtschaftlich.

Daraus ergibt sich zwangsläufig zwischen den E-Werken und den reparierenden Fremdfirmen, meist den Herstellern, ein ständiges Ringen um Termine. Es hat dazu geführt, daß manche der E-Werke, die sich in Kriegs- und Nachkriegszeit weitgehend selbst helfen mußten, auch heute noch dazu neigen, sich durch Verbesserung und Erweiterung ihrer eigenen Reparatureinrichtungen unabhängiger zu machen. Hierbei ist jedoch mit Rücksicht auf die Wirtschaftlichkeit größte Vorsicht geboten, da insbesondere Spezialeinrichtungen, z. B. für Reparaturen an Transformatoren, meist zeitlich nicht voll genutzt werden können. Auch erhöhen Eigenreparaturen im allgemeinen das vom E-Werk zu tragende Wagnis, das bei Fremdreparaturen zumeist auf andere Firmen abgewälzt werden kann, z. B. durch Sicherung von Garantieansprüchen bei erneuten Schäden. Es ist keinesfalls sicher, ob eigene Ausbesserungsarbeiten stets dem technischen Fortschritt entsprechend erfolgen.

Bezüglich der Schadensersatz- und Garantieansprüche bereitet allerdings Sorge, daß manche fehlerhafte Anlageteile, vor allem bei Neukonstruktionen, zur Reparatur an den betreffenden Hersteller zurückgehen, ohne daß das E-Werk selbst die Möglichkeit einer genauen Schadensuntersuchung hat. Deshalb wird häufig verlangt, daß der Gegenstand, wenn er am Reparaturort eingetroffen ist, nur in Gegenwart eines vom E-Werk gestellten Sachverständigen auseinandergebaut und untersucht wird.

2. Planmäßige Reparaturen

Ein ziemlich sicherer Weg zur Vermeidung häufiger Reparaturen ist die Heranziehung bewährter Herstellerfirmen, Errichtung erprobter Anlagen und die Verwendung bekannter Geräte und Maschinen. Da aber Wirtschaftlichkeit und Fortschritt erfordern, neue Wege zu gehen, sollten die E-Werke gelegentlich selbst an Neuentwicklungen mitwirken und auch den entsprechenden Anteil am Risiko tragen. Das Risiko liegt meist in vermehrten Reparaturen an Prototypen, wenn diese komplizierter und nicht einfacher als bewährte Anlagen werden. Die wirtschaftliche Vernunft zwingt zu einer Dämpfung von Auswüchsen des „technischen Spieltriebs" und des Dranges zur letzten „Perfektion" bei Betriebsleuten und Herstellern.

Kleinreparaturen im Rahmen der „Instandhaltung". Selbst eine auf höchste Sicherheit errichtete Anlage unterliegt im Laufe des Betriebes der Alterung und dem Verschleiß. Zur Verminderung der Störanfälligkeit muß sie daher in Abständen überholt werden. In der Praxis geschieht dies laufend im Rahmen der sogenannten Überwachung und Instandhaltung. Hierbei werden Kleinreparaturen und das Auswechseln kleinerer, einer steten Abnutzung ausgesetzter Teile vorgenommen[1]. In der Regel können diese Arbeiten während der normalen betrieblichen Schwachlast- und Stillstandszeiten durchgeführt werden, ohne daß der Betrieb abgesehen von vereinzelten Umschaltungen überhaupt dadurch berührt wird.

Langfristige Reparaturpläne. Die laufenden Instandhaltungsarbeiten verhindern nicht, daß eines Tages Anlageteile einmal vorsorglich von Grund auf mechanisch und elektrisch überprüft und gegebenenfalls in wesentlichen Teilen

---

[1] Vgl. S. 248 ff.

erneuert werden müssen. Hinweise auf die Notwendigkeit solcher Arbeiten ergeben sich sowohl aus der laufenden Betriebsüberwachung als auch aus den Störungsanalysen und vor allem aus den Betriebsmittelkarteien. Turbinenüberholungen mit Ersatz beschädigter Schaufeln, mit Austausch von Lagern, Neubandagieren von Generatorköpfen, Nachwickeln von Transformatoren sind typische Arbeiten dieser Art. Die Anlagen müssen dazu für eine begrenzte Zeit, oft für Wochen, außer Betrieb genommen werden, doch hat es das E-Werk in der Hand, den Zeitpunkt festzulegen.

Um die Arbeitsgruppen planmäßig einsetzen zu können und um nicht gleich zu viele Betriebsanlagen gleichzeitig entbehren zu müssen, werden bei den E-Werken langfristige Reparaturpläne unter Abstimmung der Kraftwerks- mit der Netzabteilung, der Lastverteilung und gegebenenfalls auch der für Arbeiten in Anspruch zu nehmenden Firmen ausgearbeitet. Derartige Pläne umfassen in der Regel den Zeitraum eines Jahres. Die Lastverteilung gibt soviele Anlagen frei, daß sie mit dem Rest unter Berücksichtigung der langfristigen Witterungsprognosen den jahreszeitlich wechselnden Bedarf mit ausreichender Erzeugungsreserve decken kann, ohne daß es zu untragbaren Engpässen im Netz kommt.

Die Jahresreparaturprogramme enthalten demgemäß in den Sommermonaten die meisten freizugebenden Anlagen, während etwa ab November in der Regel alle Erzeugungs- und Verteilungsanlagen betriebsklar sein müssen und vor April nur selten neue Freigaben erfolgen; es sei denn, benachbarte E-Werke haben sich über ihre Reparaturpläne so weit verständigt, daß sie wechselseitig auch in den Übergangszeiten Anlagen freigeben können, weil sie solange von dem Partner unterstützt werden. Für das Reparaturpersonal ergibt sich aus den Reparaturprogrammen der Einsatz zwangsläufig: Im Sommerhalbjahr an den freigegebenen Anlageteilen, im Winter in den Werkstätten an hereingenommenen Austauschanlagen.

Gefahr zu häufiger Grundüberholung. Die für die Eingrenzung der Störanfälligkeit begrüßenswerte Möglichkeit der planmäßigen Überholungen und Reparaturen in den Sommermonaten birgt allerdings auch eine gewisse Gefahr. Für einzelne Anlageteile, wie Kessel, Generatoren, Turbinen, Transformatoren, kann sich ein planmäßiger Überholungsrhythmus so weit einbürgern, daß er auch auf verhältnismäßig neue Anlagen übertragen wird. Hier sollte man sich daran erinnern, daß auch jede Überholung und Reparatur neue Fehlerquellen bringen kann. Der Leitung eines Elektrizitätswerkes ist daher dringend zu raten, ihr Augenmerk darauf zu richten, daß das Ausmaß der Überholungsarbeiten relativ nicht stärker ansteigt, als das Durchschnittsalter der Anlagen. Bei der außergewöhnlichen Neubautätigkeit vieler E-Werke auf Grund des Bedarfsanstiegs dürfte im Gegenteil eher eine Drosselung der planmäßigen Überholungsarbeiten zu empfehlen sein.

Aus verständlichen Gründen neigen alle für den Betrieb Verantwortlichen sowohl zu einer übergroßen Reservehaltung als auch zu häufigen Überholungsarbeiten. Auch hier ist ein für die Gegebenheiten des betreffenden Betriebes günstiger Ausgleich zwischen dem aus reiner Betriebserfahrung geforderten und dem wirtschaftlichsten, mit wissenschaftlichen Methoden ermittelten Überholungsturnus und -umfang zu suchen. Hierzu empfiehlt es sich vor allem, die Gründe für Reparaturarbeiten an verhältnismäßig neuen Anlagen sehr sorgfältig zu prüfen. Das Ziel der planmäßigen Überholungsarbeiten wird also in Zukunft nicht so sehr die Beseitigung einer zutage getretenen Störanfälligkeit, sondern die Ergründung ihrer Ursachen, ähnlich wie bei der Störungsanalyse sein.

Dabei wird man stärker als bisher die Herstellerfirmen, gegebenenfalls auch neutrale Sachverständige und die Maschinenversicherer, zur Klärung der zu großen Alterungs- und Verschleißerscheinungen mit heranziehen müssen. Daß sich manche Anlageteile weniger anfällig bauen lassen, läßt sich an den hohen durchschnittlichen Betriebszeiten mancher ausländischer, allerdings auch teurerer Anlagen (z. B. Turbinen nordamerikanischer Bauart) ersehen.

V. Materialwesen

Die Beschaffung und Bereitstellung der Roh-, Hilfs- und Betriebsstoffe sowie die Beschaffung der Anlagegüter ist bei vielen E-Werken in einer Organisationseinheit zusammengefaßt, die sich mit dem Begriff „Materialwesen" kennzeichnen läßt. Ihre funktionale Gliederung führt zu den drei Arbeitsbereichen „Einkauf", „Lager" und „Transport".

Eine andere Gliederungsmöglichkeit ist die nach Materialien. Da gewisse Gruppen von Waren und Gütern vorwiegend von bestimmten Betriebsabteilungen benötigt werden, ergibt sich dort der Wunsch, das Materialwesen selbst zu führen. Daraus kann, insbesondere bei größeren E-Werken ein gewisser Spannungszustand gegenüber den Vorstellungen der Unternehmensleitung über funktionale Zusammenfassung entstehen. Auch die Frage, ob diese Funktionen zentral oder dezentral wahrgenommen werden sollten, ist häufig strittig.

Einkauf, Lagerung und Transport der Brennstoffe sind in zahlreichen größeren E-Werken von der funktionalen Zusammenfassung des gesamten Materialwesens ausgenommen und werden dort zumeist von einer eigenen zentralen Organisationseinheit gesteuert.

a) Einkauf

Der Einkauf hat die Aufgabe, Güter und Waren so, wie sie für den technischen Betrieb erforderlich sind, möglichst wirtschaftlich und zur rechten Zeit zu beschaffen. Erforderlich ist eine Festlegung und spätere Kontrolle der gewünschten Eigenschaften der Güter und Waren, eine vorwiegend technische Tätigkeit. Das Aushandeln der Preise und sonstigen Lieferbedingungen dagegen ist eine mehr kaufmännische Obliegenheit. Trotz der engen Verzahnung beider Tätigkeiten werden mit Wachsen des Unternehmens die kaufmännischen Funktionen häufig zusammengefaßt. Empfehlenswert ist es, den Zentraleinkauf einem technisch begabten und geschulten Kaufmann zu unterstellen.

Vor- und Nachteile des Zentraleinkaufs. Die Vorteile eines Zentraleinkaufes:

Durch Zusammenfassung des Bedarfs können beachtliche Preisvorteile durch Mengenrabatte erwirkt werden. Die Sachbearbeiter können die Marktlage bei den wichtigsten Gütern und Waren besser ausnutzen;

die Beschaffungsnebenkosten wie die für Verpackung, Versicherung, Fracht usw. werden niedrig gehalten:

die Einkaufspolitik wird einheitlicher (Ausnutzung von Skonti, Festlegung von Lieferfristen usw. in allgemeinen Lieferbedingungen);

die Abwicklung von Bestellung und Lieferung wird der Mechanisierung erschlossen.

Die möglichen Nachteile eines Zentraleinkaufs dürfen allerdings nicht außer acht gelassen werden:

Überbewertung der bürotechnisch-kaufmännischen Funktionen, Vergleichsmöglichkeiten innerhalb des eigenen Unternehmens sind ausgeschlossen (daher Vergleiche mit anderen E-Werken anstreben!);

die räumliche Entfernung zu den Verbrauchsstellen kann zu Betriebsentfremdung und zu zeitlicher Verzögerung führen;

materialverbrauchende Stellen, insbesondere die Bau- und Betriebsabteilungen fühlen sich nicht mehr mitverantwortlich[1].

„Minimal"- und Spezialeinkauf. Unter Abwägung der Vor- und Nachteile haben die meisten E-Werke seit langem Einkaufsabteilungen eingerichtet, deren zentraler Charakter insofern eingeschränkt ist, als die Beschaffung von Kleinmaterialien bis zu bestimmten Beträgen grundsätzlich den einzelnen örtlichen Betriebseinheiten überlassen wird („Minimaleinkäufe"). Die periodische Kontrolle der örtlichen Kleinsteinkäufe bleibt jedoch Angelegenheit des Zentraleinkaufs.

Welche Materialien darüber hinaus neben den gesondert zu behandelnden Brennstoffen von der Verantwortung des Zentraleinkaufs ausgenommen sind, ist bei den einzelnen E-Werken recht unterschiedlich. Bei einigen können die Materialien, die nicht lagermäßig beim E-Werk geführt und nur sehr selten und in sehr geringen Mengen benötigt werden (Kriterium „Lagerumschlag"), von den Leitern einzelner Abteilungen im Rahmen ihrer internen Befugnisse selbst eingekauft werden. Vor allem werden gerne solche Materialien und technische Anlagegüter vom Zentraleinkauf ausgenommen, für deren Beurteilung der Einkaufsabteilung eigene Spezialkräfte fehlen („Spezialeinkäufe"). Bei einigen E-Werken hat der Netzbetrieb beispielsweise für Leitungsmaterial (Kabel, Freileitungen, Muffen u. dgl.) das Recht, selbst einzukaufen. Der Bauabteilung ist beispielsweise zugestanden, Hoch -und Tiefbaumaterial, vielleicht auch Schalter und Transformatoren selbst zu beschaffen. Bei den meisten E-Werken sind darüber hinaus die Hilfsabteilungen, die technische Spezialgeräte benötigen, z. B. die Relaisabteilung, die Fernsprechabteilung, zum selbständigen Einkauf berechtigt.

Grundsätzlich empfiehlt es sich jedoch, für alle Spezialmaterialien, die vom Zentraleinkauf ausgenommen sind, die Anfragen und auch die Bestellungen über die Zentraleinkaufsabteilung laufen zu lassen, um eine Überprüfung der einzelnen Konditionen und ihre Abstimmung, unter Umständen unter Hinzuziehung der Rechtsabteilung (Freizeichnungsklauseln, Versicherungsbedingungen!), sicherzustellen.

Normenkontrolle durch Einkauf. Durch zentrale Einkaufsüberwachung kann erreicht werden, daß keine Investitionsgüter oder sonstigen Waren beschafft werden, die den Normungsbestrebungen (allgemeinen oder „Haus-Normen") zuwiderlaufen. Gegenüber den Betriebsabteilungen, die normwidrige Sonderwünsche haben und diese zumeist mit technischen und wirtschaftlichen Argumenten untermauern, hat der Zentraleinkauf in der Regel einen schweren Stand. Jede Unternehmungsführung sollte es jedoch begrüßen, wenn sie von

---

[1] KLINGNER, Zur Zentralisation und Dezentralisation des Einkaufs im Industrieunternehmen. Der Betrieb 1957, H. 24, S. 561/562.

ihrer zentralen Einkaufsabteilung in derartigen Streitfällen gelegentlich um Unterstützung gebeten wird. Sie hat dann die Gewähr, daß die dauernde, für den Betrieb außerordentlich wichtige Auseinandersetzung zwischen den Normungsbestrebungen und den Wünschen der Betriebabteilungen nach technisch und wirtschaftlich jeweils modernsten Geräten und Materialen nicht hemmend, sondern befruchtend wirkt.

Sicherung technischer Mindestanforderungen. Eine Zentraleinkaufsabteilung wird immer dazu neigen, bei den Einkaufspreisen das Letzte herauszuholen. Das kann in der Praxis gelegentlich dazu führen, daß den Betrieben Anlagegüter, Materialien und Hilfs- und Betriebsstoffe geliefert werden, die qualitativ nicht befriedigen. Als Folge ergeben sich unerfreuliche Spannungen zwischen Betrieb und Einkauf. Sie können nur vermieden werden, wenn für derartige Waren klare und vernünftige Mindestanforderungen vereinbart werden. Sie erleichtern es dem Einkauf, gegliederte Angebote auf vergleichbarer Basis einzuholen und rechtzeitig zu erkennen, wenn beim Aushandeln der Bedingungen die technischen Interessen des Betriebes gefährdet werden. Der Einkauf sollte dann verpflichtet sein, Vertreter der technischen Abteilungen zu den Verhandlungen hinzuzuziehen.

Bindung an Lieferfirmen. Der Gefahr, daß im Laufe der Jahre zu enge Bindungen zu Lieferfirmen entstehen, kann dadurch begegnet werden, daß die Unternehmensleitung sich periodisch über die Verteilung der Aufträge berichten läßt. Vorbeugend sollte darüber hinaus die Unternehmensleitung keinen Zweifel über ihre Haltung gegenüber möglichen Beeinflussungsversuchen lassen und einer Verwischung der Grenzen sogenannter „Gefälligkeitsleistungen" mit äußerster Schärfe entgegentreten. Dabei ist zu beachten, daß die verständlichen Bemühungen der Firmen um das Wohlwollen einzelner Mitarbeiter des E-Werkes sich nicht nur auf die Angehörigen der Einkaufsabteilungen, sondern auch auf jene Betriebsangehörige richten, die über die technischen Mindestanforderungen der benötigten Waren und Güter zu befinden haben. Als zweckmäßig haben sich Anweisungen erwiesen, die Annahme aller „Gefälligkeiten", die über bestimmte abgestufte Werte hinausgehen, von der Genehmigung oder nachträglichen Zustimmung durch einen Bevollmächtigten, Prokuristen oder Geschäftsführer abhängig zu machen.

Getrennter Brennstoffeinkauf. Der Brennstoffeinkauf wird in vielen E-Werken vom allgemeinen Zentraleinkauf getrennt gehandhabt, weil dies angeblich die sich dabei ergebenden speziellen Probleme erforderlich machen: Das oft schwierige Ringen mit wenigen Lieferern um langfristige Verträge mit Preis- und Gütegarantien und die Verhandlungen über Bezugsrechte und -quoten erfordern bei Brennstoffkäufen im Inland besondere Geschicklichkeit. Bei Auslandskäufen ist wegen des Einflusses der Frachtraten auf den Preis frei Kessel eine genaueste Kenntnis des Marktes, vor allem des Seefrachtenmarktes und aller empfindlichen Abhängigkeiten vonnöten. Immer muß dabei die wirtschaftspolitische Entwicklung im Auge behalten werden, da auch mit Eingriffen der öffentlichen Hand sowohl in den Liefer- als auch in den Empfängerländern zu rechnen ist (z. B. Einfuhrlizenzen, Devisenbeschränkungen, Schutzzölle, Wettbewerbsverzerrung durch mittelbare Subventionen usw.). Die Sonderstellung des Brennstoffeinkaufs wird gelegentlich auch mit der Tatsache gerechtfertigt, daß hierbei wesentlich mehr als bei den sonstigen Käufen wegen der Langfristigkeit der anzustrebenden

19*

Verträge und der auf dem Spiele stehenden Summen die Unternehmensleitung selbst auf die Entscheidungen Einfluß nehmen muß. So beachtlich diese Gründe auch sind, zwingend erfordern sie die Sonderstellung des Brennstoffeinkaufs nicht, da sich die auftauchenden Probleme auch im Rahmen des Zentraleinkaufs lösen lassen.

b) Lager

Zentrale Lagerführung. Das Kapital, das üblicherweise im Lager eines E-Werkes gebunden wird, ist so erheblich, daß sich angesichts der Zinskosten eine wirtschaftliche Steuerung der Bestände lohnt. Die Gefahr überhöhter Lager ist gerade bei Elektrizitätswerken im Hinblick auf die grundsätzlich gerechtfertigte Forderung möglichst hoher Versorgungssicherheit besonders groß. Zahlreiche Geschäftsleitungen übernehmen daher selbst die Festlegung der Richtlinien für den wünschenswerten Lagerbestand und führen auch Kontrollen gelegentlich selbst durch.

Wie beim Einkauf hat sich auch bei der Lagerhaltung eine zentrale Lenkung als beste Lösung erwiesen. In der Praxis haben sich aber auch hier bewährte Mischformen ausgebildet. In der Regel hat jedes E-Werk ein Zentral- oder Hauptlager, während daneben kleinere Lager bei den örtlichen Betriebsstellen bestehen, also z. B. den Kraftwerken, den Netzbezirksstellen und den Spezialwerkstätten, soweit sie nicht örtlich zusammengefaßt sind. Auch der Hauptverwaltung wird in der Regel ein eigenes Lager, hauptsächlich für Büromaterial und Möbel zugestanden.

Die Kontrolle über alle Lager, mit Ausnahme vielleicht der Brennstofflager, muß einer zentralen Lagerleitung übertragen sein. Das schließt nicht aus, daß die Einzellager für bestimmte Materialien im Auftrag oder mit Billigung der Zentrallagerleitung ihren Bestand selbständig steuern. Schon durch die Verteilung der Einkaufsbefugnisse für Spezialeinkäufe ergeben sich solche Ausnahmen. Die Kontrolle auch über die Bestände an solchen Waren sollte jedoch der Lagerleitung nicht entzogen werden. Sie muß ein Veto einlegen können, wenn Neubestände geschaffen werden, ehe verwertbare Altbestände auf ein Normalmaß gebracht werden.

Die Zentrallagerführung bewirkt gelegentlich einen Zuwachs an umlaufendem Papier und entzieht den Betriebsstellen Einfluß, sie ist für eine wirtschaftlich erfolgreiche Lagerhaltung jedoch unumgänglich. Überdies ist sie Voraussetzung für den Einsatz von Lochkarten und schnellrechnenden Geräten zur Lagerüberwachung.

Einige E-Werke haben bereits mit der Umstellung der Lagerüberwachung auf mechanische Verfahren begonnen. Das Ziel muß sein, auch die Steuerung der Lagerhaltung zu mechanisieren, wobei durch mechanische oder elektronische Geräte die Bestandszahlen und die Werte erfaßt, mit dem Sollwert verglichen und die Notwendigkeit neuer Bestellungen kenntlich gemacht werden.

Erhöhung der Lagerumschlagszahlen. Niedrige Lagerkosten sind zu erreichen, wenn die von jeder Ware zu lagernde Menge auf das notwendigste, gerade ausreichende Maß vermindert wird. Eine solche Bereinigung muß durchgeführt werden, wenn die allgemeinen Verhältnisse im Beschaffungswesen normal sind. Nur während Beschaffungskrisen sind auf einzelnen Gebieten Sonderlager unvermeidbar.

Die Sollhöhe der Bestände wird durch Lagerumschlags-Sollzahlen für das Jahr festgelegt, soweit es sich um gleichmäßig in Anspruch genommene Waren, wie Reinigungsmittel, Büromaterial usw. handelt. Waren mit jahreszeitlichen Bedarfsschwankungen (Kraftwerksbedarf im Winter am höchsten, Bedarf der Netzbau- und Neubaukolonnen im Sommer am höchsten) erfordern monatliche Lagerumschlagszahlen, die sich nach dem Bedarf der folgenden Monate richten müssen. Darüber hinaus muß bei den einzelnen für die Warengattungen und Warenposten vorzuplanenden Sollbestandszahlen noch berücksichtigt werden, welches echte Risiko ein Fehlen der Ware am Lager heraufbeschwört: Wird dadurch der laufende Versorgungsbetrieb des Elektrizitätswerkes gestört? Wieviel Arbeitsstunden werden nutzlos „verwartet" (Reparaturkolonne!)? Kann die Ware anderwärts notfalls zu höheren Preisen kurzfristig beschafft werden? Bei guten Beziehungen zu leistungsfähigen Lieferfirmen lassen sich Reservelager auch dort für einen schnellen Zugriff bereithalten.

Verkleinerung der Sortenzahl. Eine weitere bedeutsame Möglichkeit zur Verminderung der Lagerkosten bietet die Verringerung der Zahl der Lagerpositionen. Das gilt für Anlagegüter gleichermaßen wie für Hilfs- und Betriebsstoffe und sonstige zu lagernde Waren. Da sich die Normen, vor allem die betriebsinternen, im Laufe der Jahre wandeln, kommt es in den Lagern der Elektrizitätswerke besonders leicht zu einer gewissen Ansammlung älterer, von neuen Typen überholter Anlageteile. Als Störungsreserve für im Betrieb befindliche Anlageteile dieser Art können sie nicht entbehrt werden (z. B. Schalter, Relais). Zum großen Teil entspricht es aber auch der konservativen Auffassung der Betriebsleiter, daß sie auf alte Reserveteile nicht verzichten zu können glauben. Will man das Lager davon befreien, so muß sorgfältig untersucht werden, welche alten Anlageteile im Falle einer Störung durch neue ersetzt werden können. Soweit dafür keine Lösungen gefunden werden, sollte das Umrüsten der älteren, im Betrieb befindlichen Anlageteile auf neuere Typen ins Auge gefaßt werden. Die Kosten dafür können recht beachtlich sein. Da aber sowohl die Wartung als auch die Reparatur- und Änderungsarbeiten an älteren Typen im Laufe der Jahre immer aufwendiger werden, lohnt sich ganz allgemein auf lange Sicht der Austausch nicht normgerechter Typen. Es empfiehlt sich daher, in regelmäßigen Abständen die Lager auf solche Einzelstücke und Restbestände hin sehr eingehend zu prüfen. Diese Überprüfungen dienen nicht nur der Vermeidung unnötiger Lagerkosten, sondern können bei Zuziehung maßgeblicher Herren der Bau- und Betriebsabteilungen für die Planung des Überholungs- und Erneuerungsprogramms sehr nützlich sein.

Vermeidung der Lagerung von Investitionsgütern. Investitionsgüter sollten in der Regel überhaupt nicht gelagert werden, wobei vorausgesetzt wird, daß ihre Beschaffung rechtzeitig geplant und die zugesagten Lieferfristen eingehalten werden. Große und wertvolle Anlagegüter für Neuinvestitionen bevorraten die meisten Elektrizitätswerke überhaupt nicht (z. B. Transformatoren über 20 MVA, Leistungsschalter für mehr als 20 kV usw.) Die Liefertermine werden so vereinbart, daß die Anlageteile nach Möglichkeit gleich zur Baustelle transportiert werden. Die Entwicklung geht dahin, diese Handhabung auch auf kleinere und weniger kostspielige Investitionsgüter auszudehnen, um auf diese Weise die Kosten für Zwischenlagerung und -transporte einzusparen. In der Praxis ist allerdings

die Vereinbarung empfindlicher Konventionalstrafen Voraussetzung, da nur so
das finanzielle Risiko einer Bauverzögerung auf Grund von Lieferterminverschie-
bungen gedeckt werden kann.

Für solche Investitionsgüter, die von den Bau- und Betriebsabteilungen laufend
benötigt werden, wie z. B. Trenner und Leistungsschalter für die 5, 6, 10 oder
20 kV-Netze, Leiterseile, Kabel, Muffen, Netzstationstransformatoren, Nieder-
spannungsschalter, Klemmen, Meßinstrumente, Zähler, Relais und dgl. lohnt sich
ein „massierter" Einkauf. Zweckmäßigerweise ruft man aber auch hier von den
Lieferfirmen nur so viel ab, daß nicht allzu viele Waren jeweils im Lager der
Elektrizitätswerke liegen. Auf diese Weise können für einen Teil der gekauften
Ware die reinen Lagerkosten ohne die Kapitalkosten in Höhe des Warenwertes
vermindert werden. Will man auch noch die Kapitalkosten verringern, dann bevorzugt man Lieferverträge, die wenigstens noch einen Mengenrabatt auf den
Jahresumsatz aus den Einzelkäufen vorsehen, sofern nicht Saisonrabatte oder
andere Zugeständnisse angeboten werden.

Aus diesen Überlegungen erhellt, daß ein E-Werk Investitionsgüter in um so
größerem Umfang lagern muß, je weniger es eine ins einzelne gehende sorgfältige
Vorausplanung durchführt. Die Leitung des Werkes müßte aber gerade hierauf
das größte Augenmerk legen, damit nicht aus Bequemlichkeit und mangelnder
Voraussicht zu hohe Kapitalien festgelegt werden, um so mehr die ständige
Entwicklung zu neuen und besseren Typen die Gefahr der Ansammlung später
unverwendbarer Geräte vergrößert.

Brennstofflagerung. Brennstoffe werden in der Regel für etwa 6—8 Wochen
bevorratet, wobei die Lagerspitzen absolut und relativ entsprechend der Bedarfs-
charakteristik zum Beginn der Wintermonate erreicht werden. Als feste Kosten
müssen hierbei die Kosten der Lagerfläche (eigen oder angemietet) und die Zinsen
des dort dauernd gebundenen Kapitals gerechnet werden, während als bewegliche
Kosten hauptsächlich die Zinsen der den ständigen Lagerstock saisonal über-
steigenden Lagerkapazitäten in Erscheinung treten. Die jeweiligen Zinssätze sind
also neben anderen Faktoren wie Rabatte, Brennstoffpreise, Frachtraten, drohende Transportschwierigkeiten usw.[1] maßgebend für die Menge der einzukaufen-
den und zu lagernden Brennstoffe.

Der Ausnutzung der Lagerfläche für Kohlen sind dadurch Grenzen gesetzt,
daß wegen der Gefahr von Selbstentzündung je nach Sorte und Körnung bei der
Stapelung bestimmte Lagerhöhen nicht überschritten werden dürfen. Für Kohle,
die auf längere Zeit gestapelt werden soll (entfernt liegende Reserveplätze!) lohnt
sich zur Herabsetzung der Selbstentzündungsgefahr und um höher stapeln zu
können ein schichtweises Einwalzen.

Die besonderen Probleme bei der Kohlenlagerung und die enge betriebliche
Verbindung der Kohlenlager mit den Kraftwerken haben in vielen E-Werken dazu
geführt, die Steuerung der Brennstoff-Lagerwirtschaft von der für die allgemeine
Lagerhaltung organisatorisch zu trennen. Dennoch scheint es ratsam, im Einzelfall sorgfältig abzuwägen, ob diese Gründe jeweils ausreichen, um auf die Vorteile einer einheitlichen Lagersteuerung und Organisation zu verzichten.

Bei Öllagerung empfiehlt sich eine Prüfung, ob unter Umständen mit anderen

---

[1] Vgl. S. 128 ff.

Großverbrauchern oder mit Ölhandelsgesellschaften Lagerverträge geschlossen werden können, die eine eigene Tanklagerung verringern. Auch bei der künftig vielleicht bedeutsam werdenden Lagerung von überseeischem Flüssiggas wird eine „Poolung" der Lagerwünsche mehrerer Interessenten voraussichtlich die Lagerkosten verringern helfen.

c) Transport

Die Aufgaben des Transportwesens sind, soweit es sich um die Güter- und Warentransporte handelt, weitgehend von der Struktur des Lagerwesens, vor allem dem Ausmaß der Dezentralisierung abhängig; beim Personentransport besteht darüber hinaus eine starke Abhängigkeit von der Art der organisatorischen Gliederung der Betriebs- und Verwaltungsstellen.

Transportwege außerhalb des E-Werks. Dem Antransport der Waren dienen: Der Seeweg, Binnenschiffsverkehr, Bahn oder LKW. Flugzeuge werden nur in sehr seltenen Ausnahmefällen in Anspruch genommen.

Überseetransporte von Importkohlen aus Ländern, die der Montanunion nicht angehören (z. B. USA, England, Polen, UdSSR) werden in der Regel nicht in eigener Regie durchgeführt, da man sich für Importe im allgemeinen der darauf spezialisierten Kohlenhandelsfirmen bedient, von denen die Kohlen mit eigenem, konzerneigenem oder gechartertem Schiffsraum herangeschafft werden. Für an der Küste gelegene Werke, die überwiegend Importkohlen beziehen, könnte sich allerdings eine Beteiligung an Übersee-Transportgesellschaften lohnen. Kohle aus dem Inland oder dem übrigen Bereich der Montanunion wird durchweg mit Binnenschiffahrt oder Bahn an die Kraftwerke herangeführt. Öl wird meist ab inländischer Raffinerie oder frei Werk bezogen. Späterhin wird für E-Werke, die im Bereich von Ölleitungen (pipelines) liegen, ein unmittelbarer Anschluß wirtschaftlich werden.

Der Binnenschiffahrtsweg, in der Vergangenheit von E-Werken vielfach auch für den Transport von anderen Massengütern und Schwergütern, wie Kabel, Freileitungsseile und dgl. benutzt, ist inzwischen zugunsten von Schiene und Straße weitgehend verlassen worden. Für Werke in der Nähe von Binnenwasserstraßen ergibt sich als praktische Folge, bei der Wahl von Lagerplätzen künftig auf Kai-Anschluß verzichten zu können.

Im Laufe des Wettbewerbs Schiene—Straße sind, soweit es sich nicht um Brennstofftransporte handelt, Bahntransporte sehr selten geworden. Trotzdem sollten E-Werke auf einen unmittelbaren Gleisanschluß für ihr Lager nur in Ausnahmefällen verzichten. Jedenfalls muß dann der Güterbahnhof so nahe liegen, daß Waggons auf einem Schwergutwagen über die Straßen herangebracht werden können.

LKW-Fernverkehr. Bei der Bedeutung der Straßenferntransporte stellt sich die Frage, ob sich für E-Werke nicht eigene Lastzüge lohnen. Bei einer Reihe von Werken werden regelmäßig in Gebiete, aus denen laufend schwere Güter bezogen werden (z. B. Kabel, Leitungsseile, Isolatoren usw.) Lastkraftwagen entsandt, die im Sammeltransport die Waren herbeischaffen. Ein solches Verfahren lohnt sich besonders, wenn mit den gleichen Fahrzeugen auf der Hinfahrt Altmaterial, vor allem Kabelschrott, befördert wird und wenn die Fahrzeuge der verwendeten Nutzgewichtsklasse auch im internen Verkehr zusätzlich eingesetzt werden können.

Zweckmäßige Wagentypen. Im innerbetrieblichen Transportwesen sind vornehmlich Waren vom Zentrallager zu den Einzellagern und zu den Baustellen zu schaffen. Für Sonder- und Spezialtransporte werden in der Regel Fremdfirmen eingesetzt, wenn nicht derartige Transporte so häufig sind, daß Eigenfahrzeuge genügend genutzt werden (z. B. beim Transport von Transformatoren in großen Netzen). Für den normalen Verkehr zwischen Zentrallager und Einzellagern hat sich die Einrichtung von fahrplanmäßigen Liniendiensten bewährt, die in gewissem Umfang auch einen Teil des Personenverkehrs mit aufnehmen. Als geeignete Wagentypen empfehlen sich hier überdeckte Pritschenwagen mit einer Tragfähigkeit zwischen 1 und 2 t und mit Führerhäusern, die gegebenenfalls die Mitnahme von mehreren Personen gestatten. Die spezifischen Kostenunterschiede innerhalb dieser Größenklasse sind nicht so erheblich, daß man sich dabei unbedingt mit den niedrigeren Nutzlastklassen zufrieden geben sollte.

Diese Wagen übernehmen auch neben den gegebenenfalls einzusetzenden Ferntransport-LKW die Belieferung der Reparatur- und Baustellen ab Zentrallager oder ab Einzellager, soweit das nicht durch eigene Wagen der betreffenden Arbeitskolonnen erledigt werden kann.

Der Einsatz der Wagen erfordert eine zentrale Leitstelle beim Fuhrpark, der alle Transportwünsche, die nicht durch die Liniendienste erledigt werden, aufzugeben sind.

Als eigene Wagen der Betriebskolonnen, z. B. der Freileitungstrupps einer Netzstelle, der Schalter- und Relaistrupps, der Reparatur- und Baukolonnen, haben sich insbesondere die geschlossenen oder halboffenen Lieferwagen der $^3/_4$- oder 1-t-Klasse mit erweitertem Führerhaus bewährt. Sie gestatten eine schnelle Verlegung der Kolonne, bieten genügend Raum für den Einsatz der benötigten Werkzeuge und für die Mitnahme des jeweils von dem zuständigen örtlichen Lager zu entnehmenden Materials.

Für Einsatzpersonal, das nur wenig Gerät und Material mit sich führt, z. B. für Schaltmeister, Zählermonteure, Niederspannungskundendienst usw., haben sich allgemein die aus den PKW entwickelten Kombiwagen durchgesetzt.

Elektrofahrzeuge sind erst in den letzten Jahren so weiterentwickelt worden, daß sie den heutigen Anforderungen hinsichtlich Beschleunigungsvermögen und Durchschnittsgeschwindigkeit im Stadtverkehr gewachsen sind. Der Aktionsradius von E-Lieferwagen reicht inzwischen bei täglicher Aufladung für die normalen Anforderungen an Fahrzeuge für Arbeitskolonnen im Bereich einer Großstadt aus. Schon aus Werbegründen wäre es daher sinnvoll, wenn sich mehr Elektrizitätswerke zum weitgehenden Einsatz solcher Elektrofahrzeuge im Straßenverkehr entschließen würden.

Zentraler Fuhrpark. Der Einsatz der Wagen der Arbeitskolonnen und Trupps sowie des Einsatzpersonals wird zweckmäßigerweise der Verantwortung der einzelnen Abteilungen überlassen.

Für die Nachtunterstellung auf betriebseigenen Parkplätzen sind dezentrale Lösungen vorzuziehen, damit nicht unnötige An- und Abfahrtswege anfallen. Bei den meisten E-Werken sind hierfür Plätze am Zentrallager und bei den örtlichen Betriebsstellen, wie Netzbezirksstellen, Kraftwerken, leicht einzurichten.

Die Überwachung der Fahrtleistung, des Wagenzustandes und des Brennstoffverbrauchs aller Firmenwagen muß dem zentralen Fuhrpark obliegen. So ergibt sich genügend Vergleichsmaterial über die Wirtschaftlichkeit der Transporte und der eingesetzten Typen. Bei diesen Untersuchungen steht den Kosten für Brennstoff, Verzinsung und Amortisation sowie Reparatur und Wagenpflege die Nutzung der Fahrzeuge nach Gewicht, Zahl der Personen, Fahrtdauer und gefahrene km pro Jahr gegenüber. Der zentrale Fuhrpark sollte auch für die periodische Kontrolle der Fahrtüchtigkeit aller Personen verantwortlich sein, die Firmenfahrzeuge steuern.

Ein eigener Pflegedienst und mit Rücksicht auf den Großeinkauf eigene Tankstellen für firmeneigene Wagen lohnen sich bei genügender Wagenzahl und energischer sachkundiger Leitung. Hier sollten für alle Arbeiten fest umrissene Aufträge und eine exakte Abrechnung streng gefordert werden.

Voraussetzung einer wirtschaftlichen Fahrzeugbetreuung ist eine straffe Beschränkung der für das Unternehmen zu beschaffenden Fahrzeugtypen, so daß nach Möglichkeit in jeder Fahrzeugklasse von den Rollern bis zum LKW nur ein einziges Fabrikat vertreten ist.

Nur sehr große Werke betreiben eigene Reparaturwerkstätten. Werden die privaten PKW gegen entsprechende Verrechnung in der zentralen Fuhrparkwerkstatt gepflegt und repariert, so ist die Forderung nach Typenbeschränkung auch auf diese Fahrzeuge auszudehnen. Es ergibt sich daraus vor allem der Vorteil eindeutiger Wirtschaftlichkeitsvergleiche des Pflege- und Reparaturdienstes mit den entsprechenden Einrichtungen der örtlichen Firmenvertretungen, die im allgemeinen einem Kostenvergleich zugänglich sind.

Dieser Zentralstelle sollte auch die Bearbeitung der Unfallmeldungen aller Fahrer übertragen werden, damit in Zusammenarbeit mit der Rechtsbetreuung des E-Werkes einheitliche und wirksame Rechtshilfe geleistet wird. Die Versicherung aller Wagen und Fahrer erfolgt zur Prämienverbilligung am besten zusammengefaßt.

PKW-Einsatz. Heikle Probleme ergeben sich in jedem Unternehmen aus dem Einsatz der PKW. Den aus Gründen der Wirtschaftlichkeit zu stellenden Forderungen nach niedrigen spezifischen Kosten stehen die repräsentativen Wünsche der einzelnen Mitarbeiter gegenüber. Sie erstreben einen Wagen zu eigener Verfügung, dessen Klasse auch ihrer Bedeutung entsprechen soll. Diesen Wünschen kann im allgemeinen nur gefolgt werden, wenn ein Interesse des Unternehmens an einer angemessenen Repräsentation vorliegt und die bei Fehlen eines Verfügungswagens unvermeidlichen, gelegentlichen Wartezeiten für das Unternehmen nicht tragbar sind.

Den übrigen Mitarbeitern wird man im allgemeinen Wagen nur dann fest zuteilen, wenn sie sie wirtschaftlich nutzen. Doch auch in solchen Fällen ziehen viele E-Werke vor, den Wagen nicht der Person, sondern der Abteilung zuzuteilen, damit ein abteilungsinterner Besteinsatz sichergestellt bleibt. Den übrigen Mitarbeitern stehen zweckmäßigerweise Wagen in einer allgemeinen Fahrbereitschaft zur Verfügung. Tauchen Transportanforderungen auf, die mit den abteilungseigenen Wagen nicht bewältigt werden können, so wird die Fahrbereitschaft des zentralen Fuhrparks beansprucht.

Auch bei der allgemeinen Fahrbereitschaft werden sich gelegentlich wichtige

Wagenanforderungen zeitlich stark zusammendrängen. Wird für diese Spitzenzeiten eine volle Wagenreserve bereit gehalten, so wirkt das naturgemäß auf die durchschnittlichen spezifischen Kosten erhöhend. Wo die Möglichkeit besteht, auf Mietwagen zurückzugreifen, empfiehlt es sich daher dringend, den Wagenpark der allgemeinen Fahrbereitschaft so knapp zu halten, daß nicht zu selten von Fremdwagen Gebrauch gemacht werden muß. Die Erfahrung hat gezeigt, daß die Anfordernden sich in der Regel eher bei befreundeten Abteilungen um einen Ersatzwagen bemühen oder die „Dringlichkeit" ihrer Fahrt noch einmal überprüfen, ehe sie Mietwagen in Anspruch nehmen, da die Abrechnung der verauslagten Beträge sie lästigen Fragen ihrer Vorgesetzten aussetzen könnte.

Grundsätzlich sollten auch die Kostenunterlagen für die jeweiligen PKW-Fahrten, insbesondere über Fahrzeiten, zurückgelegte km, beförderte Personenzahl und Fahrtziele, dem zentralen Fuhrpark zugehen, um die Wirtschaftlichkeit der Personentransporte laufend überprüfen und steuern zu können.

Fahrerwagen? Sollen die Mitarbeiter das Firmenfahrzeug selbst lenken oder sind Fahrerwagen vorzuziehen? Wegen der Mehrkosten, die ein Fahrer verursacht, sollten die Mitarbeiter in der Regel selbst fahren. Insofern ist ein Wagen als ein Werkzeug zu betrachten, zu dessen Handhabung das Personal im Rahmen der dienstlichen Obliegenheiten verpflichtet ist. Lediglich der Geschäftsführung und älteren und behinderten Mitarbeitern, bei denen das Fahren eines Fahrzeuges eine erhöhte Gefährdung mit sich bringt, oder sie zusätzlich übermäßig beansprucht, sollte man Fahrerwagen zugestehen.

PKW-Privatfahrten. Der Übergang des Personenkraftwagens vom Luxusgegenstand zum täglichen Arbeitsmittel führt zur häufigen Erörterung, ob und in welchem Umfange die Benutzung von Firmenwagen zu Privatfahrten zulässig ist. Ein generelles Verbot hat sich nicht als zweckmäßig erwiesen, da sich eine wirksame Überprüfung in der Praxis kaum durchführen läßt. Immer wird ein Teil der Mitarbeiter den Wagen außerhalb der normalen Dienstzeit mit nach Hause nehmen müssen. Dies kann im Rahmen eines festgelegten Bereitschaftsdienstes erforderlich und bei Mitarbeitern der mittleren Führungsschicht wünschenswert sein, damit sie im Störungsfalle auch ohne offiziellen Bereitschaftsdienst schnell zur Stelle sein können. Gerade in diesem Falle wäre es töricht, das echte Betriebsinteresse der Mitarbeiter durch eine kleinliche Fahrzeugpolitik zunichte zu machen. Es empfiehlt sich daher, die Privatfahrten zu legalisieren. Entweder erhalten die Betreffenden die Genehmigung, Betriebswagen auch für Privatfahrten zu nutzen und werden verpflichtet, die privat gefahrenen km angemessen zu bezahlen, oder das Unternehmen ermöglicht ihnen die Finanzierung eines eigenen Wagens, den sie dafür auch dienstlich zu fahren haben, und für den ihnen monatlich eine maximal festgelegte Anzahl von Dienstkilometern vergütet wird. Da eigene Wagen im allgemeinen pfleglicher behandelt werden als fremde, hat sich dieser Weg durchweg gut bewährt, zumal er den privaten Motorisierungswünschen entspricht.

Die Vorteile eines gemeinsamen Treibstoffbezuges, gemeinsamer Versicherung und Rechtshilfe sollten auch den Besitzern der Privatdienstwagen zugestanden werden. Einige E-Werke gestatten dies sogar allen betriebsangehörigen Fahrzeughaltern.

Werbewirkung der Fahrzeuge. Alle Fahrzeuge, die auch privat genutzt werden, sollten nicht als zum E-Werk gehörig gekennzeichnet sein, damit nicht in der

Öffentlichkeit private Entgleisungen dem E-Werk angelastet werden. Bei allen anderen Fahrzeugen jedoch ist eine einheitliche Kenntlichmachung unbedingt zu empfehlen, z. B. durch einheitliche Grundfarbe, wobei man aus Kostengründen am besten eine der bei neuen Wagen üblichen Grundfarben wählt. Auf den Wagen sollten die Firmenbezeichnungen der E-Werke deutlich angebracht sein. Bei Lastkraft-, Liefer- und Kombiwagen ergibt sich darüber hinaus die Möglichkeit, Werbeplakate, Werbeaufschriften, public-relation-Slogans und dgl. anzubringen.

VI. Erhaltung der Betriebsdynamik

Jeder Organismus neigt mit fortschreitendem Alter zur Erstarrung und Verhärtung. Für Unternehmen gilt dies in gleichem Maße. Die verjüngende Kraft der laufenden Ergänzung des Personals durch Neueintretende reicht in der Regel nicht aus, diese Ermüdungserscheinungen in älteren Unternehmen auszuschalten, wenn nicht von der Unternehmensleitung bewußt alle Möglichkeiten zur ständigen inneren Erneuerung des Betriebes genutzt werden. Sie muß die auf Änderung und Verbesserung drängenden dynamischen Kräfte gewähren lassen und sie davor schützen, von den am Bestehenden festhaltenden statischen Kräften allzusehr abgeschirmt und völlig neutralisiert zu werden.

Bei der starken Durchsetzung der E-Werke mit behördlich-bürokratischen Einflüssen, die bei der Verflechtung mit den Verwaltungen der öffentlichen Hand unvermeidbar verstärkt werden, gelten diese Überlegungen in besonderem Maße. Vielfach schien dort die junge entwicklungsfreudige Technik im Gegensatz zu den kaufmännisch-rechtlichen, oft kameralistischen Verwaltungsformen zu stehen. In den letzten Jahren scheint sich eine bemerkenswerte Verschiebung anzubahnen. Dynamische Kräfte sind heute sowohl in den technisch-wirtschaftlichen, als auch den kaufmännisch-juristischen Bereichen bemerkbar.

Eine Unternehmensleitung kann, über dem Streit der Meinung stehend, der Aufgabe maßvoll ausgeglichener, dynamischer Betriebsgestaltung nur gerecht werden, wenn sie selbst in ihren Auffassungen zeitgerecht, beweglich und jung bleibt und sich einer allzu starken Dämpfung durch Aufsichtsgremien in der gebotenen Form widersetzt.

a) Erfassung außerbetrieblicher Neuerungen

Lern- und Wißbegierde sind Eigenschaften, die Menschen bis ins hohe Alter hinein innerlich jung erhalten. Dieser Erfahrungssatz ist ohne Einschränkung auf einen Betriebsorganismus zu übertragen. Nicht erst die Aufnahme und Verarbeitung des für den Betrieb technisch und wirtschaftlich Nützlichen, sondern allein schon rege Verfolgung der außerbetrieblichen Entwicklungen bringt innerbetrieblich Nutzen. Eine weitschauende Unternehmensleitung wird daher ihren Mitarbeitern gegenüber bei der Eröffnung von Informationsmöglichkeiten so großzügig wie möglich sein müssen.

Zeitschriftenumlauf. Eine der wichtigsten Quellen, aus denen im Betrieb Erkenntnisse gewonnen werden können, sind Zeitschriften. Gewisse Schwierigkeiten ergeben sich für den Rundlauf im Betrieb daraus, daß ein großer Teil der Nachrichten nur aktuell von Wert ist. Es gilt also, den Umlauf zu beschleunigen.

Als zweckmäßig hat sich erwiesen, jeder Zeitschrift einen Umlaufzettel anzuheften, der die Namen der Leser, Raum für ein Quittungszeichen sowie Ein- und Ausgangsdatum enthält. Beim ersten schnellen Durchlauf zur aktuellen Information sollten nicht mehr als höchstens 10 Leser für eine Zeitschrift vorgesehen werden. Sind' mehr Interessenten vorhanden, so muß entweder eine zweite Zeitschrift bestellt oder für mehrere Mitarbeiter im Bereich einer Abteilung ein „Pflichtleser" bestimmt werden, der seine Kollegen mündlich oder durch formlose Kurzauszüge (Zettel, nicht Diktat und Maschine!) informiert, und sie gegebenenfalls zum „Nachlesen" vormerkt.

Da sehr oft Artikel nach kürzerer oder längerer Zeit nochmals benötigt werden, sollte auf eine generelle Ordnung der Zeitschriftenablage auf keinen Fall verzichtet werden. Der Verwahrungsort der Zeitschriften, die fallweise bei bestimmten Abteilungen aufbewahrt werden, z. B. juristische Zeitschriften in der Rechtsabteilung, medizinische Zeitschriften beim Werksarzt, muß in der zentralen Ablage jederzeit ersichtlich sein, ebenso der Verbleib entliehener Zeitschriften. Das Heraustrennen von Bild- und Textteilen darf auch nach Abschluß des Rundlaufes nicht geduldet werden. Allenfalls dürfen davon für eine zentrale Literaturkartei die in vielen Fachzeitschriften heute schon üblichen Fahnen mit ausführlicher Inhaltsangabe für die Literaturerfassung herausgetrennt werden.

Ob ein E-Werk eine eigene Literaturkartei führen soll, hängt davon ab, ob es auf Grund seiner Größenordnung Abteilungen unterhalten muß, die zur Lösung spezieller Aufgaben sich häufig oder schnell über Literaturquellen informieren müssen. Aus Kostengründen ist kleineren und mittleren E-Werken zu raten, sich gegebenenfalls unter Kostenbeteiligung an die Literaturkarteien der größen E-Werke oder eines entsprechenden Wirtschaftsverbandes anzuschließen.

Eine andere Quelle für die Information über Neuerungen sind Werbeprospekte und Preislisten. Soweit sie nicht allgemein Altbekanntes enthalten, sollten sie daher an die in Frage kommenden Abteilungen des Hauses, im Zweifelsfalle über die Einkaufsabteilung weitergeleitet werden.

Jüngere Mitarbeiter in Fachausschüssen und bei Tagungen. Eines der wichtigsten Mittel, mit denen bei den Mitarbeitern das Interesse an einer ständigen Verfolgung der Neuerungen wachgehalten werden kann, ist die Entsendung in Fachausschüsse, da sie dort in der Regel aktiv an Entwicklungsarbeiten teilnehmen können. Ähnliche Möglichkeiten bietet die Beteiligung an der Zusammenarbeit mit den Herstellerfirmen. Jedes E-Werk sollte daran interessiert sein, viele junge Betriebsangehörige in verschiedene Fachgremien einzuschleusen. Die vielfach übliche, weil bequeme Entsendung eines erfahrenen älteren Mitarbeiters in zahlreiche Ausschüsse dieser Art erscheint aus dieser Sicht heraus falsch.

Dieser Fehler sollte auch bei der Entsendung zu Tagungen, Kongressen u. dgl. vermieden werden. Bei derartigen Veranstaltungen ist neben der Teilnahme an Vorträgen, Vorführungen und Besichtigungen auch das Zusammentreffen mit Kollegen aus anderen Unternehmen wesentlich. In den Gesprächen im kleinen und kleinsten Kreise werden erfahrungsgemäß die Probleme offen erörtert. Die Partner sind dort eher geneigt, neue eigene Erkenntnisse zu offenbaren und der Kritik zu stellen. Besonders nützlich sind solche Gespräche für junge Mitarbeiter, wenn sie zunächst durch ältere bekannte Kollegen in den Kreis eingeführt werden. Allerdings sind eine Reihe von älteren Mitarbeitern aus verständlichen persönlichen Gründen nicht immer von sich aus dazu bereit, sondern es bedarf einer sanften Nachhilfe seitens der Unternehmensleitung. Das gilt auch für die Benennung jüngerer Mitarbeiter zur Teilnahme an Studienfahrten, als Vortragende oder Autoren von Veröffentlichungen oder zum Besuch von Messen und Ausstellungen.

Die von Verbänden und sonstigen Organisationen angebotenen Studienfahrten sind in der Regel reine Besichtigungsfahrten. Für betriebliche Neuerkenntnisse wichtiger und meist nicht viel teurer sind vom eigenen Betrieb veranstaltete Studienfahrten.

Hierfür ist folgendes Verfahren zu empfehlen: Sie werden zweckmäßigerweise in Gruppen von ungefähr 5 bis 8 Personen, unter Teilnahme eines Mitgliedes der Unternehmensleitung oder zumindest eines Prokuristen durchgeführt, und sollten dabei auch 2 oder 3 Nachwuchskräften Gelegenheit zur Teilnahme geben. Ziel der Reise sind Herstellerbetriebe, interessante neue Versorgungsanlagen und ein oder zwei Stromversorgungsunternehmen vergleichbarer Größenordnung und Struktur im In- oder Ausland. Jeder der Teilnehmer bereitet anhand der zu beschaffenden Unterlagen einen festumrissenen und mit den anderen Reiseteilnehmern abgestimmten Fragebogen vor, mit dem man sich über die Erkundungsziele klar wird. Diese Wunschzettel werden den zu besuchenden Unternehmen übersandt, so daß dort bereits die entsprechenden Vorbereitungen (Materialsammlung, Besprechungsplan, Besichtigungsplan usw.) erfolgen können.

Man ist immer wieder erstaunt, welche Fülle von Erkenntnissen und Anregungen bei derartig vorbereiteten Studienfahrten in nur wenigen Tagen von den Reiseteilnehmern aufgenommen werden. Der Erfolg ist nachhaltig, da der Ehrgeiz des „Bessermachenwollens" von den einzelnen Reiseteilnehmern auf den Betrieb belebend ausstrahlt.

b) Betriebliches Vorschlagswesen

Bei jedem Betriebsangehörigen sammeln sich Erkenntnisse und Erfahrungen an, die zu einer zweckmäßigen Verwertung möglichst schnell an die für die weitere Behandlung zuständigen Stellen weitergeleitet werden sollen. Zur Erreichung dieses Ziels dient das betriebliche Vorschlagswesen. So einfach die gestellte Aufgabe als solche ist, ihrer endgültigen Lösung stehen zahlreiche in der Natur des einzelnen Menschen gelegene Hemmnisse entgegen. Kritik an dem Bestehenden, wenn auch noch so behutsam vorgebracht, wird vielfach von dem für die Einrichtung oder ihr Weiterbestehen Verantwortlichen als unbequem und lästig empfunden und führt deshalb oft zu Störungen des betrieblichen Zusammenlebens. Solange es nicht gelingt, die wesentlichen Positionen mit freimütigen, der Kritik aufgeschlossenen Vorgesetzten zu besetzen, wird man sich mit einem mehr oder weniger erfolgreichen Kompromiß der Vorschlagerfassung und -auswertung begnügen müssen. Damit das betriebliche Vorschlagswesen wirkungsvoll hilft, die Zusammenarbeit im Betrieb und dessen Erfolge zu verbessern, müssen bestimmte Grundsätze beachtet werden:

Nach Möglichkeit sollen die Vorschläge schriftlich eingesandt werden. Dem Einsender muß zugestanden werden, daß auf Wunsch seine Anonymität gewahrt bleibt, falls sein Vorschlag negativ beurteilt wird.

Jeder Einsender von Verbesserungsvorschlägen sollte ob seines Eifers belohnt werden, auch wenn der Vorschlag nicht verwirklicht werden kann oder der Grad der zu erreichenden Verbesserung nur gering ist.

Falls die Mitarbeiter nicht von sich aus ein starkes Interesse zu betrieblichen Verbesserungen zeigen, sollte ihnen ein Anreiz für eigene Vorschläge gegeben werden. Übliche Mittel hierfür sind Anerkennungsschreiben, kleine Sachprämien im Werte bis zu etwa DM 25,— und Geldprämien. Bei der Bemessung der Prämien mag die voraussichtliche jährliche Kostenersparnis im Fall der Durchführung der vorgeschlagenen Maßnahmen einen Maßstab darstellen. Eine obere Grenze für die Bemessung sollte nicht gesetzt werden. Es empfiehlt sich bei Geldprämien grundsätzlich ein Dankschreiben der Geschäftsleitung und eine Überreichung durch unmittelbare Bauftragte der Geschäftsleitung vorzusehen. Darüber hinaus hat es sich als sehr wirksam erwiesen, alle Prämienempfänger in einem bestimmten Zeitabschnitt der Geschäftsleitung persönlich vorzustellen.

Die Antwort auf einen Vorschlag muß schnell erfolgen. Gegebenenfalls sind Zwischenbescheide zu erteilen.

Die Begutachtung der Vorschläge muß durch ein in der Entscheidung freies, namentlich bekanntes Gremium erfolgen, das sich gegebenenfalls des Rates weiterer Fachleute bedient. Die Prämien werden zweckmäßigerweise anhand dieser Begutachtung durch einen von der Geschäftführung beauftragten, selbständig entscheidenden Arbeitskreis leitender Mitarbeiter festgelegt, dem auch der Vorsitzende des Betriebsrates angehört.

Seit bei größeren E-Werken ein betriebliches Vorschlagswesen besteht, liegt die Zahl der jährlich eingehenden Vorschläge durchschnittlich etwa bei 30% der Belegschaftszahl. In der Regel konnten rd. die Hälfte der Vorschläge als verbessernd anerkannt werden.

Gewisse Schwierigkeiten ergeben sich bei der Prämienbemessung gelegentlich aus der Frage, ob nicht der betreffende Vorschlagende arbeitsvertraglich verpflichtet war, sich über die vorgeschlagene Lösung Gedanken zu machen und eine entsprechende Verbesserung anzustreben. Dies geschieht verhältnismäßig häufig bei Vorschlägen von Konstrukteuren, Prüfern, Angehörigen der Versuchs- und Entwicklungsabteilungen u. ä., aber auch bei Vorschlägen von Mitarbeitern in gehobenen Positionen. Meist gibt erst eine Analyse des Arbeitsbereiches und der Aufgabe des Betreffenden Aufschluß, ob eine Prämie zu gewähren ist.

Personalaufwand. Für die zentrale Erfassung und Betreuung aller eingehenden Vorschläge ist bei einem Unternehmen mit etwa 5000 Beschäftigten etwa eine halbtägige Arbeitskraft erforderlich. In kleineren E-Werken kann die Aufgabe von einem Mitarbeiter nebenher erledigt werden. Es empfiehlt sich, dies nicht durch Angehörige der Personalabteilung wahrnehmen zu lassen, besser sind hierfür Arbeitsbereiche, wie public-relations-Abteilung, Pressestelle, Direktionssekretariat oder dgl. geeignet.

Für die Gutachtertätigkeit genügen in einem 5000-Mann-E-Werk etwa vier nach Sachgebieten gegliederte Arbeitsausschüsse aus je 3—4 Mitarbeitern. Das entscheidende Gremium, dem die endgültige Prämienfestsetzung obliegt, sollte nicht mehr als 7 Mitarbeiter umfassen. Zweckmäßigerweise wählt man dazu die stellvertretenden Leiter der Hauptbereiche Kraftwerke, Netz, Vertrieb, Verwaltung, einen Vertreter der Personalabteilung, den Leiter des Betriebsrates und einen Beauftragten der Geschäftsführung als Obmann. Zur Bewältigung der anfallenden Arbeit genügt es in einem E-Werk der oben gekennzeichneten Größe, wenn dieser Kreis einmal im Monat einen halben Tag lang zusammenkommt.

Werbung für das Vorschlagswesen. Damit das Vorschlagswesen gute Erfolge erzielen kann, muß immer wieder auf die darinliegenden Möglichkeiten für das Unternehmen, z. B. durch „Vorschlagsfibeln", durch Veröffentlichungen über Prämienzahlungen, durch Herausstellung einzelner Vorschläge, durch Anregungen der Betriebsleitung bei Zusammenkünften der Führungskräfte hingewiesen werden. Entscheidend ist letztlich, daß die Unternehmensleitung das betriebliche Vorschlagswesen nicht lediglich duldet, „weil ein modern geführter Betrieb so etwas hat", sondern daß sie mit ganzem Herzen dahinter steht und es bewußt als Mittel zur Erhaltung der Betriebsdynamik einsetzt.

c) Rationalisierung

Unter Rationalisierung soll die planmäßige Einführung wirtschaftlich vernünftiger Maßnahmen verstanden werden. Das bedeutet einerseits, das Unvernünftige im Bestehenden zu erkennen und auszumerzen, andererseits das Vernünftige zu stützen und zu fördern.

Wille zur Rationalisierung. Das unaufhaltsame Streben der Menschheit nach Erlösung von übermäßiger Arbeit, der Drang nach Erreichung eines hohen Anteils an den Produktionsgütern macht es der Unternehmensleitung zur unabwendbaren Pflicht, stets neue Rationalisierungen vorzubereiten und durchzuführen. Alle phantasievollen neugestaltenden Kräfte des Betriebes werden hierzu aus Überzeugung helfen. Vielfach wird aber auch der Wille zu echter Rationalisierung aus Bequemlichkeit, Beharrlichkeit und Schwerfälligkeit, ja gelegentlich sogar aus Neid und bösem Willen gehemmt. Um den Willen zur Rationalisierung in allen maßgebenden Mitarbeitern zu wecken und zu stärken, muß allen Beteiligten die Erkenntnis des jeweiligen Betriebs- und Organisationszustandes sowie seiner bestehenden Mängel vermittelt werden. Der Erkenntnis dienen sorgfältige Untersuchungen einzelner Arbeitsgebiete (z. B. Transportwesen, Arbeitsvorbereitung, Arbeitsablauf), technische Fabrikationsstudien und ähnliches. Soweit unternehmenseigene Kräfte für diese Arbeiten nicht vorhanden sind, können Firmen oder Einzelpersonen als Spezialisten zugezogen werden. Im Bericht werden in der Regel neben Feststellung des Tatbestandes und seiner Fehler Vorschläge zu geeigneten Verbesserungen enthalten sein. Die Unternehmensleitung entscheidet über den Umfang, die Dringlichkeit, den Abwicklungszeitraum und die Bereitstellung der notwendigen Finanzmittel, wenn sie von der Zweckmäßigkeit einer Änderung überzeugt ist. In der Regel setzt spätestens zu diesem Zeitpunkt die Auseinandersetzung zwischen dem Neuen und dem Althergebrachten ein.

Dabei sind zunächst die Vertreter des Bestehenden im Vorteil. Jede Neuerung bringt Unruhe, man sieht in Veränderungen Gefahren sachlicher und persönlicher Art. Auch die nur am Rande Betroffenen fühlen sich in ihrer Routinearbeit gestört und kritisch bewertet. Das Gros der „Mitläufer", also derjenigen, die brav und bieder nach der Devise „nur nicht auffallen" ihren Dienst tun, schlägt sich daher meist auf die Seite der Vertreter des Hergebrachten. Diese berufen sich, vor allem, wenn sie gegen neue Planungen keine wirksamen, einleuchtenden Gründe vorbringen können, auf ihre Erfahrung. Häufig wird erklärt, daß Gedanken der vorgeschlagenen Art längst erwogen und aus guten Gründen abgelehnt worden wären, ja sogar nach praktischer Anwendung nach kurzer Zeit wieder hätten zurückgenommen werden müssen, da sich die alte Methode als besser erwiesen habe. Diese Einstellung ist psychologisch verständlich, man sollte sie aber nicht allzu ernst nehmen. Als zweckmäßig hat sich erwiesen, daß die Unternehmensleitung einen Hinweis auf kaum nachprüfbare Erfahrungen grundsätzlich als unerwünscht, ja sogar verdächtig betrachtet. Dann wird auch den weniger profilierten Mitarbeitern klar, daß die Verteidigung des status quo kein guter Weg ist.

So sehr vor einer wilden Anwendung ungeprüfter Rationalisierung gewarnt werden muß, so sollte doch die Tatsache beachtet werden, daß die Unternehmensleitung gewöhnlich zur Überwindung der Neigung zum Althergebrachten die Notwendigkeit von Neuerungen bewußt überbetonen und alle Maßnahmen fördern muß, die den Willen zur Rationalisierung unterstützen.

Kosten- und Betriebszusammenhänge. Ist erst einmal das Rationalisierungsbewußtsein auf breiter Front geweckt, so ist es nicht mehr allzu schwierig, einen größeren Kreis von Mitarbeitern, zumindest die Führungskräfte, für eine fruchtbare, eigene aktive Mithilfe bei den vielfältigen Rationalisierungsaufgaben zu gewinnen.

Zunächst müssen die Mitarbeiter dazu angehalten werden, bei allen Betriebsvorgängen die Kosten und deren Zusammenhänge zu bedenken. Kostenüberlegungen werden zwar in vielen Bereichen der E-Werke laufend angestellt, doch könnten sie vielerorts noch in wesentlich stärkerem Umfang zur Schulung der Mitarbeiter herangezogen werden. Bislang mit Kostenüberlegungen wenig belastete Abteilungen sollten fallweise aufgefordert werden, ihre Arbeitsvorgänge einer Kostenuntersuchung zu unterziehen. Im Bereich der Verteilungs- und Erzeugungsanlagen empfiehlt es sich, zur Vertiefung des Kostenbewußtseins immer mehr von den Bezugseinheiten kWh, kg Kohle oder kcal auf eine eindeutige Berechnung nach DM und Pf überzugehen, zumal erst dann kritische Vergleiche mit den Werten aus der Betriebsabrechnung möglich werden.

Aber auch die Kenntnis von Betriebszusammenhängen ist unumgänglich, da sonst der Einfluß einzelner Kostengruppen auf die Gesamtkosten falsch bewertet werden, und auch Rationalisierungsmaßnahmen in einem begrenzten Bereich allzu leicht an anderer Stelle zu Belastungen führen, die alle erstrebten Einsparungen zunichte machen.

Höhere Festkosten durch Rationalisierungs-Investitionen. In vielen Fällen kann eine wirksame Rationalisierung nur durch Investition von Maschinen und Vorrichtungen erreicht werden. Damit verlagert sich ein Teil der beweglichen auf die festen Kosten. Ohne Berücksichtigung einer dynamischen Kostenrechnung ergeben sich erhebliche Schwierigkeiten vor allem daraus, daß bei dem starken Einfluß des Zinspegels auf das Ergebnis Vorausschätzungen über die Zinsentwicklung erforderlich sind. Diese Prognosen müssen zur Abstimmung der verschiedenen dynamischen Kostenrechnungen im Betrieb von der Geschäftsleitung aus durch geeignete Unterlagen ermöglicht und vereinheitlicht werden. Schätzungen über die zu erwartenden künftigen Zinssätze sollten in periodischen Abständen bekanntgegeben werden.

Ein sinkender Zinspegel kann zu einer übermäßigen Verstärkung langfristiger Investitionen für die Rationalisierung verleiten. Bei der ohnedies kapitalintensiven E-Wirtschaft ist bei solchen Finanzierungen äußerste Vorsicht geboten: Mit jeder derartigen Investition wird die Kostenstruktur des E-Werkes wegen des anteilmäßigen Wachsens der gesamten festen Kosten starrer und somit verbrauchsabhängiger. Schon die zunehmende Schwierigkeit, die Benutzungsdauer der Anlagen zu halten oder zu steigern, mahnt zu sorgfältiger Abwägung, ob nicht das Risiko ungebührlich vergrößert wird, ganz abgesehen von möglichen Konjunkturabschwächungen. Diese Überlegungen treffen um so mehr zu, je weniger es gelingt, die Preise durch Vergrößerung der leistungsabhängigen Preisanteile kostenecht zu gestalten.

Änderung des Arbeitsablaufs. Rationalisierungsmaßnahmen führen häufig zu einer Veränderung des Arbeitsablaufes. Insofern sind sie ein heilsames Mittel gegen eine Zementierung eingefahrener Arbeitswege und eine drohende Erstarrung der Organisation. Dies gilt sowohl für die Gliederung nach großen Arbeitsbereichen, als auch für die Arbeitsteilung innerhalb der einzelnen Abteilungen. Umgekehrt führt ein einmal gewecktes Rationalisierungsstreben der einzelnen Mitarbeiter zwangsläufig dazu, Lücken innerhalb der Organisation, aber auch Auswüchse verhältnismäßig rasch zu erkennen.

Bei der laufenden Durchführung von Rationalisierungsmaßnahmen ist allerdings die Gefahr gegeben, daß die Organisation des Unternehmens häufig Veränderungen erleidet, die ein geordnetes Arbeiten hemmen. Organisationsänderungen haben die Eigenschaft, Gegenströmungen auszulösen. Auch hier schadet das Übermaß. Rationalisierungsfreudige Unternehmensleitungen sollten besonders auf ruhige Übergänge achten. In der Praxis hat sich dafür das Verfahren bewährt, die Veränderungen von Arbeitsabläufen, soweit sie über Abteilungsgrenzen hinauswirken, in nicht zu kurzen Perioden, etwa halbjährlich oder jährlich, zu genehmigen. Werden rechtzeitig die Vorschläge der einzelnen Abteilungen angefordert und diskutiert, so bleibt dann Zeit genug, die Gegenargumente und möglichen Auswirkungen zu prüfen. Insbesondere ergibt sich aus der zeitlichen Ansammlung der Vorschläge bis zu solchen Stichtagen ein Überblick, wo sich im Betrieb „Inseln" gebildet haben, auf denen man ein recht bequemes Leben führt. Eine gelegentliche Arbeitsablauf- und Kostenuntersuchung solcher Stellen ist von besonderem Wert.

d) Normung

Während als wesentliches Ziel der Rationalisierung die Verminderung von Kosten durch Anpassung des Aufwandes an die zu bewältigenden Funktionen betrachtet werden kann, bemüht sich die Normung vorwiegend um die Ausschaltung laufender oder künftiger Kosten, die auf Grund der Verschiedenheit von Anlagen und Betriebsweisen anfallen.

Wenn sich auch die Normung hauptsächlich auf neueinzuführende Anlagen und Funktionen erstreckt, so muß sie doch ebenfalls die vorhandenen Anlagen und laufenden Betriebsfunktionen mit in die Betrachtung einbeziehen. Entgegen einer vielfach verbreiteten Auffassung darf sie sich nicht auf den technischen Bereich beschränken, sondern findet gerade im Bereich der Verwaltung, des betrieblichen Rechnungswesens und sonstiger nicht-technischer Bereiche, z. B. bei der Registratur, Aktenablage, Büromöbel und -maschinenausstattung, Buchhaltung, Werbegestaltung usw., eine Fülle von Ansatzpunkten.

Vorteile der Normung. Bei den Normungen auf technischem Gebiet ergeben sich neben den bekannten Kostenvorteilen für den Einkauf (Auftragszusammenfassung), die Lagerhaltung und das Überwachungs- und Reparaturwesen langfristige Vorteile für die Personalwirtschaft. Gegenüber den steigenden qualitativen Anforderungen an das Betriebspersonal wegen der technischen Verfeinerung der Anlagen wirkt eine Verminderung der Vielfalt der zur Anwendung kommenden technischen Prinzipien und Anlagen ausgleichend. Damit eröffnet sich zunehmend die Möglichkeit, auf ungeschultes, anzulernendes Personal zurückzugreifen. Darüber hinaus wird es erleichtert, Personal innerhalb der einzelnen technischen Bereiche örtlich auszutauschen. Nur selten allerdings lassen sich die Erfolge einer Normung eindeutig errechnen.

Normung des Berichtswesens. Die sehr zu empfehlende Normung der Abfassung von schriftlichen Berichten bringt neben der Erleichterung für den Abfassenden bei den Lesern erhebliche Einsparungen an Arbeitszeit. Gerade auf dem Gebiet des Berichtswesens kann die Normung vorzüglich zur Eindämmung der Gemeinkosten beitragen. Einheitliche Gliederung für Formulare und Berichte sollte daher in jedem E-Werk zu den Selbstverständlichkeiten gehören. Zu den nicht routinemäßig erstellten Berichten gehören vornehmlich:

Reiseberichte
Besuchsberichte
Tagungs- und Vortragsberichte
Technische Berichte (z. B. Untersuchungsbericht über ein Planungsproblem, eine
    Störung)
Abnahmeberichte
Wirtschaftsberichte (z. B. Untersuchungsbericht über ein Wirtschaftlichkeitsproblem,
    über die Finanzentwicklung)

Hierbei empfiehlt es sich, eine Zusammenfassung des Inhalts in nicht mehr als 20 Zeilen auf der ersten Berichtsseite zu fordern (Deckblatt).

Beispiel eines Deckblattes für einen Bericht:

Techn. Bericht Nr. 3/60
(lfd. Nr./Jahr)

Betr.: Künftige Größe der	Abt.	Fernspr.	Tag
Transformatoren 110/20 kV	Netz	222	15. 1. 1960
(vgl. Techn. Ber. Nr. 1/60)			

Bearbeiter: Kunze	**Verteilt an:** Geschäftsführer (5 ×)
Maier	Bau
Schulze	Einkauf
	Lastverteiler
	Planung

Textseiten: 5
Anlagen: 3

Inhaltszusammenfassung:
    Maximal 20 Zeilen Text, geordnet nach
        Aufgabenstellung
        Zweck oder Anlaß
        Untersuchungsgang oder wichtige Gesichtspunkte
        Ergebnis oder Vorschläge

                    Unterschrift

Normenkontrolle. Mit dem Begriff Normung wird häufig die Vorstellung des Starren, des Unveränderlichen verknüpft. Man darf deshalb keine Zweifel darüber aufkommen lassen, daß jede dieser Normen den Notwendigkeiten der Betriebsdynamik geopfert werden kann. Das Normenwerk sollte von Zeit zu Zeit geprüft werden. Die Werksleitungen sollten jedoch ständige Normenänderungen und dadurch ausgelöste wilde Normungswellen nicht zulassen, sondern bei jeder Neufestlegung einer Norm von vornherein den Zeitpunkt ihrer Überprüfung bestimmen.

e) Technische Prüfung

Das technische Prüfwesen in einem E-Werk hat die Aufgabe, die in Betrieb befindlichen und vor allem auch die erstmalig oder nach Überholung neu in Betrieb gehenden Geräte und Anlageteile auf innezuhaltende Optimalwerte und Normwerte zu prüfen.

Bei den zu prüfenden Werten können im Hinblick auf die gewünschten Erkenntnisse drei große Gruppen unterschieden werden. Werte wie Bruchfestigkeit, Druckfestigkeit, Spannungsfestigkeit oder Wärmebeständigkeit geben Aufschluß über die Betriebssicherheit. Für die Beurteilung der Lebensdauer sind Werte wie Abrieb, chemische Beständigkeit oder Ermüdungsfestigkeit beispielsweise maßgebend. Über die Wirtschaftlichkeit schließlich geben die Werte über elektrische Verluste, Wärmeverluste oder vielleicht die Überlastbarkeit Auskunft.

Das technische Prüfwesen liefert auch das technische Rüstzeug für Rationalisierung und Normung.

Da die technische Prüfung von Eichnormalen ausgeht, hängt von deren sorgfältiger Innehaltung die Vergleichbarkeit aller betrieblichen Daten und die gesamte Wirtschaftlichkeitsüberwachung für das Unternehmen ab.

Über den Umfang und die Genauigkeit der technischen Prüfungen gelten die gleichen Grundsätze wie für alle Messungen im Unternehmen[1]. Insbesondere ist dafür also der Eigenwert des betreffenden Anlagegegenstandes und der mögliche Gesamtschaden maßgeblich.

Zweckmäßigerweise wird die Kompetenz und Verantwortung für alle technischen Prüfungen einer Stelle übertragen, die dem Chefingenieur des E-Werkes untersteht. Sie kann einen Teil dieser Aufgaben zwar delegieren, z. B. für Relais an die Relaisabteilung, für Turbinen an die Kraftwerksabteilung, doch sollte die Zentralstelle die Richtlinien für die Meßmethoden geben und deren Anwendung kritisch überprüfen. Hierfür genügt ein kleiner Stab meßtechnisch gut vorgebildeter Personen. Bei kleineren und mittleren Unternehmen kann es der gleiche sein, der die Obliegenheiten einer zentralen Störungsstelle wahrnimmt.

Daß Elektrizitätswerke mit ihren Anlagen vielfach die Einhaltung der vom Hersteller zugesicherten Eigenschaften mancher Anlageteile nicht nachprüfen können, sollte sie nicht dazu verführen, große eigene Prüfanlagen einzurichten. Der zweckmäßigste Ausweg wäre die Schaffung eines oder mehrerer industrieunabhängiger Prüffelder für derartige Anlageteile.

Schon einmal wurde in Deutschland ein Versuch in dieser Richtung mit Gründung der „Studiengesellschaft für Höchstspannungsanlagen" unternommen.

---

[1] Vgl. S. 256.

20*

Der ursprünglich den Gründern vorschwebende Zweck, eine zentrale und neutrale Prüfanlage für alle wesentlichen elektrischen Geräte, Einrichtungen und Anlageteile zu bilden, konnte nicht verwirklicht werden. Möglicherweise reichten der Gemeinschaftsgeist und die erforderliche Opferbereitschaft nicht aus; vielleicht ist auch der Einfluß der Mitglieder aus den Herstellerfirmen dafür verantwortlich zu machen, die eine unerwünschte und unsachliche Erschwerung ihrer Entwicklungsarbeit befürchteten.

Herstellerunabhängige Entwicklungsarbeit durch Aufklärung von Schäden an elektrischen Versorgungsanlagen wird z. Z. im Bundesgebiet außerhalb der E-Werke im wesentlichen nur von den technischen Ausschüssen der VDEW geleistet und durch Arbeitsgremien der Maschinenversicherer (besonders Allianz-Versicherung), die an einer Verringerung der Risiken interessiert sind.

Als eine mögliche Form für eine herstellerunabhängige Prüf- und Studiengesellschaft, deren Träger im Bundesgebiet die VDEW sein könnte, ist die niederländische KEMA (N. V. Tot Keuring Van Elektrotechnisch Materialen, Arnheim), eine Gemeinschaftsgründung der niederländischen E-Werke, anzusehen. Auch die zentralen Prüf- und Forschungsanlagen der Electricité de France (EdF) sind insofern vorbildlich.

f) Wissenschaft, Forschung und Versuch

Ob ein E-Werk wissenschaftliche Forschungsarbeit, zumindest für zweckgerichtete Forschung im Sinne seiner eigentlichen Versorgungsaufgabe betreiben soll, ist leider umstritten. Eine große Zahl von Werken, namentlich auch solche, die durch einen von politischen Körperschaften festgelegten und kontrollierten Ausgabenplan gebunden sind, meinen, es genüge, die jeweils bestbekannten Geräte, Maschinen und Einrichtungen anerkannter Industriefirmen einzukaufen und fachkundig einbauen zu lassen.

In der Entstehungszeit der Elektrizitätsversorgung bestand kein Zweifel darüber, daß jedes Werk Pionierleistungen zu vollbringen habe und unter systematischer Auswertung und Sammlung der eigenen Betriebserfahrungen fortgesetzt Verbesserungen einzuführen, mit den Lieferern Erfahrungen auszutauschen und neue, oft unerprobte Anlageteile häufig unter Inkaufnahme erheblicher Risiken im Betrieb einzusetzen hatte. Mit zunehmender Betriebssicherheit und den immer stärker aufkommenden, kameralistischen Verwaltungstendenzen wurden vielfach die Ausgaben für derartige Entwicklungsarbeiten und das Eingehen dieser Wagnisse als entbehrlich betrachtet. Für eine große Zahl kleiner Verteilerunternehmen mag dies auch mit der Einschränkung zutreffen, durch ihre maßgebliche Mitarbeit in Literatur, im Vortragswesen, in Zusammenarbeit mit technisch-wissenschaftlichen Verbänden und Organisationen sowie im bereitwilligen Austausch ihrer Betriebserfahrungen mit der Lieferindustrie ihren bescheidenen, aber notwendigen Beitrag zur Entwicklung gedeckt zu sehen. Alle Werke mit eigener Erzeugung, alle größeren Überland- oder gar Verbundwerke handeln aber in ihrem eigenen Interesse, wenn sie selbst sich an Entwicklungs- und sogar in einzelnen Fällen an Zweckforschungsaufgaben beteiligen und untereinander ihre Erfahrungen in weitem Maße austauschen.

Dieser Erfahrungsaustausch erfordert nach Lage der Dinge so gut wie keine zurückhaltende Vorsicht, wie dies etwa bei den stark in Wettbewerb stehenden

Industrieunternehmen der Fall ist. Es ist sicherlich für ein Elektrizitätswerk nicht erforderlich, so viel für Forschung und Entwicklung auszugeben, wie dies große Industriebetriebe der Chemie oder der Elektrotechnik gewohnt sind. Immerhin dürfte ein Betrag von 0,5—1,5% des Umsatzes für diese Aufgaben keine Fehlaufwendung bedeuten. Die wissenschaftlichen Untersuchungsmethoden, die Auswertung der gesammelten Erfahrungen, die Prüfung und Statistik, sind außerordentlich wichtig und bedürften besonders dafür geschulter und ständig mit der Praxis in Verbindung stehender Spezialisten.

Loslösung von Routinearbeit. Frei schöpferische Gedanken erfordern eine Loslösung von der Routinearbeit. Für jedes E-Werk, das an der Entwicklung aktiv Anteil nehmen möchte, gilt daher der Grundsatz, daß es wertvoll ist, einige Mitarbeiter zu beschäftigen, die Zeit zum Nachdenken haben und sich auch wissenschaftlichen Arbeiten widmen können, die mit dem eigentlichen Betriebsgeschehen nur noch mittelbar zusammenhängen. Die Unternehmensleitung sollte derartige Nebentätigkeiten nicht stillschweigend dulden, sondern wissentlich unterstützen. Vor allem sind die betreffenden Mitarbeiter gegen innerbetriebliche Vorwürfe angeblicher Unproduktivität abzuschirmen. Im allgemeinen dürfte jedoch die wissenschaftliche Tätigkeit innerhalb der E-Werke erkennbar auf betriebliche Zwecke ausgerichtet sein.

Erfinderschutz. Lang umstritten waren in der Vergangenheit manche Fragen um die Erfindungen von Mitarbeitern. Erst das 1957 verabschiedete Gesetz über Arbeitnehmer-Erfindungen hat Klarheit geschaffen. Danach gehört eine im Arbeiternehmer-Verhältnis gemachte Erfindung urheberrechtlich dem Erfinder. Sie ist jedoch mit der dinglichen Verpflichtung belastet, sie dem Arbeitgeber anzubieten. Nimmt dieser sie in Anspruch, so ist er zur Anmeldung und angemessenen Vergütung verpflichtet. Im Gegensatz zum früheren Recht sind auch die Gebrauchsmuster einbezogen[1].

Die Mitarbeiter des Betriebes haben damit Gelegenheit, über die Möglichkeiten des betrieblichen Vorschlagswesens hinaus neue Gedanken ertragreich zu verwerten. Eine weitgehende Ausnutzung dieser Möglichkeiten ist für die Leitung eines E-Werkes wünschenswert. Sie wird sogar im Einzelfalle unter Umständen gern auf die Inanspruchnahme einer Erfindung verzichten und selbst dem Mitarbeiter bei der Anmeldung der Schutzrechte und bei der Verwertung behilflich sein, wenn sie damit allgemein das Interesse an der schöpferischen Mitarbeit im Unternehmen wecken und steigern kann.

Nicht-technische Disziplinen im Vordringen. Bei der wissenschaftlichen Arbeit der E-Werke stand in der Vergangenheit die Technik weit im Vordergrund. In letzter Zeit haben auch andere wissenschaftliche Disziplinen, wie beispielsweise Betriebswirtschaft, Energierecht, Marktforschung, größere Bedeutung erlangt.

Der Anreiz, auch auf diesen Gebieten intensiver tätig zu werden, wird wesentlich steigen, da die technisch bedingten Kostenanteile immer weiter sinken und so die Notwendigkeiten von Kosteneinsparungen auf den Gebieten Verwaltung und Vertrieb vordringlich werden lassen.

---

[1] Vgl. HEINE, Neuregelung des Rechts der Arbeitnehmer – Erfindungen. Der Betrieb 1957, H. 23, S. 549 ff.

Zusammenarbeit mit wissenschaftlichen Instituten und Gremien. Theoretische Entwicklungsarbeiten und praktische Versuche auf allen Gebieten betrieblicher Tätigkeit gehen vielfach über die Möglichkeiten der einzelnen E-Werke hinaus. Sie arbeiten daher eng mit Hochschulen, deren Instituten und angeschlossenen Institutionen zusammen. Innerhalb des Kreises der Hochschulen und ihrer Institute haben sich dabei Aufteilungen in bestimmte Sondergebiete herausgebildet.

Zu anderen öffentlichen Institutionen und Gremien mit wissenschaftlicher Betätigung, wie den Materialprüfämtern, der Physikalisch Technischen Bundesanstalt oder dem RKW[1], bestehen darüber hinaus enge Verbindungen in Form persönlicher oder korporativer Mitgliedschaften bei fördernden Vereinigungen oder auch durch Erteilung wissenschaftlicher Aufträge für Versuche, Gutachten u. dgl. Die großen E-Werke unterhalten zu all diesen wissenschaftlichen Arbeitsstätten vielfach auch laufende unmittelbare Beziehungen. Sie helfen dabei nicht zuletzt durch Zurverfügungstellung von finanziellen Mitteln, wertvolle Pionierarbeit zu leisten. Nicht immer wird deren Bedeutung ausreichend anerkannt, oft auch nicht von den kleineren E-Werken und ihren Eigentümern, obwohl sie am Erfolg meist mittelbar teilhaben.

Alle E-Werke haben die Möglichkeit zu Kontakten mit den wissenschaftlichen Arbeitsstätten über die Fachverbände und -Vereinigungen, deren Arbeitskreise gerade den kleinen Werken die Möglichkeit geben, an der wissenschaftlichen Arbeit teilzunehmen[2].

Wissenschaftliche Störungsanalyse. Die Entwicklung von Anlagen und Geräten, Verfahren und Methoden kann von der Leitung eines E-Werkes vor allem dadurch gefördert werden, daß sie bei besonderen Betriebsvorfällen und Störungen eine wissenschaftlich einwandfreie Klärung verlangt[3]; vielfach wird hierbei eng mit den Herstellerfirmen und der Versicherungswirtschaft zusammengearbeitet.

Bereitschaft zum Risiko bei Versuchen. Zu einer konsequenten Berücksichtigung der wissenschaftlichen Möglichkeiten gehört, daß man auch heute im eigenen Unternehmen den Mut aufbringt, Versuche anzustellen und anstellen zu lassen. Ob es sich beispielsweise um die Einführung neuer Buchungsverfahren, um die Benutzung ungewöhnlicher Relais oder um die Erprobung eines neuartigen Kessels handelt, an der Bereitschaft, gegebenenfalls auch ein gewisses Wagnis einzugehen, läßt sich leicht erkennen, ob eine Betriebsleitung eines Werkes den Willen hat, das Unternehmen nach modernen Grundsätzen zu führen und für die Entwicklung und Verbesserung von Verfahren und Einrichtungen zur Elektrizitätsversorgung ihren angemessenen Anteil beizutragen.

Wissenschaftliche Veröffentlichungen. Ein Merkmal für die Einstellung einer Unternehmensleitung zur wissenschaftlichen Arbeit sind die wissenschaftlichen Veröffentlichungen der Mitarbeiter. Die immer vorhandenen Gelegenheiten hierzu sind in den Fachzeitschriften, den Arbeitskreisen und auf Fachtagungen ausreichend gegeben. Die Unternehmensleitung sollte immer vorhandene Ansätze strebsamer Mitarbeiter, mit wissenschaftlichen Arbeiten hervorzutreten, anregen und fördern. Diese Unterstützung sollte grundsätzlich sein und nicht davon abhängen, ob im Einzelfalle ein unmittelbarer Nutzen erkennbar wird.

---

[1] Rationalisierungskuratorium der Wirtschaft.   [2] Vgl. S. 76ff.   [3] Vgl. S. 284ff.

g) Ausstrahlung neuer Erkenntnisse

Neue Erkenntnisse sollen einem möglichst weiten Interessentenkreis ohne große Verzögerung zugänglich gemacht werden. Merkwürdigerweise herrscht an vielen Stellen mancher E-Werke eine unverständliche Zurückhaltung, ja sogar eine gefährliche Geheimniskrämerei. Bei nüchterner Betrachtung ergibt sich, daß nur sehr wenige Kenntnisse wirklich geheim oder vertraulich einem beschränkten Kreis vorbehalten bleiben sollten. Auf keinen Fall darf der Organisationsplan verborgen sein, auf keinen Fall auch der Betriebsabrechnungsbogen.

Beschlüsse der Unternehmensleitungen, die Organisationsänderungen, Ernennungen und Beförderungen betreffen, werden zweckmäßigerweise durch Rundschreiben oder Anschlag zeitgerecht dem gesamten Betrieb bekanntgegeben. Ebenso sollte der gesamten Belegschaft regelmäßig ein Überblick über die wichtigsten, das Unternehmen betreffenden Geschehnisse gegeben werden. Mündliche Bekanntgaben, auch auf Belegschaftsversammlungen, eignen sich für solche Informationen wenig.

Verbreitung von Untersuchungsberichten. Untersuchungen aller Art, die einen Beschluß der Unternehmensleitung zu grundsätzlichen Änderungen bestehender technischer oder wirtschaftlicher Normen oder Vorschriften einleiten sollen, werden oft aus Zweckmäßigkeitsgründen zunächst nur von einer kleineren Arbeitsgruppe durchgeführt. Sobald aber ein Bericht fertiggestellt ist, sollte eine weitere Verbreitung dieses Ergebnisses zur kritischen Mitarbeit an die nichtbeteiligten, aber interessierten Stellen gegeben werden, damit keine voreiligen Entscheidungen gefällt werden.

Für eine reibungslose Arbeit der einzelnen Abteilungen ist beste Information erforderlich. Vor allem sind die Abteilungsleiter laufend zu unterrichten.

Die Information sollte nicht nur schriftlich erfolgen, sondern durch regelmäßige Aussprache mit der Unternehmensleitung belebt werden. Gut bewährt haben sich gemeinsame Besprechungen vor Inangriffnahme großer Bauvorhaben, vor und nach der Jahresspitze und eine kritische Durchleuchtung nach größeren Betriebsvorfällen.

Innerbetriebliche Versetzungen. Will man innerhalb des Betriebes bestimmten Personen wichtige Erkenntnisse vermitteln, die ihrem Arbeitsbereich fernliegen, so sollten sie vorübergehend an Stellen versetzt werden, wo sie die nötigen Informationen aus erster Hand und in praktischer Mitarbeit erhalten können. Jedoch sollte man die Mitarbeiter über die Dauer der Versetzung und den späteren Einsatzort zur Vermeidung unnötiger Beunruhigung nie im unklaren lassen. Festlegung der Dauer der Versetzung und zuverlässige Einhaltung der Vereinbarungen vermeiden unnötige Beunruhigung beim Betroffenen.

Besichtigungen. Grundsätzlich empfiehlt es sich für ein Elektrizitätswerk, moderne Anlagen, Geräte und Arbeitsmethoden (technisch oder kaufmännisch) einem möglichst weiten Kreis der eigenen Mitarbeiter vor Augen zu führen, einmal, um sie damit vertraut zu machen, aber auch, um ihnen immer wieder deutlich zu machen, daß das Unternehmen gewillt ist, neueste Erkenntnisse zu nutzen. Darüber hinaus sind aber auch die meisten E-Werke bereit, ihre neuesten Anlagen, Geräte und Arbeitsmethoden den Mitarbeitern anderer Elektrizitätswerke und auch interessierten Vertretern öffentlicher Gremien, technischer Verbände usw.

zugänglich zu machen. Das geschieht nicht nur aus dem selbstlosen Wunsch, den anderen neue Erkenntnisse zu vermitteln, sondern auch, um die eigenen Neuerungen bewußt der Kritik auszusetzen. Das Ziel ist auch hierbei, das Erreichte zu prüfen und nach Möglichkeit wieder neue Anregungen zu schöpfen, denn das heute noch Neue kann morgen schon durch neuere Erkenntnisse überholt sein.

D. Vertrieb

I. Eigenarten der Vertriebsaufgabe bei E-Werken

Elektrizität ist keine Ware sondern eine Leistung. Aufgabe des Vertriebes ist es, diese Dienstleistung zu verkaufen. Die erzielbaren Preise sollen bei ausreichender Verzinsung des Anlagekapitals gestatten, das E-Werk in seinem technischen, personellen und organisatorischen Stand wettbewerbsfähig zu erhalten.

Zu den Eigenheiten der Stromversorgung gehört es, daß in zivilisatorisch und technisch entwickelten Ländern der hohe Aufwand für die Verteilungsnetze ein gleichzeitiges Lieferangebot von mehreren Versorgungsunternehmen im gleichen Gebiet wirtschaftlich ausschließt. Für den größten Teil der Welt sind abgesehen von kleinen Grenzstreitigkeiten die Märkte räumlich verteilt. Die Gebietsaufteilungen machen es dem Kunden in der Regel unmöglich, seinen Elektrizitätslieferer frei zu wählen. Der Wettbewerb ist also insofern eingeschränkt. Damit ist aber auch der Kreis der möglichen Kunden für jedes E-Werk begrenzt.

Mit dem raschen Vordringen des elektrischen Lichtes gegenüber der Petroleum- und Gasbeleuchtung ist in Deutschland wie in den meisten anderen zivilisierten Ländern die Zahl der überhaupt noch nicht an ein Stromnetz angeschlossenen Energieverbraucher verschwindend gering geworden. Auch die in einem Versorgungsgebiet infolge von Neubauten oder der Einrichtung neuer Gewerbebetriebe neu auftauchenden Energieverbraucher verlangen für ihren Lichtstrombedarf schon von sich aus einen Anschluß an das Stromnetz. Neben dem räumlichen Wettbewerbsschutz hat jedes Elektrizitätswerk also praktisch ein Monopol auf dem Nutzenergiemarkt „Licht“, das ihm werbliche Bemühungen um den ersten Kontakt mit möglichen Kunden erspart. Der Vertrieb der E-Werke kann sich daher auf die Bemühungen konzentrieren, bei den angeschlossenen oder durchweg selbst anschlußwilligen Kunden die Abnahme zu verbessern.

a) Wettbewerbslage der E-Werke

Übergebietlicher Wettbewerb zwischen E-Werken. Trotz der räumlichen Marktaufteilung für die Elektrizitätswirtschaft unterliegen die Strompreise, soweit sie überhaupt vom E-Werk frei festgesetzt werden können, einem übergebietlichen Wettbewerbsdruck anderer Stromangebote, da jedes E-Werk bemüht ist, neue Unternehmen mit günstiger Stromabnahme zur Ansiedlung in sein Versorgungsgebiet zu ziehen. Der Einfluß der Strompreise auf die Standortwahl bedeutender Stromabnehmer bringt so ein nicht zu unterschätzendes Wettbewerbsmoment. Dadurch verliert das Gebietsmonopol der E-Werke auf lange Sicht seine Wirksamkeit auf die Preise zumindest für die nicht standortgebundenen Sonderabnehmer. Mittelbar wirkt dieser übergebietliche Wettbewerb auch auf die gesamte Struktur der freien Strompreise ausgleichend.

Wettbewerb gegenüber Strom aus Eigenerzeugung. Der räumliche Wettbewerbsschutz schließt keinen Schutz gegenüber einer Eigenerzeugung der Kunden ein. Der Kreis der Kunden, bei denen ein E-Werk gegen mögliche Eigenerzeugung in Konkurrenz geraten kann, ist jedoch verhältnismäßig klein, da für eine Eigenerzeugung, die billigeren Strom als das E-Werk liefern soll, besonders günstige Voraussetzungen vorliegen müssen. Wenn eine Eigenanlage nicht im Kuppelbetrieb Strom erzeugen kann, wie dies bei hohem Dampf- und Wärmebedarf der Fall ist, so muß der Strombedarf außerordentlich hoch sein oder die Rohenergie muß ausnehmend preiswert zur Verfügung stehen, um mit den Preisen der öffentlichen Stromerzeugung in Wettbewerb treten zu können. Zumeist scheitert die Eigenerzeugung an den hohen Kosten der Reservevorhaltung. In der Regel hat jedes E-Werk die verständliche Neigung, andere Stromerzeugungsanlagen in seinem Versorgungsgebiet als unerwünscht zu betrachten und wird versuchen, in einem echten Wettbewerb durch Einräumung besonders günstiger Bedingungen den meist erhebliche Umsätze bringenden Sonderabnehmer zu gewinnen. Andererseits werden viele Eigenanlagen aus Gründen, die nicht auf wirtschaftlichem Gebiet liegen, weiterbetrieben, vor allem, wenn es den zuständigen Versorgungswerken nicht gelungen ist, das volle Vertrauen dieser Kunden zu gewinnen.

Andere Energieträger. Ob es einen Wettbewerb gegenüber anderen Energieträgern gibt, hängt davon ab, ob elektrischer Strom durch diese ersetzt werden kann. Das Ausmaß der Einsatzmöglichkeit ist je nach der Art der benötigten Nutzenergie verschieden. Es gibt physikalische, technische und wirtschaftliche Grenzen, die sich von Fall zu Fall verschieben. Je kleiner die Unterschiede sind, desto mehr geben Gefühlsmomente den Ausschlag für „Wertschätzung" und Wahl der Energieträger.

Licht. Eine Schwächung der Monopolstellung der Elektrizitätswerke auf dem Lichtgebiet ist vorläufig nicht zu erwarten. Auf lange Sicht kann mit der Möglichkeit gerechnet werden, daß für bestimmte Beleuchtungszwecke eines Tages Luminiszenzlampen mit radioaktiver Anregung mit dem elektrischen Licht in Wettbewerb treten.

Kraft und Verkehr. Gegenüber elektrischer Krafterzeugung sind als Wettbewerber Kohle, Rohöl und sonstige Raffinerieprodukte anzusehen, die mittelbar und unmittelbar zum Antrieb von Kolbenmaschinen, Motoren und Turbinen benutzt werden. Allenthalben überwiegt jedoch die Tendenz, den Kraftbedarf, wenigstens den stationären, durch Elektrizität zu decken. Der Trend zum Einzelantrieb hat diese Entwicklung wesentlich beschleunigt. Die Automation wirkt wegen der guten Steuerungsmöglichkeiten von Elektromotoren in gleicher Richtung.

Bei dem nichtstationären Kraftbedarf, insbesondere bei den Massenverkehrsmitteln sind gegenläufige Tendenzen zu beobachten. Die Eisenbahn betreibt tatkräftig die Elektrifizierung der meist befahrenen Strecken und bringt damit die Elektrizität gegenüber der Kohle in Vorrang, während auf den weniger befahrenen Strecken das Öl durch die Diesellokomotiven gegenüber dem bisherigen Energieträger Kohle vordringt. Bei den Straßenbahnen ist in Groß- und Mittelstädten eine allmähliche Umstellung auf kraftstoffbetriebene Autobusse festzustellen. Auf den übrigen Gebieten des Verkehrs dominiert der Explosionsmotor. Dadurch verdrängt das Öl die Elektrizität.

Wärme. Seit langem strebt die Elektrizitätswirtschaft zur Verbesserung des wirtschaftlich ungünstigen Verhältnisses ,,Spitzen- zu Grundlast'' die vermehrte Lieferung von Elektrowärme an. Gerade auf dem Wärmegebiet aber ist die Elektrizität der vollen Substitutionskonkurrenz der Wettbewerbsenergien Kohle, Koks, Öl und Gas ausgesetzt. Wo Eigenbedarfsanlagen in Strom-Wärmekupplung den Wärmebedarf über Heizdampf und -Wasser billig, wenn auch oft nicht zuverlässig, decken können, ist die Elektrowärme in der Regel hinsichtlich des Preises eindeutig unterlegen. Auch beim sonstigen Wärmebedarf von Großabnehmern ist Öl, Kohle und Koks der Elektrizität im Preiswettbewerb meist überlegen, zumal auf Grund des starken Vordringens von Heizöl in den letzten Jahren ein heftiger Preiswettbewerb die Angebotspreise verhältnismäßig niedrig gehalten hat. Auf diesem Gebiet kann die Elektrizität also nur bei Wertung ihrer anderen günstigen Eigenschaften Erfolg haben.

Für Tarifabnehmer ist Elektrizität für Raumheizzwecke auf Grund der niedrigen Arbeitspreise und der Eigenart der Leistungspreisberechnung vielfach so preiswert, daß sie bei Verwendung normaler Heizgeräte zwar für Dauerbetrieb teurer als Kohle, Koks oder Ölheizung wird, jedoch für die Übergangs- und Zusatzheizung vor allem der einfachen Bedienung wegen außerordentlich begehrt ist.

Wettbewerb Strom—Gas. Der Wettbewerb Elektrizität—Gas ist allgemein durch annähernden Preisgleichstand für die Nutzenergie gekennzeichnet. Bei Haushaltstarifabnehmern betrifft der Wettbewerb weniger die Raumheizung als die Energie für Kochen und Warmwasserbereitung. Hier haben beide Edelenergien eine kaum durch andere Wettbewerber gefährdete Vorzugsstellung. Dieser Markt ist jedoch so begrenzt, daß zwar beachtliche, aber keine sprunghaften Bedarfssteigerungen zu erzielen sind. Das bestätigt sich in dem nahezu stetigen Anteil, den beide Energiearten zusammen an der Deckung des gesamten Haushaltsenergieverbrauches haben.

Im scharfen internen Wettbewerb der beiden Edelenergien auf dem Haushaltsgebiet dringt die Elektrizität laufend weiter vor. Vom Gesamtanteil beider Energiearten entfielen auf Elektrizität 1951 noch 31,3%, 1959 bereits 47,8%[1].

Diese Entwicklung allein mit gewissen Annehmlichkeiten des Stromes zu begründen, also etwa mit der Eigenschaft, weniger Gefahren in die Wohnungen zu tragen, ist sicherlich nicht ausreichend. Vielleicht sind auch unterbewußte, nur psychologisch deutbare Anregungen ausschlaggebend, die sich mit den Stichworten Hygiene, Fortschritt oder Mode ausdrücken lassen.

Bei den Gewerbekunden stehen Elektrizität und Gas ebenfalls in scharfem Wettbewerb um die Lieferung von Wärmeenergie, da es sich gerade hier um Bedarfsmengen handelt, die zur Verbesserung der Belastungscharakteristik der Werke beitragen können.

Auf dem industriellen Sektor ist der Wettbewerb Elektrizität—Gas verhältnismäßig schwach, da der Schwerpunkt der Elektrizitätsanwendung in der Industrie beim Kraftbedarf liegt. Immerhin ist jedoch auch bei industriellen Wärmeprozessen ein Übergang von Gas zu Elektrizität spürbar.

---

[1] Vgl. WESSELS-BURGBACHER, Die Bedeutung struktureller Verschiebungen in der Deckung des Energiebedarfs der Bundesrepublik für den Wettbewerb in der Energiewirtschaft. Elektrizitätswirtsch. 1958, H. 22, S. 733 ff.

Die Wettbewerbslage der Gaswirtschaft ist entscheidend durch den Anfall und Absatz des Kuppelproduktes Koks beeinflußt. Durch die Manipulation der Kohlen—Koks-Preisrelation in den letzten Jahren sind die echten Wettbewerbsverhältnisse verzerrt worden. Es erscheint daher zweckmäßig, zur Wiederherstellung eines echten Wettbewerbs zwischen Elektrizität und Gas den Kohle—Koks-Preisfächer nach Absatzaussichten[1] aufzuteilen.

Für die Elektrizitätswirtschaft ist wettbewerblich von Vorteil, daß die einzelnen Unternehmen im Durchschnitt wesentlich größere Absatzräume betreuen, als die vorwiegend örtlich versorgenden Gaswerke. Allerdings darf nicht verkannt werden, daß auch einige Gasversorgungsunternehmen inzwischen eine größere Raumversorgung anstreben und hiermit zum Teil schon beachtliche Fortschritte erzielt haben (z. B. Hamburg und München).

Offensichtlich geht bei vielen weitblickenden Gaswerken die Neigung dahin, bei künftigen Netzerweiterungen aus wirtschaftlichen Gründen nur Gebiete mit industriellem und gewerblichem Bedarf weiter zu erschließen, in überwiegenden Wohngebieten hingegen mit Neuverlegungen vorsichtig zu sein. Der Anteil, der nur noch mit Stromleitungen versehenen Straßenzüge („einschienige Versorgung") steigt gegenüber dem Anteil der mit Strom- und Gasleitungen ausgerüsteten Straßen („zweischienige Versorgung") ständig weiter an. Diese Entwicklung ist in gesamtwirtschaftlicher Sicht für Wohnviertel als gesund anzusehen, da sie der Forderung nach möglichst preiswerter Energieversorgung der Haushalte entspricht. Freilich werden die Anlieger der Wahlmöglichkeit Strom oder Gas für Wärmezwecke beraubt. Nicht nur deshalb geht diese Umstellung sehr langsam vor sich, die Gaswerke haben auch verständliches Interesse daran, die noch vorhandenen Rohrnetze in Wohnvierteln bestmöglich zu nutzen. Die Entwicklung zur einschienigen Versorgung scheint jedoch nicht mehr aufhaltbar.

Die bei Abwägung aller Chancen langfristig insgesamt günstigeren Wettbewerbsaussichten des Stromes gegenüber dem Gas kommen in der Entwicklung der Anteile beider Energiearten in der Deckung des Energiebedarfs in den letzten Jahren zum Ausdruck.

Anteile wichtiger Edelenergien am Energie-Endverbrauch (%)

	1951	1953	1955	1957
Steinkohlenkoks	17,8	18,7	19,0	19,7
Steinkohlenbriketts	4,5	5,0	5,7	6,1
Braunkohlenbriketts	10,2	10,7	10,0	9,3
Gas	6,7	7,2	7,2	6,9
Strom	5,9	6,6	7,0	7,7
Kraftstoffe	5,0	6,9	7,8	8,4
Heizöl	1,2	1,3	3,3	5,8

Die Anteile der unveredelten Energieträger am gesamten Endverbrauch fielen im obigen Zeitraum von 45% auf 30%[2]. Diesen unverkennbaren allgemeinen Trend der Bedarfsverschiebung in Richtung auf die „edleren" Energiearten hin hat die Elektrizitätswirtschaft wettbewerblich gut nutzen können.

---

[1] Vgl. MORGENTHALER, Die Wettbewerbssituation der Elektrizitäts- und Gasversorgung. Referat auf der Jahrestagung des Energiewirtschaftlichen Instituts der Uuiversität Köln am 14./15. 11. 1958.

[2] Vgl. WESSELS-BURGBACHER, a. a. O.

b) Das Ringen um Benutzungsstunden

Der Tatbestand des ,,beschränkten Wettbewerbs'', die praktisch unveränder-
liche Güte der angebotenen Dienstleistung und die weitgehend festgelegten, vielfach ,,eingefrorenen'' Preise und Tarifbestimmungen, aber auch die Unmöglichkeit, die Strompreise den mit der Tages- und Jahreszeit laufend sich ändernden
Gestehungskosten genauer anzupassen, lenken den Schwerpunkt der Vertriebsaufgabe von einer herkömmlichen Verkaufstätigkeit auf andere Gebiete.

Ein weiterer stetiger Anstieg des Strombedarfs wird auch ohne besondere
Verkaufsbemühungen erfolgen. Lediglich durch Vergrößerung des Umsatzes
lassen sich trotz des günstigen Einflusses steigender Anlagegrößen keine entscheidenden Wirtschaftlichkeitsverbesserungen in einem E-Werk erzielen. Alle
Tarife und Stromlieferungsverträge enthalten Bedingungen, die bei Erhöhung
der abgenommenen Strommenge eine Senkung des Durchschnittspreises vorsehen. Solange Erzeugungs- und Verteilungskosten des Stromes eine fühlbare
Degression aufweisen, die diesen Preissenkungen mindestens entspricht, könnte
die Wirtschaftlichkeit erhalten bleiben. Andererseits zwingen aber sprunghaft
steigende Bedarfsanforderungen zu unverhältnismäßig schnellen und großen Investitionen. Bei den hohen Zinssätzen in der Vergangenheit sind deshalb vielfach
die spezifischen Kosten sogar angestiegen.

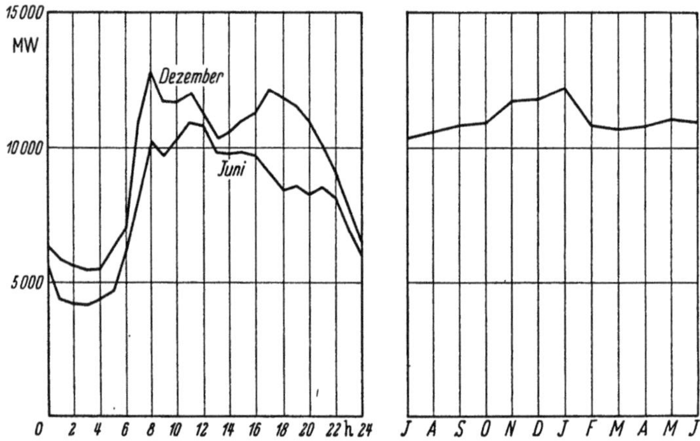

Abb. 43. Typische Tagesbelastungskurven und Jahreskurve der mittleren monatlichen Höchstbelastung

Spürbare Wirtschaftlichkeits-Verbesserungen sind nur noch durch Erhöhung
der Benutzungsdauer zu erreichen. Das Schwergewicht der Vetriebsaufgabe liegt
daher in der Erzielung eines günstigeren Verhältnisses von Spitzen- zu Grundlast
bei den einzelnen Abnehmern und für den gesamten Erzeugungs- und Vertei-
lungsbereich. Der Vertrieb hat also, überspitzt ausgedrückt, in erster Linie günstige
,,Belastungskurven zu verkaufen''[1].

Die Möglichkeiten zur Beeinflussung des Belastungsverlaufs der bereits in einem
Netz verwendeten stromverbrauchenden Geräte sind verhältnismäßig gering. Im
Haushalt sind zumindest Licht- und Kraftstromverbrauch so stark von den Lebens-

---

[1] Vgl. Wolf, Der Verkauf von Belastungskurven, Elektrizitätswirtsch. 1956, H. 16, S. 537 ff.

gewohnheiten und der Art der Haushaltsführung abhängig, daß dieser Verbrauch seitens des E-Werkes hinsichtlich seiner Belastungscharakteristik kaum beeinflußt werden kann. Das gleiche gilt auch für den Wärmestrombedarf der Herde. Selbst bei der Heißwasserbereitung, deren Strombedarf durch Begünstigung der Speichergeräte in die Nachtstunden verdrängt werden könnte, schwindet mit dem Vordringen speicherloser Geräte die Möglichkeit der Beeinflussung zunehmend. Daß auch die Benutzungsdauer der in den Haushalten vorhandenen Raumheizgeräte praktisch kaum erhöht werden kann, ist eine der unangenehmsten Erfahrungen der E-Werke in den Jahren nach dem letzten Krieg. Selbst drastische Tarifmaßnahmen gegen zu hohe Leistungsinanspruchnahme, die aus politischen und soziologischen Gründen nur selten durchführbar sind, führen erfahrungsgemäß nicht zu einer wesentlichen Verbesserung der Benutzungsdauer im Haushalt.

Auch der Strombedarf der elektrischen Massenverkehrsmittel entzieht sich hinsichtlich seiner Belastungscharakteristik dem Einfluß der E-Werke. Beim Stromverbrauch von Gewerbe und Industrie liegen die Dinge insofern etwas günstiger, als Sonderabnehmerverträge jeweils Möglichkeiten enthalten, einer niedrigeren Benutzungsdauer durch dann stark ansteigende Strompreise entgegenzuwirken. Doch auch dort sind die zu erzielenden Erfolge hinsichtlich der bereits benutzten stromverbrauchenden Geräte und Maschinen im allgemeinen nicht mehr allzu groß, da die meisten stromverbrauchenden Betriebe auf Grund der laufenden Bemühungen der E-Werke ihre Fertigung bereits auf eine möglichst geringe Beanspruchung der elektrischen Leistung ausrichten. Wesentliche weitere Änderungen würden in den Betrieben oft andere Kosten, z. B. für Rationalisierungsinvestitionen, Nachtarbeit u. dgl., unverhältnismäßig stark ansteigen lassen.

Bei den bereits am Netz angeschlossenen Stromverbrauchsgeräten sind also wesentliche Verbesserungen des Verhältnisses von Spitzen- zu Grundlast im allgemeinen nicht mehr zu erreichen. Insbesondere reichen die Möglichkeiten der Preisgestaltung nicht aus, die bereits auftretenden Belastungsspitzen absolut noch merklich zu verringern. Zwangsmaßnahmen, wie z. B. Sperrstunden, Abschaltungen u. dgl. kommen in einer Wettbewerbswirtschaft nicht in Betracht. Es bleibt daher nur der Weg, die Kundenwünsche nach neuem und zusätzlichem Stromverbrauch so zu beeinflussen, daß er nach Möglichkeit nicht oder nur zu einem sehr geringen Teil in den Spitzenzeiten der Belastung anfällt. Die Vertriebspolitik der E-Werke muß daher vor allem anstreben, den Kunden zum Einsatz solcher Geräte zu bewegen, die, wie z. B. Nachtspeicheröfen für Wohnungen und Bäckereien, Klimaanlagen, Kühltruhen, Futterdämpfer, üblicherweise oder voraussichtlich eine solche Benutzungscharakteristik haben.

Der „Spitzenanteil" in der Selbstkostenrechnung. Welche Gewinne aus dem Stromverbrauch einzelner Gerätegruppen gewonnen werden können, setzt eine Kenntnis der Stromselbstkosten bei Kundengruppen mit bestimmter Geräteausrüstung oder auch bei einzelnen Kunden voraus, ebenso die Lösung der Frage, welche Mindestpreise geboten werden können und welche Beträge das Elektrizitätswerk für die Entwicklung und Förderung eines speziellen Gerätestromverbrauchs über einen bestimmten Zeitraum aufwenden müßte.

Die Ermittlung der Selbstkosten, vor allem der leistungsabhängigen Kosten, ist eines der schwierigsten Probleme. Seine Lösung ist für eine erfolgreiche Vertriebspolitik jedoch wichtigste Voraussetzung. Aus anfangs sehr groben Methoden der Kostenermittlung hat man das sogenannte „Spitzenanteilverfahren" entwickelt. Unter Trennung der Erzeugungs- und Verteilungskosten werden die

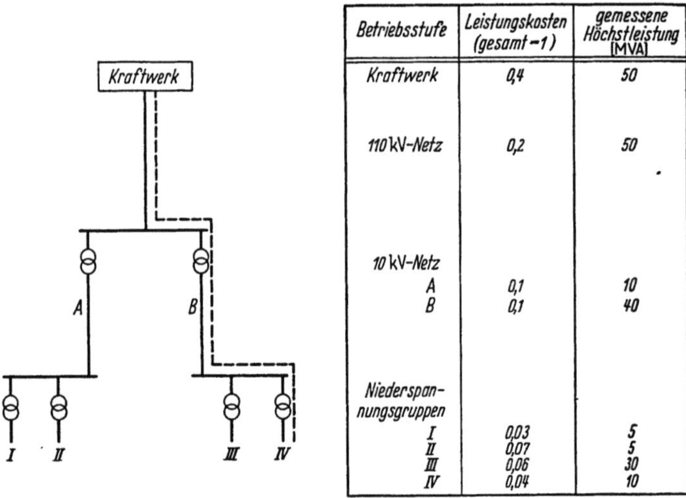

Betriebsstufe	Leistungskosten (gesamt = 1)	gemessene Höchstleistung [MVA]
Kraftwerk	0,4	50
110 kV-Netz	0,2	50
10 kV-Netz		
A	0,1	10
B	0,1	40
Niederspannungsgruppen		
I	0,03	5
II	0,07	5
III	0,06	30
IV	0,04	10

Abb. 44. Leistungskostenberechnung unter Berücksichtigung der einzelnen Stufen des Lastflusses

leistungsabhängigen Kosten des zu untersuchenden Verbrauchs nach dessen Anteil an der „Höchstbelastung" bemessen. Für genauere Berechnungen der Selbstkosten ist es jedoch besser, statt auf die „Höchstbelastung" der Erzeugung und des Netzes auf die Höchstbelastung bei den einzelnen Stufen des Betriebes, also z. B. Erzeugung, 110 kV, 10 kV, Niederspannung, dem Lastfluß entsprechend abzustellen[1].

Die Leistungskosten errechnen sich aus

$$\frac{\text{Höchstlast des Verbrauchers } \cdot \text{ Leistungskosten der Betriebsstufe}}{\text{Höchstlast der Betriebsstufe}}$$

bei vorstehendem Beispiel wie folgt (gesamte Leistungskosten = 1 angenommen):

$$\text{Erzeugung:} \quad \frac{10}{50} \cdot 0,4 = 0,08$$

$$110 \text{ kV} \quad \frac{10}{50} \cdot 0,2 = 0,04$$

$$10 \text{ kV}_B: \quad \frac{10}{40} \cdot 0,1 = 0,025$$

$$\text{Niederspg. } IV \quad \frac{10}{10} \cdot 0,04 = 0,04$$

$$\text{Leistungskosten des Verbrauchers } IV: \quad 0,185$$

Bei der gröberen Bemessung nach der allgemeinen Höchstlast würden 20% statt 18,5% der gesamten Leistungskosten auf den untersuchten Verbrauch entfallen. Eine weitere Verfeinerung der Selbstkostenrechnung läßt sich durch Aufglie-

---

[1] Einzelheiten bei WOLF, a. a. O., S. 539/540 u. JANSSEN, Die Strompreisbildung auf Grenzkostengrundlage, Elektrizitätswirtsch. 1959, H. 15, S. 513 ff.

derung der Betrachtungszeiträume erreichen. Das Ziel ist hierbei, Aufschlüsse über die Verschiedenheit der Kostenbelastung zwischen Sommer und Winter, Tag und Nacht, Spitzen- und Schwachlastzeit zu erlangen.

Für derartige Kostenuntersuchungen mit Differenzierung nach Betriebsstufen und nach Zeitabschnitten sind inzwischen eine ganze Reihe von Verfahren, insbesondere Grenzkostenrechnungsverfahren entwickelt worden. Durchweg erfordern sie einen sehr hohen Rechenaufwand. Soweit man nicht elektronische oder hochwertige mechanische Rechengeräte hierfür benutzt, sucht man ihn dadurch zu beschränken, daß man die örtliche und zeitliche Differenzierung in Grenzen hält und sich vielfach auch nur mit der gröbsten Form, dem Spitzenanteilsverfahren unter Berücksichtigung der Jahreshöchstlast begnügt.

„Gebrauchsdauer" von Geräten und Maschinen. Für die Schätzung der voraussichtlichen Änderungen der Belastungskurven durch hinzukommende Geräte sind drei Faktoren wesentlich: die Benutzungsdauer der einzelnen Geräte — hier spricht man auch von „Gebrauchsdauer" — die wahrscheinliche Gleichzeitigkeit ihrer Benutzung und der Anteil an den für die Kosten maßgeblichen Spitzen. Eine

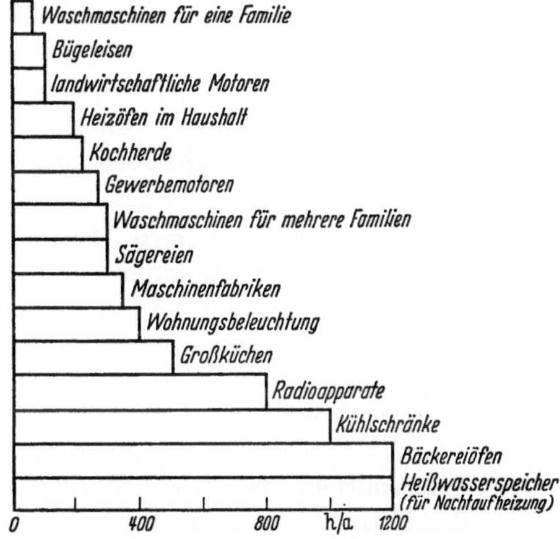

Abb. 45. Durchschnittliche Gebrauchsdauer des Anschlußwertes einiger Geräte und stromverbrauchender Anlagen

Schweizer Untersuchung, deren Ergebnisse im großen und ganzen auch für die Bundesrepublik zutreffen dürften, hat im Jahre 1955 vorstehende Gebrauchsdauer für einzelne Geräte und stromverbrauchende Anlagen ergeben[1].

„Gleichzeitigkeitsfaktor". Zahlreiche stromverbrauchende Einrichtungen werden von den Verbrauchern gleichzeitig benutzt, wie z. B. Wohnungsbeleuchtung, Radioapparate, so daß der Leistungsbedarf dieser Geräte das Netz gleichzeitig belastet, während bei anderen die Wahrscheinlichkeit einer gleichzeitigen Benutzung, sogenannter „Gleichzeitigkeitsfaktor" kleiner ist, z. B. bei Gewerbemotoren, Bügeleisen usw. Von der gesamten möglichen Leistung all dieser Geräte wird also nur ein Bruchteil vom E-Werk gleichzeitig bereitzustellen sein.

Die Bedeutung der „Gleichzeitigkeitsfaktoren" für die Elektrizitätswirtschaft wird am Beispiel der elektrischen Raumheizgeräte eindrucksvoll erkennbar. Die Sättigungszahlen für solche Geräte betrugen in den Haushalten im Bundesgebiet 1957

Heizlüfter   3%
Geräte bis 2 kW   15%
Geräte über 2 kW   4%

---

[1] Der tägliche Verlauf der Belastungsverhältnisse. Bericht über die Diskussionsversammlung des VSE vom 12. 5. 55 in Bern, Sonderabdruck aus dem Bulletin des Schweizerischen Elektro-technischen Vereins 1955, H. 15, 16, 17, 19, 20, 22, 25. Grossen, von den Faktoren, die die Belastungskurven bestimmen, S. 4 ff.

Setzt man für die Heizlüfter und die Geräte bis 2 kW eine Nennleistung von 1,5 kW und für die anderen Geräte im Mittel 3 kW an, so kommt man auf eine gesamte Anschlußleistung für die elektrischen Raumheizgeräte in den 16,5 Mill. Haushalten des Bundesgebiets von $16,5 \times (0,18 \times 1,5 + 0,04 \times 3,0) \times 10^6 =$ rd. 6,5 Mio kW[1]. Der Leistungsbedarf hätte also fast die Hälfte der damaligen Kraftwerksengpaßleistung der öffentlichen E-Werke (13,4 Mio kW) beansprucht, wenn nicht der Gleichzeitigkeitsfaktor für derartige Geräte wesentlich niedriger als 1 läge.

Da Gleichzeitigkeitsfaktor und Spitzenanteil einer bestimmten Gerätegruppe in den einzelnen Netzstufen die Stromkosten beeinflussen, kommt der örtlichen Lage derartiger Geräte im Netz beträchtliche Bedeutung zu. Ein noch so niedriger Gleichzeitigkeitsfaktor leistungsstarker Geräte nutzt nämlich einer Netzstufe wenig, wenn beispielsweise an jedem Strang nur eines dieser Geräte liegt, dessen Gebrauchszeit vielleicht auch noch in die Zeit der Spitzenbelastung dieses Netzstranges fällt.

Repräsentative Untersuchungen. Die Daten über Gebrauchsdauer, Gleichzeitigkeitsfaktor und Anteil bestimmter Geräte an den Lastspitzen der verschiedenen Betriebsstufen und Zeiträume kann jedes Stromversorgungsunternehmen durch Messungen und Befragungen selbst ermitteln. Einzelmessungen sind statistisch-mathematisch nicht sehr befriedigend. Für Lastanalysen empfehlen sich daher „Klumpenmessungen" mit statistisch zu errechnendem Stichprobenumfang, aus denen die interessierenden Gerätegruppen gegebenenfalls durch Ausscheiden anderer zu ermitteln sind. Bei Befragungen von Kunden sind nur dann repräsentative Ergebnisse zu erwarten, wenn die Auswahl der zu Befragenden nach mathematisch-statistischen Grundsätzen erfolgt[2].

Gerade auf dem Gebiet der repräsentativen Messungen und Untersuchungen wird in der Praxis allzu leicht mit dilettantischen Mitteln gearbeitet. Die möglichen Fehler sind jedoch so beträchtlich, daß kein E-Werk bei der Marktforschung und Marktanalyse auf die Hinzuziehung entsprechend mathematisch-statistisch geschulter Kräfte verzichten sollte. Kleinere E-Werke, die den Aufwand hierfür scheuen oder nicht tragen können, sollten sich eher von anderer Stelle die nötigen Unterlagen beschaffen, als mit unzugänglichen Mitteln derartige Untersuchungen zu beginnen.

Die Erkenntnis, daß sich eine erfolgreiche Vertriebspolitik nicht ohne Klarheit über die künftigen Strombedarfswünsche der Kunden und über die Möglichkeit und Notwendigkeit einer Weckung solcher Wünsche durchführen läßt, hat in den großen und auch bereits bei vielen mittleren E-Werken zur Einrichtung besonderer Stabsabteilungen für Marktforschung und Marktanalyse geführt. Die Bemühungen um eine solche Art der Vertriebsplanung werden sich in dem Maße verstärken, als immer mehr E-Werke dazu übergehen, die Leistung ihrer Vertriebsleitungen nicht an der für die Wirtschaftlichkeit gar nicht so entscheidenden Umsatzsteigerung, sondern an der jährlichen Verbesserung der Benutzungsdauer zu messen.

---

[1] SARDEMANN, „Der gute Gleichzeitigkeitsfaktor", Elektrizitätswirtsch. 1958, H. 11, S. 329.
[2] Vgl. OTT, Last- und Raumanalyse durch Stichproben, (I) Elektrizitätswirtsch. 1957, H. 15, S. 524 ff.

II. Preise und Tarife

a) Preisbildung

Überall auf der Welt stehen Elektrizitätsversorgungsunternehmen wegen der Bedeutung der Stromversorgung für das Leben jedes Einzelnen und für die gesamte Volkswirtschaft in der Randsphäre der öffentlichen Dienste, vielfach schon auf Grund der Abhängigkeit von den Gebietskörperschaften als den Inhabern der Wegerechte. Mehr oder weniger bestimmen daher dirigistische gegenüber wettbewerbswirtschaftlichen Gesichtspunkten den Stil der Elektrizitätsversorgungsunternehmen. Auf dem Gebiet der Strompreisbildung gipfelt dieser Zwiespalt in der Frage: „anlegbarer" oder „kostenechter" Preis? Auch bei noch so extremen wirtschaftspolitischen Auffassungen hat es sich jedoch in der Praxis stets als zweckmäßig erwiesen, für die Preisgestaltung einen tragbaren Kompromiß zu suchen.

Preisvereinheitlichung auf Grund ähnlicher Kostengestaltung. Die Kosten des von einem E-Werk zu liefernden Stroms werden hauptsächlich durch die Abgabemenge, die Benutzungsdauer, die Spitzenanteile, den Leistungsfaktor, die Spannungsstufe und die Entfernung von den Erzeugungspunkten unterschiedlich beeinflußt. Es versteht sich von selbst, daß auch eine betont kostenorientierte Preisgestaltung unmöglich jedem einzelnen Kunden einen Preis unter getreuer Berücksichtigung all dieser Besonderheiten machen kann. Die Kosten der Rechnungserstellung würden sonst in den meisten Fällen die Stromkosten bald übersteigen. Vereinfachungen und Vereinheitlichungen sind deshalb unerläßlich.

Für die Strompreisbildung werden Kundenkreise zusammengefaßt, die sich typischer Geräte in einer für die Gruppe kennzeichnenden Weise so bedienen, daß innerhalb der Gruppe einige der genannten Kostenfaktoren normalerweise keine großen Abweichungen aufweisen.

Man kommt so zu den Gruppen[1]:

> Haushalt
> Handel und Gewerbe
> Landwirtschaft
> Kleinstverbraucher
> Nachtstromverbraucher

Damit hat man bereits die weitaus größte Anzahl aller Kunden erfaßt. Für sie können auf Grund der Durchschnittskosten der Gruppen Tarife festgesetzt werden. Übrig bleiben industrielle und bestimmte gewerbliche Kunden, die durchweg so individuelle Stromverbrauchsverhältnisse aufweisen, daß sie sich einer „Tarifierung" entziehen. Die Anzahl dieser Kunden ist in der Regel verhältnismäßig klein. Mit ihnen werden, ebenso mit möglichen Eigenversorgern und mit Kunden, die auf Grund ihrer Bezugsverhältnisse nicht in die Tarifgruppen passen, Sonderverträge geschlossen. Eine gewisse Gruppierung ist auch dabei üblich und hat sich bewährt. Für diese Sonderabnehmer ist eine Preisgestaltung „nach Maß" wirtschaftlich zu verantworten, da sie in der Regel einen verhältnismäßig hohen Strombedarf haben, der die Kosten einer individuellen Rechnungserstellung hier nicht mehr ins Gewicht fallen läßt.

Auswirkung standortsbedingter Kosten. In der Fachwelt bestehen Meinungsverschiedenheiten über die Frage, inwieweit der Einfluß der örtlichen Entfernung

---

[1] Vgl. Roller, Die Kunst der Strompreisbildung. Deutsche Wirtschaft im Querschnitt, Beilage zu der „Volkswirtschaft", 1957, H. 36, S. 18ff.

der Kunden von den Erzeugungsschwerpunkten auf die Stromkosten bei den Preisen Berücksichtigung finden soll. Für eine Preisdifferenzierung nach der Entfernung spricht das Prinzip der Kostenechtheit. Dagegen steht die politische Forderung nach möglichst gleichen Bezugsbedingungen für das lebenswichtige Gut Elektrizität. Das Problem ist auch heute noch nicht gelöst, wenn auch die starke Zunahme der Stromverbrauchsdichte und das Zusammenwachsen der Verbundnetze die örtlichen Kostenunterschiede gemildert haben.

In Staaten mit zentraler Lenkung der Energiewirtschaft neigt man zu der Auffassung, Tarifabnehmern nach Möglichkeit die Verschiedenheit ihrer Standorte nicht im Strompreis entgelten zu lassen, die Sonderabnehmerpreise hingegen nach Standorten zu differenzieren. Man gibt damit stromintensiven Industrien den Anreiz, in die elektrizitätswirtschaftlich günstigsten Verbrauchsorte zu wandern.

Im Bundesgebiet gleichen sich auf Grund der wirtschaftlichen Eigenverantwortlichkeit der einzelnen Elektrizitätswerke die Durchschnittskosten über die Versorgungsgrenzen der Letztverteiler nicht aus. Ein Ausgleich der standortabhängigen Kosten kann also nur innerhalb der einzelnen E-Werke erfolgen, die an Letztverbraucher liefern. Tatsächlich sind auch bei Tarifabnehmern im Gegensatz zu Sonderabnehmern innerhalb der einzelnen E-Werke keine Preisdifferenzierungen nach Entfernungen üblich. Es besteht jedoch die Gefahr, daß sich die Tarifpreisunterschiede zwischen den einzelnen E-Werken als Folge des übergebietlichen Wettbewerbs um stromintensive Sonderabnehmer verstärken, soweit ein entsprechender Finanzausgleich nicht erfolgt.

Eine Verzerrung zugunsten der Sonderabnehmer würde gegen einen wichtigen Grundsatz einer kostenechten Preispolitik, gegen die „Tarifgerechtigkeit", verstoßen. Hinter diesem Begriff verbirgt sich die Vorstellung, daß jede Tarifgruppe als Ganzes auch ihre eigenen Kosten zu tragen hat, also nicht mit Subventionen für andere Gruppen belastet sein sollte.

Viel nachhaltiger verstößt seit langem die öffentliche Hand gegen diesen Grundsatz, allerdings zugunsten der Tarifabnehmer, indem sie für Haushaltsstrom aus sozialen und politischen Gründen Preise fordert und durchsetzt, die eine Subvention der Tarifabnehmer durch Sonderabnehmer erzwingen. Die Forderung nach Tarifgerechtigkeit wendet sich daher vor allem gegen einseitige Preisbegrenzungen auf dem Tarifsektor.

Kostenechte „Baukostenzuschüsse"? Hinsichtlich der Kosten für Neuanschlüsse hat sich im Bundesgebiet das Prinzip der Kostenechtheit gegenüber dem des Ausgleichs von Standortunterschieden weitgehend durchgesetzt. Wenn auch innerhalb der einzelnen Abnehmergruppen dabei gewisse Vereinheitlichungen vorgenommen werden, so wird doch in der Regel für jeden Neuanschluß ein „Baukostenzuschuß" verlangt, dessen Höhe auch die Entfernung des Anschlusses von den vorhandenen Leitungen des E-Werkes berücksichtigt.

In letzter Zeit sind Tendenzen zu beobachten, die Erstattung dieser Kosten mehr und mehr in die Grund- und Leistungspreise mit einzubeziehen, um späterhin ganz auf Baukostenzuschüsse, vor allem bei Haushalttarifabnehmern, zu verzichten. Der Grund ist vor allem darin zu suchen, daß es nicht gelang, für diese Zuschüsse Verständnis zu wecken. Auch den von seiten der Gasversorger erhobenen Vorwürfen, durch Differenzierung werde Wettbewerbspolitik getrieben, wird durch einen völligen Verzicht am sichersten der Boden entzogen.

Einfluß der Festkosten auf die Preisgestaltung. Die Forderung nach kostenechten Preisen schließt ein, daß der Preis sich nicht nur nach der Höhe der Kosten, sondern auch nach ihrem Charakter richtet. Für die Strompreise bedeutet dies die Berücksichtigung des Umstandes, daß der Betrieb eines E-Werkes mit ungewöhnlich hohen Festkostenanteilen belastet ist. Da ein E-Werk von Natur aus kapitalintensiv arbeitet und darüber hinaus bezüglich seiner Ausbaupläne nicht ein Produktionsoptimum, sondern ein Produktionsmaximum wegen der unabdingbaren Abhängigkeit von den Stromverbraucherwünschen zu berücksichtigen hat, schlägt es sein Kapital in der Regel erst nach mehr als einem Jahr um, während bei der Fertigungsindustrie der Kapitalumschlag im allgemeinen unter einem Jahr (z. B. in der Kraftfahrzeugindustrie etwa bei 6 Monaten) liegt[1]. Dem hohen Festkostenanteil entsprechend, haben sich in der Elektrizitätswirtschaft daher Preise durchgesetzt, die aus einem Leistungspreis (Festpreis), im Tarifbereich „Grundpreis", und dem Arbeitspreis (beweglicher Preis) zusammengesetzt sind. Der Leistungs- oder Grundpreis kann als Entgelt für die Vorhaltung, die Bereitstellung der Leistung, sozusagen als eine Miete für die bereitgehaltenen Anlagen und Einrichtungen ähnlich wie für eine Wohnung angesehen werden.

Daneben bewirken sogenannte „Regelverbrauchstarife" eine Angleichung an die Kostenstruktur dadurch, daß sie für bestimmte Abnahmemengen Staffeln vorsehen, deren unterste den höchsten Preis hat, während sich die Staffelpreise nach oben hin vermindern.

Kostenechte Preisgestaltung setzt selbst bei Tarifierung voraus, daß der Preis den Kostenänderungen auf Grund des veränderlichen Stromverbrauchs ungefähr folgt. Dies soll durch ein entsprechend bemessenes Verhältnis der Arbeits- und Leistungspreise erreicht werden, das eine bei Mehrverbrauch steigende Benutzungsdauer durch eine Sinken des Durchschnittspreises anerkennt[2].

Abnehmerorientierte Preisgestaltung. Die Aufgliederung der Strompreise nach leistungs- und nach arbeitsabhängigen Preisanteilen darf nicht darüber hinwegtäuschen, daß ein gewisser Kostenanteil in Wirklichkeit weder leistungs- noch arbeitsabhängig, sondern „abnehmerabhängig" ist. Man denke nur an die Abhängigkeit der Inkassokosten von der Gesamtzahl der Abnehmer und dgl. Die Charakteristik des Kostengefüges wird jedoch kaum verfälscht, wenn man in der Praxis die Festkostenanteile der abnehmerabhängigen Kosten den leistungsabhängigen und die beweglichen Kostenanteile den arbeitsabhängigen Kosten zuordnet.

Die Abnehmerorientierung der Preise kommt auch darin zum Ausdruck, daß den Tarifabnehmern die Möglichkeit bleibt, sich eine für ihre Abnahmeverhältnisse günstigste Tarifart zu wählen. Zum Beispiel für:

kleine Lichtstromkunden	— „Kleinstverbrauchertarif"	— kein oder ganz geringer Grundpreis
teil-elektrifizierte Haushalte	— „normaler" Haushaltstarif	— mittlerer Grundpreis, mittlerer Arbeitspreis
voll-elektrifizierte Haushalte	— „niedriger" Haushaltstarif	— hoher Grundpreis, sehr niedriger Arbeitspreis

---

[1] Vgl. O. E. E. C.-Bericht, Elektrizitätspreise und ihre Auswirkungen auf die Finanzierung von Investitionen der Elektrizitätswirtschaft. München 1955, S. 9.

[2] Einzelheiten bei MROSS: Selbstkostenrechnung und Preiskalkulation für elektrische Energie, Hamburg 1952, S. 35.

21*

In dieser Verschiedenheit der Tarife steckt über die Abnehmerorientierung hinaus noch eine große Werbewirksamkeit, da die Tarife mit niedrigem Arbeitspreis grundsätzlich einen Preisanreiz für einen elektrischen Mehrverbrauch bieten. Die Grundpreise, die der Leistungsvorhaltung des Elektrizitätswerkes entsprechen sollten, sind unbeliebt und werden in der Regel vom Abnehmer nicht verstanden. Es gibt deshalb kaum einen Tarif, bei dem der Grundpreisanteil kostenecht hoch genug angesetzt werden kann.

Anpassung der Preise an die Nachfrage. Wie weit das E-Werk im einzelnen bei der Preisgestaltung an die Selbstkostengrenze herangehen muß, kann es nur an Hand der jeweiligen „Wertschätzung" der elektrischen Energie ermitteln. Die verschiedenen „Nutzenergiemärkte" der Elektrizität, wie für Beleuchtungsenergie, Antriebsenergie, decken sich allerdings nicht mit den Märkten der Gruppen, denen vereinheitlichte Preise geboten werden. Bei ein und demselben Kunden ergibt sich z. B. eine ganz unterschiedliche Wertschätzung des elektrischen Stromes, den er zum Kochen, für die Beleuchtung oder für motorische Antriebe benutzt[1].

Da der Wettbewerb der Elektrizitätswerke gegenüber den Anbietern von sogenannten „Substituierungsenergien" hauptsächlich bei der Wärme in Haushalt und Gewerbe, weniger bei der Industrie seine Brennpunkte findet, konzentriert sich die Erforschung der Wertschätzung vor allem auf jene Bereiche.

Die Preisgestaltung unter Berücksichtigung der Nachfrage muß sich darüber auf dem laufenden halten, wie hoch bei den Kunden die Stromkosten im Verhältnis zu den Gesamtkosten liegen. Im Bereich der Haushaltstarifabnehmer liegen die Stromkosten, gemessen an den gesamten Lebenshaltungskosten, seit langem so niedrig, daß Anhebungen des jeweiligen Tarifniveaus in einem E-Werk in der Regel den Verbrauch langfristig kaum beeinflussen. Ähnlich liegen die Dinge bei den meisten Gewerbebetrieben. Eine Ausnahme bilden lediglich Wäschereien, Bäckereien, Konditoreien, Damenfriseure und ähnliche wärmeintensive Betriebe.

Im Bereich der Industrie liegt der Anteil der Stromkosten am Umsatz bei den Bereichen Tabak, Bekleidung, Schuhe, Margarine, Brot, Papier, Süßwaren, Textil, Maschinenbau, Elektroindustrie und ähnlichen im allgemeinen unter 1%, bei Eisen- und Stahlgußbetrieben, Walzwerken, Glaswerken im Mittel etwa zwischen 2 und 4%, während Zechen, Chemiebetriebe, Metallhütten und dgl. im allgemeinen etwa 4—9% Stromkosten, gemessen am Umsatz, haben. Es sind also nur verhältnismäßig wenige, wegen der Stromverbrauchsmenge allerdings interessante Kunden, bei denen die Preisgestaltung des E-Werks mit Rücksicht auf ihre Kostenstruktur stark eingeengt ist und wo unter Umständen aus diesem Grunde auch ohne Wettbewerbsdruck Zurückhaltung geübt werden muß. Im übrigen wird der Nachfragepreis bei den einzelnen Kundengruppen im wesentlichen durch den Wettbewerb mit anderen Energiearten auf dem Nutzenergiemarkt Wärme bestimmt.

Beschränkung freier Preisvereinbarung. Die derzeitigen behördlichen Preisbestimmungen haben den Charakter von Höchstpreisbindungen, wenn auch viele E-Werke selbst bei Preissenkungen auf die Zustimmung öffentlicher Gremien angewiesen sind (Mitspracherechte oder Aufsichtsrechte auf Grund der Satzung

---

[1] Vgl. FREWER, Vergleichende Analyse des Energiebedarfs in Haushaltungen. Praktische Energiekunde 1951, H. 1/2, S. 82ff.

oder der Konzessionsverträge und dgl.). Daneben hat die „Tarifordnung für Elektroenergie" vom 25. 7. 1938 mit der allgemeinen Einführung der Grundpreistarife eine weitgehende Vereinheitlichung der Tarifformen für Haushalt, Gewerbe und Landwirtschaft bewirkt.

Nach dem zweiten Weltkrieg haben Preisstopverordnungen lange Zeit eine Angleichung der Preise an die gestiegenen Kosten verhindert. Die Folge war eine Substanzauszehrung. Von den Folgen der Unterinvestition, die zu einer Veralterung der Anlagen führte und zahlreiche Provisorien erforderlich machte, konnte sich die Elektrizitätswirtschaft nach Aufhebung des Preisstops durch zahlreiche Ausnahmegenehmigungen zuerst seitens des Bundes, später seitens der Länder, erst in den letzten Jahren erholen. Die Preisverordnung 18/52 vom 26. 3. 1952 brachte die letzte wesentliche Änderung auf dem Preisgebiet. Sie erlaubte die Neuvereinbarung von Preisänderungsklauseln mit den Sonderabnehmern, wodurch bei dieser Kundengruppe ein Ausgleich zwischen Preis und Kosten möglich gemacht wurde.

Folgen der Tarifpreisbindung. Die Preisverzerrung durch die Tarifpreisbindung setzt die Werke beim Tarifstrom wegen der zu niedrigen Strompreise einem Nachfragedruck aus, dem gegenüber ihnen die Preisgestaltung als wichtigstes und natürlichstes Lenkungsmittel aus der Hand genommen ist, während sie bei Sonderabnehmerversorgung häufig mit überhöhten Strompreisen arbeiten müssen, wenn sie nicht ihre Ertragslage gefährden wollen. Macht ein Energieversorgungsunternehmen zur Gewinnung eines für die Belastungskurve günstigen Stromverbrauchs bei einem Sonderabnehmer Preiskonzessionen, läuft es infolgedessen immer Gefahr, von anderen Sonderabnehmern wegen „ungleicher Behandlung" angegriffen zu werden. In die Beziehungen der E-Werke zu ihren Kunden werden dadurch Spannungen hineingetragen, die das Vertrauensverhältnis auf die Dauer stark belasten.

Gerade der Vertrieb eines E-Werkes ist auf die Beständigkeit langfristiger Bindungen angewiesen. Zur Erfüllung der Lieferungsverträge, besonders für große Kunden, sind meist Investitionen erforderlich, die sich erst in einem Zeitraum von 10 oder mehr Jahren aus dem Erlös bei den betreffenden Abnehmern bezahlt machen, ohne daß sich das E-Werk in den Verträgen für diesen Zeitraum in allen Fällen eine Risikosicherung gegen Betriebsabwanderung, -änderung, -schließung oder Eigenerzeugung ausbedingen kann.

Für die einzelnen E-Werke ergibt sich angesichts der preispolitischen Lage die Frage, ob sie sich mit der Verzerrung des Verhältnisses zwischen Sonder- und Tarifabnehmerpreisen abfinden und abwarten wollen, bis sich der Gesetzgeber und die öffentliche Hand zu einer Änderung bereitfinden, oder ob sie versuchen sollen, im Tarifbereich die Belastungsverhältnisse mit zusätzlichem Werbe- und Vertriebsaufwand, aber auch unter Begrenzung unwirtschaftlicher Stromlieferungen zu bestehenden Tarifpreisen, so zu gestalten, daß sich die Kosten bei diesen Abnehmergruppen den gebremsten Preisen anpassen. Ansätze einer solchen Vertriebspolitik sind in zahlreichen großen Elektrizitätsversorgungsunternehmen zu beobachten.

b) Tarifbildung

Werden einheitliche Stromlieferungsverträge zwischen verschiedenen Kunden und dem Werk zu gleichen Tarifbedingungen geschlossen, so entsteht eine Tarifgruppe. Dabei erfolgt die Preisbildung nach dem „Gesetz der großen Zahl".

Kosten und Erlös brauchen dann nur für die ganze Gruppe in Einklang gebracht zu werden. Die Gruppen sind noch häufig in Untergruppen mit Wahltarifen aufgeteilt.

Ein guter Tarif soll:

> den Verbrauch anregen,
> die Spitze nicht überhöhen,
> kostendeckend und einigermaßen kostenecht sein,
> leicht nachprüfbare Meßwerte zugrunde legen,
> wenig Meßkosten verursachen und
> leicht verständlich sein.

Auf Grund der im Vergleich zu zahlreichen anderen Ländern hohen Kapitalkosten hat man im Bundesgebiet an „Grundpreistarifen", also an möglichst „kostennaher" Aufspaltung in Grund- und Arbeitspreisen festgehalten. Wie jede Tarifart kann auch der Grundpreistarif nicht allen an einen Tarif zu stellenden Forderungen voll gerecht werden. Schon der Begriff „Grundpreistarif" erscheint nicht sehr glücklich. Besser schon würde der Begriff „Bereitstellungstarif" dem Kunden sagen, warum er einen der ständig bereitzustellenden Dienstleistung entsprechenden Bereitstellungspreis zu zahlen hat. Zwar sind Grundpreistarife wegen der Degression des Durchschnittspreises bei steigendem Strombezug verbrauchsfördernd, doch dringt der Masse der Kunden erfahrungsgemäß die Höhe des Arbeitspreises viel stärker ins Bewußtsein. Absatzfördernd sind daher vor allem niedrige Arbeitspreise, wie auch die Erfahrungen des Auslandes bestätigen. Entsprechend höhere Grundpreise haben für die E-Werke nicht nur den Vorteil einer „echteren", sondern auch einer gegenüber Absatzschwankungen sicheren Kostendeckung.

Da vor allem die Benutzungsdauer für größere Abweichungen der Stromkosten wesentlich bestimmend ist, wird die Gliederung nach Tarifgruppen und -untergruppen dann am günstigsten, wenn dabei jeweils Verbraucher mit ähnlicher Belastungscharakteristik und Benutzungsdauer zusammengefaßt werden. Da neben der Messung der elektrischen Arbeit (kWh) bei den einzelnen Tarifkunden eine zusätzliche genaue Messung der Leistung (kW) zu hohe Kosten im Verhältnis zu den Erlösen pro Anschluß verursachen würde, muß man zur Tarifpreisbildung jeweils von der Benutzungsdauer der ganzen Tarifgruppe ausgehen.

Da an jedem Leitungsstrang in der Regel eine Vielzahl von Verbrauchern verschiedener Tarifgruppen angeschlossen ist, hat das Lieferwerk keine Möglichkeit, die Leistungsinanspruchnahme durch eine Tarifgruppe mittels Messung an den Netzsträngen eindeutig zu ermitteln. Zahlreiche E-Werke haben daher über die Benutzungsdauer einzelner Tarifgruppen nur sehr vage Vorstellungen. Bei der Verschiedenheit der Lebensgewohnheiten und der Gerätesättigung in den einzelnen Gebieten ist es im übrigen kaum möglich, Werte anderer E-Werke unverändert zu übernehmen. Nur eigene oder in Gemeinschaft mit anderen E-Werken durchgeführte mathematisch-statistische und ökonometrische Untersuchungen auf Grund repräsentativer Auswahl-Messungen und Befragungen können Licht in dieses Dunkel bringen.

Wird ein Tarif erstellt, ohne daß man sich über die Eigenheiten des Stromverbrauchs einer Kundengruppe ausreichend informiert, so kann er zwar im günstigsten Falle im Augenblick einen vorteilhaften Ausgleich zwischen Kosten und Erlös bringen, wird aber, da man die Entwicklung der Belastungscharakteristik nicht übersieht, in wenigen Jahren zu unsinnigen Über- oder Unterdeckungen führen und eine Tarifreform heraufbeschwören. Die Leitung des E-Werkes, dessen Vertriebsabteilung eine Tarifumbildung vorschlägt, sollte sich daher auf jeden Fall zunächst die Ergebnisse einer Bedarfsanalyse vorlegen lassen. Selbst wenn diese auf Grund beschränkter Mittel für repräsentative Untersuchungen keine völlige Sicherheit über die zukünftige Entwicklung bieten kann, so schützt sie doch zumindest vor groben Rückschlägen. Sie erleichtert im übrigen der Unternehmensleitung die Argumentation gegenüber den Gremien, die über den neuen Tarif mit zu bestimmen haben.

Kleinstverbrauchertarife. Bei Tarifen mit hohen Grund- und niedrigen Arbeitspreisen, sogenannten „harten" Tarifen, ergeben sich bei geringem Strombezug außerordentlich hohe Durchschnittspreise, die in Umkehrung der sonst verbrauchsfördernden Wirkung der Tarife absatzhemmend wirken können und finanziell Schwachen einen Strombezug sogar nahezu unmöglich machen. Daraus ergibt sich die sozialpolitische Forderung nach sogenannten „Kleinstverbrauchertarifen", die überhaupt keinen oder nur einen minimalen Grundpreis, meist als Zählergebühr oder dergleichen ausgewiesen, kennen. Sie sind also fast reine „Verbrauchstarife". Ihre Arbeitspreise liegen im allgemeinen zwischen 20 und 40 Pf/kWh, also ungefähr doppelt oder dreifach so hoch wie die sonstigen Arbeitspreise. Die Kleinstverbraucher sind überwiegend reine Lichtverbraucher. Sie sollten somit die festen Kosten des E-Werkes über den Arbeitspreis decken. Der Anteil der Stromabgabe ist, am Gesamtumsatz gemessen, in der Regel sehr gering. Aus sozialen Erwägungen werden die Kleinstverbrauchertarife so niedrig angesetzt, daß sich die Stromlieferungs-Selbstkosten für diese Gruppe gerade noch aus den Erlösen decken lassen.

Es bleibt allerdings ein fragwürdiger Versuch, echter sozialer Not auf dem Wege wirtschaftlich schiefliegender Sonderermäßigungen von Warenpreisen und Dienstleistungen Herr zu werden. Wenn auch jedes gut arbeitende Unternehmen bereit sein sollte, seinen Anteil zur Linderung der Not beizutragen, so sollte dies durch Spenden an entsprechende Wohlfahrtseinrichtungen, nicht aber durch Tarifverzerrung geschehen. Im Falle der Kleinstverbrauchertarife ist immerhin zu bedenken, daß bei solchen Regelungen der Mißbrauch durch leistungsfähige Abnehmerkreise nicht ausgeschlossen ist.

Grund- und Arbeitspreis beim Haushaltstarif. Die Tarifgrundpreise haben meist nicht die erforderliche Höhe, da man befürchtet, die Kunden dadurch abzuschrecken, vor allem aber, weil in der Regel der Träger der Tarifhoheit aus sozialpolitischen Gründen ihre Richtigstellung verhindert. Immerhin lassen sich Tarifniveau und Degression der Durchschnittspreise bei steigender Abnahme den Gegebenheiten bei den einzelnen Werken annähernd anpassen.

Die monatlichen Grundpreise bei den gebräuchlichen Haushalttarifen liegen heute im allgemeinen für eine 3-Zimmer-Wohnung zwischen DM 3,— und DM 5,—, während die entsprechenden Arbeitspreise 12—9 Pf/kWh betragen.

Bei vielen E-Werken hat sich allerdings gezeigt, daß ein Arbeitspreis in dieser Höhe für eine starke Vollelektrifizierung nicht mehr genügend Anreiz bietet, ja teilweise sogar schon gegenüber dem Wettbewerber Gas für Kochzwecke und Heißwasserbereitung zu hoch liegt. In solchen Fällen wird vielfach für Verbraucher mit einem monatlichen Stromverbrauch vollelektrifizierter Haushalte ein zweiter Haushalttarif zur Wahl gestellt, der einen niedrigeren Arbeitspreis von etwa 5—9 Pf/kWh und Grundpreise etwa in doppelter Höhe der oben genannten vorsieht.

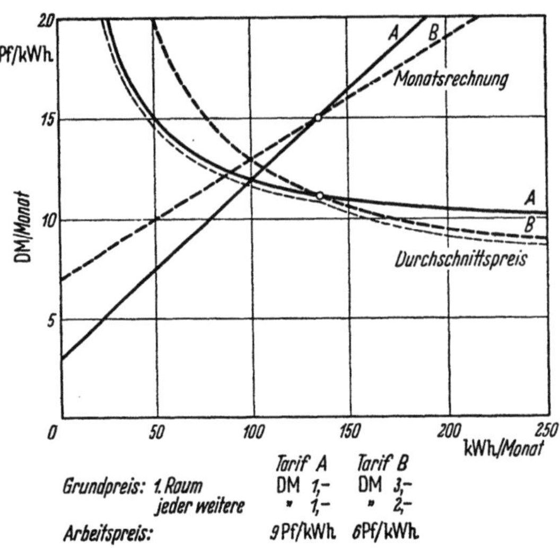

Abb. 46. Vergleich zweier Haushaltswahltarife am Beispiel einer 3-Raum-Wohnung

Die Schnittpunkte der Durchschnittspreiskurven solcher Tarife zeigen an, von wann ab der Abnehmer vorteilhaft zu einer anderen Tarifform übergeht. Sie liegen im allgemeinen bei einer mittleren monatlichen Stromrechnung von DM 15,— bis 20,— (im vorhergehenden Beispiel bei DM 15,—). Man erhält so eine „gebrochene" untere Tarifkennlinie, deren Kenntnis einen Entschluß zur Vollelektrifizierung durch Aussicht auf ein stärkeres Absinken der Durchschnittspreise erleichtern mag.

Bemessungsgrundlagen für den Grundpreis. Die Gestaltung der Tarife außerhalb des Haushaltssektors (Landwirtschaft, Gewerbe usw.) folgt den gleichen Grundsätzen wie für Haushalte. In der Regel gelten auch die gleichen Arbeitspreise. Die besondere Eigenart des Belastungsverlaufs verschiedener Kundengruppen wird durch Grund- und Leistungspreise, bei Gewerbe beispielsweise noch getrennt für Licht- und Kraftstrom aufgefangen.

Die Frage, wonach die Leistungspreise gerechterweise bemessen werden sollten, ist bei allen Tarifgruppen kaum einheitlich lösbar. Da eine kostenechte Bemessung nach Spitzenanteil, Gleichzeitigkeitsfaktor oder Benutzungsdauer bei Tarifabnehmern unwirtschaftlich wäre, muß man zu vereinfachenden Ersatzlösungen Zuflucht nehmen.

In grober Annäherung bietet der Anschlußwert der bei einem Kunden vorhandenen und gleichzeitig einschaltbaren Stromverbrauchsgeräte einen Anhalt für den auf ihn umzulegenden Anteil an den Leistungskosten des E-Werkes. Eine laufende Feststellung der jeweiligen Anschlußwerte läßt sich jedoch bei Haushaltstarifabnehmern praktisch nicht durchführen. Eine Bezugsgröße, die wenigstens ungefähr auf die verschiedenen möglichen, nicht tatsächlichen Anschlußwerte bei Abnehmern der gleichen Tarifgruppe Rückschlüsse zuläßt, ist die bewohnte und bewirtschaftete Grundfläche. Da in Wohnungen in der Regel die Zahl der benutzten Geräte und somit die benötigte Leistung mit Ausnahme derjenigen für elektrische Heizung stärker von der Anzahl als von der Größe der Räume abhängt, hat sich für Haushaltstarife nicht nur in Deutschland eine Leistungspreisbemessung nach der Raumzahl durchgesetzt. Die Raumgröße wird in die Bemessung der Grundpreise nur insofern einbezogen, als Räume unter 6—8 m² im allgemeinen nicht mitgezählt werden.

Verteilung der Anschlußwerte bei einer vollelektrifizierten 4-Raum-Wohnung (Beispiel)

Küche		Schlafzimmer	Kinderzimmer	Wohnraum
Herd	6800 W			
Heißwasserbereiter[1]	2000 W			
Waschmaschine[1]	2000 W			
Kühlschrank	150 W			
Beleuchtung	200 W	250 W	250 W	400 W
Steckdosen	1000 W	1000 W	1000 W	150 W
für Bügeln, Mixer, Kaffeemühle usw.		für Radio, Heizkissen, Bestrhlg.	für Heizkissen, Bestrhlg.	für Phonogeräte, Fernsehen
	12150 W	1250 W	1250 W	450 W

Da die Anschlußwerte der Küche oder des hierfür benutzten Raumes den 10—20fachen Wert anderer Räume erreichen können, ist es sinnvoll, für den ersten Raum einen höheren Grundpreis als für die anderen zu berechnen. Umgekehrt haben bei Mehrraumwohnungen die letzten Räume wie z. B. Gastzimmer, zweite Wohnräume, für den Stromverbrauch kaum Bedeutung. Es erscheint daher durchaus gerechtfertigt und mit Rücksicht auf den Durchschnittsstrompreis auch zweckmäßig, die Grundpreisbeträge bei höherer Raumzahl für die letzten Räume niedriger zu staffeln oder ganz entfallen zu lassen.

Die Kriegsfolgen haben die Gesamtzahl der Wohnräume und damit die Erlöse aus den Leistungspreisen zunächst stark absinken lassen. Da die Leistungspreise nur ausnahmsweise entsprechend erhöht werden konnten, sanken ungewollt die Durchschnittspreise. Die völlig veränderten Verhältnisse hätten ein ebenso verändertes Tarifwesen notwendig gemacht, um wieder den alten Grundsatz einer möglichst kostenwahren Berechnungsform zur Geltung zu bringen. Der generelle Preisstop verhinderte eine rechtzeitige Anpassung.

Bestand an Normalwohnungen im Bundesgebiet
(ohne West-Berlin und Saarland)[2]

	1950	1959
Normalwohnungen mit 1—2 Räumen	13,6%	15,6%
3 Räumen	27,8%	30,8%
4 Räumen	26,3%	28,6%
5 u. mehr R.	32,3%	24,6%
Normalwohnungen gesamt	9,44 Mio = 100%	14,47 Mio = 100%
Normalwohnräume (einschl. Küchen)	38,97 Mio	55,48 Mio

Inzwischen hat die Bevorzugung kleinerer Wohnungen beim Wiederaufbau zu einer Verkleinerung der durchschnittlichen Raumzahl je Wohnung geführt. Erst in jüngster Zeit bahnen sich gegenläufige Tendenzen an. Für die E-Werke bleibt es auf Grund der Verminderung der durchschnittlichen Raumzahl zweckmäßig, Tarife mit höheren Grundpreisen für den ersten Raum anzuwenden.

Beim Gewerbe sind die benutzten Geräte so verschiedenartig und ist die Raumausnutzung so unterschiedlich, daß sich die Raumzahl allenfalls als Bemessungs-

---

[1] Unter Umständen im Bad, das für die Grundpreisermittlung nicht als besonderer Raum gerechnet wird.

[2] Nach: Stat. Jahrbüchern (dort auch Begriffsabgrenzung „Normalwohnung").

grundlage der Grundgebühren für Lichtstromverbrauch eignet, soweit er nicht, z. B. aus gewerblichen Gründen, ungewöhnlich hoch ist. Eine Berechnung nach Geräte-Anschlußwerten bringt auch beim Gewerbe dem Vertrieb des E-Werkes erheblichen Zeit- und Arbeitsaufwand. Hilfsmittel hiergegen ist der Übergang von der Feststellung der Einzelanschlußwerte zu pauschalierender Staffelung nach Gesamtanschlußwerten.

Die Schwierigkeiten bei der Berechnung nach Anschlußwerten haben zahlreiche E-Werke veranlaßt, von der in der Tarifordnung von 1938[1] gebotenen Möglichkeit Gebrauch zu machen, die Anzahl der Räume in Verbindung mit ihrer Größe für die Leistungspreisbemessung zugrunde zu legen. Dabei wird die Art der Räume nach Stromverbrauchsklassen unterschieden:

Klasse 1: Geschäfts- und Verkaufsräume, Läden, Werkstätten, Gastzimmer u. dgl.
Klasse 2: Verwaltungs-, Lagerräume u. dgl.
Klasse 3: Stallungen, Einstellräume u. ä.

Als Raumeinheit gelten für Klasse 1 jeweils 10 m², für Klasse 2 jeweils 20 m² und für Klasse 3 jeweils 25 m². Um den Besonderheiten der landwirtschaftlichen Betriebe gerecht zu werden, hat man den in der Praxis gut bewährten Ausweg gewählt, die landwirtschaftlich genutzte Fläche als Bezugsgröße für einen Grundpreistarif zu wählen, der zur Wahl angeboten werden muß. Auch dabei kann der Grundpreis für die verschiedenen Flächen nach Art der Nutzung, z. B. Garten, Wiese, Wald, Acker, unterschiedlich festgelegt werden.

Trotz bestmöglicher Anpassung all dieser Bemessungsgrundlagen an die anfallenden Bereitstellungskosten verstummen bei einzelnen Tarifkunden keineswegs Wünsche nach einer echten Erfassung der beanspruchten Leistungsspitze. In solchen Fällen dürfte sich künftig ein Einbau von „Stromwächtern", durchsetzen also von Meßgeräten, die eine Überschreitung bestimmter Leistungsstufen anzeigen. Um damit den Anreiz für den Einsatz zusätzlicher elektrischer Geräte nicht auszuschalten, sehen die Grundpreisstaffeln nach oben hin abnehmende Stufenhöhen vor.

Abstufung der Arbeitspreise. Bei der Gestaltung der Arbeitspreise ist ähnlich wie bei den Grundpreisen eine Differenzierung nach verschiedenen Gesichtspunkten möglich. Beliebt sind Abwandlungen der Arbeitspreise nach der Tageszeit. „Nachtstromtarife", z. B. für die Zeit von 22 bis 6 Uhr, sind ihrer Art nach „Freizeittarife"[2]. Sie werden von vielen Werken nicht nur nachts, sondern auch während des Wochenendes gewährt. Zur Messung werden Zähler mit Sperruhr verwendet. Bezieht der Abnehmer seinen übrigen Strom auch zu Tarifpreisen, so liegt ein Fall zeitlich differenzierten „Doppeltarifes" vor. Bei derartigen Doppeltarifen, sogar Dreifachtarife sind gebräuchlich, werden sehr oft die Hoch- und Niedertarifzeiten je nach der Jahreszeit verschieden festgesetzt, um sie der jahreszeitlichen Schwankung der Belastung des E-Werkes anzupassen: z. B. Nachttarif im Sommer von 21, im Winter von 22 bis 6 Uhr. Bei jahreszeitlicher Abstufung der Preise entspricht dem „Nachttarif" der sogenannte „Sommertarif". Von „Mehrfachtarifen" spricht man, wenn zeitliche Preisabstufungen für die Arbeits- und die Grundpreise angewandt werden.

---

[1] Tarifordnung für elektrische Energie vom 25. 3. 1938 (RG Bl. I S. 915).
[2] Vgl. MROSS, a. a. O., S. 59.

Eine andere Art der Preisabstufung ist die nach der in einer Zeiteinheit bezogenen Strommenge. Bei derartigen Tarifen kommt der Grundsatz der Mengenrabatte zum Ausdruck. Beim „Staffeltarif" wird jeweils bei Erreichen einer höheren Mengenstaffel der gesamte Strombezug zu einem niedrigen kWh-Preis berechnet.

	Preis der gesamt bezogenen Elektrizität
Beispiel:	9,1 Pf/kWh
bei mehr als 100 000 kWh/a	8,5 Pf/kWh
bei mehr als 300 000 kWh/a	7,9 Pf/kWh
bei mehr als 500 000 kWh/a	7,2 Pf/kWh
usw.	

Bei Überschreitung einer Staffelgrenze sinkt also der Durchschnittspreis ruckartig ab.

Bei „Zonentarifen" hingegen gilt der Preis nur für die Verbrauchsmenge der betreffenden Zone.

	Preis der Elektrizität
Beispiel:	9,1 Pf/kWh
über 100 000 kWh/a	8,0 Pf/kWh
über 300 000 kWh/a	6,9 Pf/kWh
über 500 000 kWh/a	5,8 Pf/kWh
usw.	

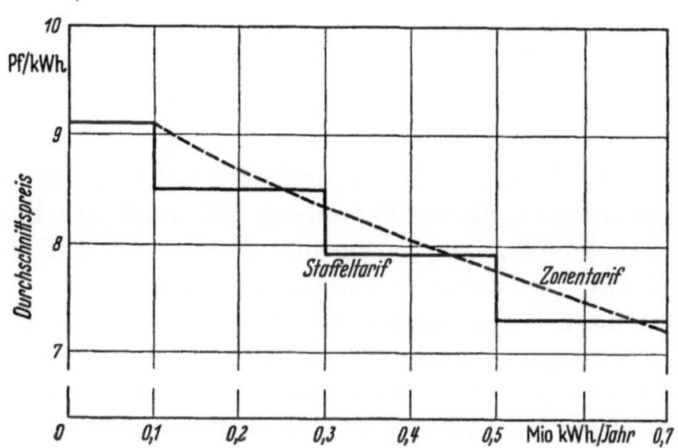

Abb. 47. Durchschnittspreiskurven beim Zonen- und Staffeltarif (Schema nach obigen Zahlen)

Da bei Zonentarifen der Durchschnittspreis des gesamt bezogenen Stromes sich bei Überschreitung der Staffelgrenze jeweils nur gleitend ändert, haben sie die Staffeltarife weitgehend verdrängt. Beide sind jedoch in der Tarifordnung für elektrische Energie für die tarifliche Preisbemessung nicht mehr vorgesehen. Sie finden daher lediglich bei Sonderabnehmern Anwendung.

Mangelnde Vergleichbarkeit der Tarifpreise. Die Tarifordnung hat die Tarifgestaltung stark vereinheitlicht. Im Gegensatz zur Entwicklung in Ländern mit einheitlich gelenkter Energiewirtschaft ist jedoch eine Vereinheitlichung der Tarifpreise im Bundesgebiet nicht erreicht worden. Wenn auch die Gleichartigkeit der Tarifgrundsätze und darüber hinaus auf Grund der allgemeinen Verbindlichkeit der AVB die Einheitlichkeit der Anschluß- und Versorgungsbedingungen die ärgsten

Unterschiede auch der Tarifpreise zwischen den einzelnen E-Werken ausgeräumt haben, so ist doch die tatsächliche Preisbelastung der Kunden in verschiedenen Versorgungsgebieten nur ungenügend vergleichbar.

Eine völlige Vereinheitlichung der vergleichbaren Tarifpreise wird sich nicht erreichen lassen, da jedes E-Werk eigenverantwortlich arbeitet und sich standortbedingte Unterschiede mangels eines internen nationalen Finanzausgleiches in den Tarifpreisen zwangsläufig widerspiegeln müssen. Eine völlige Vereinheitlichung erscheint auch nicht erforderlich, wenn es nur gelingt, die Tarifpreise besser vergleichbar zu machen. Da keiner der Tarife mit Rücksicht auf die an einen brauchbaren Tarif zu stellenden Forderungen völlig kostenecht ist, könnte dieses Ziel durch Vereinheitlichung nur der Grund- oder nur der Arbeitspreise ohne wesentliche Nachteile erreicht werden.

Das „Bergedorfer Verfahren" als Wegbereiter für kostendeckende Leistungs-Pauschaltarife[1]. Das Ziel, die Tarifpreise der E-Werke besser vergleichbar zu machen, scheint sich inzwischen auf einem neuen Wege verwirklichen zu lassen. Ausgehend von den Versuchen der „Hamburgischen Electricitätswerke" mit ihren „Bergedorfer" Abrechnungsverfahren, bahnt sich nämlich inzwischen auch bei anderen Werken eine ähnliche Abrechnungs-Pauschalierung an. Sie hat zur Grundlage, die Kunden das ganze Jahr hindurch nur noch gleichbleibende Monatsbeträge entrichten zu lassen, die nach der jährlich einmal abgelesenen Bezugsmenge vorberechnet werden.

Damit rückt die Höhe von Grundpreis und Arbeitspreis aus dem Brennpunkt des Kundeninteresses. Er merkt allenfalls noch, daß ein Mehrverbrauch auf den Durchschnittspreis degressiv wirkt. Es eröffnet sich so langfristig ein Weg, nicht nur echte und kostendeckende Grundpreise in die Tarife einzubauen, sondern darüber hinaus sogar die Arbeitspreise in den Grundpreis soweit einzubeziehen, daß eines Tages vielleicht nur noch ein tariflicher Leistungs-Pauschalpreis entrichtet zu werden braucht, dessen Bemessung sich nach der Entwicklung der Benutzungsdauer in den einzelnen Tarifgruppen richten kann. Der entscheidende wirtschaftliche Gewinn läge dabei im Fortfall der Zähler.

Da die Kunden ihren Strom ähnlich wie die Miete und die Zentralheizungskosten in gleichen Beträgen zahlen können, kommt der Pauschaltarif dem Wunsch der Kunden am nächsten, auf einfache Weise den Preis für ihren Strom ohne langwierige Rechnungen mit Grund- und Arbeitspreisen ungefähr übersehen, und in den Familienetat für den Strom feste Beträge einplanen zu können.

c) Sonderabnehmerverträge

Sonderabnehmerverträge werden mit Kunden geschlossen, für die auf Grund der Besonderheit ihres Strombedarfes, der Abschluß eines Vertrages zu allgemeinen Tarifbedingungen eine ungerechte Bevorzugung oder Benachteiligung gegenüber anderen Tarifabnehmern bedeuten würde. Dies ist z. B. der Fall bei ungewöhnlichem Leistungsbedarf, abnormer Benutzungsdauer oder Eigenerzeugung.

Im Grunde entspringt der Abschluß von Sonderverträgen vornehmlich dem Gedanken der „Nichtdiskriminierung", auch wenn durch die derzeitige Verzerrung des Preisgefüges fallweise Sonderabnehmer unangemessen zugunsten der Tarifabnehmer benachteiligt werden. Der Gedanke der „Nichtdiskriminierung" hat

---

[1] Vgl. S. 377 ff.

den Gesetzgeber veranlaßt, den E-Werken für Kunden, die wirtschaftlich nicht mehr aus dem Niederspannungsnetz versorgt werden können, die Berechtigung zu einer solchen Sonderbehandlung ausdrücklich zu bestätigen[1].

Ein besonderer Grund für den Abschluß eines Sondervertrages ergibt sich für ein E-Werk gelegentlich aus der jeweiligen Wettbewerbslage. Wenn z. B. ein Kunde auf Grund seines Energiebedarfes eine Eigenerzeugung durchführen könnte, die Gewinnung des Kunden jedoch die Gesamtwirtschaftlichkeit der Versorgung sehr günstig beeinflussen würde, kann die Einräumung von Sondervorteilen gerechtfertigt erscheinen.

„Tarifierung" von Sonderverträgen. Im allgemeinen gilt der Grundsatz der Nichtdiskriminierung auch für die gegenseitige Abstimmung der einzelnen Sonderverträge. Für vergleichbare Kunden werden im Bereich eines E-Werkes auch annähernd vergleichbare Preise in Rechnung gestellt. Der Trend läuft eindeutig auf eine Vereinheitlichung der Sonderabnehmerverträge hin. Diese Entwicklung wird von den meisten E-Werken bewußt gefördert, da sich damit bei der Vertragsbearbeitung für die Sonderabnehmer, ihrer Beratung und der Abrechnung ihres Strombezuges wesentliche Kosten einsparen lassen und den E-Werken eine Rechtfertigung gegenüber Preisaufsichtsbehörden erleichtert wird. Überspitzt kann man daher von einer „Tarifierung der Sonderabnehmerverträge" sprechen. Sonderabnehmerverträge bleiben jedoch Individualverträge. Jedes E-Werk kann sich daher durch Abweichungen von den „Sonderabnehmertarifen" besonderen Gegebenheiten anpassen.

Gleitende Übergänge erforderlich. Da Verträge zu Tarifbedingungen nur mit Niederspannungskunden geschlossen zu werden brauchen, zwingt eine Überschreitung der für das Niederspannungsnetz höchstzulässigen Leistung den Tarifabnehmer zum Übergang auf einen Sondervertrag. Die Leistungsgrenze richtet sich nach den örtlichen Netzverhältnissen, also nach Spannung, vorhandener Auslastung und nach Aufnahmefähigkeit der Leitungen in dem jeweiligen Netzteil. Die technischen Anschlußbedingungen der E-Werke enthalten entsprechende Richtwerte. Bei einem namhaften Großstadt-Elektrizitätswerk beträgt beispielsweise der Grenzwert der gleichzeitig zulässigen Netzbeanspruchung für 2-Leiter-Anschlüsse im Stadtgebiet 8,8 kW, im Stadtrand- und Landgebiet 4,4 kW. Für Motoren sind im Stadtgebiet Anlaufleistungen von 15 kVA und in den übrigen Gebieten von 7,5 kVA zulässig.

Da die Festlegung der Grenzwerte gewissen Abweichungen unterliegt, ist die Entscheidung zum Abschluß eines Sondervertrages weitgehend vom Ermessen des E-Werkes abhängig, was eine Quelle der Verärgerung betroffener Kunden sein kann. Zur Vermeidung muß dafür gesorgt werden, daß bei gleicher sonstiger Verbrauchscharakteristik die Durchschnittspreise einen gleitenden Übergang vom Leistungsbereich der größten Tarifabnehmer zu dem der kleinsten Sonderabnehmer aufweisen. Erschwerend ist noch, daß beim Sonderabnehmervertrag einmalige Kosten zu Lasten des Kunden anfallen, z. B. für die Umstellung der Anschlußanlage. Ob die Transformatoren selbst zur Kundenanlage gehören, ob die Messung vor oder hinter dem Umspanner erfolgt, ist Vereinbarungssache. Die jeweiligen Transformatorenverluste sind einfach zu errechnen und gegebenenfalls beim Arbeitspreis zu berücksichtigen.

---

[1] AVB, Abschn. II, 1.

Preisklauseln. Ein typisches Merkmal der Sonderabnehmerverträge sind Preisklauseln. Sie haben den Sinn, den Strompreis bei Veränderung der Gestehungskosten selbsttätig der neuen Kostenlage anzupassen. Eine vollkommene Klausel müßte die Kosten für Brennstoffe, Personal, Anlagenerhaltung, Betrieb, Vertrieb und Verwaltung berücksichtigen. Die Praxis erfordert verhältnismäßig grobe Vereinfachungen. Als eine solche waren lange Zeit reine Kohlenklauseln üblich. Diese und ähnliche Vereinbarungen waren so gestaltet worden, daß sie bei dem mit Sicherheit zu erwartenden Stromverbrauchsanstieg und der damit verbundenen Senkung des spezifischen Brennstoffverbrauchs sich eindeutig zugunsten der E-Werke auswirkten. Die langjährige Nutzung dieser Vorteile führte zu einer wachsenden Vertrauenskrise.

Neuerdings setzt sich die Überlegung durch, daß im Interesse eines langfristigen Vertrauensverhältnisses nur solche Klauseln Bestand haben, die sich nicht überwiegend zugunsten einer Partei auswirken. Es ist außerdem notwendig, die Klauseln laufend zu überprüfen, ob sie den tatsächlichen Verhältnissen und den voraussehbaren Änderungen gerecht werden.

Die früher üblichen Klauseln, bei denen für jede Kohlenpreisänderung beispielsweise ein entsprechender fester Zuschlag zum Arbeitspreis vorgesehen war, wirkten im Ergebnis „additiv" und verschoben das Verhältnis von Arbeits- zu Leistungspreis. Die Folge war, daß Kunden mit hoher Benutzungsdauer wesentlich stärker von der Preiserhöhung getroffen wurden, als solche mit niedriger Benutzungsdauer. Zur Vermeidung solch widersinniger Ergebnisse verwendet man heute durchweg sogenannte „Multiplikativ- oder Proportionalklauseln". Die Strompreise ändern sich dabei sowohl im Arbeits- als auch im Leistungspreis proportional zur prozentualen Änderung der Kohlenpreise.

Beispiel: Leistungspreis und Arbeitspreis ändern sich um das 0,8fache der prozentualen Kohlenpreisänderung.

$$P = P_0\left(0{,}20 + 0{,}80\,\frac{K}{K_0}\right)$$

P = Strompreis
K = Kohlepreis
Index $_0$ = Ausgangswert

Bei einer solchen Klausel wird ein bestimmter Kohlenpreis als Ausgangswert vereinbart, von dessen Höhe die Bemessung des Änderungsfaktors abhängt.

Teilweise wählt man nicht nur die Kohlenpreise, sondern auch noch bestimmte Ecklöhne als Bezugswerte und kommt damit zur sogenannten „LK-Klausel".

Beispiel: Vom Leistungs- und Arbeitspreis ändern sich 35% proportional den Kohlenpreisen und 25% proportional bestimmten Löhnen.

$$P = P_0\left(0{,}40 + 0{,}35\,\frac{K}{K_0} + 0{,}25\,\frac{L}{L_0}\right) \qquad L = \text{Lohn}$$

Klauseln dieser Art haben sich bei vernünftiger Anpassung der Ausgangs- und Änderungswerte bislang durchweg gut bewährt[1].

Die Freigabe der Preisklauseln für Sonderabnehmerverträge durch die Preisverordnung 18/52 brachte die Wiederverkäufer-Elektrizitätswerke in die schwierige Lage, die erhöhten Gestehungskosten nur bei den Sonderabnehmern weitergeben zu können, ihrerseits aber für den vollen Strombezug mit gleitenden Preisen

---

[1] Vgl. STRAHINGER, Gleitende Strompreise, VWEW-Verlag Frankfurt 1952.

rechnen zu müssen. In den meisten Fällen haben die Lieferer-Elektrizitätswerke der Sachlage dadurch Rechnung getragen, daß sie mit den Wiederverkäufern nur für den Anteil des Sonderabnehmerstroms Verrechnung nach Preisklauseln vereinbarten.

Blindstromvereinbarungen. Ein typischer Bestandteil der meisten Sonderabnehmerverträge sind Blindstromvereinbarungen. Ihr Zweck ist es, die Netze der Elektrizitätswerke von unnötigen und wirtschaftlich unerwünschten Kosten für Blindstrom zu befreien, der meist infolge von Transformatoren- oder Motorenleerlauf die Netze auch außerhalb der Spitzen belastet. Durch die Blindlastklauseln werden die Blindstrompreise so gestaltet, daß den Abnehmern ein echter Anreiz zur Vermeidung unnötigen Blindstromes und für die Einrichtung eigener Kompensationsanlagen geboten wird.

Die Blindstromvereinbarungen verlangen in der Regel die Einhaltung eines Leistungsfaktors von $\cos \varphi = 0{,}9$, d. h. einen Blindstromverbrauch von nicht mehr als 50% des Wirkstromverbrauchs.

Blindstromüberschreitungen über diesen relativen Wert hinaus werden zumeist in den Verträgen mit Zuschlägen in Prozenten des jeweiligen Wirkstromdurchschnittspreises in Anrechnung gebracht. Diese Art der Blindstromanrechnung hat jedoch den Nachteil, daß sie wegen der Bindung an die elektrische Arbeit Verbraucher mit hohen Benutzungsstunden stärker als andere belastet. Besser erscheint eine Belastung der Kunden nach der Blindleistung, indem man den Leistungspreis nicht nach den kW, sondern nach den kVA der Höchstleistung berechnet (z. B. bei 1000 kW und $\cos \varphi = 0{,}9$ ergeben sich 1110 kVA als Bemessungsgrundlage für die Leistung!)[1].

Bemessung der Leistungs- und Arbeitspreise. Die Leistungs- und Arbeitspreise werden in Sonderabnehmerverträgen vielfach nach Zonen für die Abnahmeleistungsmenge gestuft, um einen gewissen Verbrauchsanreiz zu bieten. Sinkende Durchschnittspreise sollen dabei mit steigender Abnahmemenge mindestens eine Beibehaltung der Benutzungsdauer zur Voraussetzung haben, möglicherweise sogar noch eine kleine Verbesserung. Hierin spiegelt sich die Erkenntnis wieder, daß auch bei Sonderabnehmern eine Umsatzsteigerung allein keine Kostendegression bringt, während die Benutzungsdauer für das Kostenbild entscheidend ist.

Für die Bemessung der Leistungspreise wird die Jahreshöchstlast herangezogen. Ob man dabei die Leistungen aus dem Verbrauch für $^1/_4$, $^1/_2$ oder sogar 1 Stunde ermittelt und das Mittel aus den 3 höchsten Spitzen des Jahres oder einzelner Monate nimmt, ist unwesentlich. Je weiter die zugrunde gelegten Werte unter dem tatsächlichen absoluten Spitzenwert liegen, um so mehr muß der Leistungspreis überhöht werden, um kostenecht und gerecht zu sein.

Monatshöchstleistungen werden auch noch zur Bemessung niedriger Sommerleistungspreise herangezogen, um den Sommerverbrauch zu fördern. Teilweise werden entsprechend auch für leistungsschwache Tageszeiten niedrigere Leistungspreise gewährt. Vorsorge muß allerdings getroffen werden, daß der Kunde nicht plötzlich ganz auf die Inanspruchnahme der Leistung in Spitzenzeiten mit hohem Leistungspreis verzichtet, da sonst das Elektrizitätswerk für die einmal gelei-

---

[1] Vgl. PAASCH, Verrechnungsarten von Blindstrom für Sonderabnehmer mittlerer Größe, Elektrizitätswirtsch. 1957, H. 6, S. 183ff.

steten Investitionen keine Deckung mehr finden würde. Daher wird zumeist vereinbart, daß der Kunde in jedem Falle einen bestimmten Prozentsatz der vorgehaltenen oder der Vorjahresleistung zu bezahlen hat.

Das Bedürfnis der E-Werke, mit möglichst einheitlichen Sonderabnehmerverträgen für viele Kunden auszukommen, hat vielfach dazu verführt, die Anpassung an den Einzelfall durch besondere, der Preisklarheit abträgliche Rabatte zu erstreben, obgleich dazu andere Mittel der Vertragsgestaltung zur Verfügung stehen: Nachtrabatte können durch Nachtstrompreise ersetzt werden, Mengenrabatte durch Zonendifferenzierung der Arbeitspreise. Der Zweck von Sommerrabatten kann durch Sommer- und Winterpreise genausogut erfüllt werden. Auch Benutzungsdauerrabatte sind sinnlos, da durch das Zusammenspiel von Leistungs- und Arbeitspreis ebenso eine Anpassung der Belastungskurve des Kunden an die Gesamtbelastungskurve des E-Werks angestrebt werden kann.

Erfolgreich hat sich im Zusammenhang mit der Vertragsgestaltung eine intensive echte Beratung der Kunden hinsichtlich der Gestaltung ihres Betriebsablaufes erwiesen. Wichtig ist eine energiewirtschaftliche Betriebsanalyse, die von Fachkräften des E-Werks zusammen mit Vertretern des Kunden durchgeführt wird. Der damit verbundene Aufwand lohnt sich, da bereits nach kurzer Zeit Verbesserungen der Belastungskurven erzielt werden. Gleichzeitig wird das Vertrauensverhältnis der Partner wesentlich gestützt, was rückwirkend auf Grund des Schwindens von Mißtrauen auf der Gegenseite die Verhandlungen erleichtert. Die Sachbearbeiter des E-Werks sollten ihre Fachkenntnisse immer zu einer wirklich kundenfreundlichen Beratung und Aufklärung des Vertragspartners, nie aber in umgekehrtem Sinne einsetzen.

III. Elektrizitätswerbung und -beratung

Notwendigkeit. Ob es notwendig ist, für Elektrizität zu werben, wird vielfach bezweifelt. Tatsächlich erzwingt der Wunsch der Menschheit nach Licht, Wärme, Arbeitsentlastung und Bequemlichkeit eine weitere Verbreitung der Elektrizitätsanwendung auch ohne Förderung durch die E-Werke. Im Drang der Erfüllung täglicher Bedarfswünsche verzichtet die Verbraucherschaft weitgehend auf wirtschaftliche Überlegungen.

Da die E-Werke die Stromlieferungswünsche nahezu unausweichlich zu erfüllen haben, müssen sie, um die Preiswürdigkeit des Stromes und die Wirtschaftlichkeit ihres Betriebes zu sichern, den Verbraucher so zu beeinflussen versuchen, daß die wirtschaftlich günstigste Menge an Elektrizität in der für die Allgemeinheit und für die Werke wirtschaftlichsten Weise und vor allem zur günstigsten Zeit entnommen wird. Auch die Bemühungen um zusätzlichen Stromverbrauch haben sich nach diesem Werbeziel auszurichten. Die Beratung der Kunden ist ein wesentlicher Teil der Werbung.

Besonderheiten. Erfolge können im Streben nach günstigeren Belastungsverhältnissen nur durch ausdauernde zähe Arbeit erreicht werden. Eine Werbung mit kurzfristigen Erfolgsabsichten ist auf diesem Gebiet nicht üblich.

Die Beeinflussung der Kundenwünsche geschieht in zwei Stufen. Die allgemeine Elektrizitätswerbung erstrebt eine grundsätzlich wohlwollende Einstellung der Verbraucherschaft zur Elektrizität, während das Hauptgewicht der Werbetätigkeit auf der Förderung des Stromverbrauchs belastungsgünstiger Gerätegruppen liegt. Diese Werbung richtet sich hauptsächlich jeweils auf wenige Schwerpunkte des Verbrauchs zur örtlichen Erzielung einer höheren Benutzungsdauer.

Die Beratung betreut nicht nur die Kunden unmittelbar, sondern bedient sich hierzu insbesondere auch der Zusammenarbeit mit Architekten, Installateuren, der Lieferindustrie für Verbrauchsgeräte und des einschlägigen Handels. Die in der Werbung und Beratung benutzten Mittel reichen von der Veranstaltung von Vorträgen, Lehrgängen und Ausstellungen, der Erstellung von Gutachten und der Durchführung von Kundenbesuchen über eine publizistische Aktivität in Presse, Rund- und Fernsehfunk bis zu fachlich wissenschaftlichen Arbeiten und Veröffentlichungen. Von Vorteil ist dabei, daß die angesprochene Öffentlichkeit mit der Verbraucherschaft als langjährigem Kundenkreis identisch ist.

a) Haushalt

Die Stromabgabe an Haushaltabnehmer läßt in den verschiedenen Ländern außerordentliche Unterschiede im Elektrifizierungsstand erkennen.

Jährlicher Stromverbrauch je Haushaltabnehmer (1956)[1]

Italien	346 kWh
Belgien	374 kWh
Frankreich	395 kWh
Portugal	432 kWh
Jugoslawien	464 kWh
Bundesrepublik	618 kWh
Österreich	645 kWh
Niederlande	810 kWh
Schweden	1410 kWh
Großbritannien	1613 kWh
Schweiz	2740 kWh

Schlüsse auf eine unterschiedliche Wirksamkeit von Werbung und Beratung auf die Haushaltelektrifizierung können daraus kaum gezogen werden, da die natürliche Wettbewerbslage der Elektrizität infolge anderer Rohenergiepreise, fehlender Gasversorgung und aus Gründen unterschiedlicher Organisation in den einzelnen Ländern sehr unterschiedlich ist.

Auch Vergleichszahlen deutscher Städte über den Haushaltstromverbrauch sind mit großer Vorsicht zu bewerten. Beispielsweise lagen die Zahlen über den durchschnittlichen Stromverbrauch je Haushalt im Jahre 1955 für die Städte Hannover, West-Berlin, München, Frankfurt, Stuttgart, Düsseldorf und Hamburg etwa zwischen 300 und 850 kWh/Haushalt.

Diese bemerkenswerten Unterschiede können nicht allein auf Preisunterschiede für elektrischen Strom zurückgeführt werden. Die Ursache dürfte eher in der Verschiedenheit der Lebensgewohnheiten, dem Ausmaß und der örtlichen Lage der Neubauten, vor allem in der jeweiligen Stärke des Wettbewerbers Gas zu sehen sein. Vielleicht sind auch unnatürliche Wettbewerbsverlagerungen mit im Spiel. Wenn Unternehmen im „Querverbund" Gas- und Elektrizitätswerk gemeinsam

---

[1] Zahlen nach DE FÉLICE, TIBERGHIEN und PHISEUX, „Elektrizitätsanwendung im Haushalt 1953 bis 1956" Quaderni di studi e notizie, Nr. 272/273 vom 1. 8. 58, vgl. Elektrizitätswirtsch. 1958, H. 2, S. 660.

betreiben, läßt sich ein freier Wettbewerb zwischen den beiden Energiearten selten erhalten.

Allgemeine Werbung. Für die allgemeine Elektrizitätswerbung, auch im Hinblick auf den Wettbewerber Gas, ist als Zentralstelle die Hauptberatungsstelle für Elektrizitätsanwendung (HEA) eingerichtet. Ihre Mitglieder setzen sich aus den wesentlichen Werken der E-Versorgung und der einschlägigen Industrie zusammen. Die HEA hat die Aufgabe, ihre Mitglieder hinsichtlich der allgemeinen Werbung für die Anwendung von Elektrizität einheitlich zu beraten und zu betreuen.

Für die Anwendung von elektrischem Licht wird von der HEA seit Jahren nicht mehr systematisch geworben, da hier so gut wie kein Wettbewerb besteht und überdies die Auffassung Platz gegriffen hat, daß ein höherer Lichtverbrauch unweigerlich die unliebsame Tages- und Jahresspitze erhöht. Gleichwohl sollte für die richtige Anwendung des Lichts nach Helligkeit und Stimmungsgehalt aufklärend gearbeitet werden und vor allem durch die Zahl und Lage der Anschlußstellen auch zum Verbrauch von Lichtstrom außerhalb der Spitze angeregt werden.

Auch die Stromwerbung für Kraftanschlüsse wird kaum betrieben, da hier nur an wenigen Stellen mit dem Diesel- oder Benzinmotor eine Wettbewerbslage besteht. Immerhin ist mit Rücksicht auf vermeidbare Einschalt- und Anlaufspitzen eine werbende Kundenberatung nützlich.

Der Hauptteil der allgemeinen Werbung erstreckt sich auf Wärmeanwendung und im besonderen wiederum auf die Anwendung elektrischer Kleingeräte und elektrischer Küchenherde.

Ein großer Teil der Werbeargumente beruht auf der Erkenntnis, daß das Streben nach Bequemlichkeit und Sauberkeit eine Folge des sich hebenden Lebensstils ist, so daß für die allgemeine Elektrizitätswerbung neben der fachlichen Aufklärung die Betonung des guten Geschmacks und des höheren Lebensstils wirkungsvoll bleibt.

Für den Soziologen, Psychologen und für die in der Werbung Tätigen ist dabei von Interesse, daß der Wunsch nach Nutzung der Elektrizität im Haushalt zumeist Menschen aufgeschlossener, fortschrittlicher Grundhaltung eigen ist.

Die Werbung muß berücksichtigen, daß der Strom nur in Verbindung mit einem stromverbrauchenden Gerät anwendbar ist. Der Werbung kommt zugute, daß die Preise elektrischer Verbrauchsgeräte im wesentlichen stabil geblieben, zum Teil sogar beträchtlich gesunken sind. Bei dem stetigen Anstieg des Bedarfs dürften sie auch weiterhin verhältnismäßig niedrig bleiben. So wichtig für den Entschluß zum Kauf eines Gerätes dessen Preis und Qualität auch sein mögen, die fortschrittliche und elegante Gestaltung dieser Geräte ist nicht minder bedeutsam für den Kaufanreiz. Gerade in dieser Hinsicht leistet die Werbung vieler Gerätehersteller der allgemeinen Elektrizitätswerbung wertvolle Hilfe.

Starke Wirkungen gehen auch von der Werbung derjenigen Gesellschaften und Vereinigungen aus, die auf den einzelnen Nutzenergiemärkten neben zweckmäßigen Überlegungen ästhetische Gesichtspunkte besonders betonen (z. B. Lichttechnische Gesellschaft, Studiengemeinschaft Licht e. V. und ähnliche).

Die Bemühungen der im Rahmen der allgemeinen Elektrizitätswerbung über das ganze Bundesgebiet tätigen Gesellschaften werden auf dem Haushaltssektor durch Werbemaßnahmen der E-Werke ergänzt, die sich vornehmlich an jüngere Menschen wenden: Werksbesichtigungen, Kochlehrgänge in den Schulen und dgl.

Wettbewerb gegenüber Gas. Der Wettbewerb Elektrizität/Gas ist auf dem Haushaltssektor durch die besondere Lage gekennzeichnet, daß zweischienig, d. h. für Wärmebedarf mit Gas versorgte Wohnungen nur sehr mühselig für eine Vollelektrifizierung gewonnen werden können, während vollelektrifizierte Haushalte mit großer Wahrscheinlichkeit der Elektrizitätsenergie treu bleiben. Der Wettbewerbskampf wird daher in der Hauptsache auf dem Neubausektor um zweischienige oder vollelektrische Installation ausgetragen.

Die Zahl der gasversorgten Küchen ist zur Zeit noch recht beachtlich und nimmt weiterhin zu. Da jedoch die Zuwachsrate der elektrisch versorgten Küchen erheblich größer ist, wird ihre Anzahl bereits in wenigen Jahren stark überwiegen.

Bei neuen Mehrfamilienhäusern hat der Mieter kaum die Möglichkeit, zwischen beiden Versorgungsarten frei zu wählen. Die Entscheidung über die Installationsausrüstung der Häuser wird in der Regel bereits vom Bauherrn unter Beratung des Architekten vorweg gefällt. Viele E-Werke haben in Erkenntnis dieser Sachlage eine intensive Beratung der Bauherren und Architekten durchgeführt und damit den Anteil der vollelektrifizierten Haushalte in Neubauten erheblich steigern können. Bei namhaften großen E-Werken liegt der jährliche Anteil vollelektrifizierter Wohnungen in Neubauten bereits bei 70%.

Bei der Entscheidung der Bauherren über die Art der Energieversorgung für ihre Häuser kommt den vergleichbaren Anlage-Kosten erhebliches Gewicht zu. Um hier klärend zu wirken, wurde 1954/55 von der Hamburger Baubehörde unter Beteiligung beider Wettbewerbspartner eine eingehende Vergleichsuntersuchung angestellt. Sie bezog sich auf 86 Wohnungen mit zwei und drei Räumen, die nach neuesten Erkenntnissen der Versorgungstechnik unter Beachtung bestimmter Kostensätze errichtet waren. Die Hälfte sah für Kochen, Warmwasserbereitung und Badbeheizung Gasgeräte vor. Die Wohnungen waren entweder mit Brause oder mit Klein- oder Vollbad ausgerüstet. Besonderer Wert wurde auf möglichst gleiche Bedingungen für die Wettbewerbspartner gelegt. Das Ergebnis sah etwa wie folgt aus:

Anlagekosten:	Geräte	bei Gasversorgung	26% billiger
	Leitungen	bei E-Versorgung	38% billiger
	besondere bauliche Maß- nahmen	bei E-Versorgung	100% billiger
	Gesamte Anlage	bei E-Versorgung	9% billiger

Die Energieverbrauchskosten lagen, ohne daß die Verbrauchsgewohnheiten der Bewohner irgendwie beeinflußt wurden, für Gas und Strom im Mittel aller Wohnungstypen fast gleich hoch. Im einzelnen waren die elektrischen Energiekosten bei den Wohnungen mit Vollbad höher, bei den anderen niedriger.

So sehr die Ergebnisse auch durch örtliche Verhältnisse, wie z. B. die Hamburger Strom- und Gastarife, beeinflußt sein mögen, so ließ sich doch die Bestätigung gewinnen, daß alles in allem die Anlagekosten für vollelektrifizierte Wohnungen etwas niedriger als bei zweischieniger Versorgung werden, und daß die Energieverbrauchskosten keine erheblichen Unterschiede aufweisen. Für die Werbung der Elektrizitätswerke scheint es daher sinnvoll zu sein, daraus die wichtige Folgerung zu ziehen, im Wettbewerb mit Gas nicht so sehr die Kosten

22*

als vielmehr die besonderen Annehmlichkeiten der Elektrizität als Hauptargument zu benutzen.

Im Wettbewerb zwischen Gas und Elektrizität sollten die Beteiligten grundsätzlich darüber einig sein, die Probleme von höherer Warte aus nach wirtschaftlichen, vielleicht sogar volkswirtschaftlichen Gesichtspunkten großzügig und weitblickend zu betrachten. Die sachlichen Argumente der Beteiligten sollten ehrlich gegenseitig anerkannt werden. In der Öffentlichkeit, vor allem auch Behörden gegenüber mit falschen Schlagworten zu werben, hat wenig Sinn, da auf längere Sicht doch die Wahrheit offenbar wird.

Günstige Gerätegruppen. Für die Lage der Elektrizitätswerke in ihrem Kampf um bessere Belastungsverhältnisse gibt das Bild einer Tagesbelastungskurve (Winterwerktag) eines vollelektrischen Haushalts mit günstigem Nachtstrompreis eindrucksvolle Aufschlüsse:

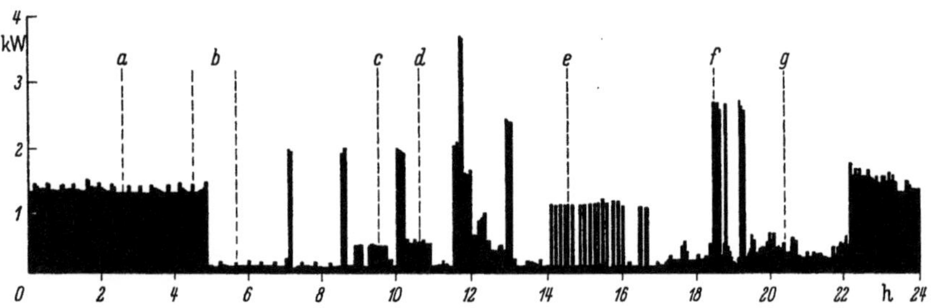

Abb. 48. Tagesbelastungskurve eines vollelektrischen Haushalts (mit WW-Speicher)
a Heißwasserspeicher, *b* Kühlschrank, *c* Küchenmaschine, *d* Backofen, *e* Reglereisen, *f* Kochherd, *g* Beleuchtung
(Grossen, M. Von den Faktoren, die die Belastungskurve bestimmen. Energie-Erz. u. Vert. Bulletin des SEV, „Seiten des VSE", Bd. 2 (1955), Nr. 15, S. 177—181)

Die Darstellung läßt deutlich erkennen, wie eine Vielzahl meist recht kurzzeitiger Stromentnahmen sich zu einer wildzerklüfteten Belastungskurve zusammenfügt, sie läßt jedoch auch erkennen, daß gerade die Vielzahl der stromverbrauchenden Geräte eine Auffüllung von Lücken ermöglicht, ohne die Gesamtleistung wesentlich zu erhöhen.

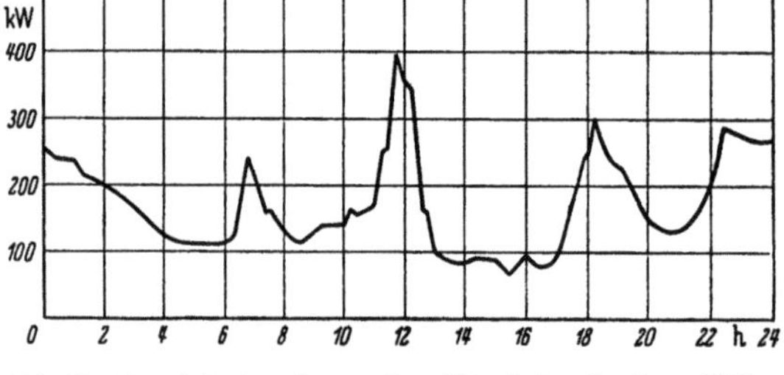

Infolge der zeitlichen Verschiebung der Inanspruchnahme bei den einzelnen Haushalten gleichen sich die einzelnen kleinen Spitzen und Lücken untereinander so aus, daß die Belastungskurve bei einer Netzstation schon wesentlich ruhiger wird.

Abb. 49. Tagesbelastungskurve einer Netzstation in einem Wohnvorort
(Grossen, W. Von den Faktoren, die die Belastungskurve bestimmen. Energie-Erz. u. Vert. Bulletin des SEV, „Seiten des VSE", Bd. 2 (1955), Nr. 15, S. 177—181)

Der Verlauf der Belastungen in den Haushalten verschiebt sich im Laufe der Zeit durch Veränderungen in der Ausrüstung mit stromverbrauchenden Geräten und deren Benutzung. So hat bei vielen Abnehmern die inzwischen üblich gewordene vorzügliche Beleuchtung an den beruflichen Arbeitsplätzen Wünsche nach einer besseren und ästhetisch befriedigenderen Beleuchtung in den Wohnungen aufkommen lassen. Die Entwicklung zielt auf eine Dezentralisierung der Lichtquellen in den Räumen hin. Nach einer Untersuchung im Jahre 1956 waren im Bundesgebiet etwa neun Lampen je Haushalt im Durchschnitt vorhanden, im Jahre 1959 bereits 13,5[1]. Daß hier noch erhebliche Steigerungen zu erwarten sind, geht aus der Tatsache hervor, daß in den USA pro Kopf der Bevölkerung jährlich mehr als doppelt soviel Lampen wie im Bundesgebiet gekauft werden. Sehr hohe Erwartungen an eine Verbesserung der Belastungskurve im Haushalt können daran allerdings nicht geknüpft werden, da der Stromverbrauch der Lampen relativ gering ist und im Haushalt wohl auch weiterhin in die Spitzenzeit fallen dürfte.

Wesentlich bessere Aussichten eröffnen hier die vielen Hilfsgeräte im Haushalt, die normalerweise gerade in den Zeiten zwischen Morgen-, Mittag- und Abendspitze betrieben werden, wie Staubsauger, Bohnergeräte, Bügeleisen, Kaffeemühlen, Mixer, Rührgeräte und dgl. Bezeichnend ist die Erkenntnis aus der genannten Hamburger Untersuchung, daß in vollelektrischen Haushalten der Strombedarf für Kleingeräte einschließlich Beleuchtung um rd. 20% höher lag, als in den auch mit Gas versorgten. Es läßt sich daraus entnehmen, daß derjenige, der einmal die Vorteile der Elektrizität im Haushalt kennengelernt hat, bereit ist, sie auch bei allen dort vorkommenden Arbeiten besser zu nutzen.

Ebenfalls belastungsgünstig wirken sich Kühlschränke aus, da sie ihren Strom in Intervallen Tag und Nacht gleichmäßig entnehmen. Neuerdings zeichnet sich mit dem Vordringen tiefgekühlter Lebensmittel ein Trend zu größeren und leistungsfähigeren Haushaltkühlschränken ab.

Elektrische Haushaltherde setzten sich in großem Maße erst in den dreißiger Jahren durch. Ihre Einführung wurde von den Elektrizitätswerken seinerzeit außerordentlich gefördert, um die Mittagstäler der Lastkurven zu füllen. Zum Teil bestehen aus jener Zeit noch heute Strompreisvergünstigungen für Haushalt mit elektrischen Herden.

Inzwischen hat sich vor allem nach Einführung von Schnellheizplatten und Schnellkochern die elektrische Küche allgemein verbreitet. Vom Anschlußwert eines Herdes von 5—7 kW werden normalerweise im Einzelfall 2—3 kW gleichzeitig beansprucht. Wegen der Verschiedenheit der Benutzung beträgt jedoch in den Netzstationen der durchschnittliche Herdstromanteil nur $1-1^1/_2$ kW und sinkt in den übergeordneten Netzen noch weiter ab. Vereinzelt macht in schwächeren Netzen allerdings schon diese Leistungsbeanspruchung in Form einer Mittagsspitze Sorge, zumal dort, wo wenig Gewerbe und Industriestrom aus dem Netz genommen wird. Doch wird sich auch in solchen Gebieten der Trend zum elektrischen Herd nicht mehr aufhalten lassen, so daß alle betroffenen E-Werke gut daran tun, ihre Netze der Vollelektrifizierung der Haushalte so anzupassen, wie es bei den meisten schon längst geschehen ist.

Bei der Mehrzahl der E-Werke steigt indessen der Gewerbe- und Industriestromverbrauch so an, daß auch eine höhere Mittagskochspitze nicht störend ist. Ihr Anstieg wird im übrigen vielerorts dadurch gehemmt, daß die Anpassung an

---

[1] Vgl. SUTTHOFF, Die Glühlampe im Haushalt. Lichttechnik 1956, H. 11, S. 453 ff.

die Zeiteinteilung der Berufstätigen die Herdbenutzung in die Abendstunden verlagert. In vielen Netzen wird daher mit einer entsprechenden Erhöhung der Abendlast zu rechnen sein.

Bemerkenswert ist ein Rückblick auf die Einführung der einzelnen Haushaltsgerätetypen. Die Geräte sind, wohl durch Werbung der Hersteller und auch modische Erwägungen bedingt, in deutlichen Wellen in die Haushalte eingedrungen. Die einzelnen Geräte verbreiteten sich immer dann sehr schnell, wenn erst einmal eine Sättigung von rd. 10% überschritten wurde.

Sättigungsgrade einiger wichtiger Haushaltgeräte im Bundesgebiet (Herbst 1958)[1]

Elektrobügeleisen	93%
Staubsauger	52%
Elektroherde (Voll-, Klein- und Kombiherde)	34%
Rasierapparate	30%
Elektrokühlschränke	21%
Elektrowaschmaschinen	20%
darunter elektrisch beheizte	12%
Mixer, Küchenmaschinen	12%

Zur Zeit ist gerade als Ergänzung oder Ersatz der allgemein verbreiteten Rundfunkgeräte die Flut der Fernsehgeräte im Vordringen und wird vorerst wohl nicht zum Stillstand kommen. Schon findet aber ein neuer Stromverbraucher in beträchtlicher Zahl Eingang in die Haushalte: die halb- oder vollautomatische Waschmaschine.

Heißwassergeräte hoher Heizleistung. Hinsichtlich des Stromverbrauchs für die motorischen Antriebe sind Waschmaschinen zur Verbesserung der Haushaltsbelastungskurven von allen E-Werken von Anfang an gerne gesehen worden, doch bestanden lange noch gewisse Bedenken wegen der hohen, bis zu 6 kW betragenden Heizleistung der meisten neueren Typen. Da indessen im allgemeinen mit diesen Maschinen nur ein bis zweimal in der Woche in den Haushalten gewaschen wird, ergeben sich gute Gleichzeitigkeitsfaktoren, so daß Überlastungen in gut ausgelegten Niederspannungsnetzen nicht vorkommen. Selbst einzelne Überschneidungen der Waschspitzen mit den Kochspitzen sind im allgemeinen gut tragbar.

Ähnliche Befürchtungen wie gegenüber der Heizlast durch Waschmaschinen bestanden auch gegenüber Durchlauferhitzern. Bei den leistungsschwächeren Geräten dieser Art für Küchen und andere kleinere Zapfstellen sind wegen der geringen Höchstleistung und wegen der guten Gleichzeitigkeitsfaktoren (im Mittel unter 0,1) keine Belastungsschwierigkeiten aufgetreten. Große, leistungsstarke Durchlauferhitzer mit 12 oder 18 kW für das Bad verursachen indessen bei einem Gleichzeitigkeitsfaktor um 0,1 immerhin mittlere Belastungen je Haushalt in Höhe von etwa 2 kW. Bei einer Spitzenbelastung der Mehrzahl aller Haushalte von nicht über 2—3 kW ist eine solche Zusatzlast beträchtlich. Zwar werden derartige Geräte heute noch vorwiegend nur an einigen Tagen länger benutzt, jedoch ist damit zu rechnen, daß mit dem zunehmenden Lebensstandard in absehbarer Zeit das tägliche Bad selbstverständlich wird. Nach derzeitigen Schätzungen könnte dann bei einer Ausrüstung der Hälfte aller Haushalte mit solchen Geräten die Grenze der Leistungsfähigkeit auch neuzeitlicher Netze erreicht werden[2].

---

[1] Nach WURMBACH, Der Elektro-Großhandel, Elektrowirtsch. 1959, H. 10, S. 240.

[2] Vgl. hierzu SOLLING, Die Belastungsverhältnisse des Haushaltstromverbrauchs. Elektrizitätswirtsch. 1958, H. 9, S. 327 ff.

In Altbauwohngegenden ist ein hoher Anteil so leistungsstarker Durchlauferhitzer auch künftig kaum zu erwarten. Bei neuen Siedlungen jedoch hat eine Reihe von Elektrizitätswerken bereits vorsichtshalber ihre Netze für einen noch höheren Anteil solcher Geräte eingerichtet. Sie haben dies aus der durchaus richtigen Erkenntnis getan, daß das E-Werk den Kunden die Befriedigung erfüllbarer Wünsche nicht verwehren kann, sondern seine Bemühungen nach Möglichkeit darauf richten muß, gelegentlich örtlich unerwünschte Entwicklungen der Belastungskurven durch vermehrte Förderung ausgleichender Geräte zu kompensieren.

Raumheizung[1]. Sehr hohe Spitzenbelastungen entstehen durch elektrische Heizgeräte. Vornehmlich in den frühen Morgenstunden, aber auch nachmittags und abends für die Übergangs- und Zusatzheizung benutzt, bereiten sie wegen ihrer hohen Leistungsaufnahme und ihrer schlechten Gleichzeitigkeitsfaktoren beträchtliche Sorgen. Sie überlasten die Netze und verschlechtern die Belastungskurven.

Wenn solche Geräte von Berufstätigen im Winter nur in den Abendstunden kurz eingeschaltet werden, erzielen sie Benutzungsdauern von rd. 500 Stunden. Wenn sie im Winter den ganzen Tag über und abends benutzt werden, so kommen sie auf etwa 2000 Benutzungsstunden. Dem Elektrizitätswerk entstehen bei einer Benutzungsdauer in dieser Höhe allein Stromselbstkosten von mehr als 10 Pf/kWh, denen nur der vom Kunden zu zahlende Arbeitspreis, aber kein zusätzlicher Leistungspreis gegenübersteht.

Im Einzelfall kann allerdings auch die Stromabgabe für unmittelbare und speicherlose Raumheizung wirtschaftlich sein, wenn z. B. an sehr starken, nicht voll ausgelasteten Netzsträngen Verbraucher ihre Sammelheizungsanlagen mittels Tauchheizkörpern an den Kesseln oder in einzelnen Radiatoren nur während der Übergangszeit vollelektrisch oder mit elektrischem Zusatz betreiben. Sowie jedoch Raumheizungen zeitlich in den Bereich der Winterspitze geraten, wird ihre Wirtschaftlichkeit für das E-Werk sofort kritisch. Die E-Werke halten sich daher in ihrer Werbung für elektrische Raumheizung im allgemeinen stark zurück. Wird von Haushaltkunden dennoch elektrische Raumheizung gewünscht, so wird die Beratung eingeschaltet, um eine für beide Vertragspartner möglichst günstige Lösung zu finden.

Die E-Werke haben es hier mit einem Nutzenergiemarkt zu tun, auf dem die Wünsche der Kunden dem wirtschaftlichen Streben der E-Werke entgegenlaufen. An der grundsätzlichen Abhängigkeit der Kostenstruktur der E-Werke vom Spitzenproblem dürfte sich in absehbarer Zeit kaum etwas ändern. Auch Pumpspeicherwerke mildern die beachtlichen Mehrkosten für Spitzenstrom, heben sie jedoch nicht völlig auf. Als Ausweg bleibt daher nur die Möglichkeit, den unerwünschten Heizbedarf der Kunden zu entsprechend erhöhten Strompreisen zu befriedigen oder ihn aus der Spitze zu verdrängen.

Technisch eignet sich hierfür am besten die Nachtspeicherheizung. Das Problem der Regelung der Wärmeabgabe in Abhängigkeit von der Raumtemperatur ist auch bei solchen Geräten inzwischen gelöst. Für die Aufladung am Netz ist der Zeitraum von 22 bis 6 Uhr geeignet, notfalls ergänzt durch die Zeiträume zwischen den Spitzen, also von 9 bis 11 und von 13 bis 15 Uhr. Bewährt hat sich

---

[1] Vgl. S. 356.

dabei eine zentrale Zeitsteuerung der Stromzufuhr für alle Speicheröfen eines Hauses oder Häuserblocks. Sie bietet im übrigen die Aussicht, durch Anschluß der betreffenden zentralen Steuergeräte an eine Tonfrequenzrundsteuerung oder sonstige Steuerkanäle die Speicherheizanlagen im Bereich eines E-Werkes vom Lastverteiler aus sinngemäß einzusetzen.

An Speicherheizgeräten waren 1958 je 1000 Einwohner installiert

in Österreich   rd. 18   kW
im Bundesgebiet rd.   0,6 kW
in Westberlin   rd.   1,5 kW

Die Zurückhaltung gegenüber Nachtspeicheröfen entsprang im Bundesgebiet vor allem der Unsicherheit über die Anlage- und Betriebskosten. Inzwischen hat jedoch ein großzügiger Versuch in Berlin gezeigt, daß die einzelnen Anlage-kosten im großen und ganzen der einer ölgefeuerten Warmwasser-Sammelheizung entsprechen und daß unter günstigen Bedingungen (Raumhöhe 2,75 m) die elektrischen Heizkosten bei einem Strompreis von 5,0 Pf/kWh, der für derartige Anlagen gerechtfertigt erscheint, mit etwa DM 5,80/m^2/Jahr den Heizungskosten von Warmwasser-Sammelheizungen ungefähr angeglichen werden können[1].

Mögen diese beachtlichen Ergebnisse auch nur ungewöhnlich intensiven Vorbereitungsarbeiten zu verdanken sein, so zeigen sie doch, daß für die Kunden eine solche Heizungsart keine unüberwindbaren Nachteile gegenüber anderen Heizungsarten mehr aufweist.

Der Hinweis auf die Nachtstromheizung genügt indessen nicht, um die Heiz-belastung aus den Spitzenzeiten zu verdrängen. Zur Zeit wird daher allenthalben nach Wegen gesucht, die Entscheidung der Kunden durch empfindlich höhere Preise für den unerwünschten Heistromverbrauch zu beeinflussen. Ob eine solche finanzielle Mehrbelastung die Masse der Kunden vom kurzzeitigen Gebrauch von Heizgeräten abhalten wird, erscheint jedoch sehr fraglich. Die E-Werke können zwar auf diese Weise einer ungefähren Kostendeckung näher kommen, begeben sich aber in die Gefahr einer grundsätzlichen Abwehr höheren Bedarfs.

Eine Verdrängung der Heizstromentnahme aus der Spitzenzeit durch Begren-zung der je Abnehmeranschluß zu entnehmenden Leistung würde die Entschei-dungsfreiheit der Kunden einengen. Von dieser Möglichkeit sollte höchstens als vorübergehende Lösung bis zum Aufbau ausreichender Netze Gebrauch ge-macht werden. Auch eine Festlegung von Grundpreiszuschlägen bei Überschrei-tung bestimmter Anschlußwerte von Heizgeräten erscheint verfehlt, da sie den E-Werken Kontrollen aufbürden würde, die sie ohne zusätzliche Kosten und ohne Verärgerung der Kunden nicht durchführen können. Grundpreiszuschläge für jede Überschreitung bestimmter gemessener Leistungswerte seitens eines Haus-halts, wobei die Leistungsüberschreitung durch ein kleines Zusatzmeßgerät im Zähler vermerkt wird, — haben den Nachteil, gleichzeitig die Benutzung von Durchlauferhitzern mit Strompreisen in einer Höhe zu belasten, die deren wesent-lich günstigerem Gleichzeitigkeitsfaktor nicht entspricht.

Eine andere Möglichkeit, höhere Heizleistung ohne besondere tarifliche Er-schwerung zuzulassen, besteht in der automatischen oder ferngesteuerten Ab-schaltung großer Heizgeräte mit Einwilligung des Kunden innerhalb der jeweiligen

---

[1] Vgl. RICHERT, Elektro-Nachtspeicheröfen. Elektrizität 1958, H. 11, S. 387 ff.

Leistungsspitzen. Wenn zudem eine gewisse Speicherung vorgesehen werden kann, wird bei geschickter Steuerung die vorübergehende Temperaturschwankung kaum anders empfunden, als die einer stets in gewissem Grade wechselnden automatisch gesteuerten Heizung.

Unerwünschte Heizgeräte unterscheiden sich von allen anderen Geräten durch Höhe und Dauer der Leistungsbeanspruchung. Eine für alle Beteiligten tragbare und gerechte Lösung wären daher kostenechte Grundpreiszuschläge bei Überschreitung einer Leistung je Haushalt von 6, später vielleicht 8 kW, sofern diese Leistungsüberschreitung länger als 15—30 Minuten andauert, und vor Ablauf des gleichen Zeitraums wieder in gleicher Dauer auftritt[1]. Ein entsprechendes Leistungsmeßgerät ließe sich preiswert bauen und an jedem Zähler ohne sehr große Kosten anbringen. Gelegentliche Spitzen, wie z. B. durch kurzes Zusammentreffen der Leistungsentnahme einzelner Haushaltgeräte, Durchlauferhitzer, Kurzschlüsse usw. würden dann aus der zusätzlichen Erfassung ausscheiden. Eine direkte elektrische Raumheizung würde im Winter zwar nicht völlig ausgeschlossen, aber unterhalb der Leistungsgrenze auf ein für die Preise tragbares Maß begrenzt und oberhalb der Leistungsgrenze kostendeckend verrechnet werden. Auch der noch verbleibende elektrische Raumheizungsspitzenanteil würde zwar die E-Werke noch beträchtlich belasten, jedoch in einem ungefähr übersehbaren Ausmaß.

Die Lösung der Frage der elektrischen Raumheizung scheint in den nächsten Jahren bei den meisten Elektrizitätswerken vordringlich. Im übrigen werden die Bemühungen weiterlaufen, über Kundenzeitschriften, Plakate, Haushaltslehrgänge, Ausstellungswerbung, Beratung der Architekten, der Bauherren, des Handels und der Installateure und durch unmittelbare Kundenberatung bewußt die Vollelektrifizierung der Haushalte voranzutreiben, um die Kurven der Haushaltsbelastung so zu gestalten, daß diesem zahlenmäßig großen Tarifkundenkreis der E-Werke auch weiterhin möglichst günstige Strompreise eingeräumt werden können.

In der Zwischenzeit werden die E-Werke in ihrer Werbung für elektrische Heizung von Wohnungen teilweise Zurückhaltung üben müssen, um nicht den auffallend starken Trend zu bequemen Heizmöglichkeiten noch zu verstärken. Nur wo Wettbewerber mit offensichtlichen Kampfpreisen in die Haushalte einzudringen versuchen, sollten E-Werke nicht zögern, Kunden die Vorteile geeigneter Elektroheizung entgegenzuhalten, um nicht langfristig mögliche Marktpositionen zu verlieren.

b) Handel und Gewerbe

Individuelle Beratung. Bei der Kundengruppe Handel und Gewerbe sind die E-Werke dem Wettbewerb mit anderen Energiearten am stärksten ausgesetzt. Eigenversorgung ist den meisten Kunden dieser Art nicht möglich, doch bietet sich ihnen zumindest auf dem Wärmesektor vielfach die Möglichkeit, auch Gas, Kohle, Koks oder Öl für die Deckung ihres Nutzenergiebedarfs heranzuziehen.

Wegen der außerordentlichen Vielfalt der energieverbrauchenden Geräte erfordern Handel und Gewerbe eine individuelle Beratung. „Industrie- und Handels-

---

[1] Vgl. FÜHRER, Vergütung von Grundpreiszuschlägen bei Leistungsüberschreitungen im Haushalt. Ein Beitrag zum Problem der Messung. Elektrizitätswirtsch. 1957, H. 24, S. 891 ff.

kammern" sowie „Handwerkskammern" leisten dabei wertvolle Hilfe. Sie sind, einmal gewonnen, durchweg gern bereit, die Verbindungen mit speziellen Vereinigungen, Verbänden und sonstigen Institutionen der Branchen zu vermitteln. Im Bereich des Handwerks sind die Innungen der gegebene Mittler für gute Kontakte.

Die sogenannten „freien" Berufe gehören begrifflich zwar nicht zur Gruppe Handel und Gewerbe, doch erfolgt bei ihnen die Werbung und Beratung nach ähnlichen Grundsätzen. Eine besondere Betreuung ist bei Ärzten und Zahnärzten angebracht, die infolge der Verwendung zahlreicher Einzelgeräte einen bemerkenswerten Strombedarf haben.

Licht. Viele Kunden aus Handel und Gewerbe sehen auf sparsamen Stromverbrauch, zumal Betriebe mit hohem Lichtstromanteil. Vornehmlich in solchen Betrieben haben sich deshalb Entladungslampen gegenüber Glühlampen frühzeitig durchgesetzt[1].

Für die Werbung und Beratung seitens der E-Werke ist im übrigen bedeutsam, daß sich bei vielen Kunden in Handel und Gewerbe das Licht wegen der werblichen Wirkung sowohl der Geschäftsraum- und Schaufensterbeleuchtung als auch bei der Außenreklame außerordentlich hoher Wertschätzung erfreut. Das hat beispielsweise zur Folge, daß die meisten E-Werke sich den Lichtstrom für die Weihnachtsbeleuchtung, der wegen seines Zusammenfallens mit der Winterspitze die Belastungskurven außerordentlich verschlechtert, nahezu kostenecht, oft mit einem Mehrfachen des Tarifpreises, bezahlen lassen können.

Kraft. Auf weiten Gebieten des Kraftbedarfs von Handel und Gewerbe besteht, ähnlich wie bei Licht, praktisch kein Wettbewerb. Ein vielfältiges Angebot an Motorenarten und -typen erlaubt den Kunden eine weitgehende Anpassung. Soweit die entsprechenden Leistungsforderungen vornehmlich in die Zeiten zwischen Morgen-, Mittag- und Abendspitze fallen, sind die E-Werke an einer starken Sättigung mit motorischen Geräten interessiert. Sie müssen der Kraftstromentnahme zu Tarifpreisen allerdings eine Grenze setzen, wenn die motorische Lastaufnahme örtlich und zeitlich die Leistungsgrenzen zu überschreiten droht. Für gelegentliche kleinere Überschreitungen lassen sich Vereinbarungen auch im Rahmen der Tarifverträge treffen, bei regelmäßigen oder bedeutenden Überschreitungen muß auf Sonderabnehmerverträge übergegangen werden. Besonderes Augenmerk richtet die Beratung auf sachgemäße Aufklärung und Beeinflussung der Kunden zur Vermeidung unnötigen Blindstromverbrauchs, der bei Leerlauf der Motoren oder Betrieb zu großer Typen häufig entsteht.

Wärme. Auf dem Wärmesektor herrscht auch bei Handel und Gewerbe scharfer Wettbewerb. Die Elektrizitätswerke fördern besonders die Wärmeanwendung bei der Nahrungsmittelaufbereitung wegen des hohen Strombedarfs über längere Zeit. Um die Ausrüstung von Großküchen in Gaststätten, Krankenhäusern, von Backanlagen usw. besteht ein heftiger Wettbewerb. Elektrizität ist in den letzten Jahren nicht zuletzt dadurch immer begehrter geworden, daß die Gerätehersteller Lösungen gefunden haben, die den praktischen Erfordernissen der Kunden außerordentlich entgegenkommen (z. B. Schnellkochgruppen mit Elektrodampferzeuger, selbsttätig regelnd; selbstregelnde Fritteusen und dgl.). Ein gewisser

---

[1] Vgl. ARNDT-GIEDELER, Bauten und Beleuchtung, Elektrizität 1955, H. 12, S. 371 ff.

Rückschlag ist im Kampf um bessere Belastungskurven eingetreten, als das Nachtbackverbot zu einer stärkeren Morgenspitze führte. Andererseits bringt die erhebliche Ausweitung des Verbrauchs von Feinbackwaren bessere Tagesbelastungen mit sich. Bei fleisch- und fischverarbeitenden Betrieben haben sich beachtliche Steigerungen eines belastungsgünstigen Wärmestrombedarfs vornehmlich durch Umstellungen von Räucherkammern auf elektrische Beheizung erzielen lassen.

Die gesamten Energiekosten im Handwerk sind stark vom Anteil des Wärmeverbrauchs abhängig. Sie betragen im Mittel 2% des Umsatzes, in Bäckereibetrieben liegen sie bei knapp 5%. Den höchsten gewerblichen Wärmeverbrauch haben aber im allgemeinen die Wäschereien, die oft sogar über 10% ihres Umsatzes für Energiekosten aufbringen. Da sie den ganzen Tag über Wärme benötigen, beeinflußt ihre Stromentnahme die Belastungskurven recht günstig. Die E-Werke berücksichtigen diese Tatsache häufig durch beachtliche Preiskonzessionen, zumal hier Gas und Öl als sehr starke Wettbewerber in Erscheinung treten.

Die Raumheizung macht im Bereich von Handel und Gewerbe bei weitem nicht so viele Sorgen wie beim Haushalt, da manche Betriebe auf Grund ihrer Arbeitszeiten in den Morgen- und Abendspitzen nicht merklich stören und andererseits der gesamte Anteil an Kleinheizung gegenüber dem motorischen Verbrauch nicht sehr ins Gewicht fällt. Daher bestehen im allgemeinen auch keine allzu großen Bedenken gegen elektrische Heizungen in diesen Betrieben. Hohe Mieten für gewerbliche Räume fördern die elektrische Raumheizung, da sich bei geschickter Installation die geringste Einbuße an Nutzraum ergibt. Allerdings muß die Leitung jedes E-Werkes darauf achten, daß ihre Akquisiteure und Berater die werblichen Bemühungen differenzieren nach Kunden, die mit Sicherheit, die mit Wahrscheinlichkeit oder die nur in Ausnahmefällen mit ihrer Raumheizung in Spitzenzeiten geraten können. Auch hierbei sollte jedoch keine Beschränkung, sondern lediglich kostendeckende Verrechnung angestrebt werden.

Branchen-Spezialisierung der Berater. Der betonte Wettbewerb gerade auf dem Wärmesektor bei Handel und Gewerbe verführt leicht dazu, aus werblichen Gründen Konzessionen zu machen, deren langfristige Wirkung zunächst übersehen wird. Es empfiehlt sich daher, die Akquisiteure grundsätzlich zu verpflichten, nicht nur den Kunden die Vorteile der Elektrizitätsanwendung vor Augen zu halten, sondern gleichzeitig mit der Erlösrechnung auch eine Kostenrechnung für das E-Werk unter möglichst genauen Vorschätzungen über die Dauer der Gerätebenutzung, die Spitzenanteile, die Höhe der leistungs- und arbeitsabhängigen Kosten zur Klärung der Situation anzustellen. Da es sich als zweckmäßig erwies, einzelne Berater für bestimmte Branchen zu spezialisieren, verfügen diese meist über ins einzelne gehende Kenntnisse über die von ihnen betreuten Betriebe, so daß derartige Kalkulationen in der Regel recht zutreffend durchgeführt werden können.

Die Spezialisierung hat auch den Kontakt mit den Herstellern der in Frage kommenden Verbrauchsgeräte eng und fruchtbar gestaltet. Der fachkundige, dem Kunden nahestehende Berater des E-Werks ist ein guter Mittler, Beanstandungen auszugleichen und neue Wünsche und Entwicklungen anzuregen und zu fördern.

c) Landwirtschaft

Vollelektrifizierung. Werbung und Beratung haben den landwirtschaftlichen Kunden gegenüber die verantwortungsvolle Aufgabe, in möglichst kurzer Zeit und in einem Maße wie auf keinen anderen Verbrauchssektor, die Elektrifizierung voranzutreiben. Nur so können Kosten und Erlöse der landwirtschaftlichen Elektrizitätsversorgung so weit in Deckung gebracht werden, daß nicht die E-Werke zum Subventionsträger für die Landwirtschaft werden. Zwar nimmt z. Z. noch die Landwirtschaft insgesamt nur 5% des Stroms aus den öffentlichen Netzen in Anspruch, doch verteilt sich der landwirtschaftliche Stromverbrauch auf die einzelnen E-Werke sehr ungleichmäßig.

Bei der Stromversorgung der Landwirtschaft sind im allgemeinen je Abnehmer rd. 65—90 m Zuleitung gegenüber rd. 5—8 m in den Stadtgebieten erforderlich[1]. Zwar ist der spezifische jährliche Stromverbrauch auch in der Landwirtschaft in den letzten Jahrzehnten beachtlich gestiegen,

1933	35 kWh/ha landwirtschaftliche Nutzfläche
1949	55 kWh/ha „ „
1957	105 kWh/ha „ „

doch liegen die Benutzungsdauern je Anschluß auf Grund hoher Anschlußleistungen mit sehr schlechtem Gleichzeitigkeitsfaktor auch heute noch im allgemeinen etwa nur bei 150—200 h. Daß bei derartig geringen Benutzungsdauern der einzelnen Anschlüsse ein wirtschaftlicher Unterhalt der Netze nicht möglich ist, bedarf keiner näheren Erläuterung[2].

Die Bemühungen der E-Werke um eine wesentlich stärkere Elektrifizierung auf dem Lande treffen sich glücklicherweise mit den Bestrebungen der Landwirtschaft selbst und denen des Staates, der Gefährdung der Wirtschaftlichkeit auf dem Agrarsektor nicht nur durch Überbrückungssubventionen entgegenzuarbeiten, sondern durch einen grundlegenden Gesundungsprozeß die bedrohten Betriebe wieder leistungs- und wettbewerbsfähig zu machen. Intensivierung und Spezialisierung der landwirtschaftlichen Produktionsstätten, Entlastung von Handarbeit, Hebung des Lebensstandards der Landbevölkerung sind neben den Maßnahmen, die der Verbesserung der Agrarstruktur (Flurbereinigung, Verbesserung des Wasserhaushalts u. dgl.) dienen, die wichtigsten Ziele dieser Bemühungen.

Der Elektrizität fällt dabei in vieler Hinsicht eine Schlüsselstellung zu, wenn auch andere Energiearten stellenweise zum Ersatz menschlicher Arbeitskraft und zur Intensivierung der Betriebsvorgänge mit herangezogen werden. Für den Ausbau der vorhandenen Netze und für die Restelektrifizierung wurden allein 1957 mit Hilfe von öffentlichen Krediten rd. 130 Mill. DM im Bundesgebiet aufgewendet.

Auch bei weitgehender Vollelektrifizierung der Höfe werden Landnetze künftig weniger wirtschaftlich als Stadtnetze sein. Sie werden jedoch dann keiner Subventionen mehr bedürfen. Diese Zielsetzung stellt die E-Werke vor die Aufgabe, sich vom landwirtschaftlichen Nutzenergiemarkt einen möglichst hohen Anteil rechtzeitig zu sichern. Die anderen Wettbewerbsenergien sind für Wärmezwecke hauptsächlich Kohle, Öl, Flüssig-(Flaschen-)Gas und für motorische Antriebe Kraftstoffe.

---

[1] Vgl. KRÜGER, Fragen der Elektrizitätsversorgung bei der ländlichen Siedlung, Elektrizität 1958, H. 6, S. 145ff.

[2] Vgl. BECKER, Ist die Vollelektrifizierung des Bauernhofs wirtschaftlich? Elektrizität 1958, H. 6, S. 139ff.

Wirtschaftlichere Arbeitsgestaltung. Wie sehr Veränderungen landwirtschaftlicher Arbeitsvorgänge die Nachfrage nach einzelnen Energiearten verschieben können, läßt sich sehr deutlich am Beispiel der Getreide- und Heuernte zeigen. Wurde früher vorwiegend das geschnittene und eingefahrene Getreide an den Lagerplätzen in anschließenden Druschkampagnen oder in Einzelpartien den Winter über gedroschen, wobei Dreschmaschinenantriebe mit hohen Leistungen (rd. 30 kW Anschlußwert) jeweils für kurze Zeit das Netz oft bis an die Grenze eines örtlichen Zusammenbruchs belasteten, so setzt sich heute immer mehr der Mähdrescher auf dem Felde durch. Statt Elektrizität dient also Kraftstoff als Betriebsenergie. Da jedoch das Getreide dabei auf Grund der Witterungsverhältnisse nicht immer ausreichend trocken anfällt (rd. 14% Wassergehalt) muß es später mittels elektrischer Lüfter vielfach nachgetrocknet werden. Die erforderliche elektrische Lüfterleistung ist gegenüber der Dreschleistung verhältnismäßig gering und hat wesentlich höhere Benutzungsstunden. Auch die zur Vorheizung der Gebläseluft bei feuchtem Wetter erforderliche Heizleistung ist für die Netze nicht sehr belastend, da ihre Entnahme durch entsprechende Tarifierung vorwiegend auf die Nachtstunden verdrängt werden kann. Bei Heizlüfter-Anlagen mit sehr großem Leistungsbedarf, z. B. in Gegenden mit vorherrschend feuchtem Klima oder in Getreidehäusern, kann statt einer Tagesstromabnahme der Einsatz von Öl für Vorwärmgeräte wirtschaftlicher werden.

Bei der Heuernte besteht das hergebrachte Verfahren im Mähen mit 70—80% Wassergehalt, Bodentrocknen mit Wenden durch Maschinen oder von Hand bis auf 20% Wassergehalt oder Trocknen auf Reutern. Heute wird das Heu immer mehr zur Einsparung der Heubewegungen nach Bodentrocknung bereits mit etwa 35 oder 45% Wassergehalt eingebracht und in elektrisch belüfteten Stapeln und Türmen gelagert. Da das Heu selbst auf Grund des Stoffwechsels noch Wärme abgibt, ist für die Heutrocknung eine zusätzliche Heizung in der Regel nicht erforderlich.

Die Möglichkeiten, menschliche oder tierische Arbeitskraft in den landwirtschaftlichen Betrieben wirtschaftlich durch Elektrizität zu ersetzen, sind außerordentlich vielfältig. Melkmaschinen (für 50 Kühe weniger als 1 kW Anschlußwert!), Häcksler, Pumpen für Trinkwasser-, Milch-, Jaucheförderung u. dgl. seien nur als Beispiel angeführt. So sehr indessen diese Geräte in ihrer Gesamtheit auch zur Verbesserung der elektrischen Benutzungsdauer des einzelnen Anschlusses beitragen können, so bringt doch erst ein vermehrter Einsatz belastungsgünstiger elektrischer Wärmegeräte entscheidende Verbesserungen. Gerade in den letzten Jahren sind auch die zahlreichen Möglichkeiten der elektrischen Wärmeanwendung in ihrer Bedeutung für die Vereinfachung der Arbeitsabläufe in den landwirtschaftlichen Betrieben klarer erkannt worden.

In landwirtschaftlichen Spezialbetrieben war die elektrische Wärme schon seit langem als Hilfsmittel bekannt, z. B. Strahler in der Kücken- und Jungviehaufzucht, Erddämpfung, Beetbeheizung in Gärtnereien, doch setzt sich in den letzten Jahren nun auch in der allgemeinen Landwirtschaft die Elektrowärme stärker durch. Das gilt sowohl für die Futterbereitung und die Heißwasserbereitung für die Milchwirtschaft als auch für die Elektrowärme im landwirtschaftlichen Haushalt.

Von den E-Werken wird diese Entwicklung nicht zuletzt dadurch gefördert, daß viele in vernünftiger Anpassung an die Belastungsverhältnisse ihrer örtlichen Netze die Grenzen für die ohne Zuschlag zulässige Motoranschlußleistung von der jeweiligen Wärmestromabnahme, in der Regel von der Nachtstromentnahme, abhängig machen.

Beispielhöfe und Versuchsdörfer. Als erfolgreichstes Mittel zur breiten Elektrifizierung der Landwirtschaft haben sich die sogenannten „Beispielhöfe" und „Elektroversuchsdörfer" erwiesen, in denen in Zusammenarbeit zwischen den Hofeigentümern, landwirtschaftlichen Beratungsstellen und dem jeweiligen E-Werk eine vorbildliche Installation und eine neuzeitliche Geräteausstattung für die landwirtschaftlichen Haushalte und Betriebe verwirklicht wurde und wo die Installations-, Unterhaltungs- und Betriebskosten der elektrischen Einrichtungen so genau erfaßt wurden, daß jeder interessierte Landwirt sich ein klares und auf seine eigenen Hofverhältnisse übertragbares Bild von der Wirtschaftlichkeit der Vollelektrifizierung machen kann.

Hohe Installations- und Netzkosten. Für die Elektroberatung war die wichtigste Erkenntnis die entscheidende Bedeutung einer ausreichenden Inneninstallation für die Bereitschaft zum Anschluß weiterer Geräte. Bei landwirtschaftlichen Neubauten legen die E-Werke daher heute großen Wert darauf, daß die Installation mit 2—3% der Bausumme von vornherein groß genug ausgelegt wird.

Die Stromkosten betragen zumeist 1—3% der gesamten Betriebsausgaben je ha landwirtschaftliche Nutzfläche[1]. Bei Vollelektrifizierung schon vorher elektrisch gut eingerichteter Betriebe ergaben sich Steigerungen von rd. 220 auf 320 kWh/ha. Im Durchschnitt betragen die Gesamtmehrkosten aus Stromverbrauch, Kapitaldienst, Installation und Unterhaltung weniger als DM 1,— pro Tag, im Höchstfalle etwas über DM 2,— pro Tag, also auch nicht mehr als etwa 60% des Barlohnes einer einzigen weiblichen Hilfskraft[2].

Die Benutzungsdauer, die z. Z. je Hof im Bundesgebiet durchschnittlich bei nur 150—200 Stunden liegt, läßt sich nach den bisherigen Erfahrungen der landwirtschaftlichen Vollelektrifizierung auf etwa 400—600 h je Anschluß bringen. In Dörfern mit etwa 20—30 Höfen können damit Benutzungsdauern für die Ortsnetze auf Grund der üblichen Gleichzeitigkeitsfaktoren von über 2000 h erreicht werden, ein Wert, der für rein landwirtschaftliche Gebiete noch vor wenigen Jahren als utopisch galt.

Neue Aufgaben entstanden aus den Bemühungen um die „Aussiedlung" von Höfen im Rahmen der Flurbereinigung. Meist ist dafür ein eigener Mittelspannungsanschluß erforderlich. Da die reinen Unterhaltskosten des E-Werkes für die Mittelspannung, die Transformatoren und gegebenenfalls den Niederspannungsanschluß jährlich etwa 4% der Netzanlagekosten betragen, ist dort selbst bei Vollelektrifizierung ein ausreichender Erlös nur schwer zu erzielen. Die Werke sind daher darauf bedacht, schon bei der Standortplanung für Aussiedlerhöfe dahin zu wirken, daß nur möglichst kurze Leitungen erforderlich werden. Sie befürworten die Gruppenaussiedlung. Schon die Zusammenfassung von 5 derartigen Höfen verspricht neben einer wesentlich günstigeren Gestaltung der Leitungs-

---

[1] Vgl. HELLER, Elektrischer Strom – landwirtschaftliches Betriebsmittel. Elektrizität 1958, H. 6, S. 135 ff.

[2] Vgl. HÖCHTL u. RUDE, Erste Ergebnisse eines hochelektrifizierten Versuchsdorfes. Elektrizitätswirtsch. 1957, H. 3, S. 90 ff.

kosten eine Erhöhung der Benutzungsdauer im gemeinsamen Speisepunkt auf wenigstens 1000 Stunden[1].

Gemeinschaftsanlagen und Veredelungsbetrieb. Die Aussiedlung verringert die Benutzungsdauer in den vorher benutzten Ortsnetzen. Zum Ausgleich ihrer Belastungskurven ist die Förderung von Gemeinschaftsanlagen geeignet. Das sind Hilfsanlagen für den eigenen Bedarf der bäuerlichen Betriebe für Baden, Waschen, Backen, Kühlen, Gefrieren, Schlachten u. dgl., die wegen des möglichen Wärmestromverbrauchs die Benutzungsdauer erheblich verbessern. Zum anderen bieten Veredelungsbetriebe landwirtschaftlicher Produkte eine Reihe von zusätzlichen Anwendungsmöglichkeiten für Elektrizität. Hierbei kommt den Bestrebungen der Werke zugute, daß die Landwirtschaft die Notwendigkeit erkannt hat, sich zur Verbesserung ihrer Wettbewerbsfähigkeit stärker in Veredelung und Verkauf ihrer Produkte einzuschalten. Genossenschaftlich geführte Lagerhäuser, Mühlen und Molkereien waren schon immer in Deutschland weit verbreitet. Neuerdings sind jedoch deutliche Tendenzen zu erkennen, durch eigene Käsereien, Wurst- und Fleischfabriken, Mostverarbeitung, Eierzentralen, Geflügelpackereien, Anlagen zum Waschen, Sortieren und Packen von Obst und Gemüse, Konservenfabriken u. dgl. an der Wertsteigerung der Produkte teilzuhaben.

Ländlicher Lebensstandard. Insgesamt vollzieht sich in der Landwirtschaft in den letzten Jahren eine Belebung, die dem industriellen Aufschwung folgend, auch den Lebensstandard der ländlichen Bevölkerung hebt. Damit steigt auch der Stromverbrauch. Die große Zahl der Fernsehantennen auf bäuerlichen Wohnstätten ist ein Zeichen dieser Entwicklung. Sie läßt eine ähnliche Entwicklung einer nicht nur der Zweckmäßigkeit, sondern auch dem Behagen und Vergnügen dienenden Elektrifizierung erwarten, wie in den städtischen Haushalten.

Betreuung ländlicher Betriebe. Neben einer zweckmäßigen Ausstattung mit elektrischen Geräten und einer ausreichenden, zuverlässigen Stromversorgung ist eine sorgfältige und regelmäßige Betreuung ländlicher Betriebe für den Erfolg des E-Werkes maßgebend. Auf Jahre hinaus werden Fachkräfte für den Bau neuer Anlagen und in Schadensfällen auf dem Lande noch seltener als in der Stadt zu finden sein. Ein weitblickendes E-Werk sollte in solchen Fällen helfend eingreifen.

Es hat sich auch als nützlich erwiesen, daß solche helfenden Ausbesserungstrupps wichtige Ersatzteile oder Geräte mit sich führen, da diese zunächst nicht überall schnell genug greifbar sind. Sowohl diese Hilfe, mag sie noch so gut gemeint sein, als auch alle sonstigen Kundenberatungen führen allerdings leicht zu der Gefahr, mit den ansässigen Handwerkern und Fachhändlern in Gegensatz zu geraten. Sie betrachten den Kundendienst als eine Art Monopol, sind aber keineswegs immer bereit, die Anstrengungen und Opfer eines solchen Dienstes zu tragen. Die sich daraus möglicherweise ergebenden Spannungen sollten auf Betreiben der E-Werke durch rechtzeitige Beratung und Schulung der ansässigen Fachkräfte und vielleicht auch durch sinnvolle Absprachen mit diesen zum Verschwinden gebracht werden. Das wird vor allem dann vollständig gelingen, wenn das Werk bereit ist, sich zeitgerecht aus diesem Hilfsdienst zurückzuziehen.

---

[1] Vgl. RUDE, Erfahrungen bei der Elektrizitätsversorgung von Aussiedlungshöfen in Württemberg. Elektrizität 1958, H. 6, S. 150 ff.

d) Industrielle Kunden

Kostenorientierte Werbung und Beratung. Der Aufwand an Werbung um die industriellen Kunden ist verhältnismäßig gering. Die E-Werke beschränken sich im wesentlichen auf preispolitische Maßnahmen und auf Beratungsarbeit. Dafür genügen wenige, aber gut ausgebildete, erfahrene und wendige Fachkräfte. Die werblichen Bemühungen können auf diesem Sektor klein gehalten werden, weil industrielle Betriebe den Nutzwert der elektrischen Energie in der Regel sehr nüchtern bewerten. Dadurch ist zwar einerseits ein Markt für „Luxusenergie", also Strom, der nicht unbedingt für den jeweiligen Unternehmenszweck notwendig erscheint, bei der Industrie praktisch nicht gegeben, andererseits wissen die Industriebetriebe, daß elektrische Energie für eine Vielzahl von Arbeitsprozessen nicht zu entbehren ist, und für welche Bedürfnisse überhaupt konkurrenzfähige Substitutionsenergien in Frage kommen.

Von der theoretischen Möglichkeit einer eigenen Stromerzeugung können nur wenige Betriebe Gebrauch machen. Meist wird sie angesichts des Angebots der öffentlichen Stromversorgung nicht ausreichend vorteilhaft empfunden. Jene Industriebetriebe, für die eine Eigenerzeugung wirtschaftlich ist, sind in der Regel wegen entsprechend großer Abnahme und günstiger Belastungscharakteristik besonders gesuchte und umworbene Kunden der E-Werke. Bei einem Lieferangebot pflegen sie die Preise nahe an ihre Selbstkostengrenze heranzuführen. Besondere Anstrengungen werblicher Art können nötig sein, wenn sich ein Industriebetrieb vor seiner endgültigen Niederlassung einen elektrizitätswirtschaftlich günstigen Standort sichern will.

Die Entwicklung des industriellen Energieverbrauchs ab 1950 zeigt, in welchem Ausmaß sich die Industrie zur Erhöhung der Produktivität des Stroms bediente.

Energieverbrauch je geleisteter Arbeitsstunde[1]

Jahr	Kohle kg SKE	Heizöl t	Gas Nm³	Strom kWh	Netto-produktionsindex
1950	5.995	*	*	3.12	100
1954	5.630	0.119	1.249	3.989	155
1956	5.800	0.238	1.374	4.309	192
1957	5.850	0.276	1.462	4.600	203
1958	5.600	0.390	1.450	5.070	209

* genaue Zahlenangaben fehlen.

Die jährliche Anstiegsrate der industriellen Stromabnahme aus dem öffentlichen Netz lag in diesen Jahren durchweg über 10%, in einem Jahr (1954) sogar bei 18,4%. 1957 und 1958 sank sie auf Grund einer steten Zunahme der Eigenerzeugung unter 10%, stieg 1959 jedoch wieder auf 11,9%. Insgesamt ist das Ausmaß des industriellen Stromverbrauchs stark konjunkturabhängig. Selbst bei gemäßigter wirtschaftlicher Entwicklung ist jedoch auf lange Zeit mit einem weiteren Anstieg des Stromverbrauchs zu rechnen.

Wenn auch der industrielle Stromverbrauch je Arbeitsstunde im Bundesgebiet von 1950—1958 bereits von 3,1 auf 5,1 kWh gestiegen ist, so zeigen doch die mindestens doppelt so hohen amerikanischen Zahlen, daß trotz des hierbei zu berück-

---

[1] Nach KÖRFER, Die industrielle Energiewirtschaft. Deutsche Wirtschaft im Querschnitt, Beilage zu „Der Volkswirt" Nr. 36/37, S. 14 und Statistisches Jahrbuch 1958, 1959.

sichtigenden unterschiedlichen Lohn- und Preisniveaus die weitere Mechanisierung und Automatisierung noch einen erheblichen Steigerungsspielraum offen läßt.

Beleuchtung und Klimatisierung. Wenn die Industrie in der Beleuchtung ihrer Arbeitsplätze und Arbeitsstätten erhebliche Fortschritte gemacht hat, so verdankt sie das neben eigenen Erkenntnissen, dem Streben nach höherer Produktion und kleinerer Unfallziffer vor allem der aufklärenden und werbenden Tätigkeit der Beleuchtungsindustrie. Über die früher übliche Beleuchtungsstärke von 250 lux ist man inzwischen weit hinausgegangen. Zahlreiche Fachleute sehen bereits eine Beleuchtungsstärke von 1000 lux für die Mehrzahl der Industriebetriebe als zweckmäßig an.

Die Elektrizitätswerke treten auf diesem Gebiet mit Beratung und Werbung nur sekundär in Erscheinung. Möglicherweise werben sie für den Lichtverbrauch nicht gern, da eine Verstärkung des Spitzenbedarfs befürchtet wird. Bei Industriebetrieben mit ihren meist sehr ungünstigen natürlichen Beleuchtungsverhältnissen ist jedoch bei sachgemäßer Aufklärung häufig durch Verbesserung des Lichtstromverbrauches noch eine günstigere Benutzungsdauer zu erreichen. Das gilt insbesondere für Industrien mit Schichtbetrieb. Die E-Werke können sich bei ihrer Beratungstätigkeit der entsprechenden Beratungsdienste der Leuchten- und Lampenfirmen bedienen.

Ein besonders interessantes Feld eröffnet sich der Werbung für industriellen Stromverbrauch mit Vordringen der Klimatisierung. Unter Berücksichtigung der nordamerikanischen Erfahrungen ergibt sich bei einer Reihe von Produktionsprozessen eine Verbesserung der Qualität und des Ausstoßes in klimatisierten Räumen und bei gleichmäßiger künstlicher Beleuchtung. Es ist vielleicht nur durch den jahrelang herrschenden Energie- und Rohstoffmangel zu erklären, daß die Elektrizitätswerke auf diesem Gebiet nicht stärker werbend hervortreten, obgleich damit eine weitere Verbesserung der Abnahme-Charakteristik mancher Betriebe zu erreichen ist. Bei einer Reihe von Betrieben im Bundesgebiet mit einer Fertigung in Räumen mit gleichmäßigen Klima- und Beleuchtungsbedingungen hat sich inzwischen gezeigt, daß auch bei den hiesigen Strompreisen die Mehrkosten durch die Fertigungsvorteile aufgewogen werden können.

Einzelantriebe und Automation. Auf dem Kraftsektor ist die Elektrizität dem Wettbewerb vor allem beim Großmaschinen-Antrieb ausgesetzt. Der Übergang zum elektrischen Einzelantrieb hat insofern die Stellung der Elektrizität verbessert. Er findet seine Fortsetzung in der Aufgliederung der Einzelantriebe für die verschiedenen Arbeitsvorgänge an den Maschinengruppen und Maschinen selbst. Die vielen kleineren Leistungsspitzen gleichen sich besser aus, was zu einer Verbesserung der Benutzungsdauer führt.

Die noch vielfach im Anfang befindliche Mechanisierung und die beginnende Automation verlangen den Einsatz zahlreicher elektrischer Meß- und Schaltgeräte. Ihr Strombedarf ist gering, doch eröffnen sie die Möglichkeit, die Fertigungsvorgänge mit einer minimalen Zahl von Arbeitskräften auch in der Nacht und am Wochenende weiterlaufen zu lassen. Zum Teil ist eine solche wirtschaftliche Nutzung überhaupt Voraussetzung einer Automation. Auf diesem Wege wird die Automation die elektrische Benutzungsdauer verbessern helfen.

Elektrowärme. Die Elektrowärme steht bei der Industrie in scharfem aber begrenztem Wettbewerb mit anderen Energiearten. Je nach den vorliegenden

Fertigungsvorgängen haben sich bestimmte Energiearten als überlegen gezeigt. Die Entwicklung neuer Geräte, Maschinen, Anlagen oder Herstellungsverfahren führt zu einer Überprüfung solcher Erkenntnisse, die vielfach in wenigen Jahren der nunmehr überlegenen Energieart zum Siege verhilft. Als Beispiel diene der Übergang von der autogenen zur elektrischen Schweißung, oder das elektrische Schmelzen von Metallegierungen. Zur Zeit scheint sich ein solcher Übergang auf Elektrowärme bei gewissen Trocknungs- und weiteren Schmelzvorgängen anzubahnen.

Größere E-Werke können sich in den Beginn solcher Übergänge werbend einschalten, während kleinere mit ihrem Beratungsdienst erst nach Einführung der neuen Geräte und Verfahren wirksam werden können. Zusätzliche industrielle Abnahme von Stromwärme ist für die Verbesserung der Belastungscharakteristik so wesentlich, daß sich die Unternehmensleitung eines E-Werkes nicht scheuen sollte, auch größere Beträge zur Einführung bereitzustellen.

Gegen elektrische Raumheizung in Industriebetrieben bestehen ebenso geringe Bedenken wie beim Gewerbe. Die Stromabnahme fällt beim einschichtigen Betrieb im allgemeinen kaum in die Spitzenzeiten, in zweischichtigen Betrieben erzielt sie eine ausreichende Benutzungsdauer. Im übrigen läßt sich bei der Größe der erforderlichen Anlagen eine Abschaltung zur Spitzenzeit ermöglichen. Der Elektroheizung steht hemmend entgegen, daß vielfach auf Grund der Bauweise von Fabrikationsräumen und wegen der Be- und Entlüftung der Räume erhebliche Wärmeverluste auftreten. Immerhin hat jedoch die Erfahrung ergeben, daß überschlägige Abschätzungen kein sicheres Bild vermitteln und erst eine genauere Durchrechnung im Einzelfalle zeigt, ob sich eine elektrische Raumheizung nicht doch lohnt. Die E-Werke haben dabei den Vorteil, anhand der Entwicklung der letzten Jahre nachweisen zu können, wie wenig sich der Strompreis langfristig verändert hat und daß er auch künftig nur zu einem Teil (Preisklausel!) den übrigen Energiepreisänderungen folgen wird.

Klarheit über Versorgungssicherheit. Die starke Abhängigkeit der industriellen Betriebe von der ausreichenden Versorgung verlangt höchste Aufmerksamkeit hinsichtlich der zuverlässigen Stromlieferung. Dem Kunden muß dabei dargelegt werden, daß sich höchste Sicherheit und größte Preiswürdigkeit gegenseitig ausschließen. Gerade hier ist es notwendig, bei den Vertragsverhandlungen über das mögliche Ausfallrisiko in aller Offenheit zu sprechen. Geschieht dies nicht, so kann bei jeder größeren Störung, weit über den tatsächlichen Schaden hinaus, eine Vertrauenskrise entstehen, die das Vertragsverhältnis auf lange Zeit belastet. Mag bei Preisverhandlungen auch das E-Werk seine eigene Kostenkalkulation verschleiern, um bei den nach marktwirtschaftlichen Gesichtspunkten zu führenden Verhandlungen dem Partner nicht unnötige Vorteile zu verschaffen, bei der Frage der Versorgungssicherheit ist jede Unklarheit zu vermeiden.

Einflußnahme auf den Abnehmerbetrieb. Die Einflußnahme der Elektrizitätswerke auf die Betriebsweise ihrer industriellen Kunden hat im wesentlichen das Ziel, die Benutzungsdauer zu erhöhen und im Einklang damit die höchste Abnahmespitze abzuflachen. Gewünscht ist eine Verlagerung stromintensiver Arbeiten auf lastschwache Zeiten, vornehmlich in die Stunden außerhalb der normalen Tagesschicht und an Wochenenden. Die Bemühungen stoßen auf den Widerstand arbeitssozialer Bestrebungen, die im Zusammenhang mit der 5-Tage-

Woche und der Ablehnung von vermeidbarer Sonntagsarbeit und Nachtschichten eine starke Beharrungskraft aufweisen. Selbst bei eingeräumten Vorteilen im Strompreis wird der Kunde alle die andererseits auftretenden Belastungen, wie Überstunden-, Schicht- und Sonntagszuschläge, aber auch die sonstigen ihm erwachsenden Widerwärtigkeiten abzuwägen haben. Bei eingehenden Verhandlungen und sorgfältigem Studium der Eigenarten des jeweiligen Betriebes stellt sich oft heraus, daß die einräumbaren Strompreisvorteile dem Kunden keinen genügenden Anreiz für Umstellungen seiner Betriebsweise bieten. Dabei wird sehr deutlich, daß die Stromkosten nur selten für die Erzeugungskosten der Produkte des industriellen Abnehmers stark ins Gewicht fallen.

Bei stromintensiven Betrieben, wie z. B. chemischen Fabriken mit Dreischichtbetrieb kann im günstigsten Fall nicht nur eine höchstmögliche Benutzungsdauer von 8700 h/Jahr, sondern sogar eine „negative Benutzungsdauer" erreicht werden. Hierunter versteht man Abnahmeverhältnisse, bei denen der Verbraucher in den Spitzenzeiten des E-Werkes, im Winter, weniger Leistung beansprucht, als bei höchstmöglicher Benutzungsdauer.

Einem Stromverbraucher, der in der Zeit der E-Werks-Höchstbelastung Spitzenleistung für andere frei macht, können außergewöhnlich niedrige Strompreise eingeräumt werden, da dann diese anderen Verbraucher die entsprechenden Leistungskosten des E-Werkes decken. In der Praxis sind die Vorteile solcher Regelungen bislang nur vereinzelt genutzt worden.

Gefahren zu hohen Industrieanteils. Im Streben nach Verbesserung der Benutzungsdauer gehen manche E-Werke bei ihren Stromangeboten an industrielle Abnehmer bis an die Grenzen ihrer Selbstkosten. Hierin liegen im Falle eines Konjunkturrückganges unabsehbare Gefahren, da die langfristigen Investitionen der Werke in ihrem Kapitaldienst trotz aller in den Kundenverträgen vorgesehenen Klauseln keine genügende Deckung mehr finden. Beim Abschluß von Lieferverträgen mit industriellen Kunden, die im Verhältnis zu der Gesamtleistung des Lieferwerks unverhältnismäßig groß sind, sowie beim Abschluß einer zu großen Anzahl besonders preisgünstiger Lieferungen an ähnliche Kunden ist deshalb Vorsicht geboten.

e) Verlagerung der Werbeschwerpunkte

Für Werbung und Beratung werden von größeren E-Werken mit eigener Tarifabnehmerversorgung im allgemeinen 0,5—0,7%, in seltenen Fällen bis 1% des Umsatzwertes aufgewendet. Die Mittel werden zweckmäßig im Sinne der Verbesserung der Benutzungsdauer für einen möglichst großen Stromverkaufsanteil eingesetzt. Der Werbeaufwand ist daher bei verschiedenen Kundengruppen recht unterschiedlich.

Bauberatung. Der anteilig hohe Werbeaufwand für den Haushalt dient der Verbesserung der dort traditionell schlechten Charakteristik. Diese Arbeit trug in den letzten Jahren reiche Früchte.

Der durchschnittliche spezifische Jahresstromverbrauch je Haushaltsabnehmer stieg von 493 (1954) auf 729 kWh im Jahre 1958. Die Zahl der Abnehmer mit einem spezifischen jährlichen Stromverbrauch unter 450 kWh verminderte sich merklich. Am stärksten stieg die Zahl der Abnehmer mit 701—1000 kWh/Jahr.

23*

Die Abnehmer mit über 1000 kWh/Jahr verbrauchten 1958 bereits 13% des gesamten Haushaltsstroms gegenüber 0,7% im Jahr 1954.

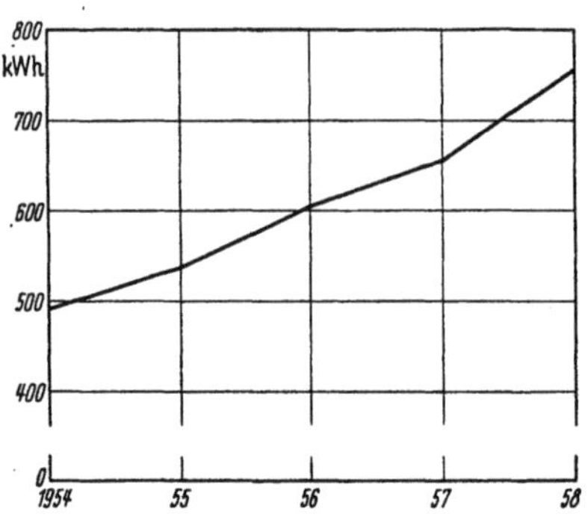

Abb. 50. Anstieg des durchschnittlichen Jahresstromverbrauches je Haushaltabnehmer
(Zahlen nach SARDEMANN, „Wandlungen im westlichen Stromverbrauch". Elektrizitätswirtschaft 1958, H. 24, S. 839 u. VDEW, Die öffentliche Elektrizitätsversorgung im Bundesgebiet und Westberlin 1958)

Das Schwergewicht lag bei der Haushaltswerbung noch vor einem Jahrzehnt auf der Einzelwerbung für den Anschluß von elektrischen Herden und Warmwasserbereitern sowie sonstigen Haushaltsgeräten. Durch die Art der Wohnbaufinanzierung in Deutschland ist im Laufe der Jahre jedoch die Entscheidung über die elektrische Ausstattung der Wohnung in die Hände nur weniger Personen gelangt, insbesondere die der Architekten, Planer und Bauherren. Die Werbung und Beratung muß daher stärker auf diesen kleinen Kreis konzentriert werden.

Günstige Wärmegeräte. Zunehmende Bedeutung werden künftig die Ausgaben für die Förderung der Nachtstromheizung haben. Ein Teil der Mittel wird wahrscheinlich auch späterhin noch zur Mitfinanzierung der Geräte verwendet werden müssen, bis die allgemeine Nachfrage so weit gedeckt ist, daß bei Serienherstellung Fertigungs- und Verkaufskosten aus dem Erlös gedeckt werden können.

Bei vielen anderen benutzungsgünstigen gewerblichen und industriellen Wärmegeräten wird dies auch künftig nicht zu erreichen sein. Wenn ein solches Gerät wesentlich die Belastungskurve verbessern hilft, sollte das E-Werk nach wie vor von gezielten Finanzierungshilfen Gebrauch machen.

Während des industriellen Aufschwungs der Nachkriegsjahre mit sehr hohem Anstieg des Stromverbrauchs ließen sich die Belastungskurven im allgemeinen über den Strompreis so weit beeinflussen, daß die Beratungsaufwendungen gering gehalten werden konnten. Inzwischen werfen jedoch die Arbeitszeitregelungen für die Belastungscharakteristik Gefahren auf, die höhere Aufwendungen für die industrielle Elektrizitätsberatung, insbesondere im Hinblick auf Wärmegeräte erforderlich machen.

Nutzung der Marktreserven bei der Landwirtschaft. Die Voraussetzungen zur Elektrifizierung der landwirtschaftlichen Betriebe und Haushalte sind z. Z. außerordentlich günstig, da die Landwirtschaft öffentlich stark gefördert wird. Die E-Werke tun gut daran, die günstige Lage durch verstärkte Werbung und Beratung auf dem Landwirtschaftssektor zu nutzen, um damit die Rentabilität der ländlichen Versorgung auf lange Sicht zu festigen.

Kundennahe Beratung. Die Beratungstätigkeit, die für die größeren Kundengruppen Handel, Gewerbe und Industrie schon immer vorwiegend „an der Front", also bei den Kunden erfolgte, wird künftig auch auf dem Haushaltssektor von den E-Werken und ihren Ausstellungsräumen weg stärker in die Wohnungen selbst verlagert werden müssen, um bei den noch nicht vollelektrifizierten Haushalten weitere benutzungsgünstige Geräte anschließen zu können. Die Zählerableser und Einkassierer sind so auszuwählen, daß sie bei den seltener werdenden Besuchen in den Haushalten eine systematische Beratung durchführen können. Für diese erweiterte Tätigkeit ist das Personal auch zu schulen. Peinliche Sauberkeit der äußeren Erscheinung, korrektes Auftreten, Geduld, Geschick in der Gesprächsführung, Grundkenntnisse über den elektrischen Strom, die Stromversorgung, die Tarife, die wesentlichen Geräte und die Hausinstallation sowie deren häufigste Fehler und ihre Ursachen sind unumgängliche Voraussetzungen.

Der allgemeine Mangel an handwerklichen Fachkräften macht es dem Kunden zunehmend schwieriger, preiswerte und zuverlässige Handwerker für Reparaturarbeiten an elektrischen Geräten und Installationsanlagen zu bekommen. Daneben hat aber auch der freie Sonnabend in vielen Haushalten die Neigung verstärkt, derartige Reparaturen selbst durchzuführen. Die amerikanische Entwicklung des „do it yourself" zeigt, wie weit diese Wandlungen im Verbraucherverhalten gehen können. Damit wird den Ablesern und Einkassierern der E-Werke neben der reinen Beratung künftig nicht nur die Aufgabe aufgedrängt, für Kleinreparaturen Vorschläge zu machen, Ratschläge zu geben und unter Umständen Sicherungen, Herdschalter, Stecker u. dgl. zu liefern, sie werden vielleicht sogar kleinere Reparaturarbeiten selbst durchzuführen haben, wenn es nicht möglich ist, einen zuverlässigen, kurzfristig herbeizurufenden Handwerker zu vermitteln. Ob ein solcher Reparaturservice, für den zweifellos auf dem Haushaltssektor schon jetzt ein echtes Bedürfnis besteht, später von den E-Werken in eigener Regie wahrgenommen werden muß oder in Vereinbarung mit dem Elektrohandwerk erfolgen kann, wird von der Bereitschaft des Handwerks abhängen. Allen Versuchen, diesen Service dem Einfluß der E-Werke zu entziehen, muß mit Nachdruck entgegengetreten werden. Jeder Schaden kann nicht nur lebensgefährlich werden, sondern wird immer auch der Elektrizitätsversorgung angelastet.

IV. Betreuung der Kundenanlagen

a) Rechte und Pflichten zur Überwachung

Haftung für Gefahren aus Anlagen der E-Werke. Die E-Werke sind gehalten, ihre eigenen Anlagen laufend auf mögliche Gefahrenquellen zu überwachen[1]. Das ergibt sich schon aus den Bestimmungen der allgemeinen Gewerbeordnung, die ihrer Zielrichtung nach in erster Linie einen Schutz der Arbeitnehmer bezweckt, darüber hinaus jedoch auch andere vor besonderen, aus den Betrieben herrührenden Gefahren schützen soll. Insofern ist für die E-Werke die Rechtslage nicht wesentlich anders als für sonstige Industriebetriebe. Das Reichshaftpflichtgesetz[2] indessen bürdet den E-Werken ebenso wie den Gaswerken durch später eingefügte Bestimmungen eine nicht ausschließbare Gefährdungshaftung auf, die den besonderen Gefahren aus dem Transport leitungsgebundener Energien gerecht werden soll und weit über das sonst übliche gesetzliche Haftungsmaß hinausgeht.

Daß die in der Stromversorgung und der Benutzung elektrischer Geräte liegende Gefahr für die Allgemeinheit im Vergleich zu den anderen täglich drohenden Gefahren verschwindend klein ist, ist weniger auf die strenge Gesetzes-

---

[1] Einzelheiten über die möglichen Gefahren und elektrische Unfälle: s. S. 434 ff.
[2] Vom 7. 6. 1871 (RGBl 207).

lage als auf die selbstverantwortlichen, unermüdlichen Bemühungen der elektrizitätswirtschaftlichen und elektrotechnischen Verbände, Interessenvereinigungen und Fachgremien zurückzuführen, die seit Jahrzehnten an der Gefahrenminderung mit Erfolg gearbeitet haben. Insbesondere der VDE hat sich hierbei verdient gemacht.

Die bei der Stromversorgung möglichen Gefahren wenden die E-Werke durch peinliche Einhaltung der VDE-Sicherheitsbestimmungen ab, denen sie häufig noch Sondervorschriften für das eigene Haus zufügen. Die Anlagen, insbesondere die Fortleitungsanlagen werden durch ausreichende Bemessung vor gefahrbringenden Schäden geschützt und im Sonderfalle dennoch eingetretene Gefahrenzustände werden in jedem Falle schnellstens beseitigt.

Da nicht alle Leitungsstrecken dauernd durch eigenes Personal beobachtet und bei Schäden abgesichert werden können, hat sich in der Praxis eine enge Zusammenarbeit mit Feuerwehr, Polizei und Bevölkerung bewährt, um Meldungen über Leitungs- und Mastbrüche sowie sonstige ungewöhnliche Erscheinungen an Einrichtungen des E-Werkes unverzüglich an deren Überwachungszentren gelangen zu lassen und gegebenenfalls auch die Feuerwehr und die Polizei über Funkverbindung für Sicherheitsabsperrungen heranzuziehen.

Verantwortung der Kunden für ihre Anlagen und Geräte. Hinsichtlich der elektrischen Gefahren aus kundeneigenen Geräten und Anlagen besteht einerseits ein Schutzbedürfnis der Allgemeinheit gegen Unfälle, Brände und dgl., zum anderen ein Schutzbedürfnis der E-Werke gegen Störungen der allgemeinen Versorgung, deren Aufrechterhaltung ihnen durch das EWG zur Pflicht gemacht ist. Um auch im Bereich der Kunden für Auseinandersetzungen über eine jeweilige Haftpflicht die Beweisschwierigkeiten auf ein Mindestmaß zu verringern, lag es nahe, eine Befolgung der VDE-Bestimmungen beim Bau und Betrieb der Geräte und Anlagen als allgemeinen Entlastungsbeweis anzuerkennen.

Der Gesetzgeber hat diesen Weg beschritten und mit der 2. DVO zum EWG die VDE-Bestimmungen als anerkannte Regeln der Technik im Sinne des EWG anerkannt. Die Elektrizitätswerke hatten von sich aus schon in ihren Allgemeinen Anschluß- und Versorgungsbedingungen vorgesehen, daß Anlagen und Geräte der Kunden den VDE-Vorschriften entsprechen müssen und hatten sich das Recht zur jeweiligen Nachprüfung vorbehalten. Mit der Verbindlichkeitserklärung der „Allgemeinen Bedingungen für die Versorgung mit elektrischer Arbeit aus dem Niederspannungsnetz" auf Grund des § 7 EWG wurden diese Vertragsbedingungen gesetzlich untermauert[1]. Auf Sonderabnehmer werden diese Vertragsbedingungen über entsprechende Klauseln in den Sonderabnehmerverträgen von den E-Werken ausgedehnt. Einzelheiten werden von den E-Werken in ihren „Technischen Anschlußbedingungen" meist getrennt für Betriebsspannung unter oder über 1000 V niedergelegt, zu deren Erlaß sie gemäß Abs. V AVB berechtigt sind.

Den Kunden ist damit die Haftung aus elektrischen Gefahren, die von ihren Anlagen und Geräten ausgehen, nicht abgenommen worden. Die E-Werke haben ihnen gegenüber keine Überwachungspflicht, wohl aber ein Überwachungsrecht!

---

[1] Anordnung des Generalinspekteurs für Wasser und Energie und des Reichs-Kommissars für die Preisbildung vom 27. 1. 1942.

Zeitweise erfolgten Vorstöße staatlicher Stellen, den E-Werken zusätzlich auch eine Überwachungspflicht aufzubürden. Doch hat sich inzwischen weitgehend die Erkenntnis durchgesetzt, daß eine solche Verlagerung der Verantwortlichkeit der wirtschaftlichen und gesellschaftlichen Ordnung gröblich widersprechen würde.

Um die Befolgung der Grundsätze einer vorschriftengerechten Installation zu sichern, lassen die E-Werke in ihren Netzen nur solche Neuanschlüsse zu, die von Installateuren, sonstigen Firmen oder Personen installiert worden sind, von denen das E-Werk eine Beachtung dieser Grundsätze erwarten kann[1]. Es schließt mit solchen Personen und Firmen einen privatrechtlichen „Installateurvertrag"[2], auf Grund dessen sich die Firmen und Personen zur Befolgung der VDE-Bestimmungen verpflichten und daraufhin beim E-Werk als „eingetragene" Installateure geführt werden, ohne daß den E-Werken hieraus gegenüber den Kunden Verpflichtungen entstehen. Von ihrem Überwachungsrecht machen die E-Werke darüber hinaus durch Einsatz besonders fachlich vorgebildeter Prüfer Gebrauch. Die Bezeichnung „Abnahmebeamte" für die Prüfer ist mißverständlich, da auch eine solche Abnahme keinerlei Rechte gegen das E-Werk herleiten würde, weil eben eine entsprechende Prüfpflicht nicht besteht.

Sonderregelung für landwirtschaftliche Anlagen. Für landwirtschaftliche Anlagen besteht insofern eine Sonderregelung, als nach § 4, Absatz 2—4 der 2. DVO zum EWG in Zusammenarbeit des damaligen Reichsnährstandes, der Versicherer und der Berufsgenossenschaften „Arbeitsgemeinschaften zur Prüfung elektrischer Installationsanlagen auf dem Land (ARBEG)" gebildet wurden, die heute anstaltsähnlichen Charakter tragen, wobei im Verhältnis des Staates zum ARBEG-Prüfer die Weisungsverhältnisse nicht-privatrechtlicher Art sind. Die ARBEG hat eine Prüfungspflicht gegenüber landwirtschaftlichen elektrischen Anlagen, nicht hingegen gegenüber allen „gewerblichen" elektrischen Anlagen auf dem Land. Die Gemeinden pflegen Prüfverträge mit einem Prüfer zu schließen, den sie ihren Prüfpflichtigen empfehlen. Diese können jedoch, falls nicht durch Landessatzung ausgeschlossen, auch einen anderen Prüfer der ARBEG wählen. Die Kosten trägt, nach Ländern unterschiedlich, entweder der Staat, oder das E-Werk allein oder mit den Brandversicherern gemeinsam. Diese Sonderregelung für landwirtschaftliche Betriebe wird mit höheren Gefahren begründet, wie sie sich beispielsweise aus der Lagerung von leicht brennbaren Stoffen wie Heu, Stroh u. dgl. ergeben.

VDE-mäßige Werkstoffe, Geräte und Einrichtungen für den Kunden. Auch eine sachgemäße Installation bietet keinen sicheren Schutz gegen Gefahren, denen sich Kunden bei Verwendung nicht VDE-gemäßer Geräte oder durch sinnwidrigen Geräteanschluß aussetzen. Meist bleibt dieser Gefahrenbereich auf den Kunden selbst beschränkt, so daß keine Haftung gegenüber anderen ausgelöst wird. Die E-Werke sind jedoch an einer Verringerung solcher Schadensfälle interessiert. Sie fordern deshalb generell die Einhaltung der VDE-Bestimmungen als Mindeststandard für im Inland verkaufte elektrische Materialien und Geräte.

Die Verbindlichkeitserklärung der VDE-Sicherheitsbestimmungen bietet unmittelbar noch keine Handhabe gegenüber Herstellung und Verkauf nicht VDE-gemäßer Elektroerzeugnisse, sondern stellt nur die Haftung im Schadensfalle

---

[1] AVB, Abs. V, Ziffer 1, Satz 3.   [2] Bis 15. 8. 1957 sog. „Zulassungsverträge".

klar. Leider zeigt die Erfahrung, daß einige Hersteller und Händler sich ihrer Verantwortung nicht immer bewußt sind und Leichtsinn, Nachlässigkeit, Unkenntnis oder sogar Profitstreben unsachgemäße Geräte in die Hände der Verbraucher geraten lassen. Häufig geben Leuchten zu Beanstandungen Anlaß. Sie werden vielfach von Händlern erst „konfektioniert", d. h. aus einzelnen Fertigbestandteilen zusammengesetzt, ohne daß dabei die Sicherheitsanforderungen erfüllt werden. Metallene Ständer ohne einen Erdungsanschluß, zu enge und scharfkantige Gelenke, wenig widerstandsfähige Litzen und unzureichende Kleinschalter sind kennzeichnende Mängel solcher Leuchten. Das Argument, in Räumen mit Holzfußböden oder Teppichen sei die mögliche Gefährdung durch Körperschluß geringer, ist nicht stichhaltig, da in den meisten Wohnräumen, selbst ohne Zentralheizungsanlagen, ein gutes Erdpotential irgendwo vorhanden ist.

Bedeutsam ist, daß gelegentlich Laien Installationen selbst vornehmen und bei Anlagen und Geräten Eingriffe durchführen.

Da es zur Aufgabe der E-Werke gehört, ihren Kunden aufklärend zu dienen, sollte der wettbewerbliche Gesichtspunkt, von den Gefahren des Stromes wenig zu sprechen, allmählich zurücktreten. Die E-Werke dürfen sich nicht scheuen, die Abstellung offensichtlicher Mängel an Anlagen und Geräten des Kunden zu fördern, auch wenn dem Kunden daraus Unbequemlichkeiten und Kosten erwachsen. Zweckmäßig sind vorsorgliche Hinweise auf mögliche Fehler und Mängel, um den Kunden von fehlerhaften Eingriffen abzuhalten und ihn beim Kauf von Elektrogeräten zur Auswahl sicherer Geräte zu bewegen. Die Verantwortung für eine Nichtbefolgung solcher Ratschläge trägt jedoch der Kunde selbst. Nur in den Fällen, wo die Anlage und die Art ihrer Benutzung anscheinend Gefahren auch für die Allgemeinheit und die Aufrechterhaltung einer ungestörten Versorgung anderer Kunden hervorrufen, wird auch künftig das Personal der E-Werke von seinem Recht Gebrauch machen, die Anlage vom Netz zu trennen, falls der Kunde nicht bereit ist, sofortige Abhilfe sicherzustellen.

b) Versorgungsanschlüsse

Hausanschlußtechnik. Der Anschluß der zu versorgenden Kunden erfordert Abzweigleitungen des öffentlichen Netzes und besondere technische Vorkehrungen, um die Verbindung mit den Installationsanlagen in den Gebäuden gefahrlos und betriebssicher zu machen. Die örtlichen Gegebenheiten für derartige „Hausanschlüsse" sind meist unterschiedlich, so daß die Herstellung eines Hausanschlusses trotz weitgehender Normung und Typung der dabei verwendeten Materialien und Geräte häufig Maßarbeit ist.

Beachtliche Wandlungen hat in den letzten Jahren die Hausanschlußtechnik durch das Vordringen der Kunststoffkabel und durch die Entwicklung von Dachständern erfahren, bei denen die Brandgefahr auf ein Minimum herabgedrückt ist. Die Technik der Versorgungsanschlüsse, das gilt auch für die Anschlüsse für Sonderabnehmer, hat damit inzwischen einen Stand erreicht, der für die E-Werke zur Zeit keine wesentlichen ungelösten Fragen zurückläßt.

Umstrittene Forderung von Baukostenzuschüssen. Die Elektrizitätswerke pflegen von den anschlußbegehrenden Haus- und Grundstücksbesitzern fallweise Baukostenzuschüsse zu fordern. Die Rechtfertigung dafür ergibt sich aus der Überlegung, daß es angesichts der großen Verschiedenheit der Kosten für die einzelnen Hausanschlüsse ungerecht wäre, die Lasten gleichmäßig auf die Stromverbraucher zu verteilen.

Die Kosten- und Erlöslage der E-Werke war in der Vergangenheit, insbesondere in den Jahren des Wiederaufbaus nach dem Kriege, so angespannt, daß eine Amortisation und Verzinsung der Aufwendungen sowohl für die Versorgungsanschlüsse der Kunden als auch für die Anlageerweiterungen der E-Werke aus den Stromverkaufserlösen allein gar nicht möglich gewesen wäre. Sie machten daher von der nach den AVB gebotenen Möglichkeit Gebrauch, hierfür Baukostenzuschüsse in Form von Zuschüssen, zinslosen oder verzinslichen Darlehen von Kunden zu verlangen[1].

Sowohl die Baukostenzuschüsse bei Neuanlagen als auch insbesondere die Zuschüsse bei der Erweiterung bestehender Anschlüsse sind immer wieder Anlaß zu Auseinandersetzungen mit Kunden, da sich dabei eine Reihe von rechtlichen Fragen ergibt, die von den Gerichten nicht einheitlich beurteilt werden. Erst ein Urteil des Bundesgerichtshofes von 1956[2] brachte eine gewisse Klärung. Der Bundesgerichtshof stellte den Rechtssatz auf, daß für den Ausbau eines Verteilungsnetzes auf Grund eines Anstieges des Stromverbrauches keine Zuschüsse verlangt werden können. Die Interpretation dieses Rechtssatzes und der Urteilsgründe[3] hat manche bis dahin schwebende Zweifel ausräumen können.

Die Rechtmäßigkeit von Baukostenzuschußforderungen bei Neuanschlüssen wurde bestätigt und die Rechtmäßigkeit der Forderung auf spätere Baukostenzuschüsse für Sonderverträge bei Erhöhung der Leistungsanforderungen nicht in Frage gestellt. Im großen und ganzen entsprechen diese Grundsätze der bisherigen Praxis der Elektrizitätsversorgungsunternehmen. Bei Tarifabnehmern, deren Bezug im Laufe der Zeit den Rahmen der üblichen Stromabnahme überschreitet, ist es allerdings nicht mehr ohne weiteres möglich, für die zusätzlichen Aufwendungen des E-Werkes während der Dauer des bestehenden Tarifverhältnisses einen Baukostenzuschuß zu fordern.

Das E-Werk kann sich in einem solchen Fall nur auf das Energiewirtschaftsgesetz berufen und unter der Begründung kündigen, die Versorgung zu Tarifbedingungen sei aus wirtschaftlichen Gründen, die der Kunde zu vertreten habe, nicht mehr zumutbar. Zumutbar ist eine Versorgung dann nicht mehr, wenn sie dem betreffenden Kunden auf Kosten der Masse der anderen Tarifkunden einen unangemessenen Vorteil bringen würde. Sie ist in einem solchen Falle selbst dann nicht zumutbar, wenn die Gesamtwirtschaftlichkeit des E-Werkes davon nur unmerkbar beeinträchtigt würde. Der Abnehmer hat die Wahl, entweder seinen Strombezug auf ein dem Elektrizitätswerk zumutbares Maß zu beschränken oder einen Sondervertrag abzuschließen. Der Grundgedanke des Bundesgerichtshofurteils und auch des § 6 EWG verbietet allerdings ein solches Vorgehen dann, wenn die Bedarfssteigerung voraussehbar, d. h. sich soweit innerhalb der üblichen zumutbaren Grenzen hält, daß damit gerechnet werden mußte. Aus § 6 EWG läßt sich umgekehrt der Schluß ziehen, daß die Baukostenzuschüsse den Zweck haben,

---

[1] AVB, Abs. III, Ziffer 5.

[2] II ZR 54/54 vom 9. 10. 1956, abgedruckt in Rechtsbeilage 1957, H. 2 der Elektrizitätswirtsch., S. 13.

[3] Vgl. hier und im folgenden: SACHS, „Keine Baukostenzuschüsse mehr?" Elektrizitätswirtsch. 1957, H. 3, S. 85ff., H. 4, S. 109ff., H. 6, S. 175ff., H. 24, S. 885ff.

die Unzumutbarkeit einer Versorgung jeweils auszuräumen. Ein Baukostenzuschuß darf also bei Neuanschluß und bei Leistungserhöhung von Sonderabnehmeranlagen erhoben werden, wenn die erforderlichen Aufwendungen des E-Werkes aus dem von dem betreffenden Kunden (!) zu erwartenden Stromverkaufsentgelt nicht gedeckt werden können. In diesen Fällen darf auch während eines laufenden Tarifverhältnisses ein späterer Baukostenzuschuß für reine Hausanschlußverstärkungen verlangt werden, wobei allerdings eine genaue Abgrenzung des Versorgungsanschlusses gegenüber der Netzanlage des Elektrizitätsversorgungsunternehmens Voraussetzung ist[1].

Es empfiehlt sich angesichts dieser Sachlage, bei jedem Baukostenzuschuß genau festzulegen, für welche maximalen Grenzen der Leistung oder sonstige Bezugsgrößen der Versorgungsanschluß bemessen ist. Es liegt nahe, hierfür die gleichen Bezugsgrößen wie für die Grundpreisberechnung zugrunde zu legen[2]. Wichtig erscheint es jedoch, auch hierbei nach Möglichkeit Bezugsgrößen zu wählen, die eine Kontrolle ermöglichen, die von beiden Vertragspartnern unstreitig anerkannt wird.

Baukostenzuschuß und Wettbewerb. Die dem § 6 EWG entsprechende Bemessung der Baukostenzuschüsse nach der Ertragserwartung führt zwangsläufig zu einer Differenzierung der Baukostenzuschüsse. Bei Haushaltsversorgungsanschlüssen ist bei zweischieniger Versorgung ein höherer Baukostenzuschuß als bei vollelektrischer Versorgung gerecht. Ähnlich errechnet sich beispielsweise beim Gewerbe in der Regel für einen Verbraucher, der auch seinen Wärmebedarf elektrisch deckt, ein niedrigerer Baukostenzuschuß als für einen nur licht- und kraftstromverbrauchenden Betrieb. Diese sinngemäße Differenzierung der geforderten Baukostenzuschüsse nach dem voraussichtlichen Strombezug und nach der Benutzungsdauer ist dem Wettbewerber Gas lästig. Sie wird von dort aus bekämpft.

Die von der VDEW und von der VGW gebildete Arbeitsgemeinschaft Energie (AGE) hat in einem „Kölner Abkommen" (10. 1. 52) gemeinsame Richtlinien für den Wettbewerb aufgestellt, doch konnte auch dabei dieses strittige Problem nicht gelöst werden. Die Gasversorgung neigt dazu, im Wettbewerb dem einzelnen Kunden die Differenz zwischen dem niedrigeren Elektrizitätsbaukostenzuschuß bei vollelektrischer Versorgung und dem höheren Baukostenzuschuß bei zweischieniger Versorgung zu vergüten, was meist in Form von Gerätedarlehen geschieht. Damit hat sich stellenweise der eigenartige Zustand eingestellt, daß dort, wo Gas und Elektrizität in hartem Wettbewerb stehen, auf dem Umweg über die Anschlußnehmer von den Gaswerken praktisch die Differenzbeträge der Baukostenzuschüsse an die E-Werke gezahlt werden.

Ein solches Ergebnis erscheint selbst bei voller Anerkennung der Berechtigung einer Differenzierung der Baukostenzuschüsse unbefriedigend. Als Lösung ist zu erwägen, daß die E-Werke die Anschlußkosten stärker als bisher aus dem Erlös des Stromverkaufs decken, also ihre Grundpreise erhöhen, und nur noch bei ungewöhnlich hohen Aufwendungen für einen Hausanschluß Baukostenzuschüsse fordern. Tatsächlich haben bereits einige Elektrizitätswerke erste Schritte in

---

[1] Vgl. SCHÖNAUER, Rechtsfragen bei der Erhebung von Baukostenzuschüssen. Elektrizitätswirtsch. 1957, H. 24, S. 888 ff.

[2] Vgl. Tarifordnung für elektrische Energie vom 25. 7. 1938 (RGBl I, 915).

dieser Richtung unternommen und sind von einer Volldeckung der Anschlußkosten durch Baukostenzuschüsse inzwischen auf $^3/_4$-, Halbdeckung oder noch
weiter zurückgegangen, soweit einzelne Versorgungsanschlüsse und nicht ganze
Siedlungskomplexe mit neu aufzubauenden Netzteilen in Frage standen. Voraussetzung für ein solches Vorgehen war natürlich die Bereitwilligkeit der jeweiligen
örtlichen Wettbewerbspartner, auch ihrerseits die Zuschüsse oder sonstigen finanziellen Hilfen für die Kunden entsprechend abzubauen.

Ein solches Verfahren hat überdies den Vorteil, auf lange Sicht die bei der
Berechnung und Einziehung der jeweiligen Baukostenzuschüsse entstehenden
Kosten in Fortfall zu bringen. Für die Übergangszeit haben die meisten E-Werke
zur Verminderung dieser Kosten die Baukostenzuschüsse zumindest für Einzel-
anschlüsse bereits stark pauschaliert.

Pauschalierung der Baukostenzuschüsse. Ein Pauschalsystem für Baukostenzuschüsse ist als Anlage zu den AVB öffentlich bekanntzumachen. Es wird in der
Regel so aufgebaut, daß nur ungewöhnlich umfangreiche Hausanschlußarbeiten
nach tatsächlich entstehenden Kosten, zu 100 zu 75 oder zu 50% beispielsweise,
abgerechnet werden. Die Masse der Hausanschluß-Baukostenzuschüsse wird mit
einem nach der Anschlußstärke gestaffelten Grundpreis in Rechnung gestellt,
durch den alle Kosten abgegolten werden. Die Abrechnung der weitaus größten
Zahl aller Anschlüsse gestaltet sich so recht einfach. Mehrpreise für Kabel, Leitungen oder Masten werden nur dann zusätzlich berechnet, wenn abnormale
Längen anfallen, beispielsweise in städtischen Kabelnetzen über 10 m, in Freileitungsnetzen über 30 m oder wenn der Kunde sonstige, nicht im Interesse des
E-Werkes liegende Sonderwünsche hat.

Verkabelung und Baukostenzuschüsse. In städtischen Randnetzen und in solchen Ortsnetzen, wo Freileitungsnetze in absehbarer Zeit zur Verkabelung an-
stehen, sind die E-Werke daran interessiert, die Abnehmer zu Anschlußarten zu
bewegen, die später eine einfache Umstellung auf Kabelversorgung gestatten. Der
Bau solcher Anschlüsse kann dadurch gefördert werden, daß die Differenz der
Baukostenzuschüsse für Kabel- und Freileitungsanschlüsse möglichst kleingehalten wird. Auf diese Art und Weise werden im Zeitpunkt der späteren Verkabelung die dann zusätzlich am Versorgungsanschluß anfallenden Kosten möglichst klein bemessen. Das ist insofern wichtig, als damit gerechnet werden muß,
daß die Rechtsprechung in solchen Fällen die Kostentragung vielleicht auch für
Änderungsarbeiten im Hause der Kunden den E-Werken aufbürden wird.

c) Umschaltung

Der Begriff „Umschaltung" wird bei der Elektrizitätswirtschaft meist in Zusammenhang mit der Umschaltung eines Niederspannungsnetzes auf 380/220 V
Drehstrom gebraucht. Netze mit niedrigeren Wechsel- oder Drehspannungen
waren selten gegenüber den zahlreichen Netzgebilden, die als Folge der früher
üblichen Gleichstromversorgung im Laufe der letzten Jahrzehnte auf Dreh- und
Wechselstrom umgeschaltet wurden. Nur bei wenigen E-Werken ist diese Entwicklung noch nicht ganz abgeschlossen. Zahl und Ausmaß der Gleichstromnetze
sind heute von untergeordneter Bedeutung.

Umschaltkosten. Die sich über lange Jahre erstreckenden Umschaltaktionen
waren von jeher mit der Frage belastet, wer die Kosten tragen sollte. Daß die E-

Werke die Kosten für ihre eigenen neuen Netzanlagen zu tragen haben, ist auch bei der Umschaltung nie streitig gewesen. Dagegen hat die Frage, wer die Kosten der neuen Hausanschlüsse und der Änderung und des Ersatzes elektrischer Geräte des Kunden zu übernehmen habe, erhebliche Verwirrung hervorgerufen. Manche davon betroffene E-Werke waren deshalb gezwungen, sich für die Umschaltung einen besonderen kleinen Stab zu halten, dessen Mitglieder erfolgreich bemüht waren, mit Geschick und Überredungskunst, Kompromissen und schlimmstenfalls über Prozesse widerstrebende Kunden zur Mittragung der Kosten zu bewegen.

Wenn die für den Hausanschluß genehmigte Netzbelastung überschritten wurde oder wenn Anträge aus dem Abnehmerkreis oder dgl. vorlagen, war das E-Werk berechtigt, den Tarifvertrag zu kündigen. Die Kostenfrage wurde wie bei einem Neuanschluß behandelt. In anderen Fällen versagte die Verpflichtung des Tarifvertrages, Strom bestimmter Art und Spannung zu liefern, ein solches Vorgehen nach Ansicht zahlreicher Gerichte und Kommentare. Diese Auffassung galt fast durchweg, obgleich die allgemeine Anschluß- und Versorgungspflicht dem E-Werk nur auferlegt, Abnehmer an das bestehende Versorgungsnetz anzuschließen, nicht jedoch, sie mit Strom bestimmter Art und Spannung zu beliefern.

Es liegt in der Natur des stürmischen Vorwärtsschreitens besserer technischer und wirtschaftlicher Möglichkeiten, daß festgelegte Normen rasch veralten und im Interesse aller abgeändert werden müssen. Fast nie ist es einer ordentlichen Rechtsschaffung und Rechtssprechung möglich, ihre Festlegungen und Urteile den Fortschritten zeitgerecht anzupassen. Es ist auch hier erst durch ein Urteil des Bundesgerichtshofes[1] im Jahre 1957 Klarheit über die Kostentragungspflicht bei Umschaltungen geschaffen worden, also am Ende eines jahrzehntelangen stillen und zähen Ringens der E-Werke um angemessene Beteiligung ihrer Abnehmer.

Der Bundesgerichtshof schloß sich der von der Elektrizitätswirtschaft bislang vertretenen Meinung an, es sei gerechtfertigt, die für Umschaltung reifen Stromlieferungsverträge zu kündigen, da die E-Werke sich zur Befriedigung des steigenden allgemeinen Energiebedarfs der Technik zu bedienen haben, die eine möglichst große Wirtschaftlichkeit der Versorgung erwarten läßt. Die Umschaltung von Gleichstrom auf Wechselstrom und auch die Umstellung auf höhere Betriebsspannung werden als typische hierfür erforderliche Maßnahmen angesehen. Der einzelne Kunde kann hier keine Rücksicht auf sein Interesse an Weiterbelieferung in der alten Form verlangen. Das gilt sogar, wenn er durch die Umschaltung erhebliche wirtschaftliche Schäden hat, da das Interesse der Allgemeinheit an der Nutzung der technischen Fortschritte vorgeht. Die Notwendigkeit einer Umschaltung wurde damit als Kündigungsgrund für bestehende Tarifverträge anerkannt.

Daraus ergibt sich zwangsläufig als Folge, daß der Abnehmer keinen Anspruch auf Ersatz der ihm entstehenden Kosten für Änderung, Neubeschaffung der nur mit Gleichstrom arbeitenden elektrischen Geräte, Installation im Hause usw. geltend machen kann[2]. Darüber hinaus hat das E-Werk auf Grund der Kündigung die Möglichkeit, den Umschaltungsneuanschluß wie bei anderen Neuan-

---

[1] VIII ZR 217/56 vom 30. 4. 57.

[2] Vgl. die Ausführungen zu dem oben genannten Urteil in „Der Betrieb", 1957, H. 26, S. 630/31.

schlüssen von der Zahlung eines Baukostenzuschusses abhängig zu machen. In der Praxis nehmen allerdings die E-Werke weitgehend darauf Rücksicht, daß der Kunde in seiner eigenen Anlage in der Regel wegen der Geräteumstellung höhere Kosten als ein neu hinzukommender Kunde hat. Viele E-Werke haben daher zur Erhaltung und Verbesserung guter Beziehungen zu den Abnehmern auch die Übung beibehalten, in solchen Fällen den Austausch und Umbau von Geräten den Kunden finanziell zu erleichtern, sei es durch eigene Werkstattsarbeit, durch Zuschüsse oder durch Darlehen.

Umstellung der Freileitungsanschlüsse. Bei manchen E-Werken, die durch Umschaltungen belastet waren, in der Hauptsache Stadtversorgungsunternehmen, hat die Freude, von derlei Arbeiten nunmehr frei zu sein, nicht lange gewährt. Neue Sorge bereiten die Umstellungen von Freileitungs- auf Kabelversorgungs- anschluß, die stellenweise bereits erheblichen Umfang angenommen haben.

Wenn im Zuge der technischen Entwicklungen aus wirtschaftlichen Gründen Verkabelungen zwingend werden, z. B. in Stadtrandgebieten, verstädternden Ortszentren und dgl., ist die Rechtslage ähnlich wie bei der Umschaltung auf Drehstrom. Der Kunde kann von seinem E-Werk allerdings erwarten, daß es ihn rechtzeitig von Umstellungsabsichten in Kenntnis setzt, damit er sich darauf einstellen kann. Die Frage der Kostentragung hängt von der Rechtmäßigkeit einer Kündigung der betreffenden Tarifverträge ab.

Leider ist die Sachlage nicht immer eindeutig, da neben rein wirtschaftlichen Gründen auch ästhetische Gesichtspunkte (Städteplanung, Landschafts- und Na- turschutz usw.) für die Verkabelung mancher Gebiete vorgebracht werden. Der entsprechende Druck auf die E-Werke erfolgt in der Regel über die Gebiets- körperschaft, die in dem betreffenden Versorgungsbereich Inhaber der Wege- rechte ist. Es erscheint jedoch durchaus zweifelhaft, ob die Gerichte Tarifver- tragskündigungen aus Naturschutz- oder Städteplanungserwägungen als rechts- wirksam ansehen werden, wenn nach energiewirtschaftlicher Betrachtungsweise dem E-Werk eine Weiterversorgung über Freileitungen noch zuzumuten ist.

Die betreffenden E-Werke tun daher gut daran, vorsorglich Neuanschlüsse in umstellungsverdächtigen Freileitungsgebieten unter Hereinnahme der Bau- kostenzuschüsse so bauen zu lassen, daß eine spätere Umstellung von Freileitung auf Kabel nur ein Mindestmaß an Kosten, unbeschadet der Klärung der Kosten- tragungspflicht, bringt. Abgesehen davon wird jedes E-Werk, das einem entspre- chenden Ansinnen einer Gebietskörperschaft nachgibt, auf einer vollen oder teil- weise Entlastung von den zusätzlich ihm entstehenden Kosten bestehen müssen, damit nicht die Allgemeinheit gezwungen wird, energiewirtschaftsfremde öffent- liche Aufgaben über den Strompreis zu finanzieren.

Verhandlungen über Umschaltungen. Die Verhandlungen eines E-Werks mit Kunden, deren Anlagen umzuschalten oder zu verkabeln sind, sind teils aquisito- rischer, teils beratender, teils rechtlicher Natur. Daraus entsteht die Frage, ob die Vertriebsabteilung oder besser die Rechtsabteilung federführend sein solle. Es ist zu empfehlen, die Verhandlungsführung dem Personal der Vertriebsabteilungen zu überlassen, da erfahrungsgemäß der Kunde ein solches Vorgehen als konzi- lianter empfindet. Die Rechtsabteilung steht ohnehin bei der Aufstellung der Grundsätze generell, in den einzelnen Fällen beratend und notfalls für die Ein- leitung und Führung eines unvermeidbaren Rechtsstreites zur Verfügung.

d) Öffentliche Beleuchtung

Betriebsformen. Großkunden besonderer Art sind Betriebe der öffentlichen Beleuchtung. Art und Ausmaß der Betreuung solcher Betriebe hängen von der jeweiligen Vertragsgestaltung zwischen Öffentlicher Beleuchtung und E-Werk ab. Die Rechtsformen, unter denen im Bundesgebiet die elektrische Öffentliche Beleuchtung (ÖB) betrieben wird und ihre Vertragsbeziehungen zu den Elektrizitätswerken sind örtlich verschieden. Ausgehend von der Tatsache, daß die Gebietskörperschaften als Eigentümer der Straßen und Wege die Aufgabe der Öffentlichen Beleuchtung wahrnehmen müssen, haben sich in der Praxis folgende Betriebsformen herausgebildet:

1. ÖB-Anlagen im Eigentum der Gebietskörperschaft

  a) Die Gebietskörperschaft betreibt die Anlagen selbst (Investitionen, Unterhaltung, Steuerung) und kauft Strom beim E-Werk, gegebenenfalls bei ihrem eigenen.
  b) Die Körperschaft läßt die ÖB durch das Elektrizitätswerk betreiben und übernimmt dafür Stromkosten, Investitionskosten, Betriebskosten. Vereinzelt werden die Betriebskosten über die Strompreise gedeckt und hinsichtlich der ÖB-Anlagen pachtähnliche Verträge abgeschlossen.

2. ÖB-Anlagen im Eigentum des E-Werkes

  a) Die Gebietskörperschaft zahlt Stromkosten, Betriebskosten, (gegebenenfalls über Strompreise gedeckt) und Zuschüsse zu den Investitionskosten.
  b) Die Gebietskörperschaft zahlt eine Pauschale für die Entlastung von der Aufgabe der Öffentlichen Beleuchtung.

Die beiden letzten Arten der Vertragsgestaltung finden sich vielfach in ländlichen Gebieten.

Neuzeitliche Beleuchtungsstärke und -gleichmäßigkeit. Die Dichte der elektrischen öffentlichen Beleuchtung ist in vergleichbaren Stadt- und Landgebieten sehr unterschiedlich. Während beispielsweise einige Großstädte etwa 30 Lampen je km Straßenlänge betreiben, sind in anderen mehr als doppelt so viel und in typischen Mittelstädten etwa halb so viel Lampen je km installiert. Wenn auch hierbei zweifellos strukturelle Unterschiede bezüglich des Industrieanteils, des Verhältnisses von Wohn- zu Gewerbefläche, der Verkehrsdichte usw. eine Rolle spielen, zeigt sich doch, daß die Vorstellungen über ein ausreichendes Beleuchtungsniveau auf den öffentlichen Wegen, Straßen und Plätzen noch weit auseinandergehen, und daß noch keineswegs allerorts die Erfahrungen der Beleuchtungstechnik über bestimmte Mindestwerte für die Beleuchtungsstärke und -gleichmäßigkeit genutzt werden.

Leuchtenanordnung, Bestückung, Leuchtenart und Leuchtenabstand gestatten vielfältige Kombinationen, mit denen die zu fordernden Mindestwerte für die Beleuchtung erreicht werden können. Schwierig ist nur das Finden der wirtschaftlichsten Lösungen.

Wirtschaftlichkeitsverbesserungen haben sich in den letzten Jahren vor allem dadurch ergeben, daß die einzelnen Leuchten statt mit Glühlampen mit Leuchtstoff- und anderen Hochleistungslampen wie Quecksilberdampf- und Natriumlampen ausgerüstet wurden. Bei gleichem Stromverbrauch lassen sich mit diesen Lampen wesentlich höhere Beleuchtungsstärken erzielen. In einer Großstadt wie München ist die Umrüstung auf diese Lampenarten schon so weit gediehen, daß rd. 90% aller elektrischen Lichtquellen der öffentlichen Beleuchtung davon erfaßt sind, rd. 75% sind es aber auch in fast allen anderen großen Städten des Bundesgebietes.

Beleuchtungsstärke und -gleichmäßigkeit auf der Fahrbahn[1]

Straßenart	Mittlere horizontale Beleuchtungsstärke E_m-Richtwerte		Gleichmäßigkeit der Beleuchtungsstärke Mindestwerte	
	auf der Fahrbahn			
	Straßendecke		$\dfrac{E_{min}}{E_{mittl.}}$	$\dfrac{E_{min}}{E_{max}}$
	hell Lux	dunkel Lux		
Hauptverkehrsstraßen mit etwa 1000 Fahrzeugen je Stunde und Fahrtrichtung	8	16	1:3	1:6
Verkehrsstraßen mit etwa 500 Fahrzeuge je Stunde und Fahrtrichtung	6	12	1:3	1:6
Zubringerstraßen zwischen Autobahnen und Städten, Ortsdurchfahrten im Zuge von Fernstraßen u. ä.	4	8	1:4	1:8
Geschäftsstraßen ohne starkem Fahrverkehr, jedoch mit starkem Fußgängerverkehr	3	6	1:4	1:8
Straßen mit mittelstarkem Verkehr (Sammelstraßen)	2	4	1:4	1:8
Straße und Wege mit schwachem Verkehr und Wohnstraßen mit Anliegerverkehr	0,5	1		

Die neuen Lampen sind für die öffentliche Beleuchtung insbesondere wegen ihrer langen Lebensdauer zweckmäßig. Statt der 1000 Brennstunden einer normalen Glühlampe erreichen beispielsweise die Quecksilberdampflampen 7500 h. Die Auswechslungskosten vermindern sich entsprechend.

Mit dem Aufkommen dieser Lampenarten hat sich die Auseinandersetzung Gas—Elektrizität in der Straßenbeleuchtung zugunsten der Elektrizität entschieden[2]. In vielen Städten, die ihre öffentliche Beleuchtung „zweischienig" versorgen, sind bereits durchweg mehr als die Hälfte aller Straßen elektrisch beleuchtet.

Betrieb der ÖB. Das Stromversorgungsnetz der ÖB ist zumeist nur an wenigen Einspeisestellen mit dem öffentlichen Netz verbunden, damit die Zahl der Schaltstellen begrenzt bleibt. Die Einspeisestellen sind auch die gegebenen Meßstellen für die Zählung des gelieferten Stromes. In der Praxis hat man allerdings vielfach auf eine solche Zählung ganz verzichtet und rechnet zur Ersparnis der Zähler- und Ablesekosten einfach pauschal nach Brennstellen oder Wattstärke ab.

Man kommt dabei zu ausreichend genauen Ergebnissen, da die Zahl der jährlichen Brennstunden sich aus den Brennstundenplänen ergibt, nach denen die Lampen der öffentlichen Beleuchtung ein- und ausgeschaltet werden. An Gesamtbrennstunden ergeben sich für die geographische Breitenlage Mitteleuropas im

---

[1] DIN 5044, Tafel 2.

[2] Vgl. HAMMERSCHMIDT, Strom und Gas in der Straßenbeleuchtung, Frankfurt, VWEW-Verlag: 1954, S. 57, Literaturübersicht.

Jahr rd. 4000, wovon etwas weniger als die Hälfte auf die Zeit zwischen der abendlichen Einschaltung und 23.30 Uhr fallen. Nach diesem Zeitpunkt wird stellenweise ein Teil der Lampen abgeschaltet. Die Meinungen über die Zweckmäßigkeit einer solchen Teilabschaltung sind noch uneinheitlich, da u. a. schon der Aufwand für die getrennten Schalteinrichtungen die Kosteneinsparungen für Strom und Lampen teilweise ausgleichen kann.

Mit dem Auswechseln der Lampen wartet man nicht mehr bis zum Ausbrennen, sondern stellt anhand der voraussichtlichen Lebensdauer der einzelnen Lampentypen und der Brenndauer Auswechselpläne auf, wonach jeweils turnusmäßig die Lampen bereits vor Ausbrennen erneuert werden. Die Auswechselkosten, die bei unprogrammgemäßer Einzelauswechslung leicht DM 10,— pro Lampe überschreiten, können damit auf Bruchteile dieses Wertes herabgesetzt werden.

Die Steuerung erfolgt entweder über Schaltuhren oder automatisch bzw. handbetätigt zentral. Zur Anpassung an Sonnenauf- und -untergangszeiten, Helligkeitsbeeinträchtigungen oder Bewölkungsdichte, Nebel und Niederschläge werden vielfach Dämmerungsschalter benutzt. Auch bei Benutzung solcher Geräte, die zu Abweichungen gegenüber den vorgesehenen Fahrplänen führen, läßt sich mit einfachen Mitteln die Zahl der Brennstunden ausreichend genau erfassen. Eine Messung über Zähler an den einzelnen Abzweigen erübrigt sich. Zur Vereinfachung der Anlagen und der Betriebsweise ist es zweckmäßig, wenn die Vertragspartner auf allerletzte Genauigkeit bei der Abrechnung verzichten.

ÖB als Vertriebsaufgabe. Soweit die E-Werke die gesamte öffentliche Beleuchtung für die verantwortliche Gebietskörperschaft als fremde Anlage betreuen, ergeben sich eine Reihe von Beratungsaufgaben. Vor allem ist es notwendig, im Interesse beider Partner die Planung der Netze und Netzarbeiten aufeinander abzustimmen. Gemeinsame Kabel- und Freileitungstrassen und Masten ermöglichen es, die Gesamtkosten niedrig zu halten. Auch die Möglichkeit, Rundsteuerungsanlagen der E-Werke für die Zwecke der öffentlichen Beleuchtung auszunutzen sowie die laufende Abstimmung mit der Polizei und den Ordnungsämtern über neue Verkehrssignalanlagen lassen eine ständige enge Fühlungnahme mit den entsprechenden Gremien der Gebietskörperschaft angeraten erscheinen.

Auch die Beratung der ÖB ist Sache der Vertriebsabteilung. Manche Werke haben die Federführung dafür den Netzabteilungen übertragen, weil die netztechnischen Fragen sehr im Vordergrund stehen. Der Nachteil dieser Lösung ist, daß sich leicht auf netztechnischer Ebene Verständigungen ergeben, die dem Vertrag mit der Körperschaft nicht gerecht werden und später zu unerfreulichen Auseinandersetzungen, häufig zu Lasten des E-Werkes führen.

Umstrittene ÖB-Strompreise. E-Werke, die die ÖB als Fremdanlage auf Grund eines Rahmenvertrages selbständig betreiben, laufen immer Gefahr, daß die Betriebskosten nicht voll aus den Entgelten gedeckt werden. Die Gebietskörperschaften sind verständlicherweise bestrebt, den Finanzhaushalt zu entlasten. Der Grundsatz gerechter Kosten würde angesichts der Benutzungsdauer der ÖB einen Strompreis etwa in Höhe der durchschnittlichen Haushaltsstrompreise rechtfertigen. Wenn dennoch den Wünschen nach niedrigeren ÖB-Strompreisen meist willfahren wird, so nicht immer nur unter dem Druck der Gebietskörperschaft, sondern auch aus dem Gedanken, daß eine vorzügliche elektrische Straßenbeleuchtung werbend für die allgemeine Elektrizitätsanwendung wirkt. Diese

Werbewirkung wird von einigen E-Werken so hoch eingeschätzt, daß gelegentlich sogar probeweise einige Straßen und Plätze von ihnen mit neuzeitlicher Beleuchtung ausgerüstet werden.

Da Verhandlungen über Entgelte für ÖB stets sehr hart zu sein pflegen, empfiehlt sich für die E-Werke eine genaue, nachprüfbare Ermittlung der Selbstkosten, also eine sorgfältige Trennung der Kosten des ÖB-Betriebes von den übrigen E-Werkskosten. Die Notwendigkeit der genauen Kostentrennung sollte jedoch kein ernstliches Hindernis sein, Netz- und ÖB-Funktionen zur Einsparung von Totzeiten, Wegekosten usw. durch das gleiche Personal und mit den gleichen Fahrzeugen durchführen zu lassen, so daß sich bei vernünftiger Arbeitsgliederung in der Regel ein eigener Fuhrpark, ein gesondertes Mastenlager oder ein besonderer Reparatur- und Störungsdienst für die ÖB erübrigen.

V. Messung des gelieferten Stromes und seine Bezahlung

Die Kosten für Messung des gelieferten Stromes und seine Bezahlung haben sich auf verhältnismäßig hohem Stand gehalten. Erst in den letzten Jahren sind diese Kostenbereiche auf Grund der von einigen größeren E-Werken angestellten Überlegungen und Versuche von dem allgemeinen Rationalisierungstrend erfaßt worden. Angesichts des erheblichen technischen Aufwandes und der hohen Investitionssummen untersuchten diese Werke systematisch alle Kostenstellen auf Rationalisierungsmöglichkeiten und stießen dabei auf die überraschende Erkenntnis, daß bei Messung und Inkasso mit wesentlich geringerer Mühe Kosten einzusparen wären, als dies etwa durch neue Maschinen in den Kraftwerken möglich sein kann. Die einsetzenden Maßnahmen haben in wenigen Jahren zu beachtlichen Erfolgen geführt, die auch mittlere und kleine E-Werke inzwischen bewogen haben, ihre bisherigen Gepflogenheiten bei Messung und Inkasso der Kritik zu unterziehen.

a) Zähler

Die vertraglichen Grundlagen der Elektrizitätsmessung ergeben sich für den Bereich der Tarifkunden aus den diesbezüglichen Bestimmungen der AVB, die in entsprechend abgewandelter Form auch, in der Regel unter Einengung der Fehlergrenzen, in die Sonderabnehmerverträge übernommen werden.

Schutz gegen Stromdiebstahl. Gegen Stromdiebstahl geben die AVB den E-Werken dadurch einen gewissen Schutz, daß ihnen bei unbefugter Stromentnahme und bei Beschädigung von Plomben eine sofortige Stromunterbrechung erlaubt wird[1]. Die allgemeinen Diebstahlsparagraphen des Strafgesetzes stellen nur den Diebstahl einer fremden beweglichen „Sache" unter Strafe, so daß man sich schon 1900 zum Erlaß eines Spezialgesetzes zur Schließung dieser Lücke für den elektrischen Strom genötigt sah[2]. Inzwischen ist eine entsprechende Sonderbestimmung in das Strafgesetzbuch aufgenommen worden (§ 248 c), die auch den Versuch unter Strafe stellt.

In der Mehrzahl der Fälle genügt seitens des E-Werkes gegenüber Stromdieben schon der Hinweis auf die Möglichkeit einer Strafanzeige, die sich meist auch

---

[1] AVB, Abs. IX, 4.
[2] Gesetz betreffend die Bestrafung der Entziehung elektrischer Arbeit vom 9. 4. 1900.

24 Freiberger, Elektrizitätswerke

noch auf Betrug, Unterschlagung oder Sachbeschädigung ausdehnen läßt, um die vermutlich entwendete Strommenge bezahlt zu erhalten, wobei bei deren Schätzung nicht allzu vorsichtig verfahren werden sollte.

Aufsichtsbefugnisse und Prüfämter. Die gesetzlichen Unterlagen für die Messung ergeben sich vor allem aus dem ,,Gesetz betreffend elektrischer Maßeinheiten'' vom 1. 6. 1898. Es bestimmt, daß die E-Werke zur Verwendung ,,richtig'' zeigender Meßgeräte verpflichtet sind und daß diese Meßgeräte in ihren Angaben auf den gesetzlich festgelegten Einheiten Ohm, Ampere und Volt beruhen müssen, auch wenn abgeleitete Einheiten wie die kWh, später auf dem Verordnungsweg definiert, verwendet werden. Insbesondere wurde schon frühzeitig die Bedeutung der ,,Zeit-Normale'' für die ,,Richtigkeit'' der Messung erkannt.

Der Physikalisch-Technischen Reichsanstalt (PTR) wurde die Ermächtigung zur Prüfung und Beglaubigung der elektrischen Meßgeräte übertragen. Im Laufe der Jahre wurden rd. 50 elektrische Prüfämter und etwa 175 Prüfnebenämter eingerichtet, an die wesentliche Rechte der PTR delegiert wurden, und die alle der Aufsicht der PTB, der Nachfolgerin der PTR unterstehen. Die meisten Prüfämter sind räumlich und verwaltungsmäßig an ein Elektrizitätswerk angegliedert.

Diese Ämter haben die Aufgabe, auf Wunsch Prüfungen und Beglaubigungen vorzunehmen. Eine allgemeine Prüfpflicht, ebenso eine Beglaubigungs- oder Eichpflicht, besteht jedoch für elektrische Meßgeräte, auch wenn ihre Meßwerte als Abrechnungsunterlage dienen sollen, nicht! Der Gesetzgeber der Jahrhundertwende hat den E-Werken im Falle von Streitigkeiten über die Meßergebnisse von Zählern die Beweislast aufgebürdet. Seine Anordnungen beschränken sich also bewußt auf das zum Schutze des Verbrauchers Notwendige. Diese Regelung hat sich in nunmehr sechs Jahrzehnten gut bewährt. Dennoch hat sie vor allem bei Behördenvertretern, soweit sie auf Einhaltung von Grundsätzen und auf Perfektion bedacht sind, Mißbehagen ausgelöst. Ihnen mißfällt, daß damit eine wichtige Aufgabe nicht den von altersher bestehenden Eichämtern für Maße und Gewichte, sondern selbstverantwortlichen, privaten und ihrer Ansicht nach einseitig interessierten Stellen übertragen ist. Immer wieder wurde daher versucht, die elektrischen Meßgeräte der Staatsaufsicht, wahrgenommen durch die Eichämter, zu unterstellen. Es mag offenbleiben, wieweit dirigistische Motive, vielleicht sogar fallweise die Verlockung, Gebühren von zahlungskräftigen Unternehmen einfordern zu können, von Einfluß waren. Bislang konnte wirtschaftliche Vernunft sich diesen Bestrebungen erfolgreich widersetzen.

Auch föderalistische Erwägungen wurden seitens einzelner Länder vorgebracht, um die Aufsichtsbefugnisse an sich zu bringen und unter Einschaltung der Eichämter Rechts- und Gebührenansprüche durchzusetzen. Die E-Werke treten auch diesen Versuchen entgegen, um die bewährte, vorbildlich einfache und einheitliche Führung des Prüfwesens unter Aufsicht der PTB nicht zu gefährden. Sie sehen zu einer Überleitung der Aufsichtsbefugnisse an die Eichämter schon deshalb keine Veranlassung, weil die bestehenden Prüfordnungen für die elektrischen Meßgeräte durchweg den wesentlichen Bestimmungen des staatlichen Eichwesens entsprechen und darauf Bezug nehmen[1].

---

[1] Vgl. hier und im vorstehenden SCHUMACHER, Die rechtlichen Grundlagen der Verbrauchsmessung, Referat auf der VDEW-Tagung ,,Tarife und Verträge'', Moosrain 14./16. 11. 1955.

Bei den Prüfämtern, die bei E-Werken eingerichtet sind, nimmt meist der Leiter des Zählerwerkes die Funktion eines Prüfamtsleiters in Personalunion wahr. Gerade dieses Zusammenfallen von Verantwortlichkeit gegenüber dem E-Werk und Verpflichtung gegenüber der PTB in einer Person hat in der Vergangenheit eine kontinuierliche, praxisnahe und dem Verbraucher dienliche Entwicklung des Zählerprüfwesens wesentlich gefördert. Angesichts des Mißtrauens, das gelegentlich einer derartigen Verantwortungskopplung entgegengebracht wird, ist unter allen Umständen eine klare organisatorische und auch räumliche Trennung unerläßlich. Die Arbeiten für Prüfung und Beglaubigung sind von dem Zählerdienst des E-Werkes streng getrennt zu halten.

Bezüglich der Fehlergrenzen der Meßgeräte sind die „Beglaubigungsfehlergrenzen" von den für die Abrechnung wesentlichen „Verkehrsfehlergrenzen" zu unterscheiden, die etwa doppelt so hoch liegen und bis zu etwa 6% der zu messenden Leistung betragen dürfen. Diese Grenzen werden schon bei älteren, erst recht bei modernen Zählern nie erreicht, da deren Fehler im Bereich von 5 bis 400% der Nennlast im allgemeinen 1% nicht überschreiten.

Meßeinrichtungen bei den Kunden. Den wesentlichen Teil der Meßeinrichtungen bilden die Zähler, die als Wirkstromzähler $U \cdot I \cdot \cos \varphi$ und als Blindstromzähler $U \cdot I \cdot \sin \varphi$ messen. Zur Verwendung kommen vorwiegend Ferrarismeßwerke, Geräte mit Wirbelstromscheibe. Die technischen Schwierigkeiten für den Bau verlustarmer Zähler beruhen vor allem auf der Forderung, daß sowohl kleinste Strommengen, wie für eine einzelne Glühlampe, als auch sehr hohe Überlastungen richtig erfaßt werden sollen. Ein Zähler ist sozusagen elektrische Briefwaage und Gepäckwaage in einem. Die unvermeidlichen Erscheinungen der Alterung sind Nachlassen der motorischen Kräfte, Erhöhung der Reibungsfehler und Veränderung der „Stromdämpfung" also des bremsenden Einflusses der Stromspule, Einflüsse, die sich übrigens mit steigender Belastung nicht proportional ändern.

Mit vielfältigen elektrischen und mechanischen Kunstgriffen werden diese z. T. gegenläufigen Einflüsse so ausgeglichen, daß sich die Fehlerkurven in engen Prozentgrenzen über den gesamten Lastbereich gleichmäßig erstrecken.

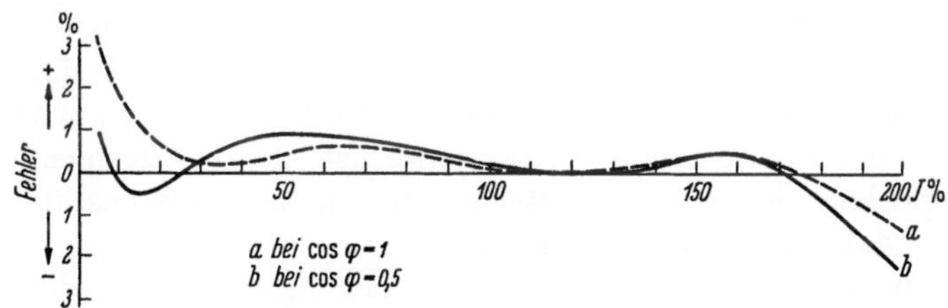

Abb. 51. Beispiel einer Zählerprüfkurve bei konstanter Nennspannung
(Nach PFLIER, Elektrizitätszähler. Berlin/Göttingen/Heidelberg: Springer 1954, S. 100)

Während beim normalen einphasigen Wechselstromzähler nur ein Meßwerk erforderlich ist, benötigt man bei Drehstromzählern in der Regel deren drei, die auf die gleiche Achse arbeiten.

Während in den zwanziger Jahren 3 A-Zähler (660 W) vorherrschend waren, benutzt man heute vielfach 10 A-Zähler, die kurzfristig bis zu 40 A (8800 W) ausreichend genau messen können. Die alten 3 A-Zähler sollten nicht mehr ver-

24*

wendet werden[1]. Die Auswechslung gegen moderne Zähler wird dadurch beschleunigt werden, daß nach dem 1. 1. 72 nur noch Zähler neuer Bauart am Netz sein dürfen[2]. In Landgebieten wird man zukünftig 10/40 A-Zähler und in Stadtgebieten mit stärkeren Versorgungsleitungen 15/60 A-Zähler vorziehen.

Doppeltarifzähler unterscheiden sich von Einfach-Zählern durch ein doppeltes Zählwerk, das durch Schaltuhr oder Fernsteuerung umgeschaltet werden kann.

Zur Erfassung des Spitzenverbrauchs werden Subtraktions- oder Überschreitungszähler benutzt. Hierbei wirkt ein Meßwerk auf zwei Zählwerke, von denen eines den überschreitenden Differenzbetrag gegenüber einer festgesetzten Leistung anzeigt.

Bei den sogenannten Maximumzählern wird, um kurze Leistungsspitzen nicht zur Verrechnung kommen zu lassen, ein Leistungsmittelwert über eine bestimmte Periode erfaßt, die durch eine Uhr gesteuert wird. Dabei läßt man durch eine zusätzliche Zeigervorrichtung den höchsten Mittelwert einer bestimmten Zeiteinheit, in der Regel einen Monat, erfassen.

Bei Versorgungsanschlüssen, die etwa 100 A überschreiten, werden bis zu rd. 400 A unter Zwischenschaltung von Niederspannungs-Stromwandlern noch Niederspannungszähler verwendet. Hochspannungszähler unterliegen erhöhten Isolationsbestimmungen. Die dafür verwendeten Spannungswandler erlauben durch V-Schaltung (RS, ST) die Verwendung von Drehstromzählern mit nur 2 Meßwerken, sogenannten Drei-Leiter-Zählern.

Wo mehrere Übergabestellen zusammengefaßt werden sollen, benutzt man eine Summenfernzählung, die aus einzelnen Sendezählern und Summierwerken besteht.

Da die Meßwandler für die Genauigkeit der Messungen mit ausschlaggebend sind, unterliegen sie den Prüfbestimmungen ebenso wie die Zähler.

Weg der Zähler zum Kunden. Der normale Weg einer von der Fabrik kommenden Meßeinrichtung führt beim E-Werk über eine Prüfung und Beglaubigung durch ein Prüfamt, obgleich die E-Werke hierzu rechtlich nicht verpflichtet sind. Sie tun dies jedoch zu ihrem eigenen Schutz. Auch die bereits am Netz befindlichen Zähler werden in bestimmtem Turnus immer wieder ausgetauscht, überholt, neujustiert und vor Neueinbau geprüft und beglaubigt. Zwar halten sich bei normalen Wechsel- und Drehstromzählern die im Laufe der Zeit anwachsenden positiven und negativen Meßfehler so die Waage, daß keine erheblichen Erlöseinbußen zu befürchten sind, doch würden zu große Meßfehler auf Dauer einen kaum wieder gutzumachenden Vertrauensverlust bei den Kunden zur Folge haben. Abgesehen davon führen Reklamationen zu unerwünschten, unplanmäßigen, und daher teueren Tauscharbeiten.

Bei Maximumzählern hingegen, die eine Neigung zu wachsenden negativen Fehlern haben, ist auch die Erlösgefährdung maßgebend. Setzt man die Kosten für Tausch, Überholung und Neujustierung eines Höchstwertzählers mit rd. DM 40,— an, dürften bei den hohen Beträgen, die in der Regel über solche Zähler berechnet werden, die Kosten eines Austauschverfahrens in kurzer Zeit gedeckt sein.

---

[1] Vgl. hier und im folgenden: Nach einer Zusammenstellung von Maass, Die technischen Grundlagen der Verbrauchsmessung. Referat auf einer VDEW-Tagung „Tarife und Verträge" in Moosrain, 14./16. 11. 1955.

[2] Gemäß 4. VO zur Änderung der Eichordnung (13. 8. 1954).

Rationalisierung des Zählerdienstes. Um eine Verminderung der Kosten des Zählerdienstes ist man ständig bemüht. Bei der eigentlichen Prüfung der Zähler erwiesen sich Dauereinschaltverfahren als wirtschaftlich, da sie eine hohe Ausnutzung der kostspieligen Prüfanlagen erlauben. Die Kosten lassen sich noch weiter durch Ausfüllung der Prüfscheine mit halbautomatischen Rechenmaschinen herabdrücken. Die Prüfergebnisse lassen sich dabei ohne Mehraufwand so zusammenfassen, daß nicht nur die Zählergenauigkeit einwandfrei überblickt werden kann, sondern auch eine zuverlässige, statistische Güteüberwachung der Zähler ermöglicht wird[1].

Die Kosten des Zählerdienstes lassen sich erheblich senken, wenn ein möglichst gleichmäßiger Ablauf aller Arbeiten dieses Bereiches durch exakte Arbeitsplanung sichergestellt wird. Voraussetzung hierfür ist eine sorgfältig geführte Kartei der vom E-Werk betreuten Zähler. Sie enthält die Daten über Prüfung, Beglaubigung, Einbauzeit, Einbauort, Termin der nächsten Überprüfung u. dgl. Für die Planung sind weiterhin zu berücksichtigen die Überprüfungsperioden für die einzelnen Zählertypen („Plantausch"), ihr jährlicher Zuwachs, die Zahl der Prüftausche („Kontrolltausch" auf Grund von Kundenbeanstandung oder Feststellungen des eigenen Kontrollpersonals), die Veränderungstausche, die Abschaltungen abgemeldeter Anschlüsse, der Austausch älterer Zählertypen.

Bei der Prognose der Zahl der künftig jährlich ins Netz einzubauenden Zähler kann auf Grund der Kartei die Aufteilung auf die einzelnen Typen recht genau vorausbestimmt werden. Setzt man davon die Zahl der jährlich auszubauenden und nach der Instandsetzung wieder zu verwendenden ab, so erhält man einen Bereitstellungsplan für die einzelnen Zählerarten, der mit ausreichender Genauigkeit die künftige jährliche Neubeschaffungsquote ausweist. Sie liegt in Hamburg beispielsweise für die meisten Typen bei insgesamt rd. 6,2%. Eine solche Vorplanung ergibt neben Aufschlüssen über die voraussichtbaren Investitionsaufwendungen sichere Arbeitsunterlagen für eine Rationalisierung der Zählermontage, der Außenkontrolle, der Zählerüberholung sowie der Zählerüberprüfung.

Ein „Prüf- oder Kontrolltausch" ist am häufigsten bei den noch vorhandenen Gleichstromzählern erforderlich, da sie am anfälligsten sind. Beispielsweise mußten bei den Hamburgischen Electricitäts-Werken jährlich jeweils 4% der Gleichstromzähler gegenüber nur 1% der Meßwandler-, Wechsel- und Drehstromzähler wegen Beanstandungen vorzeitig getauscht werden. Der „Veränderungstausch" umfaßte rd. 1% des gesamten Zählerbestandes. Im Zusammenhang mit Abschaltungen von Kundenanlagen werden rd. 1,5% der Zähler ausgebaut. Abgesehen von den Gleichstrom-Zählern mußten somit rd. 3,5% des Bestandes vorzeitig vom Netz genommen werden[2]. Der Austausch der älteren Zählertypen gegen solche modernerer Bauart erfordert unter gleichmäßiger Verteilung auf die Jahre bis 1971 bei den meisten E-Werken eine jährliche Ausmerzung von etwa 1,5—2% des Zählerbestandes. Eine solche Verteilung der Austauschaktion ist dringend anzuraten, um unliebsame und kostspielige Arbeitsanhäufungen in den letzten Jahren vor dem Termin zu vermeiden.

---

[1] Vgl. KROHN, Rechenautomaten bei der Zählerprüfung. Elektrizitätswirtsch. 1957, H. 1, S. 742ff.

[2] Vgl. hier und im folgenden: KROHN, Planmäßige Zählerpflege vom Elektrizitäts-Versorgungs-Unternehmen her gesehen. Elektrizitätswirtsch. 1957, H. 4, S. 114ff.

Lebensdauer und Prüfperioden. Eines der wichtigsten Mittel der Rationalisierung auf dem Zählergebiet ist die Verlängerung der Perioden, nach denen ein Zähler überprüft und überholt werden sollte. Nach Empfehlungen der VDEW aus dem Jahre 1952 sollten Meßwandlerzähler alle 4 Jahre getauscht werden. Für Hochspannungsmeßsätze, Zähler bei Großkunden und solche Zähler, die unter besonders ungünstigen örtlichen Bedingungen, wie Schmutz, Hitze, Kälte, Feuchtigkeit, Erschütterungen, arbeiten, wird eine zwischenzeitliche örtliche Prüfung empfohlen. Für normale ein- und mehrphasige Wechselstromzähler der bis zu den letzten Jahren verwendeten Typen werden Tauschperioden von 8 Jahren für ausreichend gehalten.

Inzwischen sind neue Zählertypen entwickelt worden, die auf Grund ihrer hochwertigen Magnete, ihres langsamen Laufes und ihrer ölarmen oder ölfreien Lager ihre Fehlerkurven im Laufe der Jahre so wenig verändern, daß eine Tauschperiode von 12 Jahren und bei neuesten Typen sogar von 20 Jahren für ausreichend anzusehen ist.

Anzustreben ist dennoch, die kostspielige Messung und Einzelabrechnung des verbrauchten elektrischen Stroms einer Lösung zuzuführen, die für die Masse der Kleinabnehmer in Haushalt und Gewerbe eine Einzelzählung entbehrlich macht. Notwendig ist zur Erreichung dieses heute vielleicht als utopisch angesehenen Ziels eine systematische Strompreispolitik in Richtung auf Pauschalinkasso und wenigstens übergangsweise einzurichtende Überschreitungsmessung.

b) Vertriebsabrechnung

Ablesung und Inkasso sind Aufgaben, die in fast allen E-Werken als Teil der Verkaufsfunktion von den Vertriebs-(Verkehrs-)Abteilungen wahrgenommen werden. Man faßt sie unter dem Begriff Vertriebsabrechnung zusammen. Fallweise besteht auch eine Koppelung mit der entsprechenden Abrechnung des Verkaufs von Gas oder auch von Wasser.

Die Vertriebsabrechnung umfaßt die Feststellung der vom Kunden entnommenen Elektrizitätsmenge und der sonst für ihn vollzogenen Leistung. Sie erteilt Rechnung, betreibt und überwacht die Einziehung der Rechnungsbeträge („Hebedienst", Inkasso) und sorgt für die Hereinbringung der Rückstände. Häufig übernimmt sie auch Abrechnung und Einziehung von Raten aus der Gerätefinanzierung. Ihr obliegt die Führung der Kunden- und Abrechnungskartei, in der auch Eintragungen über die Zählerbewegung, den Wohnungs- und Kundenwechsel, Tarife, Preise und andere wesentliche Veränderungen, die den Kunden betreffen, vermerkt werden. Wegen der unmittelbaren Verbindung zu der Kundschaft übernimmt die Vertriebsabrechnung häufig auch Aufgaben der Kundenberatung und Vertrauenswerbung, vor allem die Verteilung von Informationsmaterial[1].

Für die Durchführung dieser Arbeiten, die je nach Größe und Ausstattung der einzelnen Werke in außerordentlich verschiedenen Formen erfolgen, empfiehlt sich, wie bei allen kaufmännischen Vorgängen, eine starke Mechanisierung und der Einsatz moderner Maschinen und Methoden. Nur so können die für diesen Aufgabenkreis erheblichen Kosten in vernünftigen Grenzen gehalten werden.

---

[1] Vgl. im einzelnen: KINGMA, „Rationalisierung der Stromverkaufsabrechnung", Elektrizitätswirtsch. 1958, H. 9, S. 262ff.

Kosten der Vertriebsabrechnung. Rund 95% der Kosten der Vertriebsabrechnung sind bei den bislang üblichen Verfahren Ausgaben für das Personal. Da die Kosten der Abrechnung von der Zahl der Zähler und deren Erreichbarkeit abhängen, werden Aufwendungen angesichts der meist geringen Zahl von Sonderabnehmern vornehmlich durch die Zahl der Tarifanlagen bestimmt. Bei Elektrizitätsversorgungsunternehmen rechnet man z. Z. mit einem Bedarf von 7 Personen für die Abrechnung von je 10000 Abnehmern. Selbst bei einem Vielfachen der Tarifabnehmerzahl verringert sich dieser Wert nur bis auf rd. 5 Personen[1]. Diese Zahlen haben sich in den letzten 20 Jahren kaum verändert.

Angeregt durch Verbesserungsbestrebungen einiger Werke hat die VDEW über eine Umfrage im Jahre 1957 bei einer Beteiligung von 65 Unternehmen über die Kosten der Verlaufsabrechnung für Kunden mit „allgemeinen Tarifen" eine Reihe wichtiger Erkenntnisse ermittelt. Die gewonnenen Kennzahlen können nicht unbedingt für alle Werke als repräsentativ angesehen werden und zeigen eine außerordentliche Streuung. Beispielsweise ergibt sich eine jährliche Arbeitszeit der Abrechnung je Tarifanlage von 73 bis 190 Minuten, also ein Verhältnis von 1 : 3.

Streuung der Kennzahlen[2]

	Kennzahlen		Niedrigst-wert	Höchst-wert
1	Mittlere Dauer der Abrechnungsperiode	Tage	28	64
2	Mittlere Zahl der Tarifanlagen je Rechnung	Stück	1,0	2,30
3	Anteil der nicht sofort voll bezahlten periodischen Rechnungen	v. H.	0,5	58,0
4	Anteil der bis zum Ablauf des Zahlungszieles nicht voll bezahlten period. Rechnungen	v. H.	0,5	38,0
5	Mittlerer Rechnungsbetrag	DM	12,0	38,0
6	Mittlerer Rechnungsbetrag der nicht sofort voll bezahlten Rechnungen	DM	4,0	78,0
7	Einnahmen infolge Zahlungsverzugs je rückständige Rechnung	DM	0,07	1,40
8	Verhältnis der Rechnungsausfälle zum Gesamt-Rechnungsbetrag	v. H.	0,001	0,11
9	Arbeitszeit je Tarifanlage	min	73	190
10	Arbeitszeit je Abrechnung	min	5	17
11	davon im Innendienst	min	1	10
12	davon im Außendienst	min	3	12
13	Verhältnis von Innen- zu Außendienst	(1: X)	0,7	2,9
14	Personalkosten je Arbeitsstunde	DM	1,40	4,97
15	Kosten je Tarifanlage	DM	4,50	11,00
16	darunter Kosten der Büromaschinen je Tarifanlage	DM	0,05	0,95
17	Kalkulatorische Zinsen je Tarifanlage	DM	0,25	1,63
18	Kosten je period. Abrechnung	DM	0,20	1,20
19	Kalkulat. Zinsen je period. Abrechnung	DM	0,002	0,27
20	Zinszeit-Kennzahl des Abrechnungsverfahrens	DM	0,5	1,5

Zwar sind Verbrauchsstruktur und Kundendichte bei den einzelnen E-Werken verschieden und deshalb für die starke Streuung mit ursächlich, gleichwohl läßt die Auswertung auf erhebliche Unterschiede des Rationalisierungsstandes schließen. Eine Größen- und Mengendegression war aus den Ergebnissen der Untersuchung nicht eindeutig zu erkennen.

---

[1] Vgl. ROTHENBERG, Statistische Auswertung einer VDEW-Umfrage über die Verkaufsabrechnung für das Jahr 1956. Elektrizitätswirtsch. 1958, H. 12, S. 353 ff.

[2] Vgl. hier und im folgenden, ROTHENBURG, a. a. O.

Übliche Verfahren. Die wichtigsten bisher üblicherweise verwendeten Verfahren für Abrechnung und Inkasso[1]:

a) Direktes Einweg-Verfahren

Ein Abrechnungskassierer liest periodisch ab, stellt die Rechnung aus und kassiert. Voraussetzung hierfür: gut ausgebildetes Personal und einfacher Tarifaufbau, da die Rechnung „am Ort" ausgestellt wird. Zur Erleichterung werden vielfach bei der Rechnungserteilung Zahlen aufgerundet und die Aufrundungsbeträge nur einmal jährlich genau abgerechnet.

b) Indirektes Einweg-Verfahren

Ein Ablesekassierer liest periodisch ab und kassiert gleichzeitig die im Büro ausgestellte Rechnung der Vorperiode. Die Rechnungsbeträge gehen also erst nach Ablauf einer weiteren Ableseperiode ein. Gegenüber dem direkten Einweg-Verfahren sind die an das Außenpersonal zu stellenden Anforderungen geringer.

c) Indirektes Zweiwege-Verfahren

Ein Ableser liest periodisch ab, das Büro stellt die Rechnung aus. Ein Kassierer zieht das Geld in einem zweiten Arbeitsgang ein.

Vorteile wie bei b), darüber hinaus kommt das Geld schneller ein als bei b). Nachteilig sind die höheren Kosten infolge doppelter Gänge zum Kunden.

Beim Außenpersonal rechnet man für die vorstehenden Verfahren in dichter besiedelten Gebieten im allgemeinen mit folgenden Leistungen (umgerechnet einschließlich Kontrolle und Nachkassierung):

Abrechnungskassierer	80 Anlagen je Tag
Ablesekassierer	100 Anlagen je Tag
Kassierer	125 Anlagen je Tag
Ableser (bei indirektem Zweiwege-verfahren)	150 Anlagen je Tag.

Mehrmonatliche Abrechnung. Die Wahl des Verfahrens hängt von dem teilweise recht verschiedenen Lohnniveau ab. Aber auch die übrigen Kosten sind regional und auf das einzelne Unternehmen bezogen so unterschiedlich, daß sich bei der VDEW-Erhebung kaum zuverlässige Mittelwerte bilden ließen. Wichtig ist aber als Ergebnis, daß die Kosten für Ablesen des Zählers und Einkassieren der Rechnung mit den möglichen Schwierigkeiten, wie mehrmaliges Vorsprechen, Mahnung, Stromabsperren und Briefwechsel einen recht hohen Anteil des monatlichen Rechnungsbetrages ausmachen. Er liegt im allgemeinen zwischen 5 und 15%, in Einzelfällen sogar höher. Bei der Vielzahl der Haushalttarifabnehmer, deren monatliche Rechnungsbeträge z. Z. im Mittel nur bei rd. DM 10,— liegen, ist die anteilige Kostenbelastung besonders hoch.

Bei dieser Sachlage liegt der Gedanke nahe, zur Senkung der Kosten weniger oft, also nicht monatlich abzulesen. Dieses Verfahren ist in Zeiten des Personalmangels, wie während des Krieges, üblich gewesen, aber wegen mancher Unzuträglichkeiten mit Ausnahme mancher Außenbezirke und der Urlaubszeiten nicht allgemein beibehalten worden. Im Ausland wird vielfach zweimonatlich abgerechnet, ohne daß dort Schwierigkeiten auftreten.

Die Kosten im Innendienst nehmen allerdings mit der Verminderung der Abrechnungsperioden nicht prozentual ab, da ein Teil der Innenarbeiten, wie An- und Abmeldungen oder statistische Arbeiten, unverändert weiterläuft. Kostenerhöhend wirkt sich der bei Mehrmonatsabrechnung aus, daß die später eingehen-

---

[1] Vgl. SCHMIDT, Die mehrmonatliche Verkaufsabrechnung. Elektrizitätswirtsch. 1956, H. 20, S. 714ff.

den Rechnungsbeträge einen Mangel an flüssigen Mitteln herbeiführen, der nur durch Zinsaufbringung ausgeglichen werden kann. Die E-Werke müssen daher bei Festlegung der Abrechnungsperioden die mit der Höhe der monatlichen Rechnungsbeträge schwankenden Zinsverluste gegen die möglichen Einsparungen abwägen.

Bei durchschnittlichen monatlichen Rechnungsbeträgen über rd. DM 150,— wird aus diesem Grunde im Einzelfalle unter Umständen eine Beibehaltung der monatlichen Einziehung zu erwägen sein, während unterhalb DM 50,— pro Monat sogar eine 3 monatliche Abrechnung tragbar erscheinen kann. Zur Vermeidung dieser Nachteile ziehen einige E-Werke geschätzte monatliche Teilbeträge ohne eigene Ablesung oder als Vorauszahlung ein. Sie nehmen dabei die zusätzlichen Kosten für die Rechnungserteilung und Einziehung in Kauf. Aus diesem Vorgehen haben sich die sogenannten *vereinfachten Verfahren* entwickelt[1]. Das Büro stellt Rechnungen aus, die ohne genaue Ablesung für die Periode auf Grund der letzten Ablesung geschätzt werden, ein Kassierer zieht das Geld ein. Erst gelegentlich einer Ablesung, äußerstenfalls jährlich nur einmal, werden die Ausgleichsbeträge indirekt abgerechnet.

Das „Bergedorfer" Verfahren. Die Auswertung der VDEW-Umfrage läßt keine sicheren Schlüsse auf Überlegenheit eines der geschilderten Verfahren zu.

Eindeutige und erhebliche Kostenvorteile zeigt lediglich ein abweichendes, neues Verfahren, bei dem die Rechnungsbeträge, so wie es rechtlich begründet ist, als Bringschuld der Kunden und nicht als Holschuld behandelt werden.

Der Name kommt von einem Großversuch, der auf Anregung des Verfassers in dem Hamburger Stadtteil Bergedorf im Jahre 1955 unternommen wurde. Bei diesem Verfahren werden die Rechnungsbeträge nicht mehr durch eigenes Personal eingezogen, die Bezahlung wird vielmehr den Kunden überlassen. Sie erhalten Rechnungen monatlich mit der Bitte, die Beträge entweder an das Elektrizitätswerk zu überweisen oder sie bei den Einzahlungskassen des E-Werkes, bei Banken oder Sparkassen auf Konten des E-Werkes einzuzahlen. Außerdem werden die Rechnungen gleich für 12 Monate im voraus zugestellt und die Beträge so vorausgeschätzt, daß über das ganze Jahr hinweg abgerundete, gleich hohe Monatssummen festgelegt werden.

Diese Pauschalierung bringt dem Kunden den Vorteil, für den Strom, wie bei der Miete, oder bei Umlage der Zentralheizungskosten mit regelmäßigen, voraussehbaren Ausgaben rechnen zu können. Er kann auch Daueraufträge auf Postscheck- oder Banküberweisungen erteilen. Um ihm Gebühren zu ersparen, vereinbarte das Elektrizitätswerk mit den betreffenden Instituten ein sogenanntes „Abrufverfahren". Die Pauschalierung bedeutet, daß in der Regel im Sommer mehr und im Winter weniger bezahlt wird, als es der Stromabnahme entspricht. Der monatliche Ärger über die „unvermutet hohe Rechnung" entfällt. Einmal im Jahr allerdings muß durch eine Zählerablesung der wahre Rechnungsbetrag festgestellt und durch Nachzahlungen oder Gutschrift ausgeglichen werden. Dieser Vorgang kann in einzelnen Fällen zu Schwierigkeiten führen. Es war deshalb vorgesehen, daß besonders geschultes Personal dafür eingesetzt wird und generell bei dieser Gelegenheit eine Kundenwerbung über Elektrizitätsversorgung

---

[1] Hier und im vorstehenden: nach PREUSS, Verfahren der Verbrauchsabrechnung. Vortrag auf der VDEW-Tagung, Tarife und Verträge. Moosrain, 14./16. 11. 1955.

und Einrichtung erfolgt. Da von dem Gesamtpersonal ein hoher Anteil eingespart werden kann, lassen sich die Mittel für die besser geschulten Jahresableser unschwer aufbringen.

Entgegen der Annahme aller „erfahrenen" Betriebsspezialisten der Werke entsprach der Erfolg dieses Großversuchs, der allerdings in Presse und Vertrauenswerbung gut vorbereitet war, allen Erwartungen.

Er bestätigte auch, daß sich der voraussichtliche Strombedarf der Kunden verhältnismäßig genau abschätzen läßt. Die Jahresrechnungssumme wurde bei der Vorschätzung auf 0,5% genau getroffen. Nachberechnungen erfolgten bei 40,8% der Kunden. Gutschriften bei 51,2%[1].

Bei völliger Umstellung auf das neue Verfahren haben die Hamburgischen Electricitätswerke für ihren Außendienst eine Personalersparnis von rd. 77% gegenüber dem monatlichen direkten Einweg-Verfahren errechnet. Die Kosteneinsparung ist deshalb so erheblich, weil die Kosten für Ablesung und Rechnungserteilung normalerweise nur noch einmal im Jahr anfallen. Nur bei Kundenwechsel, größeren Veränderungen der Geräteausstattung u. dgl. erfolgen Zwischenablesungen. Darüber hinaus bereitet die Verbuchung gleichlautender Beträge weniger Schwierigkeiten. Statt des bei mehrmonatlicher Abrechnung zu befürchtenden Zinsverlustes tritt noch ein zusätzlicher Zinsgewinn dadurch ein, daß die hohen Rechnungsbeträge aus dem Stromverkauf in den Wintermonaten durch die Pauschalierung anteilig bereits auch in den davorliegenden Sommermonaten eingehen.

Wie erwartet, hat bei dem Versuch sogar ein Teil der Kunden die Rechnungsbeträge für mehrere Monate im voraus eingezahlt. Rund 4% der Kunden zahlten sogar für 12 Monate im voraus! In solchen Fällen sollte eine angemessene Diskontvergütung gezahlt werden. Das Verhalten pünktlicher Zahler wird anerkannt, wenn ihnen bei der jeweiligen Abrechnung ein Teil der Kostenersparnis in Form eines Bonus oder einer Stromgutschrift zugeführt wird.

Entgegen den Befürchtungen der Fachleute hat der Prozentsatz der säumigen Kunden beim Übergang auf das „Bergedorfer Verfahren" nicht zugenommen. Im übrigen war vorgesehen, daß bei häufigen Unklarheiten, Säumnissen oder absichtlichem Mißbrauch dem betreffenden Kunden ein Münzzähler auf seine Kosten gesetzt wird, der ihm Strom nur in der vorausbezahlten Menge liefert.

Die ausgezeichneten Ergebnisse dieses Großversuches haben die Hamburgischen Electricitätswerke bewogen, dieses kostensparende Abrechnungsverfahren schrittweise auf ihr ganzes Versorgungsgebiet auszudehnen. Zahlreiche andere E-Werke sind inzwischen dabei, diesem Beispiel zu folgen.

Voraussetzung für das Gelingen einer solchen Verfahrensumstellung ist allerdings eine sehr sorgfältige Vorbereitung der Öffentlichkeit, insbesondere der Gremien, die die öffentliche Meinung bilden und repräsentieren. Die Selbsteinzahlung seitens der Kunden kann dann auch in verhältnismäßig dünn besiedelten Gebieten trotz der geringen Dichte an geeigneten Zahlstellen wie Banken, Sparkassen und Poststellen erreicht werden[2]. Es empfiehlt sich nicht, nur den

---

[1] Von MALAISÉ, Das neue Inkassoverfahren der HEW. Elektrizitätswirtsch. 1958, H. 2, S. 25 ff.

[2] Vgl. FRENSE, Monatliche Pauschalabrechnung für Überland-Versorgungsbetriebe, Elektrizitätswirtsch. 1958, H. 22, S. 729 ff.

Rationalisierungsschritt zur Pauschalierung zu tun und die Aufgabe der Einziehung weiterhin dem E-Werk zu belassen. Bei genauerer Prüfung stellt sich nämlich meist heraus, daß ein überraschend großer Teil der Kunden laufende Konten unterhält und bei geschickter Aufklärung für die Selbstzahlung zu gewinnen ist. Erleichternd wirkt hierbei, daß mit zunehmender bargeldloser Lohn- und Gehaltszahlung die Zahl der Stromverbraucher mit eigenen Konten laufend steigt.

Kostenersparnisse durch stärkere Mechanisierung der Innendienstarbeiten wie Rechnungserteilung und Kontenführung mittels moderner Lochkartenverfahren sind bei allen Abrechnungsarten möglich. Beim Bergedorfer Verfahren sind sie besonders einfach zu verwirklichen. Wichtig ist dabei die Anlage einer mechanisierten Kundenkartei. Ihre Einrichtung ist zunächst eine kostspielige Belastung. Sie bringt jedoch wesentliche Vorteile. Sie gibt Aufschluß über alle Einzelheiten, die das Verhältnis zum Kunden klären und enger gestalten können, zeigt die Entwicklung seiner Stromabnahme und läßt den zukünftigen Trend voraussagen, schildert Wünsche und Eigenheiten, vor allem aber auch die Zahlungsmoral des Abnehmers. Sie ermöglicht einwandfrei, die gelegentlichen „Zahlungsbummler" von den notorisch Säumigen zu unterscheiden und gestattet eine individuelle Behandlung der Kundschaft. Nunmehr kann vermieden werden, daß langjährige treue Kunden, die durch vergessene Einzahlungen während des Urlaubs, Unaufmerksamkeit, gelegentliche Geldverlegenheiten säumig geworden sind, durch harte Mahnung oder gar Abschaltung unnötig verärgert werden. Regelmäßig schlecht zahlende Kunden werden eindeutig ermittelt und können zur Zahlung angehalten werden.

Da eine radikale Umstellung auf diesem Gebiet verhältnismäßig viel Personal einsparen läßt, muß über die Weiterverwendung dieser Arbeitskräfte ein sorgfältig durchdachter Plan aufgestellt werden. Selbst bei guter Vorbereitung benötigt die Umstellung eines größeren Gebiets einige Jahre, so daß sich auch die Personalverminderungen ohne Härte durchführen lassen.

Das Bergedorfer Verfahren hat in weiterer Vorausschau noch die Bedeutung, daß es den für den Kunden immer schwer verständlichen Tarifaufbau nach Grund- und Arbeitspreisen aus dem Bewußtsein verdrängt. Eine Erhöhung der leistungsabhängigen Preisanteile zur Bereinigung der eingetretenen Verzerrung der Tarifsysteme läßt sich wahrscheinlich unschwer durchführen, falls bei der Gesamtsumme, die der Kunde zu zahlen gewohnt ist, keine wesentliche Änderung eintritt. Der notwendigen Verlagerung von den Arbeitspreisen in Richtung auf die Grundpreise werden daher nach einigen Jahren des reibungslosen Verlaufs dieses Inkassoverfahrens seitens der Abnehmerschaft keine wesentlichen Hemmnisse mehr entgegenstehen.

Es gibt wohl z. Z. in E-Werken keine andere Möglichkeit, ohne unverhältnismäßig große Investierungssummen einen so starken Rationalisierungseffekt zu erzielen, als die Einführung eines dem Bergedorfer Verfahren entsprechenden Inkassosystems.

Auch zur Erreichung des erstrebenswerten Fernzieles, vielleicht eines Tages zu einer Abrechnung nur noch nach leistungsabhängigen Preisanteilen zu kommen, den Strombezug der Kunden also nur noch nach der Leistungsinanspruchnahme pauschal abzurechnen und durch Verzicht auf die bisherigen Zähler wiederum einen großen Sprung zur Verbesserung der Wirtschaftlichkeit zu tun, ist der sich jetzt vollziehende Übergang zum Pauschalverfahren eine erfolgversprechende Vorstufe.

VI. Bedarfsprognose

Die Voraussage des künftigen Strombedarfes für den Versorgungsbereich eines E-Werkes, aber auch für einzelne Teilgebiete und Kundengruppen, ist eine Grundlage für die Betriebsführung. Für die täglich wiederkehrende Aufgabe der optimalen Nutzung der vorhandenen Anlagen genügen der Lastverteilung kurzfristige Prognosen. Für die Planung der einzusetzenden finanziellen Mittel, der technischen Anlagen und des erforderlichen Personals ist eine langfristige Bedarfsvorausschau notwendig.

Der Strombedarf wird von den Wünschen der Kunden bestimmt. Die Wünsche zu erkennen, ja sogar in gewissem Umfange zu beeinflussen, ist Sache der Vertriebsabteilung. Sie kann und soll daher den künftigen Bedarf vorausberechnen. Diese durch Schätzungen zu ergänzenden Überlegungen dienen den Betriebs- und Bauabteilungen und der Geschäftsführung dazu, die Werksplanung aufzubauen und weiterzuführen.

Empirische Methode. Für die Ermittlung des zu erwartenden Strombedarfs ist es üblich, von den Zuwachsraten des Stromverbrauchs der Vergangenheit ausgehend auf die Zukunft zu extrapolieren. Für sehr langfristige und großräumige Voraussagen hat sich diese Methode bewährt. Sie wird auch künftig ihre Bedeutung behalten.

Der bekannte Erfahrungssatz von der Verdoppelung des Stromverbrauchs etwa alle 10 Jahre, das bedeutet jährliche Zuwachsraten von 7,2%, hat für die Bundesrepublik seit mehreren Jahrzehnten Gültigkeit und kann nach Ansicht der meisten Fachleute auch künftig mit einiger Vorsicht unter Beachtung gewisser Einschränkungen angewendet werden. Die Korrekturfaktoren sind von Land zu Land verschieden, da sie weitgehend vom Entwicklungsstand und somit von der Wirtschafts- und Sozialstruktur bestimmt werden. So rechnet man zur Zeit in Schweden mit Zuwachsraten von 6,7%, in der Schweiz mit 4%, in Italien und Belgien mit 5,5%, doch werden auch diese geringeren Zuwachsraten als ziemlich konstant angesehen. Nur in wenigen Ländern rechnet man bereits mit einer beginnenden Degression[1].

Um tendenzielle Entwicklungen augenfälliger zu machen, empfiehlt sich ein Verfahren, das beispielsweise bei den Münchner Stadtwerken mit gutem Erfolg erprobt wurde. Statt absoluter Stromverbrauchswerte werden die prozentualen Zuwachswerte der vergangenen Jahre in Kurven dargestellt. Noch deutlicher wird die Entwicklung dadurch erkennbar gemacht, daß in zweiter Ableitung hiervon wiederum die prozentualen Veränderungen in einer Kurve aufgezeichnet werden. Insbesondere aus übereinander gezeichneten derartigen Kurven für Arbeit und Leistung lassen sich überraschend deutlich Aufschlüsse über die Entwicklung des Verbrauches und der Benutzungsdauer gewinnen.

---

[1] Einzelheiten über Prognose und Prognosemethode in verschiedenen Ländern zusammengestellt bei FREWER, Bericht über Gruppe A (wirtschaftliche Gesichtspunkte) der Teiltagung der Weltkraftkonferenz in Belgrad 1957. Erweiterter Sonderdruck aus BWK 1957, H. 10, S. 11.

Die eines Tages auch in Deutschland zu erwartende bleibende Abschwächung der Anstiegsraten liegt nach Ansicht der meisten Fachleute noch in so weiter Ferne, daß sie in die langfristige Vorausschau noch nicht einbezogen werden kann. Diese Auffassung stützt sich auf die Beobachtung, daß sich selbst in Ländern mit wesentlich höherem spezifischen Stromverbrauch, wie in den USA noch keine Abschwächung der Zuwachsraten herausgestellt hat. Vorübergehende Abschwächungen sind alsbald durch nachfolgende höhere Zuwachsraten ausgeglichen worden.

Die empirische Prognosemethode der Trendfortschreibung hat inzwischen erhebliche Verfeinerungen erfahren. Die sogenannten „Trendkorridorverfahren" erfassen die Schwankungen der Zuwachskurve in der Vergangenheit und projizieren sie so in die Zukunft, daß ein Kurvenband entsteht, zwischen dessen oberen und unteren Grenzwerten die künftigen Zuwachsraten mit errechenbarer Wahrscheinlichkeit liegen. Andere Verfahren beruhen darauf, die bisherige Abhängigkeit des Stromverbrauchszuwachses von anderen volkswirtschaftlichen Daten des Versorgungsgebietes, wie Bevölkerungszahl oder Industrieproduktionsindex zu ermitteln, um mit Hilfe prognostizierter Daten dieser Art konjunkturabhängige künftige Energieverbrauchszuwachsraten zu bestimmen. Untersuchungen des Energiewirtschaftlichen Instituts der Universität Köln ergaben 1957[1], daß im gesamten Bundesgebiet im Basiszeitraum 1949—1955 die

Abhängigkeit des Endenergieverbrauchs
vom Bruttosozialprodukt (Korrelationskoeffizient)   = 0,9893
Abhängigkeit des Rohenergieverbrauchs vom Bruttosozialprodukt   = 0,98886

betrug.

Für die Quotienten aus Energieverbrauchszuwachs (in %) und Bruttosozialproduktzuwachs (in %), die sogenannten Elastizitätskoeffizienten, ergaben sich folgende Werte:

        für Rohenergie   0,693
        für Endenergie   0,785
        für Elektrizität   1,26

Derartige Verfeinerungen der empirischen Methode bergen allerdings die Gefahr, auf Grund der mathematisch-statistisch ermittelten exakten Ergebnisse vergessen zu lassen, welcher Einfluß dabei dem gewählten Bezugswert und vor allem dem Basiszeitraum zukommt. Von welchem Basiszeitraum könnte man beispielsweise in der Bundesrepublik oder einem anderen von den politischen und wirtschaftlichen Schwankungen betroffenen europäischen Staat behaupten, er spiegele eine normale Entwicklung wieder?

Auch mit der genauesten, zuverlässigsten Methode dieser Art lassen sich daher nur Werte gewinnen, die lediglich unter Vorbehalt für eine endgültige Vorausschau verwendet werden können. Die Gefahren werden dabei um so geringer, je größer die Basiszeiträume gewählt werden, je mehr einzelne Einflüsse sich in dem Bezugswert gegenseitig ausgleichen und vor allem, je größer der zu prognostizierende Markt ist. Die in der weitschauenden Voraussage liegenden Fehler für einzelne Jahre können gleichwohl bedeutend sein und einzelne Unternehmen in gefährliche Lagen bringen.

---

[1] Vgl. im einzelnen WESSELS, Die voraussichtliche Entwicklung des Energiebedarfs in Westdeutschland von 1956—1965. Bericht der 9. Arbeitstagung des Energiewirtschaftlichen Instituts der Universität Köln.

Analytische Methode. Für die Strombedarfsprognose einzelner Versorgungsgebiete sind die mit der empirischen Methode ermittelten Gesamtwerte unter allen Umständen durch Werte zu korrigieren, die mit der sogenannten analytischen Methode (Sektorenmethode) gewonnen werden.

Man untersucht dabei den zu erwartenden Stromverbrauch der einzelnen Kundengruppen wie Haushalt, Landwirtschaft, Verkehr, Industrie, Handel und Gewerbe, jeweils getrennt. Diese Methode hat den Vorteil, die jeweiligen verbrauchsbeeinflussenden Entwicklunsgtendenzen[1] wesentlich genauer erkennen und berücksichtigen zu können. Die so für die einzelnen Verbrauchssektoren gewonnenen Voraussagen werden dann zu einer Gesamtverbrauchsprognose zusammengezogen.

Die Bedarfsschätzung in den Verbrauchsgruppen hängt nicht nur von meßbaren Einflußgrößen, wie beispielsweise der Preisentwicklung für den Strom und für stromverbrauchende Geräte ab, sondern, da die Entscheidung über den Stromverbrauch in der Hand von Menschen liegt, maßgeblich auch von irrationalen Faktoren wie Konsumneigung, Lebensauffassung, Laune und Mode. Es gilt also, auch den Motiven der Kunden nachzuspüren, den Tendenzen ihrer inneren Einstellung nachzugehen, sie zu erkennen, zu deuten und zu prognostizieren. Sehr zutreffend ist diese Aufgabe gelegentlich als „Rationalisierung des Irrationalen" gekennzeichnet worden[2].

Die Berücksichtigung der Kundenpsyche und ihrer Tendenzen sind insbesondere wichtig für die Vorausschau künftiger Marktanteile gegenüber Wettbewerbsenergien auf den einzelnen Nutzenergiemärkten. Die Bedarfsvorausschau muß unter Umständen Nutzenergiemärkte in ihre Betrachtung einbeziehen, die z. Z. noch weitgehend von anderen Wettbewerbsenergien beherrscht werden. Aber auch die bislang vom Strom beherrschten Nutzenergiemärkte können sich dadurch verändern, daß neue, vielleicht rationellere, Verfahren für die Licht-, Kraft- und Wärmeerzeugung Verbreitung finden. Man denke hier nur an die Auswirkungen des Übergangs von Glühlampen zu Leuchtstofflampen. Andererseits tauchen neue stromverbrauchende Geräte auf, die oft den Stromverbrauch ganzer Kundengruppen, zwar nie sprunghaft, aber doch innerhalb weniger Jahre, merkbar erhöhen. Typische Beispiele hierfür sind: Elektroschweißgeräte, Fernsehgeräte, Waschmaschinen, Kühlschränke.

Die Bedarfsvorausschau soll Antwort auf die Fragen geben, an welcher Stelle und welche Strommengen künftig benötigt werden. Da beim Kunden zur Gewinnung von Nutzenergie aus Elektrizität immer ein Gerät erforderlich ist, können wesentliche Anhaltspunkte zur Beurteilung dieser Frage aus der gegenwärtigen Geräteausrüstung der Kunden und aus dem Verlauf der Gerätesättigung gewonnen werden. Repräsentative Befragungen geben Aufschluß über die Art der Benutzung dieser Geräte und somit Kenntnis von den jeweiligen Stromverbrauchsmengen und von der Benutzungsdauer.

Aus diesen Unterlagen werden repräsentative, spezifische Stromverbrauchswerte und Elastizitätskoeffizienten für alle Kundengruppen ermittelt. Zum Beispiel: Stromverbrauch je 3-Personenhaushalt, je 2-Raumhaushalt, je Arbeiter-

---

[1] Dargestellt unter D. Vertrieb, in den Abschnitten über die einzelnen Kundengruppen und S. 88 ff.

[2] Vgl. MUELLER, Die Problematik der Energiebedarfsforschung, ihre Ziele und bisherigen Ergebnisse. Prakt. Energiekunde 1954, H. 1/2, S. 30 ff.

stunde, in verschiedenen gewerblichen und industriellen Wirtschaftszweigen, je t km bei elektrischen Massenverkehrsmitteln. Nach der empirischen Methode und ihren Varianten werden aus solchen vergangenen und gegenwärtigen spezifischen Stromverbrauchswerten Trendziffern für die einzelnen Kundengruppen ermittelt. Sie erlauben dann eine mosaikartige Zusammenstellung der Strombedarfserwartungen nach Verbrauchsmenge und Benutzungsstunden bei den Kundengruppen des E-Werkes insgesamt und auch für einzelne geographische Räume des Versorgungsgebiets. Die zu untersuchenden örtlichen Teilbereiche werden zweckmäßigerweise so klein gewählt, daß sie dem Versorgungsbereich einer Abspannstation nach etwa 10 Jahren entsprechen.

Die Strombedarfsprognose für einzelne Bezirke des Versorgungsgebiets erfolgt zunächst grob durch Aufschlüsselung der Gesamtprognosezahlen nach den jeweiligen gegenwärtigen Stromverbrauchsanteilen der zu untersuchenden Kundengruppen, doch empfiehlt es sich, auch diese Werte noch einmal mit einer Sektorenanalyse innerhalb der örtlichen Unterbezirke zu überprüfen, da der Einfluß einzelner Abweichungen von den ermittelten spezifischen Bedarfszahlen mit Verkleinerung des zu prognostizierenden Teilmarktes die Ergebnisse beeinflussen kann.

Bedarfsanalysen und „Bedarfsplanung". Die Vertriebsabteilungen haben zwar die Bedarfsprognosen in erster Linie für andere Abteilungen als Planungsunterlagen zu erstellen, doch können sie selbst daraus ebenfalls erhebliche Vorteile ziehen. Insbesondere geben die Verbrauchsanalysen wertvolle Aufschlüsse über zweckmäßige Ansatzpunkte zur Bedarfslenkung mittels Tarif- und Preispolitik, Gerätefinanzierung, Werbung und Beratung. Wenn es auch vermessen wäre, selbst bei voller Ausschöpfung dieser Möglichkeiten schon von „Bedarfsplanung" zu sprechen, so trägt doch eine sorgfältige Bedarfsvorschau wesentlich dazu bei, ein E-Werk aus seiner passiven Rolle gegenüber dem „Diktator Bedarf" so weit zu lösen, daß es seine Mittel zur Bedarfsbeeinflussung wenigstens zielsicherer einzusetzen lernt. Der erste Schritt zur Bedarfsplanung ist damit getan.

Es ist kein Geheimnis, daß auch heute noch zahlreiche Elektrizitätswerke weit davon entfernt sind, eine systematische Bedarfsvorschau in der dargestellten Weise zu betreiben, doch ist gerade der Nebeneffekt einer Verbesserung der Verkaufspolitik in den letzten Jahren für eine ganze Reihe von Werken Anlaß gewesen, die für eine vernünftige Investitionspolitik unterläßlichen Bedarfsprognosen nunmehr in Angriff zu nehmen.

Nach dem heutigen Stand der Ermittlung von Strombedarfsprognosen läßt sich keine völlige, aber doch eine hinreichende Sicherung für die zukünftige Planung der Versorgungsanlagen und vor allem auch für die Finanzplanung erzielen. Sorgfältige Bedarfsprognosen sind für ein E-Werk eines der wichtigsten Mittel, Risiken langfristiger und schwerwiegender Unternehmensentscheidungen wesentlich zu mildern.

E. Planung und Bau

Aufgabe der Planung ist die systematische Vorbereitung unternehmerischer Entscheidungen. Durch Planung können für nahezu alle Verantwortungsbereiche des Unternehmens, sowohl für so umfassende wie Einkauf, Finanzen[1], Personal[2], Bau, Vertrieb, als auch für Sonderbereiche, wie beispielsweise Nachrichtenwesen,

---

[1] Vgl. S. 450ff.   [2] Vgl. S. 412ff.

Fuhrpark oder Zählerbetreuung, aus der Vielzahl möglicher Lösungen einzelner Probleme die zweckmäßigsten und wirtschaftlichsten ausgewählt werden. Im günstigsten Fall bleibt nur noch eine optimale Lösung übrig. Die unternehmerische Entscheidung kann sich dann auf die Genehmigung beschränken. Häufiger ergeben sich jedoch zwei oder mehr Alternativlösungen, deren jeweilige Vor- oder Nachteile durch die Planung so klar herausgearbeitet worden sind, daß die unternehmerische Entscheidung in klarer Kenntnis der Risiken erfolgen kann.

Die Zweckmäßigkeit und Wirtschaftlichkeit einer geplanten Maßnahme wird erst im Zusammenhang mit der Entwicklung in allen Unternehmensbereichen unter Betrachtung auf lange Sicht deutlich. Die Planung muß daher in jedem Verantwortungsbereich ein Mosaik von Einzellösungen zu Plänen für mehrere Jahre verdichten und die Pläne der einzelnen Verantwortungsbereiche müssen aufeinander abgestimmt werden.

Der langfristigen Planung kommt also die größte Bedeutung zu. Kurz- und mittelfristige Pläne müssen sich den langfristigen anpassen. Während eine langfristige Planung für zehn oder mehr Jahre die Wege in die Zukunft aufzeigen soll, umfaßt die mittelfristige Planung Planungszeiträume von drei bis fünf Jahren. Von kurzfristiger Planung spricht man in der Regel bei Planungsarbeiten für ein bis zwei Jahre.

Da die Stromversorgung außergewöhnlich kapitalintensiv ist, kommt in E-Werken Entscheidungen über Anlageninvestitionen oder damit zusammenhängenden Fragen das größte Gewicht zu. Bei der Planung stehen in E-Werken daher Fragen der Bauplanung im Vordergrund. Abweichend von der landläufigen Auffassung umfaßt der Begriff „Bau" bei den meisten E-Werken nicht nur die Hoch- und Tiefbauten, sondern nahezu die gesamten bereitzustellenden Anlagen, also beispielsweise auch die Maschinenmontage („Maschinenbau"), die Erstellung der Freileitungsnetze („Freileitungsbau") und selbst die Verlegung von Kabeln („Kabelnetzbau"). Bis auf wenige Ausnahmen, wie Fahrzeuge, Zähler, Büromaschinen und andere kurzlebige Wirtschaftsgüter, ist „Investition" für Elektrizitätswerke mit „Bau" gleichzusetzen.

Da die laufend anfallenden Kosten des technischen Betriebs eines E-Werkes und damit seine Wirtschaftlichkeit zum größten Teil von der Art der technischen Anlagen, ihrer Gliederung und ihrer Lage zueinander und zu den Verbrauchsschwerpunkten abhängen, besteht für Entscheidungen über Baumaßnahmen ein bemerkenswert hohes unternehmerisches Risiko sowohl wegen der Höhe der jeweils auf dem Spiel stehenden einmaligen Investitionssummen, als vor allem auch wegen der langjährigen Auswirkung auf die Betriebskosten und Kapitalkosten.

Das Geheimnis einer erfolgreichen Führung eines so kapitalintensiven Unternehmens wie eines E-Werkes besteht auch darin, möglichst knapp zu investieren und die vorhandenen Anlagen und Einrichtungen bis an die noch tragbaren Grenzen der Versorgungssicherheit auszunutzen. Diese Grenzen zu ermitteln, ist eine der wichtigsten Aufgaben der Bauplanung.

I. Bauplanung

a) Bauplanung als Kern der Gesamtplanung

Der Bedarf als Ausgangswert. Da eine möglichst weitgehende Befriedigung der Wünsche der Menschen zu den Grundforderungen unserer Wirtschaftsordnung gehört, muß sich jede Planung nach dem von diesen Wünschen beeinflußten tatsächlichen Bedarf richten. Bis auf wenige Ausnahmefälle, wenn etwa Kunden nicht bereit sind, die auf Grund ihrer Wünsche entstehenden Sonderkosten zu tragen, sind die E-Werke verpflichtet und bereit, ihr Angebot der Nachfrage anzupassen. Nur in Zeiten des Mangels an Rohstoffen, Material oder Kapital kann eine eingeschränkte Bedarfsdeckung erfolgen, findet aber in der Regel kein Verständnis bei der Allgemeinheit.

Die wichtigsten Ausgangswerte für die Planung bilden die von der Vertriebsabteilung ermittelten Bedarfsprognosen. Der Grad der möglichen Ungenauigkeit dieser Schätzzahlen muß ebenfalls von der Vertriebsabteilung errechnet werden, da sie am ehesten das Ausmaß und die Wahrscheinlichkeit der bei den Prognosen mit zu berücksichtigenden möglichen Marktveränderungen beurteilen kann. Die Streubreite zwischen den vorgeschätzten oberen und unteren Bedarfszahlen gibt den ersten Anhalt für den bei der Planung mit zugrunde zu legenden möglichen „Mehrbedarf". Abweichungen der tatsächlichen von der geschätzten Bedarfsentwicklung muß durch zeitliche Zusammendrängung oder Streckung des Investitionsprogramms Rechnung getragen werden.

Ermittlung der erforderlichen Anlagen. Zu Beginn der eigentlichen Planungsarbeiten ist angesichts der langfristigen Bedarfsprognosen die Vorentscheidung zu fällen, ob das betreffende E-Werk künftig diesen Bedarf voll oder teilweise durch Eigenerzeugung decken oder unter Verzicht auf eigene Kraftwerksbauten den Strom von anderen E-Werken beziehen soll[1].

Durch die Entscheidung über Bezug oder Eigenerzeugung wird geklärt, für welchen Anteil des Bedarfes eigene Kraftwerksanlagen geplant werden müssen. Für die Netzplanung entscheidet sich mit der Klärung dieser Vorfrage, ob und wie Übergabeeinrichtungen ausgebaut werden müssen, unter Umständen auch, ob sich vielleicht die Planung nur auf bestimmte Spannungsebenen zu beschränken braucht.

Da die Bedarfskurven laufend ansteigen, während die einzelnen in Betrieb gehenden Kraftwerks- und Netzanlagen ihren Leistungszuwachs nur stufenweise bringen, hängt es von der Wahl der Anlagengröße ab, für

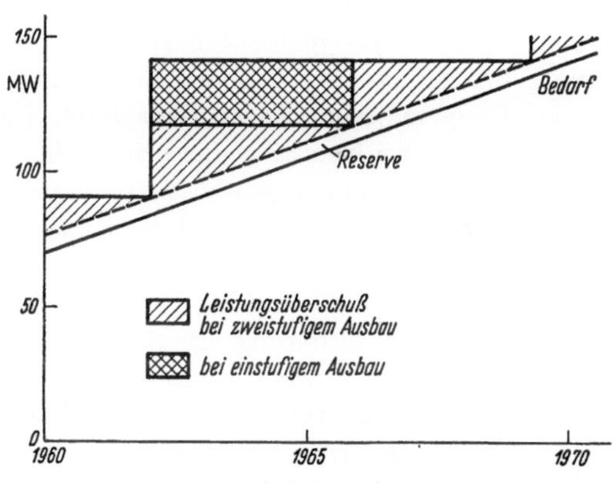

Abb. 52. Größere oder kleinere Stufen beim Anlagenausbau

welche Zeitspanne sie den zu erwartenden Bedarf überdeckt. Die Wahl als zweckmäßigste Anlagegröße ist insofern schwierig, als hierbei die technischen Erfordernisse gegenüber den wirtschaftlichen sorgsam abzuwägen sind.

Eine feine Stufung paßt die Leistung dem Bedarf elastisch an und vermindert unwirtschaftliche Bindung von Kapital. Eine grobe Stufung erfordert überhöhte Anfangsinvestitionen, erlaubt jedoch, die Degression der spezifischen Investitions-

---

[1] Vgl. hierzu S. 182 ff.

kosten mit steigender Anlagengröße besser zu nutzen. Für die Planung von Kraft-
werks- und Netzbauten sind daher stets mehrere Varianten sowohl hinsichtlich
der Endausbauleistung als auch verschiedener Stufengröße durchzurechnen und
zu vergleichen. Diese dynamischen Wirtschaftlichkeitsrechnungen enthalten vor
allem den jeweiligen Investitionsaufwand und die laufenden Jahreskosten für
Energieverluste, Instandhaltung, Kapitalverzinsung und Abschreibung. Aus den
Vergleichszahlen lassen sich dann die optimalen Endausbaukosten und die zweckmäßige Anzahl der Baustufen errechnen[1].

So wird ein Überblick gewonnen, zu welchem Zeitpunkt Anlagen mit einem
bestimmten Leistungspotential fertiggestellt werden müssen, damit der Bedarf
mit möglichst geringen einmaligen und laufenden Kosten gedeckt werden kann.
Größeren Anlagen ist eigen, daß immer schon in der ersten Ausbaustufe eine Reihe
von Kostenanteilen der nächstfolgenden Baustufen anfallen, z. B. für Grund-
stückserschließung, Fundamente, Kühlanlagen, Bekohlung usw. Die hierfür aufzuwendenden spezifischen Baukosten werden daher bei zügiger Erstellung der
Gesamtanlage stets geringer als bei mehrstufigem Ausbau.

Je größer die Versorgungsleistung eines Gebietes ist, desto höher wird der
absolute Wert des Bedarfszuwachses bezogen auf eine bestimmte Zeitspanne.
Man erhält größere Ausbaustufen, wenn sich benachbarte Versorgungsgebiete
zu einer gemeinsamen Planung entschließen können. Durch eine wechselseitige
Abstimmung der Kraftwerksbaupläne kann erreicht werden, daß jeweils ein
Partner eine möglichst große Ausbaustufe vornehmen kann. Nach deren Inbetriebnahme wird die Überschußleistung dem Partner zur Verfügung gestellt.
Eine solche Poolung der Kraftwerksplanung senkt die spezifischen Baukosten und
ist in einem echten Verbundbetrieb unerläßlich. Auch bei Errichtung von Strom-
übergabeanlagen und gemeinsam zu nutzenden Fernleitungen bringt eine solche
Poolung der Interessen erhebliche Ersparnisse.

Vom „Bauplan" zum „Investitionsplan". Die auf Grund wirtschaftlicher Vergleiche gewonnene Kenntnis der erforderlichen Inbetriebnahmezeitpunkte und
der Größe neuer Erzeugungs- und Verteilungsleistung ist die Grundlage der eigentlichen Bauprogramme. Auf Grund der Bauzeiten für die Anlagen ergeben sich die
Zeitpunkte des Baubeginns. Die Zeitspanne für die Lieferung der Materialien,
für die Projektierung, für die Formalverfahren, die Grundstücksbeschaffung
und für die Vorprojektierung erlaubt durch Rückwärtsrechnung dann eine eindeutige Festlegung der wichtigsten Termine.

Schon für die Auswahl der vorzusehenden Anlagen im Wege des Wirtschafts-
lichkeitsvergleiches müssen die genauen Beschaffungspreise jeder Anlage einschließlich Montage- und Nebenkosten sorgsam ermittelt werden. Diese Werte
werden nun unter Einbeziehung der Grundstückspreise in das ermittelte Termin-
gerüst eingebaut. Der fertige Bauplan enthält also technische, terminliche und
finanzielle Daten.

Die Wertangaben und Preise im Bauplan sagen noch nichts aus über die Fällig-
keit der betreffenden Zahlungen. Es ist daher noch die Aufstellung eines vorläu-
figen „Zahlungsplanes" als Teilstück und in Abstimmung mit dem Entwurf des
gesamten „Finanzplanes" erforderlich.

---

[1] Vgl. die Beispiele von ERBACHER, Wirtschaftlicher Vergleich von Investitionen, insbesondere bei zweistufigem Ausbau. ÖZE 1957, H. 6, S. 169ff.

Der nächste Schritt der Planung dient der Aufstellung eines „Investitionsprogrammes". Er ergibt sich aus dem Bauplan ohne dessen technische Einzelangaben und aus dem Zahlungsplan. Ergänzend müssen die Investitionen in das Programm eingesetzt werden, die nicht unmittelbar der Leistungssteigerung des technischen Betriebes dienen, z. B. für neue Verwaltungsbauten, Einrichtung zusätzlicher Werkstätten, und die voraussichtlichen Investitionen für kurzlebige Wirtschaftsgüter. Das „Investitionsprogramm" muß also außer den Plänen der Bau-, Netz- und Kraftwerksabteilung auch alle anderen Investitionsvorhaben lückenlos erfassen.

Mit Aufstellung des „Investitionsprogrammes" ist insofern stets ein gewisser Abschluß erfolgt, als es nun sinnlos wäre, Einzelpläne zu verfeinern und beispielsweise Vorprojekte durchzuarbeiten, ehe nicht von der Geschäftsführung das erarbeitete Programm gutgeheißen wird. Ein solches Investitionsprogramm wird daher der Geschäftsführung zur Genehmigung vorgelegt. Meist werden sogar mehrere alternative Lösungen angeboten.

Der genehmigte Investitionsplan. Mit der Genehmigung durch die Geschäftsführung wird ein „Investitionsprogramm" zum „Investitionsplan". Die „Genehmigung" bedeutet keineswegs eine Vorwegnahme künftiger unternehmerischer Entscheidungen, sondern nur die Festlegung auf einen nach den derzeitigen Erkenntnissen gewählten Generalkurs, der jederzeit einzelne Abweichungen zuläßt und periodisch zu überprüfen und zu verbessern ist. In der Praxis geschieht dies meist im Jahresturnus, wobei man gleich den Planungszeitraum um ein Jahr verlängert und den Bauplan und das Investitionsprogramm um ein Jahr hinausschiebt und um die entsprechenden Daten ergänzt.

Bauplan, Investitionsprogramm und Investitionsplan müssen im übrigen für den praktischen Gebrauch so aufgegliedert werden, daß sowohl die Verantwortlichen der einzelnen Funktionsbereiche des E-Werkes, wie beispielsweise Netz, Kraftwerke, Nachrichtenwesen, die künftige Entwicklung in ihrem Bereich ablesen und verfolgen können, daß aber auch der örtlichen Gliederung des E-Werkes, vor allem im Netz, Rechnung getragen wird.

Mit Rücksicht auf die Verständlichkeit für andere, aber auch zur eigenen Arbeitserleichterung wird in der Praxis bei der Aufstellung der Pläne weitgehend von schematischen Vereinfachungen Gebrauch gemacht. Bildtafeln, Fahrplantafeln, graphische Terminübersichten sind daher wichtige Ausdrucksmittel der Planung.

Die bedingte Festlegung auf den Investitionsplan und damit auf den zugrundeliegenden Bauplan gibt die Möglichkeit, davon ausgehend nunmehr Personalpläne, Brennstoff- und Materialbeschaffungspläne, Finanzpläne und sonstige Pläne für einzelne Bereiche des E-Werkes fertigzustellen und abzustimmen. Gerade diese weiteren Pläne decken sehr oft erst besondere Engpässe oder künftige Schwierigkeiten auf. In der Folge müssen dann häufig rückgreifend die Investitionspläne und Baupläne überarbeitet und wieder andere Lösungen für die Anpassung an den Bedarf gefunden werden. Allerdings dürfen diese rückgreifenden Korrekturen nicht soweit gehen, die einmal für richtig befundenen Bedarfsprognosen in Frage zu stellen. Sie dürfen allenfalls dazu führen, die in den Bedarfsprognosen und die mit Rücksicht auf die Ausfallmöglichkeit von Anlagen vorgesehenen Reserven den finanziellen Möglichkeiten, insbesondere den Ertragserwartungen

25*

anzupassen. Reserven bieten zwar Sicherheit, Sicherheit kostet jedoch Geld. Und auch ein E-Werk kann seinen Kunden nicht mehr Sicherheit bieten, als sie bezahlen.

Besetzung und organisatorische Eingliederung der Planung. Die Planung erfordert die besten Kräfte eines E-Werkes. Der Leiter der Planung sollte ein erfahrener Projekteur sein, der eine vorzügliche mathematische, technische und elektrizitätswirtschaftliche Ausbildung besitzt und möglichst auch bereits bei Unternehmen der Maschinen- und Elektroindustrie mit der Planung, Einrichtung und Inbetriebnahme von Großanlagen vertraut wurde. Besonders muß ihm ein ausreichendes Maß an Phantasie und Gestaltungskraft eigen sein, da sonst seine Planungen zu sehr am Herkömmlichen haften.

Als Mitarbeiter stellt man ihm in der Regel langjährig erfahrene, fähige Mitarbeiter aus den Betriebsabteilungen zur Verfügung. Zweckmäßigerweise versetzt man sie jedoch nur auf einige, vorher begrenzte Jahre zur Planung, um durch periodischen, langjährigen Austausch von Betriebs- und Planungspersonal sowohl den Betrieben als auch der Planung neue Impulse zu geben und eine Entfremdung zwischen den Funktionsbereichen zu vermeiden. Darüber hinaus ist die Planung ein vorzügliches Erprobungs- und Bewährungsfeld für jüngere Nachwuchskräfte, die dort für spätere Funktionen im Betrieb ein gutes Rüstzeug mit auf den Weg bekommen.

Organisatorisch wird die Planungsabteilung am besten als Stabsabteilung unmittelbar, oder allenfalls nur durch eine Organisationsstufe getrennt, der Unternehmensleitung unterstellt. Dadurch wird sichergestellt, daß die Planung ihrer Funktion gerecht werden kann, für die Unternehmensleitung in ständigem gegenseitigen Austausch der grundsätzlichen Auffassungen systematisch „vorauszudenken" und alle wichtigen Entscheidungen soweit vorzubereiten, daß das unternehmerische Risiko auf ein Mindestmaß begrenzt wird.

b) Planung von Erzeugungsanlagen

Bereits bei der langfristigen Bau- und Investitionsplanung eines E-Werkes wird die ungefähre Größe der künftig zu bauenden Kraftwerke festgelegt. Damit ist jedoch über die Größe der einzelnen Erzeugungseinheiten nichts gesagt. Selbst bei der Festlegung einer mehrstufigen Errichtung werden zunächst nur die Gesamtleistungen festgelegt, die nach jedem Teilausbau zur Verfügung stehen müssen.

Leistung künftiger Erzeugungseinheiten. Bei der genauen Ermittlung der Größe von Kraftwerken und der Erzeugungseinheiten muß davon ausgegangen werden, daß der unerwartete Totalausfall einer Einheit zu keiner Versorgungsstörung führen darf. Zur Deckung eines solchen Ausfalls können verschiedene Möglichkeiten genutzt werden:

1. Überbelastung der das Netz weiter speisenden Maschinen (rd. 2—3%)

2. Zusätzlicher Bezug von Strom aus der Momentanreserve (Verbundbetrieb)

3. Senkung der Bedarfsspitze durch begrenzte Frequenzabsenkung (Inselbetrieb)

4. Ein um den verbleibenden Fehlbetrag vorsorglich gegenüber der Bedarfsspitze überhöhter Maschineneinsatz.

Bei der Gegenüberstellung von Bedarf und Kapazität zur Ermittlung der wirtschaftlich zweckmäßigen Erzeugungseinheiten sind alle diese Möglichkeiten zu berücksichtigen, um zu möglichst großen Erzeugungseinheiten und möglichst knappen Reserven zu gelangen. Die sich aus den Bedarfsprognosen der Vertriebsabteilungen ergebende Bedarfsspitze muß um die aus den Möglichkeiten 1 bis 3 folgenden Leistungsbeträge vermindert werden, wobei die Überlastkapazität der einzelnen Maschinen in die Vergleichsrechnung einbezogen werden muß. Die Deckung des Ausfalls einer Maschine ist dann sichergestellt, wenn die gesamte Maschinenleistung so geplant wird, daß sie den berichtigten Bedarfsspitzenwert um die Leistung der größten Einheit übersteigt.

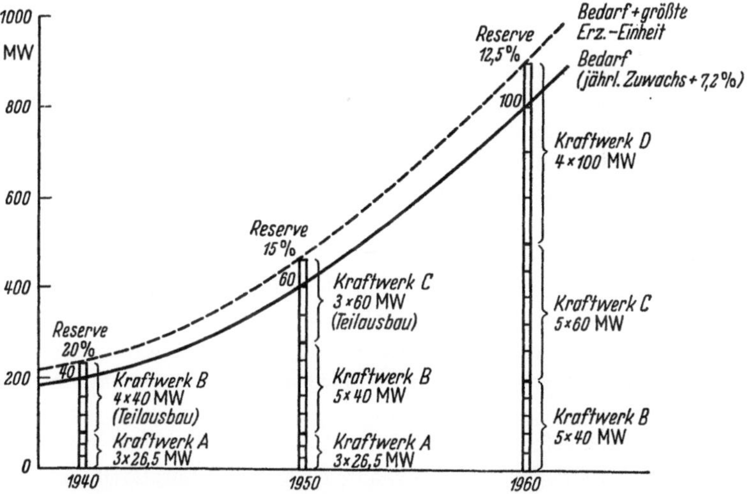

Abb. 53. Leistungsreserve und größte Erzeugungseinheit (schematisiertes Beispiel)

Vorstehendes Beispiel verdeutlicht, daß der absolute Betrag der über die bedarfsdeckende Leistung hinausgehenden mit zunehmender Maschinengröße anwächst. Relativ, d.h. im Verhältnis zum Bedarf wird er jedoch geringer. Die wirtschaftliche tragbare Größe der Erzeugungseinheiten steigt also mit der Gesamtleistung der in ein Netz speisenden Maschinen. Bei den großen Höchstspannungs-Verbundnetzen, wie sie in Amerika, Rußland und Europa betrieben werden, können die größten, technisch jeweils möglichen Erzeugungsanlagen eingesetzt werden, da die hierfür erforderliche Reservehaltung im Verhältnis zur Gesamtleistung unerheblich ist. Für ein isoliert fahrendes oder mit anderen Netzen nur leistungsschwach verbundenes Netz von rd. 800 MW Höchstleistung beispiels-. weise dürfte eine Größe der Erzeugungseinheiten von etwa 100 MW im Hinblick auf die sonst zu groß werdende erforderliche Reserve wirtschaftlich als äußerste Grenze anzusehen sein. Anzustreben ist eine Leistungsreserve gegenüber dem Spitzenbedarf von unter 10%. Bei voller Ausschöpfung der eingangs gekennzeichneten Hilfsmöglichkeiten ist dies in der Regel durchaus erreichbar, ohne daß auf die Wahl sehr großer Maschineneinheiten verzichtet werden muß.

Brennstoffmärkte und Standortwahl. Die Wahl der Standorte künftiger Kraftwerke erfolgt grundsätzlich bei der Aufstellung der Bauplanung, da hiervon einige der zu planenden Netzbauten abhängen. Für die genaue Festlegung der Standorte von Wärmekraftwerken in oder nahe einem Versorgungsbereich sind die Möglichkeiten durch die örtlichen Gegebenheiten sehr eingeengt.

Wesentliche Gesichtspunkte[1]:

Verbrauchernähe, Verbrauchsschwerpunkte im Hinblick auf die künftigen Stromtransportkosten
Brennstoffbeschaffung einschließlich Transport- und Lagerkosten,
Kühlwasserbeschaffung
Beseitigung der Abfälle (Asche, Rauchgas).

Die deutschen Braunkohlevorkommen werden auf Grund der Besitz- und Beteiligungsverhältnisse oder langfristiger Verträge für die Stromversorgung nur von wenigen großen E-Werken genutzt. Da Braunkohle kostenmäßig keine größeren Transportentfernungen verträgt, werden Braunkohlenkraftwerke auch künftig nur in unmittelbarer Nähe der Förderstätten errichtet werden. Sollten in Deutschland eines Tages größere Erdgasmengen aus Eigenförderung oder Flüssiggasimporte für die Elektrizitätserzeugung zur Verfügung stehen, so werden die Kraftwerke nahe den Einfuhrhäfen oder den Erdgasquellen errichtet werden müssen, wenn der Transport der Rohenergie kostspieliger als der Elektrizitätstransport auf Leitungen ist.

Für die Wärmekraftwerke der meisten E-Werke kommen nur Steinkohle oder Öl als Brennstoffe in Betracht. Im Hinblick auf einen möglichen Abbau der staatlichen Hilfen zugunsten der heimischen Kohle sollten Standorte gewählt werden, die nicht nur für heimische Kohlen, sondern auch für Importkohle und Öl günstige Transportbedingungen aufweisen.

Am günstigsten hierfür sind zweifellos Standorte an Wasserstraßen für seegängige oder zumindest Binnenschiffe. Die Vorteile des unmittelbaren Umschlages Schiff/Brennstofflager/Kraftwerk unter Einsparung des Eisenbahnumschlages sind so groß, daß sie zumal bei Großkraftwerken höhere Stromtransportkosten, also eine größere Entfernung des Kraftwerksstandortes vom Verbrauchsschwerpunkt des Versorgungsunternehmens und auch eine Errichtung außerhalb des eigenen Versorgungsgebietes rechtfertigen können.

Verbrauchsnahe Kraftwerke für Spitzenstromerzeugung. Wo der Strom über weite Strecken herangeführt wird, weil die Transportbedingungen für die Brennstoffe mangels schiffbarer Wasserwege sehr ungünstig sind, werden in Spitzenzeiten die Transportkosten der langen Leitungen wegen so hoch, daß örtliche Wärmekraftwerke für die Saison- und Tagesspitzenabdeckung wirtschaftlicher erscheinen (Beispiel: Höllriegelskreuth bei München). Besteht in solchen Fällen auch noch ein örtlicher, massierter saisonaler Wärmebedarf (Großstadt), so mag der Bau von Heizkraftwerken in Anbetracht weiterer Vorteile, vor allem auf dem Gebiet der Stadthygiene, zweckmäßig sein. Ähnlichen Überlegungen, die nicht zuletzt durch den jahreszeitlich verschiedenen Anfall von Wasserkraft ausgelöst wurden, verdanken die Münchener Heizkraftwerke ihre Entstehung.

Eine Möglichkeit, den Bau von Wärmekraftwerken nur für Saisonbetrieb zu vermeiden, bietet die Pumpspeicherung in der Nähe großer Verbrauchszentren. Nach den befriedigenden Ergebnissen mit den in den letzten Jahren erbauten

---

[1] Vgl. S. 121 ff. u. S. 182 ff.

Pumpspeicherwerken in der Nähe von Großstädten, wird bei der Planung vieler E-Werke eine solche Lösung des Spitzenproblems mit in Betracht gezogen, zumal für derartige Werke inzwischen auf Grund der technischen Entwicklung Wirkungsgrade erreicht worden sind (rd. 70%), die noch vor einem Jahrzehnt nicht für möglich gehalten wurden.

Eingeengte Standortwahl für Wasserkraftwerke.[1] Bei der Standortwahl für Wasserkraftwerke müssen insbesondere die natürliche Wasserdarbietung, das Gefälle, die Staumöglichkeit und die geologischen Bedingungen für den Speicherbau berücksichtigt werden. Die im Bundesgebiet in Frage kommenden Standorte sind nahezu restlos ermittelt. Lediglich die möglichen Standorte von Pumpspeicherwerken sind noch nicht alle untersucht.

Die Planung der Wasserkraftwerke beschränkt sich angesichts dieser Sachlage im wesentlichen auf die Ermittlung der günstigsten Ausbauzeitpunkte, die zweckmäßigste Bemessung der Stauräume, die Wahl der Baumethode und der Maschinen sowie die völlige Automatisierung der Betriebsvorgänge.

Risiko der Planung. Wenn in der Regel nur erprobte Anlagen, über die ausreichende Erfahrungen vorliegen, geplant werden, so besteht der Verdacht, daß die Planungsstelle nicht wagnisfreudig ist. Dies erspart zwar einige Rückschläge, verhindert aber mit Sicherheit den technischen Fortschritt und bessere wirtschaftliche Möglichkeiten. Eine weitblickende Werksleitung wird deshalb immer nach sorgfältiger Abwägung ein gewisses unternehmerisches Risiko bei der Planung durchsetzen und auch Schritte im Neuland wagen, um die Chancen der besseren Entwicklung wahrzunehmen.

Solche Stufen des Fortschritts der nächsten Jahre sind bei den vornehmlich zu bauenden Wärmekraftwerken beispielsweise[2]:

Anwendung der Blockschaltung

Vereinfachte Bauweise durch: Verbindung von Kessel- und Gebäudegerüst, möglichst weitgehende Freiluftbauweise bei den Kesseln, Verzicht im Maschinengebäude auf festeingebauten Kran für schwerste Maschinenteile, Hinwendung zu halbfreier oder sogar freier Maschinenaufstellung.

Verzicht auf Hilfsmaschinenhäuser zwischen Kessel- und Maschinenanlage; stattdessen Unterbringung der Hilfsmaschinen neben den Turbosätzen oder zwischen den Kesseln.

Zusammenfassung der Steuer- und Überwachungseinrichtungen in der Wärmewarte, vielfach in enger Verbindung mit der Elektrowarte.

Hinsichtlich der Verbesserung der künftigen Wirtschaftlichkeit der einzelnen Umwandlungsprozesse bei der Stromerzeugung stehen die folgenden Überlegungen im Vordergrund der Kraftwerksplanung:

Verminderung von Wärmeverlusten durch Rückführung von Wärme aus Rückständen (Flugstaub, Asche).

Sorgfältige Wahl und Ausbildung der Brenner und Heizflächen.

Möglichst gleichmäßige Gestaltung der Gasströmung.

Weitestgehende Ausnutzung der Rauchgase durch Luftvorwärmung, Rauchgasrücksaugung und hohe Speisewasservorwärmung.

---

[1] Vgl. hierzu S. 116ff. u. S. 137ff.

[2] Vgl.: Musil, Neuere Konstruktionsmerkmale von Dampfkraftwerken. Elektrizitätswirtsch. 1958, H. 21, S. 672ff.

Wahl hoher Dampftemperaturen und Drücke.

Bau möglichst großer Einheiten.

Ausnutzung von Heizwärmebedarf für Kupplungsprozesse.

Kombination von Gas- und Dampfturbinenanlagen.

Automatisierung der Regelvorgänge, insbesondere beginnende Automatisierung der An- und Abfahrvorgänge sowie des Verhaltens im Störungsfall.

Kraftwerksbauten und Öffentlichkeit. Wenn auch die endgültige bauliche und technische Gestaltung für alle Kraftwerke im wesentlichen durch die technischen, betrieblichen und wirtschaftlichen Erfordernisse bestimmt wird, so bleibt doch immer noch eine gewisser Spielraum für architektonische Gestaltung. Das Ziel sollte nicht nur sein, den Anlagen ein „modernes" Gesicht zu geben, sondern auch eine gewisse Einheitlichkeit des Stils bei den Werken eines Elektrizitätsversorgungsunternehmens zu wahren. Notwendig ist eine sparsame, sachlich schlichte, die Funktion der Bauwerke nicht gewaltsam verdeckende Bauweise. Auch im Rahmen dieser Bedingungen ist es möglich, den Bauwerken eine eigene geschmackvolle Note zu verleihen.

Die Erzeugungsanlagen sind die markantesten Bauwerke eines jeden E-Werkes und dringen als solche sehr stark ins Bewußtsein der Öffentlichkeit. Das Interesse der Öffentlichkeit an Kraftwerksbauten kommt den Bemühungen der E-Werke um Aufklärung und Verständnis entgegen. Die Planung sollte dem daher bei einem neuen Kraftwerk von vornherein durch Einplanung eines interessanten und unfallsicheren Führungsweges, der eine Störung des Betriebspersonals vermeidet, Rechnung tragen. Darüber hinaus läßt sich meist ohne großen Aufwand erreichen, daß die Vorplätze, Eingangshallen, Verkehrstreppenhäuser, Warten, Betriebsräume und Höfe durch ihre Gestaltung jedem Besucher nicht nur ein Gefühl von der Bedeutung des Werkes vermitteln, sondern ihm gleichzeitig zeigen, daß auch technische Anlagen und Bauten schön sein können.

c) Planung von Verteilungsanlagen

Das vorhandene Netz ein Hemmnis? Eine Netzplanung, die auf Grund theoretischer Überlegungen bei großen Unternehmen auch unter Einsatz moderner Rechenautomatik und Modellmeßtechnik für das Vierfache, ja sogar Achtfache des derzeitigen Stromverbrauches Netze entwirft, die den technischen und wirtschaftlichen Anforderungen gerecht werden sollen, kommt dabei zu „Idealplänen". Die Verwirklichung dieser Pläne scheitert in der Praxis häufig an fehlendem Weitblick, an Kapitalmangel, besonders aber an der Tatsache vorhandener, historisch gewachsener, oft recht wirrer Netzgebilde. Doch sollte sich der Planer von Verteilungsanlagen dieser großen Schwierigkeiten wegen nicht von der Idealplanung abhalten lassen. Dieser abstrakte „Schöpfungsakt" muß am Anfang jeder Netzplanung stehen, wenn sie wirklich befruchtend und richtungsweisend sein und sich nicht in immerwährendem erweiternden Flickwerk erschöpfen soll.

Im Verlaufe der weiteren Planungsarbeit muß die gewonnene Idealvorstellung über den Zustand des Netzes in vielleicht 20 oder 30 Jahren in einzelnen Schritten rückwärts an den derzeitigen unvollkommenen Zustand herangeführt werden. Zwischen dem fernen Idealzustand und dem derzeitigen Netzzustand wird man jeweils eine Fülle von Kompromißlösungen finden müssen. Die Methode, mit einem Idealplan den Weg in die Zukunft abzustecken, ist jedoch eines der

besten Hilfsmittel, Irrwege und Sackgassen zu vermeiden. Die Gefahr von Fehlentscheidungen ist gerade bei Netzinvestitionen besonders groß, da kleinere Netzerweiterungen immer für den Augenblick wirtschaftlich erscheinende Lösungen
vorgaukeln, deren Widersinn sich erst wesentlich später enthüllt. Die zu finden-
den Kompromißlösungen müssen also unter Verzicht auf Behelfsbauten und nicht
in die Endplanung passende Leitungsbilder so gestaltet werden, daß alle neu zu
bauenden Netzteile einen sicheren und eindeutigen Schritt auf das endgültige
Idealbild hin bedeuten. Daß heute noch die Netzbetriebskosten erheblich über
den Erzeugungskosten liegen, sollte ein Ansporn sein, gerade bei der Netzplanung
sehr fortschrittliche Lösungen zu bevorzugen.

Eine besondere Gefahr besteht für den Netzplaner darin, daß im allgemeinen
das Netz und seine Einrichtungen in der äußerlichen Erscheinungsform unter-
bewertet werden. Es liegt wohl in der Natur des Menschen begründet, daß er den
wahrnehmbaren Dingen mehr Aufmerksamkeit zu schenken bereit ist, als den Entwicklungen, die sich dahinter in der Stille vollziehen. In einem Kraftwerk spürt
der Mensch die Vibrationen der Maschinenkolosse, empfindet die Auswirkungen
der Wärmeprozesse, sieht umlaufende Maschinenteile, hört das Summen der
Generatoren und das Zischen der Dampfströme. Seine Sinnesorgane vermitteln
ihm ein Vorstellungsbild vielfältiger innerer Vorgänge und erregen seine Phantasie, das Empfundene zu deuten und zu einem Gesamtbild abzurunden. Gegenüber diesen dynamischen „Eindrücken" in einem Kraftwerk muß ihm eine Netzanlage zwangsläufig als ein „langweiliges" Betriebselement erscheinen. Er sieht
zwar die Anlagen und deren Einrichtungen, empfängt aber sonst dabei keine besonderen Eindrücke, die ihn die inneren Vorgänge beim Stromtransport, bei der
Umspannung oder bei der Schaltung empfinden lassen. So merkwürdig es auch
erscheinen mag, dieses mehr psychologischen Umstandes wegen hat in der Regel
selbst der schöpferische Ingenieur allzu wenig Interesse für die sorgfältige Planung
des Netzes.

So wichtig aber die Anlagengestaltung oder die künftige Trassenführung auch
sein mögen, die wesentlichen Vorentscheidungen sind über äußerlich nicht erkennbare Merkmale der Netze zu treffen. Die Isolationspegel, die Spannungsstufen, die
zulässigen Kurzschlußleistungen, die Regelbereiche, die Höhe der für den einzelnen
Abnehmer vorzuhaltenden Verteilungsleistung, der Grad der Betriebssicherheit:
alles dies sind typische Fragen, die der Klärung bedürfen, ehe man an die äußere
Gestaltung eines Netzes herangehen kann. Grundsätzliche Entscheidungen über
die hierbei einzuschlagenden Wege müssen daher erstes Ziel der Planungsarbeit
sein. Umgekehrt sollte sich keine Unternehmensleitung zu Entscheidungen über
die tatsächliche spätere Ausführung der Netze drängen lassen, ehe nicht über
diese Grundsatzfragen Klarheit geschaffen ist. Ihre Beantwortung beeinflußt die
späteren Betriebskosten eines Netzes in der Regel weit mehr, als Festlegungen
über die Ausführungsform der Anlagen.

Die unterste und oberste Spannungsebene als Ausgangspunkt der Netzplanung.
Die von den Vertriebsabteilungen aufzustellenden Bedarfsprognosen für das gesamte Versorgungsgebiet eines E-Werkes bedürfen für die Netzplanung noch
einer Ergänzung durch Übersichten über die künftige Verbrauchsstruktur, insbesondere über die örtliche Verteilung der zu erwartenden Stromverbrauchsdichte
und des Leistungsbedarfs. Hierzu bedient man sich zweckmäßigerweise geo-

graphischer Pläne mit einem Gitter (meist von 0,5 oder 1 km Maschenweite), in dessen Quadrate von den Vertriebsabteilungen die künftigen Leistungswerte und die zugehörigen Benutzungsstunden eingetragen werden.

Die Netzplanung eines E-Werkes, das bis zum Letztverbraucher hin selbst liefert, geht bei der Gewinnung der „Idealpläne" von der Überlegung aus, ob es angesichts des langfristig zu erwartenden Bedarfes künftig seine Niederspannungskunden über Strahlen-, Ring- oder Maschennetze in den Gebieten mit ähnlicher Verbrauchsdichte versorgen soll. Aus diesen Überlegungen ergibt sich nach Ermittlung der zweckmäßigsten Größe der Netztransformatoren die voraussichtliche Anzahl und ungefähre Lage der Netzstationen, sofern man für deren Speisung zunächst eine bestimmte Mittelspannung, z. B. 10 kV bei Stadtnetzen oder 20 kV bei Landnetzen, zugrundelegt. Selbst auf die Gefahr hin, auf Grund der späteren Erkenntnisse diese Annahme ändern zu müssen, erleichtert sie doch zunächst die Gewinnung eines Bildes der künftigen Stromverbrauchsschwerpunkte. Ergänzend werden die vorhandenen oder zu erwartenden Konsumentenstationen mit ihren Bedarfswerten eingefügt.

Neben der Verbrauchsstruktur hat die Netzplanung einen zweiten Ausgangspunkt: die Gegebenheiten auf der Seite der Bedarfsdeckung, beispielsweise die Lage einer Übergabestation, die durch besondere Standortbedingungen frühzeitig erkennbare Lage künftiger Kraftwerke, die wegen Trassierungsbeschränkungen (z. B. Besiedlung) sich zwangsläufig ergebende Leitungsführung künftiger Verbundleitungen (z. B. Großstadt-Außenring). Im allgemeinen macht man mit der Netzplanung daher einen Sprung von der Festlegung der Speisepunkte für die Letzverbrauchernetze zur höchsten für das Netz erforderlichen Spannungsebene und wendet sich der Gestaltung dieses Netzes zu.

Die Hauptarbeit bringt anschließend die Ermittlung der günstigsten Verbindungen von dieser obersten Spannungsebene zu den Speisepunkten der untersten Spannungsebene. Bei dieser Gestaltung der Mittelspannungsnetze werden dann zwangsläufig immer wieder neue Varianten für die Größe und Lage der einzelnen Abspannwerke und für die Verbindungsstrecken des Mittelspannungsnetzes geprüft.

Wenn auf diese Weise der „Idealplan" eines Netzes Gestalt angenommen hat, beginnt die außerordentlich schwierige Abwägung, wie das derzeitig vorhandene Netz zeitlich Schritt für Schritt diesem künftigen Idealnetz angenähert werden kann. Hierbei gilt es denn, Kompromisse zu schließen, die jedoch den Weg zum Ideal hin nicht verbauen dürfen. Unter den vielfältigen Methoden zur Ermittlung optimaler Netzlösungen dürfte künftig insbesondere das sogenannte Potentialverfahren, gegebenenfalls unter Benutzung elektronischer Rechnungsgeräte und unter Zuhilfenahme von Netzmodelluntersuchungen Bedeutung gewinnen[1].

Entwicklungstendenzen der Netzgestaltung. Da jede Idealkonzeption auf einen künftigen Zeitpunkt bezogen wird, können und müssen die technischen Entwicklungstendenzen in der Netzgestaltung, im Netzbau, im Anlagen- und Gerätebau berücksichtigt werden, die eine Verbesserung der Wirtschaftlichkeit mit Anstieg der zu transportierenden Strommengen erhoffen lassen.

---

[1] PRINZ, Das komplexe N_{SW}-Potentialverfahren. Elektrizitätswirtsch. 1956, H. 21, S. 751 ff. und DOMMEL, Ermittlung der Netzverluste und deren Minimalisierung mit Hilfe des komplexen N_{SW}-Potentialverfahrens. Elektrizitätswirtsch. 1959, H. 12, S. 428 ff.

Um bei der Errichtung der Anlagen mit der technischen Entwicklung Schritt zu halten, sollte bei der Planung großzügig verfahren werden, denn es ist leichter, notfalls auf konventionelle Lösungen zurückzugreifen, als von einer hergebrachten Planung aus in letzter Stunde einen gewissen Fortschritt erzwingen zu müssen.

Auf zahlreichen Gebieten der Netztechnik lassen sich die künftigen Entwicklungen voraussehen. So werden die Aufwendungen für die Isolation der Netze in absehbarer Zeit sicherlich nicht sprunghaft ansteigen, auch wenn die Vervollkommnung des Überspannungsschutzes fortschreitet.

Weniger klar zu erkennen ist die endgültig beste Art einer wirtschaftlichen Kurzschlußbegrenzung. Unter welchen Voraussetzungen eine Begrenzung des Kurzschlußstroms durch Netzaufgliederung oder durch Erhöhung der Induktivitäten vorteilhaft ist und wann der Ausbau der Netze auf höhere Kurzschlußfestigkeit zweckmäßig ist, hängt noch von manchen ungelösten Fragen der Geräte- und Netzentwicklung ab.

Schon aus wirtschaftlichen Gründen wird der Einsatz dauerhafter und besserer Geräte und Anlageteile sowie eine systematische Verringerung ihrer Störanfälligkeit erstrebt, die allgemein für die Kunden erreichte Versorgungssicherheit wird man jedoch insgesamt kaum mehr über das heute übliche Maß hinaus steigern. Zwar werden die Hochspannungsnetze durch Einsatz vervollkommneter Relais, durch Kurzschlußfortschaltung und andere technische Mittel auf ein wirtschaftlich tragbares Höchstmaß an Sicherheit gebracht werden, um Ausfälle empfindlicher oder bedeutender Netzteile möglichst auszuschließen. Im Bereich der Mittel- und Niederspannung ist jedoch deutlich die Tendenz erkennbar, im Zwiespalt der Wünsche nach hoher Versorgungssicherheit und mäßigen Anlage- und Betriebskosten Lösungen zu suchen, die stärker als bisher den Wünschen nach preiswerter Stromversorgung gerecht werden. Verzicht auf Trennstellen, Einsparung von Leistungsschaltern, knappere Bemessung der Leitungen und Transformatoren sind Erscheinungsformen dieser Entwicklung. Eine Stärkung der Versorgungssicherheit wird sich in den unteren Spannungsebenen aus der weiteren Verkabelung und dem Vordringen echter Maschennetze ergeben.

Die Entwicklung der Netzgestaltung geht eindeutig den Weg von Strahlennetzen über offen gefahrene Ringnetze und über einfach gespeiste, geschlossene Netze zu Maschennetzen, da bei der steigenden Elektrifizierung der Weg der Verstärkung und zusätzlichen Parallelverlegung auf wirtschaftliche Grenzen stößt.

Bei Freileitungen wird sich allerdings der Aufwand für ein echtes Maschennetz auch künftig kaum lohnen. Wenn in Freileitungsgebieten das Stadium dichter geschlossener Ringnetze erreicht ist, wird zur Deckung eines weiter steigenden Bedarfs meist auf Kabel-Ringnetze übergegangen, wie denn überhaupt die Tendenz zur Verkabelung umso größer wird, je niedriger die Spannungsstufe und je höher die Stromverbrauchsdichte ist. Für Freileitungs-Ortsnetze setzt sich heute immer mehr angesichts der derzeitigen und erwarteten Belastungen der Bau von Dreiphasennetzen durch. Bei den Niederspannungs-Kabelnetzen sind, ausgelöst durch die Planung von Maschennetzen, weitere Ansätze zum Bau von sogenannten „Ausbrennetzen" zu beobachten, d. h. Netzen, bei denen man unter Verzicht auf kostspielige Absicherung oder Abschaltung das Ausbrennen einzelner Netzstränge im Falle unzulässiger Überlastung in Kauf nimmt. Langjährige Erfahrungen in nordamerikanischen Stadtwerken regten beispielsweise die BEWAG an, ihre

220-V-Niederspannungsmaschennetze als Ausbrennetze zu betreiben[1]. Diese Betriebsweise hat sich bei Einsatz geeigneter Kabelarten und zweckmäßiger Verlegung gut bewährt. Entgegen der bisherigen Zurückhaltung in Europa erscheint es daher lohnend, die Versuche zum Betrieb auch von 380-V-Maschennetzen als Ausbrennetze zu verstärken.

Für ländliche Ortsnetze ist der Betrieb mit Freileitungen meist noch wirtschaftlich, wobei die Dachständerbauweise kostengünstig ist. Nur bei engen Ortskernen sind Kabelnetze gelegentlich jetzt schon rentabel.

Die Dachständerbauweise wird für Ortsnetze vorwiegend im Süden Deutschlands verwendet, während im Norden meist Mastennetze, vielfach mit Wand-(Mauer-)anschlüssen bevorzugt werden. Die Entwicklung scheint auf eine noch stärkere Verwendung von Wandanschlüssen hinzuführen, da hierbei eine spätere Verkabelung weniger Schwierigkeiten bereitet.

Wenn auf Grund der zu erwartenden Verbrauchsdichte auch nach 40 oder 50 Jahren noch nicht mit Verkabelungen zu rechnen ist, sind Betonmaste in der Regel wirtschaftlicher als Holzmaste. Mittelspannungsnetze werden daher vorwiegend mit Betonmasten ausgerüstet, während man bei Niederspannungsortsnetzen, die nicht als Dachständernetze ausgeführt sind, gemischte Bauweise Holz/Beton vorsieht. Auf lange Sicht kann auch der in Entwicklung befindliche Kunststoffmast wirtschaftliche Verwendung finden.

Bei Hochspannungsleitungen werden unter Beibehaltung von Einschaftmasten in immer stärkerem Maße Rohrprofile verwendet und die Masten tiefer gegründet. Noch nicht erkennbar ist, ob sich die Mastbilder der deutschen Hochspannungsleitungen späterhin den billigeren, im Ausland vielfach verwendeten Portal- und Rechteckformen angleichen werden, die hier zu Lande vielerorts noch als ästhetisch unbefriedigend abgelehnt werden.

Für Isolatoren verwenden andere europäischen Länder, wie Frankreich, England, Italien und Skandinavien, inzwischen vorwiegend Glas statt Porzellan. Mit einer ähnlichen Entwicklung dürfte aus Preisgründen insbesondere nach Ausweitung des Gemeinsamen Marktes auch bei uns zu rechnen sein.

Bemerkenswerte Bemühungen bei der Errichtung von Schaltanlagen dienen der Ausrüstung für Fernsteuerung und dem Bau geräuscharmer Stationen, besonders aber ganz allgemein der gründlichen Vereinfachung aller Einrichtungen. Verzicht auf Doppelschienen in Mittelspannungsanlagen, Verzicht auf Schalter in Netzstationen sowie raumsparende Bauweise durch Übergang auf zusammengedrängte Innenanlagen, Kapselanlagen oder Blechstationen sind Kennzeichen dieser Entwicklung.

Netzplanung und Normung. Nicht nur für die Stationen oder Netze, auch für alle Materialien und Geräte werden die Planungsarbeiten künftig immer stärker unter der Forderung nach weitgehender Normung stehen. Die Planung darf sich nicht damit begnügen, nur die technische Mindest- und Höchstforderung für die benötigten Werkstoffe und Geräte zu ermitteln, sondern sollte darüber hinaus auf Normwerte und Normausrüstungen drängen. Wenn eine überstaatliche und Landesnorm noch nicht besteht, sollte die Lücke durch Betriebsnormen über-

---

[1] FREIBERGER, Selbstsicherung von vermaschten Niederspannungs-Kabelnetzen durch Ausbrennen der Fehlerstellen. Elektrizitätswirtsch. 1930, S. 282; Maschennetz-Sicherungen. Elektrizitätswirtsch. 1931, S. 651.

brückt werden, um die Typenzahl innerhalb eines E-Werkes gering zu halten, wobei Fühlungnahme mit anderen E-Werken und den entsprechenden Fachverbänden geraten ist. Eine derartige Normung bedingt, daß Sonderanfertigungen für das E-Werk vermieden werden. Die Planung sollte in der Regel auf eigene Lösungen und Konstruktionen verzichten und die Verwendung listenmäßig bestellbarer Anlageteile und Geräte fördern, selbst dann, wenn dies im Einzelfalle nicht eindeutig vorteilhaft erscheint.

Je geringer die zugelassene Typenzahl in einem E-Werk ist, um so vorteilhafter ist dies auch für die Planung selbst, da sie dann für jede zu planende Leitung, für jeden Trafo oder jede Teilstruktur des Netzes zwischen einer wesentlich geringeren Zahl von Möglichkeiten auszuwählen braucht.

Netzplanung und Grundstücksbeschaffung. Wenn es schon schwierig ist, für wenige Kraftwerksprojekte geeignete Grundstücke zu finden, so müssen erst recht für den Netzbau in dicht besiedelten Gebieten die Netze für die vielen größeren Stationen auf 5—10 Jahre vorher gesichert werden.

Die Planung muß also frühzeitig über die genaue Lage derartiger Stationen Klarheit schaffen. Bei den Netzstationen ergibt sich aus den Schwierigkeiten der Grundstücksbeschaffung die von der Planung zu beantwortende Frage, ob zweckmäßiger freistehende oder Keller- oder Unterflurstationen vorgesehen werden sollen.

Für die zu planenden Leitungen müssen die Lagepläne sehr frühzeitig erarbeitet werden, da die Sicherstellung der Trassen sehr zeitraubend ist. Nicht nur die Klärung rechtlicher Grundstücksfragen, sondern auch die Abstimmung mit anderen Leitungsinteressenten, wie z. B. Gaswerken, Wasserwerken, Bundespost, Bundesbahn sowie mit staatlichen und gemeindlichen Planungsstellen und den am Natur- und Landschaftsschutz interessierten Gremien erfordert im Einzelfalle oft mehrere Jahre.

Planungsbesprechungen. Während sich bei der Kraftwerksplanung auf Grund der sehr großen geschlossenen Planungsobjekte die Arbeiten in unregelmäßigen Zeitabständen zusammendrängen, vollzieht sich die Netzplanung kontinuierlicher. Selbst ein großes Umspannwerk als wichtiges Planungsobjekt wird im Rahmen der stetigen Planung bearbeitet. Das Planungsergebnis läßt sich auch nur in diesem Rahmen eindeutig beurteilen. Da jedoch auch die Netzplanung an Stellen gerät, wo sich mehrere Wege ergeben, die alle bis ins letzte zu verfolgen unrationell wäre, bedarf sie häufiger Entscheidungen seitens der Geschäftsführung. Die Vielfalt der Möglichkeiten läßt es zweckmäßig erscheinen, zur Ersparung vermeidbarer Planungsarbeit Grundsatz- und Ermessensentscheidungen der Geschäftsleitung laufend einzuholen. Am besten dient diesem Ziel die regelmäßige Abhaltung von Planungsbesprechungen zwischen Planung, Bau-, Betriebs- und Unternehmensleitung. Dabei sind von der Planung vorbereitete Alternativen für klarformulierte und eindeutige Entscheidungen vorzulegen. Die Besprechung muß immer dem Ziel dienen, die große Linie und den regelmäßigen Arbeitsrhythmus zu sichern. Vor allem wird der mit Recht befürchtete Planungsleerlauf auf Grund der Verzögerung von Unternehmensentscheidungen vermieden.

Planungsergebnis. So lange es üblich ist, neben der Planung auf weite Sicht auch eine Planung der alljährlich einzusetzenden Mittel für die Investitionen des Ausbaus der Anlagen aufzustellen, muß das Ergebnis der Planung für das nächste Jahr ein Bau- und Investitionsprogramm darstellen, das der Geschäftsführung zur Genehmigung vorzulegen ist. Je nach Organisation des Unternehmens wird dieser Plan in den Finanzplan einbezogen und ist gegebenenfalls auch noch den Aufsichtsratsgremien zur Genehmigung vorzulegen. Nachdem alle diese Wege durchlaufen sind, ergibt sich zunächst für das kommende Jahr ein genehmigtes Bauprogramm. Durch die Ausstrahlung dieses Bauprogramms auf die Folgejahre wird zugleich aber auch schon der Rahmen für die später durchzuführenden Baumaßnahmen abgesteckt.

II. Baudurchführung

Bauprogramm. Die Baudurchführung richtet sich nach dem genehmigten Bauplan. Im Bauprogramm, einer Verfeinerung des Bauplanes sind die technischen Daten, die Termine und die Kosten für alle baulichen Maßnahmen frühzeitig weitgehend festgelegt. Für größere Bauvorhaben ist dazu meist eine Vorprojektierung erforderlich.

In der Praxis ergibt sich bei der Vorbereitung der jeweils im folgenden Baujahr geplanten Baumaßnahmen ein ständiges Wechselspiel zwischen Planungs- und Bauabteilung. Die jüngsten Preisentwicklungen, die jeweilige Lage auf dem Arbeitsmarkt, neue Liefertermine der beteiligten Fremdfirmen, die Ergebnisse der Bearbeitung von Rechts- und Vertragsfragen oder auch neuere technische Entwicklungen, Veränderungen der Betriebsbedingungen, konstruktive Verbesserungen bei der Vorbereitung führen unvermeidlich zu Korrekturen der Bauprogramme.

Auch der mit einem solchen korrigierten und verfeinerten Jahresbauprogramm gesetzte Rahmen läßt den mit der Baudurchführung befaßten Abteilungen die Freiheit, die einzelnen Baumaßnahmen so durchzuführen, wie es ihnen nach ihren Erfahrungen und nach dem Stande der Bautechnik ratsam erscheint. Kleinere Abweichungen, wie sie sich oft erst aus der endgültigen Projektierung der Einzelheiten heraus ergeben, sind ihnen freigestellt, sofern die Erreichung der mit dem Bauplan gestellten Ziele dadurch sachlich und zeitlich nicht in Frage gestellt wird. Größere Abweichungen vom genehmigten Bauplan bedürfen vorheriger Abstimmung mit der Planung und gegebenenfalls der Zustimmung der Geschäftsführung.

Eigenbau oder Vergabe. Die Forderung nach höchster Wirtschaftlichkeit gilt auch für alle Baumaßnahmen. Sie führt zu der Frage: Eigenbau oder Vergabe. Bezüglich der einzelnen Anlagengegenstände, wie Kessel, Maschinen, Turbinen, Schalter oder Transformatoren ist bei allen E-Werken die Ansicht vorherrschend, daß der Fertigbezug dieser Güter wirtschaftlicher als ein Eigenbau ist. Bei manchen Baumaßnahmen hingegen, vor allem bei der Montage von Fertigteilen, bedarf es fallweise einer Prüfung, ob Eigenbau oder Vergabe vorzuziehen ist.

Ein oft übersehener, aber sehr entscheidender Vorteil der Bauvergabe liegt darin, daß sie dem E-Werk auch für die Zukunft die volle Entscheidungsfreiheit in dieser Frage beläßt. Sind erst einmal mehr Arbeitskräfte für Eigenbau eingestellt, als für die Bereitschaftsdienste notwendig sind, so können sie nicht kurzerhand entlassen werden. Es kommt dann zu dem gefährlichen Trugschluß, der Eigenbau sei in diesem oder jenem Falle mit Sicherheit billiger, da das Personal „ohnehin vorhanden ist".

Oberster Grundsatz sollte daher sein, keine Handwerker und handwerkliche Hilfskräfte für den Bau einzustellen, sofern sie nicht mit den unumgänglichen Instandhaltungs- und Reparaturarbeiten laufend voll beschäftigt werden können.

In Verfolgung dieses Grundsatzes beschäftigt eine Reihe von E-Werken für Arbeiten, die nur für eine begrenzte Zeit einmal oder saisonal anfallen, Handwerker und Hilfskräfte fremder Firmen. Diese Arbeitskräfte arbeiten dann zwar auch nach den Anweisungen des Aufsichtspersonals des E-Werkes, belasten jedoch nicht das Personalkonto auf Dauer. Vor allem für Kabel- und Freileitungsverlegungen, Arbeiten für die Gebäudepflege, wie z. B. Glaser-, Maler- und Schlosserarbeiten, sind solche Beschäftigungsverhältnisse vielfach üblich geworden. Das E-Werk erhält sich damit die Möglichkeit, aus dem Wettbewerb zwischen den anbietenden Firmen Nutzen zu ziehen und jeweils die wirtschaftlichste Lösung zu suchen.

Auch wenn in einem E-Werk für bestimmte Bauarbeiten, z. B. für Hausanschlußarbeiten, die Entscheidung für Eigenbau gefallen ist, sollte die Unternehmensleitung darauf drängen, daß mindestens alle 2—3 Jahre diese Entscheidung dadurch überprüft wird, daß die tatsächlichen Kosten mit denen von Wettbewerbsangeboten verglichen werden. Das gleiche gilt jedoch auch für vergebene Arbeiten, da sich sowohl die Fremdangebote als auch die Kosten beim Eigenbau inzwischen verschoben haben können.

Das E-Werk hat im Falle der Vergabe den weiteren Vorteil, sich vornehmlich auf die Überwachung der Arbeiten und die Abnahme konzentrieren zu können. Dabei kommt dem E-Werk zugute, daß seine eigenen Mitarbeiter diese Aufsicht und Abnahme gegenüber Fremdfirmen möglicherweise kritischer und schärfer durchführen werden, als gegenüber eigenen Betriebskollegen.

Ein zusätzlicher Vorteil der Vergabe von Bauarbeiten liegt darin, daß wirklich alle Kosten des betreffenden Bauobjektes erfaßt werden, während bei Eigenbau die Gefahr besteht, daß beispielsweise Verwaltungskosten, sonstige Gemeinkosten, Lager- und Transportkosten oder freiwillige soziale Leistungen nicht völlig in die Endabrechnung eingehen. Insbesondere gehen bei Eigenbau die Kosten für Garantiearbeiten häufig unter. Schwer erfaßbare Mehrkosten ergeben sich vor allem oft daraus, daß der allgemeine „Betriebsstil“ in vielen E-Werken recht großzügig gehandhabt wird. Das reicht von den Ansprüchen an die Sauberkeit in Büros, Kantinen und Werkstätten bis zur Benutzung werkseigener Arbeitskleidung und Fahrzeuge.

Bei der Vergabe von Bauaufträgen muß man sich darüber im klaren sein, daß während des Baues Änderungswünsche nicht mehr oder nur noch unter Schwierigkeiten verwirklicht werden können. So belastend dies im Einzelfalle sein mag, im Grunde liegt hierin ein beachtlicher Vorteil der Vergabe. Sie zwingt so die auftraggebende Abteilung des E-Werkes, ihre Projekte unter Abstimmung mit den Betriebsabteilungen äußerst sorgfältig und rechtzeitig auszuarbeiten.

Es ist jedoch nicht zu verkennen, daß auch die Vergabe von Bauarbeiten ihre Nachteile, zumindest ihre Gefahren in sich birgt. Probleme ergeben sich insbesondere bei der Qualitätssicherung solcher Arbeiten, deren Durchführung im einzelnen wie z. B. die Muffenmontage oder Maschinenmontage ein Höchstmaß an Sorgfalt erfordert.

Ein E-Werk kann sich gegen spätere Schäden aus nachlässiger Arbeit nur dadurch schützen, daß es entweder dauernd selbst kontrolliert oder die ausführenden Firmen durch Vereinbarung empfindlicher Konventionalstrafen bei Nichteinhaltung der Garantiewerte festlegt und anspornt.

Ähnliche Probleme ergeben sich hinsichtlich der Termineinhaltung. Bei der Vergabe von Bauarbeiten ist in der Regel eine Überwachung aller Zwischentermine während des Arbeitsablaufs weder zweckmäßig noch erwünscht. Das auftraggebende E-Werk ist nur an der Einhaltung derjenigen Termine interessiert, die es selbst zur Vertragsbedingung gemacht hat. Das können Endtermine sein, z. B. beim Bau von Transformatoren, bei der Erstellung von Hochspannungsmasten, es können aber auch Zwischentermine sein, z. B. bei der Rohbaufertigstellung für ein Kraftwerk. Diese Termine müssen allerdings sehr sorgfältig überwacht werden, da von ihrer Einhaltung oft die Sicherung der Versorgung abhängt. Um zu vermeiden, daß sich aus Terminüberschreitungen langwierige Schadensersatzprozesse entwickeln, sollte von vornherein auf Vereinbarung empfindlicher Vertragsstrafen gedrängt werden, auch wenn die Lieferfirmen sich dem aus verständlichen Gründen immer wieder gern entziehen möchten.

Bei der Fremdvergabe von Bauarbeiten, die laufend immer wieder anfallen, wie Freileitungs- und Kabelverlegung, bringt eine allzu lange Bindung an ein und dieselbe Fremdfirma oft mit sich, daß deren Angehörige jahrelang mit Arbeitskräften des E-Werkes eng zusammenarbeiten. Die Angehörigen der Fremdfirmen fühlen sich dann im Laufe der Jahre häufig als E-Werks-Angehörige 2. Klasse und empfinden Unterschiede in Sondervergütungen und sozialen Leistungen aller Art als ungerecht. Wenn auch diese psychologische Belastung in der Regel zunächst keine realen nachteiligen Folgen hat, sollte doch durch eindeutige Distanzierung, notfalls auch durch Wechsel von Personal oder Firma eine solche Entwicklung unterbunden werden. Erfahrungsgemäß entstehen sonst moralische Verpflichtungen zur Übernahme älterer Arbeitskräfte der Fremdfirmen. Kostenerhöhend können sich beim Einsatz fremder Arbeiter von auswärts Auslösungen für anfallende Spesen auswirken.

Bei sorgsamer Abwägung aller Vor- und Nachteile der Vergabe von Bauarbeiten erscheint es für ein E-Werk ratsam, mit möglichst wenig eigenem Personal zu arbeiten. Für die Projektüberwachung, die Steuerung der Termine, des Material- und Kostenwesens sowie für die Bauvorbereitung und -abwicklung sind entsprechende Kräfte vorzusehen. Dieses Stammpersonal für die Bauvorbereitung und -abwicklung kann in bezug auf Kraftwerke in der Regel geringer gehalten werden, als in bezug auf die Netze mit ihren vielen Einzelbauvorhaben. Für die Wirtschaftlichkeit des E-Werkes ist wichtig, daß die Gesamtzahl dieses Stammpersonals nicht in gleichem Maße wie der Umfang der Bauprogramme, wie die Summe der jährlichen Bauinvestitionen mit ansteigt.

Zusammenfassung der Bauabteilungen[1]. Für Bauvorbereitung und -durchführung gibt es praktisch zwei Organisationsmöglichkeiten. Die Angliederung der Baukolonnen und des Aufsichtspersonals an die zuständige Betriebsabteilung bedeutet, daß der Netzbau der Netzabteilung, der Kraftwerksbau der Kraftwerksabteilung zugehört. Im Gegensatz dazu können alle Baufunktionen von den Betriebsabteilungen getrennt in einer Organisationseinheit „Bau" zusammengefaßt werden, die dann nach Sachgebieten wie Kraftwerksbau, Anlagenbau, Netzbau gegliedert wird. Bei umfangreichen und räumlich ausgedehnten E-Werken ist auch eine Aufteilung in Bezirkseinheiten üblich.

---

[1] Vgl. S. 114ff.

F. Betriebsführung

Die Führung eines Betriebes umfaßt die Aufgaben, die bestehenden materiellen und immateriellen Werte zu bewahren und zu sichern und über die wirtschaftliche Erfüllung der gegenwärtigen Unternehmensziele hinaus ständig vorausschauend den Betrieb kommenden Anforderungen anzupassen.

I. Geschäftsführung

Im allgemeinen Sprachgebrauch hat in Deutschland der Begriff „Geschäftsführung" ebenso wie der Begriff „Leitung" im Laufe der Zeit eine doppelsinnige Bedeutung gewonnen. Er wird verwendet zur Kennzeichnung sowohl der Geschäftsführung als Tätigkeit als auch der Geschäftsführung als Personeneinheit. Diese Doppeldeutigkeit des Begriffes kommt nicht von ungefähr. Sie bringt ungewollt zum Ausdruck, daß die Funktionsausübung der Geschäftsführung eng von der Organisation der Personenverhältnisse in der Spitze eines jeden Unternehmens abhängig ist.

Unabhängig von der Größe, der Struktur, der Rechtsform oder den Eigentumsverhältnissen eines Unternehmens wird der Erfolg seiner Führung letztlich danach bemessen werden, ob es ihr gelingt, die Ziele der Unternehmenspolitik zu erreichen: die Sicherstellung der Substanz, wozu auch die Zufriedenstellung der Eigentümer, Mitarbeiter, Lieferanten und Kunden gehört, die Schaffung der Voraussetzungen für eine notwendig werdende Expansion und die Bildung von Reserven für mögliche Rückschläge[1]. Verantwortlich für die Erreichung dieser Ziele ist jede Unternehmensführung nicht nur gegenüber den Eigentümern, sondern bei der zunehmenden Verflechtung des sozialwirtschaftlichen Gefüges auch gegenüber der gesamten Wirtschaft, mittelbar also gegenüber der Allgemeinheit.

Die Erfüllung dieser Aufgabe des Unternehmens setzt eine wirkliche „Führung" des Unternehmens voraus. Sie erfordert von der Unternehmensspitze dem Betrieb gegenüber eine eindeutige Zielsetzung und Grundsatzbildung, wozu auch die Planung gehört, eine durchgreifende Steuerung auf Grund einer sachgemäßen Organisation und eine laufende Kontrolle, Überwachung und Durchforschung des Betriebsgeschehens. Hinzu kommt noch eine ständige Koordination dieser drei großen Aufgabengruppen[2].

Die hierbei zu fällenden Entscheidungen sind sehr oft nicht rein technischer, finanzieller, juristischer oder personeller Art und bedürfen daher meist sorgsamer Vorarbeit auf mehreren dieser Gebiete. Die Abteilungen, die diese Vorarbeit leisten, sind bei den meisten E-Werken als Stabsabteilungen und allgemeine Hilfsabteilungen in einer sogenannten „Hauptverwaltung" zusammengefaßt.

Um ihr nicht ein zu großes Übergewicht gegenüber den anderen Abteilungen des Unternehmens zu geben, werden vielfach die rein kaufmännischen Verantwortungsbereiche des Rechnungswesens und des Materialwesens beispielsweise nicht in die

---

[1] Vgl. WULKAN, Unternehmensführung und Förderung des Führungsnachwuchses. Technische Rundschau 1957, H. 8, S. 42 (Referat über den Vortrag STREIFF auf einer Vortragstagung der ETH Zürich).

[2] Vgl. SCHLENZKA, Unternehmer, Direktoren, Manager. Düsseldorf: Econ-Verlag 1954, S. 97; ähnlich WULKAN, Administrative Erfordernisse des modernen Betriebes und dessen Führungsmittel, Technische Rundschau 1957, H. 10, S. 7.

„Hauptverwaltung" organisatorisch mit einbezogen. In der Praxis bedeutet dies eine Trennung der mehr „händlerischen" sowie der „buchhalterischen" und „finanztechnischen" Funktionen von den Tätigkeiten zur Vorbereitung finanzpolitischer, geschäftspolitischer Entscheidungen der Geschäftsführung.

Organisation der Unternehmensspitze. Die Probleme des organisatorischen Aufbaus der Unternehmensspitze bei den Werken der öffentlichen Elektrizitätsversorgung lassen sich am besten am Standardmodell der Aktiengesellschaft aufzeigen, da auch bei den Rechtsformen GmbH und Eigenbetrieb deutlich erkennbare Tendenzen zur Angleichung an die Spitzenorganisation bei der Aktiengesellschaft bestehen.

Vorzuziehen ist die Präsidiallösung. Wenn auch durch Bestellung einer ungeraden Zahl von Vorstandmitgliedern bei einem Kollegialvorstand bei Gesamtentscheidungen Mehrheitsbeschlüsse sichergestellt werden können, so können diese doch einen ständigen Wechsel der Unternehmenspolitik zur Folge haben. Auch können interne Machtkämpfe entstehen, bis aus dem Kreis der Vorstandmitglieder eine Persönlichkeit so stark in den Vordergrund tritt, daß sich das Gremium in Zweifelsfällen seiner Ansicht anschließt und so de facto doch zu einer Präsidiallösung kommt. Diese internen Schwierigkeiten werden bei einem Präsidialvorstand von vornherein weitgehend ausgeschaltet.

Entgegen einem weitverbreiteten Irrtum bedeutet eine Präsidialverfassung des Vorstandes keine alleinige Verantwortung des meist Generaldirektor genannten Vorstandsvorsitzenden. Er ist in der Regel, sofern die Satzung nichts anderes sagt, „Primus inter pares", leitet die Vorstandssitzungen, entscheidet bei Meinungsverschiedenheiten und sorgt für die Einheitlichkeit der Unternehmenspolitik. Nach außen hin und vor allem gegenüber dem Aufsichtsgremium ist der Vorstand einschließlich der stellvertretenden Vorstandsmitglieder gesamtverantwortlich.

Die Gesamtverantwortlichkeit der Vorstandsmitglieder nach außen beschwört leicht die Gefahr herauf, daß auch betriebsintern die Zuständigkeiten der Vorstandsmitglieder verwischt werden[1]. Ihr kann dadurch entgegengetreten werden, daß jedes Vorstandsmitglied für genau abgegrenzte Betriebsbereiche („Ressorts"), das können Hauptfunktionsbereiche, aber auch Stabsabteilungen sein, zuständig und gegenüber seinen Vorstandskollegen und dem Vorstandsvorsitzenden intern verantwortlich gemacht wird. Das gegebene Mittel hierfür ist ein im Betrieb allseitig bekanntzugebender Geschäftsverteilungsplan der Unternehmensleitung. So kann erreicht werden, daß die organisatorische Forderung nach Deckung von Aufgabe und Verantwortung auch im Vorstandsbereich sichergestellt ist.

Bei einer solchen Regelung wird sich aus der Organisationsregel von der „Kontrollspanne" von selbst ergeben, wieviel Köpfe der Vorstand haben muß. Hierbei sollte nicht übersehen werden, daß stellvertretende Vorstandsmitglieder „echte" Stellvertreter, also im Vertretungsfalle für den Bereich des von ihnen Vertretenen vollverantwortlich sein sollten, da sich sonst wieder unerwünschte organisatorische Überschneidungen ergeben.

Bei sehr großen Unternehmen werden Vorstandsmitglieder mit der Doppel-

---

[1] Vgl. Petzold, Die Gestaltung der Eigenverantwortlichkeit in der Unternehmung durch organisatorische Maßnahmen. Zeitschrift für Handelswissenschaftliche Forschung 1957, H. 6, S. 316, mit Beispielen.

funktion der Ressortleitung und der gesamtverantwortlichen Unternehmenssteuerung meist überfordert. Eine weitere Aufteilung der Ressorts würde die Zahl der außerordentlichen Vorstandsmitglieder so weit anwachsen lassen, daß die Funktionsfähigkeit des Vorstandes als Kollegial-Gremium in Frage gestellt wird.

Der gegebene Ausweg ist in solchen Fällen meist ein „ressortloser" Vorstand. Für die früheren Vorstands-Ressorts werden hierbei unterhalb des Vorstandes eigene, ihm gegenüber gesamtverantwortliche Kollegial-Gremien mit unternehmerischen Persönlichkeiten zur Leitung der einzelnen Ressort-Zweige eingesetzt.

Auch derartige Aufgliederungen sind unbedingt bekanntzugeben, da vor Unklarheiten über die Verantwortungs-Abgrenzung gerade in der Unternehmensspitze nicht eindringlich genug gewarnt werden kann.

Verhältnis zu Aufsichtsgremien. Wesentliches Merkmal des deutschen Aktienrechtes ist die Einrichtung eines besonderen Aufsichtsgremiums oberhalb der eigentlichen Unternehmensführung. Dem Aufsichtsrat der Aktiengesellschaft entspricht beim Eigenbetrieb der Werksausschuß, in einigen Ländern auch Betriebskommission genannt.

Schwierigkeiten haben sich bei einer solchen Gliederung in der Praxis vereinzelt vor allem daraus ergeben, daß das Überwachungs- und Aufsichtsgremium in vielen Fällen in der Beschlußfassung zu schwerfällig ist und den Problemen des Unternehmens sehr leicht entfremdet wird, wenn eine persönliche Unterrichtung des gesamten Aufsichtsgremiums durch die Geschäftsführung wegen der Zusammensetzung der Aufsichtsräte und Werksausschüsse nur selten erfolgen kann. In Erkenntnis dieser Schwierigkeiten sind eine Reihe solcher Aufsichtsgremien inzwischen dazu übergegangen, aus ihrer Mitte kleinere Ausschüsse zu bilden, die den engeren Kontakt zu den Vorständen aufrechterhalten. Diese Bindeglieder zwischen Überwachungsorgan und Geschäftsführung haben sich bei vielen Unternehmen gut bewährt, obgleich damit der Kontakt zwischen Unternehmen und Eigentümer durch Zwischenschaltung eines neuen Organs an Unmittelbarkeit verliert. Voraussetzung für eine auf lange Sicht erfolgreiche Tätigkeit derartiger Ausschüsse ist allerdings eine weise Beschränkung bei Auskunftswünschen und ein Verzicht auf mögliche Versuche, sich in die Kompetenz und Verantwortlichkeit der Unternehmensführung einzumischen.

Aus der Tatsache, daß der Vorstand nach außen formal den Eigentümern oder deren Interessenvertretung wie z. B. dem Aufsichtsrat verantwortlich ist, während er als Führer des Unternehmens tatsächlich darüber hinausgehend noch eine echte Verantwortung gegenüber der Allgemeinheit hat, können sich Interessenkonflikte für den Vorstand in den Fällen ergeben, wo sich die Interessen der Eigentümer mit denen der Allgemeinheit nicht decken. Rezepte für ein Verhalten in solchen Fällen sind noch nicht gefunden. Es ist kein Geheimnis, daß einem geschickten Vorstand eine ganze Reihe taktischer Möglichkeiten offensteht, solchen Situationen zu begegnen. Zur Erreichung wirklich befriedigender Lösungen jedoch kann es sich nur eines Mittels bedienen, nämlich mit echten Argumenten zu überzeugen.

Arbeitnehmervertretung und öffentliche Gremien. Auch im Verhältnis zu den Arbeitnehmern und deren Betriebsvertretungen hat sich zur Durchsetzung der Unternehmenspolitik die Überzeugungskraft wohlbegründeter Argumente immer als das beste Mittel für die Geschäftsführung erwiesen. Die nach dem Betriebsverfassungsgesetz gegebene Möglichkeit, in den Betriebsversammlungen zu sprechen[1], sollte sich keine Unternehmensführung entgehen lassen. Das gleiche gilt für die laut Betriebsverfassungsgesetz gebotene Unterrichtung des Wirtschaftsausschusses[2], dessen Mitglieder zur Hälfte vom Unternehmen und zur Hälfte vom Betriebsrat bestimmt werden. Ebenso sollte sich die Unternehmensführung eines E-Werkes nicht scheuen, gegenüber außerbetrieblichen, für den Erfolg der Unternehmenspolitik wichtigen Gremien, hierzu gehören z. B. Rechnungshof, Gewerbeaufsicht, Preisaufsicht oder Planungsbehörden, eine möglichst weitgehende Offenheit an den Tag zu legen. Bei rückhaltloser Offenlegung ihrer Sorgen wird sie in der Regel auf ein großes Maß an Verständnis stoßen, was durch den Versuch von Winkelzügen von vornherein verbaut würde.

Titulardirektoren. Die berechtigten, aber auch die unberechtigten Wünsche, irgendwelche Vorgänge direkt an die Leitung eines Unternehmens heranzutragen, und mit ihr Kontakt aufzunehmen, haben mit dem Anwachsen der Unternehmen ein solches Ausmaß erreicht, daß viele Betriebe, darunter auch zahlreiche Elektrizitätswerke, dazu übergegangen sind, Abteilungs- oder Hauptabteilungsleiter zur Titulardirektoren zu ernennen. Wenn diese auch dem Vorstand nicht angehören, so haben doch die meisten Gesprächspartner, in deren Vorstellung sich die Begriffe Direktor — Direktion — Geschäftsführung — Vorstand vielfach decken, das Gefühl, mit einem Titulardirektor die Unternehmensführung angesprochen zu haben. Schon reine Zweckmäßigkeitserwägungen lassen also die Bezeichnung Betriebsdirektor, Abteilungsdirektor oder Direktor als Titel für die Leiter von zahlreichen Organisationseinheiten in einem oberen Rang größerer Unternehmen angezeigt erscheinen. Abgesehen davon können mit solchen Ernennungen auch besondere Verdienste solcher hochrangiger Betriebsangehöriger gewürdigt werden, die auf Grund der Gegebenheiten nicht damit rechnen können, Vorstandsmitglied zu werden. Aus dem gleichen Grunde sollten auch bei Vorliegen eines echten Bedürfnisses anderen Kräften in Spitzenpositionen ein ihrer beruflichen Fähigkeit entsprechender Titel nicht versagt werden. Es ist üblich, dafür z. B. die Bezeichnung „Chef-Elektriker", „Chef-Chemiker", „Chef-Architekt" oder in nachfolgenden Rängen „Oberbauleiter" „Oberingenieur" anzuwenden.

Vollmachten. In der Praxis ist die Frage umstritten, in welchen Fällen innerhalb einer bestimmten Rangstufe den Leitern der Organisationseinheiten Handlungsvollmacht oder auch Prokura erteilt werden sollte. Bei rationaler Betrachtungsweise ist dies nicht vom eingenommenen Rang in der Unternehmenshierarchie, sondern von der Funktion abhängig. Typisches Beispiel hierfür ist bei Elektrizitätswerken die Einkaufsabteilung, die meist den Rang einer mittleren Organisationseinheit einnimmt, wo aber eine derartige Bevollmächtigung auf jeden Fall zweckmäßig ist. Man sollte also im allgemeinen die handelsrechtliche Vollmachterteilung von der Funktion abhängig machen. Wo in einem oberen Rang jedoch die überwiegende Zahl der Leiter der Organisationseinheiten mit einer solchen Vollmacht ausgestattet ist, sollte man sich zur Wahrung eines gewissen Gleichgewichts nicht scheuen, gelegentlich auch denjenigen eine solche Vollmacht zu verleihen, die ihrer der Funktion nach nicht unbedingt bedürften. Es besteht ja immer die Möglichkeit, sie intern weitgehend einzuschränken.

---

[1] § 42 Betriebsverfassungsgesetz (BGBl I 1952, S. 681).
[2] § 67 Betriebsverfassungsgesetz.

Die Gesamtzahl der Prokuristen und Bevollmächtigten wird sich nach der Größe und Struktur des einzelnen Werkes richten müssen. Da die Zahl der notwendigen Vollmachten im wesentlichen durch die Zahl der von dem Elektrizitätswerk mit Außenstehenden abzuschließenden nichteinheitlichen Verträge bestimmt wird, hängt sie vor allem von der Zahl der Lieferanten für den Betrieb und die Anlagenerweiterungen und von der Zahl der Sonderabnehmer ab. Auf die Zahl der erforderlichen Zeichnungsberechtigten ist darüber hinaus von Einfluß, ob das Versorgungsunternehmen auf engem Raum oder über ein weites Gebiet verteilt arbeitet. Als Beispiel sei hier vermerkt, daß ein großstädtisches Verbundunternehmen mit Erzeugung, Transport und Letztverteilung (Belegschaft: rd. 5000 Personen) mit rd. 2500 Sonderabnehmern 20 Zeichnungsberechtigte für ausreichend hält, während ein Unternehmen, das sich in einem Landgebiet nur dem Stromtransport und der Verteilung widmet (Belegschaft: rd. 1300 Personen) bei etwa 700 Sonderabnehmern insgesamt 10 Zeichnungsberechtigte benötigt.

Das Zahlenverhältnis von Prokuristen zu Bevollmächtigten hat sich in zahlreichen Elektrizitätsversorgungsunternehmen im Laufe der Jahre auf 1 : 1 eingespielt.

Für die Geschäftsführung eines Unternehmens bringt es erhebliche Erleichterungen, wenn grundsätzlich die Vollmachten, nicht nur die handelsrechtlichen, im Betrieb bekannt sind. Dabei sollte im einzelnen genau festgelegt werden, welche Befugnisse und Berechtigungen jeweils zugestanden sind. Das gilt sowohl für Bank- und Postvollmachten, jegliche Unterschriftsberechtigungen für die ausgehende Post, für Kontrollvermerke, für Bestellungen, für Anweisungen von Zahlungen, vor allem aber auch für die vielen internen Aufträge, wie z. B. für Druck, Vervielfältigung, Fahrzeuggestellung, Gästebewirtung. Auch hier wird man zweckmäßigerweise wie bei der handelsrechtlichen Vollmachterteilung nach unten hin auf die wirklichen Bedürfnisse auf Grund der Funktion und nach oben hin auf eine gewisse Gleichrangigkeit achten müssen.

Geschäftsordnung. Eine Reihe von Elektrizitätswerken hat beste Erfahrungen damit gemacht, die Grundsätze für die Erteilung von Vollmachten in einer Geschäftsordnung intern niederzulegen, die allgemein bekanntgegeben wird. Derartige Geschäftsordnungen erleichtern die Führung des Unternehmens vor allem dann, wenn darin die grundsätzliche Verteilung der Aufgaben, der Verantwortung und der Zuständigkeiten, Aufbau und Rangeinteilung der Organisation sowie die Regelung des internen Geschäftsablaufs, z. B. hinsichtlich Arbeitszeit, Dienstbezeichnung, Schriftgutgestaltung, Schriftgutverkehr festgelegt sind. Auch die Entlohnungsgrundsätze und gegebenenfalls Pensionsregelungen können in einer solchen Geschäftsordnung niedergelegt sein.

Persönliche Kontakte. Eine Unternehmensführung muß mit ihrem Willen das gesamte Unternehmen durchdringen. Das gilt sowohl für die Planung als auch für die Steuerung und die Kontrolle. Voraussetzung hierfür ist, daß trotz der horizontalen und vertikalen Gliederung mit ihren vielen zwischengeschalteten Stufen der Kontakt mit der Unternehmensführung aufgebaut, gefördert und erhalten wird.

Der persönliche Kontakt wird mit Größerwerden eines Unternehmens immer mehr erschwert. Bei mehr als 2000 Beschäftigten ist es den Angehörigen der Unternehmensführung kaum mehr möglich, alle Einheiten der untersten Rangstufe einmal im Jahr zu besuchen. Trotzdem müssen in jedem Betrieb Wege gefunden werden, die so wertvolle menschliche Ausstrahlung der Mitglieder der Unternehmensleitung auf alle Mitarbeiter laufend zur Geltung zu bringen. Die persönlich erfühlte Empfindung, gemeinsam an einer Aufgabe wirken zu können, Freuden und Sorgen des weitgespannten Unternehmens miteinander zu tragen, vermeidet Unklarheiten und Spannungen.

Echte Stellvertretung. Auch die beste organisatorische Gliederung wird versagen, wenn einzelne Glieder ausfallen. Oft wird darüber geklagt, daß Stockungen in der Bearbeitung und Weitergabe von Vorgängen eintreten, weil die Leiter der einzelnen, vor allem der oberen Organisationseinheiten, überlastet oder durch Besprechungen, Dienstreisen oder sonstige Verpflichtungen ihrem Arbeitsplatz fern sind. In solchen Fällen hat die Unternehmensführung versäumt, unnachsichtig auf der Berufung eines vollwertigen Vertreters zu bestehen.

Die Übung gegenseitiger Vertretung ist keine brauchbare Lösung. Die Gepflogenheit, den Leiter eines Organisationsbereiches durch mehrere Leiter der nachgeordneten Einheiten jeweils für ihren Funktionsbereich vertreten zu lassen, ist eine Lösung, behebt jedoch die grundsätzlichen Schwierigkeiten nicht. Eine solche aufgespaltene Vertretung bringt sehr leicht unnötige Auseinandersetzungen und kann zu einem ungeregelten Kampf um die Macht oder zu langandauernden Streitigkeiten führen, wenn es um Entscheidungen geht, die die verwaiste Organisationseinheit als Ganzes betreffen. Die Unternehmensführung muß mindestens veranlassen, daß nur einer der nachgeordneten Bereichsleiter vertretungsberechtigt und vertretungspflichtig ist. Dabei tritt allerdings nachteilig in Erscheinung, daß dieser Vertreter dann für die Vertretungszeit eine doppelte Belastung zu tragen hat. In einem gut durchrationalisierten Unternehmen wird eine solche Überlastung zwangsläufig zu Störungen führen müssen. Umgekehrt läßt sich der Schluß ziehen, daß bei Unternehmen, die sich eine solche Vertretungsregelung erlauben können, die mögliche Arbeitsleistung der betreffenden Führungskräfte in Normalfällen nicht voll genutzt wird.

In einem wirtschaftlich arbeitenden Unternehmen verlangt das Vertretungsproblem den Einsatz zusätzlicher Kräfte. Wo der jeweilige Leiter nicht älter als 45—50 Jahre ist, wird gern der Weg gewählt, Assistenten einzusetzen, die dem zu Vertretenden beigegeben werden. Dieser Weg hat den Vorteil, gleichzeitig auf diese Weise junge Führungskräfte vor ihrer dauernden Betrauung mit einer Verantwortungsposition schulen zu können. Die Vertretungsschwierigkeiten können damit behoben werden, wenn die Unternehmensführung den Mut hat, dem betreffenden Assistenten jeweils bei Bedarf auf Zeit die Organisationseinheit voll anzuvertrauen. Auch der andere Weg wird gerne beschritten, im Falle der Abwesenheit des zu Vertretenden einen der Leiter der nachfolgenden Abteilungsbereiche mit seiner Vertretung zu betrauen und den Assistenten dann voll verantwortlich für die Leitung des von dem Vertreter betreuten Bereiches vorübergehend einzusetzen. Eine ganze Reihe von Unternehmen, die das Vertretungsproblem auf ähnliche Weise löst, ist mit den Erfolgen recht zufrieden.

Wo allerdings auch das Nachfolgeproblem schon akut wird, sollte für dauernd ein fester Vertreter mit einem Altersunterschied von ungefähr 10—15 Jahren eingesetzt werden. Die Lenkungs- und Führungsaufgaben bei den Organisationseinheiten steigen so an, daß die Kosten einer derartigen Doppelbesetzung mit einem Senior- und Juniorpartner tragbar sind.

Diese und ähnliche Verfahren haben den Vorteil, daß eine Reserve an Führungskräften herangebildet wird, aus der sich eine Auslese für den Nachwuchs ergibt. Für die Entscheidung, wem sich dabei der Weg zur Unternehmensspitze öffnen wird, tritt die Art der speziellen Ausbildung als Techniker, Kaufmann, Wirtschaftler oder Jurist in den Hintergrund. Vielseitige Persönlichkeiten mit unternehmerischen, politischen und vor allem menschlichen Qualitäten werden für den Erfolg der Unternehmensführung ausschlaggebend sein.

II. Allgemeine Verwaltung

Der Begriff „Verwaltung" ist weder sprachlich, noch in seiner organisatorisch-praktischen Anwendung scharf begrenzbar. Im allgemeinen werden darunter jene Funktionen in einem Unternehmen verstanden, die nicht unmittelbar der Erzeugung, Verteilung und dem Verkauf, also dem Betrieb und Vertrieb anzugliedern sind. Die Verwaltung des gesamten Unternehmens, also insbesondere die Steuerung des Vermögens und der Finanzen, diese übergeordneten ganz besonderen Aufgaben der Unternehmensleitung selbst, sollen hier unter dem Begriff „Allgemeine Verwaltung" nicht verstanden werden.

Verwalten läßt sich nur etwas Bestehendes. Je mehr die Geschäftsführung eines E-Werkes bestimmte Abteilungen für die Durchsetzung und Verwirklichung neuer Gedanken bedeutsam hält und sie für eine dynamische Weiterentwicklung des Unternehmens benutzt, um so eher wird sie solche Verantwortungsbereiche, wie Organisation, Personalwesen, Finanzen oder Wirtschaftlichkeitsüberwachung, enger an sich heranziehen müssen. Wenn auch für die gelegentlich zu fördernde zusammenfassende Organisation derartiger Stabsabteilungen oft noch der Begriff „Hauptverwaltung" benutzt wird, der Begriff „Verwaltung" trifft für die dynamische Tätigkeit dieser Abteilungen nicht mehr zu.

„Verwaltend" im engeren Sinne sind in einem E-Werk nur die Abteilungen für allgemeine Dienste tätig. Dazu gehören beispielsweise Mitgliedschaftsverwaltung, Grundstücks- und Gebäudeverwaltung, Materialwesen, sofern es nicht wie bei den meisten E-Werken dem Betrieb zugeordnet ist, Reisestelle, Küchen und vor allem Druck- und Vervielfältigung, Registraturen, Schreibstuben und Telefondienste. Diese Hilfsdienste für den gesamten Unternehmensbereich werden häufig unter der Bezeichnung „Allgemeine Verwaltung" im Rahmen der Hauptverwaltung zusammengefaßt.

Schriftverkehr. Die Steuerung des Schriftverkehrs und die Eindämmung der Papierflut ist eine der wichtigsten Aufgaben der allgemeinen Verwaltung. Welche Bedeutung die Ordnung des „Papierkrieges" für ein Unternehmen hat, wird besonders klar, wenn erst einmal die Ströme von bedrucktem, beschriebenem und mit Zeichnungen versehenem Papier, die als Unterlagen für das Betriebsgeschehen notwendig sind, sich stauen, Wirbel bilden, in falsche Kanäle laufen oder an unbekannten Stellen versickern.

Das Schriftgut muß den einzelnen Interessenten mit möglichst geringem Zeitverlust zugeleitet und so gelagert werden, daß es auf Anforderung jederzeit zur Verfügung steht. Da mit der Leistungssteigerung der Betriebe auch die Zahl der Betriebsvorfälle steigt, droht der Schriftverkehr immer größer zu werden. Es ergibt sich damit die zusätzliche Aufgabe, laufend Gegenmaßnahmen zur Eindämmung zu ergreifen. Darüber hinaus sind zur Rationalisierung günstigere Bearbeitungsmethoden erforderlich.

E-Werke sind dabei gegenüber vielen anderen Industrie- und Handelsbetrieben in der glücklichen Lage, den schriftlichen Verkehr mit ihren Kunden zum weitaus größten Teil mit Formularen abwickeln zu können. Einen besonderen Schriftwechsel erfordern Beschwerden und ungewöhnliche Vorkommnisse, der Außenverkehr mit Lieferanten, anderen E-Werken, Behörden, Verbänden, Vereinen und sonstige Geschäftsbeziehungen sowie ein leicht beschränkbarer interner Schriftverkehr.

Aber auch dieser besondere Schriftverkehr muß bestimmten Richtlinien, beispielsweise hinsichtlich der äußeren Form, der Anordnung des Textes, der Zahl der Durchschriften, unterworfen werden. Über all dem muß für jeden Mitarbeiter des Betriebes immer die Frage stehen, ob die beabsichtigte Anfertigung eines Schriftstückes überhaupt notwendig ist. Tatsächlich bedarf die Schriftgutproduktion immer wieder stichprobenartiger Überprüfung, da sie nicht selten lediglich Ausfluß eines allzu großen Sicherheitsbedürfnisses („etwas Schriftliches in Händen haben!") und gelegentlich auch eines übertriebenen Geltungsbedürfnisses einzelner Mitarbeiter ist[1].

Telefonverkehr. Eine der besten Möglichkeiten, den Umfang des Schriftgutes und damit die Kosten des „Papierkrieges" in Grenzen zu halten, ist der immer wieder erneute Hinweis auf möglichst großzügige Verwendung des Fernsprechgerätes. Es hat gegenüber dem Schriftgut den unschätzbaren Vorteil, daß die Antwort auf das jeweilige Anliegen in den meisten Fällen sofort erfolgen kann und so mancher unnötige Schriftwechsel bereits von vorherein vermieden wird. Die Erleichterungen und Einsparungen durch Benutzung des Telefons können in einem Unternehmen allerdings nur dann voll zur Geltung kommen, wenn sichergestellt wird, daß in Organisationseinheiten, die mit anderen in häufigem Kontakt stehen, zumindest eine Anrufstelle dauernd bedient wird. Auch die Telefone der häufig anzusprechenden Sachbearbeiter sind so zu schalten, daß sie bei Abwesenheit betreut werden und die Weitergabe von Nachrichten sichergestellt wird. Mit Nebenstellen und Umschaltern sollte daher nicht gespart werden.

Bei allen Vorzügen haben Fernsprecheinrichtungen einen erheblichen Nachteil: Jeder Apparatinhaber kann jederzeit angeläutet werden, auch wenn er wirklich konzentriert arbeiten möchte und ungestört sein soll. Das Fernsprechgerät verführt dazu, daß man vorschnell und unüberlegt andere befragt, statt die Mühe aufzubringen, die eigenen Kenntnisse und Unterlagen zur Beantwortung der aufgekommenen Frage zu benützen. Der Anrufende kommt dadurch gegenüber dem Angerufenen in einen meist unberechtigten Vorteil. Nützlich für eine echte Rationalisierung wäre es daher, Fragen auch intern über Fernschreiber zu stellen und beantwortet zu erhalten, um so mehr, als sie meist nicht im Augenblick beantwortet zu werden brauchen. Einige Betriebe haben aus dem Übelstand bereits Folgerungen gezogen und Sperrzeiten eingeführt. In Betrieben, deren qualifizierte Sachbearbeiter nur zum geringen Teil mit umschalt- oder abschaltbaren Apparaten ausgerüstet sind, erscheint ein solches Verfahren nachahmenswert. Es verbietet sich lediglich für die Nachrichtenübermittlung im engeren technischen Betriebsbereich und für den Kundendienst.

---

[1] Vgl. hierzu die satirische Studie „Parkinsons Gesetz", S. 17. Düsseldorf: Econ-Verlag 1958.

Die Sperrzeiten für Telefone sind, so vereinzelt sie auch nur eingeführt sein mögen, ein Warnzeichen dafür, daß die technische Perfektion der als Hilfsmittel für die Arbeit des Menschen gedachten Einrichtungen inzwischen ein Ausmaß erreicht hat, daß der Mensch vor ihnen geschützt werden muß. Es ist kennzeichnend für die Güte der Unternehmensorganisation, ob die Büro- und Verwaltungstechnik immer von neuem so gestaltet wird, daß sie eine echte Hilfe für die Erledigung der eigentlichen Betriebsaufgaben bleibt.

Postverteilungsplan. Das Schriftgut, auf das der Betrieb kaum Einfluß nehmen kann, ist die eingehende Post. Zwar kann beispielsweise im Verkehr mit Außenstehenden auf die Verwendung bestimmter Kennzeichen oder Vordrucke bei Schreiben an das E-Werk hingewirkt werden, erzwingen läßt sich dies jedoch in der Mehrzahl der Fälle nicht. Bei den vielen, nicht gekennzeichneten Posteingängen muß die Posteingangsstelle anhand des Inhaltes des Schriftgutes nachprüfen, an welche Stelle des Unternehmens es geleitet werden soll. Um diese Aufgabe zentral durchführen zu können, wird in der Regel mit der Bundespost vereinbart, auch die an einzelne Betriebsstellen adressierte Post grundsätzlich an die Anschrift der Hauptverwaltung oder der zuständigen Bezirksdirektion zu leiten.

Die Posteingangsstelle ist bei kleinen und mittleren Unternehmen im allgemeinen mit dem Direktionssekretariat, bei größeren mit der Registratur verbunden. Der Posteingangsstempel bestätigt die Zeit des Eingangs und läßt vor allem später die Bearbeitungsdauer erkennen.

Zur ordnungsgemäßen Verteilung des Schriftgutes ist ein Postverteilungsplan nützlich. Er wird zweckmäßigerweise als Abbild des Organisationsplans angelegt. Da in der Regel die Postbearbeitung bei den einzelnen Abteilungen und nur in Ausnahmefällen in untergeordneteren Dienststellen erfolgt, genügt eine Einteilung bis zu den Abteilungseinheiten. Der Postverteilungsplan legt fest, welchen Weg das an die verschiedenen Stellen gerichtete Schriftgut zu gehen hat, insbesondere, wem es auf diesem Weg noch jeweils vorzulegen ist.

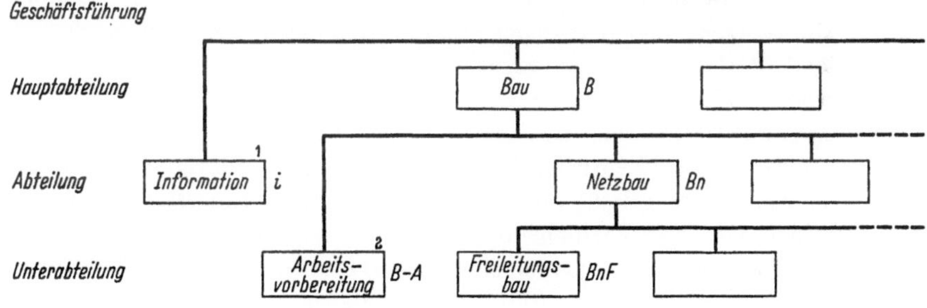

Abb. 54. Beispiel eines Buchstabenschlüssels für Organisations- und Postverteilungspläne (Auszug)

Kennzeichnungssystem:

Hauptabteilung: großer Buchstabe
Abteilung: zusätzlich kleiner Buchstabe an 2. Stelle
Unterabteilung: zusätzlich großer Buchstabe an 3. Stelle
Ausnahme 1: ohne Eingliederung in eine Hauptabteilung der Geschäftsführung unmittelbar unterstellt
Ausnahme 2: ohne Eingliederung in eine Abteilung der Hauptabteilung unmittelbar unterstellt

Registratur. Die Aufbewahrung und Ordnung des Schriftgutes erfolgt durch die Registratur. Sie ist der Organisation des gesamten Unternehmens angepaßt. Diese Regel erfährt insofern eine Ausnahme, als selbst bei streng zentral organisierten Unternehmen die „lebenden Teile der Registratur", also das Schriftgut noch in Bearbeitung befindlicher Vorgänge, so weit dezentralisiert werden muß, wie die Verantwortung dafür an nachgeordnete Organisationseinheiten übertragen ist. Bei zentral organisierten Unternehmen begnügt man sich in der Praxis damit, daß die Hauptfunktionsbereiche, wie beispielsweise Netz, Kraftwerke, aber auch Stabsabteilungen, wie z. B. Rechtswesen, Presse und Information eine eigene „besondere" Registratur führen. Bei größeren Unternehmen werden in einigen Hauptfunktionsbereichen auch weiter nachgeordnete Organisationseinheiten das lebende Schriftgut selbst verwalten müssen. Das Bestreben vieler Bearbeiter, das von ihnen zu erledigende Schriftgut selbst in Verwahrung zu halten, führt allerdings leicht zu Verwirrungen, die so schädlich sind, daß die verzettelten „persönlichen" Registraturen streng untersagt werden sollten.

Soweit die Verwaltung lebenden Schriftgutes dezentralisiert werden muß, sollte jeder Neigung, darüber hinaus seine Zentralisierung aufrecht zu erhalten, entgegengetreten werden. Eine zentrale Kontrolle der Ausgangsschreiben oder eine zentrale Sammlung ihrer Kopien macht Schwierigkeiten und Kosten und nützt wenig.

Im Gegensatz dazu sollte Schriftgut, das nach Abschluß der Bearbeitung noch aufbewahrt werden muß, zentral abgelegt und zusammengefaßt werden. Die nur selten wieder benötigten einzelnen Schriftstücke sind schnell und zuverlässig wieder zu finden, wenn die Zentralablage nach dem gleichen Aktenplan erfolgt, wie er auch für einzelne Organisationseinheiten gilt. Auf diese Weise wird die Alt-Ablage zu einem zentralen Spiegelbild der verschiedenen dezentralen „lebenden".

Für die Handelskorrespondenz bestimmt das Handelsgesetzbuch eine Aufbewahrungsfrist von 7 Jahren. 10 Jahre lang müssen die für die Besteuerung bedeutsamen Geschäftspapiere, Bücher, Bilanzen und Inventare aufbewahrt werden[1]. Die daneben aus betrieblichen und fachlichen Gründen noch aufzubewahrenden Unterlagen umfassen zumeist ermittelte und ausgewertete Geschäfts- und Betriebsdaten, betriebsinterne Personal- und Organisationsunterlagen sowie Bauunterlagen der technischen Anlagen.

Die Bearbeiter in einer Zentralregistratur sind ohne Schwierigkeit in der Lage, die mit Rücksicht auf rechtliche und steuerliche Aufbewahrungsfristen abgelegten Akten termingerecht zur Vernichtung auszusondern. Vor Aufgabe in die Alt-ablage muß bei dem Schriftgut jedoch eine Aussonderung der nicht aufbewahrungswürdigen und eine Fristkennzeichnung des aufzubewahrenden Materials noch bei den Einzelregistraturen erfolgen. Die einzelnen Abteilungen läßt man am besten dabei von einem erfahrenen Registrator und, wo dieser nicht vorhanden ist, von einer außerbetrieblichen Fachkraft beraten[2].

Schriftguttransport. Wie für alle Teile des Beförderungswesens ist es auch bei den in regelmäßigen Intervallen fließenden Papierströmen wertvoll, die Transport-

---

[1] §§ 38₂ und 44 HGB, § 162, Abs. 8 RAO; Gesetz zur Abkürzung handelsrechtlicher und steuerrechtlicher Aufbewahrungsfristen vom 2. 3. 59.

[2] Vgl. N. N., Zentrale Organisation für dezentrale Registraturen; aus einem Vortrag von DOROTHY E. KNIGHT: Rationalisierung 1957, H. 8, S. 245.

wege und -zeiten durch Arbeitsanalysen zu ermitteln. Das gilt beispielsweise für
Rechnungen, Anträge auf Neuanschlüsse, Bestellungen, vor allem aber auch für
das Schriftgut, das im Zuge der Datenermittlung für die vielfältigen Betriebs-
kontrollen innerhalb des Unternehmens bewegt wird. Aus Flußbildern ergeben
sich die Hauptbelastungszeiten und die Wege, auf denen der Einsatz geeigneter
mechanischer oder pneumatischer Transportmittel (z. B. Bandförderer, „Akten-
bagger", Rohrpost) wirtschaftlich ist.

Für den Transport der unregelmäßig den Betrieb horizontal oder vertikal durch-
laufenden Schriftstücke können diese Einrichtungen zwar mit benutzt werden,
doch wird man auf Boten für die Hauspost nicht verzichten. Ihr Einsatz sollte
so geregelt sein, daß die Schriftstücke längstens in Intervallen von 2 Stunden
befördert werden.

Fehlblätter. Eine Krankheit, unter der viele Betriebe leiden, ist die Anfertigung
von allzu zahlreichen Durch- oder Abschriften. Die Nachprüfung wird zumeist
ergeben, daß zahlreiche Sachbearbeiter sich eine Kopie nur deshalb ausstellen
lassen, weil sie befürchten, ein Original nach Weitergabe im Bedarfsfalle nicht oder
nicht schnell genug wieder beschaffen zu können. Bei einer guten Organisation
der Verwaltung des lebenden Schriftgutes genügt ein Fehlblatt mit dem Hinweis
auf den Bewahrungsort des Originals oder des gesamten Vorgangs.

Vordrucke. Bei einer straffen Steuerung des Vordruckwesens empfiehlt es sich,
auch die Ausführung aller Vervielfältigungsaufträge des Hauses nach Möglichkeit
organisatorisch zusammenzuziehen. Nur so läßt sich sicherstellen, daß je nach
Art und Umfang die Vervielfältigung nach dem wirtschaftlich besten Verfahren
erfolgt.

Eine Verminderung des Schriftgutumfanges läßt sich durch sorgfältige Überwachung der verwendeten oder anzufertigenden Vordrucke erreichen. Bei der
Weitergabe und Auswertung technischer und wirtschaftlicher Daten können dadurch beachtliche Einsparungen erzielt werden. Allerdings setzt die Gestaltung
der Vordrucke ein gründliches arbeitsanalytisches Fachwissen voraus, da sich
hier ein Gebiet eröffnet, wo die Mechanisierung und weiterhin auch Automatisierung der Büroarbeit ihre Ansatzpunkte findet. Soweit Vordrucke auch außerhalb
des Hauses Verwendung finden, ist es zweckmäßig, beim Entwurf auch geschmack-
liche und werbetechnische Gesichtspunkte gelten zu lassen.

Schreibstuben. Die Ausführung von Schreibarbeiten kann weitgehend zentrali-
siert werden. Eine Zusammenfassung in zentralen Schreibzimmern hat den Vorteil der rationellen Auslastung. Auch Aufsicht und Schulung der Schreibkräfte
im Sinne der Besonderheiten eines E-Werkes ist hierbei gut gewährleistet.

Diese Vorteile, die sich bereits bei einer Zusammenfassung von etwa 10 Schreib-
kräften ergeben, haben viele Werke zu dieser Einrichtung veranlaßt. Dort werden
nur in einzelnen Sonderfällen Stenotypistinnen dezentralisiert eingesetzt.

Als Sekretärinnen sollten nur besonders ausgewählte Mitarbeiterinnen bezeichnet werden, die hochbezahlten Führungskräften zur Verfügung stehen und
besonders vertrauliche, hochwertige Arbeiten durchzuführen geeignet sind.

Diktiergeräte. Das persönliche Diktat hat den Vorteil des Kontaks zwischen der
gedanklichen Entstehung und der Niederschrift. Der Nachteil ist eine große Zeit-
vergeudung, da das Stenogramm vielfach durch Telefongespräche und das Herbei-
holen von Unterlagen und durch Störungen unterbrochen wird. Außerdem hat die

Schreibkraft den Weg zur Diktierstelle zurückzulegen. Wenn sie im Vorzimmer sitzt, muß sie ihre dortigen Pflichten so lange vernachlässigen oder sich durch eine Ersatzkraft vertreten lassen. Auch die Übertragung des Stenogramms kann schwierig werden, da neben den Hörfehlern auch Schreibfehler möglich sind und bis zur Übertragung unter Umständen erhebliche Zeiträume vergehen können. Der größte Teil dieser Mängel kann vermieden werden, wenn Diktiergeräte verwendet werden. Neben dem Vorteil eines rationellen Einsatzes der Schreibkräfte zwingen diese Geräte die Sachbearbeiter zu einem klaren und korrekturarmen Diktat. In den letzten Jahren ist eine Fülle verschieden gut geeigneter mechanischer und magnetischer Diktiergeräte auf den Markt gekommen und findet allmählich Eingang in die der Rationalisierung aufgeschlossenen Betriebe. Von den E-Werken kann die Öffentlichkeit erwarten, daß sie auch auf diesem Gebiet in der Nutzung der technischen Möglichkeiten vorangehen.

III. Personalplanung

Die Personalplanung hat dafür zu sorgen, daß die richtigen Menschen zur richtigen Zeit am richtigen Platz bereitgestellt und eingesetzt werden.

Sie sollte berücksichtigen, daß die Mitarbeiter neben einer angemessenen Entlohnung auch eine befriedigende Tätigkeit erwarten. Das Wachstum der technischen Betriebe schafft einen immer größeren Abstand zwischen Unternehmer und Mitarbeiter. Es ist die besondere Aufgabe der Personalplanung und -betreuung, trotz dieser unvermeidlichen Entwicklung die Entfremdung zu überbrücken und jedem Mitarbeiter das maximal mögliche Berufs- und Lebensgefühl zu verschaffen.

a) Qualitative Anforderungen

Von der Funktion und von der Rangstufe her bestimmen sich die Anforderungen an die Mitarbeiter. Angesichts des Expansionseffektes der E-Werks-Betriebe sind die Mitarbeiter nicht nur nach den augenblicklichen Bedürfnissen auszuwählen, es muß vielmehr berücksichtigt werden, welche Funktionen und Rangstufen sie voraussichtlich zukünftig auszufüllen haben werden.

Bei einer großen Zahl der nicht-verantwortlich Arbeitenden in den unteren Rangstufen sind die Aufstiegschancen für den einzelnen gering. Für viele ist jedoch die Möglichkeit eines Aufstieges so groß, daß Begabung und Bereitschaft schon bei der vorsorglichen Personalplanung berücksichtigt werden sollten.

Der Zahl der nicht-verantwortlich arbeitenden Betriebsangehörigen nach stehen in E-Werken die Bereiche „Netz" und „Kraftwerke" im Vordergrund der Personalplanung. Hier ist die Vielzahl der sogenannten „Arbeiter"[1] eines Elektrizitätswerkes beschäftigt. Bemerkenswert ist, daß in diesen eigentlichen „Betriebs-" Bereichen ausgesprochene Schwerarbeiter in der Regel nicht mehr benötigt werden. Dafür sollte der Arbeiter geistig rege und handwerklich geschickt sein, da die Anlagen immer verwickelter werden und ihre Handhabung immer schwieriger wird. Das gilt vor allem für die Reparaturarbeiten, die im E-Werks-Betrieb in kurzen Betriebspausen unter Heranziehung aller verfügbaren Kräfte durchgeführt werden müssen.

---

[1] „Arbeiter" hier umfassend für alle nicht-verantwortlichen Arbeitenden gebraucht, z. B. auch für nicht selbständige Monteure.

Aber nicht nur für plötzliche Reparaturarbeiten ist die Forderung nach Geschicklichkeit bei Handarbeiten bedeutsam, sondern auch für die Möglichkeit, bei Änderungen des technischen Betriebes das Personal verhältnismäßig schnell mit neuen Arbeitsmethoden vertraut zu machen. Man denke hier beispielsweise nur an den Wechsel der Ölbrennertypen bei Kesseln, an die Umstellung von Freileitungsmontage auf Kabelmontage und an die wachsende Verwendung neuer Werkstoffe auf diesem Gebiet. Gerade die Kabelmontage, die sich der Mechanisierung noch weitgehend verschließt, lehrt eindrucksvoll, welcher Grad und welche Vielfalt einfühlenden handwerklichen Geschicks gefordert werden muß.

Elektrizitätswerke müssen auch in den untersten Rangstufen auf ein hohes Maß von Intelligenz achten. Da die wärmetechnischen und elektrischen Vorgänge mit den Sinnen nicht unmittelbar wahrnehmbar sind, ist selbst für das Mindestmaß des notwendigen Verständnisses ein gewisses abstraktes Denkvermögen erforderlich, das zweckmäßig mit einer guten Kombinationsgabe gekoppelt ist.

Die weitgehende Anwendung automatischer Steuerungs- und Überwachungsanlagen führt zu einer Verlagerung von reiner Handarbeit zu einer routinemäßigen Bedienung einer Maschine oder Regeleinrichtung. Die damit verbundene Monotonie des Betriebes wird im Falle einer Störung an einer Maschine oder Einrichtung jäh unterbrochen. Der bedienende, meist angelernte Arbeiter darf keine Monotonieempfindlichkeit haben. Es gibt eine große Anzahl von Menschen, auf die ein so gleichmäßig ruhiger Arbeitsablauf, wie er beispielsweise am Kessel oder in einer Schaltwarte bei normalem kontinuierlichem Betrieb nun einmal gegeben ist, so abstumpfend wirkt, daß sie im entscheidenden Augenblick beim Eintreten eines plötzlichen Ereignisses nicht mehr schnell genug reagieren. Anderen wieder geht ein solch monotoner Betrieb so „auf die Nerven", daß sie in Störungsfällen vor lauter innerer Spannung falsch reagieren. Für den Dienst in den sogenannten „Warten" (Maschinen-, Kessel-, Schalt- und Netzwarten) sind daher vornehmlich Menschen geeignet, die zuverlässig, bedächtig, geduldig, aber im entscheidenden Falle schnell und ohne Nervosität handeln. Damit wird auch klar, daß entgegen der landläufigen Vorstellung dort weniger die technisch vollausgebildete Fachkraft, also der Handwerker, erforderlich ist, sondern daß mehr natürliche Charaktereigenschaften den Ausschlag geben. Die E-Werke können auf geeignete ungelernte Kräfte zurückgreifen, müssen sie aber entsprechend schulen und überwachen.

Die genannten Fähigkeiten sind nicht weit verbreitet und auch vom Lebensalter abhängig. Die Beschaffung von solchen Arbeitskräften wird zunehmend schwieriger. Hierin liegt einer der Gründe, warum die E-Werke bestrebt sind, möglichst viele Augenblickshandlungen der menschlichen Unzulänglichkeit durch Automatisierung zu entziehen.

Bei der Auswahl des Personals für die Spezialaufgaben des E-Werkes wird gern auf ausgebildete Handwerker, Ingenieure mit Industrieerfahrung und sonstige „gelernte Kräfte" zurückgegriffen, weniger, weil ihre Vorkenntnisse als solche unmittelbar benötigt werden, als weil sie durch ihre Ausbildung gewisse Vorleistungen erbracht haben, die allgemein auf ihre Verwendbarkeit schließen lassen. Besonders bei den Ingenieuren wird im E-Werk eine möglichst breite Kenntnis technischer und wirtschaftlicher Zusammenhänge gefordert, die in der Regel bei Fachkräften der industriellen Wirtschaft selten den bisherigen Schulungs- und Ausbildungssystemen entspricht.

Die Forderung nach der Ausbildung von sogenannten „Wirtschaftsingenieuren" für die Elektrizitätswirtschaft ist alt[1], wenn auch die Meinungen über den Ausbildungsgang geteilt sind. Für die Elektrizitätswerke ist es unwesentlich, ob dabei die kaufmännische, die wirtschaftliche oder die technische Seite mehr betont wird oder ob man praktische Erfahrung und Einfühlungsvermögen höher bewertet als abstrakte theoretisch-wissenschaftliche Vorbildung. Entscheidend ist, daß der Betreffende die Sprache aller Betriebsbereiche und Funktionen verstehen lernt und soviel Grundlagen mitbekommt, daß er, darauf aufbauend, sich für die praktischen Erfordernisse seiner Stellung im Betrieb weiterbilden kann und will. Die Praxis beweist, daß eine solche Vielseitigkeit bei den Elektrizitätswerken höchst erwünscht ist, man denke beispielsweise nur an die Betriebsfunktionen Rationalisierung, Organisation, Wirtschaftlichkeitsüberwachung, Rechnungswesen, Anlagenverwaltung, Einkauf oder Verkauf[2]. Mit steigender Bedeutung des Kostenwesens für die Beurteilung der betrieblichen Leistungen sind insbesondere betriebswirtschaftliche Kenntnisse auch für die mittleren Führungsaufgaben in den Betriebsabteilungen nicht mehr zu entbehren.

Die Forderung nach fachlicher Vielseitigkeit hat allerdings Schattenseiten. Zwar ist allgemein in der Industrie und auch bei den E-Werken die Zahl der Aufgaben, die keine andere Unternehmensfunktion berühren, stark zurückgegangen, und nur noch für wenige Unternehmensbereiche, wie z. B. die Forschung und Entwicklung, sind reine Spezialisten brauchbar, doch hat sich gezeigt, daß auch der fachlich Vielseitige in einem Spezialfach lernen muß, „den Dingen auf den Grund zu gehen". Es besteht sonst die Gefahr, daß der Vielseitige an der Oberfläche verharrt.

Schon für die Lehrinstitute und die Lernenden bringt eine breitere Ausbildung eine beachtliche Belastung. Eine bloße Aufstockung weiterer Fächer auf den herkömmlichen Ausbildungsgang würde die Lehranstalten in kaum lösbare räumliche, personelle und finanzielle Schwierigkeiten bringen. Insbesondere für die Studierenden würde damit die Zeit bis zum Eintritt in den Betrieb so verlängert, daß viele den gesamten Ausbildungsgang nicht durchhalten könnten und wollten. Die Verlängerung der Ausbildungszeit würde den dringend erforderlichen Nachschub für die Unternehmen erheblich verzögern.

Nützlich wäre ein Lehrplan, der die Ausbildung wesentlich stärker auf die Vermittlung von Grundlagen ausrichtet, während die Spezialausbildung demgegenüber zurücktreten könnte. Die Unternehmen müssen sich damit vertraut machen, neu eingestellten Kräften mehr als bisher die Möglichkeit zum Erwerb der notwendigen Spezialkenntnisse im Betrieb zu bieten. Den vorhandenen Fachkräften erwächst die Aufgabe, sich des Nachwuchses eingehend und systematisch anzunehmen. Das bedeutet zwar einerseits eine gewisse Belastung, bringt jedoch den Vorteil, daß auch die Schulungskräfte gedanklich frisch bleiben, über die notwendigen allgemeinen Aufgaben eingehende Überlegungen anzustellen haben und ihr eigenes Bildungsniveau erhalten und erhöhen müssen, darüber hinaus auch An-

---

[1] Vgl. eine rd. 25 Jahre alte Denkschrift von SCHNEIDER, Die Ausbildung des Ingenieurs in der Energiewirtschaft. Praktische Energiekunde 1955, H. 3, S. 242 ff.

[2] Vgl. WOLF, Über ein energiewirtschaftliches Studium an den Technischen Hochschulen, Praktische Energiekunde 1955, H. 4, S. 312; Personal- und Nachwuchsprobleme in der Energiewirtschaft. Elektrizitätswirtsch. 1951, H. 9, S. 241.

regungen aus dem Zusammensein mit begabten jüngeren Mitarbeitern schöpfen können.

Wille zur Weiterbildung. Bei der sprunghaften Entwicklung der technischen und wirtschaftlichen Neuerungen in der Erzeugung und Anwendung der Elektrizität ist das ernste und tätige Streben nach Weiterbildung eine wesentliche Voraussetzung, deren Erfüllung ein E-Werk von seinen führenden Mitarbeitern fordern muß. Wer nur „mitmacht", statt an sich selbst arbeitend sich und den Betrieb vorwärts zu bringen, bedeutet für die anderen, aktiven Kräfte eine Belastung.

Die Beurteilung, ob ein Bewerber sich für den Betrieb als „Motor" oder als „Bremse" erweisen wird, ist gerade bei öffentlichen Versorgungsunternehmen, die erfahrungsgemäß ihre Betriebsangehörigen nur selten wieder entlassen können, sehr folgenschwer.

Außer einem starken Antrieb zur Weiterbildung im Beruf sollen die Mitarbeiter eines E-Werkes auch das Bewußtsein und die Bereitschaft, einen öffentlichen Dienst zu leisten, mitbringen. Der Bewerber muß sich darüber im klaren sein, daß sein Beruf nicht nur die Mitarbeit an einem optimalen Unternehmensergebnis beinhaltet, sondern daß er darüber hinaus einen Dienst an der Allgemeinheit einschließt. Das kann für den Betreffenden auch einmal bei Störungen einen 16-Stunden-Tag in Regen und Schnee, ein unterbrochenes Weihnachtsfest oder einen verschobenen Urlaub bedeuten.

Seßhaftigkeit. Die Eigenart des Elektrizitätswerksbetriebes bringt es mit sich, daß zahlreiche Mitarbeiter für das Unternehmen erst dann ihren vollen Nutzen entfalten können, wenn sie die vielfältigen technischen Anlagen gründlich kennen und übersehen; vor allem im Netz und teilweise auch in den Kraftwerken sind daher Menschen erforderlich, die möglichst lange in diesen Bereichen tätig bleiben. Eine kluge Personalplanung wird also gut daran tun, bei den Bewerbern zu prüfen, ob deren Verhältnisse und charakterliche Anlagen eine Seßhaftigkeit wahrscheinlich machen. Wenn es sich um Bewerber handelt, die beruflich viel gereist sind, wie Reisemonteure oder Schiffsingenieure, und nunmehr daran denken, eine Familie zu gründen, sind Befürchtungen kaum gegeben. Schwieriger liegen die Verhältnisse jedoch bei den Bewerbern, die gerade von der Schule oder aus der Lehre kommen und ihre Erststellung antreten. Bis sie die erforderlichen speziellen Kenntnisse erworben haben und voll eingesetzt werden können, vergehen meist einige Jahre. Danach taucht für viele die Frage auf, ob sie ihre Arbeitskraft nun diesem Elektrizitätswerk weiterhin, und das bedeutet dann vielfach ein Leben lang, widmen wollen oder ob sie sich noch ein wenig „den Wind um die Nase wehen" lassen sollen.

Man kann der Ansicht sein, der Betreffende sei, nachdem er in mehrjähriger Arbeit den letzten fachlichen Schliff erhalten hat, nach Möglichkeit an das Unternehmen zu binden. Als Mittel hierzu dienen eine hohe Anfangsbezahlung, die Familiengründung und Seßhaftigkeit fördert, oder ein langfristig tilgbares Darlehen oder ein Baukostenzuschuß oder vielleicht auch eine grundsätzliche Ablehnung der späteren Wiedereinstellung im Falle einer Kündigung. Dennoch sollte eine weitschauende Personalplanung eine zu frühe Seßhaftigkeit wirklich aktiver Kräfte nicht erzwingen. Abgesehen davon, daß gerade die besonders Befähigten auch durch Wanderjahre nur gewinnen können, sich auch ihres Könnens meist so bewußt sind, daß sie diese Ausbildung durch Wechsel der Berufstätigkeit nicht entbehren können, und ohnedies nicht zu halten sind, erscheint es viel sinnvoller, hier Verständnis zu zeigen und sogar in besonders gelagerten Fällen Vorkehrungen für eine Rückkehr zu einem späteren Zeitpunkt zu treffen. Nicht alle werden zum Betrieb heimfinden, die jedoch zurückkommen, sind dann meist für den Betrieb besonders wertvolle Mitarbeiter.

Kontaktfähigkeit. Selbst vorwiegend technisch ausgerichtete Betriebe wie E-Werke sollten bei der Personaleinstellung die Bedeutung der äußeren Erscheinung eines Bewerbers nicht unterschätzen. Es geht hierbei weniger um das Aussehen als um Auftreten und Benehmen. Der Erfolg eines modernen Betriebes ist in einem früher ungeahnten Ausmaß von seinen Beziehungen zur Öffentlichkeit und von den internen Beziehungen zwischen den Betriebsangehörigen abhängig geworden.

Beherrschung gesellschaftlicher Formen, aber auch Rede- und Schriftgewandtheit sollten allgemein gefordert werden, zumal dies Fähigkeiten sind, deren Aneignung in späteren Jahren erfahrungsgemäß nur selten gelingt. Unerläßlich sind sie für den qualifizierten Führungsnachwuchs, bei dem man auch nicht auf die Beherrschung von Fremdsprachen insoweit verzichten kann, als der Betreffende die ausländische Fachliteratur im Original verfolgen kann und auch in der Lage ist, sich bei den immer häufigeren Kontakten mit ausländischen Fachkollegen hinreichend verständlich zu machen.

Charakter, Probezeit. Unter allen Merkmalen eines Bewerbers sollten seine Charaktereigenschaften besonders stark bewertet werden. Das Zusammenleben im Betrieb dynamisch, aber doch reibungslos zu gestalten, erfordert Menschen, die im wesentlichen offen und ehrlich, tolerant und aufgeschlossen sind und ein heiteres Wesen besitzen. Ein gesunder Ehrgeiz sollte ihnen eigen sein und im Streben nach Erfolg sollten sie es verschmähen, sich unlauterer Mittel zu bedienen. Der Mut zum Vertreten des eigenen Standpunktes sollte gepaart sein mit dem Willen zur Verträglichkeit. Wenn sich auch selten das charakterliche Idealbild eines Einzustellenden im vollem Umfange finden lassen wird, so sollte man charakterliche Mängel selbst bei besten Fachkenntnissen nicht in Kauf nehmen. Bei jugendlichen, besonders begabten Arbeitskräften wird die Beurteilung des gesunden Maßes an Ehrgeiz nicht ganz einfach sein, doch läßt sich gerade auf diesem Gebiet durch geeignete Vorgesetzte und systematische Erziehung ein guter Ausgleich erzielen. Zweckvoll wird es sein, Hemmungen und Komplexe rechtzeitig zu lockern, um von Anfang an den Mitarbeitern und ihrer Umgebung unnötige Spannungen zu ersparen.

Da trotz aller Vorsicht bei Einstellungen Risiken nicht zu vermeiden sind, ist es üblich, eine Probezeit von nicht unter drei Monaten zu vereinbaren. Sowohl die fachliche, als auch die charakterliche Eignung können heute in einem solchen Zeitraum mit einer gewissen Wahrscheinlichkeit recht gut beurteilt werden. Das ist allerdings nur dann möglich, wenn das Unternehmen während dieser Probezeit auch wirklich den neuen Mitarbeiter kennenzulernen versucht. Dazu gehört, daß der Betreffende für die Probezeit Führungskräften zugeteilt wird, auf deren Menschenkenntnis und guten Willen sich Geschäftführung und Personalleitung verlassen können. Und dazu gehört fernerhin, in diesem Punkte wird in der Praxis am meisten gesündigt, daß bei unklarem oder gar negativem Urteil auch der Mut aufgebracht wird, hieraus unverzüglich die Konsequenzen zu ziehen und sich vor einer endgültigen Bindung von dem Mitarbeiter zu trennen.

b) Personalbedarf

Die Lohn- und Gehaltskosten pro Kopf der Belegschaft weisen seit langem steigende Tendenzen auf. Allein von 1955—1958 stiegen sie für die öffentlichen E-Werke um rd. 21%[1]. Gerade im Zusammenhang mit dem starken Einfluß der Öffentlichen Hand, aber auch mit Rücksicht auf die ungeheuren Gefahren im Falle von Streiks und Unruhen, können sich die E-Werke dem allgemeinen Trend nach höherem Anteil der Arbeitnehmer am Sozialprodukt nicht entziehen. Die möglichen Rationalisierungsmaßnahmen zur Einsparung von Personal erfordern zumeist langfristige Entwicklungen und Investitionen, so daß sich der Rationalisierungserfolg nicht immer schnell genug einstellt.

Je wichtiger, je wertvoller und je kostspieliger die Menschen für ein Unternehmen werden, um so mehr muß eine weitschauende Geschäftsführung um eine rechtzeitige Vorsorge für den künftigen Bedarf bemüht sein und um so weniger darf sie dem Betrieb eine Überbesetzung zumuten.

Durchschnittlicher spezifischer Personalbestand. Bei der Verschiedenheit der Struktur der einzelnen Elektrizitätswerke lassen sich über die notwendigen Belegschaftszahlen keine eindeutigen absoluten Werte angeben. Immerhin ist aufschlußreich, daß die Zahl der in der gesamten öffentlichen Elektrizitätsversorgung beschäftigten Arbeiter und Angestellten im Jahre 1958 bei einer Engpaßleistung von rd. 14 300 MW und einem gesamten Stromverbrauch (einschließlich Übertragungsverluste) aus dem öffentlichen Netz von fast 66 Mrd. kWh rd. 117 000 betrug[1]. Das entspricht spezifischen Werten von rd. 8 Personen je MW installierter Engpaßleistung oder knapp 2 Personen pro Mio kWh jährlicher Stromabgabe.

Stromversorgungsunternehmen mit eigenen Kraftwerken, vor allem mittleren und kleineren Wärmekraftwerken, haben in der Regel höhere spezifische Beschäftigtenzahlen, während bei Beschränkung auf die Aufgabe der Verteilung an den Letztverbraucher meistens weniger als 1,8 Personen pro Mio kWh nutzbarer Stromabgabe ausreichen. Die niedrigsten Werte werden von Versorgungsunternehmen erreicht, die lediglich als Transporteure und Überlandverteiler arbeiten.

Entwicklung des Gesamtbedarfs. Einen Anhalt für die Höhe des jährlichen Bedarfs an Neueinstellungen gibt die einfache Überlegung, daß ein Elektrizitätswerk mit gleichmäßigem Altersaufbau allein zur Erhaltung seines Personalbestandes bei einer durchschnittlichen Betriebszugehörigkeit der Ausscheidenden von 33 Jahren rd. 3% und bei einer solchen von rd. 20 Jahren 5% seiner Beschäftigten im Laufe des Jahres durch neue Kräfte ersetzen muß. Tatsächlich liegen z. Z. die Werte für die durchschnittliche Betriebszugehörigkeit der Ausscheidenden bei vielen Betrieben unter diesen Beispielwerten, da der Krieg und die anschließenden Entnazifizierungsmaßnahmen den Verlust zahlreicher langjähriger Betriebsangehöriger mit sich gebracht haben. Die Fluktuation auf Grund freiwilligen vorzeitigen Ausscheidens von Betriebsangehörigen ist bei den Elektrizitätswerken, soweit es die männlichen Beschäftigten betrifft, normalerweise verhältnismäßig gering.

Die sich aus dem Ersatzbedarf ergebende Zahl der Neueinzustellenden muß um die Veränderungen des Personalbedarfs auf Grund der Expansion der Unter-

---

[1] Lehrlinge hierbei nicht berücksichtigt. Zahlen nach Elektrizitätswirtsch. 1956, H. 13, S. 434 und 1959, H. 14, S. 488.

nehmen ergänzt werden. Ein Vergleich der Beschäftigtenzahl der deutschen
Elektrizitätswerke in den letzten Jahren mit den Werten der Stromabgabe zeigt,
daß der Personalbestand der Entwicklung der auf lange Sicht exponential ansteigenden Stromabgabe nicht gefolgt, sondern nahezu linear angestiegen ist.

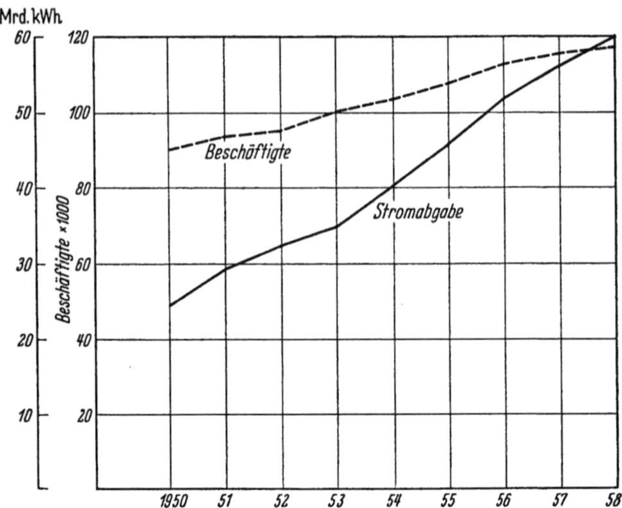

Abb. 55. Personalbestand der Elektrizitätswerke und Stromabgabe an Letztverbraucher 1950—1958

Berücksichtigt man, daß erst im Laufe der untersuchten Jahre in größerem
Ausmaß modernere Anlagen in Betrieb gingen, so kann die Abschwächung des
Personalanstiegs in den letzten Jahren als symptomatisch für die zu erwartende
weitere Entwicklung angesehen werden. In den nächsten Jahren wird also voraussichtlich der jährliche Zuwachs des Personalbestandes laufend weiter abnehmen und mit Vordringen immer rationellerer Anlagen sogar in eine allmähliche
Personalbestandsabnahme umschlagen können. Für die E-Werke ergibt sich daraus die Folgerung, nach Möglichkeit schon jetzt nur noch Einstellungen in Höhe
des Ersatzbedarfes für Abgänge vorzunehmen.

Bei einer Personalpolitik, die auf eine Bewahrung oder Verminderung des
Personalbestandes abzielt, hat sich die Personalplanung mit der Vorbereitung für
betriebsinterne Verschiebungen zu befassen:

Führungskräfte. Insbesondere interessiert die Zahl der künftig im Verhältnis
zur Gesamtbelegschaft erforderlichen „Führungskräfte". Hierzu sind in einem
E-Werks-Betrieb auch selbständig arbeitende Monteure oder Meisterstellvertreter
zu rechnen. Die Zahl der Führungskräfte ist abhängig von den der einzelnen
Führungskraft im Rahmen der vorgegebenen Organisation zugemuteten Lei-
stungs- und Kontrollfunktionen, wobei die Zahl der Stabsabteilungen für Planung,
Arbeitsvorbereitung und Überwachung den Bedarf an Führungskräften, vor
allem in den oberen und mittleren Rangstufen wesentlich beeinflußt.

Bei einem als Beispiel anzuführenden größeren Unternehmen mit rd. 5200 Beschäftigten, das auf der Basis eigener Stromerzeugung das Gebiet einer Großstadt
und ihrer näheren Umgebung bis zur letzten Lampe und mit einem Zehntel seiner
Stromerzeugung ein Landgebiet über Wiederverkäufer versorgt, bestehen etwa

23% der Gesamtbelegschaft aus Führungskräften. Dabei umfaßt die Rangstufe unterhalb der Geschäftsführung 10, die nächstfolgende 40, die darauf folgende etwa 100 Personen, jeweils einschließlich der Führungskräfte der den Rangstufen zugeordneten Stabsabteilungen.

Gehaltsempfänger. Die Einteilung nach Führungskräften und nach Arbeitern deckt sich nicht mit der nach Lohn- und Gehaltsempfängern, da einerseits selbständige Monteure vielfach noch zu den Lohnempfängern zählen, während andererseits untergeordnete kaufmännische Hilfskräfte Gehaltsempfänger sind. Bei dem als Beispiel angeführten E-Werk mit einem derzeitigen Personalbestandteil an Führungskräften von 23% sind rd. 36% der Belegschaft Gehaltsempfänger (1958). Dieses Zahlenverhältnis war in den letzten Jahren nahezu konstant. Einerseits stieg der allgemeine Bedarf an Führungskräften im Zuge der Mechanisierung und Automation sowie der Systematisierung der Planung an, zum anderen erhöhte sich aber auch die Zahl der Gehaltsempfänger, die nicht als Führungskräfte anzusehen sind. Der Anteil der untergeordneten kaufmännischen Hilfskräfte wurde zwar mit zunehmender Mechanisierung der Büroarbeiten geringer, doch wird der Kreis der Gehaltsempfänger laufend dadurch erweitert, daß mit allgemeiner Auflockerung der Grenzen zwischen Lohn- und Gehaltsempfängern zunehmend andere Lohnempfänger ins Angestelltenverhältnis übernommen werden.

Weibliche Arbeitskräfte. Die allgemeine Tendenz des Vordringens der Frauenarbeit ist auch bei den E-Werken zu erkennen. Während bei dem als Beispiel angeführten E-Werk im Jahre 1950 nur 8,5% Frauen beschäftigt waren, stieg der Anteil der weiblichen Arbeitskräfte inzwischen auf über 10% (1958). Dieser Vorgang wird sich weiterhin verstärken, da zahlreiche Tätigkeiten im Zuge der Automatisierung des Betriebes auch von Frauen übernommen werden können. Die Werke werden dabei in Kauf nehmen müssen, daß die Dauer der durchschnittlichen Betriebszugehörigkeit bei den Frauen auf keinen Fall die der männlichen Arbeitnehmer erreichen wird. Der zunehmende Frauenanteil wird also auf die Zahl der jährlichen Entlassungen und Einstellungen erhöhend wirken.

Nicht-technisch Beschäftigte. Der Anteil der nichttechnisch Beschäftigten lag bei dem untersuchten Elektrizitätswerk 1958 bei etwa 28% gegenüber 26,8% im Jahre 1950. Der Anstieg erklärt sich daraus, daß die Rationalisierung auf den nichttechnischen Arbeitsgebieten sehr langsam fortgeschritten ist. Inzwischen hat jedoch die Rationalisierungswelle auch diese Bereiche erfaßt. Zwar wird die steigende Bedeutung der Kostenkontrolle im Betrieb und der Außenbeziehungen der Elektrizitätswerke sowie die Ausweitung des Inkassowesens mit zunehmender Kundenzahl auch weiterhin die nichttechnischen Aufgaben anschwellen lassen, doch ist zu erwarten, daß neue Arbeitsmethoden und eine weiterreichende Verwendung von Maschinen auch auf diesen Gebieten den Personalanstieg in Grenzen halten werden.

Ungelernte. Wichtig ist es für die Personalabteilung eines E-Werkes, zu wissen, in welchem Maße sie auf ungelernte Leute zurückgreifen kann. Bei dem eingangs erwähnten Elektrizitätswerk waren 1958 rd. 20% der Gesamtbeschäftigten ungelernt oder angelernt, während im Jahre 1950 der Anteil bei 24% lag. Bei der Nivellierung der Einkommen in den unteren Sparten besteht bei vielen Elektrizitätswerken die Neigung, lieber gelerntes Personal einzustellen. Es darf jedoch nicht

27*

verkannt werden, daß gerade die Nivellierung der Einkommensunterschiede zwischen Gelernten und Ungelernten den Anreiz zu eigener Fachausbildung vor Eintritt in den Betrieb verlorengehen läßt. Die Elektrizitätswerke werden also für die unteren Ränge in zunehmendem Umfange auf unausgebildete Leute angewiesen sein. Bedenklich erscheint dies nicht, da gerade in E-Werken eine große Anzahl von Arbeitsplätzen ohne Schaden mit Angelernten besetzt werden kann. Das hat den Vorteil, auch künftig selbst bei angespannter Arbeitsmarktlage voraussichtlich immer genügend Personal, gegebenenfalls Frauen, für diese Arbeitsplätze finden zu können, belastet die E-Werke allerdings zunehmend mit der Aufgabe der Schulung dieser Kräfte.

Akademiker. Die gegensätzliche Ergänzung zur Frage der künftig einzustellenden ungelernten Kräfte ist die Überlegung, welcher Bedarf an akademisch geschultem Personal erforderlich sein wird. Das angeführte Elektrizitätswerk hatte im Jahre 1950 0,7% Akademiker unter seinen Beschäftigten, davon etwa 0,6% Diplomingenieure. 1958 waren immerhin 1,6% Akademiker dort tätig, davon indessen nur etwas mehr als die Hälfte Diplomingenieure. Der hier zutagetretende Trend betrachtet eindrucksvoll die mit dem Schlagwort „wissenschaftliche Betriebsführung" zu kennzeichnende Entwicklung, auch für die Lösung nichttechnischer Betriebsprobleme immer stärker Menschen heranzuziehen, die zum kritischen Überlegen und abstrakten Denken erzogen und geschult wurden.

Die Zahl derer, die sich diese Fähigkeiten auch ohne Hochschulstudium zu eigen machen, ist verhältnismäßig gering, so daß zunehmend Akademiker benötigt werden, um über den technischen Betriebsbereich hinaus alle Bereiche der Unternehmen wissenschaftlich durchdringen zu können. Insgesamt dürfte die wünschenswerte Zahl der Akademiker bei einem Elektrizitätswerk in den nächsten Jahren etwa in einer Größenordnung von 1—2% der Gesamtbeschäftigtenzahl liegen, wobei etwa die Hälfte auf die Diplomingenieure, der Rest auf Naturwissenschaftler (Mathematiker, Physiker, Chemiker), Juristen, Volkswirte und vor allem Betriebswirte entfallen wird.

Aufgliederung nach Betriebsbereichen. Die Aufteilung nach technisch und nichttechnischen Beschäftigten gab einen Hinweis, daß etwa ein Viertel des Personals bei einem Elektrizitätswerk des vorerwähnten Typs (Erzeugung, Transport und Verteilung bis zum Letztverbraucher) in der Verwaltung[1], dem Rechnungswesen und dem Lager- und Transportwesen beschäftigt ist. Drei Viertel arbeiten im technischen Bereich. Dessen Aufgliederung ergibt, daß zwischen Kraftwerks- und Netzpersonal (einschließlich Fernsprech-, Fernwirk- und Relaistechnik) ein

Personalaufgliederung nach Betriebsbereichen bei einem Großstadt-E-Werk mit eigener Stromerzeugung und Vertrieb bis zum Letztverbraucher (Beispiel):

Bereich	%
Kraftwerke	30
Netz	20
Bau	13
Vertrieb	13
Verwaltung, Rechnungswesen, Lager- und Transportwesen	24
	100

---

[1] mit allen betrieblichen Hilfsfunktionen, wie Küche, Pförtnerdienst, Schreibstuben usw.

Verhältnis von 3:2 herrscht, und daß dasselbe Verhältnis wiederum zwischen Netz und Vertrieb (ohne Inkasso) und auch zwischen Netz und Bau (ohne Fremdarbeiter) gegeben ist.

Personalbedarf und Rationalisierung. Elektrizitätswerke sind besonders geeignet, die menschensparenden Rationalisierungsmöglichkeiten der Technik zu nutzen. Der Personalbedarf ist deshalb beeinflußbar. Die Personenzahl bei den Kraftwerken hängt hauptsächlich von deren Größe, Betriebsweise und Alter ab. Bei Nachkriegs-Dampfkraftwerken, die nicht ausschließlich im Grundlastbetrieb fahren, muß z. Z. mit einer Gesamtbelegschaft (einschließlich Büro und Lager) von ungefähr 1—1,3 Personen pro MW installierte Leistung gerechnet werden. Bei Werken mit weniger als 300 MW Gesamtleistung werden diese Werte oft wesentlich überschritten. Für Wasserkraftwerke liegen die entsprechenden Werte wesentlich, etwa um eine Zehnerpotenz niedriger, streuen jedoch je nach Art des Werkes erheblich mehr.

Im Kraftwerksbereich führt vor allem der Bau größerer und noch weiter automatisierter Blockeinheiten zu Personaleinsparungen.

Im Netzbereich kann das ständige Bedienungspersonal der Anlagen durch Selbststeuerung und Fernsteuerung der zahlreichen Um- und Abspannwerke vermindert werden. Die Arbeitsintensität der für Netzreparaturen und Störungsdienst eingesetzten Kolonnen kann durch bessere Transporteinrichtungen und geeigneteres Werkzeug gehoben werden. Durch systematische Verbesserung der Einrichtungen, Anlagen und Materialien kann die Störungsfälligkeit so verringert werden, daß der Einsatz dieser Kolonnen immer seltener notwendig wird.

Im Vertriebsbereich bietet vor allem der Übergang zu vereinfachten Ablese- und Abrechnungsverfahren erhebliche Möglichkeiten zur Personaleinsparung. Beim Bau ist insbesondere die Vergabe von Aufträgen an Fremdfirmen ein wirksames Mittel zur Begrenzung des eigenen Personenbedarfs.

Von der Möglichkeit, den Personalbedarf für die Bereiche mit reger Außendiensttätigkeit durch Motorisierung zu vermindern, haben die meisten Elektrizitätswerke bereits weitgehend Gebrauch gemacht, so daß hier nur noch geringe Rationalisierungsreserven vorhanden sind. Die anderen Rationalisierungsmöglichkeiten lassen jedoch noch so viele Personaleinsparungen zu, daß es durchaus möglich erscheint, mit tragbaren Rationalisierungsaufwand trotz Erhöhung der Kraftwerksleistung, Vergrößerung der Netze und Zunahme der Kundenzahl die Belegschaft eines E-Werkes nicht mehr weiter zu vergrößern.

Wo Personal frei wird, ergibt sich für die Personalplanung die Aufgabe, einen anderweitigen Einsatz dieser Arbeitskräfte vorzubereiten[1].

„Überstundenpegel" und Personalbedarf. Gegenüber der Forderung nach einer zielbewußten Personalplanung wird oft der Einwand gebraucht, die Personalabteilung sei zur Ermittlung des tatsächlichen Bedarfs auf die Anforderungen der einzelnen Abteilungen angewiesen, ohne diese im einzelnen gründlich nachprüfen zu können. Es gibt jedoch ein untrügliches und sehr empfindliches Meßinstrument, das zur Bewertung der Personalanforderungen und zur Beratung der Anfordernden herangezogen werden sollte, der „Pegelstand der Überstunden".

---

[1] Vgl. Blancke, Die Automatisierung aus europäischer Sicht. Rationalisierung 1957, H. 7, bes. Soziale Auswirkungen der Automatisierung, S. 211.

Wird deren Notwendigkeit im Betrieb von den jeweiligen Vorgesetzten nach strengen Maßstäben sorgfältig laufend überprüft, so zeigt sich deutlich, ob ein echter Bedarf vorliegt, oder ob es sich nur um einen kurzfristigen, etwa jahreszeitlichen Personalengpaß handelt.

Die Erfahrung zahlreicher Betriebe beim Übergang von der 48-Stundenwoche auf kürzere Wochenarbeitszeiten haben gezeigt, daß auch bei einer Arbeitszeitverkürzung die Personalschwierigkeiten ohne viele Neueinstellungen mittels Beobachtung des Überstundenpegels überwunden werden können. Lediglich im Schichtdienst waren Personalergänzungen nicht ganz zu vermeiden. Dem Trend zu weiteren Arbeitszeitverkürzungen sollte eine vorsorgliche Personalvermehrung bei den Schichtgängern entsprechen. Für die übrigen Arbeitsbereiche wird auch künftig bei sorgsamer Beobachtung und grundsätzlichem Abbau der Überstunden die Personalnachfrage in Grenzen gehalten werden können.

c) Deckung des Personalbedarfs

Die Deckung des Personalbedarfs der Elektrizitätswerke erfolgt bis auf wenige Ausnahmen über den Arbeitsmarkt. Er ist in der Bundesrepublik weitgehend frei, wird also durch das Verhältnis von Angebot und Nachfrage bestimmt. Im Wettbewerb auf der Suche nach geeignetem Personal ist die Elektrizitätswirtschaft anderen Unternehmen in einigen Punkten, z. B. der oft notwendigen Forderung von Schichtdienst-Bereitschaft unterlegen, in anderen wieder überlegen.

Wettbewerb um Arbeitskräfte. Es ist für die E-Werke nicht immer leicht, in Gehalts- und Lohnfragen zeitgerecht mit manchen Unternehmen in Wettbewerb zu treten. Die Schwierigkeiten liegen in den gebundenen allgemeinen Strompreisen und in der häufig notwendigen Anpassung an die Verhältnisse anderer Betriebe im Öffentlichen Dienst.

Wichtig erscheint, daß sich ein E-Werk die Freiheit erhält, bei den Verhandlungen mit den Vertretern der Arbeitnehmer Tarife zu vereinbaren, die den Besonderheiten des internen Betriebes gerecht werden. Es müssen Zulagen für mit ungewöhnlicher Verantwortung belastete Personen möglich sein, ohne daß damit gleich Erhöhungen für ganze Beschäftigungsgruppen heraufbeschworen werden. Auch sollten Möglichkeiten offenbleiben, den Vorteil verhältnismäßig hoher Krisenfestigkeit der Arbeitsplätze angemessen zu berücksichtigen.

Die Tarifeinstufung der einzelnen Lohn- und Gehaltsempfänger hat zur Folge, daß jeder im allgemeinen über den Tariflohn des anderen im Bilde ist. Aber auch aus den gewährten Zulagen und den tatsächlichen Nettoverdiensten der einzelnen sollte kein Geheimnis gemacht werden, da sonst übertriebene Vorstellungen der anderen leicht die Atmosphäre vergiften können. Anzustreben wäre es, diese Grundsätze auch bezüglich der Einkommen außertariflich Beschäftigter zu verwirklichen. Daß dies bislang in Deutschland nicht üblich ist, dürfte auf historisch entstandene Spannungen und Vorurteilen zwischen den sozialen Einkommenstufen zurückzuführen sein, die nur sehr mühsam abgebaut werden können.

Anlaß zu betriebsinternen Spannungen hat in der Vergangenheit öfters die Verschiedenheit der Gehaltssysteme für die technischen und für die kaufmännischen Angestellten gegeben. Die auch bei den Elektrizitätswerken schon fast traditionelle Spaltung in diese beiden Gruppen wird dadurch nur noch verschärft. Auch hier haben einzelne Werke bereits Folgerungen gezogen. Sie sind dazu übergegangen, eine gemeinsame Gehaltsordnung zu schaffen, die in einzelnen Stufen sowohl die technischen als auch die kaufmännischen Angestellten erfaßt. Derartige Regelungen haben sich inzwischen ausgezeichnet bewährt, zumal die Auseinandersetzungen um die Bewertung der einzelnen Funktionen und anderer Merkmale den Arbeitnehmervertretern eine Mitarbeit ermöglichte, die sich auf das Verhältnis Geschäftsführung—Betriebsrat positiv auswirkte.

Sicherheit und Zufriedenheit. Die Pensionsregelungen der Elektrizitätswerke erweisen sich im Wettbewerb gegenüber anderen Personalsuchenden nicht mehr so zugkräftig, da in vielen anderen Wirtschaftsbereichen derartige Regelungen ebenfalls üblich wurden und da die neue Rentengesetzgebung weitgehend das vorhandene Sicherheitsbedürfnis bereits befriedigt.

In einem Punkt kommt allerdings auch heute noch den E-Werken das Sicherheitsbedürfnis der Menschen zugute. Soweit junge Menschen an einem kontinuierlichen Berufsweg interessiert sind, drängen sie zu Betrieben, die sich in der Vergangenheit als besonders krisenfest erwiesen haben, so daß Entlassungen aus Arbeitsmangel zu den Ausnahmen zählten. Hierin sind die Elektrizitätswerke manchen anderen Unternehmen ohne Zweifel überlegen. Vor allem gegenüber der Bauwirtschaft und gegenüber stark konjunkturabhängigen Klein- und Mittelbetrieben haben sie im Wettbewerb um Arbeitskräfte hierdurch eine günstigere Position.

Für Menschen, die auf ihrem Berufsweg vorankommen wollen, ist darüber hinaus bei den Elektrizitätswerken die Sicherheit gegeben, daß die Expansion der Betriebe Aufstiegschancen bietet. Wenn auch die Zahl der bei einem E-Werk Beschäftigten künftig nicht mehr allzusehr ansteigen oder sogar sinken wird[1], so wird doch das Maß der dem einzelnen zufallenden Verantwortung größer. Diese aus der Betriebsdynamik erwachsenden Möglichkeiten locken immer wieder auch die Absolventen der Fach- und Hochschulen, selbst wenn sie mit niedrigeren Anfangsgehältern als in anderen Branchen vorliebnehmen müssen, die im Augenblick vielleicht eine noch stärkere Expansion, aber nicht diese Gewißheit langfristig anhaltender Expansion haben.

Die Tätigkeit in einem E-Werk bietet den Menschen über die beruflichen Erfolgsmöglichkeiten hinaus die Aussicht, in sinnvoller Arbeit für die Allgemeinheit innere Befriedigung zu finden.

Zahlreiche Elektrizitätswerke haben zudem auf dem Arbeitsmarkt noch einen Vorteil, der ihren Betriebsangehörigen oft nicht einmal selbst bewußt ist: Der gute Ruf des Betriebsklimas in diesen Unternehmen.

Innerbetriebliche Stellenausschreibung. Ein langjähriges Vertrauensverhältnis zwischen Unternehmen und Mitarbeitern erfordert, daß die Geschäftsführung den Betriebsangehörigen auch die Sorge um die Besetzung offener Stellen nicht verschweigt. Oft werden aus Unkenntnis oder Nachlässigkeit große Enttäuschungen ausgelöst, wenn Anfragen zur Besetzung offener Stellen an die Öffentlichkeit gehen, ohne daß dies im eigenen Betrieb bekannt ist. In einer Reihe von Fällen haben Werke auf öffentliche Stellenausschreibungen hin Bewerbungen von eigenen Betriebsangehörigen erhalten, die sich als gut brauchbar erwiesen. Die innerbetriebliche Stellenausschreibung hat allerdings nur dann Sinn, wenn allen Vorgesetzten eindeutig klargemacht wird, daß eine Bewerbung der Untergebenen für andere Stellen dem Betreffenden keinerlei Unannehmlichkeiten bringen darf.

---

[1] Vgl. S. 418.

Im übrigen geben derartige innerbetriebliche Bewerbungen der Personalabteilung zumeist recht gute Fingerzeige, wo Menschen im Betrieb beschäftigt sind, die sich in anderen Aufgaben bewähren möchten.

Bedenken gegen eine innerbetriebliche Stellenausschreibung entspringen vielfach der Befürchtung, damit eine Personal-,,Inzucht" heraufzubeschwören. Sicherlich kann die Beschäftigung von Bekannten, von engen Verwandten und Freunden in einem Unternehmen gewisse Gefahren bringen. Gefährliche Indiskretionen und Protektionismus können jedoch nur dann entstehen, wenn der Betrieb bei der Einordnung der Betreffenden in den Unternehmensorganismus unvorsichtig ist. Im übrigen haben die Erfahrungen zahlreicher Werke, die zuweilen bis zu drei Generationen einer Familie beschäftigen, gezeigt, daß die Arbeitsdisziplin derartiger Beschäftigter überdurchschnittlich ist, und daß gerade diese Menschen das Betriebsklima günstig beeinflussen.

Alle offenen Stellen aus dem Kreis der Betriebsangehörigen, ihrer Verwandten und Bekannten heraus zu ersetzen und das Personal jeweils nur durch junge nachwachsende Kräfte zu ergänzen, ist jedoch falsch. Die Kreise der Mitarbeiter in den einzelnen Rängen brauchen immer wieder frische Impulse von außen. Das Werk muß also neben der Auffüllung des Personalbestandes durch junge Menschen einen angemessenen Prozentsatz der in den einzelnen Rängen freiwerdenden Stellen von außen besetzen und auch bereit sein, entsprechende Mitarbeiter an andere Unternehmen abzugeben.

Anzeigen und gezielte Personalwerbung. Ein gebräuchliches Mittel zur Personalbeschaffung sind Stellenangebote über Anzeigen. Das Erscheinungsgebiet der Anzeigen wird dabei auf den Kreis der Anzusprechenden abgestellt. So kann unter Umständen eine Insertion in einer Fachzeitschrift bei geringeren Kosten erfolgreicher sein als in auflagehohen Tageszeitungen.

Eine andere immer bedeutsamer werdende Methode der Personalbeschaffung ist die gezielte Personalwerbung. Eine wertvolle Quelle für den Nachwuchs der E-Werke ist die einschlägige Industrie. Bei Planung und Errichtung neuer Anlagen ergeben sich zahlreiche Kontakte mit Überwachungs- und Montagepersonal der Lieferfirmen, aber auch mit höheren Führungskräften. Es ist jedoch weder taktvoll, noch dem guten Einvernehmen mit den Geschäftspartnern zuträglich, wenn mit den Betreffenden unmittelbar Verhandlungen geführt werden oder sogar abgeworben wird. Wohl aber kann in aller Offenheit mit der Leitung der Lieferfirma über den Wunsch gesprochen werden, einige oder mehrere Mitarbeiter zu übernehmen, vor allem jene, die an der Herstellung und Inbetriebnahme einer gelieferten Anlage mitgewirkt haben und deshalb besonders geeignet sind, diese auch im E-Werks-Betrieb später zu betreuen. Derartige Verständigungen sollten mit der Bereitschaft verbunden sein, daß auch das E-Werk gelegentlich gewillt ist, an die Lieferfirma Personen abzugeben, an deren praktischen Betriebserfahrungen diese interessiert ist.

Nicht nur bei der Beschaffung einzelner, für bestimmte Stellen gewünschter Personen, sondern auch bei der Anwerbung der vielen jungen Menschen, die von unten her in den Betrieb hineinwachsen sollen, lassen sich bei gezielter Werbung auch bei knappem Arbeitsmarkt gute Erfolge erreichen.

Der Kontakt über Vorträge und Besichtigungen bei Elektrizitätswerken ist ein zweckmäßiger Weg und hat schon manchen Absolventen von Gewerbe-, Fach-

und Hochschulen den E-Werken zugeführt. Auch von der Möglichkeit, Werkstudenten in den Semesterferien Verdienstmöglichkeiten und einen Einblick in den Betrieb zu bieten, machen zahlreiche E-Werke mit Erfolg Gebrauch.

Zeugnisse und Lebensläufe. Welche Wege zur Deckung des Personalbedarfs auch beschritten werden, wesentlich ist, daß die Neueinzustellenden sorgfältig ausgewählt werden. Die Möglichkeiten, Bewerber schon vor der Einstellung recht genau auf ihre Eigenschaften und Fähigkeiten hin zu untersuchen, haben sich im Laufe der Zeit vervielfacht und verfeinert. Auf keinen Fall sollte man auch in Zeiten eines knappen Personalangebots bei der Einstellung Zugeständnisse hinsichtlich Fachkenntnis, Begabung und Charakter machen.

Die ersten Unterlagen, die eine Personalabteilung von einem Bewerber zu Gesicht bekommt, sind in der Regel ein handgeschriebener Lebenslauf, ein Bild und Zeugnisse. Trotz aller berechtigten Einschränkungen haben Zeugnisse nach wie vor große Aussagefähigkeit. Schon das Verlangen der Vorlage polizeilicher Führungszeugnisse läßt unerwünschte Elemente von vornherein vor einer Bewerbung zurückschrecken.

Zufriedenstellende Schul-, Prüfungs- und Abschlußzeugnisse lassen mit hoher Wahrscheinlichkeit erwarten, daß der Bewerber im normalen Berufsleben nicht versagt. Bei gerade ausreichenden Zeugnissen ergibt sich neben der Frage nach der fachlichen Eignung des Bewerbers noch die Überlegung, ob nur mäßige Begabung oder ob vielleicht auch charakterliche Mängel zu derartigen Beurteilungen geführt haben. Bei überaus hervorragenden Zeugnissen ist eine gewisse Vorsicht geboten, ob nicht etwa charakterliche Eigenschaften die Einordnung des Betreffenden in einen Betriebsorganismus erschweren. Zeugnisse anderer Arbeitgeber sind in ihrem Aussagewert begrenzt, da erfahrungsgemäß negative Urteile nur selten schriftlich abgegeben werden.

Der aus Bewerbungsunterlagen hervorgehende bisherige Berufsweg läßt meist erahnen, ob der Bewerber ein stetiger, zielbewußter Typ ist und ob er fachliches Weiterkommen gesucht hat. Selbst ein mehrmaliger Wechsel des Betriebes oder gar des Berufsbereichs kann ein positives Merkmal sein, falls echter Erkenntnis- und Erlebnisdrang, der Wille zur Vertiefung von Wissen und Erfahrung und ähnliche positive Triebkräfte angenommen werden können.

Umstritten ist die Aussagefähigkeit handgeschriebener Lebensläufe. Nicht wenige Personalleiter sind der Ansicht, der Stil der Beschreibung des Lebenslaufs sei nicht mit Sicherheit eigenes Werk und könne daher keine Erkenntnisse vermitteln. Die Handschrift sei im Zeitalter der Schreibmaschine so verkümmert, daß sie in vielen Fällen überhaupt nichts aussage oder zu Fehlschlüssen verleite. Der erste Einwand kann mit dem Hinweis auf die Möglichkeit entkräftet werden, den handgeschriebenen Lebenslauf bei der ersten persönlichen Vorstellung in „Klausur" schreiben zu lassen. Die Handschrift ist allerdings tatsächlich bei vielen jüngeren Leuten so verkümmert, daß oft nur ein psychologisch geschultes Auge hieraus Erkenntnisse gewinnen kann. Auch hierauf sollte jedoch nicht verzichtet werden, da zur Gewinnung eines möglichst vollkommenen Bildes von den Fähigkeiten und Eigenschaften eines Bewerbers jede Einzelheit wichtig erscheint.

Bedeutung der Tests. Die wichtigsten Erkenntnisse über einen Bewerber sind aus dem persönlichen Kontakt zu gewinnen. Dabei ergibt sich allerdings die Notwendigkeit, subjektive Einflüsse möglichst auszuschalten. Nur wenige Menschen verfügen über eine so objektive Beurteilungsfähigkeit und haben durch systematische Auswertung ihrer Erfahrungen diese Begabung so verfeinert, daß sie bei der Voraussage der späteren Eignung eines Bewerbers einen hinreichend hohen Wahrscheinlichkeitsgrad erzielen, wie dies mit Hilfe von Tests möglich ist.

Der für einen wirklich ergiebigen Test erforderliche Arbeits- und Personalaufwand ist nicht gering. Die Kosten sind entsprechend. Selbst größere Elektrizitätswerke sollten es sich daher nicht leisten, diese Kosten für jeden der Einzustellenden aufzuwenden. Bei der Einstellung von Führungskräften und deren Nachwuchs, wenigstens für die mittleren und oberen Ränge, sollte jedoch keinesfalls auf eine solche Prüfung verzichtet werden. Da sich bei der geringen Zahl der in Frage kommenden Bewerber ständige Einrichtungen für diese Zwecke im eigenen Betrieb nicht lohnen, empfiehlt es sich für Elektrizitätswerke, Tests bei anderen Institutionen durchführen zu lassen. In Frage kommen z. Z. vor allem die Prüfstellen für den Beamtennachwuchs des öffentlichen Dienstes, mit denen entsprechende Abkommen getroffen werden sollten.

Aus der Erfahrung heraus empfiehlt es sich, bei Beurteilungen Testergebnisse durch subjektive, gefühlsmäßige Erkenntnisse zu ergänzen und nicht umgekehrt. Voraussetzung für die Ergiebigkeit eines Tests zur Erkundung von Fähigkeiten und Eigenschaften ist seine Vorbereitung durch gründlich geschulte Fachkräfte. Für den überwiegenden Teil der Einzustellenden können Tests so vorbereitet werden, daß die Durchführung und Auswertung gegebenenfalls durch Laien erfolgen kann. Zweckmäßigerweise erscheint jedoch auch hierbei eine Hinzuziehung geschulter Psychologen.

Bewerber und Parteipolitik. Ein heikler Punkt bei der Entscheidung über eine Einstellung ist die Beachtung oder Bewertung der parteipolitischen Einstellung oder Bindung des Bewerbers. Es gibt Bewerber, deren innere Veranlagung sie dazu treibt, bei der Offenlegung ihrer parteipolitischen Einstellung Andersdenkenden gegenüber so intolerant zu sein, daß der Betrieb dadurch empfindlich gestört wird. Solche Mitarbeiter dem Betrieb zu ersparen, ist eine Aufgabe der Personalführung. Die politische Einstellung der Bewerber verdient auch dort Beachtung, wo sich in einem Unternehmen im Laufe der Zeit eine parteipolitische Personalzusammensetzung ergeben hat, wie sie den örtlichen Gegebenheiten keinesfalls entspricht. Spannungen im Verhältnis zwischen dem Unternehmen und der Öffentlichkeit bleiben in solchen Fällen nicht aus. In einer solchen Situation wird man es einer verantwortungsbewußten Geschäftsführung nicht verdenken können, wenn sie an einer Milderung des bestehenden Zustandes im Rahmen des Möglichen interessiert ist. So wichtig jedoch in Einzelfällen die Beachtung der politischen Ansichten des Bewerbers auch sein kann, allgemein ist eine Befragung der Bewerber darüber nicht zu empfehlen. Sie würde in der Öffentlichkeit Mißtrauen auslösen und als unzulässiger Übergriff auf die persönliche Freiheit ausgelegt werden.

Alter und Gesundheit. Die Prüfung des Gesundheitszustandes von Bewerbern war früher nicht üblich und stieß auf Bedenken. Diese Haltung hat sich inzwischen gewandelt. Medizinische Untersuchungen sind recht zuverlässig. Sie ermöglichen dem Unternehmen, das Maß des Risikos erkrankter oder anfälliger Bewerber vor der Einstellung zu beurteilen. Zweifellos gehört es aber auch zu den Aufgaben eines gut organisierten Unternehmens, den nicht in jeder Beziehung voll Arbeitsfähigen in gewissem Umfange Arbeitsplätze einzuräumen.

Das gilt auch für die Einzustellenden höheren Lebensalters. Im übrigen zeigt die Statistik eindeutig, daß der Durchschnitt der Krankheitsfälle bei jüngeren Jahrgängen höher liegt und ganz besonders bei Mitarbeitern, die noch nicht in vollem Umfange eine echte innere Verbindung zu der Gemeinschaft des Betriebes gefunden haben.

Lehrwerkstätten. Sowohl der durch die Nivellierung der unteren Einkommensstufen geringer gewordene Anreiz für die jungen Leute, die Belastung einer eigenen Ausbildung zu tragen, als auch gelegentliche Schwierigkeiten, entsprechend ausgebildetes Personal zu beschaffen, führt viele Unternehmen dazu, die Ausbildung der Betriebsangehörigen selbst zu betreiben. So sind auch bei verschiedenen Elektrizitätswerken Lehrwerkstätten entstanden. Sie sollen einen Ausbildungsgang ermöglichen, der zu dem noch nicht offiziell anerkannten Berufsbild des „E-Werk-Facharbeiters" führt. Der Andrang zu diesen Lehrwerkstätten ist recht groß, so daß die E-Werke die Möglichkeit einer sorgfältigen Auslese haben. Auf diese Weise erfaßt die Ausbildung in den Lehrwerkstätten allerdings meist so gute Kräfte, daß der größte Teil nach Abschluß der Lehre möglichst schnell zu weiterer Ausbildung auf Fachschulen oder in Meisterkursen drängt. Die meisten ehemaligen Lehrlinge finden aber früher oder später wieder in den Betrieb zurück. Angesichts der wachsenden Möglichkeiten, angelernte Arbeitskräfte in den mechanisierten Teilen des Betriebes einzusetzen, sind die Auffassungen über die Zweckmäßigkeit eigener Lehrwerkstätten geteilt. Immerhin scheint es für geeignete Werke auch eine Verpflichtung gegenüber der Allgemeinheit zu sein, zur Schulung fähiger Nachwuchskräfte das Ihrige beizutragen.

Schulung im Betrieb. Wenn auch das Betreiben eigener Lehrwerkstätten für ein E-Werk nicht lebensnotwendig ist, so lohnt sich auf alle Fälle eine systematische betriebliche Schulung der Mitarbeiter. Soweit die Werke groß genug sind, kann diese systematische Weiterbildung im eigenen Hause betrieben werden. In der Regel empfiehlt sich eine enge Zusammenarbeit mit örtlich vorhandenen geeigneten Schulungs- und Ausbildungsstätten. Die fachliche, auf den Betrieb ausgerichtete Ausbildung erfordert sorgfältige Vorbereitung, insbesondere einen Ausbildungsplan, eine Schulung der Ausbilder und vor allem eine pädagogische und psychologische Schulung der fähigen Vorgesetzten. Soweit eigene Ausbilder eingesetzt werden, ist die Gefahr von Spannungen zwischen diesen und den Vorgesetzten der Auszubildenden sorgfältig zu vermeiden.

Einen guten Weg zur Ausbildung ungelernter Kräfte hat die Electricité de France (EdF) neben der Fachausbildung in Schulungszentren gewählt. Geeignete Vorgesetzte werden für ihre Schulungsaufgabe entsprechend ausgebildet und dann auch nach diesen Möglichkeiten eingesetzt. Es hat sich gezeigt, daß sie diese zusätzliche Aufgabe gern übernehmen, einen gewissen Stolz auf die ihnen übertragene Verantwortung entwickeln und die Gelegenheit, sich selbst weiterzubilden, willig aufgreifen. Eine weitere Möglichkeit zur Heranziehung von Fachkräften der unteren Ränge liegt in der Ausbildung in Sonderkursen, die auf Vereinbarung bei öffentlichen Lehranstalten, wie Ingenieurschulen und besonders Gewerbeschulen, veranstaltet werden können.

Weiterbildung von Führungskräften. Weiterbildungsmöglichkeiten für mittlere Führungskräfte sind im allgemeinen für die öffentliche Elektrizitätsversorgung ausreichend gegeben. Sowohl für kaufmännisches als auch für technisches Personal veranstaltet die VDEW laufend Grund- und Aufbaukurse, bei denen nicht nur Wert auf die Vermittlung des für den Nachwuchs notwendigen Fachwissens gelegt wird, sondern vor allem auch über jene Bereiche des Elektrizitätswerksbetriebes referiert wird, in denen die Kursteilnehmer gerade nicht beruflich tätig sind. Auf diese Weise wird der Blick der Teilnehmer für die Probleme anderer Betriebsbereiche über die Spezialschulung hinaus geweitet.

Auch die Fachkurse anderer Organisationen und Institute, wie beispielsweise die der Gesellschaft für Praktische Energiekunde (Karlsruhe) oder der Technischen Akademie Bergisch Land (Wuppertal) erfreuen sich eines guten Rufs. Die guten Erfahrungen mit derartigen Kursen für die Nachwuchsbildung haben vor allem im letzten Jahrzehnt zahlreiche auch anfangs zögernde Elektrizitätswerke dazu übergehen lassen, ihren Führungsnachwuchs zu solchen Lehrgängen zu entsenden.

Eine andere Weiterbildungsmöglichkeit bieten die örtlichen technischen und wissenschaftlichen Vereine mit den zahlreichen Fachausschüssen bei den verschiedenen Organisationen, die auf die Mitarbeit der Elektrizitätswerke angewiesen sind. Wenn es auch verfehlt ist, Nachwuchskräfte verfrüht in solche Gremien zu entsenden, so sollte doch mehr darauf geachtet werden, daß entwicklungsfähigen Kräften mit entsprechender Begabung in den Ausschüssen Gelegenheit geboten wird, ihr Fachwissen in der Auseinandersetzung mit erfahrenen Kollegen unter Beweis zu stellen. Günstige Gelegenheiten hierfür bieten auch Fachtagungen mit ihren Referaten und Diskussionsvorträgen.

„Betriebsbesichtigung" als Mittel zur Weiterbildung von Führungskräften. Ein oft empfohlenes, in der Praxis leider selten angewandtes Mittel zur Weiterbildung von Führungskräften sind Betriebsbesichtigungen. Es gibt sie in der Kurzform von Informationsrundreisen, die je nach Betriebsgröße des Unternehmens von drei Wochen bis etwa zu einem halben Jahr dauern können und dem Bewerber einen Überblick über den Gesamtbetrieb vermitteln. Sie finden sich aber auch in der Art, daß der Betreffende zur Arbeitsleistung für jeweils ein Viertel- bis zu einem halben Jahr oder auch länger verschiedenen Hauptbereichen des Unternehmens nacheinander zugeteilt wird. Er soll dabei nicht nur eine Übersicht, sondern eine gründliche Kenntnis der verschiedenen Funktionen erlangen. Gerade für die Deckung des Personalbedarfs in den oberen Rängen hat sich ein solches Verfahren außerordentlich bewährt, zumal sich dann auch die Geschäftsleitung aus dem Querschnitt der Urteile ein geeignetes Bild von dem Betreffenden machen kann.

Innerbetrieblicher Wettbewerb. Für das Selbstvertrauen eines Unternehmens und für sein Vertrauen in die Fähigkeiten seiner Mitarbeiter spricht es, wenn es den Mut aufbringt, sich und seine Standpunkte durch jüngere Mitarbeiter auch nach außen hin vertreten zu lassen. Es ist jedoch nicht einfach, ältere, verdiente Mitarbeiter, die jahrelang diese Aufgabe wahrgenommen haben und als wohlerworbenes Recht betrachten, zu einem Verzicht zu bewegen.

Bei der innerbetrieblichen Stellenbesetzung liegen die Probleme beim Wettbewerb zwischen älteren und jüngeren Führungskräften oft ähnlich. Überall gibt es Führungskräfte, die durch die Gunst der Verhältnisse emporgetragen worden sind, obgleich sie ihr ständig wachsendes Aufgabengebiet nur unzulänglich beherrschen. Diese reagieren in solchen Fällen erfahrungsgemäß überempfindlich. Je bürokratischer und starrer Organisation und Hierarchie in einem Unternehmen ausgebildet sind, desto schwieriger ist es, junge, hochbegabte Nachwuchskräfte in der Führung wirkungsvoll einzusetzen. Bei aller Rücksichtnahme auf die Verdienste der Älteren sollte eine konsequente Personalführung zur langfristigen Lösung von Nachwuchssorgen für Führungsstellen solchen Mitarbeitern in aller Ehrlichkeit und Offenheit klarmachen, wo ihre Grenzen liegen.

Führungselite. Im Zusammenhang mit den Sorgen um den Führungsnachwuchs für die oberen Ränge stellt sich die Frage nach einer Auslese. Prüft man die verschiedenen Kriterien, die für die Bewertung als „Elite" maßgeblich sein sollen, so bleibt eigentlich nur ein gemeinsames Kennzeichen: die Bereitschaft und der Wille zum Verzicht zugunsten ideeller Ziele. Wer die echte Auslese sucht, wird sein Augenmerk auf jene richten müssen, die aus innerem Antrieb auf die Erfüllung eigener allzu ehrgeiziger Wünsche verzichten können. Bescheidenheit in der Lebensführung, Verzicht auf Befriedigung des Geltungsbedürfnisses sind wesentliche Kennzeichen, auf die sorgsam geachtet werden sollte.

Die Schwierigkeiten für eine Elitebildung im Bereich der Wirtschaft liegen darin, daß dort wie in kaum einen anderen Bereich der „Erfolg" gilt. Es gibt nur wenige Menschen, die ein gesundes Erfolgsstreben mit einer inneren Neigung zum Verzicht glücklich verbinden können. Das Unternehmen, das solche Menschen unter seinen Führungskräften hat, ist glücklich zu schätzen. Eigenartigerweise strahlen nämlich solche Unternehmen den Reiz aus, wertvolle Menschen anzuziehen und finden damit auch in Zeiten großer Personalknappheit immer noch den richtigen Nachwuchs für Führungsaufgaben.

IV. Der Mensch im Betrieb

Die überschnelle Ausbreitung von Technik und Industrie hat der Maschine und den organisatorischen Hilfseinrichtungen ein Übergewicht verliehen, über dem man nicht vergessen sollte, daß die treibende Kraft eines Betriebes, seine eigentliche lebendige und auf alle toten Werte ausstrahlende Wirkung vom Menschen kommt. Die Pflege des Menschen und der menschlichen Beziehungen untereinander ist deshalb unerläßlich und wird in zunehmendem Maße wieder gewertet.

a) Innerbetriebliche Beziehungen

Haltung und Herz. Störungsfreie menschliche Beziehungen bedingen einen guten Ausgleich zwischen den immer vorhandenen Spannungspolen. Umgangsformen und Höflichkeit, innere Sauberkeit und ehrliche Gesinnung sich selbst und anderen gegenüber schaffen eine klare selbstbewußte Haltung des Einzelnen. Die Haltung prägt gewisse Formen und erzeugt einen nützlichen Abstand, ohne den häufig menschliches Zusammenleben ausartet. Die Haltung bedarf des Ausgleichs und der Ergänzung durch innere warme Herzlichkeit, echte Anteilnahme und Hilfsbereitschaft.

Eine auf die Spitze getriebene Rationalisierung birgt die Gefahr in sich, daß auf das Gemüt des Einzelnen keine Rücksicht genommen wird. Insbesondere mit der Größe der Unternehmen und mit dem Übergang zu rationellerer Verwaltung erhöht sich die Gefahr des Überhandnehmens einer „seelenlosen Verwaltungsmaschine". Hier bedarf es einer bewußten Förderung des „Vorgesetzten mit

Herz", der ohne Furcht, „Präzedenzfälle" zu schaffen, vor allem bei personellen Entscheidungen und im Zusammenleben in der Betriebsgemeinschaft den Mut hat, gefühlsbedingte Ausnahmen zu machen und diese offen zu vertreten.

Lügen, halbe Wahrheiten und Verschweigen, wo Offenheit geboten ist, führen alsbald zu Intrigen und Mißtrauen und zerstören die Basis des Zusammenlebens. Das Schönste, was man von einem Unternehmen sagen kann, ist daher die Feststellung, die Mitarbeiter kennen kein gegenseitiges Mißtrauen.

Persönliche Sorgen. Auch bei einem sonst guten Verhältnis zwischen der Unternehmensleitung und den Mitarbeitern sowie zwischen den Mitarbeitern selbst können sich leicht Störungen ergeben aus unsachgemäßer Behandlung berechtigter oder vermeintlicher Ansprüche der Mitarbeiter. Oft erhält die Unternehmensleitung von Verstimmungen erst Kenntnis, wenn bereits ein größerer Personenkreis betroffen ist. Dies kann vermieden werden, wenn bekannt ist, daß die Unternehmensleitung für persönliche Sorgen der Betriebsangehörigen ein offenes Ohr hat. Um keine Denunziation zu begünstigen, sollte jedoch kein Zweifel daran gelassen werden, daß bei Angriffen gegen andere Mitarbeiter diese grundsätzlich gehört werden.

Ein wichtiger Helfer der Unternehmensleitung bei der Pflege der menschlichen Beziehungen im Betrieb kann der Betriebsarzt werden. Vielfach erhält er Kenntnis von Störungen und Spannungszuständen, die er ohne Verletzung des Arztgeheimnisses diskret der Geschäftsführung übermitteln kann. Auch der Einsatz eines Betriebspsychologen oder eines psychologisch besonders geschulten Mitarbeiters zur Personalbetreuung hat sich vielfach nützlich erwiesen.

„Gerechte" Entlohnung und Alterssicherung. Von großer Bedeutung für die Gestaltung der innerbetrieblichen menschlichen Beziehungen ist eine möglichst gerechte Bemessung der Arbeitsentgelte. Besonderes Augenmerk ist dabei auf die Abstimmung der Lohn- und Gehaltsstufen, der Überstundenentgelte, der Weihnachts- und sonstigen Sonderzahlungen, auf die Gleichbehandlung hinsichtlich freiwilliger sozialer Leistungen und eine sinnvolle Altersfürsorge zu richten. Für die E-Werke kann eine die Produktionsleistung bemessende Entlohnung, wie etwa das bei der Industrie vielfach eingeführte Akkordsystem, in der Regel nicht angewendet werden. Die Bewertung der Leistung muß daher besonders sorgfältig überlegt und durchgeführt werden.

Über eine gerechte Entlohnung hinaus ist das Vertrauen in die Sicherheit des Arbeitsplatzes wichtig. Die Energieversorgungsunternehmen sind in der Bereitstellung von Sicherheiten für das Alter und vorzeitige Invaliditätsfälle vorbildlich.

Für das Maß des persönlichen Glücksgefühls bei der Berufsarbeit ist es wichtig, daß auch die Familienangehörigen der Mitarbeiter an dieser Sicherheit teilnehmen und daß auch bei ihnen ein Gefühl des Stolzes auf das Werk entsteht und erhalten bleibt. Es ist nützlich, durch gelegentliche Betriebsbesichtigungen, durch fallweises geselliges Beisammensein, aber auch durch Werkszeitschriften und andere Veröffentlichungen diesen Geist zu pflegen.

Aufgaben der Werkzeitung. Werkzeitungen sollen Kenntnisse über den Betrieb und die wichtigsten Betriebsgeschehnisse vermitteln und Brücken schlagen zwischen allen, die dem Unternehmen verbunden sind. Neben Bekanntgaben der Werksleitung sollen Ereignisse und Erlebnisse aus dem Betrieb geschildert werden, Beförderungen, Ernennungen, Jubiläen und Ehrentage in freundlich vertrauter

Form Veröffentlichung finden. Die Einbeziehung der Familie der Betriebsangehörigen und der Pensionäre in den Kreis der dem Betrieb dauernd Verbundenen verstärkt das Zusammengehörigkeitsgefühl.

Die Werkzeitungen können auch gleichzeitig den Betriebsräten für Bekanntmachungen zur Verfügung gestellt werden, doch sollte eine Werkzeitung offen als Nachrichtenorgan der Betriebsleitung erscheinen.

Vorgesetzte im Betrieb. In der Regel werden die Vorgesetzten im Betrieb nach fachlichen Fähigkeiten und Kenntnissen ausgewählt und berufen. Ob sie psychologische und pädagogische Kenntnisse und Erfahrungen in der Behandlung ihrer Mitarbeiter mitbringen, ist mehr oder weniger dem Zufall überlassen. Die Kunst der Menschenbehandlung, also der einfühlsamen Lenkung verschiedener Charaktere und Begabungen zu einer einheitlichen Aufgabe und einem möglichst reibungslosen Zusammenarbeiten stellt an den Vorgesetzten Anforderungen, die gewöhnlich im normalen Aufstieg zum Vorgesetzten weder gelehrt noch systematisch entwickelt werden. Es ist deshalb nicht nur zu empfehlen, jeden Vorgesetzten bei seiner Berufung auf diese Eigenschaften und Kenntnisse hin zu überprüfen, sondern den dafür Ausersehenen auch durch folgerichtige Ausbildung und Weitung seines Blickfeldes für diesen Teil seiner Aufgabe immer geeigneter zu machen.

Besonders wichtig ist es, ihn auf die Behandlung heikler Fragen vorzubereiten, die im Betriebsleben an jeden Vorgesetzten herantreten. Alle jene Fragen, die sich mit der privaten Haltung des Mitarbeiters, seiner Sauberkeit, seiner Kleidung, seinem Verhalten zu Kollegen und Kolleginnen, seinem Familienleben, seiner Neigung zu übermäßigem Alkoholgenuß befassen, können, soweit sie auf das Betriebsleben und auf das Fortkommen einwirken, die Notwendigkeit zu einer Rücksprache ergeben, die immer als ein Eingriff in private Bezirke und recht peinlich und störend empfunden wird. Soweit der natürliche Takt und die innere Reife des Vorgesetzten noch nicht genügend entwickelt sind, bedarf er hier der Hilfe.

Betriebsvereine. Zurückhaltung empfiehlt sich gegenüber Versuchen, die innerbetrieblichen menschlichen Beziehungen durch „Betriebsvereine" zu fördern. Einerseits kommen die aus den Sozialfonds der Unternehmen für Betriebsvereine, wie Sport- oder Gesangvereine bereitgestellten Mittel in der Regel praktisch nur einem sehr kleinen Kreis der Beschäftigten zugute, zum anderen können sich aus einer solchen organisierten Freizeitbetreuung innerhalb des Betriebes Querverbindungen ergeben, die über das wünschenswerte Maß hinausgehen. Der Betrieb hat allenfalls ein Interesse daran, daß seine Mitarbeiter überhaupt mit ihrer Mußezeit etwas anfangen können, da erfahrungsgemäß Menschen ohne Steckenpferd mit zunehmendem Alter infolge ihrer einseitigen Ausrichtung auf den Beruf oder infolge ihrer sonstigen Interessenlosigkeit anderen gegenüber weniger Verständnis aufbringen und so das Zusammenleben belasten. Es ist für den Betrieb daher viel wichtiger, Anregungen für Freizeitgestaltungen zu geben, z. B. durch Ausstellungen und Wettbewerbe, als sich um betriebsinterne „Freizeitgestaltung" zu bemühen. Für E-Werke erscheint eine Einschaltung und Hilfe bei der Freizeitgestaltung nur dort erforderlich, wo die Belegschaft auf Grund der großen Entfernung eines Werkes von kulturellen Zentren der Unterstützung, z. B. für Theaterfahrten, Vortragsabende, bedarf.

Verantwortung und Würde. Der inzwischen erreichte hohe Stand der Arbeits- und Sozialgesetzgebung birgt die Gefahr, daß die Selbstverantwortung der Arbeitnehmer über Gebühr eingeschränkt wird. Sie sollte auf keinen Fall weiter zurückgedrängt werden, da sie für die Erhaltung und weitere Verbesserung der menschlichen Beziehungen in den Unternehmen unerläßlich ist.

Im Betrieb selbst werden an die Verantwortung der einzelnen Mitarbeiter gerade in E-Werken bei zunehmendem Wert der Anlagen und gleichbleibender oder vielleicht sinkender Belegschaftszahl ständig höhere Anforderungen gestellt. Es gilt, diese Verantwortung den Betriebsangehörigen bewußt zu machen. Mit dem Verantwortungsbewußtsein wächst das Selbstvertrauen, ein wesentlicher Bestandteil menschlicher Würde, ohne die es keine Beziehungen geben kann, die echten Bestand haben und fähig sind, Krisen zu überdauern.

b) Traditionsbewußtsein

Eine sehr lange Betriebszugehörigkeit fördert eine kontinuierliche Entwicklung des Geistes und des Stiles eines Unternehmens. Bei Elektrizitätswerken sind die Voraussetzungen zur Heranbildung einer Betriebstradition günstig.

Tradition und Fortschritt. Bei einer bewußten Pflege der Tradition eines E-Werkes muß sehr wach darauf geachtet werden, daß ein Festhalten am Althergebrachten den technisch-wirtschaftlichen Fortschritt, die Dynamik des Betriebsgeschehens nicht hemmt. Im Gegenteil sollten die technisch-wirtschaftlichen Fortschritte und die Aufgeschlossenheit des Unternehmens gegenüber Neuerungen herausgestellt werden.

Gegenüber den Leistungsverbesserungen, die mit modernen Methoden erreicht werden, sollten die Leistungen vergangener Jahrzehnte dadurch ins rechte Blickfeld gerückt werden, daß man sie an den damaligen Möglichkeiten mißt. Man muß also den heutigen Mitarbeitern gelegentlich vor Augen führen, daß auch eine Turbine, eine Drehstromübertragung, ein Bügeleisen und ein elektrischer Kochherd einmal revolutionär waren.

Es kann auch nicht schaden, wenn in rückblickenden Veröffentlichungen deutlich wird, unter welchen wesentlich schwierigeren Bedingungen ohne die heutigen arbeitserleichternden Hilfsmittel, wie beispielsweise Autos, Funkverbindungen, fahrbare Montagekräne oder Buchungsmaschinen die früheren Betriebsangehörigen ihre Arbeit taten und dennoch der Aufgabe, die Allgemeinheit mit Strom zu beliefern, gut gerecht wurden.

Mittel der Traditionspflege. Jubiläumsschriften, geeignete Veröffentlichungen in der Werkzeitung mit Rückblicken auf vergangene Zeiten, Sammlungen alter elektrischer Stromverbrauchsgeräte, Teile von älteren Stromerzeugungs- und verteilungsanlagen, von handschriftlichen Akten, von Lohnzetteln, von Rechnungen und Mahnungen aus früheren Jahren und immer wieder Bilder und Photographien sind zur Pflege eines Traditionsbewußtseins wertvolle Hilfsmittel. Zweckmäßigerweise legt man hierfür vielleicht in Zusammenarbeit mit anderen historischen Instituten ein kleines Museum und ein Sonderarchiv an, für deren Betreuung sich gegen ein kleines Zusatzentgelt in der Regel Pensionäre mit Freuden zur Verfügung stellen. Eine Fundgrube für diejenigen, die sich über die vergangenen Zeiten des Betriebes ins Bild setzen wollen, sind Gespräche mit Jubilaren und Pensionären. In vielen Werken werden die Pensionäre grundsätzlich zu besonderen Ehrentagen, z. B. zu ihrem 75-, 80- oder 90jährigen Geburtstagen, von einem Angehörigen der Unternehmensleitung oder einem leitenden

Angestellten besucht. Andere Werke feiern grundsätzlich einmal im Jahr für alle Jubilare des vorigen Jahres ein Fest, zu dem auch gleichzeitig die jüngsten Mitarbeiter des Unternehmens, die Lehrlinge und sonstigen Neueingestellten geladen werden, um das Band zwischen der Vergangenheit und der Zukunft enger zu knüpfen.

Traditioneller Unternehmensstil. Der althergebrachte Geist eines Unternehmens und der Stil, mit dem die Menschen innerhalb eines Werkes miteinander verkehren, bleibt nicht ohne Rückwirkungen auch auf die Beziehungen des Unternehmens zu Außenstehenden. Für E-Werke ist charakteristisch, daß sie im Grunde nie einen echten Konkurrenzkampf um Markt und Kundschaft führen mußten. Ein gelegentlich vielleicht etwas überbetontes Selbstbewußtsein, eine leicht übertriebene Würde und ein peinlicher Hang zur Überheblichkeit im Verkehr mit dem „Stromabnehmer" ist zweifellos mindestens latent vorhanden. Wenn auch der Verkehrston nach außen in der Regel auf „clevere und smarte" Töne verzichtet, so empfiehlt es sich doch, die Aufgeschlossenheit, Dienstwilligkeit und echte Pflege des Kundeninteresses auch nach außen zu zeigen. Der geschlossene eigene Stil des Unternehmens darf nie zu einem nach außen hin verschlossenen und abweisenden Sonderdasein führen.

c) Betriebsrat

Betriebsverfassungsgesetz. Betriebsräte sind das oberste Organ der Interessenvertretung der Arbeitnehmer in einem Unternehmen. Die Beziehungen zwischen Unternehmensleitung und Betriebsrat haben ihre gesetzliche Regelung im Betriebsverfassungsgesetz gefunden. Es stellt einen Kompromiß dar zwischen dem Streben der Unternehmensleitungen, dem Auftrag der Eigentümer gemäß die Unternehmensziele zu verfolgen, und zwischen dem Streben der Arbeitnehmer nach einem angemessenen Schutz ihrer Interessen.

Das Betriebsverfassungsgesetz überläßt in der Praxis die Zuständigkeit und Verantwortung für die Leitung des Unternehmens dem Arbeitgeber und billigt dem Arbeitnehmer insoweit Kompetenzen und Rechte auf Anhörung, Mitwirkung und Mitbestimmung zu, als Belange der Arbeitnehmer auf dem Spiele stehen. An das Recht zur Mitbestimmung des Betriebsrates ist die Unternehmensleitung in sozialen Angelegenheiten gebunden. Dazu gehören insbesondere Beginn und Ende der täglichen Arbeitszeiten und Pausen, Urlaubsfestsetzung, Durchführung der Berufsausbildung, Verwaltung betrieblicher Wohlfahrtseinrichtungen, Arbeitsordnung, Aufstellen von Entlohnungsgrundsätzen und Einführung neuer Entlohnungsmethoden. Wegen des mittelbaren Interesses der Arbeitnehmer an der wirtschaftlichen Entwicklung der Unternehmen ist darüber hinaus noch den Arbeitnehmern ein Informationsrecht über grundsätzliche Unternehmensfragen zugestanden.

Wahrung des Arbeitsfriedens. In der öffentlichen Elektrizitätsversorgung sind Auseinandersetzungen zwischen den Arbeitgebern und Arbeitnehmern bislang gemäßigt verlaufen. Einerseits kann dies auf die langjährige Bindung der Mitarbeiter in den E-Werken zurückgeführt werden. Zum anderen waren sich die Partner bewußt, daß offener Bruch, Streik oder Aussperrung höchste Gefahr für die Öffentlichkeit bedeuten würde. Das allgemeine Recht zum Streik und zur Aussperrung gilt zwar auch für die öffentlichen Elektrizitätswerke und ihr Personal, doch ist die öffentliche Meinung ein so starker Faktor, daß sich keiner der

Partner in der Praxis leichtfertig berechtigten Vorwürfen aussetzen möchte. Hinzu kommt der Einfluß öffentlicher Stellen, die sich bei Auseinandersetzungen sofort einzuschalten pflegen und auf eine ungestörte Versorgung der Bevölkerung und der Wirtschaft drängen.

Vertrauensverhältnis. Für das in E-Werken allgemein gute Verhältnis zwischen Unternehmensführung und Betriebsrat ist mit ausschlaggebend, daß die Betriebsleitungen bei Angelegenheiten, die Arbeitnehmerinteressen berühren, meist von sich aus die Betriebsräte rechtzeitig weitgehend informieren und zu Rate ziehen. Selbst gelegentliche harte Auseinandersetzungen in einzelnen Fragen pflegen in einer Atmosphäre gegenseitiger Achtung ausgetragen zu werden.

In vielen Werken sind den Arbeitnehmervertretungen über die durch das Betriebsverfassungsgesetz gezogenen Grenzen hinaus Kompetenzen und Verantwortungen zugestanden worden. Für Stellen, die sich vorwiegend mit sozialen Angelegenheiten zu befassen haben, wie Betriebskrankenkassen, Pensionskassenverwaltung, Werksfürsorge, Kantinenverwaltung sind Personen eingesetzt, die sich des vollen Vertrauens der Arbeitnehmerschaft erfreuen. Eine solche Handhabung entbindet die Unternehmensleitung allerdings nicht ihrer Verantwortung für diese Gebiete.

Gewerkschaftlich Nichtorganisierte. Schwierigkeiten ergeben sich fallweise aus den Bestrebungen der gewerkschaftlich Organisierten, die Arbeitnehmervertretungen zum Druck gegenüber den Nichtorganisierten zu mißbrauchen. Es gibt zweifellos Fälle, in denen die Interessen der Betriebsangehörigen nicht mit den langfristigen allgemeinen gewerkschaftlichen Zielen übereinstimmen. Das kann zu Gewissenskonflikten führen, wenn in Betriebsräte nur gewerkschaftlich gebundene Mitarbeiter gewählt sind. Die Unternehmensleitungen haben in solchen Fällen keine Veranlassung, die Interessen ihrer gewerkschaftlich organisierten Mitarbeiter gegenüber deren eigenen Interessenvertretungen zu wahren, sie sollten sich aber der nichtorganisierten Mitarbeiter annehmen und diesen einen gewissen Schutz gegenüber einem als betriebsfremd empfundenen Druck gewähren. Wer durch Nichteintritt in eine Gewerkschaft zu erkennen gibt, daß ihm die Kraft seiner eigenen Persönlichkeit, sein Vertrauen zum Arbeitgeber und sein Vertrauen in die Objektivität des Betriebsrates zur Wahrung seiner berechtigten Ansprüche genügt, sollte nicht damit rechnen müssen, daß ihn der Arbeitgeber in diesem Vertrauen enttäuscht.

Parteipolitische Neutralität. Die Staats- und Wirtschaftsordnung der Bundesrepublik betrachtet die Wirtschaft und ihre Unternehmen als „politisch neutrales Gebiet". Für die politische Willensbildung des Staates sind jedoch politische Parteien wesentlich. In und mit diesen Parteien zu arbeiten, ist eine staatsbürgerliche Aufgabe, die gefördert zu werden verdient, namentlich wenn sie neben einem anstrengenden Berufsleben durchgeführt wird.

d) Unfallschutz

Für jedes Unternehmen ist es im Rahmen der allgemeinen Fürsorgepflicht gegenüber den Mitarbeitern selbstverständlich, die Beschäftigten vor Unfällen zu schützen und im Unglücksfalle die Folgen für den Betroffenen und seine Familie zu mildern. Gelegentlich geäußerte Ansichten, Unfälle seien der unvermeidliche Tribut, den die industrialisierte Gesellschaft der Technisierung zu zollen habe, sind energisch zu bekämpfen. Die E-Werke streben in Zusammenarbeit mit dem VDE und den Berufsgenossenschaften nach einer Erhöhung der Sicherheit. Einrichtungen und Arbeitsmethoden wurden entwickelt, die sowohl die Mitarbeiter vor Berufsunfällen, als auch alle Benützer von Elektrizität vor elektrischen Unfällen weitgehend schützen.

Die Erfolge der allgemeinen Maßnahmen zur Verhütung elektrischer Unfälle lassen sich daran erkennen, daß trotz der erheblichen Verdichtung der Versorgungsleitungen und Installationsanlagen und der ständig wachsenden Zahl elektrischer Geräte die Gesamtzahl der durch elektrischen Strom tödlich Verunglückten im Verhältnis zu der an Letztverbraucher abgegebenen Strommenge laufend zurückgeht.

Todesfälle im Bundesgebiet (ohne Saarland und West-Berlin) von 1949—1957[1]

	1949	1950	1951	1952	1953	1954	1955	1956	1957
Bevölkerung (in Mio)	46,578	47,232	48,117	48,488	48,983	49,521	50,013	50,110	50,812
Todesfälle insgesamt	479 931	493 416	507 587	508 053	539 134	515 564	541 324	556 897	570 595
Unfalltote insgesamt	21 594	21 279	23 364	23 605	26 260	26 497	28 579	29 582	29 212
Unfalltote durch Kraftfahrzeuge insgesamt	4729	5803	7431	7130	9635	10 410	11 623	12 211	11 894
Tote durch elektr. Strom	317	286	286	268	287	317	308	298	279
Tote durch Gas u. Dämpfe	478	481	504	456	471	492	482	512	469
Tote durch Blitzschlag	73	86	101	48	87	52	91	57	46

Von den rd. 30 000 Unfalltoten im Bundesgebiet im Jahre 1957 sind mehr als $^1/_3$ durch Kraftfahrzeuge zu Tode gekommen, während nur für weniger als 1% der tödlichen Unfälle die Elektrizität ursächlich war.

Tödliche Unfälle durch Elektrizität im Bundesgebiet[1] *(ohne Saarland und West-Berlin) 1949–1957*

Jahr	Insgesamt	je 1 Mio Einwohner	je 1 Mrd. kWh Stromabgabe an Letztverbraucher
1949	317	6,8	10,0
1950	286	6,0	7,7
1951	286	5,9	6,5
1952	268	5,5	5,6
1953	287	5,9	5,5
1954	317	6,4	5,4
1955	308	6,2	4,7
1956	298	5,9	3,7
1957	279	5,5	3,2

Die Zahl der Todesopfer elektrischer Unfälle je 1 Mio Einwohner ist im Bundesgebiet im Laufe der Jahre nahezu konstant geblieben. Die Hoffnung, auch

---

[1] Nach SIMON, Unfälle durch Elektrizität in der Bundesrepublik Deutschland und in anderen europäischen Ländern. Elektrizitätswirtsch. 1958, H. 11, S. 330ff. und Statistisches Bundesamt, Wiesbaden, Bd. 61, 74, 89, 127, 148, 174, 187, 232.

28*

diese Zahl noch weiter herabdrücken zu können, gründet sich auf die bemerkenswert niedrigen entsprechenden, etwa halb so hohen Zahlen für einige Länder mit ähnlichem Elektrizifizierungsgrad, beispielsweise Belgien und England. Die Unfallforschung hat allerdings die tieferen Gründe für diese Abweichungen noch nicht eindeutig ermittelt.

Elektrische Berufsunfälle. Die Todesfälle durch Elektrizität sind etwa zu $1/3$ im Privatleben vornehmlich in Haushalten, und zu $2/3$ im Berufsleben eingetreten. Nach Untersuchungen der staatlichen Gewerbeaufsicht und der Berufsgenossenschaften im Jahre 1954 sind von rd. 2 Millionen überhaupt gemeldeten Schadensfällen aller Art nur 0,22% auf elektrischen Ursachen zurückzuführen gewesen[1].

Für die Unfallbekämpfung im Bereich der E-Werke sind besonders die Auswertungen der von der Berufsgenossenschaft für Feinmechanik und Elektrotechnik erfaßten Unfälle aufschlußreich:

Das Verhältnis der Niederspannungs- zu den Hochspannungsunfällen hat sich von rd. 70 zu 30 (1930—1938) auf rd. 80 zu 20 (1947—1954) verschoben[2].

Aus dem sinkenden Anteil der tödlichen Unfälle an den elektrischen Berufsunfällen ergibt sich, daß die Bemühungen der Beteiligten um die Verbesserung der Sicherheit am Arbeitsplatz von großem Erfolg waren.

Anteil der tödlichen Unfälle an elektrischen Betriebsunfällen[3]
(soweit von der Berufsgenossenschaft für Feinmechanik und Elektrotechnik im früheren Reichs-
und jetzigen Bundesgebiet erfaßt)
in %

	insgesamt	unter 1000 V	über 1000 V
1930—38 (Mittelwert)	11,8	5,2	23,5
1947—53 (Mittelwert)	6,7	3,1	20,2
1956	4,6	2,2	19,0

Ursachen elektrischer Berufsunfälle. Bedenklich ist, daß bei Analysen elektrischer Niederspannungs-Unfälle immer noch mehr als doppelt so oft persönliche Mängel gegenüber sachlichen als Ursache festgestellt werden. Unterschätzung der Gefährlichkeit, Gedankenlosigkeit bei elektrofachlichen Routinearbeiten und Sorglosigkeit von Verantwortlichen hinsichtlich der Überprüfung elektrischer Einrichtungen sind neben Fahrlässigkeit und Unkenntnis bei Händlern und „Konfektionären" elektrischer Erzeugnisse die hauptsächlichen persönlichen Mängel. Als sachliche Ursache ließ sich bei Unfällen unter 1000 V zumeist ein Isolationsfehler oder eine durch Werkzeuge eingeleitete Isolationsminderung ermitteln.

Auch Hochspannungsunfälle werden erfahrungsgemäß weitaus am häufigsten durch persönliche Fehler ausgelöst. Und zwar treten derartige Unfälle am meisten in Mittelspannungs-Innenanlagen auf. Der Grund ist wohl darin zu sehen, daß gerade diese Anlagen einerseits an das Denkvermögen der Bedienenden hohe, wenn auch keineswegs übertriebene Anforderungen stellen, und andererseits wegen der Bauweise und wegen des Abstandes der unter Spannung stehenden Ein-

---

[1] Vgl. SIMON, a. a. O.

[2] Vgl. SIEGL, Lichtbogenunfälle und deren Bekämpfung in Hochspannungsschaltanlagen. Elektrizitätswirtsch. 1958, H. 5, S. 115 ff.

[3] Nach SIMON a. a. O. und Statistisches Bundesamt a. a. O.

richtungen zum Personal dieses im Schadensfalle am meisten gefährden. Als gefährlich haben sich vor allem Arbeiten an oder in Zusammenhang mit Trennern erwiesen.

Die laufende Analyse aller elektrischen Unfälle[1] weist die Wege für eine erfolgversprechende weitere Unfallverhütung. Gerade hinsichtlich der Unfallstatistik, der Abstimmung ihrer Aufgliederung und der Auswertung können die E-Werke in Zusammenarbeit mit den in Frage kommenden Verbänden, wie VDE und VDEW, und anderen Institutionen viel fruchtbare Arbeit leisten, um Unterlagen für eine noch wirksamere Unfallverhütung zu schaffen.

Schulung des Personals. Im Vordergrund der Bemühungen um den Schutz des eigenen Betriebspersonals vor elektrischen Berufsunfällen muß nach wie vor die periodische Aufklärung des Schaltpersonals und aller sonstigen Betriebsangehörigen stehen, die überhaupt mit betriebsmäßig oder im Fehlerfall spannungsführenden Teilen in Berührung kommen könnten, also auch der Reparatur- und Reinigungskolonnen beispielsweise.

Die Schulung muß von den Sicherheitsvorschriften des VDE ausgehen, ist aber für die besonderen Zwecke des Betriebes sorgfältig zu ergänzen. Jedes E-Werk wird eigene zusätzliche Sicherheitsanordnungen wie Schaltvorschriften, Erdungs- und Freimeldungsbestimmungen festlegen und ihre Einhaltung erzwingen. Die dem Personal vermittelten Kenntnisse sind regelmäßig zu überprüfen und in praktischen Übungen, z. B. Hantieren mit Schaltstangen, Spannungsprüfern, Erdungsgeräten, zu festigen. Im Rahmen dieser Schulung kann vor allem die Vorführung von Fehlhandlungen, z. B. das Ziehen eines Trenners unter Last an eigens dafür vorbereiteten Stellen, sehr eindrucksvoll sein.

Die Unterrichtungen müssen etwa halbjährlich erfolgen, auch wenn sich die Verantwortlichen dabei dem Vorwurf „unnötiger" Wiederholungen aussetzen. Die Praxis hat jedoch erwiesen, daß die Wachhaltung der Aufmerksamkeit gegenüber möglichen Gefahren entscheidend für die Aufklärungsarbeit über die fachliche Schulung hinaus ist. Schockähnliche, aber außerordentlich nachhaltige Wirkungen können dabei Fotos von den Folgen neuerer krasser Unfälle aus dem eigenen Unternehmen oder aus benachbarten Werken haben.

Bei der Aufklärungsarbeit ist vor allem darauf zu achten, daß ältere routinierte Fachkräfte besonders gefährdet sind, weil Gewohnheit und langjähriges unfallfreies Arbeiten ein übermäßiges Selbstgefühl und einen gewissen Routineleichtsinn hervorrufen. Neulinge sind ängstlicher und daher mehr zu vorsichtiger Handhabung geneigt.

Unfallsichere Anlagen. Ergänzend zur Aufklärungsarbeit muß die weitere Verbesserung der Unfallsicherheit der Anlagen gehen. Die Aufgabe wird dadurch erleichtert, daß die zu treffenden Maßnahmen im Einklang mit der technischen Entwicklung liegen, die aus Gründen der Wirtschaftlichkeit erstrebt wird. Im Anlagenbereich der E-Werke sind zu nennen: Die vermehrte Anwendung blechgekapselter Anlagen, der Verzicht auf Doppelsammelschienen, der Einbau von Lasttrennern statt Leistungsschaltern, der Übergang zur Kurzschlußunterbrechung (Fortschaltung), der Bau von Schaltanlagen mit verstärktem Lichtbogenschutz und von automatischen oder ferngesteuerten Anlagen.

---

[1] Vgl. FREIBERGER, Der elektrische Widerstand des menschlichen Körpers gegen technischen Gleich- und Wechselstrom. Berlin 1934. S. 135 ff.

Allgemeiner Unfallschutz. Die Gefahren durch den elektrischen Strom stehen beim E-Werk im Vordergrund des Interesses. Gerade deshalb dürfen die anderen Gefahrenquellen nicht vernachlässigt werden. Heißdampf- oder Heißwasser, Hochdruck-, Brand- und Explosionsgefahr[1], Transportbänder, Hebezeuge, glatte Treppen, unvorschriftsmäßiges Verhalten im Fahrzeugverkehr und viele andere, auch in anderen Betrieben mögliche Gefahren verdienen genauso große Beachtung.

Unter vielen Mitteln und Möglichkeiten zur Verminderung von Unfallgefahren ist die Verwendung von Warnanstrichen erwähnenswert. Erst in den letzten Jahren ist es bei den E-Werken in steigendem Maße üblich geworden, die in der Bundesrepublik vereinheitlichten Farben für Gefahrenquellen in Innen- und Außenanlagen zu verwenden. Rot und orange als Gefahr- und Warnfarbe, grün und blau als Farben für gefahrlose oder Betriebs-Zustände und gelb/schwarz-Streifen für Hindernisse haben bereits manchen Unvorsichtigen in letzter Sekunde gewarnt.

Verantwortung der Vorgesetzten. Die vielleicht wichtigste Aufgabe der Unternehmensverantwortlichen bei der Unfallbekämpfung ist die sorgfältige Auslese des Personals, dem die Verantwortung für andere Gefährdete in die Hände gelegt wird. Insbesondere sind es Schaltmeister, Schaltingenieure in den Lastverteilungen, Kessel- und Maschineningenieure und -meister sowie Leiter von Reparatur-, Bau- und Überholungstrupps. Schwierigkeiten ergeben sich hierbei zumeist weniger bei der Auswahl neuer Leute als bei der Aussonderung solcher, die durch persönliche Fehler Unfälle heraufbeschwören. Ein E-Werk hat in der Regel nur wenig Stellen, an die derartiges Personal ohne Rangeinbuße versetzt werden kann. Es wäre jedoch verantwortungslos, diesen Mitarbeitern trotz Kenntnis von ihrem Versagen, sei es auch nur in einem einzigen Falle, sofort weiterhin das Leben anderer Mitarbeiter anzuvertrauen! Entlassungen wird man bei einmaligem, fahrlässigem Versagen im allgemeinen nicht ins Auge fassen, sondern sich mit einer Versetzung an eine rangniedrigere Stelle mit eingeschränkter Verantwortung unter Fortfall von Funktionszulagen begnügen. Bei einem nur fahrlässigen Versagen sollte man in der Regel auch eine Wiedereinsetzung in den alten Stand nach geraumer Bewährungszeit erwägen. Auf alle Fälle ist sofort die Schalt- und Kommandobefugnis im Betrieb zu entziehen.

Bei derartigen Entscheidungen muß die Unternehmensleitung gegenüber noch so flehentlichen Bitten, sei es seitens der Betreffenden, der Kollegen, des Betriebsrates, der Familie oder sogar der Geschädigten, hart bleiben. Wer eine solche Stellung übernimmt, muß sich über Verantwortung und Risiko im klaren sein.

Sicherheits- und Unfallingenieure. Zur Überwachung der Unfallschutzmaßnahmen bedienen sich größere Unternehmen hauptamtlicher sogenannter Sicherheits- und Unfallingenieure. In kleineren E-Werken muß die Unternehmensleitung diese Aufgabe unter Mithilfe eines Ingenieurs oder Meisters selbst wahrnehmen. Die Kontrollaufgabe sollte dabei keineswegs auf den technischen Betrieb beschränkt bleiben. Daß sich Stenotypistinnen an Büromaschinen elektrisieren, daß Putzfrauen an Staubsaugern oder Bohnergeräten einen elektrischen Schlag bekommen, oder daß Boten unvorschriftsmäßig beleuchtete Fahrräder benutzen, sollte in einem E-Werk ebensowenig vorkommen, wie daß die metallene

---

[1] Zur Vermeidung von Brand- und Explosionsgefahr sowie gefährlicher Verqualmung wird angestrebt, in den Anlagen möglichst wenig brennbare Isolationsmaterialien zu verwenden (z. B. Übergang auf Kunststoff, Gießharz).

Ständerleuchte im Direktionszimmer nicht geerdet ist. Auch die periodische Überprüfung der Fahrer im Hinblick auf Reaktionsvermögen, Fahrkenntnis, Ausbildung in Erster Hilfe gehört beispielsweise mit zu den Aufgaben der Sicherheitsingenieure.

Die Sicherheitsingenieure müssen mit wachem Spürsinn die Arbeitsstellen und Werkzeuge aller Betriebsangehörigen sowie deren Verhalten im Umgang mit den Werkzeugen, Geräten und Anlagen immer von neuem überprüfen. Wenn auch die Sicherheitsingenieure die Kenntnis von den Hauptgefahrenpunkten nur durch eine sorgfältige Unfallstatistik und deren Auswertung gewinnen können, ihr Arbeitsfeld darf nicht der Schreibtisch werden. Der Sicherheitsingenieur ist persönlich in erster Linie für die Unfallverhütung, nicht so sehr für die Bekämpfung von Unfallfolgen einzusetzen. Für Erste-Hilfe-Lehrgänge und sonstige Unterweisungen in der Behandlung Unfallverletzter stehen ausreichend Ausbildungsmöglichkeiten bei den örtlichen Gruppen des Roten Kreuzes zur Verfügung. Auch die Vorsorge für Verbandsmaterial und Erste-Hilfe-Geräte sollte er den einzelnen Betriebsstellen nach seinen Richtlinien überlassen. Er sollte sich insofern auf Stichproben und unvorhergesehene Einsatzübungen beschränken.

Sachgemäße Betreuung Verletzter. Entscheidend für die Verringerung von Unfallfolgen ist neben ausreichender Vorsorge für Verbandsmaterial und für Personen mit Erste-Hilfe-Ausbildung vor allem ein gutes Nachrichtensystem zur Herbeirufung von Krankentransportfahrzeugen. Dabei ist es oft zweckmäßig, statt der öffentlichen Telefonanlagen die Nachrichtenverbindungen des E-Werkes selbst, das E-Werks-eigene Telefonnetz oder die UKW-Funkeinrichtungen zu benutzen, um eine der dauernd bereiten Leitstellen des E-Werkes, z. B. die Lastverteilung oder eine Betriebsstelle, zu benachrichtigen, die von sich aus dann das weitere veranlaßt. Bei der im internen Gesprächsverkehr üblichen kurzen und knappen Meldesprache kann der Anrufer sich so ein langwieriges Verhandeln mit Krankentransportstellen, Krankenhäusern oder gegebenenfalls mit Polizei und Feuerwehr ersparen, so daß er sich schnell wieder um den oder die Verletzten kümmern kann.

Die medizinische Forschung und Praxis hat in bezug auf die Behandlung von schweren Verbrühungen sowie direkten und indirekten Stromschäden in den letzten Jahren erhebliche Fortschritte gemacht, doch können die entsprechenden Spezialkenntnisse unmöglich bei allen gerade diensthabenden Unfallärzten vorausgesetzt werden. In der Praxis hat sich daher bei vielen E-Werken das Verfahren bewährt, die durch Dampf- oder Elektrizitätseinwirkung Verletzten auf Grund genereller Absprachen mit den zuständigen Stellen grundsätzlich demjenigen Krankenhaus zuzuweisen, bei dem die diensthabenden Ärzte mit den Besonderheiten solcher Fälle vertraut sind.

Damit im Schadensfalle immer sofort eine Hilfe zugegen ist, muß dringend gefordert werden, daß bei spannungsgefährdeten Arbeiten grundsätzlich mindestens zwei Personen eingesetzt werden, von denen sich eine nicht in Gefahr begeben darf. Eigenartigerweise wird diese Forderung gelegentlich von den Betriebsabteilungen und den Gefährdeten selbst als wirklichkeitsfremd und überspitzt mit Wirtschaftlichkeitsargumenten abgelehnt. Jede Unternehmensleitung sollte jedoch demgegenüber unnachsichtlich ihren Standpunkt vertreten, daß die Sicherung der Mitarbeiter gegen körperliche Schäden Wirtschaftlichkeitserwägungen unbedingt vorzugehen habe.

Hilfe des Unternehmens nach Unfällen. Neben körperlichen Schäden ergibt sich als Unfallsfolge in der Regel eine Reihe finanzieller Probleme, sei es hinsichtlich des Verdienstausfalles, der Kosten der Krankenhausbehandlung oder der Versorgung von Hinterbliebenen. Zwar soll die ausgedehnte gesetzliche Regelung im Rahmen der allgemeinen Versicherung- und Sozialgesetzgebung die Betroffenen vor den Auswirkungen solcher Unfallfolgen schützen, doch ist dieser Schutz nur auf das Notwendige begrenzt. Die Elektrizitätswerke werden daher im allgemeinen auf Grund der langjährigen Bindung an ihre Mitarbeiter ergänzend helfen. Auf alle Fälle sollte jedes E-Werk den Betroffenen bei der Durchsetzung ihrer berechtigten gesetzlichen Ansprüche nach Kräften Unterstützung gewähren und ihnen im Zusammenwirken von Sicherheitsingenieur, Betriebsrat, Betriebsarzt und Rechtsabteilung die Wege hierfür ebnen. Selbst wenn der dabei für die Betroffenen zu erzielende materielle Erfolg nicht wesentlich größer wird, so wird doch allen Mitarbeitern des Werkes schon durch eine derartige Hilfe Gewißheit gegeben, bei einem solchen Schicksalschlag von ihrem Unternehmen nicht im Stich gelassen zu werden.

V. Wirtschaftlichkeits-Überwachung

Selbst sorgsamste Erwägungen und das Anstreben der wirtschaftlichen Bestlösung bieten keine Gewähr für einen zufriedenstellenden Betriebsablauf. Eine Reihe von Einflußgrößen für die Wirtschaftlichkeit des laufenden Betriebes, wie z. B. die Entwicklung des Lohnindexes, des Materialpreisindexes, der Lagerkosten, läßt sich mit ausreichender Genauigkeit bereits bei der Aufstellung der Pläne berücksichtigen, andere Einflußgrößen hingegen sind nur intuitiv abzuschätzen, wie z. B. konjunkturelle Verbrauchsschwankungen bei wichtigen Abnehmern, politische Auswirkungen auf erzielbare Erlöse oder Arbeitsmarktverknappung. Selbst bei optimaler Betriebsplanung ergeben sich deshalb gegenüber den Plänen Veränderungen der Kosten und Erlöse in Aufwand und Ertrag, die laufend kritisch beobachtet werden müssen. Auch bei der Aufstellung der Pläne können sich Fehler eingeschlichen haben, sei es infolge Nichtbeachtung oder fehlerhafter Berücksichtigung von Einflußgrößen, sei es durch Versagen von Menschen oder Maschinen. Jeder Betrieb bedarf daher einer ständigen Wirtschaftlichkeitsüberwachung, deren Zweck es ist, Fehlern nachzuspüren, ihre Ursachen zu analysieren und sie auszumerzen.

Statistik, Betriebsbuchhaltung und Betriebsabrechnung ermöglichen es, die anfallenden Daten zu ordnen, zu bewerten und aussagefähig zu machen. Der Unternehmensleitung und den sonstigen Dispositionsstellen werden so die nötigen Erkenntnisse vermittelt. Während die Buchhaltung ihrem Wesen entsprechend Kapital- und Geldbewegungen festhält und finanz- und steuerpolitische Entscheidungen vorbereiten hilft, geben Statistik und Betriebsabrechnung vorwiegend Einblick in den eigentlichen Betriebsablauf mit seinen ständigen wertschöpfenden und wertverzehrenden Geschehnissen.

a) Betriebs- und Vertriebsstatistik

Betriebs- und Vertriebsstatistik bilden den wesentlichen Kern der Erhebungen und Aufzeichnungen eines E-Werks. Dabei werden vorwiegend Daten erfaßt und verarbeitet, die nicht in Geldwert sondern in technisch-physikalischen Maßgrößen ausgedrückt werden. Der Begriff Statistik wird weit ausgelegt. Er umfaßt nicht nur Zahlen über Roh-, Hilfs- und Betriebsstoffe, über die Zwischenstufen der Stromerzeugung und -verteilung, sondern auch die verfügbaren und eingesetzten Anlageteile nach Größe, Leistungseinsatz, Schadenshäufigkeit und anderen technischen Daten sowie die Gliederungen des Personals. Die Vertriebsstatistik enthält Daten über Eigenheiten des Vertriebs, insbesondere also Stromverbrauch, Benutzungsdauer, Verbrauchsdichte nach Kunden, Kundengruppen, örtlicher Verteilung und anderen zweckmäßigen Ordnungsreihen sowie Daten über Zählertausch, Beratungstätigkeit, Werbeerfolg u. a.

Bedeutung betriebs- und volkswirtschaftlicher Daten. Zu den betriebs- und vertriebsstatistischen Daten in technischen Maßeinheiten und Stückzahlen treten auch Wertangaben. Mit dem Vordringen kostenwirtschaftlichen Denkens in die von der Technik beherrschten Bereiche wird es notwendig, daß zwischen Betriebs- und Vertriebsstatistik und betriebswirtschaftlichem Rechnungswesen zahlreiche Brücken geschlagen werden. Darüber erfolgt ein immer regerer Austausch von Daten, die sowohl für die Statistik als auch für die Betriebsabrechnung gleichermaßen bedeutsam sind oder innerhalb des Betriebes auf gleichem Wege weitergeleitet werden müssen.

Über die Betriebs- und Vertriebsstatistik hinaus werden zahlreiche Angaben aus Quellen benötigt, die außerhalb des eigenen Unternehmensbereiches und des Kundenbereiches liegen. Markt- und volkswirtschaftliche Daten wie beispielsweise Produktionsentwicklung verschiedener Wirtschaftszweige, allgemeine Lebenshaltungskosten oder Bruttosozialprodukt, werden als Unterlagen für vertriebspolitische Entscheidungen benötigt. Daten über die Entwicklung bei den Lieferanten von Anlagen, Roh-, Hilfs- und Betriebsstoffen (z. B. Frachtsätze, Brennstoffimportmengen, Produktionszahlen der anlagebauenden Industrie usw.) sind für die Einkaufspolitik, aber auch für Termin- und Kostenpläne wichtig. Daten über die Kapitalmarktentwicklung (Börsenkurse, Zinswerte, Dividendensätze) sind für finanzpolitische Untersuchungen erforderlich. Diese und zahlreiche andere Zahlen müssen laufend verfolgt werden, um Einflüsse von außen her unter Kontrolle zu halten.

Die Ergänzung der Betriebs- und Vertriebsstatistik durch Wertangaben aus dem betriebswirtschaftlichen Rechnungswesen und der Buchhaltung führt zu einer Gesamtstatistik. Diese Entwicklung ist z. Z. noch im Fluß. Die Aufbereitung der betriebswirtschaftlichen, in Wert ausgedrückten Daten erfolgt bei den meisten E-Werken noch getrennt von der Betriebs- und Vertriebsstatistik. Sehr oft wird jedoch schon die Speicherung der aufbereiteten halbjährigen oder ganzjährigen Kosten- und Erlösdaten und auch sogar der Aufwands- und Ertragsdaten gemeinsam mit der betriebs- und vertriebsstatistischer Daten durchgeführt.

Vorteile einer statistischen Zentralstelle. Bei der Vielgestaltigkeit der anfallenden Daten ist es oft schwierig, festzulegen, wer sie aussagefähig zusammenstellen muß und in welchen Zeitabschnitten die statistischen Ergebnisse wem zur Kenntnis gebracht werden sollen. Diese Aufgabe ist in vielen E-Werken noch nicht gelöst, ja z. T. nicht einmal in ihrem ganzen Umfang erkannt. Der erhebliche Arbeitsaufwand für Erfassung und Auswertung der Statistik läßt sich verhältnismäßig leicht untersuchen. Man wird bei einer solchen Untersuchung nicht selten feststellen, daß Daten ungenau erfaßt werden, Zahlen an verschiedenen Stellen des Hauses mühevoll gleicherweise zusammengestellt werden oder daß statistische Ergebnisse an Stellen gegeben werden, die ihrer nicht bedürfen.

Die für die Organisation der Statistik wichtigste Frage ist die nach der Verantwortung und Zuständigkeit für statistische Arbeiten. Es ist nicht zweckmäßig, daß jede Betriebsabteilung oder Betriebsstelle, jede Kundendienstgruppe oder Werbeabteilung von sich aus statistische Erfassungen veranlaßt und deren Umfang bestimmt. Eine Zentralstelle für Statistik ist nützlich, der ein beratender Ausschuß der wichtigsten an den statistischen Arbeiten Interessierten beigegeben werden sollte. Ihr ist die Kompetenz und Verantwortung für die Entscheidung zu übertragen, welche Daten laufend erfaßt werden sollen, wie sie zusammengestellt und ausgewertet werden und wer die Ergebnisse erhält. Die Zentralstelle braucht die Aufbereitung nicht selbst vorzunehmen, hat aber genaue Kenntnis über die insgesamt erfaßten Daten und deren Aufbewahrung, kann also jederzeit gewünschte Unterlagen beschaffen und auch schnell Material für Sonderuntersuchungen zusammenstellen. Der Einfluß der Zentralstelle auf Umfang und Art der statistischen Arbeit in den einzelnen Abteilungen sichert die Möglichkeit einer zweckmäßigen Abstimmung hinsichtlich der Werksnormen für Maßeinheiten, Maßstäbe und sonstige Besonderheiten der Daten, z. B. Perioden, Angaben in Indexzahlen oder Prozenten, Veränderungen gegen Vorperioden, Anteilsprozente an einer Zahlengruppe, Art der graphischen Darstellung. Bei diesen Vereinheitlichungsbestrebungen hat die statistische Zentralstelle eng mit der für die technischen Normen und der für die Normung des Schriftgutes zuständigen Stelle des Unternehmens zusammenzuarbeiten.

Die Vereinheitlichung der Arbeits- und Übersichtstabellen und -schaubilder hat erhebliche Vorteile: Neben der Papierersparnis durch einheitliche und für viele Zwecke gleichermaßen benutzbare Formulare wird die Verständigung zwischen den Abteilungen erleichtert. Für die Erstellung statistischer Arbeitsblätter wird zweckmäßigerweise auf die bereits von Fachleuten erarbeiteten Formblätter mit entsprechenden Netzlineaturen für graphische und tabellarische Darstellungen zurückgegriffen[1]. Die wichtigste Aufgabe der Zentralstelle ist aber die fortgesetzte Beschränkung aller statistischen Arbeit auf das wirklich Notwendige und auf die hinreichende Genauigkeit.

Eine wesentliche Voraussetzung jeder statistischen Arbeit, die Abstimmung der Begriffsbestimmungen für die zu erfassenden Daten, kann ebenfalls durch eine Zentralstelle gesichert werden. Viele weit voneinander abweichende Angaben pflegen mancher Geschäftsführung am Ende einer Periode über abgegebene Strommengen, Benutzungsdauer oder die Höchstlast zugleitet zu werden, wenn eine solche Abstimmung unterbleibt und führen oft zu peinlichen Mißverständnissen.

Die Abstimmung der Begriffe und der Darstellungsweise sollte sich nicht auf das eigene Unternehmen beschränken, sondern zusammen mit anderen E-Werken und den einschlägigen Fachverbänden erfolgen, damit fehlerfreie Vergleiche innerhalb des Fachgebietes möglich werden.

Durch eine zentrale Organisation des statistischen Arbeitens in einem Unternehmen wird der Weg zu einer weitgehenden Nutzung technischer Hilfsmittel

---

[1] z. B. GLEITZE, Statistische Arbeitsblätter. Freiburg: Haufe-Verlag.

für die Datenübermittlung und Datenverarbeitung vorbereitet. Die herkömmlichen Methoden des Aufschreibens, des telefonischen Übermittelns, des handschriftlichen Eintragens in Sammelbogen, der Datenverarbeitung durch einfache Rechenoperationen werden immer mehr durch neuzeitliche Arbeitsweise ersetzt werden können. Fernmessung, Summenmessung, Fernschreiber, Integral- und Kurzschreiber, Lochkartensystem, Magnetspeicher und Elektronik werden im Laufe der Entwicklung in das Arbeitsfeld Statistik eindringen, da nur die weitgehende Ausschaltung der manuellen Arbeitskraft der erfolgversprechende Weg ist, rationell, sicher und schnell zu den erforderlichen Erkenntnissen zu kommen.

Monatliche Schnellstatistik. Für die Information der Geschäftsführung und der Führungskräfte bis zu den Abteilungsleitern hat sich in der Praxis eine monatlich erscheinende Schnellstatistik bewährt, in der die wichtigsten nicht in Werten ausgedrückten Monats-Daten wie

Brennstoffverbrauch		t SKE
spezifischer Brennstoffverbrauch		kg SKE/kWh
Brennstofflagerbestand		t SKE
Stromerzeugung,	Arbeit	Mio kWh
	Leistung	MW max.
Strombezug,	Arbeit	Mio kWh
	Leistung	MW max.
Stromabgabe,	Arbeit	Mio kWh
	Leistung	MW max.
Stromverkauf je Tarifgruppe		Mio kWh
je Einwohner		kWh
Normalarbeitstage		Tage
Personalbestand		Personen

im Vergleich zur Vorperiode zusammengestellt sind.

Die in einer solchen Schnellstatistik aufgeführten Daten sollten von der Unternehmensleitung ausdrücklich als „nicht vertraulich" gekennzeichnet werden. Da die Gefahren falscher und widersprechender Angaben durch eine Zentralstatistik auf ein Mindestmaß herabgedrückt werden, entfallen zeitraubende Rückfragen um das Einverständnis der Geschäftsleitung zur Bekanntgabe. Auch für die Werbung und Presseinformation bringt die Schnellstatistik wesentliche Erleichterungen.

Von einer eingearbeiteten Zentralstelle lassen sich die für die Schnellstatistik erforderlichen Zahlen ohne Schwierigkeiten so fristgerecht zusammenstellen, daß in den ersten Tagen jeden Monats die Vormonatswerte vorliegen. Verschiebungen im Betriebsgeschehen werden so einem großen Teil von Mitarbeitern frühzeitig bekannt und regen gegebenenfalls erforderliche Untersuchungen, Vergleiche und Maßnahmen an. Ein besonderer Vorteil solcher Schnellstatistiken liegt in der Möglichkeit, Entwicklungen im eigenen Versorgungsgebiet mit der Entwicklung in anderen Gebieten oder im Bundesgebiet rasch vergleichen zu können.

b) Betriebswirtschaftliche Überwachung

Um die für eine wirtschaftliche Betriebsführung notwendigen Entscheidungen zur Gestaltung von Kosten und Erlösen rechtzeitig genug treffen zu können, muß der Geschäftsführung und auch den Verantwortlichen der einzelnen Abteilungen ergänzend zu der nicht vertraulichen Schnellstatistik mit ihren Betriebs- und Vertriebsdaten über die Nutzung der Anlagen auch eine „vertrauliche" monatliche Schnellübersicht über die Entwicklung der Kosten und Erlöse sowie den Unternehmenserfolg zur Kenntnis gegeben werden. Halbjährliche oder jährliche zusammenfassende Berichte genügen in der Regel nicht, da sie die kurzfristig eingetretenen Veränderungen oder ergriffenen Maßnahmen nicht eindeutig genug erkennen lassen. Die Aufgabe der Schnellinformation über „Wert-Daten" ist nur in wenigen E-Werken voll befriedigend gelöst, doch arbeiten die meisten sehr intensiv an der Verfolgung dieses Zieles.

Betriebsabrechnungsbogen und Überschußstatistik. Noch vor einem Jahrzehnt erfaßten die meisten E-Werke die Zahlenwerte nach dem System der kaufmännischen Buchführung und begnügten sich mit einer Verarbeitung der Kosten- und Erlöszahlen mit dem Ziel, zum Schluß des Geschäftsjahres Unterlagen über Aufwand und Ertrag unter bilanz- und steuertechnischen Gesichtspunkten zu erhalten. Diese Art der Erfassung aller Aufwendungen gab trotz Unterteilung nach Kostenstellen, z. T. auch noch nach Kostenarten in der Regel jedoch keinen genügenden Überblick über die laufende Entwicklung der Kosten und Erlöse und erlaubte auf Grund der Verschiedenheit der angewendeten Verfahren erst recht keinen Betriebsvergleich. Die Einführung eines neuen einheitlichen Kontenrahmens für Versorgungsbetriebe brachte Erleichterung[1].

In den Betrieben, die nicht den Gliederungsvorschriften der Eigenbetriebsverordnung unterliegen, läuft vielfach die statistische Betriebsabrechnung mittels des Betriebsabrechnungsbogens (BAB) zur laufenden Kostenüberwachung neben der buchhalterischen Erfolgsabrechnung (Finanzbuchhaltung). Will man bei den der Eigenbetriebsverordnung unterliegenden Betrieben mit BAB arbeiten, so empfiehlt sich eine Einbeziehung in das buchhalterische Verfahren. Passende BAB sind hierfür inzwischen entwickelt worden. Von der Gliederung nach Kostenarten ausgehend läßt man die Kosten in den BAB und von dort über die Buchungsaufgaben und die sogenannten Betriebsergebniskonten in die Erfolgsrechnung eingehen.

Zur monatlichen Schnellübersicht über die Entwicklung der Kosten und Erlöse und den Unternehmenserfolg empfiehlt sich eine einfache, nach Verantwortungsbereichen gegliederte Überschußstatistik, in der in runden Zahlen die monatlich anfallenden Werte unter Vergleich mit den Vormonats- und Vorjahreswerten für Gesamterlös (Konzessionsabgabe wird zweckmäßigerweise gleich abgezogen), Betriebskosten (Betriebs-, Unterhaltungs- und sonstige Kosten), Rohüberschuß, Kapitaldienst (kalkulierte Abschreibungen und Zinsen) und den verbleibenden Überschuß eingetragen werden. Die entsprechenden Gesamtzahlen für das ganze E-Werk ergeben unter Berücksichtigung der gemeinsamen Betriebskosten, der Kosten der Vertriebsabrechnung und der allgemeinen Verwaltung den Bruttoüberschuß. Die Werte für die außerordentlichen Erträge und Aufwendungen, die Differenz zwischen kalkulierten Kosten und entsprechendem Aufwand laut Gewinn- und Verlustrechnung, zwischen kalkulierten und tatsächlichen Abschreibungen und Zinsen gestatten dann die Ermittlung des Bruttogewinns,

---

[1] Kontenrahmen für Versorgungsunternehmen und mit ihnen verbundene Verkehrsbetriebe. Herausgeber VDEW und VGW, Dez. 1952.

aus dem durch Abzug von Ertragssteuern und sonstigen Ertragsminderungen der Nettogewinn zu ersehen ist[1].

<table>
<tr><td colspan="2" align="center">Hauptbetrieb</td><td align="center">Hilfsbetriebe</td></tr>
<tr><td>Stromversorgung</td><td>Wärmeversorgung</td><td></td></tr>
<tr><td></td><td>Stromgutschrift</td><td></td></tr>
<tr><td>Stromerlös</td><td>+ Wärmeerlös</td><td>Erlöse aus weiterverrech-</td></tr>
<tr><td>— Konzessionsabgabe</td><td>— Konzessionsabgabe</td><td>neten Gemeinkosten</td></tr>
<tr><td>— Betriebskosten [a]</td><td>— Betriebskosten [a]</td><td>— Betriebskosten [a]</td></tr>
<tr><td>Rohüberschuß (1)</td><td>Rohüberschuß (1)</td><td>Rohüberschuß (1)</td></tr>
<tr><td>— Kapitaldienst [b]</td><td>— Kapitaldienst [b]</td><td>— Kapitaldienst [b]</td></tr>
<tr><td>Überschuß (2)</td><td>Überschuß (2)</td><td>Überschuß (2)</td></tr>
</table>

Gesamtunternehmen

Erlöse	+ AO-Erträge
— Konzessionsabgabe	— AO-Aufwendungen
— Betriebskosten [a]	± Differenz zwischen kalkulierten Kosten und Erfolgs-
Rohüberschuß (1)	rechnungsaufwand, kalkulierten und tatsächlichen
— Kapitaldienst [b]	Abschreibungen und Zinsen
Überschuß (2)	Bruttogewinn
— gemeinsame Betriebskosten	— Ertragssteuer
— Kosten der Vertriebsabrechnung	— sonstige Ertragsminderungen
— allgemeine Verwaltungskosten	Nettogewinn
Bruttoüberschuß	Nettogewinn seit Beginn des Geschäftsjahres

[a] Betriebs-, Unterhaltungs- und sonstige Kosten
[b] Kalkulierte Abschreibungen und Zinsen

Eine solche Schnellübersicht bildet zusammen mit der monatlichen Statistik über die technischen Daten eine ausgezeichnete Arbeitsunterlage auch zur Ermittlung von Kennzahlen. Sie sind das ideale Informationsmittel für die oberste und obere Führungsschicht eines Unternehmens. Ihr gesteigerter Aussagewert läßt nicht nur die Entwicklung in der Vergangenheit bis zur letzterfaßten Periode klar erkennen, sondern erlaubt auch eine gewisse Vorausschau auf mögliche oder zu erwartende Entwicklungen.

Kennzahlen. Die in den letzten Jahren von der Deutschen Gesellschaft für Betriebswirtschaft und dem Rationalisierungskuratorium der Deutschen Wirtschaft über Kennzahlen durchgeführten Untersuchungen haben eine Fülle von Erkenntnissen gebracht[2], die auch die Betriebsüberwachung in den E-Werken vervollkommnen werden.

Auch bei den Kennzahlen muß man unterscheiden zwischen solchen, die sich aus technisch-mengenmäßiger und solchen, die sich aus wirtschaftlich-wertmäßiger Betrachtung ergeben. Daß bei der Produktivitätsrechnung für die Ermittlung des Einsatzes vielfach eine wertmäßige Zusammenrechnung erfolgen muß, ändert an dem grundsätzlichen Unterschied zwischen Produktivitäts- und Wirtschaftlichkeitszahlen nichts.

---

[1] Nähere Einzelheiten und Erläuterungen bei STEHLING, Die praktische Einführung des Betriebsabrechnungsbogens (BAB) in der Versorgungswirtschaft. GWF 1957, H. 17, S. 411 ff. Praktische Anweisungen und Hinweise: Kostenrechnung der Energie- und Wasserversorgungsunternehmen. VDEW, Frankfurt 1958.

[2] Im einzelnen hierzu SCHULZ-MEHRIN, Betriebswirtschaftliche Kennzahlen als Mittel zur Betriebskontrolle und Betriebsführung, herausgegeben von DGfB und RKW 1954, Berlin.

Eine Reihe dieser Kennzahlen ist auch bislang bereits in einigen E-Werken ermittelt worden, insbesondere solche über die Wirtschaftlichkeit und Rentabilität. Anzustreben ist das Ziel, jedem Verantwortlichen der oberen Führungsschicht die für die Beurteilung jeweils seines Bereiches notwendigen Kennzahlen an Hand zu geben. Dazu müssen auch die Produktivitäts-Kennzahlen nach Verantwortungsbereichen gegliedert laufend ermittelt werden, da sie unter Ausschaltung der Preiseinflüsse die Auswirkung der Benutzungsdauer und der Anlagennutzung auf die Betriebskostenanteile erkennen lassen.

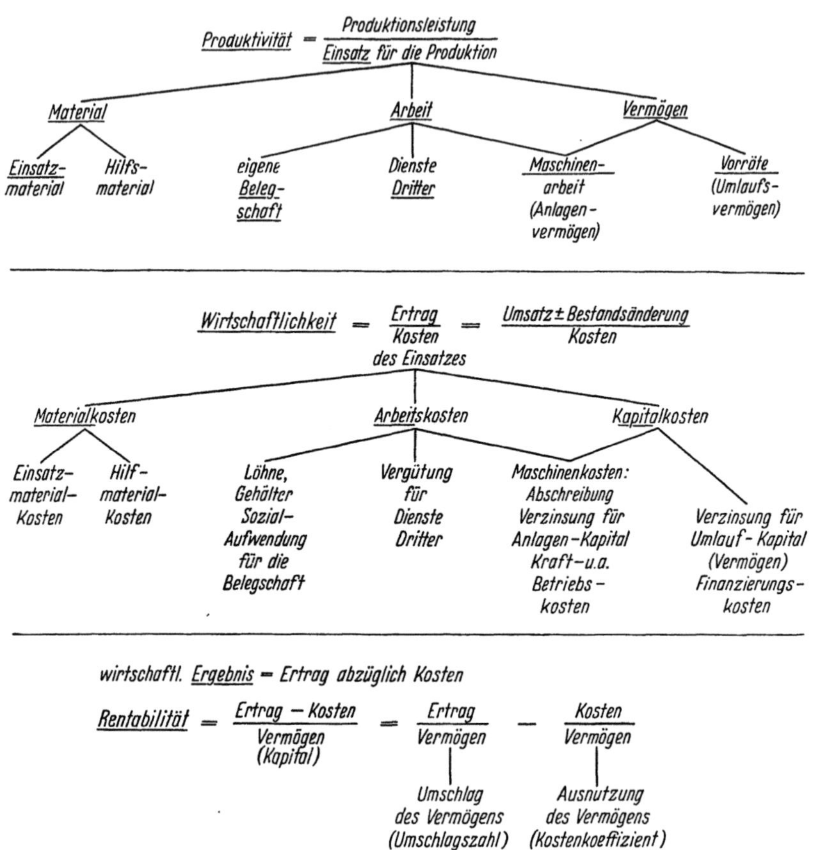

Abb. 56. System der betriebswirtschaftlichen Kennzahlen
(Vgl. Schulz-Mehrin, Betriebswirtschaftliche Kennzahlen als Mittel zur Betriebskontrolle und Betriebsführung, herausgegeben von DGfB und RKW 1954, Berlin)

Der Leiter eines Kraftwerkes oder eines Netzbetriebes muß wissen, wie sich die Verhältnisse in seinem Verantwortungsbereich entwickeln. Er muß auch mit den Zahlen anderer Versorgungsbereiche und des Gesamtunternehmens vergleichen können, wenn er Entscheidungen treffen will, um einzelne Kostenarten zu verändern und auf wirtschaftliche günstigere Kostenarten z. B. von Arbeitskosten auf Kapitalkosten, auszuweichen. Es sollte angestrebt werden, mit E-Werken ähnlicher Struktur zu einem Erfahrungsaustausch, zu Kennzahlenvergleichen zu kommen.

Nach den Erfolgen mit den erst seit wenigen Jahren in den E-Werken weiterverbreiteten BAB ist zu hoffen, daß sich auch die periodische und kurzfristige Kennzahleninformation innerhalb weniger Jahre durchsetzen wird. Ihre Einführung wird die Steuerung der Betriebs- und Vertriebsstatistik in den E-Werken an das betriebswirtschaftliche Rechnungswesen noch näher heranführen, so daß es eines Tages zu einer völligen Verschmelzung der beiden heute noch meist getrennten Verantwortungs- und Kompetenzbereiche kommen kann.

Für die vom Technischen her bestimmte Betriebsstatistik wird dieses Zusammenwachsen dazu führen, sich für die betriebliche Überwachung stärker auf wertmäßige Daten zu stützen. Andererseits werden im Zuge dieser Verschmelzung häufiger die dem Techniker geläufigen Kurvendarstellungen und andere graphische Abbildungen, die bei den Betriebswirtschaftlern gebräuchlichen Zahlenreihen ersetzen. Diese Angleichung der Ausdrucksformen kann wesentlich dazu beitragen, das schnelle Zusammenwirken von Technikern und Kaufleuten bei der Aufgabe der Betriebsüberwachung zu erleichtern.

c) Revision

Einzelprüfungen. Die Unternehmensleitung muß zur betriebswirtschaftlichen Überwachung periodisch die wichtigsten Kennzahlen, technischen und betriebswirtschaftlichen Daten kritisch zur Kenntnis nehmen. In der Regel verschafft diese Information eine hinreichende Kenntnis über die Lage des Gesamtunternehmens und über die Entwicklung in den Hauptverantwortungsbereichen. Diese „pauschale" Überwachung der Bereiche bedarf noch der Ergänzung durch laufende gründliche Einzeluntersuchungen, für die aber ein Stichprobenverfahren genügt. Trotz des Vertrauens, das eine Geschäftsführung unterstellten Führungskräften entgegenbringt, darf sie wegen der großen Verantwortung gegenüber den Eigentümern des Unternehmens, der Belegschaft sowie der Allgemeinheit auf eine solche zusätzliche Kontrolle nicht verzichten. Absichtliche, grobfahrlässige oder leichtsinnige Unterlassungen und Vernachlässigungen notwendiger wirtschaftlicher Erwägungen und sonstige Fehlleistungen größeren Ausmaßes werden stark eingeschränkt, wenn eine Prüfabteilung vorhanden ist, sei es auch nur, weil das Bewußtsein besteht, daß mit einer Nachprüfung zu rechnen ist.

Die Geschäftsführung sollte fallweise auch eigene Entscheidungen von einem „unabhängigen Gewissen" überprüfen lassen. Ob und welche Folgerungen sie aus dem Ergebnis zieht, muß ihr überlassen bleiben, da sie allein die Verantwortung zu tragen hat.

Das „unabhängige Gewissen" der Unternehmensleitung ist in der Praxis die Revisions- oder Prüfabteilung, ein Stab hochqualifizierter, wirtschaftlich vorgebildeter Personen mit ausreichender technischer Kenntnis zur Erfassung der wesentlichen technischen Zusammenhänge.

Fremde Prüfer. Soweit Prüfer von außen her in die Unternehmen kommen, als Abgesandte des Staates, der um eine angemessene Berücksichtigung der fiskalischen Belange, vor allem der verschiedenen Steuerforderungen bangt, als Beauftragte von Gebietskörperschaften, die sich Prüfrechte zur Sicherung ihrer Konzessionsabgabeforderung vorbehalten haben, oder als Vertreter von Prüfungsgesellschaften, die im Interesse der Eigentümer deren Anteilsrechte sichern wollen, deckt sich die Zielsetzung der Prüfer nicht unbedingt mit den Wünschen der

Unternehmensleitung. Manchmal zeigen sich einzelne Prüfer mit dem schwierigen Gebiet der Elektrizitätswirtschaft nicht genügend vertraut und ziehen ungenügende, oft sogar falsche Folgerungen aus ihren Revisionsergebnissen. Dennoch wäre es falsch, Ergebnisse dieser Prüfungen als dem Interesse des Unternehmens abträglich und daher für die eigene Wirtschaftlichkeitsüberwachung wertlos abzutun. Diese Prüfer haben nämlich trotz der anders gearteten Zielsetzung ihrer Arbeit einen erheblichen Vorteil: sie sind nicht „betriebsblind". Oftmals decken sie daher Tatbestände auf, die wertvolle Anregungen für die weitere wirtschaftliche Gestaltung des Betriebsablaufes enthalten.

Der Vorteil fehlender Betriebsblindheit sollte Veranlassung geben, die Aufgabe interner Prüfungen im Auftrage und im Interesse der Unternehmensleitung häufig durch Vergabe an entsprechende Firmen lösen zu lassen. Eine Reihe kleinerer E-Werke verfährt tatsächlich so. In der Regel wird jedoch, wenn überhaupt eine laufende betriebsinterne Prüfung vorgesehen ist, diese Aufgabe von einem eigenen kleinen Prüfstab durchgeführt, da dieser im Gegensatz zu Fremdprüfern so mit der Organisation, den Rechnungsverfahren, den betriebsinternen Normen, den verantwortlichen Personen und den Namen und Verantwortungsbereichen einzelner Sachbearbeiter sowie dem verwickelten technischen Geschehen und seinen Besonderheiten bei einem E-Werk vertraut ist, daß er nicht dauernd auf eine Betreuung durch Angehörige des Unternehmens angewiesen ist und so zügiger arbeiten kann.

Umgekehrt ergibt sich daraus, daß für Aufgaben, zu deren Lösung die allgemeine interne Betriebskenntnis der eigenen Prüfer nicht ausreicht, zweckmäßigerweise auf außenstehende Spezialfirmen oder Institute zurückgegriffen wird, z. B. bei der überprüfenden Beurteilung von Anlagen und Geräten, wie Transport- und Fördereinrichtungen, Büromaschinen oder Werkstatteinrichtungen.

Mindestvoraussetzungen für wirksame Revision. Für das erfolgreiche Wirken einer Prüfabteilung sind eine Reihe von Mindesvoraussetzungen zu erfüllen:

1. Sie muß der Geschäftsleitung unmittelbar unterstellt sein. Die Geschäftsleitung kann eines ihrer Mitglieder zur organisatorischen und personellen Betreuung der Prüfabteilung und zur Abwicklung des routinemäßigen Geschehens beauftragen. Auf alle Fälle muß jedoch sichergestellt sein, daß auf die Meinungsbildung des Prüfers kein einseitiger Einfluß genommen wird. Sonst ergibt sich der Anschein, daß der Verantwortungsbereich gerade dieses Geschäftsführers nicht so geprüft wird, wie es das Unternehmensinteresse erfordert.

2. Die Prüfberichte sind sowohl den Verantwortlichen der „geprüften" Bereiche selbst als auch deren Vorgesetzten bis zur oberen Führung hin sowie allen Angehörigen der obersten Führungsstufe zuzuleiten. Eine Verbreitung der Berichte auf unterer Ebene sollte ausgeschlossen werden.

3. Der Prüfabteilung ist eine volle Informationsbefugnis im ganzen Unternehmen einzuräumen. Ausnahmen bilden lediglich die vertraulichen Akten der Geschäftsführung selbst, die des Betriebsarztes, die Personalakten der leitenden Angestellten und die Akten des Betriebsrates.

Neutrale Prüfung. Bei einer eigenen Prüfabteilung besteht die Gefahr, daß sie über eine sachgemäße Kritik bestehender Sachverhalte hinaus eigene Lieblingslösungen anstrebt und diese durchzusetzen versucht. Es ist naheliegend und verlockend, bei einem so tiefen Eindringen in die Zusammenhänge als Verbesserung gemeinte Vorschläge zu unterbreiten und zu fördern. So wertvoll diese im einzelnen sein mögen, so empfiehlt es sich doch, die Prüfabteilungen von allen Vorschlags- und Exekutivfunktionen eindeutig freizuhalten. Die Prüfabteilung hat kritisch zu untersuchen und zu durchleuchten und das Ergebnis ihrer Tätigkeit verständlich darzustellen. Die Unterbreitung von Vorschlägen und die Durchführung von Maßnahmen auf Grund der Prüfungsergebnisse sollte den einzelnen Verantwortungsbereichen überlassen bleiben. Wenn überhaupt Vorschläge der Prüfer zugelassen werden, dann sollten diese auf keinen Fall einen Bestandteil des Prüfungsberichtes bilden, sondern über den Dienstweg laufen und wie jeder andere Verbesserungsvorschlag behandelt werden. Die Gefahr, daß der Prüfer bei späteren Nachprüfungen des gleichen Objekts hinsichtlich seines eigenen Vorschlags nicht ganz unparteiisch urteilt, bleibt trotzdem bestehen.

Prüfaufträge. Die Prüfabteilung sollte als „Gewissen der Unternehmensleitung" in ihrer Tätigkeit grundsätzlich an die Zustimmung der Geschäftsführung gebunden sein, damit sie sich nicht zu übermäßiger ungesunder Bedeutung entwickelt.

Bewährt hat sich, ein Routineprogramm von der Prüfabteilung für ein Jahr im voraus entwerfen zu lassen, das von der Unternehmensleitung genehmigt wird. Darüber hinaus wird ihr dann etwa vierteljährlich ein Programm für Prüfungen vorgelegt, deren Notwendigkeit sich aus bestimmten, beunruhigenden Entwicklungen in einzelnen Unternehmensbereichen oder aus der Beobachtung von statistischen und betriebswirtschaftlichen Ergebnissen, bemerkenswerten Kennzahlen und besonderen Betriebsvorfällen ergibt. Die Anregung dazu kann auch von außen, etwa durch Anträge aus den Abteilungen oder aus dem betrieblichen Vorschlagswesen erfolgen. Die Prüfabteilung ist die Sammelstelle für Prüfanregungen und gibt die geordneten Wünsche der Unternehmensleitung zur Kenntnis.

Mitwirkung der Geprüften. Die geprüften Abteilungen stehen gewöhnlich der Prüfabteilung und ihren Organen in Abwehr gegenüber. Soll diese nicht in den Ruf der „Schnüffelei" und unnötigen Wichtigtuerei kommen, so bedarf es einerseits einer eindeutigen Stützung durch die Geschäftsführung und Aufklärung über Zweck und Ziel der betriebsinternen Prüfung, zum anderen aber auch einer Rücksichtnahme auf berechtigte Interessen der Geprüften, besonders auf ihren Berufsstolz und ihre Betriebsehre. Mancher Verstimmung kann vorgebeugt werden durch die Zusicherung, daß die verantwortlichen Leiter der geprüften Bereiche zum Ergebnis Stellung nehmen und selbst ihre Abhilfevorschläge machen können, ehe der Bericht mit dieser Stellungnahme an die Geschäftsführung weitergeleitet wird! Voraussetzung dafür ist eine fristgerechte Abwicklung dieser Arbeiten.

Überwachung der Abhilfsmaßnahmen. Die betriebswirtschaftliche Überwachung erfüllt ihren Zweck nur dann, wenn aus ihren Ergebnissen die notwendigen Folgerungen baldigst gezogen werden. So selbstverständlich diese Forderung ist, die Praxis zeigt, daß dies vielfach unterbleibt, meist aus persönlicher Rücksichtnahme oder auch Mangel an Entschlußfähigkeit.

Häufig wird der Fehler gemacht, die Abstellung von beanstandeten Mißhelligkeiten nicht eindeutig zu überwachen. So kann bei unbefriedigenden Sachverhalten, deren Verbesserung Zeit und Mühe erfordert, die anfängliche Initiative bald erlahmen, wenn beispielsweise beim Übergang zu bargeldloser Zahlung Kassenpersonal abgebaut werden soll oder wenn auf Schichtzeiten übergegangen oder zum Abbau von Vorratslagern geschritten wird. Manchmal wird die Fortführung der meist unbequemen verlangten Abhilfsmaßnahmen unterbrochen oder ausgesetzt mit der Begründung, eine neue bessere Lösung einzuleiten, die dann ebenso häufig einschläft oder ganz unterbleibt. Auch Wechsel in den leitenden Positionen der betroffenen Organisationseinheit kann zu solchem Versagen führen.

Da die Prüfabteilung selbst unter allen Umständen von Exekutivaufgaben freigehalten werden soll und die Verwirklichung der Vorschläge in die Verantwortung der geprüften Abteilungen selbst fällt, kann für eine ordnungsgemäße Überwachung in der Praxis der Weg beschritten werden, die Prüfabteilung in viertel- und halbjährlichen Abständen mit der Vorlage einer Liste von Prüfvorgängen zu beauftragen, deren Beanstandungen noch unerledigt sind.

Diese Aufgabe kann auch von einem Direktionsbüro oder einer anderen Hilfsinstanz der Geschäftsführung durch Führung einer Überwachungskartei für zu erledigende Arbeiten verfolgt werden.

Personalbedarf der Revision. Die Anzahl der für ein E-Werk erforderlichen Prüfer ist verhältnismäßig gering. Nach den bisherigen Erfahrungen ist ungefähr eine Prüfperson je 500 Beschäftigte erforderlich. Bei kleineren E-Werken empfiehlt es sich aus Kostengründen nicht, für Prüfaufgaben einen Mitarbeiter voll einzusetzen. Aber auch dort sollte man sich die Vorteile einer planmäßigen Revision nicht entgehen lassen. Praktische Lösungsmöglichkeiten sind: Teilweise Beauftragung eines Außenstehenden oder Heranziehung von Fremdfirmen. Ein empfehlenswerter Weg ist auch der eines Prüfvertrages mit einem größeren E-Werk, wobei man aus verständlichen Gründen nicht das zunächst benachbarte wählen wird. Am besten sucht man ein Werk, das hinsichtlich seiner wirtschaftlichen Unternehmensgestaltung und -überwachung einen besonders guten Ruf hat und seiner Größe und Entwicklung nach Kenntnis und Verständnis für die Notwendigkeiten des ansuchenden Betriebes erwarten läßt.

Die Anforderungen an das Prüfpersonal sind hoch. Beste theoretische Kenntnisse, gute praktische Betriebserfahrungen und besondere charakterliche Eignung für die oft heiklen Arbeiten sind Voraussetzung für ein gutes Gelingen. Je nach der Eigenart des Betriebes soll der Prüfer, der in der Hauptsache kaufmännisch und betriebswirtschaftlich ausgebildet ist, auch die technischen und elektrizitätswirtschaftlichen Besonderheiten und Aufgaben eines Versorgungsbetriebes gründlich kennen. Menschlich sollte er taktvolles, ruhiges Auftreten mit bestimmter überzeugungskräftiger mündlicher und schriftlicher Ausdrucksweise verbinden. Offenen Streit sollte er unbedingt vermeiden. Überheblichkeit, Arroganz und kleinliches Beharrungsstreben sollten ihm fremd sein. Die Unternehmensleitung wird gut daran tun, bei der Auswahl, dem Einsatz, der weiteren Schulung und auch im zeitgerechten Austausch der Prüfer die größtmögliche Sorgfalt anzuwenden.

VI. Finanzpolitik

a) Kapitalbedarf

Die meisten der für ein Unternehmen, seine Sicherung und seine Fortentwicklung zu fällenden wesentlichen Entscheidungen treten für die Geschäftsleitung als Kosten- und Erlös-, oder Aufwands- und Ertragsprobleme in Erscheinung.

Die Lösungen müssen, wenn sie auch auf lange Sicht sinnvoll sein sollen, einer zielbewußten und systematischen Finanzpolitik entsprechen. Deren Festlegung kann nicht Aufgabe eines einzelnen Ressorts wie beispielsweise des Rechnungswesens oder vielleicht der Verwaltung sein, sondern ist Aufgabe der Geschäftsleitung selbst, auch wenn an der Vorbereitung und Durchführung einzelne Abteilungen wesentlichen Anteil nehmen.

Für Lieferung an Tarifabnehmer haben die E-Werke eine gesetzliche Versorgungspflicht. Sie kann theoretisch im Falle unzumutbarer Wirtschaftlichkeitsbelastung eingeschränkt werden. Praktisch ist aber bei einigermaßen normaler Wirtschaftslage den Anforderungen der Kunden Folge zu leisten.

Die Verpflichtung zur örtlichen und zeitlichen Bereitstellung der Stromanforderungen enthält damit die Verpflichtung, über den tatsächlich eintretenden Bedarf hinaus Anlagen für den nur möglicherweise oder wahrscheinlich eintretenden Bedarf vorsorglich zu errichten, da nicht wie anderwärts, die Deckung unerwarteter Anforderungen durch Einlegung einer zusätzlichen Schicht oder durch Bildung von Vorratslagern erreicht werden kann. Der Umfang der zusätzlichen Bereitstellungen läßt sich bei Anwendung schwieriger statistisch-mathematischer Berechnungen, deren Ausgangswerte einer Fülle schwer wägbarer Einflußgrößen ausgesetzt sind, hinreichend genau berechnen, ist aber bei dem derzeitigen Stand der wissenschaftlichen Durchdringung dieses Zweiges der Bedarfsforschung doch noch weitgehend der Schätzung der Verantwortlichen anheimgestellt.

Mit der Notwendigkeit einer gewissen Vor- und Überinvestition steigt die Gefahr, durch überhöhte Anlagenreserven die Wirtschaftlichkeit durch Kapitaldienst und Wartungskosten herabzusetzen.

Der Anteil der Sachanlagen am Gesamtvermögen war bei den E-Werken im Jahre 1956 rd. 2,2 mal so hoch wie bei den Aktiengesellschaften der verarbeitenden Industrie. Das Verhältnis von Anlagevermögen zu Umlaufvermögen betrug im gleichen Jahre bei den E-Werken rd. 4:1 gegenüber rd. 1,14:1 bei der Gesamtindustrie[1] und dürfte sich in den nachfolgenden Jahren nicht wesentlich verändert haben.

Der Kapitalaufwand zur Sicherstellung der Stromlieferung im Tarifbereich muß auch für Kundengruppen erfolgen, bei denen keine kostendeckenden Erlöse erzielt werden, da die Tarife vielfach aus sozialen und politischen Erwägungen nicht kostenecht festgelegt sind. Bei vielen E-Werken sind darüber hinaus auch einzelne große Sonderabnehmer zu Preisen unterhalb oder knapp an der Selbstkostengrenze zu versorgen, wenn Gebietskörperschaften sich über die Konzessionsabgabe oder bei Eigenbetrieben über den Unternehmensgewinn hinaus besonders günstige Strompreise, beispielsweise für Gas-, Wasserwerke, Verkehrsbetriebe oder Verwaltungsgebäude ausbedungen haben.

Der Anlagenbestand der E-Werke ist neben seinem ungewöhnlich hohen Wert durch eine außerordentlich lange durchschnittliche Lebensdauer der einzelnen Anlagegüter, etwa 20—25 Jahre, charakterisiert. Das Kapital ist also sehr langfristig gebunden.

Deshalb erscheint es nicht verwunderlich, daß E-Werke ihr Kapital im Durchschnitt nur einmal innerhalb von 3 Jahren umschlagen, während die verarbeitende

---

[1] Vgl. BIERMANN, Die Finanzierung durch Eigen- und Fremdkapital in der Elektrizitätswirtschaft, Elektrizitätswirtsch. 1958, H. 9, S. 267.

29*

Industrie ihr Kapital mehrmals im Jahr umschlagen kann. Die ungünstige Relation von festen zu beweglichen Kosten kann gerade bei einem E-Werksbetrieb mit seiner Abhängigkeit von der jeweiligen Benutzungsdauer das wirtschaftliche Ergebnis erheblich beeinträchtigen. Daraus ergibt sich die Sorge, die für den weiteren Ausbau erforderlichen Kapitalien überhaupt beibringen zu können und die Kapitalkosten wegen ihres hohen Anteils an den Gesamtkosten möglichst niedrig zu halten.

Nach sorgfältigen Schätzungen der VDEW überschritten die jährlichen Investitionen der westdeutschen öffentlichen E-Werke in den Jahren des Wiederaufbaus ab 1950 erstmals die Ein-Milliarden-Grenze[1]. Die Vereinigung gab zunächst einen Mindestbedarf von 1,2 Milliarden DM jährlich bekannt[2] und schätzte den Bedarf für die Jahre 1956—61 auf jährlich etwa 1,3 Milliarden. Dabei war eine jährliche mittlere Zuwachsrate des Stromverbrauches von 7,2% zugrundegelegt worden. Es zeigte sich, daß diese langfristig weiterhin als gültig betrachtete Rate in den folgenden Jahren z. T. überschritten wurde. Es ist verständlich, daß alle verantwortlichen Stellen in den schwierigen Aufbaujahren unter Berücksichtigung der großen Kapitalnot sich bei den Schätzungen an die untere Grenze hielten. Selbst diese Werte wurden von den Kapitalsachverständigen als überzogen und nicht erreichbar erklärt, tatsächlich aber erreicht, ja sogar überschritten. Die Schätzungen des Kapitalbedarfs wurden den Ereignissen angepaßt und kamen auf jährlich 1,5—1,7 Milliarden DM jeweils für die nächstfolgenden Jahre. Wie weit die übernormalen Bedarfsanstiegsraten durch echten Nachholbedarf nach dem Kriege und wie weit sie durch eine übernormale Wirtschaftskonjunktur bedingt sind, soll hier nicht näher untersucht werden. Die Elektrizitätswirtschaftler halten nach wie vor an der Auffassung fest, daß man auf lange Sicht nicht mehr als eine jährliche Anstiegsrate des Stromverbrauchs von 7,2% zugrunde legen sollte. Das bedeutet allerdings einen weiteren progressiven Anstieg des Kapitalbedarfs soweit es nicht gelingt, die elektrischen Anlagen und Einrichtungen wirtschaftlicher und rationeller zu bauen.

b) Kapitalquellen

Klärung der Begriffe. Die Streitgespräche über die volks- und betriebswirtschaftlich optimalen Wege zur Deckung des Kapitalbedarfs der E-Werke leiden unter Verwirrung der Begriffe, die nicht eindeutig verstanden oder verschieden ausgelegt werden. Es empfiehlt sich, die Bestrebungen zur Klärung auch finanzpolitischer Begriffe und Grundsätze zu fördern, damit die E-Werke Vorschläge zur Kapitalbeschaffung gegeneinander besser abwägen und kritisch durchleuchten können. Damit wird der widersinnige Zustand beendet, daß technische Konstruktionen, Maschinen und Geräte hinsichtlich ihrer Beschaffungs- und Betriebskosten von einer Vielzahl sachverständiger Mitarbeiter auf die letzten Feinheiten ihrer Wirtschaftlichkeit berechnet und vorgeplant werden, daß jedoch die Kapitalbeschaffung dafür hinsichtlich ihrer Wirtschaftlichkeit nur von wenigen, nicht immer sachverständigen, meist aber gegen Kritik abgeschirmten Mitarbeitern ge-

---

[1] Erster Jahresbericht der wiedergegründeten VDEW auf ihrer Gründungsversammlung am 31. 1. 1951.

[2] Investitions- und Finanzierungsprobleme der öffentlichen Elektrizitätsversorgung des Bundesgebietes. VDEW, April 1954.

prüft wird, ohne daß immer alle günstigen Möglichkeiten des Kapitalmarktes angesprochen oder verglichen werden.

Schwierigkeiten bereitet die ungenaue Trennung der Begriffspaare Selbstfinanzierung — Fremdfinanzierung und Eigenkapital — Fremdkapital. Es bedarf der Klarstellung, daß im Rahmen der Fremdfinanzierung, also der von außen kommenden Gelder, sowohl Eigen- als auch Fremdkapital in den Betrieb fließt[1].

1. Quellen der Fremdfinanzierung

1. Aktien. Bei Aktiengesellschaften läßt sich durch Ausgabe von neuen Aktien Fremdkapital zur Erhöhung des verantwortlichen Eigenkapitals, bei Aufgeld auch noch für Rücklagen, beschaffen. Die erwirtschafteten Gewinne sind Eigenkapital, das bei der jährlichen Ausschüttung z. T. in Form von Dividenden an die Aktionäre fließt, der Rest wandert in offene oder stille Rücklagen. Kapitalerhöhungen erfolgen bei E-Werken meist im Zusammenhang mit der Inangriffnahme größerer Investitionsvorhaben.

Jede größere Anlagenerweiterung führt zwangsläufig zu Ausgaben, die eine Erhöhung des Umlaufvermögen bedeuten, das bei E-Werken allerdings verhältnismäßig gering ist und für das auf Grund des Betriebsablaufs und des schnellen Erlöseinganges kurzfristiges Fremdkapital ausreichend ist.

2. Obligationen, auf den Inhaber lautende Schuldverschreibungen, haben in der Regel eine Laufzeit von 10, 15 oder mehr Jahren. Ihre Begebung ist, mit Rücksicht auf den Gläubigerschutz, laut Gesetz von einer Genehmigung des Bundeswirtschaftsministeriums abhängig. Anträge sind über die Wirtschaftsministerien der Länder zu leiten. Ein zentraler Kapitalmarktausschuß sorgt im Wege der finanziellen Selbstkontrolle für eine sinngemäße zeitliche Verteilung aller beabsichtigten Emissionen.

Vor der ministeriellen Genehmigung wird die Bilanzstruktur des Antragstellers überprüft. Dabei wird auf ein angemessenes Eigenkapital geachtet und Auskunft verlangt, ob die Ertragslage Zinszahlung und Tilgung sichert. Das Ministerium ist hierbei in einer eigenartigen Situation, da es gleichzeitig oberste Preisbehörde ist und insofern die Ertragslage der E-Werke selbst beeinflußt. Die Kosten von Anleihen waren in der Vergangenheit recht beachtlich. Neben den hohen Zinsen und Bankspesen mußte vielfach ein Disagio bei Ausgabe und ein Rückzahlungsagio gewährt werden. Auch hier scheinen sich die Verhältnisse jedoch zu normalisieren.

3. Wandelschuldverschreibungen werden als Sonderform der Schuldscheindarlehen mit der Zusicherung gegeben, sie später unter bestimmten Bedingungen in Aktien umzuwandeln. Die Gewährung eines solchen Sondervorteils war in der Vergangenheit gelegentlich erforderlich, um überhaupt Obligationen mit tragbaren Zinssätzen unterbringen zu können.

4. Schuldscheindarlehen verursachen gegenüber Obligationen weniger Kosten für den Kapitalsuchenden. Schuldscheine sind keine Wertpapiere und bedürfen daher auch nicht ausgeprägter Formalien. Sie können allerdings von den Gläubigern nicht so leicht wieder zu Geld gemacht werden. Schuldscheindarlehen sind vor allem von langfristig Anlagesuchenden, wie Versicherungen, Bauspar-

---

[1] Vgl. hier und im folgenden: DREIHELLER, Fremdkapital, seine Beschaffung und Besicherung. Elektrizitätswirtsch. 1958, H. 18, S. 565.

kassen usw. zu erlangen, die gesetzlich einen bestimmten Deckungsstock halten müssen. Um „deckungsstockfähig" zu werden, ist für Schuldscheindarlehen eine Genehmigung des Bundesaufsichtsamtes für das Versicherungs- und Bausparwesen (BAA) erforderlich. Für Schuldscheindarlehen ohne Deckungsstockfähigkeit kommen Versicherungen und Bausparkassen nur in begrenztem Ausmaß in Frage.

5. Organisierte Kredite nennt man Darlehen, die staatlich gelenkt der Wirtschaft zur Verfügung gestellt werden. Mittel aus dem Grünen Plan, aus dem ERP-Sondervermögen, neuerdings auch Mittel der Kreditanstalt für Wiederaufbau insbesondere für nichtemissionsfähige Betriebe, sind typische Fremdfinanzierungshilfen dieser Art[1]. Ihre Bedeutung für die Elektrizitätswirtschaft tritt jedoch in gleichem Maße zurück, wie sich die normalen, staatlich nicht gelenkten Kapitalquellen mehr und mehr erschließen.

6. Kommunaler Emissionskredit. Eigenbetriebe sind bei der Kapitalbeschaffung auf dem Kapitalmarkt durchweg auf kommunale Emissionen angewiesen. Finanzielle Schwäche der meisten Gemeinden schränkt diesen Weg der Kapitalbeschaffung nach wie vor ein. Der Ruf nach „organisierten Krediten" zur Abwendung einer finanziellen Auszehrung der kommunalen Elektrizitätswerke erscheint dann wenig sinnvoll, wenn die betreffenden Elektrizitätswerke vom Blickwinkel der Kreditgeber aus als wirtschaftlich gesund betrachtet werden. Es empfiehlt sich in diesen Fällen, auf die Rechtsform des Eigenbetriebes zu verzichten und das Elektrizitätswerk als rechtlich selbständige Gesellschaft in einer der gesetzlich möglichen allgemeinen Rechtsformen, also z. B. als AG oder GmbH zu führen. Der Einfluß der Gebietskörperschaft kann auch bei solchen Rechtsformen ausreichend sichergestellt werden. Das E-Werk aber erhält Zugang zum freien Kapitalmarkt. Diesem Vorteil stehen Nachteile gegenüber, die unter Umständen einer finanziellen Ausgleichswirtschaft mit anderen Eigengesellschaften, wie Gaswerke, Wasserwerke und Verkehrsbetriebe erwachsen können (Querverbund).

7. Langfristige Buchkredite. Sie ergeben sich bei E-Werken meist, wenn Anteilseigner mit großer Mehrheit Forderungen gegenüber dem Werk mittel- oder langfristig gegen angemessene Zinsen stunden und auf eine Besicherung, die der weiteren Kapitalbeschaffung des E-Werkes hinderlich wäre, verzichten, da die Aufsichts- und Einflußrechte ausreichende Sicherheit bieten.

Eine solche Art der Kreditgewährung erspart Formalien und Bankspesen. Praktisch entstehen langfristige Buchkredite häufig aus der Stundung von Steuern oder Konzessionsabgaben. Die Forderungen dienen dem Anteilseigner vielfach dazu, bei Kapitalerhöhung Anteile zu übernehmen. Dieses Verfahren kann allerdings den Anteilseigner dazu verführen, die Mehrheitsverhältnisse zu seinen Gunsten zu verschieben und birgt deshalb die Gefahr einer „kalten Sozialisierung". Abgesehen von grundsätzlichen Bedenken erscheint ein solcher Weg auch finanzpolitisch bedenklich, da das E-Werk dann aus einer Kapitalerhöhung wenig zusätzliche neue Mittel erhält, nämlich nur den Anteil der verbleibenden freien Aktionäre.

Bei wesentlichen Beteiligungen der öffentlichen Hand an einem E-Werk werden vielfach Absichten, Kapitalveränderungen und Anleihewünsche vorzunehmen,

---

[1] Vgl. Abs, Zur Problematik der Investitionsfinanzierung in Westdeutschland, Elektrizitätswirtsch. 1958, H. 9, S. 260ff.

öffentlich diskutiert oder unterliegen auf Grund von Bestimmungen der Gemeinde-
ordnung der Genehmigung zusätzlicher Aufsichtsgremien. Vielfach ergeben sich
aus dem dann sehr schwerfällig werdenden Verfahren unglückliche Verzögerungen,
die es einer tatkräftigen Unternehmensleitung unmöglich machen, günstige Veränderungen des Kapitalmarktes zeitgerecht auszunutzen.

Darlehenssicherung. Elektrizitätswerke stehen zu recht in dem Ruf, sichere
Schuldner zu sein. Der große und stabile Kreis von Kunden, die zur beständigen
Stromabnahme entschlossen und in der Regel zuverlässige Zahler sind, bietet
auch in Krisenzeiten Vorteile, die kaum ein anderer Unternehmenszweig in dieser
Häufung zu bieten hat. Dennoch ist es üblich, zusätzliche Sicherheiten zu fordern
und zu gewähren.

Die schwächste zusätzliche Sicherung sind sogenannte „Negativklauseln". Das
E-Werk verpflichtet sich darin gegenüber dem Darlehensgeber, auch neuen
Gläubigern gegenüber außer etwa schon gestellten Sicherheiten keine weiteren
Sicherheiten zu bieten, es sei denn, der Darlehensgeber stimmt zu. Ergänzend
wird oft verlangt, etwaige durch Tilgung früherer Kredite entstehende Eigen-
tümer-Grundschulden zu löschen und nicht weiter zu verwenden. Eine dingliche
Sicherung ist durch Negativerklärungen also nicht gegeben, sondern nur die Zu-
sicherung, keine Verstärkung der derzeitigen Sicherungsbelastung vorzunehmen.

Daß in den letzten Jahren Gläubiger zunehmend bereit waren, sich mit einer
solchen Negativerklärung zufrieden zu geben, zeugt von dem unerschütterten Vertrauen in die wirtschaftliche Kraft und Zuverlässigkeit von Elektrizitätswerken.

Öffentliche Bürgschaften sichern die Deckungsstockfähigkeit von Schuldscheindarlehen für Privatversicherungen. Sie erfordern in der Regel eine jährliche
Provision für den Bürgen. Daß durch öffentliche Bürgschaften Schuldscheindarlehen von Elektrizitätswerken, die vornehmlich in öffentlichen Händen liegen,
kapitalverkehrssteuerfrei werden, wird von den anderen E-Werken als Diskrimi-
nierung empfunden, deren Beseitigung angestrebt wird.

Die für Gläubiger einfachste und sicherste Form des Schutzes vor Risiken sind
Grundpfandrechte. Der Grad der Sicherheit richtet sich nach ihrem Rang. Um
möglichst hochrangige Grundpfandrechte freizuhalten, empfiehlt sich ein sogenannter „Gleichrangvorbehalt", falls eine Forderung wesentlich unter dem
Wert des sichernden Grundpfandrechtes liegt.

Den ganzen Grundstücksbesitz mit Grundpfandrechten zu belasten, ist den
meisten E-Werken nicht möglich, da bei der Vielzahl von Grundstücken mit
z. T. recht kleinen Abmessungen die notwendigen rechtlichen Eintragungsforma-
lien und die dafür aufzubringenden Gebühren in keinem Verhältnis zu dem erreichbaren Erfolg stehen. Deshalb werden nur größere Grundstückskomplexe,
wie Kraftwerke, große Umspannwerke, Lagerplätze, Verwaltungsgebäude meist
durch Korreal-Grundschuld belastet. Hinsichtlich der restlichen Grundstücke
sucht man die Gläubiger durch Negativklauseln abzusichern.

Grundpfandrechte erstrecken sich auch auf wesentliche Bestandteile und Zubehör. Nach der reichsgerichtlichen Rechtssprechung[1] wurden auch Leitungen,
Masten und Transformatoren als Zubehör der Hauptgrundstücke eines E-Werkes
angesehen, selbst wenn sie sich auf fremdem Grund und Boden befinden. Diese

---

[1] z. B. Urteil vom 2. 6. 15, RGZ 78, 43.

Rechtsauffassung hat sich halten können, wenn auch nach heutiger Ansicht einzelne Anlagenteile unter entsprechender rechtlicher Kenntlichmachung für sich sicherungsübereignet werden können.

Die Abhängigkeit der „Deckungsstockfähigkeit" der Schuldscheindarlehen und Schuldverschreibungen von der Genehmigung des Bundesaufsichtsamtes für das Versicherungs- und Bausparwesen (BAA) schränkt den Kreis der E-Werke, die von Versicherungen, Bausparkassen u. dgl. Kapital erlangen können, ein; es sind Voraussetzungen zu erfüllen, die weit umfangreicher sind, als für die Genehmigung der Schuldverschreibungen durch das Bundeswirtschaftsministerium. Das Grundkapital des Versorgungsunternehmens soll mindestens 6 Millionen DM betragen. Im Falle von Schuldscheindarlehen soll das Fremdkapital zum Eigenkapital ein Verhältnis von 2 : 1 nicht überschreiten. Die Fremdmittel sollen das Umlaufvermögen nicht übersteigen. Soweit keine andere Sicherung möglich ist, darf bei Versorgungsunternehmen, die zu mehr als 50% in öffentlicher Hand liegen, die Negativklausel als Sicherung genügen. Ansonsten wird in der Regel eine erstrangige dingliche Sicherung verlangt, wobei die Belastung 30% des Pachtwertes nicht überschreiten soll.

Das Verhältnis von Fremd- zu Eigenkapital lag 1956 nach einer Untersuchung in 55 repräsentativen E-Werken bei 1,86 : 1. Die Forderung nach einem Verhältnis von nicht mehr als 2 : 1 wird sich auch künftig meist erfüllen lassen. Hier ist noch offen, ob das eigengebildete Fremdkapital (z. B. Rückstellungen) als Fremdkapital oder ob es den tatsächlichen wirtschaftlichen Verhältnissen gemäß bei Sicherungsbetrachtungen als Eigenkapital angesehen werden kann.

Die Fremdmittel werden allerdings künftig das Umlaufvermögen oft übersteigen, vor allem bei den E-Werken, die nur eine geringfügige oder keine Eigenerzeugung betreiben. Insofern bleiben E-Werke auf das Entgegenkommen des Bundesaufsichtsamtes angewiesen.

Daß die Begnügung mit der Negativklausel auf Werke mit mindestens 50% öffentlicher Beteiligung beschränkt ist, kann möglicherweise einer rechtsgrundsätzlichen Prüfung nicht standhalten. Schwierigkeiten können sich auch künftig aus der auf 30% des Belastungswertes festgesetzten Belastungsgrenze ergeben, da sie der sehr langfristigen Bindung der Kapitalien in den E-Werken nicht gerecht wird. Mit Abschwächung der bisher sehr starken Selbstfinanzierung wird der Fremdfinanzierungsbedarf größer, während der Zuwachs an belastungsfähigem Anlagewert verhältnismäßig konstant bleibt. Zwar setzen die Tilgungen mehr Belastungswerte frei, doch vermindern sich diese um die laufenden Abschreibungen. Das BAA hat sich bisher in Erkenntnis dieser Sachlage zwar des öfteren über die 30%-Grenze hinweggesetzt. Gleichwohl erscheint hier eine generelle Ausdehnung auf 40% vonnöten — und auch gegenüber den Gläubigern vertretbar. Die E-Werke können von sich aus günstigere Belastungspielräume dadurch schaffen, daß sie durch laufende exakte Schätzung der Sachzeitwerte, also über die Buchwerte hinaus, Unterlagen über die wahren Beleihungswerte schaffen.

2. Quellen der Selbstfinanzierung

1. Nichtausgeschüttete Gewinne, die in der Handels- und Steuerbilanz offen ausgewiesen werden, stellen eigenfinanziertes Eigenkapital dar.

2. Rückstellungen sind selbstfinanziertes Kapital, — genaugenommen zwar Fremdkapital, das jedoch wirtschaftlich wie Eigenkapital behandelt werden kann. Rückstellungen sind im allgemeinen unverzinslich und je nach Charakter, sei es für Pensionsleistungen, Garantieleistungen, Prozeßkosten, Vertragsstrafen, Tantiemen, Ertrags- und Substanzsteuern usw. kurz-, mittel- oder langfristig. Ein bestimmter Kern bleibt langfristig stets erhalten. Echtes Eigenkapital sind sie insoweit, als es sich um versteuerte Beträge und um gegenüber den erwarteten Ausgaben willkürlich überhöhte Beträge handelt.

3. Verbindlichkeiten können ebenfalls eine Selbstfinanzierungsquelle sein. Es werden dabei Fremdkapitalien im Betrieb gebildet, — z. B. bei Verbindlichkeiten für gesetzliche soziale Aufwendungen, — die zunächst noch dem Unternehmen — wenn auch nur kurzfristig — nutzbar bleiben.

4. Umlaufvermögen (Forderungen, Vorräte). Eine vorsichtige *Bewertung* von Konten des Umlaufvermögens, insbesondere der Forderungen oder der Vorräte bildet Eigenkapital als stille Reserve. Einzelne Positionen werden zwar immer wieder aufgelöst, aber bei dauernder Fortsetzung einer vorsichtigen Bewertung ständig durch neue, stille Reserven ergänzt werden.

5. Abschreibungen. Das klassische Instrument der Selbstfinanzierung sind Abschreibungen. Soweit sie der Substanzerhaltung dienen, also der Bereitstellung von Mitteln für die Schaffung von Ersatzanlagen, gegebenenfalls auch zu höheren Preisen, kann man eigentlich nicht von Selbstfinanzierung sprechen. Die Höhe der Abschreibungen muß mindestens in Anpassung an das Sinken des Nutzwertes einer Anlage erfolgen und darüber hinaus das wirtschaftliche Risiko berücksichtigen. Es liegt vor allem darin, daß mit fortschreitender Zeit in der Regel wirtschaftlichere, meist teuere Anlagen auch bei vergleichbaren Wettbewerbern üblich werden. Die Erstellung wirtschaftlicherer Ersatzanlagen über Abschreibungen ist daher noch keine Selbstfinanzierung im eigentlichen Sinne. Selbst der sogenannte Ruchti-Effekt, d. h. das Wachens des Anlagevolumens bei laufender Re-Investition der Abschreibungen sichert nicht in jedem Falle eine Selbstfinanzierung[1]. Erst wenn darüber hinaus für Kapazitätserweiterungen zusätzliche Anlagen über Abschreibungen finanziert werden, sollte man von Selbstfinanzierung sprechen.

Degressive Abschreibung. Durch Steueränderungsgesetz vom Juli 1958 ist neben der früher üblichen linearen Abschreibung die degressive Abschreibung allgemein zugelassen worden. Die Festlegung des allgemeinen degressiven Abschreibungssatzes auf das 2,5fache des linearen Satzes benachteiligt langlebige Anlagegüter. Der Gesetzgeber hatte daher ausdrücklich für derartige Güter höhere Ausnahmesätze zugelassen, soweit sie bis 1960 hergestellt werden. Es sollte sich jedoch die Ansicht durchsetzen, daß die sehr langfristigen Investitionen eines sich ständig ausdehnenden Wirtschaftszweiges mit besonderen Maßstäben gemessen werden müssen und eine Verlängerung dieser Ausnahmegenehmigung rechtfertigen. Die für Abschreibungen mit nur wenigen Ausnahmen seit 1958 allgemein geltende Höchstgrenze von 25% des jeweiligen Buchwertes wurde im April 1960 auf 20% gesenkt.

---

[1] Vgl. hier und im folgenden: LILIENFEIN, Möglichkeiten und Grenzen der Selbstfinanzierung. Elektrizitätswirtsch. 1958, H. 22, S. 719ff.

Von degressiver Abschreibung kann auf Abschreibung in gleichen Jahresbeträgen übergegangen werden.

Die Vorteile der degressiven Abschreibung sind inzwischen durch eingehende Untersuchungen klar herausgearbeitet worden. Bei vielen Anlagegütern ist sie die einzige Möglichkeit, den Abschreibungsverlauf der tatsächlichen Wertminderung anzugleichen und vermeidet damit den Anfall scheinbarer Gewinne, deren Ausschüttung die Substanz des Unternehmens auszehren würde. Wenn die Abschreibungsraten größer als der tatsächliche Wertschwund sind, ergeben sich, falls der Ertrag ausreicht, vorzeitig anfallende Kapitalien und entsprechender Zinsgewinn, und zwar in jedem Falle günstiger als bei linearer Abschreibung. Die Bedenken, bei degressiver Abschreibung könne nach einiger Zeit das Abschreibungsvolumen geringer als bei linearer Abschreibung werden, treffen nach den derzeitig gültigen Sätzen nur für den bei E-Werken nicht zu erwartenden Fall geringer werdender jährlicher Zugänge, und auch dann erst nach vielen Jahren zu. Bei E-Werken besteht allenfalls die Möglichkeit, daß die hohen degressiven Abschreibungsraten von dem einen oder anderen Unternehmen nicht erwirtschaftet werden können.

AfA-Tabellen. Die steuerlich absetzbare Abschreibung für Wertminderung (Abschreibung für Abnutzung AfA) soll sich bei jeder Abschreibungsmethode nach der „betriebsgewöhnlichen Nutzungsdauer des Wirtschaftsgutes" richten. Um eine gewisse bundeseinheitliche Behandlung zu sichern, hat das Bundesfinanzministerium für einzelne Wirtschaftszweige amtliche Tabellen über Nutzungsdauern herausgegeben. Seit Mai 1958 sind die für die Elektrizitätswirtschaft bis dahin maßgeblichen „Magdeburger Richtlinien"[1] ebenfalls durch eine solche Tabelle ersetzt worden[2].

AfA-Tabelle für die Elektrizitätswirtschaft

Lfd. Nr.	Anlagegüter	Nutzungsdauer	Linearer AfA-Satz v. H.
	I. Stromerzeugungsanlagen		
	a) Dampfkraftwerke		
1	Betriebsgebäude (massiv)	50	2
2	Entaschungsanlagen	15	7
3	Feuerungsanlagen	15	7
4	Kesselanlagen	15	7
5	Kesselspeisungsanlagen	15	7
6	Kesselhaus, falls als Betriebsvorrichtung Teil der Kesselanlage (Stahlgerüstbau)	15	7
7	Kohlenförderungsanlage einschl. Kräne	15	7
8	Kohlenstaubanlage	15	7
9	Meß- Regel- Steuerungs- und Überwachungsanlage	15	7
10	Speisewasser-Aufbereitungsanlage	15	7
11	Vorwärmeanlage	15	7
12	Kabel- und Verteilungsanlagen im Kraftwerk	15	7
13	Krananlagen in Betriebsgebäuden	20	5

[1] OFP Magdeburg vom 23. 1. 40.

[2] FRIEDRICH, Neue amtliche AfA-Sätze für die öffentliche Energie-und Wasserversorgung. Elektrizitätswirtsch. 1958, H. 7, S. 193 ff.

AfA-Tabelle für die Elektrizitätswirtschaft (Fortsetzung)

Lfd. Nr.	Anlagegüter	Nutzungsdauer	Linearer AfA-Satz v. H.
14	Rauchfilteranlagen	15	7
15	Rohrleitungen	15	7
16	Schaltanlagen	15	7
17	Schornsteine	40	2,5
18	Transformatoren	20	5
19	Turbogenerator-Aggregate	15	7
	b) *Wasserkraftwerke* (Laufwasser- und Speicherkraftwerke)		
1	Betriebsgebäude (massiv) mit Kraftwerkstiefbauten	50	2
2	Brücken aus Holz	33	3
3	Brücken aus Beton, Stahl	60	1,5
4	Kanäle aus Beton, Dämme, Stauseen	60	1,5
5	Kanäle aus Lehm, Kies	50	2
6	Krananlagen in Betriebsgebäuden	20	5
7	Pumpanlagen	20	5
8	Rohrleitungen einschl. Druckrohrleitungen	25	4
9	Schalt-, Meß-, Regel-, Steuerungs- und Verteilungsanlagen im Kraftwerk	20	5
10	Stollen	60	1,5
11	Transformatoren	20	5
12	Turbinen und Generatoren mit Fundamenten	22	4,5
13	Wehre, Ein- und Auslaufbauwerke, Rechen, Schützen		
	a) Bauwerke	40	2,5
	b) Maschinelle Einrichtungen	25	4
	II. Verteilungs- und sonstige Anlagen		
1	Akkumulatoren	15	7
2	Betriebsgebäude (Schalt- und Umspannwerke) massiv	50	2
3	Betriebsfernsprechanlagen	10	10
4	Dieselmotoren für Not- und Spitzenstromerzeugung	15	7
5	Fernsteuerungsanlagen (automatisch)	10	10
6	Funkanlagen	10	10
7	Gleichrichteranlagen	20	5
8	Hochspannungsfreileitungen		
	a) Cu/Alu mit Eisen- und Betonmasten über 50 kV	35	3
	b) Cu/Alu 20 kV bis 50 kV mit Eisen- und Betonmasten	30	3
	c) Cu/Alu bis 20 kV mit überwiegend Holzmasten	25	4
	d) Fe bis 10 kV mit Holzmasten	10	10
9	Kabelleitungen		
	a) Hochspannungskabel	35	3
	b) Niederspannungskabel außer Alu-Mantelkabel (Ortsnetze)	25	4
10	Kondensatoren	20	5
11	Niederspannungsfreileitungen mit überwiegend Holzmasten	25	4
12	Prüf-, Eich- und Meßgeräte	15	7
13	a) Schaltanlagen	20	5
	b) Meß-, Regel- und Steuerungsanlagen	15	7
14	Straßenbeleuchtungsanlagen	20	5
15	Transformatoren	20	5
16	Trafostationshäuser	20	5
17	Umformeranlagen	20	5
18	Zähler	15	7

Solange das Bundeswirtschaftsministerium an seiner Ansicht festhält, daß es sich hierbei lediglich um Anhaltspunkte für die Beurteilung der Angemessenheit von AfA handelt, bestehen dagegen seitens der Elektrizitätswerke keine grundsätzlichen Bedenken. Jedem Versuch jedoch, eine von einem E-Werk sorgfältig ermittelte andere Abnutzungsdauer mit dem Hinweis auf die Tabelle abzulehnen, sollte schärfstens begegnet werden. Der Staat würde damit Bewertungsrechte übernehmen, die eindeutig in die Verantwortung der Unternehmungen selbst fallen[1].

Notwendige Selbstfinanzierung. Jedes Streben, aus eigener Kraft Werte zu schaffen, ist im Grunde gesund. Das gilt für den Aufbau eines Familienbesitzes, für einen kleinen Gewerbebetrieb und sollte deshalb auch einem größeren Unternehmen im Grundsatz nicht verwehrt werden. In Zeiten großer Kapitalnot läßt sich ein Wiederaufbau betriebs- und volkswirtschaftlicher Werte oft nur durch Selbstfinanzierung ermöglichen. Die bekannten grundsätzlichen Einwände gegen dieses Verfahren beruhen auf der berechtigten Furcht vor unerträglichen Auswüchsen. Da deren Ursachen inzwischen bekannt sind und an ihrer Ausschaltung erfolgreich gearbeitet wurde, hat sich die Anerkennung einer maßvollen Selbstfinanzierung durchgesetzt. Am besten wird sie durch einen gesunden Wettbewerb eingeschränkt, der den Unternehmen für ihre Selbstfinanzierung durch die Kosten einerseits und durch den Ertrag andererseits selbsttätig Grenzen zieht.

In den ersten Jahren nach dem Kriege waren die E-Werke zunächst weitgehend auf staatlich gesteuertes Investitionskapital angewiesen, da der Kapitalmarkt noch nicht funktionierte und die gebundenen Preise eine Selbstfinanzierung nur in beschränktem Maße erlaubten.

Den ersten Auftrieb hat die Finanzierung der E-Wirtschaft durch die großzügige Hilfe der Amerikaner mit ihrem European Recovery Program (ERP) erhalten. Mit diesen Mitteln konnten vor allem vordringliche große Kraftwerksbauvorhaben in Angriff genommen werden. Auch zur Hilfe bei der trotz besonderer Steuervergünstigungen[2] sehr schwierigen Kapitalbeschaffung für Wasserkraftwerke kamen diese Mittel zum Einsatz. Schwierig blieb die Kapitalbeschaffung für kommunale Versorgungsbetriebe, da sie von ERP-Krediten ausgeschlossen waren.

Eine allgemeine wesentliche Erleichterung brachte das Investitionshilfegesetz (IHG) mit seiner Möglichkeit, über Sonderabschreibungen die Finanzierungsmöglichkeiten auszuschöpfen[3], soweit es die inzwischen auf Grund von Teil-Strompreisfreigaben und genehmigten Preiserhöhungen gebesserten Gewinne zuließen.

---

[1] Vgl. VAN DER VELDE, Amtliche Tabellen für betriebsgewöhnliche Nutzungsdauern? Der Betrieb 1957, H. 23, S. 537 ff.

[2] Vgl. die Steuerermäßigungen für Einkommens-, Körperschafts-, Vermögens-, und Gewerbesteuer; S. 33 ff.

[3] § 36 IHG vom 9. 1. 52, BKO 1952 I, S. 71.

Abs. 1: Unternehmen des Kohlen- und Eisenerzbergbaus, der eisenschaffenden Industrie und der Energiewirtschaft, die ihren Gewinn auf Grund ordnungsmäßiger Buchführung nach § 4, Abs. 1 oder § 5 des Einkommensteuergesetzes ermitteln, können für diejenigen abnutzbaren Wirtschaftsgüter des Anlagevermögens, die in der Zeit vom 1. Jan. 1952 bis zum 31. Dez. 1954 ganz oder z. T. angeschafft oder hergestellt werden, im Wirtschaftsjahr der Anschaffung oder Herstellung und in den beiden folgenden Wirtschaftsjahren neben den nach

Diese Sonderabschreibungen bedeuteten eine Vorwegnahme künftiger Abschreibungen. Wegen der unterschiedlichen Beurteilung der künftigen Kapitalbeschaffungsmöglichkeiten wurde der § 36 IHG nicht von allen E-Werken in gleicher Weise in Anspruch genommen. Etwa 60% des Kapitalbedarfs konnten mit Anlaufen dieses Sondergesetzes jeweils über Abschreibungen gedeckt werden.

Daß die Selbstfinanzierung bei den E-Werken in vernünftigen Grenzen blieb, ergab sich aus der Kosten-Erlösschere und aus der Tatsache, daß die Währungsreform das Abschreibvolumen der E-Werke wegen der Langlebigkeit der Anlagegüter besonders hart traf. Der Staat hat das insofern anerkannt, als den E-Werken eine bessere Fremdfinanzierung ermöglicht wurde, zunächst auf dem Weg über „organisierte Kredite", später durch großzügige Handhabung der Aufsichtsbefugnisse bei Genehmigungsverfahren des Bundeswirtschaftsministeriums und des BAA. Die Folge war, daß sich bereits 1955 das Fremdkapital zum Eigenkapital bei einem repräsentativen Kreis deutscher E-Werke wie 1,86 : 1, gegenüber nur 1,38 : 1 bei den über 1200 vom Statistischen Bundesamt insgesamt erfaßten Aktiengesellschaften verhielt. Erst später glichen sich die Verhältnisse etwas an. Das Verhältnis des Eigenkapitals zum Anlagevermögen betrug im gleichen Jahr bei diesen E-Werken 1 : 2,3 gegenüber 1 : 1,35 bei den gesamten Aktiengesellschaften. Hier ist dann ebenfalls in den nachfolgenden Jahren eine gewisse Angleichung erfolgt.

Auch ausländische E-Werke, die nach dem Kriege einen ähnlichen Investitionsbedarf hatten, mußten wegen mangelnder Fremdfinanzierungsmöglichkeiten den Weg der verstärkten Selbstfinanzierung beschreiten, sofern nicht der Staat im Zuge völliger Inbesitznahme der E-Wirtschaft die Finanzierung selbst übernahm. Erst in den letzten Jahren haben sich in den meisten vom Kriege betroffenen Ländern die Verhältnisse normalisiert. Der freie Kapitalmarkt ist auf dem Wege, seine alte Bedeutung zurückzugewinnen.

Finanzierungsaussichten. In den nächsten Jahren wird bei den Elektrizitätswerken im Bundesgebiet mehr als die Hälfte der Investitionen aus Abschreibungen finanziert werden. Etwas mehr als 10% des Kapitalbedarfs fließen aus den übrigen Selbstfinanzierungsquellen, wie Rücklagenanreicherung und Baukostenzuschüssen. Der Kapitalmarkt muß dann voraussichtlich nur 30—40% des Kapitalbedarfs

---

§ 7 des Einkommensteuergesetzes zu bemessenden Absetzungen für Abnutzung Abschreibungen vornehmen:
1. bei beweglichen Wirtschaftsgütern des Anlagevermögens bis zur Höhe von insgesamt fünfzig von Hundert,
2. bei unbeweglichen Wirtschaftsgütern des Anlagevermögens bis zur Höhe von insgesamt dreißig von Hundert der Anschaffungs- oder Herstellungskosten.

Abs. 2: Voraussetzung für die Inanspruchnahme der Abschreibungen nach Absatz 1 ist, daß
1. die angeschafften oder hergestellten Wirtschaftsgüter unmittelbar und ausschließlich der Steigerung der Kohle- oder Eisenerzförderung, der Eisen- oder Stahlerzeugung einschließlich der Eisen- oder Stahlmaterialerzeugung oder der Energieerzeugung oder Energieverteilung zu dienen bestimmt und geeignet sind,
2. die Anschaffung oder Herstellung der Wirtschaftsgüter volkswirtschaftlich förderungswürdig ist.
3. Beträge in Höhe der Abschreibungen für die Anschaffung oder Herstellung von Wirtschaftsgütern im Sinn von Ziffer 1 unverzüglich verwendet werden und
4. die Oberste Landesbehörde das Vorliegen der Voraussetzungen der Nummern 1 und 2 bescheinigt hat.

decken. Da sich eine weitere Gesundung des Kapitalmarktes deutlich abzeichnet und auch mit einer Ausweitung über die Grenzen unseres Landes gerechnet werden kann, dürfte die Beschaffung dieses Fremdkapitals kaum auf ernste Schwierigkeiten stoßen.

Fraglich bleibt, ob sich die Abschreibungen auch weiterhin erwirtschaften lassen. Die drei wesentlichen Voraussetzungen für eine ausreichende Kapitalbeschaffung sind: Eine gesunde Bilanzstruktur, die eine Aufnahme von Fremdmitteln zuläßt, Möglichkeit der Fremdmittelsicherung und ausreichende Ertragskraft. Gerade die Ertragskraft aber ist für die E-Werke nicht in allen Fällen gesichert. Wenn die geringer gewordenen Abschreibungsquoten nicht ausgeschöpft werden können, bleibt die Gefahr der Substanz-Auszehrung drohend bestehen. Die E-Werke können deshalb nicht nachlassen, auf eine Entzerrung des Preisgefüges und auf eine Lösung der festgehaltenen Preise zu drängen.

c) Liquiditäts- und Gewinnpolitik

Die Liquidität eines E-Werkes ist schon vom Betriebsrhythmus her jahreszeitlich stark schwankenden Einflüssen unterworfen. Aus den Strompreiserlösen fließen bei den bislang üblichen Abrechnungsverfahren Finanzmittel in den Winter- und Frühjahrsmonaten stärker als in den Sommermonaten zu. Die Ausgaben würden sich ohne zusätzliche Eingriffe nicht gleichlaufend bewegen. Beispielsweise werden für Brennstoffe wegen der höheren Winterbevorratung die meisten Mittel im Herbst und im Winter gebunden. Investitionsmittel werden zum großen Teil nur während des Sommerhalbjahres benötigt. Sowohl die Ausgaben als auch die aus Selbst- und Fremdfinanzierung stammenden Mittel müssen daher in der Praxis in ihrem zeitlichen Anfall so gesteuert werden, daß weder eine unnötig hohe noch eine zu knappe Liquidität eintritt.

Finanzpläne. Aus der Kenntnis des allgemeinen Trends und der regelmäßigen Schwankungen der Stromverkaufsentwicklung heraus können die Bewegungen von Kosten und Erlösen, Aufwand und Ertrag vorgeplant und in mittel- und langfristigen Finanzplänen zusammengefaßt werden.

Angesichts des anlage- und kapitalintensiven Charakters des E-Werk-Betriebes muß bei der Aufstellung der Finanzpläne als oberster Grundsatz eine Politik knapper Investitionen verfolgt werden. Selbst einstweilig genehmigte Investitionspläne und Bauvorhaben sind so einzuleiten und durchzuführen, daß sie jederzeit auf das dem Bedarf entsprechende Maß eingeschränkt werden können. Nur so wird der Finanzbedarf auf das wirklich notwendige Maß begrenzt. Unter dem Druck der Forderung nach Versorgungssicherheit besteht im technischen Bereich der verständliche Wunsch, die verantwortungsvolle Aufgabe der ungestörten Versorgung durch höhere Reserven bei Erzeugungs- und Verteilungsanlagen zu erleichtern. Es bedarf daher gelegentlich einer gewissen Unnachgiebigkeit der Geschäftsführung eines E-Werkes gegenüber den Reservewünschen der für den Betrieb verantwortlichen leitenden Persönlichkeiten, um hier die finanziellen Möglichkeiten mit dem technisch Wünschenswerten so in Einklang zu bringen, daß das technisch Notwendige nicht beeinträchtigt wird.

Risiken auf Grund von Unsicherheitsfaktoren in den Finanzplänen entstehen hauptsächlich aus Konjunkturschwankungen und durch Anlageschäden und Versorgungsstörungen. Derartige unvorhergesehene Änderungen haben auf der Einkommensseite meist nach Höhe und Zeitpunkt andere Auswirkungen als auf der Ausgabenseite.

An Hand von „Spielfällen" sollten die aus solchen Änderungen erwachsenden jeweiligen Einflüsse durchgerechnet werden, um Vorstellungen über das Ausmaß der möglichen Liquiditätsschwankungen zu gewinnen. Größere Liquiditätsreserven vorzusehen, ist in der Regel nicht erforderlich, doch sollte man sich über die notfalls zu ergreifenden Maßnahmen, beispielsweise kurzfristige Kreditaufnahme, laufend im klaren sein, um eine schnelle Beschaffung von Kapitalien in wirtschaftlichster Weise sicherzustellen.

Tägliche Feinsteuerung. Die Feinsteuerung des Ausgleichs zwischen Einnahmen und Ausgaben ist eine täglich anfallende Arbeit, bei der an Hand der tatsächlichen Eingänge über die fälligen Zahlungen und die Anlage der darüber hinaus verfügbaren Mittel zu entscheiden ist. Sie kann jedoch noch so virtuos gehandhabt werden, ohne systematische mittel- und langfristige Planung wird auf die Dauer nicht das Optimum zwischen zu hoher und zu niedriger Liquidität erreicht werden können; schon weil sich im Normalablauf periodisch Einnahmen und Ausgaben an bestimmten Terminen zusammenballen, wie am Monatsbeginn, Jahresschluß oder Geschäftsjahresschluß.

Abstimmung zwischen Tilgung, Zinszahlung und Abschreibung. Ein hoher Anteil an Eigenkapital hat für Unternehmen den Vorteil, daß ein Zurückbleiben des Stromverkaufs gegenüber den Erwartungen besser überstanden werden kann, da die jeweils fälligen Ausgaben für Tilgungen und Zinszahlungen geringer sind.

Bei der Abschreibung ist die Bestimmung der Wiederbeschaffungswerte und Nutzungsdauern von großem Einfluß auf das Kostenbild und kann Zinsvorteile ergeben, die der Erfolgsrechnung zugute kommen.

Langfristige Liquiditätsspannungen können daraus erwachsen, daß die Abschreibungen auch die Tilgung des in den Anlagen steckenden Fremdkapitals erbringen müssen, während die Nutzungsdauer der Anlagen mit der Laufzeit der Anleihen oder Darlehen in der Regel nicht übereinstimmt. Nur sorgfältig abgestimmte Abschreibungs- und Tilgungspläne können vor solchen Überraschungen schützen. Vor allem bewahren sie vor Scheingewinnen, die eine Substanzauszehrung befürchten lassen.

Bei der knappen Ertragslage in der Elektrizitätswirtschaft und aus der berechtigten Furcht vor Scheingewinnen wird die Vorsicht der Unternehmensleitungen gegenüber hohen, ausgewiesenen Gewinnen sehr begreiflich.

Kurspflege. So verständlich der Wunsch der Anteilseigner auch sein mag, eine möglichst hohe Rendite ihrer Beteiligungen zu erzielen, bei so anlageintensiven Unternehmen wie E-Werken ist die Ausschüttung von Spitzengewinnen kaum zu vertreten. Die Bildung offener Reserven ist steuerlich zwar inzwischen tragbarer geworden, stößt jedoch oft auf Widerstand der Anteilseigner. Für die Unternehmensleitungen ergibt sich daraus die Notwendigkeit, gelegentlich eine Thesaurierungspolitik auch entgegen den Wünschen der Eigentümer zu betreiben. Es ist für die Geschäftsführungen nicht immer leicht, die Gründe hierfür zu erläutern und klarzumachen, daß bei E-Werken eine auf langfristig optimale Rendite gerichtete Finanzpolitik der bessere Weg ist als eine vorübergehende Ausschüttung von Spitzengewinnen. Die letzten Jahre haben allerdings gezeigt, daß das Verständnis hierfür laufend zu wachsen scheint.

Dividenden verschiedener großer E-Werke (einschl. Bonns)

	50/51	51/52	52/53	53/54	54/55	55/56	56/57	57/58	58/59	59/60
Bayernwerk	4	0	4	4	5	5	5	6	8	8
BEWAG	0	0	0	5	6	7	8	9	9	10
HEW	4	4	5	6	7	8	8	9	7	9
Lechwerke[1]	4	5	5	6	6,5	7,5	8	9	12	13
PREAG[2]	0	4	5	6	7	6	9	9	11	13
RWE	4	5	6	8	9	10	10	12,5	13	16,25

Bei der Bemessung der auszuschüttenden Gewinnanteile, insbesondere der Dividenden, stehen die E-Werke oft vor der eigenartigen Lage, daß sich einer der Anteilseigner, vielfach der größte, zusätzliche, den Gewinn schmälernde Beträge in beachtlicher Höhe in Form von Konzessionsabgaben schon vorweggenommen hat. Das E-Werk kann sich jedoch nicht erlauben, den freien Anteilseignern aus diesem Grunde eine unangemessen geringe Rendite zukommen zu lassen, da es sich damit den Weg zum Kapitalmarkt für Kapitalerhöhungen selbst verbauen würde. Es muß also trotz Schwächung des auszuschüttenden Gewinnes durch die Konzessionsabgabe aus Gründen der Kurspflege allen Anteilseignern angemessene Gewinne gewähren.

E-Werks-Papiere werden, sofern der Ruf nicht durch schwebende Streitfragen über Übernahme-(Heimfall-)Rechte beeinträchtigt ist[3], seitens der Anlagesuchenden als besonders „sicher" betrachtet, sowohl hinsichtlich des Substanzwertes, der angemessenen Rendite, als auch der Zukunftserwartungen[4]. Dieser besondere Vorteil der E-Werks-Aktien rechtfertigt, daß die E-Werks-Dividenden etwas unter den bei der verarbeitenden Industrie üblichen liegen.

Der langfristigen Bindung des Kapitals in E-Werken entspricht es, daß sich nur längere Zeiträume guter oder schlechter Konjunktur in der Dividendenhöhe wiederspiegeln. Die Kurspflege wird sich daher auch in Zukunft bewußt darauf richten, E-Werks-Papiere als sichere Anlage und nicht als Spekulationsobjekt herauszustellen. Man sollte bestrebt sein, Anteilseigner zu gewinnen, die dem E-Werk beständig und für lange Zeit ihr Vertrauen schenken.

VII. Rechtliche Sicherung

Die menschliche Gesellschaft hat sich Regeln geschaffen, die der unbegrenzten Freiheit des einzelnen Zügel anlegen, die ihn zwingen, sich der Gesellschaftsordnung einzufügen oder nachteilige Folgen zu tragen. Das Recht in weitestem Sinne kann als die Summe dieser geschriebenen oder ungeschriebenen Regeln angesehen werden, die ein engeres Zusammenleben erträglich machen.

Unternehmen, gleich welcher Organisationsform, können sich dieser Rechtsordnung ebensowenig wie Einzelpersonen entziehen. Sie müssen sich davor hüten, gegen rechtliche Regelungen zu verstoßen und Vorsorge tragen, daß die wirtschaftlichen Folgen bei möglichen Verstößen tragbar bleiben. Sie können sich andererseits dagegen sichern, daß ihnen andere unter Verletzung rechtlicher

---

[1] Geschäftsjahr gleich Kalenderjahr gemäß erster Jahresangabe in der Kopfleiste.
[2] wie zu [1], ab 1956; 1955 Teiljahr.
[3] Vgl. S. 32ff., 186.   [4] Vgl. S. 455ff.

Regelungen Schäden zufügen, ohne diese wieder auszugleichen. Die Lösung dieser Aufgaben hat nicht nur einen rechtsethischen, sondern auch einen durchaus materiellen Sinn, da sie der Vermeidung von Erlösschmälerungen und unerwarteten zusätzlichen Kosten dient.

a) Juristische Betreuung von E-Werken

Die Aufgabe der rechtlichen Sicherung wird um so schwieriger, je differenzierter das geltende Recht wird. Sowohl die immer stärkere Verflechtung der Beziehungen in der industriellen Gesellschaft als auch das Bestreben gesetzgebender Organe nach möglichst „perfekten" Regelungen hat zu einer Komplizierung unseres geschriebenen und sich durch die Rechtssprechung bildenden Rechtes geführt. Einem Nicht-Rechtskundigen ist es inzwischen nahezu unmöglich, die Mittel und Methoden der rechtlichen Sicherung eines Unternehmens zu übersehen. Die Rechtsbetreuung ist daher zu einer wichtigen Hilfsfunktion auch des E-Werks-Betriebes geworden.

Da die rechtliche Betreuung eines Unternehmens vielfach betriebsinterne Kenntnis voraussetzt, werden mit dieser Aufgabe Angehörige des Unternehmens mit rechtlicher Spezialkenntnis betraut, soweit dies die Größe des Unternehmens zuläßt. Erst bei Unternehmen mit weniger als etwa 500 Mitarbeitern wird im Einzelfalle fraglich, ob ein Jurist mit Rechtsbetreuungsaufgaben voll ausgelastet ist. Wo dies nicht der Fall ist, wird nach Möglichkeit die Hilfe von nahestehenden Unternehmen, Organisationen oder Behörden herangezogen. So übernimmt häufig die Gemeinde oder der Kreis die Rechtsbetreuung kleiner kommunaler Werke. Die Heranziehung freier Mitarbeiter bildet bei E-Werken eine Ausnahme. Zwar finden Werke in den Untersuchungen und Veröffentlichungen der Fachverbände Unterlagen und Hilfe, jedoch ist auch kleineren E-Werken dringend zu empfehlen, eine persönliche rechtliche Beratung vorzuziehen.

Unzureichende Rechtsbetreuung führt zu einer Vielzahl vermeidbarer gerichtlicher Auseinandersetzungen. Ziel der Rechtsbetreuung in E-Werken soll es nicht sein, Prozesse zu führen, sondern sie mit Erfolg für das Unternehmen zu vermeiden.

Vertragsgestaltung. Da in einem Elektrizitätswerk die Beziehungen zu den Kunden, weniger die zu den Lieferanten und noch viel weniger die zu den eigenen Mitarbeitern die Hauptquelle aller Rechtsstreitigkeiten und Vermögensschäden sind, kommt einer eindeutigen Gestaltung der Vertragsverhältnisse mit den Abnehmern größte Bedeutung zu. Mit der Vereinheitlichung der Vertragsklauseln sowohl in den Tarifabnehmerverträgen als auch in den Sonderabnehmerverträgen hat sich die Zahl der Streitfragen bereits erheblich vermindert. Immer noch sind jedoch eine Reihe von Problemen offen. Insbesondere gilt dies hinsichtlich der Nebenpflichten der Abnehmer, wie beispielsweise Duldungspflichten, die am besten durch individuelle vertragliche Regelung vorweg geklärt werden, solange nicht eindeutige höchstgerichtliche Entscheidungen vorliegen.

Zur Sicherung der Rechtsbetreuung bei der Vertragsgestaltung bedarf es einer allgemeinen Anweisung an alle Verantwortlichen innerhalb eines E-Werkes, keinen Vertrag zu unterschreiben, der nicht zuvor der Rechtsabteilung zur rechtlichen Überprüfung vorgelegen hat. Eine Ausnahme erfahren jene Abmachungen, für die passende Normalverträge bereits rechtlich geprüft sind, wenn im Einzelfalle keine Abweichungen von den Vertragsmustern vorgenommen werden. Der zahlenmäßig weitaus größte Teil der Verträge, wie z. B. die meisten Verträge mit Tarifabnehmern, mit Einzustellenden der unteren und mittleren Lohn- und Gehaltsstufen, mit der Mehrzahl der Lieferanten- und Dienstleistungsbetriebe kann durch eine derartige Organisationsverfügung ohne zusätzlichen Arbeits- und Zeitaufwand rechtlich gesichert abgewickelt werden. In Zweifelsfällen haben die Unterzeichnenden die Verantwortung für eine Nichtbeachtung der Verfügung zu tragen. Einige E-Werke haben mit gutem Erfolg zur Vervollkommnung einer solchen organisatorischen Regelung der Rechtsbetreuungsstelle volle Informationsbefugnis hinsichtlich aller geschlossenen Verträge eingeräumt.

Steuerberatung. Neben der rechtlichen Absicherung der Vertragsgestaltung ergibt sich als zweiter größerer Aufgabenbereich für die Rechtsbetreuung die steuerliche Beratung, wobei man zweckmäßigerweie hierin auch die Konzessionsabgaben und die sonstigen Abgaben und Gebühren für die öffentliche Hand einbezieht. Auch das gesamte Abgabenrecht ist in seiner gesetzlichen Regelung überaus kompliziert geworden. Es birgt jedoch vielleicht gerade deshalb eine Fülle von Möglichkeiten zur Vermeidung unnötiger Belastungen. Eine sachgemäße Steuerberatung kann erhebliche wirtschaftliche Nachteile vermeiden lassen.

Bearbeitung von Streitfällen. Der dritte Aufgabenkomplex der Rechtsbetreuung, die Bearbeitung von Streitfällen ist um so geringfügiger, je sorgfältiger die vorbeugende Rechtsbetreuung durchgeführt wird. Dennoch wird immer ein Rest laufend anfallender Streitfälle verbleiben. In der Mehrzahl handelt es sich dabei um Forderungen aus der Lieferung von Strom und Wärme, die wegen Zahlungsunwilligkeit oder Zahlungsunfähigkeit von Kunden eingeklagt werden müssen. Die in Frage stehenden Summen indessen sind im allgemeinen insgesamt nicht sehr hoch, da sehr kurze Zahlungsfristen nach Rechnungseingang (meist nicht über 14 Tage), Mahngebühren und die rechtliche Möglichkeit, bei Nichtzahlung den Kunden vom Netz abzutrennen, bei E-Werken einen flüssigen Zahlungseingang sicherstellen. Wenn auch die Zahlungsmoral in den einzelnen Gegenden und auch je nach Bevölkerungsdichte unterschiedlich ist, brauchen nur selten mehr als etwa 0,05% der gesamten Stromerlöse eingeklagt zu werden. Es gibt nur in wenigen Fällen Gemeindesatzungen, die Forderungen der E-Werke zu öffentlich-rechtlichen Gebührenforderungen machen. Im allgemeinen handelt es sich um Privatstreitigkeiten, die vor ordentlichen Gerichten im Zivilgerichtsverfahren auszutragen sind.

Bei der gerichtlichen Durchsetzung von Forderungen des E-Werkes, die nicht aus Strom- oder Wärmelieferungen herrühren, wie z. B. auf Duldung der Erstellung von Leitungsmasten oder Verlegung von Kabeln, aber auch bei der gerichtlichen Abwehr von strittigen Forderungen gegen das E-Werk, insbesondere aus Haftungstatbeständen, empfiehlt sich Zurückhaltung. Mit Rücksicht auf den starken Kartell- und Monopolverdacht, dem E-Werke nun einmal ausgesetzt sind, wird in der Praxis vielfach der Weg des außergerichtlichen Vergleichs vorgezogen, da sehr oft der Schaden an öffentlichem Ansehen größer ist als der einzuklagende Vorteil. Eine Grenze hat eine solche Zurückhaltung jedoch dort, wo offensichtlich Querulantentum die Aufgabenerfüllung des E-Werkes zu erschweren droht. In solchen Fällen kann auch bei einer Bagatellsache eine gerichtliche Auseinandersetzung unvermeidlich werden. Grundsätzlich empfiehlt sich bei allen Rechtsstreitigkeiten die Überlegung, ob der zur Weiterverfolgung notwendige Arbeitsund Zeitaufwand nicht den zu erwartenden Wert des Erfolges weit übersteigt.

b) Rechtliche Sonderprobleme

Aus der Eigenart des E-Werks-Betriebs ergeben sich eine Reihe von Sonderproblemen. Meist handelt es sich dabei um langfristige Verfolgung rechtskritischer oder rechtsschöpferischer Probleme des Energierechts. Aber auch aus allgemeinen rechtlichen Regelungen, z. B. des Kartellrechts, des Haftungsrechts nach dem Bürgerlichen Gesetzbuch, des Steuerrechts, ergeben sich immer wieder eine Reihe nur sehr mühsam zu lösender Sonderprobleme für die Elektrizitätswerke. In der Behandlung all dieser Fragen finden die Werke nachdrückliche Unterstützung durch die Rechtssachbearbeiter der Fachverbände. Bei der Erarbeitung der rechtswissenschaftlichen Unterlagen leistet das Institut für Energierecht an der Universität Bonn wertvolle Hilfe. Zur Unterstützung des Erfahrungsaustausches veranstaltet es periodisch Vortrags- und Diskussionstagungen.

Kartellrecht. Das Gesetz gegen Wettbewerbsbeschränkungen sieht für die Elektrizitätswirtschaft Ausnahmen vor für die Bestimmungen in Verträgen zwischen Versorgungsunternehmen oder zwischen Versorgungsunternehmen und Gebietskörperschaften. Die Ausnahmen gelten also nicht für Vertragsbestimmungen in Versorgungsverträgen zu allgemeinen Tarifpreisen und -bedingungen und bei den Versorgungsverträgen mit letztverbrauchenden Sonderabnehmern.

In einer Sonderbestimmung dieses Gesetzes (§ 103) sind Demarkations- und Gebietsschutzverträge, Konzessionsverträge, gemeinsame Preisabsprachen zugunsten der Verbraucher und Verbundverträge von dem Verbot der Kartellverträge und -beschlüsse (§ 1), dem Verbot der Preisbindung zweiter Hand (§ 15) und der Sonderbehandlung von Ausschließlichkeitsklauseln in Gegenseitigkeitsverträgen sowie der Ermächtigung zum Eingreifen für die Kartellbehörde (§ 18) ausgenommen. Sie müssen allerdings der Kartellbehörde gemeldet werden. Aus dem Fehlen ausreichender Ausführungsbestimmungen, Kommentare, Erläuterungen der Kartellbehörde und höchstrichterlicher Entscheidungen ergibt sich z. Z. noch eine gewisse Rechtsunsicherheit hinsichtlich der kartellrechtlichen Beurteilung zahlreicher Grenzfälle[1]. Die Klärung dieser Zweifelsfragen dürfte aller Voraussicht nach noch Jahre in Anspruch nehmen.

Haftungsfragen. Hinsichtlich der Beziehungen des E-Werkes zur Allgemeinheit ergeben sich Rechtsprobleme im Bereich der Haftung. Eine Haftung für eigenen Vorsatz ist unabdingbar[2], doch haften die Elektrizitätswerke nicht für eigene Fahrlässigkeit und Fahrlässigkeit ihrer Erfüllungsgehilfen[3], sowie deren Vorsatz. Es kann hierbei jedoch zu Grenz- und Härtefällen kommen, die einer für das E-Werk ungünstigen Auslegung zugängig sind. Sache der Rechtsbetreuung ist es, in Einzelfällen sorgfältig abzuwägen, ob das E-Werk auf seinem Rechtsstandpunkt beharren und Schadensersatzforderungen auf dem Prozeßweg ab-

---

[1] Vgl. Einzelheiten und Beispiele bei FONK, Die Anmeldung wettbewerbsbeschränkender Verträge der Energiewirtschaft nach dem Gesetz gegen Wettbewerbsbeschränkungen. Elektrizitätswirtsch. 1958, H. 12, S. 348 ff. CORDT, Das Gesetz gegen Wettbewerbsbeschränkungen und die deutsche Elektrizitätswirtschaft. Elektrizitätswirtsch. 1958, H. 18, S. 575 ff.
[2] Nach § 276 Abs. 2 BGB.   [3] Nach AVB.

30*

wehren soll, oder ob ihm nicht mit einer Erledigung durch außergerichtlichen Vergleich besser gedient ist.

Gesellschafts- und Steuerrecht. Alle Betriebe können in die Lage kommen, die eigene Gesellschaftsform hinsichtlich möglicher oder zweckmäßiger Veränderungen überprüfen zu müssen. So tritt für Eigenbetriebe gelegentlich das Problem auf, durch Übergang zu anderen möglichen Rechtsformen die Unternehmen wirtschaftlich soweit zu verselbständigen, daß sie besseren Zugang zum freien Kapitalmarkt erhalten, von Eingriffen der Gebietskörperschaften in die Betriebsführung freier werden und so in ihrem Betriebsstil sich dem industrieller Unternehmen stärker angleichen können. Für die als Aktiengesellschaften betriebenen Unternehmen ist die Reform des Aktienrechts einschließlich der steuerlichen Rehabilitierung der Aktie das vordringlichste Problem.

Steuerrechtliche Überlegungen beschäftigen im übrigen die Rechtsabteilungen und sonstigen Rechtsbetreuer insbesondere im Hinblick auf ausreichende künftige Selbstfinanzierungsmöglichkeiten, da sie bei der außerordentlichen Kapitalintensität und Langlebigkeit der Anlagen für die Wirtschaftlichkeit des Betriebes wesentlich sind.

Schutz des Vermögensbestandes. Beim Schutz des Anlagevermögens bedient man sich der Anlageversicherung, insbesondere der Maschinenversicherung, die bei Schäden auf Grund unerwarteter Betriebsvorfälle zum Tragen kommt. Das Risiko wird an Hand der Schadensstatistiken der vergangenen Jahre errechnet. Die Höhe der Prämie wird also im umgekehrten Verhältnis zum Sicherheitsgrade des betreffenden E-Werkes stehen. In der Regel wird vereinbart, daß das E-Werk bei kleinen und mittleren Schäden bis zu einer gewissen Schadenssumme den Schaden, vor allem bei Bagatellschäden, selbst trägt, und erst bei höheren Schadenssummen den Versicherer voll oder anteilig in Anspruch nehmen kann.

In den letzten Jahren hat sich zur Vereinfachung der Versicherungen und zur Verminderung der Kosten statt der Einzelversicherung für erstellte und eingebaute Anlagen die Methode der Versicherung des gesamten jeweiligen Anlagenbestandes durchgesetzt. Da die rechtliche Abgrenzung im einzelnen oft Schwierigkeiten bereitet, ist ein gutes Vertrauensverhältnis zwischen E-Werk und Versicherer Voraussetzung.

Über die installierten Anlagen hinaus werden in der Regel auch für andere feste und bewegliche Anlagegüter des Unternehmens, wie Lager, Verwaltungsgebäude, Fahrzeuge oder Gegenstände auf dem Transport, Versicherungen abgeschlossen, die vor der Belastung durch eigene Schäden oder Schadensersatzforderungen anderer schützen sollen. Zum Teil sind sie sogar, wie für die Kraftfahrzeug-Haftpflichtversicherung, gesetzlich vorgeschrieben.

Auch die möglichen Strom- und Wärmeerlöse könnten Gegenstand einer Versicherung sein. Da in der Regel Betriebsunterbrechungen zu vorübergehenden Absatzminderungen führen, die nicht oder nur geringfügig aufgeholt werden, wären Ausfallsversicherungen ein gangbarer Weg zur Erlössicherung.

Die sich bei allen Versicherungen ergebende Grundfrage ist immer wieder die nach dem Verhältnis der Versicherungskosten zum möglichen Risiko, also eine wirtschaftliche Abwägung zwischen der Zahlung von Versicherungsprämien oder zusätzlicher Aufwendungen zur Verminderung des Risikos, zur Erhöhung der Sicherheit. Eine Selbsttragung verbleibender Risiken ist um so eher wirtschaftlich, je kleiner das Verhältnis der möglichen Schadenssummen zum Gesamtvermögen des E-Werkes ist. Bei sehr großen E-Werken lohnt sich unter Umständen eine Verminderung der Versicherungskosten durch Benutzung einer eigenen kleinen Versicherungs-Tochtergesellschaft, die ihrerseits mit Rückversicherungen arbeitet.

Neben den wirtschaftlichen Überlegungen ergeben sich in der Regel bei Abschluß von Versicherungsverträgen so zahlreiche Rechtsfragen, daß sich grundsätzlich eine Einschaltung der Rechtsbetreuungsstelle empfiehlt, der bei großen E-Werken hierfür speziell ausgebildete Fachkräfte angehören.

Die große Zahl kleiner und kleinster Grundstücke, die ein E-Werk zur Durchführung seiner Versorgungsaufgabe besitzen oder benutzen muß, bringt ebenfalls ein ungewöhnliches Maß an Rechtsfragen mit sich, die wegen der Vielfalt der Grundstücksrechte von den Bauabteilungen oder den Verwaltungsabteilungen der E-Werke kaum ohne Rechtshilfe gelöst werden können. Zwar ist in den AVB allen Grundstückseigentümern, die nach allgemeinen Tarifen versorgt werden, eine Duldungspflicht für Leitungen, Leitungsträger und Zubehör zum Zwecke der öffentlichen Versorgung auferlegt worden[1], doch ergeben sich dabei eine Reihe von Zweifelsfragen: Wie können beispielsweise Grundstücke herangezogen werden, deren Eigentümer außerhalb des Versorgungsgebietes wohnen? Fallen auch Mittel- und Hochspannungsleitungen, die z. T. auch der Fernübertragung dienen, unter die Duldungspflicht? Inwieweit sind Transformatoren, die auch andere Kunden mit versorgen, duldungspflichtig? In welchen Fällen ist eine entschädigungslose Duldung noch gerechtfertigt u. ä. Da in allen Fällen der Begriff des „Zumutbaren" zur Abwägung herangezogen werden muß, ist eine sorgfältige Abwägung in Anlehnung an die Entscheidungen der Rechtssprechung erforderlich.

Unter den möglichen Schädigungen des Vermögensbestandes durch schuldhaftes Handeln anderer kommt bei vielen E-Werken rein zahlenmäßig den Beschädigungen von Kabeln bei Erdarbeiten größte Bedeutung zu. Zur Erlangung eines angemessenen Schadensersatzes sind zumeist rechtlich schwierige Feststellungen zu treffen, zur Ermittlung des Ersatzpflichtigen, zur Schuldfrage[2] und zur Ermittlung der Schadenshöhe, insbesondere hinsichtlich des Schadens durch Stromausfall.

Stromdiebstahl. Nicht ganz einfach ist der Schutz vor Diebstählen von elektrischem Strom. Er kann bei ausreichender Fachkenntnis im allgemeinen ohne große Gefahr unbefugt entzogen werden. Die Größe und Ausdehnung der Leitungsnetze verhindern die genaue Erfassung zusätzlicher Stromverluste. Die Gefahr von „Anzapfungen" in Niederspannungsnetzen ist in der Nähe menschlicher Siedlungen verhältnismäßig gering. Häufiger sind Stromdiebstähle im Bereich der Abnehmer, vor allem auf der Leitungsstrecke zwischen Hausanschluß und Zähler. Darüber hinaus sind nicht alle Zähleinrichtungen unbeeinflußbar gegen Fälschungen der Ablesewerte.

Bei dieser Sachlage und angesichts der Unmöglichkeit, bei Stromdiebstählen die tatsächlich bezogenen Mengen hinterher genau zu ermitteln, bleibt den E-Werken nur die Möglichkeit, ihre Kunden haftbar zu machen. Für den Fall

---

[1] AVB, Abschn. III, 3.

[2] Siehe Einzelheiten bei BUTZE, Ersatzpflicht der Bauunternehmer bei Beschädigung von EVU-Kabeln durch Tiefbauarbeiten in öffentlichen Straßen. Elektrizitätswirtsch. 1957, H. 23, S. 863ff.

unbefugter Eingriffe in ihre Netzanlagen werden hohe Vertragsstrafen vorgesehen, ein Verfahren, das rechtlich umstritten ist. Häufig, insbesondere bei Eingriffen Dritter, kommt es zu Härtefällen, in denen es einer eingehenden rechtlichen Würdigung bedarf, wieweit jeweils der Kunde, sei er Hausbesitzer, Mieter oder Untermieter zur Leistung der Vertragsstrafe herangezogen werden kann. Vor allem entstehen Schwierigkeiten daraus, daß die Rechtssprechung gelegentlich dazu neigt, gegenüber den Schutzgründen für die Bemessung der Vertragsstrafenhöhe reinen Schadensersatzüberlegungen den Vorzug zu geben.

Die E-Werke werden ihren Rechtsstandpunkt auch künftig hierbei verhältnismäßig unnachgiebig vertreten müssen, um den in Notzeiten gewachsenen Vorstellungen von Stromdiebstahl als Kavaliersdelikt energisch entgegenzutreten, zumal Vertragsstrafen die einzige Waffe im Kampf gegen Erlösminderungen durch Stromdiebstahl bleiben werden. Die in den letzten Jahren mit Erfolg durchgeführte Entwicklung unbeeinflußbarer Zähler und die systematische Nachprüfung und Auswechslung veralteter Typen wird die Möglichkeiten erfolgreichen Stromdiebstahls weiter einschränken.

c) Recht und Technik

Für die Geschäftsleitung eines E-Werkes ist es nicht immer einfach, ihren rechtsberatenden Mitarbeitern die Einstellung eigen zu machen, daß auch die Rechtsbetreuung trotz ihrer wichtigen Funktionen nur eine Hilfseinrichtung einer wirtschaftlichen Unternehmensführung ist. Vielleicht liegt es in der Art der heute üblichen juristischen Ausbildung und dem Einfluß der öffentlichen Hand begründet, daß rechtliche Überlegungen vielfach gegenüber technischen, wirtschaftlichen und wirtschaftspolitischen Gesichtspunkten als vorrangig und auch einer Kritik von juristischen Laien kaum zugänglich angesehen werden.

Die bisherigen Erfahrungen haben jedoch gezeigt, daß im allgemeinen jede Rechtsordnung der Entwicklung der technischen und wirtschaftlichen Beziehungen mit mehr oder weniger großer Verzögerung nacheilt. In so stark vom Technischen her beeinflußten Unternehmen wie E-Werken, die sich nach dem derzeitigen und künftigen Entwicklungsstand zu orientieren haben, lassen sich daher oft die zu fällenden Entscheidungen mit der jeweils noch geltenden Rechtsordnung nur mühsam in Einklang bringen. Hierbei durch fortschrittliche Auslegung gesetzlicher Bestimmungen, Rechtsdeutung und Rechtsentwicklung Hilfe zu leisten, ist nicht allein ein Dienst an der Tecknik, sondern trägt auch entscheidend dazu bei, unsere Rechtsordnung lebensnah zu erhalten.

G. Elektrizitäts- und Energiewirtschaft

Die Entwicklung neuzeitlicher Staatengebilde zu hochtechnisierten Einrichtungen mit einem weit verzahnten arbeitsteiligen Wirtschaftsprozeß ist nicht in ruhigem evolutionistischem Gleichmaß vor sich gegangen.

Politische Umwälzungen, Meinungs- und Machtkämpfe, Perioden scheinbar höchsten Wohlstandes und plötzliche wirtschaftliche Zusammenbrüche weitesten Ausmaßes, soziale Kämpfe, weltanschauliche Auseinandersetzungen und schließlich sogar Kriege haben Zeitspannen ruhiger, sinnvoller Entwicklung durch solche chaotischer Verwirrung und sinnloser Vernichtung unterbrechen lassen. Jede politische Gruppe, ihren Anspruch auf das Recht zur Macht betonend, strebte einem wirtschaftlichen Ideal nach, das mehr oder weniger den notwendigen, inneren Gesetzen des menschlichen Zusammenlebens entsprechenden Ordnungen nahekommen sollte.

Mit dem Entstehen eines weltweiten Bedarfs an Energie und der steigenden Bedeutung der Energiewirtschaft in den zivilisierten und technisierten Staatengebilden haben kaum je die jeweiligen Machthaber auf die Einflußnahme gerade auf diesen Wirtschaftszweig verzichtet. Insbesondere kommunistisch regierte Staaten haben Planung, Ausbau und Betrieb der Energieerzeugung und Verteilung in eigene Hände genommen oder lassen sie von ihren Funktionären betreiben. Aber auch betont nationalistische Staaten der nichtkommunistischen Welt meinen häufig, durch Verstaatlichung die Energiewirtschaft am besten fördern zu können. Sie folgen damit Gedankengängen, zu denen auch manche sozialistische Parteien des Westens neigen.

Für ein Wirtschaftssystem mit durchgreifender, straffer staatlicher Lenkung wie auch für eine Wirtschaftsordnung, die einem gesunden Wettbewerb und der unternehmerischen Initiative des einzelnen mehr Raum gibt, gilt gleichermaßen, daß in einem geschlossenen Wirtschaftsgebilde nur dann der größte Erfolg erzielt werden kann, wenn die Behandlung der verschiedenen Wirtschaftszweige nach einheitlichen Grundsätzen erfolgt. Für Staaten mit liberaler Wirtschaftsordnung erscheint es daher bedenklich, wenn die öffentliche Hand der Versuchung nachgibt, ihren Einfluß auf die Energiewirtschaft wesentlich über das für andere Wirtschaftszweige übliche und notwendige Maß auszudehnen.

Nach den in der Bundesrepublik herrschenden allgemeinen Wirtschaftsgrundsätzen bedarf ein Wirtschaftszweig um so weniger der staatlichen Einflußnahme, je mehr ihn das marktwirtschaftliche Geschehen zu optimalen Leistungen im Dienste der Volkswirtschaft anregt. Falls seitens der Elektrizitätswirtschaft eine Bindung der erlösbaren Tarifpreise und staatlich manipulierte Brennstoff-Einkaufspreise als unabänderlich hingenommen werden, so ergäbe sich eine Begründung für eine gelenkte Energiewirtschaftspolitik. Die Bundesregierung bezeichnet es aber als ihr Ziel, auch die Elektrizitätswirtschaft schrittweise in die allgemeine Wettbewerbswirtschaft einzugliedern. Einzelne Maßnahmen, wie die Lockerung der Strompreisbindung für einzelne Kundenkategorien und gewisse Liberalisierungsversuche auf dem Sektor der Rohenergiebeschaffung scheinen eine systematische Verfolgung diese Weges anzuzeigen.

Gleichwohl wird dieser den wirtschaftspolitischen Grundsätzen des Staates entsprechende Weg zu einer marktgerechten Energiewirtschaft nur recht zögernd beschritten. Dafür werden wohl im wesentlichen zwei Gründe vorgebracht werden können: Einerseits wird die Bedeutung der Auswirkung von kurzfristigen, sich über nur wenige Jahre hinziehenden Konjunkturschwankungen auf die Energiewirtschaft unter Verkennung des langfristigen energiewirtschaftlichen Entwicklungstrends politisch leicht überschätzt. Sowohl bei Rohenergie-Mangellagen (Korea- und Suezkrise), als auch bei zeitweiligen Rohenergieüberschüssen (Kohlenhalden) werden die mit der Energiewirtschaft nicht allzu eng Vertrauten häufig Opfer von Fehlschlüssen hinsichtlich der langfristigen Verbrauchsvorausschau. Andererseits vollziehen sich tatsächlich in der Energiewirtschaft langsame Strukturwandlungen, vor allem auf den Rohenergiemärkten, deren Unabänderlichkeit von Außenstehenden kaum erkannt wird.

Die Forderung nach einer wirksameren Energiewirtschaftspolitik ist daher im Bundesgebiet nur insoweit sinnvoll, als damit eine sichere Bewahrung vor kurzsichtiger Über- oder Unterbewertung der Erscheinungen auf den Energiemärkten erreicht werden kann.

Eine generelle staatliche Förderung energiewirtschaftlicher Planungen unter Mitwirkung weitblickender, überstaatlich geschulter Fachleute und eine Lösung dieses Wirtschaftszweiges von allzu engen staatlichen Bindungen, ihre Ausrichtung auf weite, natürliche Wirtschaftsräume, kann eine wichtige Aufgabe staatlicher oder sogar überstaatlicher Organe sein. Wird diese richtig erkannt und gesetzlich sorgfältig und großzügig in die wirtschaftspolitischen Grundsätze des Wirtschaftsraumes eingebaut, so dürften sich selbst kurzfristige gelegentliche Eingriffe in die Betriebsführung einzelner Unternehmen völlig erübrigen. Nur in Übergangs- oder Notzeiten, Fällen höherer Gewalt und außerordentlicher Notstände muß man vielleicht mit solchen Möglichkeiten rechnen. Die Voraussetzung für eine gedeihliche Änderung ist die Erkenntnis der menschlichen Wünsche und Bedürfnisse und der steigenden naturgesetzlichen Methodik ihrer Befriedigung.

I. Energierohstoffe

Für die Abschätzung der künftigen Strukturentwicklung bei den Energierohstoffen ist eine Gegenüberstellung aufschlußreich, in der die Rangfolge, in der sie an der Deckung des westdeutschen Energiebedarfs beteiligt sind, mit der Rangfolge verglichen wird, in der ihre jährliche Verbrauchsrate ansteigt:

Rangfolge wichtiger Rohenergien

bei der Bedarfsdeckung	*nach jährlichem Verbrauchszuwachs*
Steinkohle	*Rohöl*
Braunkohle	*Erdgas*
Wasserkraft	*Steinkohle*
Rohöl	*Wasserkraft*
Erdgas	*Braunkohle*

Zurückweichen der heimischen Steinkohle. Eine für die Elektrizitätswirtschaft der Bundesrepublik tiefgreifende strukturelle Wandlung ergibt sich aus der schwindenden Marktbedeutung der heimischen Steinkohle. Der deutsche Bergbau leidet unter der Schwierigkeit, auf Kohle aus zu großen Tiefen und aus Flözen angewiesen zu sein, die sich wegen geringer Mächtigkeit und häufiger Verwerfung nur schwer der mechanisierten Förderung erschließen. Die Ausbringung kann weder schnell gesteigert, noch ohne große Kapitalverluste schnell gedrosselt werden.

Es hat daher auch mehrere Jahre gedauert, bis die heimische Steinkohlenförderung nach dem Kriege dem Bedarf wieder angepaßt werden konnte. Inzwischen haben sich die Verbraucher, darunter auch die E-Werke, notgedrungen nach anderer Rohenergie umsehen müssen. Sie waren dazu um so mehr gezwungen, als die nur zögernd steigenden Förderziffern erkennen ließen, daß die heimische Steinkohle, soweit sie wettbewerbsfähig gefördert werden kann (!), nicht auf lange Sicht zur Deckung des deutschen Energiebedarfs ausreichen würde. Da auch der weitere Ausbau der Wasserkräfte und der Rückgriff auf die tieferliegende Braunkohle keine Aussicht auf die endgültige Sicherung gegen die drohende „Energielücke" boten, mußten heimisches und eingeführtes Öl und auch Importkohle zur Deckung herangezogen werden. Diese Wandlungen waren nicht auf das Bundesgebiet beschränkt, sondern zeigten sich in allen Kohleverbrauchsländern West-Europas.

Öl fand bei den Elektrizitätswerken allerdings nur langsam Eingang, da Einrichtungen für wirtschaftliche Ölverbrennung nicht vorhanden waren. Auch heute läßt das technisch noch nicht ganz gelöste Problem der einwandfreien Verbrennung Schwefel und Vanadium enthaltender Öle bei der Umstellung von Hochleistungskesseln auf Ölfeuerung eine gewisse Vorsicht ratsam erscheinen. Für die zahlreichen kleineren Kesselanlagen der Industrie- und Gewerbebetriebe und die vielen Sammelheizungskessel für die Raumheizung hingegen bietet das Öl eine angenehme Ausweichmöglichkeit.

Nachdem die Steinkohle ihre höchsten Förderziffern endlich erreicht hatte, waren ihre Kosten inzwischen so weit angewachsen, daß die Inlandkohle ihren Preisvorsprung gegenüber den nach Abklingen des Seefrachtenbooms preisgünstigen Importkohlen und dem Öl einbüßte. Die Veränderung der Wettbewerbslage, vielfach von Unternehmen des Bergbaus zu spät erkannt, machte Ende der 50er-Jahre die jahrelang spielend leicht verkäufliche Steinkohle schwer absetzbar und führte zu den in der Öffentlichkeit viel diskutierten Kohlehalden. Nur mühsam und zögernd entschloß man sich, die Förderung heimischer Steinkohle schrittweise auf jene Anlagen zu beschränken, die zu wettbewerbsfähigen Kosten arbeiteten.

Möglicherweise wird die Kohle ihre alte marktbeherrschende Wettbewerbsstellung nicht halten können, da der hohe Kostenanteil an Löhnen voraussichtlich weiter steigen wird und da die Verbraucherschaft inzwischen die Vorteile des Öls, wie leichte Transport- und Lagerfähigkeit, Staubfreiheit, vollautomatische Verbrennung, hat schätzen lernen. Sie wird für diese Annehmlichkeiten bereit sein, gegebenenfalls auch höhere Anlageinvestitionen für Ölverbrennung in Kauf zu nehmen.

Die Bergbauunternehmen im Bundesgebiet werden damit vor die Notwendigkeit gestellt, aufs äußerste zu rationalisieren, um wenigstens für reviernäheren Verbrauch wettbewerbsfähig zu bleiben. Sie werden die Märkte suchen müssen, wo weniger der Heizwert der Kohle bei der Verbrennung, als die Eignung für chemische Prozesse vergütet werden kann. Es hat den Anschein, daß heimische Kohle in fernerer Zukunft kaum mehr wirtschaftlich zur Elektrizitätserzeugung verwendet werden kann.

Vordringen des Öls. Die E-Werke des Bundesgebietes tragen der rückläufigen Marktbedeutung inländischer Kohle dadurch Rechnung, daß sie, sofern sie nicht reviernah arbeiten, ihre neuen Wärmekraftwerke so bauen, daß sie zumindest zu einem großen Anteil auch Öl verbrennen können.

Angesichts der immer stärkeren Verflechtung des Welthandels wird bei Lieferschwierigkeiten einer Rohenergie sofort eine andere einspringen. Bei weltweiten politischen Störungen, die den Handel zum Erliegen bringen, ist zu erwarten, daß auch die örtliche Nachfrage nach Elektrizität infolge des Rückgangs des gewerblichen und industriellen Verbrauchs weit genug absinken wird, daß die dann mögliche heimische Kohlenförderung zur Versorgung ausreichen wird.

Für künftig zu bauende E-Werke erleichtert das Vordringen des Öls die Standortwahl erheblich, um so mehr inzwischen „Pipelines" von der Nordseeküste in die westdeutschen Industrieräume vorgestoßen sind und in absehbarer Zeit vom Mittelmeer her auch Süddeutschland bedienen werden.

Erdgas. Heimisches Erdgas und das bei den Raffinerien anfallende Crackgas spielten im Rahmen der Energiebilanz des Bundesgebietes bislang eine untergeordnete Rolle. Ernster zu nehmen sind die Bemühungen, das an den Ölfundstätten in Mittel- und Südamerika, im vorderen Orient und in der Sahara anfallende Erdgas zur Energieversorgung Mitteleuropas heranzuziehen. Der Transport dieser Gase über See in flüssigem Zustand ist möglich. Die ersten praktischen Versuche sind erfolgreich angelaufen. Auch in Deutschland interessieren sich Gas- und Elektrizitätsgroßverbraucher für Import-Erdgas, das eine große Elastizität im Wettbewerb verspricht.

Energiepolitik und Rohenergiemärkte. Die jahrzehntelang erstarrt gewesenen Rohenergiemärkte geraten in Bewegung. Diese natürliche Entwicklung läßt sich nicht aufhalten, mag es für einzelne noch so wichtig erscheinen, den alten Zustand aufrecht zu erhalten. Für die Bundesrepublik, deren Bodenschätze an Steinkohlen für lange Zeit eine wertvolle natürliche Hilfsquelle für den wirtschaftlichen Wohlstand waren, ergeben sich vielfältige Schwierigkeiten. Kaum können Übergangskrisen selbst unter großen volkswirtschaftlichen Opfern vermieden werden. Wird das derzeitige Vordringen des Öls in Europa heute auch als Stoß gegen das so wohlgefügt erscheinende Rohenergiesystem empfunden, wird auch die zu erwartende Auswertung des Angebots an flüssigem Erdgas und die Erschließung eigener Erdgas- und Ölquellen als Störung betrachtet, so werden mit Sicherheit künftige Generationen diese Wandlungen als unbedeutend betrachten gegenüber den gewaltigen Veränderungen, die aus der Industrialisierung der Entwicklungsländer zu erwarten sind. Auch sie werden eines Tages ihre Energievorkommen selbst verbrauchen. Woher sollen dann die hochindustrialisierten Länder ihre Einfuhren nehmen? In dieser Sicht gewinnt die Notwendigkeit intensiver Förderung wirtschaftlicher neuer Energiequellen wesentliche Bedeutung. Für verantwortliche Leitungen von Elektrizitätswerken entsteht die Pflicht, ihren Einkauf von Rohenergie der Marktentwicklung rechtzeitig anzupassen und die zukünftige Versorgung weitgehend vorzubereiten.

II. Umstellung auf Atomtechnik

Die Entwicklung der Atomenergie läßt den tiefstgreifenden Strukturwandel auf den Rohenergiemärkten erwarten. Wenn auch noch kein Kernkraftwerk wettbewerbsfähigen Strom herstellt, so wird man doch zwischen 1970 und 1980 mit den ersten wettbewerbsfähigen Anlagen rechnen können. Der Preisauftrieb aller klassischen Rohenergien wird zu diesem Zeitpunkt voraussichtlich die Stromselbstkosten so erhöht haben, daß diese von den gegenläufigen Kosten der immer wirtschaftlicher werdenden Reaktorkraftwerke erreicht werden. In den darauffolgenden Jahren wird sich der Rohenergiemarkt durch Hinzukommen des neuen Wettbewerbers Atomenergie so ausweiten, daß der laufende Anstieg der Stromerzeugungskosten sich abschwächen und vielleicht sogar zum Stillstand kommen wird. Auf lange Sicht eröffnet sich damit die Möglichkeit, trotz der in einigen

Jahrzehnten zu erwartenden spürbaren Verlangsamung des Angebots an klassischen Rohenergien die Strompreise zu halten und vielleicht sogar zu senken.

Entgegen landläufigen Vorstellungen wird die Atomtechnik für die Elektrizitätserzeugung zunächst noch keine Revolution bedeuten, da auch weiterhin der Weg zur Elektrizität über die Umwandlungsstufen Wärmeenergie, mechanische Energie, elektrische Energie gehen wird. Selbst die Benutzung der z. Z. noch nicht bewältigten „Kernfusion" statt der „Kernspaltung" braucht hieran nichts zu ändern. Zu unmittelbarer Umwandlung von Kernenergie in Elektrizität sind zwar Verfahren bekannt, wobei man die bei Kernspaltungen emittierenden Elektrizitätsträger zur Erzeugung von elektrischem Strom[1] benützt, doch sind einerseits damit vorläufig noch keine großen Leistungen zu erzielen und andererseits liegen die Kosten noch in wirtschaftlich indiskutablen Größenordnungen. Überdies muß der mit solchen Verfahren gewonnene Strom für die Verteilung erst in Drehstrom hoher Spannung umgewandelt werden, wodurch zusätzliche Verluste entstehen.

Für die Entwicklung einer eigenen Atomwirtschaft in der Bundesrepublik könnte man sich angesichts der langen Zeiträume bis zur eindeutigen wirtschaftlichen Überlegenheit von Kernkraftwerken in Europa noch Zeit lassen, wenn nicht in anderen Ländern, an deren industrieller Ausrüstung unsere Exportwirtschaft interessiert ist, die Stromerzeugung in klassischen Wärmekraftwerken wegen hoher Rohenergiepreise bereits so kostspielig wäre, daß dort Atomkraftwerke schon früher wettbewerbsfähig werden. Die Bundesrepublik muß daher, wenn sie als Lieferant industrieller Ausrüstungen auf dem Weltmarkt konkurrenzfähig bleiben will, schon bald in der Lage sein, Reaktoren anzubieten. Hierzu sind jedoch eigene praktische Erfahrungen unerläßlich.

Atomprogramm. In klarer Erkenntnis dieser Sachlage hat die Bundesregierung ein Atomprogramm entwickelt, das Westdeutschland trotz der nachkriegsbedingten Verzögerung in der Entwicklung der Atomtechnik diesem Ziele näher bringen soll. Die erste Stufe dieses Programms umfaßt Förderungsmaßnahmen für die Forschung, insbesondere für die nukleare Grundlagenforschung und die Nachwuchsbildung. In der zweiten Stufe sind 5 Forschungs- und Ausbildungsreaktoren im Ausland auf Grund von Staatsverträgen gekauft worden[2] oder zum Kauf vorgesehen, während seitens der Wirtschaft ein kleiner Leistungsreaktor (10-MW-Reaktor Kahl/Main), der Eigenbau eines Materialprüfreaktors, eines weiteren Forschungsreaktors[3] und eines Schiffsreaktors vorgesehen wurde. In der dritten Stufe sind Eigenbauten von voraussichtlich 5 Leitungssreaktoren mit einer Gesamtleistung von rd. 500 MW geplant. Hierbei sollen möglichst verschiedene ausländische, weitgehend erprobte Typen weiterentwickelt werden, um möglichst bald den Anschluß an die internationale Entwicklung zu finden.

Die nuklearen Brennstoffe wird man zunächst durch Einfuhr angereicherten Urans[4], später auch aus einer von den OEEC-Ländern gemeinsam zu bauenden Isotopentrennanlage beschaffen und letztlich durch den eigenen Bau von „Brütern", die natürliches Uran zu Plutonium und Thorium zu Uran 233 verwandeln.

---

[1] Einzelheiten ersichtlich aus der übersichtlichen Zusammenstellung von EULER, Die unmittelbare Umwandlung von Kernenergie in Elektrizität. ETZA 1957, H. 4, S. 162ff.

[2] für die Zentren in München, Frankfurt, Hamburg, Köln und Berlin.   [3] Karlsruhe.

[4] Hinsichtlich der Preise vgl.: N. N., Bezug von Kernbrennstoffen, Ausgangsstoffen, Schwerwasser usw. aus den USA. Elektrizitätswirtsch. 1959, H. 2, Beilage Atom und Strom, S. 5ff.

Für den Betrieb der Leistungsreaktoren des 500-MW-Programmes der Bundesrepublik haben sich Elektrizitätswerke in fünf Gruppen zur Vorprojektierung je eines dieser Werke zusammengeschlossen.

Ungewisse Bau- und Betriebskosten. Die eigentliche Schwierigkeit für die Elektrizitätswerke ist die Begrenzung des zu übernehmenden Risikos. Man weiß, daß die Grenzen der gesamten Bau- und Betriebskosten noch umstritten sind, wenn auch die bisherigen Vorarbeiten schon wahrscheinliche Grenzen erkennen lassen. So rechnet man mit spezifischen Baukosten in zwei- bis dreifacher Höhe wie bei Wärmekraftwerken. Problematisch sind insbesondere auch die Kosten für den zusätzlichen Versicherungsschutz, für das im Verhältnis zu klassischen Wärmekraftwerken zahlreichere, qualifizierte und somit kostspielige Personal, für die chemische und mechanische Reinigung der Abwässer, der Abluft und der Abgase und für die von der tatsächlich möglichen Betriebsdauer der Brennstoffelemente abhängige laufende Brennstoffversorgung.

Darüber hinaus bildet die Benutzungsdauer der Kernkraftwerke noch eine umstrittene Größe wegen der noch nicht genau übersehbaren Rückwirkungen auf die wirtschaftliche Lastverteilung im Zusammenspiel mit anderen Werken. Abgesehen von technischen Gründen, wie der Empfindlichkeit von Brennstoffstäben, zwingen die ungewöhnlich hohen Festkosten der Kernkraftwerke aus Gründen der Wirtschaftlichkeit zu einem Einsatz mit möglichst hoher Benutzungsdauer. Die Benutzungsdauer anderer Kraftwerke wird entsprechend verringert werden müssen. Bisherige Grundlastwerke auf klassischer Rohenergiebasis werden zum Spitzenbetrieb hin gedrängt, falls nicht der überschüssige Strom der Kernkraftwerke durch entsprechend große Speicherung in Wärme- und Pumpspeichern abgefangen und so für die Spitzen nutzbar gemacht werden kann. Da dieses Problem an Schärfe in dem Maße verliert, je größer die Zahl der insgesamt zusammenarbeitenden Erzeugungsanlagen ist, werden die überregionalen Verbundleitungen durch die Atomkraftwerke an Bedeutung nicht einbüßen.

Wie hoch die insgesamt durch den Grundlastbedarf der Kernkraftwerke ausgelösten zusätzlichen Kosten werden, hängt somit weitgehend von den festen und beweglichen Kosten der künftig vorhandenen Erzeugungs- und Speicheranlagen in den einzelnen Netzgebieten ab. Zwar lassen sich darüber theoretische Rechnungen anstellen, doch hat sich schon beim Einsatz genau vorberechneter Pumpspeicherwerke wiederholt gezeigt, daß in der Praxis des Betriebes beachtliche Abweichungen, meist im günstigen Sinne, von den errechneten Kosten auftreten.

Gewinnchancen als Voraussetzung unternehmerischer Wagnisse. Der Bau der 5 Atomkraftwerke des 500-MW-Programmes[1] soll entscheidend dazu beitragen, über das Ausmaß des tatsächlichen wirtschaftlichen Wagnisses Klarheit zu gewinnen. Bei einer von Regierungsseite den E-Werken zugemuteten Wagnisbeteiligung würde deren absolutes Ausmaß für die Versorgungsunternehmen nicht begrenzt sein. Diese Verantwortung glauben die Elektrizitätswerke nicht tragen zu können. Wenn die zu begrüßende energiepolitische Entscheidung zur Förderung der Atomwirtschaft im Bundesgebiet Früchte tragen soll, wird daher ein Weg der Risikotragung gefunden werden müssen, der die E-Werke nur übersehbar und begrenzt belastet.

---

[1] Vgl. LEICHTLE, Leistungsreaktoren, Atomwirtschaft 1958, H. 8/9, S. 307 ff.

Die E-Werke sollten allerdings, wenn sie ihre Qualifikation als Betriebe mit unternehmerischer Initiative nicht in Frage stellen wollen, keine Zweifel darüber aufkommen lassen, daß sie zur Übernahme eines auch großen Risikos bereit sind, da sie selbst auf weite Sicht daran interessiert sein müssen, die nukleare Stromerzeugung zu einer wettbewerbsfähigen Variante der Erzeugung heranreifen zu lassen. Der Staat muß sich andererseits darüber im klaren sein, daß von Unternehmen nur dann die Übernahme eines Risikos verantwortet werden kann, wenn dahinter auch die echte Chance steht, bei einem positiven Ausgang Aussicht auf einen verbleibenden zusätzlichen künftigen Gewinn zu haben.

III. Einflußnahme der öffentlichen Hand

Gebundene Strompreisgestaltung. Die für die E-Werke drückendste Einflußnahme der öffentlichen Hand ist die auf die Preisgestaltung der Energiewirtschaft. Mittelbar erfolgt der Einfluß durch nur zögernde Einbeziehung der Rohenergiemärkte in die Wettbewerbswirtschaft, unmittelbar durch Bindung der Tarifpreise, sei es durch gesetzliche oder auf dem Verordnungswege festgelegte Einschränkungen oder durch Gebietskörperschaften, die sich ihr Recht unmittelbar durch Verträge gesichert haben.

Die gegenüber der energiepolitischen Forderung nach freien Strompreisen immer wieder vorgebrachten Argumente, die besonderen Verhältnisse der Energiewirtschaft, wie der Lieferzwang, die Ausbildung von Gebietsmonopolen und die Langfristigkeit der Elektrizitätslieferverträge, ließen einen Verzicht auf gebundene Preise nicht zu, können nicht überzeugen.

Diese Begriffe lassen nicht erkennen, daß diese Besonderheiten sich ja gerade zum Schutz der Verbraucherinteressen, zur Erzielung niedrigster Strompreise und größter Versorgungssicherheit entwickelt haben. Leider hat selbst die Wirtschaftspresse in der Vergangenheit diese Zusammenhänge nicht immer in aller Klarheit herausgestellt und so mit dazu beigetragen, daß sich doktrinäre Fehlanschauungen über die Notwendigkeit von Sozialtarifen auf dem Gebiet der Energieversorgung und auch des Verkehrswesens verbreiten konnten.

Auf dem Wege der Preisentstörung unseres gesamten Wirtschaftsgefüges sind immer dann Fortschritte zu erwarten, wenn alle Beteiligten sich energisch dafür einsetzen, den Prinzipien der Wettbewerbswirtschaft auch auf diesen Gebieten Geltung zu verschaffen. Dazu gehört eine Aufklärung der Bevölkerung, vor allem aber aller politisch und wirtschaftspolitisch einflußnehmenden Kräfte. Ihnen ist überzeugend klarzumachen, daß der elektrische Strom staunenswert billig ist, daß es nicht nur für jeden einzelnen lohnt, den echten Preis dafür zu bezahlen, sondern daß auch der Ärmste bei vernünftiger Anpassung seiner erfüllbaren Lebenswünsche diese Ausgaben tragen kann. Zu einer „Daseinsvorsorge" des Staates besteht auf diesem Gebiete keine Veranlassung. Es muß erreicht werden, daß Staat und Parteien nicht der Verführung erliegen, auf Kosten unehrlicher Preisverschiebungen innerhalb verschiedener Wirtschaftsgruppen die Möglichkeit innenpolitischer oder parteipolitischer Einflußnahmen auszunützen. Wo E-Werke immer Gelegenheit haben, ihre Preise frei zu gestalten, haben sie diese freiwillig in vernünftigen Grenzen gehalten, nicht nur aus der in der Regel unbestreitbar vorhandenen ernsten Verantwortung gegenüber der Allgemeinheit, sondern weil sie selbst im Interesse belastungsgünstiger Umsatzentwicklung an niedrigen Strompreisen interessiert sind. Kaum ein Industrieprodukt ist so wie der Strom auf Mengenkonjunktur zu niedrigsten Preisen angewiesen.

Das Verlangen nach Bindung der Tarifpreise hat nur dann Berechtigung, wenn grundsätzlich auf eine Einbeziehung der Elektrizitätswirtschaft in die Marktwirtschaft verzichtet werden soll. Einer Marktwirtschaft ist eine strenge Mißbrauchsaufsicht eher gemäß. Die Aufgabe des Staates kann in einer solchen Wirtschaft nur sein, den Mißbrauch monopolähnlicher Einrichtungen im Interesse der Allgemeinheit zu überwachen und gegebenenfalls streng zu bestrafen. Ein Klagerecht des einzelnen gegen überhöhte Strompreise, gemessen an vergleichbaren Tatbeständen, beurteilt unter gutachtlicher Heranziehung einer sachverständigen Selbstverwaltungskörperschaft, würde zur Sicherung angemessen niedriger Tarifpreise ausreichen.

Einflußnahme zur Sicherung einer abgestimmten Energiepolitik. Die starke Einflußnahme des Staates auf die E-Wirtschaft entspringt teilweise einem Hang zur Perfektion, der mit einem begrüßenswerten Ordnungsstreben beginnend, zu einer Reglementierungsflut führen kann, die jedes dynamische Geschehen erstickt. Eine staatliche Energiepolitik, die eine Nutzung des jeweils modernsten technisch-wirtschaftlichen Standes für die Versorgung der Allgemeinheit sicherstellen möchte, kann bei der Formulierung von Gesetzen und Verordnungen für die Energiewirtschaft nicht vorsichtig genug sein. Erfahrungsgemäß schreitet die technische Entwicklung immer schneller voran, als der Gesetzgeber zu folgen vermag. Wenn Ordnungsgesetze für die Energiewirtschaft daher nicht weit genug gefaßt sind, können Hemmungen der technischen Entwicklungen erwachsen, die der Allgemeinheit nachher zum Schaden gereichen. Auch bei der Fassung eines neuen Energiewirtschaftsgesetzes und beim Erlaß einer neuen Bundestarifordnung wird man sich daher hüten müssen, im Gesetz selbst Festlegungen zu treffen, die unter Umständen nach wenigen Jahren schon wieder überholt sind und berichtigt werden müssen. Solche Festlegungen können über eine Ermächtigung im Gesetz von Fall zu Fall durch Verordnungen oder Durchführungsverordnungen oder als Richtlinie gegeben werden. Das Gesetz selbst sollte nur den Rahmen für die Einflußrechte des Staates gegenüber der Selbstverantwortung der E-Werke abstecken.

Nun bestehen aber seitens der öffentlichen Hand Bestrebungen, für eine wirksame Durchführung energiepolitischer Maßnahmen Kontrollrechte zu sichern. Derartige Wünsche reichen erfahrungsgemäß vom Recht auf Einsicht in die Finanzierungs- und Rechnungsunterlagen der Unternehmen, beispielsweise bei öffentlichen Krediten, bei Preisgenehmigungen oder bei Risikoübernahme im Zusammenhang mit Atomkraftwerken, bis zum Genehmigungsrecht für größere Investitionen. Dem Staate muß zugestanden werden, daß er bei Verfügungen über fiskalische Mittel wegen seiner Verantwortung gegenüber den Steuerzahlern eine bestimmungsgemäße Verwendung prüfen muß. Mehr aber auch nicht. Bei Investitionen, die ein E-Werk aus eigener Kraft vornimmt, erscheint eine „Genehmigung" wenig sinnvoll, da der Staat dem E-Werk die Verantwortung für die Vornahme oder Nichtvornahme der Investition nicht abnehmen kann. Dem Staat kann insoweit also nur ein echtes Interesse zugestanden werden, von Investitionsplänen rechtzeitig in Kenntnis gesetzt zu werden, damit übergeordnete energiepolitische Erwägungen berücksichtigt werden können.

Die Abstimmung der energiewirtschaftlichen Pläne der einzelnen Unternehmen ist ein begrüßenswertes Ziel. Die Mitsprache der energiepolitisch interessierten Staatsstellen erscheint hierbei wünschenswert. Bedenklich ist hingegen ein Streben nach einer weisungsgebundenen Planwirtschaft in einzelnen Marktsektoren im Rahmen einer insgesamt wettbewerblich ausgerichteten Wirtschaft. Die Unzweckmäßigkeit einer solchen „teilweisen Planwirtschaft" wird schon daraus offenbar, daß dann neben den Unternehmensleitungen auch kontrollierende und steuernde Staatsstellen mit einer Vielzahl von Fachkräften besetzt sein müssen, der volkswirtschaftliche Aufwand also nahezu verdoppelt wird, während innerhalb der Marktwirtschaft für eine Planungsabstimmung auf Seiten des Staates ein kleiner Stab von Fachkräften vollauf genügt.

Aus dieser Erkenntnis heraus erscheint auch die Forderung nach einem eigenen Energieministerium im Zusammenhang mit der Forderung nach einer Intensivierung der Energiepolitik unzweckmäßig. Die Bildung eines gemeinsamen Planungsstabes für die gesamte Energiepolitik ist beim Energiereferat des Wirtschaftsministeriums organisatorisch genausogut lösbar. Die Arbeit des mit Rücksicht auf die Bedeutung der Atomwirtschaftsförderung gegründeten Atomministeriums könnte aus dieser Sicht heraus ebenfalls innerhalb des Energiereferats geleistet werden und eine bürokratische Zweigleisigkeit ersparen. Das Bundesministerium für Atomenergie und Wasserwirtschaft selbst hat beispielhaft gezeigt, wie durch Bildung eines — de jure zwar wenig, de facto aber recht einflußreichen — Beirates[1] mit den besten Fachkräften der Wirtschaft und Forschung der eigene Apparat des Staates kleingehalten werden kann, ohne daß der notwendige staatliche Einfluß verlorengeht. Wo immer auch die staatliche Betreuung der Energiewirtschaft ressortmäßig gelöst wird, auf jeden Fall benötigt sie in der Spitze eine umfassende und genügend hoch eingestufte Persönlichkeit, die sich für diesen dominierenden Zweig der Wirtschaft gegenüber anderen Belangen durchzusetzen weiß.

Für die Elektrizitätswirtschaft wäre eine Selbstverwaltung in Form eines kartellähnlichen Zusammenschlusses der einzelnen E-Werke denkbar. Den Werken bliebe dabei die unternehmerische Freiheit erhalten. Für die Lösung der gemeinsamen Fragen, auch auf internationalem Gebiet, würde damit eine arbeitsfähige Institution geschaffen. Sie könnte eher als ein loser Verein oder Verband mit den Vollmachten ausgestattet werden, die nun einmal erforderlich sind, um gemeinsamen Vorhaben gegenüber Sonderinteressen zur Durchsetzung zu verhelfen. Für den Staat würde eine solche Lösung eine wesentliche Vereinfachung bringen, da er sich dann zur Mißbrauchsaufsicht nur einer Institution, der Wirtschaftsvereinigung der E-Werke, und nicht einer Vielzahl von einzelnen E-Werken gegenübersähe. Angesichts der Alternative, völlig dem Staatseinfluß zu erliegen oder bald zu konstruktiven Lösungen für eine zweckmäßige Selbstverwaltung zu gelangen, sollten die einzelnen E-Werke alles daransetzen, den Weg des freiwilligen engeren organisatorischen Zusammenschlusses zu gehen. Eine solche Lösung mag angesichts der heutigen Überängstlichkeit vor Kartellzusammenschlüssen kühn erscheinen. Es soll auch nicht geleugnet werden, daß es unter den Werken sehr verschiedene Auffassungen darüber gibt. Manche setzen ihre eigenen

---

[1] Deutsche Atomkommission mit Fachkommissionen und Arbeitskreisen.

Ziele höher als eine gemeinschaftliche Bestlösung und verkennen die Tatsache, daß die für alle beste Lösung in Zukunft auch die für den Einzelnen beste ist. Andere wieder fürchten, daß durch einen solchen Zusammenschluß einer kalten Sozialisierung der Weg bereitet würde, wobei sie offenbar außer acht lassen, daß eine Verstaatlichung dieses Wirtschaftszweiges nach den verschiedenen Beispielen benachbarter europäischer Staaten jederzeit und ohne große Schwierigkeiten auch bei sehr differenzierter Unternehmensstruktur erfolgen kann.

Durch die im Zuge der europäischen Vereinigungsbestrebungen entstandenen übernationalen Behörden[1] ist bislang der staatliche Einfluß auf die E-Werke noch nicht erweitert worden, wenngleich Auswirkungen von Maßnahmen beispielsweise der Montanunion hinsichtlich der Kohlenpreise hingenommen werden mußten. Versuche, auch die europäische Elektrizitätswirtschaft einer gemeinsamen Behörde zu unterstellen, sind gescheitert. Obwohl die Elektrizitätswirtschaft der Bundesrepublik mit den wichtigsten westlichen mitteleuropäischen Ländern durch Hochspannungsleitungen verbunden ist, beträgt der tatsächliche Stromaustausch mit anderen Ländern lediglich wenige Prozente der gesamten Stromversorgung. Eine andere Aufteilung der Erzeugungskapazitäten und eine Verstärkung der Stromaustauschmöglichkeiten zwischen der Bundesrepublik und den anderen europäischen Ländern bietet keine wesentlichen Kostenvorteile mehr. Für die Behandlung der sich ergebenden gemeinsamen restlichen Probleme hat man sich mit einer losen Koordination durch die OEEC und andere Gremien begnügt. Im Zuge des Ausbaus der Atomkraftwerke werden allerdings die E-Werke auch in stärkerem Maße neben der OEEC die Euratombehörde in Anspruch nehmen müssen und insoweit deren Einflüssen ausgesetzt werden.

Einflußnahme als Anteilseigner oder Eigentümer. Neben der Einflußnahme des Staates auf die E-Werke „von außen her" tritt die Einflußnahme der öffentlichen Hand „von innen her", d. h. über die Besitzverhältnisse. Rund $^3/_4$ des Kapitals aller öffentlichen E-Werke befinden sich heute in öffentlicher Hand, ein Begriff für eine Vielzahl verschiedenartiger Körperschaften, Landkreise, Gemeinden und auch Zusammenschlüsse einzelner Gruppen. Sie üben einen erheblichen, aber recht uneinheitlichen Einfluß im Bereich der öffentlichen Energieversorgung aus. Sie besitzen praktisch eine Machtstellung, die eine Wahrnehmung der Interessen der Allgemeinheit unter allen Umständen sichern könnte, zumal die vielen Kommunen über den „Deutschen Städtetag" ein Sprachrohr besitzen, das auch der Gesetzgeber nicht überhören kann. Daß dennoch die Art der Einflußnahme und ihre Stärke bei den einzelnen E-Werken außerordentlich verschieden ist, liegt daran, daß die jeweiligen Eigentümer sehr verschiedene Auffassungen über das von ihnen zu vertretende Interesse der Allgemeinheit haben. Die einen halten niedrige Strompreise für erstrebenswert, andere sehen das E-Werk als nützliche Einnahmequelle an, um mit dessen Gewinnen andere öffentliche Aufgaben zu finanzieren. Wiederum andere meinen, damit Sozialpolitik für niedrigere Einkommensschichten treiben zu müssen, indem sie beispielsweise öffentliche Verkehrsmittel aus Erträgen des Stromverkaufs subventionieren, andere betrachten das E-Werk als Exerzierfeld für die Verwirklichung dogmatischer Vorstellungen und sehen dabei eine Möglichkeit, den Gedanken einer „Sozialisierung

---

[1] Europäische Gemeinschaft für Kohle und Stahl (EGKS–Montanunion), Euratom, Internationale Atombehörde.

der Grundindustrien" auf legalem Wege zu verwirklichen. Daß diese Uneinheitlichkeit der Auffassungen von der Aufgabe eines E-Werks-Eigentümers der gesamten Elektrizitätswirtschaft wenig förderlich ist, liegt auf der Hand.

Vielen dieser Bestrebungen liegt letztlich nichts anderes zugrunde als der Wille zu einer versteckten Machtausweitung. Daß dieser Wille zur Macht auch nicht vor Zuschußbetrieben haltmacht, zeigt, daß mit dem Einfluß auf Versorgungsunternehmen vielfach nur ein weiteres Bindeglied zur Öffentlichkeit gesucht wird, auf das Politiker nicht verzichten zu können glauben. Für sie liegt immer die Versuchung nahe, durch Preispolitik Wahlpropaganda zu machen oder mit der Sicherheit der Versorgung und dem Schutz vor Versorgungsstörungen unter Anruf des Angstgefühls der Massen versteckte Propaganda zu treiben. Derartige Bestrebungen zeigen sich in allen zivilisierten Ländern der Welt und scheinen mit ihrer Resonanz bei der Masse eine Begleiterscheinung des technischen Fortschritts zu sein. Er ist auf Grund seiner komplizierten physikalischen und wirtschaftlichen Zusammenhänge der breiten Öffentlichkeit so schwer begreiflich und damit unheimlich, daß sie sich in den Händen des Staates besser aufgehoben glaubt, als in privaten Händen.

Grenzen der Einflußnahme. Auch der Einfluß der öffentlichen Hand auf ein E-Werk findet Grenzen. Sie ergeben sich aus dem Wunsch nach Wirtschaftlichkeit, der selbst in einer völlig verstaatlichten Wirtschaft nicht beliebig lange hintangestellt werden kann. Es hat den Anschein, als wenn die Vernunft insofern einen Sieg davontragen würde, als bei den meisten Werken immer stärker das Ziel einer möglichst wirtschaftlichen Betriebsweise in den Vordergrund rückt.

Eine wirtschaftliche Betriebsführung setzt eine möglichst große Unabhängigkeit der Unternehmensleitung in ihren Entscheidungen voraus. Solange die durch das Energiewirtschaftsgesetz gestellte Forderung nach preiswerter, sicherer und ausreichender Elektrizitätsversorgung von einem E-Werk erfüllt wird, sollte sich die öffentliche Hand auch als Eigentümerin nach Möglichkeit aller Einflüsse enthalten, die über die üblichen Rechte des Aufsichtsrates einer Aktiengesellschaft hinausgehen. Sie sollte vor allem nach jährlicher Genehmigung der auf langfristigen Überlegungen beruhenden Finanzpläne nicht in Einzelentscheidungen eingreifen, auch wenn die gewählte Rechtsform des E-Werkes ein solches Eingreifen de jure gestattet.

Nur so kann erwartet werden, daß eine Unternehmensleitung in eigener Verantwortung die unternehmerische Initiative entwickelt, die im Rahmen einer Wettbewerbswirtschaft Voraussetzung für optimale Betriebsergebnisse ist. Diese Freiheit des Handelns ist aber auch Bedingung dafür, daß künftig für die Leitung der Elektrizitätswerke Persönlichkeiten gewonnen werden, die nicht willfährige Vollstrecker einer vorgefaßten Meinung anderer sind, sondern die auf Grund eigener Kenntnisse und Erfahrungen, eigener Meinung und Entschlußkraft ein E-Werk erfolgreich zu führen vermögen.

IV. Stromversorgung als Dienst an der Allgemeinheit

Stromversorgung ist eine res publica, eine öffentliche Aufgabe, ein Dienst für alle.

Mag auch die Wirtschaftlichkeit zwingend als Maxime jedes Betriebsgeschehen beherrschen, zum Betrieb eines Elektrizitätswerkes gehört immer der aufrichtige Wille, der Allgemeinheit nach besten Kräften zu dienen.

Führung und Betrieb von E-Werken verlangen Persönlichkeiten, denen die eigenartige Verbindung von technischen und wirtschaftlichen Aufgaben beruflich reizvoll erscheint und die genügend Entschlußkraft besitzen und entwickeln, die Lösung dieser Aufgaben beherzt anzupacken. Allen Betriebsangehörigen eines E-Werkes muß eine innere Verpflichtung eigen sein, Fähigkeit und Können ohne Vorbehalt zur bestmöglichen Versorgung der Stromverbraucher einzusetzen.

Diese verpflichtende Einstellung zur Arbeit ähnelt der, die den idealen Vertretern des Berufsbeamtentums, den Dienern des Staates zugesprochen wird. Aus dieser Sicht heraus könnte mancher, auch mancher Einflußreiche dazu neigen, einer weiteren Verstärkung des staatlichen Einflusses auf die Elektrizitätswirtschaft das Wort zu reden, weil er innere Verpflichtung zum Dienst für die Allgemeinheit nur bei Beamten und Angestellten der Öffentlichen Hand vermutet. Eine derartige Einstellung würde jedoch verkennen, daß im Grunde jeder Mensch bereit ist, über eigene materielle Ziele hinaus allgemeinen ideellen Zielen nachzustreben, um seinem Leben Inhalt und Sinn zu geben, und daß die Elektrizitätswerke seit ihrem Bestehen diesen Geist gezeigt und gepflegt haben und Tag für Tag beweisen. Wenn also ein stärkerer Einfluß des Staates auch in dieser Hinsicht keine Vorteile verspricht, dürfte es wegen der Nachteile im Rahmen unserer Wirtschaftsordnung nicht ratsam sein, derartige Ziele zu verfolgen. Wohin ein solcher Weg führen würde, wird aus der Überlegung klar, daß dem vorwiegend für Verwaltungsaufgaben geschulten Berufsbeamtentum bei allen Vorzügen Besonderheiten eigen sind, die für Führung und Betrieb eines im stürmischen Wirtschaftsgeschehen stehenden technischen Unternehmens nicht durchweg förderlich sind.

Unter Verzicht auf engere Bindung an den Staat und andere öffentliche Körperschaften sollte durch sorgsame Auswahl der Persönlichkeiten darauf hingewirkt werden, daß allen Angehörigen eines E-Werkes die innere Verpflichtung bewußt bleibt, die Zielrichtung ihres Handelns vornehmlich im Nutzen für die Allgemeinheit zu sehen. Mag sich dann zuweilen der einzelne auch an der Dynamik des technischen und wirtschaftlichen Fortschritts, der gerade diesem Wirtschaftszweig eigen ist, berauschen, stolzer als auf alle äußeren Erfolge kann er immer sein auf das schlichte, freiwillige

ich diene.

Bücher und nichtperiodisch veröffentlichte Schriften

Kapitel A

BAUER, BREITENSTEIN, GERSTBACH, WINTER: Übersicht über die Entwicklung der nationalen Energiewirtschaften von 1950—1954, Generalbericht I A zur 5. Weltkraftkonferenz Wien 1956.

BISCHOFF, MELCHINGER, SARDEMANN, SCHERZER: Stand und Entwicklung der Energiewirtschaft in der Bundesrepublik Deutschland, Bericht Nr. 186 A/33 zur 5. Weltkraftkonferenz Wien 1956.

BLÜMICH, KLEIN, STEINBRING: Kommentar zur Körperschaftssteuer. Berlin: Franz Vahlen.

DIECKMANN: Die Rechtsnatur des Energieversorgungsvertrages. Frankfurt: VWEW-Verlag 1951.

DVG; Entwicklung des Verbundbetriebes in der deutschen Stromversorgung 1948–1958. DVG 1958.

EISER-RIEDERER: Kommentar zum Energiewirtschaftsgesetz. München—Berlin: Beck.

FISCHERHOF: Rechtsfragen der Energiewirtschaft. Frankfurt/Main: Verlag f. Sozialwissenschaften 1956.

FRANK: Gutachten des Frank-Ausschusses für Energiewirtschaftsfragen im Ruhrgebiet 1950.

FRANK, JAHNCKE, KOEPCHEN, LENZMANN, MENGE: Gutachten über die in der Deutschen Elektrizitätswirtschaft zur Förderung des Gemeinnutzes notwendigen Maßnahmen. Reichsdruckerei Berlin 1933.

GRUND: Die Energievorräte Europas und der Welt unter Berücksichtigung der Problematik ihrer Berechnung und Schätzung. DJW-Mitteilungen Berlin, Sept. 1957.

GRUND: Materialien zur Wettbewerbslage der westdeutschen Steinkohle. DJW-Mitteilungen Mai 1959.

GUMZ und REGUL: Die Kohle, Entstehung, Eigenschaften, Gewinnung und Verwendung. Essen: Verlag Glückauf 1954.

HELLBERG: Stand und Entwicklung des Braunkohlenbergbaus in Deutschland. Bericht Nr. 189 C/12 zur 5. Weltkraftkonferenz Wien 1956.

JACOBI: Die wirtschaftliche Betätigung der Gemeinde als kommunalpolitische Aufgabe; Hrsg.: Seraphim, Verwaltungs- und Wirtschaftsakademie Industriebezirk Bochum 1957.

KRAUSE: Himmelskunde für jedermann, Stuttgart: Franckh 1954.

VON LAUE: Geschichte der Physik, Abschn. Elektrizität und Magnetismus. Bonn: Universitätsverlag 1947.

MORGENTHALER: Energiedarbietung und Energieverbrauch im Bundesgebiet. Techn. und volkswirtschaftliche Berichte des Wirtschafts- und Verkehrministeriums Nordrhein-Westfalens 40/1956.

PFLÜCKEBAUM-MARLITZKY: Kommentar zum Umsatzsteuergesetz. Berlin—Köln: Carl Heymann.

PUTNAM, COCKROFT, PARKER: Die Anwendung der Kernenergie zur Kraft- und Stromerzeugung und ihr Einfluß auf den Kohlenbergbau. Studienausschuß des westeuropäischen Kohlenbergbaus. Essen 1956.

SCHMITZ: Das Recht der Energiewirtschaft im Ausland. Band II der Schriftreihe des Energiewirtschaftlichen Institutes Köln. München 1953.

STRAHRINGER: Die Stromtarife der Dreiraum-Wohnung. Frankfurt: VWEW-Verlag 1952.

TUCHTFELD: Wirtschaftspolitik und Verbände; Hrsg.: ORTLIEB, Verlag Mohr, Tübingen. Hamburgisches Jahrbuch für Wirtschafts- und Gesellschaftspolitik 1956.

Unternehmensverband Ruhrbergbau: Die Kohlewirtschaft der Welt in Zahlen. Essen: Verlag Glückauf 1958.

VDEW: Die öffentliche Elektrizitätsversorgung im Bundesgebiet und West-Berlin. Frankfurt: VWEW-Verlag 1958.

31*

VDEW: Allgemeine Tarifpreise, Stand 1. 10. 1958.

WESSELS: Die voraussichtliche Entwicklung des Energiebedarfs in Westdeutschland. Bericht des Energiewirtschaftlichen Instituts der Universität Köln, 9. Arbeitstagung des Institutes, 26./27. 4. 1957.

WOLF: Die deutsche Mitarbeit in internationalen Gremien der Elektrizitätswirtschaft und Elektrotechnik (Stand Januar 1956) zusammengestellt von WOLF, Bayernwerk AG München, 1956.

WOLF, PIETZSCH, FROHNHOLZER: Systematik der Wasserkräfte der Bundesrepublik Westdeutschland. Studie für die Europäische Liga für wirtschaftliche Zusammenarbeit. München 1951.

ZSCHINTZSCH: Gedanken zur künftigen organisatorischen Entwicklung der deutschen Elektrizitätsversorgung. Vortrag Mitgliederversammlung VIK 3. 3. 1950, Essen.

Kapitel B

VDEW: Vereinigung der Elektrizitätswerke 1892–1917, Bericht zur Hauptversammlung Berlin 1917.

SCHLENZKA: Unternehmer, Direktoren, Manager. Düsseldorf: Econ-Verlag 1958.

Kapitel C

ARE: Stellungnahme zur VKU-Schrift „Der Strombezugsvertrag – Grundsätze und Empfehlungen". Arbeitsgemeinschaft der regionalen Elektrizitäts-Versorgungsunternehmen (ARE) München, 1953.

BISCHOFF, MELCHINGER, SARDEMANN, SCHERZER: Bericht 186/A/33 zur 5. Weltkonferenz. Wien 1956.

ECE: Zwischenstaatlicher Energieaustausch in Europa. Hrsg.: WOLF, München 1952 (nach E/ECE/1951 vom 18. 8. 1952).

FROHNHOLZER: Speicher zur Winterwasseraufbesserung und Winterenergieerzeugung unter besonderer Berücksichtigung dieser Möglichkeiten im Einzugsgebiet der Donau bis Jochenstein. Dissertation TH Karlsruhe, 7. 3. 1951.

GSAENGER: Speicherwirtschaft und Hochwasservorhersage. Dissertation Berlin-Charlottenburg, 7. 11. 1955.

MUSIL: Die Gesamtplanung von Dampfkraftwerken. 2. Aufl. Berlin/Göttingen/Heidelberg: Springer 1948.

MUSIL: Wirtschaftlichkeitsrechnung bei der Erweiterung bestehender Verteilungsnetze. Sonderdruck der Tagungsberichte des Energiewirtschaftlichen Instituts. München: Oldenbourg 1955.

ROGGENDORF: Der Eigenbedarf mittlerer und großer Kraftwerke. Berlin/Göttingen/Heidelberg: Springer 1952.

Siemens: Die Entwicklung der Starkstromtechnik. Siemens-Jubiläumsschrift 1953.

VDEW: Die öffentliche Elektrizitätsversorgung im Bundesgebiet und in Westberlin 1958. Frankfurt: VWEW-Verlag 1959.

VOGT: Wasserkraftwerke in der Verbundwirtschaft. München: Riederer 1952.

WEHBERG: Grundsätzliches zur öffentlichen Elektrizitätswirtschaft. RWE-Jubiläumsschrift, Großraum-Verbundwirtschaft. Essen: West-Verlag 1948.

WESSELS: Gutachtliche Stellungnahme zur Frage einer Einbeziehung der Elektrizitätsversorgung in die Montan-Union. VDEW-Sonderdruck vom 26. 10. 1955. Frankfurt: VWEW-Verlag 1955.

Kapitel D

FREWER: Einzelheiten über Prognosen und Prognosenmethoden in verschiedenen Ländern: Bericht über Gruppe A (wirtschaftliche Gesichtspunkte) der Teiltagung der Weltkraftkonferenz in Belgrad 1957. Erweiterter Sonderdruck aus BWK 10/1957.

HAMMERSCHMIDT: Strom und Gas in der Straßenbeleuchtung. Frankfurt: VWEW-Verlag 1954.

MAASS: Die technischen Grundlagen der Verbrauchsmessung. Referat auf einer VDEW-Tagung „Tarife und Verträge", Moosrain, 14./16. 11. 1955.

MORGENTHALER: Die Wettbewerbssituation der Elektrizitäts- und Gasversorgung. Referat auf der 10. Arbeitstagung des Energiewirtschaftlichen Instituts der Universität Köln, 14./15. 11. 1958.

MROSS: Selbstkostenrechnung und Preiskalkulation für elektrische Energie. Hamburg: Albis-Verlag 1952.

OEEC: OEEC-Bericht „Elektrizitätspreise und ihre Auswirkungen auf die Finanzierung von Investitionen der Elektrizitätswirtschaft. Hrsg.: WOLF, München 1955.

PFLIER: Elektrizitätszähler. Berlin/Göttingen/Heidelberg: Springer 1954.

PREUSS: Verfahren der Verkaufsabrechnung. Referat auf der VDEW-Tagung „Tarife und Verträge", Moosrain, 14./16. 11. 1955.

SCHUMACHER: Die rechtlichen Grundlagen der Verbrauchsmessung. Referat auf der VDEW-Tagung „Tarife und Verträge", Moosrain, 14./16. 11. 1955.

STRAHRINGER: Gleitende Strompreise; Preisformeln für Wirkstrom in Sonderabnehmerverträgen. Frankfurt: VWEW-Verlag 1952.

Kapitel F

FREIBERGER: Der elektrische Widerstand des menschlichen Körpers gegen technischen Gleich- und Wechselstrom. Berlin: Springer 1934.

PARKINSON: Parkinsons Gesetz. Düsseldorf: Econ-Verlag 1958.

SCHLENZKA: Unternehmer, Direktoren, Manager. Düsseldorf: Econ-Verlag 1958.

SCHULZ-MEHRIN: Betriebswirtschaftliche Kennzahlen als Mittel zur Betriebskontrolle und Betriebsführung. Hrsg.: DGfB und RKW 1954, Berlin.

VDEW: Kostenrechnung der Energie- und Wasserversorgungsunternehmen. Frankfurt: VWEW-Verlag 1958.

VDEW: Investitions- und Finanzierungsprobleme in der öffentlichen Elektrizitätsversorgung des Bundesgebiets. Frankfurt: VWEW-Verlag 1954.

Sachverzeichnis

MIX
Papier aus verantwortungsvollen Quellen
Paper from responsible sources
FSC® C105338